Nr. 34
S. 9341–9612

1956
22. August

Chemisches Zentralblatt

Vollständiges Repertorium für alle Zweige der reinen und angewandten Chemie

1830 gegründet. 1897—1945 von der Deutschen Chemischen Gesellschaft fortgeführt.
Im Auftrage der Deutschen Akademie der Wissenschaften zu Berlin, der Chemischen Gesellschaft in der Deutschen Demokratischen Republik, der Akademie der Wissenschaften zu Göttingen und der Gesellschaft Deutscher Chemiker

herausgegeben von Prof. Dr. **Maximilian Pflücke**

127. Jahrgang

1956

Chefredakteure: Dr. Eugen Klever und Prof. Dr. Maximilian Pflücke

Akademie-Verlag GmbH., Berlin — Verlag Chemie, GmbH., Weinheim/Bergstr.

Inhalt

Namenregister

CHEMISCHES ZENTRALBLATT

VOLLSTÄNDIGES REPERTORIUM
FÜR ALLE ZWEIGE DER REINEN UND ANGEWANDTEN CHEMIE

GEGRÜNDET 1830

Im Auftrage der Deutschen Akademie der Wissenschaften zu Berlin,
der Chemischen Gesellschaft in der Deutschen Demokratischen Republik,
der Akademie der Wissenschaften zu Göttingen
und der Gesellschaft Deutscher Chemiker

herausgegeben von

Prof. Dr. **Maximilian Pflücke**

127. JAHRGANG

1956

SEITE 8521–9612

Chefredakteure Dr. Eugen Klever und Prof. Dr. Maximilian Pflücke

1956

AKADEMIE-VERLAG GMBH · BERLIN
VERLAG CHEMIE, GMBH, WEINHEIM / BERGSTR.

Heft Nr.	Seitenzahl	Ausgabedatum
31	8521—8792	1. August 1956
32	8793—9072	8. August 1956
33	9073—9340	15. August 1956
34	9341—9612	22. August 1956

Herausgeber und verantwortlich für den Inhalt: Prof. Dr. Maximilian Pflücke, Berlin N 4, Schiffbauerdamm 19, Fernsprecher: 42 55 71. Redaktion: Chefredakteure Dr. Eugen Klever u. Prof. Dr. Maximilian Pflücke. Verlag: Akademie-Verlag GmbH, Berlin W 8, Mohrenstraße 39 (Fernsprecher 20 03 86, Postscheckkonto Berlin 350 21), u. Verlag Chemie GmbH., Weinheim/Bergstraße (Postscheckkonto Frankfurt/M. 1453 14 u. Berlin [West] 74 30. Fernsprecher Weinheim 20 17).
Bestell- und Verlags-Nr. 1007/127.
Satz und Druck: VEB Leipziger Druckhaus, Leipzig III/18/203. 856.
Veröffentlicht unter der Lizenznummer 1212 des Amtes für Literatur u. Verlagswesen der Deutschen Demokratischen Republik.
Printed in Germany.

Chemisches Zentralblatt

1956 Nr. 34 22. August

A. Allgemeine, physikalische und anorganische Chemie.

H. Niehrs, *Begriff und theoretische Bedeutung physikalischer Größen.* Begriff u. theoret. Bedeutung physikal. Größen werden in ihrer gegenseitigen Abgrenzung u. Verknüpfung erörtert. Begrifflich sind physikal. Grundgrößen durch Grundoperationen definiert. Die Naturgesetze, welche in Gestalt dieser Operationseigg. unmittelbar erfahren werden, sind Axiome im selben Sinne wie die EUKLIDischen Axiome für die Physik. (Naturwissenschaften **41.** 461—65. Okt. 1954. Berlin-Dahlem, Fritz-Haber-Inst. der Max-Planck-Ges.) H. NIEHRS. 10

A_1. Kernphysik und Kernchemie.

Yukio Miyazaki, *Höhenstrahlregistrierungen des Scientific Research Institute.* Registrierungen der Höhenstrahlintensität in den Jahren 1952—53 mit Angabe des Tagesmittels, Monatsmittels u. der Tagesschwankungen. Für den Barometereffekt u. die Temperaturabhängigkeit wurden Korrekturen angebracht. Die Messungen wurden mit einem Zählerteleskop aus 12 Tafeln zu je 6 Zählern mit einer Gesamtfläche von 750 cm^2 durchgeführt. Die Zähler hatten einen Durchmesser von 4,5 cm, eine Länge von 28 cm, eine 0,1 mm W-Anode u. waren mit 10 cm Hg Ar u. 1 cm Hg A. gefüllt. Weiterhin wurde eine Ionisationskammer von 30 cm Durchmesser u. 50 cm Länge, gefüllt mit Ar bis zu 42 at, benutzt. (J. sci. Res. Inst. [Tokyo] **48.** 80—102. Juni 1954. Cosmic Ray Labor., Itabashi Branch. [Orig.: engl.]) M. WIEDEMANN. 85

Kaichi Maeda und **Masami Wada,** *Atmosphärischer Temperatureffekt auf die Höhenstrahlintensität auf Seehöhe.* Die Temp. bestimmt die Intensität der μ-Mesonen auf Seehöhe durch ihren Einfl. 1. auf die Erzeugungsrate u. 2. auf den μ-Zerfall. Beide Temperatureffekte werden berechnet. Der erste Effekt ist positiv, er steigt mit der Energie an u. überwiegt in den oberen Schichten der Atmosphäre, seine Grenze beträgt 0,4%/C^0. Der zweite Effekt ist negativ u. nimmt mit der Energie ab. (J. sci. Res. Inst. [Tokyo] **48.** 71—79. Juni 1954. Meteorolog. Res. Inst. [Orig.: engl.]) M. WIEDEMANN. 85

K. Hintermann, *Messungen an Elektronenpaaren, erzeugt durch γ-Strahlung in 4550 m Höhe (Monte Rosa).* Ein Stapel ILFORD G 5-Emulsionen von 0,6 mm Dicke u. 3 × 4″ Fläche wurde 20 Tage auf 4550 m (48° 30′) exponiert. Es wurden 212 durch Photonen erzeugte Paare gefunden, bei einem Teil wurden Messungen des Divergenzwinkels, der Richtung der Winkelhalbierenden u. der Vielfachstreuung nach der Sagitta-Meth. zur Ermittlung der Energie durchgeführt. Der Zusammenhang zwischen Energie u. Divergenzwinkel stimmt mit der Theorie von BORSELLINO, die auf der BETHE-HEITLER-Formel beruht, überein. Das aus den Messungen ermittelte Photonenspektr. zeigt einen exponentiellen Abfall gegen große Energien mit einem integralen Exponenten von $-1{,}36 \pm 0{,}1$ u. einem differentiellen von $-2{,}36 \pm 0{,}1$. Die Richtungsverteilung kann durch $A \cos^{n+1} \Theta$ mit $n + 1 = 4{,}5$ u. Θ = Neigung zur Vertikalen wiedergegeben werden. (Helv. physica Acta **27.** 125—43. 1/5. 1954. Bern, Univ., Physikal. Inst.) M. WIEDEMANN. 85

L. Jurkiewicz, *Über den Einfluß von Photonen niedriger Energie (2–7 MeV) auf die Absorptionskurve ausgedehnter Luftschauer in Blei.* Mittels 3 GEIGER-Zählertafeln mit einer Fläche von je 0,374 m^2, die sich an den Ecken eines gleichseitigen (3,4 m) Dreiecks befanden, wurden Koinzidenzmessungen mit einem aus 2 Tafeln von 0,291 m^2 bestehenden Teleskop ausgeführt, das in 10 cm Pb eingeschlossen war, darüber befand sich der Pb-Absorber von 3 mm bis 25 cm Dicke. Es wurde gefunden, daß die durchdringenden Photonen niedriger Energie zwischen 17 mm u. 20 cm, hauptsächlich bei 8 cm, an der Registrierung der Kaskadenschauerteilchen beteiligt sind. (Bull. Acad. polon. Sci., Cl. III. **2.** 329—34. 1954. Krakau, Polish Acad. of Sci., Inst. of Phys., Labor. of Nucl. Phys.) M. WIEDEMANN. 85

J. M. Massalski, *Die Übergangskurve der Photonenkomponente ausgedehnter Luftschauer.* (Vgl. vorst. Ref.) Mit der (l. c.) beschriebenen App. wurde die Übergangskurve der Photonenkomponente ausgedehnter Luftschauer in Pb aufgenommen. Die Kurven für Schauerelektronen u. Photonen sind wiedergegeben, das Verhältnis der Anzahl der

Photonen zu der Anzahl der Elektronen in den Schauern, die auf die App. fielen, ergab sich zu 1,0 ± 0,3. (Bull. Acad. polon. Sci. Cl. III. **2.** 335—40. 1954.) M. WIEDEMANN. 85

M. Markow und **W. Stachanow**, *Über den möglichen β-Zerfall von Hyperonen und K-Mesonen.* Vff. weisen darauf hin, daß wegen der hohen oberen Grenze des β-Spektr. von 350 $m_e c^2$ die Wahrscheinlichkeit eines β-Zerfalls des $\Lambda^0 \rightarrow P + e^- + \nu\, 10^{10}$ gegenüber demjenigen nach $\Lambda^0 \rightarrow \pi^- + P$ betragen müßte, falls das Λ^0 einem Neutron ähnlich ist, also keinen hohen Spin besitzt. Ähnliche Betrachtungen gelten für den Zerfall des K-Mesons unter Emission eines FERMI-Teilchens. (Журнал Экспериментальной и Теоретической Физики [J. exp. theoret. Physik] **28.** 740. Juni 1955. Physikal. Lebedew-Inst. der Akad. der Wiss. der UdSSR.) M. WIEDEMANN. 90

K. M. Case, *Hamiltonsche Form der Spinwellen-Integralgleichungen.* Mathemat. Ableitungen der Spin-Null- u. Spin-Eins-Wellengleichungen. (Physic. Rev. [2] **100.** 1513—14. 1/12. 1955. Berkeley, Calif., Univ. of California, Dep. of Phys., Radiat. Labor.) GERHARD SCHMIDT. 90

Reinhard Oehme, *Dispersionsbeziehungen für Pion–Nucleon-Streuung.* 1. Mitt. *Die „Spin–Flip"-Amplitude.* Mathemat. Ableitungen. (Physic. Rev. [2] **100.** 1503—12. 1/12. 1955. Chicago, Ill., Univ. of Chicago, Inst. for Nucl. Stud.) GERHARD SCHMIDT. 90

Wilhelm Macke, *Wellenmechanische Behandlung des Fermi-Gases.* Beschreibung der wellenmechan. Behandlung eines FERMI-Gases bei Verwendung einer verallgemeinerten RITZ-Methode. (Physic. Rev. [2] **100.** 992—93. 15/11. 1955. São Paulo, Ist. de Fís. Teór.) GERHARD SCHMIDT. 90

N. H. March, *Zustandsgleichungen von Elementen aus der Thomas–Fermi-Theorie.* Analyt. u. numer. Methoden zur Berechnung von unmodifizierten u. verbesserten Zustandsgleichungen sowie der auf Austausch beruhenden Modifikationen. (Proc. physic. Soc., Sect. A **68.** 726—34. 1/8. 1955. Sheffield, Univ., Dep. of Phys.) GERHARD SCHMIDT. 90

R. O. A. Robinson, *Die Bethe-Salpeter-Gleichung für Mehrkörpersysteme.* Vereinfachung der mathemat. Verff. bei Überführung der BETHE-SALPETER-Gleichung auf die SCHRÖDINGER-Form einer Wellengleichung mittels formaler Modifizierung des Wechselwirkungsprozesses für Systeme mehrerer Teilchen. (Canad. J. Physics **33.** 369—82. Juli 1955. Toronto, Ont., Univ., Dep. of Math.) GERHARD SCHMIDT. 90

W. P. Ssilin, *Zur Arbeit „Über Anregungsspektren eines Mehrteilchensystems"*. (Vgl. C. **1955.** 9718.) Für den Fall von Teilchen mit verschied. Spinzuständen wird das Anregungsspektr. neu berechnet. Das Spektr. von Teilchen eines BOSE-Gases mit dem Spin 1 hat den Charakter eines Spektr. von Teilchen ohne Wechselwrkg., es kann keine Superfluidität zeigen. Diese Eig. wird demnach bei *He* nicht nur durch die BOSE-Statistik, sondern auch durch das Fehlen eines Spins verursacht. (Журнал Экспериментальной и Теоретической Физики [J. exp. theoret. Physik] **28.** 749—50. Juni 1955. Physikal. Lebedew-Inst. der Akad. der Wiss. der UdSSR.) M. WIEDEMANN. 90

L. S. Kisslinger, *L–S-Wechselwirkung in Kernen.* (Sitzungsbericht.) (Physic. Rev. [2.] **100.** 1240. 15/11. 1955. Indiana Univ.) GERHARD SCHMIDT. 90

R. W. King, *Loch-Teilchen-Beziehungen und j–j-Kopplung.* (Sitzungsbericht.) (Physic. Rev. [2] **100.** 1240—41. 15/11. 1955. Purdue Univ.) GERHARD SCHMIDT. 90

H. S. Green, *Kovariante Behandlung der Nucleon–Nucleon-Wechselwirkung.* Durch eine Modifizierung der FREDHOLMschen Theorie erhält Vf. eine approximative kovariante Lsg. der SALPETER-BETHE-Gleichung. (Proc. physic. Soc., Sect. A **68.** 577—84. 1/7. 1955. Adelaide, Univ.) GERHARD SCHMIDT. 90

Shoroku Ohnuma und **David Feldman**, *Phasenverschiebungsanalyse von Nucleon–Nucleon-Streuung bei 150 MeV.* (Sitzungsbericht.) (Physic. Rev. [2] **100.** 1241. 15/11. 1955. Univ. of Rochester.) GERHARD SCHMIDT. 90

Satio Hayakawa und **Shiro Yoshida**, *Unelastische Streuung durch Rotationsanregung.* Mathemat. Ableitung des Ausdruckes für den totalen Wirkungsquerschnitt für den Fall, daß ein Kern zum ersten Rotationsniveau durch die unelast. Streuung eines Nucleons angeregt wird. (Proc. physic. Soc., Sect. A **68.** 656—58. 1/7. 1955. Kyoto, Univ., Res. Inst. for Fundament. Phys.) GERHARD SCHMIDT. 90

Michael J. Moravcsik, *Coulomb-Streuung von Elektronen bei sehr kleinen Winkeln.* Für die Diskussion der elektrostat. Streuung stark relativist. Elektronen unter sehr kleinen Winkeln wird die HARTREE-Wellenfunktion zur Berechnung der Abschirmeffekte für die kleinsten Winkel benutzt. (Physic. Rev. [2] **100.** 1009—12. 15/11. 1955. Ithaca, N. Y., Cornell Univ., Labor. for Nucl. Stud.) GERHARD SCHMIDT. 90

A. W. Blackstock, R. H. Ritchie und **R. D. Birkhoff,** *Mittlere freie Weglänge für diskrete Elektronenenergieverluste in metallischen Folien.* Vff. untersuchen die beim Durchgang eines Elektronenbündels durch eine dünne Folie beobachteten diskreten Energieverluste als eine Funktion der einfallenden Energie. Bei den Verss. werden Folien von *Al, Mg* u. *Cu* mit Dicken von 14—85 μg/cm² mit Elektronen von 25—115 keV beschossen. Verluste erscheinen bei Vielfachen von 14,9 bzw. 10,7 eV für Al u. Mg, wogegen nur ein Verlust in Cu bei 22,6 eV gefunden wird. Die mittleren freien Weglängen für die Verluste liegen im Bereich von 25 $\pm$ 10, 165 $\pm$ 55 bzw. 99 $\pm$ 30 μg/cm² für die untersuchten Metalle. Die Größen der Verluste stimmen mit der Plasma-Schwingungstheorie für Al u. Mg überein, wenn die Anzahl der freien Elektronen pro Atom gleich der Valenz gewählt wird. Die mittlere Weglänge als Funktion der Energie stimmt für Al mit der theoret. Kurve überein. (Physic. Rev. [2] **100.** 1078—83. 15/11. 1955. Oak Ridge, Tenn., ORNL, Health Phys. Div.) Gerhard Schmidt. 90

H. H. Seliger, *Durchlässigkeit von Positronen und Elektronen.* Vf. bestimmt die Durchlässigkeit monoenerget. Bündel von Positronen u. Elektronen mit Energien bis zu 960 keV in *Al,* Messing, *Ag, Sn, Pb* u. *Au.* Der Absorber bildet das Fenster eines 2π-Zählers, dessen Zählwirksamkeit besser als 99% bis herab zu einigen hundert eV ist. Teilchen aus einer radioakt. Quelle fallen senkrecht auf das Absorberfenster des Zählers. Die totale Durchlässigkeit wird demnach unabhängig vom Vorwärtswinkel des Austritts oder von dem partiellen Energieverlust gemessen. Es zeigt sich, daß Positronen in größerem Maße als Elektronen mit Ausnahme bei niedrigen Energien in Al durchgelassen werden. Die Übereinstimmung mit den theoret. Berechnungen ist qualitativ gegeben. Der Verlauf der Durchlässigkeitskurven wird halbquantitativ mit den Voraussagen der Spencer-Theorie der Elektronendurchdringung verglichen. (Physic. Rev. [2] **100.** 1029—37. 15/11. 1955. Washington, D. C., NBS.) Gerhard Schmidt. 90

J. Joseph, *Multiple Photonenerzeugung aus der Elektronenpaarvernichtung.* (Sitzungsbericht.) (Physic. Rev. [2] **100.** 1241. 15/11. 1955. State Univ. of Iowa.) Gerhard Schmidt. 90

F. Rohrlich und **J. Joseph,** *Beitrag des Elektrons zur Paarerzeugung in atomarem Wasserstoff.* (Vgl. vorst. Ref.) (Sitzungsbericht.) (Physic. Rev. [2] **100.** 1241. 15/11. 1955.) Gerhard Schmidt. 90

A. Ádám, L. Jánossy und **P. Varga,** *Koinzidenzen zwischen in kohärenten Lichtstrahlen enthaltenen Photonen.* Ein Lichtstrahl wurde beim Auftreffen auf einen halbdurchlässigen Spiegel in kohärente Komponenten aufgespalten, deren Photonen mittels Photomultiplier registriert wurden. Mit einem Verstärker des üblichen Auflösungsvermögens konnten Koinzidenzen nachgewiesen werden. Zur Kontrolle wurden die Photomultiplier kohärenten u. gleich starken inkohärenten Strahlen ausgesetzt, es ergab sich keinerlei Unterschied, gemessen wurden also nur zufällige Koinzidenzen. Der Anteil der echten Koinzidenzen lag sicher unter 0,6%. (Acta physica Acad. Sci. hung. **4.** 301—15. 1955. Budapest, Zentralforschungsinst. für Phys., Abt. für kosm. Strahlen.) M. Wiedemann. 90

P. Ss. Baranow und **W. I. Goldanski,** *Ausbeute und Winkelverteilung von Photoneutronen hoher Energie.* Die Erzeugung von Photoneutronen aus *Be, C, Al* u. *Pb* in Schichten von 2,7, 4, 3 cm u. 2 mm durch Photonen bis zu 250 MeV wurde untersucht. Zum Nachw. der Neutronen dienten Kristalle aus Stilben oder Tolan, in denen die Rk. $^{12}C(n, 2n)^{11}C$ erfolgte. Die Intensität der γ-Strahlung wurde mittels einer Ionisationskammer gemessen. Die Winkelverteilungen der Neutronen mit mehr als 30 MeV zeigten ein Maximum bei 45°, die Ausbeute stieg in C mit der maximalen γ-Energie an, die Ausbeute bei 90° stieg ferner mit der Massenzahl A an. Bei dem Prozeß dürften sich die Spaltung des „Quasideuterons" u. die Entstehung von Photosternen durch die Photomesonen überlagern. (Журнал Экспериментальной и Теоретической Физики [J. exp. theoret. Physik] **28.** 746—48. Juni 1955. Physikal. Lebedew-Inst. der Akad. der Wiss. der UdSSR.) M. Wiedemann. 90

S. Hochberg, H. S. W. Massey, H. Robertson und **L. H. Underhill,** *Die Streuung von Nucleonen an α-Teilchen — Bestimmung der Spin-Bahn-Wechselwirkung.* (Vgl. C. **1956.** 9.) Berechnung der p-Phasen für die Streuung von Neutronen an α-Teilchen nach der Resonanzgruppenstrukturmeth. bei vorgegebener Wechselwrkg. zwischen den Nucleonen. Es wird die Best. des Parameterwertes S angestrebt, der am besten mit den beobachteten Streudaten verträglich ist. (Proc. physic. Soc., Sect. A **68.** 746—53. 1/8. 1955. London, Univ. Coll., Dep. of Phys.) Gerhard Schmidt. 90

L. Marshall und **J. Marshall,** *Die durch elastische Streuung hervorgerufene Polarisationsrichtung des Protonenspins.* 450 MeV-Protonen werden im Inneren eines Cyclotrons an Be nach rechts gestreut, dabei zu 60% polarisiert u. außerhalb in einem Cu-Absorber auf 0—20 MeV verlangsamt, dann an He von 1 at gestreut u. in Kernemulsionen nachgewiesen. Für ~3 MeV-Protonen wird bevorzugt Streuung nach rechts gemessen, woraus geschlossen wird, daß das auf He treffende Protonenbündel mit Spin nach unten polarisiert ist im Einklang mit der Annahme, daß Spin–Bahn-Wechselwrkg. die Polarisation verursacht. (Nature [London] **174.** 1184—85. 25/12. 1954. Chicago, Ill., Univ. of Chicago, Inst. for Nucl. Stud.) D. GEISSLER. 90

William Rarita, *Proton–Proton-Streuung bei 1 GeV.* (Sitzungsbericht.) (Physic. Rev. [2] **100.** 1241. 15/11. 1955. Case Inst. of Technol.) GERHARD SCHMIDT. 90

B. W. Rybakow, *Reichweite von Protonen in mittleren und schweren Elementen.* Mittels des Protonenbündels eines 7,3 MeV-Cyclotrons wurde die Reichweite, in mg/cm² Al ausgedrückt, in Fe, Cu, Mo, Cd, Sn, Ta u. Pb bestimmt. In das Bündel wurden Filter aus den betreffenden Stoffen gebracht, die Protonen wurden in einem FARADAY-Käfig aufgefangen u. die Ladung elektrometr. bestimmt. Die Reichweite der Protonen in Al wurde auf $\pm 0{,}5$ mg/cm² genau ermittelt, hieraus dann mittels einer Standardkurve die Energie u. dann die dieser Energie entsprechende Reichweite in den anderen Stoffen bestimmt. Aus dem Nomogramm ist für Energien von 1—7,4 MeV u. $Z > 10$ die Reichweite auf 1—2% genau abzulesen. (Журнал Экспериментальной и Теоретической Физики [J. exp. theoret. Physik] **28.** 651—54. Juni 1955. Akad. der Wiss. der UdSSR.) M. WIEDEMANN. 90

G. E. Tauber und **T. Y. Wu,** *Self-consistent-Behandlung des kernunabhängigen Teilchenmodells.* (Sitzungsbericht.) (Physic. Rev. [2] **100.** 1240. 15/11. 1955. Nat. Res. Counc.) GERHARD SCHMIDT. 90

G. K. Zjunaitiss und **A. P. Jutziss,** *Zweikonfigurationsannäherung für zwei niedrige Konfigurationen des Boratoms.* Für 2 niedrige Konfigurationen des B-Atoms $1s^2\,2s^2\,2p$ (**I**) u. $1s^2\,2s^2\,3s$ (**II**) wird die Gleichung des self-consistent-Feldes ohne Berücksichtigung des Quantenaustausches gelöst. Vff. erhalten auf diese Weise die Zweikonfigurationsnäherung $1s^2\,2s^2\,2p^k\,3s^{1-k} - 1s^2\,2p^{k+2}\,3s^{1-k}$ ($k = 1{,}0$). Sie bestimmen die Energie, der Unterschied beträgt gegenüber der Einkonfigurationsnäherung für **I** —0,025, für **II** —0,033 Atomeinheiten. Weiterhin wird der Masseneffekt des Überganges **II–I** ermittelt. Die Wahrscheinlichkeit ist bei der Zweikonfigurationsänderung um 14% erniedrigt. (Журнал Экспериментальной и Теоретической Физики [J. exp. theoret. Physik] **28.** 452—57. April 1955. Wilna, Univ., Physikal.-techn. Inst. der Akad. der Wiss. der LitauischenSSR.) M. WIEDEMANN. 95

L. A. Korosstylewa, A. R. Striganow und **N. M. Jaschin,** *Hyperfeinstruktur der Spektrallinien und die Kernspins von ²³³U und ²³⁹Pu.* Unter Verwendung von U_3O_8 u. PuO_2 wurde die Hyperfeinstruktur von ^{233}U u. ^{239}Pu untersucht. Vff. benutzten eine Entladungsröhre mit Vollkathode, ein FABRY-PÉROT-Interferometer u. einen Dreiprismenspektrographen. Von den 12 Linien des ^{233}U waren 5 in 6 Komponenten aufgespalten, woraus sich $I = 5/2$ ergibt. Die Linie 5915,40 Å von 0,323 cm^{-1} Breite wurde genauer untersucht. Die Ungültigkeit der Intervallregel spricht für die Existenz eines Quadrupolmoments. Vermutlich hat das magnet. Moment von ^{233}U ein negatives Vorzeichen u. ist 1,5mal so groß wie das von ^{235}U. Bei ^{239}Pu wurden ~70 in 2 Komponenten aufgespaltene Linien gefunden, demnach $I = 1/2$. Die Linienbreite liegt zwischen 0,04 u. 0,2 cm^{-1}. (Журнал Экспериментальной и Теоретической Физики [J. exp. theoret. Physik] **28.** 471—79. April 1955.) M. WIEDEMANN. 95

A. R. Striganow, L. A. Korosstylewa und **Ju. P. Donzow,** *Isotopenverschiebung im Spektrum von Plutonium.* (Vgl. vorst. Ref.) Mit der l. c. beschriebenen Anordnung wurde im Bereich 4100—6500 Å die Isotopenverschiebung an einer Mischung $^{239+240}$Pu untersucht. 13 Linien zeigten reine Isotopenstruktur, 6 Isotopen- u. Hyperfeinstruktur. Es wurde mit einer Ausnahme an allen Linien negative Verschiebung beobachtet, d. h. eine Verschiebung von ^{240}Pu nach der Seite kleinerer Wellenzahlen. Die Größe der Verschiebung lag zwischen 0,08—0,29 cm^{-1}. Auf Grund der Ergebnisse diskutieren Vff. das Termschema u. die Elektronenkonfiguration im Pu-Atom. (Журнал Экспериментальной и Теоретической Физики [J. exp. theoret. Physik] **28.** 480—84. April 1955.) M. WIEDEMANN. 95

E. L. Church und **J. Weneser,** *Elektrische Monopolübergänge in Atomkernen.* (Vgl. C. **1956.** 7131.) (Sitzungsbericht.) (Physic. Rev. [2] **100.** 1241—42. 15/11. 1955. Brookhaven Nat. Labor.) GERHARD SCHMIDT. 95

H. H. Barschall und **S. E. Darden,** *Stärkefunktion von Kernenergieniveaus.* (Sitzungsbericht.) (Physic. Rev. [2] **100.** 1242. 15/11. 1955. Univ. of Wisconsin.) GERHARD SCHMIDT. 95

D. L. Livesey, *Eine Bemerkung über Kerntemperaturen bei niedrigen Anregungsenergien.* Hypothet. Betrachtung des Zusammenhanges zwischen Niveaudichten u.

Kerntempp. bei einem Wert, der durch die Zustandsgleichung des FERMI-Gases nahe 10 MeV gegeben ist. (Canad. J. Physics **33.** 391—93. Juli 1955. Kingston, Ontario, Can., Queen's Univ., Phys. Dep,) GERHARD SCHMIDT. 103

Allen Odian, Bernard Feld, William Rankin, Peter Stein, Albert Wattenberg und **Roy Weinstein,** *Energiereiche Photoneutron–Proton-Paaraussendung aus Kernen.* (Sitzungsbericht.) (Physic. Rev. [2] **100.** 1241. 15/11. 1955. Massachusetts Inst. of Technol.) GERHARD SCHMIDT. 103

Stanley H. Vegors jr. und **Peter Axel,** *γ-Strahlen-induzierte Isomere mit Halbwertszeiten zwischen 10^{-5} und 10^{-1}-Sekunden.* (Sitzungsbericht.) (Physic. Rev. [2] **100.** 1238. 15/11. 1955. Univ. of Illinois.) GERHARD SCHMIDT. 103

David W. Martin, S. Bradley Burson und **James M. Cork,** *Zerfall von ^{49}Ca (8,4 Minuten).* (Sitzungsbericht.) (Physic. Rev. [2] **100.** 1236. 15/11. 1955. Argonne Nat. Labor.) GERHARD SCHMIDT. 103

H. Morinaga und **E. Bleuler,** *Scandium 50.* (Sitzungsbericht.) (Physic. Rev. [2] **100.** 1236. 15/11. 1955. Purdue Univ.) GERHARD SCHMIDT. 103

Norwood Gove, Fred A. Smith und **R. A. Becker,** *Strahlungen von ^{91}Mo.* (Sitzungsbericht.) (Physic. Rev. [2] **100.** 1236. 15/11. 1955. Univ. of Illinois.) GERHARD SCHMIDT. 103

F. D. Benedict und **G. Tice,** *Winkelverteilung der γ-Strahlen bei Coulomb-Anregung.* Frühere Berechnungen (vgl. BREIT u. Mitarbeiter, Physic. Rev. [2] **100.** [1955.] 429) des Winkelkorrelationskoeff. für COULOMB-Anregung des 330 keV-Niveaus in ^{194}Pt werden erweitert u. analoge Berechnungen für das 550 keV-Niveau von ^{114}Cd durchgeführt. Die theoret. Ergebnisse werden zusammen mit den experimentellen Werten von Pt u. Cd aufgetragen. Die Koeffizienten bei dünnem Target zeigen die korrekte Abhängigkeit von Energie u. Kernladung. (Physic. Rev. [2] **100.** 1545. 1/12. 1955. New Haven, Conn., Yale Univ.) GERHARD SCHMIDT. 103

Lee Grodzins und **Henry Motz,** *Zerfall des 72 Sekunden- und 49 Tage-^{114}In.* (Sitzungsbericht.) (Physic. Rev. [2] **100.** 1236. 15/11. 1955. Brookhaven Nat. Labor.) GERHARD SCHMIDT. 103

William E. Graves und **Allan C. G. Mitchell,** *Zerfall von ^{129}Te.* (Sitzungsbericht.) (Physic. Rev. [2] **100.** 1236. 15/11. 1955. Indiana Univ.) GERHARD SCHMIDT. 103

R. B. Duffield, M. E. Bunker, J. P. Mize und **J. W. Starner,** *Zerfall von ^{138}Cs.* (Sitzungsbericht.) (Physic. Rev. [2] **100.** 1236—37. 15/11. 1955. Los Alamos Scient. Labor.) GERHARD SCHMIDT. 103

J. M. Cork, M. K. Brice, D. W. Martin, L. C. Schmid und **R. G. Helmer,** *Kernniveaus in ^{169}Tm, ^{175}Cp und ^{177}Cp, aus den radioaktiven Isotopen von Yb abgeleitet.* (Sitzungsbericht.) (Physic. Rev. [2] **100.** 1237. 15/11. 1955. Univ. of Michigan.) GERHARD SCHMIDT. 103

Charles H. Pruett und **Roger G. Wilkinson,** *Elektroneneinfangzerfall von ^{185}Os und die angeregten Zustände von ^{185}Re.* (Sitzungsbericht.) (Physic. Rev. [2] **100.** 1237. 15/11. 1955. Indiana Univ.) GERHARD SCHMIDT. 103

D. R. Connors, W. C. Miller und **B. Waldman,** *Energiebestimmung von ^{198}Au-Konversionselektronen.* (Sitzungsbericht.) (Physic. Rev. [2] **100.** 1237. 15/11. 1955. Univ. of Notre Dame.) GERHARD SCHMIDT. 103

G. T. Wood und **P. S. Jastram,** *Richtungs- und Polarisations-Richtungskorrelationen in ^{208}Pb-γ-γ-Kaskaden.* (Sitzungsbericht.) (Physic. Rev. [2] **100.** 1237. 15/11. 1955. Washington Univ.) GERHARD SCHMIDT. 103

A. N. Murin, B. K. Preobrashenski und **N. Je. Titow,** *Radiochemische Untersuchung der Produkte von Splitterungs- und Spaltungskernreaktionen bei dem Beschuß von Wismut mit 660 MeV-Protonen.* 3—6 mm dicke Schichten von metall. Bi oder von Bi_2O_3-Pulver wurden mit 660 MeV-Protonen beschossen u. nach Zugabe von 10—20 mg inakt. Trägermaterial die folgenden 24 Isotope von 17 Elementen isoliert u. ihre Ausbeute bestimmt: ^{208}Po, ^{206}Po, ^{206}Bi, ^{205}Bi, ^{203}Pb, ^{202}Tl, ^{201}Tl, ^{200}Tl, ^{197}Hg, ^{196}Au, ^{195}Au, ^{194}Au, ^{190}Ir, ^{188}Ir, ^{188}Pt, ^{185}Os, ^{178}W, ^{134}Ce, ^{128}Ba, ^{111}Ag, ^{99}Mo, ^{89}Sr, ^{67}Cu u. ^{59}Fe. Die chem. Verff. sind angeführt. Zum Vgl. diente u. a. der Wirkungsquerschnitt von 11 mbarn für die Rk. ^{27}Al(p; 3p,n)^{24}Na. β-Strahler wurden durch ihre Absorptionskurven charakterisiert, α-Strahlung mittels der Ionisationskammer u. Elektroneneinfang durch Messung der Röntgen- u. Fluorescenzstrahlung nachgewiesen. Der Wirkungsquerschnitt der Spaltung betrug 7% von dem der Splitterung aus dem Kern, bei 480 MeV-Protonen nur 5%. Bei der Spaltung werden im Mittel 15—16 Nucleonen, meist Neutronen, bei der Splitterung 2 Protonen u. 8 Neutronen emittiert. Die mittlere Anregungsenergie der Kerne, die sich beim Kernkaskadenprozeß bilden, wird auf 90 MeV geschätzt. (Известия Академии Наук

СССР, Отделение Химических Наук [Nachr. Akad. Wiss. UdSSR, Abt. chem. Wiss.] **1955.** 577—85. Juli/Aug. Strahlungsinst. Chlopin der Akad. der Wiss. der UdSSR.) M. WIEDEMANN. 103

R. Nathans und **J. Halpern,** *Systematik von Photoneutronenreaktionen.* (Vgl. C. **1956.** 9346.) Unter Verwendung der l. c. angeführten Meth. des direkten Neutronennachw. messen Vff. die Photoneutronenausbeuten aus 13 Isotopen verschied. Elemente bei Betatronbremsstrahlung mit Energien vom Schwellenwert bis zu 24 MeV. Vier angereicherte BF_3-Proportionalzähler sind symm. in einer Entfernung von 13,5 cm vom Target angeordnet. Die Neutronenausbeuten werden in 0,5 MeV-Intervallen mit einer statist. Genauigkeit, die im allg. besser als 1% ist, aufgenommen. Die aus der Gesamtneutronenausbeute aufgestellten Anregungsfunktionen zeigen das charakterist. große Dipolresonanzverh. für die untersuchten Elemente (^{12}C, ^{31}P, ^{51}V, ^{55}Mn, ^{59}Co, ^{75}As, ^{93}Nb, ^{103}Rh, ^{127}J, ^{181}Ta, ^{197}Au, ^{209}Bi u. ^{238}U). In der tabellar. Übersicht werden die wichtigsten Parameter für die Resonanzen angegeben, wobei σ_m den Maximalwert des Wirkungsquerschnitts, $E\sigma_m$ die Energie, bei der dieses Maximum auftritt, Γ die Breite der Resonanz beim halben Maximum u. $\int \sigma dE$ den integrierten Wirkungsquerschnitt bis 25 MeV darstellen. Die logarithm. Darst. von $E\sigma_m$ in Abhängigkeit von der Massenzahl liefert $E\sigma_m = 38{,}5 \cdot A^{-0{,}19}$ in Übereinstimmung mit den Ergebnissen verschied. anderer Autoren. (Physic. Rev. [2] **92.** 207. 1/10. 1953. Philadelphia, Pa., Univ. of Pennsylvania.) GERHARD SCHMIDT. 103

R. Nathans und **J. Halpern,** *Systematik von Photoneutronenreaktionen.* (Vgl. vorst. Ref.) Ausführliche Wiedergabe der Versuchsanordnung u. des Verlaufs der Anregungsfunktionen für die l. c. untersuchten Elemente. (Physic. Rev. [2] **93.** 437—42. 1/2. 1954.) GERHARD SCHMIDT. 103

N. A. Perfilow, O. W. Loshkin und **W. P. Schamow,** *Über die Spaltausbeute und Sternbildung beim Einfang von π^--Mesonen durch Uran-, Wismut- und Wolframkerne.* (Vgl. C. **1956.** 6008.) Mittels photograph. Emulsionen aus 3 Schichten, von denen die mittlere mit Kristallen von U_3O_8, Bi_2O_3 oder WO_3 mit mittleren Durchmessern von 1,6, 5 bzw. 3 μ versetzt war, wurde die Wechselwrkg. langsamer π^--Mesonen mit den schweren Kernen untersucht. Die Wahrscheinlichkeit der Kernspaltung steigt mit steigendem Z stark an, sie betrug für U $\sim$0,3, für Bi 0,02 u. für W 0,002. Daneben wurden sogenannte Sterne mit einem oder keinem Zacken gebildet. Wahrscheinlich kommt es bei hoher Anregung der Kerne (bis zu 100 MeV) zunächst zur Emission von Teilchen, meist Neutronen, u. bei geringer Anregung zur Emission von γ-Strahlung. Erst nach dem Verlust einer gewissen Anzahl von Neutronen (8—16) erfolgt die Kernspaltung. (Журнал Экспериментальной и Теоретической Физики [J. exp. theoret. Physik] **28.** 655—63. Juni 1955. Strahlungsinst. der Akad. der Wiss. der UdSSR.) M. WIEDEMANN. 103

N. A. Perfilow und **N. Ss. Iwanowa,** *Spaltung schwerer Kerne durch langsame π^--Mesonen.* (Vgl. vorst. Ref.) Mit U-, Pb- u. W-Salzen getränkte Photoemulsionen wurden langsamen π^--Mesonen ausgesetzt. Beim U wurden 356 Spaltungen beobachtet. Wird angenommen, daß U nur in der Gelatine u. nicht in den AgBr-Kristallen verteilt ist, so ergibt sich die Wahrscheinlichkeit der Spaltung zu $0{,}42 \pm 0{,}15$. Die Weglängen der Fragmente zeigten ein deutliches Maximum bei $\sim 12\ \mu$, die Summe beider ergab sich zu 23,7 μ. In $\sim$10% der Spaltungen wurde außerdem ein leichtes geladenes Teilchen emittiert, die Winkelverteilung war nahezu isotrop, meist handelte es sich um Protonen. Vff. entwickeln folgenden Mechanismus des Prozesses: Das auf eine der BOHRschen Bahnen des U-Atoms eingefangene Pion reagiert mit einem Nucleonenpaar (np oder pp), es kommt zu einer Anregung des Kerns u. zur Emission u. Verdampfung von Nucleonen, anschließend zum Zerfall des Kerns. (Журнал Экспериментальной и Теоретической Физики [J. exp. theoret. Physik] **28.** 732—34. Juni 1955.) M. WIEDEMANN. 103

O. W. Loshkin und **W. P. Schamow,** *Über die Wahrscheinlichkeit der Urankernspaltung beim Einfang langsamer π^--Mesonen.* (Vgl. vorst. Reff.) Photograph. Emulsionen wurden mit U-Acetat getränkt u. durch Zentrifugation mit 20000 U/Min. festgestellt, daß das U-Salz sich nur in der Gelatine befindet u. nicht von den AgBr-Kristallen adsorbiert wird. Auf diese Weise konnte die Wahrscheinlichkeit der U-Spaltung beim Einfang langsamer π^--Mesonen zu im Mittel 30% ermittelt werden. Dabei wurde vorausgesetzt, daß die Wahrscheinlichkeit des Einfangs proportional Z ist. (Журнал Экспериментальной и Теоретической Физики [J. exp. theoret. Physik] **28.** 739—40. Juni 1955.) M. WIEDEMANN. 103

G. Je. Belowitzki, T. A. Romanowa, L. W. Ssuchow und **I. M. Frank,** *Urankernspaltung unter der Wirkung langsamer π^--Mesonen und Teilchen hoher Energie.* Mit Uranacetat getränkte Photoemulsionen von 0,1 mm Dicke u. einer Empfindlichkeit für 30 MeV-Protonen wurden mit π^--Mesonen u. Neutronen des Synchrocyclotrons sowie mit γ-Strahlen des Synchrotrons beschossen. Unter 3000 π^- riefen 96 eine U-Spaltung hervor, in 15 Fällen wurde neben den beiden Fragmenten ein drittes Teilchen beobachtet. Durch Neutronen bis zu 460 MeV wurden 309 Spaltungen ausgelöst, davon waren 69 von der Emission eines oder mehrerer Teilchen begleitet, bei Neutronen bis zu 180 u. bis zu 14 MeV nahm diese Emission ab. Für γ-Strahlen betrug die Zahl der Spaltungen mit Emission eines weiteren Teilchens: bei Energien bis zu 250 MeV 45 unter 2066, bis zu 80 MeV 3 unter 614 u. bis zu 30 MeV 1 unter 717. Bei den emittierten Teilchen handelte es sich um Protonen u. α, die Winkelverteilung der letzteren war anisotrop, beide übernahmen nur einen geringen Anteil der dem U-Kern übertragenen Energie. Es dürfte sich weniger um Verdampfung als um Rückstoß von Nucleonen oder um Kaskadenprozesse im Kern handeln. (Журнал Экспериментальной и Теоретической Физики [J. exp. theoret. Physik] **28.** 729—32. Juni 1955. Physikal. Lebedew-Inst. der Akad. der Wiss. der UdSSR.) M. Wiedemann. 103

L. B. Magnusson, D. W. Engelkemeir, M. S. Freedman, F. T. Porter und F. Wagner jr., *Energieniveaus von ^{237}Np.* (Sitzungsbericht.) (Physic. Rev. [2] **100.** 1237. 15/11. 1955. Argonne Nat. Labor.) Gerhard Schmidt. 103

J. M. Hollander, W. G. Smith und **J. W. Mihelich,** *Energieniveaus von ^{239}Pu aus dem β-Zerfall von ^{239}Np.* (Sitzungsbericht.) (Physic. Rev. [2] **100.** 1238. 15/11. 1955. Univ. of California and Notre Dame Univ.) Gerhard Schmidt. 103

C. P. Keim, *Elektromagnetische Trennung stabiler Isotope.* Ausführliche Darst. der C. **1954.** 9452 referierten Arbeit. (Annu. Rev. Nuclear Sci. **1.** 263—92. 1952. Oak Ridge, Tenn., ORNL, Stable Isotopes Res. and Prod. Div.) G. Herrmann. 104

Z. Bay, V. P. Henri und **H. Kanner,** *Statistische Theorie der Versuche mit verzögerten Koinzidenzen.* Vff. zeigen, daß eine gleichmäßige u. eindeutige Reihe von Definitionen für alle Parameter, die zur Darst. solcher Messungen benötigt werden, in Ausdrücken experimentell beobachtbarer Größen ohne idealisierende Annahmen oder Approximationen formuliert werden kann. Mathemat. Ableitungen. (Physic. Rev. [2] **100.** 1197—1208. 15/11. 1955. Washington, D. C., George Washington Univ.) Gerhard Schmidt. 112

John H. Marshall, *Über Ionisationskammern mit flüssigem Argon von Zentimetergröße.* Beschreibung einer Parallelplatten-Gitterionisationskammer mit fl. Ar als Füllung u. einem zwischen 0,2 u. 2 cm veränderlichen Plattenabstand. Mit dem beschriebenen Hochspannungsfilter können bis 30 kV Spannung ohne Störimpulse angelegt werden. Die untere Energiegrenze für den Nachw. von β-Strahlen beträgt 150 keV, die Energieauflsg. 100 keV, beide werden durch das Verstärkerrauschen begrenzt. Die Impulsgröße wird durch Elektronenanlagerungen an Verunreinigungen des Ar vermindert, bereits 10^{-4}% O_2 genügen, um die beobachtete Verminderung gegenüber den erwarteten Werten zu erklären. (Rev. sci. Instruments **25.** 232—37. März 1954. Cambridge, Mass., MIT, Phys. Dep. u. Labor. for Nucl. Sci.) G. Herrmann. 112

J. Halpern, A. K. Mann und **R. Nathans,** *Ein Neutronennachweissystem für gepulste Beschleuniger.* Vff. beschreiben ein aus einem angereicherten BF_3-Proportionalzähler in einem Paraffinblock bestehendes Nachweissyst. für Neutronen, das die für langsame Neutronen zur Diffusion in einer Bremssubstanz erforderliche Zeit benutzt, um den Zähler zwischen den Impulsen eines Beschleunigers ansprechen zu lassen. Die App. hat einen Nachweiswirkungsgrad von 0,5% über einen weiten Bereich von Neutronenenergien. (Rev. sci. Instruments **23.** 678—80. Dez. 1952. Philadelphia, Pa., Univ. of Pennsylvania.) Gerhard Schmidt. 112

James R. Heirtzler, *Elektronenübergangszeiten in Geiger-Zählrohren.* Durch einen Funken wird aus der Wand eines Geiger-Zählrohrs ein Elektron ausgelöst u. die Zeit zwischen Funken u. Ankunft der Elektronenlawine auf dem Zähldraht mit einer Koinzidenzanordnung mit veränderlicher Verzögerung gemessen. Bei einem Zählrohr von 2,2 cm Durchmesser u. Ar-Löschgasfüllung liegen die Übergangszeiten bei der Einsatzspannung um 0,7—1,0 μsec. Sie ergeben eine Gausssche Verteilung mit $\sim$0,09 μsec Halbwertsbreite. Die Übergangszeiten sinken mit der Überspannung auf 0,3—0,5 μsec (+200 V), sind aber vom Gesamtdruck der Füllung wie vom Partialdruck des Löschgases nur wenig abhängig. (Rev. sci. Instruments **25.** 243—45. März 1954. Univ. Heights New York, N. Y., New York Univ.) G. Herrmann. 112

E. der Mateosian und **Luke C. L. Yuan,** *Oberflächeneffekt bei Natriumjodid-Scintillatoren.* Das Ansprechen von NaJ (Tl)-Kristallen auf α-Teilchen, die außerhalb des Kristalls entstehen, wird mit dem Ansprechen auf α-Teilchen, die im Kristall entstehen, verglichen. Ziel der Unters. ist es, mögliche Oberflächeneffekte bei α-Beschuß zu erkennen. Vff. zeigen, daß ein solcher Effekt zu klein zur Erklärung der Nichtlinearität des NaJ-Ansprechens auf α-Teilchen mit Energien $<$ 8 MeV ist. (Physic. Rev. [2] **90.** 868—69. 1/6. 1953. Upton, N. Y., BNL.) G. Zaeschmar. 112

Seymour J. Lindenbaum und **Aihud Pevsner,** *Ein Durchlässigkeits-Čerenkov-Zähler.* Vff. beschreiben einen ČERENKOV-Zähler von 7,5 × 7,5 cm Querschnitt u. 4 cm Dicke, an dessen schmalen Seiten gegenüberliegend zwei Photomultiplier angebracht sind. Die Zählrate für ein 87 MeV-π^--Mesonenbündel wird in Abhängigkeit von der Dicke vorgeschalteter C-Absorber gemessen, als Füllung des Zählers werden Terphenyl in Xylol, Terpentin, Äthylenglykol u. W. verwendet. Die Abhängigkeit der Reichweite der π- u. μ-Mesonen in C vom Brechungsindex der Zählerfüllung entspricht der Theorie. (Rev. sci. Instruments **25.** 285—86. März 1954. Upton, Long Island, N. Y., BNL and New York, Columbia Univ.) G. HERRMANN. 112

Lee C. Teng, *Elektrostatische Fokussierung mit alternierendem Gradienten für Linearbeschleuniger.* Vf. behandelt theoret. die Verwendung alternierend konvergenter u. divergenter elektrostat. Linsen in einem Linearbeschleuniger vom ALVAREZ-Typ. Die Fokussierungsbedingungen u. die Injektions- u. Extraktionslinsen werden berechnet u. das Verh. eines Teilchenbündels in dem Syst. beschrieben. (Rev. sci. Instruments **25.** 264 bis 268. März 1954. Minneapolis, Minn., Univ. of Minnesota, Dep. of Phys.) G. HERRMANN. 112

Wolfgang K. H. Panofsky und **J. A. McIntyre,** *Achromatische Bündeltranslationssysteme zur Verwendung mit dem Linearbeschleuniger.* Vff. beschreiben zwei magnet. Systeme zur parallelen Translation des Teilchenbündels eines Linearbeschleunigers, die eine einfache Festlegung der Energie u. der Energiebreite des Bündels gestatten, das außerdem frei von Sekundärteilchen ist. Bei einem Syst. wird das Bündel in einem Punkt abgebildet, der unabhängig von der Energie bleibt. Bei dem zweiten Syst. erfolgt eine parallele Translation des Bündels ohne Veränderung seiner Form. (Rev. sci. Instruments **25.** 287—90. März 1954. Stanford, Calif., Univ., Dep. of Phys. and W. W. Hansen Labor.) G. HERRMANN. 112

A_2. Optisches Verhalten der Materie.

R. Hanbury Brown und **R. Q. Twiss,** *Korrelation zwischen Photonen in zwei kohärenten Lichtbündeln.* Entw. eines Interferometertyps zur Messung des Winkeldurchmessers von Radiosternen. Das neue Syst. verwendet lange Basislinien, es erweist sich frei von Wirkungen ionosphär. Scintillation. Die Einzelheiten des Radioferometers werden angegeben; die theoret. u. experimentellen Korrelationswerte werden verglichen. (Nature [London] **177.** 27—29. 7/1. 1956. Manchester, Univ., Jodrell Bank Exper. Stat.; Baldock, Serv. Electron. Res. Labor.) GERHARD SCHMIDT. 113

Evry Schatzman, *Natur und Entwicklung der interstellaren Materie.* Zusammenfassender Bericht über den Stand der Kenntnisse von der Beschaffenheit der interstellaren Materie sowie der Entstehung u. Entw. der Sterne. (Astronomie Bull. Soc. astronom. France **68.** 445—68. Dez. 1954. Paris, La Sorbonne.) J. RUDOLPH. 113

B. A. Bagarjatzki und **N. I. Fedorowa,** *Spektrum des Polarlichtes im Bereich 9000—10500 Å.* Das Spektr. des Polarlichts bis zu 11500 Å wurde mit einem Prismenspektrographen geringer Auflsg. 1500 Å/mm bei 9000 Å untersucht. Das Spektr. im Bereich 7000—12000 wurde mit einem Spektrographen mit Diffraktionsgitter mit einer Dispersion von 230 Å/mm aufgenommen. Die Spektren in den Bereichen 7000—9000 Å, 9000—10500 Å u. 10500—12000 sind wiedergegeben, das erste stimmt mit früheren Bestimmungen überein. Bei den mittleren werden die Wellenlängen des Syst. $A^2\Pi-X^2\Sigma$ N^{2+} u. des ersten positiven Syst. N_2 mit den berechneten Werten verglichen. (Доклады Академии Наук СССР [Ber. Akad. Wiss. UdSSR] **103.** 1009—11. 21/8. 1955. Geophysikal. Inst. der Akad. der Wiss. der UdSSR.) M. WIEDEMANN. 113

Ss. G. Sljussarew, *Über den relativen Gehalt der Atmosphäre der Sterne vom Wolf-Rayet-Typ an Wasserstoff und Helium.* Aus dem Vgl. der gemessenen u. der nach der Theorie der Luminescenz bewegter Sternhüllen berechneten relativen Intensität der hellen Wasserstoff- u. ionisierten He-Linien ergab sich für die beiden Sterne vom WOLF-RAYET-Typ folgendes Verhältnis der Zahl der He-Atome zur Zahl der H-Atome: HD 192163: 5 u. BD + 35° 4013: 12, die Zus. ist also anomal. (Астрономический Журнал [Astronom. J.] **32.** 346—53. Juli/Aug. 1955.) M. WIEDEMANN. 113

J. C. Gunn, *Theorie der Strahlung.* Vf. gibt eine systemat. Darst. der Quantisierung von Feldern u. der Ableitung der renormalisierten S-Matrix mit Diskussion des Einfl. der Strahlungskorrektur. (Rep. Progr. Physics **18.** 127—83. 1955. Glasgow, Univ., Natural Philos. Dep.) H. LIEPACK. 114

Camille Duculot, *Abzählung der Schwingungsarten, die aus Grundschwingungen oder Kombination zwischen entarteten Schwingungen resultieren, mit besonderer Berücksichtigung der dreifach entarteten Schwingungen.* Vf. erläutert eine Meth. für die mathemat. Behandlung bes. von dreifach entarteten Mol.-Schwingungen. (J. Physique Radium **15.** 644—46. Juli/Sept. 1954. Paris, Sorbonne, Labor. de Rech. phys.) K. FRENKLER. 114

Marie Freymann, René Freymann, Raymond Rohmer und **Pierre Hamon,** *Absorptionsspektren von U(IV)-Salzen; Versuch zur Klassifikation nach den Schwingungsfrequenzen.* Von UCl_4 werden zwischen 14577 u. 20951 cm^{-1} 37 u. von UBr_4 zwischen 14586 u. 18175 cm^{-1} 21 Absorptionsbanden angegeben. Die Differenzen der Wellenzahlen liegen dicht bei folgenden Mittelwerten 93, 104, 141, 180, 341 u. 384 bei UCl_4 u. 110 u. 145 bei UBr_4. (C. R. hebd. Séances Acad. Sci. **230.** 1524—26. 24/4. 1950.)
G. KIRSCHSTEIN. 118

M. Hacskaylo und **P. Schwed,** *Weitere Beobachtungen über Farbzentrenvorstufen.* Ähnlich wie die einer elektrolyt. Behandlung unterzogenen, aber noch nicht verfärbten *NaCl*-Kristalle (A-Typ) (vgl. C. **1954.** 7118) eine viel leichtere F-Zentrenbldg. bei Röntgenbestrahlung zeigen u. eine Art Vorstufe für die F-Zentrenbldg. in Form zweier schwacher Absorptionsbanden W_1 bei 226 u. W_2 bei 285 mμ besitzen, zeigen auch ursprünglich additiv verfärbte NaCl-Kristalle nach elektrolyt. Entfärbung (B-Typ) eine größere Röntgenstrahlverfärbbarkeit (6,7 mal größere opt. Dichte der erzeugten F-Bande gegenüber n. Kristallen). Auch durch UV einer Hg-Niederdrucklampe werden im Gegensatz zu n. Kristallen bei den A- u. B-NaCl-Typen leicht F- u. R-Farbbanden erzeugt, die dank ihrer größeren Stabilität auch durch Erwärmen auf 550° viel weniger als bei n. NaCl-Proben entfärbt werden. F-Zentrenaufbau bzw. -abbau geht mit Erniedrigung bzw. Erhöhung der W-Banden Hand in Hand. (J. chem. Physics **23.** 1362—63. Juli 1955. Cleveland, O., Nat. Advis. Comm. for Aeronaut., Lewis Flight Propuls. Labor.)
J. RUDOLPH. 119

R. B. Gordon und **A. S. Nowick,** *Strukturempfindlichkeit der Röntgenverfärbung von NaCl-Kristallen.* (Vgl. auch C. **1956.** 5216.) Vff. untersuchten bei Zimmertemp. den Grad der Verfärbung von NaCl-Kristallen durch Röntgenstrahlen in verschied. Tiefen unter der bestrahlten Oberfläche u. für verschied. Arten von Deformation u. Wärmebehandlung. Aus den Ergebnissen folgt, daß in den Kristallen zwei verschied. Mechanismen der Verfärbung auftreten. Im 1. Fall („schneller Typ") erreicht die Verfärbung eine Sättigungsdichte an F-Zentren von der Größenordnung $10^{17}/cm^3$ u. entstammt offenbar einer Bldg. von Farbzentren aus Leerstellen, die bereits im unbestrahlten Kristall vorhanden waren. Im 2. Fall („langsamer Typ") erfolgt die Verfärbung mit gleichmäßiger Geschwindigkeit, bis F-Zentren im Überschuß ($10^{18}/cm^3$) gebildet sind; dieser Fall, der im allg. nur nahe der bestrahlten Oberfläche beobachtet wird, beruht auf der Bldg. von F-Zentren an Versetzungen u. erklärt die durch Röntgenstrahlung bewirkten Veränderungen der D. u. Härte. Der 1. Fall tritt sowohl in deformierten als auch in sorgfältig ausgeglühten Kristallen im selben Ausmaß auf, jedoch wird die Verfärbbarkeit durch eine auf die Deformation folgende Erholung bei niedriger Temp. verringert. Diese Resultate zeigen, daß die Beeinflussung der Verfärbung durch Deformation u. Wärmebehandlung hauptsächlich von der Art der Verteilung irgendwelcher „Verunreinigungen" (Gitterstörungen) abhängt. (Physic. Rev. [2] **101.** 977—83. 1/2. 1956. New Haven, Conn., Yale Univ., Hammond Metallurg. Labor.) G. RUBAN. 119

J. Schuyer, *Der Einfluß der Brechungszahl auf die Lichtabsorption von Lösungen.* Auf der Basis der ONSAGER-BÖTTCHER-Theorie entwickelt Vf. eine neue Formel, durch welche der Einfl. der Brechungszahl auf den mol. Extinktionskoeff. von Lsgg. berechnet werden kann. Gewisse Lösungsmitteltypen erlauben für verd. Lsgg. einige Vereinfachungen, die zu prakt. brauchbaren Näherungsformeln führen. An den Beispielen von *$\Delta^{9-9'}$-Bis-fluoren* (Lösungsm. = Bzl., CCl_4, C_6H_{12}), *$CoCl_2$* u. *$CuSO_4$* (Lösungsm. = H_2O + Glycerin; H_2O + $NaNO_3$; H_2O) zeigt Vf., daß seine Näherungsformeln besser mit den Experimenten übereinstimmen als die von CHAKO u. KORTÜM. (Recueil Trav. chim. Pays-Bas **72.** 933—49. Nov. 1953. Leyden, Univ., Labor. for inorg. and phys. Chem.)
H. RÖPKE. 119

Serge Nikitine und **Guy Perny,** *Untersuchung der anomalen Dispersion von Bleijodid.* Ableitung der Kurve für die anomale Dispersion von *PbJ_2* aus Messungen an monokristallinen dünnen Plättchen bei 77° K, welche senkrecht zur Achse bei λ = 4945 Å eine starke Absorptionslinie zeigen, die sich nach kurzen Wellen hin in eine kontinuierliche Absorption fortsetzt. Im transparenten Teil des Spektr. lassen sich Interferenzstreifen dünner Plättchen beobachten mit Abständen, welche nach der Absorptionskante hin konvergieren u. eine Berechnung der Kurve ermöglichen. (C. R. hebd. Séances Acad. Sci. **240.** 2298—2300. 13/6. 1955.) H.-J. EICHHOFF. 119

Paul Bousquet, *Untersuchung des Reflexionsfaktors dünner Kryolithschichten in der Nähe der Brewster-Incidenz auf die Grenzfläche Luft–Schicht.* Darst. des theoret. Verlaufs für das Verhältnis der Reflexionskoeffizienten von Aufdampfschicht (R_L) u. Quarzunterlage (R_Q) für Aufdampfschichten von Kryolith einer Dicke von $\sim$5700 Å im Bereich von 5000 Å u. 52°30' bis 55°. Die Messungen zeigen an Stelle einer Konstanz von

R_L/R_Q bei dem Wert 1 eine progressive Verschiebung der gesamten Kurve nach kürzeren Wellenlängen. (C. R. hebd. Séances Acad. Sci. **240.** 2502—04. 27/6. 1955.)
H.-J. EICHHOFF. 119

Lucienne Taurel und **Jean Chapelle,** *Untersuchung der Rayleigh-Streuung durch Einkristalle von Natriumchlorid.* Unters. der Lichtstreuung an einem natürlichen u. einem synthet. *NaCl*-Einkristall ohne ultramkr. feststellbare Fehlstellen zwischen 20 u. 130 bzw. 20 u. 60°. Der natürliche liefert Streuwerte, welche ca. 17 mal höher liegen, als theoret. zu erwarten ist, die Werte für den synthet. Kristall entsprechen der Theorie. (C. R. hebd. Séances Acad. Sci. **240.** 2507—08. 27/6. 1955.) H.-J. EICHHOFF. 119

Jean-Paul Mathieu, *Die Grundschwingungen des NH_4^+-Ions in kristallisiertem Ammoniumfluorid.* Auf Grund einer Unters. der RAMAN- u. Infrarotspektren von Einkristallen aus NH_4F wird eine neue Zuordnung für die Grundschwingungen des NH_4^+-Ions diskutiert. (C. R. hebd. Séances Acad. Sci. **240.** 2508—10. 27/6. 1955.)
H.-J. EICHHOFF. 120

Philip M. Morse, *Anregung der molekularen Rotationsschwingung durch Elektronenstoß.* Die Integralgleichung für die Streuung eines Elektrons von einem symm. 2atomigen Mol. wird annähernd gelöst, indem das Wechselwirkungsintegral zwischen dem Elektron u. der mol. Rotationsschwingung erhalten wird, während die Polarisation u. der Austausch vernachlässigt werden. Für die Wechselwirkungsfunktion werden die Wirkungsquerschnitte der Rotationsschwingungsanregung berechnet u. eine zusammenfassende Formel für einen mittleren Verlust der Energie des Elektrons zur mol. Rotationsschwingung erhalten, für sehr kleinen mittleren Kernabstand $^1/_3$, für sehr großen mittleren Kernabstand bis zu 1. (Physic. Rev. [2] **90.** 51—55. 1/4. 1953. Cambridge, Mass., Massachusetts Inst. of Technol.) W. SWINNE. 120

J. E. Mapes und **R. P. Eischens,** *Die infraroten Spektren von Ammoniak, chemisorbiert an Crackkatalysatoren.* Das infrarote Spektr. von chemisorbiertem Ammoniak wurde untersucht, um zu ermitteln, ob die Acidität der Crackkatalysatoren von den Protonen herrührt, die von der Katalysatorenoberfläche geliefert wurden, oder ob die Fähigkeit der Oberflächenatome, ein gemeinsames Elektronenpaar mit NH_3 zu bilden, wie bei LEWIS-Säuren verursachend wirkt. Im Spektr. des Ammoniaks, der auf einem bei 500° vorerhitzten Crackkatalysator chemisorbiert ist, erscheinen sowohl die charakterist. Absorptionsbanden des NH_3 als auch des NH_4^+. Die Ggw. des chemisorbierten NH_3 weist darauf hin, daß die meisten der Säurezentren vom LEWIS-Typ sind, wo das ungeteilte Elektronenpaar des N-Atoms die Elektronenpaarfreistelle des Katalysators auffüllt, ohne größere Veränderungen in der NH_3-Struktur hervorzurufen. Die Ggw. von adsorbiertem NH_4^+ ist kein Beweis für proton. Säurezentren, da das zugefügte Proton vom H_2O auf LEWIS-Säurezentren gekommen sein kann. (J. physic. Chem. **58.** 1059—62. Dez. 1954. Beacon, N. Y., Texas Comp., Beacon Labor.) A.-F. BOGENSCHÜTZ. 120

Harry C. Allen jr. und **Earle K. Plyler,** *Das Infrarotspektrum des Schwefelwasserstoffs im Gebiet von 5100 cm^{-1}.* Sitzungsbericht zu der C. **1956.** 5740 referierten Arbeit. (Physic. Rev. [2] **94.** 1423. 1/6. 1954. Harvard Univ. and National Bureau of Standards.)
H.-J. BECHER. 120

Guy Emschwiller, *Infrarotspektren von Ferrocyaniden und Ferricyaniden und die Konstitution der Preußischblauarten.* Unters. der Absorptionsspektren von Ferro- u. Ferricyaniden der Elemente *Al, Cu, Zn, Ni, Co, Mn, Cd, Ca, Pb, La, K* u. *Tl* im Gebiet von 2,5—15 μ. Aus der Lage der Grundschwingung der CN-Gruppe wird geschlossen, daß die verschied Arten von Preußischblau Ferrocyanidstruktur besitzen, (C. R. hebd. Séances Acad. Sci. **238.** 1414—16. 29/3. 1954.) H.-J. EICHHOFF. 120

N. W. Luft, *Die Konfiguration des H_2O_2-Moleküls.* (Kurze Mitt.) Frühere Unterss. über die Konfiguration des H_2O_2-Mol. werden mit Hilfe aller vorhandenen experimentellen u. theoret. Ergebnisse überprüft. Es werden das Ultrarot- u. RAMAN-Spektr., die Energiestufen u. Aufspaltung sowie die Entropie betrachtet. Die erhaltenen Werte werden diskutiert. (Mh. Chem. **86.** 528—34. 1955. Cheshire, England, Cheadle Hulme, Ladybridge Road.) E. HAHN. 120

J. T. Massey und **D. R. Bianco,** *Das Mikrowellenspektrum des Wasserstoffperoxyds.* Vff. untersuchen den Zerfall des H_2O_2 bei 10^{-2} bis 4 mm Hg Druck u. arbeiten eine Meth. zur Messung des Mikrowellenspektr. von strömendem H_2O_2, HDO_2 u. D_2O_2 bei 0,1 mm Hg Druck aus, mit der es ihnen gelingt, neun Absorptionslinien des H_2O_2 u. ca. 100 des HDO_2 u. D_2O_2 im Bereich von 9000—40000 MHz zu messen. Eine Analyse des Spektr. auf Grund des nicht ebenen Modells erwies sich nur unter der Annahme einer gehemmten inneren Rotation als möglich. Aus dem STARK-Effekt ergibt sich ein Dipolmoment von 2,26 D. (J. chem. Physics **22.** 442—48. März 1954. Silver Spring, Md., Johns Hopkins Univ., Appl. Phys. Labor.) G. HARTMANN. 121

Charles A. Burrus, Albert Jache und **Walter Gordy,** *Millimeterwellenspektrum von Phosphin.* (Sitzungsbericht.) (Physic. Rev. [2] **95.** 299. 1/7. 1954. Duke Univ.)
E. KLEVER. 121

W. W. Bredel, *Über das Gesetz der Phosphorescenztilgung von Organoluminophoren.* Ein durch Fluorescein (10^{-4} g/g) aktivierter Leuchtphosphor wurde bei Zimmertemp. u. bei der des fl. N_2 untersucht. Das Abklingen der Phosphorescenz, gemessen in Abständen von 0,1 Sek., erfolgte nach $I = I_0[\exp(-\gamma_1 t)-\exp(-\gamma_2 t)]/t$ mit I_0 = Konstante, t = Zeit, $\gamma_1 = \alpha_0 + \varrho\lambda_{0\varphi}$, $\lambda_2 = \alpha_0 + \varrho\gamma_\varphi$, λ_φ = durch Filter ausgeblendeter Spektralbereich, α_0 u. ϱ = Konstanten, $\lambda_{0\varphi} = \lambda_\varphi - d$ mit d = Spektralbreite der Phosphorescenz des nichtbeeinflußten Aktivatormoleküls. $\alpha = 1/\tau$ Wahrscheinlichkeit der Löschung, $\alpha = \alpha_0 + \varrho\lambda$; λ = Wellenlänge, die den Spektralzustand der Bande charakterisiert. τ_1 u. τ_2 wurden in Abhängigkeit vom Spektralbereich, der Temp. u. der Herst. der Phosphore ermittelt. Vf. nimmt statt eines metastabilen zwischen dem angeregten (Fluorescenz) u. dem Grundzustand gelegenen Niveaus eine Reihe breiter Bänder an, die von einer Serie von Subniveaus gebildet werden. (Доклады Академии Наук СССР [Ber. Akad. Wiss. UdSSR] **103.** 787—90. 11/8. 1955. Moskau, Pädagog. Lenin-Univ.) M. WIEDEMANN. 125

N. Riehl und **H. Ortmann,** *Einführung von Aktivatoren in ZnS-Luminophoren auf dem Wege der Diffusion.* Vff. geben einen Überblick über die Einführung u. die Entfernung des *Cu*-Aktivators in ZnS-Kristalle durch Diffusion u. die dabei auftretenden grünen oder blauen Farbzentren. Sie diskutieren die Abhängigkeit von der Temp., von der Dauer der Diffusion, vom Cu-Geh. u. vom Geh. an ZnO. Maßgebend sind 3 Faktoren: Konz. der [Zn][ ]-Zentren (Acceptoren), Menge des an der Oberfläche der Kristalle befindlichen Cu u. Konz. des Zn auf Zwischengitterplätzen. Weiterhin wird gezeigt, daß durch Einw. desulfurierender Agentien, wie $ZnCl_2$ oder NH_4Cl, Schwefeldefekte bereits bei 400—500° erzeugt werden können, die aber nur stabil sind, wenn das zur Lücke gehörende Zn durch ein edleres Metall, wie Cu, ersetzt wird. (Журнал Общей Химии [J. allg. Chem.] **25** (**87**). 1693—1700. Sept. 1955.) M. WIEDEMANN. 125

N. W. Shukowa, *Untersuchung der Akkumulationsfähigkeit und der Entstehung von Niveaus der Elektronenlokalisierung in Zinksulfidphosphoren.* An *ZnS–Cu*-Phosphoren wurde die Entstehung lokaler Niveaus u. ihre Freisetzung in Abhängigkeit von der Temp. untersucht. Diese Phosphore mit $3\cdot10^{-6}$—10^{-3} g/g Cu wurden 15 Min. auf 1100° erhitzt u. dann 10 Min. mit dem Hg-Spektr. von 366—436 mμ bestrahlt. Die Maxima bei —50 u. +20° werden auf das Cu im ZnS-Gitter, das Maximum bei —120° auf überschüssiges Zn im Gitter zurückgeführt. Weiterhin wurde geprüft, ob die Niveaus vollständig mit Elektronen gefüllt werden u. gezeigt, daß das Anwachsen der Lichtsumme im Bereich —190 bis +50° nach $S = S_0 \exp(b/kT)$ erfolgt, wo b durch die Tiefe des Niveaus charakterisiert ist. Die Löschung des Leuchtens verläuft nach $I = I_0 t^{-\alpha}$, α wird durch die gewählte Temp. bestimmt, es ist für Phosphore mit Zusätzen an 10% *KCl* oder *NaCl* sowie $6\cdot10^{-6}$ g/g *Ni* tabelliert. (Доклады Аладемии Наук СССР [Ber. Akad. Wiss. UdSSR] **103.** 1001—04. 21/8. 1955. Moskau, Lomonossow-Univ.)
M. WIEDEMANN. 125

H. A. Klasens, P. Zalm und **F. O. Huysman,** *Die Manganemission in ABF_3-Verbindungen.* Vff. untersuchen die Kathodoluminescenz der mit 0,5 Mol-% Mn aktivierten, bei 1000° in N_2 geglühten Verbb. ABF_3 (A = *Na, K, Rb, Cs*; B = *Mg, Zn, Cd, Ca, Sr*), die Perowskitstruktur haben, wenn der (korr.) GOLDSCHMIDTsche Toleranzfaktor $[1{,}09\ (R_A + R_F)/[0{,}94\ (R_B + R_F)\sqrt{2}]$ zwischen 0,9 u. 1 liegt. Die Emissionsbande verschiebt sich mit wachsendem **Radius** von A u. B, u. bei Annahme eines **Einbaus** von Mn **auf** B-Plätzen mit wachsendem Abstand Mn—F von Orange nach Grün; jedoch ist dieser Abstand nicht der einzige die Emissionsfarbe bestimmende Faktor. Die grüne Emission von $CaF_2\cdot$Mn wird durch Substitution des Ca durch Al bei gleichzeitiger Ladungskompensation durch Na nach langen Wellen verschoben. Die Nachleuchtzeiten der ABF_3-Luminophore liegen zwischen 0,03 u. 0,07 Sekunden. (Philips Res. Rep. **8.** 441—51. Dez. 1953. Eindhoven.) J. RUDOLPH. 125

A₃. Elektrizität. Magnetismus. Elektrochemie.

M. D. Gabowitsch, *Über einige Gesetzmäßigkeiten des Auseinanderfließens eines intensiven Bündels von geladenen Teilchen.* Für ein Bündel geladener Teilchen, welches mit konstanter Stromdichte j_0 sowie einheitlicher Richtung u. Geschwindigkeit aus einer Ebene in einen feldfreien Raum austritt, wird die infolge der eigenen Raumladung des Bündels in einer später durchlaufenen Ebene verringerte Stromdichte j berechnet. Es wird gezeigt, daß für Bündel, deren Querschnitt ein längliches Rechteck ist („Bandstrahlbündel"), j eine monoton wachsende Funktion von j_0 ist. Im Gegensatz dazu hat in Bündeln von kreisförmigem Querschnitt j als Funktion von j_0 ein Maximum. Schließlich werden die Betrachtungen auf den Fall erweitert, daß sich das Bündel in einem homogenen elektr. Feld ausbreitet, dessen Richtung mit der Anfangsrichtung der Teilchen übereinstimmt. (Журнал Технической Физики [J. techn. Physik] **25.** 1458—61. Aug. 1955.) F. LENZ. 131

C. H. Vincent, *Der Gasmultiplier: Eine neue Art des Elektronenvervielfachers.* Vf. hat einen mehrstufigen Multiplier entwickelt, bei dem die Elektronenvervielfachung durch TOWNSEND-Lawinen erfolgt. Die das Entladungsrohr in einzelne Stufen einteilenden Elektroden sind ebene, parallele Platten (0,013 cm dick) in gleichen Abständen (1,92 cm). Auf den Platten ist eine Kreisfläche von 3,81 cm Durchmesser mit Löchern von 0,079 cm Durchmesser versehen. Die Betriebsspannung pro Stufe beträgt 160 V bei Luftfüllung von 0,25 mm Hg. Die Bedingungen für einen stabilen Betrieb dieser Multiplier werden diskutiert. (Nature [London] **177.** 391—92. 25/2. 1956. Edinburgh, Univ., Dep. of Engng.) H. LIEPACK. 131

L. N. Loschakow, *Nichtlineare Erscheinungen im Wellenleiter in Gegenwart eines Elektronenstrahls bei einander naher Geschwindigkeit der Elektronen- und Wellenbewegung.* Theoret. Unters. der Ausbreitung elektromagnet. Wellen in einer von einer Elektronenströmung erfüllten Verzögerungsleitung. Ein Modell, das aus einem von einem Dielektrikum erfüllten kreiszylindr. Wellenleiter besteht, in welchem sich die Elektronen frei bewegen können, erlaubt eine einfache Beschreibung der wesentlichen Eigg. der Ausbreitung von E_{0n}-Wellen in solchen Lauffeldröhren. Mit Hilfe des Verf. der schrittweisen Näherung werden auch nichtlineare Erscheinungen (Frequenzverdopplung, nichtlineare Verstärkung des Eingangssignals usw.) erfaßt. Die maximale Leistung des Ausgangssignals hängt stark von der Anfangsgeschwindigkeit der Elektronen ab. Die relative Bedeutung der nichtlinearen Erscheinungen wächst mit zunehmender Dämpfung. (Журнал Технической Физики [J. techn. Physik] **25.** 1768—87. Okt. 1955.) F. LENZ. 131

G. G. Macfarlane und **H. G. Hay,** *Wellenausbreitung in einem gleitenden Elektronenstrahl: Theorie bei kleiner Amplitude.* Ein gleitender Elektronenstrahl ist ein Strahl, in welchem sich die Elektronen auf untereinander parallelen Bahnen bewegen, die Geschwindigkeit aber quer zum Strahl nicht konstant ist, sondern mit dem Abstand von der Strahlachse wächst. Es wird theoret. gezeigt, daß eine längs des Strahls fortschreitende elektromagnet. Welle bei allen Frequenzen verstärkt werden kann, wobei die Röhre je nach Wahl der Parameter sich dem Verh. entweder zweier sich kreuzender monochromat. Strahlen oder einer Wellenfeldröhre nähert. Verläuft der Strahl in einem Wellenleiter, so entsteht eine charakterist. Kombination von Gleitstrahl- u. Wellenfeldröhre, deren Eigg. ebenfalls diskutiert werden. (Proc. physic. Soc., Sect. B **63.** 409—27. 1/6. 1950. Great Malvern, Worcs.; Ministry of Supply, Telecomm. Res. Establ.) H. PIEPLOW. 131

W. R. Bennett, *Charakteristiken und Ursprung des Rauschens.* **1. Mitt.** Vf. bringt einen Überblick über die verschied. Arten des Rauschens. (Electronics **29.** Nr. 3. 154—61. März 1956. Murray Hill, N. J., Bell Telephone Labors., Inc.) H. LIEPACK. 131

B. T. Price, *Ionisation durch relativistische Teilchen.* Überblick über die Theorien der relativist. Zunahme des Energieverlustes durch Ionisation u. des Dichteeffekts. Die aus Messungen mit Proportionalzähler, Nebelkammer, Niederdruck-GEIGER-Zähler, photograph. Platten, Kristallzähler u. Scintillatoren gewonnenen Ergebnisse werden diskutiert. Vf. beschreibt ferner Experimente zur Messung des Energieverlusts schneller Elektronen in dünnen Folien. (Rep. Progr. Physics **18.** 52—82. 1955. Harwell, Berks., Atomic Energy Res. Establ.) H. LIEPACK. 131

J. D. Craggs und **C. A. McDowell,** *Die Ionisation und Dissoziation komplexer Moleküle durch Elektronenbeschuß.* Vff. berichten über Experimente u. Theorien über Stoßprozesse in mehratomigen Molekülgasen u. experimentelle Methoden, die seit 1932 entwickelt wurden. (Rep. Progr. Physics **18.** 374—422. 1955. Liverpool, Univ., Dep. of Electr. Engng. u. Dep. of Inorgan. and Phys. Chem.) H. LIEPACK. 131

Kurt E. Shuler und **Joseph Weber,** *Eine Mikrowellenuntersuchung der Ionisation von Wasserstoff–Sauerstoff- und Acetylen–Sauerstoff-Flammen.* Durch die Messung der Schwächung eines Mikrowellenstrahls durch eine H_2–O_2-Flamme u. durch C_2H_2–O_2-Flammen verschied. Mischungen bei Atmosphärendruck mit Hilfe einer Brückenmeth. bestimmen Vff. die Konz. an freien Elektronen in den Flammen. Mit dieser Meth. können Elektronenkonzz. bis hinab zu $5 \cdot 10^8/cm^3$ gemessen werden. Der relativ hohe Blindwert durch den Alkalisalzgeh. der Luft u. der Flammengase wurde gesondert bestimmt u. abgezogen. Es ergab sich, daß die Elektronenkonzz. in den H_2–O_2-Flammen u. den stöchiometr. C_2H_2–O_2-Flammen dem therm. Gleichgewicht entsprechen (adiabat. Flammentemp.). Die Ionisation in C_2H_2-reichen Flammen ist 10—100 größer als der

therm. Ionisation entspricht. Zur Erklärung wird die Aussendung von Elektronen aus kleinen Rußpartikeln angenommen, wofür sich eine Austrittsarbeit von 8,5 eV berechnen läßt. (J. chem. Physics **22.** 491–502. März 1954. Silver Spring, Md., Johns Hopkins Univ., Appl. Phys. Labor.; White Oak, Md., U. S. Naval Ordnance Labor.; College Park, Md., Univ. of Maryland, Glenn L. Martin Coll. of Engng. Aeronaut. Sci.)
G. HARTMANN. 131

Vernon H. Dibeler und **Robert M. Reese,** *Ausgewählte positive und negative Ionen in den Massenspektren der Methylmonohalide.* Vff. messen im *Consolidated* 21–103 Massenspektrometer die Ionisationspotentiale (IP) der Molekülionen von CH_3F, CH_3Cl, CH_3Br u. CH_3J u. die Appearancepotentiale (AP) der positiven Methyl- u. Halogensowie der negativen Halogenionen nach einer neuen Meth., die auf einem Vgl. mit einem genau bekannten IP z. B. von Ar oder Kr beruht. Ergebnisse in Tabellen. Aus dem graph. Vgl. der IP der H- u. CH_3-Halide ergibt sich für das IP von HF der Wert 14,2 V. Aus den AP-Werten des CH_3- u. des Halogenions werden die Dissoziationsenergien der Kohlenstoff–Halogen-Bindung berechnet (Tabelle). Dabei ergibt sich für die Methylhalide eine einfache lineare Beziehung zwischen Dissoziationsenergie u. Atomabstand der C–X-Bindung. (J. Res. nat. Bur. Standards **54.** 127–34. März 1955. Washington.)
R. CONRAD. 131

B. A. Cooke, *Von pulverisierten Salzen beim Bewegen über Metalloberflächen aufgenommene Ladung.* Vf. untersuchte die Aufladung von Pulvern beim Herabrutschen über eine 120 cm lange, geneigte u. geerdete Al-Platte. Verss. mit *Zirkon* (**I**)- u. *Rutil* (**II**)-Sanden (mittlere Korngröße 114 μ) ergaben negative Aufladung, u. zwar nahm die Aufladung von **I** bei Zunahme des Rutschweges kontinuierlich zu, während bei **II** nach ca. 20 cm Bewegung ein Grenzwert der Aufladung beobachtet wurde. Pulverisiertes *NaCl* (mittlere Teilchengröße 211 μ) zeigte entgegen den Erwartungen ebenfalls eine gleichmäßig zunehmende positive Aufladung mit Zunahme des Weges auf der Al-Platte. Nach Entfernung des Feuchtigkeitsfilmes von dem NaCl-Pulver durch 2 std. Evakuieren war die Aufladung wesentlich niedriger als bei dem nichtbehandelten Pulver; sie betrug für das trockne Pulver +5,1 elektrostat. Einheiten pro g für 120 cm Rutschweg gegenüber +26,4 für das Salz vor der Evakuierung. (Nature [London] **176.** 264. 6/8. 1955. Pretoria, Council for Sci. and Ind. Res., National Chem. Res. Labor.)
C. GOTTFRIED. 132

Mikio Katayama, *Über die Temperaturabhängigkeit der Molekularpolarisation von Ammoniak.* Die quantenmechan. Berechnung der Molekularpolarisation von Ammoniak ergibt in Übereinstimmung mit dem Experiment eine Abnahme des Dipolmoments mit der Temp., hauptsächlich bedingt durch die Matrixelemente der Inversionsverdopplung im ersten angeregten Zustand der symm. Deformationsschwingung. Die mit der symm. Deformationsschwingung von 950 cm^{-1} verbundene Atompolarisation wird zu 0,65 cm^3 berechnet; der Beitrag der andern Normalfrequenzen ist vernachlässigbar. (J. chem. Physics **22.** 1473–76. Sept. 1954. Tokyo, Univ., Dep. of Chem.)
K. L. WOLF. 132

Marc Bruma, *Über das Prinzip einer Nullmethode zur Bestimmung der Dielektrizitätskonstanten bei Hyperfrequenzen.* 1. Mitt. Beim Ausfüllen eines Hohlraumes bestimmter Resonanzfrequenz mit einem Dielektrikum wird die Resonanzfrequenz geändert; die Änderung läßt sich durch eine Deformation des gefüllten Hohlraumes wieder rückgängig machen. Dieses Prinzip stellt somit eine neue Nullmeth. zur Best. der DK. dar. Die entsprechenden Gleichungen werden abgeleitet. (Vgl. nachst. Ref.) (C. R. hebd. Séances Acad. Sci. **232.** 42–44. 3/1. 1951.) O. FUCHS. 132

Marc Bruma, *Über einen Vorschlag zur Bestimmung der Dielektrizitätskonstanten bei Hyperfrequenzen nach einer Nullmethode.* 2. Mitt. (1. vgl. vorst. Ref.) Die in der 1. Mitt. (l. c.) vom Vf. abgeleiteten allg. Beziehungen für die Best. der Dk. bei Hyperfrequenzen werden auf eine spezielle Anordnung (zylindr. Hohlraum, in dem sich das zu untersuchende Dielektrikum in Form eines zylindr. Stabes befindet) angewendet. (C. R. hebd. Séances Acad. Sci. **232.** 219–21. 15/1. 1951.) O. FUCHS. 132

S. D. Chatterjee und **T. C. Bhadra,** *Anomaler Anstieg der Dielektrizitätskonstante eines elektretbildenden Materials.* Vff. ließen fl. *Carnaubawachs* (**I**) zwischen zwei Kondensatorplatten, zwischen denen eine elektr. Feldstärke von 11,5 kV/cm aufrechterhalten wurde, erstarren. Eine zweite **I**-Probe erstarrte zwischen den gleichen Platten, aber ohne Anlegen einer Spannung. Während die Kapazität C der letzteren (unpolarisierten) Probe zeitlich (bis zu 80 d) konstant blieb, stieg C der ersteren zunächst langsam u. nach 20 d bes. steil an u. fiel nach 95 d ebenso steil wieder ab, um nach 130 d fast den Anfangswert zu erreichen. C_{max} ist mehr als 100 mal größer als der Anfangs-C-Wert. Der Kurventeil zwischen 20 u. 95 d ist stark gezackt (Vorliegen von Schwankungserscheinungen). Q $(= 1/\omega CR$, wo $\omega = 1$ kHz, R = Wechselstromwiderstand) der

1. Probe fällt vom Anfangswert 25 nach 2d auf 0,42 ab u. bleibt dann konstant. Vff. nehmen an, daß unter der Einw. des starken elektr. Feldes innerhalb der polarisierten Probe, das bis zu 10^6 V/cm betragen kann, Elektronen von den polarisierten **I**-Moll. abgespalten u. dann erst wieder allmählich eingefangen werden. (Physic. Rev. [2] **98.** 1728—29. 15/6. 1955. Calcutta, Univ. Coll. of Sci. and Technol., Dep. of Phys.; Bose Res. Inst.) O. FUCHS. 132

Yoshio Inuishi und **Tokuo Suita,** *Raumladungseffekte beim dielektrischen Durchschlag von Festkörpern.* Zeiteffekte beim dielektr. Durchschlag von Einkristallen werden unter Berücksichtigung von Raumladungen bei verschied. Wellenformen der Überschlagspannungen gemessen. Bei *KCl* werden starke Raumladungseffekte beobachtet, die auf geladene Verunreinigungen u. Inhomogenitäten des Materials zurückgeführt werden. Bei orthoromb. *S* treten kaum Raumladungseffekte auf. (Technol. Rep. Osaka Univ. **3.** 269—74. Okt. 1953. Dep. of Electric. Engng. [Orig.: engl.]) H. LIEPACK. 132

John D. Hoffman und **Heinz G. Pfeiffer,** *Theorie der dielektrischen Relaxation für einen Einachsenrotator in einem Kristallfeld.* Im Hinblick auf die Möglichkeiten der Verteilung der Relaxationszeiten werden diese berechnet für einen einachsigen polaren Rotator, der bei Drehung um seine Achse mehrere Lagen einnehmen kann. Bes. werden behandelt a) der Fall von lauter gleichwertigen Lagen u. b) der Fall, daß eine Lage bevorzugt ist. Sprünge sollen nur in benachbarte Lagen möglich sein. Bei drei oder mehr nicht gleichwertigen Lagen resultiert eine Relaxationsverteilung mit asymm. Verlustkurve. Bei lauter gleichwertigen Lagen erhält man den einfachen DEBYE-Typus mit nur einer Relaxationszeit. In bestimmten Fällen sollen die Verlustkurven mit steigender Temp. schmaler und symm. werden. (J. chem. Physics **22.** 132—41. Jan. Errata u. Addenda. 1144. Juni 1954. Schenectady, N. Y., Gen. El. Res. Lab.) K. L. WOLF. 132

Y. Haven und **J. H. van Santen,** *Elektrisch und elastisch aktive Relaxationsarten.* Vff. nehmen Bezug auf eine Arbeit von HOFFMAN u. PFEIFFER (vgl. vorst. Ref.), in welcher die dielektr. Relaxation eines einachsigen Rotors in einem kristallinen Feld diskutiert wurde. Vff. zeigen, daß mit diesem Problem das Verh. eines Ions in engem Zusammenhang steht, welches eine Reihe von Potentialwällen besetzen kann, welche durch Energieschranken voneinander getrennt sind. (J. chem. Physics **22.** 1146—47. Juni 1954. Eindhoven, N. V. Philips' Gloeilampenfabrieken, Res. Labor.) C. GOTTFRIED. 132

R. J. W. Le Fèvre und **E. P. A. Sullivan,** *Der Einfluß der Molekülgestalt auf dielektrische Relaxationszeiten.* Es werden Messungen der Relaxationszeiten von 32 Substanten in verd. Lsgg. (CCl_4 oder *Benzol*) mitgeteilt. Die Substanzen sind so ausgewählt, daß die Molekülform stark variiert (*Methyl-*, *t-butyl-*, *Thenyl-*, *Diphenyl-* u. *Naphthyl-*Derivv.). Es werden Beziehungen zwischen der Relaxationszeit, dem Parachor, der Polarisierbarkeit u. der Molekülgestalt diskutiert. (J. chem. Soc. [London] **1954.** 2873—78. Aug. Sydney, Univ.) K. L. WOLF. 132

H. F. Kay, *Elektrostriktion.* Vf. erklärt den Begriff der Ferroelektrizität u. die Eigg. der Mischoxyde mit Perowskitstruktur, bes. $BaTiO_3$. Der Unterschied zwischen Elektrostriktion u. Piezoelektrizität wird erklärt. Der Einfl. von Spannungen, bes. auf keram. Proben, wird an Hand eines Modells diskutiert. Erscheinungen an Einkristallen werden eingehend behandelt. — 56 Literaturzitate. (Rep. Progr. Physics **18.** 230—50. 1955. Bristol, Univ., H. H. Wills Phys. Labor.) H. LIEPACK. 133

H. K. Henisch, *Thermoelektrische Messungen an Halbleitern.* Die von BOLTAKSS (vgl. C. **1952.** 1610) an den vom Vf. (Electrical Communic. **25.** [1948.] 163) erhaltenen Ergebnissen (thermoelektr. Eigg. von TiO_2) geübte Kritik wird auf ein Mißverständnis (möglicherweise durch Übersetzungsfehler bedingt) zurückgeführt. (Proc. physic. Soc., Sect. B **64.** 1014. 1/11. 1951. Reading, Univ., Dep. of Phys.) O. FUCHS. 133

C. A. Domenicali und **F. A. Otter,** *Thermoelektrische Kraft und Elektronenstreuung in Metallegierungen.* Vff. gehen davon aus, daß die Größe der Thermospannung S eines Metalls von der Streuung der Ladungsträger an den Gitterfehlstellen abhängt u. entwickeln eine halbempir. Theorie der in Legierungen auftretenden thermoelektr. Erscheinungen. Es wird so eine Beziehung zwischen S u. der Energieabhängigkeit des Streuquerschnitts Q der Fehlstellen erhalten; durch Reihenentwicklung von Q ergeben sich weiter die Streukoeffizienten. Der Vgl. mit dem Experiment (bin. Legierungen von *Cu*, *Ag*, *Au*, *Alkalimetalle* u. *Al*, Literaturdaten) ergibt nur für hohe Tempp. befriedigende Ergebnisse. Auf die Möglichkeit der Best. von Gitterfehlstellen auf Grund von thermoelektr. Messungen wird hingewiesen. Bzgl. der Größe des FERMI-Niveaus von Legierungen bestehen zwischen der Ansicht der Vff. u. der von FRIEDEL (vgl. J. Physique Radium **14.** [1953.] 561) gewisse Differenzen, auf die jedoch nicht näher eingegangen wird. (Physic. Rev. [2] **95.** 1134—42. 1/9. 1954. Philadelphia, Pa., Franklin Inst. Labor.) O. FUCHS. 133

Colette Rossetti, *Über die Empfindlichkeit von pyroelektrischen Kristallen gegen modulierte Lichtstrahlen.* Die Messung der Abhängigkeit der lichtelektr. Spannung V von der Modulationsfrequenz n des einfallenden Lichtes wurde für die pyroelektr. Kristalle *Weinsäure* (I) u. $Li_2SO_4 \cdot H_2O$ (II) gemessen. Es gilt $V = J_0 \gamma/Kn$, wo J_0 = Lichtintensität, γ = pyroelektr. Konstante, K = Größe, die nur von den physikal. Konstanten der Kristalle abhängt. II ist dreimal so empfindlich wie I. Auf diese Weise lassen sich mit n = 20 Hz unter Verwendung von II J_0-Werte von 50 erg/Sek. messen. Mögliche Anwendung in der Ultrarotspektroskopie. (C. R. hebd. Séances Acad. Sci. **231.** 126—28. 10/7. 1950.) O. FUCHS. 134

Paul A. Anderson, *Austrittsarbeit von Cadmium.* Unter Verwendung der vom Vf. früher (vgl. C. **1953.** 8785) beschriebenen Meth. wurde nach der Elektronenstrahl- u. nach der KELVIN-Meth. die Kontaktpotentialdifferenz des Paares Cd–Ba zu 1,55 ± 0,03 bzw. 1,56 ± 0,01 V bestimmt. Reinheitsgrad des Cd 99,999%. Für die Austrittsarbeit des Cd folgt hieraus unter Zugrundelegung eines Wertes von 2,52 eV für Ba der Wert 4,08 ± 0,02 eV. (Physic. Rev. [2] **98.** 1739—40. 15/6. 1955. Pullman, Wash., State Coll. of Washington.) O. FUCHS. 134

W. Ss. Wawilow, *Halbleiterumformer der Strahlungsenergie.* Die unmittelbare Umwandlung von Licht in Energie u. solcher des radioakt. Zerfalls durch Bldg. eines Ladungspaares bei der Absorption eines Photons oder beim Durchgang eines schnellen Elektrons, mit bemerkenswerter Ausbeute in elektr. Energie in Halbleiterkristallen wird behandelt. Vf. diskutiert diese Übergänge in *Ge* u. *Si*, die Umwandlung der β-Strahlung u. die Ausbeute, er erwähnt die möglichen β-Quellen u. diskutiert die Änderung der Eigg. der Halbleiter unter der Wrkg. schneller Elektronen sowie die experimentellen Angaben. (Успехи Физических Наук [Fortschr. physik. Wiss.] **56.** 111—30. Mai 1955.) M. WIEDEMANN. 134

J. L. H. Jonker, *Die Winkelverteilung der Sekundärelektronen von Ruß.* Mit einer ähnlichen App. wie bei früheren Unterss. der Sekundärelektronen (SE) polierter Ni-Oberflächen (vgl. C. **1954.** 15) wird die Winkelverteilung der SE von Ni-Trägern mit einer voluminösen Rußschicht für Primärelektronen einer Energie zwischen 10 u. 1000 eV u. für verschied. Primärstrahlwinkel gemessen. Im Gegensatz zur reinen Ni-Oberfläche ergibt sich bei berußten Flächen, daß die Hauptrichtung der SE stets entgegengesetzt zur Primärstrahlrichtung liegt. (Philips Res. Rep. **8.** 434—40. Dez. 1953. Eindhoven.) J. RUDOLPH. 134

N. F. Durrant, *Messung der Lebensdauer der Minderheitsträger in Halbleitern.* Durch Modifikation der von HAYNES u. WESTPHAL (C. **1953.** 3839) angegebenen Meßmeth. kann eine Genauigkeit von 5% erreicht werden. (Proc. physic. Soc., Sect. B **68.** 562—63. 1/8. 1955. Caswell, Towcester, Northants, Plessey Comp. Ltd.) G. KIRSCHSTEIN. 135

Pierre Aigrain, *Rückstrom bei Dioden aus Germanium bei erhöhten Spannungen.* Es wird gezeigt, daß die Zunahme des Rückstromes bei *Ge*-Dioden mit wachsender Spannung (vgl. hierzu AIGRAIN, C. **1953.** 8782) quantitativ auf eine Änderung der Oberflächenleitfähigkeit des Ge mit der Feldstärke zurückgeführt werden kann; eine Berücksichtigung des Einfl. des Feldes auf die Emission ist zur Deutung des Effektes nicht erforderlich. (C. R. hebd. Séances Acad. Sci. **231.** 1047—48. 13/11. 1950.) O. FUCHS. 135

F. S. Goucher, *Die Photonenausbeute der Elektron–Loch-Paare im Germanium.* (Vgl. C. **1955.** 8089.) Ein *Ge*-Einkristall vom n-Typ wurde mit Licht der Wellenlänge $\lambda = 1-2\ \mu$ bestrahlt. Das Verhältnis J_A/J (J = Zahl der auffallenden Photonen/Sek., J_A = Zahl der absorbierten Photonen) steigt mit wachsendem λ schwach an bis $\lambda = 1{,}6\ \mu$ u. fällt dann steil ab. Jedes absorbierte Photon erzeugt im mittleren λ-Bereich ein Elektron–Loch-Paar; bei höherem μ sind die Messungen etwas unsicher, unter $\lambda = 1{,}2\ \mu$ treten infolge von Rekombinationserscheinungen abweichende Photonenausbeuten auf. (Physic. Rev. [2] **78.** 816. 15/6. 1950. Murray Hill, N. J., Bell Telephone Laborr.) O. FUCHS. 135

C. A. Hogarth und **J. W. Granville,** *Eine Untersuchung der Gleichrichtereffekte an den Oberflächen von Germanium und Bleisulfid.* (Vgl. C. **1954.** 9226.) Die l. c. beschriebenen Gleichrichtercharakteristiken werden durch therm. Vorbehandlung der Proben im Vakuum zwischen 500 u. 900° wesentlich verbessert. Die opt. Qualität der polierten Oberfläche wird durch diese Behandlung nicht verschlechtert, so daß sie einer chem. Vorbehandlung überlegen ist. Die elektronenmkr. Unters. der verschied. vorbehandelten Ge-Oberflächen zeigt, daß der kristalline Charakter der therm. behandelten Oberfläche mit dem der chem. behandelten vergleichbar ist; diese Aufnahmen stehen im Einklang mit dem elektr. Verhalten. (Proc. physic. Soc., Sect. B **64.** 992—98. 1/11. 1951. Reading, Berks., Univ., Phys. Dep.) O. FUCHS. 135

W. Dale Compton, *Selbstdiffusion und Leitfähigkeit in Silberchlorid.* (Vgl. C. **1956.** 5485.) Vf. vergleicht für AgCl den aus der Leitfähigkeit σ nach der EINSTEIN-NERNSTschen Beziehung erhaltenen Diffusionskoeff. $D = \sigma\,(kT/Ne^2)$, wobei N = Anzahl Ag^+-Ionen pro cm^3, mit dem nach der radioakt. Tracer-Meth. bestimmten D_T in Verss. mit ^{110}Ag bzw. ^{36}Cl zwischen 20 u. 443°. Das gefundene Verhältnis $D/D_T = 1{,}25$ wird dem von TUBANDT (Handbuch der Experimentalphysik, [1932]) ermittelten Wert (1,7) gegenübergestellt. (Physic. Rev. [2] **101.** 1209—10. 1/2. 1956. Urbana, Ill., Univ. of Illinois, Dep. of Phys.) G. RUBAN. 135

C. W. McCombie und **A. B. Lidiard,** *Verhältnis der ionischen Leitfähigkeit zur Diffusion von Tracern in Zwischengitterplatzwanderung.* Vff. untersuchen den Mechanismus der Selbstdiffusion in *AgCl*-Kristallen (vgl. vorst. Ref.) bzgl. des Einfl. einer Wanderung durch Leerstellen u. entlang Zwischengitterplätzen. Bei Berücksichtigung dieses Einfl. ergibt sich zwischen den Diffusionskoeffizienten D_t (des Tracers) u. D_i (aus der ion. Leitfähigkeit) ein Verhältnis $D_t/D_i = {}^1/_2\ (1 + \langle\cos\Theta\rangle_m)\cdot(N_i/N)$, wenn N bzw. N_i die Anzahl der durch Ag^+-Ionen besetzten Gitter- bzw. Zwischengitterplätze bedeutet u. das Glied $\langle\cos\Theta\rangle_m$ den mittleren Einfl. des Winkels Θ zwischen zwei „Gittersprüngen" eines Ions berücksichtigt. (Physic. Rev. [2] **101.** 1210—11. 1/2. 1956. Urbana, Ill., Univ. of Illinois, Dep. of Phys.; Harwell, Berks., Atom. Energy Res. Establ.) G. RUBAN. 135

Nicolas Mostovetch und **Thérèse Duhautois,** *Änderungen des elektrischen Widerstandes sehr dünner auf Unterlagen, wie Diamant, Bernstein und Plexiglas, hergestellten Metallschichten in Abhängigkeit von der Temperatur und dem angelegten Potential.* Vff. untersuchen das elektr. Verh. dünner auf Diamant, Bernstein u. Plexiglas im Vakuum (ca. 10^{-7} mm Hg) aufgedampfter *Pt*-Schichten in einer Dicke von einigen Dutzend Å u. zeigen, daß der Logarithmus des elektr. Widerstandes (log R) dieser Abscheidungen sich exponentiell mit der Temp. T ändert u. linear mit der Quadratwurzel des angelegten Feldes F abnimmt. Letztere Beziehung gilt für Felder bis ca. 100 V/cm. Der log R wird in Abhängigkeit von 1/T u. $F^{1/2}$ graph. dargestellt, die für die verschied. Trägersubstanzen erhaltenen Geraden werden diskutiert. (C. R. hebd. Séances Acad. Sci. **233.** 1265—67. 19/11. 1951.) H. SURAWSKI. 136

Nicolas Mostovetch, Boris Vodar und **Thérèse Duhautois,** *Ein Gesetz über die Änderung des elektrischen Widerstands sehr dünner Metallschichten in Abhängigkeit vom angelegten Potential.* Der bei relativ hohen Feldstärken (ca. 100 V/cm) an bestimmten dünnen Metallabscheidungen (z. B. von *Pt* auf Glas, Plexiglas oder Bernstein) auftretende „Sättigungseffekt" wird dadurch gedeutet, daß die Zunahme der Leitfähigkeit der Metallfilme mit dem angelegten elektr. Feld auf einem Absinken infolge des SCHOTTKY-Effekts der Potentialschwelle zwischen den Körnern der Metallfilme beruht. Es wird eine Beziehung dafür abgeleitet u. diese an Hand von Beispielen diskutiert. (C. R. hebd. Séances Acad. Sci. **234.** 305—08. 14/1. 1952.) H. SURAWSKI. 136

L. F. Wereschtschagin und **A. I. Lichter,** *Druckabhängigkeit des Hall-Effektes in Wismut.* Der HALL-Effekt an einer *Bi*-Probe von 0,1—0,2 mm Dicke wurde bis zu Drucken von 10000 kg/cm² bei Magnetfeldern von 5000 u. 9000 Oe gemessen. Die Anordnung, die eine Presse benutzte u. zur Druckübertragung plast. festes AgCl, ist genau beschrieben. Der HALL-Effekt nimmt mit steigendem Druck ab, R_P/R_0, das Verhältnis der HALL-Koeffizienten beim Druck P zum Druck 180 kg/cm², fällt nahezu linear mit P, bis auf ca. 0,5 bei 7500 kg/cm². Plast. Deformation wurde bei Bi nicht beobachtet. (Доклады Академии Наук СССР [Ber. Akad. Wiss. UdSSR] **103.** 791—94. 11/8. 1955. Labor. für Physik extrem hoher Drucke der Akad. der Wiss. der UdSSR.) M. WIEDEMANN. 137

J. L. Symonds, *Methoden zur Messung starker magnetischer Felder.* Vf. beschreibt Verff. zur Feldmessung, die in den letzten 20 Jahren entwickelt wurden, u. ihre Anwendung auf verschied. Probleme. (Rep. Progr. Physics **18.** 83—126. 1955. Birmingham, Univ., Dep. of Phys.) H. LIEPACK. 137

Heinrich Beißwenger und **Ernst Wachtel,** *Magnetische Waage zur Messung der Susceptibilität.* Angaben über den Bau eines Elektromagneten u. über die Berechnung von rotationssymm. Polkörpern. Eine magnet. Waage mit senkrechtem Pendel, die sich für Susceptibilitätsmessungen von para- u. diamagnet. Stoffen bes. eignet, wird beschrieben. Hiermit können ferromagnet. Anteile bei einer Sättigungsmagnetisierung von 1700 Gauß in der Größenordnung 10^{-8} cm³ noch nachgewiesen werden. Anhang mit Berechnung der Polschuhform. (Z. Metallkunde **46.** 504—07. Juli 1955. Stuttgart, Max-Planck-Inst. für Metallforsch.) H. HOCHSTEIN. 137

J. van Kranendonk, *Die Spinwellen in ferro- und antiferromagnetischen Kristallen.* 1. u. 2. Mitt. Übersicht über die Spinwellentheorien für ferro- u. antiferromagnet. Kristalle, die eine befriedigende Beschreibung für kleine Abweichungen des Spinsyst. aus dem vollständig geordneten (anti)ferromagnet. Zustand geben. — 43 Literaturangaben. (Nederl. Tijdschr. Natuurkunde **20.** 121—39. Juni; 161—77. Juli 1954. Amsterdam, Inst. voor theoret. Natuurkunde.) W. WESLY. 137

A. N. Campbell, E. M. Kartzmark, M. E. Bednas und **J. T. Herron,** *Die elektrischen Leitfähigkeiten wässeriger Silbernitrat- und Ammoniumnitratlösungen bei 221,7° bzw. 180,0°.* Es wurden die spezif. u. Äquivalentleitfähigkeiten zwischen 0,1 mol. u. reinem geschmolzenem Salz gemessen. Trägt man Äquivalentleitfähigkeit gegen den log der Konz. auf, so erhält man bei $AgNO_3$ oberhalb 2 mol. u. bei NH_4NO_3 oberhalb 6 mol. eine Gerade. Ergebnisse werden in einer Tabelle gegeben. Temperaturabhängigkeit der Leitfähigkeit wird kurz diskutiert. (Canad. J. Chem. **32.** 1051—60. Dez. 1954. Winnipeg, Man., Univ. of Manitoba, Dep. of Chem.) PETER WOLF. 138

J. C. Pariaud und **J. Ferrier,** *Leitfähigkeiten der quaternären Lösungen $ZnSO_4$–Na_2SO_4–H_2SO_4–H_2O, die Cellulose aus der Viscose regenerieren können.* Unter Konstanthaltung der Gesamtzahl der Moll. des quaternären Syst. $ZnSO_4$–Na_2SO_4–H_2SO_4–H_2O bestimmen Vff. bei 25 u. 45° die Leitfähigkeiten in Abhängigkeit von der Konz. von Na_2SO_4 u. H_2SO_4 (die Eigenleitfähigkeit von $ZnSO_4$ ist gegenüber diesen Substanzen gering) u. diskutieren die erhaltenen Kurven. Weiterhin werden D. u. Brechungsindex dieser Lsgg. gemessen. Vff. gelangen zur Schlußfolgerung, daß die vorhandenen Meßergebnisse es noch nicht gestatten, eine Beziehung zwischen den physikal.-chem. Eigg. des Bades u. der Koagulation der Viscose aufzufinden. (Bull. Soc. chim. France, Mém. [5] **19.** 227—29. Jan./Febr. 1952. Lyon, Fac. Catholique des Sci., Labor. de Chim.-phys.) H. SURAWSKI. 138

Shinji Kataoka, *Über die Dissoziationskonstante von Polyelektrolyten.* Es wird der Dissoziationsgrad des Polyelektrolyten als Lösung einer Integralgleichung berechnet, die der KIRKWOOD-RISEMAN-Gleichung in ihrer Viscositätstheorie der polymeren Lösung ähnelt. (J. physic. Soc. Japan **9.** 293—94. März/April 1954. Kunitachi, Tokyo, Hitotsubashi Univ. [Orig.: engl.]) H. FALKENHAGEN. 139

Paul Delahay und **Wolf Vielstich,** *Kinetik der Dissoziation schwacher Säuren und Basen. Anwendung der Polarographie und Voltametrie bei konstantem Strom.* (Vgl. C. **1955.** 10445.) Vff. geben einen Überblick über die Möglichkeiten, die Kinetik der Dissoziation schwacher Säuren u. Basen in schwach gepufferten Lsgg. durch Best. der Strom-Potential- oder Potential-Zeit-Kurven für die Elektroden-Rkk. quantitativ zu untersuchen, wobei die Natur der red. oder oxydierten Substanz ziemlich unwesentlich ist. Die Rk. muß als Bedingung lediglich H^+- oder OH^--Ionen enthalten. Die schwachen Elektrolyte, deren Dissoziationskinetik mittels der genannten Methoden untersucht werden soll, brauchen nicht selbst reduzier- oder oxydierbar zu sein. Vff. erläutern die Zusammenhänge an einer quantitativen Behandlung der Polarographie u. der Voltametrie bei konstantem Strom. Letztere Meth. ist bes. bei etwas stärkeren Säuren u. Basen ($K > 10^{-5}$) vorteilhafter, wie ein Vgl. der beiden Methoden zeigt. Als Beispiele werden die *Essig-* (I) u. die *Ameisensäure* (II) behandelt. Dabei ergeben sich in 50% alkoh.-wss. Lsg. die Dissoziationsgeschwindigkeiten k_d u. die Ionenrekombinationsfaktoren k_r bei 25° für **I** zu $5{,}5\cdot10^4$ sec^{-1} bzw. 10^9 Liter·mol^{-1} sec^{-1} u. für **II** zu $2{,}9\cdot10^6$ sec^{-1} bzw. $9\cdot10^{10}$ Liter·mol^{-1} sec^{-1}. (J. Amer. chem. Soc. **77.** 4955—58. 5/10. 1955. Baton Rouge, La., Louisiana State Univ., Coates Chem. Labor.) W. NIEMITZ. 139

Karl-Joseph Hanszen, *Galvanische Ketten im inhomogenen Magnetfeld.* Die Arbeit erbringt den Nachw. zu der von der Theorie geforderten EMK.-Änderung im inhomogenen Magnetfeld. Die Verss. wurden an galvan. Ketten mit Elektrolytlsgg. aus *Mn*-Salzen durchgeführt. Man erhält aus den Messungen einen von der Feldrichtung unabhängigen Effekt von $6\cdot10^{-7}$ V, wenn sich eine Elektrode der Kette in einem Feld von $2{,}4\cdot10^4$ Oe, die andere außerhalb des Feldes befindet. Die Meßergebnisse liegen etwas unterhalb der theoret. Werte. Die prinzipielle Grenze der Meßgenauigkeit von 10^{-8} bis 10^{-9} V konnte wegen der schlechten Potentialeinstellung der Ketten nicht erreicht werden. (Z. Naturforsch. **9a.** 930—38. Nov. 1954. Münster, Univ., phys. Inst.) A.-F. BOGENSCHÜTZ. 140

Karl-Joseph Hanszen, *Der Einfluß der Magnetisierung auf galvanische Ketten und chemische Reaktionen.* Es wird der Einfl. des homogenen Magnetfeldes auf die EMK. galvan. Ketten untersucht, ebenso der Einfl. auf Wärmetönung u. Gleichgewicht chem. Reaktionen. (Z. Naturforsch. **9a.** 919—29. Nov. 1954. Münster, Univ., Physik. Inst.) A.-F. BOGENSCHÜTZ. 140

Jacques Chanu, *Thermodiffusionspotentiale in Elektrolyten. Anfangspotential der Thermodiffusion.* An Hand theoret. Überlegungen u. einer eingehenden experimentellen Unters. an Flüssigkeitsketten vom einfachsten Typ [Ag/AgCl/XCl(T_1)//XCl(T_2)/AgCl/Ag] (X = Na bzw. K im Konzentrationsbereich von 0,00171—0,5983 bzw. 0,00134—0,06702) ($T_{1,2}$ von 15—30°) versucht Vf. die Frage zu klären, unter welchen Bedingungen die Messung der an den Enden der Kette herrschenden EMK. zu einem Ausdruck für die Anfangspotentiale der Thermodiffusion führt. Diese scheinen nicht wesentlich von der Arbeitstemp. u. vom Temperaturintervall zwischen den wärmeren u. kälteren Teilen der Kette, soweit dieses in der Größenordnung von wenigen (10—20) Graden liegt, abzuhängen. Weiter scheinen sie langsam mit zunehmender Konz. abzunehmen, so daß man annehmen muß, daß die Entropie des Ionentransportes in der Lsg. negative Werte annimmt. Schließlich gestattet diese Art von Messungen nicht, ohne Einführung weiterer Hypothesen die absol. Mengen transportierter Ionen zu berechnen. (J. Chim. physique Physico-Chim. biol. **51.** 390—99. Juli/Aug. 1954.) W. NIEMITZ. 140

H. J. V. Tyrrell, *Thermodiffusionspotentiale in nichtisothermen elektrolytischen Systemen. 4. Mitt. Vergleich von Messungen an isothermen und nichtisothermen Zellen.* (3. vgl. C. **1956.** 9091.) Vf. vergleicht früher gemessene Temperaturkoeffizienten von EMK.-Werten isothermer Zellen mit früher bzw. kürzlich von ihm (l. c.) veröffentlichten Ergebnissen an nichtisothermen Zellen, um die Übereinstimmung der Resultate zu prüfen, u. zeigt, daß es damit möglich ist, die Berechnungen der SORET-Koeffizienten (SK) auf die l. c. besprochenen Elektrolyte zu erweitern, wobei sich eine gute Übereinstimmung zwischen den berechneten u. den l. c. experimentell ermittelten Werten ergibt. Daraus kann geschlossen werden, daß einerseits die allg. theoret. für ideale Lsgg. gültige Beziehung zwischen den Thermodiffusionspotentialen, gemessen zur Zeit 0, u. den SK gestützt wird u. daß andererseits die relative Reihenfolge der SK für die besprochenen Salze durch die Verdünnung von 1n auf 0,01n nicht wesentlich beeinflußt werden kann, da es sonst kaum möglich wäre, daß die aus Messungen an verd. Lsgg. berechneten Werte so gut mit denen aus direkten Messungen an relativ konz. Lsgg. erhaltenen übereinstimmen. (Trans. Faraday Soc. **51.** 383—89. März 1955. Sheffield, Univ., Dep. of Chem.) W. NIEMITZ. 140

H. Chateau, *Genaue Bestimmungen der durch Kalomelelektroden gegebenen Bezugspotentiale zwischen 5 und 70°.* Die Potentiale von 5 Kalomelelektroden (mit 1n, 0,1n, 1 molaler, 0,1 molaler u. gesätt. KCl-Lsg.) werden zwischen 5 u. 70° bestimmt. Die angewandte Meth. beruht auf der Kenntnis der Temperaturabhängigkeit des Normalpotentials der Kalomelelektrode u. des Aktivitätskoeff. der KCl-Lsg. der betrachteten Elektrode. Es wird die Beziehung angewendet: $E = E_0^{Hg_2Cl_2} - RT/F \log[Cl^-]$. Diese Meth. hat den Vorteil, daß jede Potentialberechnung einer fl. Verb. wegfällt. (J. Chim. physique Physico-Chim. biol. **51.** 590—93. Okt. 1954. Soc. Kodak-Pathé, Labor. de Rech.) A.-F. BOGENSCHÜTZ. 140

Allan Walkley, *Das Potential und die Stromkapazität von einigen galvanischen Zellensystemen.* Die Potentiale von Metalloxydkathoden ändern sich mit dem p_H-Wert des Elektrolyten u. mit der Struktur des Oxydes. Die durch den Pb-Akkumulator u. durch die alkal. Zellen mit Oxydkathoden aus Cu, Hg oder Ag entwickelten Potentiale stimmen mit den aus den therm. Daten berechneten überein. Dagegen gibt es bei den LECLANCHÉ-Zellen u. dem alkal. Akkumulator keine Übereinstimmung, wobei die Gründe hierfür in dem komplexen Verh. der schlecht definierten Mn- u. Ni-Oxydhydrate liegen. Die spezif. Stromkapazität der Oxydelektroden hängt vom Mol.-Gew. oder Mol.-Vol. der Oxyde u. dem Reduktionszustand ab. Während der Entladung kann dieser Zustand entweder nacheinander oder gleichzeitig mit den entsprechenden Unterschieden im Zellenverh. in Zusammenhang gebracht werden. Die theoret. Erwartungen werden beträchtlich durch Polarisationen abgeändert, so daß die Kapazität in der Praxis gewöhnlich eine Funktion des fließenden Stromes ist. — 74 Literaturangaben. (J. electrochem. Soc. **99.** 209C—214C. Aug. 1952. Melbourne, Commonwealth Sci. and Ind. Res. Organ., Minerals Utilisation Sect., Div. of Ind. Chem.) J. KLEFFNER. 140

Sture Fronæus und **Carl Otto Östman,** *Der potentialbestimmende Schritt bei dem Austausch von Cadmium zwischen Amalgam und Cadmiumcyanidlösung.* (C. **1956.** 6894.) Mit radioakt. Tracern wurde bei der Einstellung des Gleichgewichtspotentials der Austausch des Cd zwischen dem fl. Amalgam u. der Cd-Cyanidlsg., die NaCN im Überschuß enthielt, beobachtet. Schon frühere Messungen zeigten, daß der Austausch nicht diffusionsabhängig ist, sondern von einem Zerfallsprozeß bestimmt wird. Die kinet. Funktion für diesen Zerfall wird aufgestellt. Bei der verwendeten Cyanidkonz. ist die Konz. des Cd^{2+} in Lsg. so gering, daß der Zerfall des Komplexes der potentialbestimmende Schritt ist. (Acta chem. scand. **8.** 961—70. 1954. Lund, Schweden, Univ., Chem. Inst., Dep. of Inorgan. and Phys. Chem.) G. MAIER. 140

Richard S. Johnson und **W. C. Vosburgh,** *Die Reproduzierbarkeit der Mangandioxydelektroden und die Änderung des Elektrodenpotentials mit dem* p_H*-Wert.* Die Reproduzierbarkeit u. Konstanz von MnO_2-Elektroden mit NH_4-Elektrolyt werden durch Vorbehandlung von MnO_2 mit NH_3, wobei das benutzte MnO_2 saure Eigg. hat, untersucht. Das Elektrodenpotential solcher Elektroden variiert nicht nur mit dem p_H-Wert, sondern auch mit der NH_4-Ionenkonz. oder der Konz. an freiem NH_3. Die scheinbare p_H-Änderung ist größer als 0,059, wenn die NH_4Cl-Konz. konstant ist. — 17 Literaturangaben. (J. electrochem. Soc. **99.** 317—22. Aug. 1952. Durham, N. C., Duke Univ., Dep. of Chem.) J. KLEFFNER. 140

Charles W. Jennings und **W. C. Vosburgh,** *Ein für die Selbstentladung der Leclanché-Zellen vorgeschlagener Mechanismus.* Es wurde ein Verf. entwickelt, durch welches MnO_2-Elektroden mit einer Spannung von $\pm 0{,}005$ V reproduziert werden können, wobei gefälltes MnO_2 oder durch therm. Zers. aus $Mn(NO_3)_2$ hergestelltes MnO_2 Verwendung finden. Wird zu beiden Typen von MnO_2 Kohlenstoff hinzugemischt, so erniedrigt sich unter der Einw. des Elektrolyten das Elektrodenpotential. Die dabei auftretende Rk. kann als O_2-Übertragung auf die C-Oberfläche infolge der oxydierenden Wrkg. von MnO_2($2MnO_2 + C + H_2O \rightarrow C(O) + 2MnOOH$) erklärt werden. Diese Erklärung wurde durch Messung der O_2-Konz. in einer wirklich O_2-freien Lsg., welche einige Zeit mit MnO_2 u. C in Kontakt stand, bewiesen. Ein Teil des von C aufgenommenen O_2 wandert langsam zur Zn-Elektrode u. reagiert dort. Dieser O_2-Verlust im C wird durch weitere Red. von MnO_2 ausgeglichen. Akt. MnO_2 kann auch direkt langsam O_2 an die Lsg. abgeben. Bei der n. Form der Trockenzelle braucht bei dem kurzen Abstand zwischen Innenkörper u. Zn-Elektrode nur eine ständige O_2-Diffusion entlang der Oberfläche stattzufinden, um allmählich die ganze Zelle zu entladen. Bei der Selbstentladung der Trockenzelle durch den O_2-Diffusionsprozeß können verschied. C-Typen mit verschied. O_2-Adsorptions- u. Desorptionsvermögen u. verschied. MnO_2-Typen mit verschied. Potentialen u. Strukturen verschied. Lebensdauer ergeben. — 15 Literaturangaben. (J. electrochem. Soc. **99.** 309—16. Aug. 1952. Durham, N. C., Duke Univ., Dep. of Chem.) J. KLEFFNER. 140

W. C. Vosburgh, D. R. Allenson und **Stanley Hills,** *Eine Selbstentladungsreaktion von Zellen mit Mangandioxyd- und Metallelektroden.* Vff. untersuchen die Selbstentladungsprozesse von Zellen mit MnO_2- (I) u. Metallelektroden, die entweder aus *Ag*, *Zn* oder *Pb* bestehen. Die I-Elektroden werden durch elektrolyt. Abscheidung auf Graphitstäbe hergestellt. I hat die Zus. $MnO_{1,9}$. Die I-Elektrode befindet sich in der Mitte eines Glasgefäßes von 200 ml Inhalt u. ist ringförmig von der jeweilig eingesetzten Metallelektrode umgeben. Als Elektrolyte werden verwendet: 2mol. NH_4Cl-Lsg. mit NH_3 (p_H 7,3); eine analoge 1mol. $(NH_4)_2SO_4$-Lsg.; 2mol. NH_4Cl-Lsg. mit 0,2mol. $ZnCl_2$ (p_H 5) u. eine 0,2mol. *KCl*-Lsg. in einem 0,025molalen Phosphatpuffer (p_H 6,7). Die Messung des Potentials der I-Elektrode erfolgte gegen eine gesätt. Kalomelelektrode in einem Zeitabstand von 3 Stunden. Es zeigt sich, daß in Ggw. von Ag in Chloridlsgg., von Zn in Phosphatlsgg. u. von nicht blankem Pb erhebliche Mengen von H_2O_2 (II) entstehen. Dieses wirkt auf die I-Elektrode reduzierend ein. Dagegen verläuft die Probe auf II mit $TiOSO_4$-Lsg. an Metallen, die offenbar blank bleiben, negativ, da hier die katalyt. Zers. von II schneller als seine Bldg. vonstatten geht. Um zu sehen, wie weit die Selbstentladungs-Rk. geht, lassen Vff. eine I-Zelle mit einer Ag-Elektrode einen Monat lang stehen. Innerhalb dieser Zeit nimmt das Potential der I-Elektrode von 0,453—0,237 V kontinuierlich ab. — Einige Methoden zur Vermeidung der Selbstentladungs-Rk. werden diskutiert. (J. electrochem. Soc. **103.** 91—93. Febr. 1956. Durham, N. C., Duke Univ.) H. SURAWSKI. 140

Abdelhak Sator, *Eine Jodtrichloridelektrode in Äthylätherlösung.* Die Löslichkeit von JCl_3 (I) in Ae. beträgt bei Zimmertemp. 80%. Beim Verdünnen scheidet sich die konz. Lsg. in zwei Phasen, wobei die schwerere ocker u. die andere gelb gefärbt ist. Die spezif. Leitfähigkeit ist relativ hoch u. hat einen Wert von 0,007 bei n. Temperatur. Die Anwendung einer Zelle mit einer gesätt. I-Lsg. in Ae. u. *Zn* oder *Mg* in wss. Lsg. stößt einmal wegen der Löslichkeit von I in der wss. Phase u. zum anderen wegen der Hydrolyse von I an der Grenzfläche Ae.–W. auf einige Schwierigkeiten. Diese lassen sich jedoch durch Benutzung konz. Salzlsgg., die SO_4^{2-}- u. Cl^--Ionen enthalten, in befriedigender Weise überwinden. Die Zelle *Zn–Hg/ZnSO₄, LiCl* in W.//I in Ae./*Pt* hat bei einer frischen I-Lsg. eine EMK. von 2 V, mit einer einen Monat alten Lsg. indes nur eine von 1,8 Volt. Wie die Entladungskurven (Potentialdifferenz bzw. EMK. in Abhängigkeit von der Zeit) zeigen, treten drei Rkk. auf: 1. $Zn + I \rightleftharpoons ZnCl_2 + JCl$; 2. $Zn + 2JCl \rightleftharpoons 2ZnCl_2 + J_2$ u. 3. $Zn + J_2 \rightleftharpoons ZnJ_2$. Das Element ist zylindrisch. Sein Gesamtvol. 12 cm³. Seine Elektrodenoberfläche 10 cm². Das Vol. der Ae.-Lsg. 5 cm³

(5 g I enthaltend). Innerer Widerstand ~4 Ω. Die Zelle *Mg/Li₂SO₄, RbCl* in W.//I in Ae./*Pt* weist je nach dem Alter der Ae.-Lsg. eine EMK. von 2,3—2,5 V auf, wobei das Mg infolge der durch die Hydrolyse gebildeten Säuren sehr leicht korrodiert. Der Nachteil der beiden beschriebenen Elemente besteht in ihrer begrenzten Lebensdauer; ihre Vorteile dagegen sind: große EMK., große Kapazität u. große Bereiche der Entladung, in deren Verlauf die Potentialdifferenz sich kaum ändert. (C. R. hebd. Séances Acad. Sci. **234**. 328—30. 14/1. 1952.) H. SURAWSKI. 140

Pierre Jolibois, *Graphische Darstellung der Phänomene der wässerigen Elektrolyse.* Vf. beschreibt eine graph. Meth., die es gestattet, den jeweiligen Zustand eines der Elektrolyse unterworfenen wss. Syst. in Abhängigkeit von der Zeit darzustellen. Es wird gezeigt, daß, wenn der Elektrolyt aus $LiNO_3$ besteht, die Gesamtmenge an HNO_3 u. freigewordenem *LiOH* sowie die an den Elektroden angesammelten Mengen aus dem Diagramm abgelesen werden können. (J. Chim. physique Physico-Chim. biol. **49.** C47—C48. Juli/Aug.; Colloques int. Centre nat. Rech. sci. **39.** C47—C48. 1952.) H. SURAWSKI. 141

P. B. Chakravarti und **T. Banerjee,** *Untersuchungen über die elektrolytische Herstellung von Berylliumoxyd aus Beryll.* Es wird eine elektrolyt. Meth. für die Herst. von BeO aus einer Na-Berylliumfluoridlsg. beschrieben. Die Lsg. wird durch Auslaugen einer Sintermasse aus Beryll u. Na-Silicofluorid oder Na-Ferrifluorid gewonnen. Es werden die Einfll. der Alkalikonz., der Rührung, eines Zusatzes von NaCl zum Katholyten, der Stromdichte u. der Dauer der Elektrolyse auf die Stromausbeute untersucht. Im allg. ist die Stromausbeute für diesen Prozeß sehr hoch, bei einigen Verss. erreicht sie sogar 100%. Diese abnorm hohe Stromausbeute konnte auf folgende Effekte zurückgeführt werden: 1. Das gewonnene BeO wird von Verunreinigungen, wie Silicium-, Aluminium- u. Eisenoxyden begleitet u. 2. werden bei der elektrolyt. Abscheidung des Be-Hydroxyds durch Adsorption komplexe Fluoride mitgerissen, die das gewonnene BeO verunreinigen. Die Verwendung von Zellen mit einer Agar-Agar-Brücke bietet keinen Vorteil gegenüber einer Zelle mit einem Diaphragmeneinsatz. (J. sci. ind. Res. [New Delhi] **13 B.** 625—33. Sept. 1954. Jamshedpur, National Metallurg. Labor.) G. MAIER. 141

Zoltán Horváth, *Theorie der Aluminiumelektrolyse.* Vf. erörtert die chem. Umsetzungen in der Schmelze bei der Al-Elektrolyse, berechnet die verschied. Ortes auftretenden Spannungsverluste, den Einfl. von Temp., Zus. des Bades, Elektrodenabstand u. Stromdichte auf die Ausbeute u. die auf 1 m^2 Wannenfläche pro Jahr entfallenden Investitions- u. Reparaturkosten. (Kohászati Lapok **8** (**86**). Nr. 7. Aluminium **5.** 145—53. Juli 1953.) J. PLANK. 141

J. Elze, *Abscheidungsbedingungen und Gefüge kompakter elektrolytischer Metallniederschläge.* 2. Mitt. *Elektrolytische Nickelniederschläge im Bereich des FT- und UD-Typs.* (1. vgl. C. **1955.** 4765.) Unter Verwendung eines Elektrolyten mit der Grundzus. $NiSO_4 \cdot 7H_2O$ 1 (Mol/Liter), $NiCl_2 \cdot 6H_2O$ 0,21 u. H_3BO_3 0,5 wurde die elektrolyt. Abscheidung von Ni unter den verschied. Bedingungen untersucht. Röntgenfeinstrukturunterss. ergaben, daß die Temp. einen stärkeren Einfl. auf die kristallograph. Orientierung der abgeschiedenen Kristalle ausübt als die kathod. Stromdichte. Temperaturerhöhung bewirkt Übergang vom FT-Typ zum UD-Typ bzw. Übergang zur nur noch schwach ausgeprägten bevorzugten Orientierung. Auch bei Fremdstoffzusatz ist der Temperatureinfl. vorherrschend auf die Textur. Inhibitorzusätze (Thioharnstoff u. Asparaginsäure) üben, wie aus Querschliffabb. erkennbar ist, einen deutlichen Einfl. auf das Niederschlagsgefüge aus. (Metall **9.** 104—09. Febr. 1955. Berlin-Dahlem, Bundesanst. für mechan. u. chem. Materialprüfung.) F. VIER 141

Carl Wagner, *Der Mechanismus der anodischen Bildung von Bleichromat.* Vf. untersucht den Einfl. von Diffusion u. Konvektion bei der anod. Bldg. von $PbCrO_4$ bei der Elektrolyse einer Na_2CrO_4- u. einer $NaClO_3$-Lsg. zwischen Bleielektroden. Bei ausreichend hohen Stromdichten enthält die Grenzschicht überschüssige Pb-Ionen, welche wegen ihrer höheren D. abwärts fließen. $PbCrO_4$ wird nun einerseits in einem Abstand von 0,01—0,1 cm von der Anode durch Zusammendiffundieren von Pb^{2+}- u. CrO_4^{2-}-Ionen gebildet u. andererseits an dem unteren Ende der Anode durch Mischung der Hauptlsg. mit der Grenzschicht. Da die Anteile beider Vorgänge nur abgeschätzt werden können, müssen Aussagen über den Mechanismus immer qualitativ bleiben. Eine andere Situation besteht, wenn der Elektrolyt gerührt wird u. dabei die effektive Dichte der Grenzschicht bestimmt wird. Dieser Fall wurde von ATEN (Z. physik. Chem. **92.** [1918.] 320) untersucht, bes. im Hinblick auf die anod. Bldg. von Ag-Halogenid an Ag-Elektroden für die elektrolyt. Best. von Halogen. In diesem Falle konnte sich Ag-Halogenid nur an der Oberfläche der Elektrode bilden. Dabei darf die Stromstärke nicht den Grenzwert für die ausschließliche Bldg. von Ag-Halogenid an der Anode überschreiten, der mit abnehmender Halogenkonz. in der Hauptlsg. gegen Null geht. (J. electrochem. Soc. **101.** 60—62. Febr. 1954. Cambridge, Mass., MIT, Dep. of Metall.) G. MAIER. 141

André Sancelme, *Die kathodische Reduktion in wässeriger Phase von festen, unlöslichen anorganischen Verbindungen.* In einer näher beschriebenen App. wird die Red. unlösl. Oxyde u. Salze, die in verd. Säuren oder Basen suspendiert sind, an Hand der während der Elektrolyse an der Kathode entwickelten H_2-Menge untersucht u. die Ausbeute R der Rk. durch Vgl. des in einem W.-Coulometer gebildeten H_2-Vol. (V_1) mit dem im Kathodenraum gemessenen (V_2) nach der Beziehung $R_{red} = (V_1 - V_2)/V_0$, wo V_0 das durch das FARADAYsche Gesetz gegebene theoret. Vol. ist, bestimmt. Das in verd. H_2SO_4 befindliche *CuO* wird leicht red., wobei die Ausbeute mit der Stromdichte ab u. mit der H_2SO_4-Konz. zunimmt. Unter gewissen Bedingungen bildet sich Cu_2O, das bei einer H_2SO_4-Konz. >0,2n nicht stabil ist u. spontan nach der Rk. $Cu_2O \rightarrow CuO + Cu$ zerfällt. *PbO* u. PbO_2 werden im sauren oder alkal. Medium unabhängig von der Temp., der Konz. u. der Stromdichte mit 100%ig. Ausbeute reduziert. Desgleichen erfolgt eine vollständige Red. von Ag_2O, aber nur in verd. NaOH, damit die in HCl bedingte Bldg. von $AgCl_2$ vermieden wird. Die Red. von *ZnO* u. Fe_2O_3 in verd. NaOH verläuft unvollkommen. Das $PbSO_4$ wird in verd. H_2SO_4 nicht, dagegen in verd. HCl oder NaOH unter Zwischenbldg. von $PbCl_2$ u. *PbO* nach folgendem Schema red.: $PbSO_4 + 2HCl \rightleftharpoons PbCl_2 + H_2SO_4$; $PbCl_2 + 2H^* \rightarrow Pb + 2HCl$ oder $PbSO_4 + 2NaOH \rightleftharpoons PbO + Na_2SO_4 + H_2O$; $PbO + 2H^* \rightarrow Pb + H_2O$. Weiterhin ergibt sich, daß in verd. Na_2CO_3-Lsg. $PbSO_4$ (dagegen nicht $PbCO_3$) red. werden kann, was eine Zwischenbldg. bestätigt. Die röntgenograph. Unterss. zeigen, daß die red. Metalle Vol. u. Struktur der Oxyde oder Salze behalten u. daß sie sich beim Erhitzen im Vakuum auf 215° in das gewöhnliche Metall umlagern. (J. Chim. physique Physico-Chim. biol. **49.** C117—C122. Juli/Aug.; Colloques int. Centre nat. Rech. sci. **39.** C117—C122. 1952. Paris, École des Mines, Labor.) H. SURAWSKI. 141

Paul Drossbach, *Zur Kenntnis der Elektrolyse geschmolzener Fluoride und Doppelfluoride.* Es werden Messungen der Polarisationsspannungen, der Zus. der Anodengase u. der anod. Stromausbeuten bei der Elektrolyse einiger Fluoride u. Doppelfluoride der 3. bis 6. Gruppe des Period. Syst. mitgeteilt. Der jeweilige Elektrolyt (K_2TiF_6, K_2ZrF_6, K_2NbF_7, K_2TaF_7, KUF_5, YF_3 u. YCl_3) erhielt Zusätze von KCl u. NaCl, in einigen Fällen auch von KF. Die Messungen wurden im offenen Gefäß bei 800° u. Stromstärken von 0,7 bzw. 1,00 A durchgeführt. Die Messungen der Polarisationsspannungen bzw. der Einzelpotentiale erfolgten nach 2 unabhängigen Methoden: einmal mit überlagertem Wechselstrom u. zum anderen mit einem Thyratrongerät mit einer Meßzeit von $2 \cdot 10^{-6}$ sec. In den Polarisationsspannungs-Zeit-Kurven machten sich charakterist. Knicke bemerkbar, die dem Auftreten von Verbb. niederer Wertigkeitsstufen zuzuschreiben sind. Gemeinsam ist diesen Doppelfluoriden, unter Einw. der wasserdampfhaltigen Laboratoriumsluft, der leichte Übergang in Oxyfluoride, gegebenenfalls sogar in Oxyde, die beide in den Schmelzen schwer lösl. sind. Beim Ti tritt auch TiF_2 auf, das ebenfalls schwer lösl. ist. Als Kathodenprodd. erhält man dann neben Metall auch Oxyfluoride, Oxyde u. niedere Fluoride. Eine quantitative Red. zum Metall ist nur nach langdauernder Elektrolyse zu erwarten. Zielt man auf die Gewinnung der Metalle, dann empfiehlt es sich, die Elektrolysen in geschlossenen Gefäßen aus Metall oder Graphit durchzuführen. Als Anodenprodd. treten CO_2, CO, Cl_2 u. wenig CF_4 auf, letzteres wurde als Restgas ermittelt. Bei K_2NbF_7 u. KUF_5 stieg das Anodenpotential sehr bald, bei YF_3 erst gegen Ende der Elektrolyse auf den Wert der Zersetzungsspannung der Alkalichloride an, womit ein größerer Abfall der anod. Stromausbeute verbunden ist. Bei Polarisationsspannungen von 1,7—1,8 V kann mit einer Primärabscheidung von Na in nennenswertem Umfang gerechnet werden, wenn das Salz des edleren Metalls keine Ionen bildet. Ab 2,7 V ist aber in jedem Fall mit starker Primäralkaliabscheidung neben Abscheidung des edleren Metalls zu rechnen. In einigen Fällen sinkt die Polarisationsspannung nach Erreichung eines Wertes von 2,8—3,2 V sehr schnell auf Werte um 1,5 Volt. Dieser Wert könnte unter Heranziehung der Überspannung an der Anode als Polarisationsspannung der Elektrolyse von Na_2O interpretiert werden. — Es folgen theoret. Unterss. über die im Gleichgewicht u. bei der Elektrolyse auftretenden mehrfachen Elektroden. Aus den Abschaltkurven des Anodenpotentials lassen sich keine Schlüsse auf die Reaktionsordnung ziehen, weil nur selten Gleichgewichtswerte erhalten werden u. Lokalelemente die Vorgänge an der Elektrode nach dem Abschalten beeinflussen. (Z. Elektrochem., Ber. Bunsenges. physik. Chem. **58.** 686—97. 1954. München, TH, Labor. für physik. Chem. u. Elektrochem.) S. LANZ. 141

Therald Moeller und Paul A. Zimmerman, *Einige Beobachtungen über die Elektrolyse von Metallsalzlösungen einiger Seltener Erden in basischen Lösungsmitteln.* Vff. elektrolysierten $Y(C_2H_3O_2)_3$, $NdBr_3$ u. $La(NO_3)_3$ in Lsgg. von *Äthylendiamin, Morpholin* u. *Monoäthanolamin*, ohne u. mit geringen Wasserzusätzen. Es wurde mit Pt-Elektroden bei Potentialdifferenz von 110 V, Stromdichten von 0,2—5,4 u. bei Zimmertemp. u. 25° darüber gearbeitet. Nur in Äthylendiamin wurden Ndd. an der Kathode beobachtet. Ihr Aussehen u. Verh. gegenüber W., HCl, $KMnO_4$ wird beschrieben u. weist auf metall. Abscheidungen hin. Gravimetr. Unterss. ergeben einen Geh. des untersuchten Nd. von ca. 50% Seltene Erden. Die Unters. des Nd. mit Röntgenstrahlen stellt den Geh. an Metall der Seltenen Erden jedoch in Frage. Die Abscheidung an Nd scheint z. T. amorph, die an La amorph zu sein. (Science [Washington] **120.** 539—40. 1/10. 1954. Urbana, Ill., Univ. of Illinois, Noyes Chem. Labor.) G. MAIER. 141

John E. Gates und **David F. Edwards,** *^{147}Pm-Punktquelle.* In Analogie zu den Daten von MOELLER u. ZIMMERMANN (vgl. vorst. Ref.) über den elektr. Nd. von Y, Nd u. La aus Äthylendiaminlsgg. wird die Meth. auf Pm angewandt. Als Ausgangsmenge dienen 50 mC ^{147}Pm in Form von $PmCl_3$ in 1n HCl. Die Elektrolyse wird über 46 Std. bei 90 V u. 70—90 μA fortgesetzt. Am Ende der Elektrolyse wird festgestellt, daß 43±4,3 mC ^{147}Pm sich auf der Kathode niedergeschlagen haben. (Nucleonics **13.** Nr. 12. 57. Dez. 1955. Columbus, O., Battelle Memor. Inst.) GERHARD SCHMIDT. 141

Jeanne Burbank, *Anodische Behandlung von Blei in Schwefelsäure.* Vf. untersucht in schwefelsaurer Lsg. die anod. Behandlung von *Pb* u. zeigt, daß die gebildeten Korrosionsprodd. vom Potential der Metalloberfläche abhängen. Mittels Elektronenbeugung werden in der Potentialreihe zwischen *Pb–PbSO₄* u. *PbSO₄–PbO₂* folgende Verbb. identifiziert: *PbO·PbSO₄*; *Pb(OH)₂* u. *PbO.* Diese treten bei charakterist. Potentialen auf, die den Haltebereichen der Entladungsprozesse entsprechen. Des weiteren wird eine unidentifizierte Substanz, die eine Form des Pb-Oxyds zu sein scheint, beobachtet. Das abgeschiedene PbO_2 ist in bezug auf das darunterliegende Pb, aus dem es sich bildet, bis zu einer begrenzten Tiefe orientiert, u. zwar mit (1 0 0) PbO_2 || (1 1 0) Pb u. [0 0 1] PbO_2 || [0 0 1] Pb. Die Struktur der unidentifizierten Substanz wird versuchsweise durch eine tetragonal raumzentrierte Elementarzelle von a = 3,54 u. c = 5,86 kX beschrieben. Unter Annahme dieses Gitters ergibt sich für die unbekannte Substanz die Orientierung (1 0 0) || (1 1 0) Pb u. [0 0 1] || [0 0 1] Pb. (J. electrochem. Soc. **103.** 87—91. Febr. 1956. Washington, Naval Res. Labor.) H. SURAWSKI. 142

Wiktor Kemula und **Zbigniew R. Grabowski,** *Latente Ströme in der Polarographie. Latente Diffusionsströme bei Nitrat.* Vf. unterscheidet 2 Arten latenter Grenzströme nach ihrem Bildungsmechanismus. Er leitete auf der Grundlage der ILKOVIČschen Gleichung die Beziehungen zwischen den Konzz. der reduzierbaren Bestandteile der Lsg. u. dem beobachteten Diffusionsstrom ab, die eine Ermittlung der Größe des latenten Diffusionsstroms erlauben, vorausgesetzt, daß bestimmte optimale Bildungsbedingungen vorhanden sind. Eine Diskussion der experimentellen Literaturdaten vom Standpunkt der neuen Klassifizierung latenter Ströme ist angeknüpft. Die Ergebnisse auf dem Gebiet der latenten Grenzströme des Nitrations werden als neues charakterist. Beispiel betrachtet. (Sprawozdania Posiedzeń Wydziału III, Towarzystwo Naukowe Warszawskie (C. R. Séances Cl. III, Soc. Sci. Lettres Varsovie) **44.** 78—102. 1951. Warszawa, Univ.) A.-F. BOGENSCHÜTZ. 142

J. R. Weaver und **R. W. Parry,** *Reduktion an der strömenden Quecksilberelektrode.* 1. Mitt. *Der Grenzstrom.* Es werden Lsgg. des Diffusionsproblems in Anwendung auf die Gleichgewichtsred. an der strömenden Quecksilberelektrode gebracht unter Berücksichtigung des Einfl. von Stromkontraktion u. -expansion u. veränderlicher Flüssigkeitsgeschwindigkeit. Experimentelle Methoden für die photograph. Best. von Strömungsdurchmesser u. des Lösungsflusses werden beschrieben. Die Oberflächengeschwindigkeit der Strömung wurde aus Messungen des „Ladungsstromes" errechnet. Die Bestätigung dieser Theorie wird erbracht durch prakt. Messungen des Reduktionsstromes für Cd^{2+}, Tl^+ u. Hg_2^{2+}. (J. Amer. chem. Soc. **76.** 6258—62. 20/12. 1954. Ann Arbor, Mich., Univ. of Michigan, Dep. of Chem.) A.-F. BOGENSCHÜTZ. 142

Louis Meites, *Polarographische Charakteristika von +3- und +5-wertigem Arsen in Salzsäurelösungen.* Es wurde gefunden, daß Arsen (+5) in konz. Salzsäurelsgg. polarograph. reduzierbar ist u. eine doppelte Stufe gibt, die dem Schema: As (+5) → As (0) → AsH_3 entspricht. Die angeführten neuen Werte beziehen sich auf die polarograph. Charakteristika von Arsen (+3) in salzsaurem Medium. (J. Amer. chem. Soc. **76.** 5927 bis 5931. 5/12. 1954. New Haven, Conn., Yale Univ., Dep. of Chem.) A.-F. BOGENSCHÜTZ. 142

Julian Kamecki und **Leszek Suski,** *Die Abhängigkeit des Halbwellenpotentials von der Temperatur in einigen reversiblen und irreversiblen Prozessen.* KOLTHOFF u. LINGANE stellten auf Grund verschied. Unterss. die Hypothese auf, daß die Größe u. das Vorzeichen des Temperaturkoeff. des Halbstufenpotentials brauchbare Kriterien seien bei der Entscheidung der Frage, ob ein fraglicher Prozeß an der Hg-Tropfelektrode reversibel verläuft oder nicht. Vff. machten polarograph. Messungen des Temperaturkoeff. des Halbstufenpotentials der irreversiblen Rkk. Red. von Ni^{2+} in KNO_3, Red. von JO_3^-, Oxydation von Sn^{2+}, Red. von Sn^{2+}, Red. von ZnO^{2-} u. der reversiblen Rkk. Red. von Zn^{2+}, $Fe^{2+} = Fe^{3+} + e$ in Oxalat u. in Tartrat, Red. von Ni^{2+}. Das Ergebnis ihrer Unterss. ist, daß das von Kolthoff u. Lingane angegebene Kriterium zumindest in seiner gegenwärtigen Form nicht zuverlässig ist, weil Größe u. Vorzeichen des Temperaturkoeff. oft nicht der Voraussage Kolthoffs u. Linganes entsprechen. (Roczniki Chem. [Ann. Soc. chim. Polonorum] **28.** 601—10. 1954. Kraków, Akad. of Min. and Metallurgy, Dep. of Phys. Chem. and Elektrochem.) G. Maier. 142

W. Machu, A. M. Azzam und **G. M. Habashi**, *Über das anodische Verhalten von Zinn in Schwefelsäurelösungen.* Sn zeigt ebenso wie Fe, Ni u. Tl bei der anod. Behandlung in H_2SO_4 zwei aufeinanderfolgende Passivierungsvorgänge. Der erste geht unter Bldg. von Sn^{2+}-, der zweite unter gleichzeitiger Aussendung von Sn^{2+}- u. Sn^{4+}-Ionen vor sich. Erst nach dem zweiten Stromstärkeabfall tritt O_2-Entw. ein. Auch im passiven Zustand geht Sn mit 90%ig. Stromausbeute in Lösung. Beide Passivierungsvorgänge gehorchen dem Zeitgesetz der Bedeckungspassivität von Müller-Machu u. stellen somit eine mechan. Passivierung dar. Nach dem ersten Stromstärkeabfall findet eine Umwandlung des Sn in eine edlere Modifikation statt, wobei Metallpotentiale bis zu +8 V gemessen wurden. Aus Widerstandsmessungen u. Ermittlung des Polarisationswiderstandes wurde gefolgert, daß die auftretenden Widerstände u. die starke Polarisation eine Widerstandspolarisation darstellen. Auf dem passiven Sn ist offenbar eine gelartige Schicht mit Nadelkissenstruktur vorhanden, welche die Wanderung der Ionen zur Metallfläche hemmt. Im akt. Zustand ist die Polarisation u. der Polarisationswiderstand an der Sn-Anode kleiner als im passiven Zustand. (Metalloberfläche, Ausg. A **9.** 58—62. April. 73—75. Mai 1955. Kairo, Ibrahim Univ., Dep. of Chem.) F. Markhoff. 143

J. Kamecki und **Z. Zembura**, *Anodisches Verhalten von Kupfer in Phosphorsäurelösungen.* Es wird die Abhängigkeit der anod. Stromdichte u. des Anodenpotentials von der Klemmenspannung untersucht. Anoden- sowie Kathodenmaterial sind feuerraffiniertes Walzenkupfer sowie galvan. Cu-Überzüge aus sauren u. cyankal. Bädern. Die Kurven Klemmenspannung/Stromdichte zeigen — bes. bei konz. Lsgg. — zwei Knicke. Der Knick erfolgt nach Erreichung der krit. Stromdichte u. wird von einer Passivität der Anode begleitet, während das Anodenpotential auf 0,5—1,8 V ansteigt. Ferner werden Verss. zum elektrolyt. Polieren von Cu durchgeführt. Es erweisen sich hierfür diejenigen Lsgg. als geeignet, deren Stromdichte/Klemmenspannungs-Kurve eine charakterist. sattelähnliche Form zeigt. Das Polieren erfolgt während der Periode konstanter Stromdichte. Die besten Resultate werden in einer Lsg. mit 1150 g H_3PO_4/Liter erzielt (1—1,2 A/dm^2; 1,25—2 V). Feuerraffiniertes Cu, das mit 3/0 u. 4/0 Papieren vorpoliert war u. elektrolyt. Cu-Überzüge aus Cyankalibädern lassen sich ohne Schwierigkeiten polieren, während Cu-Ndd. aus sauren Bädern nicht in dem gleichen Maße Glanz erhalten. (Bull. Acad. polon. Sci., Cl. II **2.** 31—35. 1954. Cracow, Acad. of Mining and Metall., Dep. of Phys., Chem. and Electrochem.) S. Lanz. 143

M. Breiter, H. Kammermaier und **C. A. Knorr**, *Untersuchung des Aufbaues und Abbaues der Palladiumwasserstoffphase durch Messung der Phasengrenzimpedanz und des Potentials der Palladiumelektrode bei Bespülung mit Wasserstoff bzw. mit sauerstoffhaltigem Stickstoff.* Zunächst wird der zeitliche Potentialverlauf eines frisch aktivierten, in 2n H_2SO_4-Lsg. eintauchenden Pd-Drahtes bei Bespülung mit H_2 dargestellt. Das Potential (gemessen gegen die n-Wasserstoffelektrode) sinkt im Anfang im Gebiet der Lsg. des Wasserstoffs im Pd relativ rasch ab. Dabei ist der in der Oberfläche gelöste H_2 potentialbestimmend. Nach Erreichung einer gewissen Konz. beginnt die Ausbldg. der Palladiumwasserstoffphase. Dabei bleibt das Potential konstant (Phasenbildungspotential). Nach Beendigung der Phasenausbldg. löst sich H_2 in der Palladiumwasserstoffphase u. das Potential sinkt relativ rasch auf das Nullpotential ab. Der Betrag des Wechselstromwiderstandes (R) hat zu Beginn der Phasenausbldg. ein Minimum, nimmt bei annähernd konstanten Potentialen zu, erreicht ein Maximum u. wird schließlich mit gegen Null sinkendem Potential wieder etwas kleiner. Mit negativen Potentialwerten erfolgt ein weiterer Abfall von $|R|$, desgleichen mit wachsender Amplitude. Diese Extrema sind durch zeitliche Verzögerungen während der Phasenausbldg. bedingt. Das Auftreten des ersten Minimums von $|R|$ läßt sich auf eine vorzugsweise Ausbldg. der Pd–H-Phase auf der Oberfläche u. in einer dünnen nach innen angrenzenden Schicht zurückführen. Diese Anreicherung an Phasenwasserstoff vermindert sich mit fortschreitender Phasenausbldg., es kommt zu dem beobachteten Maximum. Beim Abbau des im Pd-

Draht enthaltenen Wasserstoffs im etwas O_2 enthaltenden N_2-Strom ist der Betrag von | R | bei gleichem Potential größer als bei H_2-Bespülung. Beim Phasenzersetzungspotential (+63 mV) treten in unregelmäßigen Zeitabständen sich wiederholende Schwankungen auf, die Minima liegen verschieden hoch. Der Wechselstromwiderstand wird also wesentlich durch den Phasenwasserstoff mitbestimmt. Erst wenn die Konz. des gelösten Wasserstoffs genügend hoch geworden ist, hat auch dieser Wasserstoff einen merklichen, bei negativen Potentialen sogar überwiegenden Einfl. auf den Wechselstromwiderstand. Über welchen Reaktionsmechanismus die Phasenbldg. u. Zers. verläuft, läßt sich noch nicht näher angeben. (Z. Elektrochem., Ber. Bunsenges. physik. Chem. **58.** 702—09. 1954. München, TH, Inst. für Physik. Chem. u. Elektrochem.) S. LANZ. 143

M. Breiter, H. Kammermaier und **C. A. Knorr,** *Untersuchung der Phasengrenzimpedanz an Edelmetallelektroden im Gebiet der Wasserstoffadsorption.* 2. Mitt. *Aktivierte Iridium- und aktivierte gealterte Rhodiumelektroden.* (1. vgl. C. **1956.** 7146.) Vff. untersuchen mit der gleichen Meßanordnung (l. c.) die Frequenz- u. Potentialabhängigkeit der Phasengrenzimpedanz aktivierter Ir- u. aktivierter gealterter Rh-Elektroden. Diese befinden sich in einer 8n H_2SO_4 u. werden von H_2 bespült. Die Vorbehandlung der Elektroden erfolgt in der Weise, daß vor jeder Messung die Elektrode durch kurze anod. Stromstöße polarisiert u. dadurch ein gut reproduzierbarer Oberflächenzustand maximaler Aktivität erhalten wurde. Es zeigt sich, daß die Versuchsergebnisse, bei denen der reine Elektrolytwiderstand stets eliminiert worden ist, den an *Pt* erhaltenen ähneln, daß jedoch Ir u. Rh einen viel engeren Potentialbereich der H-Adsorption u. eine Frequenzabhängigkeit der beiden Komponenten der Phasengrenzimpedanz aufweisen, die bei positiven Überspannungen auf eine Verzögerung der Vorgänge bei der H-Adsorption hindeutet. Die Überspannung bei Gleichstromfluß wird bis zum Erreichen eines durch die Blasenbldg. bedingten Grenzwertes wie bei Pt fast ausschließlich durch die H_2-Diffusion bestimmt. (Z. Elektrochem., Ber. Bunsenges. physik. Chem. **60.** 119—27. 1956. München, TH, Inst. für physik. Chem. u. Elektrochem.) H. SURAWSKI. 143

J. O'M. Bockris und **E. C. Potter,** *Der Mechanismus der Wasserstoffentwicklung bei Nickelkathoden in wässerigen Lösungen.* (Vgl. C. **1956.** 5746.) Die H-Überspannung bei Ni-Kathoden wurde unter sehr sauberen Bedingungen in wss. Lsgg. von HCl (0,001n bis 1,0n) u. in wss. NaOH (0,001n—0,2n) im Temperaturbereich von 0—50° u. im Stromdichtebereich von 10^{-8} bis 10^{-1} A/cm² gemessen. Es wurden auch Beobachtungen über die Ausbldg. u. die Abfallgeschwindigkeit der Überspannung u. der Kapazität der Phasengrenzfläche Elektrode/Elektrolyt gemacht. Die experimentellen Daten wurden statist. ausgewertet u. zeigen, daß der wahrscheinlichste Mechanismus der H-Überspannung an Ni-Kathoden eine geschwindigkeitsbestimmende Entladung mit folgender Rekombination der H-Atome ist. Die Entladung erfolgt wahrscheinlich aus Hydroxoniumionen in saurer Lösung. Die im alkal. Gebiet beobachtete p_H-Wrkg. auf die Überspannung wird am besten erklärt durch die Annahme, daß die Entladung durch Wassermoll. hervorgerufen wird, deren Aktivität vom Elektrodenfeld abhängt. Die Betrachtung der Chemisorption im H-Elektrodenprozeß zeigt, daß ein geschwindigkeitsbestimmender Entladungsschritt an einer Ni-Oberfläche, die mit H-Atomen besetzt ist, stattfinden kann. (J. chem. Physics **20.** 614—28. April 1952. London, Imp. Coll. of Sci. and Techn.) A.-F. BOGENSCHÜTZ. 143

J. O'M. Bockris, *Die Änderung von Reaktionsgeschwindigkeiten an der Elektrode mit dem Lösungsmittel.* Vf. betrachtet an Hand von 42 Literaturzitaten die Änderung der Geschwindigkeit der H_2-Entw. u. stellt die von den verschied. Autoren an *Hg, Cu, Ni, Sn, Bi, W, Au-* u. *Ta*-Elektroden in wss. *HCl-* bzw. H_2SO_4-Lsgg. oder in Gemischen von CH_3OH-HCl, *A.*-HCl, NH_3-NH_4Cl, *Glykol*-HCl, *HCOOH*-HCl, *Ae.*-HCl darüber erhaltenen experimentellen Ergebnisse in einer Tabelle zusammen. Es werden die Werte von i_0 (Stromstärke bei der Überspannung Null), von α (gegeben durch die Gleichung $b = 2{,}3 \cdot RT/[\alpha F]$) u. von ΔH (Aktivierungsenergie beim reversiblen Potential) miteinander verglichen. Für Hg, Cu u. Ni ist i_0 in ROH 10—100mal größer als in W., während α keine systemat. Änderung zeigt; für W u. Ta beträgt das Verhältnis 10^6 u. α ist im nichtwss. Lösungsm. deutlich größer. Für Sn, Bi u. Au erscheint i_0 in nichtwss. Lsgg. u. auch α ein wenig größer (ausgenommen für Au). Vf. führt unter der Annahme, daß die Entladung des H^+-Ions die geschwindigkeitsbestimmende Rk. ist, für Hg, Ni u. Cu eine theoret. Berechnung durch u. weist zum Schluß auf die Anwendungsmöglichkeit der Unters. der Änderung von Elektrodenreaktionsgeschwindigkeiten mit dem Lösungsm. auf die Formulierung von Reaktionsmechanismen hin. (J. Chim. physique Physico-Chim. biol. **49.** C 41—C 46. Juli/Aug.; Colloques int. Centre nat. Rech. sci. **39.** C 41—C 46. 1952. London, Imp. Coll. of Sci.) H. SURAWSKI. 143

H. Rubin und F. C. Collins, *Konzentrationsüberspannung an reversiblen Elektroden.* Es wurde eine Unters. über die geschwindigkeits- u. diffusionsbestimmten Ströme an einer ebenen reversiblen Elektrode angestellt, bei Potentialen, wo die rückläufige Rk. einen beträchtlichen Betrag der Gesamt-Rkk. ausmacht. Die Ferrocyanid-, Ferricyanid- u. Molybdäncyanidsysteme wurden betrachtet. Die erhaltenen Werte bestätigen die Vorhersage, daß der Strom unter einem Potential, das wesentlich geringer ist als das dem Grenzstrom entsprechende, bei genügend langen Zeiten gegen den Wert des Grenzstroms bei entsprechender Zeit konvergieren wird. Spezif. Geschwindigkeitskonstanten lassen sich aus diesen Werten errechnen u. erlauben eine annähernde Best. des Ionenanteils, der durch Stoß auf die Elektrodenoberflächen reagiert. Die Beziehung zwischen den spezif. Geschwindigkeitskonstanten u. den angewandten Potentialen stimmt mit der EYRING-Theorie der absol. Reaktionsgeschwindigkeiten u. Werten für die freie Aktivierungsenergie überein. (J. physic. Chem. **58.** 958—62. Nov. 1954. Brooklyn, N. Y., Polytechn. Inst. of Brooklyn, Dep. of Chem.) A.-F. BOGENSCHÜTZ. 143

Geneviève Sutra, *Über die Überspannung des Wasserstoffs bei der Elektrolyse.* Ausführlichere Mitt. hierzu vgl. C. **1953.** 3521. (C. R. hebd. Séances Acad. Sci. **230.** 842 bis 844. 27/2. 1950.) O. FUCHS. 143

Marcel Pourbaix, *Korrosion, Passivität und Passivierung von Eisen. Die Rolle des p_H-Wertes und des Potentials.* Unterss. über den Zusammenhang von p_H u. Passivität. Es werden der Einfl. von *O_2*-gesätt. u. O_2-freien Lsgg. u. von *Chromat*-Lsgg. untersucht u. die entsprechenden Potentiale festgestellt. Da der p_H-Wert der Passivierung dem p_H-Wert gleich ist, der das Ende der Korrosion anzeigt, ist die Bldg. eines Hydroxydes oder eines bas. Salzes anzunehmen [$Cr(OH)_3$]. *Wolframate* u. *Molybdate* haben eine ähnliche Wrkg. wie die Chromate. (Mém. Soc. roy. belge Ing. Industriels **1951.** 3—40. März. Brüssel, Univ.) J. FISCHER. 143

Marcel Pourbaix und Pierre van Rysselberghe, *Ein elektrochemischer Mechanismus der Korrosionsverhütung durch Chromate, Nitrite und andere Oxydantien.* Der Haupteffekt der oxydierenden Inhibitoren ist die Einführung einer neuen kathod. Rk. mit dem entsprechenden Potential, die durch eine zusätzliche Polarisationskurve gek. ist. Zu dem Vorgang $2\,H^+ + 2\,e^- = H_2$ kommt dann $O_2 + 2\,H_2O + 4\,e^- = 4\,OH^-$ mit einer beträchtlichen Überspannung. Bei Ggw. von Chromaten oder Nitriten erscheint zusätzlich noch eine Reduktionskurve des Inhibitors. Der Grund für die Passivierung des Fe ist die geringere Löslichkeit der Ferriverbindung. Bei p_H 7 muß zur Passivierung des Fe mindestens das Potential von —0,2 V erreicht werden. Polarograph. Messungen des O_2-Verbrauches bestätigen die Brauchbarkeit der angeführten Anschauung. (Corrosion [Houston] **6.** 313—15. Sept. 1950. Eugene, Orc., Univ. u. Brüssel, Univ.)
J. FISCHER. 143

A₄. Thermodynamik. Thermochemie.

J. M. Smith, *Thermodynamik.* (Vgl. C. **1954.** 1887). Vf. bringt eine zusammenfassende Übersicht über alle thermodynam. Veröffentlichungen von 1953, die für Ingenieure u. Chemiker in der chem. Industrie von Interesse sind. Der Bericht ist gegliedert in: bedeutende Entwicklungen, allg. Bücher u. Zeitschriften, thermodynam. Eigg., Phasengleichgewichte, chem. Reaktionen. — 185 Literaturangaben. (Ind. Engng. Chem. **46.** 947—52. Mai 1954. Lafayette, Ind., Purdue Univ.) V. BURBACH. 146

Tsung-Suei Chang, *Eine Bemerkung über Boltzmanns H-Theorem.* Beweis, daß das quantenmechan. BOLTZMANNsche H-Theorem im beschränkten Sinn (d. h. mit ausdrücklicher Berücksichtigung der Statistik der das Syst. aufbauenden Teilchen u. ihrer gegenseitigen Einww.) nicht direkt zum Verteilungsgesetz der Teilchen bzgl. ihrer verschied. Zustände führt, sondern zu einer Gleichheit der Wahrscheinlichkeit für alle dem Syst. zugehörigen Zustände als ganzes, wenn das Syst. isoliert ist, in Übereinstimmung mit den Ergebnissen des verallgemeinerten quantenmechan. H-Theorems von PAULI. Einführung einiger kleinerer Verbesserungen im Laufe der Beweisführung. (Acta physica sinica **10.** 1—12. 1954. Peking, Acad. Sinica. [Orig.: chines., Auszug: engl.])
L. SCHULER. 146

H. N. V. Temperley, *Eine neue Theorie des flüssigen Heliums.* Die vorher (vgl. C. **1956.** 7718) auf den Gedankengängen von LANDAU u. LONDON entwickelte Theorie wird durch Einführung des „cluster"-Begriffs erweitert. Unter der Voraussetzung, daß die Anziehungskraft zwischen 2 He-Atomen beinahe so groß ist wie zur Molekülbldg. notwendig wäre, wird das Gleichgewicht zwischen kleinen u. großen „clusters" diskutiert, wobei nur die großen, ohne zu zerfallen, in Anregungszustände übergehen können. Sofern dieses Gleichgewicht im Koordinatenraum stattfindet, bestimmt es den Dampfdruck u. die Kondensation, sofern es im Impulsraum stattfindet, den λ-Übergang. Die

Suprafluidität beruht nach diesem Modell darauf, daß die kleinen „cluster" ihre kinet. Energie nur schwer bei Zusammenstößen mit den großen abgeben können. Daß sich sowohl im Koordinaten- als auch im Impulsraum „cluster" bilden können (im Impulsraum nur bei ^{4}He), ist eine Eigentümlichkeit von He, die auf der speziellen Stärke der Wechselwrkg. zwischen den ^{4}He-Atomen beruht. (Proc. physic. Soc., Sect. A **65.** 619—28. 1/8. 1952. Cambridge, King's Coll.) G. KIRSCHSTEIN. 149

Bernard M. Abraham, Darrel W. Osborne und **Bernard Weinstock,** *Eigenschaften von flüssigem Helium 3.* (Vgl. C. **1956.** 6027.) Zusammenfassender Bericht über reines ^{3}He u. ^{3}He–^{4}He-Gemische. — 28 Literaturangaben. (Science [Washington] **117.** 121—26. 6/2. 1953. Lemont, Ill., Argonne Nat. Labor.) G. KIRSCHSTEIN. 149

G. Luchak und **G. O. Langstroth,** *Anwendung der Diffusionstheorie auf die Verdampfung aus Tröpfchen und ebenen Oberflächen.* Bei der Anwendung der Diffusionstheorie auf Verdampfungsprobleme ist es üblich, bei der Berechnung der Dampfverteilung in der Umgebung die fl. Oberfläche als unveränderlich zu betrachten. Vff. wenden eine strengere Betrachtung auf das Problem der Verdampfung aus Tröpfchen u. ebenen Oberflächen an u. ziehen die Lösung der Differentialgleichung mit veränderlichen Grenzen heran, um die kontinuierlich sich vermindernde Größe des Tropfens zu berücksichtigen. Die Ergebnisse zeigen, daß die nach der Meth. der quasistationären Zustände erhaltenen Gleichungen die Verhältnisse in guter Näherung z. B. für W. angeben. (Canad. J. Res., Sect. A **28.** 574—79. Nov. 1950. Ralston, Alberta, Defence Res. Board Exp. Stat.) H. FREIWALD. 150

G. O. Langstroth, C. H. H. Diehl und **E. J. Winhold,** *Die Verdampfung von Tröpfchen in ruhender Luft.* Vff. untersuchen die Verdampfung von Tröpfchen von 1—2 mm ⌀ in ruhender Luft bei 20° mit 9 Fll., die eine Reihe abgestufter Flüchtigkeit bilden: *Toluol, W., n-Propylalkohol, Essigsäure, Äthylbenzol, o-Chlortoluol, n-Amylalkohol* u. *Anilin,* ferner W. u. n-Butylalkohol bei ca. 10, 20 u. 40°. Die experimentellen Ergebnisse stimmen gut mit den Berechnungen überein, die auf der Theorie der Diffusion u. des Wärmeübergangs beruhen. Es wurde gefunden, daß die Oberflächentemp. der flüchtigen Tröpfchen bezeichnenderweise niedriger liegt als die Temp. der Fl., was bei W. mit den Ergebnissen von JOHNSON (J. appl. Physics **21.** [1950.] 22) in Widerspruch steht. Vff. finden, daß in Verdampfungsgefäßen von 43 mm ⌀ Konvektionseffekte auftreten, jedoch nicht in den bei den hauptsächlichen Verss. verwendeten kleineren Gefäßen. (Canad. J. Res., Sect. A **28.** 580—94. Nov. 1950.) H. FREIWALD. 150

P. H. Keesom und **N. Pearlman,** *Die Atomwärme von Wismut zwischen 1° und 4° K.* Zwischen 0,96 u. 2,3° K kann die Atomwärme von polykristallinem Bi mit dem Reinheitsgrad 99,99% durch den Ausdruck $C = (1{,}213 \pm 0{,}006)\,T^3 + (0{,}078 \pm 0{,}03)\,T$ Millijoule/Grad u. Mol. beschrieben werden. Das kub. Glied gehorcht streng einer DEBYE-Funktion u. kann als Gitterbeitrag zur Atomwärme gedeutet werden. Die charakterist. Temp. Θ_0 beträgt 117° K. Zwischen 2,3° K u. 4° K sinkt Θ auf 105° K ab. Das lineare Glied beschreibt den elektron. Beitrag zur Atomwärme u. ist sehr viel kleiner als bei anderen Metallen. (Physic. Rev. [2] **96.** 897—902. 15/11. 1954. West Lafayette, Ind., Purdue Univ.) H.-J. HEINRICH. 151

M. Griffel, R. E. Skochdopole und **F. H. Spedding,** *Die Wärmekapazität von Gadolinium von 15—355° K.* Vff. untersuchen calorimetr. die Wärmekapazität von metall. Gd bei Tempp. zwischen 15 u. 355° K. App. u. Meßtechnik wurden bereits früher (C. **1954.** 3868) beschrieben. Die C_p-Kurve zeigt eine Anomalie mit einem Maximum bei 18,6° C, welche auf die ferromagnet. Umwandlung zurückzuführen ist. Die thermodynam. Funktionen von Gd wurden berechnet. Die Normalwerte bei 298,16° K betragen $S - S_0^0 = 15{,}774$ cal/Grammatom·Grad, $(H^0 - H_0^0)/T = 7{,}284$ cal/Grammatom·Grad u. $-(F^0 - H_0^0)/T = 8{,}490$ cal/Grammatom·Grad. Vff. diskutieren die Ergebnisse im Hinblick auf die Theorien des Ferromagnetismus. (Physic. Rev. [2] **93.** 657—61. 15/2. 1954. Ames, Io., Iowa State Coll., Inst. for Atomic Res.) I. KARUTZ. 151

W. P. Cox, E. W. Hornung und **W. F. Giauque,** *Die spontane Umwandlung makrokristalliner in mikrokristalline Phasen bei tiefen Temperaturen. Die Wärmekapazität von $MgSO_4 \cdot 6\,H_2O$.* Die Wärmekapazität von $MgSO_4 \cdot 6\,H_2O$ wurde zwischen 15 u. 325° K calorimetr. gemessen. Unter der Annahme perfekter Kristalle bei 0° K wurde die Entropie bei 298,16° K zu 83,20 cal/Grad·Mol bestimmt. Die thermodynam. Funktionen wurden im angegebenen Temperaturbereich berechnet u. tabelliert, die Normalwerte von Cp $(H^0 - H_0^0)/T$ u. $(F^0 - H_0^0)/T$ betragen 83,20, 44,42 u. 38,74 cal/Grad·Mol. Obige Ergebnisse konnten nur mit Proben erhalten werden, die nicht längere Zeit einer Temp. um 120° K ausgesetzt worden waren. Wird $MgSO_4 \cdot 6\,H_2O$ auf 120° K gehalten, so wird langsam Wärme entwickelt. Wärmekapazitätsmessungen an einer so vorbehandelten Probe ergaben bei 120° K keine Anomalie, jedoch ergab sich eine erhöhte Wärmeabsorption über einen breiten Bereich mit einem Maximum bei ca. 246° K. Absorptionsverss. mit N_2 bei 77° K ergaben, daß die Wärmeentw. mit der Bldg. mikrokristalliner Bereiche verbunden ist. Ein analoges Verh. zeigt nach BARIEAU u. GIAUQUE (C. **1954.** 11374) das mit dem Mg-Salz isomorphe $ZnSO_4 \cdot 6\,H_2O$. Vff. erklären den Effekt mit der Bldg. anderer Hydrate, die in der festen Phase nur unter Ausbldg. mikrokristalliner Bereiche der neuen Phasen möglich sei. ΔH der Rk. $MgSO_4 \cdot 7\,H_2O = [(A-7)/(A-6)] \cdot MgSO_4 \cdot 6\,H_2O + [1/(A-6)] MgSO_4 \cdot AH_2O$ mit $A = 15{,}595$ wird zu 4789 cal/Mol für die Umwandlungstemp. 48,15° angegeben. (J. Amer. chem. Soc. **77.** 3935—38. 5/8. 1955. Berkeley, Calif., Univ. of California, Dep. of Chem. and Chem. Engng., Low Temp. Labor.) I. KARUTZ. 151

Henry Wise, *Messung der Dissoziationswärme des Fluors mit Hilfe der Effusionsmethode.* Inhaltlich ident. mit C. **1954.** 8751. (J. physic. Chem. **58.** 389—91. Mai 1954. Pasadena, Calif., California Inst. of Technol., Jet Propuls. Labor.) E. FORCHE. 155

Willy Oelsen und **Olaf Oelsen,** *Ein Beitrag zur Thermochemie des elementaren Schwefels.* Vff. untersuchten calorimetr. die Vorgänge bei der Abkühlung zähfl. Schwefelschmelzen. Die Verss. zeigen, wie als Folge teilweiser Kristallisation, schlechter Konvektion u. größerer Viscositätsunterschiede erhebliche Temperaturunterschiede innerhalb der Probe auftreten können, die starke Verfälschungen der Abkühlungskurven bewirken. Um diese Schwierigkeiten zu umgehen, benutzen Vff. ein Dewargefäß als Probebehälter u. untersuchen die Form der Abkühlungskurven bei verschied. Abkühlungsgeschwindigkeiten (6°/min, 1,4°/min u. 0,16°/min). Aus der Kurve für die kleinste Abkühlungsgeschwindigkeit ergibt sich die Erstarrungswärme des monoklinen S zu 14,4 cal/g bei 115°. Die Wärmetönung der Umwandlung monoklin → rhomb. beträgt 3,0 cal/g. Die Umwandlungswärme nach Unterkühlung auf 64° 2,5 cal/g. Als mittlere spezif. Wärme erhalten Vff. für den rhomb. Schwefel 0,187 cal/g zwischen 60 u. 85°. Aus der guten Übereinstimmung dieser Werte mit den von BRAUNE u. MÖLLER (C. **1955.** 9968) bei steigenden Tempp. erhaltenen schließen Vff. auf das Vorliegen echter Gleichgewichte im fl. Schwefel. Sie können sich bei Temperaturänderungen von 0,1 bis 0,2°/min in jeder Richtung einstellen. (Z. Elektrochem., Ber. Bunsenges. physik. Chem. **60.** 157—62. März 1956. Clausthal, Bergakad., Inst. für Eisenhüttenkunde u. Gießereiwesen.) H. U. WOELK. 155

William S. McEwan und **Mary Mae Williams,** *Die Bildungswärme von Thalliumazid.* Durch Zers. von $Tl(N_3)$ in einem mit He (30 at) gefüllten Calorimeter bestimmen Vff. die Bildungswärme bei 25° zu 55,39 ± 0,2 kcal/Mol. Mit Hilfe des 2. Virialkoeff. des N_2 wird das Ergebnis auf den Druck von 1 at umgerechnet. $\Delta H_{(25^0,\,1\,at)} = +55{,}34 \pm 0{,}2$ kcal/Mol. (J. Amer. chem. Soc. **76.** 2182. 20/4. 1954. Inyokern, China Lake, Calif., U. S. Naval Ordnance Test Stat., Physic. Chem. Branch.) R. LACMANN. 156

Leonard I. Katzin, Dorothy M. Simon und **John R. Ferraro,** *Lösungswärmen der Hydrate von Uranylnitrat in Wasser und in organischen Lösungsmitteln.* (Vgl. C. **1953.** 5136 u. 7240.) In der Arbeit wird eine Unters. durchgeführt über die Lösungswärmen der Hexahydrate, Trihydrate u. Dihydrate von Uranylnitrat in W. u. in *Isobutylalkohol, Diäthyläther, Tetrahydrofuran, Äthylenglykolmonoäthyläther, Äthylenglykoldiäthyläther, Tetrahydrofurfurylalkohol, Aceton, Methyläthylketon, Methylisobutylketon, Äthylmalonat, Äthylpropionat, Äthyloxalat* u. *Tributylphosphat.* Die relativen Werte der Lösungswärmen in reinen Lösungsmitteln sind bezogen auf die Basenstärken der Lösungsmittel mit Bldg. undissoziierter Uranylnitrattetrasolvate in Lösung. Unterss. an gemischten Lösungsmitteln zeigen die Wirkungen von Hexasolvatbldg. in W. u. in Isobutylalkohol. (J. Amer. chem. Soc. **74.** 1191—94. 5/3. 1952. Chicago, Ill., Argonne Nat. Labor., Chem. Div.) A.-F. BOGENSCHÜTZ. 156

William L. Jolly und **Wendell M. Latimer,** *Die Löslichkeit von hydratisiertem Germanium(II)-oxyd und das Potential der Germanium(II)-oxyd-Germanium(IV)-oxyd-Zelle.* Die Löslichkeit der braunen Form des hydratisierten GeO in W. ermittelten Vff. zu $2 \pm 1 \cdot 10^{-4}$ Mol/Liter. Potentialmessungen an Zellen $GeO-GeO_2-$mol. $HCl-Hg_2Cl_2-Hg$ (mit GeO_{gelb} bzw. GeO_{braun}) ergeben für E_0 von $GeO_{braun} + H_2O = GeO_2 + 2H^+ + 2e^-$ 0,118 ± 0,010 V bei 25°. Aus Potentialmessungen an Zellen des Typs $GeO_{gelb}-GeO_2-0{,}0025$ mol. $HCl-GeO_{braun}-GeO_2$ wird ΔF^0 für die Rk. $GeO_{gelb} \rightarrow GeO_{braun}$ zu −7200 cal berechnet. (J. Amer. chem. Soc. **74.** 5751—52. 20/11. 1952. Berkeley, Calif., Univ. of California, Dep. of Chem., Chem. Engng. u. Radiat. Labor.)

H.-U. WOELK. 156

William L. Jolly und **Wendell M. Latimer,** *Die Oxydationswärme von Germanium(II)-jodid zu Germaniumsäure.* (Vgl. vorst. Ref.) Zur Ermittlung der Reaktionswärme der Rk.

GeJ_2 (fest) + J_3^- + 3 H_2O = H_2GeO_3 (aq) + 4 H^+ + 5 J^- (1) haben Vff. sowohl die direkte Rk. als auch die Rkk. GeJ_2 (fest) + J_2 (in HCl + KJ) = GeJ_4 (2), GeJ_4 (fest) = GeJ_4 (in HCl + KJ) (3), J_2 (fest) + J_2(HCl + KJ) (4), GeJ_4 (fest) + 3 H_2O = H_2GeO_3 (aq) + 4 H^+ + 4 J^- (5) calorimetr. untersucht. Aus den Einzelwerten für die Rkk. 2—5 (—19,06, —3,0, +0,64 u. —9,64 kcal/Mol) ergibt sich ΔH für die Rk. 1 zu —26,1 ± 2,0 kcal/Mol. Die direkte Best. ergab in guter Übereinstimmung —25,95 kcal/Mol. Für die Oxydations-Rk. 2 H_2O + GeJ_2 (fest) + J_3^- = GeO_2 (fest) + 4 H^+ + 5 J^- berechnen Vff. ΔH aus Löslichkeitsdaten zu —29,3 ± 1,4 kcal/Mol. (J. Amer. chem. Soc. **74.** 5752—54. 20/11. 1952.) H.-U. WOELK. 156

William L. Jolly und **Wendell M. Latimer,** *Der Dampfdruck von Germanium(IV)-Jodid. Die Entropien der Germanium(IV)-halogenide. Die Disproportionierung von Germanium(IV)-Jodid.* (Vgl. vorst. Ref.) Mit einer Strömungsmeth. haben Vff. den Dampfdruck von GeJ_4 in Abhängigkeit von der Temp. zwischen 353 u. 393° K bestimmt. Verdampfungswärme u. Entropie lassen sich durch Gleichungen der Form ΔH^0 = 22500 — 8 T u. ΔS^0 = 82,8 — 8 ln T darstellen. Für die freie Energie der Sublimation von GeJ_4 gilt die Beziehung ΔF^0 = 22500 + 8 T ln T — 90,8 T. Für 298° K ergeben sich damit folgende Werte: 20,1 kcal/Mol; 37 Entropieeinheiten, 9,0 kcal/Mol. Die Wärmekapazitäten bei p = const. u. die Normalentropien von GeF_4, $GeCl_4$, $GeBr_4$ u. GeJ_4 berechnen Vff. zu 19,57 (72,51), 22,97 (83,05), 24,34 (94,77) u. 25,1 (107,9 cal/Grad·Mol). Zur Berechnung von ΔF^0 u. ΔH^0 für die Disproportionierung haben Vff. den Dampfdruck von Ge (fest) u. GeJ_2 (fest) zwischen 544 u. 643° K gemessen. Es ergeben sich die Werte $\Delta H^0_{298°}$ = 30100 cal/Mol, $\Delta F^0_{298°}$ = 17900 cal/Mol u. $\Delta S^0_{298°}$ = 41,0 cal/Grad·Mol. (J. Amer. chem. Soc. **74.** 5754—57. 20/11. 1952.) H.-U. WOELK. 156

William L. Jolly und **Wendell M. Latimer,** *Das Gleichgewicht $Ge_{(fest)}$ + $GeO_{2(fest)}$ = 2 $GeO_{(Gas)}$. Die Bildungswärme von Germanium(IV)-oxyd.* (Vgl. vorst. Ref.) Zwischen 758 u. 859° K haben Vff. die Dampfdrucke von $GeO_{(fest)}$ bestimmt u. ΔH berechnet. In Übereinstimmung mit dem von BUES u. v. WARTENBERG für ½ $Ge_{(fest)}$ + ½ $GeO_{2(fest)}$ = $GeO_{(Gas)}$ (1) bestimmten Wert erhalten Vff. —55,1 kcal/Mol. Eine Berechnung von ΔH für diese Rk. auf Grund des Wertes von —159 kcal/Mol für $Ge_{(Gas)}$ + $O_{(Gas)}$ = $GeO_{(Gas)}$, der Dissoziationsenergie des O_2 u. der Bildungswärme von $GeO_{2(fest)}$ führt zu einem Wert von 50 kcal/Mol für (1). Den von BUES u. v. WARTENBERG für $Ge_{(fest)}$ + $GeO_{2(fest)}$ = 2 $GeO_{(fest)}$ angegebenen ΔH-Wert halten Vff. für wenig wahrscheinlich, da aus ihren Berechnungen folgt, daß das GeO wie SiO u. SnO unterhalb 600° instabil ist. Die Bildungswärme von $GeO_{2(fest)}$ ermitteln Vff. calorimetr. aus der Rk. Ge + 2 ClO^- = GeO_2 + 2 Cl^- zu —129,2 ± 2,0 kcal/Mol. (J. Amer. chem. Soc. **74.** 5757—78. 20/11. 1952.) H.-U. WOELK. 156

Stephen H. Crandall, *Die Symmetriebeziehungen für anisotropische Wärmeleitung.* Das Argument von CASIMIR (Rev. mod. Physics. **17.** [1945.] **343**), daß die ONSAGERsche Reziprozitätsbeziehung nicht die Symmetrie des Leitfähigkeitstensors in dem allg. FOURIERschen Gesetz q = — K·grad T enthält, weil q nicht eindeutig durch makroskop. Beobachtungen bestimmt werden kann, sondern nur die Divergenz von q, erklärt Vf. für einen gebundenen endlichen Leiter als nicht zutreffend. Vf. führt in einer mathemat. Ableitung endliche Divergenznäherungen für den Fall ein, daß eine Fläche eines kub. Elementes eine isolierte Grenze ist. Das Ergebnis ist dann für jede Gittergröße gültig u. daher für die Leitfähigkeitsgrenze an einem Punkt anwendbar. (Physica **21.** 251—52. März 1955. Massachusetts Inst. of Technol.) V. BURBACH. 158

P. H. Price und **M. R. Slack,** *Die Wirkung latenter Wärme auf numerische Lösungen der Wärmeströmungsgleichung.* Vff. diskutieren die Stabilität u. Genauigkeit von endlichen Lösungsunterschieden der Wärmeströmungsgleichung, die die latente Wärmetönung einschließt. Es gibt zwei Arten von latenten Wärmeeffekten: 1. Ein kleiner Effekt, der über einen bestimmten Temperaturbereich verteilt ist u. zur spezif. Wärme hinzugezählt werden kann. Die Stabilitätsbedingung schließt die Änderung der Diffusionsgeschwindigkeit mit der Temp. ein. 2. Ein großer latenter Wärmeeffekt, der isotherm auftritt. Hierbei wird die Änderung der Diffusionsgeschwindigkeit unbegrenzt, u. die Stabilitätsanalyse ist nicht mehr anwendbar. Es wird daher der Fall einer latenten Wärme bei einer festgesetzten Temp. angenommen. Zur Vereinfachung wird ein eindimensionaler Körper betrachtet u. dieser für einen 2- u. 3-dimensionalen Fall verallgemeinert. (Brit. J. appl. Physics **5.** 285—87. Aug. 1954. Sheffield, Univ., Dep. of Fuel Technol.) V. BURBACH. 158

Peter L. Nichols jr. und **Arthur G. Presson,** *Wärmeleitung in einem unendlichen zylindrischen Medium mit durch chemische Reaktion entstehender Wärme.* Die an sich kaum lösbare nichtlineare partielle Differentialgleichung für die Wärmeleitung in einem unendlichen Zylinder bei gleichzeitig neu entstehender Wärme wird mit einem elektron.

Differentialanalysator gelöst. Sie wird in Hilfsgleichungen übergeführt. Die Lösungen werden mit den experimentellen in Einklang gebracht. Berücksichtigt wird der Temperaturanstieg bei Ausdehnung der Rk., radiale Temperaturverteilung u. Änderung der Exponenten. Die Genauigkeiten werden diskutiert. Die Maschinenrechnungen stimmen in der Regel mit den anderen auf 1% überein. (J. appl. Physics **25.** 1469–72. Dez. 1954. Pasadena, Calif., California Inst. of Technol., Jet Propuls. Labor.)
H. Miething. 158

K. S. Krishnan und **S. C. Jain,** *Bestimmung thermischer Leitfähigkeiten bei hohen Temperaturen.* Kohlrausch u. Callendar haben ihre bekannte Meth. zur Best. der Wärmeleitfähigkeit aus der Temperaturverteilung in einem Draht oder Stab bei niedrigen Tempp. entwickelt. Man kann die Meth. auch bei hohen anwenden, wenn man bei kurzen Drähten aus der parabol., bei langen aus der logarithm. Temperaturverteilung die Leitfähigkeit berechnet. Die hohen Tempp. werden mit Glühfadenpyrometer gemessen. Die Emission des Pt wurde dafür bestimmt: 1. an einem Graphitröhrchen, um das ein dünnes Pt-Band gewickelt wird, an dem außen u. innen im Graphit die Temp. gemessen wird, oder 2. durch Temperaturmessung innen u. außen an einer eng gewickelten Spirale aus Pt-Band. Die Bestimmungsgenauigkeit von ε_λ war $< \pm$ 0,02. (Brit. J. appl. Physics **5.** 426–30. Dez. 1954. New Delhi, Nat. Phys. Labor.)
H. Miething. 158

Dudley Thompson und **F. C. Vilbrandt,** *Die Einwirkung der Ultraschallenergie auf das Absitzen von festen Stoffen in Phosphat-tailing.* Unterss. über das Absitzen von aus naß aufbereiteten Phosphaterzen erhaltenen, „Phosphat-tailing" genannten 10 μ-Suspensionen von Ton, Quarz u. Phosphatmineralien mittels Ultraschall zeigen, daß die Absitzgeschwindigkeit von Suspensionen in der Nähe des isoelektr. Punktes durch mäßige Schallenergie (unter 0,3 V·A je cm^2) mindestens auf das 5fache im Vgl. mit unbeschallten Suspensionen gesteigert wird. Durch stärkere Beschallung (oberhalb des Kavitationsspiegels) werden die Tonagglomerate zerteilt u. die Mengen der suspendierten, geladenen Teilchen erhöht. Diese erhöhen ihrerseits die Wrkg. der thixotropen Gelstruktur, die das Absitzen verzögert. — 70 Literaturangaben. (Ind. Engng. Chem. **46.** 1172–80. Juni 1954. Blacksburg, Va., Virginia Polytechnic Inst.) W. Wesly. 159

A$_5$. Kolloidchemie. Grenzschichtforschung.

Frank P. Buff, *Die kugelförmige Grenzfläche.* 2. Mitt. *Molekulartheorie.* (1. vgl. C. **1955.** 6222.) Vf. entwickelt die statist. Theorie ebener u. sphär. Grenzflächen auf der Basis des Virialtheorems u. der Gibbsschen mechan. u. thermodynam. Definitionen der Oberflächenspannung. Es werden Ausdrücke für die wesentlichen thermodynam. Funktionen in Abhängigkeit von mol. Variablen diskutiert. Die Krümmungsabhängigkeit der Oberflächenspannung führt zu einer asymptot. Ausweitung der Verteilungsfunktion in Einheiten der geometr. Parameter, die die Grenzflächen charakterisieren u. bietet somit ein Kriterium für den Gültigkeitsbereich der makroskop. Vorstellungen. (J. chem. Physics **23.** 419–27. März 1955. Rochester, N. Y., Univ., Chem. Dep.) V. Burbach. 166

K. Heckmann, *Leitfähigkeitsanisotropie bei Seifenlösungen.* Seifenlösungen zeigen in Konzz., bei denen die Micellen Fäden- oder Blättchengestalt haben, parallel zur Strömungsrichtung eine erheblich größere Leitfähigkeit als die ruhende Lsg., während senkrecht zur Strömungsrichtung kleinere Werte gefunden werden. An einer viscosen alkal. Lsg. von *Na-Oleat,* in der fadenförmige Micellen vorliegen, können Widerstandsänderungen bis zu 40% mit z. T. mehrstd. Relaxationszeiten beobachtet werden. (Naturwissenschaften **40.** 478. Sept. 1953. Göttingen, MPI für phys. Chem.)
R. Lafferenz. 166

E. Cremer und **F. Conrad,** *Über das Haften von Magnesitpulvern auf fester Unterlage.* 2. Mitt. (1. vgl. C. **1953.** 2560.) Untersucht wurde zuerst die Haftfähigkeit von Gemischen aus einem gröberen, nichthaftenden Dolomitpulver u. einem feineren, haftenden Dolomitpulver. Es wurde beobachtet, daß die Haftfähigkeit des feineren Pulvers durch Zusatz gröberen Pulvers etwas stärker erniedrigt wird als dem Anteil des gröberen Pulvers entsprechen würde, u. daß die Haftkraft des nichthaftenden Pulvers durch geringe Zusätze haftenden Materials etwas weniger ansteigt als es sich nach der Mischungsregel ergeben würde. Die Haftfähigkeit von Gemischen aus 2 haftenden Pulvern verschied. Korngröße verläuft nicht linear zwischen den beiden Grenzwerten. Hierauf wurde die Haftfähigkeit u. der Reibungskoeff. von teilweise abgebautem Magnesit untersucht. Zu diesem Zweck wurde das Material zuerst im Trockenschrank getrocknet u. hierauf je 2 Std. im Muffelofen auf 200, 500, 600, 700, 800 u. 920^0 erhitzt. Gefunden wurde, daß die Haftkraft beim Trocknen auf ca. $^1/_5$ ihres Wertes zurückgeht u. danach mit zunehmenden Abbautempp. langsam ansteigt, jedoch nicht den Wert des nichtgetrockneten Magnesits erreicht. (Radex-Rdsch. **1952.** 3–6. Febr. 1952.) C. Gottfried. 166

Jean-Pierre Causse, *Über die Abnahme der elektrokinetischen Wechselstromeffekte mit der Frequenz.* Die beim Durchgang von Ultraschallwellen der Frequenzen f = 8—80 kHz durch eine wss. Aufschlämmung von Sand bzw. durch eine koll. Ag-Suspension auftretenden elektr. Wechselspannungen (Größenordnung 10 μV) wurden gemessen. Während bei Sand der Effekt unabhängig von f ist, fällt die Spannung bei der Ag-Suspension oberhalb f = 50 stark mit wachsendem f ab. Die für Ag erhaltenen Ergebnisse bestätigen die von Hermans (Philos. Mag. **26.** [1938.] 674) entwickelte Vorstellung der Bldg. einer elektr. Doppelschicht an einem suspendierten Festteilchen. (C. R. hebd. Séances Acad. Sci. **230.** 826—27. 27/2. 1950.) O. Fuchs. 168

Blahoslav Stehlík, *Vertiefung der Strukturanalyse durch die osmometrische Methode.* Es wird das Verh. einer in einer Schilfmembranhülse enthaltenen Molekülverb. (aus einem 1wertigen Alkohol u. der zu untersuchenden Substanz) beim Eintauchen der Membran in die Lsg. einer Substanz untersucht, die mit Alkoholen ebenfalls eine Molekülverb. zu bilden vermag. Hierbei treten zuweilen Störungen auf. Manchmal ändert sich das stöchiometr. Verhältnis u. läßt sich durch die „Schilfmembranzahl" ausdrücken, wenn das Eintauchen in eine Lsg. erfolgt, deren Konz. sich zur Konz. der zu prüfenden Substanz umgekehrt wie die Schilfmembranzahlen verhält. Es wird daraus auf eine sich steigernde Kraft der Brückenbindungen in der Reihenfolge: —HOH—O, CH—O, OH—O, NH—O, H^+—O u. Me^+—O geschlossen. Auf diesem Prinzip beruht die Best. der Zahl von Alkoholmoll., die an die geprüfte Substanz durch die verschied. Brückentypen gebunden sind. (Chem. Zvesti **6.** 23—36. Jan. 1952. Bratislava, TH, Inst. für physikal. Chem.) K. Steiner. 170

Nora E. Hill, *Viscosität und Diffusion in flüssigen Mischungen.* Die Diffusion eines Mol. A in einem Lösungsm. B ist vor allem durch die Wechselwirkungen zwischen den Molekülarten bestimmt, wenn die Konz. von A sehr klein ist. Unter Anwendung des von Andrade gegebenen Flüssigkeitsmodells erhält Vf. für die Kraft, die der Bewegung des Mol. A entgegenwirkt, den Ausdruck $\delta = 6\,(f_A\,\eta_A\,\sigma_A + f_B\,\eta_{AB}\,\sigma_{AB})$, worin f den jeweiligen Molenbruch, η die Viscositäten u. σ die intermol. Abstände darstellt. Damit ergibt sich für den Diffusionskoeff. die Gleichung $D = k\,T/6\eta_{AB}\,\sigma_{AB}$, wenn die Konz. der einen Komponente sehr klein ist, bzw. $D = kT/6\,(f_A\,\eta_A\,\sigma_A + f_B\,\eta_{AB}\,\sigma_{AB})$. Vf. vergleicht die aus diesen Beziehungen erhaltenen Diffusionskoeffizienten mit den experimentellen Werten anderer Autoren. Es ergibt sich z. T. gute Übereinstimmung sowohl für sehr niedrige Konzz. von A als auch für 50%ig. Mischungen. Damit ist die vom Vf. angegebene Gleichung für den Diffusionskoeff. der von Stearn, Irish u. Eyring abgeleiteten überlegen. (Proc. physic. Soc., Sect. B **68.** 209—12. April 1955. London, Bedford Coll., Dep. of Phys.) H.-U. Woelk. 171

J. Hawes, H. A. E. Mackenzie und **C. J. G. Raw,** *Eigenschaften der Borhalogenide.* 6. Mitt. *Die Viscosität von Bortrichlorid im Gebiet von 30 bis 230° C.* (5. vgl. C. **1955.** 7384.) Die Viscosität von BCl_3 (hergestellt aus BF_3 + $AlCl_3$ bei 200° C) wird nach der Durchströmungsmeth. in einer beschriebenen App. zwischen 303,2 ($\eta = 1223\cdot10^{-7}\,g\cdot cm^{-1}\cdot sec^{-1}$) u. 505,2° K ($\eta = 1880\cdot10^{-7}$) bestimmt. Die Abhängigkeit der Viscosität von der Temp. T gegen $T^{3/2}/\eta\cdot10^7$ verläuft bei Tempp. über ca. 390° K linear. Durch Interpolation wurde die Konstante C der Sutherlandschen Gleichung $T = (KT^{3/2}/\eta) - C$ zu 389° K bestimmt. Die Werte $C/T_{krit} = 0{,}86$ u. $C/T_{Kp.} = 1{,}37$ stimmen gut mit den Forderungen der Regel von Rankine u. Vogel überein. (J. South African chem. Inst. [N. S.] **8.** 21—24. März 1955. Pietermaritzburg, Univ. of Natal, Dep. of Chem. and chem. Technol.) H.-G. Moslé. 172

C. J. G. Raw, *Eigenschaften der Borhalogenide.* 7. Mitt. *Das intermolekulare Potential von Bortrichlorid.* (6. vgl. vorst. Ref.) Das intermol. Potential von BCl_3 nach Lennard-Jones $E(r) = 4\,\varepsilon\,[(r_0/r)^{12} - (r_0/r)^6]$ wurde mit ε/k (k = Boltzmannsche Konstante) = 346° K u. r_0 = 5,10 Å berechnet. Die auf Grund dieser Werte berechneten Viscositäten von BCl_3 stimmen gut mit den experimentellen Werten (vgl. l. c.) überein. (J. South African chem. Inst. [N. S.] **8.** 25—27. März 1955. Pietermaritzburg, Univ. of Natal, Dep. of Chem. and chem. Technol.) H.-G. Moslé. 172

M. A. Biot, *Variationsprinzipien in der irreversiblen Thermodynamik mit einer Anwendung auf die Viscoelastizität.* Unter Anwendung des Onsager-Prinzips u. Einführung verallgemeinerter Ansätze für die freie Energie u. das thermodynam. Potential leitet Vf. allg. Differentialgleichungen für ein thermodynam. Syst. ab, das irreversiblen Transformationen unterliegt. Es ergibt sich, daß das betrachtete Syst. einer Beziehung folgt, die für die Entropiebldg. ein Minimum fordert. Die theoret. Betrachtungen werden auf andere Minimabedingungen für stationäre Zustände ausgedehnt u. am Beispiel viscoelast. Systeme diskutiert. Die Anwendbarkeit der entwickelten Beziehungen erläutert Vf. durch Ableitung der Differentialgleichungen für die 2dimensionale Verformung einer viscoelast. Platte aus isotropem, homogenem Material. (Physic. Rev. [2] **97.** 1463—69. 15/3. 1955. New York, N. Y., Shell Developm. Co.) H.-U. WOELK. 172

F. H. Garner, A. H. Nissan und **G. F. Wood,** *Thermodynamik und rheologisches Verhalten von unter Druck stehenden elastoviscosen Systemen.* (Vgl. C. **1951.** II. 2425.) Vff. haben die rheolog. Eigg. von Systemen, die durch Auflösen von *Al-* oder *Ca-Seifen* in *KW-stoffen* erhalten werden, in Verbindung mit ihren thermodynam. Eigg. untersucht. Zur Peptisation der Lsgg. wurden *W., Alkohole, Kresole* oder *Xylole* benutzt. Diese Systeme stehen in Beziehung zu Lsgg. von *Gummi* in *Benzol.* Werden derartige Systeme uneinheitlichen Scherspannungen ausgesetzt, kann in weiten Bereichen der Scherspannung das zweite Fließen beobachtet werden. Vff. vermuten auf Grund ihrer Meßergebnisse, daß ein Teil der Scherspannung zur Erhöhung der freien Energie des Syst. dient. Dadurch werden auch höhere Beträge an Oberflächenenergie möglich als durch die stat. Oberflächenenergie gegeben. In weiteren Versuchsreihen untersuchen Vff. die Erhöhung der freien Energie bei verschied. Tempp. quantitativ sowie das Verh. der Lsgg. zwischen 2 Scheiben, Kegeln oder Zylindern, von denen jeweils einer rotiert. Auch hierbei ergibt sich eine Erhöhung der lokalen Instabilität durch eine Zunahme der freien Energie. Schließlich wird noch das Verh. der Fll. in Röhren beobachtet u. die Ergebnisse dieser Unterss. im Zusammenhang diskutiert. (Philos. Trans. Roy. Soc. London, Ser. A **243.** 37—66. 27/9. 1950. Birmingham, Univ., Dep. of Chem. Eng.; Northfleet, Kent, Bowaters Developm. and Res. Ltd.) H.-U. WOELK. 173

Leon Lapidus und **Neal R. Amundson,** *Mathematik der Adsorption in Betten.* 3. Mitt. *Radiale Strömung.* (2. vgl. AMUNDSON, C. **1956.** 5752.) Es werden zunächst die allg. Differentialgleichungen für die Radialchromatographie abgeleitet. Dabei wird der Zusammenhang zwischen der Konz. in Lsg. u. Adsorbatkonz. für 2 verschied. Fälle hergestellt: Durch eine Adsorptionsisotherme (linear) u. eine kinet. Gleichung. Die mathemat. Lsg. erfolgt durch LA PLACE-Transformationen u. durch Annahme einer dem LANGMUIR-Typ entsprechenden Gleichung. Die allg. Gleichungen werden angegeben, ihre experimentelle Prüfung steht noch aus. (J. physic. Colloid Chem. **54.** 821—29. Juni 1950.) H.-U. WOELK. 176

Fred J. Edeskuty und **Neal R. Amundson,** *Mathematik der Adsorption.* 4. Mitt. *Der Einfluß der Diffusion innerhalb der Teilchen in bewegten statischen Systemen.* (3. vgl. vorst. Ref.) Es werden Gleichungen für die zeitliche Konzentrationsänderung in einer Lsg. bei Anwesenheit eines porösen Adsorbens für den Fall der Gleichgewichts- u. Nichtgleichgewichtsbedingungen aufgestellt. (J. physic. Chem. **56.** 148—52. Jan. 1952. Minneapolis, Minn., Univ., Dep. of Chem. Engng.) W. HENTSCHEL. 176

Paul R. Kasten, Leon Lapidus und **Neal R. Amundson,** *Mathematik der Sorptionsschichten.* 5. Mitt. *Der Einfluß der intrapartikularen Diffusion bei strömenden Systemen in unbeweglichen Schichten.* (4. vgl. vorst. Ref.) Es werden Gleichungen für die Wärme- u. Massenüberführung durch festgelegte Schichten fester Stoffe (poröse kugelförmige Teilchen als Modell), durch deren Zwischenräume eine Fl. oder ein Gas strömt, aufgestellt; dabei wird der Einfl. einer intrapartikularen Diffusion (oder Leitung) ebenso wie ein Widerstand gegen die Überführung an der Oberfläche der Teilchen berücksichtigt. Es handelt sich im wesentlichen um eine Verallgemeinerung der Ergebnisse von ANZELIUS, SCHUMANN, NUSSELT, WICKE, HOUGEN u. MARSHALL. Infolge der Annahme einer linearen Adsorptionsisotherme bleibt die Anwendung der abgeleiteten Gleichungen eingeschränkt. Der Fall der Wärmeübertragung läßt sich leichter experimentell nachprüfen. Die recht komplizierten Gleichungen, die BESSEL- u. Exponentialfunktionen enthalten, lassen sich durch die rasche Konvergenz der letzteren etwas vereinfachen. (J. physic. Chem. **56.** 683—88. Juni 1952. Minneapolis, Minn., Univ.) W. HENTSCHEL. 176

Takao Kwan, Mark P. Freeman und **G. D. Halsey jr.,** *Wechselwirkung 2. und 3. Ordnung zwischen einer Gasmischung und einer Oberfläche.* (Vgl. STEELE u. HALSEY jr., C. **1955.** 3566, u. FREEMAN u. HALSEY jr., C. **1956.** 1231.) Es werden Ausdrücke entwickelt für Wechselwirkungen 2. u. 3. Ordnung zwischen einer Gasmischung aus 2 Komponenten u. einer festen Oberfläche. Die Berechnung der Konstanten erfolgte unter der Annahme, die Gasatome bzw. -moll. seien starre Kugeln. Die Verss. wurden an den Systemen *Ar-Kr-Al* (**I**) bei —45,2°, *Ar-CH_4-Kohle* (**II**) bei 32,37°, *Ar-N_2-Kohle* (**III**) bei 0° ausgeführt. Die Übereinstimmung der Versuchsergebnisse mit theoret. ermittelten Werten ist befriedigend. Bei **I** u. **II** sind die Wechselwirkungen zwischen Ar u. der Oberfläche jeweils größer als die zwischen dem anderen Gas u. der Oberfläche, bei **III** sind sie ungefähr gleich groß. Wechselwirkungen höherer Ordnung sind wahrnehmbar. (J. physic. Chem. **59.** 600—603. Juli 1955. Seattle, Wash., Univ. of Washington, Dep. of Chem.) M. LASER. 176

Melvin A. Cook, Ivan B. Cutler, George Richard Hill, Milton E. Wadsworth und **Alex G. Oblad,** *Ein Mechanismus der Kationen- und Anionenaustauschkapazität.* Eine Theorie des Kationenaustausches an künstlichen *Zeolithen* u. *Tonen*, sowie des Anionenaustausches an *Polyaminharzen* wird entwickelt. Das Prinzip ist die Ausbldg. einer Doppelschicht, die aus einem festen u. einem diffusen Anteil besteht. Die angeführten Gleichungen gehen von der Adsorption an aktivierten Al-Katalysatoren aus. Es wird gezeigt, daß reines Al_2O_3 keine Kationenaustauschereigg. besitzt, sondern diese erst durch Adsorption von OH^- erhält. Das OH^- bildet dabei den festen, die Kationen den diffusen Anteil der Doppelschicht. Analoge Gleichungen werden für den Anionenaustausch entwickelt, wobei H^+-Ionen an dem Harz adsorbiert werden u. den kompakten Teil der Doppelschicht darstellen. Durch Einführung der Gleichgewichtskonstanten in die Adsorptionsgleichungen können die Messungen anderer Autoren verwendet werden, um die über den Ton-Kationenaustausch gemachten Angaben zu bestätigen. Analog werden Adsorptionsmessungen an *Amberlite*-Harzen ausgewertet, um die Gültigkeit der Theorie für den Anionenaustausch zu beweisen. Schließlich wird der Einfl. der Ionenstärke der verwendeten Lsgg. sowohl auf den Anionen- als auch auf den Kationenaustausch diskutiert. (J. physic. Chem. **57.** 1—6. Jan. 1953. Salt Lake City, Ut., Univ. of Utah, Coll. of Mines and Mineral Ind.; Linwood, Pa., Houdry Process Corp.)
Günter Lange. 177

O. D. Bonner und **Jane C. Moorefield,** *Ionenaustausch in gemischten Lösungsmitteln.* An dem Kationenaustauscher *Dowex-50* (Vernetzungsgrad ca. 8% Divinylbenzol) wird der $Ag-H^+$-Austausch in Gemischen von Dioxan–W. u. A.–W. untersucht. Die Errechnung des Gleichgewichts- bzw. Selektivitätskoeff. k geschieht mittels der Gleichung $k = M_{H^+}/M_{Ag^+} \cdot$ Mol-% Ag–Harz/Mol-% H–Harz. Bestimmungen der Menge u. der Zus. des vom Harz in der H^+- bzw. Ag^+-Form aufgenommenen Lösungsm. zeigen eine allg. Zunahme der Selektivität bei Anwesenheit eines organ. Lösungsmittels. Während das Quellvol. der H^+-Form bei Ggw. von W. in der Lösungsmittelphase relativ konstant bleibt, bewirkt das Vorhandensein eines organ. Lösungsm. bei der Ag^+-Form eine Schrumpfung. (J. physic. Chem. **58.** 555—57. Juli 1954. Columbia, S. C., Univ. of South Carolina, Dep. of Chem.) H. Pittack. 177

Marvin Tetenbaum und **Harry P. Gregor,** *Selbstdiffusion von Kationen, nicht austauschenden Anionen und Lösungsmittel in einem Kationenaustauschharzsystem.* Vff. führten die Unterss. an sulfonierten Polystyrolharzen der Firma Dow Chem. Comp. mit 12 bzw. 15% Divinylbenzolgeh. unter Verwendung von ^{42}K, ^{36}Cl u. DHO bei $25 \pm 0,5^0$ durch. Sie arbeiteten sowohl nach der von Boyd u. Mitarbeitern angegebenen Flachbettmeth. als auch nach der Kressmanschen Rührmeth., bei der der Einfl. der Rührgeschwindigkeit beobachtet werden konnte. Vff. setzten für die Filmdiffusion das 1. Ficksche Gesetz, für die Partikeldiffusion das 2. Ficksche Gesetz an. Für die Partikelfilmdiffusion wird eine neue Formel angegeben. Für die Selbstdiffusion des K^+-Ions fanden Vff. bei Konzz. unter 0,001 n Gültigkeit des 1. Fickschen Gesetzes, für 0,1 n Lsg. Gültigkeit des 2. Fickschen Gesetzes. Der Selbstdiffusionskoeff. des K^+-Ions im Harz wurde nach der neuen Formel berechnet. Die Stärke des Flüssigkeitsfilmes wurde aus der Formel für Filmdiffusion erhalten. Sie ist bei der Rührmeth. ca. 10 mal so groß wie bei der Flachbettmeth. u. unabhängig von der Konz. der Lösung. Bei Konzz. über 0,1 n weichen die unter Verwendung der berechneten Filmstärke u. des Selbstdiffuionskoeff. im Harz errechneten Kurven von den experimentell gefundenen ab, u. zwar um so mehr, je größer der Vernetzungsgrad des Harzes war. Für die Selbstdiffusion des Cl^--Ions fanden Vff. Gültigkeit des 2. Fickschen Gesetzes. Behandlung des Harzes vor der Elution hat wesentlichen Einfl. auf die Elutionsgeschwindigkeit des Cl^--Ions. So setzt eine Wasseraufnahme des Harzes während der Elution die Elutionsgeschwindigkeit des Cl^--Ions herab. Außerdem scheint der Diffusionskoeff. des Cl^--Ions im Harz wesentlich von der Konz. der Lsg. abzuhängen. Auf die Selbstdiffusion des Lösungsm. ist ebenfalls das 2. Ficksche Gesetz anwendbar. Der Diffusionskoeff. ist dem für freie Diffusion von W. in W. ähnlich. (J. physic. Chem. **58.** 1156—63. Dez. 1954.) E. Blasius. 177

H. L. Frisch und **F. C. Collins,** *Diffusionsprozesse beim Wachsen von Aerosolteilchen.* 2. Mitt. (1. vgl. C. **1953.** 5301.) Theoret. Behandlung des Einfl. der sich bewegenden Grenzfläche von wachsenden Aerosolteilchen auf die Diffusionsvorgänge. In erster Näherung erhält man ähnliche Ergebnisse wie bei stationärer Grenzfläche. Die abgeleitete Gleichung für das Teilchenwachstum stimmt hinreichend mit beobachtetem Kristallwachstum von $BaSO_4$ in wss. Lsg. überein. Beim Wachstum besteht die Tendenz zum Ausgleichen von Unterschieden in der Teilchengröße. (J. chem. Physics **21.** 2158—65. Dez. 1953. Brooklyn, N. Y., Polytechnic Inst. of Brooklyn, Dep. of Chem.)
H. C. Wolf. 180

A_6. Strukturforschung.

Paul Chanson und **Claude Magnan,** *Über die ersten Bilder, welche mit einem Protonenmikroskop erhalten wurden.* Anknüpfend an frühere Veröffentlichungen werden die apparativen Einzelheiten eines ausgeführten Protonenmikroskops beschrieben. Es werden 3 Drei-Elektrodenlinsen verwendet, Objektiv 6 mm, 2 Projektive je 7 mm Brennweite. Mit 2 Linsen ist die Vergrößerung 3000, mit 3 Linsen 25000, das Auflösungsvermögen 300 Å. Die Protonenquelle ist eine Hochfrequenzentladung, die bei 80 MHz u. 50 W Leistung einen Protonenstrom von 75 μA liefert. Die Werte sind sehr kritisch. Der Leuchtschirm aus $CaWO_4$ u. ZnS reichte bei 3000facher Vergrößerung aus. Die verwendeten Platten werden genannt. Als erstes Ergebnis wird ein Bild von Benzinruß gezeigt. (C. R. hebd. Séances Acad. Sci. **233.** 1436—38. 3/12. 1951.) W. SCHEFFELS. 181

A. Frey-Wyssling, *Elektronenmikroskopie.* Beschreibung des Elektronenmikroskops der Firma TRÜB, TÄUBER u. CO. u. damit durchgeführter Unterss., bes. über den Feinbau der Gele u. die submkr. Organisation der Bestandteile pflanzlicher u. tier. Zellen. (Vjschr. naturforsch. Ges. Zürich **95.** Beih. Nr. 4. 1—46. 1951. Zürich, ETH, Pflanzenphysiol. Inst.) F. LENZ. 181

Ju. W. Wandakurow, *Gleichungen der Elektronenoptik für breite Bündel unter Berücksichtigung der chromatischen Aberration und ihre Anwendung zur Untersuchung der Bewegung von Teilchen in axial-symmetrischen Feldern.* Allg. geometr.-opt. Unters. des Verlaufs der Nachbarbahnen zu einer in einer achsensenkrechten Ebene eines rotationssymm. elektr. u. magnet. Feldes verlaufenden Hauptbahn. Für den Fall, daß die Hauptbahn ein Kreis mit dem Mittelpunkt auf der Feldachse ist u. die Bedingungen für Richtungsdoppelfokussierung erfüllt sind, werden die Bildfehler bis zur dritten Ordnung sowie der Farbfehler berechnet. (Журнал Технической Физики [J. techn. Physik] **25.** 1412—25. Aug. 1955.) F. LENZ. 181

W. Glaser und **H. Grümm,** *Die Aberrationskonstanten des elektronenoptischen Abbildungssystems ohne Blende.* Die Bildfehler 3. Ordnung, d. h. die Abweichungen der SEIDELschen Bahn von der entsprechenden GAUSSschen Bahn in der GAUSSschen Bildebene, können entweder als Funktion der Bahnkoordinaten in der Dingebene u. einer Blendenebene („Syst. mit Blende") oder als Funktion der Bahnkoordinaten u. der Bahnrichtung in der Dingebene („Syst. ohne Blende") ausgedrückt werden. Für das von GLASER angegebene Feldmodell einer magnet. Elektronenlinse (GLASERsches „Glockenfeld") werden die Bildfehlerkoeffizienten im Syst. ohne Blende in Abhängigkeit von der Linsenstärke berechnet, ebenso die sich aus diesen Bildfehlerkoeffizienten ergebenden geometr. Kenngrößen der Kaustikfläche. (Österr. Ing.-Arch. **6.** 360—72. 1952. Wien, TH, Inst. für angew. Phys.; Berlin, Siemens & Halske Akt.-Ges., Abt. für Elektronenoptik.) F. LENZ. 181

W. M. Kelman und **Ss. Ja. Jawor,** *Untersuchung einer magnetischen Zylinderlinse mit Eisenpanzer.* Unters. der elektronenopt. Eigg. einer magnet. Zylinderlinse, die von zwei geradlinig begrenzten, zueinander parallelen Spalten in zwei zueinander parallelen ebenen Weicheisenplatten gebildet u. von einer gemeinsamen Spulenwicklung erregt wird. Die Anordnung unterscheidet sich von der von KELMAN, KAMINSKI u. JAWOR (C. **1955.** 8325) beschriebenen durch die Weicheisenabschirmung, welche eine erhebliche Verkleinerung der Feldabmessungen ermöglicht. Die Lage der Brennlinien wird in Abhängigkeit von der AMPÈRE-Windungszahl der Erregerspule u. dem Ort der Elektronenquelle gemessen. Die Übereinstimmung mit berechneten Werten ist gut. (Журнал Технической Физики [J. techn. Physik] **25.** 1405—11. Aug. 1955.) F. LENZ. 181

Michel Bernard, *Eine Modellvorstellung über das Potential, welche eine Untersuchung über die Drei-Elektrodenlinse erlaubt.* Ausdrücke für die Hauptebenen, die Brennweiten u. die Brennpunktslagen werden angegeben u. in einer Tabelle gegen das Verhältnis der Potentiale der Außen- u. Mittelelektroden in Einheiten des Abstandes der Mittelelektroden von den Außenelektroden aufgetragen. Die von REGENSTREIF ermittelten Werte stimmen gut überein. (C. R. hebd. Séances Acad. Sci. **233.** 1438—40. 3/12. 1951.) W. SCHEFFELS. 181

John L. Sampson, Edward E. Altshuler und **Robert W. Perry,** *Abdruckverfahren für keramische Bariumtitanatoberflächen für die Elektronenmikroskopie.* (Sitzungsbericht.) (Physic. Rev. [2] **95.** 298. 1/7. 1954. Tufts Coll.) E. KLEVER. 181

Maurice Gauzit und **Albert Septier,** *Das Emissionselektronenmikroskop in der Metallographie.* Beschreibung eines Emissionselektronenmikroskops mit therm. Elektronenauslösung aus der Objektoberfläche. Die Heizung des Objekts geschieht durch Elektronenbeschuß auf seiner Rückseite. Es werden Emissionsbilder von *Platin, Niob, Niobnitrid, thoriertem Molybdän, Armco-Eisen* mit Bariumüberzug gezeigt u. diskutiert. (Microscopie

[Paris] [2] **1.** 109–18. Mai 1951. Paris, Labor. de Radioélectricité de l'École Normale Supér.) F. LENZ. 181

Howard H. Pattee jr., *Das Röntgenstrahl-Abtastmikroskop.* (Vgl. C. **1955.** 11346.) (Sitzungsbericht.) (Physic. Rev. [2] **92.** 541. 15/10. 1953. Stanford, Calif., Stanford Univ., Phys. Dep.) H. NIEHRS. 181

J. Méring und **J. Longuet-Escard**, *Anpassung von Beugungsmethoden an die Untersuchung des Aufbaus zerteilter Körper.* Vff. untersuchen die Anwendung quantitativer Beugungsmethoden auf Probleme des Aufbaus feinverteilter Körper. Im Prinzip erscheint die Röntgenstrahlbeugung geeignet, den Aufbau von Katalysatoren u. ihrer Zwischenphasen bei der Herst. festzustellen. Im Gegensatz zu ideal krist. Körpern, bei denen sowohl die Struktureinheit als auch deren räumliche dreifach-period. Wiederholung bekannt sind, kennt man bei den vorliegenden Katalysatoren nur die Struktureinheit, nicht aber ihre Periodizität im Gitter. Das Problem besteht in diesem Falle darin, eine statist. Darst. der räumlichen Verteilung der Struktureinheiten anzugeben. Eine entsprechende Funktion enthielt als Parameter die Verteilung der Kristallitdimensionen u. die Abweichungen von der Periodizität. Die Meth. erfordert großen experimentellen Aufwand, u. der Wert der Ergebnisse hängt von der photometr. Genauigkeit u. dem Auflösungsvermögen der verwendeten App. ab. Prakt. können die Ergebnisse der direkten Analyse durch Einführung bestimmter Annahmen über den Aufbau des Stoffes vervollständigt werden. Es ist jedoch erforderlich, die Gültigkeit der eingeführten Hypothesen durch Vgl. der berechneten u. experimentellen Intensitätsdaten zu prüfen. (J. Chim. physique Physico-Chim. biol. **51.** 416–24. Sept. 1954. Serv. Chim. de l'État, Labor. Central.) W. KRÖNERT. 181

A. Almenningen und **O. Bastiansen**, *Die Verwendung der Elektronenbeugungs-Sektormethode zur Lokalisierung der Wasserstoffe in Gasmolekülen.* Es wurden die Molekülstrukturen von gasförmigem NH_3 u. Äthan nach der Sektormeth. (BASTIANSEN, HASSEL u. RISBERG, C. **1956.** 9081) mit Elektronenbeugung bestimmt. Folgende Strukturparameter, die sämtlich mit spektroskop. Werten übereinstimmen, wurden gefunden: In NH_3 Abstand N–H 1,015 Å, Winkel H–N–H 106,6±4,0°. In Äthan Abstand C–H 1,107 Å, C–C 1,536 Å u. Winkel C–C–H 109,54°. Die daraus errechenbaren H–H-Abstände entsprechen der trans-Form. (Acta chem. scand. **9.** 815–20. 1955. Blindern-Oslo, Univ., Kjemiske Inst.) H. C. WOLF. 182

Ta-You Wu, *Bemerkung über die Theorie der gerichteten Valenz.* Inhaltlich ident. mit der C. **1954.** 10425 referierten Arbeit. (Physic. Rev. [2] **94.** 1424. 1/6. 1954. Canada, Nat. Res. Council.) K. FRENKLER. 182

H. H. Jaffé, *Einige Überlappungsintegrale, die d-Zustände einschließen.* Vf. legt Formeln der Überlappungsintegrale für die Überlappung von $d\pi$- mit $d\pi$- u. $p\pi$-Elektronenzuständen sowie der $d\delta$- mit $d\delta$-Elektronenzuständen vor. Durchweg werden SLATER-AO's benutzt. Die Werte der vorst. Integrale werden für eine Reihe verschied. Parametergrößen ϱ u. τ tabelliert. (J. chem. Physics **21.** 258–63. Febr. 1953. Chapel Hill, N. C., Univ., U. S. Public Health Serv., School of Health, Ven. Disease Exp. Labor.) K. FRENKLER. 182

James R. Arnold, *Eine „verallgemeinerte Potential"-Theorie der chemischen Bindung.* Vf. gibt 2 Formeln zur Berechnung der Bindungsenergien für einfache kovalente Bindungen an, die sich auf ähnlichen Voraussetzungen aufbauen wie das sogenannte „freie Elektronenmodell" für aromat. Systeme. Dabei werden Einzelheiten der atomaren u. mol. Potentiale vernachlässigt; nur die Atomradien werden als Parameter eingeführt. In einer Gegenüberstellung werden für eine Reihe von einfach gebundenen Atomgruppen die berechneten Werte mit den experimentell gefundenen verglichen. *N*, *O* u. *F* fügen sich in dieses Syst. nicht ein u. geben theoret. Werte, die zweimal so hoch sind wie die tatsächlich gemessenen. (J. chem. Physics **22.** 757–58. April 1954. Chicago, Ill., Univ. of Chicago, Inst. for Nucl. Stud.) K. FRENKLER. 182

Sylvette Besnainou, Monique Roux und **Raymond Daudel**, *Über den Einfluß der chemischen Bindung auf die Elektronendichte.* Theoret. Überlegungen über den Zusammenhang zwischen chem. Bindung u. Elektronendichte bei Moll. mit nur schwachen Bindungskräften, wie z. B. Li_2. (C. R. hebd. Séances Acad. Sci. **241.** 311–13. 18/7. 1955.) W. NIEMITZ. 182

Walter Gordy, *Beziehungen zwischen der Kernquadrupolkopplung und der chemischen Bindung.* (Vgl. C. **1953.** 3361.) Vf. diskutiert die Frage, in welchem Umfange bei der Quadrupolkopplung von Halogenkernen Hybridisierung anzunehmen ist. Die Anwendung der HEITLER-LONDON-Theorie auf das Problem nach dem Vorgehen von SCHATZ (C. **1955.** 5012) wird vom Vf. nicht für korrekt gehalten. (J. chem. Physics **22.** 1470–71. Aug. 1954. Durham, N. C., Duke Univ., Dep. of Phys.) K. FRENKLER. 182

Paul N. Schatz, *Ableitungen der Hybridisierung aus Kernquadrupolkopplungskonstanten.* Vf. zeigt für das Cl_2, daß die übliche Annahme, ein Atom mit gegebener Konfiguration hätte stets die gleiche Quadrupolkopplungskonstante, gleichgültig, ob es frei oder eine Bindung eingegangen ist, nicht allg. zutrifft u. zu falschen Schlüssen über die Hybridisierung führen kann. Vf. nimmt für das Cl_2 an, daß die $3p_x$- u. $3p_y$-Elektronenpaare unpolarisiert bleiben, die Ladungen des einen Cl-Atoms nicht wesentlich auf die Quadrupolkopplungskonstante des anderen Cl-Atoms einwirken u. Verzerrungen der nicht an der Bindung teilnehmenden Schalen um den Kern vernachlässigt werden können. Unter diesen Voraussetzungen wird bei der Berechnung der beobachtete Wert der Quadrupolkopplungskonstante von —108,5 MHz nur erreicht, wenn eine beträchtliche Hybridisierung vorliegt. Die Berechnung mit der SLATER-Funktion ergibt einen s-Charakter von 17%. Der Wert —110,4 MHz für das freie Cl-Atom würde, auf das Cl_2 übertragen, danach bedeuten, daß überhaupt keine Bindung vorliegt. Ähnliche Resultate werden auch für andere Moll. gefunden. (J. chem. Physics **22.** 755. April 1954. Providence, R. I., Brown Univ., Metcalf Chem. Labor.) K. FRENKLER. 182

Yatendra Pal Varshni, *Kraftkonstanten von einigen zweiatomigen Molekülen.* Vf. gibt eine Zusammenstellung von Kraftkonstanten K_e von zweiatomigen Moll. der Art *AB* u. *AX*, wo A der 4. Gruppe, B der 6. Gruppe u. X der 7. Gruppe des Period. Syst. angehören. Das Verhältnis $R = K_e(AB)/K_e(AX)$ ist für ein gegebenes Atom A konstant; auf diese Weise lassen sich bisher noch unbekannte K_e-Werte für ein Mol. berechnen, wenn K_e des entsprechenden Mol. bekannt ist. Ferner wurde gefunden, daß das Verhältnis $R/V^{3/4}$ (V = Ionisierungspotential von A) für A = *C, Si, Ge, Sn* u. *Pb* konstant ist u. 0,393 beträgt. In den diskutierten Verbb. ist B = *O, S, Se* u. *Te* u. X = *F, Cl, Br* u. *J*. (Current Sci. **22.** 199—200. Juli 1953. Allahabad, Univ., Dep. of Phys.) O. FUCHS. 182

Shashanka Shekhar Mitra, *Kraftkonstanten von Hydriden.* (Vgl. C. **1955.** 7624.) Die Kraftkonstanten k_e der Hydride der Elemente einer Periode lassen sich durch die Gleichung $(k_e)^{1/3} = A + B \cdot n$ (A u. B = Konstanten für je eine Periode; n = Zahl der Elektronen in der äußeren Schale des betrachteten Atoms) befriedigend darstellen. Ferner wurde festgestellt, daß das Verhältnis der Kraftkonstanten der Hydride der 3. u. 2. Periode eine Konstante R für alle Gruppen ist, d. h. es gilt k_e (3. Periode)/k_e (2. Periode) = R. (J. chem. Physics **22.** 564—65. März 1954. Allahabad, India, Allahabad Univ., Dep. of Phys.) G. HARTMANN. 182

Max Wolfsberg, *Anregung und Dissoziation von Molekülen, verursacht durch β-Zerfall eines Atoms dieser Moleküle.* Vf. entwickelt eine Theorie der Elektronen-, Schwingungs- u. Rotationsanregung von Moll., bes. zweiatomiger Moll., die durch den β-Zerfall eines der Atome des Mol. bewirkt wird. Es wird die Natur der Schwingungs- u. Rotationsanregung für einige besondere Fälle mathemat. untersucht; das Problem der durch Rotationsanregung bewirkten Dissoziation wird behandelt. Vf. zeigt, daß man nur schwer genaue Zahlen für die Wahrscheinlichkeit der durch Schwingungs- u. Rotationsanregung verursachten Dissoziation erhalten kann. Mit Hilfe von „molecular orbital"-Funktionen wird der Elektronenzustand des Tochtermol. untersucht. Es wird eine Überschlagsrechnung für die Nichtdissoziation beim Zerfall von (mit ^{14}C markiertem) Äthan angegeben. (J. chem. Physics **24.** 24—32. Jan. 1956. Upton, Long Island, N. Y., Brookhaven Nat. Labor., Chem. Dep.) MAX SCHMIDT. 182

Richard H. Hughes, *Struktur von Ozon aus dem Mikrowellenspektrum zwischen 9000 und 45000 MHz.* Das Infrarot- u. Mikrowellenspektr. von Ozon wurde zur Best. seiner Struktur ausgewertet. Vff. untersuchten die Rotationsspektren (von 9000 bis 16000 *MHz*) der Ozonisotope $^{16}O_3$, $^{16}O^{16}O^{18}O$, $^{16}O^{18}O^{16}O$, $^{16}O^{18}O^{18}O$ u. $^{18}O_3$. Aus 4 von diesen Spektren konnten die Spektralkonstanten bestimmt, die Trägheitsmomente berechnet u. daraus schließlich die Strukturparameter des Mol. errechnet werden. Auf Grund von „Trägheitsfehlern" weisen die verschied. Wertetripel der Parameter eines Mol. geringe Abweichungen voneinander auf; dennoch besteht im allg. zwischen den Parametern der verschied. Moll. eine bemerkenswert gute Übereinstimmung. Der resultierende Bindungsabstand 1,278 ± 0,002 Å entspricht dem mittels Elektronenbeugung erhaltenen Wert 1,26 ± 0,02 Å, jedoch wurde der Valenzwinkel, abweichend vom Elektronenbeugungswert 127 ± 3°, zu nur 116° 45' ± 30' bestimmt. Aus dem STARK-Effekt zweier niedriger *J*-Übergänge folgt für Ozon ein Dipolmoment von 0,58 ± 0,05 Debye. (J. chem. Physics **24.** 131—38. Jan. 1956. East Pittsburgh, Pa., Westinghouse Res. Labor.) G. RUBAN. 182

John E. Hove, *Elektronendichtezustände von Graphit.* Vf. zeigt, daß auch bei Berücksichtigung des Einfl. allernächster Nachbarn in der Basisebene des Graphits die bereits von CARTER u. KRUMHANSL (vgl. C. **1955.** 5001) nachgewiesene Asymmetrie in den

Elektronendichtezuständen des Graphits auftritt. (Physic. Rev. [2] **97.** 1717—18. 15/3. 1955. Downey, Calif., North Amer. Aviation, Inc., Nucl. Engng. and Manufact.) C. GOTTFRIED. 182

G. S. Colladay, *Resonanzenergie von Graphit.* Vf. nimmt Bezug auf eine Arbeit von BARROW (vgl. C. **1955.** 5733), in der für die empir. Resonanzenergie pro C-Atom ein Wert von 10 kcal pro g-Atom angegeben war, der mit einem theoret. Ausdruck für die Resonanzenergie des Graphits nach Berechnungen von WHELAND (vgl. J. chem. Physics **2.** [1934.] 474) verglichen wurde. Vf. entwickelt in der vorliegenden Arbeit einen neuen Ausdruck für die theoret. Resonanzenergie, in der nicht nur das Resonanzintegral zwischen nächsten C-Atomen in der Ebene, sondern auch alle Überlappungsintegrale berücksichtigt wurden. (J. chem. Physics **22.** 2085—86. Dez. **1954.** China Lake, Calif., U. S. Naval Ordnance Test Stat., Michelson Labor.) C. GOTTFRIED. 182

Frank C. Goodrich, *Löchertheorie der Flüssigkeiten und die „Gitterannäherung“.* Die Löchertheorie des fl. Zustandes beruht üblicherweise auf dem Gittermodell; Vf. zeigt jedoch, daß zumindest in einem speziellen Falle die Annahme eines Gitters fallengelassen werden kann, ohne die Ergebnisse zu gefährden. (J. chem. Physics **24.** 172. Jan. 1956. Richmond, Calif., California Res. Corp.) G. RUBAN. 183

O. Bagno und **J. Longuet-Escard,** *Irreversibles Kristallwachstum — physikochemische Faktoren, die Einfluß auf die Entwicklung von Nickelhydroxyd-Mikrokristallen haben.* Die prim. $Ni(OH)_2$-Teilchen binden durch Adsorption während der Fällung auf ihren Flächen einen Überschuß an Ni^{2+}-Ionen. Die positive Ladung, die dabei entsteht, wird durch Anionen neutralisiert, deren Art von dem Elektrolyt abhängt. Die Ionendoppelschicht begünstigt das weitere Wachstum der Kriställchen, das sich in zwei Stadien vollzieht. Während des ersten Stadiums schließen sich die prim. Teilchen mit ihren (0 0 1)-Flächen unter Einschluß beider adsorbierter Ionenarten zusammen. Das 2. Stadium hängt von der Natur des Anions u. dem betreffenden Elektrolyt ab: Wenn der p_H-Wert <8 ist, werden Cl^- u. NO_3^- unter Mitnahme des äquivalenten Anteils Ni^{2+} desorbiert, u. die aneinandergelagerten Flächen verbinden sich fest, wodurch sehr große Kristallite entstehen. Im stark alkal. Medium werden die Anionen gegen die OH-Gruppen der Lsg. ausgetauscht. (J. Chim. physique Physico-Chim. biol. **51.** 434—39. Sept. 1954. Serv. chim. de l'État, Labor. central.) A.-F. BOGENSCHÜTZ. 190

J. Longuet-Escard und **J. Méring,** *Anwendung von quantitativen Beugungsmethoden auf die Untersuchung der Erscheinung des Kristallwachstums bei Nickelhydroxyd.* (Vgl. vorst. Ref.) Bei der Fällung von $Ni(OH)_2$ legen sich die prim. gebildeten Teilchen so mit ihren (0 0 1)-Flächen zusammen, daß sie eine Ionendoppelschicht einschließen. Mit den photometrierten Intensitätsdaten von Röntgenbeugungsunterss. führen Vff. Berechnungen durch, die eine genaue Verteilung der Dicke der Primärteilchen ergeben. Eine entsprechende Abhängigkeit von der Alterungsdauer der Sole wird beobachtet. Mit Hilfe der Form der Reflexe (0 0 l) können Vff. Angaben über Struktur u. Dicke der eingeschlossenen Ionenschicht machen. (J. Chim. physique Physico-Chim. biol. **51.** 440—45. Sept. 1954. Serv. chim. de l'État, Labor. Central.) A.-F. BOGENSCHÜTZ. 190

W. L. Bond und **J. Andrus,** *Photographien des Spannungsfeldes rund um Kantenversetzungen.* Den Vff. gelang es, einzelne Versetzungen in *Si*-Kristallen mittels polarisierter Infrarotstrahlen, für die Si durchlässig ist, photograph. sichtbar zu machen, so z. B. (Abb.) Versetzungen um eine Zwillingsgrenze. (Physic. Rev. [2] **101.** 1211. 1/2. 1956. Murray Hill, N. J., Bell Telephone Labors.) G. RUBAN. 190

V. M. Padmanabhan, *Untersuchungen über die Textur von Kristallen.* 1. Mitt. *NaCl, KCl und MgO.* Nach der vom Vf. (vgl. C. **1954.** 486) beschriebenen Meth., welche auf den theoret. Unterss. von RAMACHANDRAN (vgl. C. **1955.** 7158) über die integralen Intensitäten der reflektierten u. durchfallenden Röntgenstrahlen für vollkommene u. Mosaikkristalle für eine innere Reflexion basierte, untersuchte Vf. Einkristalle von *MgO* u. *KCl*, die aus der Schmelze erhalten waren, sowie natürliche *Steinsalz*-Kristalle. In allen Fällen wurde die (0 1 0)-Spaltfläche benutzt, wobei die zur Reflexion benutzten (1 0 0)-Flächen senkrecht zur Oberfläche u. vertikal lagen. Eine Fläche wurde derart abgeschliffen, daß ein Keil entstand, so daß die Dicke des Kristalls von ca. 0,4—3 mm variierte. Die Aufnahmen wurden mit einem angeätzten Kristall sowie mit einem Kristall gemacht, der vor der Aufnahme in fl. Luft getaucht war. Graph. aufgetragen wurde der Logarithmus der integralen Reflexion gegen die Dicke in mm. Für NaCl nimmt die Intensität bis zu einer Dicke von 0,7 mm zu u. hierauf sehr schnell ab. Die experimentell gefundenen Werte fallen gut auf die Kurve, die sich unter Annahme eines Mosaikkristalls errechnet. Bei MgO fallen für den angeätzten Kristall die experimentellen Intensitäten auf die theoret., für einen vollkommenen Kristall berechnete Kurve. Nach Eintauchen in fl. Luft fallen die experimentellen Punkte nicht auf die theoret. Kurve für einen Mosaikkristall. MgO ist daher als vollkommener Kristall anzusehen. Aus den Aufnahmen an KCl andererseits ergab sich, daß der aus der Schmelze erhaltene Kristall ein Mosaikkristall ist. (J. Indian Inst. Sci. **36.** A 104—10. April 1954. Bangalore, Indian Inst. of Sci., Dep. of Phys.) C. GOTTFRIED. 190

V. M. Padmanabhan, *Textur von Kristallen.* 2. Mitt. *NH_4Cl, $NaClO_3$ und Alaun.* (1. vgl. vorst. Ref.) Nach der früher beschriebenen Meth. (vgl. l. c.) der inneren Reflexion wurde die Textur von *Ammoniumalaun* (I), *NH_4Cl* (II) u. *$NaClO_3$* (III) untersucht. Alle Kristalle wurden in angeätztem Zustand sowie nach Abschrecken in fl. Luft untersucht. Für I im geätzten Zustand nimmt die Intensität der inneren Reflexion mit zunehmender Dicke ab; dies ist für einen vollkommenen Kristall zu erwarten. Die experimentellen Werte liegen auch auf der theoret. Kurve für den vollkommenen Kristall. Bei dem abgeschreckten Kristall nimmt die Intensität mit zunehmender Dicke zunächst zu, geht durch ein Maximum u. fällt dann wieder ab. Dies trifft theoret. für einen Mosaikkristall zu. Da die experimentellen Werte jedoch nicht genau auf der theoret. Kurve liegen, folgt, daß der abgeschreckte Kristall keine vollständige Mosaikstruktur besitzt. Bei II fallen die experimentellen Werte für den angeätzten Kristall nicht auf die theoret. Kurve für den vollkommenen Kristall. Diese Beobachtungen führen zu dem Schluß, daß der Kristall Mosaiktextur besitzt. Nach dem Abschrecken nahm die Intensität der inneren Reflexion stark zu; die experimentellen Werte lagen auf der theoret. Kurve für den Mosaikkristall. III wieder ist im angeätzten Zustand ein vollkommener Kristall. Nach dem Abschrecken war dieser Kristall in kleine Fragmente zerbrochen. (J. Indian Inst. Sci. **37.** A 23—A 26. Jan. 1955. Bangalore, Indian Inst. of Sci., Dep. of Phys.) C. GOTTFRIED. 190

Raymond Kern und **Jean-Claude Monier,** *Experimentelle Verifizierung einer morphologischen Theorie der meriedrischen, nichtzentrierten Kristalle an Sphalerit und verschiedenen Arten vom Zinkit-Typ mit Hilfe ihrer absoluten strukturellen Konfigurationen.* (Vgl. C. **1956.** 9103.) Die dort vorgeschlagene morpholog. Theorie des nichtzentrierten meriedr. Kristalls wird experimentell belegt durch Best. der Kristallflächen u. Best. der absol. Konfiguration an *Sphalerit* (ZnS, Gruppe $F\bar{4}3m$, T_d^2), *Wurtzit, Zinkit* (*ZnO*), *NH_4F* u. *α-SiC* (Gruppe C 6 m c, C_{6v}^4). (C. R. hebd. Séances Acad. Sci. **240.** 2430—32. 20/6. 1955.) H. C. WOLF. 190

Jean-Claude Monier und **Raymond Kern,** *Absolute strukturelle Konfiguration von Kupferchlorid, Kupferbromid und Chalkopyrit; experimentelle Verifizierung einer morphologischen Theorie der nichtzentrierten meriedrischen Kristalle.* (Vgl. C. **1956.** 9103 u. vorst. Ref.) Best. der Kristallflächen u. der absol. Strukturkonfiguration zeigt, daß auch die Kristalle *CuCl, CuBr* u. *β-SiC* der Gruppe $F\bar{4}3m$, T_d^2 u. *$CuFeS_2$* (*Chalkopyrit*) der Gruppe $J\bar{4}2$, D_{2d}^{12} mit der entwickelten Theorie übereinstimmen. (C. R. hebd. Séances Acad. Sci. **241.** 69—71. 4/7. 1955.) H. C. WOLF. 190

A. K. Bose und **Purnima Sengupta,** *Untersuchung einiger indischer Montmorillonite mittels Röntgenmethoden und differentieller thermischer Analyse.* Obwohl theoret. denkbar, ist bisher keine lückenlose Reihe isomorpher Substitution bei den Tonmineralien bekannt. Als Beitrag zur Kenntnis dieser Mineralien werden einige ind. Bentonite u. andere Tonerden untersucht. Röntgenograph. gehören alle untersuchten Mineralien zur Montmorillonit-Gruppe, während die differentielle therm. Analyse gewisse Abweichungen zeigt, die die Existenz einer Untergruppe zwischen Montmorillonit u. Nontronit bestätigen. Es ergibt sich eine mehr oder weniger lückenlose Reihe zwischen Montmorillonit u. Nontronit. (Nature [London] **174.** 40—41. 3/7. 1954. Calcutta, Univ., Coll. of Sci., Khaira Labor. of Phys.) W. KRÖNERT. 190

Eugene Staritzky und **Don T. Cromer,** *Ammoniumneodymdisulfattetrahydrat, $NH_4Nd(SO_4)_2 \cdot 4\,H_2O$.* Die Darst. des $NH_4Nd(SO_4)_2 \cdot 4\,H_2O$ erfolgte durch Mischen stöchiometr. Mengen von $Nd_2(SO_4)_3$ u. $(NH_4)_2SO_4$ in verd. H_2SO_4. Kristallograph. Vermessung führte auf die monoklin-prismat. Klasse sowie auf ein Achsenverhältnis a : b : c = 0,350 : 1 : 0,465 u. einen monoklinen Winkel $\beta = 96,2^0$, die den von KRAUS für das isomorphe *$NH_4Ce(SO_4)_2 \cdot 2\,H_2O$* gefundenen Werten (a : b : c = 0,3598 : 1 : 0,4670; $\beta = 97^0\,15'$) entsprechen. Röntgenograph. Strukturunters. ergab als Raumgruppe $C_{2h}^5 - P\,2_1/c$; Gitterkonstanten: $a_0 = 6,63$, $b_0 = 18,94$, $c_0 = 8,80$ Å, $\beta = 96,2^0$; Z = 4; D. 2,58 (röntgenograph.) bzw. 2,584 (Flotation). Opt. Eigg.: Brechungsindices (5893 Å) $n_X = 1,531$, $n_Y = 1\,540$, $n_Z = 1,549$, geometr. Mittel 1,540; Mol.-Refr. 51,8 (aus gemessener D.); opt. Orientierung Z = b, $X \wedge c = 74^0$; opt. Achsenwinkel $2\,V_X = 89^0$ mit schwacher Dispersion $r > v$; blaßlavendelfarben ohne merklichen Pleochroismus. (Analytic. Chem. **28.** 554—55. April 1956. Los Alamos, N. Mex., Univ. of California, Los Alamos Sci. Labor.) G. RUBAN. 195

Eugene Staritzky und **Don T. Cromer**, *Dineodymtrisulfatpentahydrat, $Nd_2(SO_4)_3 \cdot 5\,H_2O$.* (Vgl. vorst. Ref.) Verb. krist. aus stark schwefelsaurer Lsg. von $Nd_2(SO_4)_3$. Kristallographie: monoklin-prismat. Klasse; das Achsenverhältnis a : b : c = 1,639 : 1 : 1,066 u. der monokline Winkel $\beta = 120{,}3^0$ entsprechen den von KRAUS für das isomorphe $Ce_2(SO_4)_3$ gefundenen, transformierten Werten (a : b : c = 1,6410 : 1 : 1,1264; $\beta = 119^0\,23'$). Röntgenbeugungsdaten: wahrscheinlichste Raumgruppe C 2/c (C_{2h}^6); Gitterkonstanten $a_0 = 15{,}75$, $b_0 = 9{,}61$, $c_0 = 10{,}24$ Å, $\beta = 120{,}3^0$; Z = 4; D. 3,31 (röntgenograph.) bzw. 3,309 (Flotation). Opt. Eigg.: Brechungsindices (5893 Å) $n_X = 1{,}582$, $n_Y = 1{,}600$, $n_Z = 1{,}608$, geometr. Mittel $1{,}596_6$; Mol.-Refr. 68,6; opt. Orientierung X = b, Y∧c = 57°; opt. Achsenwinkel (5893 Å) $2\,V_X = 66^0$ mit schwacher Dispersion r < v; lavendelfarben, ohne wahrnehmbaren Pleochroismus. Therm. Entwässerung beginnt bei 107°, begleitet von irregulärer Extinktion, Dunkelfärbung u. Aufbrechen der Kristalle. (Analytic. Chem. **28.** 555. April 1956.) G. RUBAN. 195

R. M. Douglass, *Neodymsesquioxyd, Nd_2O_3, Form A.* Die Sesquioxyde der Seltenen Erden bilden nach GOLDSCHMIDT, ULRICH u. BARTH (vgl. Skr. norske Vidensk.-Akad. Oslo, I, Mat.-naturvidensk. Kl. **1925.** Nr. 5, 5) 3 polymorphe Modifikationen: A (pseudotrigonal), B (monoklin) u. C (rhomb.). Form A des Nd_2O_3 wurde vom Vf. röntgenograph. mittels Pulveraufnahmen untersucht; die Indizierungen, die relativen Intensitäten sowie die beobachteten u. berechneten Netzebenenabstände sind tabellar. wiedergegeben. Die nach {0 0 0 1} ausgezeichnet spaltende, hexagonal-skalenoedr. Form A krist. in der Raumgruppe $P\,\bar{3}\,m\,1-D_{3d}^3$ mit den Gitterkonstanten $a_0 = 3{,}84_1$, $c_0 = 6{,}00_2$ Å; Z = 1; D. $7{,}27_7$. Opt. Eigg.: einachsig negativ; Brechungsindices (bei 5893 Å) $n_O = 2{,}11$, $n_E = 2{,}10$; geometr. Mittel $2{,}10_7$; Mol.-Refr. 24,7; Beschreibung des Absorptionsspektr.; Farbe schwachblau, mit Absorption O > E. (Analytic. Chem. **28.** 551—52. April 1956. Los Alamos, N. Mex., Univ. of California, Los Alamos Sci. Labor.) G. RUBAN. 195

R. M. Douglass und **Eugene Staritzky**, *Samariumsesquioxyd, Sm_2O_3, Form B.* (Vgl. vorst. Ref.) Die polymorphe Modifikation B (Definition l. c.) von Sm_2O_3 krist. monoklin; mögliche Raumgruppen: $C\,2/m-C_{2h}^3$, $C\,2-C_2^3$ u. $C\,m-C_s^3$; Gitterkonstanten: $a_0 = 14{,}17_7$, $b_0 = 3{,}63_3$, $c_0 = 8{,}84_7$ (Å ±0,01 Å), $\beta = 99{,}96 \pm 0{,}03^0$; Z = 6; D. 7,74. Opt. Eigg.: Angabe des Absorptionsspektr.; Brechungsindices (bei 5893 Å) $n_X = 2{,}070 \pm 0{,}005$, $n_Y = 2{,}093 \pm 0{,}005$, $n_Z = 2{,}095 \pm 0{,}005$, geometr. Mittel 2,086; Mol.-Refr. 23,8; opt. Orientierung Z = b; opt. Achsenwinkel (5893 Å) $2\,V_X = 29{,}5^0$; Farbe gelblichlohfarben. (Analytic. Chem. **28.** 552. April 1956.) G. RUBAN. 195

Eugene Staritzky, *Indiumsesquioxyd, In_2O_3.* Die Darst. von In_2O_3 erfolgte durch Erhitzen von In in O_2. Der röntgenograph. Strukturunters. des Vf. zufolge gehören die isometr., nach ZACHARIASEN dem Tl_2O_3-Typ entsprechenden Kristalle zur Raumgruppe $T_h^7-I\,a\,3$ mit der Gitterkonstanten $a_0 = 10{,}105_6 \pm 0{,}001_0$ Å; Z = 16; D. 7,143. Opt. Eigg.: isotrop, Brechungsindex (5893 Å) 2,08; Mol.-Refr. 20,4; farblos. (Analytic. Chem. **28.** 553. April 1956. Los Alamos, N. Mex., Univ. of California, Los Alamos Sci. Labor.) G. RUBAN. 195

Eugene Staritzky und **Joseph Singer**, *Zirkoniumdisulfattetrahydrat, $Zr(SO_4)_2 \cdot 4\,H_2O$.* Die Darst. von $Zr(SO_4)_2 \cdot 4\,H_2O$ erfolgte durch Kristallisation aus Lsgg. von $Zr(SO_4)_2$ in verd. H_2SO_4 unter Bldg. von Kristallen mit tafeligem (aus heißerLsg.) bzw. bipyramidalem (bei Zimmertemp.) Habitus. Polare Winkel $(3\,1\,1)\wedge(3\,\bar{1}\,1) = 43^0\,39'$, $(3\,1\,1)\wedge(\bar{3}\,1\,1) = 59^0\,31'$. Röntgenpulverdiagramme ergaben als Raumgruppe $F\,d\,d\,d-D_{2h}^{24}$; Gitterkonstanten: $a_0 = 26{,}11$, $b_0 = 11{,}62$, $c_0 = 5{,}56$ Å; Z = 8; D. 2,80 (röntgenograph.) bzw. 2,802 (Flotation). Opt. Daten: Brechungsindices (5893 Å) $n_X = 1{,}614$, $n_Y = 1{,}655$, $n_Z = 1{,}678$, geometr. Mittel $1{,}648_8$; Mol.-Refr. 46,2 (aus gemessener D.); opt. Orientierung X = c, Y = a, Z = b; opt. Achsenwinkel (5893 Å) $2\,V_X = 73^0$ mit mäßiger Dispersion r < v; farblos. — Beginnende Zers. bei 192° unter Bldg. feingekörnter, parallelgestreifter Aggregate entlang den kristallograph. Ebenen. (Analytic. Chem. **28.** 553—54. April 1956. Los Alamos, N. Mex., Univ. of California, Los Alamos Sci. Labor.) G. RUBAN. 195

George W. DeVore, *Bemerkung zu den Al- und Si-Lagen in geordneten Na- und K-Feldspäten.* Bei Feldspäten, die hinsichtlich der Si- u. Al-Lagen geordnet sind, müssen bei einem Drittel der Si-Kationen 2 der 4 umgebenden Sauerstoffanionen an weitere Si-Kationen gebunden sein, während die anderen 2 an Al-Kationen gebunden sind. Zwei Drittel der Si-Kationen haben nur 1 Sauerstoff, das zu einem Al-Kation gehört, während 3 Sauerstoffe an nächste Si-Kationen gebunden sind. Dies ist verwirklicht, wenn durch die Struktur Ketten —Si—O—Si—O— sich mit solchen wie —Si—O—Al—O—Si— abwechseln. Bei partiell fehlgeordneten Feldspäten fehlt die Periodizität dieser Anordnung. Es wird gezeigt, daß die Kettenrichtung die der kristallograph. a- oder c-Achse sein kann, während die der b-Achse nicht möglich ist. Da in polymerisierten Verbb. die Richtung der stärksten Polymerisation gleichzeitig die Richtung der Kristallstreckung ist, versucht Vf. aus dem Habitus der Alkalifeldspäte die Kettenrichtung zu bestimmen. Da die eine Kettenart auch in der Quarzstruktur auftritt, lassen sich von diesem Standpunkte aus die orientierten Verwachsungen zwischen Quarz u. Kalifeldspat deuten. (Science [Washington] **121.** 707—08. 13/5. 1955. Chicago, Ill., Univ., Dep. of Geol.) J.-E. HILLER. 195

W. Feitknecht, *Über den Zusammenbruch der Oxydfilme auf Metalloberflächen in sauren Dämpfen und den Mechanismus der atmosphärischen Korrosion.* Es werden Form, Verteilung, chem. u. physikal. Eigg. der Korrosionsprodd. auf *Fe, Cu, Ni, Zn* u. *Cd* in Luft mit geringen *HCl*-Dampfanteilen sowie die Geschwindigkeit des Angriffs bestimmt u. Schlüsse auf die verschied. Reaktionsweisen gezogen. Es werden 3 Angriffsarten, bzw. Arten des Zusammenbruchs der prim. Oxydschichten, unterschieden. Bei der ersten, die bei Fe u. Ni beobachtet wird, werden nur einzelne Punkte betroffen; bei der zweiten (Zn u. Cd) bricht die ganze Oberflächenschicht zusammen, u. es bildet sich eine durchgehende Schicht von bas. Salz. Bei der dritten Art, vertreten durch Cu, wird im ersten Stadium die Oxydschicht (Cu_2O) dichter, bildet dann $CuCl_2$ u. später bei verstärktem Angriff an einzelnen Zentren bas. Salz [$CuCl_2 \cdot 3\ Cu(OH)_2$]. Die Korrosionsgeschwindigkeit hängt von der Art der gebildeten Korrosionsprodd. ab. Für Fe ist sie am höchsten, weil nur *FeOOH* entsteht u. der Säureanteil des Angriffmittels nicht verbraucht wird. Die Geschwindigkeiten für Zn, Ni u. Cd nehmen in dem Maße ab, wie Cl^- in das beständige Korrosionsprod. eingebaut wird [$ZnCl_2 \cdot 4\ Zn(OH)_2 : NiCl_2 \cdot 2\ Ni(OH)_2 : CdOHCl$ = 2,5 : 1,5 : 1]. Für die atmosphär. Korrosion dieser Metalle wird ein elektrochem. Mechanismus auf Grund der chem., thermochem. u. kinet. Eigg. der festen Korrosionsprodd. abgeleitet. (Chimia [Zürich] **6.** 3—13. 15/1. 1952. Bern, Univ., Inst. für anorg., analyt. u. phys. Chem.) W. KATZ. 196

L. Hiesinger und **H. König,** *Optik und Struktur kathodenzerstäubter Schichten unter besonderer Berücksichtigung der Reaktion mit dem Restgas.* Mittels Kathodenzerstäubung gelang den Vff. die Herst. von Schichten, die aus einer chem. Verb. des Kathodenmetalls mit dem Restgas bestehen (Bldg. von Hydriden, Nitriden, Oxyden usw.). Vorliegende Mitt. behandelt bes. die opt. u. elektronenmkr. Unters. der Oxyde γ-Al_2O_3, α- u. γ-Fe_2O_3, CdO, TiO_2 (Rutil), SiO, SiO_2, ThO_2 sowie von Doppelschichten SiO_2/ThO_2. Vorteile dieser Meth. sind: große Lebensdauer der Kathoden, gute Reproduzierbarkeit bestimmter Schichtdicken, große Härte u. Haltbarkeit; Anwendung zur Herst. opt. Vergütungen. (Festschr. 100 Jahre W. C. HERAEUS GmbH., Hanau **1951.** 376—92. Hanau, W. C. Heraeus, Phys. Labor., u. Göttingen, Univ., 1. Phys. Inst.) G. RUBAN. 196

R. G. Hirst, A. J. King und **F. A. Kanda,** *Das Barium-Strontium-Gleichgewichtssystem.* Es werden Unterss. des Ba–Sr-Syst. in fester u. fl. Phase über den gesamten Zusammensetzungsbereich beschrieben u. diskutiert. Die Liquidus- u. Soliduskurven wurden durch therm. Analyse, die Gleichgewichte in fester Phase durch DEBYE-SCHERER-Aufnahmen bestimmt. Das Syst. zeigt bei den Tempp. über 602 ± 8^0 vollständige Mischbarkeit sowohl in der fl. als auch in der festen Phase. Legierungen mit $<69,3$ At.-% Sr erscheinen von Raumtemp. bis zum F. nur in der kub. raumzentrierten Form. Legierungen mit $>69,3$% Sr erleiden in fester Phase Umlagerungen unter Bldg. der kub. raumzentrierten, hexagonal dichtestgepackten oder kub. flächenzentrierten Kristallformen in Abhängigkeit von der Temp. u. Zusammensetzung. Im Zusammensetzungsbereich 72,3—76,9 At.-% Sr findet beim Abkühlen die eutekt. Rk. β(hexagonal dichteste Packung) $\rightleftharpoons \gamma$(kub. raumzentriert) + α(kub. flächenzentriert) bei 171 ± 3^0 statt. Die Zus. des Eutektikums entspricht 73,2 At.-% Sr. Folgende Gitterkonstanten wurden gefunden: α-Sr (kub. flächenzentriert) $a_0 = 6,076 \pm 0,005$ (25^0). β-Sr (hexagonal dichteste Packung) $a_0 = 4,28 \pm 0,02$ (225^0); $c_0 = 7,05 \pm 0,02$. γ-Sr (kub. raumzentriert) $a_0 = 4,87 \pm 0,02$ (628^0). Ba (kub. raumzentriert) $a_0 = 5,013 \pm 0,005$ Å (25^0). Die Ergebnisse werden mit denen von SHELDON u. KING (C. **1955.** 1691) verglichen. (J. physic. Chem. **60.** 302—04. März 1956. Syracuse, N. Y., Syracuse Univ., Dep. of Chem.) H. HOFMANN. 197

Pierre-A. Jacquet, *Über die Beziehung zwischen der Art und der Empfindlichkeit gegenüber Korrosion der Korngrenzen in der festen Lösung Aluminium–Magnesium mit 7% Magnesium.* Mit dem Elektronenmikroskop werden Unterschiede in der Gestalt der Bestandteile sichtbar gemacht, die sich in einer 7% Mg enthaltenden Al–Mg-Legierung nach einer Alterungsbehandlung bei 160 u. 250^0 bilden. Bei 160^0 bildet sich eine zusammenhängende Phase in den Korngrenzen, die bei korrodierender Beanspruchung den Angriff der Legierung einleitet. Die bei 250^0 gebildete Phase verteilt sich auf die Kristallite u. führt zum gleichmäßigen Angriff der Legierung. (C. R. hebd. Séances Acad. Sci. **233.** 621—23. 10/9. 1951.) W. KATZ. 197

F. L. Ver Snyder und **H. J. Beattie jr.**, *Die Laves- und χ-Phase in einer abgeänderten nichtrostenden Legierung mit 12% Chrom.* In nichtrostenden Stählen mit 0,04—0,08 (%) C, 0,43—1,75 Mn, 0,34—0,81 Si, 11,35—12,00 Cr, 0,08—0,12 bzw. 4,17 Ni, 3,92—4,12 Mo, 0,11—3,14 Ti, 0,07—0,71 Al, 0,005—0,017 P u. 0,018—0,034 S werden die *Ti(C, N)*- u. die χ-Phase u. eine LAVES-Phase (AB_2) identifiziert. Die Zus. der LAVES-Phase wurde annähernd zu $(Ti_{21}Mo_9)(Fe_{50}Cr_5Si_5)$ bestimmt. Ein zunehmender Ti-Geh. scheint die Bldg. der χ-Phase zu fördern. (Trans. Amer. Soc. Metals **47.** 211 bis 230. 1955.) H. HOCHSTEIN. 197

Kurt Hans v. Klitzing (unter Mitwirkung von **Elfriede Wesselhöft**), *Untersuchung von Phasenumwandlungen in austenitischem Manganstahl, besonders mit Magnetitsuspension.* An einem austenit. Stahl mit 0,45 (%) C u. 12,6 Mn wurde die Verteilung des bei plast. Verformung u. des bei Abkühlung entstandenen Martensits sowie der beim Anlassen entstandenen Carbid-Phase mkr. u. nach dem Verf. der „BITTERschen Streifen" untersucht. Der Verformungsmartensit entsteht in Form feiner länglicher Körner als Querstreifung in breiten Gleitlinienbündeln sowie in mkr. nicht auflösbarer Verteilung an Gleitlinien in deren Kreuzungsstellen. Beides weist auf die zur Martensitbldg. erforderliche Doppelscherung hin. Abkühlung in fl. Luft erzeugt langgestreckte, geradlinig begrenzte Gruppen von Martensitnadeln, deren Entstehung noch unklar ist. Anlassen verformter Proben zwischen 450 u. 650° führt zur Ausscheidung von Zementit in Korngrenzen u. Gleitflächen, bei den letztgenannten wieder bevorzugt an den vorher zur Verformung erwähnten Stellen, während in fl. Luft gebildete Martensitnadeln prim. keinen Anreiz zur Zementitbldg. geben. Ob die Zementitbldg. in Gleitlinienkreuzungen durch die Ggw. von α-Phase an diesen Stellen oder durch die infolge der Gleitung eingetretene Gitterstörung bedingt ist, kann nicht entschieden werden. Vorangegangene Verformung verhindert die Martensitbldg. bei Abkühlung auf tiefe Tempp. an den Stellen stärkerer Gittergleichung. Stellenweise wird der Umklappvorgang durch Gleitlinien zwar unterbrochen, setzt sich aber auf der anderen Seite der Gleitfläche unverändert fort. (Arch. Eisenhüttenwes. **26.** 755—59. Dez. 1955. Braunschweig, physikal.-techn. Bundesanstalt.) H. HOCHSTEIN. 197

E. T. Turkdogan und **L. E. Leake**, *Thermodynamik von in Eisenlegierungen gelöstem Kohlenstoff.* 1. Mitt. *Löslichkeit von Kohlenstoff in Eisen–Phosphor-, Eisen–Silicium- und Eisen–Mangan-Schmelzen.* Unterss. u. theoret. Betrachtungen über die C-Löslichkeit in Fe–P-, Fe–Si- u. Fe–Mn-Schmelzen bei 1290, 1490, 1505, 1575, 1600 u. 1690° zeigen, daß P ebenso wie Si die Löslichkeit von C im Eisen verringert. Für die Berechnung des Einfl. von Legierungselementen auf die C-Löslichkeit im Fe wird eine Gleichung mitgeteilt. (J. Iron Steel Inst. **179.** 39—43. Jan. 1955.) H. HOCHSTEIN. 197

E. T. Turkdogan, *Thermodynamik von in Eisenlegierungen gelöstem Kohlenstoff.* 2. Mitt. *Einfluß von Silicium auf den Aktivitätskoeffizienten von in geschmolzenem Eisen gelöstem Kohlenstoff.* (1. vgl. vorst. Ref.) Der Aktivitätskoeff. (**I**) von C in Fe–Si–C-Schmelzen wird in Abhängigkeit vom Si-Geh. u. von der Temp. empir. ermittelt. Der Einfl. von Si auf den **I** von C, γ_C^{Si}, ist eine Funktion der C-Konz. u. von der Temp. unabhängig. (J. Iron Steel Inst. **179.** 43—45. Jan. 1955.) H. HOCHSTEIN. 197

E. T. Turkdogan und **R. A. Hancock**, *Thermodynamik von gelöstem Kohlenstoff in Eisenlegierungen.* 3. Mitt. *Löslichkeit von Kohlenstoff in Eisen–Schwefel-Schmelzen.* (2. vgl. vorst. Ref.) Die Löslichkeit von C in Fe–S-Schmelzen wird bei Tempp. von 1200, 1350 u. 1500° bestimmt. Gelöster S verringert die Löslichkeit von C in einem stärkeren Maße als Si u. P. Die Mischungslücke bei der C-Sättigung wird bei den gleichen Tempp. untersucht u. die erhaltenen Versuchsergebnisse mit denen früherer Forscher verglichen. Entwickelt wird ein Verf. zur Berechnung des Aktivitätskoeff. von C in tern. Fe–S–C-Schmelzen. (J. Iron Steel Inst. **179.** 155—59. Febr. 1955.) H. HOCHSTEIN. 197

H. J. Goldschmidt, *Zustandsdiagramme der ternären Systeme Fe–Cr–W und Fe–Cr–Mo bei niedrigen Temperaturen.* Röntgenunterss. über die in den Systemen Fe–Cr–W u. Fe–Cr–Mo bei 600° bestehenden Gleichgewichte zeigen (Diagramme), daß die σ- u. ξ-Phase sich gegenseitig zu unterdrücken trachten. Die prim., feste α-Lsg. bildet Mischfelder mit möglichen Fällungs-Härtungswirkungen. Im Syst. Fe–Cr–Mo tritt eine tern. Verb. auf, die annähernd der Zus. Fe_4CrMo_3 entspricht. Bei Tempp. über 1180° besteht in dem bin. Syst. Fe–Mo die Verb. FeMo; sie weist σ-Struktur auf, bildet eine ununterbrochene Reihe von festen Lsgg. mit FeCr u. ist im Gegensatz zu dieser Verb. bis zu ihrem F. beständig. Die beiden Systeme sind auf Grund ihrer Zus. (Diagramme) u. aus strukturellen Gründen als geeignete, warmfeste Werkstoffe für Gasturbinen anzusehen. (Iron Steel Inst., spec. Rep. **1952.** 249—57. 345—54. Juli. Sheffield, British Steelmakers' Assoc., Group Res. Centre.) W. WESLY. 197

C. H. Sutcliffe und **J. E. Jaumot jr.**, *Die Natur des Ordnungs–Unordnungs-Übergangs in Cu–Au-Legierungen nichtstöchiometrischer Zusammensetzung.* (Sitzungsbericht.) (Vgl. C. **1956**. 6600.) Aus Röntgenreflexen von Einkristallen wird auf die Art des Ordnungs–Unordnungs-Überganges in Cu–Au-Legierungen mit 15,5 — 34,2 At.-% Au geschlossen. Die Messungen werden zwischen Zimmertemp. u. 450° durchgeführt. Bei Proben mit mehr als 25 At.-% Au wird eine anomale Verbreiterung u. Aufspaltung des (400)-Reflexes beobachtet, so daß eine klass. Phasenumwandlung vorliegt. Proben mit weniger als 25 At.-% Au zeigen nur eine geringe Verbreiterung von (400) im Gebiet der sogenannten krit. Temperatur. (Physic. Rev. [2] **94**. 1429. 1/6. 1954. Univ. of Pennsylvania.) W. KRÖNERT. 197

Shoichi Annaka, *Röntgenstrahlenuntersuchung der Kaltbearbeitung einiger geordneter Legierungen.* Vf. untersucht mit Hilfe von Röntgenstrahlen (photograph. u. Zählrohrmeth.) Strukturänderungen bei der Kaltbearbeitung an polykristallinen Legierungsproben (*$AuCu_3$, AuCu, AgCd* u. *AgZn*) mit Überstruktur. (Vgl. C. **1953**. 5624.) Die Bearbeitung erfolgt durch Feilen bei Zimmertemp. (durchschnittliche Korngröße 0,01—0,02 mm). Die Überstrukturlinien verschwinden durch die Bearbeitung bei $AuCu_3$ u. AuCu, jedoch nicht bei AgCd u. AgZn. Die Dimensionen des dabei auftretenden kohärenten Bereiches bei $AuCu_3$ werden auf 800 ± 100 Å in der [1 1 1]-Richtung geschätzt. Bei AgCd u. AgZn gehen die ε- u. ζ-Phasen durch die Bearbeitung in die β-Phasen über. Vf. schließt aus den abnormen Intensitäten der Röntgeninterferenzen beider Zwischenzustände ($\varepsilon + \zeta'$) auf Gleitvorgänge entlang der (0 0 1)-Ebene u. auf eine atomare Diffusion während u. nach der Bearbeitung. (J. physic. Soc. Japan **9**. 354—58. Mai/Juni 1954. Tokyo, Univ. of Education, Fac. of Sci. [Orig.: engl.]) S. HÜTTIG. 200

A. J. Kennedy, *Untersuchung der Erholung und Rekristallisation von Metallen vom Gesichtspunkt der Wiederherstellung der vergänglichen Kriecheigenschaften.* Durch eine Zugspannung von 112 $kg\,cm^{-2}$ bei 22° wurden *Pb*-Drähte verschied. Reinheit 5 Min. gedehnt, hierauf verschieden lange bei verschied. Tempp. zur Entfernung der Spannungen angelassen u. dann unter den ursprünglichen Kriechbedingungen erneut untersucht, u. zwar mit besonderer Berücksichtigung des Einfl. der Temp., der Anlaßzeit u. der Korngrenze auf die Kriecheigenschaften. Ein Einfl. der Korngröße wurde nur beobachtet, wenn die Korngröße etwa von der gleichen Größenordnung ist wie der Durchmesser des zur Unters. vorliegenden Drahtes u. wenn das Ausmaß der Erholungserweichung zunimmt. Die vom Vf. früher (vgl. Proc. Roy. Soc. [London], Ser. A **213**. [1952.] 492) an Drähten von „nicht rekristallisierendem" Pb (99,0% Pb mit 0,05% Te) beobachteten allg. Merkmale des unterbrochenen Kriechens werden nochmals erörtert, u. es wird gezeigt, daß die Kriechergebnisse sich durch die Annahme erklären lassen, daß ein gewisser Anteil N des Materials seine ursprünglichen Kriecheigg. wiedererlangt hat. Dieser Anteil wurde nun durch erholtes Material n u. rekristallisiertes Material X ergänzt. Die Zeitfunktion des Erholungsprozesses war für „rekristallisierendes" Pb (99,999% ig. u. 99,99% ig. Pb) dieselbe wie die, die bei dem „nicht rekristallisierenden" Pb beobachtet worden war; es ist daher möglich, die Werte von n u. X in jedem einzelnen Fall abzuschätzen. Vf. entwickelt eine Theorie der Erholung, die auf der Vorstellung basiert, daß Kerne bei dem Erholungsprozeß gebildet werden. Diese Theorie bestätigt die Beobachtungen u. liefert eine Aktivierungsenergie von 31000 $cal \cdot Mol^{-1}$ für das Wachstum von neuem Material. Die Aktivierungsenergie für die Erholung wurde zu 19800 $cal \cdot Mol^{-1}$, die für das Kriechen zu 18400 $cal \cdot Mol^{-1}$ gefunden. (Proc. physic. Soc., Sect. B **68**. 257—76. 1/5. 1955. London, British Iron and Steel Res. Assoc.)
C. GOTTFRIED. 200

Thomas H. Hazlett und **Rosa D. Hansen**, *Der Einfluß einer Unterstruktur auf die Form der Kriechkurven.* Rein-*Ni* u. Mischkristall-Ni-Legierungen wurden bei Raumtemp. um bestimmte Beträge gereckt, dann einer Erholungsglühung unterworfen u. bei 700° auf ihr Kriechverh. untersucht. Der Betrag der ursprünglichen Reckung wurde als ein Index für die in den Proben vorliegende Unterstruktur zu Beginn der Kriechunters. gehalten. Die sich ergebenden Kriechkurven wurden miteinander verglichen, um den Einfl. der Menge der Unterstruktur nachzuweisen. Die Form der Kurven änderte sich mit unterschiedlichen Beträgen an Unterstruktur stark. Auch bei sich ändernden Legierungsgehh. ist ein Einfl. der Unterstruktur auf die Form der Kriechkurven festzustellen. (Trans. Amer. Soc. Metals **47**. 508—19. 1955.)
H. HOCHSTEIN. 200

P. J. E. Forsyth und **C. A. S. Stubbington**, *Ein in reinem Aluminium beobachteter Gleitbänderausschwitzeffekt.* Vff. nehmen Bezug auf Unterss. von FORSYTH (vgl. C. **1954**. 1195) über das Ermüdungsverh. einer Al–Cu-Legierung mit 4% Cu, bei denen beobachtet wurde, daß von einigen der aktiven Gleitbänder während der letzten Stufen der Ermüdungsunters. Material ausgeschwitzt wurde. Während bei reinem angelassenem

Al kein Material von den Gleitstreifungen ausgeschwitzt wird, war es den Vff. jedoch möglich, in schwach kalt gewalztem reinem Al ähnliche Ausschwitzungen wie bei der obigen Legierung zu erhalten. Der Effekt ist auf lokale Rekristallisation der desorientierten Matrix unter dem Einfl. der cycl. Beanspruchung u. der nachfolgenden Ausschwitzung dieses weicheren Materials zurückzuführen. Wird das Al vor den Ermüdungsunterss. stark kaltgewalzt, so tritt dieser Effekt nicht auf. Auf der Grundlage der gemachten Beobachtungen wird angenommen, daß der Ermüdungsprozeß in 2 Stufen verläuft. Während der ersten Stufe treten unter der Einw. der cycl. Beanspruchungen kleine atomare Umordnungen auf. Die zweite Stufe beginnt, wenn diese Umordnungen einen strukturell weichen Punkt erzeugt haben, der während dieser Stufe stark deformiert wird u. hierauf als Sprung erscheint. In reinem Al erzeugen diese Bedingungen zunächst eine Anzahl von diskreten Löchern, die sich später unter Bldg. des anfänglichen Sprunges vereinigen Es wird angenommen, daß diese Löcher durch Kondensation einer großen Anzahl von Gitterleerstellen gebildet werden. (Nature [London] **175.** 767 bis 768. 30/4. 1955. Farnborough, Royal Aircraft Establishm., Metall. Dep.)
C. GOTTFRIED. 200

Warren F. Witzig, *Kriechen von Kupfer unter Deuteronenbeschießung.* Ausführliche Fassung der C. **1954.** 10429 referierten Arbeit. (J. appl. Physics **23.** 1263—66. Nov. 1952. Pittsburgh, Pa., Univ. of Pittsburgh and Westinghouse Electr. Corp.) M. BLUTH. 200

Auguste Clauss, *Änderung des Einflusses adsorbierter Gase auf die mechanische Festigkeit metallischer Drähte als Funktion ihres Durchmessers.* Die Zugfestigkeit feiner Drähte wird in verschied. Gasen bei unterschiedlichen Drahtdurchmessern bestimmt. Zur Unters. gelangen *Ag*-Drähte von 30, 40, 50, 60, 100 u. 200 μ Durchmesser u. *W*-Drähte von 20, 30, 50 u. 100 μ Durchmesser. Die Länge beträgt jeweils 40 mm. Zur Entgasung werden die Drähte im Vakuum (10^{-5} mm Hg) 10 Min. bei 300° (Ag) bzw. 600° (W) vorbehandelt. Die Zugfestigkeitsmessungen werden durchgeführt in H_2, *Ar*, CO_2-Atmosphäre u. im Vakuum von 10^{-5} mm Hg. Die Änderung der Bruchfestigkeit (bezogen auf Vakuum) als Funktion des Drahtdurchmessers graph. dargestellt, führt zu folgenden Schlüssen: 1. Die Abnahme der Zugfestigkeit in einem gegebenen Gas (bezogen auf das Vakuum) ist vom Drahtdurchmesser abhängig. 2. Für ein bestimmtes Metall in einem bestimmten Gas nimmt die Bruchfestigkeit regelmäßig mit dem Drahtdurchmesser ab. 3. Das Kurvenbild ist bei Ag u. W ähnlich, jedoch scheint — bei gegebenem Gas u. Drahtdurchmesser — die Verringerung der Bruchfestigkeit von der Natur des Metalls abzuhängen. Diese Resultate bestätigen die Hypothese des Vf. über ein Nachlassen der Gitterkräfte in der Oberfläche des Metalls infolge Adsorption. (C. R. hebd. Séances Acad. Sci. **239.** 25—27. 5/7. 1954.) S. LANZ. 200

M. E. Fine, *Elastische Konstanten von Germanium zwischen 1,7 und 80° K.* (Vgl. C. **1954.** 491.) Aus der dynam. Messung der Elastizitätsmoduln u. des Schubmoduls folgt, daß C_{11}, C_{12} u. C_{14} mit abnehmender Temp. bis ca. 30—40° K größer werden u. bei tieferer Temp. konstant bleiben; die Kompressibilität nimmt bis zu diesem Temperaturbereich ab, die POISSONsche Zahl bleibt zwischen 80 u. 1° K prakt. unverändert. (J. appl. Physics **26.** 862—63. Juli 1955. Erratum: J. appl. Physics **26.** 1389. Nov. 1955. Murray Hill, N. J., Bell Telephone Labors.) G. KIRSCHSTEIN. 200

Hans Bühler, *Messung innerer Spannungen nach dem Ausbohr- und Abdrehverfahren mit Dehnungsmeßstreifen.* (Métaux **27.** 325—28. Juli/Aug. 1952. Saarbrücken, Inst. de Rech. Métallurgiques.) C. GOTTFRIED. 200

G. Hughes und **R. T. Spurr,** *Eine experimentelle Untersuchung von nichtmetallischer Abnutzung.* Ausgehend von der von RABINOWICZ (vgl. C. **1954.** 5683) u. anderen Forschern aufgestellten Gleichung W = KL/p, wo W die Abnutzung pro Einheit Schleifabstand, p die Eindruckhärte u. L die Belastung bedeuten, untersuchten Vff. zuerst die Beziehung zwischen W u. p direkt durch Schleifen von *Montanwachs* auf einer Scheibe aus Gußeisen durch Messen der Abnutzungsgeschwindigkeit u. der an der Schleifoberfläche auftretenden Temp. bei verschied. Belastungen u. Umdrehungsgeschwindigkeiten. Hierauf wurden die Änderung der Härte des Wachses mit der Temp. gemessen u. die erhaltenen Werte von W, L u. p in die obige Gleichung eingesetzt. Messungen der Oberflächentemp. des Wachses bei verschied. Belastungen u. Umdrehungsgeschwindigkeiten der Eisenscheibe ergaben, daß die Temp. in keinem Fall einen gewissen Wert überschritt, der als F. des Wachses angesehen wurde. Die Härte des Wachses erwies sich als unabhängig von der Höhe der Belastung; sie nahm mit steigender Temp. nahezu linear ab. Durch Extrapolation auf die Härte 0 ergab sich ein F. von 80°. Trägt man W/L graph. gegen 1/p auf, dann fallen die experimentellen Punkte auf eine gerade Linie, woraus geschlossen werden kann, daß die Abnutzungsgeschwindigkeit der obigen Gleichung gehorcht. (Proc. physic. Soc., Sect. B **68.** 106—110. 1/2. 1955., Chapel-en-le-Frith, Ferodo Ltd.) C. GOTTFRIED. 200

Adolf G. Smekal, *Dynamik des spröden Zugbruches von zylindrischen Glasstäben.* Bei Silicatgläsern beginnt der Bruchvorgang an Stellen mit Eigenspannung. Die Anlaufphase des Bruches ist zeitlich ausgedehnt u. wird beeinflußt von Energieschwankungen der Wärmebewegung. Die extrem kurze Endphase des Bruchvorgangs verläuft atherm. (stationäre Bedingungen). Die konst. Höchstgeschwindigkeit der zweidimensionalen Bruchfortpflanzung wurde bei Raumtemp. für SiO_2-Glas zu 2100 m/sec u. für Schott-Glas BK 7 zu 1800 m/sec bestimmt. (S.-B. österr. Akad. Wiss., math.-naturwiss. Kl., Abt. IIa **161.** 361—73. 1952. Acta physica austriaca **7.** 110—22. April. 1953. Graz, Univ., Phys. Inst.) W. SCHÜTZ. 200

H. Tertsch, *Zur Frage der Vergleichbarkeit von Härtemessungen nach verschiedenen Methoden.* Vf. weist darauf hin, daß die physikal. Grundlagen, die den Härtemeßverff. bei Verwendung von Abnützungs- u. Eindruckmethoden zukommen, verschied. sind. Ebenso sind die Richtungen, die bei den verschied. Meßmethoden zur Härtebest. dienen, miteinander unvergleichbar. Jeder Vers., eine engere Zahlenbeziehung zwischen den Härtemeßwerten nach verschied. Methoden ableiten zu wollen, ist hinfällig. (Neues Jb. Mineralog., Mh. **1955.** 121—26. Juni. Wien.) J.-E. HILLER. 200

A_7. Gleichgewichte. Kinetik.

F. Sauerwald und **H. E. Dombois,** *Über die allgemeinen Formen der Dreistoff-Diagramme mit zwei eutektischen binären Systemen und einem binären Mischkristallsystem mit Mischungslücke und kritischem Punkt, sowie das System KCl–NaCl–NaF.* Die theoret. Möglichkeiten der Diagrammgestaltung für Dreistoffsysteme der obigen Form werden aufgezeigt u. bes. auf die Rolle der tern. Mischkristalle hingewiesen. Bereits untersuchte Systeme werden mit diesen theoret. Forderungen verglichen. Das Syst. KCl–NaF ist ein echtes Zweistoffsystem. Im Dreistoffsyst. wurden keine Anzeichen von tern. Mischkristallen aufgefunden. Auf Grund tabellar. mitgeteilter Versuchsergebnisse wurden die Isothermen u. die Eutektika im Syst. festgelegt. (Z. anorg. allg. Chem. **277.** 60—72. Sept. 1954. Halle/Saale, Martin-Luther-Univ., Inst. für Physikal. Chem. mit Metall- u. Werkstofflabor.) H.-G. MOSLÉ. 221

D. G. Thomas, L. A. K. Staveley und **A. F. Cullis,** *Hysteresis bei den Umwandlungen in Ammoniumchlorid, Hexamminonickelnitrat, Silbermercurijodid, Hexachloroäthan und Kohlenstofftetrabromid.* Dilatometr. Unterss. der Umwandlungen der im Titel angegebenen Substanzen werden beschrieben. Es wird versucht, tieferen Einblick in die Theorie der Hysteresis zu bekommen. Die Grundlage der Theorie, daß die Hysteresis meist auf den isothermen Teil einer Umwandlung beschränkt bleibt, konnte bestätigt werden. Bei Hexamminonickelnitrat u. Silber-Quecksilberjodid hängt die Hysteresis vom Alter der Probe u. der therm. Vorbehandlung ab. Für die Umwandlung 1. Ordnung in Kohlenstofftetrabromid u. Hexachloroäthan wurde die wahre Gleichgewichtumwandlungstemp. T_e bestimmt. Hierbei blieb die Hysteresis auf die Abkühlung beschränkt. Weitere Messungen wurden über die Geschwindigkeit der Volumenänderung im Umwandlungsbereich durchgeführt. Es wurden Typen mit verschied. Verh. beobachtet, u. es scheint, daß für einige Umwandlungen, z. B. die in Ammoniumchlorid, die Geschwindigkeit bestimmt wird durch die Bildungsgeschwindigkeit von sich selbst fortpflanzenden Kernen, während für andere, z. B. in Hexachloroäthan, sowohl diese als auch die Wachstumsgeschwindigkeit dieser Kerne die Geschwindigkeit bestimmen. (J. chem. Soc. [London] 1952. 1727—35. Mai. Oxford, Inorg. Chem. Labor.) A.-F. BOGENSCHÜTZ. 221

P. H. Rose, *Die Einwirkung von Alkalien auf Schwermetallkomplexcyanide und die Spannungsreihe.* Vf. untersuchte die Einw. von Alkalien auf Schwermetallkomplexcyanide. Diese zeigten das gleiche Verh. wie Doppelcyanide u. waren von entsprechenden Cyanidgemischen nicht zu unterscheiden. So ergaben z. B. $Ni[Zn(CN)_4]$ u. $Zn[Ni(CN)_4]$ u. $Ni(CN)_2 + Zn(CN)_2$ mit NH_3 ident. Ammoniakate. Daher besteht z. B. kein Grund, einer Verb. der Zus. $KFe(CN)_3$ die Formel $K_2Fe[Fe(CN)_6]$ zuzuschreiben. In verschied. Verss. an *Nitritoprussiaten* u. Cyaniden des Zn, Fe, Co u. Ni wird gezeigt, daß das Verhältnis, in dem die Metalle eines Komplexcyanids mit Alkali in Lsg. gehen, durch deren Stellung in der Spannungsreihe bestimmt ist. Diskussion verschied. Einflüsse (Temp., Art des Alkalis, Luft-CO_2) bei der Bldg. von Ndd., z. B. von $ZnCO_3$ aus $CoZn(CN)_4$ oder $NiZn(CN)_4$ mit Na_2CO_3. (Z. anorg. allg. Chem. **277.** 205—08. Nov. 1954. Hamburg-Altona.) G. RUBAN. 223

Ingvar Lindqvist, *Untersuchungen über Arsentrichlorid als Lösungsmittel.* 2. Mitt. *Über die Konstitution von Lösungen in Arsentrichlorid.* (1. vgl. C. **1956.** 7734.) Theoret. Betrachtungen. Die Bedeutung des Ionenüberführungsvorganges bei Säure-Basen-Rkk. in $AsCl_3$ wird diskutiert u. auf Abweichungen von der LEWISschen Säure-Basenkonzeption hingewiesen. Ein Programm für experimentelle Unterss. mit dem Ziel der Erforschung der Konst. von Lsgg. in $AsCl_3$ wird vorgeschlagen, das zum Teil auf gleichfalls hier erörterten möglichen Analogien zu wss. Lsgg. basiert. (Acta chem. scand. **9.** 73—78. 1955. Uppsala, Univ., Inst. of Chem.) H. HOFMANN. 224

Lars Henrik Andersson und **Ingvar Lindqvist,** *Untersuchungen über Arsentrichlorid als Lösungsmittel.* 3. Mitt. *Potentiometrische Säure–Basen-Titrationen in Arsentrichlorid.* (2. vgl. vorst. Ref.) Es werden potentiometr. Titrationen von $(CH_3)_4NCl$, Pyridin u. Diäthylamin mit $FeCl_3$ u. von $FeCl_3$ u. $SbCl_5$ mit $(CH_3)_4NCl$ in $AsCl_3$-Lsgg. unter Verwendung von Ag, AgCl-Elektroden [Ag, AgCl | $Cl^-(C_1)$ || $Cl^-(C_2)$ | AgCl, Ag] beschrieben, diskutiert u. mit einer konduktometr. Titration verglichen. Die Ergebnisse, die die Vermutung bestätigen, daß die Säure–Basen-Rkk. von der Cl^--Ionenkonz. beherrscht werden, sind in Tabellen u. Kurven wiedergegeben. Der Vorlageteil einer Dest.-App. zur Reinigung von $AsCl_3$ u. die Titrationsapp. u. Bürette sind beschrieben. (Acta chem. scand. **9.** 79—83. 1955.) H. HOFMANN. 224

Jack Peisach und **Frank Brescia,** *Der Fällungsmechanismus von Magnesiumoxalat aus übersättigten Lösungen.* Die Fällung von Mg-Oxalat aus übersätt. Lsgg. nach Bldg. von Keimen, ist eine Rk. 1. Ordnung hinsichtlich der Konz. des Mg-Oxalats. Die Rk., die zur Keimbldg. führt, ist 3. Ordnung. Die Leitfähigkeit u. der p_H-Wert ändern sich während Keimbldg. u. Fällung nicht. Es wird daher folgender Mechanismus angenommen: $Mg^{2+} + C_2O_4^{2-} = MgC_2O_4$; $MgC_2O_4 + MgC_2O_4 = (MgC_2O_4)_2$; $(MgC_2O_4)_2 + MgC_2O_4 = (MgC_2O_4)_3$; $(MgC_2O_4)_3 + MgC_2O_4$ = einzelne Kristalle. Die Bldg. der krit. Keime entspricht $(MgC_2O_4)_2$. (J. Amer. chem. Soc. **76.** 5946—48. 4/12. 1954. New York., N. Y., City Coll., Dep. of Chem.) A. F. BOGENSCHÜTZ. 225

H. M. E. Cardwell, *Die Stereochemie bimolekularer Substitutionsreaktionen.* Vf. gibt eine Meth. zur Vorhersage des stereochem. Ablaufs von bimol. Verdrängungs-Rkk. (vgl. nebenst. Schema) in Systemen, bei denen keine freien Elektronenbahnen vorhanden sind, die annähernd das gleiche Energieniveau besitzen wie die der Bindung selbst. Eine freie s-Elektronenbahn (die sphär. Symmetrie besitzt) ist vermutlich nur bei

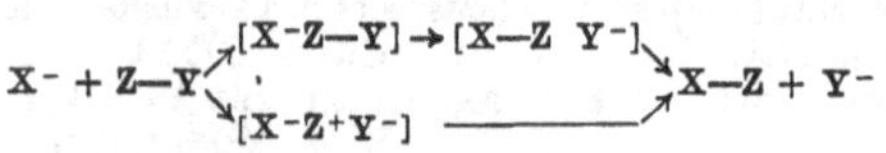

Verdrängung von H am Übergangszustand der Rk. beteiligt, da nach Röntgenstrahldaten bedeutende Abweichungen von der Linearität der drei Gruppen X, Y u. Z, die bei H-Bindungen bevorzugt ist, unter geeigneten Bedingungen auftreten. Bei einer freien p_z-Elektronenbahn (die 3 Liganden sind im Übergangszustand in einer trigonalen sp^2-Bahn gebunden) verlaufen bimol. Substitutionen (am gesätt. C-Atom) unter Inversion. Für den Fall einer freien d-Bahn ($d_{x^2-y^2}$) sind in oktaedr. *Co-Komplexen* die 6 Gruppen durch d^2sp^3-Hybrid-Elektronenbahnen gebunden. Hier tritt nach BROWN u. Mitarbeitern (C. **1954.** 1899) eine stereochem. Veränderung infolge der „Eckenverdrängungs-Rk." ein. Mit einer freien d_{z^2}-Elektronenbahn in d^2sp^3-Hybriden werden 5 vollständig gebundene Liganden im Übergangszustand kaum gestört u. verbleiben in Form einer tetragonalen Pyramide. Eine Verdrängungs-Rk. sollte hier ohne ster. Änderungen verlaufen. So zeigte INGOLD, daß bimol. Verdrängungen bei trans-[Co en_2 ZY] nur 75% cis-[Co en_2 XZ] ergeben. Für den Angriff von OH^- auf *trans-[Co en₂ (NH₃)Cl]²⁺* wird jedoch als Ursache für die Beibehaltung der Konfiguration von PEARSON (unveröffentlicht) angenommen, daß die Rk. über die konjugierte Base trans-[Co $en_2(NH_2)\cdot Cl]^+$ verläuft, welche durch unimol. Rk. hauptsächlich ohne Konfigurationsänderung weiterreagiert. Entsprechend untersucht werden noch die ähnlichen Fälle der Rkk. von *trans-[Pt (NH₃)₂ Py₂]²⁺* mit Cl^- (Py = Pyridin) u. *[Pt(NH₃)·Cl₃]⁻* mit NH_3. (Chem. and Ind. **1955.** 422—24. 16/4. Woolwich Polytechn., Dep. of Chem.) B. GNAUCK. 225

Klaus Clusius und **Ernst Effenberger,** *Reaktionen mit ¹⁵N.* 20. Mitt. *Mechanismus der Azidbildung aus Natriumamid und Distickoxyd.* (19. vgl. C. **1956.** 8034.) Vff. setzten $Na^{15}NH_2$ bzw. $Na_{14}NH_2$ mit N_2O (aus NH_4NO_3, $^{15}NH_4NO_3$, $NH_4{}^{15}NO_3$, $NH_2SO_3H + H^{15}NO_3$ bzw. $(NH_2OH)_2H_2SO_4 + Na^{15}NO_2$) zu *Na-Azid* um, u. untersuchten bei dieser sowie der daneben ablaufenden Rk. $H_2O + NaNH_2 \rightarrow NaOH + NH_3$ bandenspektroskop. den ^{15}N-Geh. der Produkte. Die letzte Rk. liefert NH_3, dessen N ausschließlich aus $NaNH_2$ stammt, d. h. es findet hierbei also kein Isotopenaustausch statt. Bei der Azidbldg. wurde festgestellt, daß kein N durch störende Neben-Rkk. verbraucht wird u. daß das N-Atom des $NaNH_2$ endständig in das Azid eintritt. Die N-Atome des N_2O werden dagegen durch die zwei nebenst. Reaktionswege im Azid eingebaut, wobei A zu 20% u. B zu 80% beschritten werden. Vff. schließen, daß ein Isotopengleichgewicht $[N^{15}NN]^- \rightleftharpoons [^{15}NNN]^-$ nicht existiert, vielmehr erfolgt die

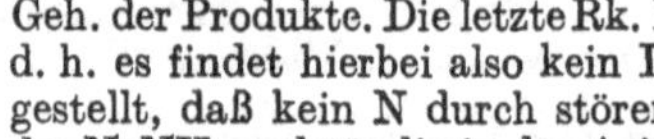

ster. begründete Verteilung der N-Atome auf die Wege A u. B bei der Bldg. des Azids. Bei der Rk. von N_2O mit $NaNH_2$ entsteht auch etwas N_2, der seiner isotop. Zus. nach teils aus N_2O, teils auch aus schon gebildetem Azid entstammt. Ferner wurde festgestellt, daß bei der Rk. von n. Amidosulfonsäure mit $H^{15}NO_3$ nur ($O^{15}NN$) entsteht. Dagegen liefert $(NH_2OH)_2H_2SO_4$ mit $Na^{15}NO_2$ die isotopisomeren ($N^{15}NO$) u. (^{15}NNO) in etwa gleicher Menge. Dies wird auf die intermediäre Bldg. von $NH_2OH \cdot H^{15}NO_2$ zurückgeführt, das in $HON = {}^{15}NOH$ übergeht. Letzteres ergibt die beiden isotopisomeren Distickoxyde, was die symm. Struktur der untersalpetrigen Säure indirekt beweist; vermutlich laufen aber auch dabei Neben-Rkk ab. — Beschrieben wird die (quantitative) Gewinnung von $^{15}NH_3$ aus markierten NH_4-Salzen sowie eine App. zur Darst. von $NaNH_2$ u. anschließendem Umsatz mit N_2O. (Helv. chim. Acta **38.** 1834—43. 1/12. 1955. Zürich, Univ., physikal.-chem. Inst.) B. GNAUCK. 225

Klaus Clusius und **Ernst Effenberger,** *Reaktionen mit* ^{15}N. 21. Mitt. *Die Einwirkung von Nitrit auf Stickstoffwasserstoffsäure.* (20. vgl. vorst. Ref.) Vff. untersuchten durch bandenspektroskop. Isotopenanalyse die Rk. zwischen $Na^{15}NO_2$ u. NaN_3 sowie $NaNO_2$ u. $K^{15}NN^{15}N$ im sauren Gebiet, die nach nebenst. Schema abläuft. Zur Unters. der isotopen Konst. des N_2O wurde dieses mit $NaNH_2$ umgesetzt u. das entstandene NaN_3 wie l.c. analysiert. Es wurde gefunden, daß das N-Atom c der HNO_2 im N_2O als Atom 2 auftritt, offenbar wird die N—O-Bindung im N_2O von der HNO_2 übernommen. Eines der N-Atome a des Azidions tritt als Atom 1 ins N_2O ein, für N_2 ergibt sich dann die Zus. aus den N-Atomen a u. b von HN_3. Wahrscheinlich spielt die Dissoziation der HNO_2 nach $ONOH \rightarrow OH^- + NO^+$ u. die Bldg. eines unbeständigen Nitrosylazids $N_3 \cdot NO$ nach $\underset{a\,b\,a}{NNN^-} + \underset{c}{NO^+} \rightleftharpoons \underset{a\,b\,a\,c}{NNNNO} \rightarrow \underset{a\,b}{NN} + \underset{a\,c}{NNO}$ bei der glatt verlaufenden Rk. eine Rolle. (Helv. chim. Acta. **38.** 1843—47. 1/12. 1955.) B. GNAUCK. 225

$$\underset{a\,b\,a}{HNNN} + \underset{c}{HNO_2} = \underset{1\,2}{NNO} + NN + H_2O$$

G. F. Hüttig, *Die Beziehungen zwischen Adsorptionswärmen, Oberflächenspannungen und Reaktionswärmen bei dem Reaktionstypus A starr + B gasförmig ⇌ AB starr.* (Vgl. C. **1955.** 39.) Bezeichnet man die gesamte Energietönung eines Vorganges $A_{starr} + B_{gasförmig} \rightarrow AB_{starr}$ mit E_1, die Energie der Chemoadsorption von B an AB mit E_2, die der Oberflächenspannung entsprechende, auf 1 Mol sich beziehende Oberflächenarbeit bei der Phase A mit E_3 u. bei der Phase AB mit E_4, so besteht die Beziehung $E_1 + E_3 - E_2 - E_4 = 0$. Der isotherme Abbau nach der GIBBSschen Funktion kann nur stattfinden, wenn E_3 vergleichsweise sehr groß (unendlich) ist, derjenige nach der LANGMUIRschen Funktion, wenn E_3 sehr klein (Null) ist. (Mh. Chem. **85.** 1276—80. 1954. Graz, Techn. Hochschule, Inst. für anorgan. u. physikal. Chem.) M. SCHENK. 225

Robert R. Jennings und **Carl Niemann,** *Die Auswertung der kinetischen Konstanten von Enzym-katalysierten Reaktionen mittels integrierter Geschwindigkeitsgleichungen.* Vff. besprechen die bisher bekannten Rechenmethoden, die eine besondere Abschätzung der Anfangsgeschwindigkeiten erfordern, u. geben 3 weitere graph. Methoden, welche diese Schwierigkeit umgehen u. für Rkk. anwendbar sind, die nach dem Schema: $E_f + S_f \rightleftharpoons ES \rightarrow E_f + P_{1f} + P_{2f}$; $E_f + P_{1f} \rightleftharpoons EP_1$; $E_f + P_{2f} \rightleftharpoons EP_2$ . . . , ablaufen, aber auch auf kompliziertere Systeme ausgedehnt werden können. (J. Amer. chem. Soc. **77.** 5432—33. 20/10. 1955. Pasadena, Calif., California Inst. of Technol., Gates and Crellin Labor. of Chem.) B. GNAUCK. 225

E. Abel, *Über das System Wasserstoffsuperoxyd, Jod, Jodion.* (Kurze Mitt.) Vf. nimmt für das Syst. H_2O_2, Jod, Jodion an, daß es Radikal-Rkk. sind, die sich zu den beiden Brutto-Rkk. $H_2O_2 + J_2 \rightarrow O_2$; $H_2O_2 + J^- \rightarrow J_2$ zusammensetzen. Hierauf baut Vf. seine Berechnungen auf u. gibt eine Reaktionsbeziehung an. (Mh. Chem. **86.** 534—36. 1955. London.) E. HAHN. 225

M. Santappa, *Verunreinigungen in gewissen photochemischen Systemen, die Radikale in wässeriger Lösung enthalten.* Es wird der Einfl. organ. Verunreinigungen auf das photochem. Syst. $Fe^{3+}X^- - M$ ($X^- = OH^-$, Cl^-, N_3^-; M = Vinylmonomere) untersucht. Bestrahlt man das Syst. $Fe^{3+}X^- - M$ in wss. Lsg. (300—400 mμ), so tritt als photochem. Primär-Rk. unter Red. des Kations u. Oxydation des Anions zum Radikal Elektronenübergang ein; in Sekundär-Rk. erfolgt die durch die Radikale initiierte Polymerisation des Vinylmonomeren. Für $X^- = OH^-$ u. Cl^- beträgt die Quantenausbeute für die Bldg. von Fe^{2+} 0,05 bzw. 0,13 unabhängig von [M], auch in Abwesenheit von M. Bei $X^- = N_3^-$ steigt die Quantenausbeute linear mit [M] bis zu einem maximalen Wert von 0,5 für sehr große [M]. Die Geschwindigkeit der Bldg. von Fe^{2+} hängt von der Anwesenheit von Verunreinigungen ab. Im Fall von $X^- = OH^-$ bzw. Cl^- reagieren organ. Verunreinigen mit OH- bzw. Cl-Radikalen u. verhindern damit die Rück- (Dunkel-) Rk.: $Fe^{2+}X \rightarrow Fe^{3+}X^-$ bzw. $Fe^{2+} + X \rightarrow Fe^{3+} + X^-$. Die Stabilität von N_3^- gegen Verunreinigungen beruht auf Resonanzstabilisierung. Für die Rk. der OH- bzw. Cl-Radikale mit organ. Verunreinigungen sieht Vf. 3 Möglichkeiten (RH_2 = Verunreinigung): 1. $RH_2 + OH^- \rightarrow RH + HOH$; $RH + Fe^{2+} \rightarrow RH^- + Fe^{3+}$ oder: $RH + OH \rightarrow R + HOH$;

2. $RH_2 + OH^- \rightarrow RH + HOH$; $RH + O_2 \rightarrow RHO_2 + RO_2$; $RO_2 + RH_2 \rightarrow RHO_2 + RH$; $RHO_2 \rightarrow RO_2$; $RO_2 + RH \rightarrow$ nichtradikal. Prodd.; 3. $RH + Fe^{3+} \rightarrow RH^+ + Fe^{2+}$; $RH + Fe^{3+}OH^- \rightarrow HROH + Fe^{2+}$. (Current Sci. **23.** 145—47. Mai 1954. Madras, Univ., Dep. of Phys. Chem.) M. SCHENK. 226

Robert H. Schuler und **Augustine O. Allen,** *Ausbeute des Eisen(II)-sulfat-Strahlungsdosimeters: Eine verbesserte Kathodenstrahlenbestimmung.* Vff. haben die absol. Ausbeute G der $FeSO_4$-Oxydation durch 2 MeV Kathodenstrahlen mit verbesserter Technik neu bestimmt u. zu 15,45 ± 0,11 gefunden. G ist unabhängig von der Strahlungsintensität. Es werden die notwendigen Korrekturen krit. überprüft u. die Energieabsorption in den Fenstern experimentell bestimmt. Ein verbessertes Verf. zur Best. der Energie der Strahlen wird beschrieben. (J. chem. Physics **24.** 56—59. Jan. 1956. Upton, Long Island, N. Y., Brookhaven Nat. Labor., Chem. Dep.) MAX SCHMIDT. 226

Jan Wojtczak, *Photochemische Eigenschaften von Kupferverbindungen in Gelatine.* Es wurde das photochem. Verh. verschied. Cu-Verbb. durch potentiometr. Messung der p_H-Änderung ihrer Aufschlämmungen bzw. Lsgg. in W. oder Gelatine bei Belichtung untersucht. Es ergab sich, daß CuCl (I) u. CuBr (II) am stärksten lichtempfindlich sind. Wss. Gelatinelsgg. mit **I** u. **II** zers. sich auch ohne Belichtung unter Abscheidung von Cu u. Oxyhalogeniden mit einer Farbänderung von farblos nach grünviolett. Gelatineemulsionen mit **I** u. **II** verändern deutlich ihre Farbe im UV- u. Sonnenlicht, bei **I** tritt dabei sichtbare Cu-Abscheidung auf. Sonnenlicht wirkt schneller ein als UV. Geringe Mengen *$FeSO_4$* oder $FeSO_4$ + *$MgCl_2$* verstärken den Effekt, $MgCl_2$ zeigt nur schwache, *$FeCl_3$*, *$AlCl_3$*, *$SbCl_2$*, *$BaCl_2$* keine katalyt. Wirkung. Auf photograph. Platten mit **I** u. **II** mit Zusatz von $FeSO_4 + MgCl_2$ können schon nach 3 Min. Belichtung scharfe Bilder erhalten werden, diese verschwinden aber nach 8—10 Std. durch Austrocknen der Emulsionen u. Oxydation durch Luft-O_2. (Poznańskie Towarzystwo Przyjaciół Nauk, Wydział mat.-przyrodniczy, Prace Komisji mat.-przyrodniczej **7.** Nr. 2. 1—16. 1954.) F. URBAN. 226

R. von Konow, *Katalytische Autoxydationen.* An Hand von Komplexen wie $(Fe(CN)_6)^{4-}$ (inaktiv), $(Fe(CN)_5H_2O)^{3-}$ (aktiv), $(Co(NH_3)_5Cl)^{2+}$ (inaktiv), $(Co(NH_3)H_2O)^{3+}$ (aktiv) als Beispiele für Autoxydationskatalysatoren erklärt Vf. die Konstanz der Ladung des Zentralatoms beim katalyt. Prozeß, die p_H-Abhängigkeit der katalyt. Aktivität u. die intermediäre Bldg. von H_2O_2 durch die Ausbldg. von Wasserstoffbrücken zwischen dem Komplex u. O_2. Das Zentralatom des Komplexes wirkt durch seine hohe Ladung polarisierend auf den O_2, was die Ausbildung von Wasserstoffbrücken erleichtert. Die Wanderung der Ladung erfolgt über diese Wasserstoffbrückenbindung von der reduzierenden Molekel zum Oxydans (Wanderung eines H-Atoms). (Finska Kemistsamfundets Medd. **63.** 42—47. 1954. Helsingfors, Tekniska läroverket.) G. HARTMANN. 227

A. H. Webster und **J. Halpern,** *Homogene katalytische Aktivierung von molekularem Wasserstoff in wässerigen Lösungen durch Silbersalze.* Es werden kinet. Unterss. über die Red. von $Cr_2O_7^{2-}$ u. Ce^{4+} durch mol. H_2 in Ggw. von Ag-Salzen ($AgClO_4$, $AgNO_3$) in Abhängigkeit von der Temp. (30—70°), der Zeit u. dem H_2-Druck beschrieben u. diskutiert. Aus den Ergebnissen geht hervor, daß Ag-Salze mol. H_2 in wss. Lsg. homogen aktivieren. Die Reaktionskinetik entspricht in ClO_4^--Lsg. der Gleichung $-d[H_2]/dt = k[Ag^+]^2[H_2]^4$ ($k = 4{,}0 \cdot 10^8 \cdot \exp[-15800/RT]$ Liter$^2 \cdot$Mol$^{-2} \cdot$sec^{-1}). Es wird ein Reaktions-Mechanismus vorgeschlagen, für dessen geschwindigkeitsbestimmenden Schritt die Aktivierung von einem H_2-Mol. durch gleichzeitige Rk. mit 2 Ag^+-Ionen in trimol. Rk. angenommen wird. Die Ergebnisse werden mit denen aus früheren Unterss. über Aktivierung von H_2 durch Cu(II)- u. Hg(II)-Salze verglichen. Der Aktivierungsvorgang erfolgt vermutlich durch einen gleichzeitigen Übergang von 2 Elektronen des H_2-Mol. auf den Katalysator. (J. physic. Chem. **60.** 280—85. März 1956. Vancouver, Can., Univ. of British Columbia, Dep. of Mining and Metallurgy, Metal Chem. Labor.) H. HOFMANN. 227

G. J. Korinek und **J. Halpern,** *Die Kinetik der Reaktion von molekularem Wasserstoff mit Quecksilber(II)- und Quecksilber(I)-perchlorat in wässerigen Lösungen.* Es werden kinet. Unterss. über die Red. von Hg^{2+} u. Hg_2^{2+} durch mol. H_2 in wss. ClO_4^--Lsgg. in Abhängigkeit von der Temp. (64,4—99,5°), der Zeit u. dem H_2-Druck beschrieben u. diskutiert. Die Ergebnisse stehen mit einem Reaktionsmechanismus im Einklang, bei dem als 1. u. geschwindigkeitsbestimmender Schritt die Aktivierung von H_2 durch homogene Rk. mit Hg^{2+} bzw. Hg_2^{2+} anzusehen ist. Weitere Reaktionsstufen werden auf Grund thermodynam. Überlegungen abgeleitet. Die Gesamtreaktionsgeschwindigkeit wird für H_2 durch folgende Gleichung wiedergegeben: $(k_1[Hg^{2+}] + k_2[Hg_2^{2+}])[H_2]$, mit $k_1 = 4{,}2 \cdot 10^{10} \exp[-18100/RT]$, $k_2 = 1{,}2 \cdot 10^{11} \exp[-20400/RT)$ Liter·Mol^{-1}·sec^{-1}. Mögliche Reaktionsmechanismen des Aktivierungsprozesses werden diskutiert.

(J. physic. Chem. **60.** 285—89. März 1956. Vancouver, Can., Univ. of British Columbia, Dep. of Mining and Metallurgy, Metal Chem. Labor.) H. Hofmann. 227

R. M. Dell, F. S. Stone und **P. F. Tiley,** *Die Zersetzung von Distickstoffmonoxyd an Kupfer(I)-oxyd und anderen Oxydkatalysatoren.* Die Zers. von N_2O wurde an einer dünnen, auf Cu-Körnern aufgebrachten Cu_2O-Schicht untersucht. Die Verss. wurden sowohl in strömenden wie in stat. Systemen bei Drucken zwischen 0,15 mm u. 1 at u. Tempp. von 50—250° durchgeführt. Die Rk. ist etwas langsamer als eine Rk. 1. Ordnung, ihre scheinbare Aktivierungsenergie beträgt 20 kcal/Mol. Am Katalysator adsorbierter O_2 beschleunigt die Geschwindigkeit der Zers. auf das 10fache. Aus einem Vgl. verschied. Oxyde (CoO, NiO, Cu_2O, CuO, MgO, CeO_2, CaO, Al_2O_3, ZnO, CdO, Cr_2O_3, TiO_2, Fe_2O_3) ergibt sich, daß ihre katalyt. Wirksamkeit zusammenhängt mit ihren Halbleitereigg. (p- oder n-Typ). — Die Zers. von N_2O an Oxydkatalysatoren verläuft nach: 1. N_2O + e (aus dem Katalysator) $\rightarrow N_2 + O^-_{adsorb.}$ 2. $O^- + O^- \rightarrow O_2 + 2e$ (zum Katalysator) 3. $O^- + N_2O \rightarrow O_2 + N_2 + e$ (zum Katalysator). Im Fall des auf Cu aufgetragenen Cu_2O-Katalysators treten an Stelle der Rkk. 2. u. 3. die Rkk.: 4. $O^- + Cu \rightarrow O^{2-} + Cu^+$ u. 5. $O^- + N_2O \rightarrow N_2 + O_2{}^-_{adsorb.}$ ein. — Die Geschwindigkeit der Zers. von N_2O wird durch die Anwesenheit von CO nicht wesentlich beeinflußt, jedoch scheint bei niedrigen Tempp. am Katalysator adsorbiertes CO die Zers. von N_2O etwas zu beschleunigen infolge Bldg. anion. Leerstellen entsprechend der Rk.: $CO + 2O^{2-} \rightarrow CO_3{}^{2-} + 2e + \square(O^{2-})$. (Trans. Faraday Soc. **49.** 201—09. Febr. 1953. Bristol. Univ., Dep. of Physic. and Inorganic Chem.) M. Schenk. 227

Yves Trambouze, Tran Huu The, M. Perrin und **M. V. Mathieu,** *Über die durch differentielle thermische Analyse bei der Untersuchung der Verfahren zur Herstellung von Katalysatoren erzielten Einblicke.* Die differentielle therm. Analyse von festen Mineralien, die chem., Struktur- u. Texturumwandlungen erleiden, stellt bes. Probleme. Bei der Unters. von mehr oder weniger hydratisiertem u. krist. Al_2O_3 stellen sich gegenüber den Ergebnissen der klass. Methoden Abweichungen heraus. Um eine sinngemäße Anwendung der Meth. zu ermöglichen, müssen die aufgenommenen bzw. abgegebenen Wärmemengen in jedem Moment der therm. Behandlung ermittelt werden. Außerdem muß eine Beziehung zwischen den chem. bzw. strukturellen Umwandlungen u. den zugehörigen Wärmeeffekten hergeleitet werden. (J. Chim. physique Physico-Chim. biol. **51.** 425—29. Sept. 1954. Lyon, Fac. des Sci.) A. F. Bogenschütz. 227

A_8. Präparative anorganische Chemie. Komplexchemie. Metallorganische Verbindungen.

Jacques Bénard, *Die Ionenverbindungen mit wechselnder Zusammensetzung.* Vf. gibt einen zusammenfassenden Überblick über Ionenverbb. mit verschied. Zus. u. unterscheidet zwei Gruppen. Die erste umfaßt die *Hydride, Boride, Carbide* u. *Metallnitride,* die zweite die *Oxyde, Sulfide* u. *Halogenide.* Im einzelnen werden folgende Teilgebiete näher behandelt: 1. die hauptsächlichsten nichtstöchiometr. zusammengesetzten Ionenverbb.; 2. Best. des Umfanges der Änderungen der Zuss. (mikrochem. Prüfung, Identifikation der Nachbarphasen durch Röntgenstrahlen u. magnet. Eigg., Änderungen der Kristallparameter, der elektr. Leitfähigkeit u. der elektr. Eigg., heterogene chem. Gleichgewichte); 3. Ursachen der Abweichungen von der Stöchiometrie bei den anorgan. Ionenverbb. u. 4. Einfl. dieser Abweichungen auf die physikal. Eigenschaften. — 55 Literaturstellen. (Bull. Soc. chim. France, Mém. [5] **18.** 295—304. Mai/Juni. 1951.) H. Surawski. 228

Émile Briner und **Maurice Ricca,** *Darstellung von Ozon mittels dunkler elektrischer Entladung. Wesentliche Verbesserung der Energieausbeute durch Verbindung von Temperaturerniedrigung mit Steigerung der Wechselstromfrequenz.* Es wurden die Wirkungen steigender Wechselstromfrequenzen auf die Ozonausbeute untersucht. Bei Zimmertemp. konnte ein zunehmender Ozongewinn beim Übergang von 11 auf 50 Hz festgestellt werden, der bei höheren Frequenzen jedoch wieder stark zurückging, bes. auch bei höheren Temperaturen. Dagegen begünstigte das Arbeiten bei sehr tiefen Tempp. (fl. Sauerstoffbad) die Ozonausbeute wesentlich, da hier therm., elektr. u. photochem. Zersetzungserscheinungen weitgehend zurückgedrängt werden. Die besten Ergebnisse wurden bei gleichzeitiger Steigerung der Frequenz u. Senkung der Temp. erzielt: 300 g O_3 bei 1380 Hz u. —183° in der Kilowattstunde. (C. R. hebd. Séances Acad. Sci. **240.** 2470 bis 2472. 27/6. 1955.) S. Lanz. 239

Russell S. Drago und **Harry H. Sisler,** *Der Einfluß von Hydroxyd und Ammoniumionen auf die Reaktion von Chloramin mit wässerigem Ammoniak.* Bei der Rk. zwischen NH_2Cl u. NH_3 in wss. Lsg. zur Darst. von N_2H_4 mit Gelatine als Stabilisator dient OH^- zur Neutralisation der bei der Rk. entstehenden Säure ($N_2H_5{}^+$) entsprechend der

Gleichung: $NH_2Cl + NH_3 + OH^- \rightarrow N_2H_4 + Cl^- + H_2O$. Jeder wesentlich über das stöchiometr. Maß hinausgehende Überschuß an OH^- bewirkt ein Sinken der N_2H_4-Ausbeute, den Vff. auf einen Zerfall des NH_2Cl durch OH^- zurückführen, $3\,NH_2Cl + 3\,OH^- \rightarrow N_2 + NH_3 + 3\,H_2O + 3\,Cl^-$. Die Konz. an NH_2Cl ist für die Ausbeute an N_2H_4 viel wichtiger als die Konz. an NH_3. Bei steigender NH_2Cl-Zugabe sinkt die Ausbeute an N_2H_4 von dem Punkt ab sprungartig, an dem alles OH^- neutralisiert ist. Vff. nehmen an, daß an diesem Punkt der Metall–Gelatine-Komplex zusammenbricht u. die durch die Lauge eingeführten Verunreinigungen den Zerfall des N_2H_4 katalysieren. Ein geringer OH^--Überschuß ist deshalb immer erforderlich. Weiter wird gezeigt, daß NH_4^+ (NH_4Cl-Zugabe) die Ausbeute an N_2H_4 stark vermindert. 0,01 g Gelatine/100 ml genügen für die maximale N_2H_4-Ausbeute. Weiterer Zusatz hat keinen Einfluß. (J. Amer. chem. Soc. **77.** 3191–94. 20/6. 1955. Columbus, O., U. S. Dep. of the Interior, Bur. of Mines, Region III, Min. Thermodynam. Branch.) H. PLUSKAL. 243

Tivadar Kikindai und **Marthe Cassel,** *Über den positiven Charakter der Halogene.* Zum Beweis der Annahme, daß in Lsgg. von *J* u. *Br* in absol. A. J^+- u. Br^+-Ionen existieren, behandeln Vff. diese Lsgg. mit dem Kationenaustauscher Amberlite I. R. 100H u. zeigen, wie es die quantitativen Bestimmungen des Geh. an freiem J u. Br der Lsgg. beweisen, daß der Austauscher J^+- u. Br^+-Ionen zu binden vermag. Hierdurch ergibt sich also die Möglichkeit, durch Austausch dieser positiven Ionen in absol. wasserfreien Lsgg. Salze herzustellen, in denen J u. Br als Kationen fungieren. Als Beispiel beschreiben Vff. näher die Darst. von J_2SO_4, das von ihnen mit einer Ausbeute von 73% erhalten wurde. (C. R. hebd. Séances Acad. Sci. **232.** 1110–12. 12/3. 1951.) H. SURAWSKI. 249

Gizella T. Klivényi und **Béla Lakatos,** *Neue Elemente.* 1. Mitt. *Das 85. Element: Astatum.* Zusammenfassender Bericht über die Gewinnung u. Eigg. von Astatum auf Grund der Mitt. von SEGRÈ u. Mitarbeitern. (Magyar Kémiai Folyóirat [Ung. Z. Chem.] **60.** 136–41. Mai 1954.) J. PLANK. 250

Hans Autenrieth, *Die stabilen und metastabilen Gleichgewichte des reziproken Salzpaares $K_2Cl_2 + MgSO_4 \rightleftharpoons K_2SO_4 + MgCl_2$ ohne und mit NaCl als Bodenkörper, sowie ihre Anwendung in der Praxis.* Für das NaCl-freie u. für das NaCl-gesätt. Syst. werden mit Hilfe zahlreicher Gleichgewichtsbestimmungen im stabilen u. metastabilen Gebiet Isothermen abgeleitet. Die polytherme Behandlung der Systeme wird aufgezeigt. Die niedrigste Bildungstemp. des *Kainits* wird neu festgelegt. Neue Möglichkeiten, das gesamte Gebiet rechner. u. graph. zu erfassen, werden diskutiert. (Kali u. Steinsalz **1954.** Nr. 7. 3–22. Nov. Hannover.) H.-G. MOSLÉ. 282

Frank W. Dickson und **George Tunell,** *Die Sättigungskurven von Zinnober und Metacinnabarit im System HgS–Na_2S–H_2O bei 25°.* Vff. sättigten Na_2S-Lsgg. verschied. Konz. mit rotem oder schwarzem HgS durch 10 Tage bis mehrere Wochen langes Rotieren bei 25,00 ± 0,03° u. analysierten die Lösungen. Die Ergebnisse sind in einem Dreieckdiagramm zusammengefaßt. Opt. Unterss. zeigten, daß die Umwandlung des schwarzen HgS in Zinnober nur sehr langsam vonstatten geht; bei 6% Na_2S nach 10 Std. Einw. $<$ 0,1%. (Science [Washington] **119.** 467–68. 9/4. 1954. Los Angeles, Calif., Univ. of California, Inst. of Geophys., Dep. of Geol.) H. PLUSKAL. 290

Charles Eyraud und **Roland Goton,** *Kinetische Untersuchung der thermischen Dissoziation von Aluminiumoxydhydrat.* Adsorption, Selbstinhibierung u. Diffusion können die isotherme chem. Bldg. einer festen Phase aus einem Festkörper unter Abgabe einer flüchtigen Substanz verzögern u. sogar hemmen. Die Thermogravimetrie ist die bequemste Technik zur Verfolgung der Festkörper-Rkk. in Abhängigkeit von der Zeit. Sie ist aber nur dann als kinet. Meth. geeignet, wenn die registrierte Geschwindigkeit die des nicht inhibierten chem. Prozesses ist, bei dem eine feste Phase unter Verflüchtigung eines Zersetzungsprod. unter der Bedingung entsteht, daß dessen Diffusion nicht der Prozeß mit der zu bestimmenden Geschwindigkeit wird. Es ist daher notwendig, im Vakuum zu arbeiten. Die Unters. der Zers. von *Hydrargillit-* u. *Böhmit*-Kristallen hat die Natur u. Bedeutung der kinet. Störungen (Selbstinhibierung, Diffusion des H_2O-Dampfes durch ein inertes Gas) aufgezeigt, wenn unter anderen Bedingungen als im Vakuum gearbeitet wird. (J. Chim. physique Physico-Chim. biol. **51.** 430–33. Sept. 1954. Lyon, Fac. des Sci., Labor. de Chim. Ind.) A.-F. BOGENSCHÜTZ. 294

Pierre Bévillard, *Über eine neue Klasse von Reaktionen des Indiums.* Analog zu Al versuchte Vf. Komplexe der Homologen Ga u. In mit o-Dioxyverbb. (Brenzcatechin) zu erhalten. Es gelang, von den Säuren $Me(o\text{-}C_6H_4O_2)_3H_3$, Me = Ga, In, (Al), die Salze mit *Pyridin* u. *Piperidin* zu isolieren, ebenso das *Fe(II)-Phenanthrolin*, $In(C_6H_4O_2)_3HFe \cdot (C_{12}H_8N_2)_3$. Mit *Pyrogallol* konnte nur das Ammoniumsalz isoliert werden. Die Komplexbldg. ist von einer Farbänderung begleitet. Bei In gelang es, die Existenz von Komplexen mit *Hystazarin* u. *Alizarinsulfonat* in ammoniakal. Lsg. zu beweisen: $In(C_{14}H_5O_4SO_3Na)_3^{3-}$ u. $In(C_{14}H_6O_4)_3^{3-}$. Die analyt. Bedeutung beschränkt sich auf die o-Oxyderivv. des Anthrachinons; diese geben in wss. Lsg. mit Borsäure u. In eine tief purpurrote Färbung ($InOH^{2+}$?). *Anthrachinondisulfonate* geben ähnliche Reaktionen. Außerdem kann man mit *Dinitrohystazarin* In u. Ga neben Al fällen. (C. R. hebd. Séances Acad. Sci. **240.** 1776—78. 2/5. 1955.) R. VOIGT. 296

Cecil E. Vanderzee, *Die Stabilitätskonstanten der Zinn(II)-bromidkomplexe zwischen 0 und 45° aus Messungen der elektromotorischen Kraft.* Es wurden die Gleichgewichtskonstanten der Komplexe $SnBr^+$, $SnBr_2$, $SnBr_3^-$ u. Sn(OH)Br bei 0, 25, 35 u. 45° u. 9 verschied. Bromidkonzz. von 0,02—0,5 Äquivalent/Liter bestimmt u. folgende Werte erhalten: Für $SnBr^+$: 4,30; 5,38; 5,75; 6,16, für $SnBr_2$: 8,9; 13,9; 15,6; 18,6, für $SnBr_3^-$: 15,4; 22,1; 24,1; 28,6 u. für Sn(OH)Br: 4,6, 5,0; 4,8; 4,8. Für Sn(OH)Br konnten die Werte nicht mit zufriedenstellender Genauigkeit bestimmt werden, da die Konz. für eine genaue Messung zu klein war. Ein Vgl. der Ergebnisse mit den entsprechenden Konstanten der Chloridkomplexe zeigt einen geringeren Wert aller Bromidkomplexe. Der Grund dafür liegt in der viel geringeren Bildungsentropie, so daß die an sich weniger endothermen Bildungswärmen der Bromidkomplexe keinen stabilisierenden Einfl. ausüben können. (J. Amer. chem. Soc. **74.** 4806—08. 5/10. 1952. Lincoln, Univ. of Nebraska, Avery Labor. of Chem.) G. MAIER. 327

Georg Andersson, *Röntgenuntersuchungen an Vanadinoxyden.* Durch Erhitzen abgewogener Mengen V u. V_2O_5 — in einigen Fällen auch V_2O_3 — im Vakuum auf Tempp. zwischen 650—1000° stellte Vf. Oxyde der folgenden Zuss. her: *VO*; *$VO_{1,50}$*; *$VO_{1,67}$*; *$VO_{1,75}$*; *$VO_{1,80}$*; *$VO_{1,84}$*; *$VO_{1,86}$*; *$VO_{1,87}$*; *$VO_{2,00}$*; *$VO_{2,17}$* u. *$VO_{2,50}$*. VO hat NaCl-Struktur u. einen sehr großen Homogenitätsbereich; die Würfelkantenlänge nimmt mit steigendem O-Geh. zu. $VO_{1,50}$ besitzt Korundstruktur mit a = 5,647 Å; α = 53,74°; der Homogenitätsbereich ist nicht ausgedehnt. Einkristallaufnahmen der Phase $VO_{1,67}$ ergaben monokline Symmetrie mit a = 9,991 Å; b = 5,033 Å; c = 9,845 Å; β = 138,83°. Mit D. 4,55 ist Z = 11,6 $VO_{1,67}$ oder 4 V_3O_5; wahrscheinlichste Raumgruppen C 2 c oder C c. Zwischen $VO_{1,75}$ u. VO_2 bestehen ausgeprochene strukturelle Beziehungen. Die Homogenitätsbereiche der Phasen $VO_{1,75}$, $VO_{1,80}$ u. $VO_{1,84}$ sind sehr schmal, doch deuten zusätzliche Pulverinterferenzen bei $VO_{1,87}$ darauf hin, daß diese Phase eine variable Zus. besitzt oder daß noch eine andere Phase vorhanden ist. VO_2 ist monoklin mit a = 5,346 Å; b = 4,518 Å; c = 5,739 Å; β = 122,18°; der Homogenitätsbereich der Phase ist sehr schmal. Für $VO_{2,17}$ wurde von AEBI (vgl. C. **1948.** II. 692) die Kristallstruktur bestimmt u. die Formel *V_6O_{13}* nachgewiesen. Die Verb. bildet sich bei 650° u. zers. sich bei 700° in VO_2 u. V_2O_5. Die Elementarzelle von $VO_{2,50}$ steht in Übereinstimmung mit Beobachtungen von anderer Seite. (Res. Corresp., Suppl. zu: Research **6.** Nr. 8. 45 S—46 S. Aug. 1953. Uppsala, Univ., Inst. of Chem.) C. GOTTFRIED. 330

Georg Andersson, *Untersuchungen an Vanadinoxyden.* 1. Mitt. *Phasenanalyse.* Ausführliche Wiedergabe der vorst. referierten Arbeit. (Acta chem. scand. **8.** 1599—1606. 1954.) C. GOTTFRIED. 330

Edward L. King und **John A. Neptune,** *Die Wechselwirkung zwischen Chrom (III) und Chrom(VI) in saurer Lösung.* Vff. untersuchten die Absorption von $Cr(ClO_4)_3$- u. $Na_2Cr_2O_7$-Lsgg. bei Ggw. von $HClO_4$ u. teilweise $NaClO_4$-Lsgg. einzeln u. gemischt mit dem BECKMAN-Spektrophotometer Model-DU bei 290 mμ u. 700 mμ in 5—10 cm-Küvetten bei 25°. Die mol. Konzz. der einzelnen Stoffe betrugen: [H^+] 0,02—0,005, [Cr^{3+}] 0,21 bis 0,03, [$HCrO_4^-$] 0,0098—0,47·10^{-4}. Die Absorption in den Mischungen erwies sich größer als der Summe der Einzelkonzz. entspricht. Diese Zunahme wird einem Komplex $CrCrO_4^+$ bzw. $CrCrO_4H^{2+}$ zugeschrieben, der mit Cr^{3+} u. $HCrO_4^-$ im Gleichgewicht steht, das von der [H^+] abhängig ist ($\Delta A/[Cr^{3+}][HCrO_4^-] = \alpha/[H^+] + \beta$). Die Konz. des erzeugten Komplexes stieg proportional mit der [Cr^{3+}]. Der Komplex bildet sich sehr schnell, ist aber nicht bes. stabil. Auf Grund von Unterss. mit Dowex-1-Anionenaustauschern nehmen Vff. einen inneren Komplex mit einer O-Brücke ($Cr^{III}—O—Cr^{VI}$) an. (J. Amer. chem. Soc. **77.** 3186—89. 20/6. 1955. Wisconsin, Univ., Dep. of Chem.) H. PLUSKAL. 335

H. A. C. McKay, *Die physikalische Chemie von Uranylnitrat-Lösungen unter besonderer Berücksichtigung der Lösungsmittelextraktion.* Zusammenfassender Überblick über die physikal.-chem. Eigg. von Uranylnitratlsgg. u. bes. über die theoret. Grundlagen u. der sich daraus ergebenden prakt. Verwendbarkeit der Lösungsmittelextraktion der Lösungen. — 22 Literaturangaben. (Chem. and Ind. **1954.** 1549—53. 18/12. Harwell, Berks., Atomic Energy Res. Establish.) W. NIEMITZ. 339

György Bor und **Béla Mohai,** *Darstellung von Kobaltnitrosylcarbonyl nach dem Dithionitverfahren.* Zur Darst. von *Kobaltnitrosylcarbonyl* (I) beschreiben Vff. eine einfache u. schnelle Meth. bei Raumtemp. ohne Überdruck. Bei stetem CO-Strom wird zur Kobaltnitratlsg. überschüssiges Ammoniak u. Natriumdithionit getropft. Nach ½–2 Std. ist die Bldg. von Carbonylokobaltat beendet u. es wird NO eingeleitet. Bald erscheinen die grünlich braunen Dämpfe von I, welche getrocknet in einer Kältemischung von –70° verdichtet werden. Co-Geh. von I, bestimmt nach Zers. mit Br_2 31,8 bzw. 34,8%. Mol.-Gew. 175, F. 1,5°, $D._{20}$ 1,476. Die Ausbeute betrug maximal 50%, daher wird angenommen, daß neben I ein unbekannter Co-Komplex entsteht, welcher nicht isoliert werden konnte. (Magyar tudományos Akad., Kémiai Tudományok Osztályának Közleményei [Ung. Akad. Wiss., Ber. Abt. chem. Wiss.] **6.** 387–94. 1955. Veszprém., Techn. Univ.) J. PLANK. 355

László Markó, *Die Herstellung von Kobaltcarbonylhydrid und Dikobaltoctacarbonyl.* Vf. gab in einen Schüttelautoklaven von 600 ml Fassungsraum 125 g Kobaltacetat, 200 ml Pyridin u. füllte mit einem Gasgemisch aus 3 CO + 1 H_2 auf 100 atü. Dann wurde auf 180° erhitzt u. sobald der Druck auf 100 atü sank, wurde wieder auf 170 atü Gas nachgefüllt. Als keine Druckabnahme mehr erfolgte, war die Rk. beendet u. ca. 350 g dunkelrotes, nach Pyridin riechendes *Kobaltcarbonylat* (I) konnte entnommen werden. Zur Herst. von *Kobaltcarbonylhydrid* (II) wurde I im CO-Strom zu 30%ig. H_2SO_4 getropft u. II in der Vorlage bei –70° gesammelt. In der langsam anwärmenden Kältemischung zers. II u. es verbleibt Dikobaltoctacarbonyl in gelben Kristallen. Ausbeute auf Co berechnet 80%. $CoCl_2$ oder $CoSO_4$ kann auch verwendet werden, doch ist so die Rk. bedeutend langsamer. (Magyar Kémiai Folyóirat [Ung. Z. Chem.] **61.** 339–41. Nov. 1955. Veszprém, Ung. Erdöl- u. Erdgas-Versuchsinst.) J. PLANK. 355

Richard G. Yalman, *Die Darstellung von Jodopentamminkobalt(III)-salzen aus Kobalt(II).* Vf. erzeugte die Halogenide u. das Nitrat des $[Co(NH_3)_5J]^{2+}$ durch Oxydation eines Co(II)-Salzes mit J bei Ggw. von J^-. Für je 40 ml Lsg. wurden für das Nitrat verwendet: 3,2 g J, 20 g NH_4NO_3, 7,4 g $Co(NO_3)_2 \cdot 6\,H_2O$, für das Chlorid: 3,7 g J, 25 g NH_4Cl, 7 g $CoCl_2 \cdot 6\,H_2O$, für das Bromid: 2,9 g J, 20 g NH_4Br, 5,5 g $CoCl_2 \cdot 6\,H_2O$, für das Jodid: 2,4 g J, 30 g NH_4J, 4,6 g $CoCl_2 \cdot 6\,H_2O$. Alle Lsgg. enthielten noch 0,5 g NH_4J u. wurden unter Rühren mit 10 ml konz. NH_3 versetzt u. noch 20–30 Min. gerührt. Der Nd. wurde dann durch Dekantieren 2mal mit 100 ml kaltem W. u. einmal mit 100 ml A. gewaschen, filtriert, nochmals mit A. u. Ae. gewaschen u. an der Luft getrocknet. Zur Darst. des Sulfats u. Perchlorats wurden für das Sulfat 7,5 g u. für das Perchlorat 9,5 g des Chlorides mit je 10 ml konz. H_2SO_4 bzw. $HClO_4$ bei langsamer Säurezugabe u. unter Eiskühlung verrieben. Nach weiteren 10 Min. Verrühren wurde mit eisgekühltem A. filtriert u. mit Ae. u. Luft getrocknet. Die Ausbeute betrug 93–96%. Das Perchlorat kann umkrist. werden. Man löst bei 40–45° in 250 ml W. u. läßt in ein gleiches Vol. eisgekühlte $HClO_4$ tropfen. Nach einigen Std. wird filtriert u. wie oben getrocknet (Ausbeute 85%). Die Farbe des Nitrats ist apfelgrün, die des Jodids dunkelbraun u. die der anderen Salze dunkelgrün. (J. Amer. chem. Soc. **77.** 3219–20. 20/6. 1955. Yellow Springs, O., Antioch Coll., Chem. Dep.) H. PLUSKAL. 355

• **H. C. Clark** und **A. L. Odell**, *Die Eigenschaften einiger Nickel-Komplexe in Lösung.* Aus Messungen der magnet. Susceptibilität, der UV-Absorption u. aus isotop. Austausch-Rkk. mit ^{14}C an Ni-Chelatverbb. mit *Salicylaldehyd*-Derivv. in verschied. Lösungsmitteln wie Pyridin, A., Dioxan, Chlf., Bzl., Toluol u. Xylol ergibt sich, daß die ersten 3 Lösungsmittel anscheinend die komplexen Moll. solvatisieren unter Bldg. von vorzugsweise oktaedr. Moll. mit 2 Moll. Lösungsm. pro Atom Ni, während die anderen Lösungsmittel Gleichgewichte zwischen planaren diamagnet. u. tetraedr. paramagnet. Formen zu bilden scheinen. (Chem. and Ind. **1954.** 1510–11. 4/12. New Zealand, Auckland, Univ. Coll., Dep. of Chem.) W. NIEMITZ. 356

Henry Gilman, Reuben G. Jones und **L. A. Woods**, *Die Darstellung von Methylkupfer und einige Beobachtungen zur Zersetzung organischer Kupferverbindungen.* 71. Mitt. *Über relative Reaktivitäten von Organometallverbindungen.* (70. vgl. C. **1952.** 2159.) Die Rkk. von Cu(II)-Salzen (Chlorid, Jodid, Thiocyanat) mit erst äquimol. Mengen, dann mit einem Überschuß von CH_3Li, $(CH_3)_2Mg$ u. Methyl-Mg-Halogenid lieferten Cu(I)-Halogenid, dann festes, gelbes *Methylkupfer* (I), $[CuCH_3]$, das anscheinend mit sich selbst in komplexer Bindung steht: $2\,CH_3Li + 2\,CuCl_2 \rightarrow C_2H_6 + Cu_2Cl_2 + 2\,LiCl$; $2\,CH_3Li + Cu_2Cl_2 \rightarrow 2\,[CH_3Cu] + 2\,LiCl$. An der Luft zers. sich I explosiv zu metall. Cu u. *Äthan* (II), ist unter N_2 bei 0° stabil u. reagiert mit Benzoylchlorid wie erwartet zu *Acetophenon.* — *Äthylkupfer*, aus Äthyl-MgBr u. Cu_2J_2 war sehr viel weniger stabil als I. Nach $2\,C_2H_5MgBr + CuCl_2 \rightarrow Cu + C_2H_6 + C_2H_4 + 2\,MgBrCl$ (1); $2\,Cu + 2\,C_2H_5Br \rightarrow 2\,[C_2H_5CuBr] \rightarrow C_2H_6 + C_2H_4 + Cu_2Br_2$ (2); $Cu_2Br_2 + 2\,C_2H_5MgBr \rightarrow 2\,MgBr_2 + 2\,[C_2H_5Cu] \rightarrow C_2H_6 + C_2H_4 + 2\,Cu$ (3) katalysieren metall. Cu u. Cu-Salze Rkk. zwischen Alkylhalogenid u. Alkyl-Mg-Halogenid. Brombenzol reagiert mit C_2H_5MgBr in Ggw.

katalyt. Mengen $CuCl_2$ zu **II** u. *Äthylen* (**III**), nicht zu Diphenyl. Ebenso liefert CH_3J mit Cu bei CH_3Li-Zusatz in heftiger Rk. **II** u. *Methan* (**IV**). Phenylkupfer ergibt mit Benzalacetophenon durch 1.4-Addition *β-Phenyl-γ-benzoyl-γ-benzhydrylbutyrophenon.*

Versuche: *Methylkupfer* (**I**), a) aus 0,03 bzw. 0,015 Mol Dimethylmagnesium mit 0,050 bzw. 0,025 Mol Cu_2J_2 in Ae. bei -15^0, beim Erhitzen der Lsg. Zers. zu 0,0137 bzw. 0,0034 Mol Äthan (**II**) u. 0,057 bzw. 0,017 Mol Methan (**IV**), b) aus 0,028 Mol CH_3Li u. 3,04 g (0,025 Mol) Kupferthiocyanat in Ae., bei Raumtemp. Zers. zu 0,011 Mol **II** u. 0,03 Mol **IV**, Rückstand metall. Cu, dieses liefert mit 7,75 g (0,054 Mol) CH_3J u. 0,054 Mol CH_3Li 0,052 Mol **II** u. 0,005 Mol **IV**. Mit 2 Äquivalenten CH_3Li (0,050 Mol) u. 4,77 (0,025 Mol) Cu_2J_2 resultierte eine klare, farblose Lsg., die mit MICHLERs Keton einen starken Farbtest zeigte (vgl. GILMAN u. YALE, l. c.). Aus einem Gemisch von 0,070 Mol C_2H_5MgBr u. 7,63 g (0,07 Mol) C_2H_5Br in Ae. mit 0,675 g (0,005 Mol) $CuCl_2$ wurden 0,059 Mol **II** u. 0,0589 Mol Äthylen (**III**) entwickelt [Gleichung (2) u. (3)], aus 15,7 g (0,144 Mol) C_2H_5Br in Ae. entstanden mit 1 g Mg–Cu-Legierung (12,75% Cu) 0,0312 Mol **II** u. 0,0262 Mol **III**, nach (2) u. (3) 87% **II** u. 73% **III**, Zusatz von 0,072 Mol C_2H_5MgBr lieferte schließlich 0,0770 (97,3%) **I** u. 0,0665 (92,3%) **III**. Je 0,055 Mol $(CH_3)_2Mg$ u. CH_3J reagierten mit 0,50 (0,0026 Mol) Cu_2J_2 in Ae. prim. zu **I**, nach 16std. Kochen am Rückfluß wurden 0,0265 Mol **II** u. 0,0057 Mol **IV** erhalten. 11,0 g (0,070 Mol) Brombenzol u. 0,089 Mol C_2H_5MgBr in Ae. ergaben mit 1,2 g (0,0089 Mol) $CuCl_2$ bzw. 1,13 g $FeCl_3$ 0,0336 bzw. 0,0420 Mol **II** u. 0,0533 bzw. 0,0520 Mol **III**. — *β-Phenyl-γ-benzoyl-γ-benzhydrylbutyrophenon*, F. 178,5—180°, aus 0,055 Mol C_6H_5Li, 9,5 g (0,05 Mol) Cu_2J_2 u. 20,7 g Benzalacetophenon in Ae. mit anschließender Hydrolyse. (J. org. Chemistry **17**. 1630—34. Dez. 1952. Ames, Io., Iowa State Coll., Chem. Labor.) G. BANKWITZ. 358

André Chrétien und **Bernard Woringer**, *Über das Silbercyanamid, Darstellung, Pyrolyse.* Es werden die Bedingungen untersucht, die es gestatten, Silbercyanamid, Ag_2CN_2 (**I**), mit guter Ausbeute u. großer Reinheit durch Fällung mit Cyanamid (**II**), H_2CN_2, darzustellen. Da **II** in wss. Lsgg. nur in Nähe des Neutralpunktes beständig ist, wurde bei 0° u. p_H 6 mittels HNO_3 vorsichtig aus gewöhnlichem $CaCN_2$ **II** in Freiheit gesetzt. Zu der so erhaltenen ca. 10%ig. Lsg. von **II** wird daraufhin anteilsweise ammoniakal. $AgNO_3$-Lsg. zugegeben u. das gebildete **I** durch Auflösen in verd. HNO_3 u. Wiederausfällung mit verd. NH_3 gereinigt, gewaschen u. bei 130° rasch getrocknet. **I** ist eine gelbweiße Verb., hat einen Geh. von 99,5% u. ist in KCN nach der Rk. $Ag_2CN_2 + 4\,KCN \rightarrow 2\,K[Ag(CN)_2] + K_2CN_2$ löslich. Die Unters. der Pyrolyse von **I** im Vakuum erfolgt durch Messung des sich bei der jeweiligen Temp. einstellenden Druckes u. zeigt, daß die Pyrolyse ab 310° über die Zwischenbldg. von Silberdicyanamid, AgC_2N_3, das bis 600° beständig ist, verläuft. Die Zers. wird bei 750° beendet. Der Rückstand besteht aus Ag, frei von Cyan u. N_2. Sobald aber die Temperaturerhöhung zu schnell erfolgt, ist die Pyrolyse explosiv. (C. R. hebd. Séances Acad. Sci. **232**. 1114—16. 12/3. 1951.) H. SURAWSKI. 359

A₉. Mineralogische und geologische Chemie.

Franz Raaz und **Ernst Purtscher**, *Spaltlampenmikroskopie — eine neue Methode der morphologischen Kristalluntersuchung.* Es wird eine neue Meth. beschrieben, die Spaltlampe, die bisher nur von Ophthalmologen verwendet wurde, in die minerlog. Mikroskopie einzuführen. Sie beruht auf dem Prinzip der seitlichen fokalen Beleuchtung u. bietet für die Unters. von Kristallen neue Möglichkeiten. (Neues Jb. Mineralog., Mh. **1955**. 127—32. Juni. Wien.) J.-E. HILLER. 372

R. W. Teiss, *Die Methode der Isotopenpaläothermometrie.* Die Meth. der Isotopenthermometrie beruht auf der Verteilung von ^{18}O zwischen W. u. dem zu untersuchenden Mineral bzw. Fossil. Sie erlaubt die annähernde Best. der Temp. der Ablagerung. Vf. gibt eine Übersicht über die Arbeiten auf diesem Gebiet u. ihre Ergebnisse. — 31 Literaturhinweise. (Успехи Химии [Fortschr. Chem.] **24**. 163—80. 1955. Moskau.) R. K. MÜLLER. 378

T. A. Rafter, *Aufbereitung von Kohlenstoff für Altersbestimmungen mit* ^{14}C. Mit Hilfe von Radioaktivitätsmessungen läßt sich das geolog. Alter von C bestimmen. Voraussetzung ist, daß die aufbereiteten C-Proben weniger als 1% Asche enthalten, einen konstanten C-Geh. besitzen u. außer ^{14}C keine radioakt. Bestandteile enthalten. Es wird die zur Aufbereitung des C entwickelte App. u. die Arbeitsweise beschrieben. (New Zealand J. Sci. Technol., Sect. B **35**. 64—89. Juli 1953.) H. SCHÖBERL. 378

P. M. Jeffery, W. Compston, D. Greenhalgh und **J. de Laeter**, *Über die* ^{13}C*-Häufigkeit in Kalken und Kohlen.* Von 100 Kalk- u. Kohlenproben Australiens wurde das C-Isotopenverhältnis bestimmt. Der Zusammenhang zwischen seinen Schwankungen u. Prozessen der Sedimentation u. der Diagenese wird diskutiert. Bei den Kalken ist die

Variation der Isotopenzus. nicht auf die Verhältnisse bei der Ablagerung zurückzuführen, u. bei den Kohlen scheiden wahrscheinlich Unterschiede, die bereits in den Pflanzen begründet sind, aus. Die Variationen werden vielmehr auf Veränderungen in der Isotopenzus. der Hydrosphäre u. Atmosphäre in verschied. geolog. Zeiten zurückgeführt. (Geochim. cosmochim. Acta [London] **7.** 255—86. Juni 1955. Nedlands, Western Australia, Univ., Dep. of Phys.) J.-E. HILLER. 378

Sture Landergren, *Eine Bemerkung über das $^{12}C/^{13}C$-Verhältnis in metamorphem Alumtonschiefer.* Das $^{12}C/^{13}C$-Verhältnis wurde an Tonschiefern aus verschied. skandinav. Vorkk. bestimmt, die thermometamorph beeinflußt waren. Es zeigt sich, daß das Verhältnis hierbei nicht verändert wurde. (Geochim. cosmochim. Acta [London] **7.** 240—41. Juni 1955. Stockholm, Geol. Surv.) J.-E. HILLER. 378

Richard G. Bader, *Kohlenstoff- und Stickstoffbeziehungen an der Oberfläche und in Oberflächennähe mariner Sedimente.* Es wird der C- u. N-Geh. mariner Sedimente unter Berücksichtigung der Entstehungsgeschichte u. der Ablagerungsbedingungen untersucht. Allg. Beziehungen können nicht aufgestellt werden, da die Verhältnisse von Ort zu Ort verschieden sind. Vom gleichen Probenort sind die Verhältnisse zwischen C- u. N-Geh. an der Oberfläche u. in oberflächennahen Schichten verschieden. An der Oberfläche sind sie abhängig von der Menge u. der Ablagerung des organ. Materials; in oberflächennahen Schichten dagegen ist die Ablagerung der prim. Faktor. Die anaerobe Umgebung der oberflächennahen Schichten kann sowohl ein Ansteigen als auch Abfallen des C–N-Verhältnisses mit wachsender Tiefe bewirken. (Geochim. cosmochim. Acta [London] **7.** 205—11. Juni 1955. Washington, Univ., Dep. of Oceanography.) J.-E. HILLER. 378

A. E. Ringwood, *Die leitenden Prinzipien im Verhalten der Spurenelemente während der magmatischen Kristallisation.* 2. Mitt. *Die Rolle der Komplexbildung.* (1. vgl. C. **1956.** 4371.) 4- u. höherwertige Ionen, manchmal auch 3wertige, bilden mit O u. OH Komplexe im Magma. Die Eigg. solcher Komplexe werden untersucht, da sie für das Verh. dieser Ionen wichtiger sind als die Einzelionen. Meist werden die Komplexe nicht in das Silicatgitter eingebaut u. reichern sich deshalb im Restmagma an. So kann z. B. im Pegmatit ihre Konz. so groß werden, daß sie eigene Minerale bilden. Besondere Bedeutung für das Verh. dieser Spurenelemente haben die leicht flüchtigen Bestandteile, vor allem OH^-- u. F^--Ionen. Nur bei ihrer Anwesenheit kommt es zu einer Anreicherung, da sie die Löslichkeit der akzessor. Minerale erhöhen u. damit eine frühzeitige Kristallisation der selteneren Elemente verhindern. Ni^{2+}, V^{3+}, Cr^{3+} u. Sc^{3+} sind im allg. in frühen Kristallisationsprodd. des Magmas angereichert. Nur bei hohem Anteil leicht flüchtiger Stoffe bilden diese Ionen Komplexe u. werden dann im Restmagma angereichert. (Geochim. cosmochim. Acta [London] **7.** 242—54. Juni 1955. Melbourne, Univ., Dep. of Geol.) J.-E. HILLER. 378

Irving A. Breger und **James M. Schopf,** *Germanium und Uran aus verkohltem Holz von oberdevonischem Kohlenschiefer.* Bei mkr. Unterss. von schwarzem, glasigem, C-haltigem Material aus dem Chattanooga-Tonschiefer in Tennessee u. im Ohio-Tonschiefer erwies sich dieses als verkohltes Holz. Die spektrograph. Analysen ergaben hohen Anteil von Ge, U, V u. Ni. Die Beziehungen zwischen dem U- u. Ge-Anteil in der Asche u. dem Aschenanteil der verschied. Proben zeigten einen Zusammenhang zwischen diesen Elementen u. den organ. Bestandteilen der Kohle. Es erscheint sehr wahrscheinlich, daß das Holz oder das verkohlte Holz Ge-haltig war, als es in die Becken eingeschwemmt wurde. Innerhalb der marinen Umgebung wurde dann U adsorbiert u. bildete organ. U-Verbindungen. (Geochim. cosmochim. Actas [London] **7.** 287—93. Juni 1955. Washington, D. C., US Geol. Surv.) J.-E. HILLER. 378

George P. Black, *Die Bedeutung von Tridymit in der magmatischen und metamorphen Gesteinsentstehung.* Auf Grund des physikochem. Zustandsdiagrammes wird das Stabilitätsfeld von Tridymit festgelegt. Die Existenz von Tridymit in einem Gestein weist nicht nur auf hohe Tempp., sondern auch auf relativ geringe Drucke bei der Bldg. hin. Er ist daher ein geeigneter Druckindicator, der mit anderen Mineralen zusammen eine genaue Druck- u. Temperaturbest. gestattet. Die Ergebnisse werden auf die tert. Komplexe von Rhum, Skye u. Ardnamurchan, Schottland, angewandt. (Mineralog. Mag. J. mineralog. Soc. **30.** 518—24. Dez. 1954. Edinburgh, Univ., Grant Inst. of Geol.) J.-E. HILLER. 378

K. A. Wlassow, *Genesis der granitischen Pegmatite mit seltenen Metallen.* Auf Grund einer Analyse sowjet. u. nichtsowjet. Theorien (HESS, SCHALLER, SAWARITZKI, FERSMAN) kommt Vf. zu der Schlußfolgerung, daß die Verdampfung der Salze der seltenen Elemente u. ihre Fortbewegung im flüchtigen Zustand, bes. in Wasserdampf u. Gasstrom, von großer Bedeutung für die Bldg. der Pegmatite u. für die Konz. der seltenen Elemente in ihnen sind. Diese Erscheinungen können das Auftreten der Mineralien mit einem Geh. an seltenen Elementen in Nestern u. in den oberen Teilen der Pegmatitkörper sowie die Abscheidung von *Spodumen*, *Beryll* u. ähnlichen Mineralien vor den gesteinsbildenden Mineralien (Mikroklin u. Quarz) erklären. Die Granitpegmatite sind ein Teil der Granitintrusion. (Известия Академии Наук СССР, Серия Геологическая [Nachr. Akad. Wiss. UdSSR, geol. Ser.] **1955.** Nr. 5. 54—71. Sept./Okt.) O. LEBTAG. 378

W. A. Newski, *Einige Probleme der Genesis der Quecksilber-, Antimon- und Antimon–Quecksilber-Lagerstätten des südlichen Ferghana.* Auf Grund einer krit. Sichtung des Literaturmaterials ist zu schließen, daß in Südferghana neben den Hg-, Sb- u. Sb/Hg-Lagerstätten ein polymetall. Gürtel sowie ein Gürtel der Mineralisation der Seltenen Erden auftritt. Die Mineralisation dieser Zonen hängt mit einer einheitlichen Zone der Magmabldg., jedoch mit verschied. Magmaherden zusammen. — 9 Literaturangaben. (Известия Академии Наук СССР, Серия Геологическая [Nachr. Akad. Wiss. UdSSR, geol. Ser.] **1955.** Nr. 5. 72—82. Sept./Okt.) O. LEBTAG. 378

M. L. Lindberg und **W. T. Pecora,** Avelinoit, *ein neues wasserhaltiges Natrium–Eisen–Phosphat-Mineral aus Minas-Gerais, Brasilien.* Avelinoit kommt in dem Granitpegmatit der Sapucaia-Grube vor. Chem. Zus.: Na_2O, 4,70; K_2O, 0,63; MnO, 0,99; CaO, 0,10; Fe_2O_3, 47,87; Al_2O_3, 1,36; P_2O_5, 29,06; H_2O, 14,45; unlösl. 1,04; Summe 100,20%. Formel: $NaFe_3^{III}(PO_4)_2(OH)_4 2\,H_2O$. Raumgruppe $P\,4_1$. In der Zelle (a = 7,32; c = 19,4 Å) befinden sich 4 Formeleinheiten. D. ist 3,08. Opt. Eigg.: einachsig negativ, $\omega = 1{,}803$; $\varepsilon = 1{,}769$. Avelinoit hat die gleiche Struktur wie *Wardit* (vgl. HURLBUT JR., C. **1953.** 4830) u. ist ein neues Beispiel für die Substitution von Fe^{3+} für Al. (Science [Washington] **120.** 1074—75. 24/12. 1954. Washington, D. C., U. S. Geol. Survey.) W. BAUR. 380

Julian R. Goldsmith, Donald L. Graf und **Oiva I. Joensuu,** *Das Vorkommen von Magnesiumcalciten in der Natur.* Mit Spektralanalyse u. DEBYE-SCHERRER-Diagrammen wird der Einfl. der Mg-Substitution in Calciten untersucht. Der Mg-Geh. natürlicher Calcite hängt vom CO_2-Druck u. der Temp. ab. Sedimentäre u. bei niedriger Temp. gebildete Calcite haben einen sehr geringen Mg-Geh. außer bei metastabilem Material. Bedeutendere Gehh. zeigen metamorphe Carbonate, bei denen der Calcit gewöhnlich mit *Dolomit* vergesellschaftet ist. An Gesteinen der Granulitfacies u. im Predazzit wurden bis zu 9 Mol-% beobachtet, was einer Gleichgewichtstemp. von ca. 600° entspricht. Dolomiteinschlüsse in einzelnen Calcitkörnern metamorpher Carbonate werden als Entmischungstexturen gedeutet. Auch bei hoher Temp. gebildete Calcite können einen niedrigen Mg-Geh. haben, wenn bei der Abkühlung Entmischung eintrat, der CO_2-Druck nicht hoch genug war, postmetamorphe rückläufige Prozesse eingetreten sind oder das Ausgangsmaterial arm an Mg war. (Geochim. cosmochim. Acta [London] **7.** 212—30. Juni 1955. Chicago, Ill., Univ., Dep. of Geol.) J.-E. HILLER. 380

Je. K. Frolowa, *Magnesit in Sedimenten des unteren Perm im Kuibyschew- und Saratow-Gebiet.* In der Verteilung des *Magnesits* (**I**) in den Sedimenten des unteren Perms des untersuchten Gebietes sind deutlich 4 Perioden erkennbar. Am Anfang jeder Periode ist der **I**-Geh. maximal, am Periodenende ist er sehr gering oder gleich Null. Der Geh. an $CaSO_4$ ist gegen Ende der Periode stark erhöht. In den Gesteinen, welche eine Chloridsedimentation aufweisen, tritt **I** als gesteinsbildendes Mineral auf. **I** ist mit Anhydrit u. Dolomit assoziiert. Dort, wo eine Chloridsedimentation stattfindet, ist **I** von Mineralien der Halititgruppe begleitet. Das $MgCO_3$ wurde im Anfangsstadium der Entstehung aus konz. Sulfat- u. Sulfat/Chloridlsgg. als Nesquehonit ausgeschieden, der während der Diagenese unter Bldg. neutraler Carbonate umgewandelt wurde. $MgCO_3$ ist in der Regel als die pelitomorphe Varietät von **I** vertreten, seltener durch gut ausgebildete prismat. Kristalle von Nesquehonit u. Hydromagnesit. (Известия Академии Наук СССР, Серия Геологическая [Nachr. Akad. Wiss. UdSSR, geol. Ser.] **1955.** Nr. 5. 89—96. Sept./Okt.) O. LEBTAG. 380

R. L. Langenheim jr., *Magnetit in Redbeds und benachbarten Gesteinen.* Durch Auszählen des Magnetitgeh. an Dünnschliffen von roten u. nichtroten Gesteinen von der Maroon-Formation u. der Gothic-Formation kommt Vf. zu der Ansicht, daß andere Einfll. als die chem. Reduktion für die Bldg. der nichtroten Gesteine verantwortlich sind. (Bull. Amer. Assoc. Petroleum Geologists **39.** 1404—05. Juli 1955. Berkeley, Calif.) J.-E. HILLER. 380

Lillian E. Rogers, A. E. Martin und **K. Norrish,** *Das Vorkommen von Palygorskit in der Nähe von Ipswich, Queensland.* Aus einem Dolomitbruch am Mt. Flinders, Queensland, wird zum ersten Male Palygorskit in Australien beschrieben. Er kommt zusammen mit *Sepiolith* u. *Hornstein* vor. Analyse: SiO_2 59,09, TiO_2 0,99, Al_2O_3 6,84, Fe_2O_3 + FeO 4,21, MgO 14,12, H_2O^+ 14,18, H_2O^- 8,00%. Austauschkapazität 5,74. Zur Genese wird angenommen, daß nach Verwitterung von Basalt Ca, Mg u. Si in Seen als *Dolomit*, Sepiolith u. Hornstein abgesetzt wurden u. daß der Sepiolith durch Al-Zufuhr in Palygorskit umgewandelt wurde. (Mineralog. Mag. J. mineralog. Soc. **30.** 534—40. Dez. 1954. Adelaide, Südaustralien, u. Brisbane, Queensland, Commonwealth Sci. and Ind. Res. Organ.) J.-E. HILLER. 380

T. W. Bloxam, *Rodingit vom Girvan–Ballantrae-Komplex, Ayrshire.* Bei Byne Hill kommt ein veränderter u. granatisierter Gabbro vor in Verbindung mit Serpentinit. Der granatisierte Gabbro, der auch einen geringen *Prehnit*-Geh. enthält, hat geringen Kieselsäure- u. hohen Kalkgehalt. Es handelt sich um einen Rodingit. Analyse: SiO_2 38,04, TiO_2 0,82, Al_2O_3 15,07, Fe_2O_3 1,78, FeO 3,02, MnO 0,21, MgO 9,62, CaO 25,84, Na_2O 0,18, K_2O 0,04, H_2O^+ 4,19, H_2O^- 1,15, P_2O_5 0,24%. D. 3,24. Es wird angenommen, daß kalkreiche hydrothermale Lsgg. für die Veränderung des Gabbros verantwortlich sind. (Mineralog. Mag. J. mineralog. Soc. **30.** 525—28. Dez. 1954. Glasgow, Univ., Dep. of Geol.) J.-E. HILLER. 380

A. K. Temple, *Rammelsbergit vom Südschottischen Hochland.* Bei der Untersuchung der Erze der Lead hills-Wanlockhead Bleizinkgruben wurde neben *Rotnickelkies* Rammelsbergit gefunden. Es ist das erste bekannte Vork. von Rammelsbergit auf den brit. Inseln. Die Paragenese ist in der Reihenfolge der Entstehung: *Ankerit, Bleiglanz,* Rotnickelkies, Rammelsbergit u. *Quarz.* (Mineralog. Mag. J. mineralog. Soc. **30.** 541—43. Dez. 1954. Leeds, Univ., Dep. of Geol.) J.-E. HILLER. 380

P. Ramdohr und **Marg. Schmitt,** *Vier neue natürliche Kobaltselenide vom Steinbruch Trogtal bei Lautenthal im Harz.* (Vorl. Mitt.) In dünnen, ca. 1—3 cm starken Gangtrümchen mit *Dolomit* u. feinschuppigem *Eisenglanz* finden sich im Trogtal bei Lautenthal im Harz Selenmineralien. Weit überwiegt der *Clausthalit.* Der erhebliche Co-Geh. ist in 3, vielleicht 4 neuen Co–Se-Mineralien enthalten: *Trogtalit,* $CoSe_2$, kub., a = 5,87 Å; *Hastit,* $CoSe_2$, orthorhomb. mit Markasitgitter, a = 3,60, b = 4,84, c = 5,72 Å; *Bornhardtit,* Co_3Se_4, kub. mit Linneitgitter, a = ca. 10,2 Å. Die angegebene Folge entspricht sowohl der bisher beobachteten Mengenfolge als auch dem relativen Alter in einer offensichtlich recht tief temperierten Bildung. Ein 4. Mineral, CoSe, ist hier selten, scheint aber in analogen Vorkk. reichlicher zu sein. (Neues Jb. Mineralog., Mh. **1955.** 133—42. Juni. Heidelberg.) J.-E. HILLER. 380

W. F. Cole und **A. R. Carthew,** *Die mineralogische Zusammensetzung einiger tasmanischer Tone.* DEBYE-SCHERRER-Aufnahmen, DTA-Unters. u. chem. Analysen einiger kommerziell wichtiger Tone aus Tasmanien ergaben als Bestandteile *Kaolinit, Illit* u. *Quarz.* In einem Falle wurde eine Wechsellagerungstruktur von *Montmorillonit* u. dioktaedr. Illit nachgewiesen. (Pap. Proc. Roy. Soc. Tasmania **87.** 1—12. 1953.) WERNER BAUR. 380

G. E. A. Hale, *Die Tonlagerstätte bei Dover (Tasmanien).* Beschreibung, Unters. u. geolog. Diskussion der Ablagerungen. (Pap. Proc. Roy. Soc. Tasmania **87.** 17—30. 1953.) WERNER BAUR. 380

Adolf Helke, *Beobachtungen an türkischen Minerallagerstätten.* 1. Mitt. In der ausführlichen Arbeit werden bevorzugt die Chrom-, Mangan- u. Eisenerze u. die Borate behandelt. Sie verteilen sich auf magmat., metamorphe u. Kontaktlagerstätten. Bei letzteren werden auch *Molybdänit-* u. *Scheelit*-Vorkk. besprochen. (Neues Jb. Mineralog., Abh. **88.** 55—132. Mai 1955. Ankara.) J.-E. HILLER. 380

Helmut Schröcke, *Über Alkaligesteine und deren Lagerstätten.* Etwa 1% aller magmat. Gesteine sind *Alkaligesteine* (I). Die größte Lagerstätte ist bei Chibina, Halbinsel Kola. Nach Diskussion der bestehenden Theorien über Bldg. u. Ausgangsmagmen der I kommt Vf. zu dem Ergebnis, daß ein peridotit. Magma unter gabbroid-basalt. Magma Ausgangspunkt zur Bldg. des I war, das durch Druckgefälle, Mineralisatoren u. leicht flüchtige Bestandteile (CO_2 u. Cl- bzw. F-Verbb. von P, Ti, Zr u. Nb) eine Differentiation in die einzelnen Gesteine erfuhr. Es folgt eine Übersicht über die I-Lagerstätten: 1. Intramagmat. Lagerstätten (in Pyroxeniten, in bas. u. leukokraten Gesteinen, in Nephelinsyeniten, in Karbonatiten); 2. pegmatit.-pneumatolyt. Lagerstätten; 3. hydrothermale Lagerstätten. Bes. geht Vf. auf deutsche Lagerstätten (Kaiserstuhl, Laacher Seengebiet u. Oberwiesenthal, Erzgebirge) ein. — 63 Literaturangaben. (Neues Jb. Mineralog., Mh. **1955.** 169—89. Aug. Heidelberg.) G. MEINHARDT. 385

G. M. Brown, *Ein angenommener magmatischer Ursprung des gebänderten körnigen Hornfelses in dem Hypersthen-Gabbro von Ardnamurchan, Argyllshire.* Im Hypersthen-Gabbro von Ardnamurchan befinden sich Einschlüsse eines gebänderten Hornfelses, der bisher als metamorphes, sedimentäres Material angesehen wurde. Durch Vgl. der Analyse dieses Hornfelses mit Sedimentanalysen kommt Vf. zu dem Schluß, daß erhebliche Veränderungen im Chemismus stattgefunden haben müßten, um aus einem Sediment den Hornfels zu erzeugen. Eine sehr viel bessere Übereinstimmung ergibt sich zwischen der

Hornfelsanalyse u. der eines Olivingabbros von Cuillin Hills auf der Insel Skye. Vf. neigt infolgedessen dazu, dem Hornfels magmat. Bldg. zuzuweisen. (Mineralog. Mag. J. mineralog. Soc. **30.** 529—33. Dez. 1954. Oxford, Univ., Museum, Dep. of Geol. u. Mineral.) J.-E. HILLER. 385

Kurt v. Gehlen, Karl Sehlke und **Peter Wecht,** *Gesteine und Blei–Zink-führende Flußspatgänge zwischen Feldberg und Belchen im Hochschwarzwald.* 1. Mitt. *Petrographie.* Vff. berichten von der petrograph. Kartierung im Grenzbereich der prävarist., z. T. anatekt. überprägten Gneismasse des Mittelschwarzwaldes gegen den aus varist. Graniten aufgebauten Südschwarzwald. Das Konvergenzproblem der genet. Zusammenhänge u. Unterscheidungsmerkmale zwischen granitartigen Gesteinen anatekt. Prägung u. varist. Graniten wird erörtert. (Neues Jb. Mineralog., Abh. **88.** 1—14. Mai 1955. Freiburg/Br., Univ., Mineralog. Inst.) J.-E. HILLER. 385

Kurt v. Gehlen, *Gesteine und Blei–Zink-führende Flußspatgänge zwischen Feldberg und Belchen im Hochschwarzwald.* 2. Mitt. *Die Flußspatgänge von Wieden und ihre tektonische Stellung.* (1. vgl. vorst. Ref.) Die in prävarist. Gneisen u. in frühvarist. Randgranit aufsetzenden Flußspatgänge von Wieden werden untersucht. Die varist. Tektonik u. die Entstehung der Gangspalten werden behandelt. Die erzarmen Flußspatgänge gehören zur Gruppe der mesothermalen fluorbaryt. Bleiglanzgänge vom Schwarzwälder Typus. Ihre Paragenesen stimmen mit der im Untermünstertal überein, so daß ein gemeinsamer Erzbringer angenommen werden kann. Bes. wird der Antongang berücksichtigt. Die Arbeit besitzt einen gefügekundlichen Anhang von OTTO BRAITSCH, Göttingen. (Neues Jb. Mineralog., Abh. **88.** 15—54. Mai 1955. Freiburg/Br., Univ., Mineralog. Inst.) J.-E. HILLER. 385

Jaromír Koutek, *Zur Petrographie der Eisenerzlager im nicht metamorphosierten Devon des mährisch-schlesischen Gesenkes.* (Věstník Ústředního ústavu geologického **26.** 55—58. Jan. 1951.) K. STEINER. 385

Jean Scott, G. A. Collins und **G. W. Hodgson,** *Spurenmetalle in den Ölsanden von McMurray und anderen kreidigen Lagerstätten von Alberta.* (Trans. Canad. Inst. Mining Metallurgy Mining Soc. Nova Scotia **57.** 34—40. 1954. — C. **1955.** 2110.) H. SYDOW. 390

E. A. Osstroumow, *Manganverteilung in den Bodensedimenten des Ochotskischen Meeres.* (Vgl. C. **1956.** 6334.) Die Arbeit enthält ausführliche Angaben über die Mn-Verteilung im Ochotskischen Meer. Hierbei werden folgende Zonen unterschieden: unter 0,1%; 0,1—0,5%; 0,5—1,0%; 1,0—2,0%; mehr als 2,0% Mn. Aus der Mn-Verteilung ist zu schließen, daß die Hauptmasse des Mn mit den Prodd. der Vulkantätigkeit u. mit dem terrigenen Material dem Meer zugeführt wurde. Ein Teil des koll. Mn ist in den lehmhaltigen Sedimenten konzentriert. Ein anderer Teil ist in den Sand- u. Sand–Aleurit-Sedimenten bei Kamtschatka u. bei den Kurilleninseln angereichert. (Известия Академии Наук СССР, Серия Геологическая [Nachr. Akad. Wiss. UdSSR, geol. Ser.] **1955.** Nr. 5. 83—88. Sept./Okt.) O. LEBTAG. 393

Tadashiro Koyama und **Ken Sugawara,** *Trennung der Bestandteile von atmosphärischem Salz und ihre Verteilung.* (Fortsetzung.) Der Salzgeh. der Luft wurde nach der früher (Bull. chem. Soc. Japan **22.** [1949.] 47) beschriebenen Meth. auf der Insel Sugashima in verschied. Entfernung vom Meere u. in verschied. Höhenlagen bestimmt. Die Äquivalentverhältnisse von SO_4^{2-}/Cl^-, Na^+/Cl^-, Ca^{2+}/Cl^-, Mg^{2+}/Cl^-, Ca^{2+}/SO_4^{2-} u. CO_3^{2-}/Cl^- werden mitgeteilt. (Bull. chem. Soc. Japan **26.** 123—26. April 1953. Nagoya, Univ., Fac. of Sci., Chem. Inst. [Orig.: engl.]) H.-G. MOSLÉ. 396

Eville Gorham, *Über Säure- und Salzgehalt von Regen.* In dem English Lake Distrikt wurden zwischen dem 14/5. u. 23/10. 1954 42 Regenwasserproben gesammelt u. analysiert auf p_H, Na, K, Ca, Mg, HCO_3^-, Cl^-, SO_4^{2-}, NO_3^- u. PO_4^{3-}. NaCl war oftmals wichtiger Bestandteil u. stammte wie Mg aus versprühtem Seewasser. Der SO_4^{2-}-Geh. war deutlich mit Ruß verbunden. Ca, K u. SO_4^{2-} waren in gewissem Maße voneinander abhängig. Bei mehr als der Hälfte der Proben fehlte HCO_3^-. Der NO_3^-- u. PO_4^{3-}-Geh. war meist gering. Der Einfluß des versprühten Seewassers war im Herbst am größten, während industrielle Einfll. im Frühling vorherrschten. (Geochim. cosmochim. Acta [London] **7.** 231—39. Juni 1955. Ambleside, Westmorland, Ferry House, Freshwater Biol. Assoc.) J.-E. HILLER. 396

Hermann Harrassowitz, *Atombombenexplosionen und Regen-p_H.* Aufstellung einer Häufigkeitsverteilung von 500 p_H-Messungen von Regen, Tau u. Schnee. Die Häufigkeitskurve zeigt neben dem Hauptmaximum von 4,2—4,5 ein zweites kleineres bei 5,2, was mindestens auf zwei verschied. Säuren hindeutet. (Naturwissenschaften **43.** 11—12. Jan. 1956. Gießen, Justus Liebig-Hochschule.) GERHARD SCHMIDT. 396

B. Allgemeine und theoretische organische Chemie.

George Gorin und **Gregg Dougherty**, *Ultraviolettabsorptionsspektren von einigen Alkyldisulfiden und von Methyltrisulfid.* Untersucht wurden die UV-Spektren zwischen 220 u. 320 mμ in Ligroinlsg. von *Dimethyl-* (**I**; Kp. 107,2°; [n_D^{30}] 1,5208; [λ_{min}] 229 mμ, [λ_{max}] 255 mμ, [ε_{max}] 361), *-äthyl-* (Kp. 152°; 1,5021; 227, 250, 430), *-propyl-* (**II**; Kp.$_{10}$ 69—70°; 1,4940; 227, 251, 425), *-butyldisulfid* (Kp.$_{10}$ 100,5—101,5°; 1,4891; 227, 251,5, 422) u. *Dimethyltrisulfid* (**III**; Kp.$_{15}$ 58,4—59°; 1,5972). Die Spektren der Disulfide sind weitgehend ident., angegeben sind diejenigen von **II**, **III** sowie einer äquimol. Mischung von **I** mit S. Das Letzgenannte weicht stark von dem des **III** ab, welches aber dem des n-Hexadecyltrisulfides von Baer u. Carmack (C. **1950**. I. 2211) stark ähnelt. Beide Trisulfide scheinen also analog gebaut zu sein. (J. org. Chemistry **21**. 241—42. 17/2. 1956. Princeton, N. J., Princeton Univ., Frick Chem. Labor.) B. Gnauck. B 118

Boris Oksengorn, *Veränderung des Absorptionsspektrums von Benzoldampf im nahen Ultraviolett durch bis auf 1000 kg/cm² komprimierte Fremdgase.* Der Einfl. von *Ar* u. N_2 auf die Absorptionsbanden von Benzoldampf mit einem Partialdruck von 30 Torr äußert sich in dem Gebiet von 2300—2600 Å in einem Verschwinden der Feinstruktur, einer schwachen Verschiebung des gesamten Syst. nach dem Rot hin u. in einer schwachen Verbreiterung der Banden. Die beiden letzten Effekte sind linear vom Druck abhängig, wobei der Effekt für N_2 beträchtlich größer ist als der für Ar. Diskussion der Wrkg. zwischenmol. Kräfte. (C. R. hebd. Séances Acad. Sci. **240**. 2300—02. 13/6. 1955.) H.-J. Eichhoff. B 118

L. Reinebeck, *Ein Beispiel der Näherungsbestimmung des Strahlers, der für ein neues, durch organische Moleküle erzeugtes Spektrum verantwortlich ist.* Bei dem neuen Spektr. handelt es sich um ein im Sichtbaren zwischen 5000 u. 6500 Å gelegenes Emissionsspektr., welches zuerst bei *Bzl.* beobachtet u. Spektr. T genannt wurde. Es entsteht im Anfangsstadium der Entladung in einem Milieu, welches viel *He*-Moll. u. wenig Bzl. enthält, also mit großen Elektronengeschwindigkeiten in der positiven Säule der Entladung. Unter diesen Bedingungen wurden noch die bekannten Spektren von C_2, CH u. H_2 beobachtet. Bei Erweiterung der Unterss. auf einfache Benzolderivv. wurde dasselbe Spektr. unter denselben Bedingungen im Gemisch mit He bei einer größeren Anzahl von Substanzen beobachtet. Ersetzt man He durch *Ne* oder *Ar*, dann tritt das Spektr. T nicht mehr auf, da die Geschwindigkeit der Elektronen in der Entladung zu klein ist. Beobachtet wurde das Spektr. bei *Toluol, Benzonitril, Diphenyl, Diphenylmethan, Dibenzyl, Styrol, Stilben.* Nicht oder nur sehr schwach wurde das Spektr. bei *Chlorbenzol, Anilin* u. *Phenol* festgestellt. Dagegen trat es wieder bei *Naphthalin* u. *Pyridin*, nicht dagegen bei *Anthracen* auf. Das Spektr. T tritt auch bei nichtaromat. Substanzen, wie *Äthylen* u. *Butadien* auf, bei Verbb., die wenigstens eine C=C-Bindung besitzen. Die Unters. des *Phenylacetylens* war ausschlaggebend für die Best. des Strahlers; hier ist das Spektr. T sehr intensiv u. tritt auch bei Entladungen in Ne u. Ar auf. Vf. nahm an, daß der Strahler des Spektr. T eine Gruppe C_2H_x ist, wo x die Werte 1, 2 oder 3 annehmen kann. Zur genauen Best. des Wertes x wurden die Spektren von C_2D_2, C_2H_2 sowie eines Gemisches von C_2HD, C_2H_2 u. C_2D_2 untersucht. Unterss. an *Diacetylen* zeigten ein außerordentlich intensives Spektr. T, welches achtmal so intensiv war wie das des C_2H_2. Außerdem traten hier Spektren von C_2 u. CH nicht auf. Es wird daher angenommen, daß das Diacetylen als Strahler anzusehen ist. (J. Physique Radium **15**. 398—400. Mai 1954.) C. Gottfried. B 118

J. D. Idol jr., **C. W. Roberts** und **E. T. McBee**, *Die Ultraviolettspektren von chlorhaltigen Cyclopentenen und Cyclopentadienen.* Angegeben sind die UV-Spektren zwischen 200 u. 300 mμ in A. von *Cyclopenten* ([λ_{max}] 185 mμ), *1.2.3.3.5.5-Hexachlorcyclopenten* (F. 41—42° [PAe.]; 224) u. *Oktachlorcyclopenten* (F. 39—39,5° [PAe.]; 230) sowie in n-Hexan von *1.2.3.4.5.6.7.7-Oktachlorbicyclo-[2.2.1]-hepten-(2)* (F. 170—180° [Isomerengemisch, PAe.]; 212), *5-Brommethyl-1.2.3.4-tetrachlorbicyclo-[2.2.1]-hepten-(2)-on-(7)* (F. 108 bis 109° [PAe.]; 210), *1.2.3.3a.4.5.6.7.7a.8-Dekachlor-3a.4.7.7a-tetrahydro-4.7-methanoinden* (F. 215—216° [PAe.]; 223) u. *Perchlor-3a.4.7.7a-tetrahydro-4.7-methanoinden* (F. 221 bis 223° [PAe.]; 232), zwischen 225 u. 375 mμ in A. von *Cyclopentadien* (Kp. 41°; 235), *1.2.3.4-Tetrachlorcyclopentadien* (F. 60—61° [PAe.]; 276), *1.2.3.4.5-Pentachlorcyclopentadien* (Kp.$_4$ 81—83°, n_D^{20} 1,5613; 307), *Hexachlorcyclopentadien* (Kp.$_3$ 83—84°; n_D^{20} 1,5650; 322), *2.3.4.5.5-Pentachlorcyclopentadien* (312) u. *5.5-Dimethoxytetrachlorcyclopentadien* (Kp.$_{11}$ 110°; n_D^{20} 1,5284). Besprochen wird die Wrkg. von Halogensubstituenten in Vinyl- u. Allylstellung auf λ_{max} u. den maximalen Extinktionskoeff., die gefundenen λ_{max}-Werte werden z. T. den berechneten gegenübergestellt. (J. org. Chemistry **20**. 1743 bis 1749. Dez. 1955. West Lafayette, Ind., Purdue Univ., Purdue Res. Foundation u. Dep. of Chem.) B. Gnauck. B 118

Charles Dufraisse, Jean Lefrancq und **Pierre Barbieri,** *Untersuchung des Mechanismus der Rubrenreaktion. Das Bis-[p-dimethylaminophenyl]-phenyläthinylcarbinol, seine halochromen Eigenschaften: ein grüner Farbstoff mit Acetylengruppe. Bis-[p-dimethylaminophenyl]-phenyläthinylcarbinol* (I), das durch Kondensation von MICHLERs Keton u. Phenyläthinyl–MgBr (IV) erhältlich ist, wird selbst durch schwache Säuren [z. B. Essigsäure (VI)] in einen grünen Farbstoff umgewandelt, der auch beim Vers. zur Darst. des Chlorids von I entsteht. I ähnelt also sehr der Malachitgrünbase. Beim Vgl. der UV-Spektren (angegeben zwischen 250 u. 700 mμ in VI bzw. VI + H_2SO_4) der 1. u. 2. ionisierten Stufe von *Malachitgrün* (II) u. I zeigt sichebenfalls große Ähnlichkeit, doch wirkt der Phenyläthinylrest stärker bathochrom als der C_6H_5-Substituent in II; so sind die Lsgg. von II blaugrün, während die von I rein grün sind. Die Phenyläthinylgruppe tritt demnach stärker in Resonanz als C_6H_5. Das ist in Übereinstimmung mit dem geringen Farbunterschied zwischen *1.1-Bis-[p-dimethylaminophenyl]-propan* (III) u. *-methan*, die beide himmelblau gefärbt sind. Die Bldg. von III konnte bei der Darst. von I beobachtet werden, da IV aus Phenylacetylen u. C_2H_5MgBr gebildet wurde; bei Verss. der Isolierung jedoch erhielten Vff. infolge spontaner Wasserabspaltung *1.1-Bis-[p-dimethylaminophenyl]-propen-(1)* (V). V liefert entgegen den Angaben von LEMOULT (C. R. hebd. Séances Acad. Sci. **149.** [1949.] 606) schon durch Einw. von Säure ohne Oxydationsmittel einen blauen Farbstoff, der mit Alkali wieder V gibt. Dieses zeigt also die Eigg. eines MICHLER-Hydrols u. nicht die einer Leukobase. Im Gegensatz zu II ist I bes. gegen starke Säuren instabil u. wird entfärbt unter irreversibler Bldg. von *1.1-Bis-[p-dimethylaminophenyl]-3-phenylpropen-(1)-on-(3)* (VII), dessen C_6H_5COCH-Rest die halochromen Eigg. des Mol.-Restes unterdrückt. Am UV-Spektr. (angegeben zwischen 250 u. 500 mμ in Bzl. bzw. VI + 5% H_2SO_4) ist zu erkennen, daß schon geringe Mengen von H_2SO_4 hypsochrome Wrkg. haben u. die gelbe VI-Lsg. entfärben. Diese ist stärker gelb gefärbt als die Benzollsg. von VII, in konz. H_2SO_4 zeigt VII eine geringe Gelbfärbung. VII gibt jedoch nach Einw. von HBr in VI beim Verdünnen mit W. eine sehr vergängliche grüne Färbung, was wahrscheinlich auf Bldg. des VII-Enols zurückzuführen ist. VII zeigt starke Faseraffinität, seine sauren Lsgg. werden durch Seide in wenigen Sek. erschöpft. Verss., I in das entsprechende Tetraaminorubren umzuwandeln, scheiterten völlig. Hieraus schließen Vff., daß bei der Rubrensynth. aus Diphenyl-[phenyläthinyl]-methylchlorid das Cl-Atom nicht als Ion abgespalten wird, da dieser Vorgang bei I begünstigt sein müßte. Cl wird vermutlich als Radikal abgestoßen. — Die Färbeeigg. von I, II u. VII wurden gegenüber Wolle, Kunstseide, Acetylcellulose u. Seide untersucht.

Versuche: *Bis-[p-dimethylaminophenyl]-phenyläthinylcarbinol* (I), $C_{25}H_{26}ON_2$, F. 167—168° (A.), durch Zutropfen von ω-Bromstyrol zu Phenyl-Li in Ae., 5 Min. Kochen, Zugabe von MICHLERs Keton in absol. Bzl., 15 Min. Kochen; 95% (Ausbeute); *Pikrat des Farbstoffs*, $C_{31}H_{27}O_7N_5$, braune Nadeln, F. 209—211° (Dioxan); *Oxalat des Farbstoffs*, $C_{54}H_{52}O_8N_4 \cdot 6\,H_2O$, kleine braune Nadeln mit violettartigem Widerschein, kein definierter F.; *Bis-jodmethylat*, $C_{27}H_{32}ON_2J_2$, F. 220—221° (Zers. ab 170°; aus Methanol durch Zugabe von Ae.); *Methyläther*, $C_{26}H_{28}ON_2$, F. 155—156°, aus I durch Erhitzen mit Methanol u. HCl oder besser NaOH im Überschuß 1 Std. bei 90° im Autoklaven; nahe 100%. — *1.1-Bis-[p-dimethylaminophenyl]-propen-(1)* (V), $C_{19}H_{24}N_2$, fahlgelbe Kristalle, F. 100°, aus Äthyl-MgBr u. MICHLERs Keton. — *1.1-Bis-[p-dimethylaminophenyl]-3-phenylpropen-(1)-on-(3)* (VII), $C_{25}H_{26}ON_2$, gelbe Nadeln, F. 147—148° (A.), durch 10 Min. Kochen von I in der 5fachen Gewichtsmenge 10%ig. alkoh. H_2SO_4; 90%. (Recueil Trav. chim. Pays-Bas **69.** 380—90. März 1950. Paris, Coll. de France, Labor. de Chim. Organ.) B. GNAUCK. B 118

David Fox und **O. Schnepp,** *Excitonenbanden in kristallinem Benzol.* Es werden die Intensitäten der erlaubten Übergänge u. die Struktur der zwei niedrigsten Excitonenbanden von kristallinem Bzl. untersucht. Die Energiewerte u. Übergangspolarisationen der K=0-Excitonenzustände, entsprechend den B_{1u}- u. B_{2u}-Molekülzuständen sind angegeben. Es wird eine Trennung von Bandenniveaus mit erlaubten opt. Übergängen vom Kristallgrundzustand angegeben. (Physic. Rev. [2] **96.** 1196. 1/12. 1954. Haifa, Israel, Israel Inst. of Technol., Dep. of Phys. and Labor. of Phys. Chem.) D. HAHN. B 119

M. D. Tilitschejew, *Über einen sowjetischen Atlas der Ramanspektren von Kohlenwasserstoffen.* Abschließende Bemerkungen zu einer Diskussion über die Reinheit der im Atlas angeführten KW-stoffe. Dabei wird auf die Reinheitskriterien, wie Dichte u. Brechungsindex, die zu stellenden Forderungen u. die Schätzungen der Reinheit eingegangen. (Нефтяное Хозяйство [Petroleum-Wirtsch.] **33.** Nr. 1. 64—70. Jan. 1955.) M. WIEDEMANN. B 120

A. Vallance Jones, *Rotations-Schwingungsspektren von zweiatomigen und einfachen mehratomigen Molekülen bei langen Absorptionswegen.* 8. Mitt. *Die Spektren von Tri-*

deuteromethylacetylen und Diacetylen von 1,2—0,7 μ. Die Absorptionsspektren von CD_3—C≡CH u. CH≡C—C≡CH wurden unter hoher Auflösung im photograph. Infrarot bei langen Absorptionswegen von ca. 27 m-Atmosphären bestimmt. Für CD_3—C≡CH wurden die Banden $3\nu_1$ u. $4\nu_1$ aufgelöst u. analysiert u. ergaben $B_0(CD_3C_2H) = 0{,}2456_6 \pm 0{,}00020$ cm^{-1} u. daraus für das Trägheitsmoment für eine Achse senkrecht zur Symmetrieachse $I_B^{(0)} = 113{,}90_9 \cdot 10^{-40}$ g cm^2. Dieses Ergebnis zusammen mit der Arbeit von HERZBERG, PATAT u. VERLEGER (J. Phys. Chem. **41.** [1937.] 123) bestätigen, daß die C—C-Bindungslänge in diesem Mol. abnorm kurz ist, u. zwar $r_{c-c}(CD_3C_2H) = 1{,}467 \pm 0{,}003$ Å. Für Diacetylen wurden die Rotationsstrukturen von vier Parallelbanden analysiert u. $B_0 = 0{,}14641 \pm 0{,}00013$ cm^{-1} u. das Trägheitsmoment $I^{(0)} = 191{,}13 \cdot 10^{-40}$ g·cm^2 erhalten. Die Struktur der Banden zeigt, daß Diacetylen ein symm. lineares Mol. ist. Unter Einsetzen der Werte für die Bindungslängen von C—H u. C≡C wurde die Bindungslänge der C—C-Einfachbindung zu $r_{c-c}(C_4H_2) = 1{,}37_5 \pm 0{,}01$ Å berechnet. (J. chem. Physics **20.** 860—68. Mai 1952. Ottawa, Can., Nat. Res. Council, Div. of Phys.)
D. BRÜCK B 120

J. N. Baxter, J. Cymerman-Craig und **J. B. Willis,** *Die Infrarotspektren einiger Sulfonamide.* Vff. untersuchten die Infrarotspektren folgender Amine, unsubstituierter u. N-substituierter Sulfonamide (SA), u. diskutieren charakterist. Frequenzen für die SO_2·NRR'-Gruppe. *2-N-p-Diphenylylaminoäthanol* (**VIII**), *Mol.-Verb.* (**I**) aus *N-p-Diphenylyl-p-toluol-sulfonamid* u. *N-p-Diphenylyl-N-2'-oxyäthyl-p-toluolsulfonamid, N-p-Diphenylyl-äthylamin, N-p-Diphenylyl-N-äthyl-p-toluolsulfonamid, N-p-Diphenylyl-2-methoxyäthyl-amin, N-p-Diphenylyl-N-2'-methoxyäthyl-p-toluolsulfonamid, N-p-Diphenylyl-p-toluol-sulfonamid* (**VII**), *Benzolsulfonamid* (**II**), *p-Toluolsulfonamid, Benzolsulfonanilid, Sulfanil-amid* (**III**), *o-Sulfobenzoimid* (**IV**), *N-Benzolsulfonyl-p-phenetidin, N-Benzolsulfonyl-p-nitro-anilin, N-Methyl-p-acetamidobenzolsulfonanilid, N.N-Diäthyl-p-toluolsulfonamid, Methan-sulfonanilid, Methansulfonamid* (**V**), *N-Methylmethansulfonamid* (**VI**), *N-Äthyl-p-toluol-sulfonamid, N-p-Diphenylyl-N-2'-oxyäthyl-p-toluolsulfonamid, 2-Anilinoäthanol, N-Phe-nyl-N-[n-propyl]-aminoäthanol, Acetanilid, Diphenylamin.* Die Spektren wurden im Bereich von 400—4000 cm^{-1} in festem Zustand [in Nujol oder sublimierte Schicht] u. in den Bereichen 1100—1400 u. 27000—4000 cm^{-1} auch in Lsg. aufgenommen; die wichtigsten Banden sind angegeben. Die SA zeigen allg. 2 starke Banden im Gebiet von 1160 u. 1350 cm^{-1}, die als symm. u. antisymm. Schwingungen der S—O-Bindungen, entsprechend ν_1 u. ν_3 bei SO_2 anzusprechen sind. Beide Frequenzen, bes. ν_3, sind höher als bei Sulfonen, aber niedriger als bei Sulfonylchloriden im RAMAN-Spektrum. Bei Aufnahmen in CCl_4- oder CS_2-Lsg. liegt ν_3 kürzerwellig als in $CHCl_3$ oder in festem Zustand. Der Übergang von unsubstituierten SA zu mono- u. disubstituierten bewirkt eine schwache Erhöhung obiger Frequenzen. Da monosubstituierte SA in Lsg. stark assoziiert sind, liegen die Frequenzen disubstituierter SA um 20 cm^{-1} höher bei Aufnahme in CS_2 oder CCl_4 bzw. 10 cm^{-1} höher in $CHCl_3$ oder in festem Zustand. ν_1 von **V** liegt bei 1215 statt bei 1160 cm^{-1}; ν_1 von **IV** liegt infolge Ringspannung kurzwelliger. ν_1 u. ν_3 von **III** sind niedriger als von **II**, was auf

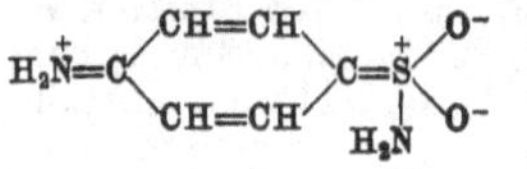

eine Beteiligung nebenst. Struktur zurückgeführt wird. — Die symm. Deformationsschwingung ν_2 von SO_2 (519 cm^{-1}) liegt bei den SA zwischen 520 u. 550 cm^{-1}. Eine starke Absorption nahe 1090 cm^{-1} ist wahrscheinlich auf die S–N-Valenzschwingung zurückzuführen. Die Zuordnung ist nicht ganz sicher; **V** zeigt zwischen 990 u. 1140 cm^{-1} keine Bande, andererseits absorbiert der monosubstituierte Benzolring in diesem Bereich. Absorption um 1583 cm^{-1} bei **V** u. unsubstituierten SA wird der Aminodeformationsschwingung zugeordnet. Die Absorption von **VI** bei 1626 cm^{-1} entspricht vermutlich der Iminodeformationsfrequenz. Allg. zeigen monosubstituierte SA keine Bande, die dieser Schwingung entsprechen könnte. Die N–H-Valenzschwingung im substituierten SA liegt bei 3360 u. 3455 cm^{-1} (CCl_4) bzw. 3265—3285 u. 3340—3365 cm^{-1} (fester Zustand), die von N-monosubstituierten SA bei 3390 cm^{-1} (CCl_4). Daneben weisen letztere eine in der Intensität konzentrationsabhängige Bande bei 3270 cm^{-1} auf, die assoziierten Moll. zugeschrieben wird, u. die im Gegensatz zu den Banden unscharf ist. Quantitative Messungen dieser beiden Banden geben zu der Annahme Anlaß, daß in CCl_4-Lsg. nur Ringdimere als Assoziate auftreten, in Chlf. dagegen auch Kettenassoziate. Diese Ergebnisse werden mit solchen aus Dipolmessungen verglichen. Weiter wird gezeigt, daß die zwei Komponenten der Mol.-Verb. **I** durch OH···O_2S-Bindungen zusammengehalten werden u. daß auch in Lsg. Wechselwrkg. durch diese Bindung u. nicht durch H-Brücken auftritt.

V e r s u c h e: *N-Methylmethansulfonamid* (**VI**), $C_2H_7O_2NS$, Kp.$_{0,3}$ 117—118°, aus Methansulfonylchlorid (Kp.$_{35}$ 99°, $n_D^{21,5}$ 1,4522) in Ae. durch allmähliche Zugabe zu Methylamin in Ae. bei 0° u. 1 std. Stehen bei Raumtemp., n_D^{23} 1,4508; 90% (Ausbeute). — *N-p-Diphenylyl-N-äthyl-p-toluolsulfonamid,* $C_{21}H_{21}O_2NS$, F. 120,5—121° (A.), aus

N-p-Diphenylyl-p-toluolsulfonamid (**VII**), Äthyljodid u. Na-Äthylat in A., 10std. Kochen; 67%. — *N-p-Diphenylyläthylamin*, F. 68—69°, aus vorst. Verb. durch 21std. Kochen mit 14 n H_2SO_4; 38%. — *N-p-Diphenylyl-N-2'-methoxyäthyl-p-toluolsulfonamid*, $C_{22}H_{23}O_3$·NS, F. 100—100,5° (A., PAe.), a) aus **VII** u. 2-Methoxyäthylbromid durch 26½std. Kochen mit K_2CO_3 in absol. Aceton; 37%; b) aus nachst. Verb. u. p-Toluolsulfonylchlorid in Pyridin in 2 Std. bei 90°. — *N-p-Diphenylyl-2-methoxyäthylamin*, $C_{15}H_{17}ON$, F. 59,5—60,5° (PAe.), a) aus vorst. Verb. durch 19std. Kochen mit HCl; 13%; daneben 2-N-p-Diphenylylaminoäthanol (**VIII**) (F. 111—112°; 14%); b) aus nachst. Verb. durch $17^1/_2$std. Kochen mit $LiAlH_4$ in Ae. im Soxhlet; 92%. — *4-Methoxyacetamidodiphenyl*, $C_{15}H_{15}O_2N$, F. 142,5—143° (A.), aus 4-Aminodiphenyl u. Methoxyessigsäure durch 2std. Erhitzen auf 150—160°; 79%. — *N-p-Diphenylyl-N-2'-oxyäthyl-p-toluolsulfonamid*, $C_{21}H_{21}O_3NS$, F. 125—126° (wss. CH_3OH), aus Toluolsulfonylchlorid u. **VIII** in Pyridin in 30 Min. bei 100°; 90%. — *N-Methyl-p-acetamidobenzolsulfonanilid*, $C_{15}H_{16}O_3N_2S$, F. 152,5 bis 153° (A.), aus p-Acetamidobenzolsulfonylchlorid u. überschüssigem N-Methylanilin durch 10 Min. Erhitzen auf 100°. — *N-Phenyl-N-n-propylaminoäthanol*, $C_{11}H_{17}ON$, Kp.$_{0,001}$ 87—89°, aus N-n-Propylanilin (n_D^{24} 1,5390) u. 2-Bromäthanol durch $1^1/_2$std. Erhitzen auf 150°; n_D^{25} 1,5507; 64%. (J. chem. Soc. [London] **1955**. 669—79. März. Sydney, Univ., Chem. Dep.; Melbourne, CSIRO, Div. of Ind. Chem., Chem. Phys. Sect.)

H. BERTSCH. B 120

Horst Luther und Helmut Günzler, *Die Molekülschwingungsspektren des Naphthalins und seiner Derivate.* 3. Mitt. *Infrarotmessungen an Nitronaphtholen.* (2. vgl. Z. physik. Chem. **202**. [1954.] 390.) Die Infrarotspektren (Bandentabellen zwischen 700 u. 1650 cm^{-1} angegeben) folgender Verbb. wurden untersucht: *1-* (**I**) u. *2-Oxynaphthalin* (**II**), *1-* (**IV**) u. *2-Nitronaphthalin* (**V**), *1-Nitro-2-methoxynaphthalin, 4-Nitro-1-oxy-* (**VI**) u. *-1-methoxynaphthalin* (**VII**), *6-* (**VIII**) u. *7-Nitro-2-oxynaphthalin* (**IX**), *1-Nitro-2-oxy-* (**X**), *2-Nitro-1-oxy-* (**XI**) u. *8-Nitro-1-oxynaphthalin* (**XII**) in KBr, von fl. *1-Methoxynaphthalin, 1-Nitropentanol-(2)* (**XIV**), *1-Nitro-2-acetoxypentan* u. *1-Nitropenten-(1)*, von *2-Nitro-1-methoxynaphthalin, 1-Nitromethylcyclohexanol-(1)* u. *ω-Nitrostyrol* in C_2Cl_4 u. von festem *2-Methoxynaphthalin.* Für **I** u. **II** wurden die maximalen u. integralen Extinktionskoeffizienten ε der OH- u. CH-Banden (bei 3613 bzw. 3621 u. 3057 bzw. 3060 cm^{-1}) ermittelt u. das Inkrement von $\varepsilon_{int.}$ pro CH-Gruppe zu 0,258 bzw. 0,248·10^6 cm/Mol bestimmt. Zum Vgl. mit den Nitronaphthalinen wurde auch *Nitrobenzol* (**III**) gasförmig, fl., in C_2Cl_4 u. in A. zwischen 1200 u. 1700 cm^{-1} symm. (ω_s)- bzw. antisymm. (ω_{as})-NO_2-Valenzschwingung zwischen 1375 u. 1385 bzw. [zwischen 1555 u. 1565 cm^{-1}] untersucht. Das Verh. der OH-Valenzschwingungsbande von *A.* (untersucht in Gemischen mit **III**, Nitromethan u. C_2Cl_4 zwischen 2000 u. 4000 cm^{-1}) weist darauf hin, daß zwischen OH- u. NO_2-Gruppen eine lockere Assoziation eintritt. Wie bei **III** zeigen auch bei **IV** u. **V** die ω_{as}-Banden größere Unterschiede u. eine merklichere Milieuempfindlichkeit als die ω_s-Banden. Im Gegensatz zu den nicht chelatisierten Nitronaphtholen **VI**—**IX** (zum Vgl. wurde auch *p-Nitrophenol* untersucht) ist aus den OH- u. NO_2-Banden von **X**—**XII** der Eintritt einer Chelatisierung zu erkennen, die in der Folge **X**>**XI**>**XII** an Festigkeit abnimmt, wie Unterss. in verschied. Medien zeigen. Diese spektroskop. Befunde sind in Übereinstimmung mit der theoret. Betrachtung der intramol. H-Brückenbindungen unter Berücksichtigung der Resonanzstabilisierung. Die Banden der Methyläther der Nitrophenole **X** u. **XI** entsprechen erwartungsgemäß etwa denen der nichtchelatisierten Verbindungen. Die erwarteten γ-CH-Schwingungen von 1.2-, 1.4-, 1.8-, 2.6- u. 2.7-substituierten Naphthalinderivv. sind den beobachteten gegenübergestellt.

Versuche: *1-Nitro-2-oxynaphthalin* (**X**), F. 104°, durch Acetylierung von 2-Aminonaphthalin (**XIII**), Nitrierung mit HNO_3–Eisessig, Trennung der in Bzl. schwer lösl. Isomeren u. Umsatz mit NaOH. — *1-Nitro-2-methoxynaphthalin*, F. 128° (fraktioniert sublimiert), durch Nitrieren von 2-Methoxynaphthalin (aus **II** u. Dimethylsulfat) wie bei **X**. — *2-Nitro-1-oxynaphthalin* (**XI**), F. 126—127°, durch HNO_3-Oxydation von 2-Nitroso-1-oxynaphthalin. — *2-Nitro-1-methoxynaphthalin*, F. 78—79° (fraktioniert sublimiert), durch Nitrieren von 1-Methoxynaphthalin. — *4-Nitro-1-methoxynaphthalin* (**VII**), F. 85°, aus **VI** u. Dimethylsulfat. — *8-Nitro-1-oxynaphthalin* (**XII**), F. 210 bis 212° (Zers.), durch Nitrieren von 1-Aminonaphthalin, Abtrennen des 8-Nitro-1-aminonaphthalins durch fraktionierte Kristallisation, Diazotieren u. Verkochen. — *7-Nitro-2-oxynaphthalin* (**IX**), F. 142—144°, durch Oxydation von Acenaphthen mit $Na_2Cr_2O_7$ in Eisessig zu *Naphthalsäureanhydrid*, Nitrieren zu *3,6-Dinitronaphthalsäureanhydrid*, Decarboxylieren zu *2,7-Dinitronaphthalin*, Red. zur *7-Nitro-2-aminoverb.*, Diazotieren u. Verkochen. — *2-Nitronaphthalin* (**V**), F. 77,5—78°, durch Diazotieren von **XIII** u. Zers. der HNO_3-Lsg. mit CuO. — *1-Nitropenten-(1)*, Kp.$_{27}$ 84—85°, aus **XIV** u. Acetylchlorid (→ *1-Nitro-2-acetoxypentan*, Kp.$_{10}$ 110—112°), Abspaltung von Essigsäure. — Verss. zur

Darst. von 3-Nitro-2-oxynaphthalin scheiterten, da weder 3-Amino-2-oxynaphthalin nach Diazotieren u. Zers. noch 3-Brom-2-aminonaphthalin durch die SANDMEYER-Rk. die Verb. lieferten. (Z. Naturforsch. **10b.** 445—57. Aug. 1955. Braunschweig, TH, Inst. für Chem. Technologie.) B. GNAUCK. B 120

H. House, *Dielektrisches V organischer Flüssigkeiten.* Bei extremer Reinigung der Fl. u. guter Politur sowie Reinigung der Elektroden können in *Hexan* Leitfähigkeiten bis aufwärts zu 1500 kV/cm gemessen werden. Die Leitfähigkeit erscheint weitgehend durch Adsorptionsschichten an den Elektroden u. den Reinheitsgrad der Fl. bestimmt zu sein. Die Leitfähigkeit hängt weiter von der Art des Kathodenmetalls ab. (Nature [London] **176.** 610—11. 24/9. 1955. London, High Voltage Labor., Queen Mary Coll.) K. L. WOLF. B 132

G. Kortüm und **M. Buck,** *Dielektrische Messungen zur Struktur der thermochromen Äthylene.* Die Dipolmomente von *Diphenyl* (F. 70,2 ± 0,2°, aus Methanol), *Anthrachinon* (F. 286°, aus Bzl.), *Dixanthylen* (**I**, F. 316° unter Zers.) u. *Dehydrodianthron* (**II**, Reinigung durch Filterung der benzol. Lsg. über Al_2O_3) bei 25° in Bzl. sind Null. Das Ergebnis steht mit den Vorstellungen über die Struktur der Verbb. (vgl. KORTÜM, THEILAERER u. BRAUN, Z. physik. Chem. [N. F.] **2.** [1954.] 179) in Übereinstimmung, die Messungen von BERGMANN u. FISCHER (C. **1954.** 3427) konnten nicht bestätigt werden. Das Meßverf., die App. zur DK.-Messung, eine Überpreßvorr. u. der Meßvorgang bei den kleinen Effekten, die bei den hochverd. Lsgg. auftraten, sind genau besprochen. Die Auswertung u. die Unsicherheiten in der Best. der Verschiebungspolarisation werden diskutiert. (Z. Elektrochem., Ber. Bunsenges. physik. Chem. **60.** 53—58. Febr. 1956. Tübingen, Univ., Inst. für physikal. Chem.) G. KRESZE. B 132

A. Bree, D. J. Carswell und **L. E. Lyons,** *Photo- und Halb-Leitfähigkeit organischer Kristalle.* 1. Mitt. *Photoeffekte in Tetracen und Anthracen.* Tetraceneinkristalle geben im Sichtbaren u. im UV einen Photoleitfähigkeitseffekt. Dieser tritt wie beim Anthracen in Ggw. von Luft oder O_2 auf, nicht jedoch in N_2-Atmosphäre. Es handelt sich hier um eine Oberflächenerscheinung in Übereinstimmung mit der Theorie von LYONS (spektrale Abhängigkeit). Der Photostrom ist dem angelegten Feld u. der Lichtintensität direkt proportional. Es wurden auch Stromänderungen mit der Zeit beobachtet. Naphthalin u. Phenanthren geben unter ähnlichen Bedingungen keine meßbaren Ströme. Die bei Tetracen gefundenen Ströme waren größer als die bei Anthracen. (J. chem. Soc. [London] **1955.** 1728—33. Juni. Sydney, Univ.) A.-F. BOGENSCHÜTZ. B 134

D. J. Carswell und **L. E. Lyons,** *Photo- und Halb-Leitfähigkeit organischer Kristalle.* 2. Mitt. *Spektrale Abhängigkeit, Quantenausbeute und eine Beziehung zwischen Halb- und Photoeffekten in Anthracen.* (1. vgl. vorst. Ref.) Die Photoleitfähigkeit in Anthracen zeigt eine spektrale Abhängigkeit, die mit den Maxima u. Minima des UV-Absorptionsspektr. des Kristalls im Zusammenhang steht. Eine solche Abhängigkeit kann durch die notwendige Aufteilung der Oberflächenmoll. erklärt werden, denen die Energie in Form von Excitonen zugeführt wird. Die Quantenausbeute der Photoleitfähigkeit hängt vom angewandten Feld ab u. ist in der Größenordnung 10^{-4}. Die Zugabe von 10^{-4} mol. Lsg. von Tetracen in Anthracen läßt die Photoströme anwachsen, bes. im Gebiet des 2. elektron. Überganges (40000 cm^{-1}). (J. chem. Soc. [London] **1955.** 1734—40. Juni.) A.-F. BOGENSCHÜTZ. B 134

David Dyrssen, *Untersuchungen über die Extraktion von Metallkomplexen.* 4. Mitt. *Die Dissoziationskonstanten und Verteilungskoeffizienten des Chinolinols-(8) (Oxin) und des N-Nitroso-N-phenylhydroxylamins (Kupferron).* (3. vgl. C. **1954.** 5965.) Innerhalb einer Untersuchungsreihe der Komplexbldg. des Th mit *Chinolinol-(8)* (Oxin = Ox) u. *N-Nitroso-N-phenylhydroxylamin* (Kupferron = Ku) wird über Messungen der Dissoziationskonstanten u. der Verteilungskoeffizienten dieser Komplexe berichtet. Die Messungen wurden bei 25° u. einer $NaClO_4$-Konz. von 0,1 m durchgeführt. Als organ. Phase wurde entweder Chlf. oder Hexon (Methylisobutylketon) benutzt. Folgende Werte wurden erhalten: für Ox $k_1 = 10^{-5,004 \pm 0,006}$; $k_2 = 10^{-9,658 \pm 0,006}$; p für $CHCl_3$ (rein) $= 10^{2,66 + 0,03}$; p für $CHCl_3$ (1% Ä.) $= 10^{2,28}$; p für Hexon $= 10^{2,18}$; p für Oxiniumperchlorat zwischen Hexon u. 0,1 m $NaClO_4$ = 0,11; für Ku $k_a = 10^{-4,163 \pm 0,007}$; p für $CHCl_3 = 10^{2,18 \pm 0,01}$; p für Hexon $= 10^{1,93 \pm 0,01}$. Es wird gezeigt, daß die Verteilungskoeffizienten organ. Säuren, wie Ox u. Ku, potentiometr. durch 2-Phasentitration bestimmt werden können, wodurch eine langwierige Serie von Extraktionen mit entsprechend vielen Analysen durch eine einzige Titration ersetzt werden kann. Diese Titration gibt Werte für k_a/p, die kombiniert mit dem bekannten oder leicht zu messenden k_a-Wert den Verteilungskoeff. unmittelbar ergibt (Svensk kem. Tidskr. **64.** 213—24. 1952. Sundbyberg, Res. Inst. of National Defence.) W. NIEMITZ. B 139

Velimir D. Canić, *Beitrag zur Untersuchung von Pyridylbenzimidazolen.* Es werden die Dissoziationskonstanten von *2-[Pyridyl-(2), -(3) u. -(4)]-benzimidazol* (**I, II, III**), *Benz-*

imidazol (**IV**), *2-Methyl-* (**V**) u. *2-Äthylbenzimidazol* (**VI**) durch potentiometr. Titration der Dihydrochloride mit 0,1 n NaOH bestimmt. Es wurden bei 20° folgende Werte für **I**—**VI** erhalten (K_a = Dissoziationskonstante des Salzes, K_{b1} u. K_{b2} = 1. u. 2. Dissoziationskonstante der Base): **I**, $K_a = 1{,}36 \cdot 10^{-11}$; $K_{b1} = 8{,}5 \cdot 10^{-11}$; **II**, $K_a = 1{,}18 \cdot 10^{-11}$; $K_{b1} = 5{,}9 \cdot 10^{-11}$; $K_{b2} = 1{,}9 \cdot 10^{-13}$; **III**, $K_{b2} = 1{,}2 \cdot 10^{-13}$; **IV**, $K_a = 8{,}8 \cdot 10^{-13}$; $K_{b1} = 2{,}3 \cdot 10^{-9}$; **V**, $K_a = 6{,}4 \cdot 10^{-13}$; $K_{b1} = 1{,}4 \cdot 10^{-8}$; **VI**, $K_a = 7 \cdot 10^{-13}$; $K_{b1} = 1{,}45 \cdot 10^{-8}$. **IV**—**VI** sind somit stärker bas. als **I**—**III**. K_{b1} konnte für **I** infolge der schwachen Basizität von **I** nicht bestimmt werden, bei **III** war eine Best. von K_{b1} infolge der geringen Löslichkeit von **III** nicht möglich. K_{b1} ist dem N-Atom des Imidazolkerns, K_{b2} dem N-Atom des Pyridinkerns zuzuordnen. Daher bilden offenbar **I**—**III** mit Säuren Salze von unterschiedlichem Typus. (Гласник Хемиског Друштва Београд [Ber. chem. Ges. Belgrad] **19.** 9—19. 1954. Belgrad, Inst. für techn. Chemie, technol. Fakultät.) O. Pollak v. Emhofen. B 139

Shin-ichi Ono und **Tadao Hayashi**, *Polarographisches Verhalten der Zimt-, Styrylessig- und Crotonsäure.* Aus Unterss. des polarograph. Verh. der *Zimt-* (**I**), *Styrylessig-* (**II**) u. *Crotonsäure* (**III**) ergibt sich, daß **II** u. **III** in neutraler Lsg. eine Einzelwelle (ca. —1,6 bzw. —1,7 V) liefern, während **I** eine gutdefinierte Zweistufenwelle (ca. —1,5 u. —2,0) liefert, entsprechend der Red. der C=C-Doppelbindung. Die Halbwellenpotentiale werden durch die Ggw. zweiwertiger Kationen verschoben. Der **I**-*Äthylester* liefert in neutraler Lsg. eine Einzelwelle (ca. —1,7), während in alkal. Lsg. 2 Wellen gebildet werden (—1,7 u. —2,0), von denen die erstere durch die einsetzende Hydrolyse allmählich zum Verschwinden gebracht wird. (Bull. chem. Soc. Japan **26.** 268—72. Juli 1953. Osaka, Naniwa Univ., Fac. of Educat., Dep. of Chem. [Orig.: engl.]) W. Niemitz. B 142

G. J. Hoijtink und **J. van Schooten**, *Die polarographische Reduktion konjugierter Kohlenwasserstoffe.* 2. Mitt. *Die Reduktion von 1. ω-Diphenylpolyenen.* (1. vgl. C. **1956.** 2408; 4. vgl. C. **1955**. 5750.) Vff. berichten über Unterss. der Strom–Spannungs-Kurven von 1. ω-Diphenylpolyenen (*trans.trans-1.4-Diphenylbutadien, 1. ω-Diphenylhexatrien, -octatetraen, -decapentaen* u.- *dodecahexaen*) in 0,175 mol. Lsg. von Tetrabutylammoniumjodid in wss. 96%ig. *Dioxan* bei 25 u. 75°. Die Halbwellenpotentiale lassen sich durch die Gleichung $\varepsilon_{1/2} = a \cdot \gamma \cdot - 1{,}05$ V darstellen, mit a = Wurzel der M.O.-Säkulargleichung für die Verb. u. $\gamma = -2{,}18$ eV. Die Ergebnisse bestätigen die theoret. Ableitungen der 1. Mitteilung. Die dortige Diskussion über den Verlauf der polarograph. Red. konjugierter KW-stoffe wird erweitert u. der Einfl. der Methylengruppe auf die π-Elektronenverteilung in den intermediär gebildeten Radikalionen mit einbezogen. Aus dem Vgl. dieser theoret. Betrachtungen mit den experimentellen Daten ergeben sich plausible Erklärungen für das Verh. der genannten Polyene u. ihrer partiellen Reduktionsprodd. an der Hg-Tropfelektrode. (Recueil Trav. chim. Pays-Bas **72.** 691—705. Aug. 1953. Amsterdam, Vrije Univ., Chem. Labor.) W. Niemitz. B 142

A. H. Meldrum und **R. F. Nielsen**, *Untersuchung des Dreiphasen-Gleichgewichts von Kohlendioxyd–Kohlenwasserstoff-Gemischen.* CO_2 wird bei der Ölgewinnung eingesetzt, grundlegende Daten über Phasenverwandtschaft von KW-stoffen mit CO_2 sind aber nicht bekannt. Vff. führten daher Unterss. an den folgenden Dreiergemischen durch: *CO_2–Propan* u. *n-Hexadecan* (**I**); *CO_2–n-Decan* (**II**)–**I**; *CO_2–Propan* u. von Naturgasen befreites *Rohöl*; CO_2–**II** u. von Naturgas befreites *Rohöl*. Versuchsapp. u. -durchführung werden beschrieben u. rechner. Ableitungen gegeben. Vff. finden, daß das Maß der Abweichung der KW-stoffbestandteile vom Raoultschen Gesetz vorerst von der Mol.-Fraktion des CO_2 in der fl. Phase abhängt, unabhängig davon, ob andere KW-stoffe anwesend sind oder nicht. Eine völlige Mischbarkeit mit CO_2 kann für Paraffin–KW-stoffgemische erwartet werden, deren durchschnittliches Mol.-Gew. weniger als 180 beträgt. Die Löslichkeit von CO_2 in KW-stoffgemischen ist fast unabhängig von dem durchschnittlichen Mol.-Gew. des Gemisches bis herauf zu 30 Mol.-% CO_2. Wenn 2 fl. Phasen im Gleichgewicht sind, dann gehorcht CO_2 fast dem Raoultschen Gesetz in der CO_2-reichen Phase. (Pennsylvania State Coll., Mineral Ind. Exp. Stat., Bull. **1954.** Nr. 64. 9—27. Pennsylvania State Univ., Coll. of Mineral Ind.) K. O. Müller. B 146

U. von Weber, *Ein ebullioskopisches Verfahren zur Messung von Sättigungsdampfdrücken.* Es wird ein Ebullioskop zur Messung von Sättigungsdampfdrücken im Gebiet von 10—760 Torr mit adiabat. Schutz u. langem Vermischungsweg der Phasen ausführlich beschrieben. (J. prakt. Chem. [4] **1.** 318—23. Mai 1955. Rostock, Univ., Inst. für Physik. Chem.) H. Sackmann. B 150

R. Dreyer, W. Martin und **U. von Weber**, *Die Sättigungsdampfdrucke von Benzol, Toluol, Äthylbenzol, Styrol, Cumol und Brombenzol zwischen 10 und 760 Torr.* Mit dem oben beschriebenen Ebullioskop (vgl. vorst. Ref.) werden die Kpp. folgender Substanzen zwischen ca. 10 u. 760 Torr bei 10—25 verschied. Drucken mitgeteilt: *Bzl.*, *Toluol, Äthylbenzol* (**I**), *Styrol, Cumol* (**II**) u. *Brombenzol* (**III**). Zur Darst. der Ergebnisse

genügt als Interpolationsformel für die meisten Stoffe $\log p = A + B/T + C \log T$ (bei I noch viertes Glied D/T^2). Das Dampfdruckverhältnis des Stoffpaares **II**—**III** ist über den ganzen Meßbereich prakt. konstant. (J. prakt. Chem. [4] **1.** 324—28. Mai 1955.)
H. SACKMANN. B 150

M. Vanpée und **G. Fally,** *Die obere Entzündungszone von Methan–Sauerstoff-Gemischen.* (Vgl. C. **1954.** 9487 u. **1956.** 8033.) Die obere Entzündungszone von CH_4–O_2-Gemischen wurde bei Tempp. zwischen 500 u. 800° in Gefäßen verschied. Größe bestimmt. Hierbei wurden Gemische mit einem CH_4-Geh. zwischen 6 u. 66% untersucht. In der Mischung $CH_4 + 8\ O_2$ fiel der Wert des für die Entzündung erforderlichen Mindestdruckes am schnellsten mit steigender Temp. ab. Es wurde gezeigt, daß die Entzündung im untersuchten Gebiet durch einen therm. Prozeß ausgelöst wurde, falls die Reaktionsgeschwindigkeit einen krit. Wert erreichte, oberhalb dessen die Reaktionswärme nicht mehr durch therm. Leitfähigkeit an die Wände abgeführt werden konnte. Bei Ggw. von N_2 wurde eine Verzögerung der Entzündung festgestellt, außerdem waren hierzu höhere Drucke erforderlich. (Bull. Soc. chim. belges **61.** 474—91. 15/12. 1952. Framerics-Paturages, Inst. Nat. des Mines.)
G. KLAFFKE. B 157

Hiroshi Aida und **Itsuro Yamakita,** *Die Traubesche Regel für organische Lösungen niederer aliphatischer Alkohole.* (Vgl. C. **1956.** 669.) Vff. untersuchen, inwieweit die TRAUBEsche Regel auch für nichtwss. Systeme Anwendung finden kann. Sie untersuchen *Methyl-, Äthyl-, n-Propyl-, n-Butyl-* u. *n-Amylalkohol* in Äthylenglykol u. Bzl. bei 20° u. finden, daß die Änderung der Oberflächenspannung F mit der Konz. in der fl. Phase C ausgedrückt werden kann durch $F = nkT \log(C/\alpha + 1)$, worin n u. α Konstanten sind, deren Zahlenwerte für die verschied. Lsgg. angegeben werden. (Bull. Inst. chem. Res., Kyoto Univ. [Kagaku Kenkyusho Hokoku] **31.** 134—35. März 1953. Goto Labor. [Orig.: engl.])
S. v. SCHIESZL. B 166

Nils Hellström, *Vergleichende Adsorptionsexperimente.* 2. Mitt. *Einige Kohlenwasserstoffe in n-Heptan mit Silicagel.* (1. vgl. Svensk kem. Tidskr. **64.** [1952.] 263.) In der vorliegenden Arbeit sollte der Einfl. des Adsorbens auf die Trennungsmöglichkeiten aromat. KW-stoffen mit u. ohne Seitenketten untersucht werden. Vf. führte dazu Adsorptionsexperimente mit *Naphthalin, Phenanthren, Reten* u. *Diphenyl* an verschied. behandelten Silicagelen durch. Er stellte fest, daß verschied. Silicagele die gleiche Sättigungskapazität haben, auch dann, wenn sie verschied. Mengen W. enthalten. Bei der früher untersuchten (l. c.) Adsorption an verschied. Kohlen war das nicht der Fall. Für die Trennung von KW-stoffen ist daher Silicagel als Adsorbens vorzuziehen. (Kungl. Lantbrukshögskolans Ann. **19.** 109—12. 1952. Royal Agricult. Coll. of Sweden, Inst. of Organic Chem.)
G. WILLE. B 176

J. Zuidweg, *Die Berechnung der Anzahl isomerer Alkane.* Das von HENZE u. BLAIR entwickelte Verf. zur Berechnung der Anzahl von möglichen isomeren (nicht stereoisomeren) aliphat. KW-stoffen (C. **1931.** II. 1997 u. **1934.** I. 1638) wird beschrieben u. an einigen Beispielen erläutert. (Chem. Weekbl. **47.** 686—90. 15/9. 1951. Utrecht.)
W. WESLY. B 182

D. F. Grant und **D. Rogers,** *Röntgenuntersuchungen von Terpenen.* 2. Mitt. *(—)-Menthylaminhydrochlorid und -hydrobromid und (—)-Menthyltrimethylammoniumjodid.* (—)-Menthylaminhydrochlorid (**I**) u. -hydrobromid (**II**) krist. aus W. u. verschied. anderen Lösungsmitteln in Form rhomb. Nadeln mit [1 0 0] als Nadelachse. Die Kristalle sind nahezu opt. einachsig negativ. Die Elementarzellen sind für **I** $a = 7{,}9_4$ Å; $b = 15{,}4$ Å; $c = 21{,}0$ Å u. für **II** $a = 8{,}0_6$ Å; $b = 15{,}4$ Å; $c = 20{,}9$ Å. Eine ausführliche Raumgruppendiskussion führte für beide Verbb. auf $P\,2\,2_1\,2_1$ u. $Z = 8$. Aus PATTERSON-Projektionen ergab sich, daß die Struktur aus zwei abwechselnden u. nicht verwandten Schichten von Moll. aufgebaut ist, die alle etwa parallel (1 0 0) liegen, mit allen 3 Ringsubstituenten in den thermodynam. stabileren Äquatoriallagen. *(—)-Menthyltrimethylammoniumjodid,* $C_{10}H_{19}N(CH_3)_3J$, krist. je nach dem Lösungsm. in 2 Formen. Aus A. erhält man rauhe, rhomb., gelbliche Plättchen, die am Licht dunkel werden. Die Zelle hat $a = 8{,}4_5$ Å; $b = 12{,}3_0$ Å; $c = 15{,}5_5$ Å; Raumgruppe ist $P\,2_1\,2_1\,2_1$; $Z = 4$, F. 193—194°. Aus W. oder Aceton erhält man die Verb. in rhomb. Leisten, die anfänglich farblos sind, sich am Licht schwach gelb färben, F. 189—190°. Die Elementarzelle hat $a = 7{,}38$ Å; $b = 14{,}75$ Å; $c = 56{,}74$ Å. Raumgruppe ist $P\,2_1\,2_1\,2_1$; $Z = 16$. (Acta crystallogr. [Copenhagen] **7.** 301—03. 10/3. 1954. Cardiff, Univ. Coll., Viriamu Jones Labor.)
C. GOTTFRIED. B 190

G. Ss. Shdanow und **G. A. Golder,** *Röntgenographische Untersuchung der Struktur von 3.5-Dichlor-4-nitroanilin. 3.5-Dichlor-4-nitroanilin* (**I**) gehört zur monoklinen Syngonie mit $a = 7{,}51$, $b = 14{,}8$, $c = 7{,}29$ Å, $\beta = 94°$, Zahl der Moll. in der Elementarzelle $Z = 4$, pyknometr. D. 1,68, röntgenometr. D. 1,72. Raumgruppe C_{2h}^6 |— C 2/c. Der Torsionswinkel der NO_2-Gruppe gegenüber dem Benzolring beträgt 64°, die Länge der

Bindung zwischen C u. NO_2-Gruppe $1{,}44 \pm 0{,}02$, zwischen C u. NH_2-Gruppe $1{,}37 \pm 0{,}02$ Å (NH_2-Gruppe koplanar mit Benzolring). Die Abhängigkeit der Länge der C–N-Bindung vom Torsionswinkel der substituierenden Gruppe ergibt sich aus dem Grad der Wechselwrkg. der π-Elektronen von Benzolkern u. substituierender Gruppe. (Журнал Физической Химии [J. physik. Chem.] **29.** 1248–53. Juli 1955. Moskau, Phys.-chem. Karpow-Inst.) R. K. MÜLLER. B 195

June M. Broomhead, *Die Struktur von Pyrimidinen und Purinen.* 4. Mitt. *Die Kristallstruktur von Guaninhydrochlorid und seine Beziehung zu der des Adeninhydrochlorids.* (3. vgl. CLEWS u. COCHRAN, C. **1949.** II. 1388.) Aus verd. HCl erhält man *Guaninhydrochlorid* in zwei Formen. Nadelförmige Kristalle monokliner Symmetrie erwiesen sich als Guaninhydrochloriddihydrat. Ihre Zelldimensionen sind $a = 14{,}6_7 \pm 0{,}1$ Å; $b = 13{,}3_9 \pm 0{,}1$ Å; $c = 4{,}84 \pm 0{,}05$ Å; $\beta = 93^0 30' \pm 30'$. Raumgruppe ist $P\,2_1/a$; Z = 4. Kristalle der zweiten Form sind ebenfalls monoklin u. haben die Dimensionen $a = 19{,}29_7 \pm 0{,}02$ Å; $b = 9{,}94 \pm 0{,}01$ Å; $c = 4{,}494 \pm 0{,}005$ Å; $\beta = 107^0 54' \pm 2'$. Raumgruppe ist auch $P\,2_1/a$; Z = 4. Bei dieser Form, deren Struktur auch bestimmt wurde, handelt es sich um Guaninhydrochloridmonohydrat. Die Struktur wurde mit Hilfe von PATTERSON-Projektionen u. FOURIER-Synthesen aufgeklärt. Es wurden die folgenden Parameter bestimmt (bzgl. der Bezeichnung s. die nebenst. Figur): N_1: (x =) 0,073; (y =) 0,272; (z =) 0,530; N_3: −0,023; 0,128; 0,287; N_7: −0,090; 0,357; 0,740; N_9: −0,131; 0,188; 0,440; N_{10}: 0,083; 0,106; 0,193; C_2: 0,045; 0,168; 0,350; C_4: −0,062; 0,201; 0,440; C_5: −0,035; 0,305; 0,627; C_6: 0,037; 0,353; 0,690; C_8: −0,148; 0,280; 0,617; O: 0,072; 0,443; 0,842; H_2O: 0,205; 0,370; 0,467; Cl: 0,229; 0,054; 0,940. Die H-Lagen konnten nicht mit genügender Genauigkeit bestimmt werden. Die interatomaren Abstände sind aus der nebenst. Figur zu ersehen. In dem Gitter ist das Mol. innerhalb der experimentellen Fehlergrenzen planar bis auf das N_{10}-Atom, das ca. 0,11 Å außerhalb der Mol.-Ebene liegt. Von den 14 möglichen tautomeren Formen lassen sich alle bis auf vier ausschließen; zwischen diesen vier Formen ist jedoch eine Entscheidung nicht möglich. Ähnliche Überlegungen gelten auch für *Adeninhydrochlorid.* (Acta crystallogr. [London] **4.** 92–100. März 1951. Cambridge, Cavendish Labor., Crystallographic Labor.) C. GOTTFRIED. B 195

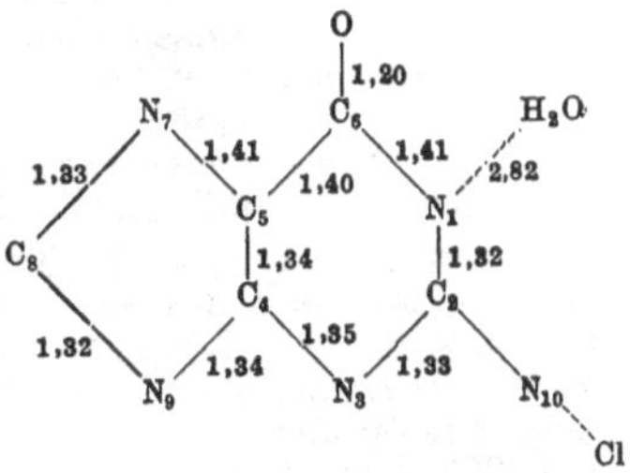

W. Cochran, *Die Struktur von Pyrimidinen und Purinen.* 5. Mitt. *Die Elektronenverteilung in Adeninhydrochlorid.* (4. vgl. vorst. Ref.) Um zwischen den verschied. tautomeren Formen des *Adenins* eine Entscheidung treffen zu können, wurden FOURIER-analyt. die Elektronendichte in Kristallen von *Adeninhydrochlorid* mit großer Genauigkeit bestimmt. Den Berechnungen wurde nicht die früher von BROOMHEAD (vgl. C. **1949.** II. 1388) bestimmte Zelle, sondern nur die halbe Zelle mit halber c-Achse zugrunde gelegt. Die Dimensionen dieser Zelle sind $a = 8{,}77_1$ Å; $b = 4{,}83_4$ Å; $c = 9{,}73_0$ Å; $\beta = 114^0\,15'$. In dieser Zelle ist 1 Mol Adenin, $C_5H_5N_5$, 1 HCl u. ½ H_2O enthalten. Die auf Grund dieser Rechnungen festgelegten Parameter weichen z. T. beträchtlich von den früher bestimmten Werten ab. Die folgenden Parameterwerte werden angegeben (wegen der Bezeichnung s. die nebenst. Figur): Cl: (x =) 0,2812; (y =) 0,178; (z =) 0,0482; O_w: 0; 0,745; 0; N_1: 0,1762; 0,5998; 0,3043; N_3: 0,3960; 0,7553; 0,5290; N_7: 0,1883; 0,2090; 0,6326; N_9: 0,4060; 0,5013; 0,7458; N_{10}: −0,0093; 0,2481; 0,2890; C_2: 0,3098; 0,7665; 0,3838; C_4: 0,3395; 0,5579; 0,5958; C_5: 0,2078; 0,3798; 0,5283; C_6: 0,1180; 0,3982; 0,3717; C_8: 0,3136; 0,2961; 0,7618; H_0: 0,087; –; 0,025; H_1: 0,120; 0,613; 0,205; H_2: 0,335; 0,900; 0,318; H_{10}: −0,048; 0,283; 0,200; H'_{10}: −0,058; 0,124; 0,310; H_8: 0,338; 0,234; 0,850; H_9: 0,513; 0,615; 0,825. – Die Abstände innerhalb des Mol. sind in der obenst. Figur enthalten. Auf Grund dieser Abstände

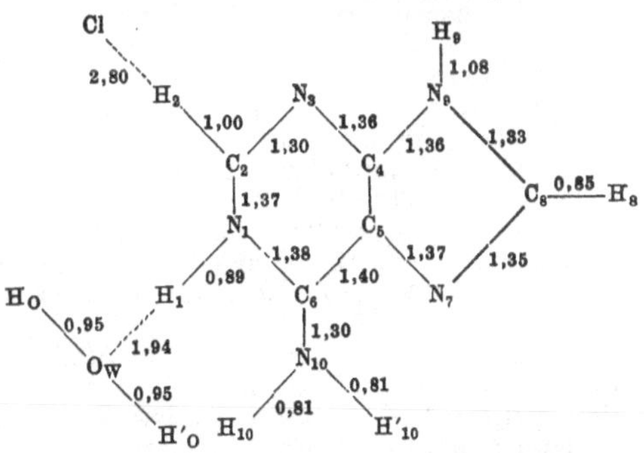

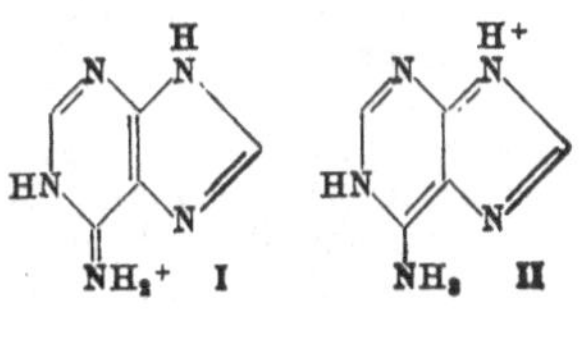

I II

muß angenommen werden, daß die wahrscheinlichsten Mol.-Strukturen die Strukturen I u. II sind. (Acta crystallogr. [London] 4. 81—92. März 1951.) C. Gottfried. B 195

Richard Kuhn und **H. Schretzmann**, *Molekulare Verbindungen von Ammoniumjodiden mit Silberjodid.* Jodide von Aminen bilden mit AgJ Mol.-Verbb. im mol. Verhältnis 1:2. So entsteht aus *Tetramethylammoniumjodid* u. AgJ in Dimethylformamid (I) eine Verb. $[(CH_3)_4N]J \cdot 2AgJ]$, die man ebenfalls erhält, wenn man Methylierungen mit CH_3J u. Ag_2O in I vornimmt: Durch das bei der Rk. gebildete W. findet eine Verseifung des I zu Dimethylamin statt, das von überschüssigem CH_3J methyliert wird u. mit gleichfalls gebildetem AgJ zur Mol.-Verb. zusammentritt. — Die Mol.-Verbb. zeichnen sich durch große Reaktionsfähigkeit aus. So bildet sich sehr leicht aus *Anilinhydrojodid* u. AgJ in I bereits bei -20^0 u. bei Zers. der entstehenden Mol.-Verb. mit alkal. KCN-Lsg. *Acetonanil*, $C_6H_5N{=}C(CH_3)_2$, $Kp._{13}$ 80—81°, das ohne Mitwrkg. von AgJ nicht erhalten werden kann. (Angew. Chem. **67.** 785—86. 21/12. 1955. Heidelberg, Max-Planck-Inst., Inst. für Chem.) G. Pötzscher. B 223

William J. Ambs, *Clathrate und Vermutungen über andere ungewöhnliche Typen sterisch gehinderter Verbindungen.* Vf. beschreibt zusammenfassend die erstmalig von Palin u. Powell (C. **1948.** II. 288) erhaltenen Clathratverbb., ihre Struktur u. Verwendung. Obgleich andere denkbare Typen ähnlicher „ster. Hinderungs"-Verbb. noch nicht dargestellt wurden, vermutet Vf. für ein hypothet., verschied. gefaltetes Ringmol. mit ca. 150 C-Atomen mit verschied. Verknotungen Bildungsmöglichkeit ähnlicher Produkte. Dabei können auch zwei kleeblattartig verknotete, opt.-akt. Formen vorkommen. (Mendel Bull. **17.** 26—28. 1953.) G. Bankwitz. B 223

A. Ss. Ssadykow, **O. Ss. Otroschtschenko** und **W. M. Malikow**, *Löslichkeit einiger Salze der Alkaloide aus Anabasis aphylla.* Von den Hydrochloriden u. Hydrojodiden von *Anabasin* u. *Aphyllidin*, desgleichen von den Hydrochloriden von *Lupinin* u. *Aphyllin*, werden die Löslichkeiten in A., Aceton, Ae, u. Bzl. bei 0 u. 20°, außerdem beim Sieden des Lösungsm. angegeben. (Журнал Прикладной Химии [J. angew. Chem.] **28.** 552—54. Mai 1955. Zentralasiat. Univ., Lehrstuhl für Pflanzenchem.) R. Knobloch. B 224

N. Ivanoff und **Michel Magat**, *Sterische Hinderung und Reaktionsgeschwindigkeit. Einfluß auf den Häufigkeitsfaktor.* 1. Mitt. *Grundlegende Theorie.* Vff. zeigen an Literaturdaten, daß ster. Hinderung nicht nur eine Erhöhung der Aktivierungsenergie E (vgl. Ingold u. Hughes) sondern — bei konstanter E — auch eine Verminderung des Häufigkeitsfaktors A bewirken kann. Es handelt sich dabei um nucleophile Rkk. an Derivv. n. oder verzweigter Paraffine (Beispiele: Ver- u. Umesterungen, Hydrolysen, J-Austausch u. andere Substitutions-Rkk.). Der Faktor ϱ, um den die Reaktionsgeschwindigkeit v vermindert wird, ist innerhalb homologer Reihen von Glied zu Glied nie sehr groß. Über einer bestimmten Kettenlänge (4 C-Atome) bewirkt Kettenverlängerung keine Veränderung von v mehr, u. in allen Fällen ist der Polaritätsfaktor, der die Entropie des Übergangszustandes beeinflussen kann, zu vernachlässigen oder sehr klein. Es wird angenommen, daß die Verminderung von A auf eine Herabsetzung der Zahl der zulässigen Konfigurationen der paraffin. Kette, verglichen mit dem n. Zustand, zurückzuführen ist, wodurch eine Abnahme der Entropie des Übergangszustandes resultiert; der Anteil der „verbotenen" Konfigurationen nimmt dabei mit der Kettenlänge zu. Gegeben wird eine halbquantitative Berechnungsmeth. für die Zahl der möglichen Konfigurationen sowie für den Wert ϱ unter Verwendung der statist. Meth. von Eyring u. der Theorie der absol. Reaktionsgeschwindigkeit. Die berechneten ϱ-Werte weichen von den experimentiellen z. T. erheblich ab. Gründe hierfür — z. B. die erhebliche Ungenauigkeit der experimentellen Werte — werden diskutiert. (J. Chim. physique Physico-Chim. biol. **47.** 914—21. Nov./Dez. 1950. Paris, Fac. des Sci., Labor de Chimie-Phys.) B. Gnauck. B 225

Edmond Bauer und **Michel Magat**, *Sterische Hinderung und Reaktionsgeschwindigkeit. Einfluß auf den Häufigkeitsfaktor.* 2. Mitt. *Abschätzung von Näherungen.* (1. vgl. vorst. Ref.) Für den Fall konstanter Aktivierungsenergie zeigen Vff., daß der Einfl. einer ster. Hinderung auf den Häufigkeitsfaktor abgeschätzt werden kann, wenn folgende vereinfachenden Hypothesen angenommen werden: 1. An Stelle der Rotation um die C–C-Einfachbindung können nur die 3 Konfigurationen eingenommen werden, die den 3 Minima an potentieller Energie entsprechen; 2. das Verhältnis der Verteilungsfunktionen $\sigma^{\pm}/\sigma_x\sigma_y$ bleibt in einer homologen Reihe konstant (σ_x u. σ_y: Verteilungsfunktionen der reagierenden Stoffe X u. Y; $\sigma^{\pm}$: die des Übergangszustandes). Hierzu werden die Schwingungs-, Translations- u. Rotationsverteilungsfunktionen herangezogen. Es wird auf Grund der Berechnungen geschlossen, daß in 2. Näherung die l. c. berechneten ϱ-Werte um 10—30% zu hoch sind, so daß nun die Übereinstimmung zwischen experimentellen u. berechneten ϱ-Werten weit besser ausfällt. Trotzdem bleibt ihre Abschätzung noch sehr ungenau. (J. Chim. physique Physico-Chim. biol. **47.** 922—24. Nov./Dez. 1950.) B. GNAUCK. B 225

Odilon Chalvet, *Beitag zur Untersuchung der Beziehungen zwischen der Struktur und der chemischen Reaktionsfähigkeit von organischen Molekülen.* Vf. untersucht, zunächst nur für die alternierend konjugierten KW-stoffe u. freien Radikale, inwieweit die empir. Regeln über die Beziehungen zwischen der Struktur u. der Reaktionsfähigkeit von konjugierten KW-stoffen sich auch theoret. ableiten lassen. Nach WHELAND (J. Amer. chem. Soc. **64.** [1942.] 900) ist $\Delta E_0 = E_{0(M_1)} - E_{0(M)}$ gleich dem Anteil der Potentialschwelle, die bei der Änderung der Elektronenenergie im Verlauf der Rk. auftritt; $E_{0(M)}$ = Energie der betreffenden Moll. im Grundzustand, $E_{0(M_1)}$ = Energie des bei der Rk. intermediär gebildeten Komplexes. Da das σ-Elektronensyst. während einer Rk. nur unbedeutend gestört wird, handelt es sich im vorliegenden Fall darum, die Energieänderung des π-Elektronensyst. im Verlauf der Rk. zu berechnen. Vf. zeigt, wie diese Differenz mittels der bekannten LCAO-Meth. u. der Meth. der Spinzustände bzw. deren von verschied. Autoren vorgeschlagenen Näherungsverff. erhalten werden kann u. setzt sie in Beziehung zu den Strukturindices (Ladungs-, Bindungsindices, freie-Valenzindices u. Polarisierbarkeit). Die Unters. des Verh. dieser Größen bei Substitutions- u. Additions-Rkk. führt zu dem Ergebnis, daß 1. die Größe der Potentialschwelle ($\approx \Delta E_{0\pi}$), die unter dem Einfl. eines Reaktionspartners R bei einer Substitution an einem gegebenen Atom überwunden werden muß, um so kleiner ist, je größer der freie-Valenzindex ist, der das Atom charakterisiert; 2. bei einer Addition unter den gleichen Bedingungen die zu überwindende Potentialschwelle um so kleiner ist, je größer die Summe der freie-Valenzindices der beiden Atome ist, an denen die Addition stattfindet (nichtbenachbarte Atome) bzw. je größer die Summe aus den freie-Valenzindices der beiden Atome u. dem Bindungsindex der Bindung zwischen diesen (benachbarte Atome). Die gefundenen Ergebnisse werden durch die Meth. der Konfigurationswechselwrkg. für einige einfache Fälle überprüft u. größenordnungsmäßig übereinstimmende Werte für die $\Delta E_{0\pi}$-Werte gefunden. Die von Vf. entwickelte Meth. gestattet zwar nicht, die experimentellen Werte für die Potentialschwelle zu erhalten, sie gibt jedoch die Möglichkeit, die chem. Reaktionsfähigkeit verschied. Moll. gegenüber einem gegebenen Reaktionspartner schnell abzuschätzen. (Ann. Chimie [12] **9.** 97—144. Jan./Febr. 1954.) K. FRENKLER. B 225

A. Gerecs, M. Windholz und **Gy. Sipos,** *Beiträge zur Rolle der Salzsäure bei der Fries-Reaktion.* 2. Mitt. (1. vgl. C. **1956.** 1545.) Freie HCl wirkt katalyt. auf die FRIES-Reaktion. Aus Basen (z. B. NH_3 oder Pyridin) u. $AlCl_3$ in Nitrobenzol gebildete Komplexe vermögen äquivalente Mengen HCl zu binden u. bewirken aus diesem Grunde eine Herabsetzung der Ausbeuten. Bei Verss. in Ggw. der ion. Komplexe [Pyridin·H]$^+$, $[AlCl_4]^-$ u. $Na^+[AlCl_4]^-$ wurde ebenfalls Verminderung der Ausbeuten an Umlagerungsprodd. beobachtet, was in diesem Fall durch Zurückdrängung der Dissoziation der HCl zu erklären ist. Die Ausbeuten der FRIEDEL-CRAFTS-Rk. von Benzylchlorid mit Bzl. werden dagegen durch derartige Zusätze nicht beeinflußt. — Alle Verss. wurden mit *Thymylacetat* durchgeführt. (Acta chim. Acad. Sci. hung. **4.** 123—27. 1954. Szeged, Univ., Inst. für Angew. Chem., u. Budapest, Forschungsinst. für pharm. Ind.) G. LOHAUS. B 225

Haj Uyehara, *Oxydationsgeschwindigkeit von Leinöl unter dem Einfluß von Katalysatoren und Temperaturen.* 1. Mitt. Vf. untersucht im Temperaturbereich von 25,0—85° u. bei Atmosphärendruck die Oxydationsgeschwindigkeit von *Leinöl* (I), welches Co-, Mn- u. Pb-Katalysatoren enthält. Die Absorption von O_2 durch I in Ggw. von verschied. Mengen Metall–Naphthenat-Trocknern u. in Ggw. von PAe. als Lösungsm. wurde gasvolumetr. bestimmt. Co-Naphthenat verursacht unter den Versuchsbedingungen die wirksamste Beschleunigung der O_2-Aufnahme. Pb-Naphthenat bewirkt unter den untersuchten Zusatzstoffen die langsamste Oxydationsgeschwindigkeit, was sich in der niedrigsten Geschwindigkeit für die O_2-Adsorption ausdrückt. Die Wrkg. von Mn–Naphthenat-Trocknern wird von der Temp. stark beeinflußt. Mit steigender Temp. zeigen vorst. Trockner eine kleiner werdende Induktionsperiode, auf die eine mit ansteigender Temp. sehr stark ansteigende Absorptionsgeschwindigkeit für O_2 folgt. Ferner wurden bin. Trocknerkombinationen untersucht, wobei sich sowohl additive als auch subtraktive Wirkungen zeigten, die ebenfalls temperaturabhängig sind. Bei einer Mn–Pb-Naphthenat-Zusammenstellung zeigte sich ein subtraktiver Effekt, während sich die Wirkungen von Co- u. Pb-Naphthenat addierten. Aus der maximalen O_2-Absorption von I wird geschlossen, daß die Bldg. von Peroxydverbb. an spezif. Stellen der Bestandteile des I stattfindet. Der Mechanismus der Rkk. wird diskutiert, wobei 2 Arten des O_2-Angriffs als möglich angenommen werden, nämlich direkte α-C-Aktivierung u. α-C-Aktivierung, die durch Konjugationsneigungen beeinflußt ist. Die Zahl der akti-

vierten Stellen soll ohne Rücksicht auf Angehörigkeit zu der 1. oder der 2. angenommenen Art des Angriffs feststehen. Als 1. Reaktionsstufe wird ein Angriff des O_2 auf das Olefin angenommen, als 2. Stufe die Bldg. von polymeren peroxyd. Kreuzbindungen. (Off. Digest Federat. Paint Varnish Product. Clubs **27.** 794—802. Nov. 1955. Los Angeles, Calif., Occidental Coll., Los Angeles Paint and Varnish Production Club.)
J. MATTNER. B 225

A. J. Ellis und **F. G. Soper,** *Untersuchungen an N-Halogenverbindungen.* 6. Mitt. *Die Kinetik der Chlorierung tertiärer Amine.* (5. vgl. BROWN, J. chem. Soc. [London] **1953.** 3576; 4. vgl. CORBETT u. Mitarbeiter, C. **1954.** 1199.) Die Kinetik der Rk. zwischen tert. Aminen (*Trimethylamin, Triäthylamin*) u. Cl_2 bzw. HOCl wird in wss. Lsgg. bei 25,00 ± 0,02° untersucht. Wie die Absorptionsspektren zeigen, verläuft die Rk. über ein Trialkylammoniumion R_3NCl^+ zu R_2NCl u. R·CHO. Bei einem Überschuß an tert. Aminen ist Cl_2 in HCl-Lsg. (zur Zurückdrängung der Hydrolyse des Cl_2) bei gleichem p_H als Chlorierungsmittel weit weniger wirksam als HOCl, was auf der Verschiebung des Gleichgewichts $R_3NCl^+ + Cl^- \rightleftharpoons Cl_2 + R_3N$ beruht. (J. chem. Soc. [London] **1954.** 1750—55. Juni. Dunedin, Univ. of Otago.) M. SCHENK. B 225

N. N. Drosdowa und **Ss. D. Balachowski,** *Über die mögliche Beteiligung des Carotins und ihm verwandter Stoffe an der Aktivierung des molekularen und peroxydischen Sauerstoffes.* Die Aktivierung des mol. u. peroxyd. O durch *Carotin* (I) verläuft am intensivsten mit dem unbeschädigten I-Molekül. Eine schwache Oxydation von I führt zu einer starken Abnahme der Aktivierung. Die Reaktivitäten von *Crotonsäure* (eine isolierte Doppelbindung) u. *Sorbinsäure* (2 konjugierte Doppelbindungen) gegenüber O_2 verhalten sich wie 1:6. *Alloocimen* (3 konjugierte Doppelbindungen) ist gegenüber O_2 ca. 7mal weniger, gegenüber peroxyd. O ca. 10mal weniger akt. als I (11 konjugierte Doppelbindungen). Mit der Zahl der konjugierten Doppelbindungen steigt demnach die Aktivität gegenüber mol. u. peroxyd. O an. *β-Jonon* ist gegenüber O_2 um 25% aktiver als *Pseudojonon,* beide sind viel aktiver als *Mesityloxyd.* Der Ringschluß führt also zu einer schwachen Erhöhung der Polyenaktivität. Nach einem früheren Befund von BALACHOWSKI u. TROITZKAJA (vgl. C. **1952.** 6070) ist das Alloocimen viel aktiver als Citral. Demnach kommt der konjugierten Doppelbindung in 3.4-Stellung eine größere Bedeutung zu als der endständigen Aldehydgruppe. (Биохимия [Biochemie] **20.** 381—88. Mai/Juni 1955. Moskau, Bach-Inst. für Biochem. der Akad. der Wiss. der UdSSR.)
O. LEBTAG. B 225

L. B. Nanninga, *Geschwindigkeit der Hydrolyse von Natriumchloracetat in alkalischem Medium und konzentrierten Lösungen.* Durch titrimetr. Verfolgung der Cl^-- u. OH^--Konz. wurde die Kinetik der Hydrolyse von 0,98—1,96n *Na-Chloracetat* in 0,93—5,00n NaOH bei 40 u. 50° untersucht. Die k-Werte ($5,7—32,5 \cdot 10^{-2}$ bei 40° bzw. $16,4—42,8 \cdot 10^{-2}$ Liter/Mol·Std.) fallen über 80—90%ig. Umsatz stark ab, die Werte aus der Cl^-- u. der OH^--Titration stimmten gut überein. Die Rk. verläuft nach der 2. Ordnung, doch nehmen die k-Werte beträchtlich mit der NaOH-Konz. zu; dies ist sehr wahrscheinlich auf einen Salzeffekt zurückzuführen. Es wird vermutet, daß die Salzeffekte von Cl^- u. OH^- etwa gleich sind, was mit den Befunden von SENTER [1907] an der gleichen Rk. in verdünnteren Medien u. mit dem Ergebnis eines Vers. in Ggw. von $NaNO_3$ übereinstimmt. NO_3^- übt offenbar geringere Salzeffekte aus, deren Auftreten im übrigen allg. auf die Rechnung mit Konzz. statt mit den Aktivitäten zurückgeführt wird. Der Temperaturkoeff. der Rk. beträgt 3,0 pro 10°. (Recueil Trav. chim. Pays-Bas **69.** 76—84. Jan. 1950. Utrecht, Inst. for Cellulose Res. of AKU and affiliat. Comp.) B. GNAUCK. B 225

K. LeRoi Nelson, *Dirigierende Einflüsse bei der elektrophilen aromatischen Substitution.* Vf. behandelt die Theorie der elektrophilen aromat. Substitution, bes. die Art u. Wrkg. polarer u. ster. Substituenteneffekte u. die von angreifenden Reagentien. Hierzu werden Literaturdaten über die relative Reaktionsgeschwindigkeit u. die Isomerenverteilung bei der Mononitrierung monosubstituierter Benzole sowie bei der Alkylierung von Monoalkylbenzolen, die (lineare) Beziehung zwischen dem log der partiellen Geschwindigkeitsfaktoren f der p-Stellung u. dem log (f_{para}/f_{meta}) bei elektrophilen Substitutions-Rkk. von Toluol (vgl. BROWN u. NELSON, C. **1954.** 4587) herangezogen. Der Anteil an o-Substitution nimmt deutlich in der Folge $CH_3 > C_2H_5 >$ Iso-$C_3H_7 >$ tert.-C_4H_9 ab; aus den nur wenig verschied. p/m-Substitutionsverhältnissen wird geschlossen, daß die elektr. Effekte dieser Gruppen sehr ähnlich sind u. daher die Wrkg. des Hyperkonjugationseffektes auszuschließen ist u. vorst. Folge durch ster. Wirkungen bedingt ist. Auch die angreifenden Reagentien üben ster. Effekte aus, wie an der Folge der steigenden ster. Hinderung bei der Einführung der Substituenten $Cl < NO_2 < Br < SO_3H$ von HOLLEMAN [1924] gezeigt wird. Der ster. Bau von Zwischenstufen, z. B. bei FRIEDEL-CRAFTS-Rkk. (vgl. BADDELEY, J. chem. Soc. [London] Suppl. Issue **1949.** 99) kann ebenfalls bedeutungsvoll sein. Bei dem (COULOMB) J-Effekt wird die Folge der Wirksamkeit o > m > p angenommen, in gewissen Fällen tritt durch Überlagerung einer Konjugationswrkg. die Folge o > p > m auf. Besprochen wird ferner der Verlauf elektrophiler Substitutionen unter Beteiligung von π- oder σ-Komplexen sowie die Polarisierung des aromat. Kerns durch Substituenten, deren Polarisierbarkeit u. die Wrkg. polarisierender Reagentien, die von angreifenden Ionen (X^-) über mesomere Ionen ($[X^+ - Y = Z \leftrightarrow X = Y - Z^+]$) zu Dipolen ($X^{\delta+} - Y - Z^{\delta-}$) abnimmt. Eingehend behandelt wird schließlich die Natur des Übergangszustandes bei Rkk. ohne intermediäre Komplexbldg. sowie bei Bldg. von σ- u. π-Komplexen. Große Unterschiede der relativen Geschwindigkeiten u. Isomerenverhältnisse bei verschied. Substitutions-Rkk. an ein u. derselben Verb. können nur durch den Einfl. des Reagenses auf die Art des Übergangszustandes zurückgeführt werden. Auf das Isomerenverhältnis hat bes. die Größe der freien Aktivierungsenergie u. der Kovalenzgrad der im Übergangszustand neugebildeten Partialvalenzen erheblichen Einfluß. — 89 Zitate. (J. org. Chemistry **21.** 145—55. 17/2. 1956. Lafayette, Ind., Purdue Univ., Dep. of Chem.) B. GNAUCK. B 225

Yoshiro Ogata und **Masaru Tsuchida,** *Der beschleunigende Ortho-Effekt.* 1. Mitt. *Die Orientierung bei aromatischen nucleophilen Substitutionen.* (Vgl. J. chem. Soc. Japan, pure Chem. Sect. [Nippon Kagaku Zassi] **74.** [1953.] 1000.) Untersucht wurde die Kinetik bzw. der Umsatz der Rkk. von *o-* u. *p-Bromacetophenon* (**Ia, Ib**), *-phenylmethylsulfon* (**IIa, IIb**), *-benzophenon* (**IIIa, IIIb**) u. *-nitrobenzol* (**IVa** u. **IVb**) mit *Pyridin* (**V**) zwischen 70 u. 175° (21—25 Std.) u. mit *Na-Äthylat* (**VI**) bei 81°, **IIa** u. **IIb** auch mit *NaOH* bei 75° (7 Std.). Mit **V** reagieren vorst. o-Verbb. schneller als die p-Verbb., mit **VI** bzw. NaOH laufen dagegen die Rkk. der o-Verbb. langsamer als die der p-Verbb. ab, mit Ausnahme von **IIa** u. **IIb**. Folgende k-Werte 2. Ordnung (in Liter/Mol·sec) wurden ermittelt: Rk. mit **V** bei 70° für **IVa** $40{,}1 \cdot 10^{-6}$, für **IVb** $8{,}4 \cdot 10^{-6}$; Rk. mit **VI** bei 81° für **Ia** $4{,}4 \cdot 10^{-6}$, **Ib** $35 \cdot 10^{-6}$, für **IIa** $96 \cdot 10^{-6}$, für **IIb** $6{,}1 \cdot 10^{-6}$, bei 60° für **IVa** $1{,}3 \cdot 10^{-4}$, für**IVb** $7{,}4 \cdot 10^{-4}$. Diese Ergebnisse sowie Literaturdaten zeigen, daß o-halogensubstituierte Nitro-, Cyan-, Acetyl- u. Halogenbenzole sowie Phenylsulfone mit ungeladenen Agentien (wie NH_3 oder Amine), die entsprechenden p-halogensubstituierten Verbb. aber mit negativ geladenen (Alkoholaten bzw. Hydroxyden) schneller reagieren. Die höhere Reaktionsgeschwindigkeit beim erstgenannten Fall (wo der Übergangszustand positiv geladen ist) wird auf COULOMBsche Anziehungskräfte zwischen entgegengesetzt geladenen Atomen im Übergangszustand zurückgeführt. Die elektrostat. Wechselwirkungsenergien [in kcal/Mol in (), Minuszeichen bedeutet Abstoßung] in den Übergangszuständen der Rkk. von NH_3 mit *o-*, *m-* u. *p-Chlornitrobenzol* (18,36; 6,01; 16,96), *-acetophenon* (15,4; 7,0; 12,6), *-benzophenon* (14,0; 4,2; 5,8) u. **IIa**, der *m-Verb.* u. **IIb** (12,8; —3,5; —1,2) wurden mittels der Verteilungsdiagramme der atomaren Ladungen berechnet; die Folge o > p > m ist in Übereinstimmung mit den experimentellen Befunden. — **IVa**, F. 43° (Methanol); **IVb**, F. 127,5° (Methanol); **Ib**, F. 50°; **Ia**, $Kp._{16}$ 118—119°; **IIIb**, F. 82°; **IIIa**, F. 41,5°; **IIb**, F. 103°; **IIa**, $C_7H_7O_2BrS$, F. 108,5°, durch Kondensation von diazotiertem o-Bromanilin mit SO_2 u. Umsetzung der o-Brombenzolsulfinsäure mit CH_3J. (J. org. Chemistry **20.** 1631—36. Dez. 1955. Yoshida, Kyoto, Japan; Kyoto Univ., Fac. of Engng., Dep. of Ind. Chem.) B. GNAUCK. B 225

Yoshiro Ogata und **Masaru Tsuchida,** *Der beschleunigende Ortho-Effekt.* 2. Mitt. *Die Orientierung bei der Mercurierung von Nitrobenzol.* (1. vgl. vorst. Ref.) Bei der Unters. der Mercurierung von *Nitrobenzol* (**I**) mit a) $Hg(NO_3)_2$ [oder $Hg(ClO_4)_2$] in konz. HNO_3 (oder $HClO_4$) während 7 Std. bei 97—98° bei Ggw. von Harnstoff bzw. b) mit Hg(II)-Acetat ohne weiteres Lösungsm. (2½ Std. bei 150—155°) wurden die entstandenen isomeren Nitrophenylmercurichloride nach DIMROTH [1902 u. früher] in Bromnitrobenzole übergeführt, die UV-spektrophotometr. unter Übertragung der graph. Meth. von VAUGHN u. STEARN (C. **1950.** II. 2231) für 3-Stoffsysteme auf das vorliegende 4-Komponentensyst. analysiert wurden. Es wurden gefunden 37,1—37,5 bzw. 26,1—28,0% *o-* (F. 43°), 56,2—57,0 bzw. 66,0—68,8% *m-* (F. 56,5°) u. 5,5—6,5 bzw. 5,1—6,0% *p-Bromnitrobenzol* (F. 127,5°). In HNO_3 ist das o/p-Verhältnis größer als in reinem **I**. Wie l. c. wurden die Ergebnisse mit der Annahme einer elektrostat. Wechselwrkg. im Übergangszustand (vgl. PRICE, C. **1953.** 3538 u. früher) erklärt; die Anziehung zwischen den entgegengesetzt geladenen Hg- u. O-Atomen (der NO_2-Gruppe) stabilisiert den Übergangszustand u. beschleunigt die o-Substitution. Für diese elektrostat. Wechselwirkungsenergie wird für die o-, m- u. p-Substitution berechnet: —13,5, —3,3 bzw. —18,2 kcal/Mol, was mit der experimentellen Folge der Mercurierungsgeschwindigkeiten m > o > p in Übereinstimmung ist. (J. org. Chemistry **20.** 1637—43. Dez. 1955.) B. GNAUCK. B 225

Yoshiro Ogata und **Masaru Tsuchida,** *Der beschleunigende Ortho-Effekt.* 3. Mitt. *Die Orientierungen bei den Mercurierungen verschiedener aromatischer Verbindungen.* (2. vgl. vorst. Ref.) Untersucht wurde die Orientierung bei der Mercurierung [in ()]

folgender Verbb., die durch mehrstd. Kochen mit Hg(II)-Acetat in Eisessig durchgeführt wurde (**V** wurde in verd. HNO_3 mercuriert, z. T. wurde auch ohne Lösungsm. gearbeitet): *Benzamid* (**I**, o ≫ m > p), *Benzophenon* (**II**, o ≫ m > p), *Methylbenzoat* (**III**, o > m ≫ p), *Fluorenon* (**IV**, o ≫ m, p), *Phenyltrimethylammoniumnitrat* (**V**, m ≫ p, o), *Phenylessigsäure* (**VI**, *Hg-Salz*, p ≫ o, m) u. deren *Methylester* sowie *Benzoesäure* (**VII**, o ≫ m, p bzw. **VII**-*Hg-Salz* m ≫ o). Die Isolierung von Mercurierungsprodd. aus Anthrachinon u. Acenaphthenchinon mißlang. Die experimentellen Ergebnisse sind weitgehend in Übereinstimmung mit den aus den berechneten elektrostat. Wechselwirkungsenergien ΔE zwischen atomaren Ladungen im Übergangszustand hergeleiteten Orientierungen mit Ausnahme von **VI** u. **III**. Diese Abweichungen sowie entsprechende Diskrepanzen in der Literatur werden einer fälschlichen Anwendung der Atomladungen von PRICE zugeschrieben. Andere denkbare Erklärungsmöglichkeiten (Erhaltung der Grundzustandresonanz im Übergangszustand, ster. Hinderung der Resonanz, die elektrophile Aktivität von Reagentien nach BROWN u. MCGARY, JR., C. **1955.** 10232 u. früher) werden kurz diskutiert. Folgende ΔE-Werte (in kcal/Mol) für die in o-, m- u. p-Stellung stattfindende Mercurierung wurden berechnet für **I** −5,7, −6,2, −12,6, für **II** 6,6, 4,2, −2,1, für **III** −13,9, −9,7, −16,4, für **IV** 6,6, 4,2, −2,1, für **V** −218,0, −188,1, −189,0, für **VI**-Hg-Salz −6,1, −7,7, −11,1, für **VII** 12,9, −6,0, −13,0, für **VII**-Hg-Salz −54,1, −31,4, −121,2. — *o-Brombenzamid*, F. 147,0° (Chlf.). — *1-Bromfluorenon*, $C_{13}H_7OBr$, F. 139° (wss. Essigsäure–Isopropanol). — *3-Nitronaphthalsäureanhydrid*, F. 249°, durch Einw. von HNO_3 auf Acenaphthenchinon unter Mercurierungsbedingungen. — *p-Brombenzamid*, F. 189,5°. — *p-Brombenzoesäure*, F. 255°. — *m-Bromdimethylanilin, Pikrat*, F. 136°. (J. org. Chemistry **20.** 1644–49. Dez. 1955.) B. GNAUCK. B 225

P. M. G. Bavin und M. J. S. Dewar, *Elektrophile Substitution.* 1. Mitt. *Einleitende Untersuchungen.* Unter Verwendung des WHELAND-Modells (vgl. J. Amer. chem. Soc. **64.** [1942.] 900) für den Übergangszustand bei Substitutions-Rkk. von aromat. KW-stoffen konnten nach einer vereinfachten MO-Meth. (vgl. DEWAR, C. **1953.** 9102) die Reaktivitäten bei der Methylierung berechnet u. mit den beobachteten Daten verglichen werden bei *Diphenyl* (0,70 [beobachtet]; 0,24 [berechnet]), *Naphthalin* (1,34; 0,50), *Phenanthren* (**I**; 1,43; 0,51), *Chrysen* (1,76; 0,64), *Pyren* (**II**; 2,10; 0,80), *Stilben* (2,26; 0,80), *Benzanthracen* (2,67; 0,96), *Anthracen* (2,91; 1,04) u. *Naphthacen* (3,97; 1,28). Hieraus ergaben sich für das C–C-Resonanzintegral β unterschiedliche Werte. Vff. zeigen, daß β nicht als universelle Konstante, sondern nur als charakterist. Parameter einer bestimmten Substitutions-Rk. betrachtet werden darf. Die Bldg. „abnormer" Prodd. bei Sulfonierungs- u. FRIEDEL-CRAFTS-Rkk. wird darauf zurückgeführt, daß die Bildungsproportionen der Isomeren hier nicht durch ihre Bildungsgeschwindigkeiten, sondern durch das zwischen ihnen herrschende thermodynam. Gleichgewicht bestimmt werden. Vff. konnten in Übereinstimmung mit GORE (vgl. C. **1956.** 71) zeigen, daß unter geeigneten Bedingungen (bei Abscheidung des intermediären Komplexes) bei Acetylierung von **I** *9-Acetylphenanthren* als Hauptprod. entsteht. Untersucht wurde ferner die Nitrierung von **I** nach SCHMIDT u. HEINLE [1911] in heißer Essigsäure; hierbei entstanden chromatograph. kaum trennbare Gemische von (vermutlich) Chinonen u. Polynitroverbb.; die Angaben vorst. Autoren, die im Widerspruch zu der theoret. Folge der relativen Reaktivitäten der verschied. Stellungen in **I** stehen, werden daher für zweifelhaft gehalten. Bei der Nitrierung von **I** in wenig Acetanhydrid (**VI**) bei niedrigen Tempp. wurde ein gelbes krist. Gemisch von Mononitrophenanthrenen erhalten, das nur Spuren von Chinonen bzw. Polynitroverbb. enthielt. Chromatograph. isoliert wurde *1-Nitrophenanthren*, das jedoch nach WARFORD (unveröffentlicht) nur $^1/_3$ der Nitrierungsprodd. darstellt. Die Nitrierung von Triphenylen lieferte ein chromatograph. trennbares Gemisch von *1-* u. *2-Nitrotriphenylen* im Verhältnis ca. 1:1. Da die 1-Stellung bei Substitutionen ster. gehindert ist, muß sie von „innen" her eine höhere als die berechnete Reaktivität besitzen. Die Nitrierung von **II** ergab überraschenderweise nur *1-Nitropyren.*

Versuche: Durch Einw. von rauchender HNO_3 in **VI** auf **I** in **VI** bei 10° (1 Tag) nach Chromatographie aus PAe. an Al_2O_3, Elution mit PAe. + 2% Bzl.: *3-Nitrophenanthren*, F. 173–174° (Essigsäure); *1-Nitrophenanthren*, F. 133–134° (PAe.); *9-Nitrophenanthren*, F. 116° (Essigsäure); *2-Nitrophenanthren*, F. 114–116° (unrein; Methanol). — Durch Einw. von Acetylchlorid u. $AlCl_3$-Pulver auf **I** in CS_2 bei 0° (½ Std. bei 0°, 1 Nacht bei n. Temp.), mit Eis–HCl zers.: *2-Acetylphenanthren*, F. 140–142° (Methanol + wenig Aceton), aus den Mutterlaugen durch Zugabe von heißem W.: *9-Acetylphenanthren*, F. 60–70° (unrein), ergab nach Einw. von Hypochlorit u. Veresterung mit CH_2N_2 *Phenanthren-9-carbonsäuremethylester*, F. 114–115° (PAe.). — Durch Einw. von Acetylnitrat auf Triphenylen (F. 198–199° [Bzl.]) in **VI** bei 25° (1 Tag), auf Eis–verd. H_2SO_4 gießen, aus PAe. an Al_2O_3 chromatographieren, Elution mit PAe.–Bzl. (5:1):

1-Nitrotriphenylen (**III**), $C_{18}H_{11}O_2N$, gelbe Prismen, F. 169° (Toluol) u. *2-Nitrotriphenylen* (**IV**), fahlgelbe Nadeln, F. 165—166° (Essigsäure). — *1-Aminotriphenylen*, $C_{18}H_{13}N$, gelbe Nadeln, F. 104—105° (Toluol), durch Red. von **III** mit Hydrazin u. RANEY-Ni; *N-Acetylderiv.*, $C_{20}H_{15}ON$, F. 252° (Toluol); *Benzalderiv.*, $C_{25}H_{17}N$, fahlgelbe Nadeln, F. 140—140,5° (A.). — *1-Fluortriphenylen* (**V**), $C_{18}H_{11}F$, gelbliche Nadeln, F. 174—175° (Toluol), aus **III** über vorst. Verb., Diazotierung u. Zers. des Diazoniumfluorborats durch 30 Min. Kochen in PAe. (Kp. 100—120°) u. Chromatographieren an Al_2O_3. — *1-p-Fluorphenyl-2-cyclohexenylcyclohexanol*, $C_{18}H_{23}OF$, F. 42—45° (PAe.), durch Zugabe von 2-Cyclohexenylcyclohexanon zu p-Fluorphenyl-MgBr (1 Nacht); 58% (Ausbeute). — *2-Fluor-5.6.7.8.9.10.11.12-oktahydrotriphenylen*, $C_{18}H_{19}F$, F. 146—147° (A.), durch Zugabe vorst. Verb. in CS_2 zu $AlCl_3$-Pulver in CS_2 bei 0° (1 Std. bei 0°, 1 Tag bei n. Temp.), isoliert über das Pikrat (orange Nadeln, F. 180° [Bzl. oder A.]). — *2-Fluortriphenylen*, F. 185—185,5° (PAe.), a) durch Dehydrierung vorst. Verb. mit Pd-Kohle bei 310—335°; fast 100%; b) analog **V** aus **IV**. — *2-Acetamidotriphenylen*, $C_{20}H_{15}ON$, F. 260—261° (Methanol), durch Einw. von PCl_5 auf das Oxim (F. 190—196°) von 2-Acetyltriphenylen (vgl. BUU-HOI u. JACQUIGNON, C. **1954.** 7869) in Bzl. (15 Min. am Rückfluß), Zugabe von W.; ergab nach 36std. Kochen mit HCl in A.: *2-Aminotriphenylen*, $C_{18}H_{13}N$, fahlgelbe Platten, F. 139—140° (PAe.). — *1-Nitropyren*, orangegelbe Nadeln, F. 155° (Essigsäure), durch Einw. von 95%ig. HNO_3 in **VI** auf **II** (F. 153—154°) bei n. Temp., nach einem Tag auf Eis-verd. H_2SO_4 gießen. (J. chem. Soc. [London] **1956.** 164—69. Jan. London, Univ., Queen Mary Coll.) B. GNAUCK. B 225

P. Fitzgerald, J. Packer, J. Vaughan und **A. F. Wilson,** *Die Kinetik der alkalischen Hydrolyse der Ester und Amide von 1- und 2-Naphthoesäure.* Untersucht wurde die Kinetik der alkal. (NaOH) Hydrolyse von *1-* (F. 36°, Kp.$_{17}$ 165—166°) u. *2-Naphthoesäuremethyl-* (F. 76°) u. *-äthylester* (Kp.$_{45}$ 194—196° bzw. Kp.$_{37}$ 194—195°) in 85 Gew.-%ig. wss. Methanol bzw. A. zwischen 30 u. 60° sowie die von *1-* (F. 207°) u. *2-Naphthamid* (F. 196—196,5°) in 20 Vol.-%ig. wss. Dioxan bei 70 u. 80°, wobei die nachst. E- (kcal/Mol) u. log A-Werte (in vorst. Folge) ermittelt wurden: 18,7, 9,7; 19,4, 10,5; 14,5, 7,3; 16,1, 8,8; 20,0, 7,7; 13,3, 4,6. Die Ergebnisse werden mit den Befunden von BERGMANN u. HIRSHBERG (J. chem. Soc. [London] **1936.** 331) verglichen u. die Ursachen für die Abweichungen diskutiert. Eine einfache Beziehung zwischen den E-Werten u. den Elektronendichten der 1- u. 2-Stellung im Naphthalinsyst. besteht nicht. Bei allen Tempp. sind die k-Werte der Äthylester höher als die der Methylester. Dies ist überraschend, da nach den Ergebnissen von INGOLD die Äthylester wegen des stärker positiven J-Effektes der C_2H_5-Gruppe langsamer reagieren sollten. Die Abweichung wird damit erklärt, daß 1. in A. das Gleichgewicht $ROH + OH^- \rightleftharpoons H_2O + RO^-$ mehr zugunsten der linken Seite liegt als in Methanol, d. h. die Konz. der katalysierenden OH^--Ionen ist höher (Angriff von RO^- führt nur zur Bldg. eines neuen Estermol.), 2. die Unterschiede der DK. beider Medien eine Rolle spielen. Aus den k-Werten der Rk. von Äthyl-2-naphthoat werden mittels der Gleichung von JAFFÉ (Chem. Reviews **53.** [1953.] 254) folgende HAMMETT-σ-Werte berechnet: σ_{25} 0,079 ± 0,017, σ_{35} 0,055 ± 0,021, σ_{50} 0,051 ± 0,019. Die Bedeutung des Hydroxyd-Alkoholat-Gleichgewichts für kinet. Messungen in alkoh. Systemen wird kurz besprochen. (J. chem. Soc. [London] **1956.** 170—73. Jan. Christchurch, New Zealand, Canterbury Univ. Coll.) B. GNAUCK. B 225

Takeru Higuchi, Arnold D. Marcus und **Charles D. Bias,** *Die Kinetik des Abbaus von Chloramphenicol in Lösung.* 2. Mitt. *Gesamtabnahmegeschwindigkeit in gepufferten Lösungen.* (1. vgl. J. Amer. pharmac. Assoc., sci. Edit. **42.** [1953.] 707.) Aus kinet. Analysen geht hervor, daß neben der Spaltung der C–Cl-Bindung eine der Hauptursachen des Chloramphenicol (**I**)-Abbaus die hydrolyt. Spaltung der Amidbindung ist: $p\text{-}O_2N\text{—}C_6H_4CHOH\text{—}CH(CH_2OH)\text{—}NH\text{—}CO\text{—}CHCl_2 \xrightarrow{HOH} p\text{-}O_2N\text{—}C_6H_4CHOH\text{—}CH(CH_2\cdot OH)\text{—}NH_2 + Cl_2CHCOOH$. Die Geschwindigkeit des Verschwindens von **I**-Moll. aus wss. Lsgg. verläuft über einen weiten Bereich der H^+-Ionenkonzz. nach der 1. Ordnung. Die Geschwindigkeit ist von der Ionenstärke des Mediums unabhängig. Im p_H-Bereich von 2—7 ist die Abbaugeschwindigkeit auch von der H^+-Ionenkonz. im wesentlichen unabhängig. Die Rk. wird jedoch durch einige säure- u. basenanaloge Verbb. katalysiert. So wirken HPO_4^{2-}-Ionen, undissoziierte Essigsäure u. Citrat-Citronensäure-Systeme deutlich katalytisch. Bei letzteren Systemen wurden ziemlich komplizierte Verhältnisse gefunden, die möglicherweise auf die polybas. Natur der Citronensäure u. ihrer Ionen, in deren Mol. sowohl elektrophile als auch nucleophile Funktionen vorhanden sind, zurückzuführen ist. (J. Amer. pharmac. Assoc., sci. Edit. **43.** 129—34. März 1954. Wisconsin, Univ., School of Pharmacy.) R. MATTNER. B 225

R. J. L. Martin, *Der Mechanismus der Cannizzaro-Reaktion bei Formaldehyd.* Die Geschwindigkeit der CANNIZZARO-Rk. von *Formaldehyd* mit NaOH kann durch die

Gleichung $v/[CH_2(OH)_2]^2 = k_0 + k_1[OH^-] + k_2[OH^-]^2$ beschrieben werden. Mit einer Hydrolysenkonstante $K_h = 0{,}30$ Mol/Liter (vgl. Austral. J. chem. **7.** [1954.] 400) ergeben sich bei 40° $k_0 = 0{,}0$, $k_1 = 3{,}35 \cdot 10^{-4}$ [Liter²/Mol²·sec] u. $k_2 = 9{,}02 \cdot 10^{-3}$ [Liter³/Mol³·sec]. Der Autor nimmt Zutreffen des Reaktionsmechanismus von INGOLD an. (Austral. J. Chem. **7.** 335—47. Nov. 1954. Melbourne, C. S. I. R. O., Div. of Ind. Chem.)
W. KOCHMANN. B 225

Karl H. Hausser, *Stickstoff-Radikale bei tiefen Temperaturen.* 1. Mitt. *N-Äthylphenazyl.* Die Abnahme des Paramagnetismus mit sinkender Temp. u. die Konzentrationsabhängigkeit der bei tiefer Temp. neu auftretenden Absorptionsbande bei 12500 cm^{-1} des *N-Äthylphenazyls* deutet Vf. als Dimerisation zweier Radikale bei tiefer Temp., bei der sich die beiden Radikale mit ihren Mol.-Ebenen unter Bldg. einer zur Mol.-Ebene senkrechten schwachen π-Bindung (Dissoziationsenergie ca. 2 kcal/Mol) aufeinander legen. Die Bande bei 12500 cm^{-1} dürfte einem Übergang mit einem zur Mol.-Ebene des dimeren Syst. senkrechten Übergangsmoment zuzuordnen sein. — Die Unterss. werden in C. **1956.** 9128 ausführlich beschrieben u. diskutiert. (Naturwissenschaften **43.** 14—15. Jan. 1956. Heidelberg, Max-Planck-Inst. für Med. Forsch., Inst. für Chem.)
K. PRCHAL. B 225

Karl H. Hausser, *Stickstoff-Radikale bei tiefen Temperaturen.* 2. Mitt. *Wursters Blau-Perchlorat.* (1. vgl. vorst. Ref.) Die dem N-Äthylphenazyl analoge Temperaturabhängigkeit des Paramagnetismus von *Wursters Blau-Perchlorat* u. das Auftreten einer charakterist. langwelligen Absorption (ca. 13000 cm^{-1}) bei tiefen Tempp. deutet Vf. ähnlich als eine Antiparallelstellung der Spins der ungepaarten Elektronen, wenn sich zwei Radikale mit ihren Benzolringen flach aufeinanderlegen, wobei ein resonanzstabilisierter, teilweise chinoider Zustand gebildet wird. Diese Vorstellung wird durch eine bei tiefer Temp. beobachtbare, dem chinoiden Syst. zugehörige Ultrarotbande bei 6,15 μ gestützt. — Die Unterss. werden in C. **1956.** 9128 ausführlich wiedergegeben u. diskutiert. (Naturwissenschaften **43.** 15. Jan. 1956.)
K. PRCHAL. B 225

Jan Hansson, *Die Reaktion zwischen Aminen und Alkylenoxyden.* 4. Mitt. *Neuberechnung einiger früherer Werte.* (3. vgl. Acta chem. scand. **8.** [1954.] 365.) Mittels eines verbesserten Ansatzes für die durch die als Neben-Rk. auftretende Hydrolyse der Alkylenoxyde notwendig werdende Korrektur berechnet Vf. aus den Meßwerten von SMITH u. Mitarbeitern (Lunds Univ. Årsskr. 2. Bd. **42.** [1946.] Nr. 7) für die Additionsgeschwindigkeit von *Pyridin* u. von *Piperidin* an *Epichlorhydrin* in W. bei 20° die neuen Werte 0,022 bzw. 0,42 ($Mol^{-1}\cdot Liter\cdot min^{-1}$). (Svensk kem. Tidskr. **66.** 287—89. 1954. Lund, Univ., Chem. Inst., Dep. of organ. Chem.)
K. PRCHAL. B 225

Jan Hansson, *Die Reaktion zwischen Aminen und Alkylenoxyden.* 5. Mitt. *Eine Beziehung zwischen Struktur und Geschwindigkeitskonstanten.* (4. vgl. vorst. Ref.) Die Geschwindigkeitskonstanten (k) für die Addition von *NH_3*, *Methyl-*, *Dimethyl-*, *Trimethyl-* (**I**), *Äthyl-*, *Diäthyl-*, *Triäthylamin* (**II**) u. *Pyridin* an *Propylen-* (**III**) u. *Äthylenoxyd* (**IV**), *Glycid* u. *Epichlorhydrin* in W. bei 20° werden zusammengestellt u. miteinander verglichen. Mit diesen Werten können, auf **III** als Standard bezogene, relative Additionsgeschwindigkeiten der Amine an die Oxyde ($k_{Oxyd}:k_{III}$) berechnet werden. Es zeigt sich, daß dieser Quotient — außer bei **I** u. **II** — für das jeweilige Oxyd einen ziemlich konstanten Wert hat; z. B. ist die auf $k_{III} = 1$ bezogene relative Additionsgeschwindigkeit der verschied. Amine an **IV** $= 1{,}1 \pm 0{,}1$. Dieses Ergebnis weist auf einen Zusammenhang zwischen k u. der Struktur der Reaktionspartner, den Vf. in Form der Gleichung $\log k - \log k_0 = r\cdot(s_a + s_0) + t$ ableitet. In dieser Gleichung bedeuten s_a u. s_0 „Substituentenkonstanten" des betreffenden Amins bzw. Oxyds. k u. k_0 sind die Geschwindigkeits- oder Gleichgewichtskonstanten für die substituierte bzw. die unsubstituierte Verbindung. Als unsubstituierte Verb. gilt im vorliegenden Fall für die s_a-Werte NH_3, für die s_0-Werte **IV**. r bedeutet eine „Reaktionskonstante" des untersuchten Reaktionstyps (im vorliegenden Fall z. B. = 1 angenommen). t ist ein ster. Faktor, der hier aber nur bei **I** u. **II** wesentlichen Einfl. hat. Die s_a- u. s_0-Werte werden vom Vf. berechnet u. tabelliert. Die gleiche Geschwindigkeitskonstante–Konst.-Beziehung kann auch auf die früher (Acta chem. scand. **8.** [1954.] 365) untersuchte Dissoziation von tert. Aminen u. ihre Addition an **III**, die Hydrolyse von Alkyljodiden des Typs $R_1R_2R_3CJ$ in A.-W.-Lsgg. (SHORTER u. HINSHELWOOD, C. **1949.** E. 847) sowie die alkal. Hydrolyse von Epoxyden in W. (WODE, Dissertation Lund [1936]) angewandt werden. Die aus diesen verschied. Rkk. erhaltenen s_a- u. s_0-Werte stimmen gut überein. Sie stellen augenscheinlich allg. gültige polare Einfll. der Substituenten auf k dar u. können mit der beschriebenen Meth. leicht von ster. Einfll. separiert werden. (Svensk kem. Tidskr. **66.** 351—58. 1954. Lund, Univ., Chem. Inst., Dep. of Organ. Chem.)
K. PRCHAL. B 225

Jan Hansson, *Die Reaktion zwischen Aminen und Alkylenoxyden.* 6. Mitt. *Geschwindigkeitskonstanten für die Addition von Pyridinen an Propylenoxyd.* (5. vgl. vorst. Ref.) Zur besseren Differenzierung ster. u. polarer Einflüsse der Substituenten bei der Addition von Aminen an *Propylenoxyd* (I) werden die Geschwindigkeitskonstanten (k) für die Addition folgender Pyridinderivv. an I (durch direkte Titration der Additionsprodd.) bestimmt: *Pyridin* (II) 6,4 [$10^3 \cdot$k (Mol$^{-1}\cdot$Liter$\cdot$min^{-1}) bei 20° in W.]. *2-* [Kp.$_{758}$ 128,8°; (n$_D^{20}$, D.$^{20}_4$) 1,5008, 0,9444] 1,2, *3-* 9,7 u. *4-Picolin* 8,9. *2.3-* (Kp.$_{38}$ 72,8°, Kp.$_{739}$ 158,1°; 1,5080, 0,9453) 1,1, *2.4-* (III; Kp.$_{737}$ 157,3°; 1,5012, 0,9319) 1,5 u. *2.6-Lutidin* (IV) 0,06. *2.4.6-Collidin* (V; Kp.$_{31}$ 77,0—77,4°, Kp.$_{747}$ 170°; 1,5014, 0,9214) 1,1. *4-Aminopyridin* (VI; F. 160° [Vakuumsublimation]) 17 (konduktometr. bestimmt). *2-Hexylpyridin,* k ca. 10^{-4}. *2-Chlorpyridin* reagierte nicht. Die Addition des VI erfolgt am Ring-N-Atom. CH_3-Gruppen in 2-Stellung erniedrigen k gegenüber II beträchtlich, in anderen Stellungen erhöhen sie k etwas. Bes. stark erhöht die 4-NH_2-Gruppe k. Eine gewisse Parallelität besteht zwischen k u. den Dipolmomenten oder den katalyt. Einflüssen der untersuchten Verbb. bei der basenkatalysierten Acylierung von Benzoylalanin mittels Acetanhydrid (vgl. SEARLES u. CVEJANOVICH, C. **1951.** II. 357). Analog zu der vorst. referierten Unters. werden für die verschied. Substituenten bzw. -gruppierungen ,,Substituentenkonstanten" s' u. ,,ster. Faktoren" t berechnet u. tabelliert. Bei den mehrfach substituierten Pyridinen lassen sich nur im Falle des III die s'-Werte der Einzelgruppen zum s' der 2.4-Dimethylgruppierung addieren. In den anderen Fällen ist die Abweichung beträchtlich. Vermutlich sind hierfür ster. Einflüsse bei der Rk. maßgebend, die aber bei der benutzten Gleichung für s' u. t nicht berücksichtigt werden. Hierfür spricht, daß die beim Vgl. der Reaktionskonstanten von höchstwahrscheinlich ster. unbeeinflußten Rkk. — z. B. Dissoziation der Pyridine oder durch Pyridine katalysierte Zers. von Nitramid in Anisollsg. (vgl. BELL u. TROTMANN-DICKENSON, C. **1950.** I. 2087) — mit den s'-Werten sich zeigende Parallelität sich nur dann auch auf IV u. V miterstreckt, wenn beim Vgl. deren durch Addition der s' der Einzelgruppen errechnete s' u. nicht die experimentellen Werte benutzt werden. k$_{IV}$ u. k$_V$ nehmen — vermutlich auf Grund von Neben-Rkk. — mit der Reaktionszeit etwas ab. Diese Störung kann aber keinen wesentlichen Einfl. auf die Abweichung der experimentellen s' des IV u. V haben. (Svensk kem. Tidskr. **67.** 246—55. 1955.) K. PRCHAL. B 225

Jan Hansson, *Die Reaktion zwischen Aminen und Alkylenoxyden.* 7. Mitt. *Bestimmung von Dissoziationskonstanten für einige gemischte tertiäre aliphatische Amine.* (6. vgl. vorst. Ref.) Für verschied. gemischte tert. aliphat. Amine werden die Dissoziationskonstanten bei 20,00° in W. konduktometr. bestimmt. Bei Aminen des Typs $(CH_3)_2NR$ wird durch Verlängerung oder Verzweigung der R-Gruppen die Basenstärke etwa in folgender Reihenfolge erhöht: $CH_3 < C_2H_5 < n\text{-}C_3H_7 \simeq n\text{-}C_4H_9 \simeq iso\text{-}C_4H_9 < iso\text{-}C_3H_7 \simeq sek.\text{-}C_4H_9 < tert.\text{-}C_4H_9$. Bei den längeren Ketten wird ein Grenzwert erreicht. Bestimmend scheinen bes. polare oder induktive Einflüsse zu sein. Resonanz- oder Polarisationseinflüsse sind vernachlässigbar. Ster. Einflüsse würden eine umgekehrte Reihenfolge bewirken.

V e r s u c h e: Darst. der gemischten Amine erfolgt allg. durch Methylierung der Hydrochloride der einfachen Amine mit Paraformaldehyd (I). Meßwerte in folgender Reihenfolge: n$_D^{20}$; D.$^{20}_4$ (im Original auch angegeben für andere Wellenlängen u. Tempp., D.$^{25}_4$); pK$_B$ (bei 20° in W.). Bei den Hydrochloriden Äquivalentleitfähigkeit Λ_0 (Ohm$^{-1}\cdot$cm^2 bei 20° in W.). — *Trimethylamin,* F. 170°, —, —, 4,24. — *Methyldiäthylamin,* Kp.$_{768}$ 65,7°. 1,3894; 0,7065; 3,71. *Hydrochlorid,* 105. — *Triäthylamin,* Kp.$_{765}$ 88,5—88,9°, —, —, 3,35. — *Dimethyläthylamin,* Kp.$_{752}$ 37,2°; 1,3728; 0,6748; 4,01. *Hydrochlorid,* 107. — *-n-propylamin,* Kp.$_{743}$ 64,5°; 1,3866; 0,7012; 4,01. *Hydrochlorid,* 100. — *-isopropylamin,* Kp.$_{752}$ 65,5°; 1,3907; 0,7152; 3,70. *Hydrochlorid,* 103. — *-n-butylamin,* —, —, 3,98. — *-isobutylamin,* Kp.$_{753}$ 81,0°. 1,3907; 0,7097; 4,09. *Hydrochlorid,* 100. — *-sek.-butylamin,* Kp.$_{755}$ 92,6°. 1,4027; 0,7382; 3,60. *Hydrochlorid,* 103. — *-tert.-butylamin,* $C_6H_{15}N$, Kp.$_{753}$ 89,1°; durch Methylierung mit Mischung von Ameisensäure u. Formaldehyd (bessere Ausbeute als mit I). 1,4047; 0,7436; 3,48. *Hydrochlorid,* 100. — *4-Aminopyridin,* F. 160° (nach Vakuumsublimation), —, —, 4,93. *Hydrochlorid,* 108. (Svensk kem. Tidskr. **67.** 256—62. 1955.) K. PRCHAL. B 225

Jan Hansson, *Die Reaktion zwischen Aminen und Alkylenoxyden.* 8. Mitt. *Geschwindigkeitskonstanten für die Addition einiger Amine an Propylenoxyd.* (7. vgl. vorst. Ref.) Vf. bestimmt nach der früher beschriebenen Destillationsmeth. (vgl. Svensk kem. Tidskr. **60.** [1948.] 183) die Geschwindigkeitskonstanten der Addition folgender Amine an *Propylenoxyd* (I) in W. bei 10,00°, 20,00° u. 30,00° (k$_{10}$, k$_{20}$, k$_{30}$). Bei tert. Aminen kann auch konduktometr. gemessen werden. Das Additionsprod. des Pyridins wird direkt titriert.

Versuche: *Äthylamin*, Kp.$_{751}$ 17,0°; k_{20} 0,024 (Mol^{-1}·Liter·min^{-1}). — *n-Propylamin* (II), Kp.$_{745}$ 46,1°; n_D^{20} 1,3850; D.$^{20}_4$ 0,7162; k_{20} 0,027. — *N-Propylaminopropanol-(2)*, Kp.$_{38,5}$ 94,0°; durch langsames Einleiten von I in 40° warme methanol. II-Lösung. — *tert.-Butylamin*, Kp.$_{750}$ 43,3°; aus tert.-Butylharnstoff; n_D^{20} 1,3773; D.$^{20}_4$ 0,6919; k_{20} 0,0060. — *Methyldiäthylamin*, k_{10} 0,00663; k_{20} 0,0189; k_{30} 0,0491. — *Dimethyläthylamin*, k_{10} 0,0291; k_{30} 0,192. — *-n-propylamin*, k_{20} 0,0656. — *-isopropylamin*, k_{20} 0,0215. — *-sek.-butylamin*, k_{20} 0,0154. — *-tert.-butylamin*, k_{20} 0,0031. — *Tri-n-propylamin*, Kp.$_{757}$ 157,3—157,4°; n_D^{20} 1,4181; D.$^{20,08}_4$ 0,7612; k_{20} 0,00081; k_{30} 0,0022 (k_{20} u. k_{30} in 49,8 Gew.-%ig. A. bestimmt). — *N.N-Dimethyläthanolamin*, Kp.$_{752}$ 133,8°; n_D^{20} 1,4297; D.$^{20}_4$ 0,8867; k_{20} 0,047. — *Pyridin*, k_{10} 0,00225; k_{30} 0,0136. (Svensk kem. Tidskr. **67**. 263—68. 1955.) K. PRCHAL. B 225

G. Fritz und **B. Raabe**, *Neue cyclische siliciumorganische Verbindungen durch thermische Zersetzung von $Si(CH_3)_4$*. Untersucht wurden die Prodd. der therm. Zers. von *Tetramethylsilan* (I) bei 720° (2—5 Min.) u. 100—200 mm Hg. An leicht flüchtigen Verbb. wurden H_2, CH_4 u. C_2H_4 sowie wenig SiH_4, C_2H_6 u. einfache Si-organ. Verbb., wie Dimethylsilan, festgestellt. Ca. 40% des I ergaben höhersd. Fll., nicht destillierbare Öle, pechartige u. feste Prodd., die, sofern sie reduzierende Eigg. aufweisen, Si–Si- bzw. Si–H-Bindungen besitzen. Isoliert wurden ein fester spröder gelblicher Stoff (44% Si-Geh.), der bei 60° erweicht u. beim Schmelzen ein klares gelbliches Öl ergibt, ferner durch Dest. eine *Verb.* $C_9H_{24}Si_3$ (Kp.$_{100}$ 173°), der die Konst. von *1.1.3.3.5.5-Hexamethyl-1.3.5-trisilacyclohexan* zugeschrieben wird, daneben eine reduzierende *Verb.* $C_8H_{22}Si_3$ (*1.3.3.5.5-Pentamethyl-1.3.5-trisilacyclohexan?*) u. *Verb.* $C_{11}H_{28}Si_4$ (*1.5-Endomethylen-1.3.3.5.7.7-hexamethyl-1.3.5.7-tetrasilacyclooctan?*), weiße Nadeln, vom F. 106° (lösl. in Bzl., Cyclohexan, Pentan u. A.), sublimieren zwischen 50 u. 60° (Hochvakuum), Kp.$_{100}$ 173°. Vff. zeigen an Hand von Mol.-Modellen, daß die Verb. $C_{12}H_{32}Si_4$ mit der Struktur eines 1.1.3.3.5.5.7.7-Oktamethyl-1.3.5.7-tetrasilacyclooctans aus ster. Gründen nicht existieren kann. Ferner wurden bei der I-Zers. erhalten: eine weiße krist. Verb. mit 5 Si-Atomen im Mol. sowie ein gelbbraunes festes Prod. mit 47% Si, das offenbar ebenfalls einen cycl. Si-KW-stoff darstellt. (Z. Naturforsch. **11b**. 57—59. Jan. 1956. Marburg/Lahn, Univ., Inst. für Siliciumchemie.) B. GNAUCK. B 225

Miloš Kraus, Vladimír Bažant, *Diene durch Pyrolyse von cyclischen Verbindungen*. 1. Mitt. *Darstellung von Butadien durch Pyrolyse von Cyclohexen*. Vff. haben die therm. Zers. von Cyclohexen (I) zu *Butadien* (II) u. *Äthylen* in Ggw. von Wasserdampf untersucht u. den Einfl. der Temp., des Partialdruckes u. der Raumgeschwindigkeit auf den Umsatz bestimmt. Die Pyrolyse von I, die bei einer Temp. von 750—780°, einem Partialdruck $<$20 mm Hg in Ggw. von Wasserdampf u. einer Raumgeschwindigkeit von ca. 200 Mol/Std. pro Liter des Reaktionsraumes durchgeführt wurde, lieferte **II** bei 40%ig. Umsatz in einer Maximalausbeute von 85%. Die Abhängigkeit (Ab.) des Umsatzes (%) von **I** zu **II** von der Temp., die Ab. des Verhältnisses Äthylen : **II** u. Acetylen : **II** von der Temp. des Reaktionsabgases, die Ab. des Umsatzes von **I** vom Partialdruck, vom reziproken Wert des Partialdruckquadrates u. von der Raumgeschwindigkeit sowie die Apparaturanordnung vgl. Original. (Chem. Listy **49**. 883—88. Juni 1955. [Orig.: tschech.]; Collect. czechoslov. chem. Commun. **21**. 356—62. April 1956. [Orig.: russ.] Praha, Československ. akad. věd, Chem. ústav, odd. org. technol.)
K. HEJNO/Prag. B 225

M. Kraus und **Vl. Bažant**, *Diene durch Pyrolyse von cyclischen Verbindungen*. 2. Mitt. *Darstellung von Butadien durch Pyrolyse von Cyclohexanol*. (1. vgl. vorst. Ref.) Vff. untersuchten bei gleicher Versuchsanordnung wie vorst. die Pyrolyse von Cyclohexanol (**I**) bzgl. der Ausbeute des gebildeten *Butadiens* (**II**) u. *Äthylens* (**III**) in Abhängigkeit von der Temp., der Raumgeschwindigkeit u. dem Partialdruck von **I**. Bei 800°, beim Partialdruck des **I** von 7 mm Hg u. bei einer Raumgeschwindigkeit von 200 Mol (I + H_2O) pro Std. u. Liter des Reaktionsraumes betrug der Gesamtumsatz von **I** 46%. Davon entfallen 26,4% auf **II** u. 37,9% auf **III**. Die Reaktionsabgase (7,8 Liter, bezogen auf 0° u. 760 mm Hg) hatten folgende Vol.-%ig. Zus.: 7,8% **II**, 11,2% **III**, 1,8% *Acetylen*, 4,6% *höhere Olefine*, 0,6% CO_2 u. 3% *CO*. Der Umsatz von **I** erreicht den Maximalwert bei ca. 830° (Partialdruck 7,5 mm Hg, Raumgeschwindigkeit 270 Mol/Std. u. Liter des Reaktionsraumes). Dabei bilden sich ca. 40% von **II**. Bei niedriger Raumgeschwindigkeit steigt das Verhältnis von **III** zu **II** mit steigender Temp. steil an. Bei konstant gehaltener Temp. läßt sich die auf umgesetztes **I** bezogene Ausbeute an **II** durch Abnahme der Raumgeschwindigkeit bis auf ca. 80% erhöhen. Der Umsatz von **I** ist aber niedrig. Die Versuchsergebnisse sind in 6 graph. Abbildungen wiedergegeben. Unter den Prodd. der Pyrolyse wurden weder Cyclohexen noch Cyclohexanon gefunden (vgl. dagegen YAMAMOTO u. KURAKU, J. chem. Soc. Japan **65**. [1944.] 42).

Aus den erhaltenen Ergebnissen geht hervor, daß die Pyrolyse von Cyclohexen zu **II** (l. c.) der von **I** zu **II** überlegen ist. (Chem. Listy **49.** 1041—44. Juli 1955. [Orig.: tschech.]; Collect. czechoslov. chem. Commun. **21.** 363—67. April 1956. [Orig.: russ.])
A. EMR/PRAG. B 225

David Taber und **Alvin I. Kosak**, *Die Zersetzung von Pikrinsäurekomplexen mit Kaliumchlorid.* Vff. fanden KCl in wss. A. als Zersetzungsmittel für Pikrinsäurekomplexe geeigneter als wss. NH_4OH. Neben K-Pikrat wurden mit KCl in wss. A. in der Siederhitze erhalten: Aus β-Naphtholpikrat (F. 154—155°) *β-Naphthol*, F. 123,5° (Ausbeute quantitativ), aus Pyrenpikrat (F. 221—222°) *Pyren*, F. 151—152° (62,8%), u. aus 3.3'-Dioxybenzidinpikrat *3.3'-Dioxybenzidin*, F. 293° (51,6%). Durch die Solvens-Abhängigkeit der Pikrate (A./W.) werden allerdings, wie in den letzten beiden Fällen, nur beschränkte Ausbeuten erzielt. (J. org. Chemistry **21.** 257—58. 17/2. 1956. New York, N. Y., New York Univ., Inst. of Industrial Medicine.)
G. BANKWITZ. B 225

J. Chanmugam und **Milton Burton**, *Reaktionen von freiem Methylen: Photolyse von Keten in Gegenwart anderer Gase.* Es wurden folgende gasförmige Systeme (Konz. ca. 10^{-7} Mol/Liter) zwischen 27 u. 412° durch 15 Min. dauernde Bestrahlung (λ ca. 2100 bis 4045 Å) photolysiert: 1. *Keten* (**I**, aus Acetanhydrid [Kp. 139,6°] durch Zers. bei 400°), 2. **I**-H_2-D_2, 3. **I**-D_2, 4. *Aceton* (**II**), 5. **I**-**II** u. 6. **I**-CD_4. Die flüchtigen Reaktionsprodd. wurden massenspektrometr. quantitativ analysiert. Bei den Systemen 1, 2 u. 3 entstanden hauptsächlich CO u. C_2H_4, ferner CO_2, C_2H_2, C_2H_6 u. CH_4 sowie Ketonverbb. u. höhere KW-stoffe, bei 2 u. 3 außerdem noch $C_2H_4D_2$, CH_2D_2 u. CH_3D. Aus **II** bildeten sich CO, CH_4, C_2H_6, C_2H_4, CO_2, **I** u. $CH_3COC_2H_5$ (**III**), aus **I**-**II** (Syst. 5) die gleichen Prodd. wie bei Syst. 4 nur an Stelle von **I** C_2H_2 u. C_3H_8. Das Reaktionsgemisch von Syst. 6 enthielt CO, C_2H_4, CH_2CD_2, CH_2D_2, CH_3D, CH_4, CD_3H, C_2H_6, C_2H_5D, $C_2H_4D_2$, $C_2H_3D_3$, $C_2H_2D_4$, C_2HD_5, C_2D_6 u. CO_2. Allg. stieg die Ausbeute der Reaktionsprodd. mit steigender Temperatur. Die Analysenresultate zeigten, daß Rkk. des Typs $CH_2 + H_2 \rightarrow CH_4$ u. $CH_2 + D_2 \rightarrow CH_2D_2$ im Syst. 2 bereits bei Zimmertemp. (27°) ablaufen müssen u. daß die Aktivierungsenergie klein, aber nicht 0 ist. Das Verhältnis der Ausbeuten CH_4/CH_2D_2 betrug bei gleicher $[H_2]$ u. $[D_2]$ bei 27° 1,5. Die weitere Diskussion des Reaktionsmechanismus dieser Photolyse-Rkk. ergab, daß im Syst. 5 eine Bldg. von C_2H_2 aus nicht angeregten CH_2 u. CH_3 kaum möglich sein dürfte. Für die Rkk. $CH_3 + \mathbf{II} \rightarrow CH_4 + CH_3{-}COCH_2$ (1) u. $2CH_3 \rightarrow C_2H_6$ (2) ergaben sich eine Differenz der Aktivierungsenergien $E_1 - \frac{1}{2}E_2 = 9{,}8 \pm 0{,}4$ kcal u. ein Verhältnis der Häufigkeitsexponenten $(a_1/a_2^{1/2}) = 1{,}1 \cdot 10^{-7}$. Die Verss. mit CD_4 (Syst. 6) stützen die Annahme der Rk.: $CH_2 + CD_4 \rightarrow CH_2D_2 + CD_2$ (3). Außerdem folgt, daß unter diesen Bedingungen bei Zimmertemp. C_2H_6 u. seine deuterierten Derivv. nicht nur gemäß (2) entstehen. Aus (3) u. $CH_2 + \mathbf{I} \rightarrow C_2H_4 + CO$ (4) wurde für $E_3 - E_4$ ein Wert von 0,9 kcal u. für $(a_4/a_3) = 1{,}4$ abgeleitet. Ferner folgt, daß bei der Photolyse von **I** angeregte CH_2-Radikale keine bedeutende Rolle spielen u. daß unter den Bedingungen der von WIENER u. BURTON (C. **1954.** 3903) durchgeführten elektr. Entladung durch CH_4, vom kinet. Standpunkt aus betrachtet, nur sogenannte Niedertemperatur-Rkk. ablaufen können. (J. Amer. chem. Soc. **78.** 509—19. 5/2. 1956. Notre Dame, Ind., Univ., Dep. of Chem.)
L. FISCHER. B 226

George F. Sheats und **W. Albert Noyes jr.**, *Photochemische Untersuchungen.* 51. Mitt. *Die Photochemie von Diacetyl bei 3650 und 4358 Å und ihre Beziehung zu der Fluorescenz.* (49. vgl. C. **1955.** 784.) Es wurden die Quantenausbeuten von CO, C_2H_6 u. CH_4 aus *Diacetyl* (**I**)-Dampf bei Bestrahlung mit Licht der Wellenlängen 3650, 4358 Å u. z. T. ca. 2700 Å als Funktionen der Intensität, des Druckes u. der Temp., u. zwar bis zu 100° bestimmt. Ganz allg. sind die Ausbeuten bei den ersten beiden Wellenlängen niedrig. Selbst bei 100° beträgt die Ausbeute an CO nur ca. 0,3—0,5. Bei Zimmertemp. scheinen bei 2700 u. 4358 Å in dem Primärprozeß die gleiche Anzahl CH_3- u. CH_3CO-Radikale gebildet zu werden. Bei 3650 Å konkurriert dieser Primärprozeß mit einem, in dem $2CH_3CO$-Radikale gebildet werden. Bei der größten Wellenlänge u. bei Zimmertemp. ist die Quantenausbeute proportional der Intensität des eingestrahlten Lichtes u. nur gering druckabhängig. Bei 3650 Å nimmt die Ausbeute mit steigendem Druck ab, was in Zusammenhang stehen könnte mit einer entsprechenden Zunahme in der Fluorescenzwirksamkeit. Mit steigender Temp. nehmen die Ausbeuten bei 4358 Å zuerst ab u. dann in dem gleichen Maße zu, in dem sie von der Intensität unabhängig werden. — Die aus dem Mechanismus von GROH JR. (C. **1954.** 9251) folgende Beziehung zwischen der photochem. Quantenausbeute Φ, der Fluorescenzausbeute Q u. der Konz. an **I**, $Q/\Phi = a \cdot (\mathbf{I})$, ist bei 30° erfüllt. (J. Amer. chem. Soc. **77.** 1421—26. 20/3. 1955. Rochester, N. Y., Univ., Dep. of Chem.)
C. GOTTFRIED. B 226

J.-C. Roy, **J. R. Nash**, **R. R. Williams jr.** und **W. H. Hamill**, *Diffusionskinetik: Die Photolyse von Azo-bis-isobutyronitril.* Vff. untersuchten die Photolyse von *Azo-*

bis-isobutyronitril (I) in Bzl. in Ggw. von J_2 bei 35° mit Licht der Wellenlänge 3300 bis 3600 Å u. die therm. Zers. von I in Chlorbenzol mit u. ohne Zusatz von J_2 bei 80°. Der Fortgang der Zers. von I wurde an der entwickelten Menge N_2 verfolgt. Reaktionsprod. ist in Abwesenheit von J_2 Tetramethylsuccinonitril (II). Die Geschwindigkeitskonstanten der therm. Zers. von I betrugen $1{,}50 \cdot 10^{-4}$ (ohne J_2) u. $1{,}55 \cdot 10^{-4}$ sec.$^{-1}$ (mit J_2). Der Wirkungsgrad ε von J_2 als Radikalfänger, definiert durch $\varepsilon = 0{,}5\ (RJ/N_2)$, wurde bei der therm. Zers. von I in Toluol ermittelt. ε lag zwischen 0,58 u. 0,64. Für die Photolyse ergab sich hingegen, daß $-\log \varepsilon$ proportional der Wurzel aus dem Molenbruch von J_2 war. Daraus folgt, daß bei der Photozers. von I die Rekombination der entstandenen Isobutyronitrilradikale (III) durch die Diffusion gesteuert wird. Als Primärprozeß ist dabei der Zerfall von I → [III + N_2 + III] anzunehmen, wobei die eckige Klammer andeuten soll, daß die entstandenen Teilchen Diffusionszusammenstößen ausgesetzt sind. Bei der therm. Zers. von I liegen die Verhältnisse anders, hier konnte ein ähnlicher Diffusionseffekt nicht gefunden werden. Es werden 2 Mechanismen für den Zerfall von I angenommen, wobei der eine bei 60%ig. Anteil zu dem konstanten Verhältnis $(RJ/N_2) = 2$ gehört u. der andere vermutlich in einer Umlagerung zu II u. N_2-Eliminierung besteht. Freie Radikale werden bei diesem Mechanismus nicht gebildet. (J. Amer. chem. Soc. **78.** 519—21. 5/2. 1956. Notre Dame, Ind., Univ., Dep. of Chem.)
L. FISCHER. B 226

G. O. Schenck und **D. E. Dunlap,** *Photosynthese von Cyclopentadienendoperoxyd bei —100° und Hydrierung von Endoperoxyden mit Thioharnstoff. Verwendung von Na-Dampflampen in der präparativen Photochemie.* Vff. stellten aus Cyclopentadien durch photosensibilisierte Autoxydation mittels einer Na-Dampflampe u. Rose Bengale als Sensibilisator bei —100° das instabile *Cyclopentadienendoperoxyd* (I) her. Stündlich konnten bis 4 Liter O_2 in Quantenausbeuten $\geqq 1$ übertragen werden. Die Reinigung von I erfolgte durch Hochvakuumdest. bei —30°.

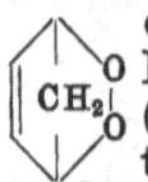

I

I vom F. unterhalb —30° bildet gelbe wachsartige Kristalle von stechendem Geruch, explodiert oberhalb 0° u. isomerisiert sich in inerten Lösungsmitteln zu *Cyclopentenolon.* Durch Hydrierung der Lsg. von I bei —20° mit Thioharnstoff wurde *cis-1.3-Dioxycyclopenten-(4)*, F. 59—60° (50% Ausbeute. *Bis-phenylurethan*, F. 195—196°) erhalten. Auch Norascaridol reagiert mit Thioharnstoff unter Abscheidung von S. Als Hydrierungsprod. konnte *cis-1.4-Dioxycyclohexen-(2)*, F. 59—60°, in 75%ig. Ausbeute isoliert werden. (Angew. Chem. **68.** 248—49. 7/4. 1956. Göttingen, Univ., Inst. für organ. Chemie.)
H. BÜTTNER. B 226

G. O. Schenck, K. G. Kinkel und **E. Koch,** *Geschwindigkeit und Temperaturabhängigkeit photosensibilisierter Reaktionen mit O_2.* Unter Verwendung von Rose Bengale als Sensibilisator der Oxydation von α-Terpenen werden Teil-Rkk. u. Temperaturkoeffizienten bei tiefen Tempp. gemessen. Nach dieser neuartigen Methodik lassen sich auch instabile Prodd. zugänglich machen. (Naturwissenschaften **41.** 425—26. Sept. 1954.)
H. BERG. B 226

H. E. Hoelscher, W. G. Poynter und **E. Weger,** *Die katalytische Hydrierung von Olefinen in der Dampfphase.* Überblick mit 86 Literaturstellen. Sehr gedrängt wird zunächst der Reaktionsmechanismus diskutiert. Zwischen —80° u. 200° ist die Reaktionsgeschwindigkeit oberhalb von einigen mm Hg unabhängig von der Olefinkonz. u. proportional der Wasserstoffkonz., bei höherer Temp. u. niedrigerer Olefinkonz. ist es umgekehrt. Es herrscht weder Einmütigkeit darüber, ob die Rk. zwischen dem adsorbierten Olefin u. dem gasförmigen Wasserstoff oder dem an kleinen Oberflächenbezirken adsorbierten Wasserstoff erfolgt, noch über Art u. Weise der Olefinadsorption. Die verschied. Arbeiten über die homogene u. heterogene Hydrierung von Olefinen im stat. u. Strömungssyst. werden aufgezählt, ebenso Austausch-Rkk. mit Deuterium, Adsorptionsmessungen u. Unterss. des Stoff- u. Wärmetransportes in Strömungsapparaturen mit fester Katalysatoranordnung. In einem Anhang findet sich eine größere Zahl von Hinweisen für die physikal. u. thermodynam. Eigg. des Wasserstoffs, der Olefine u. Paraffine. (Chem. Reviews **54.** 575—92. Aug. 1954. Baltimore, Md., Johns Hopkins Univ., Dep. of Chem. Engng.)
H. THEILE. B 227

B. N. Dolgow, G. W. Golodnikow und **L. M. Tscheparuchina,** *Zersetzung von Benzoesäureestern am Chromkatalysator.* Beim Überleiten des Äthyl-, Butyl- u. Isoamylesters der Benzoesäure über einen ZnO-Cr_2O_3-Katalysator bei 380—450° erfolgt einerseits Zers. zu *Bzl.*, *CO_2* u. *Olefin*, andererseits Ketonbildung. Diese erreicht ein Optimum bei 400—420° u. der Volumengeschwindigkeit 50—60; man erhält 9,3% *Acetophenon* bzw. 6,6% *Butyrophenon* bzw. 2,3% *Isovalerophenon.* Als Zwischenstufe wird Bldg. der Aldehyde (z. B. Acet- u. Benzaldehyd) u. deren Aldolkondensation angenommen.

Die Ketonzers. erfolgt hier schwieriger als bei den Estern aliphat. Säuren. (Журнал Общей Химии [J. allg. Chem.] **25** (87). 1555–60. Aug. 1955. Leningrad, Univ.)

R. K. Müller. B 227

Walter Hückel, Theoretische Grundlagen der organischen Chemie. Bd. 1. 8., stark umgearb. Aufl. Leipzig: Akademische Verl.-Ges. 1956. (XVI + 851 S. m. 34 Abb.) 8°. DM 24,—.

Carmen Matarazzo, Elettrolisi degli acidi organici delle serie inferiori. P. I. Elettrolisi degli acidi organici monosostituiti e dei loro miscugli. P. II. Redatte nel giugno 1923 u. nell'aprile 1924. 2 fasc. Roma: Tip. Ars-Graf. 1955. (14 S.) 8°.

A. N. Terenin u. a., Der gegenwärtige Stand der Strukturtheorie in der organischen Chemie. Berlin: Akademie-Verl. 1956. (123 S. m. Abb.) 8° = Übersetzungen ausl. Fachliteratur. H. 2. DM 13,—.

C. Präparative organische Chemie. Naturstoffe.

H. J. den Hertog, *Die Anwendung von Tracern in der organischen Chemie.* Vortrag über die Unters. von organ. Rkk. mit Hilfe von Tracern (radioakt. Halogen, ^{11}C, ^{14}C). (Chem. Weekbl. **47**. 681–86. 15/9. 1951. Wageningen, Landbouwhogeschool, Labor. voor Organ. Chem.)

W. Wesly. 480

A. F. Rekaschewa, G. A. Bloch und **G. P. Mikluchin**, *Isotopenaustausch des Schwefels zwischen Schwefelwasserstoff und 2-Mercaptobenzothiazol.* (Vgl. C. **1956**. 2986.) Der S-Austausch zwischen $H_2{}^{35}S$ (aus $Zn^{35}S$, gelöst in Toluol) u. *2-Mercaptobenzothiazol* (I, „Captax") wird in zugeschmolzenen Ampullen untersucht. Bei 135 u. 150° beträgt die Geschwindigkeitskonstante k des Austauschs 0,039 bzw. 0,117 Std.$^{-1}$, entsprechend Halbwertsperioden von 18 bzw. 6 Std.; Aktivierungsenergie 25100 cal/Mol. In stärker verd. Lsg. ist bei 150° k = 0,086. Die Reaktionsordnung liegt zwischen 0 u. 1. Diskussion des Reaktionsmechanismus. (Журнал Общей Химии [J. allg. Chem.] **25** (87). 1631–36. Aug. 1955. Pissarshewski-Inst. für physik. Chem. der Akad. der Wiss. der UkrSSR.)

R. K. Müller. 480

L. I. Sacharkin, *Einwirkung von Natrium auf Verbindungen, die eine $CCl_2{=}CH$-Gruppe enthalten.* Es wird festgestellt, daß bei der Hydrolyse der aus Dichlorvinylderivv. $Cl_2C{:}CHR$ durch Rk. mit Na erhaltenen Prodd. die entsprechenden *Acetylenderivv. $HC{\equiv}CR$* entstehen. Da 4 g-Mol Na je Mol $Cl_2C{:}CHR$ benötigt werden, nehmen Vff. an, daß die Rk. nach $RCH{:}CCl_2 + 4Na \rightarrow RC{\equiv}CNa + NaH + 2NaCl$ u. anschließende Hydrolyse des Acetylids verläuft. Für die intermediäre Bldg. von $RC{\equiv}CNa$ spricht ferner, daß beim Behandeln des Reaktionsprod. von 1.1-Dichlorpenten-(1) mit Na u. CO_2 *Pentin-(1)-carbonsäure* u. bei der Einw. von Benzaldehyd auf das Reaktionsprod. aus 1.1-Dichlor-5-diäthylaminopenten-(1) mit Na *1-Oxy-1-phenyl-6-diäthylaminohexin-(2)* erhalten wird. Aus 1.1-Dichlor-3-phenylpropen-(1) entsteht kein Acetylenderiv., sondern *Phenylallen.*

Versuche: *1.1-Dichlornonen-(1)*, $C_9H_{16}Cl_2$, Kp.$_7$ 85–86°, man erhitzt 1.1.1-Trichlornonan in Ggw. von wasserfreiem $FeCl_3$ auf 60–75° bis zum Aufhören der HCl-Entw.; $D.^{20}_4$ 1,0106; n_D^{20} 1,4597; 77,5% (Ausbeute). — *1.1-Dichlor-5-äthoxypenten-(1)*, $C_7H_{12}OCl_2$, Kp.$_{11}$ 79–81°, man kocht 1.1.5-Trichlorpenten-(1) mit Na-Äthylat in A. 4 Std.; $D.^{20}_4$ 1,1101; n_D^{20} 1,4642; 69%. — *1.1-Dichlor-7-äthoxyhepten-(1)*, $C_9H_{16}OCl_2$, Kp.$_{15}$ 114–116°, analog Vorst. aus 1.1.7-Trichlorhepten-(1) (6 Std. kochen); $D.^{20}_4$ 1,0603; n_D^{20} 1,4622; 77%. — *1.1-Dichlor-9-äthoxynonen-(1)*, $C_{11}H_{20}OCl_2$, Kp.$_1$ 88–89°, aus 1.1.9-Trichlornonen-(1) analog Vorst.; $D.^{20}_4$ 1,1054; n_D^{20} 1,4669; 73,5%. — *1.1-Dichlor-5-diäthylaminopenten-(1)*, $C_9H_{17}NCl_2$, Kp.$_2$ 63–64°, man erhitzt eine Lsg. von 1.1.5-Trichlorpenten-(1) u. Diäthylamin in Methanol 5–6 Std. im Autoklaven auf 100–115°; $D.^{20}_4$ 1,0349; n_D^{20} 1,4719; 83,5%. — *1.1-Dichlor-7-diäthylaminohepten-(1)*, $C_{11}H_{21}NCl_2$, Kp.$_{1,5}$ 89–90°, aus 1.1.7-Trichlorhepten-(1) analog Vorst.; $D.^{20}_4$ 1,0097; n_D^{20} 1,4730; 88%. — *1.1-Dichlor-9-äthylmercaptononen-(1)*, $C_{11}H_{20}Cl_2S$, Kp.$_1$ 120–121°; man kocht eine alkoh. Lsg. von 1.1.9-Trichlornonen-(1) mit C_2H_5SNa; $D.^{20}_4$ 1,0672; n_D^{20} 1,4991; 92,8%. — *1.1-Dichlor-5-phenoxypenten-(1)*, $C_{11}H_{12}OCl_2$, Kp.$_2$ 112–113°, aus 1.1.5-Trichlorpenten-(1) u. Na-Phenolat in Ggw. von NaJ in A. (8½ Std. kochen); $D.^{20}_4$ 1,1914; n_D^{20} 1,5375; 70,5%. — *1.1-Dichlor-3-äthoxyhepten-(1)*, $C_9H_{16}OCl_2$, Kp.$_9$ 84–85°, man läßt zu einer Lsg. von 37 g 1.1.3-Trichlor-3-äthoxypropen-(1) in absol. Ae. bei 0° eine äther. Lsg. von Butyl-MgBr (aus 30 g C_4H_9Br u. 5 g Mg) zutropfen, rührt 30 Min. bei Zimmertemp. u. gießt in W.; $D.^{20}_4$ 1,0408; n_D^{20} 1,4530; 31,2 g. — Darst. der *Acetylene:* Man läßt zu Na in Ae. einen Teil der äther. Lsg. des 1.1-Dichlorvinylderiv. zutropfen, erwärmt bis zum Beginn der Rk., läßt den Rest zutropfen, kocht das Reaktionsgemisch gegen Ende der Rk., kühlt auf 0° ab u. gießt in W.: *n-Heptin-(1)*, C_7H_{12}, Kp.$_{760}$ 97–98°; n_D^{20} 1,4120; 68%. — *n-Nonin-(1)*, C_9H_{16}, Kp.$_{760}$ 148–150°, n_D^{20} 1,4250; 71%. — *5-Äthoxypentin-(1)*, $C_7H_{12}O$, Kp.$_{760}$ 126–127°; $D.^{20}_4$ 0,8268; n_D^{20} 1,4204; 72%. — *7-Äthoxyheptin-(1)*, $C_9H_{16}O$, Kp.$_{10}$ 63–64°; $D.^{20}_4$ 0,8318; n_D^{20} 1,4289; 76%. —

9-Äthoxynonin-(1), $C_{11}H_{20}O$, Kp.$_{10}$ 94—95°; D.$^{20}_{4}$ 0,8336; n_D^{20} 1,4350; 76%. — *5-Phenoxypentin-(1)*, $C_{11}H_{12}O$, Kp.$_{9}$ 108—109°; D.$^{20}_{4}$ 0,9848; n_D^{20} 1,5210; 87%. — *5-Diäthylaminopentin-(1)*, $C_9H_{17}N$, Kp.$_{8}$ 45—46°, Kp.$_{10}$ 54° a) analog vorst.; D.$^{20}_{4}$ 0,8061; n_D^{20} 1,4410; 86%; b) man läßt zu Na in Ae. 1.1.2-Trichlor-5-diäthylaminopenten-(1) zutropfen u. gießt nach Beendigung der Rk. in Wasser; n_D^{20} 1,4412; 88%. *Oxalat*, F. 105 bis 106° (A.). — *7-Diäthylaminopentin-(1)*, $C_{11}H_{21}N$, Kp.$_{10}$ 84—85°; D.$^{20}_{4}$ 0,8128; n_D^{20} 1,4460; 78%. *Oxalat*, F. 72—73° (A.-Ae.). — *9-Äthylmercaptononin-(1)*, $C_{11}H_{20}S$, Kp.$_{12}$ 129—130°; D.$^{20}_{4}$ 0,8854; n_D^{20} 1,4771; 90%. — *3.3-Dibutoxypropin-(1)*, $C_{11}H_{20}O_2$, Kp.$_{27}$ 118—120°; D.$^{20}_{4}$ 0,8752; n_D^{20} 1,4280; 75%. — *3-Äthoxyheptin-(1)*, $C_9H_{16}O$, Kp.$_{9}$ 45—46°; D.$^{20}_{4}$ 0,8229; n_D^{20} 1,4206; 40%. — *Phenylallen*, C_9H_8, Kp.$_{11}$ 69—70°, bei der Einw. von 13 g Na auf 32 g 1.1-Dichlor-3-phenylpropen-(1) analog Vorst.; D.$^{20}_{4}$ 0,9360; n_D^{20} 1,5800; 8 g. — *1.1.2-Trichlor-5-diäthylaminopenten-(1)*, $C_9H_{16}NCl_3$, Kp.$_{2}$ 84—85°, man erhitzt 1.1.2.5-Tetrachlorpenten-(1) u. Diäthylamin in Methanol 5—6 Std. im Autoklaven auf 100—110°; D.$^{20}_{4}$ 1,1378; n_D^{20} 1,4886; 76%. *Oxalat*, $C_{11}H_{18}O_4NCl_3$, F. 125—126° (A.-Ae.). — *Pentin-(1)-carbonsäure-(1)*, Kp.$_{13}$ 116—117°, man gibt zu dem Reaktionsgemisch aus Na u. 1.1-Dichlorpenten-(1) CO_2 u. gießt in W.; n_D^{20} 1,4642; 32%. — *1-Oxy-1-phenyl-6-diäthylaminohexin-(2)*, $C_{16}H_{23}ON$, Kp.$_{2}$ 172—173°, man läßt zu dem Reaktionsgemisch aus 8,6 g Na u. 11 g 1.1-Dichlor-5-diäthylaminopenten-(1) unter Kühlung 8 g Benzaldehyd in Ae. zutropfen, erwärmt 30 Min. auf dem Wasserbad, kühlt ab u. gießt in W.; D.$^{20}_{4}$ 1,006; n_D^{20} 1,5327; 5,2 g. — *1-Oxy-1-phenyl-6-äthoxyhexin-(2)*, $C_{14}H_{18}O_2$, Kp.$_{3}$ 185—186°, man läßt zu einer Lsg. von C_2H_5MgBr in Ae. 5-Äthoxypentin-(1) zutropfen, erwärmt, bis die C_2H_6-Entw. aufhört, kühlt, gibt Benzaldehyd zu, kocht 1 Std. u. gießt in eine gesätt. NH_4Cl-Lsg.; D.$^{20}_{4}$ 1,0284; n_D^{20} 1,5265; 87%. (Известия Академии Наук СССР, Отделение Химических Наук [Nachr. Akad. Wiss. UdSSR, Abt. chem. Wiss.] **1955.** 1009—14. Nov./Dez. Inst. für Metallorgan. Verbb. der Akad. der Wiss. der UdSSR.) Ch. Weiske. 530

S. B. Sen Gupta und **Radhapada Das,** *Darstellung von Äthern bei niedrigen Temperaturen durch Gebrauch von Ameisensäureestern.* Vff. beschreiben eine allg. anwendbare Meth. zur Darst. von Äthern aus Ameisensäureestern u. Na-Alkoholaten. Da diese Rk. bereits bei 0° abläuft, ist sie bes. zur Darst. von Äthern geeignet, die sich bei höheren Tempp. bereits wieder zersetzen.

Versuche: *Äthyl-n-butyläther*, Kp. 91—93°, a) zu n-Butylalkohol + Na in Ae. wird bei 0° Ameisensäureäthylester (I) hinzugefügt; nach Stehen über Nacht 80% (Ausbeute); b) aus absol. A. + Na in Ae. u. Ameisensäure-n-butylester bei 0° in 30 Min.; 79%. — *Äthylisobutyläther*, Kp. 80—83°, nach a) aus Isobutanol u. I 60%; nach b) aus Ameisensäureisobutylester u. Na-Alkoholat 70%. — *Äthyl-tert.-butyläther*, Kp. 71—73°, aus tert.-Butylalkohol, Na in Ae. u. I; 40%. — *β-Äthoxypropionitril*, Kp.$_{760}$ 170—174°, durch Zugabe von Äthylencyanhydrin u. I zu Na + A. in Bzl. in 2 Std.; nach 24 Std. Stehen bei 5—10° 80%. — *Äthylbenzyläther*, Kp. 187—189°, aus Na in Bzl. + Benzylalkohol u. I bei 0°; 65%. (J. Indian chem. Soc., ind. News Edit. **13.** 259—61. 1950. Calcutta, Standard Pharmaceutical Works Ltd.) R. Borchardt. 560

Hans von Euler und **Arnim Glaser,** *Zur Kenntnis alicylischer Reduktone* 1. Mitt. DL-epi-meso-Inosose (I) u. scyllo-meso-Inosose reduzieren Tillmann-Reagens (TR) in neutraler Lsg. nicht. Nach kurzer Einw. von Alkali (0,1—0,4n, 20—30 Min.) u. Ansäuern mit Essigsäure kann jedoch das gebildete *Endiol* **II** mit TR titriert werden (Kurven). — Aus I wird nach Behandlung mit 2n NaOH (N_2-Atmosphäre) durch Pb-Acetat (p_H 6,5) ein *Pb-Salz* abgeschieden, nach Entfernen des Pb durch H_2SO_4 u. Einengen krist. das *aci-Redukton AG*, $HOCH_2CH(OH)CH(OH)\cdot C(OH) = C(OH)\cdot CHO$ oder $OHC\cdot CH(OH)\cdot CH(OH)\cdot C(OH) = C(OH)\cdot CH_2OH$, $C_6H_{10}O_6$, das papierchromatograph. einheitlich u. nicht mit Triosereduktion ident. ist; *2.4-Dinitrophenylhydrazon*, sintert bei 155°, F. 175° (Zers.). — UV-Messungen an I vor u. nach einer Alkalibehandlung zeigen eine Verschiebung des Maximums von 275 mμ nach 305 mμ. (Ark. Kemi **8.** Nr. 7. 61—65. 1955. Stockholm, Univ., Inst. für organ.-chem. Forschung.) H. Rossow. 680

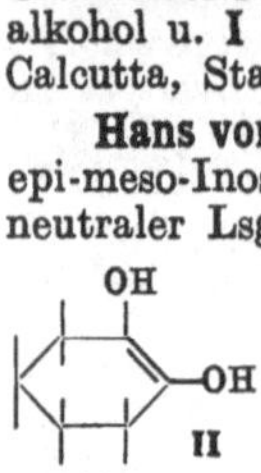

II

Jerzy Falęcki, *Über die Gewinnung der Monohydroxamsäuren und ihre Eigenschaften.* Übersicht. — 173 Literaturangaben. (Wiadomości chem. **9.** 265—87. Mai 1955.) O. Pollak v. Emhofen. 800

R. A. Raphael und **Franz Sondheimer,** *Die Synthese langkettiger aliphatischer Säuren aus Acetylenverbindungen.* 5. Mitt. *Synthese von trans-cis-Herculin.* (4. vgl. C. **1956.** 1274.) Bei der katalyt. Hydrierung von Tetrolaldehyddiäthylacetal (**I**) wird *cis-Crotonaldehyddiäthylacetal* erhalten, das bei der sauren Hydrolyse *trans-Crotonaldehyd* liefert. Diese säurekatalysierte geometr. Isomerisierung wird bei der Darst. von *trans—cis-Herculin* (**II**) benutzt. 1.1-Diäthoxydodecadiin-(2.8) wird katalyt. zu *1.1-Diäthoxydodecadien-(cis-*

2.cis-8) hydriert u. zum *trans-cis-Dienal* hydrolysiert, das zur *Säure* oxydiert u. in **II** übergeführt wird. **II** ist verschieden von dem natürlichen Insekticid Herculin (F. 59—60°), weist keine von dessen physiolog. Eigg. auf u. ist im Gegensatz zum natürlichen Prod. stabil. Letzteres ist daher entweder das 1 (trans)-7 (trans)- oder das 1 (cis)-7 (trans)-Isomere.

Versuche: *cis-Crotonaldehyddiäthylacetal*, $C_8H_{16}O_2$, $Kp._{757}$ 144—146°, aus 7,45 g **I** mit H_2 in Äthylacetat über $Pd/CaCO_3$; n_D^{15} 1,4170; 5,2 g (Ausbeute). — *trans-Crotonaldehyd*, Kp. 102—104°, aus 9,7 g vorst. Verb. in wss. Oxalsäure durch Wasserdampfdest.; n_D^{15} 1,4368; 3,2 g. *2.4-Dinitrophenylhydrazon*, F. 191°, aus A. scharlachrote Nadeln. *Semicarbazon*, F. 202—204°, aus A. Tafeln. Gibt in A. mit $AgNO_3$ in wss. NaOH (16 Std. rühren) *trans-Crotonsäure*, F. 71—72°, aus PAe. Blättchen. — *Dodecadiin-(2.8)-al-(1)-diäthylacetal* [*1.1-Diäthoxydodecadiin-(2.8)*], $C_{16}H_{26}O_2$, $Kp._{0,2}$ 115—116°, aus Undecadiin-(1.7) mit C_2H_5MgBr in Ae., Behandlung mit Orthoameisensäuretriäthylester u. Hydrolyse mit kalter 50%ig. Essigsäure; n_D^{18} 1,4640; 82%. Gibt bei der Wasserdampfdest. in Ggw. von Oxalsäure den *freien Aldehyd*, der mit Semicarbazid unter Cyclisierung wahrscheinlich das dem Semicarbazon isomere *Pyrazol* $C_{13}H_{19}ON_3$, F. 71—72°, aus PAe. Nadeln, liefert. — *Dodecadien-(cis-2.cis-8)-al-(1)*, aus dem Acetal durch Wasserdampfdest. in Ggw. von Oxalsäure. *Semicarbazon*, $C_{13}H_{23}ON_3$, F. 162°, aus A. Tafeln. *Diäthylacetal* [*1.1-Diäthoxydodecadien-(cis-2.cis-8)*], $C_{16}H_{30}O_2$, $Kp._{0,1}$ 84—85°, aus 10,03 g vorst. Verb. mit H_2 in Äthylacetat über $Pd-CaCO_3$; n_D^{18} 1,4490; 9,3 g. — *Undecadien-(trans-1.cis-7)-carbonsäure-(1)*, $C_{12}H_{20}O_2$, $Kp._{10}$ 98—100°, aus 2,2 g vorst. Aldehyd in W.-A. mit $AgNO_3$ u. NaOH; n_D^{20} 1,4710; 1,6 g. *S-Benzylthiuroniumsalz*, $C_{20}H_{30}O_2N_2S$, F. 143—144°, aus wss. A. prismat. Platten. *Isobutylamid* (**II**; *trans-cis-Herculin*), $C_{16}H_{29}ON$, $Kp._{10-5}$ 133—135°, aus 1,5 g Säure mit Oxalylchlorid in sd. Bzl. u. Umsetzung des erhaltenen *Säurechlorids* mit Isobutylamin in Ae.; n_D^{19} 1,4810, 1,3 g; gibt bei der Hydrierung *Laurinsäureisobutylamid*, F. 51—52, bei der $KMnO_4$-Oxydation *Buttersäure*, *Adipinsäure* u. *N-Isobutyloxaminsäure*. (J. chem. Soc. [London] **1951**. 2693—95. Okt. Glasgow, Univ. u. Harvard, Mass., Univ.) L. LORENZ. 810

Karl Ernst Schulte und **Werner Engelhardt**, *Zur Kenntnis der Acetylencarbonsäuren. 3. Mitt. Die Darstellung der Hexin-(3)-säure.* (2. vgl. C. **1954**. 11166.) Vff. beschreiben eine vom Butin ausgehende Synth. der Hexin-(3)-säure.

Versuche: *Pentin-(2)-ol-(1)*, $Kp._{57}$ 84—85°, aus Butin u. C_2H_5MgBr in Ae., dann Zugabe von CH_2O im N_2-Strom unter Kochen u. 2std. weiteres Sieden; 60,5% (Ausbeute). — *1-Brompentin-(2)*, $Kp._{113}$ 93—94°, aus vorst. Verb. u. PBr_3 in absol. Ae. bei Ggw. von Pyridin unter N_2; 51%. — *1-Cyanpentin-(2)*, $Kp._{117}$ 111°, aus vorst. Verb. u. CuCN in absol. Xylol (langsam Erhitzen, dann $^3/_4$ Std. bei 120°); 28%. — *Hexin-(3)-säuremethylester*, $C_7H_{10}O_2$, $Kp._{113}$ 124—126°, durch Lösen vorst. Verb. in CH_3OH, Zugabe von W. u. Einleiten von HCl; 25%. *Freie Säure*, F. 59° (vgl. dagegen MARUYANA u. SUZUKI, C. **1931**. II. 2594), $Kp._{11}$ 105°, aus dem Ester u. 10%ig. KOH; 56%. *p-Bromphenacylester*, $C_{14}H_{13}O_3Br$, F. 125°. — Verss. einer Rk. von Butin-Na mit Bromessigester in Ae. oder Bzl. gaben nur Harze. (Arch. Pharmaz. Ber. dtsch. pharmaz. Ges. **287/59**. 495—97. 1954. Berlin, FU, Pharmazeut. Inst.) J. ROTHE. 810

C. Neuberg, A. Grauer und **M. Kreidl**, *Die Grundlage der Carbamatreaktion.* Entgegen der früheren Auffassung, daß die Carbaminierung von Aminosäuren (**I**) nur in stark alkal. Lsgg. [in Ggw. von Erdalkalihydroxyden (**II**)] erfolgen könne, wird festgestellt, daß die *Carbaminocarbonsäuren* (**IV**) auch bei neutraler oder schwachsaurer Rk. entstehen können. CO_2 wird in Ggw. irgendeines Bicarbonats (**III**) über **III** sofort an **I** addiert. Die frühere Arbeitsweise, lange Sättigung eines Gemischs von **I** u. **II** mit CO_2 unter Eiskühlung, führte zunächst zur Bldg. der Erdalkalibicarbonate. α-Monoaminomonocarbonsäuren als solche nehmen kein CO_2 auf. Die **IV** sind durch Fällung mit einer wss. oder methanol. Hg(II)-Acetatlsg. identifizierbar. *Cyanamid* (*Carbaminsäurenitril*) verhält sich bei der enzymat. Spaltung wie die **I**. Die **IV** spielen vielleicht auch physiol. eine Rolle. (Arch. Biochem. Biophysics **58**. 169—77. Sept. 1955. New York, N. Y., Med. Coll., Dep. of Biochem.) K. MAIER. 950

P. B. Mahajani und **J. N. Ray**, *Eine neue Methode für die Synthese von Aminosäuren und verwandten Verbindungen.* Die Umsetzung von Methylenaminoacetonitril (**I**) mit aliphat. u. aromat. Aldehyden nach Art einer Aldokondensation mit anschließender Verseifung des Kondensationsprod. führt zu den entsprechenden *Aminosäuren*.

Versuche: *α-Methylenamino-β-oxypropionitril*, F. 62—64°, aus **I** u. Paraformaldehyd bei Ggw. von Na-Äthylat. — *Serin*, F. 246° (Zers.), aus vorst. Aldol durch Verseifung mit HCl. — *α-Methylenamino-β-oxybutyronitril*, aus **I** u. Paraldehyd. — *Threonin*, F. 228°—229° (Zers.), aus vorst. Verb. u. HCl. — *α-Methylenamino-β-oxy-*

β-[p-methoxyphenyl]-propionitril, F. 125—126°, aus I u. Anisaldehyd. — *α-Amino-β-oxy-β-[p-methoxyphenyl]-propionsäure*, F. 155°. — *α-Methylenamino-β-oxy-β-[3.4-methylendioxyphenyl]-propionitril*, F. 218—220°, aus I u. Piperonal. — *α-Amino-β-oxy-β-[3.4-methylendioxyphenyl]-propionsäure*, F. 125—127°. (Current Sci. **22.** 146. Mai 1953. Bombay, Inst. of Sci., Organ. Chem. Dep.) G. Mohr. 950

Fritz Micheel und **Kurt Weichbrodt**, *2-Nitro-4-carboxyphenylderivate von Aminosäuren und einige ihrer Glucosederivate.* 3. Mitt. (2. vgl. C. **1954.** 62.) Bei der Umsetzung von 4-Fluor-3-nitrobenzoesäure (**I**)-Äthylester (**Ia**) mit DL-Lysin (**II**) wurde *α.ε-Bis-N-[2-nitro-4-carbäthoxyphenyl]-DL-lysin* erhalten, das ein *Mono-Na-Salz* bildet u. beim Kochen mit verd. NaOH zu *α.ε-Bis-N-[2-nitro-4-carboxyphenyl]-DL-lysin* (**III**) verseift werden kann. **III** konnte auch durch direkte Umsetzung von **I** mit **II**-Hydrochlorid erhalten werden, u. gab mit 50%ig. Essigsäure *ε-N-[2-Nitro-4-carboxyphenyl]-DL-lysinhydrochlorid* (**IV**), das auch über den *Äthylester* aus dem Cu-Komplex von **II** mit **Ia** dargestellt wurde. Außerdem lieferte *ε-N-Benzoyl-α-N-[2-nitro-4-carboxyphenyl]-DL-lysin*, dargestellt aus ε-N-Benzoyl-DL-lysin (**V**) u. **I**, nach Abspaltung des Benzoylrestes ein *Isomeres* von **IV**. Bei der Einw. von **I** auf *L*-Argininhydrochlorid (**VI**) entstand *α-N-[2-Nitro-4-carbäthoxyphenyl]-L-arginin*, das sich mit $Ba(OH)_2$ zum *Ba-Salz* des *α-N-[2-Nitro-4-carboxyphenyl]-L-ornithins* verseifen ließ. Ferner wird die Darst. von *1.2-Isopropyliden-3.5-benzyliden-6-[3-nitro-4-N-alanylbenzoyl]-L-glucose* aus 1.2-Isopropyliden-3.5-benzyliden-6-[4-fluor-3-nitrobenzoyl]-D-glucose (**VII**) u. DL-Alanin (**VIII**), die saure Hydrolyse von 1.2.5.6-Diisopropyliden-3-[3-nitro-4-N-alanylbenzoyl]-D-glucose (**IX**) zu *3-[3-Nitro-4-N-alanylbenzoyl]-D-glucose*, sowie die Umsetzung von D-Glucose mit 4-Fluor-3-nitrobenzoylchlorid (**X**) zu *Pentakis-[4-fluor-3-nitrobenzoyl]-β-L-glucose* beschrieben.

Versuche: *α.ε-Bis-N-[2-nitro-4-carbäthoxyphenyl]-DL-lysin*, $C_{24}H_{28}O_{10}N_4$, F. 237° (W.), aus 1 g **II** in W. u. 3 g **I** in CH_3OH (12 Std. bei 50°); 0,54 g (Ausbeute). *Na-Salz*, $C_{24}H_{27}O_{10}N_4Na$, F. 127°, rotgelbe Nadeln aus wss. CH_3OH. — *α.ε-Bis-N-[2-nitro-4-carboxyphenyl]-DL-lysin* (**III**), $C_{20}H_{20}O_{10}N_4$, F. 145° (A.), a) aus **II**·HCl in wss. NaOH mit **I** in CH_3OH (10 Std. bei 45°); 75,5%; b) aus vorst. Verb. mit sd. 5%ig. NaOH (5 Std.); 60,8%. — *ε-N-[2-Nitro-4-carbäthoxyphenyl]-DL-lysinhydrochlorid*, $C_{15}H_{21}O_6N_3$·HCl, F. 215—218° (Isopropanol), durch Kochen von **II**·HCl in W. mit CuO u. Zusatz von $NaHCO_3$ u. **I** in CH_3OH (8 Std. bei 50°); 45,2%. — *ε-N-[2-Nitro-4-carboxyphenyl]-DL-lysinhydrochlorid* (**IV**), $C_{13}H_{17}O_6N_3$·HCl, F. 155°, a) aus **II** in W. mit **I** in CH_3OH u. $NaHCO_3$ (20 Std. bei 50°); 42,4%; b) aus vorst. Verb. mit sd. wss. NaOH; c) aus **III** mit sd. verd. Essigsäure; 46,5% (die Hydrolyse von **III** mit 2n HCl ist unvollständig). — *ε-N-Benzoyl-α-N-[2-nitro-4-carboxyphenyl]-DL-lysin*, $C_{20}H_{21}O_7N_3$, F. 240—245° (Zers.), aus **I** in CH_3OH u. **V** in konz. $NaHCO_3$ (8 Std. bei 40°); 80,5%. — *α-N-[2-Nitro-4-carboxyphenyl]-DL-lysinhydrochlorid*, $C_{13}H_{17}O_6N_3$·HCl, F. 176°, aus vorst. Verb. mit sd. konz. HCl (36 Std.); Nadeln aus verd. HCl; 25,6%. — *α-N-[2-Nitro-4-carbäthoxyphenyl]-L-arginin*, $C_{15}H_{21}O_6N_5$, F. 166°, aus **VI** mit **I** in wss. A. bei p_H 8,3 u. 40° (10 Std.); gelbe Säulen aus W.; $[\alpha]_D$ −26° (c = 1; Eisessig); 66%. — *α-N-[2-Nitro-4-carboxyphenyl]-L-ornithin-Ba-Salz*, $C_{24}H_{28}O_{12}N_6Ba$, F. >320° (Zers.), aus vorst. Verb. mit sd. gesätt. $Ba(OH)_2$ (2 Std.); aus W. rotgelbes feinkrist. Pulver. — *1.2-Isopropyliden-3.5-benzyliden-6-[3-nitro-4-N-DL-alanylbenzoyl]-D-glucose-Na-Salz*, $C_{26}H_{27}O_{11}N_2Na$, aus **VII** in Chlf. mit **VIII** u. $NaHCO_3$ in W. u. CH_3OH (12 Std. bei 50°); amorph; $[\alpha]_D$ +8° (c = 1; CH_3OH); 71,4%. — *3-[3-Nitro-4-N-DL-alanylbenzoyl]-D-glucose*, *Na-Salz*, $C_{16}H_{19}O_{11}N_2Na$, aus **IX** in Dioxan mit n-HCl (12 Std. bei 50°); $[\alpha]_D$ +25° (c = 1; W.); 67,7%. — *Pentakis-[4-fluor-3-nitrobenzoyl]-β-D-glucose*, $C_{41}H_{22}O_{21}N_5F_5 \cdot C_3H_8O$, F. 41°, aus **X** in Chlf. mit D-Glucose u. Pyridin (3 Tage bei 70°); krist. aus Isopropanol zunächst mit 2 Mol C_3H_8O; $[\alpha]_D$ +5° (c = 1; Chlf.); 58,3%. (Chem. Ber. **88.** 468—74. 7/4. 1955. Münster/Westf., Univ., Organ.-chem. Inst.) H.-J. Kraege. 950

M. Bodánszky, *Peptidsynthese durch Aminolyse von Nitrophenylestern.* In Bzl. reagiert Phthalylglycin (**I**)-phenylester (F. 123—124°) bei Zimmertemp. mit Glycinäthylester (**II**) unter Bldg. von *Phthalyldiglycinäthylester*, der nach einigen Tagen in guter Ausbeute gewonnen werden kann. Die Aminolysegeschwindigkeit der **I**-Nitrophenylester (**I**-o-Nitrophenylester, F. 169—171°; **I**-m-Nitrophenylester, F. 160—161°; **I**-p-Nitrophenylester, F. 180—181°) ist bedeutend größer als die des **I**-Phenylesters. **I**-Dinitrophenylester (F. 217°) reagiert in Dioxan mit **II** rasch unter Wärmeentwicklung. Die Nitrophenylester besitzen bes. Vorzüge, wenn freie OH- u. NH_2-Gruppen gleichzeitig vorliegen (Tyrosin, Serin). So kann auf einfachem Wege *S-Benzyl-N-carbobenzyloxycysteinyltyrosin* in guter Ausbeute durch Rk. von S-Benzyl-N-carbobenzyloxycystein-p-nitrophenylester (F. 84°) mit Tyrosinäthylester u. nachfolgende Verseifung der Äthylestergruppe dargestellt werden. (Nature [London] **175.** 685. 16/4. 1955. Budapest, Res. Inst. of the Pharmaceut. Ind.) E. Schwerdtfeger. 950

N. Ss. Nametkin, A. W. Toptschijew und **L. Ss. Powarow,** *Synthese von linearen Tetrameren mit einer Siloxan–Kohlenstoff-Kette und Propyl- oder Butylresten.* Aus Pentachlordisilylmethan (I) werden mit Alkyl–MgBr (Alkyl = n-Propyl, n-Butyl) *Pentaalkyldisilylmethane* erhalten, die durch Chlorierung u. Hydrolyse der erhaltenen Pentaalkylchlordisilylmethane in die entsprechenden *Pentaalkyloxydisilylmethane* übergeführt werden. Diese werden durch sd. Essigsäure in Ggw. von wenig konz. H_2SO_4 zu den entsprechenden *Tetraalkyl-bis-[trialkylsilylmethyl]-siloxanen* dehydratisiert.

Versuche: *Penta-n-propyldisilylmethan,* $C_{16}H_{38}Si_2$, Kp.$_7$ 134—135°; aus 0,3 Mol I u. n-Propyl–MgBr (3 Mol C_3H_7Br, 3 g-Atome Mg) in Ae., 32 Std. Erwärmen u. Zers. mit 10%ig. HCl; D.$^{20}_4$ 0,8183; n_D^{20} 1,4570; 72% (Ausbeute). — *Penta-n-propyloxydisilylmethan,* $C_{16}H_{38}OSi_2$, Kp.$_4$ 140—141°; aus vorst. Verb. durch Chlorieren mit PCl_5 u. Behandeln des Prod. mit Soda unter Erwärmen; D.$^{20}_4$ 0,8703; n_D^{20} 1,4632; 79%. — *Tetra-n-propyl-bis-[tri-n-propylsilylmethyl]-siloxan,* $C_{32}H_{74}OSi_4$, Kp.$_{1,5}$ 209—211°; durch 2 Std. Kochen von 20 g vorst. Verb. mit 50 ml Essigsäure + einige Tropfen konz. H_2SO_4; D.$^{20}_4$ 0,8662; n_D^{20} 1,4667; 13 g. — *Penta-n-butyldisilylmethan,* $C_{21}H_{48}Si_2$, Kp.$_4$ 172—174°; D.$^{20}_4$ 0,8241; n_D^{20} 1,4608; 68%. — *Penta-n-butyloxydisilylmethan,* $C_{21}H_{48}OSi_2$, Kp.$_2$ 170 bis 171°; D.$^{20}_4$ 0,8668; n_D^{20} 1,4653; 66,8%. — *Tetra-n-butyl-bis-[tri-n-butylsilylmethyl]-siloxan,* $C_{42}H_{94}OSi_4$, Kp.$_2$ 244—246°; D.$^{20}_4$ 0,8617; n_D^{20} 1,4672; 60%. (Доклады Академии Наук СССР [Ber. Akad. Wiss. UdSSR] **103.** 435—37. 21/7. 1955. Erdölinst. der Akad. der Wiss. der UdSSR.) A. ZAPPEL. 980

R. H. Hackman und **A. R. Todd,** *Einige Beobachtungen über die Reaktion von Brenzcatechinderivaten mit Aminen und Aminosäuren in Gegenwart von Oxydationsmitteln.* Vff. untersuchen die Rk. von Brenzcatechinderivv. mit Aminen u. Aminosäuren in Ggw. von chem. oder enzymat. Oxydationssystemen. Bei der Rk. von Anilin (**I**) mit Brenzcatechin (**II**) unter Belüftung in Phosphatpuffer (p_H 6,7) in Ggw. von Polyphenoloxydase (Meth. **A**) oder in Eisessig in Ggw. von Ag_2O (Meth. **B**) bildet sich *4.5-Dianilinobenzochinon-(1.2).* Die gleiche Verb. bzw. deren *Anil* entsteht auch aus **I** u. 3.4-Dioxybenzoesäure (**III**; Protocatechusäure) nach **B** bzw. **A** unter Decarboxylierung. Analog verlaufen die Rkk. von **I** mit 3- (**IV**) bzw. 4-Methylbrenzcatechin (**V**) u. 2-[3.4-Dioxyphenyl]-propionsäure (**VI**). Die Umsetzung von **II** nach **A** mit Glykokoll (**VII**), Alanin (**VIII**), Leucin (**IX**), Phenylalanin (**X**), Tyrosin oder Glycylglycin (**XI**) liefert unter Desaminierung (am stärksten bei α-Aminosäuren, weniger mit Dipeptiden, kaum mit Polypeptiden) rote, dann violette Lsgg.; mit β-Alanin (**XII**), aliphat. Aminen u. NH_3 werden nur harzige Prodd. erhalten. Ähnliche Ergebnisse geben diese Verss. mit **III**, **III**-Äthylester, 3.4-Dioxyphenylessigsäure (**XIII**) oder **VI** statt **II**. Nach **B** werden aus **II** mit **VII—XII** komplexe, wahrscheinlich polymere, glänzend *schwarze Verbb.* erhalten, deren Zus. je nach den Versuchsbedingungen schwankt. Benzylamin u. N-Methylanilin geben mit **II** nach **B** *rotbraune Verbb. vom F. >300°.* Das wasserlösl. Protein aus der Cuticula der Larve des Ligusterschwärmers (Sphinx ligustri) wird bei der Rk. mit **II**, **III** u. **XIII** nach **A** unter Bldg. roter Ndd., mit 3.4-Dioxyphenylalanin (α-Amino-β-[3.4-dioxyphenyl]-propionsäure) unter Bldg. eines schwarzen Nd. (wahrscheinlich Bldg. von *Melanin*) in W. unlöslich. Bei Verss. zur Synth. von Analogen der *N-[3.4-Dioxocyclohexadien-(1.5)-yl]-aminoessigsäure* (**XIV**), dem prim. Kondensationsprod. aus **II** u. **VII**, wird *N-[3.4-Dimethoxyphenyl]-p-toluolsulfonamidoessigsäure* dargestellt, die sich jedoch ebenso wie das *Dimethyl-* u. *Dibenzyläther* von *N-[3.4-Dioxyphenyl]-aminoessigsäure* (**XV**) nur unter weitgehender Zers. hydrolysieren läßt. Dagegen läßt sich der *Dibenzyläther* von **XV**-*Äthylester* (**XV a**) zu **XV a** hydrieren. **XV a**-*Hydrobromid* gibt in CH_3OH schnell eine gelbe Lsg , die auf Grund des UV-Spektr. wahrscheinlich *3.5.6-Trioxy-N-methylindol* enthält, beim Stehen in W. eine rote Lsg., die **XIV**-*Äthylester* enthält u. auch durch Oxydation von **XV a**·HBr in W. oder CH_3OH mit Ag_2O erhalten wird. Im letzteren Fall scheidet die rote Lsg. nach 24 Std. ein tiefviolettes amphoteres Pigment ab. — An Hand der beschriebenen Verss. wird diskutiert, daß bei der Härtung der chitinfreien Oberhaut von Insekten, z. B. Schaben, zunächst eine Rk. von o-Chinonen mit Aminosäuren u. Proteinen stattfindet, wobei das Amino-N direkt an den aromat. Kern gebunden wird. Es schließen sich Kondensations- u. Oxydationsprozesse an, die möglicherweise zur Melaninbldg. in Beziehung stehen.

Versuche: *4.5-Dianilinobenzochinon-(1.2),* $C_{18}H_{14}O_2N_2$, F. 193°, a) aus **I** u. **II** bzw. **III** nach **A**; aus Aceton rote Nadeln; 38 bzw. 27% (Ausbeute); b) aus **I** u. **II** nach **B**; 57%, *Anil,* $C_{24}H_{19}ON_3$, F. 203°, aus **I** u. **III** nach **B**; aus Aceton rotbraune Nadeln. — *4.5-Dianilino-3-methylbenzochinon-(1.2),* $C_{19}H_{16}O_2N_2$, F. 140°, aus **I** u. **IV** nach **A**; rote Nadeln. *Anil,* $C_{25}H_{21}ON_3$, F. 172°, aus **I** u. **IV** nach **B**; rotbraune Nadeln. — *Dianilino-4-methylbenzochinon-(1.2)-anil,* $C_{25}H_{21}ON_3$, F. 202°, aus **I** u. **V** nach **A** oder **B**; rotbraune Nadeln. — *2-[Dianilinobenzochinon-(1.2)-anil]-propionanilid,* $C_{33}H_{28}O_2N_4$, F. 198°, aus **I** u. **VI** nach **A** oder **B**; rotbraune Nadeln. — *Verb.* $C_{11}H_9O_3N$, F. >300°, aus 3,5 g **VII** u. **II** nach **B**; glänzend schwarze M. aus A.; 0,5 g. — *Verb.* $(C_{58}H_{66}O_3N_2)_n$, F. >300°, aus 3,5 g **VII** mit Ag_2O in Eisessig durch Zutropfen von 2 g **II** in Eisessig innerhalb 30 Min.; 1,8 g. — *4-Aminoveratrol* (**XVI**), F. 87° (nach Vakuumdest.), aus 4-Nitroveratrol in A. mit H_2 über RANEY-Ni bei 100 at; 98%. *Hydrochlorid*, $C_8H_{12}O_2NCl$, F. 246° (A.). — *3.4-Dimethoxy-p-toluolsulfonanilid*, $C_{15}H_{17}O_4NS$, F. 141° (A.), aus **XVI** u. p-Toluolsulfonanilid in Pyridin; 81%. — *N-[3.4-Dimethoxyphenyl]-p-toluolsulfonamidoessigsäure*, $C_{17}H_{19}O_6NS$, F. 157°, a) aus dem K-Salz vorst. Verb. mit Chloracetamid oder Chloressigsäureäthylester in sd. A. (5 Std.) u. anschließendes Kochen mit 10%ig. NaOH; aus W. Nadeln; 55%; b) aus vorst. Verb. u. Chloressigsäure in wss.-alkoh. NaOH; 14%. — *N-[3.4-Dimethoxyphenyl]-aminoessigsäurehydrochlorid*, $C_{10}H_{14}O_4 \cdot NCl$, F. 182° (Zers.), a) aus **XVI** u. Chloressigsäure in W. (5 Std. auf dem Dampfbad); aus A. Tafeln; 57%; b) aus **XVI** u. Chloressigsäureäthylester in sd. A. (5 Std.) u. anschließende Behandlung mit methanol. KOH (2 Std. kochen); 79%. — *4-Aminobrenzcatechindibenzyläther*, $C_{20}H_{19}O_2N$, F. 115° (Chlf.), aus 4-Nitrobrenzcatechindibenzyläther in A. u. konz. HCl mit Fe; 87%. *Hydrochlorid*, F. 206°, aus A. oder wss. HCl Nadeln. *Hydrobromid*, F. 195°. *Acetylderiv.*, $C_{22}H_{21}O_3N$, F. 160°, aus A. Nadeln. — *N-[3.4-Dibenzyloxyphenyl]-aminoessigsäure, Hydrobromid*, $C_{22}H_{22}O_4NBr$, F. 138° (A.), aus dem Äthylester mit sd. 2%ig. methanol. NaOH (2 Std.) u. Rk. mit HBr; 96%. *Äthylester*, $C_{24}H_{25}O_4N$, F. 66° (A.), aus vorst. Verb. u. Bromessigsäureäthylester in sd. Bzl.; über das *Hydrobromid*, $C_{24}H_{26}O_4NBr$, F. 145°, aus A. Nadeln; 74%. — *N-[3.4-Dioxyphenyl]-aminoessigsäureäthylester* (**XVa**), *Hydrobromid*, $C_{10}H_{14}O_4NBr$, F. 166° (Zers.), aus vorst. Äthylester mit H_2 in CH_3OH über Pd-Kohle; aus A.-Ae. Nadeln; 90%. *Triacetylderiv.*, $C_{16}H_{19}O_7N$, F. 70° (PAe.). (Biochem. J. **55**. 631—37. Nov. 1953. Cambridge, Univ., Chem. Labor.) E. SCHWERDTFEGER. 1060

Sidney I. Miller, *Ein Vergleich der elektrophilen Reaktionsfähigkeit von Styrol und Phenylacetylen.* Beim Erhitzen von Styrol (I) mit Methanol (II) in Ggw. von $NaOCH_3$(III) in geschlossenen Ampullen entstehen nach 10—20 Tagen nachweisbare Mengen *1-Methoxy-2-phenyläthan* (**IV**); das isomere *1-Methoxy-1-phenyläthan*, das zum Vgl. auf andere Weise dargestellt wurde, konnte nicht nachgewiesen werden. **I** reagiert hier langsamer als Phenylacetylen (vgl. C. **1956**. 4966) im Gegensatz zu Rkk. mit freien Radikalen oder mit Br_2.

Versuche: *1-Methoxy-2-phenyläthan* (**IV**), $Kp._{22}$ 81—82°, nach DESHAPANDE (vgl. J. Indian chem. Soc. **15**. [1938.] 509); n_D^{22} 1,4971. — *1-Methoxy-1-phenyläthan*, $C_9H_{12}O$, $Kp._{32}$ 71—76°, durch 18std. Erhitzen von **I** u. **II** in Ggw. von 95%ig. H_2SO_4 u. Hydrochinon unter N_2 im zugeschmolzenen Gefäß auf dem Dampfbad (vgl. STANLEY u. Mitarbeiter, A. P. 2 248 518, C. **1941**. I. 581); n_D^{25} 1,4911; 100% (Ausbeute). — Beim Erhitzen von 3 Mol/Liter **I** u. 0,6 Mol/Liter **III** in **II** unter N_2 in Ampullen auf 146—150° wurden neben einem *festen Prod.* (vermutlich *Polystyrol*) nach 2 Tagen 60% Fl. mit Spuren von **IV** erhalten (infrarotspektroskop.), nach 10 bzw. 20 Tagen $<$10% Fl. mit ca. 10% **IV**. Gesamtausbeute an **IV** $<$2%. (J. org. Chemistry **21**. 247—48. 17/2. 1956. Chicago, Ill., Illinois Inst. of Technol., Dep. of Chem.) H. ASCHERL. 1070

H. Kroepelin und **K. Born,** *Über die Umsetzung des Benzolsulfochlorids mit Natriumjodid in Aceton.* Die Rk. von 15 g $C_6H_5SO_2Cl$ (I) mit 26 g NaJ in 200 cm³ Aceton (2½ Std. bei n. Temp.) gab 60,3% $C_6H_5SO_2Na$, 27,8% *Diphenyldisulfon*, F. 191—192°, u. 10,5% *Phenylthiosulfonsäurephenylester*, F. 41—42°, bezogen auf umgesetztes **I**. 1,2 g **I** wurden zurückgewonnen. Vff. nehmen an, daß intermediär Benzolsulfojodid entsteht; als Nebenprodd. wurden J_2, *Jodaceton* u. *NaCl* isoliert. (Arch. Pharmaz. Ber. dtsch. pharmaz. Ges. **287/59**. 561—65. 1954. Braunschweig, TH, Inst. für Chem. Technol.)

J. ROTHE. 1090

Frederick J. Marshall und **William N. Cannon,** *Alkylierung α-substituierter Acetessigester. α-Methyl-α-phenylacetessigester* kann durch Methylierung von α-Phenylacetessigester mit CH_3J u. fein verteiltem Na in 51%ig. Ausbeute dargestellt werden. Bessere Ausbeuten werden, auch bei einer Reihe anderer *α.α-disubstituierter Acetessigester*, mit NaH in Bzl./Dimethylformamid erhalten. Bei Verss. zur Darst. von α-[p-Chlorphenyl]-acetessigester durch Alkoholyse des Nitrils wurde mit HCl nur das *O-Äthylderiv.* des Nitrils u. daraus oder direkt aus dem Nitril mit H_2SO_4 ein noch nicht identifiziertes Prod. erhalten. — Infrarot- u. UV-spektroskop. Unterss. zeigten, daß α-Äthyl-α-phenyl- u. α-[o-Chlorphenyl]-α-methylacetessigester ca. 5—10% des O-Alkylderiv. enthalten.

Versuche: *α-[o-Chlorphenyl]-acetessigsäurenitril*, $C_{10}H_8ONCl$, $Kp._{1}$ 120—126°; n_D^{25} 1,5560; 32% Ausbeute; (vgl. RUSSELL u. HITCHINGS, C. **1952**. 2171). — *α-[o-Chlorphenyl]-acetessigsäureäthylester*, $C_{12}H_{13}O_3Cl$, $Kp._{1,5}$ 105—107°, durch Alkoholyse vorst. Verb. analog Phenylacetessigester (vgl. KIMBALL u. Mitarbeiter, Org. Syntheses Coll. Vol. **II**. [1943.] 284, u. C. **1938**. II. 1768), jedoch Sättigen mit HCl bei 0—10°, dann 2std. Einleiten bei 18°, Stehen über Nacht, Kühlen, Filtrieren u. Hydrolyse des *Iminoätherhydrochlorids*; n_D^{25} 1,5305; 49%. — *α-Methyl-α-phenylacetessigsäureäthylester*, $C_{13}\cdot$

$H_{16}O_3$, Kp.$_{1,7}$ 112°, Kp.$_{3-5}$ 125—129°, a) durch Eintropfen von 0,296 Mol α-Phenylacetessigester unter Rühren bei 40—50° zu feinverteiltem Na in Dioxan, Kochen bis zum Verschwinden des Na, Kühlen, Zugabe von 0,32 Mol CH_3J, Stehen über Nacht bei 35—40°, nach Zugabe weiterer 5 g CH_3J weiteres 36 std. Erwärmen, Abdest. des Lösungsm. im Vakuum, Zugabe von W. u. Ausäthern; 51%; b) wie nachst.; 77%; n_D^{25} 1,5024 bis 1,5028. — Nachst. α.α-disubstituierten Acetessigsäureäthylester, $CH_3 \cdot CO \cdot C(R, R') \cdot COOC_2H_5$, durch Eintropfen von α-monosubstituiertem Acetessigester bei 5—10° in eine Suspension von NaH in Bzl./Dimethylformamid (1 : 1), 20 Min. Rühren, Zutropfen von Alkyljodid u. Erwärmen auf 50° bis zur neutralen Rk. (ca. 3 Std.), Zugabe von A. u. W., Waschen der Benzolschicht mit W. u. Dest.: *R* = C_2H_5, *R'* = C_6H_5, $C_{14}H_{18}O_3$, Kp.$_{2,5}$ 124—126°; n_D^{25} 1,5115; 69%. — *R* = $C_6H_5CH_2$, *R'* = C_6H_5, $C_{19}H_{20}O_3$, Kp.$_{0,5}$ 141°; n_D^{25} 1,5483; 80%. — *R* = CH_3, *R'* = o-ClC_6H_4, $C_{13}H_{15}O_3Cl$, Kp.$_{3,5}$ 146—147°; n_D^{25} 1,5218; 57%. — *R* = C_2H_5, *R'* = o-ClC_6H_4, $C_{14}H_{17}O_3Cl$, Kp.$_3$ 142 bis 146°; n_D^{25} 1,5263; 55%. — *R* = C_6H_{11} *(Cyclohexyl-)*, *R'* = C_6H_5. 0%. — *R*=*R'* = CH_3, Kp. 180—184°; n_D^{25} 1,4162; 75%. — *R*=*R'* = C_2H_5, Kp. 210—213°; n_D^{25} 1,4300; 70%. — *R* = CH_3, *R'* = C_2H_5, Kp. 196—199°; n_D^{25} 1,4229; 72%. — *R* = C_2H_5, *R'* = $CH_2{=}CH{-}CH_2$, Kp.$_{23}$ 116—118°; n_D^{25} 1,4438; 93%. — Bei Verss. zur Darst. von α-[p-Chlorphenyl]-acetessigsäureäthylester wurden erhalten: a) *α-[p-Chlorphenyl]-β-äthoxycrotonsäurenitril* (Enoläther des eingesetzten Nitrils), $C_{12}H_{12}ONCl$, F. 116,5—117,0° (Methanol), durch Sättigen einer Lsg. von 193,5 g α-[p-Chlorphenyl]-acetessigsäurenitril in absol. A. mit HCl bei 0—10° unter Rühren (8½ Std.), 1 Std. Rühren bei 10°, Kühlen auf 0°, Filtrieren, 7 std. Erhitzen des Nd. mit verd. H_2SO_4 auf dem Dampfbad; 102,5 g; b) eine *gelbe Fl.*, $C_{19}H_{20}O_3Cl_2$, Kp.$_{0,75}$ 92—95°, Kp.$_{0,5}$ 86—90°, durch 6 std. Kochen von 48,4 g p-Chlorphenylacetessigsäurenitril in wss.-alkoh. H_2SO_4, Gießen in W., Ausäthern u. Dest.; 18,8 g; oder analog aus 22,16 g vorst. Verb.; 7 g; n_D^{25} 1,5203—1,5207; Ester, α.β-ungesätt. Carbonylverb., jedoch keine styrolartige Struktur (aus Infrarot- u. UV-Spektren), bei längerem Stehen Abscheidung von p-Chlorbenzoesäure. (J. org. Chemistry **21**. 245—47. 17/2. 1956. Indianapolis, Ind., Eli Lilly & Co., Res. Labors.)

H. ASCHERL. 1270

F. F. Blicke und **Harold Zinnes**, *Die Reaktion des Chlormagnesiumderivates von Chlormagnesiumphenylacetat mit Isocyanaten, Carbamylchloriden und Isothiocyanaten.* Die aus $C_6H_5CH(MgCl)COOMgCl$ (**I**; IWANOW-Reagens) mit den entsprechenden Isocyanaten u. Carbamylchloriden erhaltenen *N-substituierten α-Phenyl-α-carbamylessigsäuren* spalten bei Raumtemp. langsam, rasch beim Erhitzen CO_2 ab unter Bldg. *N-substituierter Phenylacetamide.* Aus Umsätzen von **I** mit Senfölen konnten nur die entsprechenden decarboxylierten Prodd. isoliert werden.

Versuche: **I**, aus Isopropyl-MgCl u. Phenylessigsäure in Ae./Bzl., 4 Std. mit Isocyanaten, Carbaminsäurechloriden bzw. Senfölen gekocht, ergab folgende Verbb.: *α-Phenyl-α-[methylcarbamyl]-essigsäure* (**II**), $C_{10}H_{11}O_3N$, F. 112—114°, aus Methylisocyanat; 29% (Ausbeute). *Methylester*, $C_{11}H_{13}O_3N$, F. 121—123°. — *N-Methyl-α-phenylacetamid*, F. 56—57° (PAe.), aus **II** durch 2 std. Erhitzen auf 150—160°. — *α-Phenyl-α-[äthylcarbamyl]-essigsäure*, $C_{11}H_{13}O_3N$, F. 110—112°, aus Äthylisocyanat; 57%. *Methylester*, $C_{12}H_{15}O_3N$, F. 81—83°. *β-Diäthylaminoäthylester*, F. 66—69° (Diisopropyläther/PAe.), aus dem Methylester durch Umesterung. *Hydrochlorid*, $C_{17}H_{27}O_3N_2Cl$, F. 108—110° (Methyläthylketon). — *α-Phenyl-α-[phenylcarbamyl]-essigsäure* (**III**), $C_{15}H_{13}O_3N$, F. 132 bis 133°, aus Phenylisocyanat; 67%. *Methylester*, F. 111—113°. *Hydrochlorid des β-Diäthylaminoäthylesters*, $C_{21}H_{27}O_3N_2Cl$, F. 153—155° (Isopropylalkohol), aus **III** u. β-Diäthylaminoäthylchlorid. — *α-Phenylacetanilid*, F. 118—119° (A.), aus **III** durch Decarboxylierung. — *α-Phenyl-α-[diäthylcarbamyl]-essigsäure*, $C_{13}H_{17}O_3N$, F. 91—92°, aus Diäthylcarbamylchlorid; 71%. *Methylester*, $C_{14}H_{19}O_3N$, F. 64—66°. — *β-Phenyl-γ-diäthylaminopropanol*, $C_{13}H_{21}ON$, Kp.$_{17}$ 158—161°, aus vorst. Methylester mit $LiAlH_4$ in sd. Ae. (40 Std.); 72%. *Hydrochlorid*, $C_{13}H_{22}ONCl$, F. 93—94° (Methyläthylketon). *Hydrochlorid des p-Nitrobenzoats*, $C_{20}H_{25}O_4N_2Cl$, F. 178—180° (Methyläthylketon). — *α-Phenyl-α-[diphenylcarbamyl]-essigsäure* (**IV**), $C_{21}H_{17}O_3N$, F. 121—122°, aus Diphenylcarbamylchlorid; 47%. *Methylester*, $C_{22}H_{19}O_3N$, F. 113—115°. — *α-Phenyl-N.N-diphenylacetamid*, F. 75—76° (PAe.), aus **IV** durch Decarboxylierung. — *α-Phenyl-N-äthylthioacetamid*, $C_{10}H_{13}NS$, F. 82—84°, a) aus 0,12 Mol Äthylsenföl u. 0,1 Mol **I**; Nadeln aus Diisopropyläther; 8,6 g; b) aus Benzyl-MgBr u. Äthylsenföl. — *α-Phenylthioacetanilid*, F. 86,5—87,5°, aus 0,12 Mol Phenylsenföl u. **I**; gelbe Kristalle aus Diisopropyläther; 13,5 g. (J. Amer. chem. Soc. **77**. 4849—51. 20/9. 1955. Ann Arbor, Mich., Univ., Coll. of Pharmacy.)

D. WUNDERLICH. 1280

B. W. Langley, B. Lythgoe und **L. S. Rayner**, *Macrozamin.* 3. Mitt. *Azoxymethan und einige einfache Analoga.* (2. vgl. C. **1952**. 6374.) 2-Azopropan, 1-Azopropan, 1-Azo-n-heptan, Azomethan u. ω-Azo-p-chlortoluol lassen sich mit Perbenzoesäure (**I**) glatt zu den entsprechenden *Azoxyverbb.* oxydieren, während HNO_3 oder H_2O_2/Essigsäure hier nicht zum Ziel führen. Azoameisensäureäthylester kann aber auch mit **I** nicht in die Azoxyverb. verwandelt werden. Die von KIJNER [1899] als „Menthonmenthylhydrazon" bezeichnete Verb. wurde mit **I** zu *3-Azoxy-p-menthan* oxydiert. Da dagegen Benzaldehydphenylhydrazon mit **I** keine Azoxyverb. bildet, handelt es sich nach Annahme von Vff. bei der von KIJNER beschriebenen Verb. nicht um das Hydrazon, sondern um 3-Azo-p-menthan. Die UV-Absorptionskurven von *Macrozamin* (**II**) u. *Azoxymethan* (**III**) stimmen eng überein. Weiterhin führt der Vgl. der Infrarotabsorptionsspektren von **II** u. **III** zu dem Schluß, daß **II** ein substituiertes Azoxymethan ist. Das Reduktionsverh. der Azoxyverbb. wurde untersucht. Sie besitzen keinen Pseudosäurecharakter, selbst *ω-Azoxy-p-chlortoluol* (**VI**) löst sich nicht in verd. Lauge. In konz. heißem Alkali tritt Zers. ein. Bei **III** wie auch **II** entstehen hierbei CN-Ionen u. flüchtige Basen. Bei der Zers. von *Azoxypropan* (**V**) wurden keine CN-Ionen beobachtet. Die Einw. von heißer wss. HCl auf sek. Azoxyverbb. verläuft nach dem Schema: $R_2CH{-}\underset{\downarrow\atop O}{N}{=}N{-}CHR_2 \rightarrow 2\,R_2{>}CO + N_2H_4$, *Azoxycyclohexan* lieferte mit verd. Säure N_2H_4, *Cyclohexanon* u. *Dodekahydrotriphenylen*. Letzteres entstand auch bei der Einw. von HCl auf Cyclohexanon in Ggw. von N_2H_4. Die Zers. von *α-Azoxyisobuttersäure* (**IV**) in heißem W. verläuft nach der Gleichung: $2\,\mathbf{IV} + H_2O \rightarrow CH_3CH(CH_3){-}COOH + 3\,(CH_3)_2{>}CO + 3\,CO_2 + N_2H_4 + N_2$. Prim. Azoxyverbb. wurden mit heißer HCl in Carbonsäuren u. monosubstituierte Hydrazine zerlegt, so **III** in *HCOOH* u. *NH_2NHCH_3*, **V** in *Propionsäure* u. *n-Propylhydrazin*, **VI** in *p-Chlorbenzoesäure* u. *p-Chlorbenzylhydrazin*. Bei kurzer Einw. konnte im letzten Fall *N-[p-Chlorbenzoyl]-N'-[p-chlorbenzyl]-hydrazin* gefaßt werden. Aus den Hydrolysen nach Einw. von äther. HCl auf Macrozaminhexaacetat (**VII**) wird auf folgenden Reaktionsverlauf geschlossen: $CH_3\underset{\downarrow\atop O}{N}{=}NCH_2OR$ (**VII**) $\xrightarrow[H_2O]{H^+}$ $OHC{\cdot}NH{\cdot}NH{\cdot}CH_2{\cdot}O{\cdot}R \xrightarrow{H^+} HCO_2H$, $+ N_2H_4 + H_2CO + ROH$ [R = $-C_6H_7O(OCOCH_3)_3{-}O{-}C_5H_6O(OCOCH_3)_3$ = Hexaacetylprimverosyl]. Es wird zunächst vermutet, daß **II** die Struktur **VII** zukommt.

Versuche: *Azoxymethan* (**III**), $C_2H_6ON_2$, Kp.98°, n_D^{17} 1,4300, aus Azomethan u. Perbenzoesäure (**I**) in Ae. unter N_2 (App. vgl. Original). — *N.N'-Di-n-propylhydrazindihydrochlorid*, $C_6H_{18}N_2Cl_2$, F. ca. 160° (Zers.), durch Hydrierung von Propaldazin in A. über PtO_2 bei 20°/5 at während 12 Stunden. *Bis-3.5-dinitrobenzoylderiv.*, $C_{20}H_{20}O_{10}N_6$, F. 200° (Essigsäure). — *1-Azopropan*, $C_6H_{14}N_2$, Kp. 104°, aus vorst. Hydrazin u. HgO in feuchtem Ae.; gelbliche Fl.; n_D^{20} 1,4060. — *1-Azoxypropan* (**V**), $C_6H_{14}ON_2$, Kp.$_{20}$ 67°, D.^{20} 0,902, n_D^{20} 1,4365, aus vorst. Verb. mit **I** in CH_2Cl_2 bei 0°. — *2-Azoxypropan*, Kp.$_{14}$ 38°, analog. — *N.N'-Di-p-chlorbenzylhydrazinhydrochlorid*, $C_{14}H_{15}N_2Cl_3$, F. 215—216° (Zers.), aus p-Chlorbenzaldazin in sd. A. durch Zugabe von 4%ig. Na-Amalgam während 3 Std. u. weiteres 4std. Kochen; Hydrochlorid aus Ae. mit 2n HCl bei 0°; Nadeln. — *ω-Azo-p-chlortoluol*, $C_{14}H_{12}N_2Cl_2$, F. 89—90°, aus dem Hydrazin mit HgO. — *ω-Azoxy-p-chlortoluol* (**VI**), $C_{14}H_{12}ON_2Cl_2$, F. 103°, Nadeln (A.), aus vorst. Verb. mit **I** in Chlf. bei 0°. Die Red. mit Mg in CH_3OH gab vorst. Azoverb. u. das Hydrazin. — Red. von **III** mit $SnCl_2$ in 12n HCl während 12 Std. bei 20° gab *N.N'-Dimethylhydrazindihydrochlorid* (*Dibenzoylderiv.*, F. 87°). Katalyt. Red. von **V** in CH_3OH über PtO_2 bei 20° in Ggw. von HCl gab *N.N'-Di-n-propylhydrazindihydrochlorid* (*Bis-3.5-dinitrobenzoylderiv.*, F. 200°). Entsprechend aus **III** *N.N'-Dimethylhydrazin* (*Dibenzoylderiv.*, F. 87°), aus 2-Azoxypropan *N.N'-Diisopropylhydrazin* (*4-Phenylthiosemicarbazid*, F. 128°), aus Azoxycyclohexan *N.N'-Dicyclohexylhydrazin* (*Benzoylderiv.*, $C_{19}H_{18}ON_2$, F. 101—102°, aus A.), aus **VI** *Hexahydrobenzylaminhydrochlorid*, F. 249—251° (*Benzoylderiv.*, F. 101—102°). — Rückflußkochen von **V** in 8n HCl während 1 Std. gab *Propionsäure* (*Piperazinsalz*, F. 122 bis 123°. *Phenylhydrazid*, F. 156—157°) u. *n-Propylhydrazinhydrochlorid* (*N.N'-Dibenzoylderiv.*, F. 127—128°). **III** u. 8n HCl im geschlossenen Rohr während 1 Std. bei 75° lieferte *HCOOH* u. *N.N'-Dimethylhydrazin* (*N.N'-Dibenzoylderiv.*, F. 141°). Aus **VI** u. 12n HCl unter Rückflußkochen während 13 Std. *p-Chlorbenzoesäure*, F. 235°, *N-p-Chlorbenzoyl-N'-p-chlorbenzylhydrazinhydrochlorid*, F. ca. 212° (Zers.) (*Base*, $C_{14}H_{12}ON_2Cl_2$, F. 148°) u. *p-Chlorbenzylhydrazin* (*N.N'-Dibenzoylderiv.*, F. 183—184°; hieraus mit Phenylisothiocyanat, *2-p-Chlorbenzyl-4-phenylthiosemicarbazid*, $C_{14}H_{14}N_3ClS$, F. 116—117° aus A.). Aus Azoxycyclohexan in 8n HCl während 4 Std. unter Rückfluß *Cyclohexanon* (*2.4-Dinitrophenylhydrazon*, F. 162°), *Dodekahydrotriphenylen*, F. 232°, u. *N_2H_4* (*Sulfat*, F. 252° [Zers.]). Aus 2-Azoxypropan mit 12n HCl im geschlossenen Rohr während 20 Std. bei 100° *N_2H_4·Hydrochlorid*. Die Hydrolyse von α-Azoxyisobuttersäure (**IV**) durch Rückflußkochen während 10 Min. in W. gab *Isobuttersäure* (*S-Benzylthiuroniumsalz*, F. 141 bis 142°). Durch Erhitzen im geschlossenen Rohr mit W. während 1 Std. bei 100° wurde

Aceton (*2.4-Dinitrophenylhydrazon*, F. 126°) festgestellt. Außerdem wurden N_2 u. N_2H_4 gefunden. (J. chem. Soc. [London] **1952.** 4191—98. Nov. Cambridge, Univ., Chem. Labor.) K. NEZEL. 1310

Jean-Albert Gautier, Jean Renault und **Jean Rabiant,** *Synthese von quartären Ammoniumverbindungen mit Phenolätherfunktion.* Im Rahmen von Unterss. über organ. Antiseptica stellten Vff. ca. hundert verschied. *Dimethylalkyl-[phenoxyäthyl]-ammoniumbromide* dar, wobei Alkylketten von C_1—C_{18} u. chlorierte bzw. phenylierte Phenole angewandt wurden. Die freien Phenole wurden mit Äthylenbromid in Bromäthoxyderivv. übergeführt, welche mit tert. Dimethylalkylaminen unter Bldg. der Quartärsalze reagieren.

Versuche: *Äthylenbromhydrinaryläther*: 1 Mol Phenol, 3 Mol Äthylenbromid u. 1,2 Mol Na-Äthylat werden in A. ca. 3 Std. erhitzt; 70—80% (Ausbeute). — *Tert. Amine*: Darst. durch Alkylierung von Dimethylamin bzw. durch Dimethylierung von Alkylaminen mit Formaldehyd/Ameisensäure. — *Quartäre Salze*: 72std. Erhitzen von Amin u. Äthylenbromhydrinäther auf 90—100° im Rohr; 80—95%. (C. R. hebd. Séances Acad. Sci. **240.** 2154—55. 1/6. 1955.) H. WEBER. 1320

Henry Gilman und **David Miles,** *Aralkylgruppen enthaltende Organosilane.* Vff. stellten durch GRIGNARD-Rk. *benzyl-*, *β-phenyläthyl-* u. *γ-phenylpropylsubstituierte* (*Phenyl-*)*Silane, Cyclohexyl-* u. *n-Dodecyltribenzylsilan* u. *Tri-[n-octadecyl]-benzylsilan* dar. Bei dem von MAIENTHAL u. Mitarbeitern beschriebenen Phenyltribenzylsilan F. 130° (vgl. C. **1955.** 9314) handelt es sich um *Tetrabenzylsilan*, das durch Disproportionierung bei höherer Temp. entstanden sein dürfte.

Versuche: *Phenyltribenzylsilan*, $C_{27}H_{26}Si$, F. 59—60° (PAe.), Kp.$_{1,1}$ 229—234°, durch Zugabe von Benzyl-MgBr in Ae. unter Rühren zu Phenyltrichlorsilan in Ae. unter N_2, 4std. Kochen, Zugabe von Xylol, Abdest. des Ae. u. Kochen über Nacht, Zugabe von NH_4Cl-Lsg. u. Dest. der organ. Lsg.; 79,5% (Ausbeute). — Nachst. Silane analog aus Aralkyl-MgBr, jedoch 4—5std. Erhitzen auf 150—160° ohne Lösungsm. statt Kochen in Xylol: *Tetra-[γ-phenylpropyl]-*, Kp.$_{0,1}$ 230—240°; n_D^{20} 1,5623; D.$^{20}_{20}$ 1,001; 19%. — *Tri-[γ-phenylpropyl]-phenyl-*, F. 59,5—60°; 52%. — *Di-[γ-phenylpropyl]-diphenyl-*, Kp.$_{0,6}$ 252—253°; n_D^{29} 1,5930; D.$^{29}_{20}$ 1,031; 57%. — *γ-Phenylpropyltriphenyl-*, F. 62,5 bis 64°; 42%. — *Tri-[γ-phenylpropyl]-benzyl-*, Kp.$_{0,04}$ 214—217°; n_D^{20} 1,5745; D.$^{20}_{20}$ 1,024; 26%. — *Tetra-[β-phenyläthyl]-*, F. 76—76,5°; 28%. — *Tri-[β-phenyläthyl]-phenyl-*, F. 62—62,7°; 47%. — *Di-[β-phenyläthyl]-diphenyl-*, F. 74—74,5°; 40%. — *β-Phenyläthyltriphenyl-*, F. 146—147°; 38%. — *Tribenzylcyclohexyl-*, Kp.$_{0,25}$ 198—200°; n_D^{20} 1,5879; D.$^{20}_{20}$ 0,848; 45%. — *Tribenzyl-n-dodecyl-*, Kp.$_{0,06}$ 215—217°; n_D^{20} 1,5481; D.$^{20}_{20}$ 0,970; 65%. — *Benzyltri-[n-octadecyl]-*, Kp.$_{0,005}$ 299—302°; n_D^{20} 1,4797; D.$^{20}_{20}$ 0,857; 28%. (J. org. Chemistry **21.** 254—56. 17/2. 1956. Ames, Io., Iowa State Coll., Chem. Labor.) H. ASCHERL. 1380

Leonidas Zervas und **Irene Dilaris,** *Entalkylierung und Entbenzylierung von Triestern der Phosphorsäure. Phosphorylierung von Hydroxy- und Aminoverbindungen.* Durch kurzes Erhitzen mit NaJ oder BaJ_2 in einem geeigneten Lösungsm. werden aus den entsprechenden Triestern das *Diäthyl-, Dibenzyl-, Bis-[p-nitroberzyl]-* (**IV**), *Bis-[p-jodbenzyl]-* (**III**), *Bis-[p-brombenzyl]-* u. *Bis-[p-phenylbenzyl]-phosphat* in Form ihrer Na- bzw. Ba-Salze erhalten. Ester sek. Alkohole bzw. Phenylester, z. B. Triisopropyl- u. Triphenylphosphat, werden unter denselben Bedingungen nicht angegriffen. Benzylgruppen werden leichter als Alkylgruppen abgespalten, z. B. erhält man aus *Bis-[p-jodbenzyl]-n-butylphosphat* (**I**) mit NaJ das Na-Salz des *p-Jodbenzyl-n-butylphosphats* (**II**). Aus **III** u. **IV** werden mit PCl_5 die *Diesterphosphorsäurechloride* erhalten (**V** u. **VI**), die zur Darst. gemischter Ester [z. B. **I** u. *Bis-[p-nitrobenzyl]-isopropylphosphat* (**VII**)] dienen u. deren Spaltprodd. [**II** bzw. *p-Nitrobenzylisopropylphosphat* (**VIII**)] durch hydrierende Entbenzylierung die Monoester *n-Butyl-* u. *Isopropylphosphat* (**IX** u. **X**) liefern. Analog wird das β-D-Glucosetetraacetat-1-dibenzylphosphat (**XI**; ZERVAS, Naturwissenschaften **27.** [1939.] 317) zu *β-D-Glucosetetraacetat-1-benzylhydrogenphosphat* (**XII**) entbenzyliert. Aus **VI** u. p-Toluidin (**XIII**) wird der *p-Toluidinophosphorsäure-bis-[p-nitrobenzyl]-ester* (**XIV**) dargestellt, dessen Hydrierung zu *N-Phosphoryl-p-toluidin* (**XV**) führt.

Versuche: Hydrierungen in methanol. NaOH mit Pd-Schwarz. Spaltung am Beispiel des *Tribenzylphosphats* (**XVI**): Meth. **A**: 3,7 g **XVI** u. 1,65 g NaJ werden 20 Min. in 20 cm³ Aceton bzw. in Methyläthylketon 5—6 Min. gekocht, das entstandene Na-Salz des *Dibenzylphosphats* (**XVII**) nach Eindampfen auf $^1/_2$ Vol. u. mehrstd. Kühlen abgesaugt. Meth. **B**: (aus rohem **XVI**) 38 g Benzylchlorid u. 46 g Ag_3PO_4 werden in 150 cm³ Chlf. 7—8 Std. gekocht, vom AgCl abfiltriert u. im Vakuum eingedampft. Der Rückstand wird in 120 cm³ Aceton mit 16,5 g NaJ 20—30 Min. erhitzt. Beim Kühlen erhält man 19 g Na-Salz von **XVII**; 65% (Ausbeute). — *Dibenzylphosphat* (**XVII**), F. 79°, aus dem Na-Salz in wss. Lsg. mit HCl; 96%. *Na-Salz*, $C_{14}H_{14}O_4PNa$, nach **A** 75%. *Ag-Salz*, F. 212—216° (Zers.). *Ba-Salz*, $C_{28}H_{28}O_8P_2Ba$, nach **A** (mit BaJ_2); 97%. — *Diäthylphosphat, Ba-Salz*, $C_8H_{20}O_8P_2Ba$, nach **A** in Acetessigester als Lösungsm.; 90%. *Pb-Salz*, $C_8H_{20}O_8P_2Pb$, F. 182—183°, aus dem nach **A** in Acetessigester erhaltenen lösl. Na-Salz; 90%. — *Tris-[p-nitrobenzyl]-phosphat*, $C_{21}H_{18}O_{10}N_3P$, F. 130° (A.), Darst. analog wie bei **B** (1. Stufe), jedoch Behandeln des Eindampfrückstandes mit A.; 84%. — *Bis-[p-nitrobenzyl]-phosphat* (**IV**), $C_{14}H_{13}O_8N_2P$, F. 175°, aus dem Na-Salz; 75%. *Na-Salz*, $C_{14}H_{12}O_8N_2PNa$, nach **A**; 96%. *Ba-Salz*, $C_{28}H_{24}O_{16}N_4P_2Ba$, nach **A**; 98%. — *Tris-[p-brombenzyl]-phosphat*, F. 133° (A.); 83%. — *Bis-[p-brombenzyl]-phosphat*, $C_{14}H_{13}O_4Br_2P$, F. 161—162°, aus dem Na-Salz; 96%. *Na-Salz*, $C_{14}H_{12}O_4Br_2PNa$, nach **A**; 96%. *Ba-Salz*, $C_{28}H_{24}O_8Br_4P_2Ba$, nach **A**; 98%. — *Tris-[p-jodbenzyl]-phosphat*, $C_{21}H_{18}\cdot O_4J_3P$, F. 164° (A.); 85%. — *Bis-[p-jodbenzyl]-phosphat* (**III**), $C_{14}H_{13}O_4J_2P$, F. 178°, aus dem Na-Salz; 93%. *Na-Salz*, $C_{14}H_{12}O_4J_2PNa$, nach **A**, in Methyläthylketon; 91%. — *p-Phenylbenzylbromid* (**XVIII**), $C_{13}H_{11}Br$, F. 85° (A. oder PAe.), aus 33,6 g p-Phenyltoluol mit 35,6 g Bromsuccinimid in 150 cm³ CCl_4 durch 18std. Kochen; 50%. — *Tris-[p-phenylbenzyl]-phosphat*, $C_{39}H_{33}O_4P$, F. 173° (Ae.–PAe.), aus **XVIII** u. Ag_3PO_4 analog wie bei **B** (1. Stufe), jedoch Behandeln des Eindampfrückstandes mit PAe.; 85%. — *Bis-[p-phenylbenzyl]-phosphat*, $C_{26}H_{23}O_4P$, F. 148—150°, aus dem Na-Salz; 92%. *Na-Salz*, $C_{26}H_{22}O_4PNa$, nach **A** in Methyläthylketon; 97%. — Bei der Spaltung entstehende B e n z y l j o d i d e: *p-Nitro-*, $C_7H_6O_2NJ$, F. 124°; 91%. *p-Brom-*, $C_7H_6\cdot BrJ$, F. 74—75°; 80%. *p-Jod-*, $C_7H_6J_2$, F. 88—89°; 90%. *p-Phenyl-*, F. 102°, ident. mit dem aus **XVIII** mit NaJ erhaltenen Prod.; 85%. — *Diesterphosphorsäurechloride* durch Zugeben von PCl_5 (10% Überschuß) zur Suspension von 0,04 Mol. Diester in 50 cm³ Chlf. in Portionen unter Kühlen u. Rühren, bis alles gelöst ist. *Bis-[p-jodbenzyl]-phosphorsäurechlorid* (**V**), $C_{14}H_{12}O_3ClJ_2P$, F. 89°, durch Eindampfen der Chloroformlsg. u. Behandeln mit PAe.; 75%. *Bis-[p-nitrobenzyl]-phosphorsäurechlorid* (**VI**), $C_{14}H_{12}O_7N_2\cdot ClP$, F. 107° (Chlf.–PAe.), durch Fällen aus der Chloroformlsg. mit PAe.; 96%. — *Bis-[p-nitrobenzyl]-isopropylphosphat* (**VII**), sirupartige Fl., aus **VI** mit Isopropylalkohol in Pyridin + Chlf. (4 Std. bei 25°); 60%. — *p-Nitrobenzylisopropylphosphat* (**VIII**), $C_{10}H_{14}\cdot O_6NP$, F. 69—70° (A.), aus dem Na-Salz; fast 100%. *Na-Salz*, $C_{10}H_{13}O_6NPNa$, aus **VII** mit NaJ in Aceton (1 Std. kochen) oder in Acetessigester (15 Min. Erhitzen); 90%; bzw. aus dem Ag-Salz von **IV** u. Isopropylbromid nach Entbenzylierung des gebildeten Prod.; 50% (neben etwas **IV** u. *Propylen*). — *Isopropylphosphat* (**X**), *Ba-Salz*, $C_3H_7O_4PBa$, durch Hydrierung von 3 g **VIII**, Nd. nach Zugabe von n-NaOH u. NaJ_2; 2,6 g; daneben **XIII** (F. 44—45°). — *Bis-[p-jodbenzyl]-n-butylphosphat* (**I**), aus **V** u. n-Butylalkohol analog **VII**. — *p-Jodbenzyl-n-butylphosphat* (**II**), *Na-Salz*, $C_{11}H_{15}O_4JPNa$, aus **I** mit NaJ (20—30 Min. bei 55°). — *n-Butylphosphat* (**IX**), *Ba-Salz*, $C_4H_9O_4PBa$, aus **II** wie **X**. — *p-Toluidinophosphorsäure-bis-[p-nitrobenzylester]* (**XIV**), $C_{21}H_{20}O_7NJ_2P$, F. 155° (A.), aus 0,01 Mol **VI** u. 0,22 Mol **XIII** in Chlf. (6 Std. bei 25°); 65%. — *N-Phosphoryl-p-toluidin* (**XV**), *Ba-Salz*, $C_7H_8O_3NPBa$, aus **XIV** durch Hydrierung u. Fällen als Ba-Salz; 81%. — *β-D-Glucosetetraacetat-1-benzylhydrogenphosphat* (**XII**), $C_{21}H_{27}O_{13}P$, F. 110—111°, aus dem Na-Salz; 90%. *Na-Salz*, $C_{21}H_{26}O_{13}PNa$, aus **XI** in Aceton oder Acetessigester als Lösungsm.; fast 100%. *Ag-Salz*, $C_{21}H_{26}O_{13}PAg$. (J. Amer. chem. Soc. **77**. 5354—57. 20/10. 1955. Athen, Univ.) F. J. MEYER. 1380

G. O. Doak und **Leon D. Freedman**, *Die Reaktion zwischen Diazoniumfluoboraten und Arsentrichlorid in organischen Lösungsmitteln.* $AsCl_3$ reagiert mit wasserfreiem Diazoniumfluoboraten in A. unter Bldg. von *Arylarson-* u. *Diarylarsinsäuren.* Als optimale Reaktionsbedingung für die Synth. von Arylarsonsäuren finden Vff. absol. A. als Lösungsm. u. $CuCl_2$ als Katalysator, während für die Bldg. der sek. Säuren die Verwendung von 80%ig. wss. A. u. CuBr als Katalysator am günstigsten ist. Neben den als am wirksamsten befundenen Cu-Salzen lassen sich auch wasserfreies $FeCl_2$, KJ u. Hydrochinon als Katalysatoren verwenden. Neben A. als Lösungsm. sind auch Methanol, Isopropanol, n-Butanol, tert.-Butanol, n-Pentanol, Äthylacetat u. Isopropylacetat mit Erfolg verwendet worden; diese setzen in der vorst. Reihenfolge die Ausbeuten an prim. Säuren herab u. die an den sek. Säuren herauf. (Vgl. C. **1952**. 7163.)

V e r s u c h e: Gemisch von *p-Nitrobenzolarson-* (**I**) u. *Bis-[p-nitrophenyl]-arsinsäure* (**II**), durch Rk. einer Suspension von p-Nitrobenzoldiazoniumfluoborat, $AsCl_3$ u. Katalysator im entsprechenden Lösungsm. unter Rühren (teilweise ist Erhitzen notwendig), Entfernen des Lösungsm. durch Dampfdest., Einengen der zurückbleibenden Fl., Lösen des nach Kühlen erhaltenen Nd. in Sodalsg. u. Ansäuern gegen Kongorot. Trennung von **I** u. **II** nach Extraktion mit sd. W.: **I** krist. aus W., **II** als in W. unlösl. Teil aus C_2H_5OH. Bei Verwendung von CuCl bzw. CuBr wurden nach der Dampfdest. *p-Nitrochlor-* bzw. *p-Nitrobrombenzol*, in einigen Fällen auch Spuren von *p-Nitrofluorbenzol* als Nebenprodd. gefunden. Bildeten sich bei den Rkk. keine Arsenverbb., erhielt man *p-Nitrochlorbenzol* u. *p-Nitrophenetol.* — Dargestellt wurden nachst. B e n z o larsonsäuren: *o-Chlor-*; 45% (Ausbeute); *m-Chlor-*; 62%; *p-Chlor-*; 62%; *m-Nitro-*; 42%; *p-Nitro-*; 54%. — *Bis-[phenyl]-arsinsäuren*: *o-Chlor-*, $C_{12}H_9O_2Cl_2As$, F. 245—248°; 13%; *m-Chlor-*, $C_{12}H_9O_2Cl_2As$, F. 150—152°; 18%; *p-Chlor-*, $C_{12}H_9O_2Cl_2As$, F. 177—179°; 14%; *m-Nitro-*; 17%; *p-Nitro-*; 21%. (J. Amer. chem. Soc. **73**. 5656—57. Dez. 1951. Chapel Hill, N. C., Univ., School of Publ. Health, Veneral Disease Exp. Labor.)

H. W. ZIMMER. 1380

G. O. Doak und **Leon D. Freedman**, *Die Synthese von Arylphosphon- und Diarylphosphinsäuren durch die Diazoreaktion.* Vff. finden, daß PCl_3 mit Diazoniumfluoboraten ebenso wie $AsCl_3$ (vgl. vorst. Ref.) unter Bldg. von *Arylphosphon-* u. *Diarylphosphinsäuren* reagiert. Als günstigstes Lösungsm. erweist sich Äthylacetat, als wirksamster Katalysator CuBr (über die Ausbeuten bei Verwendung anderer Katalysatoren u. Lösungsmittel vgl. Original).

Versuche: *Diarylphosphin-* (I) u. *Arylphosphonsäuren* (II) entstehen durch Rk. einer Suspension der entsprechenden Diazoniumfluoborate mit PCl_3 u. dem Katalysator im organ. Lösungsm. unter Rühren (gelegentlich ist Kühlen bzw. Erhitzen auf 50° notwendig), Zugabe von W. u. Einengen durch Dampfdest. u. auf dem Wasserbad. Nach Kühlen u. Filtrieren wird der Nd. in 10%ig. NaOH gelöst, mit Kohle behandelt u. angesäuert. Dabei fällt **I** aus. (*m-* u. *p-Chlorderivv.* erhält man nach Einengen des Rückstands der Dampfdest. als Gemisch von **I** u. **II**. Wird dessen Lsg. weitereingeengt, das Gemisch abgetrennt, in 10%ig. NaOH gelöst u. gegen Kongorot angesäuert, fallen **I** u. das saure Na-Salz von **II** aus. Die Trennung erfolgt durch Extraktion mit sd. 6n HCl; dabei bleibt **II** zunächst in Lsg., **I** erhält man als Öl.) Das nach dem Einengen u. Kühlen erhaltene Filtrat von **I** wird nochmals eingeengt, der Nd. nach Kühlen in ca. 20%ig. Na- oder KOH bei p_H 8 gelöst, vom entstandenen $Cu(OH)_2$ abfiltriert, mit Kohle behandelt u. gegen Kongorot angesäuert; dabei fällt **II** als saures K- oder Na-Salz aus. Zur Darst. von **II** wurden 2 Verff. angewandt: a) wenn die entsprechende **II** in der Kälte wenig lösl. ist, wurde das saure Na-Salz in heißer 6n HCl gelöst u. nach Kühlen **II** erhalten; b) ist **II** gut lösl. in HCl, wurde das saure K-Salz in heißer 6n HCl gelöst, die Lsg. zur Trockne eingedampft u. der Rückstand mit Ae. extrahiert; nach Kühlen fiel **II** aus. — Folgende Verbb. wurden dargestellt: Benzolphosphonsäuren: *o-Chlor-*, $C_6H_6O_3ClP$, F. 182—184°, nach b); 44% (Ausbeute); *m-Chlor-*, $C_6H_6O_3ClP$, F. 137 bis 137,5°, nach a); 43%; *p-Chlor-*, $C_6H_6O_3ClP$, F. 187—188,5°, nach a); 50%; *m-Nitro-*, $C_6H_6O_5NP$, F. 155—156°, nach b); 37%; *p-Nitro-*, $C_6H_6O_5NP$, F. 197—198°, mit Isopropylacetat als Lösungsm. nach b); 27%; *p-Carboxy-*, $C_7H_7O_5P$, F. $>300°$, nach a); 39%; *p-Aminosulfonyl-*, $C_6H_8O_5NSP$, F. 224—225°, nach a); 50%; *p-Methyl-*, $C_7H_9O_3P$, F. 198—199°, nach a); 42%. *Benzolphosphonsäure*, $C_6H_7O_3P$, F. 162,5—163°, nach a); 17%. — *Bis-[phenyl]-phosphinsäuren*: *o-Chlor-*, $C_{12}H_9O_2Cl_2P$, F. 233—236° (wss. A.), nach b); 10%; *m-Chlor-*, $C_{12}H_9O_2Cl_2P$, F. 164—165° (wss. A.), nach a); 7%; *p-Chlor-*, $C_{12}H_9O_2Cl_2P$, F. 145—146° (wss. A.), nach a); 7%; *m-Nitro-*, $C_{12}H_9O_6N_2P$, F. 271—273° (Eisessig), nach b); 5,5%; *p-Nitro-*, $C_{12}H_9O_6N_2P$, F. 275—277° (wss. A.), mit Isopropylacetat als Lösungsm. nach b); 26%. *Diphenylphosphinsäure*, $C_{12}H_{11}O_2P$, F. 192—193,5° (wss. A.), nach a); 3,8%. (J. Amer. chem. Soc. **73**. 5658—60. Dez. 1951.)

H. W. ZIMMER. 1380

C. David Gutsche und **Herbert E. Johnson**, *Ringvergrößerungen.* 3. Mitt. *Ringvergrößerung von Cyclohexanon mit N-Nitroso-N-benzylcarbaminsäureäthylestern mit Methyl- und Methoxygruppen im Phenylkern.* (2. vgl. C. **1955**. 4571.) Bei Ringvergrößerungen von Cyclohexanon durch Rk. mit substituierten N-Benzyl-N-nitrosocarbaminsäureäthylestern (I) in CH_3OH bestimmt die Substitution in **I** weitgehend die Mengenverhältnisse der Ausbeuten an *Cycloheptanonderivv.* (II) bzw. *substituierten Benzylmethyläthern* (III). Zunehmende Anzahl von Methoxy- oder bes. Methylgruppen in **I** begünstigt die Bldg. von **III**-Derivv., die im Falle von N-[2.4.6-Trimethylbenzyl]-N-nitrosocarbaminsäureäthylester (**X**) ausschließlich gebildet werden. Zur Erklärung der Befunde wird ein Reaktionsmechanismus vorgeschlagen, der als 1. Schritt die Bldg. von $[ArCH_2N{=}NO]K$ vorsieht, das sogleich solvolyt. das Diazohydroxyd $ArC^{\ominus}H{-}N{=}NOH$ u. daraus Phenyldiazomethan (**IV**) bzw. **III** bildet. **IV** kann dann in bekannter Weise in einer Ringerweiterungs-Rk. **II** bilden.

Versuche (FF. korr.): *N-[2-Methoxybenzyl]-carbaminsäureäthylester*, $C_{11}H_{15}O_3N$, $Kp._{0,5}$ 117—118°, aus 2-Methoxybenzonitril (dargestellt aus 2-Bromanisol; l. c.; 71% Ausbeute) durch Red. mit $LiAlH_4$ zu *2-Methoxybenzylamin* (47%) u. Umsetzen dieser Verb. mit Äthylchlorcarbonat; n_D^{25} 1,5218; 83%. Daraus durch Nitrosieren nach HARTMANN u. PHILLIPS (Org. Syntheses, Coll. Vol. **II**. [1943.] 464) bei 15—20° (6 Std.) die *N-Nitrosoverb.* (**V**); 95%. — *N-[3-Methoxybenzyl]-carbaminsäureäthylester*, $C_{11}H_{15}O_3N$, $Kp._{0,2}$ 123 bis 125°, durch $LiAlH_4$-Red. von m-Methoxybenzamid zu *m-Methoxybenzylamin* ($Kp._{12}$ 117—120°, n_D^{25} 1,5450; 57%. *Pikrat*, F. 185—186°) u. weiter wie oben; n_D^{25} 1,5208;

94,5%. Daraus die orangerote *Nitrosoverb.* (**VI**); fast 100%. — *N-[4-Methoxybenzyl]-carbaminsäureäthylester*, $C_{11}H_{15}O_3N$, F. 40—41° (Platten aus PAe.), Kp.$_{0,2}$ 117—119°, aus 4-Methoxybenzylamin wie oben; 87,5%. Daraus die ölige, orangerote *Nitrosoverb.*(**VII**); 99%. — *N-[2-Methylbenzyl]-carbaminsäureäthylester*, $C_{11}H_{15}O_2N$, F. 33—34° (Platten aus PAe.), Kp.$_{0,3}$ 100—101°, ebenso aus 2-Methylbenzylamin, n_D^{25} 1,5182; 92%. Daraus die ölige orangerote *Nitrosoverb.* (**VIII**); 98%. — *N-[4-Methylbenzyl]-carbaminsäureäthylester*, $C_{11}H_{15}O_2N$, F. 57,5—58,5° (aus PAe. Nadeln), aus 4-Methylbenzylamin; 96%. Daraus die *Nitrosoverb.* (**IX**), orangerotes Öl; fast 100%. — *N-[2.4.6-Trimethylbenzyl]-carbaminsäureäthylester* (**XI**), $C_{13}H_{19}O_2N$, F. 106—109° (Nadeln aus wss. A.), aus 2.4.6-Trimethylbenzylamin; 91%. Daraus in 8 Std. (20—25°) das *Nitrosoderiv.* (**X**), hellgelbe Nadeln aus Methanol, F. 83—84°; 96%. — Rk. von N-Nitroso-N-benzylcarbaminsäureäthylester (0,075 Mol) mit Cyclohexanon (0,16 Mol) in 40 ml wasserfreiem Methanol in Ggw. von 1 g trockenem K_2CO_3 bei 25° bis zum Ende der N_2-Entw. führt nach Abdampfen des Lösungsm. u. Vakuumdest. zu *2-Phenylcycloheptanon* (41%) u. *Benzylmethyläther* (29%), der im Gemisch mit Cyclohexanon erhalten wurde. — Analog reagieren: **V** zu *2-Methoxybenzylmethyläther*, $C_9H_{12}O_2$ (Kp.$_{0,25}$ 53—54°, n_D^{25} 1,5151; 50%) u. *2-[2'-Methoxyphenyl]-cycloheptanon*, $C_{14}H_{18}O_2$, Kp.$_{0,40}$ 116°, n_D^{25} 1,5407 *2.4-Dinitrophenylhydrazon*, $C_{20}H_{22}O_5N_4$, F. 178—179°. (A.); 20%. — **VI** gibt *3-Methoxybenzylmethyläther*, $C_9H_{12}O_2$ (Kp.$_{0,3}$ 52—53°, n_D^{25} 1,5115; 32%) u. *2-[3'-Methoxyphenyl]-cycloheptanon*, $C_{14}H_{18}O_2$, Kp.$_{0,3}$ 119—121°, n_D^{25} 1,5418; 41,5%. *2.4-Dinitrophenylhydrazon*, $C_{20}H_{22}O_5N_4$, F. 145—146° (Nadeln aus A.). — **VII** gibt *4-Methoxybenzylmethyläther*, $C_9H_{12}O_2$ (Kp.$_{30}$ 125°, Kp.$_{0,4}$ 57—58°, n_D^{25} 1,5107; 64%) u. *2-[4'-Methoxyphenyl]-cycloheptanon*, F. 57 bis 58° (Nadeln aus PAe.); 7%. *2.4-Dinitrophenylhydrazon*, $C_{20}H_{22}O_5N_4$, F. 174—175° (gelbe Platten aus A. + Äthylacetat). — **VIII** gibt *2-Methylbenzylmethyläther*, $C_9H_{12}O$ (Kp.$_{30}$ 93°, n_D^{25} 1,5047; 37%) u. *2-[2'-Methylphenyl]-cycloheptanon*, $C_{14}H_{18}O$, Kp.$_{0,25}$ 113°; 29%. *2.4-Dinitrophenylhydrazon*, $C_{20}H_{22}O_4N_4$, F. 188—189° (gelbe Blätter aus A.). — **IX** gibt *4-Methylbenzylmethyläther*, $C_9H_{12}O$ (Kp.$_{20}$ 84°, n_D^{25} 1,4990; 45%) u. *2-[4'-Methylphenyl]-cycloheptanon*, $C_{14}H_{18}O$, F. 57—58° (Nadeln aus PAe.); 26%. *2.4-Dinitrophenylhydrazon*, $C_{20}H_{22}O_4N_4$, F. 200—201,5° (orangefarbene Platten aus A. + Äthylacetat). — **X** gibt *2.4.6-Trimethylbenzylmethyläther*, $C_{11}H_{16}O$ (Kp.$_{0,50}$ 56°, n_D^{25} 1,5098; 62%) u. 11% **XI**. (J. Amer. chem. Soc. **77.** 109—12. 5/1. 1955. St. Louis, Mo., Washington Univ., Dep. of Chem.) K. FABER. 1980

Rudolf Lukeš, Jan Trojánek und Karel Bláha, *Über die Hydrierung der Oxybenzoesäuren.* Es wurde die milde Hydrierung aller Monooxybenzoesäuren (I) u. der 2.3-Dioxybenzoesäure (II) quantitativ verfolgt. In allen Fällen wird neben der Kernhydrierung die Oxygruppe teilweise durch H ersetzt, u. zwar bei o-I zu 20%, bei m-I zu 60%, bei p-I zu 80% u. bei **II** zu 100%. *CO_2* wird von o-I (23%) u. **II** (22,8%) abgespalten. Die Prodd. wurden durch papierchromatograph. Vgl. (SCHLEICHER-SCHÜLL 2043/B; mit 1,5n-NH_4OH gesätt. n-Butylalkohol) mit Standardpräpp. identifiziert. Auf Grund der R_F-Werte wird die Konst. der cis- u. trans-Stereomeren durch Konformationsanalyse bestätigt.

Versuche: Die Hydrierung wurde in wss. Suspension (2 mMol Säure in 30 ml) bei Zimmertemp. u. Atmosphärendruck an 100 mg PtO_2 durchgeführt. In die App. wurde ein Rohr mit Natronkalk zum Auffangen des CO_2 eingeschaltet. Das Prod. wurde mit Wasserdampf dest., das Destillat u. der Rückstand mit $Ba(OH)_2$ titriert, eingedampft u. direkt chromatographiert. Ausgangsstoffe [in () R_F-Werte]: o-I, F. 159° (0,45). m-I, F. 200° (0,18). p-I, F. 210—212° (0,08). **II**, F. 203—204° (0,20). — Erhaltene Prodd. bzw. Vergleichspräpp. [in () R_F-Werte u. F. des *p-Bromphenacylesters*]: *Cyclohexancarbonsäure* (0,49; $C_{15}H_{17}O_3Br$, F. 88—89°), aus **I** u. **II**. — *Cyclohexanol-(2)-carbonsäure: cis-Form*, F. 76—77° (0,35; $C_{15}H_{17}O_4Br$, F. 134—134,5°); *trans-Form*, F. 109,5—111° (0,26; $C_{15}H_{17}O_4Br$, F. 138,5—139°), aus o-I, **II** bzw. Cyclohexanon-(2)-carbonsäureäthylester. — *Cyclohexanol-(3)-carbonsäure: cis-Form*, F. 131,5—132,5° (0,15; $C_{15}H_{17}O_4Br$, F. 136—136,5°); *trans-Form*, F. 118—119° (0,16; F. 120—121°), aus m-I, **II** bzw. durch Red. von m-I mit Na in C_2H_5OH. *trans-Acetylderiv.*, $C_9H_{14}O_4$, Kp.$_{11}$ 118—119°. — *Cyclohexanol-(4)-carbonsäure: cis-Form*, F. 150—151,5° (0,12; $C_{15}H_{17}O_4Br$, F. 120—121°), aus p-I sowie Cyclohexanon-(4)-carbonsäure (**III**); *trans-Form*, F. 147—147,5° (0,10; $C_{15}H_{17}O_4Br$, F. 138,5—139°), aus p-I sowie durch Red. von **III** mit Na-Amalgam in Äthanol. (Chem. Listy **49.** 717—22. Mai 1955 [Orig.: tschech.]; Collect. czechoslov. chem. Commun. **20.** 1136—41. 1955 [Orig.: deutsch]. Praha, Českoslov. akad. věd, Labor. heterocycl. sloučenin, u. Vysoká škola chem.-technol., Ústav org. chem.) J. KOVÁŘ/Prag. 2000

M. Protiva, J. O. Jílek, L. Novák, E. Adlerová, V. Šimák und E. Knobloch, *Synthetische Versuche in der Gruppe östrogener Hormone.* 8. Mitt. *Chemie der 2-Methyl-2-carboxy-6-oxycyclohexanonderivate.* (7. vgl. C. **1955.** 4813.) Vff. berichten über nicht zufriedenstellend verlaufende Verss., die zur Darst. des 3-Methyl-3-carboxycyclohexanon-2-essigsäureäthylesters (I) oder des 2-Äthyl-3-methyl-3-carboxycyclohexanons führen sollten. Durch Einw. von Na-Methylat auf 2-Methyl-2-carbäthoxy-6-bromcyclohexanon (**II**) entsteht ein fl. Isomerengemisch, das nur ca. 50% des erwarteten *2-Methyl-2-carbäthoxy-6-methoxycyclohexanons* (**III**) enthält. Aus dem Reaktionsgemisch wurde eine *Verb.* der Formel $C_{10}H_{16}O_4$ vom F. 83° (korr.) isoliert, die aber mit dem durch vermutete Umesterung von **III** entstandenen *2-Methyl-2-carbomethoxy-6-methoxycyclohexanon* (**IV**) nicht ident. ist. Aus **II** u. überschüssigem 2.4-Dinitrophenylhydrazin bildet sich das entsprechende *2.4-Dinitrophenylosazon* (**IIa**; *Deriv.* des *1.6-Diketons*). Die Verb. vom F. 83° entsteht auch als Nebenprod. bei der Darst. von **IV**. Auf Grund der Lactontitration, der hydrolyt. Spaltung u. des Infrarotspektr. wird dieser Verb. die Konst. eines *Lactons* des *2-Methyl-2-carboxy-6-oxycyclohexanondimethylketals* (**V**) zugeschrieben. Die Bldg. von **V** aus **II** u. CH_3ONa verläuft sowohl in der Methylester- als auch in der Äthylesterreihe höchstwahrscheinlich über die Zwischenstufe der *Epoxyäther* **VI** u. des *Oxydimethylketals* **VII** (vgl. STEVENS u. Mitarbeiter, C. **1954**. 9996 u. 9977). **VI** (R = C_2H_5) ist wahrscheinlich auch in dem Reaktionsgemisch von **II** als isomere nichtketon. Komponente enthalten.

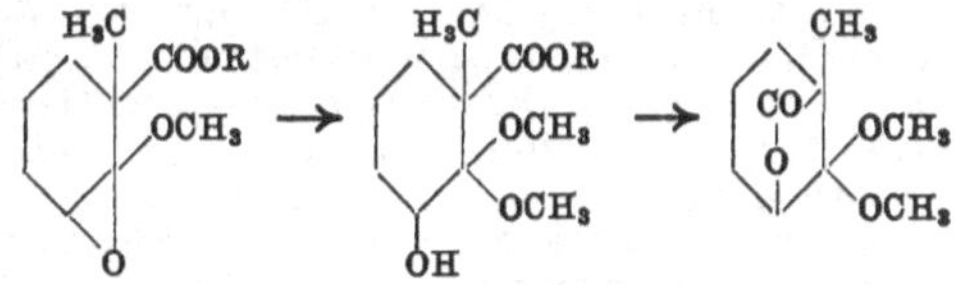

VI VII V

Um festzustellen, ob während der Reaktionsfolge **II** → **VI** → **VII** vielleicht zum z. T. die FAVORSKI-Umlagerung verläuft, wurde das rohe Gemisch von **III** mit NaOH hydrolysiert. Statt der erwarteten 1-Methylcyclopentan-1.2-dicarbonsäure isolierten Vff. eine Verb., die vorläufig ohne Beweisführung als *1-Methyl-1-carboxy-2-methoxy-2.3-epoxycyclohexan* angesehen wird. Die Cyanhydrinsynth. von rohem **III** führt zu *1-Cyan-2-methyl-2-carbäthoxy-6-methoxycyclohexanol*. Die Rk. von **II** mit Na-Äthylat bzw. Na-Benzylat liefert uneinheitliche Gemische, die wiederum nur zum Teil die erwünschten Äther enthalten. Die REFORMATSKI-Rk. mit 2-Methyl-2-carbäthoxy-6-acetoxycyclohexanon (**VIII**) liefert *1-Carbäthoxymethyl-2-methyl-2-carbäthoxy-6-acetoxycyclohexanol-(1)* (**IX**). Die nachfolgende Aufarbeitung von **IX**, namentlich seine Dehydratisierung, die Hydratisierung der hierdurch entstandenen *1-Carbäthoxymethylenverb.* (**X**), ihre Umesterung sowie die Verss., durch Desacetylierung von **X** über das Enolacetat zu **I** zu gelangen, scheiterten. Bei der letztgenannten Rk. wurde als einziges Prod. **IIa** isoliert. Daraus ergibt sich, daß **VIII** im Verlauf der Reaktionsfolge unverändert bleibt, jedoch aus dem Gemisch wegen der nahe beieinanderliegenden Kpp. der Komponenten nicht zu isolieren ist. Aus rohem **VIII** gelang es, ein *krist. Isomeres* (**VIIIa**) zu isolieren. Ein *zweites Isomeres* (**VIIIb**) wurde aus dem Reaktionsgemisch nach der Dehydratisierung von **IX** erhalten (Infrarotspektr. von **VIIIa** u. **VIIIb** vgl. Original). Die Bldg. von **VIIIb** aus **IX** kann vorläufig nicht befriedigend erklärt werden. Die Verseifung von **VIIIa** u. **VIIIb** liefert unter Decarboxylierung die stereoisomeren *2-Methyl-6-oxycyclohexanone*. Die Desacetylierung von **VIIIa** u. **VIIIb** mit alkoh. HCl ergibt zwei stereosiomere *2-Methyl-2-carbäthoxy-6-äthoxycyclohexanone*. Die Desacetylierung von **VIIIb** mit $KHCO_3$ liefert *2-Methyl-2-carbäthoxy-6-oxycyclohexanon*. Die REFORMATSKI-Rk. mit **VIIIa** führt zum *2-Methyl-2-carboxy-6-oxycyclohexylidenessigsäure-2.6-lacton*, woraus auf die *cis*-Konfiguration von **VIIIa** geschlossen wird. Unter den gleichen Bedingungen liefert **VIIIb** *2-Methyl-2-carbäthoxycyclohexandiol-(1.6)-essigsäure-(1)-lacton*, woraus auf die *trans*-Konfiguration von **VIIIb** geschlossen wird.

Versuche: *2-Methyl-2-carbäthoxycyclohexanon-2'.4'-dinitrophenylhydrazon*, $C_{16}H_{20}O_6N_4$, F. 136—139° (korr.; PAe.-Äthylacetat). — *2-Methyl-2-carbäthoxy-6-bromcyclohexanon* (**II**), $C_{10}H_{15}O_3Br$, Kp.$_{3,6}$ 132—134°, durch Bromierung von 2-Methyl-2-carbäthoxycyclohexanon in CCl_4; 93% (Ausbeute). *2.4-Dinitrophenylosazon* (**IIa**; *Deriv.* des *1.6-Diketons*), $C_{22}H_{22}O_{10}N_8$, F. 184—185° (Äthylacetat). — *2-Methyl-2-carbäthoxy-6-methoxycyclohexanon* (**III**), $C_{11}H_{18}O_4$, Kp.$_{10}$ 128—136°, Isomerengemisch mit ca. 50% **III**, aus **II** u. Na-Methylat in CH_3OH, zunächst unter Eiskühlung, dann 2 Std. auf dem Wasserbad unter Rückfluß; 81%. Das *2.4-Dinitrophenylhydrazon* (**IIIa**), $C_{17}H_{22}O_7N_4$, F. 180—181° (Äthylacetat) darzustellen, gelang nur einmal in 49%ig. Ausbeute. Alle weiteren Verss. lieferten statt **IIIa** **IIa**. — *Lacton* des *2-Methyl-2-carboxy-6-oxycyclohexanondimethylketals* (**V**), $C_{10}H_{16}O_4$, F. 83° (korr.; PAe.), durch Zutropfen der methanol. Lsg. von **II** zur kochenden methanol. Lsg. von überschüssigem Na-Methylat u. 4std. Kochen unter Rückfluß; Öl vom Kp.$_{10}$ 130—142°, das nach Vermischen mit PAe. 20% **V** liefert. Aus dem fl. Anteil mit 2.4-Dinitrophenylhydrazin sehr wenig **IIIa**. — *2-Methyl-2-carbomethoxycyclohexanon*, Kp.$_{7,5}$ 98—99°, aus dem mit Na-Pulver in Bzl. erhaltenen *Na-2-carbomethoxycyclohexanon* u. Methyljodid, 3 Std. unter Rückfluß; 70%. — Das aus vorst. Verb. u. Br_2 in CCl_4 hergestellte rohe *2-Methyl-2-carbomethoxy-6-bromcyclohexanon* liefert durch Kochen mit überschüssiger Na-Methylatlsg. 2 ölige, bei —20°

z. T. krist. Fraktionen vom $Kp._{7,5}$ 123—128° u. 128—135°; die isolierte krist. Verb. ist ident. mit **V**; als fl. Anteil *2-Methyl-2-carbomethoxy-6-methoxycyclohexanon* (**IV**), $C_{10}H_{16}O_4$, $Kp._{15}$ 145—147°, $Kp._{10}$ 120—122°. *2.4-Dinitrophenylhydrazon*, $C_{16}H_{20}O_7N_4$, F. 175° (PAe.-Bzl.); **IV** auch durch Umesterung von **III** durch 2std. Kochen mit methanol. Na-Methylat. Bei der Darst. des 2.4-Dinitrophenylhydrazons wurde eine Verb. isoliert, der wahrscheinlich die Formel des *2.4-Dinitrophenylhydrazons des 2-Methyl-2-carboxy-6-oxycyclohexanonlactons*, $C_{14}H_{14}O_6N_4$ (**IVa**), F. 173° (A.), zukommt. — Alkal. Hydrolyse von **V**: Durch 4std. Kochen von 2 g **V** mit 0,5 g KOH in 30 cm³ A. das *Kaliumsalz*, $C_{10}H_{17}O_5K$, durch Hydrolyse mit methanol. HCl u. Kochen mit 2.4-Dinitrophenylhydrazin das *2.4-Dinitrophenylosazon* vom Typus **IIa** (*Carboxylgruppe* verestert mit CH_3OH), $C_{21}H_{20}O_{10}N_8$, F. 179—180° (PAe.-Äthylacetat); analag mit alkoh. HCl u. Kochen mit 2.4-Dinitrophenylhydrazin **IIa**; mit butylalkoh. HCl das *2.4-Dinitrophenylosazon* vom Typus **IIa** (*Carboxylgruppe* verestert mit *Butanol*), $C_{24}H_{26}O_{10}N_8$, F. 105—108°, (Bzl.-PAe.); mit verd. H_2SO_4 in Dioxan **IVa**, mit einem Gemisch aus HCl u. Essigsäure unter Decarboxylierung u. Dehydratisierung *6-Methylcyclohexen-(2)-on* (?), das als *2.4-Dinitrophenylhydrazon*, $C_{13}H_{14}O_4N_4$, F. 193—195°, isoliert wurde (vgl. dagegen Birch, J. chem. Soc. [London] **1944**. 430); durch Hydrolyse von **V** mit Essigsäure u. Rk. mit 2.4-Dinitrophenylhydrazin wurde nur *2.4-Dinitrophenylhydrazinacetat*, F. 187—188° erhalten. — *1-Methyl-1-carboxy-2-methoxy-2.3-epoxycyclohexan*, $C_9H_{14}O_4$, F. 141—143° (Bzl.), durch 10std. Kochen von 21,4 g rohem **III** mit 60 cm³ 10%ig. KOH; die ungelöste Schicht gibt nach Aufnahme in Ae. u. nach dessen Abdestillieren 1,5 g **V**; das nach der Aufarbeitung der wss. Schicht erhaltene Öl krist. nach Vermischen mit PAe.; 2,5 g. — *1-Cyan-2-methyl-2-carbäthoxy-6-methoxycyclohexanol*, $C_{12}H_{19}O_4N$, F. 142° (A.), aus 10,7 g rohem **III** in 100 cm³ PAe. durch 2std. Schütteln mit einer Lsg. von 7,9 g NH_4Cl u. 9,7 g KCN in 150 cm³ W.; 5,9 g. — *2-Methyl-2-carbäthoxy-6-äthoxycyclohexanon*, $Kp._{10}$ 120 bis 135°, aus 52,5 g **II** durch Kochen mit einer aus 4,5 g Na u. 200 cm³ A. hergestellten Alkoholatlsg.; 23 g. Mit 2.4-Dinitrophenylhydrazin entsteht **IIa**. — *2-Methyl-2-carbäthoxy-6-benzyloxycyclohexanon*, $C_{17}H_{22}O_4$, $Kp._{0,6}$ 135—145°, analog aus **II** u. Na-Benzylat; 51%. *2.4-Dinitrophenylhydrazon*, $C_{23}H_{26}O_7N_4$, F. 135° (PAe.-Äthylacetat). — Rohes *2-Methyl-2-carbäthoxy-6-acetoxycyclohexanon* (**VIII**), $C_{12}H_{18}O_5$, $Kp._{0,5}$ 105—115°, aus **I** u. K-Acetat in Eisessig, 3 Std. bei 140°; 66%. — *1-Carbäthoxymethyl-2-methyl-2-carbäthoxy-6-acetoxycyclohexanol* (**IX**), $C_{16}H_{26}O_7$, $Kp._{0,1}$ 120—130°, aus **VIII** u. Bromessigsäureäthylester nach Reformatski im Gemisch aus Bzl. u. Toluol; 35%. — *2-Methyl-2-carbäthoxy-6-acetoxycyclohexylidenessigsäureäthylester* (**X**), $C_{16}H_{24}O_6$, $Kp._{0,4}$ 110—120°, durch Dehydratisierung von **IX** mit HCOOH, 3 Std. unter Rückfluß; 49%. — *2-Methyl-2-carbäthoxy-6-acetoxycyclohexylessigsäureäthylester*, $C_{16}H_{26}O_6$, $Kp._{0,1}$ 95—97°, durch Hydrierung von **X** in A. an Pd-Kohle; 50%. — *2-Methyl-2-carbäthoxy-6-oxycyclohexylidenessigsäureäthylester* (?), $C_{14}H_{22}O_5$, $Kp._{10}$ 106—111°, durch 6std. Kochen vorst. Verb. mit Al-Isopropylat in A.; 74%. — *2-Carbäthoxymethyl-3-methyl-3-carbäthoxycyclohexanon* (?), $C_{14}H_{22}O_5$, $Kp._{0,7}$ 112—118°, durch 6std. Kochen von **X** mit Al-Isopropylat in A., uneinheitliches Gemisch, aus dem nach Rk. mit 2.4-Dinitrophenylhydrazin u. chromatograph. Reinigung an Al_2O_3 nur **IIa** isoliert wurde. — *2-Methyl-2-carbäthoxy-6-acetoxycyclohexanon* (**VIIIa**), $C_{12}H_{18}O_5$, F. 83—84° (korr.; PAe.), krist. im Eisschrank aus einer Fraktion von **VIII** vom $Kp._{2,5}$ 137—140°, n_D 1,462. *2.4-Dinitrophenylhydrazon*, $C_{18}H_{22}O_8N_4$, F. 180—181° (A.). — *Stereoisomeres 2-Methyl-2-carbäthoxy-6-acetoxycyclohexanon* (**VIIIb**), $C_{12}H_{18}O_5$, F. 76° (korr.; PAe.), durch Dehydratisierung von **IX** mit $SOCl_2$ in Pyridin bei 50° u. Verdünnen der Fraktion vom $Kp._{0,8}$ 110—115° mit Petroläther. *2.4-Dinitrophenylhydrazon*, $C_{18}H_{22}O_8N_4$, F. 138° (korr.; A.). — Durch 7std. Kochen von 3 g **VIIIa** bzw. **VIIIb** mit einer Lsg. von 3 g KOH in 30 cm³ 90%ig. CH_3OH bilden sich *2 stereoisomere 2-Methyl-6-oxycyclohexanone*, $C_7H_{12}O_2$, $Kp._{10}$ 88—92° bzw. $Kp._{10}$ 90 bis 94°. Letzteres liefert ein *2.4-Dinitrophenylosazon*, $C_{19}H_{18}O_8N_8$, F. 223° (korr.; Bzl.). — *2-Methyl-2-carbäthoxy-6-äthoxycyclohexanon*, $C_{12}H_{20}O_4$, $Kp._{12}$ 130—132°, aus 3 g **VIIIa** durch 70std. Stehen in 20 cm³ 5%ig. alkoh. HCl; 2,3 g. Mit der äquivalenten Menge 2.4-Dinitrophenylhydrazin bildet sich das *2.4-Dinitrophenylhydrazon*, $C_{18}H_{24}O_7N_4$, F. 109° (korr.; A.), mit überschüssigem 2.4-Dinitrophenylhydrazin **IIa**. — *Stereoisomeres 2-Methyl-2-carbäthoxy-6-äthoxycyclohexanon*, $C_{12}H_{20}O_4$, $Kp._{2,5}$ 100°, analog aus **VIIIb**. *2.4-Dinitrophenylhydrazon*, $C_{18}H_{24}O_7N_4$, F. 105—107° (korr.; A.), mit überschüssigem 2.4-Dinitrophenylhydrazin **IIa**. — *2-Methyl-2-carbäthoxy-6-oxycyclohexanon*, $C_{10}H_{16}O_4$, $Kp._{0,4}$ 80—83°, durch 48std. Stehen von 3 g **VIIIb** in 200 cm³ CH_3OH mit 6 g $KHCO_3$ in 60 cm³ W.; 2,7 g; mit überschüssigem 2.4-Dinitrophenylhydrazin **IIa**. Unter den gleichen Bedingungen bleibt **VIIIa** unverändert. — *2-Methyl-2-carboxy-6-oxycyclohexylidenessigsäure-2.6-lacton*, $C_{10}H_{12}O_4$, F. 172—176° (Ae.-Methanol), durch Reformatski-Rk. aus **VIIIa** u. Bromessigsäureäthylester. — *2-Methyl-6-oxycyclohexyliden-* (oder *-cyclohexenyl-?*) *essigsäure*, $C_9H_{14}O_3$, F. 101—103° (wss. Methanol), durch Hydro-

lyse von 2 g vorst. Verb. in 20 cm^3 10% ig. alkoh. KOH, 4 Std. unter Rückfluß; 0,95 g. — *2-Methyl-2-carboäthxycyclohexandiol-(1.6)-essigsäure-(1)-lacton*, $C_{12}H_{18}O_5$, F. 92—93° (korr.; PAe.-Bzl.), durch REFORMATSKI-Rk. aus **VIIIb** u. Bromessigsäureäthylester. (Chem. Listy **49.** 1198—1217. Aug. 1955 [Orig.: tschech.]; Collect. czechoslov. chem. Commun. **21.** 159 —80. 1956. Praha, Výzk. ústav pro farm. a biochem. [Auszug: engl.])
A. EMR/Prag. 2070

G. Forrest Woods, Fred T. Reed, Thomas E. Arthur und **Herbert Ezekiel,** *m-Diarylbenzole.* Die Aromatisierung von *3-[Chlorphenyl]-Δ^2-cyclohexenonen*, dargestellt aus 3-Äthoxy-Δ^2-cyclohexenon u. den GRIGNARD-Verbb. aus Jod-, Chlor- oder Bromchlorbenzol, mit Pd-Kohle führt in jedem Fall unter HCl-Abspaltung zu *3-Oxybiphenyl.* Demgegenüber entsteht bei der katalyt. Aromatisierung von *3-[3'-Chlorphenyl]-cyclohexen-(2)-on 1.3-Bis-[3'-chlorphenyl]-benzol* u. analog *1.3-Bis-[3''-chlorbiphenylyl-(3')]-benzol* aus *3-[3''-Chlorbiphenylyl-(3')]-cyclohexen-(2)-on.* Dieses Keton wurde aus *3'-Chlor-*3-jodbiphenyl über die GRIGNARD-Verb. erhalten, jenes durch ULLMANN-Rk. aus 1.3-Chlorjodbenzol u. 1.3-Jodnitrobenzol unter Bldg. von *3-Chlor-3'-nitrobiphenyl*, Red. zu *3-Chlor-3-aminobiphenyl* u. Rk. des Diazoniumsalzes mit KJ. In gleicher Weise wurden ferner aus *3-[α- u. β-Naphthyl]-Δ^2-cyclohexenon 1.3-Bis-[α-* bzw. *β-naphthyl]-benzol* u. *1-[α-Naphthyl]-3-[β-naphthyl]-benzol*, letzteres nur unrein, dargestellt.

V e r s u c h e: Die *3-Aryl-Δ^2-cyclohexenone* entstehen durch Einw. von 3-Äthoxy-Δ^2-cyclohexenon auf die entsprechenden GRIGNARD-Verbb., Zers. mit verd. H_2SO_4, Dampfdest., Ausäthern des Destillationsrückstandes u. Vakuumdest.: *3-[Naphthyl-(1')]-*, $Kp._{0,5}$ 165—175°; 54% (Ausbeute). *2.4-Dinitrophenylhydrazon (DPH)*, F. 223—224°. — *3-[Naphthyl-(2')]-*, F. 98—99°; 70%. *DPH*, F. 259—261°. — *3-[2'-Chlorphenyl]-*, F. 27,6 bis 28°; 43%. *DPH*, F. 198—199,5°. — *3-[3'-Chlorphenyl]-*, F. 45,5—46°; 70%. *DPH*, F. 241—242°. — *3-[4'-Chlorphenyl]-*, F. 54,4—55°; 65%. *DPH*, F. 222,5—223°. — *3-[3''-Chlorbiphenylyl-(3')]-*, F. 80—81°; 20%. *DPH*, F. 219—220°. — *3-Phenylphenol*, F. 72—76° (PAe.), durch 8std. Kochen der vorst. Chlorphenylcyclohexenone u. 10% ig. Pd-Kohle in p-Cymol, Vakuumrektifikation u. Reinigen über das Na-Salz; 45—67%. *Phenylurethan*, F. 132,5—134° (PAe.). — Die *1.3-disubstituierten Benzole* entstehen durch GRIGNARD-Rk. aus vorst. Verbb. u. analoge Hydrierung: *1.3-Dinaphthyl-(1')-*, F. 131 bis 132°; 40%. — *1.3-Dinaphthyl-(2')-*, F. 143—144°; 33%. — *1.3-Bis-[3'-chlorphenyl]-* u. *1.3-Bis-[3''-chlorbiphenylyl-(3')]-benzol*; je 10—25%. — *3-Chlor-3'-jodbiphenyl*, $C_{12}H_8$·ClJ, $Kp._1$ 160—170°, aus m-Nitrojodbenzol u. m-Chlorjodbenzol durch langsames Zufügen von Cu-Bronze bei 220°, Zufügen von Bzl., Einengen, Entfernen des gebildeten *3.3'-Dinitrobiphenyls*, Vakuumdest., Red. des *3-Chlor-3'-nitrobiphenyls* [$C_{12}H_8O_2NCl$, F. 89° (A.); 28%] in Eisessig u. HCl mit $SnCl_2$ bei 110°, Zers. mit Alkali u. Ausäthern sowie Diazotieren des gebildeten *3-Chlor-3'-aminobiphenyls* [*Hydrochlorid*, $C_{12}H_{11}NCl$, F. 227° (Zers.; W.)] in verd. H_2SO_4 bei 5°, Zufügen von wss. KJ, 8std. Stehen u. Vakuumdest. der organ. Schicht; 50% (bezogen auf die Chlornitroverb.). (J. Amer. chem. Soc. **73.** 3854—56. Aug. 1951. College Park, Md., Univ., Chem. Labors.) H. LEHWALD. 2210

A. I. Lebedewa und **T. A. Mischnina,** *Elektrolytische Hydrierung fettaromatischer Acetylenalkohole.* (Vgl. C. **1955.** 9078.) Methyl-p-tolyl- (**I**) u. Phenyl-p-tolylacetylenylcarbinol (**II**) werden bei der Elektrolyse ihrer wss.-alkoh. Lsg. mit Zusatz von NaOH zu den entsprechenden *Äthylenalkoholen* $H_3C-C_6H_4-C(R)(OH)-CH=CH_2$ ($R = CH_3, C_6H_5$) hydriert. Ihre katalyt. Weiterhydrierung mit Pt-Katalysator führt zu den *Äthylderivaten.*

V e r s u c h e: *Methyl-p-tolylacetylenylcarbinol* (**I**), F. 34—35°; Herst. wie früher (vgl. C. **1955.** 9078). — *Phenyl-p-tolylacetylenylcarbinol* (**II**), $Kp._4$ 153—154°; aus Phenyl-p-tolylketon u. C_2H_2 in Ggw. von 100 g KOH in 400 ml Ae.; $D.^{20}_4$ 1,0837; n_D^{20} 1,5868. — *Methyl-p-tolylvinylcarbinol*, $Kp._5$ 97—97,5°; Herst. nach der früher beschriebenen Meth. (vgl. C. **1952.** 1303): Katholyt 10 g **I**, 150 ml A., 50 ml W., 0,5 g NaOH; versilberte Cu-Kathode; Diaphragma; Verbrauch 9,2 Amperestd. (theoret. 3,4); $D.^{20}_4$ 0,9893; n_D^{20} 1,5295; 8 g (Ausbeute). — *Methyl-p-tolyläthylcarbinol*, $Kp._3$ 93—93,5°; $D.^{20}_4$ 0,9726; n_D^{20} 1,5174. — *Phenyl-p-tolylvinylcarbinol*, $Kp._3$ 157—158°; $D.^{20}_4$ 1,0650; n_D^{20} 1,5792; 8 g aus 10 g **II**. — *Phenyl-p-tolyläthylcarbinol*, $Kp._3$ 154—155°; $D.^{20}_4$ 1,0512; n_D^{20} 1,5779. (Журнал Общей Химии [J. allg. Chem.] **25 (87).** 1507—09. Aug. 1955. Leningrad, Univ.) R. K. MÜLLER. 2270

Gust.-Ad. Holmberg, *Die Reaktion zwischen Kohlendioxyd und methoxysubstituierten Phenylmagnesium- und Tolylmagnesiumbromiden.* Folgende methoxysubstituierten Verbb. wurden in die entsprechenden GRIGNARD-Verbb. übergeführt: 3-Brom-1- u. 4-Brom-1-methoxybenzol, 3-Brom-2-, 4-Brom-2-, 5-Brom-2-, 6-Brom-2-, 2-Brom-3-, 4-Brom-3-- 5-Brom-3-, 6-Brom-3-, 2-Brom-4- u. 3-Brom-4-methoxytoluol. Die erhaltenen GRIGNARD, Verbb. wurden carboxyliert, wobei entweder Carbonsäuren, Ketone oder beide Verbb. nebeneinander entstanden. Für den Verlauf der Carboxylierungs-Rk. zeichnete sich folgende Gesetzmäßigkeit ab: Methoxyphenyl-Mg-bromide u. Methoxytolyl-Mg-bromide, in welchen die Methoxygruppe u. die MgBr-Gruppe in m- oder p-Stellung zueinander stehen, reagieren mit CO_2 ausschließlich zu den Carbonsäuren. Ketone u. Carbonsäuren werden von solchen GRIGNARD-Verbb. gegeben, bei denen die Methoxygruppe in o-Stellung zur MgBr-Gruppe steht. Ketonbldg. tritt nicht ein, wenn sich eine Methylgruppe entweder in o-Stellung zu einer Methoxygruppe oder einer MgBr-Gruppe befindet. Läßt man auf Phenyl-MgBr CO_2 einwirken, verdampft überschüssiges CO_2 u. gibt hierzu die GRIGNARD-Verb. aus o-Bromanisol, so wird o-Methoxybenzophenon als einziges Reaktionsprod. erhalten.

Versuche: *3-Brom-2-methoxytoluol*, C_8H_9OBr, Kp.$_{12}$ 107—108°, aus 3-Brom-2-oxytoluol u. Dimethylsulfat; 60% (Ausbeute). — *4-Brom-2-methoxytoluol*, C_8H_9OBr, Kp.$_{13}$ 102—104°, 4-Brom-2-nitrotoluol → *4-Brom-2-aminotoluol*, Kp.$_{20}$ 138—140° (*Acetylderiv.* F. 163—164°), dieses wurde diazotiert, in das Phenol übergeführt u. mittels Dimethylsulfat veräthert; 60,4%. — *6-Brom-2-methoxytoluol*, C_8H_9OBr, Kp.$_{20}$ 115—116°, analog aus 6-Brom-2-aminotoluol; 58%. — *4-Brom-3-methoxytoluol*, Kp.$_{30}$ 131—132°, aus 4-Brom-3-aminotoluol → *Acetylverb.*, $C_9H_{10}ONBr$, F. 121—122° (verd. A.); 82%. — Die übrigen Verbb. waren bereits bekannt u. sind nach üblichen Verff. hergestellt worden (ausführlicher Reaktionsweg vgl. Original). — Die Carboxylierung wurde durch Einleiten von CO_2 in die äther. GRIGNARD-Lsg. erreicht, dann wurde wie üblich aufgearbeitet. Die Säuren wurden aus dem Bicarbonatauszug der äther. Lsg. erhalten, während die Ketone aus dem Eindampfungsrückstand isoliert wurden. Zur Charakterisierung wurden diese in die bisher unbekannten 2.4-Dinitrophenylhydrazone übergeführt: *2.2'-Dimethoxy-5.5'-dimethylbenzophenon-2.4-dinitrophenylhydrazon*, $C_{23}H_{22}O_6N_4$, F. 164 bis 165°. *2.2'-Dimethoxy-4.4'-dimethylbenzophenon*, $C_{17}H_{18}O_3$, F. 117° → *2.4-Dinitrophenylhydrazon*, $C_{23}H_{22}O_6N_4$, F. 194—195°. Alle hergestellten Benzoesäuren waren bereits bekannt. Zur weiteren Charakterisierung wurden diese in ihre bisher unbekannten p-Nitrobenzylester übergeführt: *2-Methoxy-*, F. 86—87°; *3-Methoxy-*, F. 79—80°; *4-Methoxy-*, F. 131—132°; *3-Methoxy-2-methyl-*, F. 96—97°; *4-Methoxy-2-methyl-*, F. 126,5—127,5°; *5-Methoxy-2-methyl-*, F. 110—111°; *6-Methoxy-2-methyl-*, F. 80—81°; *2-Methoxy-3-methyl-*, F. 75—76,5°; *4-Methoxy-3-methyl-*, F. 114—115°; *5-Methoxy-3-methyl-*, F. 113,5—114°; *6-Methoxy-3-methyl-*, F. 119—120°; *2-Methoxy-4-methyl-*, F. 112—113° u. *3-Methoxy-4-methylbenzoesäure-p-nitrobenzylester*, F. 109—110°. — o-Methoxybenzophenon, das aus der Rk. zwischen o-Methoxyphenyl-MgBr u. dem Reaktionsprod. zwischen o-Methoxyphenyl-MgBr u. dem Reaktionsprod. aus Phenyl-MgBr u. CO_2 erhalten wurde, wurde als 2.4-Dinitrophenylhydrazon, $C_{20}H_{16}O_5N_4$, F. 146 bis 147°, charakterisiert. (Acta chem. scand. **6.** 1137—46. 1952. Åbo, Finland, Akad., Inst. für Organ. Chem.) H. W. ZIMMER. 2360

Zdeněk Vodák und **Otakar Leminger,** *Sulfonphthaleine.* 1. Mitt. *Über Brenzcatechinsulfonphthalein* (*Brenzcatechinviolett*). Es wird die Herst. von *Brenzcatechinsulfonphthalein* (*Brenzcatechinviolett*; I) beschrieben. Wegen der Bldg. von tiefblauen Komplexen mit zahlreichen Metallen kann man I als komplexometr. Indicator verwenden. Durch Erhitzen von mit Essigsäure ausgewaschenem I in kochendem Toluol oder durch Erhitzen von I an der Luft bildet sich eine Verb., die von Vff. *Brenzcatechingrün* genannt wurde u. der wahrscheinlich die Konst. eines *Monoacetylderiv.* von I zukommt. Diese Verb. verhält sich als Säure-Base-Indicator. Metallkomplexe bildet sie nicht.

Versuche: *o-Sulfobenzoesäureanhydrid*, F. 123—126° (korr.), aus saurem Ammonium-o-sulfobenzoat u. PCl_3 in Bzl., 3 Std. unter Rückfluß; 81% (Ausbeute). — *Brenzcatechinsulfonphthalein* (*Brenzcatechinviolett*; I), $C_{19}H_{14}O_7S \cdot C_2H_5OH$, durch Erhitzen der vorst. Verb. mit Brenzcatechin (90 Min. auf 100—110°); die Schmelze wird bei 100° in Essigsäure gelöst u. die ausgeschiedenen Kristalle aus A. umgelöst; 34% (rein); grüne, metallglänzende Kristalle. — *Brenzcatechingrün*, $C_{21}H_{16}O_8S$, mit Essigsäure ausgewaschenes I wird bei 100° getrocknet u. entweder 24 Std. auf 130° erhitzt oder 14 Std. mit Toluol gekocht, wobei gebildetes W. gleichzeitig azeotrop. abdest. wird. (Chem. Listy **48.** 552—55. April 1954. [Orig.: tschech.] Collect. czechoslov. chem. Commun. **19.** 925—29. 1954 [Orig.: deutsch]. Aussig, Verein für chem. u. metallurg. Produktion.) A. EMR/Prag. 2390

P. Ofner, *Amidon. Einige isomere Chlordialkylaminopropane und ihre Reaktion mit Diphenylmethylcyanid.* Die BOUVEAULT-BLANCsche Red. des α-Dimethylaminopropionsäureäthylesters verläuft ohne Isomerisierung, es entsteht daher nur *2-Dimethylaminopropanol-(1)* (I) u. kein 1-Dimethylaminopropanol-(2) (II), das von I durch seine physikal. Daten gut unterscheidbar ist. Während II mit $SOCl_2$ *2-Chlor-1-dimethylaminopropanhydrochlorid* (**IV**) ergibt, bildet I je nach den Reaktionsbedingungen *1-Chlor-2-dimethylaminopropanhydrochlorid* (**III**) oder **IV**, bei vorsichtigem Erwärmen des gebildeten **III** im Laufe der Isolierung fast ausschließlich **III**, bei stärkerem Erhitzen unter Isomerisierung vorwiegend **IV**. Beide Salze sind durch ihre verschied. Löslichkeit in Aceton voneinander trennbar. *2-* (**VIII**) u. *3-Chlor-1-piperidinopropanhydrochlorid* entstehen aus den entsprechenden Alkoholen mit $SOCl_2$, die Anlagerung von HCl an 1-Allylpiperidin gelang nicht. Die Überführung von **IV** in die stabile *freie Base* gelingt sowohl mit NH_4OH bei 0° als auch mit überschüssiger 40%ig. NaOH bei Raumtemp., die von **III** in die *freie Base* desgleichen. Diese Base ist zwar stabil gegen Erhitzen in inerten Lösungsmitteln u. gegenüber NaOH oder $NaNH_2$ in solchen Lösungsmitteln, unterliegt jedoch bei der Vakuumdest. einer Isomerisierung zur Base von **IV** (vgl. dagegen ATTENBURROW u. Mitarbeiter, J. chem. Soc. [London] **1949.** 510). Es folgt hieraus, daß beide Basen deutlich unterscheidbare Verbb. sind, die durch $NaNH_2$ nicht zu einem Gleichgewicht isomerisiert werden. Für die Bldg. der beiden isomeren Cyanide, 1.1-Diphenyl-3-dimethylaminobutylcyanid (**V**) u. -2-methylpropylcyanid (**VI**) bei der $NaNH_2$-Alkylierung von Diphenylmethylcyanid (**VII**; vgl. SCHULTZ u. SPRAGUE, C. **1948.** II. 948) mit der Base von **III** wird die Ggw. der Na-Verb. von **VII** verantwortlich gemacht. Die Alkylierung der Base von **IV** mit **VII** ergibt vorwiegend das n. Cyanid **V**, die von **VIII** mit **VII** das **VI** entsprechende *1.1-Diphenyl-3-piperidino-2-methyl-n-propylcyanid* (**IX**), beide als schwerer lösl. Salze. Im ersten Fall können 60% **V**, nachgewiesen als *6-Dimethylamino-4.4-diphenylheptanon-(3)-hydrobromid*, im letzteren Fall 45% **IX**, nachgewiesen als *3-Imino-5-methyl-4.4-diphenyl-6-piperidinohexandihydrochlorid*, ermittelt werden. Es scheint demnach, daß das Verhältnis von n. u. isomerem Prod. bei der Alkylierung von der bas. Gruppe des verwendeten Chloramins abhängig ist.

V e r s u c h e: *2-Dimethylaminopropanol-(1)* (**I**), F. 145—148°, durch Red. von α-Dimethylaminopropionsäureäthylester nach BOUVEAULT-BLANC (vgl. KARRER, Helv. chim. Acta **5.** [1922.] 477); 55% (Ausbeute). *Pikrat*, $C_5H_{13}ON \cdot C_6H_3O_7N_3$, F. 182 bis 183°, aus A. orangegelbe Stäbchen. — *1-Chlor-2-dimethylaminopropanhydrochlorid* (**III**), F. 103—104°, aus **I** in Bzl. u. eisgekühltem $SOCl_2$ unter Rühren, 1½ std. Kochen, Abgießen u. Dekantieren mit Ae.; aus Aceton Nadeln; 59%. — *1-Dimethylaminopropanol-(2)* (**II**), aus Propylenoxyd u. Dimethylamin nach GOLDFARB (J. Amer. chem. Soc. **63.** [1941.] 2280). *Pikrat*, $C_5H_{13}ON \cdot C_6H_3O_7N_3$, F. 83—84°, aus A. orangegelbe Platten. — *2-Chlor-1-dimethylaminopropanhydrochlorid* (**IV**), F. 190—191°, a) aus **II** u. $SOCl_2$ wie vorst.; aus A. + Ae. seidige Nadeln; 73%; b) aus **I** in Bzl. wie vorst. u. Dest.; 34%. — *2-Chlor-1-piperidinopropanhydrochlorid* (**VIII**), F. 202—203°, aus 1-Piperidinopropanol-(2) (Kp. 198—201°; *Pikrat*, F. 134—135°) u. $SOCl_2$; Blättchen aus A.; 65%. *Pikrat*, $C_8H_{16}NCl \cdot C_6H_3O_7N_3$, F. 132—133°, aus A. Stäbchen. — *1-Allylpiperidin*, aus Allylbromid u. Piperidin. *Pikrat*, $C_8H_{15}N \cdot C_6H_3O_7N_3$, F. 72—73°, aus A. Stäbchen. — *1-Chlor-3-piperidinopropan*, $Kp._{10}$ 79—80°, aus 1-Piperidinopropanol-(3) u. $SOCl_2$ u. Behandlung des gebildeten *Hydrochlorids* (F. 213—214°; Platten aus A. + Ae.) mit Alkali. *Pikrat*, F. 111—112°. — *2-Chlor-1-dimethylaminopropan*, $C_5H_{12}NCl$, a) durch Behandlung von **IV** in äther. Lsg. mit wss. NH_4OH oder 40%ig. NaOH. *Pikrat*, $C_5H_{12} \cdot NCl \cdot C_6H_3O_7N_3$, F. 103—104°, aus A. Blättchen; b) durch fraktionierte Vakuumdest. der Base von **III**. — *2-Dimethylaminopropanol-(1)-pikrat*, F. u. Misch-F. 179—180°, durch Verseifung vorst. Verb. nach ROSS (J. Amer. chem. Soc. **69.** [1947.] 2982). — *1-Chlor-2-dimethylaminopropan*, durch Behandeln von **III** mit wss. NH_4OH oder NaOH bei 0°. *Pikrat*, F. 167—168°. — *6-Dimethylamino-4.4-diphenylheptanon-(3)* (*Amidon*), F. 80—82°, a) durch 4std. Kochen von **V** (F. 90—91°) in Xylol mit C_2H_5MgBr unter langsamem Abdestillieren des Ae., Zers. mit wss. HBr gegen Kongorot, Abdampfen des Xylols (azeotrop mit W.), 12std. Stehen bei 0° u. Alkalisieren; gelbe Nadeln aus Bzn.; 75%. *Hydrobromid*, F. 223—225°; b) aus **V** u. **VI** wie vorst.; 16,8 g; c) durch Rk. von 750 g des Isomerengemisches aus der $NaNH_2$-Alkylierung der Base von **IV** mit **VII** wie vorst.; 380 g. — *4-Imino-2-methyl-3.3-diphenyl-1-piperidinohexandihydrochlorid*, F. 193° (Zers.), a) aus **IX** (F. 105—106°) mit C_2H_5MgBr wie vorst. u. Kochen in Methyläthylketon; 73%; b) aus dem Isomerengemisch (erhalten aus 2-Chlor-1-piperidinopropan u. **VII**) wie vorst.; 51 g. (J. chem. Soc. [London] **1951.** 1800—03. Juli. Dartford, Kent, Wellcome Chem. Works.) H. LEHWALD. 2540

P. G. Philpott und **J. A. Barltrop**, *Verbindungen von potentiellem pharmakologischem Interesse.* 1. Mitt. *Acylderivate von 1-Amino-3-phenylindan.* Die durch Kondensation von Diphenylacetonitril (**V**) u. Bromessigsäureäthylester (**VI**) in Ggw. von $NaNH_2$ u. Hydrolyse gewonnene *β-Cyan-β.β-diphenylpropionsäure* (**IX**) wird über das *Säurechlorid* zu *3-Cyan-3-phenylindanon-(1)* (**IV**) cyclisiert. Weder die LEUCKART-Rk. von **IV** noch die katalyt. Hydrierung von **IV**-*Oxim* führt zu *3-Amino-1-cyan-phenylindan* (**I**), das aber durch Red. von **IV**-Oxim mit Na-Amalgam entsteht. Die Methylierung von **I** mit $HCOOH/CH_2O$ gibt in geringer Ausbeute das *Hydrochlorid* der *α-3-Dimethylaminoverb.* (α-**II**). Das aus Phenylacetonitril u. Phenäthylbromid (**VII**) mittels $NaNH_2$ erhaltene *2.4-Diphenylbutyronitril* wird über *2-Brom-2.4-diphenylbutyronitril* durch Cyclisierung unter verschied. Bedingungen in *1-Cyan-1-phenylindan* (**VIII**) übergeführt. Mittels

$AlCl_3$ cyclisiertes **VIII** liefert bei der Bromierung u. Umsetzung mit $(CH_3)_2NH$ *β-II-Hydrochlorid*, mittels $FeCl_3$ cyclisiertes **VIII** ein Gemisch von *β-* u. *γ-II-Hydrochlorid* u. mittels $SnCl_4$ cyclisiertes **VIII** reines *γ-II-Hydrochlorid*, das auch aus dem erstgenannten **VIII** in Ggw. von Benzoylperoxyd entsteht u. der katalyt. Hydrierung widersteht. Die **II**-Verbb. werden als *Pikrate* charakterisiert. Wahrscheinlich handelt es sich bei α- u. γ-**II** um *cis-trans-Isomere* u. bei β-**II** lediglich um eine unreine Form von α-**II**. Die Bldg. der Isomeren aus dem einheitlichen **VIII** wird diskutiert. Die Verseifung von α-**II** führt nur unter energ. Bedingungen zum *Äthylesterhydrochlorid* (**XI**) neben der *freien Säure*, während aus γ-**II** nur wenig *Säureamid* erhalten wird. Während **II** mit GRIGNARD-Verbb. nicht reagiert, führt die Rk. von β-**II** mit C_2H_5Li statt zu dem erwarteten 1-Phenyl-3-dimethylamino-1-propionylindan wahrscheinlich zu einem *cis-trans-Isomeren* von *1-Phenyl-3-dimethylaminoindan*, das keine Li-organ. Verb. bildet. Der durch Hydrolyse von **IX** u. Veresterung nach SALMON-LEGAGNEUR (C. R. hebd. Séances Acad. Sci. **208**. [1939.] 1507) erhaltene *α.α-Diphenylbernsteinsäuremonoäthylester* (**X**) wird über sein *1-Säurechlorid* (**III**) mit $(CH_3)_2Cd$ in *γ-Oxo-β.β-diphenylvaleriansäureäthylester* [daneben *α.α-Diphenyl-γ-methyl-γ-oxyvaleriansäure* (?)] übergeführt, dessen *Hydrat* auch aus **III** über das *Diazoketon* durch HJ-Red. entsteht. Er bildet kein *Dinitrophenylhydrazon* u. läßt sich nicht in *3-Phenyl-3-acylindanon-(1)* überführen. Die Rk. von C_2H_5MgJ mit **IV**-Oxim führt zu *1.2-Imino-3-phenylindan*. — **XI** zeigt im Rattentest keine analget. Aktivität.

Versuche: *β-Cyan-β.β-diphenylpropionsäure* (**IX**), $C_{16}H_{13}O_2N$, F. 178° (A.), durch Zugeben von 29,1 g **V** zu Na in fl. NH_3 in Ggw. von $Fe(NO_3)_3$, Zugeben von **VI** unter Aceton-CO_2-Kühlung, Einengen u. ½std. Kochen mit äthanol. KOH; Platten; 27 g (Ausbeute). — *3-Cyan-3-phenylindanon-(1)* (**IV**), $C_{16}H_{11}ON$, F. 81° (A.), durch 1½std. Kochen von **IX** mit $SOCl_2$, Einengen, Zugeben von $AlCl_3$ in Tetrachloräthan unter Kühlung, Stehen über Nacht, 3std. Schütteln, Gießen auf Eis-konz. HCl, Ausäthern u. Dest. bei 150—155°/0,1 mm; Rhomben; 79,4%. *Oxim* (*1-Cyan-3-hydroxylimino-1-phenylindan*), $C_{16}H_{12}ON_2$, F. 176,5° (wss. A.); 92%. — *3-Amino-1-cyan-1-phenylindan* (**I**), *Hydrochlorid*, durch Zugeben von Na-Amalgam zu **IV**-Oxim in CH_3OH/20%ig. Essigsäure in 1 Std., Ansäuern mit HCl, Einengen, Zugeben von W., Alkalisieren, Ausäthern u. Behandlung mit äther. HCl; 55%. *Pikrat*, $C_{16}H_{14}N_2 \cdot C_6H_3O_7N_3$, F. 220° (Zers.; A.), Nadeln. — *2.4-Diphenylbutyronitril*, $C_{16}H_{15}N$, Kp.$_{0,16}$ 132°, aus Benzylcyanid, Na/fl. NH_3 u. **VII**; 71,4%. — *1-Cyan-1-phenylindan* (**VIII**), $C_{16}H_{13}N$, Kp.$_{0,2}$ 122°, a) durch 1½std. Bromieren vorst. Verb. in Tetrachloräthan bei 80°, Cyclisieren der Lsg. von *2-Brom-2.4-diphenylbutyronitril* mit $AlCl_3$ bei 0°, 1std. Stehen bei 0°, 40 Std. bei Raumtemp. u. Gießen auf Eis/konz. HCl; 49%; b) analog mit wasserfreiem $FeCl_3$ bei 0°; 43,5%; c) mit $SnCl_4$ bei 80° in 30 Std.; 75,3%. — *α-1-Cyan-3-dimethylamino-1-phenylindan* (α-**II**). *Hydrochloridsemihydrat*, $C_{18}H_{18}N_2 \cdot HCl \cdot ½ H_2O$, F. 215—217° (tert. Butylalkohol), a) durch Erhitzen von **I**, HCOOH u. 40%ig. CH_2O auf dem Wasserbad bis zur Beendigung der CO_2-Entw., 5 Min. Kochen, Alkalisieren mit KOH, Ausäthern, Einengen, Lösen in verd. HCl, Behandeln mit $NaNO_2$ bei 0°, Alkalisieren u. Behandeln mit HCl; Nadeln. *Pikrat*, $C_{18}H_{18}N_2 \cdot C_6H_3O_7N_3$, F. 223° (Zers.; A.). *β-II-Hydrochlorid*, $C_{18}H_{18}N_2 \cdot HCl$, F. 193—212° (Äthylacetat-A.), durch 4—6std. Kochen des nach a) erhaltenen **VIII** mit Br_2/CCl_4, Behandeln des rohen *3-Brom-1-cyan-1-phenylindans* in Dioxan mit $(CH_3)_2NH$ bei —15°, 1wöchiges Stehen bei Raumtemp. im Rohr, Filtrieren, Einengen u. Fällen mit HCl; Nadeln. *Pikrat*, F. 195—198° (A.). *γ-II-Hydrochlorid*, F. 221° (Zers.; Äthylacetat-A.), a) analog aus dem nach b) oder c) gewonnenen **VIII**; Nadeln; daneben β-**II**-Hydrochlorid; b) durch 6std. Kochen des nach a) gewonnenen **VIII** mit Br_2/CCl_4 in Ggw. von Benzoylperoxyd, Einengen, Erwärmen des Bromderiv. in Dioxan mit $(CH_3)_2NH$ auf 60° u. Stehen über Nacht. *Pikrat*, F. 181° (A.). — *3-Dimethylamino-1-äthoxycarbonyl-1-phenylindanhydrochlorid* (**XI**), $C_{20}H_{23}O_2N \cdot HCl$, F. 205° (Äthylacetat-A.), durch Sättigen von β-**II** in absol. A. mit HCl bei 0°, 24std. Erhitzen auf 125° im Rohr, Einengen, Lösen in Chlf., Filtrieren, Einengen, Alkalisieren, Ausäthern u. Fällen mit HCl. *Pikrat*, $C_{20}H_{23}O_2N \cdot C_6H_3O_7N_3$, F. 193—194°. Daneben die *freie Säure* [*Pikrat*, $C_{18}H_{19}O_2N \cdot C_6H_3O_7N_3$, F. 198° (A.)]. — *3-Dimethylamino-1-phenylindan-1-carbonsäureamid*, *Pikrathydrat*, $C_{18}H_{20}ON_2 \cdot C_6H_3O_7N_3 \cdot H_2O$, F. 186° (A.), durch 17std. Erhitzen von γ-**II** mit äthanol. HCl auf 140° im Rohr → *Hydrochlorid*, F. 194—195°. — *Hydrochloridhydrat* $C_{17}H_{19}N \cdot HCl \cdot H_2O$, F. 181° (A.-Äthylacetat-Ae.), durch 17std. Kochen von C_2H_5Li (aus Li + C_2H_5Br unter N_2) mit β-**II** in Ae. unter N_2, Gießen auf Eis, Ausäthern, Ausziehen mit HCl, 2std. Erhitzen der sauren Lsg. auf dem Wasserbad, Filtrieren, Alkalisieren, Ausäthern u. Behandeln mit HCl. *Pikrat*, $C_{17}H_{19}N \cdot C_6H_3O_7N_3$. — *γ-Oxo-β.β-diphenylvaleriansäureäthylester*, $C_{19}H_{20}O_3$, Kp.$_{0,07}$ 143—145°, durch Überführen von **X** mit $SOCl_2$ in das *Halbesterchlorid* (**III**), 4std. Kochen mit $Cd(CH_3)_2$ (aus CH_3MgCl u. $CdCl_2$ bei 0°), Stehen über Nacht, Zers. mit Eis/verd. HCl u. Ausäthern; 33,8%. *Hydrat*,

$C_{19}H_{20}O_3 \cdot H_2O$, F. 97° (wss. CH_3OH), durch Zutropfen von **III** zu äther. CH_2N_2 bei 0°, ½std. Rühren bei 0°, dann 3std. bei Raumtemp.; Stehen über Nacht, Einengen u. Schütteln des *Diazoketons* in Chlf. mit 55%ig. HJ. — *γ-Oxy-γ-methyl-α.α-diphenylvaleriansäure*, $C_{18}H_{20}O_3$, F. 202—203° (A.), durch 3std. Kochen von 15,4 g **III** u. $(CH_3)_2Cd$ in Toluol; 6,3 g. — *1.2-Imino-3-phenylindanpikrat*, $C_{15}H_{13}N \cdot C_6H_3O_7N_3$, F. 202—203° (Zers.; A.), durch Zugeben von **IV**-Oxim in absol. Toluol zu C_2H_5MgJ bei 130—140° in 15 Min., 20—30 Min. Weitererhitzen, Hydrolysieren mit Eis/NH_4Cl u. Ausäthern; Platten. (J. chem. Soc. [London] **1956**. 691—98. März. Oxford, Dyson Perrins Labor.)
R. PASEDAG. 2650

R. M. Acheson, K. E. MacPhee, P. G. Philpott und **J. A. Barltrop**, *Verbindungen von potentiellem pharmakologischem Interesse.* 2. Mitt. *Einige dem 1-Phenylindan verwandte heterocyclische und carbocyclische Systeme.* (1. vgl. vorst. Ref.) Die REFORMATSKI-Rk. zwischen Phenylthienyl-(2)-keton (**III**) u. Bromessigsäureäthylester (**II**) führt zu *β-Oxy-β-phenyl-β-[thienyl-(2)]-propionsäureäthylester*, der durch Dehydratisierung zum *Acrylester*, Na-Amalgam-Red. u. Hydrolyse in *β-Phenyl-β-[thienyl-(2)]-propionsäure* übergeführt wird. Während das entsprechende *Säurechlorid* weder mit $AlCl_3$ noch mit $SnCl_4$ cyclisiert werden konnte, entsteht aus der Säure mit Polyphosphorsäure *3'-Oxo-5'-phenylcyclopenteno-[1'.2':2.3]-thiophen*, das auch in geringer Ausbeute durch Alkylierung von Thiophen (**I**) mit Zimtsäure (**IV**) in Ggw. von $AlCl_3$ erhalten werden konnte u. bei der Entschwefelung mit RANEY-Ni u. anschließenden alkal. $KMnO_4$-Oxydation *Benzoesäure* liefert. Der durch $LiAlH_4$-Red. gewonnene *Alkohol* wird über das *Bromid* in die *3-Dimethylaminoverb.* umgewandelt, die in *cis-trans-Isomeren* existiert. Der Vers., 3'-Dimethylamino-5'-[thienyl-(2)]-cyclopenteno-[1'.2':2.3]-thiophen herzustellen, verlief über *Thenoesäure-(2)* u. *Bis-[thienyl-(2)]-keton* nur bis zur *β.β-Bis-[thienyl-(2)]-propionsäure*, die ebenso wie *Styrylthienyl-(2)-keton* nicht cyclisiert werden konnte. 2.5-Dichlorthiophen (**V**) wird über *3-Benzoyl-2.5-dichlorthiophen* auf analogem Wege in *β-Oxy-β-phenyl-β-[2.5-dichlorthienyl-(3)]-propionsäure* übergeführt. Die Rk. von 2-Methylindenon (**VI**) mit Thienyl-(2)-MgJ führt über *1-Oxy-2-methyl-1-[thienyl-(2)]-inden* u. Hydrolyse von dessen *Acetoxyverb.* zu *2-Methyl-3-[thienyl-(2)]-indanon-(1)*. Während die Alkylierung des K-Deriv. von 9.10-Dihydroanthracen-9-carbonsäureäthylester (**VII**) mit 2-Diäthylaminoäthylchlorid (**VIII**) *9-[2-Diäthylaminoäthyl]-9.10-dihydroanthracen-9-carbonsäureäthylester* liefert, entsteht mit 2-Dimethylaminoäthylchlorid (**IX**) *N-[2-Dimethylaminoäthyl]-N-[2-(9-äthoxycarbonyl-9.10-dihydroanthryl-{9})-äthyl]-N.N-dimethylammoniumchlorid.* Beim Vers., 9.10-Dihydro-9-propionylanthracen mit **VIII** in Ggw. von $NaNH_2$ umzusetzen, wurden nur Abbauprodd., bes. *Anthracen* u. *Anthrachinon*, erhalten. Xanthen-9-carbonsäure (**X**), Äthylester liefert *9-[2-Dimethyl-* bzw. *-Diäthylaminoäthyl]-xanthen-9-carbonsäureäthylester*, aber mit 2-Chlorpropyldimethylamin (**XI**) **X**-*2-Dimethylamino-1-methyläthylester*, der alkal. zu **X** hydrolysiert werden kann. N.N-Dimethylxanthen-9-carbonsäureamid wird mit $LiAlH_4$ zu *9-Dimethylaminomethylxanthen* reduziert. Letzteres besitzt antihistamin. u. sedative Aktivität. Keine der Verbb. zeigt analget. Wrkg., aber die Aminoester der Xanthenreihe besitzen antispasmod. Aktivität.

Versuche: *β-Oxy-β-phenyl-β-[thienyl-(2)]-propionsäureäthylester*, $C_{15}H_{16}O_3S$, F. 65—66° (Ligroin), durch 4std. Kochen von **III**, **II**, Zn u. Bzl. u. Zers. mit Eis-H_2SO_4; Nadeln; 86% (Ausbeute). — *β-Phenyl-β-[thienyl-(2)]-acrylsäureäthylester*, $C_{15}H_{14}O_2S$, $Kp._{0,2}$ 135—140°, durch 3std. Kochen vorst. Verb. mit 6%ig. wss. Oxalsäure; 83%. *Freie Säure*, $C_{13}H_{10}O_2S$, F. 136—137° (Ligroin), lange Nadeln. — *β-Phenyl-β-[thienyl-(2)]-propionsäure*, $C_{13}H_{12}O_2S$, F. 147—148° (Ligroin), durch 7std. Kochen vorst. Esters mit Na-Amalgam in A., Dekantieren, Verdünnen mit W., 2std. Kochen, Einengen u. Ansäuern; Nadeln; 78%. *Amid*, $C_{13}H_{13}ONS$, F. 115—116° (W.), Nadeln. — *3'-Oxo-5'-phenylcyclopenteno-[1'.2':2.3]-thiophen*, $C_{13}H_{10}OS$, F. 93—94° (Ligroin), $Kp._{0,1}$ 130—135°, a) durch 5 Min. Erhitzen vorst. Säure mit P_2O_5/H_3PO_4 auf 145—150°, Verdünnen u. Ausäthern; hellgelbe Rhomben; 35%; b) durch 60std. Stehen von **I**, **IV** u. $AlCl_3$ in Nitrobenzol bei 10—15°. *2.4-Dinitrophenylhydrazon*, $C_{19}H_{14}O_4N_4S$, F. 250° (Essigsäure), ziegelrote Nadeln. *Oxim*, $C_{13}H_{11}ONS$, F. 214° (Zers.; wss. A.), hellgelbe Nadeln. 30 Min. Kochen des Ketons mit RANEY-Ni in A., 4std. Kochen mit $KOH/KMnO_4$, Entfärben mit SO_2, Ansäuern u. Ausäthern → 33% *Benzoesäure* (F. 122°). — *3'-Oxy-5'-phenylcyclopenteno-[1'.2':2.3]-thiophen*, $C_{13}H_{12}OS$, F. 133—134° (Ligroin), durch 1std. Kochen vorst. Ketons mit $LiAlH_4$ in Ae.; Nadeln; 85%. — *3'-Dimethylamino-5'-phenylcyclopenteno-[1'.2':2.3]-thiophen, Hydrochlorid*, $C_{15}H_{17}NS \cdot HCl$, F. 196—197° (Äthylacetat–A.), durch Sättigen von 7,2 g vorst. Verb. in Bzl. mit HBr bei 0°, Einengen, 12std. Stehen mit $(CH_3)_2NH$ im Druckgefäß bei Raumtemp., Filtrieren, Einengen, Lösen in Ae. u. Sättigen mit HCl bei 0°; Nadeln; 2,5 g. *Pikrat*, $C_{15}H_{17}NS \cdot C_6H_3O_7N_3$, F. 150—151° (A.), glänzend gelbe Nadeln. *Isomeres Hydrochlorid*, F. 150—151° (Äthylacetat–A.), aus der Mutterlauge;

Rhomben; 2 g. *Pikrat*, F. 129—130° (A.), gelbe Nadeln. — *Thenoesäure-(2)*, F. 128° (Ligroin), durch 15 Min. Rühren von Butyl-Li (aus n-Butylbromid u. Li) mit **I** in Ae. unter N_2; dann Behandlung mit festem CO_2; Nadeln; 71%. — *Bis-[thienyl-(2)]-keton*, F. 88—89° (Ligroin), Kp.$_{10}$ 185—190°, durch 4std. Kochen vorst. Verb. mit **I**, P_2O_5 u. Bzl.; Nadeln; 66%. — *β-Oxy-β.β-bis-[thienyl-(2)]-propionsäureäthylester*, $C_{13}H_{14}O_3S_2$, F. 55—56° (Ligroin), durch 4std. Kochen vorst. Verb. mit **II**, Zn u. Bzl.; Stäbchen. — *β.β-Bis-[thienyl-(2)]-acrylsäureäthylester*, $C_{13}H_{12}O_2S_2$, Kp.$_{0,2}$ 140—145°. *Freie Säure*, $C_{11}H_8O_2S_2$, F. 137° (Ligroin), Nadeln. — *β.β-Bis-[thienyl-(2)]-propionsäure*, $C_{11}H_{10}O_2S_2$, F. 118° (Ligroin), in 11 Std. aus 34 g vorst. Verb.; Nadeln; 22,2 g. *Amid*, $C_{11}H_{11}ONS_2$, F. 126° (W.), Nadeln. — *Styrylthienyl-(2)-keton*, $C_{13}H_{10}OS$, F. 85—86° (Ligroin), durch 24std. Stehen von 5 g 2-Acetylthiophen u. Benzaldehyd in A. in Ggw. von $NaOC_2H_5$ bei 0°; Stäbchen; 7,1 g. — *3-Benzoyl-2.5-dichlorthiophen*, Kp.$_{0,2}$ 125—130°, durch Zugeben von $AlCl_3$ zu **V** u. Benzoylchlorid in CS_2 bei 15° in 30 Min., 2std. Rühren, 12 std. Stehen bei Raumtemp. u. Zers. mit Eis-konz. HCl; hellgelbes Öl. *2.4-Dinitrophenylhydrazon*, $C_{17}H_{10}O_4N_4Cl_2S$, F. 208° (Essigsäure), orangefarbene Nadeln. — *β-[2.5-Dichlorthienyl-(3)]-β-oxy-β-phenylpropionsäureäthylester*, $C_{15}H_{14}O_3Cl_2S$, Kp.$_{0,2}$ 150—155°, aus 5 g vorst. Verb.; gelbes Öl; 5,5 g. *Freie Säure*, $C_{13}H_{10}O_3Cl_2S$, F. 115° (Ligroin), hellbraune Nadeln. — *β-Oxy-β-phenyl-β-[thienyl-(3)]-propionsäure*, $C_{13}H_{12}O_3S$, F. 114° (Ligroin; unrein), durch Red. der Oxysäure mit Na-Amalgam; hellgelbe Rhomben. — *1-Oxy-2-methyl-1-thienyl-(2)-inden*, $C_{14}H_{12}OS$, Kp.$_1$ 153—155°, durch 4std. Kochen von 10,5 g 2-Jodthiophen u. CH_3J in Ae. mit Mg, 3std. Stehen mit **VI**, Zers. mit wss. NH_4Cl u. Ausäthern; orangegelbes Öl; 4,5 g. — *1-Oxy-1.2-dimethylinden*, $C_{11}H_{12}O$, F. 84—85° (Ligroin), Kp.$_1$ 110°, Rhomben; 0,9 g. — *1-Acetoxy-2-methyl-3-[thienyl-(2)]-inden*, $C_{16}H_{14}O_2S$, F. 100° (Ligroin), Kp.$_{0,6}$ 125°, durch 7std. Kochen von 1 g vorvorst. Verb. mit Acetanhydrid; Rhomben; 0,4 g. — *2-Methyl-3-[thienyl-(2)]-indanon-(1)*, durch 2std. Kochen von 0,5 g vorst. Verb. mit äthanol. KOH, Gießen in W. u. Ausäthern; dunkelrotes Öl; 0,3 g. *2.4-Dinitrophenylhydrazon*, $C_{20}H_{16}O_4N_4S$, F. 198° (Essigsäure), dunkelrote Platten. — *9-[2-Diäthylaminoäthyl]-9.10-dihydroanthracen-9-carbonsäureäthylester*, durch 2std. Rühren von K u. **VII** in Toluol bei Raumtemp., ½std. Kochen, 3std. Kochen mit **VIII**, Alkalisieren u. Ausäthern. *Pikrat*, $C_{23}H_{29}O_2N \cdot C_6H_3O_7N_3$, F. 104° (A.). — *N-[2-Dimethylaminoäthyl]-N-[2-(9-äthoxycarbonyl-9.10-dihydroanthryl-{9})-äthyl]-N.N-dimethylammoniumchloridhydrochloriddihydrat*, $C_{25}H_{35}O_2N_2Cl \cdot HCl \cdot 2\,H_2O$, F. 226° (Äthylacetat—A.), analog mit **IX**. *Dipikrat*, $C_{25}H_{35}O_2N_2 \cdot C_6H_2O_7N_3 \cdot C_6H_3O_7N_3$, F. 212° (A). — *Xanthen-9-carbonsäure* (**X**), *Äthylester*, $C_{16}H_{14}O_3$, F. 58° (wss. A.), Platten; 85,5%. — *9-[2-Dimethylaminoäthyl]-xanthen-9-carbonsäureäthylester, Hydrochloridhemihydrat*, $C_{20}H_{23}O_3N \cdot HCl \cdot \frac{1}{2}\,H_2O$, F. 194° (Äthylacetat—A.); 34%. *Pikrat*, $C_{20}H_{23}O_3N \cdot C_6H_3O_7N_3$, F. 154° (A.). — *9-[2-Diäthylaminoäthyl]-xanthen-9-carbonsäureäthylester, Hydrochloridhemihydrat*, $C_{22}H_{27}O_3N \cdot HCl \cdot \frac{1}{2} \cdot H_2O$, F. 106° (Äthylacetat); 41%. *Pikrat*, $C_{22}H_{27}O_3N \cdot C_6H_3O_7N_3$, F. 151° (A.). — *Xanthen-9-carbonsäure-2-dimethylamino-1-methyläthylesterhydrochloridsesquihydrat*, $C_{19}H_{21}O_3N \cdot HCl \cdot 1\frac{1}{2}\,H_2O$, F. 190° (Äthylacetat—A.), aus **X**-*Äthylester* u. **XI** in 24 Std.; sublimiert an 140°. *Pikrat*, $C_{19}H_{21}O_3N \cdot C_6H_3O_7N_3$, F. 161° (A.). — *N.N-Dimethylxanthen-9-carbonsäureamid*, $C_{16}H_{15}O_2N$, F. 140° (wss. A.), Nadeln; 71,5%. — *9-Dimethylaminomethylxanthen*, $C_{16}H_{17}ON$, F. 94° (wss. CH_3OH), durch 20std. Kochen vorst. Verb. mit $LiAlH_4$/Ae.; 88%. *Hydrochlorid*, $C_{16}H_{17}ON \cdot HCl$, F. 229—230° (Äthylacetat—A.). *Pikrat*, $C_{16}H_{17}ON \cdot C_6H_3O_7N_3$, F. 187° (Zers.; A.). (J. chem. Soc. [London] **1956**. 698—705. März.) R. Pasedag. 2650

J. A. Barltrop und **R. F. Dodsworth**, *Verbindungen von potentiellem pharmakologischem Interesse.* 3. Mitt. *2-substituierte 1-Phenylindane.* (2. vgl. vorst. Ref.) Die in 3 Stufen aus Benzophenon (**II**) durch Stobbe-Kondensation erhaltene *1-Oxo-3-phenylindenyl-(2)-essigsäure* (**III**) liefert bei der Clemmensen-Red. *cis-* u. *trans-1-Phenylindanyl-(2)-essigsäure* (cis- u. trans-**I**). Während beim Hofmannschen Abbau von trans-**I** mit $Br_2/NaOCH_3$ *trans-2-Aminomethyl-1-phenylindanhydrochlorid* entsteht, wird über das *Nitril trans-2-[2-Aminoäthyl]-1-phenylindanhydrochlorid* erhalten. Ferner wird trans-**I** mit dem aus 2-Diäthylaminoäthanol u. $SOCl_2$ gewonnenen 2-Diäthylaminoäthylchlorid (**IV**) in *trans-1-Phenylindanyl-(2)-essigsäure-2-diäthylaminoäthylesterhydrochlorid* übergeführt. Letzteres u. **III** besitzen nur geringe analget. Aktivität.

Versuche: *trans-1-Phenylindanyl-(2)-essigsäure* (trans-**I**), $C_{17}H_{16}O_2$, F. 157 bis 158° (A.), durch 1½std. Kochen von 55 g **III** (aus 3-Äthoxycarbonyl-4.4-diphenylbuten-(2)-säure, **II** u. Bernsteinsäurediäthylester, Cyclisierung u. Hydrolyse) mit Zn/Essigsäure unter Zugabe von konz. HCl; Platten; 22,9 g (Ausbeute). *cis*-**I**, F. 111—115° (Toluol), durch Zugabe von W. aus dem Filtrat; 18 g. — *trans-1-Phenylindanyl-(2)-acetamid* (**V**), $C_{17}H_{17}ON$, F. 173—174° (A.), durch Erhitzen von trans-**I** mit PCl_3 in Bzl. bis zur Beendigung der HCl-Entw., Einengen, Gießen in NH_4OH (D. 0,88) u. Zugeben von Wasser. — *trans-2-[N-Methoxycarbonylaminomethyl]-1-phenylindan*, $C_{18}H_{19}O_2N$,

F. 103—104,5° (A.), durch Bromieren von 4,7 g vorst. Verb. in CH_3OH in Ggw. von $NaOCH_3$, 15 Min. Erhitzen auf 60—70°, Ansäuern mit verd. Essigsäure, Abdestillieren des CH_3OH u. Behandeln mit Ligroin; Prismen; 3,9 g. — *trans-2-Aminomethyl-1-phenylindan*, $Kp._{0,15}$ 90—120°, durch trockene Dest. von 2,9 g vorst. Verb. mit überschüssigem $Ca(OH)_2$; gelbes Öl. *Hydrochlorid*, $C_{16}H_{17}N \cdot HCl$, F. 312—313° (Zus.; A./Äthylacetat); 1 g. — *trans-1-Phenylindanyl-(2)-acetonitril*, $C_{17}H_{15}N$, $Kp._7$ 200—200,5°, durch trockne Dest. von **V** über P_2O_5. — *trans-2-[2-Aminoäthyl]-1-phenylindanhydrochlorid*, $C_{17}H_{19}N \cdot HCl$, F. 154—157° (Äthylacetat), durch portionsweises Zugeben von Na zu einer sd. Lsg. vorst. Verb. in A.; *Toluol-p-sulfonylderiv.*, $C_{24}H_{25}O_2NS$, F. 135,5—136,5° (wss. A.), Platten. — *trans-1-Phenylindanyl-(2)-essigsäure-2-diäthylaminoäthylesterhydrochlorid*, $C_{23}H_{29}O_2N \cdot HCl$, F. 127—130° (Äthylacetat), durch 3std. Kochen von **IV** u. trans-**I** in Propanol-(2); 70%. (J. chem. Soc. [London] **1956.** 706—08. März.) R. PASEDAG. 2650

Eugen Bamann, Karl Schriever und Günther Müller, *Überführung von α-Naphthylamin in 2-Oxy-1-aminonaphthalinsulfonsäure-(4).* 8. Mitt. *zum Mechanismus der Hydroxylierung von Naphthylamin und dessen Derivaten.* (7. vgl. Arch. Pharmaz. Ber. dtsch. pharmaz. Ges. **287/59.** [1954.] 133.) Beim Behandeln von α-Naphthylamin mit 4%ig. $(NH_4)_2S_2O_8$-Lsg. bzw. Ozon bei Ggw. von $NaHSO_3$ (p_H 4,2 → 3,5; einige Tage bei 0 bzw. 10°) entstanden 15—20% *2-Oxy-1-aminonaphthalinsulfonsäure-(4)*, identifiziert als *4-Anilinonaphthochinon-(1.2)*. Vff. nehmen an, daß die Rk. über das Sulfat–Ion-Radikal $^{\bullet}OSO_3^-$ verläuft. Dieses kann nur durch Oxydation aus dem $NaHSO_3$ gebildet werden, denn eine Hydroxylierung von Naphthionsäure in Ggw. von Dithionat oder Hypophosphit (→ schwarzviolette Ndd.) gelang nicht; dagegen konnte eine Hydroxylierung der Naphthionsäure durch Behandeln mit Dithionit oder Thiosulfat nachgewiesen werden, die auf das in der Lsg. freiwerdende HSO_3^- zurückzuführen ist. Beim Einleiten von O_2 oder O_3-haltigem O_2 in eine Lsg. von 1-Dimethylaminonaphthalinsulfonsäure-(4) (dargestellt aus Naphthionsäure, CH_2O u. H_2/Pd-Tierkohle) wies die Erhöhung des Reduktionsvermögens der Reaktionslsg. auf eine Hydroxylierung hin; eine Isolierung der 2-Oxy-1-dimethylaminonaphthalinsulfonsäure-(4) gelang nicht. (Arch. Pharmaz. Ber. dtsch. pharmaz. Ges. **287/59.** 570—74. 1954. München, Univ., Inst. für Pharmaz. u. Lebensmittelchem.) J. ROTHE. 2700

J. Kiss und J. Kóbor, *Zur Kenntnis der Stereochemie des Tetralinringes.* Vff. untersuchten den Verlauf der N → O-Acylwanderung beim *cis-* (*cis*-**I**) u. *trans-2-Benzoylamino-3-oxy-1.2.3.4-tetrahydronaphthalin* (*trans*-**I**), um einen Einblick in die Konformation des durch eine Doppelbindung (hier dem Benzolring zugehörig) fixierten Cyclohexanringes zu erhalten. *dl-trans*-**I** wurde aus 1.4-Dihydronaphthalin über das durch HOCl-Addition erhältliche *Chlorhydrin* u. *dl-trans-2-Amino-3-oxy-1.2.3.4-tetrahydronaphthalinhydrochlorid* (*trans*-**II**) dargestellt. Aus *dl*-trans-**I** entstand mit $SOCl_2$ unter Konfigurationsumkehr *dl-cis-2-Phenyl-1'.2'.3'.4'-tetrahydronaphth-[2'.3':4.5]-oxazoliniumchlorid* (**III**), dessen Hydrolyse in eindeutiger Weise *dl-cis*-**I** lieferte. Bei 24std. Einw. von absol. alkoh. HCl auf cis-**I** bei Raumtemp. lagerte sich dieses zu ca. 20% in die O-Benzoylverb. um, während trans-**I** nicht verändert wurde. Bei 100° hatte sich cis-**I** nach 1 Std. fast quantitativ, trans-**I** zu ca. 40% umgelagert (weitere Daten vgl. Original). Konfigurationsumkehr tritt bei diesen Rkk. nicht ein, wie sich durch Umkehrung des Prozesses in Ggw. von Alkali zeigen ließ. — Die intramol. N →O-Acylwanderungen setzen eine räumliche Nachbarschaft der beiden Substituenten voraus, die optimal bei äquatorialer Stellung beider Gruppen, hinreichend bei äquatorial-axialer Lage u. nicht mehr bei axialer Lage beider Gruppen gegeben ist. Vff. schließen aus ihren Ergebnissen, daß cis-**I** im Grundzustand in einer oder beiden möglichen Sesselformen mit äquatorial-axialen Substituentenbindungen vorliegt (langsame Acylverschiebung), bei höheren Tempp. dagegen teilweise in die aktivierte Wannenform mit äquatorialer Bindung beider Substituenten übergeht (rasche Acylverschiebung). trans-**I** wird im Grundzustand eine Sesselform mit axialer Bindung beider Substituenten zugeordnet, die bei Wärmeaktivierung über eine Wannenform (axial-äquatoriale Substituenten) in eine zweite Sesselform mit äquatorial-äquatorialer Substituentenstelleung umklappen kann. Diese Betrachtungen stimmen mit den Ergebnissen anderer Autoren überein, nach denen die energieärmste Form des Cyclohexenringsyst. eine Sesselform ist. — Verss. zur Darst. von 1-Amino-2-oxy-1.2.3.4-tetrahydronaphthalin scheiterten.

V e r s u c h e: *1-Acetamidonaphthol-(2)*, F. 206°, durch Hydrolyse von 1-Acetamido-2-acetoxynaphthalin mit 3 Mol wss. NaOH nach KUNZ. — *1-[p-Nitrobenzamido]-2-[p-nitrobenzoyloxy]-dekahydronaphthalin*, $C_{24}H_{25}O_7N_3$, F. 210° (A.), aus 6 g vorst. Verb. durch Red. mit H_2 (140 at/150—170°) in A. in Ggw. von Pd-Kohle (3½ Std.), nachfolgende Verseifung (2 Std. mit sd. 8%ig. HCl) u. Acylierung mit 6 g p-Nitrobenzoylchlorid; 1,3 g (Ausbeute). — *1-[p-Nitrobenzamido]-2-oxy-dekadydronaphthalin*, $C_{17}H_{22}O_4N_2$, F. 176—178° (absol. Dioxan/Ligroin), neben vorst. Verb. aus der alkoh. Mutterlauge; 1,5 g; oder aus vorst. Verb. mit heißer alkoh. KOH. — *dl-trans-2-Amino-3-oxy-1.2.3.4-tetrahydronaphthalinhydrochlorid* (*trans*-II), $C_{10}H_{14}ONCl$, F. 265°, a) durch 2tägiges Schütteln von 32 g 1.4-Dihydronaphthalinchlorhydrin mit 14%ig. NH_4OH, Ausäthern u. Vakuumverdampfung der wss. Lsg.; 14,8 g; b) analog aus 0,3 g nachst. Epoxyd (aus dem Ae.-Extrakt mit alkoh. HCl gefällt); 0,14 g. *N-Benzoylderiv.* (*trans*-I), $C_{17}H_{17}O_2N$, F. 208° (A.), mit benzol. Benzoylchlorid in wss. K_2CO_3; 7,2 g (roh) bzw. 5,8 g (rein). — *1.4-Dihydronaphthalin-2.3-epoxyd*, $C_{10}H_{10}O$, F. 45° (W.), aus 1,2 g des in W. schwerlösl. Rückstandes von trans-II; 0,2 g. — *cis-2.3-Dioxy-1.2.3.4-tetrahydronaphthalin*, $C_{10}H_{12}O_2$, F. 118—118,5° (A.), aus den äther. Mutterlaugen des nach a) oder b) gewonnenen trans-II. — *dl-cis-2-Phenyl-1'.2'.3'.4'-tetrahydronaphth-[2'.3':4.5]-oxazoliniumchlorid* (III), $C_{17}H_{16}ONCl$, F. 180—181°, durch 16std. Rk. von 4 g trans-I mit 16 g reinem $SOCl_2$ u. Anreiben mit Ae.; 4,1 g. — *dl-cis-2-Amino-3-benzoyloxy-1.2.3.4-tetrahydronaphthalinhydrochlorid*, $C_{17}H_{18}O_2NCl$, F. 146—147° (A.), durch 1½std. Kochen von 4,1 g III mit 30 Tropfen W. in 120 ml absol. Dioxan u. Fällen mit PAe.; 2,41 g. — *dl-cis-2-Benzamido-3-oxy-1.2.3.4-tetrahydronaphthalin* (*cis*-I), $C_{17}H_{17}O_2N$, F. 207—208° (A., Misch-F. mit trans-I 186°), aus 2,04 g vorst. Verb. mit 20 cm³ n-NaOH in sd. wss. Lsg.; 1,4 g; oder aus nachst. Hydrochlorid analog trans-I; liefert mit $SOCl_2$ III. — *dl-cis-2-Amino-3-oxy-1.2.3.4-tetrahydronaphthalinhydrochlorid* (*cis*-II), $C_{10}H_{14}ONCl$, F. 265 bis 268° (Misch-F. mit trans-II 238—243°), durch 10std. Kochen von 0,4 g vorst. Verb. mit 20%ig. wss. HCl; 0,23 g. — Bei den N → O-Acylwanderungsverss. wurden cis- bzw. trans-I mit dem 80—100fachen Vol. an HCl-haltigem absol. A. im Bombenrohr bei verschied. Tempp. zur Rk. gebracht u. das Reaktionsgemisch in bas. u. neutrale Anteile zerlegt. (Acta chim. Acad. Sci. hung. **5.** 365—73. 1955. Szeged, Univ., Inst. für organ. Chem.) H. PRACEJUS. 2700

I. L. Knunjanz und **N. P. Gambarjan**, *Eine neue Methode zur Gewinnung von β-Lactamen.* Es wird eine Meth. zur Darst. von *β-Lactamen* aus *β*-Halogencarbonsäureamiden durch Behandeln mit einer Lsg. von $NaNH_2$, KNH_2, Na oder K in fl. NH_3 beschrieben. So wird z. B. aus *β*-Chlor- (I) oder *β*-Bromhydrozimtsäureanilid (II) beim Behandeln mit KNH_2/NH_3 *1.4-Diphenylacetidinon-(2)* (III) erhalten. Bei Verwendung von K/NH_3 entsteht daneben wenig *Hydrozimtsäureanilid.* Die Ausbeuten sind bei der Verwendung von *β*-Bromcarbonsäureamiden größer als bei den *β*-Chlorverb., jedoch fast unabhängig vom Substituenten am N-Atom. Bei der Rk. von *β*-Bromhydrozimtsäure-N-[carbäthoxymethyl]-amid mit KNH_2/NH_3 entsteht durch Ammonolyse der Estergruppe [*4-Phenylacetidinon-(2)-yl-(1)*]*-acetamid* (IV). Die Struktur der erhaltenen *β*-Lactame wird durch Hydrolyse zu den entsprechenden *β*-Aminosäuren bewiesen. Verss., die *β*-Halogencarbonsäureamide durch Behandeln mit alkoh. Lauge, $NaNH_2$ in Ae., fl. NH_3 oder therm. in die *β*-Lactame überzuführen, mißlangen. Es wurden nur die entsprechenden ungesätt. Carbonsäureamide erhalten.

Versuche: *β-Chlorhydrozimtsäurechlorid*, $C_9H_8OCl_2$, Kp.$_{14}$ 130—131°; aus *β*-Bromhydrozimtsäure durch 2std. Kochen mit SO_2Cl_2; 86% (Ausbeute). — *β-Chlorhydrozimtsäureanilid* (I), F. 135—135,5° (A.); aus vorst. Verb. u. Anilin (1:2 Mol) in absol. Ae. unter Eiskühlung; 83% (Ausbeute). — Analog Vorst. folgende *β-Chlordydrozimtsäureamide*, $C_6H_5CHClCH_2CONHR$: *R* = *Cyclohexyl*, F. 116—117° (Äthylacetat); 79%. *R* = *Benzyl*, F. 116—116,5° (A.); 70%. $R = CH_2COOC_2H_5$, F. 53—55° (PAe.); 73%. $R = C(COOC_2H_5){:}C(CH_3)_2$, F. 115—116° (A.); 83%. Folgende *β-Bromhydrozimtsäureamide*, $C_6H_5CHBrCH_2COHNR$: $R = C_6H_5$ (II), F. 125,5—126° (Äthylacetat); 85%. *R* = *Benzyl*, F. 117—118° (Äthylacetat); 75%. $R = CH_2COOC_2H_5$, F. 82—83° (Äthylacetat); 93%. $R = C(COOC_2H_5){:}C(CH_3)_2$, F. 125,5—126° (Äthylacetat); 70%. $R = CH(COOC_2H_5)\cdot CH(CH_3)_2$, F. 80—81° (Heptan); 87%. — Folgende *Zimtsäureamide*, $C_6H_5CH{=}CH\cdot CONHR$, aus den entsprechenden *β*-Halogenzimtsäureamiden durch Stehen mit fl. NH_3 über Nacht oder durch Behandeln mit alkoh. NaOH bei Zimmertemp.: *R* = *Cyclohexyl*, F. 172—173° (verd. A.). *R* = *Benzyl*, F. 103—104° (A.) $R = CH_2CONH_2$, F. 171—172° (A.). $R = CH(COOC_2H_5)\cdot CH(CH_3)_2$, F. 116—117° (verd. A.). $R = C(COOC_2H_5){:}C(CH_3)_2$, F. 164,5—165° (Äthylacetat). $R = C(COOCH_3){:}C(CH_3)_2$, F. 144—145° (Äthylacetat). — *1.4-Diphenylacetidinon-(2)* (III), F. 154—154,5° (A.); aus äquimol. Mengen II u. KNH_2 in fl. NH_3 (Stehenlassen über Nacht); 94%. Mit $NaNH_2/NH_3$ 90%; mit K/NH_3 63%; daneben 18% *Zimtsäureanilid*, F. 151°, das bei der Rk. von I mit fl. NH_3 in 74%ig., bei der Rk. von I mit KOH in 60%ig. u. bei 20 Min. Erhitzen von II auf 140—145° in 45%ig. Ausbeute erhalten wird. — *1-Cyclohexyl-4-phenylacetidinon-(2)*, F. 52—53° (Heptan); aus *β*-Chlorhydrozimtsäurecyclohexylamid mit KNH_2/NH_3; 80%; daneben *Zimtsäurecyclohexylamid*; 12,8%. — *1-Benzyl-4-phenylacetidinon-(2)*; aus *β*-Bromhydrozimtsäurebenzylamid mit KNH_2/NH_3; 88%; daneben *Zimtsäurebenzylamid*; 5%. — [*4-Phenylacetidinon-(2)-yl-(1)*]*-acetamid* (IV), F. 144—145° (A.); aus *β*-Bromhydrozimtsäure-N-[carbäthoxymethyl]-amid mit KNH_2/NH_3 (4 Tage);

37%. Daneben 29% *Cinnamoylamidoacetamid*, das bei Verwendung der β-Chlorverb. als Hauptprod. (77%) entsteht. — *α-[4-Phenylacetidinon-(2)-yl-(1)]-isovaleriansäureäthylester* (**V**), $Kp._{1}$ 167—170°; aus α-[β-Bromhydrocinnamoylamido]-isovaleriansäureäthylester mit KNH_2/NH_3; 69%; daneben *α-[Cinnamoylamido]-isovaleriansäureäthylester*; 11%. — *α-[4-Phenylacetidinon-(2)-yl-(1)]-β-methylcrotonsäureäthylester* (**VI**), F. 51 bis 52° (Heptan); aus α-[β-Bromhydrocinnamoylamido]-β-methylcrotonsäureäthylester mit KNH_2/NH_3; 75,6%; daneben *α-[Cinnamoylamido]-β-methylcrotonsäureäthylester*; 5%. — Durch Hydrolyse vorst. β-Lactame folgende *Hydrozimtsäurederivv.* $C_6H_5CH\cdot(NHR)CH_2COOH$: $R = C_6H_5$, F. 134—135° (Äthylacetat); aus **III** mit alkoh. KOH (1 Std. Kochen); 83%. *R = Cyclohexyl*, F. 187—189° (A. + Ae.); 79%. *R = Benzyl*; F. 184—185° (Bicarbonatlsg.); 90%; *Hydrochlorid*, F. 189—190°. $R = CH_2COOH$, F. 205—206° (W.); aus **IV** durch 4std. Erhitzen mit 2n HCl auf 60—70°; 69%. $R = CH\cdot(COOC_2H_5)CH(CH_3)_2$, F. 183—185° (A.); aus **V** mit 20%ig. HCl (2½ Std. bei 60—70°); 60%. *R = H*, F. 215—217° (A. + Ae.); aus **VI** mit 20%ig. HCl (1 Std. bei 90—95°); 80%. (Известия Академии Наук СССР, Отделение Химических Наук [Nachr. Akad. Wiss. UdSSR, Abt. chem. Wiss.] **1955**. 1037—42. Nov./Dez. Inst. für metallorgan. Verbb. der Akad. der Wiss. der UdSSR.) G. FROELICH. 3040

Carl-Heinz Schmidt, *Neuere Entwicklungen der Furanchemie.* Ergänzend zu der C. **1956.** 5816 referierten Übersicht wird die Alkoxylierung von Furanverbb. zu *2.5-Dialkoxy-2.5-dihydrofuranen*, deren Hydrolyse zu *Aldehyden* (Beispiele: Darst. von *Succindialdehyd*, *Äpfel-* u. *O-Alkyläpfelsäuredialdehyd*) sowie ihre Reaktionsweise bei Diensynthesen beschrieben. — 19 Literaturangaben. (Angew. Chem. **68.** 175—76. 7/3. 1956. Aachen, TH, Organ.-chem. Inst.) W. GEHRMANN. 3061

J. Kebrle und **K. Hoffmann**, *Beiträge zur Chemie des Indols.* 1. Mitt. *Zur Kenntnis des „2-Aminoindols" und einiger seiner Derivate.* Für das sogenannte „2-Aminoindol" (**I**) lassen sich drei tautomere Formen aufstellen: 2-Aminoindolenin (**Ia**), 2-Aminoindol (**Ib**), 2-Iminoindolin (**Ic**). Mit Methyljodid entsteht aus **I** zunächst ein *Monomethylderiv.* mit der Methylgruppe am Ringstickstoff; die Weitermethylierung führt zum *1.3.3-Trimethyl-2-iminoindolin* (**II**). Das N-Methylderiv. u. **II** sind in Ae. in ihren UV-Spektren deutlich verschieden, weshalb das erstere in Ae. als *1-Methyl-2-aminoindol* (**III**) vorliegt. Da auch **I** in Ae. spektral von **II** u. **III** verschieden ist, liegt **I** hauptsächlich als **Ia** vor (vgl. dagegen PSCHORR u. HOPPE [1910] u. RINDERKNECHT u. Mitarbeiter, J. org. Chemistry **18.** [1953.] 971). Frei u. als Hydrochloride in W. geben **I**, **II** u. **III** prakt. deckungsgleiche Spektren, da sie als Ammoniumionen gleiches Mesomeriesyst. haben. Die Dissoziationskonstanten der Hydrolysengleichgewichte von **I**, **II** u. **III** erweisen **I** immer als die schwächste Base, während sich die Basizitäten von **II** u. **III** mit wechselnder Polarität des Lösungsmittels überschneiden. Nimmt man entsprechendes Verh. für **Ia**, **Ib** u. **Ic** an, so ergibt sich für die Dissoziationskonstanten u. tautomeren Gleichgewichtskonstanten ebenfalls, daß **I** stets mindestens zu 90% als **Ia** vorliegt. Auch im chem. Verh. zeigt sich **I** als **Ia**, das als Amidin aufgefaßt werden kann u. sich als solches mit Alkylhalogenid nur am doppelt gebundenen, d. h. basischeren N zu **III** alkylieren läßt (vgl. V. PECHMANN [1895 u. 1897] u. die Deutung in BRANCH u. CALVIN, Theory of Organic Chemistry, Advanced Course, S. 196, Prentice Hall, Inc., New York 1941). — Das nach PSCHORR u. HOPPE (l. c.) erhaltene Diacetylderiv. des **I** vom F.140—142° (**IV**), das RINDERKNECHT (l. c.) fälschlicherweise als 2-Diacetamidoindol anspricht, gibt bei vorsichtiger Hydrolyse ein *Monoacetylderiv.* vom F. 160° (**V**), das bei neuerlichem Acetylieren nicht wieder in **IV** übergeht, sondern ein *isomeres Diacetylderiv.* vom F. 221° (**VI**) bildet: Wäre **IV** das 2-Diacetamidoindol, müßte **V** das 2-Monoacetamidoindol u. als solches Zwischenprod. bei der Bldg. des 2-Diacetamidoindols sein, das also beim Acetylieren von **V** zurückerhalten werden müßte. Dagegen entsteht aber beim vorsichtigen Acetylieren von **I** als Vorstufe zu **IV** nicht **V**, sondern *1-Acetyl-2-aminoindol* (F. 178°), das sich dann in **IV** überführen läßt. Ferner wird beim Acetylieren von **III** nur ein *Monoacetylderiv.* vom F. 154—155° (**VII**) erhalten, obwohl die Bldg. eines Diacetamidoderiv. in Analogie zu RINDERKNECHT möglich wäre. Da **IV** sicher nicht in 3-Stellung acetyliert ist (RINDERKECHT), hat es also die Struktur des *1-Acetyl-2-acetamidoindols*, dessen tautomere Struktur als 1-Acetyl-2-acetyliminoindolin durch Vorhandensein einer NH-Bande im Infrarotspektr. ausgeschlossen wird. Da die Spektren von **VII** u. **V** einander ähnlich sind u. **V** kein 3-Acetylderiv. sein kann (RINDERKNECHT, l.c.), hat **VII** die Struktur des *1-Methyl-2-acetamidoindols*, **V** die des *2-Acetamidoindols*. Das Diacetylderiv. **VI** muß auf Grund seiner Spektren als *2-Acetamido-3-acetylindol* bzw. dessen *3-Enolform* angesprochen werden. Extinktionen, Infrarotspektren u. potentiometr. Titrationen vgl. Original.

V e r s u c h e : *2-Aminoindolenin* (**Ia**)*-Hydrochlorid*, $C_8H_9N_2Cl$, F. 226° (Zers.); die freie Base (**Ia**) nach PSCHORR u. HOPPE (l. c.) wird in A. mit alkoh. HCl neutralisiert, der A. im Vakuum abgedampft, der Rückstand in W. aufgenommen u. mit Aceton bei Siedehitze bis zur Trübung versetzt; beim Erkalten dünne Blättchen. *Freie Base* (**Ia**), sublimiert bei 130°/0,02 mm Hg ohne Zers., F. 138° (im offenen Röhrchen unter Violettfärbung u. NH_3-Entw.), F. 165° (im evakuierten Röhrchen scharf, ohne Verfärbung, aber unter Gasentw.), aus dem Hydrochlorid mit NH_4OH, 12std. Trocknen bei 60° über P_2O_5 im Hochvakuum u. Sublimation bei $2 \cdot 10^{-6}$ mm Hg. — *1-Methyl-2-aminoindol* (**III**)-*Hydrojodid*, $C_9H_{11}N_2J$, Zers. >260°, a) aus 1 g feuchtem **Ia** in heißem A. u. 5 ml Methyljodid (12 Std. bei Raumtemp.) u. Abdampfen des Lösungsm. im Vakuum; 530 mg (Ausbeute); aus absol. A. Nadeln; b) durch methylierende Cyclisierung von o-Aminobenzylcyanid in wenig A. mit Methyljodid bei 3tägigem Stehen unter Verschluß; 94%. *Hydrochlorid*, $C_9H_{11}N_2Cl$, Zers. >260°, aus dem Hydrojodid in W. u. AgCl unter 2std. Schütteln u. Vakuumeindampfen; aus Alkohol–Aceton Prismen. *Pikrat*, F. 192° (Zers.), aus dem Hydrochlorid; aus A. lange Nadeln. *Freie Base* (**III**), $C_9H_{10}N_2$, F. 57° (unter Hochvakuum), aus dem Jodmethylat u. 2n NaOH, Ausäthern, Dest. im Vakuum u. doppelte Dest. des orangeroten Öls im Kugelrohr bei 90°/0,03 mm Hg; unter O_2 Verfärbung nach Orangerot. — *1-Methyloxindol*, C_9H_9ON, F. 84°, durch Erhitzen von **III**-Hydrochlorid mit W. während 5 Std. im Bombenrohr bei 160—170°, Ae.-Extraktion u. Dest. bei 100—110°/0,05 mm. — *1.3.3-Trimethyl-2-iminoindolin* (**II**)-*Hydrojodid*, $C_{11}H_{15} \cdot N_2J$, F. 275—280° (Zers.), durch Erwärmen von **III** u. Methyljodid in verschlossener Ampulle unter Schütteln, 24std. Stehen u. fraktionierte Kristallisation aus A.–Ae.; aus den Mutterlaugen kleine, kurze Prismen; 25%, daneben 40% *2-Aminoindol* (**Ib**)-*Hydrojodid. Hydrochlorid, Monohydrat*, $C_{11}H_{15}N_2Cl \cdot H_2O$, F. 258—260° (Zers.), aus dem Hydrojodid u. AgCl; *Freie Base* (**II**), aus dem Hydrojodid u. 2n NaOH, Ausäthern u. Kugelrohrdest. bei 80°/0,1 mm Hg. — *1-Methyl-2-acetamidoindol* (**VII**), $C_{11}H_{12}ON_2$, F. 154—155°, aus **III** u. der 5fachen Menge Acetanhydrid in evakuierter Ampulle unter Erwärmung (Blaufärbung), Digerieren mit Ae. u. Sublimation bei 130°/0,05 mm Hg; aus A. Kristalle. — *2-Acetamido-3-acetylindol* (**VI**), $C_{12}H_{12}O_2N_2$, F. 221°, aus **V** (PSCHORR u. HOPPE) u. der 5fachen Menge Acetanhydrid, 1std. Rückflußkochen, Verdünnen mit W. u. Sublimation im Hochvakuum; aus A. Nadeln; aus den Mutterlaugen wenig **IV**. — *1-Acetyl-2-aminoindol*, $C_{10}H_{10}ON_2$, F. 178° (Bzl.–Ae.), durch Zutropfen von 1,7 g Acetylchlorid zu 2,9 g **Ia** in 25 ml Pyridin, 3std. Stehen, Entfernung des Pyridins im Vakuum, Ausschütteln des Rückstandes in Ae. mit 2n NaOH, dann Ausschütteln der Ätherphase mit 2n HCl u. Neutralisieren der salzsauren Auszüge; daneben aus dem Rückstand 310 mg reines **VI** (F. 221°). (Helv. chim. Acta **39.** 116—31. 1/2. 1956. CIBA-A.G., Forschungslaborr., pharmazeut. Abt.) H.-K. WURZLER. 3081

R. F. Rekker und **W. Th. Nauta**, *Einige Betrachtungen über den Verlauf der Alkylierung von 5.5-Dimethyloxazolidindion-(2.4).* (Vgl. C. **1952.** 673.) Übersicht. — 33 Literaturangaben. (Chem. Weekbl. **47.** 75—81. 3/2. 1951. Amsterdam, N. V. Kon. Pharmaceut. Fabriek v/h Brocades Stheeman en Pharmacia, Res. Labor.) W. WESLY. 3132

W. M. Subarowski, *Synthese von Thiazolderivaten.* 7. Mitt. *Äther des Benzothiazolyl-(2)-carbinols.* (6. vgl. C. **1954.** 87.) Die *Äther* des *Benzothiazolyl-(2)-carbinols* (**I**) werden aus Na-Benzothiazolyl-(2)-carbinolat u. Halogenverbb. (Meth. **A**) mit 40- bis 71%ig. Ausbeute erhalten. Die Umsetzung von 2-Brommethylbenzothiazol (**II**) mit Alkoholaten oder Phenolaten (Meth. **B**) gibt bessere Ausbeute, die in einigen Fällen 95% erreicht. — *Benzothiazolyl-(2)-carbinoläther* 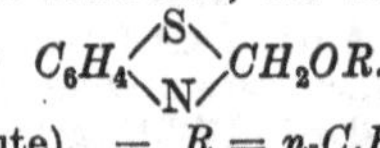 $R = n\text{-}C_3H_7$; $C_{11}H_{13}ONS$, Kp.$_7$ 150—152°; nach **A** 40% (Ausbeute). — $R = n\text{-}C_4H_9$; $C_{12}H_{15}ONS$, Kp.$_7$ 161—162°; 68,4% (**A**). — $R = n\text{-}C_5H_{11}$, $C_{13}H_{17}ONS$, Kp.$_5$ 163—164°; nach **B** 71%. — $R = CH_2CH{=}CH_2$, $C_{11}H_{11}ONS$, Kp.$_5$ 133—134°; 52,3% (**A**). — $R = CH_2 \cdot CH_2OH$, $C_{10}H_{11}O_2NS$, Kp.$_4$ 167—168°; 63% (**B**). — $R = CH_2CO_2CH_3$, $C_{11}H_{11}O_3NS$, Kp.$_7$ 184—186°; 40% (**A**). — $R = CH_2CO_2C_2H_5$, Kp.$_3$ 172—175°; 35% (**A**). — $R = CH_2 \cdot CO_2H$, $C_{10}H_9O_3NS$, F. 110—112°; durch Verseifen des Methylesters mit alkoh. KOH; aus W. Nadeln; 65,5%. — $R = C_6H_4CHO(p)$, $C_{15}H_{11}O_2NS$, F. 138—139°; aus **II** u. p-Oxybenzaldehyd; Nadeln; 91%. *Phenylhydrazon*, F. 186° (Isobutylalkohol); Kristallpulver. *p-Nitrophenylhydrazon*, F. 230—231° (Zers.); aus Eisessig rötlichorangefarbene Nadeln. *Thiosemicarbazon*, $C_{16}H_{14}ON_4S_2$, Zers. bei 212°; aus Isobutylalkohol Nadeln. — $R = C_6H_4COCH_3(p)$, $C_{16}H_{13}O_2NS$, F. 142—143° (A.); aus **II** u. p-Oxyacetophenon; Nadeln; 96,5%. *Phenylhydrazon*, F. 174—176° (Isobutylalkohol); Kristallpulver. *p-Nitrophenylhydrazon*, F. 217—219° (Xylol + Acetophenon); rötlichorangefarbenes Kristallpulver. *Thiosemicarbazon*, $C_{17}H_{16}ON_4S_2$, F. 216—218° (Zers.); Nadeln aus Isobutylalkohol. (Сборник Статей по Общей Химии [Samml. Aufsätze allg. Chem.] **2.** 1096—99. 1953. Inst. für organ. Chem. der Akad. der Wiss. der UkrSSR.)

R. KNOBLOCH. 3142

W. M. Subarowski, *Synthese von Thiazolderivaten. 9. Mitt. Über die Methodik der Kondensation von o-Aminothiophenol mit Säuren.* (7. vgl. vorst. Ref.; vgl. auch C. **1952.** 3645.) Die Herst. von Benzothiazolderivv. aus o-Aminothiophenol (I) u. Carbonsäuren erfolgt meist durch Erhitzen im Rohr. Nach der in vorliegender Arbeit beschriebenen Variante läßt sich die Rk. in vielen Fällen im Kolben bei gewöhnlichem Druck durchführen. Einleiten von CO_2 zur kontinuierlichen Entfernung des Reaktionswassers kürzt die Reaktionsdauer ab; z. B. erfordert die Kondensation von I mit Glykolsäure nur 1 Std., mit Äpfelsäure nur 20 Min., während beim Arbeiten im Rohr 12 bzw. 14 Std. notwendig sind. Die Ausbeuten sind etwa die gleichen, mitunter nach der Variante sogar beträchtlich höher. Die besten Ergebnisse werden bei 1- u. 2bas. α-Oxysäuren u. 2bas. gesätt. aliphat. Carbonsäuren erzielt; auch bei Phthal- u. Nicotinsäure ist die Arbeitsmeth. brauchbar. Bei der Kondensation von I mit Benzoe- oder p-Toluylsäure stört die Flüchtigkeit dieser Säuren mit Wasserdampf.

Versuche: *Benzothiazolyl-(2)-carbinol,* F. 99—100° (Toluol); 100 g I u. 61 g Glykolsäure werden 1 Std. auf 150—160° erhitzt; 90 g (Ausbeute). — *Methylbenzothiazolyl-(2)-carbinol;* aus I u. Milchsäure, 1½ Std. bei 145—155°; 68%. — *β-Oxy-β-benzothiazolyl-(2)-propionsäure;* Zers. bei 230—233°; 13,8 g I u. 13,4 g Äpfelsäure werden 20 Min. auf 150—160° erhitzt; Reinigung über das Na-Salz; aus W. Kristalle; 12,5 g neben ca. 3,5 g *1-Oxy-1.2-bis-[benzothiazolyl-(2)]-äthan,* $C_{16}H_{12}ON_2S_2$, F. 163°; aus Bzl. Nädelchen u. vielleicht sehr wenig *1.2-Bis-[benzothiazolyl-(2)]-äthylen,* F. 219°. — *β-[Benzothiazolyl-(2)]-glycerinsäure;* Zers. bei 196—200°; aus 55 g I u. 60 g Weinsäure, 20 Min. bei 135—145°; Reinigung über das Na-Salz; aus W. Kristalle; 19,2 g neben 4,2 g *Bis-[benzothiazolyl-(2)]* u. insgesamt 18 g *Benzothiazol + 2-Methylbenzothiazol.* — *1.3-Bis-[benzothiazolyl-(2)]-propan,* F. 78° (A.); aus I u. Glutarsäure, 2 Std. bei 200—210°; 67,2%. — *1.4-Bis-[benzothiazolyl-(2)]-butan,* F. 105° (A.); aus I u. Adipinsäure, 1 Std. 40 Min. bei 210—215°; 70,6%. — *o-[Benzothiazolyl-(2)]-benzoesäure,* F. 193° (A.); aus I u. Phthalsäure, 15 Min. bei 150—160°; Reinigung über das Na-Salz; 75%. — *2-[Pyridyl-(3')]-benzothiazol,* F. 128° (A.); aus I u. Nicotinsäure, 45 Min. bei 230—240°; 40%. (Украинский Химический Журнал [Ukrain. chem. J.] **19.** 413—17. 1953. Inst. für organ. Chem. der Akad. der Wiss. der UkrSSR.) R. KNOBLOCH. 3142

R. Ja. Lewina, N. P. Schuscherina, M. Ju. Lurje und **N. D. Orlowa,** *Cyanäthylierte Ketone bei der Synthese von ungesättigten Lactonen. δ-Lactone mit semicyclischer Doppelbindung.* (Vgl. C. **1956.** 3033.) Es werden durch Rk. von Diisopropyl- oder Methylisopropylketon mit Acrylonitril in Ggw. von methanol. KOH *γ-Methyl-γ-isobutyryl-* bzw. *γ-Methyl-γ-acetylvaleronitril* erhalten u. mit wss. KOH zu *γ-Methyl-γ-isobutyryl-* (I) bzw. *γ-Methyl-γ-acetylvaleriansäure* (II) verseift. Diese geben beim Behandeln mit Acetylchlorid *5.5-Dimethyl-6-isopropyliden-* (III) bzw. *5.5-Dimethyl-6-methylentetrahydro-α-pyron.* Die erhaltenen Lactone werden durch W. unter Rückbldg. von I bzw. II leicht hydrolysiert, mit A. in Ggw. von HCl reagieren sie unter Bldg. von I- bzw. II-*Äthylester,* mit NH_3 entsteht I- bzw. II-*Amid.*

Versuche: *γ-Methyl-γ-isobutyrylvaleronitril,* $C_{10}H_{17}ON$, Kp.$_8$ 124—126°, aus 1,3 Mol Diisopropylketon in 2,5 ml 30%ig. methanol. KOH u. 0,3 Mol Acrylonitril in Ggw. von 2 ml γ-Methyl-γ-isobutyrylvaleronitril bei 34—38°, dann 4 Std. bei Zimmertemp.; D.$^{20}_{4}$ 0,9241; n_D^{20} 1,4428; 70% (Ausbeute). — *γ-Methyl-γ-isobutyrylvaleriansäure* (I), $C_{10}H_{18}O_3$; Kp.$_{10}$ 156—157°, aus dem Nitril durch Kochen mit wss. KOH; D.$^{20}_{4}$ 1,0100; n_D^{20} 1,4500; 86%. *Äthylester,* $C_{12}H_{22}O_3$, Kp.$_7$ 114—115°, aus der Säure mit absol. A./konz. H_2SO_4; D.$^{20}_{4}$ 0,9532; n_D^{20} 1,4370; 72,5%. — *5.5-Dimethyl-6-isopropylidentetrahydro-α-pyron* (III), $C_{10}H_{16}O_2$, Kp.$_{10}$ 111—113°, aus 20 g I u. 75 ml Acetylchlorid durch 3std. Kochen; D.$^{20}_{4}$ 1,0112; n_D^{20} 1,4800; 46,5%. Als Nebenprod. *γ-Methyl-γ-isobutyrylvaleriansäureanhydrid* (I-*Anhydrid*), $C_{20}H_{34}O_5$, Kp.$_8$ 192—194°, F. 58—60° (verd. A.), das beim Stehen an der Luft unter Bldg. von I hydrolysiert wird. Beim Sättigen der Lsg. von III in absol. A. mit HCl entsteht I-*Äthylester* (78%), beim Schütteln mit wss. NH_3 *γ-Methyl-γ-isobutyrylvaleriansäureamid* (I-*Amid*), $C_{10}H_{19}O_2N$, F. 86 bis 87° (W.); 86%. — *γ-Methyl-γ-acetylvaleronitril,* $C_8H_{13}ON$, Kp.$_{15}$ 126—127°, aus 0,25 Mol Methylisopropylketon in 5,5 ml methanol. KOH u. 0,3 Mol Acrylonitril in Ggw. von 2,3 g tert.-Butylalkohol bei $<40°$, dann 3—4 Std. Rühren; D.$^{20}_{4}$ 0,9451; n_D^{20} 1.4425; 41,7%. Daraus mit wss. KOH *γ-Methyl-γ-acetylvaleriansäure* (II), Kp.$_{13}$ 159—160°, F. 46—47°; 97%; *Äthylester,* $C_{10}H_{18}O_3$, Kp.$_{17}$ 117—118°; D.$^{20}_{4}$ 0,9790; n_D^{20} 1,4370; *Äthylestersemicarbazon,* $C_{11}H_{21}O_3N_3$, F. 77—78°. — *5.5-Dimethyl-6-methylentetrahydro-α-pyron,* $C_8H_{12}O_2$, Kp.$_{10}$ 95—96°, aus vorst. Säure durch 3std. Kochen mit Acetylchlorid; D.$^{20}_{4}$ 1,038; n_D^{20} 1,4730; 85%. Wird an der Luft unter Bldg. von II hydrolysiert (nach 20 Std. bei Zimmertemp. zu 57—60%). Gibt mit absol. A./HCl II-*Äthylester* (70%), mit wss. NH_3 II-*Amid,* $C_8H_{15}O_2N$, F. 113—115° (Äthylacetat), das beim Trocknen im Vakuumexsikkator oder beim Erwärmen *5.5-Dimethyl-6-methylen-*

piperidon-(2), $C_8H_{13}ON$, F. 108—109° (W.), gibt. (Доклады Академии Наук СССР [Ber. Akad. Wiss. UdSSR] **106.** 279—82. 11/1. 1956. Moskau, Lomonossow-Univ.)
G. FROELICH. 3211

B. A. Arbusow und **W. M. Soroasstrowa,** *Synthese von heterocyclische Substituenten enthaltenden Phosphonsäureestern.* 5. Mitt. *Phosphonsäureester mit Dihydrocumarinrest.* (4. vgl. C. **1956.** 3863.) Cumarin oder 4-Methylcumarin reagieren mit Dialkylphosphiten (I) in Ggw. von Na-Alkoholat unter Bldg. von *4-Dialkylphosphono-* bzw. *4-Dialkylphosphono-4-methyl-3.4-dihydrocumarinen* (II), deren Struktur aus der Analogie mit den entsprechenden Reaktionsprodd. aus **I** u. α.β-ungesätt. Ketonen abgeleitet wird (vgl. vorhergehende Mitteilungen). 3-Acetylcumarin reagiert mit Diäthylphosphit leicht unter Bldg. einer *Verb.* $C_{15}H_{19}O_6P$ (wahrscheinlich *3-Acetyl-4-diäthylphosphono-3.4-dihydrocumarin*). Bei den Rkk. von **I** mit 2.6-Dimethylpyron sowie von Diäthyldithiophosphit mit Cumarin konnten keine Reaktionsprodd. isoliert werden.

V e r s u c h e : 3.4 - D i h y d r o c u m a r i n e : *4-Dimethylphosphono-*, $C_{11}H_{13}O_5P$, $Kp._7$ 190—195°; man gibt zu 5,8 g Cumarin u. 4,4 g Dimethylphosphit 10 Tropfen konz. methanol. Na-Methylat, erhitzt 20 Std. auf 110—120°, gibt wenige Tropfen Eisessig zu u. dest.; $D.^{20}_0$ 1,3038; n_D^{20} 1,5303; 2 g (Ausbeute). Daraus durch 5std. Erhitzen im Rohr mit HCl (1:1) auf 100° *4-Phosphono-*, $C_9H_9O_5P$, F. 218—220° (Äthylacetat–Butylacetat-Gemisch; 1:4); Nadeln. — *4-Diäthylphosphono-*, $C_{13}H_{17}O_5P$, $Kp._{6-6,5}$ 200—203°; man erhitzt 7 g Cumarin u. 7,4 g Diäthylphosphit mit 10 Tropfen C_2H_5ONa 6 Std. auf 120° u. nach Zugabe von weiteren 10 Tropfen C_2H_5ONa 6 Std. auf 125—135°; $D.^{20}_0$ 1,2255; n_D^{20} 1,5150; 2,5 g. — *4-Di-n-butylphosphono-*, $C_{17}H_{25}O_5P$, $Kp._{7-7,5}$ 223°; analog Vorst. 6½ Std. bei 130—140° u. 10 Std. bei 145—155°; $D.^{20}_0$ 1,1302; n_D^{20} 1,5015; 18,3%. — *4-Methyl-4-diäthylphosphono-*, $C_{14}H_{19}O_5P$, $Kp._5$ 196—198°; aus 4-Methylcumarin u. Diäthylphosphit, 6 Std. Erhitzen auf dem Wasserbad u. 4 Std. auf 120 bis 125°; $D.^{20}_0$ 1,2131; n_D^{20} 1,5205; 24%. Daraus durch Verseifung *4-Methyl-4-phosphono-*, $C_{10}H_{11}O_5P$, F. 192—193° (Äthylacetat); Nadeln. — *4-Methyl-4-di-n-butylphosphono-*, $C_{18}H_{27}O_5P$, $Kp._{5-5,5}$ 215—218° (Zers.); aus 4-Methylcumarin u. Di-n-butylphosphit (6½ Std. bei 135—145°); $D.^{20}_0$ 1,1283; n_D^{20} 1,5070; 24,3%. — *3-Acetyl-4-diäthylphosphono*(?), $C_{15}H_{19}O_6P$, F. 146—149° (absol. Methanol); aus 3-Acetylcumarin (F. 123°; aus Salicylaldehyd u. Acetessigester in Ggw. von Piperidin; *Phenylhydrazon*, F. 182—183°) u. Diäthylphosphit (2 Std. bei 120°). *3-Acetyl-4-phosphono-*, $C_{11}H_{11}O_6P$, Zers. bei 125°. (Известия Академии Наук СССР, Отделение Химических Наук [Nachr. Akad. Wiss. UdSSR, Abt. chem. Wiss.] **1955.** 681—88. Juli/Aug. Kasan, Lenin-Univ., Wiss.-Chem. Butlerow-Forschungsinst.) O. POLLAK V. EMHOFEN. 3211

C. F. Koelsch und **R. W. Cummings,** *Kondensation von Salicylaldehyd mit Lävulinsäure in Gegenwart von Chlorwasserstoff.* Aus Salicylaldehyd (**I**) u. Lävulinsäure (**II**) oder **II**-Methylester entsteht durch Einw. von HCl kein Lacton (vgl. SEN u. ROY, C. **1930.** II. 2125), sondern *2-[o-Oxystyryl]-benzopyryliumchlorid-3-essigsäure* (**III**) bzw. **III**-*Methylester* (**IV**). **IV** gibt mit schwachen Basen *Dibenzospiropyran-3-essigsäuremethylester* (UV-Spektr.). Analog **III** u. **IV** wurden aus 2-Oxy-1-naphthaldehyd die *Benzologen* von **III** bzw. **IV** u. aus letzterem mit Na-Acetat *Dinaphthospiropyran-3-essigsäuremethylester* dargestellt. Die Pyryliumsalze liefern beim Kochen in Methanol unter HCl-Abspaltung *dimere Verbb.*, wahrscheinlich nebenst. Struktur.

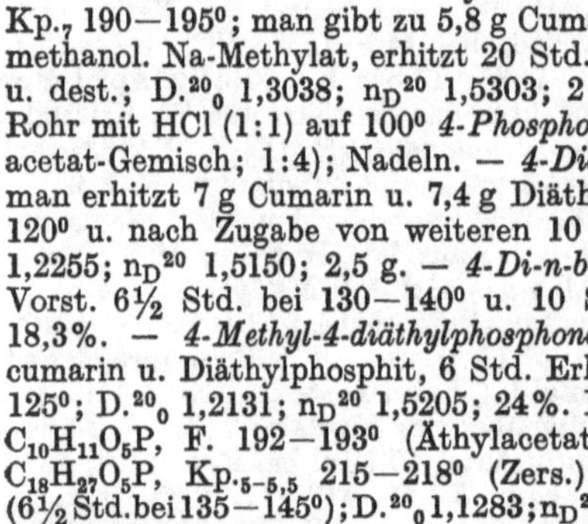

V R = CH_2COOCH_3
VIII R = CH_3

V e r s u c h e : *2-[o-Oxystyryl]-benzopyryliumchlorid-3-essigsäure* (**III**), $C_{19}H_{15}O_4Cl$, F. 200 bis 202° (nach vorherigem Sintern; Essigsäure), durch Sättigen einer Lsg. von **I** u. **II** in absol. Ae. mit HCl, 3 Tage Stehen bei Raumtemp.; 95% (Ausbeute). *Dimerer Methylester* (**V**), $C_{40}H_{32}O_8$, F. 283—284° (Block auf 275° vorgeheizt; Dioxan/Methanol), durch Kochen von 5 g **III** (2 Std.) oder 0,5 g **IV** (5 Std.) in Methanol; 2,9 bzw. 0,2 g. *Methylester* (**IV**), *$FeCl_3$-Verb.*, *Monohydrat*, $C_{20}H_{17}O_4 \cdot Cl_4Fe \cdot H_2O$, F. 183—185° ($CH_3COOH$ u. HCOOH), durch Zugabe von **I** u. **II**-Methylester zu einer gesätt. Lsg. von HCl in Ae., 4 Tage Stehen, Lösen des entstandenen amorphen braunen *Pulvers* (F. 75—80°; 85%) in heißer CH_3COOH u. Zugabe von $FeCl_3$ in $CH_3 \cdot COOH$; purpurfarbene Nadeln. *Wasserfreie Verb.*, F. 209—210° (Essigsäure), nach mehrwöchigem Trocknen an der Luft oder aus 4,5 g **V** in Methanol durch Einleiten von HCl in der Kälte u. Zugabe von $FeCl_3 \cdot 6H_2O$ in Methanol; 2,3 g. — *Dibenzospiropyran-3-essigsäuremethylester*, $C_{20}H_{16}O_4$, F. 80—81° (Methanol), durch Schütteln von **IV** in Ae.

mit NH_4OH-Lösung. — *Verb.* $C_{38}H_{28}O_8 \cdot C_2H_6O$, Dunkelfärbung bei 200°, F. 210° (Zers.; A.; Bad auf 190° vorgeheizt), durch 3std. Kochen von 4,5 g **V** mit NaOH in wss. A.; 0,2 g; gibt mit CH_2N_2 in Ae. wieder V. — *Dimerer Ester aus* 2-[2'-Oxy-5'-bromstyryl]-6-brombenzopyryliumchlorid-3-essigsäureäthylester, $C_{40}H_{28}O_8Br_4$, F. 280—281° (Dioxan/Methanol), aus 30 g 5-Bromsalicylaldehyd u. 17 g **II** analog **III**, 24 std. Stehen bei Raumtemp., 2std. Kochen von 10 g des amorphen braunen *Pyryliumsalzes* (19,8 g) in Methanol in Ggw. von H_2SO_4; hellgelbe Prismen; 1 g. — *2-[2-Oxynaphthyl-(1)-vinyl]-naphthopyryliumchlorid-3-essigsäure*, $C_{27}H_{19}O_4Cl \cdot H_2O$, F. 200—210° (abhängig vom Erhitzen; verd. Essigsäure), aus 5,8 g **II** u. 8,6 g 2-Oxy-1-naphthaldehyd analog **III**, 2 Wochen Stehen bei Raumtemp.; grüne Tafeln; 7,7 g. *$FeCl_3$-Verb.*, $C_{27}H_{19}O_4Cl_4Fe$, braumes Pulver aus Essigsäure. *Methylester* (**VI**), F. 203—205°, analog **IV** aus 6,5 g II-Methylester, 4 Tage; Abtrennung von 0,25 g *Anhydro-bis-[oxynaphthaldehyd]* ($C_{22}H_{14}O_3$, F. 241,5°, vgl. BRADLEY u. DAINS, Amer. chem. J. **14.** [1892.] 293) durch Extraktion mit Essigsäure; grüne Kristalle. *$FeCl_3$-Verb.*, $C_{28}H_{21}O_4Cl_4Fe$, Zers. ohne zu schm.; aus Essigsäure grüne Kristalle. — *Dinaphthospiropyran-(2.2')-3-essigsäuremethylester*, $C_{28}H_{20}O_4$, F. 191—192° (verd. A.), aus **VI** in Aceton mit wenig NH_4OH. — *Dimerer Ester aus* **VI**, $C_{56}H_{40}O_8$, F. 251—252° (Dioxan/Methanol), durch 5std. Kochen von 300 mg **VI** in Methanol; gelbe Nadeln; 50 mg. — *2-[o-Oxystyryl]-3-methylbenzopyryliumchlorid* (**VII**), aus 6,1 g **I** u. 3,6 g Butanon analog **III**; 8std. Stehen bei Raumtemp.; braune Tafeln; 7,7 g. *$FeCl_3$-Verb.*, $C_{18}H_{15}O_2Cl_4Fe$, F. 160—170° (abhängig vom Erhitzen); tiefrote Nadeln aus Essigsäure. — *3-Methyldibenzospiropyran-(2.2')*, $C_{18}H_{14}O_2$, F. 82 bis 83°, aus **VII** mit NH_4OH. — *Dispiro-{3-methylbenzopyran-2.6';2.12'-[1'.7'-dioxa-2'.3'.8'.9'-dibenzocyclododecatetraen-(2'.4'.8'.10)]}* (**VIII**), $C_{36}H_{28}O_4$, F. 308—309° (Dioxan/Methanol, Chlf./Methanol oder A./Chlf.), durch 3std. Kochen von 100 g **VII** in Methanol oder A.; 29 g; 1,45 g lieferten beim Kochen mit 48%ig. HBr u. Dampfdest. **I** (Dinitrophenylhydrazon, F. 251—252°; 0,6 g), in essigsaurer Lsg. entstand durch Einleiten von HCl in der Wärme u. Zugabe von $FeCl_3$ die **VII**-*$FeCl_3$-Verbindung*. (J. org. Chemistry **21.** 215—17. 17/2. 1956. Minneapolis, Minn., Univ. of Minnesota, School of Chem.)

H. ASCHERL. 3211

Alexander Schönberg und **Camil Aziz**, *Furochromone und -cumarine.* 6. Mitt. *Entmethylierung von Xanthotoxin, Khellin und Khellol mit Anilinhydrochlorid und Magnesiumjodid.* (1.—5. vgl. C. **1948.** II. 980; C. **1951.** II. 384, 1894, 1896 u. **1954.** 6505.) Durch Entmethylierung von Xanthotoxin (**I**) mit Anilinhydrochlorid wurde *Xanthotoxol* erhalten, welches nach SPÄTH u. HOLZEN (Chem. Ber. **68.** [1935.] 1123) leicht in das therapeut. wichtige *Imperatorin* übergeführt werden kann. Diese Meth. ist der früher beschriebenen mittels MgJ_2 (C. **1951.** II. 384) techn. überlegen. Nach der gleichen Meth. wurde Khellin (**II**) partiell zu *5-Oxy-8-methoxy-2-methylfuro-[4'.5':6.7]-chromon* (**V**) entmethyliert. Die Unlöslichkeit von **V** in Alkali sowie die Beständigkeit gegen Diazomethan wird durch Chelatbldg. erklärt. Die Entmethylierung von **II** mit MgJ_2 u. nachfolgende Hydrolyse mit verd. H_2SO_4 ergibt *5.8-Dioxyfuro-[4'.5':6.7]-chromon* (**IV**). Auf gleiche Weise entsteht aus Khellol (**VI**) *Norkhellol* (**VII**) u. aus Norkhellin (**III**) Verb. **IV**. **VII** gibt mit $FeCl_3$ eine Farb-Rk., bildet ein *Diacetat* u. kann mit CH_3J in Aceton zu **VI** methyliert werden. **III** gibt bei der Oxydation mit HNO_3 *Furo-[4'.5':6.7]-chromon-5.8-chinon*, welches wie sein 2-Methylderiv. orangefarben ist. **V** hat keine spasmolyt. Wrkg. u. auch keine Wrkg. auf den Blutkreislauf.

V e r s u c h e : *5-Oxy-8-methoxy-2-methylfuro-[4'.5':6.7]-chromon* (**V**), $C_{13}H_{10}O_5$, F. 196°, aus **II** durch 75 Min. langes Erhitzen mit 2 Mol gepulvertem Anilin·HCl im Anisolbad u. Behandlung mit W.; gelbe Kristalle aus Bzl., unlösl. in 10%ig. NaOH; $FeCl_3$-Rk. in A. dunkelgrün; gleicher Erfolg bei Anwendung von β-Naphthylamin. — *2-Methyl-5-oxyfuro-[4'.5':6.7]-chromon* (**VIII**), $C_{12}H_8O_4$, F. 155°, aus Visnagin wie zuvor; unlösl. in 10%ig. NaOH, keine F.-Depression mit authent. Präparat. — *Xanthotoxol*, F. 242°, aus **I** durch 40 Min. langes Erhitzen mit Anilin·HCl auf 180—205° unter CO_2; aus verd. Essigsäure Kristalle; >50% (Ausbeute); gibt keine Rk. mit $FeCl_3$ in A.; lösl. in 10%ig. NaOH mit gelber Farbe, dann braungrün. — *Norkhellol* (**VII**), $C_{12}H_8O_5$, F. 198°, durch Zufügen von 1 Mol **VI** in trockenem Bzl. zu 2 Mol MgJ_2 in Ae. u. Bzl., Abtreiben der Lösungsmittel u. 1½std. Trocknen bei 160—165° im Vakuum, Pulvern des Rückstandes u. Zers. mit verd. H_2SO_4, Überführung mit Essigsäureanhydrid in das *Diacetat* ($C_{16}H_{12}O_7$, F. 198°) vom gleichen F. wie **VII**, zeigt aber mit diesem F.-Depression; Verseifung des Diacetates durch 1std. Kochen mit 5%ig. HCl; gelbe Kristalle aus W., unlösl. in wss. Alkali; gibt mit konz. H_2SO_4 eine Orangefärbung; die alkoh. Lsg. färbt sich auf Zusatz von wss. $FeCl_3$ tief blaugrün. — *5.8-Dioxyfuro-[4'.5':6.7]-chromon* (**IV**), $C_{11}H_6O_5$, F. 278° (Bzl.), aus **III** mit MgJ_2 wie zuvor. — *Furo-[4'.5':6.7]-chromon-5.8-chinon*, $C_{11}H_4O_5$, F. 242° (Gasentw.), aus **III** durch Zufügen von HNO_3 (D. 1,4) unter 10 Min. langem Rühren, Fällen mit W. u. Kochen des gewaschenen Prod.

mit Aceton; aus Aceton orangefarbene Kristalle. — *Khellol* (**VI**), aus **VII** durch 36std. Kochen mit CH_3J u. K_2CO_3 in Aceton, aus A. (Kohle) Kristalle; keine Rk. mit $FeCl_3$. — *Khellin* (**II**; aus heißem W.), aus **V** wie zuvor. — *2-Methyl-5-isopropyloxy-8-methoxyfuro-[4'.5':6.7]-chromon*, $C_{16}H_{16}O_5$, F. 94°, aus **V** u. Isopropyljodid wie zuvor (wiederholt aus PAe. krist.). — *Visnagin*, aus **VIII** u. CH_3J; aus W. u. dann aus A. Kristalle. — *2-Methyl-5-isopropyloxyfuro-[4'.5':6.7]-chromon*, $C_{15}H_{14}O_4$, F. 124°, aus **VIII** u. Isopropyljodid; aus PAe. wiederholt krist.; $FeCl_3$-Rk. negativ. — *Norkhellin* (**III**; A.), aus **IV** u. CH_3J. (J. Amer. chem. Soc. **75**. 3265—66. 5/7. 1953. Cairo, Egypt, Fouad I Univ., Fac. of Sci., Dep. of Chem.) E. Hanschke. 3211

Alexander Schönberg, Nasry Badran und **Nicolas A. Starkowsky**, *Furochromone und -cumarine*. 7. Mitt. *Abbau von Visnagin, Khellin und deren Derivate; Versuche mit Chromsäure und Hydroperoxyd sowie eine Synthese von Eugenitin.* (6. vgl. vorst. Ref.) Visnagin (**I**), Khellin (**II**) u. Khellol (**III**) wurden zu Prodd. abgebaut, die vielleicht pharmakol. oder für weitere Synthesen von Interesse sind. Die Behandlung von **I** mit CrO_3 liefert *6-Formyl-7-oxy-5-methoxy-2-methylchromon* (**IV**), dessen *Methyläther* mit $FeCl_3$ eine für 2-Methylchromone ohne freie phenol. Gruppe charakterist. Farb-Rk. gibt. Verb. **IV** läßt sich im Gegensatz zu **I** bei Raumtemp. mit Carbonylreagentien kondensieren u. gibt mit $TiCl_3$ eine grüne Färbung wie Salicylaldehyd. Die Entmethylierung von **IV** zu *5.7-Dioxy-6-formyl-2-methylchromon* (**VI**), nachfolgende Red. zu *5.7-Dioxy-2.6-dimethylchromon* (**VIa**) u. Methylierung ergab *2.6-Dimethyl-7-methoxy-5-oxychromon*, welches mit dem von Schmid (C. **1951**. I. 594) aus *Eugenia caryophyllata (L.) Thunbg.* isolierten Eugenitin ident. ist. — Bei der Oxydation mit H_2O_2 wurden aus **I** sowie aus **III** u. 2-Norvisnagin (**Ia**) *6-Oxy-4-methoxybenzofuran-5-carbonsäure* erhalten, aus **II** *6-Oxy-4.7-dimethoxybenzofuran-5-carbonsäure*. — Aus den Styrylderivv. von Visnaginon u. Khellinon wurden mit H_2O_2 *4-Methoxy-* bzw. *4.7-Dimethoxyfurano-[4'.5':5.6]-2-benzalcumaranon-(3)* hergestellt. Die Styrylverbb. können als Derivv. von 6'-Methoxychalkonen betrachtet werden, deren Oxydation mit H_2O_2 in alkal. Medium zu Benzalcumaranonen schon von Geissmann u. Fukushima (vgl. C. **1949**. I. 504) beschrieben wurde.

Versuche: *6-Formyl-7-oxy-5-methoxy-2-methylchromon* (**IV**), $C_{12}H_{10}O_5$, F. 189°, durch Zutropfen von 10%ig. $Na_2Cr_2O_7$-Lsg. zu **I** in 10%ig. H_2SO_4 bei 70—80°; die Fällung nach 2 Std. aus heißem W. umkrist.; in verd. NaOH mit gelber Farbe lösl.; $FeCl_3$-Rk. weinrot. *Oxim*, $C_{12}H_{11}O_5N$, F. 276°, Darst. in alkal. oder saurer Lsg.; aus A. Nadeln; $FeCl_3$-Rk. violett. *Phenylhydrazon*, $C_{18}H_{16}O_4N_2$, F. 273°; aus A. gelbe Prismen; $FeCl_3$-Rk. negativ; *Anil*, $C_{18}H_{15}O_4N$, F. 179°, aus A. gelbliche Nadeln; mit *p-Phenylendiamin* (**V**) entsteht ein orangefarbenes kristallines *Prod. vom F. 282°* (Zers.). — *5.7-Dimethoxy-6-formyl-2-methylchromon*, $C_{13}H_{12}O_5$, F. 196—198°, durch 36std. Kochen von **IV** mit CH_3J u. K_2CO_3 in Aceton; aus A. Nadeln; $FeCl_3$-Rk. negativ; mit KOH zusammen verrieben entsteht eine rote Färbung; liefert mit **V** in A. ein hellrotes kristallines *Produkt*. — *5.7-Dioxy-6-formyl-2-methylchromon* (**VI**), $C_{11}H_8O_5$, F. 195°, aus **IV** durch 75 Min. langes Kochen mit verd. HCl; die Fällung aus Toluol umkrist.; gelbe Prismen; $FeCl_3$-Rk. violett. — *5.7-Dioxy-6-formyl-2-methyl-8-nitrochromon*, $C_{11}H_7O_7N$, F. ca. 248° (Zers.), aus **VI**, 92%ig. H_2SO_4 u. HNO_3 (D. 1,40) bei 20° u. Gießen in W. nach 10 Min.; aus Eisessig gelbe Blättchen; $FeCl_3$-Rk. rot; gibt mit **V** in Eisessig ein sehr schwer lösl. orangefarbenes kristallines *Produkt*. — *8-Brom-6-formyl-7-oxy-5-methoxy-2-methylchromon*, $C_{12}H_9O_5Br$, F. ca. 220° (Zers.), aus **IV** u. Br_2 in Chlf.; die Fällung nach 24 Std. mit wss. SO_2-Lsg. u. dann mit A. gewaschen; aus Bzl. Nadeln; $FeCl_3$-Rk. rot; mit **V** in A. orangerote kristalline Fällung. — *6-Formyl-7-oxy-5-methoxy-8-nitro-2-methylchromon*, $C_{12}H_9O_7N$, F. $\sim$242° (Zers.), aus **IV** durch Nitrierung u. gelindes Nacherwärmen; aus Eisessig Nadeln; lösl. in verd. Alkali u. $NaHCO_3$ mit gelber Farbe; $FeCl_3$-Rk. rot; mit **V** rotes kristallines *Prod.*, Zers. $>$290°. — *6-Formyl-7-oxy-5-methoxychromon*, $C_{11}H_8O_5$, F. 155°, aus 2-Norvisnagin (**Ia**) u. CrO_3; aus Bzl. Nadeln; gibt mit verd. Alkali gelbe Färbung u. mit $FeCl_3$ Rotfärbung; mit **V** in A. orangefarbene kristalline Fällung. — *5-Äthoxy-2-methylfuro-[4'.5':6.7]-chromon*, $C_{14}H_{12}O_4$, F. 96°, aus *5-Oxy-2-methylfuro-[4'.5':6.7]-chromon*, C_2H_5J u. K_2CO_3 in Aceton; aus A. Nadeln; $FeCl_3$-Rk. negativ; mit KOH zerrieben Rotfärbung. — *6-Formyl-7-oxy-5-äthoxy-2-methylchromon*, $C_{13}H_{12}O_5$, F. 120°, aus vorst. Verb. durch CrO_3-Oxydation; aus A. Nadeln; $FeCl_3$-Rk. rot, in Alkali mit gelber Farbe löslich. — *5.7-Dioxy-2.6-dimethylchromon* (**VIa**), $C_{11}H_{10}O_4$, F. 287° (Zers.), durch Red. von **VI** mit granuliertem amalgamiertem Zn in Eisessig, 8std. Kochen unter tropfenweisem Zusatz von konz. HCl u. Gießen in W.; aus A. gelbe Prismen; lösl. in NaOH sowie in konz. H_2SO_4 mit gelber Farbe; 40% (Ausbeute). — *2.6-Dimethyl-7-methoxy-5-oxychromon*, $C_{12}H_{12}O_4$, F. 161—162°, aus **VIa** durch Methylierung mit CH_3J; aus 80%ig. A. Prismen; $FeCl_3$-Rk. blau; $TiCl_3$-Rk. in verd. A. grüngelb. — *2.6-Dimethyl-7-methoxy-5-acetoxychromon*, $C_{14}H_{14}O_5$, F. 176°, Darst. nach Schmid (l. c.); $FeCl_3$-Rk. negativ. — *6-Oxy-4-methoxybenzofuran-5-carbonsäure*, $C_{10}H_8O_5$, F. 180° (Gasentw.), durch Zugabe von 30%ig. H_2O_2 zu einer Suspension von **I** in 5%ig. NaOH-Lsg. bei 30° u. Ansäuern der klaren Lsg. nach 30 Min. langem Rühren; aus A. Prismen; $FeCl_3$-Rk. blau; in $NaHCO_3$-Lsg. unter Aufbrausen lösl.; aus **III** sowie aus **Ia** entsteht die gleiche Carbonsäure. — *4.6-Dimethoxybenzofuran-5-carbonsäuremethylester*, $C_{12}H_{12}O_5$, F. 83—84°, aus vorst. Verb. u. CH_3J; aus Aceton Nadeln; unlösl. in Alkali, $FeCl_3$-Rk. negativ. — *6-Oxy-4.7-dimethoxybenzofuran-5-carbonsäure*, $C_{11}H_{10}O_6$, F. 149°, aus **II** mit H_2O_2; aus A. Prismen; $FeCl_3$-Rk. blau; lösl. in wss. $NaHCO_3$. — *5-Benzalaceto-4-methoxy-6-oxybenzofuran* (**VII**), $C_{18}H_{14}O_4$, F. 106° (rote Schmelze), aus Visnaginon u. Benzaldehyd in A. unter Einw. von NaOH u. Verdünnen der roten Lsg. nach 24 Std. mit W.; aus A. orangefarbene Nadeln; grüne Färbung mit $FeCl_3$ u. rote mit konz. H_2SO_4. — *5-Benzalaceto-4.7-dimethoxy-6-oxybenzofuran* (**VIII**), $C_{19}H_{16}O_5$, F. 128° (rote Schmelze), aus Khellinon wie zuvor; aus A. orangefarbene Prismen; gibt braune $FeCl_3$-Rk. u. braunrote Färbung mit konz. H_2SO_4. — *4-Methoxyfurano-[4'.5':5.6]-2-benzalcumaranon-(3)*, $C_{18}H_{12}O_4$, F. 189°, durch Zugabe von 15%ig. H_2O_2 zu **VII** in wss. NaOH u. CH_3OH; die Fällung nach 24 Std. aus Chlf.-Aceton umkrist.; gelbe Prismen; $FeCl_3$-Rk. negativ; mit konz. H_2SO_4 blutrote Färbung. — *4.7-Dimethoxyfurano-[4'.5':5.6]-2-benzalcumaranon-(3)*, $C_{19}H_{14}O_5$, F. 186°, aus **VIII** wie zuvor; aus Aceton orangefarbene Prismen; $FeCl_3$-Rk. negativ. mit konz. H_2SO_4 intensive violette Färbung. (J. Amer. chem. Soc. **75.** 4992—95. 20/10. 1953.) E. HANSCHKE. 3211

Alexander Schönberg und **Mahmoud Mohamed Sidky**, *Furochromone und -cumarine*. 8. Mitt. *Reaktion von Hydrazinhydrat u. Hydroxylamin mit Khellin, Khellol und Visnagin*. (7. vgl. vorst. Ref.) Aus Visnagin (**I**), Khellol (**II**) u. Khellin (**III**) werden mit Hydrazinhydrat (**IV**) die entsprechenden *Pyrazolderivv.* hergestellt, für welche Vff. die Strukturen **Ia**—**IIIa** oder **Ib**—**IIIb** annehmen. Die Verbb. sind lösl. in wss. Alkali u. ihre alkoh. Lsg. gibt mit wss. $FeCl_3$-Lsg. eine blaue Färbung; mit $TiCl_3$ entsteht eine tieforange Färbung. — Durch Erhitzen von **I**, **II** u. **III** mit Hydroxylamin–HCl (**V**) in Pyridin wurden die entsprechenden *Isoxazole* (O statt NH in den Strukturformeln) dargestellt.

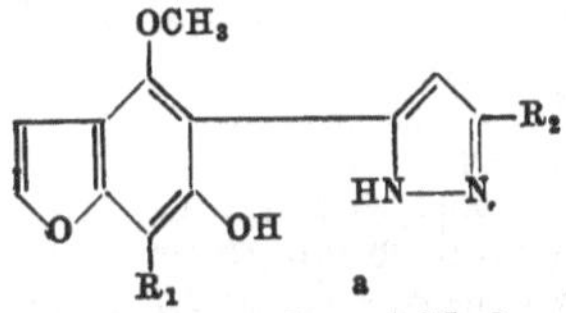

a

Ia u. **Ib** $R_1 = H$, $R_2 = CH_3$
IIa u. **IIb** $R_1 = H$, $R_2 = CH_2OH$
IIIa u. **IIIb** $R_1 = OCH_3$, $R_2 = CH_3$

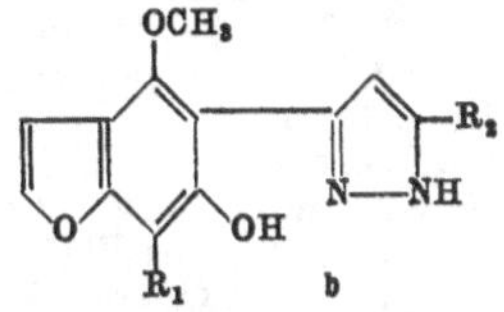

b

Versuche: *4-Methoxy-6-oxy-5-[3-*(oder *5-*)*-methylpyrazolyl-(5-* oder *3-*)]*-benzofuran* (**Ia** oder **Ib**), $C_{13}H_{12}O_3N_2$, F. 142°, aus **I** u. **IV** durch 15 Min. langes Kochen in A. u. Fällen mit W.; aus Bzl.-PAe. Kristalle; 85% (Ausbeute). *Dibenzoylderiv.*, $C_{27}H_{20}O_5N_2$, F. 150°, aus A. Kristalle; unlösl. in 10%ig. NaOH. — *4-Methoxy-6-oxy-5-[3-*(oder *5-*)*-methylisoxazolyl-(5-* oder *3-*)]*-benzofuran*, $C_{13}H_{11}O_4N$, F. 146°, aus **I** in Pyridin u. **V** in W. durch 4 std. Kochen u. Ansäuern mit verd. Essigsäure; Nadeln aus Bzl.–PAe.; ca. 85%; wird durch 1½std. Kochen mit verd. NaOH u. Ansäuern mit verd. HCl fast unverändert zurückerhalten. *Benzoylderiv.*, $C_{20}H_{15}O_5N$, F. 111°, aus A. Kristalle; unlösl. in 10%ig. NaOH; nach 1std. Kochen u. Ansäuern wird die Verb. wiedergewonnen. — *4-Methoxy-6-oxy-5-[3-* (oder *5-*)*-oxymethylpyrazolyl-(5-* oder *3-*)]*-benzofuran* (**IIa** oder **IIb**), $C_{13}H_{12}O_4N_2$, F. 181°, aus **II** u. **IV**; mit konz. H_2SO_4 orangegelbe Färbung. *Tribenzoylderiv.* $C_{34}H_{24}O_7N_2$, F. 129° (Methanol). — *4-Methoxy-6-oxy-5-[3-* (oder *5-*)*-oxymethylisoxazolyl-(5-* oder *3-*)]*-benzofuran*, $C_{13}H_{11}O_5N$, F. 146°, aus **II** u. **V**. *Dibenzoylderiv.*, $C_{27}H_{19}O_7N$, F. 132° (Methanol). — *4.7-Dimethoxy-6-oxy-5-[3-* (oder *5-*)*-methylpyrazolyl-(5-* oder *3-*)]*-benzofuran* (**IIIa** oder **IIIb**), $C_{14}H_{14}O_4N_2$, F. 157°, aus **III** u. **IV**; mit konz. H_2SO_4 orangegelbe Färbung. *Dibenzoylderiv.*, $C_{28}H_{22}O_6N_2$, F. 179° (A.). — *4.7-Dimethoxy-6-oxy-5-[3-* (oder *5-*)*-methylisoxazolyl-(5-* oder *3-*)]*-benzofuran*, $C_{14}H_{13}O_5N$, F. 120—121°, aus **III** u. **V**. *Benzoylderiv.*, $C_{21}H_{17}O_6N$, F. 150° (A.). (J. Amer. chem. Soc. **75.** 5128—30. 20/10. 1953.)
E. HANSCHKE. 3211

Alexander Schönberg, Nasry Badran und **Nicolas A. Starkowsky**, *Furochromone und -cumarine*. 9. Mitt. *Reaktionen von Khellolglucosid, Visnagin und Bergapten*. (8. vgl. vorst. Ref.). Eine Meth. zur Hydrolyse von Khellolglucosid (**I**) wird beschrieben sowie die Überführung von Khellol (**II**) in *Visnagin* (**III**) durch Behandlung von **II** mit $SOCl_2$ u. Red. des entstandenen *2-Chlormethyl-5-methoxyfuro-[4'.5 : 6.7]-chromons* (**IV**) mit Zn-Staub. Die Oxydation von **II** mit CrO_3 liefert *6-Formyl-7-oxy-2-oxymethyl-5-methoxychromon* (**V**), welches auch aus **II** über *2-Chlormethyl-6-formyl-7-oxy-5-methoxychromon* (**VI**) u. Rk. mit alkoh. $AgNO_3$-Lsg. gebildet wird. Die Substitution von Cl durch OH ergibt aus **IV** *6-Formyl-7-oxy-5-methoxy-2-methylchromon* (**VII**), welches mit dem CrO_3-Oxydationsprod. von **III** ident. ist. Bei der Oxydation von *Bergapten* (**VIII**) mit CrO_3 entsteht *6-Formyl-7-oxy-5-methoxycumarin*, welches als *Apoxanthoxyletin* identifiziert wurde. Das aus **III** dargestellte *6-Formyl-5.7-dimethoxy-2-methylchromon* (**X**) liefert bei der Oxydation mit H_2O_2 *5.7-Dimethoxy-6-oxy-2-methylchromon* (**XI**), das auch aus *6.7-Dioxy-5-methoxy-2-methylchromon* (**IX**) durch Teil-Methylierung erhalten werden kann. Das aus **III** durch CrO_3-Oxydation dargestellte *6-Formyl-7-oxy-5-methoxy-2-methylchromon* (**XII**) gibt bei der Oxydation mit H_2O_2 *6.7-Dioxy-5-methoxy-2-methylchromon* (**IX**). Die Struktur ergibt sich durch Entmethylierung zum *5.6.7-Trioxy-* sowie durch Methylierung zum *5.6.7-Trimethoxyderivat.*

Versuche: Khellol (II), F. 179—180°, aus **I** durch Lösen in 60%ig. HBr-Lsg., 2minutiges Erhitzen auf 75°, Schütteln, Verdünnen des ausgefallenen gelben Niederschlages (Oxoniumsalz von **II** ?) mit W., Behandlung mit 10%ig. Na_2CO_3-Lsg. bis zur alkal. Rk., Ansäuern mit wenig Essigsäure u. Kochen; 80% (Ausbeute). Bei 10—15minutiger Behandlung von **I** mit HBr entsteht *5-Norkhellin* als Hauptprod.; aus A. gelbe Prismen von F. 200°. — *2-Chlormethyl-5-methoxyfuro-[4'.5'.6.7]-chromon* (**IV**), $C_{13}H_9O_4Cl$, F. 140°, aus **II** durch Verreiben mit $SOCl_2$, Rühren der braungrünen Mischung u. Abtreiben des Überschusses an $SOCl_2$ bei Raumtemp.; aus 50%ig. A. (Holzkohle) Nadeln; gibt beim Verreiben mit KOH eine tiefgrüne Färbung, welche auf Zugabe von 1 Tropfen A. violett wird; 75%. — *Visnagin* (**III**), F. 140—142°, aus **IV** durch 3std. Kochen mit Zn-Staub in Eisessig in Ggw. von H_2SO_4 u. Verdünnen mit W.; aus heißem W. Kristalle; Identifizierung durch CrO_3-Oxydation zu **VII**. — *6-Formyl-7-oxy-2-oxymethyl-5-methoxychromon* (**V**), $C_{12}H_{10}O_6$, F. 217°, aus 1 g feingepulvertem **II** durch 2minutiges Rühren mit 20 cm³ 25%ig. H_2SO_4 u. dann mit 20 cm³ 10%ig. $Na_2Cr_2O_7$-Lsg.; aus verd. A. Nadeln; gibt mit $FeCl_3$ eine rote u. mit verd. NaOH-Lsg. eine gelbe Färbung; mit einer alkoh. Lsg. von p-Phenylendiamin entsteht eine orangefarbene Fällung; 0,5 g *Anil*, $C_{18}H_{15}O_5N$, F. 233° (A.), aus **V** in Eisessig mit Anilin durch 10 Min. langes Stehen u. Verdünnen mit W.; orangefarbene Kristalle; $FeCl_3$-Rk. rot. *Semicarbazon*, $C_{13}H_{13}O_6N_3$, F. 280°. — *2-Chlormethyl-6-formyl-7-oxy-5-methoxychromon* (**VI**), $C_{12}H_9O_5Cl$, F. 175—177°, aus **IV** durch Oxydation mit CrO_3; Nadeln; gibt mit $FeCl_3$ rote Färbung u. mit 4%ig. NaOH-Lsg. gelbe; mit alkoh. Phenylendiamin-Lsg. entsteht eine orangefarbene Fällung. — *6-Formyl-7-oxy-5-methoxy-2-methylchromon* (**VII**), F. 189°, aus 200 mg **VI** in 6 cm³ heißer Essigsäure unter Zufügen von 0,5 g Zn-Staub, 15 Min. langes Rühren, Verdünnen des Filtrates u. Neutralisieren mit $NaHCO_3$; Nadeln; liefert durch 4std. Kochen mit 1%ig. $AgNO_3$-Lsg. **V**. — *6-Formyl-7-oxy-5-methoxycumarin*, $C_{11}H_8O_5$, F. 222—223°, aus **VIII** in 30 cm³ Eisessig durch 5minutiges Erhitzen mit 15 cm³ etwa 30%ig. $Na_2Cr_2O_7$-Lsg., Verdünnen mit 20 cm³ W. u. Abkühlen; aus A. gelbe Nadeln; gibt mit verd. NaOH-Lsg. eine gelbe, mit $FeCl_3$ eine rote u. mit konz. H_2SO_4 eine gelbe Färbung, mit p-Phenylendiamin in A. eine orangefarbene Fällung; 0,6 g. *Phenylhydrazon*, $C_{17}H_{14}O_4N_2$, F. 251°. — *5.7-Dimethoxy-6-oxy-2-methylchromon* (**XI**), $C_{12}H_{12}O_5$, F. 222 bis 223° (W.), aus einer Suspension von 1 g **X** in 100 cm³ 20%ig. H_2SO_4 durch Zufügen von 5 cm³ 30%ig. H_2O_2-Lsg., 6std. Stehen bei Raumtemp. unter gelegentlichem Schütteln u. Zufügen von 100 cm³ W.; gibt mit $FeCl_3$ eine braune, mit 4%ig. NaOH-Lsg. sowie mit konz. H_2SO_4 eine gelbe Färbung. — *5.6-Dioxy-7-methoxy-2-methylchromon*, $C_{11}H_{10}O_5$, F. 234°, aus 0,5 g **XI** durch 90minutiges Erhitzen mit 50 cm³ 18%ig. HCl; gibt mit $FeCl_3$ in A. eine blaue, nach olivgrün wechselnde Färbung; mit je 1 Tropfen 1%ig. NaOH-Lsg. u. $FeCl_3$-Lsg. eine tiefrote Färbung. — *6.7-Dioxy-5-methoxy-2-methylchromon* (**IX**), $C_{11}H_{10}O_5$, F. 229° durch Lösen von 4 g **XII** in 30 cm³ 4%ig. NaOH-Lsg. u. Behandlung mit 30%ig. H_2O_2-Lsg. im Eisbad, 6std. Stehen unter öfterem Schütteln, Neutralisieren mit Essigsäure u. Kristallisation der Fällung aus heißem W.; seidene Nadeln; $FeCl_3$-Rk. grünlichschwarz; mit 4%ig. NaOH-Lsg. sowie mit konz. H_2SO_4 gelbe Färbung; mit Pb-Acetat entsteht eine gelbe, mit $TiCl_3$-Lsg. eine rotbraune Fällung. — *5.6.7-Trioxy-2-methylchromon*, $C_{10}H_8O_5$, F. 280-282°, durch Entmethylierung von **IX** wie zuvor; gelbliche Blättchen; $FeCl_3$-Rk. grünbraun. — *5.6.7-Trimethoxy-2-methylchromon*, $C_{13}H_{14}O_5$, F. 100°, durch 8std. Erhitzen von 1 g **IX** mit einer Mischung aus 80 cm³ Aceton, 5 cm³ CH_3J u. 5 g H_2CO_3, Abdest. der Lösungsm., Ansäuern des Rückstandes mit verd. Essigsäure, Extrahieren mit Chlf., Waschen der Chlf.-Schicht mit 4%ig. NaOH-Lsg. u. Eindampfen; aus heißem W. Prismen; $FeCl_3$-Rk. negativ; mit festem KOH charakterist. Rotfärbung der 2-Methylchromone ohne freie Phenolgruppe. Daneben geringe Mengen **XI** aus dem alkal. Waschwasser durch Ansäuern. (J. Amer. chem. Soc. **77**. 1019—21. 20/2. 1955.) E. Hanschke. 3211

Alexander Schönberg und **Gamil Aziz**, *Furochromone und -cumarine.* 10. Mitt. *Über die Konstitution des Prangenins.* (9. vgl. vorst. Ref.) Zum Vgl. mit Prangenin (**I**) werden *Xanthotoxoliso-* u. *-sek.-butyläther* hergestellt, die von **I** verschied. sind; die Darst. des tert.-Butyläthers gelang nicht. Durch Entalkylierung der zwei isomeren Butyläther u. des n. mit MgJ_2 wird *Xanthotoxol* (**II**) u. aus Bergapten *Bergaptol* in guter Ausbeute erhalten. Vff. weisen auf die große Ähnlichkeit im Verh. von **I** u. Imperatorin hin.

Versuche: *Xanthotoxol* (II), F. 246° (Dioxan), durch Zugeben von MgJ_2-Ätherat zum n-, sek.- oder Isobutyläther in Bzl., Eindampfen im Vakuum u. 2std. Erhitzen auf 160—170° unter CO_2; 70—80% (Ausbeute). *sek.-Butyläther*, $C_{15}H_{14}O_4$, F. 62°, aus 1 g **II**, sek.-Butyljodid u. K_2CO_3 in sd. Aceton (36 Std.); aus PAe. Nadeln; 0,42 g. *Isobutyläther*, $C_{15}H_{14}O_4$, F. 59°, analog; aus PAe. Nadeln. — *Bergaptol*, $C_{11}H_6O_4$, F. 276°, aus nachst. Verb. u. MgJ_2-Ätherat wie **II**; nach Sublimation im Vakuum bei 240—260° hellgelbe Kristalle; Lsg. in 10%ig. Alkali gelb. — *Bergapten*, F. 188°, aus vorst. Verb., CH_3J u. K_2CO_3 in sd. Aceton (32 Std.); nach Sublimation im Vakuum bei 160° Nadeln. (J. Amer. chem. Soc. **77**. 2563—64. 5/5. 1955.) E. HANSCHKE. 3211

Alexander Schönberg, Nasry Badran und **Nicolas A. Starkowsky,** *Furochromone und -cumarine.* 12. Mitt. *Die Synthese von Fraxinol aus Bergapten und von Baicalein aus Visnagin.* (11. vgl. C. **1956**. 9559; 10. vgl. vorst. Ref.) Das aus Bergapten durch Oxydation mit CrO_3 erhältliche Apoxanthoxyletin (I) liefert durch Methylierung *5.7-Dimethoxy-6-formylcumarin*, das bei der Oxydation mit H_2O_2 u. H_2SO_4 *Fraxinol* ergibt; durch Behandlung von **I** mit alkal. H_2O_2 wird *6.7-Dioxy-5-methoxycumarin* erhalten. Die Oxydation des aus Visnagin über Visnaginon hergestellten *5-Cinnamoyl-4-methoxy-6-oxycumarons* (**II**) mit SeO_2 ergibt *5-Methoxyfuro-[4'.5':6.7]-flavon*, das durch oxydative Öffnung des Furanringes mit CrO_3 in *6-Formyl-7-oxy-5-methoxyflavon* übergeführt wird; Ersatz der Formylgruppe durch OH nach DAKIN u. anschließende Entmethylierung liefert *Baicalein*. Die dargestellten Verbb. sind physiolog. inaktiv.

Versuche: *5.7-Dimethoxy-6-formylcumarin*, $C_{12}H_{10}O_5$, F. 192°, aus 0,5 g **I**, CH_3J u. K_2CO_3 in sd. Aceton (24 Std.); aus A. Nadeln; 0,4 g (Ausbeute); gibt mit p-Phenylendiamin in A. eine gelbe Färbung. — *5.7-Dimethoxy-6-oxycumarin* (*Fraxinol*), $C_{11}H_{10}O_5$, F. 170—172°. aus vorst. Verb. (0,5 g) in Eisessig durch Zugeben von 30%ig. H_2O_2 u. 50%ig. H_2SO_4 bei 0° u. 16std. Stehen; Nadeln; 0,35 g; Lsg. in verd. NaOH intensiv gelb. *Acetylverb.*, F. 140°, aus verd. A. Nadeln. — *6.7-Dioxy-5-methoxycumarin*, $C_{10}H_8O_5$, F. 234—235°, aus 1 g **I**, 4%ig. NaOH u. 30%ig. H_2O_2 bei 0°, 3std. Stehen u. Ansäuern mit Essigsäure; aus W. blaßgelbe Prismen; 0,65 g; Lsg. in 4%ig. NaOH intensiv gelb, $FeCl_3$-Rk. grünschwarz, nach Zugabe von NaOH rotbraun; gibt mit Pb-Acetat in A. eine gelbe Lsg. oder einen gelben Nd. u. red. ammoniakal. $AgNO_3$ in der Kälte. — *5.6.7-Trimethoxycumarin*, $C_{12}H_{12}O_5$, F. 74°, aus vorst. Verb., CH_3J u. K_2CO_3 in Aceton; aus PAe. Nadeln. — *5-Methoxyfuro-[4'.5':6.7]-flavon*, $C_{18}H_{12}O_4$, F. 180°, aus 2 g **II** u. SeO_2 in sd. Butanol (24 Std.); aus A. gelbe Nadeln; 1,7 g; gibt mit Mg u. HCl in A. eine orangerote Färbung. — *6-Formyl-7-oxy-5-methoxyflavon*, $C_{17}H_{12}O_5$, F. 207°, durch Zugeben von 30%ig. $Na_2Cr_2O_7$-Lsg. zu 1 g vorst. Verb. in Eisessig u. 25%ig. H_2SO_4 bei 50°; aus A. Nadeln; 0,8 g; Lsg. in verd. NaOH gelb, $FeCl_3$-Rk. rot; gibt mit p-Phenylendiamin in A. eine Orangefärbung, mit Mg u. HCl in A. eine gelbe Färbung. *Oxim*, $C_{17}H_{13}O_5N$, F. 266°, aus Methanol–Aceton Nadeln. — *6.7-Dioxy-5-methoxyflavon*, $C_{16}H_{12}O_5$, F. 223—224°, aus 0,5 g vorst. Verb., NaOH u. H_2O_2 bei 0°, Stehen über Nacht u. Ansäuern; aus verd. A. gelbliche Nadeln; 0,3 g; Lsg. in verd. NaOH gelborange, $FeCl_3$-Rk. grünschwarz, nach Zugabe von $NaHCO_3$ rotbraun; gibt mit Mg u. HCl in A. eine tiefrote Färbung. — *5.6.7-Trioxyflavon* (*Baicalein*), $C_{15}H_{10}O_5$, F. 263—264°, aus 0,5 g vorst. Verb. u. sd. 18%ig. HCl; aus verd. Essigsäure gelbe Prismen; 0,3 g; Lsg. in 4%ig. NaOH grün, $FeCl_3$-Rk. grünlichbraun. *Trimethyläther*, F. 165—167°, aus vorst. Verb., CH_3J u. K_2CO_3 in Aceton; Lsg. in konz. H_2SO_4 gelb. (J. Amer. chem. Soc. **77**. 5390—92. 20/10. 1955.) E. HANSCHKE. 3211

Alexander Schönberg, Nasry Badran und **Nicolas A. Starkowsky,** *Furochromone und -cumarine.* 13. Mitt. *Die Dicumarolanalogen von Bergapten, Isopimpinellin und Pimpinellin.* (12. vgl. vorst. Ref.) Isokhellin (2-Methyl-5.6-dimethoxyfuro-[4'.5':8.7]-chromon) liefert bei der Behandlung mit NaOH unter Öffnung des Pyronringes *Isokhellinon* (*4-Oxy-6.7-dimethoxy-5-acetylcumaron*), das durch Kondensation mit Diäthylcarbonat in *4-Oxy-5.6-dimethoxyfuro-[4'.5':8.7]-cumarin* (**III**; *4-Oxypimpinellin*) übergeführt wird. Letzteres gibt mit CH_2O *3.3'-Methylen-bis-{4-oxy-5.6-dimethoxyfuro-[4'.5':8.7] cumarin}*. Analog werden die entsprechenden Dicumarolverbb. aus Visnagin bzw. Khellin über *Visnaginon* (**I**) bzw. *Khellinon* (**II**) u. *4-Oxybergapten* (**IV**) bzw. *4-Oxyisopimpinellin* (**V**) erhalten. Die Methylierung von **IV** u. **V** mit CH_3J u. K_2CO_3 in Aceton liefert nur die *4-Methyläther* (vgl. ARNDT u. Mitarbeiter, C. **1954**. 10718), die durch alkal. Hydrolyse in **I** bzw. **II** übergehen. Die Furocumarine Xanthotoxin, Imperatorin, Bergapten u. Isopimpinellin geben mit 8-Amino-5-oxy-2-methylfuro-[4'.5':6.7]-chromon in Ggw. von Alkali eine tiefviolette Färbung, während die entsprechenden Furochromone Visnagin u. Khellin nicht reagieren.

Versuche: *Isokhellinon* (*4-Oxy-6.7-dimethoxy-5-acetylcumaron*), $C_{12}H_{12}O_5$, F. 54°, aus 1 g Isokhellin u. sd. 15%ig. NaOH (1 Std.) u. Ansäuern der gelben Lsg.; aus verd. A. gelbe Prismen; 0,75 g (Ausbeute). — *4-Oxypimpinellin* (**III**); *4-Oxy-5.6-dimethoxy-*

furo-[4'.5':8.7]-cumarin), $C_{13}H_{10}O_6$, F. 182—183° (A.), aus vorst. Verb. durch Schütteln mit Diäthylcarbonat u. Na-Pulver in Toluol u. Erhitzen der grünen Lsg. auf dem Wasserbad (3/4 Std.); 60%. — *4-Oxybergapten* (IV; *4-Oxy-5-methoxyfuro-[4'.5':6.7]-cumarin*), $C_{12}H_8O_5$, F. 245° (A.), aus Visnaginon (I) wie bei III; 90%. *Methyläther*, $C_{13}H_{10}O_5$, F. 191 bis 192°, aus Aceton Nadeln; gibt mit sd. alkoh. NaOH (1/2 Std.) I (F. 108—110°) gelb. — *4-Oxyisopimpinellin* (V; *4-Oxy-5.8-dimethoxyfuro-[4'.5': 6.7]-cumarin*), $C_{13}H_{10}O_6$, F. 205—206° (A.), aus II wie bei III; 60%. *Methyläther*, $C_{14}H_{12}O_6$, F. 211—212°, aus Aceton Nadeln. — *Khellinon* (II), F. 98—100°, aus vorst. Methyläther durch alkal. Hydrolyse. — *3.3'-Methylen-bis-{4-oxy-5.6-dimethoxyfuro-[4'.5':8.7]-cumarin}*, $C_{27}H_{20}O_{12}$, F. 252° (Zers.), aus III u. CH_2O in sd. A.; 100%. — *3.3'-Methylen-bis-{4-oxy-5-methoxyfuro-[4'.5':6.7]-cumarin}*, $C_{25}H_{16}O_{10}$, F. 280° (Zers.), aus IV u. CH_2O in A.; 100%. — *3.3'-Methylen-bis-{4-oxy-5.8-dimethoxyfuro-[4'.5':6.7]-cumarin}*, $C_{27}H_{20}O_{12}$, F. 276° (Zers.), aus V u. CH_2O in A.; 100%. — Farbtest für Furocumarine, durch Zugeben einer 0,1%ig. Lsg. von 8-Amino-5-oxy-2-methylfuro-[4'.5':6.7]-chromon u. Pufferlsg. (p_H 11,6) zur alkoh. Lsg. des Furocumarins. (J. Amer. chem. Soc. **77.** 5438—39. 20/10. 1955.)

E. HANSCHKE. 3211

Alexander Schönberg, Nasry Badran und Nicolas A. Starkowsky, *Furochromone und -cumarine.* 14. Mitt. *2-[Pyridyl-(3')]-Analoge von Khellin und Visnagin.* (13. vgl. vorst. Ref.) Die Kondensation von Visnaginon (I) mit Nicotinsäureäthylester (II) liefert *5-Nicotinoylacetyl-4-methoxy-6-oxycumaron*, das durch Ringschluß mit H_2SO_4 in *5-Methoxy-2-[pyridyl-(3')]-furo-[4'.5':6.7]-chromon* (III) übergeführt wird. Ebenso wird aus Khellinon (IV) das entsprechende *Pyridylchromon* erhalten. Diese Pyridylfurochromone sind in W. sehr schwer lösl. u. werden bei der Behandlung mit Alkali wieder in die 1'.3'-Diketone übergeführt; ihre Salze werden sehr leicht hydrolysiert. III liefert durch Öffnung des Furanringes mit CrO_3 *6-Formyl-7-oxy-5-methoxy-2-[pyridyl-(3')]-chromon.*

Versuche: *5-Nicotinoylacetyl-4-methoxy-6-oxycumaron*, $C_{17}H_{13}O_5N$, F. 135—136°, a) aus III u. sd. alkoh. KOH; b) aus 6,5 g I, 30 g II u. Na-Pulver auf dem Wasserbad (2 Std.) u. Stehen über Nacht; 6 g (Ausbeute); aus verd. A. orangefarbene Kristalle; Schmelze rot, $FeCl_3$-Rk braun; gibt mit konz. H_2SO_4 eine orangerote Färbung. — *5-Methoxy-2-[pyridyl-(3')]-furo-[4'.5':6.7]-chromon* (III), $C_{17}H_{11}O_4N$, F. 226°, aus 1 g vorst. Verb. u. sd. alkohl H_2SO_4 (1/2 Std.); aus A. Nadeln; 0,7 g. Gibt mit konz. H_2SO_4 eine orangerote, beim Zugeben von Mg zur gelben Lsg. in alkoh. HCl eine rote Färbung. *Hydrochlorid*, F. > 230° (Zers.), aus vorst. Chromon u. 5n HCl in Aceton. — *6-Formyl-7-oxy-5-methoxy-2-[pyridyl-(3')]-chromon*, $C_{16}H_{11}O_5N$, F. 223° (Zers.) aus 1 g III, $Na_2Cr_2O_7$ u. verd. H_2SO_4 in Eisessig, 1/2std. Stehen, Verdünnen mit W., Extraktion mit Chlf., Extrahieren des Chloroformauszuges mit 4%ig. NaOH u. Ansäuern; aus A. haarartige gelbliche Kristalle; 0,6 g. $FeCl_3$-Rk. rot, Lsg. in verd. NaOH oder konz. H_2SO_4 gelb; gibt mit p-Phenylendiamin oder mit Mg u. HCl in A. eine Orangefärbung. *Oxim*, $C_{16}H_{12}O_5N_2$, F. 253°, $FeCl_3$-Rk. rotbraun. — *5-Nicotinoylacetyl-4.7-dimethoxy-6-oxycumaron*, $C_{18}H_{15}O_6N$, F. 129—130°, a) aus nachst. Verb. u. sd. alkoh. KOH; b) aus 6,5 g IV, II u. Na-Pulver; 5,9 g; aus verd. A. orangefarbene Kristalle; $FeCl_3$-Rk. braun, Lsg. in konz. H_2SO_4 braunrot. — *5.8-Dimethoxy-2-[pyridyl-(3')]-furo-[4'.5':6.7]-chromon*, $C_{18}H_{13}O_5N$, F. 213—214°, aus vorst. Verb. u. sd. alkoh. H_2SO_4; blaßgelbe Nadeln; 65%; Lsg. in konz. H_2SO_4 rot; gibt mit Mg u. HCl in A. eine rote Färbung. *Hydrochlorid*, F. 233° (Zers.), gelb. *Sulfat*, F. 250°, gelb, Schmelze rotbraun. (J. Amer. chem. Soc. **77.** 5439—40. 20/10. 1955).

E. HANSCHKE. 3211

Antonio Luis Palomo Coll, *Über die Darstellung der Isonicotinsäure und ihrer Derivate: Verfahren zur Decarboxylierung von Pyridinpolycarbonsäuren.* Übersicht über bekannte Verff. zur Herst. der *Isonicotinsäure* (I). Vf. untersucht die Bedingungen der abspaltung von CO_2 aus Pyridinpolycarbonsäuren; sie erfolgt aus den Stellungen 2, 3 u. 4 bei den Tempp. 200, 300 bzw. 350°. Carboxyl an $C_{(4)}$ stabilisiert die COOH-Gruppen an $C_{(2)}$ u. steigert die n. Abspaltungstemp.; Carboxyl an $C_{(3)}$ labilisiert die COOH-Gruppen an $C_{(2)}$. (Graph. Darst. der CO_2-Abspaltung je nach Temp.). Die Synthese von I ausgehend von Indigo (II) wird beschrieben.

Versuche: *Isatin*, F. 200—201°, durch Oxydation von II mit H_2SO_4–CrO_3 bei 50—60°; 95% (Ausbeute). — *Chinolin-2.4-dicarbonsäure* (III), F. 247° aus vorst. Verb. mit Brenztraubensäure + KOH; 85%. — *Pyridin-2.3.4.6-tetracarbonsäure* (IV), F. 236°, durch $KMnO_4$-Oxydation von III; 70—75%. — *Isonicotinsäure* (I) F. 317°, aus IV durch Erhitzen in m-Dinitrobenzol auf 300°; 95%. *Amid*, F. 154—155° aus I u. Harnstoff + wenig H_3BO_3 bei 200—225°; 98—99%. *Hydrazid*, F. 171—172°, aus dem Amid in A. mit Hydrazinhydrat; 89%. *1-Isonicotinyl-2-d-glucosylhydrazin*, Zers. bei 150—160°, aus dem Hydrazid durch Kochen in absol A. mit wasserfreier Glucose. — III, in Diphenyloxyd zum gelinden Sieden erhitzt, liefert *Chinolin-4-carbonsäure* (*Cinchoninsäure*), F. 257—258°; 85%. — IV in schwach sd. Nitrobenzol ergibt *Pyridin-3.4-dicarbonsäure*

(V); *Cinchomeronsäure*, F. 259—260°; 87,5%; die auch aus *Pyridin-2.3.4-tricarbonsäure* [VI; F. 249—250° (Zers.)], in gleicher Weise entsteht; 95%. — Aus Pyridin-2.4-dicarbonsäure in Diphenyloxyd I; 95%. — Aus V in m-Dinitrobenzol bei 300° I; 92%. — Erhitzt man II mit $SeO_2 + H_2SO_4$ unter Druck auf 375—400°, so entsteht unter gleichzeitiger Oxydation u. Spaltung I; 40—50%. — Ein Gemisch von 40% γ- u. 60% β-Picolin (Kp. 145—147°), wurde in W. mit $KMnO_4$ oxydiert; Fällung mit HCl bei p_H 3,7 ergab 75% I, u. aus den Filtraten nach Einengen bei p_H 3,5 70—75% *Nicotinsäure*, F. 235°. — Aus 8-Oxycinchoninsäure in Eisessig mit 10% O_3 enthaltendem O_2 (38 Std.), dann Einw. von H_2O_2 VI; 94%. — Ebenso IV aus 8-Oxy-α-carboxycinchoninsäure; 93%. (Afinidad [3] **31.** 441—50. Juli/Aug. 1954.) J. ALTPETER. 3231

W. von E. Doering und **Sara Jane Rhoads**, *Die Alkylierung von β-Ketoestern mit β-Dimethylaminoäthylchlorid.* β-Dimethylaminoäthylchlorid (I) gibt mit 1-Benzoyl-3-carbäthoxypiperidon-(4) (II) unter O-Alkylierung *1-Benzoyl-4-[β-dimethylaminoäthoxy]-1.2.5.6-tetrahydropyridincarbonsäure-(3)-äthylester* (III), der mit alkoh. HCl wieder II, bei der Hydrolyse mit wss. HCl CO_2, *Benzoesäure*, *Piperidon-(4)* u. *β-Dimethylaminoäthanol* gibt. Dagegen reagiert Acetessigsäureäthylester (IV) mit I unter C-Alkylierung, 2-Carbäthoxycyclohexanon (V) unter gleichzeitiger C- u. O-Alkylierung.

V e r s u c h e: (FF. korr.): *1-Benzoyl-4-[β-dimethylaminoäthoxy]-1.2.5.6-tetrahydropyridincarbonsäure-(3)-äthylester* (III), $C_{19}H_{26}O_4N_2$, $Kp._{0,0006}$ 145—147° aus II in sd. tert.-Butanol u. K-tert.-Butylat mit I (3 Std. am Rückfluß); 42% (Ausbeute). *Methojodid*, $C_{20}H_{29}O_4N_2J$, F. 159—160° (Aceton/A.). *Pikrat*, $C_{25}H_{29}O_{11}N_5$, F. 89—91° (A.).— *1-Benzoyl-3-carbäthoxypiperidon-(4)* (II), $C_{15}H_{17}O_4N$, F. 60—61° (Ae.). a) nach MCELVAIN u. STERK (J. Amer. chem. Soc. **68.** [1946.] 1049); 66%; b) aus III mit absol. alkoh. HCl (1 Std. stehen); 90%. — *Piperidon-(4)-hydrochlorid*, $C_5H_{10}ONCl$, F. 147,5—149°, aus III mit sd. 6n HCl; aus Acetonitril feine Nadeln. (*Dibenzalderivat*, F. 274—276°); geringe Ausbeute, neben prakt. 100% CO_2, 96% *Benzoesäure* u. aus den Mutterlaugen durch Benzoylierung *β-Dimethylaminoäthylbenzoat*, $Kp._{0,5}$ 160—170° (*Pikrat*, $C_{17}H_{18}O_9N_4$, F. 210—212°, aus W., gelbe Nadeln). — *α-[β-Dimethylaminoäthyl]-acetessigsäureäthylester*, $Kp._{3,5}$ 87—90°, aus Na-IV u. I in Bzl. (6 Std. kochen); mit $FeCl_3$ blauviolett; 10,7 g. *Pikrat*, $C_{16}H_{22}O_{10}N_4$, F. 69—71°, aus Methanol gelbe rhomb. Prismen. — *1-Dimethylaminopentanon-(4)*, $Kp._{32}$ 65—68°, aus vorst. Verb. mit sd. 3n HCl (2 Std.); 68%. *Pikrat*, $C_{13}H_{18}O_8N_4$, F. 79,5—80°, aus Bzl. gelbe Prismen. *Semicarbazon*, $C_8H_{18}ON_4$, F. 105—106,5° (Bzl./Hexan). — *1-Carbäthoxy-2-[β-dimethylaminoäthoxy]-cyclohexen*, $Kp._{1,8}$ 122—126°. a) aus I u. V analog III; 72%, daneben 19% nachst. Verb.; b) aus Na-V u. I in sd. Toluol; 42% u. 42% nachst. Verbindung. *Methojodid*, $C_{14}H_{28}O_3NJ$, F. 178—178,5° (Essigester/A.), *2.4-Dinitrophenylhydrazon*, F. 156—157,5 (A.). Gibt mit sd. 6n HCl 78% *Cyclohexanon* (*2.4-Dinitrophenylhydrazon*, F. 158,5—160°); mit alkoh. HCl oder warmer 2n HCl V (*2.4-Dinitrophenylhydrazon*, F. 153—156°). — *2-[β-Dimethylaminoäthyl]-2-carbäthoxycyclohexanon*, $Kp._{16}$ 159—161°, $Kp._1$ 114—119°. *Pikrat*, F. 130—131° (A.). *Methojodid*, F. 136—137° (trübe Schmelze, klar bei 139°; A./Essigester). *2-[β-Dimethylaminoäthyl]-cyclohexanon*, $Kp._{12}$ 105—106°, aus vorst. Verb. mit sd. wss. $Ba(OH)_2$ bzw. sd. 6n HCl; 15%. *Pikrat*, F. 119—120°. (J. Amer. chem. Soc. **73.** 3082—84. Juli 1951. New York, N. Y., Columbia Univ., Havemeyer-Labor.) G. SEELIGER. 3231

F. G. Mann und **F. A. Hart**, *Ein optisch-aktives spirocyclisches Phosphoniumsalz.* Vff. gelang die Synth. des spirocycl. *dl-P-Spiro-bis-[1.2.3.4-tetrahydrophosphinoliniumjodids]* (I), F. 294—295°, sowie seine Zerlegung in opt. Antipoden durch fraktionierte Kristallisation des l-Menthoxyacetates; *d*-(I), F. 246—248°, $[M]_D + 66°$ (Chlf.); *l*-(I), F. 246—248°, $[M]_D - 65°$ (Chlf.) (Nature [London] **175.** 952. 28/5. 1955. Cambridge, Univ., Chem. Labors.) H. WINTER. 3241

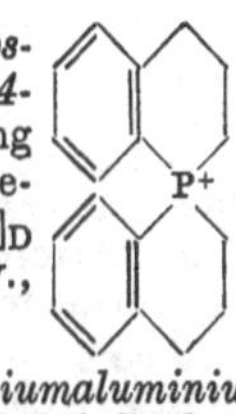

J^-

I

Norman G. Gaylord und **Daniel J. Kay**, *Dioxolanone.* 2. Mitt. *Lithiumaluminiumhydrid-Reduktion des Diketon–Aceton-Addukts.* (1. vgl. C. **1955.** 4825.) $LiAlH_4$-Red. von 50 g 2.2.4-Trimethyl-6-keto-1.3-dioxen (I; Addukt aus Diketen u. Aceton; vgl. CARROLL u. BADER, C. **1955.** 4349) in sd. Ae. (1½ Std.) gab 10 g *Isopropanol* (Kp. 82—84°) u. 11 g *3-Isopropoxybuten-(3)-ol-(1)* (II), $C_7H_{14}O_2$, $Kp._{30}$ 42—48°, n_D^{25} 1,419. II gab das *α-Naphthylurethan*, $C_{15}H_{15}O_3N$, u. das *2.4-Dinitrophenylhydrazon*, $C_{10}H_{12}O_5N_4$, des *3-Ketobutanols-(1)*. Damit ist die Struktur I für das Diketen–Aceton-Addukt bekräftigt. (J. Amer. chem. Soc. **77.** 6641—42. 20/12. 1955. Buffalo, N. Y., Canisius Coll., Dep. of Chem.). J. ROTHE. 3252

Samuel B. Baker, *Kohlenhydratthioäther.* 1. Mitt. *6-Desoxy-6-äthylmercapto-D-galaktose. 6-Desoxy-6-äthylmercapto-D-galaktose* (III) wird ausgehend von 1.2;3.4-Diisopropyliden-6-tosyl-D-galaktose (I) durch Behandlung mit Na-Äthanthiolat (VII) u.

Hydrolyse der Isopropylidengruppen erhalten. — Behandelt man I mit Äthanthiol u. konz. HCl u. setzt das entstandene *6-O-p-Tosyldiäthylthioacetal* (IV) mit 2 Mol. VII um, so entsteht das *6-Desoxy-6-äthylmercapto-D-galaktosediäthylthioacetal* (V), aus dem VI, die *Tetraacetylaldehydoverb.* u. das *Tetraacetylhemiacetal* sowie weitere Umwandlungsprodd. hergestellt werden.

Versuche: *1.2;3.4-Diisopropyliden-6-desoxy-6-äthylmercapto-D-galaktose* (II) $C_{14}H_{24}O_5S$, Sirup, Kp.$_{0,12}$ 124—126°, n_D^{24} 1,4795, $[\alpha]_D^{22}$ —85,7° (c = 6,5052 in Chlf.), aus I mit VII in N.N-Dimethylformamid durch 2std. Erhitzen auf 100°, in W. gießen u. Sirup abtrennen; nach 2 Std. bei 5° in Ae. aufnehmen; 89% (Ausbeute). — *6-Desoxy-6-äthylmercapto-D-galaktose* (III), $C_8H_{16}O_5S$, F. 98—100° (A.), $[\alpha]_D^{22}$ + 73,8° (c = 1,3536 in W.), aus II in A. durch 2std. Erhitzen mit wss. H_2SO_4 auf 70°; 67%. — *6-O-p-Tosyl-D-galaktosediäthylthioacetal* (IV), F. 114—115° (Aceton), $[\alpha]_D^{21}$ + 7,5° (c = 8,6314 in Pyridin), aus I in Äthanthiol durch 1std. Schütteln in Ggw. von konz. HCl u. neutralisieren mit NH_4OH; 64%. — *6-Desoxy-6-äthylmercapto-D-galaktosediäthylthioacetal* (V), $C_{12}H_{26}O_4S_3$, F. 157—158° (Aceton), $[\alpha]_D^{24}$ — 6,2° (c = 4,0292 in Pyridin), a) aus IV mit VII in N.N-Dimethylformamid durch 2 std. Erhitzen auf 100°, Abkühlen auf 15° u. Filtrieren, Filtrat in kaltes W. gießen; 90%; b) aus IV in CH_3OH u. CH_3ONa; nach 6std. Stehen bei 22° CO_2 einleiten, bei 40° eindampfen, mit Pyridin u. Essigsäureanhydrid acetylieren u. das Reaktionsgemisch in kaltes W. gießen, nach 24 Std. bei 22° Sirup in Ae. aufnehmen, eindampfen u. mit VII in N.N-Dimethylformamid behandeln wie oben; 66%; c) aus II oder III mit HCl u. Äthandiol. — *2.3.4.5-Tetrabenzoyl-6-desoxy-6-äthylmercapto-D-galaktosediäthylthioacetal*, $C_{40}H_{42}O_8S_3$, F. 90—91° (Ae./PAe.), $[\alpha]_D^{23}$ + 5,8° (c = 5,5592 in Chlf.), aus V in Pyridin mit Benzoylchlorid bei — 10°, in W. gießen, neutralisieren mit Chlf. extrahieren, eindampfen u. Rückstand in Ae. aufnehmen; 71%. — *2.3.4.5-Tetraacetyl-6-desoxy-6-äthylmercapto-D-galaktosediäthylthioacetal*, (VI) $C_{20}H_{34}O_8S_3$, F. 77,5—78° (Ae./PAe.), $[\alpha]_D^{22}$ — 4,9° (c = 7,6792 in Chlf.), aus V mit Essigsäureanhydrid u. Pyridin bei Raumtemp.; 88%. — *Aldehydo-2.3.4.5-Tetraacetyl-6-desoxy-6-äthylmercapto-D-galaktose*, $C_{16}H_{24}O_9S$, F. 102—103° (Ae.), $[\alpha]_D^{20}$ — 28,7° (c = 1,772 in Chlf.), aus VI in Aceton mit $CdCO_3$ u. $HgCl_2$ durch 5 std. Erhitzen, in frisches $CdCO_3$ filtrieren, eindampfen, Rückstand 3 mal mit A. extrahieren u. mit wss. KJ die Hg-Ionen entfernen; 85%. — *2.3.4.5-Tetraacetyl-6-desoxy-6-äthylmercapto-D-galaktoseäthylhemiacetal*, $C_{18}H_{30}O_{10}S$, F. 129—130°, $[\alpha]_D^{24}$ — 3,03 (c = 5,0728 in Chlf.), aus vorst. Verb. in heißem Alkohol. *Semicarbazon*, $C_{17}H_{27}O_9N_3S$, F. 202—204°. — *2.3.4.5-Tetraacetyl-6-desoxy-6-äthylmercapto-D-galaktosedimethylacetal*, $C_{18}H_{30}O_{10}S$, F. 89—90° (Ae./PAe.), $[\alpha]_D^{23}$ + 6,1° (c = 4,0592 in Chlf.) aus VI in CH_3OH mit $CdCO_3$ u. $HgCl_2$; 69%. — *2.3.4.5-Tetraacetyl-6-desoxy-6-äthylmercapto-D-galaktosediäthylacetal*, $C_{20}H_{34}O_{10}S$, F. 94,5—95,5° (60%ig. A.), $[\alpha]_D^{20}$ + 4,1° (c = 4,8468 in Chlf.) aus VI in A. mit $CdCO_3$ u. $HgCl_2$; 76%. — *6-Desoxy-6-äthylmercapto-D-galaktosediäthylacetal*, $C_{12}H_{26}O_6S$, F. 143,5 bis 144° (W.), $[\alpha]_D^{19}$ + 11,1 (c = 2,464 in Pyridin) aus vorst. Verb. in Chlf. (— 15°) mit CH_3ONa; 80%. (Canad. J. Chem. **33.** 1102—08. Juni 1955. Montreal, Quebec, Gen. Hospital, Res. Inst.) H. ROSSOW. 3400

Otto Westphal und **Heinz Feier,** *Darstellung künstlicher Antigene mit determinanten Zuckergruppen.* 2. Mitt. *Synthese der p-Aminophenyl-O-α-glykoside von L-Fucose, L-Rhamnose, D-Galaktose und D-Mannose.* (1. vgl. C. **1952**. 8001.) Aus Pentaacetyl-α-D-glucosamin ließ sich mit p-Nitrophenol (I) u. $ZnCl_2$ nur das *p-Nitrophenyltetraacetyl-β-D-glucosaminid*, nicht aber das α-Anomere erhalten. Die acetylierten *p-Nitrophenyl-α-glykoside* von *L-Fucose*, *L-Rhamnose* u. *D-Mannose* wurden aus den peracetylierten Zuckern erhalten. Die daraus durch Entacetylierung u. Red. erhaltenen *p-Aminophenyl-α-glykoside* wurden diazotiert u. mit antigenen Proteinen gekuppelt. Antiseren von mit den Zuckerantigenen immunisierten Kaninchen zeigten spezif. Präcipitationstiter von bis zu 1:500000.

Versuche: *Tetraacetyl-L-fucose*, F. 172° (korr., A.), aus wasserfreier L-Fucose u. Acetanhydrid/Na-Acetat auf dem Wasserbad in $1^1/_2$ Std., darauf Gießen in Eiswasser u. Ausschütteln mit Chlf.; feine Nadeln; $[\alpha]_D^{20}$ — 39° (Chlf.); 58%. — *p-Nitrophenyltriacetyl-α-L-fucosid*, $C_{18}H_{21}O_{10}N$, F. 178° (Methanol), aus vorst. Verb. u. I/$ZnCl_2$ (ca. 1 Std. bei 115—125° unter Vakuum), nach Abkühlen Aufnehmen in Chlf., Entfernen des I mit NaOH, Waschen mit W. u. Eindampfen; Spieße; $[\alpha]_D^{20}$ — 222° (Chlf.); 42,6%. — *p-Nitrophenyl-α-L-fucosid*, $C_{12}H_{15}O_7N$, F. 196—197° (A.), durch $^1/_4$std. Kochen vorst. Verb. mit Na-Methylat in Methanol; derbe Rhomben; 51%. — *p-Aminophenyl-α-L-fucosid* (II), $C_{12}H_{17}O_5N$, F. 175° (A./PAe.), durch Hydrieren vorst. Verb. mit 10%ig. Pd/$BaSO_4$ bei Atmosphärendruck in ca. 100 Min.; feine Nädelchen; $[\alpha]_D^{20}$ — 204° (Methanol); 63%. — *Tetraacetyl-L-rhamnose*, aus *D-Rhamnose* u. Acetanhydrid/Na-Acetat; Sirup; 53%. — *p-Nitrophenyltriacetyl-α-L-rhamnosid*, $C_{18}H_{21}O_{10}N$, F. 145° (Methanol), analog der L-Fucoseverb.; schwach gelbe, derbe Rhomben; $[\alpha]_D^{20}$ — 117° (Chlf.); 38%.

— *p-Nitrophenyl-α-L-rhamnosid*, $C_{12}H_{15}O_7N$, F. 179° (A.); Spieße; $[\alpha]_D^{20}$ — 144° (Methanol); 40%. — *p-Aminophenyl-α-L-rhamnosid*, $C_{12}H_{17}O_5N$, F. 166—167° (A./PAe.), schwach gelbe Nädelchen; 70%. — *Pentaacetyl-D-mannose*, aus D-Mannose analog; Sirup; 66%. — *p-Nitrophenyltetraacetyl-α-D-mannosid*, $C_{20}H_{23}O_{12}N$, F. 156—157° (A.); zusammengewachsene Balken; $[\alpha]_D^{20}$ + 103° (Chlf.); 67%. — *p-Nitrophenyl-α-D-mannosid*, $C_{12}H_{15}O_8N$, F. 181° (Methanol/A.); große Spieße $[\alpha]_D^{20}$ + 161° (Methanol); 87%. — *p-Aminophenyl-α-D-mannosid*, $C_{12}H_{17}O_6N$, F. 164° (A.); kleine Nadeln; $[\alpha]_D^{20}$ + 128° (Methanol); 69%. — *p-Aminophenyl-α-D-galaktosid*, $C_{12}H_{17}O_6N$, F. 178° (A.), aus Pentaacetyl-D-galaktose über *p-Nitrophenyltetraacetyl-α-D-galaktosid* u. *p-Nitrophenyl-α-D-galaktosid* (1½ Std. Hydrierung); Nadeln; $[\alpha]_D^{20}$ + 224° (Methanol); 78%. — *L-Fucose-phenylazo-Antigen*, durch Einfließenlassen einer Lsg. von mit $NaNO_2$/HCl in W. diazotierter **II** in eine Lsg. von Pferdeserumalbumin in n/25 NaOH bei 1 bis 2°, nach einigen Std. Einstellen auf p_H 7—7,5, Dialyse u. Lyophilisierung; rosa bis orangerotes leichtes Pulver mit 9 — 10% an Protein gebundener L-Fucose. — Analog die Darst. der *Phenylazoproteine* von *L-Rhamnose*, *D-Galaktose* u. *D-Mannose*. (Chem. Ber. **89.** 582—88. 1956. Säckingen, Baden, Dr. A. Wander-Forschungsinst. u. Freiburg/Br., Chem. Labor.)
W. WILLENBERG. 3400

Fritz Micheel, Almuth Klemer und **Götz Baum** (unter Mitarbeit von **Predag Ristič** und **Fritz Zumbülte**), *Synthesen von Zuckeranhydriden aus 1-Fluor- und 1-Azidozucker.* (Vgl. C. **1953.** 6254.) Bei der Behandlung von α-1-Fluor- (**I**) bzw. β-1-Azido-D-glucose mit $Ba(OH)_2$ entstand *Lävoglucosan.* Analog lieferten β-1-Fluor-D-galaktose *D-Galaktosan-α-⟨1.5⟩.β⟨1.6⟩* u. β-1-Fluorcellobiose *Cellobiosan.*

Versuche: *β-1-Azido-D-glucose*, $C_6H_{11}O_5N_3$, F. 89° (Amylalkohol) aus 50 g 1-Azidotetraacetyl-D-glucose mit methanol. CH_3ONa (3 Std.); $[\alpha]_D^{20}$ — 29,6° (c = 1,6; W.); 25 g (Ausbeute). — *Lävoglucosan* (*Glucosan-α-⟨1.5⟩.β⟨1.6⟩*), F. 178,5°, durch 6std. Erhitzen vorst. Verb. mit wss. $Ba(OH)_2$; $[\alpha]_D^{20}$ — 65,6° (c = 1,5; W.); 57%. *Triacetat*, F. 110°, a) durch Acetylieren vorst. Verb.; $[\alpha]_D^{20}$ — 45,7° (c = 0,8; A.); b) aus **I** mit wss. $Ba(OH)_2$ u. Acetylierung; $[\alpha]_D^{20}$ — 46,5° (c = 1; A.), — 63,5° (c = 1; Chlf.); 30 bis 35%. — *β-1-Fluor-2.3.4.6-tetraacetyl-D-galaktose*, $C_{14}H_{19}O_9F$, F. 98—99° (Ae.) aus Acetobrom-D-galaktose mit AgF in Acetonitril (45 Min. schütteln); $[\alpha]_D^{18}$ + 22° (c = 3,1; CH_3OH); 61—66%. — *β-1-Fluor-D-galaktose*, $C_6H_{11}O_5F$, aus vorst. Verb. mit methanol. CH_3OHa; $[\alpha]_D^{19}$ + 43° (c = 1,58; W.); 80%. — *D-Galaktosan-α⟨1.5⟩.β⟨1.6⟩*, F. 220—221° (CH_3OH oder Äthylacetat), aus vorst. Verb. mit $Ba(OH)_2$ in W.; $[\alpha]_D^{20}$ — 21,8° (c = 1; W.); 81%. — *β-1-Fluorheptaacetylcellobiose*, $C_{26}H_{35}O_{17}F$, F. 173° (A. oder Chlf.-Ae.), aus Acetobromcellobiose mit AgF in Acetonitril; $[\alpha]_D^{20}$ —4° (c = 1; Chlf.); 70%. — *β-1-Fluorcellobiose*, $C_{12}H_{21}O_{10}F$, aus vorst. Verb. mit methanol CH_3ONa; $[\alpha]_D^{20}$ + 7° (c = 1; CH_3OH); 95%. — *D-Cellobiosan* (*4-β-Glucosidolävoglucosan*), $C_{12}H_{20}O_{10}$, aus vorst. Verb. mit $Ba(OH)_2$ in W.; $[\alpha]_D^{20}$ — 73° (c = 1; W.); 73%. *Hexaacetat*, F. 144°, $[\alpha]_D^{20}$ — 46° (c = 1; Chlf.). (Chem. Ber. **88.** 475—79. 1955. Münster/Westf., Univ., Organ.-chem. Inst.)
H.-J. KRAEGE. 3400

Fritz Micheel und **Götz Baum**, *Darstellung von Zuckeranhydriden mit Hilfe von alkalischen Austauschern.* An Stelle von $Ba(OH)_2$ kann bei der Zuckeranhydrisierung (vgl. vorst. Ref.) auch ein stark bas. Austauscher verwendet werden. So entsteht aus β-1-Fluor- (**I**) u. β-1-Azido-D-glucose (**II**) mit Amberlite IRA 400 unmittelbar in hoher Ausbeute u. Reinheit *Lävoglucosan.* Nicht anhydrisierter Zucker wird durch Erhitzen zu *Milchsäure* abgebaut u. diese am Austauscher festgehalten. Die Meth. gelang nicht mit α-1-Fluor-D-glucose u. nur in schlechter Ausbeute mit β-Phenyl-D-glucosid.

Versuche: *Lävoglucosan*, F. 180° (A.), a) aus **II** mit Amberlite IRA 400 in W. (20 Min. auf dem Dampfbad); 83% (Ausbeute); b) analog aus **I**; $[\alpha[_D^{20}$ — 66° (c = 1,8; W.); 72%. *Triacetat*, F. 110° (A.), aus β-Phenyl-D-glucosid mit Amberlite IRA 400 in W. (6 Std. bei 95°) u. Acetylierung; $[\alpha]_D^{20}$ — 45,7° (c = 0,75; A.); 8%. (Chem. Ber. **88.** 479—81. 1955. Münster, Univ., Org.-chem. Inst.)
H.-J. KRAEGE. 3400

A. Stoll, J. Renz und **A. von Wartburg**, *Die Isolierung von Podophyllotoxinglucosid aus dem indischen Podophyllum emodi Wall.* 2. Mitt. *über mitosehemmende Naturstoffe.* (1. vgl. C. **1955.** 1517.) *Podophyllotoxin-β-D-glucosid* (**I**; *1-O-*[*β-D-Glucopyranosido*]*-podophyllotoxin*) läßt sich aus den in W. lösl. Anteilen der Rhizome von *Podophyllum emodi Wall.* nach Abtrennen der in Chlf. lösl. Harze in 0,5—1%ig. Ausbeute gewinnen. Sein Aglykon, *Podophyllotoxin* (**II**), ist der wichtigste mitosehemmende Wirkstoff dieser Droge. Das Glykosid lagert sich bereits bei sehr milder Alkalieinw. in das schwerlösl., biol. inakt. *Pikropodophyllinglucosid* (**III**) um. Aus **I** u. **III** entstehen mit β-Glucosidase **II** bzw. *Pikropodophyllin* u. D-Glucose.

Versuche: *Podophyllotoxin-β-D-glucosid* (**I**), $C_{28}H_{32}O_{13} \cdot 1^1/_2\,H_2O$, F. 152—154°, aus den mit Chlf. von Harz befreiten Rhizomen durch Extraktion mit Methanol, Verteilungschromatographie an einer Diatomitstein-Säule mit W./wassergesätt. Essigester u. Umfällen aus Aceton mit Ae.; amorphes, hygroskop. Pulver, das je nach Trocknung $^1/_2$—$1^1/_2$ H_2O zurückhält; $[\alpha]_D^{20}$ — 116,7° (13,368 mg in 2 ml Pyridin), $[\alpha]_D^{20}$ — 75,2° (11,841 mg in 2 ml Methanol), $[\alpha]_D^{20}$ —65,2° (52,9 mg in 10 ml W.). *Tetraacetat*, $C_{36}H_{40}O_{17}$, F. 134—135°, Prismen aus Methanol, $[\alpha]_D^{20}$ — 90,8° (12,34 mg in 2 ml Chlf.). — *Podophyllotoxin* (II), $C_{22}H_{22}O_8$, F. 114—117°, aus 1 g I in A. mit Emulsin in Acetatpuffer (p_H 5,0) bei 37°; Nadeln aus Bzl.-PAe.; $[\alpha]_D^{20}$ — 131,7° (12,298 mg in 2 ml Chlf.); 720mg (Ausbeute), daneben *D-Glucose* (→ *α-Methyl-D-glucosid*, F. 168—169°, aus CH_3OH Stäbchen, $[\alpha]_D^{20}$ + 164,3 ± 3° [18,687 mg in 2 ml CH_3OH]). — *Acetat*, $C_{24}H_{24}O_9$, F. 210—211°, Prismen aus absol. A., $[\alpha]_D^{20}$ — 133,5° (13,18 mg in 2 ml Chlf.). — *Pikropodophyllinglucosid* (III), $C_{28}H_{32}O_{13} \cdot 1^1/_2\, H_2O$, Doppel-F. 235—236° u. 252—254°, a) aus I mit konz. NH_3 in Methanol; 98%; b) aus Tetracetyl-I mit $Ba(OCH_3)_2$ oder $KHCO_3$ in Methanol; Nadeln aus 75%ig. wss. Methanol, enthalten je nach Trocknung $^1/_2$—$1^1/_2$ H_2O; $[\alpha]_D^{20}$ — 105,° (13,31 mg in 2 ml Pyridin). — *Tetraacetat*, $C_{36}H_{40}O_{17}$, F. 278—279°, Nadeln aus Chlf.-Methanol (1:2), $[\alpha]_D^{20}$ — 3,2° (15,84 mg in 2 ml Chlf.). (Helv. chim. Acta **37.** 1747—62. 15/10. 1954. Basel, Pharmaz.-Chem. Labor. Sandoz.) M. REIHER. 3450

Friedrich v. Bruchhausen und **Joachim Knabe**, *Zur Kenntnis des Berbamins. Ein anomaler Chlorkohlensäureesterabbau des Berbamins.* Durch HOFMANN-Abbau des Berbaminäthyläther (I)-Dimethojodids (II) u. Ozonspaltung des erhaltenen Methinbasengemischs erhielten Vff. *2'-Äthoxy-1.1'-diphenylätherdicarbonsäure (4.5')*. Damit ist die Stellung der freien OH-Gruppe im *Berbamin* festgelegt u. dessen Struktur als **III** bewiesen. Es wurde ferner versucht, die als Ausgangsprod. für die Ozonspaltung erforderlichen Methinbasen durch Aufspaltung der Tetrahydroisochinolinringe in **I** mit Chlorkohlensäureäthylester (**IV**) zu erhalten; dies war nicht möglich, da bei der Rk. von **IV** mit **I** auf der einen Mol.-Seite keine HCl-Abspaltung eintritt. Vff. beschreiben ferner die Isolierung des bei der obigen Ozonspaltung erhaltenen N-haltigen Spaltstücks u. seine Überführung in den bekannten *2.5'.6'-Trimethoxy-3'.4-divinyl-2'.5-diformyldiphenyläther* sowie Modellverss. (z. B. Aufspaltung von Laudanosin mit **IV**). — Unter den Berberitzenalkaloiden konnte kein Repandin gefunden werden.

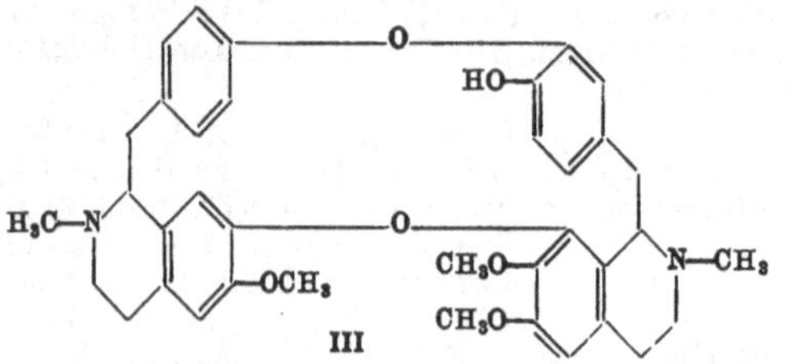

III

V e r s u c h e: 25,5 kg alkoh. Mutterlaugen der Berberingewinnung gaben ca. 341 g Rohalkaloide; daraus durch Trennung u. Aufarbeitung nach dem Nitrat-Sulfat-Verf. ca. 245 g *Oxyacanthin* (F. 212°, $[\alpha]_D^{20}$ +279°) u. ca. 50 g *Berbamin* (**III**; F. 156°, $[\alpha]_D^{20}$ + 108,6°), außerdem beim Aufarbeiten der Mutterlaugen 34 weitere Alkaloidfraktionen (zus. ca. 46 g; FF. zwischen 141 u. 212°, $[\alpha]_D^{20}$ zwischen + 103,4° u. + 276°; R_F-Werte [auf Papier mit 0,1 nHCl + 4% $Na_2SO_4 \cdot 10\, H_2O$ in n-Butanolatmosphäre, Entw. mit 2%ig. Jodtinktur] sowie weitere Einzelheiten vgl. Original). — **III**-*Methyläther*, F. 182°, $[\alpha]_D^{20}$ + 132°. — *Repandin*, F. 260°, $[\alpha]_D^{20}$ — 106°, aus Oxyacanthin. — **III**-*Äthyläther* (**I**), F. 190°, aus **III** u. Diazoäthan; 60,5% (Ausbeute). — *Urethan* **V**, $C_{45}H_{53}O_{10}N_2Cl$, F. ca. 92° (PAe.), aus **I**, **IV** u. 15%ig. KOH in Chlf. (Schütteln, dann Stehen über Nacht); $[\alpha]_D^{20}$ — 64,6° (118,5 mg in 25 cm³ A.; l = 2). — Phenylmethylurethan reagierte nicht mit CH_3MgJ (2 Std. in sd. Ae. oder 5 Std. in sd. Anisol); mit $LiAlH_4$ in sd. Tetrahydrofuran (8 Std.) oder sd. Ae. (3 Std.) entstand Dimethylanilin, Kp. 193°, n_D^{24} 1,5553. — *Base* **VI a**,

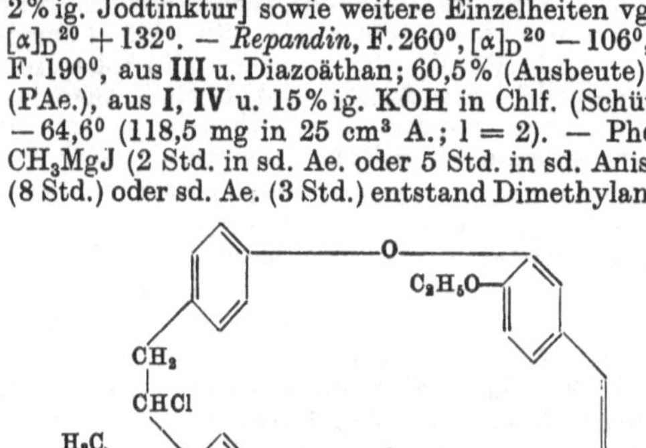

V

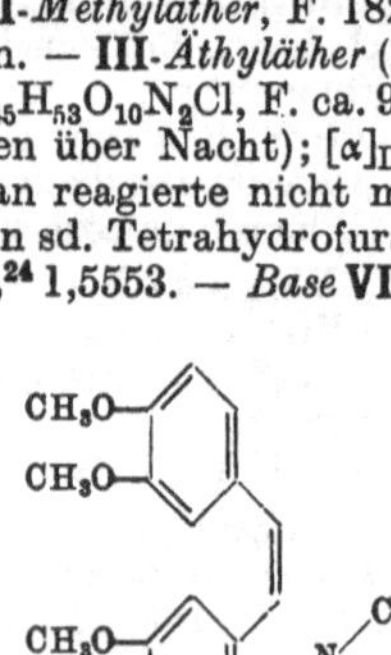

VIIa R = CH_3
VIIb R = $COOC_2H_5$

$C_{41}H_{52}O_7N_2$, 2 Isomere mit F. 146° (sintert bei 141°) bzw. 83—85° (PAe.), durch Zugabe von 3 g **V** zu überschüssigem $LiAlH_4$ in Ae; 0,4 bzw. 1,4 g. — *Base* **VI b**, $C_{40}H_{48}O_7N_2$, F. 189—190°, Warzen (PAe.), analog aus **III**-Methyläther u. **IV**, dann mit $LiAlH_4$ (aber kein Überschuß). — $^1/_2$std. Kochen von **V** mit 10%ig. alkoh. KOH hatte Ersatz des Cl durch OH u. keine HCl-Abspaltung zur Folge, denn das Prod. war opt.-akt. ($[\alpha]_D^{20}$ —22,2° in A.; l = 2). — *Laudanosomethin* (**VII a**), F. 94° bzw. 85—86° (polymorph), Nadeln (Ae.), aus Laudanosin a) durch Quaternisierung u. HOFMANN-Abbau; b) durch Abbau mit **IV** wie oben (→ *Urethan* **VII b**, F. 157°), dann Red. mit $LiAlH_4$; UV-Spektrum — *Dihydrolaudanosomethin*, F. 66—67° (PAe.), aus **VII a** u. H_2/Pd-Tierkohle in n/10

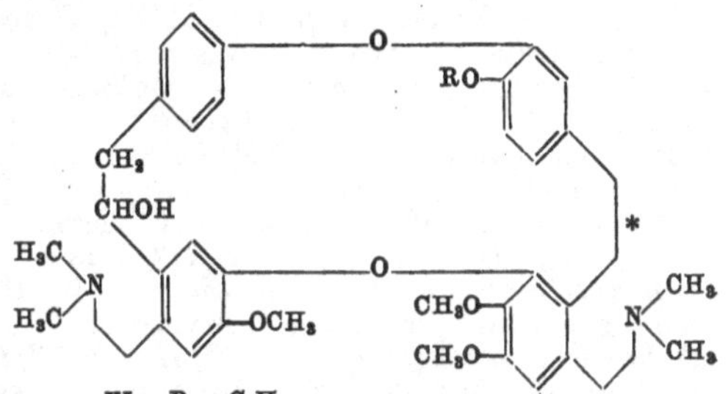

VIa R = C_2H_5
b R = CH_3; Doppelbindung bei *

H_2SO_4 (80 Min.). — I-*Dimethojodid* (**II**), $C_{38}H_{44}O_6N_2 \cdot (CH_3J)_2 \cdot 3\,H_2O$, F. 252°(Zers.; A.), aus **I** u. CH_3J in Aceton; 100%. — *2'-Äthoxy-1.1'-diphenylätherdicarbonsäure-(4.5')*, $C_{16}H_{14}O_6$, F. 286,5—287,5° (Eisessig), durch Verkochung von **II**, Ozonisation des erhaltenen (67,8% roh) Methinbasengemisches u. Oxydation mit $KMnO_4$ in Aceton. — *2'-Methoxy-1.1'-diphenylätherdicarbonsäure-(4.5')*, $C_{15}H_{12}O_6$, F. 303°. — *2.5'.6'-Trimethoxy-3'.4-divinyl-2'.5-diformyldiphenyläther*, $C_{21}H_{20}O_6$, F. 139° (korr.), gelbe Kristallrosetten (Ae.), durch 15 Min. Schütteln obiger ozonisierter Lsgg. mit Pd/$BaSO_4$ unter H_2, Alkalisieren, Ausäthern, Kochen mit CH_3J in Aceton u. 10 Min. Verkochen der Lsg. des Methojodids in 5%ig. NaOH; gab in Eisessig mit H_2SO_4 tiefblaue Färbung. (Arch. Pharmaz. Ber. dtsch. pharmaz. Ges. **287/59.** 601—12. 1954. Braunschweig, TH, Inst. für Pharmazeut. Chem. u. Lebensmittelchem.) J. ROTHE. 3500

Kakuji Goto und Izuru Yamamoto, *Über das Sinomeninol.* 65. Mitt. *über Sinomenin.* (64. vgl. C. **1954.** 10955.) Im Gegensatz zu ihren früheren Anschauungen kamen Vff. auf Grund der unten angeführten Red.-, Hydrolyse- u. Umlagerungs-Rkk. zu der Ansicht, daß das durch Hydrolyse aus dem *Sinomeninol* (**I**) entstehende *β-Dihydrosinomeninon* (**II**) ein *6-Oxy-(+)-dihydrothebainon-(7)* ist u. das *α-Dihydrosinomeninon* ein *7-Oxy-(+)-dihydrothebainon.*

Versuche: *Sinomeninol* (**I**), $C_{19}H_{25}O_4N$, F. 214°, durch 6std. Kochen von Sinomenin mit $LiAlH_4$ in Tetrahydrofuran, Versetzen mit Eiswasser u. Extraktion mit Chlf.; aus Aceton Prismen; $[\alpha]_D^{23}$ —188,6° (c = 1,675 in Chlf.); 88% (Ausbeute). *Jodmethylat*, F. 274° (Zers.), Blättchen, leicht lösl. in W. u. Alkohol. *Diacetylderiv.*, $C_{23}H_{29}O_6N$, F. 185°, mit Acetanhydrid auf dem Wasserbad; aus Methanol Körner; $[\alpha]_D^{18}$ —95,9° (c = 0,826 in Chlf.). *Jodmethylat des Diacetylderiv.*, $C_{23}H_{29}O_6N \cdot CH_3J \cdot 2\,CH_3CO$, F. 282°, aus Methanol Plättchen. — *Dihydrosinomeninol*, $C_{19}H_{27}O_4N$, F. 167° (Aceton), a) durch Red. von **I** mit PtO_2; $[\alpha]_D^{18}$ +41,4° (c = 2,101 in Chlf.); b) durch Red. von Dihydrosinomenin mit PtO_2. — *β-Dihydrosinomeninon* (*6-Oxy-(+)-dihydrothebainon-(7)*; **II**), F. 103°, durch $1^1/_2$std. Erhitzen von **I** mit 20%ig. HCl auf dem Wasserbad; aus konz. Methanollsg. haarige Nadeln; 60%. *Jodmethylat*, F. 274°, aus Methanol Platten. — *(+)-Dihydrothebainon-(7)*, F. 130°, durch Stehen von **II** mit Na-Amalgam in 10%ig. NaOH über Nacht. Katalyt. Red. mit PtO_2 in Methanol ergab *(+)-Dihydrothebainol-(7)*, F. 154°. — *(+)-Dihydrocodeinon*, F. 196°, a) durch 2std. Erhitzen von 1 g **II** mit 50%ig. H_2SO_4 auf 120° (Badtemp.) unter Blaufärbung; Base in Ätherlsg. mit Soda reinigen; aus Ae. Prismen; 0,35 g; b) aus **I** mit 55%ig. H_2SO_4 wie vorst. beschrieben; 30%. — *α-Dihydrosinomeninon*, F. 128° (Sintern bei 125°), durch $1^1/_2$std. Erhitzen von **II** mit 25%ig. H_2SO_4 im kochenden Wasserbad; Isolierung einer kleinen Menge der α-Verbindung. — *Tuduranin*, $C_{18}H_{19}O_3N$, F. 204°, aus Ae. große Prismen; $[\alpha]_D^{20}$ —127,5° (c = 0,8555 in A.). (Proc. Japan Acad. **29.** 513—16. Nov. 1953. Tokyo, Japan, Kitassato Inst., Dep. of Chem. [Orig.: engl.]) E. FRANCK. 3500

F. R. Atherton, F. Bergel, A. Cohen, B. Heath-Brown und **A. H. Rees,** *Die Synthese des Naphthalinisomeren der Lysergsäure und ein neuer Weg zur Gewinnung der Dihydrolysergsäure.* Ein Naphthalinisomeres der Lysergsäure, *4.5.7.8.9.10-Hexahydro-9-carboxy-7-methylindolo-[4.3:f.g]-chinolin*, wurde synthetisiert. Als Modellvers. wird die Darst. von *1-Methyl-1.2.3.4-tetrahydro-5.6-benzchinolin-3-carbonsäure* beschrieben.

Versuche: *1-Methyl-1.2.3.4-tetrahydro-5.6-benzchinolin-3-carbonsäure*, F. 155 bis 156°, durch Kondensation von 2-Methylaminonaphthalin mit Bis-[chlormethyl]-malonsäurediäthylester (**I**) u. Cyclisierung. *Hydrochlorid*, F. 208—210°. *Methylester*, F. 68,5°. *S-Benzylthiuroniumsalz*, F. 169—170°. — *4-[N-Methyl-N-benzylamino]-naphthostyril*, $C_{19} \cdot H_{16}ON_2$, F. 148—151°, durch Umwandlung von 4-Oxynaphthostyril mit methanol. Methylamin in *4-Methylaminonaphthostyril* (F. 215—217°) u. Benzylierung; gelbe Kristalle. — *1-Acetyl-4-[N-methyl-N-benzylamino]-benz-[cd]-indolin*, $C_{21}H_{20}ON_2$, F. 182 bis

183°, durch Red. vorst. Verb. mit $LiAlH_4$ u. Acetylierung. — *1-Acetyl-4-methylamino-benz-[cd]-indolin*, F. 160–162°, aus vorst. Verb. durch Hydrogenolyse. — *4-Acetyl-4.5.7.8.9.10-hexahydro-9-carboxy-7-methylindolo-[4.3:fg]-chinolin*, $C_{18}H_{18}O_3N_2$, Zers. bei ca. 260–265°, durch Kondensation vorst. Verb. mit I in sd. Butanol in Ggw. von K_2CO_3, milde Hydrolyse u. Erhitzen. *Methylester*, $C_{19}H_{20}O_3N_2$, F. 177–177,5°, mit CH_2N_2. — *4.5.7.8.9.10-Hexahydro-9-carboxy-7-methylindolo-[4.3:fg]-chinolin*, Zers. bei 180–190°, durch vollständige Hydrolyse des vorst. Esters; graues Pulver, das an der Luft dunkel wird. *Methylester*, $C_{17}H_{18}O_2N_2$, F. 118–120°. — *9-Acetoxymethyl-4-acetyl-4.5.7.8.9.10-hexahydro-7-methylindolo-[4.3:fg]-chinolin* (**II**), $C_{20}H_{22}O_3N_2$, F. 204°, durch Red. vorst. Säure mit $LiAlH_4$ u. O.N-Diacetylierung. — *3'-Amino-3.4-dihydro-5.6-benzcumarin-3.7-dicarbonsäureäthylesterlactam*, $C_{17}H_{13}O_5N$, F. 248–251°, durch Rk. der aus 4-Oxynaphthostyril, Formaldehyd u. Dimethylamin erhaltenen MANNICH-*Base* ($C_{14}H_{14}O_2N_2$, F. 169,5–171,5°, gelbe Kristalle) mit Na-Malonester; gelbe Kristalle. — *5-[2'.2'-Dicarboxyäthyl]-4-oxynaphthostyril*, $C_{15}H_{11}O_6N$, F. 270° (Zers.), nach dem Festwerden neuer F. bei 310°, gelbe Mikrokristalle, aus vorst. Verb. durch Hydrolyse. — *5-[2'-Carboxy-3'-dimethylaminopropyl]-4-oxynaphthostyrilmonohydrat*, $C_{17}H_{18}O_4N_2 \cdot H_2O$, Zers. bei 225°, durch MANNICH-Rk. vorst. Verb. mit Formaldehyd u. Dimethylamin u. anschließende Decarboxylierung. — *3'-Amino-1-methyl-1.2.3.4-tetrahydro-5.6-benzchinolin-3.7-dicarbonsäurelactamhydrochloridmonohydrat*, $C_{16}H_{15}O_3N_2Cl \cdot H_2O$, F. 265°, durch Erhitzen des K-Salzes vorst. Verb. mit Methylamin unter Druck u. Säurebehandlung. *Freie Base* (**III**), $C_{16}H_{14}O_3N_2$, F. ca. 250° (Zers.), gelbe Nadeln; *Methylester*, $C_{17}H_{16}O_3N_2$, F. 226–229°, gelbe Kristalle; $LiAlH_4$-Red. u. Acetylierung → **II**. Aus **III** ist nach UHLE u. JACOBS (J. org. Chemistry **10**. [1945.] 76) *Dihydrolysergsäure* erhältlich. — *3'-Amino-1.2.3.4-tetrahydro-5.6-benzchinolin-3.7-dicarbonsäurelactamsemihydrat*, $C_{15}H_{12}O_3N_2 \cdot {}^1/_2\,H_2O$, F. ca. 310°, analog **III** mit NH_3. *Hydrochlorid*, $C_{15}H_{13}O_3N_2Cl \cdot H_2O$, F. ca. 320–325°, orangegelbe Nadeln. (Chem. and Ind. **1953**. 1151–52. 24/10. Welwyn Garden City, Herts., Roche Prodd., Res. Dep.) E. FRANCK. 3500

S. Morris Kupchan und **C. R. Narayanan**, *Über die Struktur des Germins.* Es wird die Lage 4 weiterer O-Atome im Mol. des Germins (**I**) geklärt. — **I**-*Acetonidmonoacetat*, $C_{30}H_{46}O_8N(COCH_3) \cdot {}^1/_2\,H_2O$, F. 263 bis 265° (Zers.), durch Methanolyse von **I**-Acetoniddiacetat; $[\alpha]_D^{23}$ +40° (c = 1,36; Pyridin). — **I**-*Monoacetat*, $C_{27}H_{42}O_8N(COCH_3)$, F. 219–221°, $[\alpha]_D^{23}$ +10° (c = 1,05; Pyridin), durch Säurehydrolyse vorst. Verbindung. — *Isogermin-acetonid*, $C_{30}H_{47}O_8N$, F. 291–293° (Zers.), $[\alpha]_D^{23}$ −34° (c = 1,16; Pyridin), 1. durch Isomerisation von **I**-Acetonid bei alkal. Behandlung; 2. aus Isogermin in Aceton mit HJ. — *Isogerminacetoniddiacetat*, $C_{30}H_{45} \cdot O_8N(COCH_3)_2$, F. 170 bis 185°, $[\alpha]_D^{23}$ −56° (c = 1,43; Pyridin), durch Acetylierung vorst. Verbindung. — Perjodattitration einer Reihe von **I**-Derivv. zeigt folgende Aufnahmen: **I** 2,93, Isogermin 2,90, Dihydrogermin 2,93, **I**-Acetonid 1,14, Isogerminacetonid 0,99, **I**-Monoacetat 1,95, **I**-Diacetat 1,10, **I**-Acetoniddiacetat 0, Isogerminacetoniddiacetat 0, **I**-Tetraacetat 0 Mol. — **I**-*Acetonidaldehydo-γ-lactondiacetat* (**II**), $C_{30}H_{43}O_8N(COCH_3)_2$, F. 265–268° (Zers.), $[\alpha]_D^{23}$ −13° (c = 1,02; Pyridin), bei Acetylierung des durch Perjodatoxydation aus **I**-Acetonid erhaltenen Aldehydo-γ-lactons; stabil gegenüber FEHLINGscher Lösung. — **I**-*Acetonidaldehydoxim-γ-lactondiacetat* (**III**), $C_{30}H_{44}O_8N_2(COCH_3)_2$, F. 206 bis 210°, $[\alpha]_D^{23}$ −26° (c = 0,98; Pyridin), durch Acetylierung des Oxims des **I**-Acetonid-

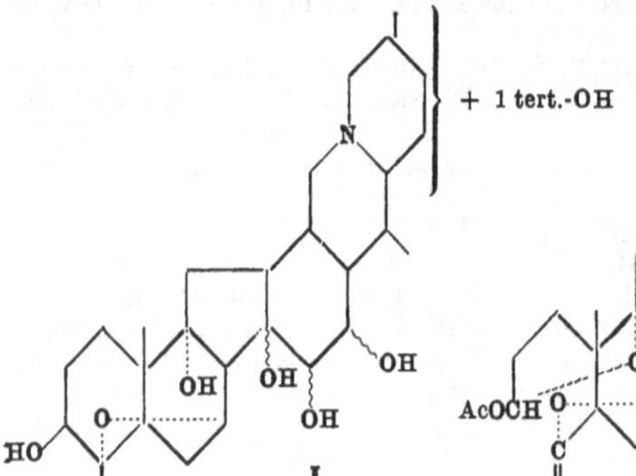

I

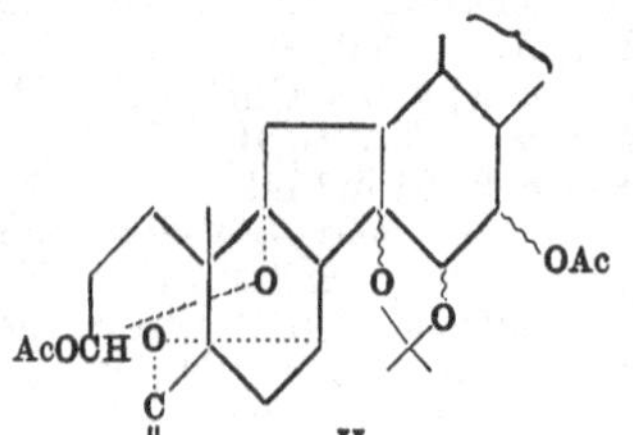

II

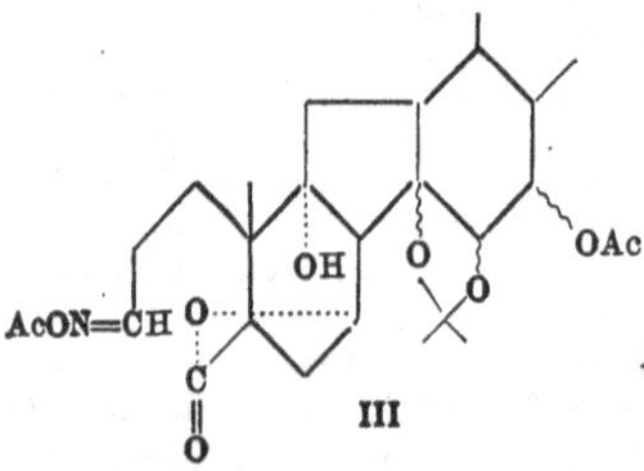

III

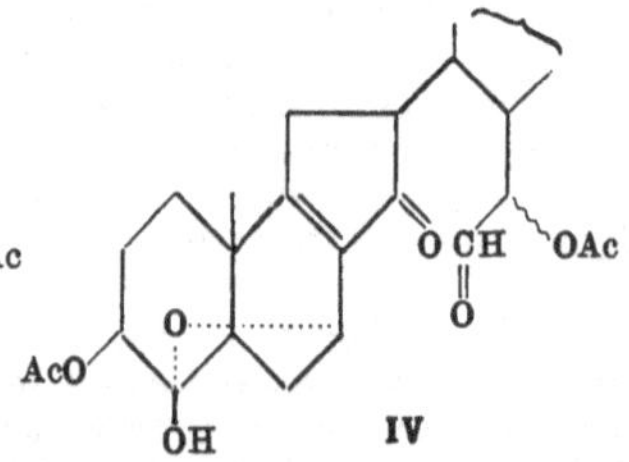

IV

aldehydo-γ-lactons. — *Ungesätt. I-Ketoaldehyddiacetat* (IV), $C_{27}H_{37}O_7N(COCH_3)_2 \cdot H_2O$, F. 180—190°, $[\alpha]_D^{23}$ —56° (c = 1,18; Pyridin), durch Perjodatoxydation von I-Diacetat. — Für I—IV werden die vorst. Formeln vorgeschlagen. (Vgl. C. **1955.** 3625.) (Chem. and Ind. **1955.** 251. 5/3. Cambridge, Mass., Harvard-Univ.) ANTJE SCHMIDT. 3500

H. L. Meier, P. D. Meister und **Léo Marion,** *Annotinin: Die Reaktionen der cyclischen Ätherfunktion.* (FF. korr.) Das von MACLEAN u. PRIME (Canad. J. Chem. **31.** [1953.] 543) aus Annotininlactam (I) mit sd. HCl erhaltene *Annotininlactamhydrochlorid* (II) wurde auch durch CLEMMENSEN-Red. (6 Std. u. anschließende Extraktion mit Chlf.) von I neben dem *gesätt. Lacton A* (**VIII**; $C_{16}H_{23}O_2N$, F. 110° [Heptan], aus der Reaktionslsg. der CLEMMENSEN-Red. nach Abtrennung von **II** durch Alkalisieren mit NH_4OH u. Extraktion mit Chlf.) erhalten. Oxydation von Annotininchlorhydrin (**III**) mit $KMnO_4$ in Aceton (CrO_3 in Essigsäure ergibt unverändertes **III**) liefert ebenfalls **II**. **III** (1,15 g) ergibt bei der Red. mit $CrCl_2$ in alkoh. HCl (4 Std. unter Rückfluß, Zugabe von NH_4OH, Extraktion mit Ae. u. Chromatographie an Al_2O_3) aus den benzol. Eluaten *ungesätt. Lacton A* (**IV**; F. 130—132° [Heptan]; 360 mg [Ausbeute] roh) u. aus den äther. Eluaten *Oxylacton* (**V**; F. 174° [Heptan]; 180 mg roh). Red. von **III** (1,3 g) mit $CrCl_2$ in wss. HCl (3 Std. unter Rückfluß u. unter N_2, Zugabe von W. u. NH_4OH, Extraktion mit Ae. u. Umkristallisieren aus Ae.) ergibt **V** (34,6%) u. aus den ersten beiden benzol. Eluaten der in Bzl. an Al_2O_3 chromatographierten, eingedampften Mutterlauge wird **IV** (33,2%) u. aus den weiteren benzol. Eluaten *ungesätt. Lacton B* (**VI**; $C_{16}H_{21}O_2N$, F. 32° [Heptan]; 3,8%), erhalten, das wahrscheinlich ein Isomeres von **IV** ist. Dabei erfolgt die Bldg. von **IV** direkt aus **III**, während **VI** über **V** aus **III** entsteht; denn **V** (100 mg) liefert sowohl mit konz. wss. $CrCl_2$ (3 Std. am Rückfluß) **VI** (65 mg) als auch mit $SOCl_2$ (30 Min. in der Kälte, Abdest. des überschüssigen $SOCl_2$ im Vakuum, Schütteln mit Chlf. u. NH_4OH u. Chromatographie des Chloroformrückstandes in Bzl. an Al_2O_3) ein nichtkrist. chlorhaltiges Prod., das durch Red. mit wss. $CrCl_2$ (3 Std. am Rückfluß) in **VI** übergeht. **VI** liefert bei der katalyt. Red. (in A. mit ADAMS-Katalysator) *Dihydrolacton B* (**VII**; $C_{16}H_{23}O_2N$, F. 135° [Heptan], während **IV** unter den gleichen Bedingungen **VIII** ergibt. Daß *Annotininhydrat* (**IX**; F. 228°, durch 3std. Kochen von Annotinin mit KOH in absol. A., 1std. Erhitzen mit H_2SO_4, Alkalisieren mit NH_4OH, Extraktion mit Chlf., Chromatographie an Al_2O_3 u. Eluieren mit Aceton) sicher 1 sek. HO-Gruppe u. 1 weitere, wahrscheinlich tert. HO-Gruppe besitzt, ergibt sich aus der Oxydation von **IX** (875 mg) (durch Zugabe von CrO_3 in Eisessig bei 10°, 6std. Stehen bei Raumtemp., Ausschütteln mit Chlf./verd. NH_4OH u. Chromatographie an Al_2O_3) zu einem *Oxyketon* ($C_{16}H_{21}O_4N$, F. 159—160° [Ae.]; 135 mg; *Monoxim*, $C_{16}H_{22}O_4N_2$, F. 260—262° [CH_3OH/Ae.]). **IX** ergibt in Bzl. mit $SOCl_2$ (bei Raumtemp. über Nacht, dann 5 Min. auf 70° erhitzt; nach Abdest. des Bzl. u. überschüssigen $SOCl_2$ im Vakuum NH_4OH zugeben u. mit Chlf. extrahieren) ein *ungesätt. Chlorlacton* ($C_{16}H_{20}O_2NCl$, F. 136° [Nadeln]), das bei der katalyt. Red. in absol. A. mit ADAMS-Katalysator u. anschließender Extraktion mit Chlf. u. Chromatographie an Al_2O_3 ein *Dihydrochlorlacton* ($C_{16}H_{22}O_2NCl$, F. 146—147° [lange Nadeln aus PAe.]) ergibt Daraus wird mit $CrCl_2$ (2 Std. am Rückfluß) *Lacton C* ($C_{16}H_{23}O_2N$, F. 119—120°. [PAe.]) erhalten. Das von MACLEAN (l. c.) in der Nähe der $-CH_2-N<$ Gruppe angenommene 1.2-Epoxyd dürfte nicht vorliegen. Die Verschiebung der CO-Bande im Infrarotspektr. des Annotinins u. seiner Derivv., bes. in **VI**, **VII** u. **III**, wird zu deuten versucht. Weitere Infrarotspektren werden angegeben. (Canad. J. Chem. **32.** 268—79. März 1954. Ottawa, Can., Nat. Res. Council, Div. of Pure Chem.) S. TODT. 3500

H. L. Meier und **Léo Marion,** *Annotinin: Der Lactonring.* (Vgl. vorst. Ref.) (FF. korr.) Während BERTHO u. STOLL (C. **1953.** 1816) Annotinin (I) mit $LiAlH_4$ in Ae. nicht reduzieren konnten, erhielten Vff. aus 3 g I durch Red. mit $LiAlH_4$ in Dioxan nach Abtrennung von etwas nicht umgesetztem I u. erschöpfender Extraktion mit Chlf. 2,65 g eines Öles, das nach Chromatographie an Al_2O_3 u. Eluieren mit Chlf./Bzl. (10:1) über das *Hydrochlorid*, $C_{16}H_{25}O_3N \cdot HCl$, F. 213—214°, einen *Dioxyäther* (II), $C_{16}H_{25}O_3N$, F. 220° (Aceton), der bei 165°/10^{-2} mm sublimiert, liefert. Durch Red. von 1 g I mit überschüssigem $LiAlH_4$ in Tetrahydrofuran (2 Std. am Rückfluß, Lösen des Rückstands in verd. HCl, Zugabe von NH_4OH u. 36std. kontinuierliche Extraktion mit Chlf.) wird nicht nur die Lactongruppe red., sondern auch der Ätherring des I geöffnet unter Bldg. einer *Trioxyverb.* (**III**; $C_{16}H_{27}O_3N$, F. 215° nach Sublimation im Hochvakuum; 730 mg). Da Annotininchlorhydrin im Gegensatz zu I bereits in sd. Ae. mit $LiAlH_4$ in **III** übergeführt wird, kann angenommen werden, daß in I die cycl. Ätherbindung sich in nächster Nähe der Lactongruppe befindet u. somit deren Red. erschwert. **II** gibt in Chlf. mit PCl_5 (1 Std. am Rückfluß Extraktion des mit Soda alkalisierten Rückstands mit Chlf. u. Chromatographie an Al_2O_3) einen *Dichloräther* als *Hydrochlorid*, $C_{16}H_{23}ONCl_2 \cdot HCl$, F. 290—292° ($CH_3OH$), u. mit $SOCl_2$ (5 Min. bei 60°, Abdest. des überschüssigen $SOCl_2$ im Vakuum, mit Chlf./NH_4OH u. Chromatographie Ausschütteln des Chloroformextraktes an Al_2O_3) einen *cycl. Sulfinsäureester*,

$C_{16}H_{23}O_4NS$, F. 147° (Zers.; Nadeln aus Heptan), in dessen Infrarotspektr. keine OH- u. CO-Bande, dafür jedoch eine SO-Bande vorhanden ist, u. welcher mit wss. HCl (1:2) S u. bei der Red. mit $CrCl_2$ H_2S gibt. 300 mg **III** liefern mit $SOCl_2$ (1 Std. bei Raumtemp., weiter wie oben) 165 mg einer Cl u. S enthaltenden, nicht umkristallisierbaren *Verb.* (**IV**), wahrscheinlich ebenfalls einen cycl. Sulfinsäureester, bei dem wahrscheinlich die aus der Öffnung der cycl. Äthergruppierung hervorgegangene OH-Gruppe durch Cl ersetzt ist. **IV** gibt mit $CrCl_2$ (3 Std. am Rückfluß u. Extraktion mit Ae.) eine *ungesätt. Dioxyverb. A* (**V**), $C_{16}H_{25}O_2N$, F. 169° (Heptan), die mit $SOCl_2$ (Raumtemp.) ein Prod. mit F. 130—150° (Zers., lange Nadeln aus Heptan) liefert. Bei der Red. von **IV** mit wenig amalgamiertem Zn in 2nHCl (1 Std. am Rückfluß, Extraktion des mit NH_4OH alkalisierten Filtrats mit Chlf., Chromatographie in Bzl. an Al_2O_3 u. Eluieren mit Bzl./Ae. [5:2]) erhalten Vff. eine *ungesätt. Dioxyverb. B*, $C_{16}H_{25}O_2N$, F. 146—147° (Ae.), ein Isomeres von **V**. **V** nimmt in A. bei der Hydrierung mit ADAMS-Katalysator 1 Mol H_2 auf zu einem nichtkrist. Öl, das mit $SOCl_2$ (10 Min. bei Raumtemp.) ein Prod. mit keinem festen F. ergab. Kochen von 800 mg **I** mit Phenyl-Li in Ae. (1 Std.), Gießen auf Eis, Alkalisieren mit NH_4OH, Extraktion mit Ae., Chromatographie in Bzl. an Al_2O_3 u. Eluieren mit Ae. gibt nicht das erwartete Diphenylderiv. $C_{28}H_{33}O_3N$, sondern 800 mg der *Verb.* $C_{28}H_{35}O_4N$, F. 236—239°, die bei 190°/10^{-4} mm sublimiert. Wahrscheinlich wurde die cycl. Ätherbindung gespalten zu einem Glykol. Oxydation dieser Verb. mit CrO_3 in Eisessig (5 Std., Zugabe von A., Abdest. des Lösungsm. im Vakuum bei <40°, Rückstand in Chlf. lösen, mit HCl schütteln, waschen u. Chlf. abdest., Chromatographie in Bzl. an Al_2O_3, Eluieren mit Bzl.) gibt *Verb.* $C_{28}H_{33}O_4N$, F. 250—251°, Nadeln aus Dichloräthylen/Heptan. Die im Infrarotspektr. auftretende CO-Gruppe dürfte durch Oxydation der sek. OH-Gruppe des Glykols entstanden sein. Die andere HO-Gruppe des Glykols u. die HO-Gruppe des Lactons dürften demnach tert. sein. — Infrarotspektren werden angegeben. (Canad. J. Chem. **32**. 280—87. März 1954.) S. TODT. 3500

A. D. Kusowkow, *Untersuchung der Aconitumalkaloide. 5. Mitt. Über das Kohlenstoffskelett von Songorin.* (4. vgl. C. **1955**. 10031.) Das früher (vgl. C. **1954**. 4856) erhaltene Aconitan (**I**) wird dem HOFMANNschen Abbau unterworfen. **I**-Jodmethylat gibt beim Kochen mit methanol. KOH in n. Rk. *Des-N-methylaconitan* (**II**). Aus **II**-Jodmethylat sollte beim Kochen mit methanol. KOH eine N-freie Verb. resultieren, da an das Ring-N-Atom in **I** eine Alkylgruppe gebunden ist. Doch wird statt dessen **II** zurückerhalten. In Oxoaconitan (**III**) wird die Alkylgruppe am N durch H ersetzt u. das *Noroxoaconitan* (**IV**) mit Pd/Kohle auf 250—300° erhitzt. H_2-Entw. erfolgt nicht. Demnach läßt sich der heterocycl. Ring nicht „aromatisieren". Beide negativen Resultate lassen auf ein quartäres C-Atom im heterocycl. Ring schließen, u. zwar auf Grund des Versagens des HOFMANNschen Abbaus in β-Stellung zum N-Atom. Wenn weiter in Betracht gezogen wird, daß sich nach den Unterss. ZELINSKYs Cyclohexanderivv. mit quartärem C-Atom im Ring durch Pd nicht dehydrieren lassen, so kann vermutet werden, daß auch alle in **III** u. Songorin (**V**) vorkommenden 6gliedrigen carbocycl. Ringe quartäre C-Atome enthalten. Beim Dehydrieren von **V** mit Se bei 320—340° wird ein aromat. *KW-stoff* $C_{18}H_{18}$ (**VI**) gebildet, dessen UV-Absorptionsspektr. den Spektren von 1.2.7- u. 1.2.8-Trimethylphenanthren ähnlich ist. Von den beim Dehydrieren der Aconitumalkaloide erhaltenen KW-stoffen kommt **VI** in seinen Eigg. dem aus Napellin entstehenden KW-stoff $C_{18}H_{18}$ nicht ermittelter Konst. (F. 76—79°; Pikrat, F. 132—134°; Trinitrobenzolat, F. 150—153°) nahe. Es wird vermutet, daß in **V** ein hydrierter Phenanthrenring mit Substituenten enthalten ist.

Versuche: *Jodmethylat* von *Aconitan* (**I**), $C_{22}H_{36}NJ$, F. 244° (A. + Ae.). — *Des-N-methylaconitan* (**II**), $C_{22}H_{35}N$, F. 109—110° (Aceton); 0,9 g **I**-Jodmethylat werden mit 45 ml 30%ig. methanol. KOH 2 Std. gekocht; 0,5 g (Ausbeute). *Hydrochlorid*, F. 266 bis 267° (A. + Ae.). *Jodmethylat*, F. 257—258° (A. + Ae.). — *Noroxoaconitan* (**IV**), $C_{19}H_{27}ON$, F. 125—127°; Kp.$_1$ 180—190°; sublimiert bei 120°/0,1 mm; man erhitzt 4,2 g **III** mit Bromcyan im Rohr auf 100°, extrahiert mit Ae. das *N-Cyanderiv.* u. verseift mit 30%ig. alkoh. KOH zum *N-Carbamidoderiv.*, $C_{20}H_{28}O_2N_2$, F. 245—246°; 2,4 g; hiervon werden 2,1 g in sd. 30%ig. H_2SO_4 mit $NaNO_2$-Lsg. behandelt; die Ausbeute an **IV** beträgt 1,2 g. *Hydrochlorid*, F. 257—258° (A. + Ae.). *Benzoylderiv.*, $C_{26}H_{31}O_2N$, F. 164—165,5° (Ae. + Aceton). — *KW-stoff* $C_{18}H_{18}$ (**VI**), F. 80,5—81,5°; durch 8std. Erhitzen von 14 g **V** mit 14 g Se unter N_2 auf 320—340°; Reinigung des Reaktionsprod. durch Chromatographie an Al_2O_3; Lösungsmittel hierfür PAe. u. PAe. + Bzl., Elulerungsmittel Ae. bzw. PAe. + Bzl.; aus Methanol Nadeln; Ausbeute gering. *Pikrat*, $C_{18}H_{18} \cdot C_6H_3O_7N_3$, F. 134—134,5°; aus A. orangefarbene Nadeln. *Styphnat*, F. 152—153° (A.). *Trinitrobenzolat*, F. 155—156° (A.) (Журнал Общей Химии [J. allg. Chem.] **25** (**87**). 2006—09. Sept. 1955. Allunions Wiss. Chem.-Pharmaz. Ordshonikidse-Forschungsinst.) R. KNOBLOCH. 3500

A. D. Kusowkow, *Untersuchung der Aconitumalkaloide. 6. Mitt. Umwandlung von Methyllycaconitin in Delsemin.* (5. vgl. vorst. Ref.) Methyllycaconitin (**I**) geht beim Behandeln mit NH_3 in verschied. Lösungsmitteln in *Delsemin* (**II**) über. Die Umwandlung erfolgt auch unter Bedingungen, die den bei der Gewinnung der Alkaloide mittels $C_2H_4 \cdot Cl_2$-Extraktion aus dem mit NH_3 angefeuchteten Pflanzenmaterial angewendeten ähnlich sind: gibt man zu **I** in 10%ig. CH_3CO_2H 12%ig. NH_3 bis zur alkal. Rk., schüttelt mit Chlf. u. läßt 24 Std. einwirken, so erhält man neben 30% unverändertem **I** 25% **II**. Es ist daher möglich, daß **II** gar nicht in der Pflanze vorkommt, sondern sich aus **I** erst bei der Extraktion unter der Einw. von NH_3 bildet.

V e r s u c h e: *Perchlorat* von *Methyllycaconitin* (**I**), $C_{37}H_{50}O_{10}N_2 \cdot HClO_4 \cdot 1{,}5\,H_2O$, F. 193—195°; $[\alpha]_D$ +25,8° (c = 1; A.). — *Delsemin* (**II**), $C_{37}H_{53}O_{10}N_3$, F. 127° (Zers.); man setzt zur Lsg. von **I** (aus 1 g Perchlorat) in 50 ml Ae. 3 ml 12%ig. NH_3 hinzu, schüttelt u. läßt 96 Std. einwirken; $[\alpha]_D$ +41,6° (0,065 g; 3 ml A.); krist. aus 50%ig. A. mit 0,5 H_2O; 68% (Ausbeute). In Chlf. als Lösungsm. beträgt die Ausbeute 25%, in A. 45%. (Журнал Общей Химии [J. allg. Chem.] **25** (**87**). 2345—47. Nov. 1955. Allunions Wiss. Chem.-Pharmaz. Ordshonikidse-Forschungsinst.) R. KNOBLOCH. 3500

K. Bodendorf und **W. Scheibe**, *Über Curarealkaloide*. Vff. isolierten aus Calebassencurare 3 neue Alkaloide, *d-Protochondocurarin* (**I**), *l-Isochondocurarin* (**II**) u. *d-Neochondocurarin* (**III**). Methylierung von **I** gab *d-Chondocurarin* (**IV**; vgl. DUTCHER, C. **1947**. 1856), dessen *Dimethyläther* mit *d-Tubocurarindimethyläther* (**V**) ident. ist. Auch der Dimethyläther von **III** ist mit **V** identisch.

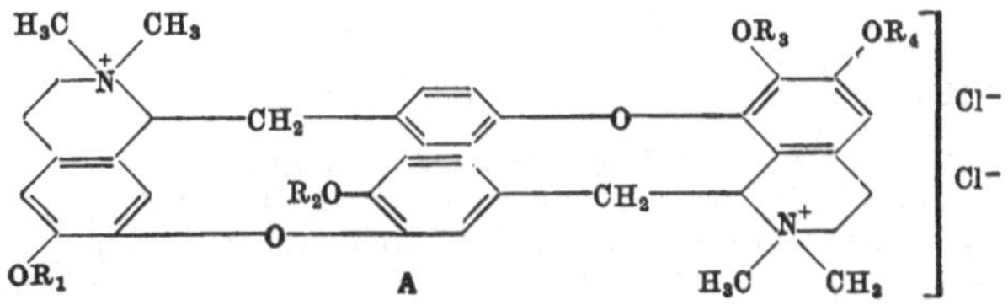

V e r s u c h e (Wi = Wirksamkeit: für die Lähmung eines Frosches von 50 g Gewicht erforderliche Dosis): *Rohcurare* (**R**), braunschwarze, zähfl. M.; Wassergeh. 30%; Wi 500γ. — Lösen von 10 g getrocknetem **R** in W., Versetzen mit Na_2CO_3 u. 10std. Ätherextraktion gab 0,75 g eines hellgelben amorphen Prod. (**B**); Rk. von 2 g **B** mit CH_3J in Essigester (1/2 Std. bei 35°) gab 2,35 g *d-Chondocurarinjodid* (**IV**-*Jodid*), Wi 60γ. *Nitrat*, $C_{38}H_{42}O_6N_2 \cdot 2\,HNO_3$, F. 264° (Zers.), Nadeln (CH_3OH–Aceton), $[\alpha]_D^{20}$ +182° (c = 2 in W.), Wi 35γ. *Chlorid* (**A**, $R_1{=}R_3{=}CH_3$, $R_2{=}R_4{=}H$), $C_{38}H_{44}O_6N_2Cl_2 \cdot 1/2\,H_2O$, F. 265° (Zers.), aus dem Nitrat mit $HgCl_2$; $[\alpha]_D^{20}$ +175° (c = 2 in W.), Wi 30—35γ. — *d-Protochondocurarin* (**I**), *Nitrat*, $C_{37}H_{40}O_6N_2 \cdot 2\,HNO_3 \cdot 1/2\,H_2O$, F. 265° (Zers.), nadelförmige Kristalle (CH_3OH–Aceton), durch Ansäuern der von **B** befreiten sodaalkal. Lsg., Fällen mit $HgCl_2$, Einleiten von H_2S u. Überführung in die Nitrate mit $AgNO_3$ in CH_3OH; $[\alpha]_D^{20}$ +175° (c = 2 in W.), Wi 45γ, papierchromatograph. verschieden von **IV**-Nitrat; gab mit CH_3J **IV**-*Jodid*. — Ausziehen von 1 kg **R** mit W., Fällen mit $HgCl_2$ u. Aufarbeiten gab 100 g hellgelben Rückstand, Wi 100γ, der die Gesamtalkaloide enthielt. Lösen von 95 g des Rückstandes in CH_3OH, Versetzen mit K_2CO_3 bis p_H 7,5, Filtrieren, Zugabe von CH_3J, 2std. Erwärmen auf 40°, 24std. Stehen, Ansäuern mit HCl u. Eindampfen gab 117 g nicht krist. *Chloride*, $[\alpha]_D^{20}$ +90° (c = 2 in W.), Wi 45γ. Lösen von 100 g der Chloride in CH_3OH, Zugabe von $AgNO_3$, Filtrieren, Einengen, Zugabe von Aceton u. 1tägiges Stehen gab 42 g reines **IV**-*Nitrat*. — *l-Isochondocurarin* (**II**), *Chlorid*, $C_{38}H_{42}O_6N_2 \cdot 2\,HCl \cdot 1/2\,H_2O$, F. 278° (Zers.; CH_3OH–Aceton), aus dem Filtrat von **IV**-Nitrat durch Einengen, Aufnehmen in CH_3OH, Fällen mit $HgCl_2$ usw. wie oben, Einengen u. mehrtägiges Stehen; $[\alpha]_D^{20}$ −150° (c = 2 in W.); Wi 600—700γ; 5 g rein (Ausbeute). — *d-Neochondocurarin* (**III**), *Nitrat*, $C_{38}H_{42}O_6N_2 \cdot 2\,HNO_3$, F. 427° (Zers.; CH_3OH–Aceton), aus der Mutterlauge von **II** durch Eindampfen, Lösen in W., fraktionierte Fällung mit KJ u. Umwandlung in das Nitrat; $[\alpha]_D^{20}$ +185° (c = 2 in W.), Wi 7—8γ; 1 g. *Chlorid*, F. 268° (Zers.), $[\alpha]_D^{20}$ +179° (c = 2 in W.), Wi 7—8γ. — *d-Tubocurarindimethyläther* (**V**), *Jodid*, F. 256—257° (W.–CH_3OH–Aceton), aus jeweils 1g **II**, **III** oder **IV** u. CH_3J in sd. CH_3OH bei Ggw. von KOH (2 Std.), $[\alpha]_D^{20}$ +155° (c = 0,75 in W.) bzw. +162° (c = 2 in CH_3OH), Wi 80—85γ, je 1,3 g roh. *Chlorid* (**A**, R_1—R_4 = CH_3), F. 234—235°, $[\alpha]_D^{20}$ +155° (c = 0,75 in W.) bzw. +165° (c = 2 in CH_3OH), Wi 80—85γ. *Freie Base* **V**, F. 233° (Zers.), aus dem Chlorid u. KOH. — **II**-*Dimethyläther*, F. 246°, $[\alpha]_D^{20}$ −129° (c = 2, CH_3OH), Wi 250γ, papierchromatograph. verschieden von **V**. (Arch. Pharmaz. Ber. dtsch. pharmaz. Ges. **287**/**59**. 555—61. 1954. Karlsruhe, TH, Pharmazeut.-chem. Inst.) J. ROTHE. 3500

A. Ss. Ssadykow, O. Ss. Otroschtschenko und **A. E. Eschbajew**, *Über die Trennung der Alkaloide aus der dickfrüchtigen Sophora*. Das verschied. Verh. von *Pachycarpin* (**I**), *Sophocarpin* (**II**) u. *Sophocarpidin* (**III**) gegen NH_4Cl oder NH_4J ermöglicht die Abtrennung von **I** aus Gemischen, da es in das Hydrochlorid bzw. Hydrojodid übergeht, während **II** u. **III** unter den gewählten Bedingungen als freie Basen bestehen bleiben. — 4 g **I**, 4 g **II** u. 1,38 g NH_4Cl in 20 ml W. werden 7—8 Std. auf dem Sandbad bis zur Beendigung der NH_3-Entw. erhitzt; **II** wird aus der Lsg. extrahiert (3,5 g); **I** bleibt als Hydrochlorid in Lsg. u. wird aus der alkal. gemachten Lsg. mit Bzl. extrahiert; 3,8 g. — Eine Lsg. von 2 g **I**, 1 g **II** u. 1 g **III** in 6 ml W. wird nach Zusatz von 1,25 g NH_4J 20 Min. bei Zimmertemp. gerührt; der Nd. von *I-Hydrojodid*, $C_{15}H_{26}N_2 \cdot HJ$, F. 232—233°, wird abfiltriert u. mit Eiswasser gewaschen; 3,01 g; aus der Mutterlauge extrahiert Bzl. 1,9 g **II** + **III**. (Журнал Прикладной Химии [J. angew. Chem.] **28.** 1134—38. Okt. 1955.) R. KNOBLOCH. 3500

Ss. Ju. Junussow und **G. P. Ssidjakin,** *Alkaloide der Gattung Haplophyllum A. Juss.* 2. Mitt. (1. vgl. C. **1952.** 7996.) Das aus H. pedicellatum isolierte *Haplophin* (**I**), F. 140—141°, ist mit *γ-Fagarin* (**II**), F. 139—140°, identisch. Aus beiden werden die gleichen Umwandlungsprodd. gebildet, wie aus dem Vgl. der FF. hervorgeht (der F. der aus **II** erhaltenen Verbb. in Klammern): Diese sind die *Isoverb.*, F. 176—177° (179°), der *Aldehyd* $C_9H_4ON(OCH_3)_2CHO$, F. 186—187° (185°), die *Säure* $C_9H_4ON(OCH_3)_2CO_2H$, F. 215—216° (215°), die *Verb.* $C_9H_6O_2N(OCH_3)$, F. 250—251° (250°) u. *3-Methoxyanthranilsäure*, F. 162—163°. Aus H. dubium Eug. Kor. werden 3 neue Alkaloide isoliert: *Dubinin* (**III**), $C_{16}H_{17}O_5N$, 0,06% der trockenen Blätter; *Dubinidin* (**IV**), $C_{13}H_{17}O_4N$, 0,03% u. *Dubamin* (**V**), $C_{14}H_9O_2N$, 0,025%. Die Bruttoformeln können in $C_{14}H_{11}ON(OCH_3)(OH)\left(CH_2\!\!<\!\!\begin{smallmatrix}O-\\O-\end{smallmatrix}\right)$ (**III**), $C_{11}H_{12}ON(OCH_3\left(CH_2\!\!<\!\!\begin{smallmatrix}O-\\O-\end{smallmatrix}\right)$ (**IV**) u. $C_{13}H_7N\left(CH_2\!\!<\!\!\begin{smallmatrix}O-\\O-\end{smallmatrix}\right)$ (**V**) aufgelöst werden. **III** enthält keine N-Alkylgruppe, ein O-Atom hat indifferenten Charakter; das Gleiche gilt für das O-Atom in **IV**. Für **V** wird die Identität mit *3.4-Methylendioxyacridin* bewiesen. Der Alkaloidgeh. von 11 Haplophyllumarten wird angegeben; der höchste (2% der trockenen Blätter) findet sich bei H. foliosum Vved., in der neben anderen unbekannten Alkaloiden **IV** u. *Skimmianin* vorkommen. Die Alkaloide häufen sich in der Blütezeit hauptsächlich in den Blättern an.

Versuche: 40 kg lufttrockener, zerkleinerter Blätter, Stengelchen, Knospen u. Blüten werden mit 8%ig. NH_3 benetzt, die Alkaloide mit $C_2H_4Cl_2$ extrahiert, aus dem Extrakt mit 10%ig. H_2SO_4 herausgelöst u. aus der Lsg. nach Zusatz von NH_3 in Ae. (löst 25 g) u. Chlf. (löst 60 g) übergeführt. Aus der äther. Lsg. krist. **III**, 20 g, das aus Methanol, dann A. umkrist. wird. Das Alkaloidgemisch aus dem Chloroformextrakt wird mit 100 ml Methanol verrieben (3 g **III** bleiben ungelöst), die Lsg. zur Trockne verdampft, zum Rückstand 5%ig. HCl bis zur sauren Rk. zugesetzt, der krist. gelbe Nd. von Hydrochloriden abfiltriert, nach Waschen mit kaltem W. in warmem W. gelöst u. durch Zusatz von NH_3 ein Alkaloidgemisch abgeschieden; man kocht mit viel PAe. aus u. krist. das Ungelöste (12 g), im wesentlichen aus **IV** bestehend, aus Aceton um. **V** krist. aus dem Petrolätherextrakt nach Eindampfen auf ein kleines Vol.; Umkristallisieren aus PAe. u. Methanol. *Dubinin* (**III**), $C_{16}H_{17}O_5N$, F. 185—186°; Nadeln; $[\alpha]_D^0$ —73,1° (c = 0,864; Aceton); lösl. in Aceton u. Pyridin, unlösl. in PAe. u. Wasser. *Nitrat*, $C_{16}H_{17}O_5N \cdot HNO_3$, F. 148—150° (Zers.); aus Aceton Kristalle. *Hydrochlorid*, $C_{16}H_{17}O_5N \cdot HCl$, F. 170—171°; aus W. Kristalle. *Jodmethylat*, $C_{16}H_{17}O_5N \cdot CH_3J$, F. 211—212°; aus Methanol Kristalle. — *Dubinidin* (**IV**), $C_{13}H_{17}O_4N$, F. 132—133°; Nadeln; leicht lösl. in A., weniger in Chlf. u. Ae., unlösl. in PAe. u. Wasser. *Hydrochlorid*, F. 195—196°; aus W. Kristalle. *Nitrat*, F. 176 bis 177°; aus Aceton Kristalle. *Pikrat*, F. 155—156° (A.). *Jodmethylat*, $C_{13}H_{17}O_4N \cdot CH_3J$, F. 153—154°; aus W. Kristalle. — *Dubamin* (**V**) = *3.4-Methylendioxyacridin*, $C_{14}H_9O_2N$, F. 96—97°; Kristalle; leicht lösl. in Ae., Aceton u. Bzl., weniger in A.; unlösl. in Wasser. *Hydrochlorid*, F. 201—202°; aus W. gelbe Nadeln. *Nitrat*, F. 157—158°; aus Methanol gelbe Nadeln. — *3.4-Dioxyacridin*, F. 212—214°; 0,6 g **V**-Hydrochlorid werden mit 15 ml HCl (D. 1,18) u. 1 g Phloroglucin (zur Bindung des entstehenden HCHO) 4 Std. im Rohr auf 140—150° (Badtemp.) erhitzt; aus Chlf. Kristalle; die Lsg. in A. wird durch $FeCl_3$ dunkelgrün gefärbt; 0,5 g (Ausbeute). *Dimethyläther*, F. 188—189°; durch Methylieren mit CH_2N_2 in Ae.; aus A. Kristalle. *Pikrat* des *Dimethyläthers*, F. 217—218°. (Журнал Общей Химии [J. allg. Chem.] **25** (**87**). 2009—16. Sept. 1955. Chem. Inst. der Akad. der Wiss. der UsbekSSR.) R. KNOBLOCH. 3500

Rashid Ahmad und **B. C. L. Weedon,** *Carotinoide und verwandte Verbindungen.* 1. Mitt. *Totalsynthese von „all-trans"-Methylbixin und einem Diketon mit dem Capsorubinchromophor.* (Vorl. Mitt. vgl. C. **1953.** 2130.) Durch Kondensation von Octen-(4)-dion-(2.7) mit dem Tetrahydropyranyl-(2)-äther (**II**) von 2-Methylpenten-(2)-in-(4)-ol-(1) (**I**) u. nachfolgende Dehydrierung wurde in 8%ig. Ausbeute *1.16-Bis-[tetrahydropyranyl-(2)-oxy]-2.6.11.15-tetramethylhexadecapentaen-(2.6.8.10.14)-diin-(4.12)* erhalten, das mit alkoh. p-Toluolsulfonsäure in 90%ig. Ausbeute das *Glykol* lieferte, das mit MnO_2 in Aceton quantitativ in den entsprechenden *Dialdehyd* (**VI**) übergeführt werden konnte, woraus bei der Kondensation mit Malonsäure u. anschließender Veresterung in 20%ig. Ausbeute *4.8.13.17-Tetramethyleikosaheptaen-(2.4.8.10.12.16.18)-diin-(6.14)-disäuredimethylester* erhalten wurde. Letzterer ergab bei der partiellen Red. an Pb-vergiftetem Pt-Katalysator nach LINDLAR in 10%ig. Ausbeute „*all-trans*"-*Methylbixin* (**VII**), das mit dem aus natürlichem Bixin erhaltenen Prod. ident. war. Daneben entstand ein unstabiles Zwischenprod., das mit einer Spur Jod im Tageslicht in **VII** übergeführt werden konnte. Die Kondensation von **VI** mit Pinakolin gab (45%) *2.2.6.10.15.19.23.23-Oktamethyltetrakosaheptaen-(4.6.10.12.14.18.20)-diin-(8.16)-dion-(3.22)*, das bei der partiellen Red. in 5%ig. Ausbeute *2.2.6.10.15.19.23.23-Oktamethyltetrakosanonaen-(4.6.8.10.12.14.16.18.20)-dion-(3.22)* (**VIII**) gab. **VIII** besitzt die gleiche chromophore Gruppierung wie Capsorubin, ein Carotinoid aus Paprika, u. β-Carotinon, ein Oxydationsprod. des β-Carotins. Die UV-Spektren der dargestellten Verbb. sind angegeben u. werden diskutiert, wobei bes. auf die Unterschiede der Maxima bei **VII** u. seinen Acetylenanalogen hingewiesen wird.

Versuche (Umsetzungen möglichst unter N_2): *2-Methylpenten-(2)-in-(4)-ol-(1)* (**I**), C_6H_8O, $Kp._{20}$ 85—87°, durch Zugeben von 95 g β-Methylepichlorhydrin in Ae. in 90 Min. zu Na-Acetylid in fl. NH_3 unter Rühren, 15std. Weiterrühren, Zers. mit NH_4Cl u. Aufnehmen des Rückstandes in Ae.; n_D^{20} 1,4890; 33 g (Ausbeute). *α-Naphthylurethan*, $C_{17}H_{15}O_2N$, F. 104° (PAe.), Nadeln. — *2-Methylpentanol-(1)*, Kp. 145—147°, durch Hydrierung von 1 g **I** in Methanol an ADAMS-Pt; n_D^{21} 1,4171; 0,5 g. *α-Naphthylurethan*, F. u. Misch-F. 75—77° (PAe.), Nadeln. — *2-Methylpenten-(2)-in-(4)-al-(1)*, $Kp._{24}$ 48—49°, durch 24std. Schütteln von 2,5 g **I** in Aceton mit MnO_2; instabiles Öl; 0,9 g. *Semicarbazon*, $C_7H_9ON_3$, Zers. bei ~125° (A.), Platten. *2.4-Dinitrophenylhydrazon*, $C_{12}H_{10}O_4N_4$, F. 163° (Zers.; Essigester), Prismen. — *2-Methylpenten-(2)-in-(4)-säure* (**III**), $C_6H_6O_2$, F. 72—73° (PAe.), durch Zugeben von wss. CrO_3 u. konz. H_2SO_4 in 20 Min. zu 2,5 g **I** in Aceton bei 10°, 2std. Rühren bei 20°, Eingießen in W., Ae.-Extraktion, Ausziehen der eingeengten Lsg. mit gesätt. wss. $NaHCO_3$, Ansäuern u. Aufnehmen in Ae.; Nadeln; 1,8 g. — *2-Methyl-1-[tetrahydropyranyl-(2)-oxy]-penten-(2)-in-(4)* (**II**), $C_{11}H_{16}O_2$, $Kp._{0,1}$ 68 bis 69°, durch Versetzen von 6,0 g **I** in Dihydropyran mit wenig $POCl_3$ unter Kühlung, 3std. Stehen bei 20° nach Abklingen der exothermen Rk., Verdünnen mit Ae. u. Einengen; n_D^{22} 1,4880; 9,2 g. — *2.6-Dimethyl-7-[tetrahydropyranyl-(2)-oxy]-hepten-(5)-in-(3)-ol-(2)*, $C_{14}H_{22}O_3$, $Kp._{10^{-4}}$ 70—80° (Badtemp.), durch Zutropfen von Phenyl-Li in Ae. zu 6,1 g **II** in Ae. bei 0°, 7std. Rühren bei 0°, Zugeben von Aceton in Ae. in 15 Min., 8std. Stehen bei 20°, 10 Min. Kochen u. Zers. mit gesätt. NH_4Cl unter Kühlung; n_D^{23} 1,4991; 6,3 g. Bei Verwendung der GRIGNARD-Verb. in Ae. oder Tetrahydrofuran betrug die Ausbeute nur 30 bzw. 25%. — *5-[Tetrahydropyranyl-(2)-oxy]-pentin-(3)-ol-(2)*, $C_{10}H_{16}$·O_3, $Kp._{10^{-3}}$ 83—85°, durch Zugeben von C_6H_5Li in Ae. zu 12,2 g 3-[Tetrahydropyranyl-(2)-oxy]-propin-(1) in Ae., 8std. Rühren bei 0°, Eintropfen von Acetaldehyd in Ae. (~20% Überschuß), Erwärmen auf 20° in 8 Std. u. Isolieren wie bei vorst. Verb.; n_D^{22} 1,4761; 10,5 g. — *5-[Tetrahydropyranyl-(2)-oxy]-penten-(3)-ol-(2)*, $C_{10}H_{18}O_3$, $Kp._{10^{-4}}$ 75—80° (Badtemp.), durch katalyt. Hydrierung von 5,5 g vorst. Verb. in Essigester an Pb–Pt auf $CaCO_3$ bis zur Aufnahme von 1 Mol H_2; n_D^{22} 1,4710; 4,9 g. — *1.10-Bis-[tetrahydropyranyl-(2)-oxy]-decadien-(2.8)-diin-(4.6)*, $C_{20}H_{26}O_4$, F. 42—43° (PAe.), durch Umsetzen von 5,5 g Penten-(2)-in-(4)-ol-(1) mit Dihydropyran wie unter **II** zu *1-[Tetrahydropyranyl-(2)-oxy]-penten-(2)-in-(4)* ($Kp._{0,3}$ 55—56°, n_D^{23} 1,4860; 10,0 g), Zugeben der alkoh. Lsg. von 3,0 g zu wss. $(NH_4)_2CuCl_3$, Schütteln mit O_2 u. Isolieren mit Ae.; Nadeln; 2,1 g. Umsetzung des entsprechenden Glykols mit Dihydropyran führte nicht zum Erfolg. — *Decadien-(2.8)-diin-(4.6)-diol-(1.10)*, F. u. Misch-F. 154—155° (Bzl.), durch 1std. Kochen von 500 mg vorst. Diäthers in A. mit p-Toluolsulfonsäure, Einengen u. Ausfällen mit W.; 290 mg. — *2.9-Dimethyldecadien-(2.8)-diin-(4.6)-diol-(1.10)* (**IV**), $C_{12}H_{14}O_2$, F. 129 bis 130° (Bzl.), durch Zugeben von 7,0 g **I** in A. zu $(NH_4)_2CuCl_3$ in 0,05n HCl, Schütteln in O_2, Lösen der gebildeten grünen Salze in verd. HCl, Ae.-Extraktion u. Einengen; Nadeln; 5,5 g. — *2.9-Dimethyldecadien-(2.8)-diin-(4.6)-dial* (**V**), $C_{12}H_{10}O_2$, F. 116—117° (Methanol), durch 24std. Schütteln von 1,0 g **IV** in Aceton mit MnO_2; hellgelbe Platten; 0,83 g. *Dioxim*, $C_{12}H_{12}O_2N_2$, F. 240° (Zers.; Dioxan u. Zugabe von W.). — *2.9-Dimethyldecadien-(2.8)-diin-(4.6)-disäure*, $C_{12}H_{10}O_4$, F. 292° (Zers.; A. u. Wasserzusatz), aus 1,0 g **III** analog **IV** u. Isolieren mit $NaHCO_3$; 0,82 g. *Dimethylester*, $C_{14}H_{14}O_4$, F. 88—89° (Methanol), mit CH_2N_2; Platten. — *4.11-Dimethyltetradecatetraen-(2.4.10.12)-diin-(6.8)-disäure*, F. >325° (Essigsäure), durch Zugeben von Malonsäure zu 0,7 g **V** in Pyridin (+ 1 Tropfen Piperidin), 2std. Erhitzen (Dampfbad), Ansäuern in der Kälte mit Mineralsäure, Chloroformextraktion, Ausziehen mit n-NaOH, Extraktion der angesäuerten Lsg. mit Essigester u. Einengen; Prismen; 60 mg. *Dimethylester*, $C_{18}H_{18}O_4$, F. 181—182° (Methylacetat), durch Versetzen von 45 mg der in Methylacetat suspendierten Säure mit äther. CH_2N_2 in kleinen Portionen bis zur klaren Lsg.; Nadeln; 47 mg. — *5.12-Dimethylhexadecatetraen-(3.5.11.13)-diin-(7.9)-dion-(2.15)*, $C_{18}H_{18}O_2$, F. 149—151° (im Vakuum; Bzl./Cyclohexan), durch 16std. Kochen von 0,5 g **V** in Aceton mit Al-tert.-Butylat in Bzl., Eingießen der kalten Lsg. in verd. H_2SO_4, Isolierung mit Ae. u. Chromatographie an Al_2O_3 (Chr.) aus Bzl.; gelbe Prismen; 250 mg. — *1.16-Bis-[tetrahydropyranyl-(2)-oxy]-2.6.11.15-tetramethylhexadecatrien-(2.8.14)-diin-(4.12)-diol-(6.11)*, durch Zugeben von 2,3 g äther. Octen-(4)-dion-(2.7) zu dem Li-Deriv. von **II** (aus 8,0 g **II** u. Phenyl-Li) in Ae. unter Kühlung, Erwärmen auf 20° in 8 Std., 10 Min. Kochen, Zers. des *Li-Komplexes* bei 0° mit gesätt. NH_4Cl, Einengen der äther. Lsg., Ausziehen der PAe.-Suspension des Rückstandes mit wss. Methanol, Ae.-Extraktion der mit viel W. verd. Lsg. u. Eindampfen; gelbes viscoses Öl; n_D^{21} 1,5064; 7,0 g. — *1.16-Bis-[tetrahydropyranyl-(2)-oxy]-2.6.-11.15-tetramethylhexadecapentaen-(2.6.8.10.14)-diin-(4.12)*, $C_{30}H_{40}O_4$, F. 103° (Cyclohexan), durch Versetzen von 7,0 g vorst. Verb. in Toluol bei 50° mit heißer p-Toluolsulfonsäure in Toluol, schnelles Erhitzen u. ~3 Min. Kochen unter Abdest. des gebildeten W., Ausziehen der mit PAe. verd. Lsg. mit Methanol, Einengen, Chr. aus PAe., Entwickeln mit Bzl./PAe. (1 : 1), Einengen des Hauptbandextraktes u. Verfestigen bei 0°; gelbe Nadeln; 550 mg. — *2.6.11.15-Tetramethylhexadecapentaen-(2.6.8.10.14)-diin-(4.12)-diol-(1.16)*, C_{20}-$H_{24}O_2$, F. 101—102° (Bzl.), durch 1std. Kochen von 480 mg vorst. Verb. mit p-Toluolsulfonsäure in A., Einengen u. Ausfällen mit W.; 275 mg. — *2.6.11.15-Tetramethylhexadecapentaen-(2.6.8.10.14)-diin-(4.12)-dial* (**VI**), $C_{20}H_{20}O_2$, F. 137—138° (im Vakuum; A.), aus 260 mg vorst. Glykols analog **V**; tiefgelbe Nadeln; 245 mg. Oxydation mit Ag_2O bzw. CrO_3 in Aceton führte nicht zu der entsprechenden Säure. — *4.8.13.17-Tetramethyleikosaheptaen-(2.4.8.10.12.16.18)-diin-(6.14)-disäure-(1.20)*, F. >325° (Essigsäure) durch Zugeben von Malonsäure zu 280 mg **VI** in Pyridin (+ Piperidin), 2std. Erhitzen (Dampfbad), Einengen u. Behandeln mit verd. Essigsäure; orangerote M.; 105 mg. *Dimethylester*, $C_{26}H_{28}O_4$, F. 182—183° (im Vakuum; Chlf./Methanol oder Essigester), aus 90 mg der Säure in Pyridin mit CH_2N_2; orangefarbene Prismen oder Nadeln; 60 mg. — *„all-trans"-Methylbixin* (**VII**), F. u. Misch-F. 200—202° (Chlf./Methanol), durch Hydrierung von 65 mg vorst. Dimethylesters in Essigester (+ 1 Tropfen Chinolin) am LINDLAR-Katalysator bis zur Aufnahme von 3 Mol H_2, Chr. des Eindampfrückstandes aus Bzl.–PAe. (1 : 1), Entwickeln mit Bzl./PAe. (1 : 2), mechan. Zerteilen der Säule, Eluieren der *roten Zone* mit Aceton u. Einengen; 4—5 mg. Aus der bei der Chr. erhaltenen *gelben Zone* konnte durch Eluieren mit Aceton, Einengen, Behandeln mit einer Spur J_2 in Essigester, 4std. Stehen im diffusen Tageslicht, Einengen u. Chr. noch 1 mg krist. Prod. gewonnen werden. — *2.2.6.10.15.19.23.23-Oktamethyltetrakosaheptaen-(4.6.10.12.14.18.20)-diin-(8.16)-dion-(3.22)*, $C_{32}H_{40}O_2$, F. 189° (Bzl. oder Essigester), durch 15std. Kochen von 75 mg **VI** u. Pinakolin mit Al-tert.-Butylat in Bzl. u. Zers. mit verd. H_2SO_4 bei 0°; gelbe Nadeln u. orangefarbene Stäbchen; 45 mg. — *2.2.6.10.15.19.23.23-Oktamethyltetrakosanonaen-(4.6.8.10.12.14.16.18.20)-dion-(3.22)* (**VIII**), F. 220—221° (Bzl./PAe.), aus 34 mg vorst. Verb. analog **VII**, Entfernen des Katalysators, Zusetzen einer Spur J_2, 6std. Stehen im diffusen Tageslicht, Einengen, Chr. aus Bzl., Entwickeln mit Bzl./PAe. (1 : 1), Eluieren des *roten Bandes* mit Aceton u. Eindampfen; dunkelrote Platten; 2,5mg. (J. chem. Soc. [London] **1953**. 3286—94. Okt. London, Imp. Coll. of Sci. and Technol., Dep. of Organ. Chem.) W. GEHRMANN. 3550

Paul Mildner und **B. C. L. Weedon,** *Carotinoide und verwandte Verbindungen.* 2. Mitt. *C_{10}-Zwischenprodukte für die Synthese von Carotinoiden.* (1. vgl. vorst. Ref.) Das bei der GRIGNARD-Rk. von Acetylen mit α-Methylacrylaldehyd in 50%ig. Ausbeute entstandene *2.7-Dimethyloctadien-(1.7)-in-(4)-diol-(3.6)* wird durch Behandeln mit PBr_3 u. Hydrolyse des gebildeten *1.8-Dibromids* über das entsprechende *Diacetat* in *2.7-Dimethyloctadien-(2.6)-in-(4)-diol-(1.8)* (**I**) umgelagert. Die Oxydation von **I** mit MnO_2 führte in guter Ausbeute zu dem *1.8-Dialdehyd* (**II**), der mit Chromsäure in die entsprechende *Disäure* (**IV**) (95%) übergeführt werden konnte, die auch aus **I** in 30%ig. Ausbeute erhalten wurde. Verss., **II**-Dioxim zum Dinitril zu dehydratisieren, führten nur zu *7-Cyan-2-methyloctadien-(2.6)-in-(4)-aldoxim-(1)*. Partielle Hydrierung von **IV**-Dimethylester über RANEY-Ni bzw. LINDLAR-Katalysator gab *2.7-Dimethyloctatrien-(trans-2.cis-4.trans-6)-disäure* (**III**)*-Dimethylester*, der bei UV-Bestrahlung in Ggw. von Jod in die *„all-trans"-Form* umgewandelt werden konnte. Das durch partielle Hydrierung von **I** am LINDLAR-Katalysator erhaltene *2.7-Dimethyloctatrien-(2.4.6)-diol-(1.8)* (**V**) besitzt ebenfalls trans–cis–trans-Konfiguration u. liefert bei UV-Bestrahlung ein komplexes Gemisch. Für den aus **V** durch MnO_2-Oxydation gebildeten *Dialdehyd*, der auch aus **II** durch Red. erhalten wurde, wird dagegen „all-trans"-Struktur angenommen, da bei Bestrahlung sowie beim Schmelzen keine Veränderung festgestellt werden konnte. Dagegen wurde ein höherschm. *C_{10}-Dialdehyd* mit „all-trans"-Struktur in 6—8%ig. Ausbeute durch H_2O_2/OsO_4-Oxydation von β-Carotin gewonnen, der sich auch im UV-Spektr. von dem synthet. dargestellten unterscheidet. Die UV-Spektren der dargestellten Verbb. sind angegeben u. werden diskutiert.

V e r s u c h e: *2.7-Dimethyloctadien-(1.7)-in-(4)-diol-(3.6)*, $C_{10}H_{14}O_2$, F. 91—92° (Bzl. oder Chlf/PAe.), durch Versetzen von äther. C_2H_5MgBr mit Bzl., Abdest. der

Hauptmenge Ae., 3std. Durchleiten von C_2H_2 unter Kühlen u. starkem Rühren, Zugeben von α-Methylacrylaldehyd in 45 Min., Rühren über Nacht bis zur klaren Lsg., einige Tage Stehen bei 0° u. Anreiben mit wenig Bzl.; Platten; 50% (Ausbeute). — *1.8-Dibrom-2.7-dimethyloctadien-(2.6)-in-(4)*, $C_{10}H_{12}Br_2$, F. 49—50° (PAe.), durch Zutropfen von PBr_3 bei 20° zu der Suspension vorst. Verb. in Bzl. unter Rühren u. 5std. Weiterrühren, Zers. mit Eis u. W., Ae.-Extraktion, Einengen u. Kristallisation bei 0°; Nadeln; 70%. Dest des rohen Dibromids gab ein *Prod. vom F. 47—49°*, $Kp._{10^{-3}}$ 108—110°, in nur 50%ig. Ausbeute. — *2.7-Dimethyloctadien-(2.6)-in-(4)-diol-(1.8)* (I), $C_{10}H_{14}O_2$, F. 113° (Aceton/PAe.), durch 3—12std. Kochen von 25,0 g vorst. Verb. mit wasserfreiem K-Acetat in Methanol unter Rühren, Einengen bei 20°, Verdünnen mit W., Isolieren des gebildeten *Diacetats* [$Kp._{10^{-4}}$ 120° (Badtemp.), n_D^{25} 1,5170; 90%] mit Ae., 20 Min. Erwärmen der methanol. Lsg. auf 50—55° mit methanol. n-KOH, schnelles Abkühlen, Einengen u. Ae.-Extraktion der mit W. verd. Lsg.; Nadeln; 120 g. — *2.7-Dimethyloctadien-(2.6)-in-(4)-dial* (II), $C_{10}H_{10}O_2$, F. 69,5—70° (wss. Methanol), durch 24std. Schütteln von 30 g I in Aceton mit MnO_2 bei 20°, Filtration u. Einengen; Nadeln; 2,9 g *Dioxim*, $C_{10}H_{12}O_2N_2$, F. 234,5° (wss. Pyridin), Nadeln; 85%. — *7-Cyan-2-methylocta-dien-(2.6)-in-(4)-aldoxim-(1)*, $C_{10}H_{10}ON_2$, F. 152° (wss. Methanol), durch 15 Min. kochen von 220 g II-Dioxim in Acetanhydrid, Einengen, Chromatographie an Al_2O_3 aus Bzl. u. Eluieren der gelben Hauptzone mit Bzl./Methanol (95:5); Nadeln; 170 mg. — *2.7-Dimethyloctadien-(2.6)-in-(4)-disäure* (IV), $C_{10}H_{10}O_4$, F. 302°, a) durch Zugeben von CrO_3 u. konz. H_2SO_4 in wenig W. zu II in Aceton unter Kühlung u. Rühren unter 10°, 2std. Weiterrühren bei 20°, Verdünnen mit W., Ae.-Extraktion u. Ausziehen mit gesätt. wss. $NaHCO_3$; 95%; Oxydation von II mit Ag_2O führte nicht zu IV; b) durch Oxydation von I analog a) in 30 Min. unter 15° u. Aufarbeiten wie unter a); 30%. *Dimethylester*, $C_{12}H_{14}O_4$, F. 113—114° (Methanol oder Chlf./PAe.), aus der Suspension von IV in Ae. u. Zugabe von äther. CH_2N_2 bei 20° bis zur homogenen Lsg.; Nadeln; 78%. Verseifung mit methanol. KOH in 48 Std. bei 20° lieferte in 98%ig. Ausbeute IV zurück. — *2.7-Dimethyloctatrien-(trans-2.cis-4.trans-6)-disäure* (III)-*Dimethylester*, $C_{12}H_{16}O_4$, F. 98°(Nadeln aus Methanol), a) durch Hydrierung von 130 mg IV-Dimethylester in Essigester am LINDLAR-Katalysator bis zur Aufnahme von 1 Mol H_2; 126 mg; b) analog a) in Ggw. von 4% Chinolin; 95%; c) analog a) in Methanol an RANEY-Ni; 90 mg (aus 100 mg); d) wie unter c) in Ggw. von wenig Piperidin u. Zn-Acetat-Dihydrat; 90%. III-*Monomethylester*, $C_{11}H_{14}O_4$, F. 256° (wss. Methanol), durch 48std. Behandlung von 38 mg III-Diester mit methanol. KOH bei 20°; Nadeln; 30 mg. III, $C_{10}H_{12}O_4$, F. 266° (wss. Methanol), aus 53 mg III-Dimethylester mit methanol. n-KOH in 96 Std. bei 20°; Kristalle; 37 mg. — *„all-trans"-2.7-Dimethyloctatrien-(2.4.6)-disäure, Dimethylester*, F. 140—141° (Methanol), durch 4std. Bestrahlung von 177 mg III-Dimethylester in PAe. in Ggw. einer Spur Jod mit UV-Licht bei 20° u. Einengen; Nadeln; 150 mg. *Monomethylester*, F. 292° (wss. Methanol), aus 17 mg vorst. Diesters analog III-Monoester; mikrokristallines Pulver; 12 mg. *Freie Säure*, F. 315° (wss. Methanol), aus 69 mg des Dimethylesters analog III in 6 Tagen; Kristalle; 50 mg. — *2.7-Dimethyloctatrien-(2.4.6)-diol-(1.8)* (V), $C_{10}H_{16}O_2$, F. 137° (Aceton), durch Hydrierung von I in Essigester (+ 1 Tropfen Chinolin) am LINDLAR-Katalysator bis zur Aufnahme von 1 Mol H_2; Nadeln; ~100%. 4std. Bestrahlung mit UV-Licht in Essigester in Ggw. einer Spur J_2 führte zu einem nicht getrennten Gemisch. — *2.7-Dimethyloctatrien-(2.4.6)-dial* (mit **R. Ahmad**), $C_{10}H_{12}O_2$, F. 151—151,5° (gelbe Prismen aus Bzl. oder wss. Methanol), a) aus 2,0 g V analog II; 1,8 g; b) aus 1,0 g II analog III-Dimethylester nach a); 0,8 g. UV-Bestrahlung in Ggw. von J_2 in Essigester oder Chlf. (4 Std.), Ae. (24 Std.) bzw. 3 Min. Schmelzen veränderte den Dialdehyd nicht. — *C_{10}-Triendialdehyd*, F. 168° (Bzl./PAe.), durch Oxydation von β-Carotin mit H_2O_2/OsO_4; hellorangefarbene Nadeln. (J. chem. Soc. [London] **1953**. 3294—98. Okt.) W. GEHRMANN. 3550

Rashid Ahmad und **B. C. L. Weedon**, *Carotinoide und verwandte Verbindungen. 3. Mitt. Die Synthese eines Bisnorcrocetins, eines Pentaenabbauproduktes des Azafrins und anderer Polyene.* (2. vgl. vorst. Ref.) Der durch Kondensation von 2.7-Dimethyloctadien-(2.6)-in-(4)-dial (I) mit Malonsäure (VI) u. anschließende Veresterung in 10%ig. Ausbeute erhaltene *9-Formyl-4.9-dimethylnonatrien-(2.4.8)-in-(6)-säuremethylester* wird am LINDLAR-Katalysator partiell zu *9-Formyl-4.9-dimethylnonatetraen-(2.4.6.8)-säuremethylester* (V) hydriert. V ist isomer mit Azafrinal-II-Methylester (Oxim, F. 194°), was auch aus dem UV-Spektr. hervorgeht. 2.7-Dimethyloctatrien-(2.4.6)-dial (II) gibt analog mit VI in Ggw. von Piperidin in 10%ig. Ausbeute *4.9-Dimethyldodecapentaen-(2.4.6.8.10)-disäuredimethylester*, der auch beim Abbau von Azafrin isoliert wurde. II gibt mit Äthylidenmalonsäurediäthylester, anschließender Totalhydrolyse, Decarboxylierung der entstandenen *Tetrasäure* u. Wiederveresterung ein „*Bisnorcrocetin*", *6.11-Dimethylhexadecaheptaen-(2.4.6.8.10.12.14)-disäuredimethylester*. Verss., II mit Tiglinsäuremethylester zu kondensieren, führten nur in Pyridin/Ae. mit K-Äthylat zu einem *Rohprod.*, das die charakterist. UV-Maxima des Crocetins besaß. Zur Synth. anderer Heptaene vom Typ des Crocetins wurde **II** außerdem mit β-Methylglutaconsäuremethylester in 17%ig. Ausbeute zu der entsprechenden *Hexadecaheptaentetrasäure* umgesetzt. **I** u. **II** reagieren n. mit Methylketonen. Die UV-Spektren der dargestellten Verbb. sind angegeben u. werden diskutiert.

Versuche: *9-Formyl-4.9-dimethylnonatrien-(2.4.8)-in-(6)-säuremethylester* (mit **P. Mildner**), $C_{13}H_{14}O_3$, F. 88—89° (Methanol), durch Zugeben von **VI** zu 1,0 g **I** in Pyridin, 1 std. Erhitzen (Dampfbad), Ansäuern mit überschüssiger 2n H_2SO_4, Ae.-Extraktion, Einengen u. Behandeln der gebildeten rohen *Säure* [400 mg (Ausbeute)] mit äther. CH_2N_2; hellgelbe Platten; 150 mg. *Oxim*, $C_{13}H_{15}O_3N$, F. 156° (Methanol), gelbe Prismen. — *9-Formyl-4.9-dimethylnonatetraen-(2.4.6.8)-säuremethylester* (**V**), F. 129° (Methanol), durch Hydrierung von 45 mg vorst. Verb. in Essigester am LINDLAR-Katalysator bis zur Aufnahme von 1 Mol H_2, Filtration, 2 std. UV-Bestrahlung in Ggw. einer Spur Jod u. Einengen; Prismen; 21 mg. *Oxim*, $C_{13}H_{17}O_3N$, F. 177—178° (Methanol), gelbe Prismen. — *4.9-Dimethyldodecapentaen-(2.4.6.8.10)-disäuredimethylester*, $C_{16}H_{20}O_4$, F. 177° (Bzl./PAe.), durch Zugeben von **VI** zu 200 mg **II** in Pyridin (+ 1 Tropfen Piperidin), 2 std. Erhitzen (Dampfbad), Ansäuern mit überschüssiger 2n H_2SO_4, Extraktion mit Essigester, Ausziehen mit gesätt. wss. $NaHCO_3$, Ansäuern u. Verestern der ausgefallenen rohen *Säure* mit CH_2N_2; gelbe Platten; 30 mg. — *2.15-Bis-[äthoxycarbonyl]-6.11-dimethylhexadecaheptaen-(2.4.6.8.10.12.14)-disäuredimethylester*, $C_{26}H_{32}O_8$, F. 158—160° Methylacetat), durch Zusetzen von wss. 40%ig. Benzyltrimethylammoniumhydroxyd (**IV**) zu 100 mg **II** u. Äthylidenmalonsäurediäthylester in A., 24 std. Stehen bei 20°, 15 Min. Kochen nach weiterem **IV**-Zusatz, Eingießen der kalten Lsg. in 2n HCl, Extraktion mit Essigester u. $NaHCO_3$, Verestern mit CH_2N_2, Einengen, Chromatographie an Al_2O_3 aus Bzl./PAe. (1:2) u. Isolieren der roten Zone; glänzende, rote Platten; 9 mg. — *6.11-Dimethylhexadecaheptaen-(2.4.6.8.10.12.14)-disäuredimethylester*, F. 218—220° (Chlf./Methanol), analog vorst. Verb. aus 250 mg **II**, aber unter Nachgeben eines großen **IV**-Überschusses, Isolieren der gebildeten *Tetrasäure* aus der $NaHCO_3$-Lsg., 2 std. Kochen in Essigsäure u. Acetanhydrid, Einengen u. Behandeln der Suspension in Chlf. mit überschüssigem äther. CH_2N_2; rote Platten; 1 mg. — *4.13-Dicarboxy-3.14-dimethylhexadecaheptaen-(2.4.6.8.10.12.14)-disäure* (**III**), F. 238° (wss. Methanol), durch Zugeben von methanol. KOH zu 500 mg **II** u. β-Methylglutaconsäuredimethylester in Methanol, 90 Min. Erhitzen auf 55—60°, 12 std. Stehen bei 0°, Behandeln des gebildeten *K-Salzes* mit überschüssiger 2n H_2SO_4, Extraktion mit Essigester u. Entfernen entstandener β-Methylglutaconsäure mit warmer verd. Mineralsäure; 250 mg. *Tetramethylester*, $C_{26}H_{32}O_8$, F. 157—160° (Bzl./PAe.), mit äther. CH_2N_2 u. anschließende Chromatographie an Al_2O_3 aus Bzl./Ae.; Prismen. *Dianhydrid*, $C_{22}H_{20}O_6$, F. 193° (Essigester), durch ~90 Min. Erhitzen von 50 mg **III** in Acetanhydrid u. Essigester auf 60—65° bis zur homogenen roten Lsg., Versetzen mit A., Einengen u. Stehen bei 0°; violette Nadeln; 10 mg. — *2.2.6.11.15.15-Hexamethylhexadecatetraen-(4.6.10.12)-in-(8)-dion-(3.14)*, $C_{22}H_{30}O_2$, F. 196° (Chlf./PAe.), $C_{22}H_{30}O_2 \cdot C_6H_6$, F. 196° (Bzl.) aus 100 mg **I** in Pinakolin mit Al-tert.-Butylat in Bzl., Eingießen der kalten Lsg. in 2n H_2SO_4 u. Isolieren mit Ae.; gelbe Nadeln; 45 mg. — *2.2.6.11.15.15-Hexamethylhexadecapentaen-(4.6.8.10.12)-dion-(3.14)*, $C_{22}H_{32}O_2$, F. 209°, aus **II**; aus Bzl. gelbe Platten. (J. chem. Soc. [London] **1953**. 3299—3302. Okt.) W. GEHRMANN. 3550

Rashid Ahmad und **B. C. L. Weedon**, *Carotinoide und verwandte Verbindungen.* 4. Mitt. *Eine neue Synthese des Capsorubinchromophors.* (3. vgl. vorst. Ref.) Das durch Kondensation von Tiglinaldehyd mit Pinakolin in Ggw. von Al-tert.-Butylat dargestellte *Tiglylidenpinakolin* (**I**) reagiert mit 2.7-Dimethyloctatrien-(2.4.6)-dial (**II**) zu *2.2.6.10-15.19.23.23-Oktamethyltetrakosanonaen-(4.6.8.10.12.14.16.18.20)-dion-(3.22)* (**III**), das das gleiche chromophore Syst. wie das natürliche Carotinoid Capsorubin besitzt. **III** u. seine Derivv. sind trans-konfiguriert. Die UV-Spektren der Verbb. sind angegeben.

Versuche: *2.2.6-Trimethyloctadien-(4.6)-on-(3)* (*Tiglylidenpinakolin*) (**I**), $C_{11}H_{18}O$, F. 15° (Pentan), Kp.$_1$ 57—58°, durch 15 std. Kochen von 32 g Tiglinaldehyd, Pinakolin u. Al-tert.-Butylat in Bzl. u. Zers. des Komplexes in der Kälte wie in den vorst. Reff. beschrieben; Nadeln; 15 g (Ausbeute). *2.4-Dinitrophenylhydrazon*, $C_{17}H_{22}O_4N_4$, F. 112—113° (Methanol), orangefarbene Nadeln. — *Crotonylidenaceton-2.4-dinitrophenylhydrazon*, $C_{13}H_{14}O_4N_4$, F. 205—206° (Essigester), rote Nadeln. — *2.2.6.10.15.19.23.23-Oktamethyltetrakosanonaen-(4.6.8.10.12.14.16.18.20)-dion-(3.22)* (**III**), F. u. Misch.-F. 220—221°, durch Zugeben von methanol. KOH zu 40 mg **II** u. **I**, 20 std. Stehen bei 20°, Nachgeben von methanol. KOH u. 4—48 std. Stehen bei 20°; 1—1,5 mg. Beim umgekehrten Zugeben von **II** u. **I** zu methanol. KOH u. analoger Aufarbeitung konnte **III** nicht isoliert werden; statt dessen wird angenommen, daß sich durch einseitige Kondensation ein

Hexaenketoaldehyd gebildet hat, der bei der Chromatographie ein *gelbes Band* lieferte. — *Halbkondensationsprod.* aus II u. *Crotonylidenpinakolin* [*2.2-Dimethyloctadien-(4.6)-on-(3)*], F. 149—152° (Chlf./Pentan), analog vorst. Ketoaldehyd; 5%. Die Umsetzung von II mit I in Ggw. von Al-tert.-Butylat in Bzl. war erfolglos. (J. chem. Soc. [London] **1953**. 3815—17. Dez.) W. GEHRMANN. 3550

E. Earl Royals und **L. L. Harrell jr.**, *Durch Oxydation entstandene Derivate von d-α-Pinen- und d-Limonen. Herstellung und Anwendung von Monoperphthalsäure.* Mit einer nach vereinfachtem Verf. hergestellten *Monoperphthalsäure*-Lsg. wurden aus Cyclohexen, d-α-Pinen (I) u. d-Limonen (II) die *Epoxyde* erhalten, wobei sich das *α-Pinenepoxyd* (III) teilweise zu *Campholenaldehyd* (V) isomerisierte. *Limonenmonoepoxyd* (IV) gab mit Eisessig wenig *Dihydrocarvon* (VI) u. etwas *Carvenon* (VII); hierbei könnte VI entweder direkt durch säurekatalysierte Isomerisierung oder durch prim. Spaltung des Epoxydrings zum *1-Acetat* von *Δ^8-p-Menthandiol-(1.2)* (X) u. Pyrolyse zu *Carveol* (VIII) entstehen, das sich weiter zu VI isomerisiert. Mit Eisessig in Ggw. von H_2SO_4 bildete IV *p-Cymol* (IX), VI u. VII, wodurch die direkte Isomerisierung von IV bestätigt wird. Verss. zur prakt. Durchführung dieser Rk. durch Pyrolyse oder mit $ZnCl_2$ gaben VI + VII bzw. VI. Dagegen entstand aus IV mit Eisessig u. Na-Acetat X-*2-Acetat*, das mit Borsäure VIII-*Acetat* neben VI u. IX bildete; p-Toluolsulfonsäure gab analog VII u. IX, aber kein VIII-Acetat. III lieferte in Eisessig mit oder ohne Na-Acetat unter Isomerisierung V u. daneben wahrscheinlich ein *Oxyacetat*. Die Hydroxylierung von II gab neben in W. lösl. *Triolen* u. *Tetrolen* X, die von I ein komplexes Gemisch, aus dem wenig *Pinolglykol* isoliert wurde. Aus X entstand durch Abspaltung von W. mit Oxalsäure VII u. IX.

Versuche: *Monoperphthalsäure*, aus Phthalsäureanhydrid mit 30%ig. H_2O_2 in Ae. (24 Std. rühren); es wird die gewaschene u. getrocknete äther. Lsg. verwendet; 65 % (Ausbeute). — *Cyclohexenepoxyd*, aus vorst. Lsg. mit Cyclohexen bei 0°; 64%. — *d-Limonenmonoepoxyd* (IV), aus II analog vorst. Verb.; 71%. 30,4 g geben mit 1%ig. H_2SO_4-Eisessig (innerhalb 10 Min. bei 16°, dann 7½ Std. bei 20°) 2,8 g *p-Cymol* (IX; $Kp._{15}$ 64,7—72°), 4,7 g *Dihydrocarvon* (VI; $Kp._{15}$ 99—109°, n_D^{28} 1,4691. *Semicarbazon*, F. 190—191°) u. 10,7 g *Carvenon* (VII; $Kp._{15}$ 109—111°, n_D^{23} 1,6767. *Semicarbazon*, F. 201—202°). 22,4 g geben mit Eisessig (4½ Std. bei 10—12°) 4,1 g VI + VII. Wird beim Eintropfen in eine Glaskugelkolonne bei 415—430° nicht verändert; beim Eintropfen in eine Al_2O_3-Kolonne bei 310—325° 30% VI + VII; mit $ZnCl_2$ in sd. Bzl. (20 Std.) 36% VI. — *Δ^8-p-Methendiol-(1.2)* (X), F. 71° (W.; nach Trocknung des *Hydrats*), aus II mit WO_3 u. 30%ig. H_2O_2 in sd. Aceton (5 Std.); 24%; gibt mit sd. 5%ig. wss. Oxalsäure 37% IX u. 26% VII. *2-Acetat*, $Kp._1$ 108—120°, aus 60,8 g IV mit Eisessig u. Na-Acetat (5 Std. bei 36° u. 32 Std. bei Zimmertemp.); n_D^{28} 1,4728—1,4735; 71 g (roh); 48 g geben beim Kochen in Bzl. mit H_3BO_3 unter Wasserabscheidung (3¼ Std.) 5,7 g IX, 7,3 g VI (*Oxim*, F. 89—89,5°) u. 5,4 g *Carveylacetat* ($Kp._{10}$ 106—110°, n_D^{27} 1,4742); beim Kochen in Bzl. mit p-Toluolsulfonsäuremonohydrat unter Wasserabscheidung 31% IX u. 37% VII. — *α-Pinenepoxyd* (III), aus I analog IV; 49%. — *Campholenaldehyd* (V), $Kp._{<1}$ 45—48°, $Kp._{1-2}$ 50—55°, a) aus III mit Eisessig (bei 18—22° Eintropfen, dann 18 Std. bei Zimmertemp.); n_D^{32} 1,4607; 26%; b) aus III mit Na-Acetat in Eisessig bei 35—37°, dann 14 Std. bei Zimmertemp.; n_D^{25} 1,4652; 28%, daneben *Oxyacetat* $C_{12}H_{20}O_3$, $Kp._1$ 110—125°. *Semicarbazon*, F. 139,5—140,5°. — *Pinolglykol*, F. 128,5 bis 129° (Methylacetat–Ligroin), aus I analog X, aber 52 Std. bei Zimmertemp.; 3%. (J. Amer. chem. Soc. **77**. 3405—08. 20/6. 1955. Emory Univ., Ga., Dep. of Chem.) W. SCHULENBURG. 3600

V. Sýkora, V. Herout und **F. Šorm,** *Über Terpene.* 66. Mitt. *Konstitution des β-Elemens.* (65. vgl. C. **1955**. 10994.) Vff. haben aus der Vorfraktion von Kalmusöl (Chem. Listy **46**. [1952.] 554) u. Wachholderbeeröl (Chem. Listy **48**. [1954.] 589) einen monocycl. Terpen-KW-stoff, *β-Elemen* (I), $C_{15}H_{24}$, $Kp._9$ 113—114°, $D._4^{20}$ 0,8802, n_D^{20} 1,4943, $[\alpha]_D^{20}$ —16,9°, isoliert, der dasselbe Skelett wie Elemol hat. Auf Grund des Infrarotspektr. u. der Ozonolyse des I wurde festgestellt, daß seine drei Doppelbindungen in den Seitenketten endständig liegen müssen u. I daher *1-Methyl-1-vinyl-2.4-diisopropenylcyclohexan* ist. Diese Tatsache wurde durch Pyrolyse des nach RUZICKA u. PFEIFFER (Helv. Chim. Acta **9**. [1926.] 841) hergestellten *Elemolbenzoats* bei 210—240°/100 mm zu I bestätigt. (Chem. Listy **49**. 942—43. Juni 1955 [Orig.: tschech.]; Collect. czechoslov. chem. Commun **21**. 267—68. 1956. Praha, Československ. akad. věd, Chem. ústav. [Auszug: engl.]) J. KUČERA/Prag. 3600

Yves-René Naves, *Untersuchungen über flüchtige Pflanzenstoffe.* 131. Mitt. *Über die Gegenwart und Bestimmung des Menthofurans in den Ölen der Pfefferminze* (*Mentha piperita L*). (130. vgl. C. **1955**. 11394.) Ausführliche Wiedergabe der C. **1954**. 7467 referierten Arbeit. Es wurde das äther. Öl gesunder Pflanzen u. solcher Pflanzen, die von dem Parasiten *Eryophus menthae* befallen waren, untersucht (vgl. BENEZET u. IGOLEN, C. **1953.** 1571); die Infrarotspektren werden graph. wiedergegeben. — *Menthofuran*, Kp.$_3$ 90—92°, aus D-Pulegon; D.$^{20}_4$ 0,9676, n_D^{20} 1,48428, $[\alpha]_D^{20}$ +93,84°. (Bull. Soc. chim. France, Mém. [5] 657—61. Mai 1954. Vernier-Genf, L. Givaudan & Cie., S.A. Labors. de Rech.) E. ROTTER. 3600

Yves-René Naves und **Pierre Ardizio**, *Untersuchungen über flüchtige Pflanzenstoffe*. 132. Mitt. *Über die Herstellung von β-Jonon durch Cyclisierung der Pseudojonone mittels Schwefelsäure*. (131. vgl. vorst. Ref.) Vff. untersuchen die Zus. der Prodd. mit Kp.$_4$ <118° der Cyclisierung der Pseudojonone in Abhängigkeit von der Menge u. Zus. des als Kondensationsmittel benutzten Gemisches von H_2SO_4 u. CH_3COOH. Zur Best. von α-(I) + *β-Jonon* (II) dient dabei die UV-Absorption bei 261 mμ, zur Best. von II die bei 295 mμ; I wird durch die Infrarotabsorption bei 13,55 μ bestimmt. Die Ausbeute an I + II durchläuft ein Maximum bei Verwendung von H_2SO_4/CH_3COOH im Verhältnis 1:1, die Erhöhung der Katalysatormenge erhöht die Ausbeute an I + II, die Verwendung von CH_3COOH/H_2SO_4 in einem größeren Verhältnis als 2:1 begünstigt die Bldg. anderer Prodd. als I u. II (vgl. C. **1953.** 5016). Der Anteil an II steigt mit der Konz. der H_2SO_4 an, allerdings erfolgt bei hohen H_2SO_4-Konzz. Dehydratisierung zu *Jonen* u. Polymerisation. Außer den bereits beschriebenen Prodd. der Cyclisierung wurde ein neues *Isojonon* [$C_{13}H_{20}O$, Kp.$_3$ 94—95°, D.$^{20}_4$ 0,9527, n_D^{20} 1,48162; *Semicarbazon*, $C_{14}H_{23}\cdot ON_3$, F. 176,5—177,5° (korr.); *2.4-Dinitrophenylhydrazon*, $C_{19}H_{24}O_4N_4$, F. 143—144° (korr.; CH_3OH); *4-Phenylsemicarbazon*, $C_{20}H_{27}ON_3$, F. 125—126° (korr.; A.)] isoliert, das nach seiner Mol.-Refr. bicycl. zu sein scheint u. nach dem UV- u. Infrarotspektr. in α-Stellung zur CO-Gruppe gesätt. ist. Bei der Hydrierung in Ggw. von PtO_2 wird ein Mol H_2 zum *gesätt. Keton* [$C_{13}H_{22}O$, Kp.$_3$ 97—98°, D.$^{20}_4$ 0,9429, n_D^{20} 1,47490; *Semicarbazon*, $C_{14}H_{25}ON_3$, F. 184—185° (korr.; A.); *4-Phenylsemicarbazon*, $C_{20}H_{29}ON_3$, 148—149° (korr.; A.); *2.4-Dinitrophenylhydrazone*, $C_{19}H_{26}O_4N_4$, F. 122—123° (korr.; A.-PAe.) u. F. 132—133° (korr.; A.-PAe.)] aufgenommen. (Bull. Soc. chim. France, Mém. [5] **1954.** 661—66. Mai.) E. ROTTER. 3600

Yves-René Naves, *Untersuchungen über flüchtige Pflanzenstoffe*. 133. Mitt. *Stereospezifität der cyclisierenden Wirkung von Bortrifluorid auf das trans-Pseudoiron [trans-3-Methylpseudojonon]*. (132. vgl. vorst. Ref.; 134. vgl. C. **1956.** 1609.) Durch mehrfache Fraktionierung wurde prakt. reines *trans-Pseudoiron* [I; Kp.$_{0,10-0,12}$ 94—95°, D.$^{20}_4$ 0,9065, n_D^{20} 1,53732; *Semicarbazon*, F. 190—190,5° (korr.)] gewonnen. Cyclisierung von I u. Analyse der Prodd., wie in der 127. Mitt. (C. **1955.** 11393) beschrieben, zeigte erneut die Stereospezifität von BF_3 bei der Bldg. von *cis(2.6)-α-Iron* (II), das mit 82%ig. Ausbeute erhalten wurde, während sich mit H_3PO_4 nur Spuren bildeten. — Beim Umkristallisieren isomerisiert sich II-*4-Phenylsemicarbazon* (IIa), so wurden aus 11 g rohem IIa nach 55 Kristallisationen aus CH_3OH 3,6 g *Neo-α-iron-4-phenylsemicarbazon* [F. 181—182° (korr.)], 1,8 g *Iso-α-iron-4-phenylsemicarbazon* [F. 174,5—175,5° (korr.)], 0,4 g *β-Iron-4-phenylsemicarbazon* [F. 165—166° (korr.)], 3 g unreines IIa [F. 158—160° (korr.)] u. 1,1 g restliche Fraktionen (F. 152—156°) erhalten. Die Nichtbldg. von II bei der Cyclisierung von I mit H_3PO_4 steht im Widerspruch zu den Angaben der Schwz. PP. 285 988—285 990 (C. **1954.** 3352). (Bull. Soc. chim. France, Mém. [5] **1954.** 667—71. Mai.) E. ROTTER. 3600

Lester Yoder und **B. H. Thomas**, *Ein antirachitisches Sulfonsäurederivat des Cholesterins*. Vff. berichten über die Darst. einer antirachit. wirkenden *steroiden Monosulfonsäure* (II) aus Cholesterin (I). Bei der Behandlung der ätherlösl. Komponente des Reaktionsprod. in Bzl. mit Brucin wurde das II-*Brucinsalz* (III) krist. erhalten. Für die Sulfonierung wird ein Reaktionsverlauf diskutiert. Die Entstehung einer *Hexaoxydicarbonsäure* (als *Di-Na-Salz*) bei der $KMnO_4$-Oxydation von II beweist, daß bei der Sulfonierung keine Spaltung des Sterinmol. eingetreten ist. Strukturbeweis von II durch Perbenzoesäuretitration u. Absorptionsspektrum. Fütterungsverss. mit II u. Derivv. an Ratten ergaben eine relativ geringe antirachit. Wirkung.

Versuche: Gemisch verschied. *Ca-Sulfonate*, aus I in Eisessig u. Chlorsulfonsäure durch mehrstd. Erhitzen auf 120—125°, Einengen, Suspendieren in W. u. Fällen mit Ca-Acetatlsg., aus CCl_4 mit Aceton umgefällt; 64% (Ausbeute). — *Brucinsalz* (III), $C_{27}H_{40}O_3S\cdot C_{23}H_{26}O_4N_2$, F. 175—178° (Bzl.-Aceton), aus vorst. Sulfonaten in Chlf. durch Entfernung von Ca^{2+} mit 25%ig. HCl, Eindampfen, Ausziehen mit Isopropyläther, Eindampfen, zuletzt mit Bzl., u. Rk. in Bzl. mit Brucin bei 60°; $[\alpha]_D$ +6° in A.; 10—12%. — *Freie Säure* (II); aus 2 g III mit HCl in Chlf.; 1,2 g *Na-Salz*, $C_{27}H_{39}O_3SNa\cdot 2H_2O$, unlösl. in Aceton. — *Dinatriumsalz einer Hexaoxydicarbonsäure*, $C_{27}H_{38}O_{10}Na_2\cdot H_2O$, bei der $KMnO_4$-Oxydation von II in neutraler wss. Lsg. neben *Oxalsäure*; Isolierung über die Methylenblauverb.; aus Chlf. mit Isopropyläther gefällt. (Arch. Biochem. Biophysics **50**. 113—23. Mai 1954. Ames, Io., Iowa Agric. Exp. Stat., Chem. Sect.) H. v. PEZOLD. 3700

J. J. Brown und **G. T. Newbold**, *Synthese der Gladiolsäure*. Durch anhaltende Oxydation von Desoxygladiolsäure (**I**; vgl. C. **1955**. 10979) mit $NaJO_4$ in sd. verd. H_2SO_4 wurde außer 73% zurückgewonnenen **I** ein Gemisch von *Gladiolsäure* (**II**) u. *Isogladiolsäure* [$C_{11}H_{10}O_5$, F. 232—233°, aus wss. A. Nadeln; ca. 40% (Ausbeute bezogen auf umgesetzte **I**)] erhalten. **II** wurde gereinigt durch Überführung in das **II**-*Hydrat-Triacetat* ($C_{17}H_{18}O_9$, F. 131—132°, aus wss. A. feine Nadeln; ca. 10%). Durch Hydrolyse mit sd. verd. H_2SO_4 entstand **II**, $C_{11}H_{10}O_5$, F. 160°, aus W. Nadeln. (Chem. and Ind. **1953**. 1151. 24/10. Glasgow, Royal Techn. Coll.) E. FRANCK. 3900

Roger Rabassa und **Nicolas Giovambattista**, *Penicillinate von Aminen*. Es werden Penicillinate von SCHIFFschen Basen des 1-Phenyl-2-aminopropans hergestellt, die antibiot. Wrkg. der Salze wird mit der von Penicillin G (**I**) verglichen.

Versuche: *1-Phenylisopropyl-p-dimethylaminobenzylidenammoniumpenicillinat*, $C_{34}H_{40}O_4N_4S$, F. 120—121° (CH_3OH + Butanol), aus Penicillin G (**I**) u. 1-Phenyl-2-[p-dimethylaminobenzylidenamino]-propan in Amylacetat; ausfällbar mit Ae.; 80% (Ausbeute). — *1-Phenylisopropyl-p-nitrobenzylidenammoniumpenicillinat*, $C_{32}H_{34}O_6N_4S$, F. 113—115° (CH_3OH, Aceton u. Ae.), aus **I** u. 1-Phenyl-2-[p-nitrobenzylidenamino]-propan; 68%. — *1-Phenylisopropyl-m-nitrobenzylidenammoniumpenicillinat*, $C_{32}H_{34}$·O_6N_4S, F. 116—117° (CH_3OH, Aceton u. Ae.); 50%. (Rev. farmacéutica **96** (**97**). 5—6. Jan./Febr. 1954. Univ. Nacional de Eva Perôn, Fac. de Quím. y Farmac., Dep. de Quím. Orgán.) M. REIHER. 3900

D. G. Hardy und **W. Rigby**, *Die Konstitution des Marrubiins*. Bei der Nachbearbeitung der Verss. von GHIGI (C. **1953**. 2613 u. früher) kommen Vff. zu ähnlichen Ergebnissen wie COCKER u. Mitarbeiter (C. **1955**. 5325). Die Permanganatoxydation von Na-Marrubat lieferte das *Oxysäurelacton* $C_{17}H_{26}O_5$ (**I**), F. 214—215° (Zers.; 209—210° bei langsamem Erhitzen), $[\alpha]_D^{22}$ —18,5 (c = 6,1; opt. Drehungen in Chlf.); *Methylester*, $C_{18}H_{28}O_5$, F. 154°. Aus **I** durch CrO_3-Oxydation *Ketosäure* $C_{17}H_{24}O_5$ (**II**), F. 222—223,5°, $[\alpha]_D^{25}$ +74,4° (c = 3,9); *Methylester*, $C_{18}H_{26}O_5$, F. 165,5°; *Oxim*, $C_{17}H_{25}O_5N$, F. 290—292° (Zers.). *Ketolacton*, $C_{14}H_{20}O_3$ (**III**), F. 196°, durch Oxydation von Anhydromarrubiin, $[\alpha]_D$ +119° (c = 1,02), gibt ein *2.4-Dinitrophenylhydrazon*. Daraus durch Hydrolyse *Ketooxysäure*, $C_{14}H_{22}O_4$, F. 178°, $[\alpha]_D^{25}$ —43,4° (c = 0,42), daraus durch CrO_3-Oxydation *Diketosäure*, $C_{14}H_{20}O_4$, F. 109,5, $[\alpha]_D^{25}$ +60° (c = 0,95); SeO_2-Oxydation → gelbe *ungesätt. Diketosäure*, $C_{14}H_{18}O_4$, F. 140,5°, $[\alpha]_D^{27}$ +139° (c = 0,91). — Aus den Ergebnissen folgt, daß GHIGI zeitweise mit **I** u. zeitweise mit **II** gearbeitet hat, ohne deren Verschiedenheit zu erkennen. — Das Infrarotspektr. von Marrubiin spricht für das Vorliegen eines γ-Lactons, ebenso das von **III**. (Chem. and Ind. **1953**. 1150—51. 24/10. London, Birkbeck Coll., Chem. Dep.) E. FRANCK. 3950

J. C. Benstead, **H. V. Brewerton**, **J. R. Fletcher**, **M. Martin-Smith**, **S. N. Slater** und **A. T. Wilson**, *Pikrotoxin und Tutin*. 4. Mitt. *Die reduzierenden Eigenschaften und funktionellen Gruppen*. (3. vgl. SLATER, J. chem. Soc. [London] **1949**. 806.) Die Prüfung der Existenz eines reduzierenden Syst. in den Strukturen von *Pikrotoxinin* (**I**) u. verwandten Verbb. ergab, daß entgegen der allg. Auffassung die Substanzen selbst nicht reduzierend wirken, sondern die aus ihnen bei den üblichen alkal. Rkk. durch Abbau entstehenden einfacheren Verbb. dieses Verh. vortäuschen. Es besteht ein Zusammenhang zwischen der Alkalistabilität der Verbb. u. ihren reduzierenden Eigenschaften. *α-Pikrotoxininsäure* (**II**), *Pikrotoxinsäure*, *β-Brompikrotoxininsäure* u. die „*Verb. C*" von SUTTER u. SCHLITTLER (C. **1951**. I. 3350) sind alkalistabil u. red. nicht. Das Verh. gegen 0,1 n ammoniakal. $AgNO_3$-Lsg. (auch mit wenig NaOH sensibilisierte) u. gegen 2n Na_2CO_3 bei 100° wurde ferner untersucht von *ozonisiertem Neopikrotoxinin*, *Neopikrotoxinin*, *ozonisiertem* **I**, *Neotutin*, *Pikrotoxin*, *Tutin*, *Acetylneopikrotoxinin*, *α*- u. *β-Pikrotinsäuremethylester*, *Dihydroneopikrotoxinin*, *Dihydropikrotoxinin* (**III**), *Bromneopikrotoxininsäure*, *Dihydro-α-pikrotoxininsäure*, *Pikrotin* (**IV**), *Acetylpikrotin* u. *α-Dihydrotutin*. Bei den alkaliinstabilen Verbb. scheint ein Zusammenhang zwischen der Leichtigkeit des Abbaus u. der Stärke der Reduktionswrkg. zu bestehen. Der Grad des Abbaus kann an der Entstehung einer charakterist. gelben Farbe noch nicht isolierter Zwischenprodd. verfolgt werden. Vff. diskutierten krit. die rein chem. Beweise für die Annahme, daß **I** u. **IV** Dilactone sind. Sie halten diese Formulierung für korrekt, wenn die Acidität in dieser Verbindungsreihe allein auf die Lactongruppen zurückführbar ist. Die Existenz einer 2. Lactongruppe in **IV** erscheint aber nicht sehr sicher, da die Verfolgung der UV-Absorption (insbes. eines Maximums bei 235 mμ) während des $Ba(OH)_2$-Abbaus auf einen verwickeltem Reaktionscyclus der Bldg. einer *Pikrotin-*

dicarbonsäure (**V**) schließen läßt u. daher keine einfache Beziehung zwischen **IV** u. **V** anzunehmen ist. Durch konduktometr. Titration zeigten Vff., daß 2 Aciditätszentren in **I** u. **IV** existieren. Kurven der Titration der anderen Verbb. dieser Reihe werden ebenfalls angegeben. Die Bldg. eines *Isomeren* bei der Einw. von Alkali oder Diazomethan auf *α-Bromtutin* wird insbes. in Zusammenhang mit der Beziehung von **I** zu **II** diskutiert. Während die Rk. von **I** mit Essigsäureanhydrid in Ggw. von $FeCl_3$ kein definiertes Prod. lieferte, gab **III** ein *Diacetat*, aus dessen einfacher Bldg. Vff. **III** eher als einen zweiwertigen Alkohol als als einen Monoxyäther ansehen. Die Infrarotspektren von **I**, **IV** u. *Neopikrotoxinin* werden angegeben u. diskutiert. — Bei den konduktometr. Titrationen wurden die alkal. Lsgg. mit HCl zurücktitriert. — *α-Bromtutin* gab beim Schütteln mit 0,1 n NaOH oder in Ae. mit CH_2N_2 eine *Substanz* $C_{15}H_{17}O_9Br$, F. 267—268° (A.). — **III**-*Diacetat*, $C_{19}H_{22}O_8$, F. 245° (Methanol). (J. chem. Soc. [London] **1952**. 1042—51. März. Wellington, New Zealand, Victoria Univ. Coll.) W. LINDENBERG. 3950

S. N. Slater und **A. T. Wilson**, *Pikrotoxin und Tutin. 5. Mitt. Die Dehydratisierung von Pikrotin und einige alkalische Abbaureaktionen.* (Mit einem Anhang von **Sutter** u. **Schlittler**; 4. vgl. vorst. Ref.) Bei weiteren Verss. zur Klärung der Beziehungen zwischen *Pikrotin* (**I**) u. *Pikrotoxinin* (**II**) fanden Vff., daß **I** beim alkal. Abbau zu *5-Oxy-3-keto-2-methylcyclopenten-(1)-carbonsäure-(1)* (**III**) führte, die früher schon aus Prodd. des alkal. Abbaus von **II**, *Dihydropikrotoxinin* (**IV**), *α-Pikrotoxininsäure* u. *Dihydro-α-pikrotoxininsäure* isoliert worden war (vgl. SUTTER u. SCHLITTLER, C. **1951**. I. 3350 u. früher). Neben **III** entstand wahrscheinlich *δ-Oxy-β-[1-oxy-1-methyläthyl]-γ-ketovaleriansäure* (rotes Öl), die als Abbauprod. zu erwarten ist, wenn die C-Gerüste von **I** u. **II** ident. sind. Alkal. Abbau von Dihydroneopikrotoxinin gab **III** u. *δ-Oxy-γ-keto-β-isopropylvaleriansäure* (**V**). Die Trennung von **III** u. **V** wurde durch Ae.-Extraktion bei verschied. p_H u. schließlich durch Ionenaustauscher („De-Acidite B", W./Na_2CO_3-Lsg.) erreicht. Dehydratisierung von **I** durch Schmelzen mit Oxalsäure gab ein Gemisch, dessen Bromierung *Bromneopikrotoxinin* u. ein weiteres, mit keinem bekannten Brompikrotoxinin ident. *Bromderiv.* lieferte. Dieses u. die entsprechende Säure sehen Vff. versuchsweise als Derivv. eines Isomeren des Neopikrotoxinins an. Aus den Verss. schließen Vff., daß **I** eher dem *Neopikrotoxinin* verwandt ist als dem **II**. Einzelheiten der Oxydation von **IV** zu *Isobuttersäure*, von **I** zu *α-Oxyisobuttersäure* u. von **II** zu *Bernsteinsäure* werden im Anhang beschrieben.

V e r s u c h e : 5 g **IV** wurden in 10%ig. wss. Na_2CO_3 unter Einleiten von N_2 30 Min. auf 80° erhitzt; nach 24std. Ae.-Extraktion wurde p_H ca. 6 eingestellt; zweimalige Extraktion mit Ae. gab 700 mg *δ-Oxy-γ-keto-β-isopropylvaleriansäure* (**V**), $C_8H_{14}O_4$, F. 110—110,5° (Ae./Leichtbenzin), λ_{max} 279 mμ (log ε = 1,56), neben einem nicht näher untersuchtem Öl. Ansäuern (Kongorot) der wss. Lsg. u. Ae.-Extraktion führte zu 210 mg *5-Oxy-3-keto-2-methylcyclopenten-(1)-carbonsäure-(1)* (**III**), $C_7H_8O_4$, F. 156° (kleine Nadeln aus Ae.), λ_{max} 234 (log ε = 4,02), 332 mμ (log ε = 1,57). — *Dihydroneopikrotoxinin*, F. 256° (A.), durch Hydrierung von *Pikrotoxin* in A. in Ggw. von $PdCl_2$ (+HCl) u. Kochen mit 3%ig. H_2SO_4; gab in 10%ig. Na_2CO_3 bei 90° ebenfalls **V** u. **III**. — Nach Lösen von **I** in 2%ig. NaOH, Neutralisieren u. Verdampfen des W. bei 30—40° (verminderter Druck) wurde ein glasiges *Na-Salz* erhalten, das mit Oxalsäure 24 Std. auf 110° erhitzt wurde; Lösen in W. u. Bromieren führte zu *Bromneopikrotoxinin*, F. 264° (Nadeln aus A.), das sich auch beim Erhitzen von **I** mit Oxalsäure u. anschließender Bromierung bildete neben einem anderen Brompikrotoxinin, dessen *Säure* n_α 1,532, n_β 1,558 u. n_γ 1,562 besaß. — A n h a n g : **I** wurde 15 Min. mit 15%ig. wss. Na_2CO_3 auf 90° erhitzt u. dann bei 0° mit $KMnO_4$ oxydiert. Neben *Oxalsäure* (als Ca-Salz) u. *Bernsteinsäure* (F. 178,5—180°) wurde *α-Oxyisobuttersäure*, F. 78—80°, isoliert. *Pikrotinacetat* gab nach 15 Min. mit 15%ig. Na_2CO_3 auf dem Wasserbad u. Oxydation bei 0° nur Bernsteinsäure. Bei 5 Min. langem Erhitzen von **II** mit 1%ig. wss. Na_2CO_3 auf 90° wurde keine Bldg. von Aceton bemerkt. Nach Oxydation mit $KMnO_4$ bei 0° u. üblicher Aufarbeitung wurden *Oxalsäure* u. *Bernsteinsäure* (F. 181—182°) erhalten (*Phenylhydrazinsalz*, F. 95—96°). — Oxydation von **IV** in 1%ig. Na_2CO_3 mit $KMnO_4$ bei 55° gab *Acetaldehyd* (*2.4-Dinitrophenylhydrazon*, $C_8H_8O_4N_4$, F. 156—158°), *Oxalsäure*, *Dihydropikrotoxinsäure* ($C_{15}H_{20}O_7$, F. 253—254°) u. ein rötlichgelbes *Öl*, das in 5 Fraktionen getrennt wurde: $Kp._{12}$ 53—54° (gab *Isobuttersäure-p-phenylphenacylester*, F. 84,5 bis 85,5°), $Kp._{12}$ 88—90° (kein krist. p-Phenylphenacylester), $Kp._{12}$ 108—110° (*p-Phenylphenacylester*, F. 108—140°), $Kp._{12}$ 128—129° (kein krist. Ester) u. $Kp._{12}$ 130° (rotbraune glasige M., gab nach Veresterung mit Diazomethan die Fraktionen von $Kp._{12}$ 78—80°, 90—104° u. 125—128°). (J. chem. Soc. [London] **1952**. 1597—1602. Mai.)
W. LINDENBERG. 3950

J. C. Benstead, Roy Gee, R. B. Johns, M. Martin-Smith und **S. N. Slater**, *Pikrotoxin und Tutin. 6. Mitt. Methylierung und Methanolyse.* (5. vgl. vorst. Ref.) Vff. unter suchen die Methylierung von *Pikrotoxinin* (I) u. verwandten Verbb. mit Dimethylsulfat/Alkali, Methyljodid/Ag_2O u. Diazomethan. Da aus den früheren Arbeiten nicht zu ersehen war, ob CH_2N_2 u. bzw. oder das anwesende Alkali die Bldg. der beschriebenen Prodd. bewirkte, wurden die Rkk. von SUTTER u. SCHLITTLER (vgl. C. **1951**. I. 3350) nachgearbeitet u. im allg. bestätigt. I gab mit Methanol u. äther. CH_2N_2 in Ggw. von KOH hauptsächlich „*Verb. C*" (**II**; vgl. l. c.) neben wenig *Pikrotoxinindicarbonsäuredimethylester* (**III**). Ohne KOH mit nicht dest. CH_2N_2 bildeten sich etwa gleiche Mengen **II** u. **III**, während mit dest. CH_2N_2 fast ausschließlich **II** erhalten wurde. Vff. identifizierten **II** als *Methyläther* des *Pikrotoxinsäuremethylesters* (**IV**) u. folgern, daß **IV** Zwischenprod. bei der Bldg. von **II** aus **I** ist. Die „*Verb. E*" (vgl. l. c.) erkannten Vff. als *O-Methylpikrotoxinsäure*, die sie sowohl aus *Pikrotoxinsäure* (**V**) als auch aus **II** darstellen. Durch längere Rk. von dest. Ae./CH_2N_2 mit α-Pikrotoxininsäure in Methanol erhielten Vff. nur den *Methylester*, so daß die Bldg. des *Pikrotoxinindicarbonsäureesters* (vgl. SUTTER u. SCHLITTLER, l. c.) auf die Wrkg. von Alkali zurückgeführt werden muß. Vff. untersuchen ferner die Rk. von **I** u. verwandten Verbb. mit alkoh. Alkoholaten, von deren Menge die Natur der ReaktionsProdd. abhängig ist. Diese Rkk. ließen sich auch mit Spuren der Alkoholate ausführen. Während *Pikrotin* (**VI**) mit katalyt. oder mol. Mengen Na-Methylat zu etwa dem gleichen Verhältnis α- u. *β-Pikrotinsäuremethylester* führte, gab **I** in Ggw. von 0,05—1 Mol Na-Methylat hauptsächlich **IV**, von 0,01 Mol dagegen **III**. In dem bei der therm. Zers. von α-Pikrotinsäure neben **V** entstehenden u. damit isomeren *Pikrotinlacton* vermuteten Vff. eher eine C_{30}- als eine C_{15}-Verbindung. Weitere Rkk. werden diskutiert; es wird gezeigt, daß **V** strukturell grundlegend verschieden ist von **I**.

Versuche: Nach schwachem Erwärmen von **VI** in wss. NaOH mit Trimethylsulfat wurden durch Zugabe von HCl erst ein gummiartiger Nd. **A** u. dann ein Nd. **B** erhalten. Erschöpfende fraktionierte Kristallisation von **A** aus wss. Methanol oder W. gab *Methylpikrotin*, $C_{16}H_{20}O_7$, F. 215° (Dioxan), u. verschied. Fraktionen, die beim Erhitzen undefinierte FF. >200° zeigten, beim Einbringen in ein vorher auf 170° erhitztes Bad aber gleich schmolzen. Eine weitere Fraktion schmolz nach Erweichen bei 230—235° u. gab nach Rekristallisation keine F.-Erniedrigung mit **VI**. **B** gab etwas **VI** u. verschied. Fraktionen mit ähnlichem Verh. wie die obigen. **V** führte bei gleicher Methylierung zu *O-Methylpikrotoxinsäuremonohydrat*, $C_{16}H_{20}O_7 \cdot H_2O$, F. ca. 215° (W.), im vorerhitzten Bad F. 170°. — *β-Pikrotinsäuremethylester*, $C_{16}H_{22}O_8$, aus β-Pikrotinsäure mit CH_3J (+Ag_2O) in Methanol am Rückfluß, F. 231°, mit Ae./CH_2N_2, nach Erweichen F. ca. 220° (W.), nach Rekristallisation F. 240—242°, keine F.-Erniedrigung mit ersterem. Diese Verb. wurde auch aus **VI** mit kaltem Methanol u. sehr wenig Na-Methylat in 12 Std. erhalten, F. 238° (Prismen aus A.), neben dem *α-Ester*, F. 239°. — *O-Methylpikrotoxinsäuremethylester* (**II**), $C_{17}H_{22}O_7$, F. 185° (Methanol), aus **I** in überschüssigem Methanol mit Ae./CH_2N_2 in Ggw. von KOH; in Abwesenheit von KOH wurde daneben *Pikrotoxinindicarbonsäuredimethylester* $C_{17}H_{24}O_8$ (**III**) erhalten, F. 187°, u. bei einem Ansatz auch *Pikrotoxinsäuremethylester* (**IV**), F. 171,5°. — **II** bildete sich auch aus **V** in Methanol mit Ae./CH_2N_2, aus O-Methylpikrotoxinsäure oder **IV** u. Ae./CH_2N_2 u. aus **IV** mit $(CH_3)_2SO_4$ u. Alkali. — *O-Methyl-α-pikrotinsäuremethylester*, $C_{17}H_{24}O_8$, F. 182° (glänzende Würfel aus W.), aus obigem α-Ester mit $(CH_3)_2SO_4$(+NaOH) oder Ae./CH_2N_2. — *Bromneopikrotoxinin*, $C_{15}H_{15}O_6Br$, F. 274° (Zers.), aus Bromneopikrotoxininsäure u. Ae./CH_2N_2; *Acetat*, $C_{17}H_{17}O_7Br$, F. 270° (Zers.; A.). — *α-Pikrotoxininsäuremethylester*, $C_{16}H_{20}O_7$, F. 183—184° (Methanol), aus der freien Säure mit Ae./CH_2N_2; keine F.-Erniedrigung mit dem durch Debromierung von **IX** (s. u.) erhaltenen Produkt. — Methanolyse von **I**: a) 1 g **I** in 40 ml Methanol mit 5 mg Na gab 0,8 g **IV**. b) 500 mg **I** in 20 ml Methanol + 1 Tropfen Na-Methylat (aus 1 g Na in 25 ml Methanol) führten zu 310 mg **III**; *Diacetat* $C_{21}H_{28}O_{10}$, F. 134° (Methanol); *Dihydroderiv.* (**VII**), F. 178° (W.) durch Hydrierung in A. in Ggw. von ADAMS-Katalysator. — Entsprechende Methanolyse von *Dihydropikrotoxinin*: Ansatz a) gab *Dihydropikrotoxinsäuremethylester* (**VIII**), $C_{16}H_{22}O_7$, F. 211° (Nadeln aus W.), auch aus **IV** durch Hydrierung; Ansatz b) führte zu **VII** u. **VIII**. — Die Methanolyse von *Dihydropikrotoxinindiacetat* gab eine *Substanz*, $C_{20}H_{26}O_9$, F. 222° (W.), u. **VIII**. — *β-Brompikrotoxininsäuremethylester* (**IX**), F. 225° (Methanol), aus β-Brompikrotoxinin in Methanol in Ggw. von Na-Methylat, in Methanol, (+ Dioxan) u. CH_2N_2 oder aus der Säure mit Methanol/H_2SO_4 oder Diazomethan. (J. chem. Soc. [London] **1952**. 2292—99. Juni.)

W. LINDENBERG. 3950

R. Livingstone und **M. C. Whiting**, *Die Struktur des Lapachenols, eines Hartholzextraktstoffes.* „*Lapachenol*" (I) wird als Name für eine Substanz vorgeschlagen, die man im Holz der Paratecoma alba findet. I scheint ident. mit der von MANUELLI [1900] gefundenen Verb. zu sein, der er den Trivialnamen „Lapachonon" gab. Die Struktur von I wird als *4'-Methoxy-6.6-dimethylnaphtho-[1'.2':2.3]-pyran* aufgeklärt u. durch die Totalsynth. der *Dihydroverb.* (**II**) bestätigt. UV- u. Infrarotspektren werden zur Beweisführung herangezogen.

Versuche: *Lapachenol* (I), $C_{16}H_{16}O_2$, F. 62° (Platten aus PAe.), durch Dampfdest. fein zermahlenen Splintholzes oder durch längeres Schütteln mit PAe., Waschen mit Sodalsg. u. Umkristallisieren des Rückstands aus Pentan; 0,5% bzw. 0,4% (Ausbeute). *Pikrat*, $C_{22}H_{19}O_9N_3$, F. 141° (violette Nadeln). — *Dihydrolapachenol* (II), $C_{16}H_{18}O_2$, F. 78°, a) durch Schütteln von 5 g I in A. in Ggw. von PtO_2 unter H_2; 3,75 g; b) durch 3std. Kochen von 0,2 g **V**, 1-Brom-3-methylbuten-(2), $ZnCl_2$ u. Bzl. über das *Pikrat* [$C_{22}H_{21}O_9N_3$, F. 141—142,5° (violette Nadeln aus Methanol); 160 mg], das in äther. Lsg. chromatograph. zers. wird; 56 mg. — *Hexahydrolapachenol*, $C_{16}H_{22}O_2$, $n_D^{17,5}$ 1,5668, durch 33std. Schütteln von 0,5 g **I** in Eisessig analog **II** nach a). *Dodekahydroderiv.*, durch 60std. Schütteln gewichtsgleicher Teile von **I** u. PtO_2 in Essigsäure. — *Phthalsäure*, F. 190—196°, a) durch 24std. Stehen von 2 g **I** in Aceton u. $KMnO_4$ bei 20°, Zugabe von weiterem Aceton u. 3std. Kochen, Suspendieren des Rückstandes in W., Ansäuern mit verd. H_2SO_4, Einleiten von SO_2, Extraktion mit Ae., Verdampfen des Lösungsm. u. Aufnahmen in Ae.; 0,11 g; b) durch Kochen von **I** mit HNO_3; 80%. *Anhydrid*, F. 131°. — *Isonaphthazarin*, $C_{10}H_6O_4$ (aus Äthylacetat, Sublimation bei 258—260°), aus der äther. Lsg. vorst. Verb. nach a) durch Waschen mit wss. NaOH u. Ansäuern; 40 mg. — *2.3-Dimethoxy-α-naphthochinon*, F. 112—114° (gelb), aus vorst. Verb. u. Diazomethan in Ae. durch Sublimation des Rückstands im Hochvakuum. — *α-[2-Carboxy-4-methoxy-1-naphthoxy]-isobuttersäure* (**III**), $C_{16}H_{16}O_6$, F. 163—164° (Prismen aus verd. A.), durch 6std. Kochen von 6 g **I**, $KMnO_4$ u. Aceton, Aufnehmen des Rückstands in W. u. Einleiten von SO_2; 2,2 g. — Durch 3std. Kochen von **III** mit HBr in Essigsäure bei 60—65° unter N_2 entsteht ein *2:1-Gemisch* (**IV**, F. 200°, Nadeln aus wss. A.) von *1.4-Dioxy-2-naphthoesäure* u. ihres *4-Monomethyläthers*. — *1.4-Diacetoxynaphthalin*, F. 130,5 bis 131,5° (wss. A.), durch 2std. Kochen von 200 mg **IV**, Essigsäureanhydrid u. Na-Acetat; 40 mg. — *Methyl-1-oxy-4-methoxy-2-naphthoat*, F. 137—138° (wss. Aceton), a) aus 100 mg **IV** in Ae., Methanol u. überschüssigem Diazomethan; 10 mg; b) aus der neutralen Schicht neben nachst. Verb.; 20 mg. — *1-Oxy-4-methoxy-2-naphthoesäure*, F. 196—200°, durch Sättigen einer Lsg. von **IV** in Methanol mit HCl-Gas, 90 Min. Kochen, Gießen in W., Schütteln des Nd. mit Ae. u. $NaHCO_3$-Lsg. u. Ansäuern der wss. Schicht; 50 mg. — *2-[2-Oxymethyl-4-methoxy-1-naphthyloxy]-2-methylpropanol-(1)*, $C_{16}H_{20}O_4$, F. 105—106° (Nadeln aus PAe.), durch 60 Min. Einw. von überschüssigem Diazomethan in Ae. auf **III** in Ae.-Methanol, Entfernen des Lösungsm., Lösen des Rückstands in trockenem Ae., Gießen in eine äther. Lsg. von $LiAlH_4$ unter Rühren u. 2std. Kochen. — *Isobutyraldehyd-2.4-dinitrophenylhydrazon*, F. 183—184° (gelbe Nadeln), durch Kochen vorst. Verb. u. 30%ig. H_2SO_4 unter Durchleiten von N_2 u. Einleiten des Gasstromes in eine methanol. Lsg. von 2.4-Dinitrophenylhydrazinsulfat; 75%. — *Dimeres Lapachenol*, $C_{32}H_{32}O_4$, F. 258° (Nadeln aus Äthylacetat), durch Erhitzen von 5 g **I** u. HCOOH auf 90°; 4,25 g. *Oktahydroderiv.*, $C_{32}H_{40}O_4$, F. 248—249° (Prismen aus Äthylacetat), durch Lösen vorst. Verb. in einem Gemisch von Chlf.–Äthylacetat–Eisessig u. 24std. Schütteln unter H_2 in Ggw. von PtO_2. — *1.2.3.4-Tetrahydro-5.8-dimethoxynaphthalin*, $C_{12}H_{16}O_2$, F. 43—44° (Platten aus Methanol), durch 24std. Schütteln von 467 mg 1.4-Dimethoxynaphthalin u. Eisessig in Ggw. von PtO_2 unter H_2; 370 mg. — *4-Methoxy-1-naphthol* (**V**), F. 124—125° (PAe.), durch 4std. Kochen von 1.4-Dioxynaphthalin in Methanol mit NaOH u. Methyljodid unter N_2 u. fraktionierte Sublimation im Hochvakuum; 24%. (J. chem. Soc. [London] **1955**. 3631—36. Nov. Manchester, Univ.) O. WOLF. 3950

E. Späth und **F. Gandini-Kesztler**, *Über das Laserpitin.* Der Inhaltsstoff der als magenstärkendes Mittel verwendeten Laserpitium latifolium L., das *Laserpitin* (I) wird erneut untersucht (vgl. FELDMANN [1865], KÜLZ [1883] u. MORGENSTERN [1912]. I tritt dimorph mit 2 FF. auf, dest. im Hochvakuum unzers., zeigt $[\alpha]^{18,5}$ +118,8° u. hat die Zus. $C_{25}H_{38}O_7$ (vgl. dagegen die genannten Autoren). Bei alkal. Hydrolyse entstehen 2 Mol *Angelicasäure* u. *Laserol* (**II**), ein dunkles Harz, das im Hochvakuum unter Gasabgabe als gelbes Öl destilliert. Bei der Hydrierung von I entsteht unter Aufnahme von 2 Mol H_2 *Tetrahydrolaserpitin* (**III**). Nach der Ozonisierung von I wurden Kristalle vom F. 189—193° der Zus. von **II**, $C_{15}H_{26}O_5$, gewonnen, die von heißer NaOH unter Braunfärbung gelöst werden. Säure scheidet aus der braunen Lsg. keine krist. Verb. ab. Die Kristalle mit F. 189—193° sind wahrscheinlich der **II**-*Dibrenztraubensäureester*. Verss., aus **II** mit Methyläthylessigsäurechlorid **III** zu resynthetisieren, gelangen nicht. I reagiert nicht mit Semicarbazid, mit CrO_3 liefert es *Diacetyl*, identifiziert als *Disemicarbazon*.

Versuche: *Laserpitin* (I), $C_{25}H_{38}O_7$, F. 93—95° u. 116—117°, aus getrockneten Wurzeln von L. latifolium mit Ae., dann PAe., 2,24% (Ausbeute) der Wurzeln, dest.

bei 170° (Luftbad) u. 0,02 Torr. — *Tetrahydrolaserpitin* (III), F. 91—92°, aus 4 g I mit Pd/H_2 in Eisessig; dest. bei 170° (Luftbad) u. 0,01 Torr; 3,976 g; wird von $NaOCH_3$ gespalten, nach dem Ansäuern entstand ein dunkelbraunes Öl u. als wasserdampfflüchtige Säure *Methyläthylessigsäure*, die als *Phenylhydrazid*, F. 98—99° (Ae.-PAe.), identifiziert wurde. — 4 g I lieferten bei alkal. Spaltung II als braunes Öl, zersetzlich beim Vers. der Hochvakuumdest., u. *Angelicasäure*, F. 42—44°; 1,766 g. — Spaltverss. des I mit NH_4OH (5 Std.; 100—120°), mit HBr (13 Std.; 50°) u. mit CH_3MgJ führten zu nichtkrist. Ölen. — I, mit O_3 in Chlf. behandelt, ergibt aus Ae. krist. II, $C_{15}H_{26}O_5$, nach Dest. bei 160—170° Badtemp. u. 0,01 Torr F. 189—193° (Sintern bei 172°); sie liefern mit Methyläthylessigsäurechlorid bei 100° (4 Std.) nach Dest. bei 175—180° u. 0,015 Torr ein gelbes Öl der Zus. $C_{25}H_{40}O_6$. — I gibt mit rauchender HNO_3 *Oxalsäure*, mit CrO_3, dann Semicarbazid·HCl *Diacetyldisemicarbazon*, F. 281° (Eisessig), mit Bleitetraacetat, dann Semicarbazid·HCl *Acetol-* oder *Acetoinsemicarbazon*, F. 205° (Zers.). (Mh. Chem. **83.** 1301—07; S.-B. Akad. Wiss. Wien, math.-naturwiss. Kl., Abt. IIb. 1301—07. 1952. Wien, Univ., II. Chem. Labor.) H.-A. OFFE. 3950

Louis Shuster, Nathan O. Kaplan und **Francis E. Stolzenbach,** *Reaktion der Pyridinnucleotide mit Trifluoressigsäureanhydrid. Trifluoressigsäureanhydrid* (I) spaltet selektiv die Pyrophosphatverknüpfung von *Di-* (II) u. *Triphosphopyridinnucleotid*, ohne den Nicotinsäureamidriboseteil der Verbb. zu verändern; als Hauptprodd. werden folgende Verbb. durch Ionenaustauschchromatographie u. Papierelektrophorese isoliert u. in üblicher Weise identifiziert: *5'-Adenylsäure* (**IV**), *Nicotinsäuremononucleotid* (**V**), *Diadenosin-5'-pyrophosphat* (**VI**) u. *Dinicotinsäureamidribose-5'-pyrophosphat* (**VII**). Die Ausbeuten an **IV** u. **VI** sind annähernd äquivalent, während doppelt so viel **VII** entsteht wie **V**. 2'.3'-cycl. Phosphate entstehen hierbei nicht. **II** entsteht aus **IV** u. **V** in Ggw. von **I** in 18%ig., sowie aus **VI** u. **V** in 10%ig. Ausbeute. Rk. von **II** u. *5'-Inosinsäure* (**III**) mit **I** gibt unter Austausch von **IV** gegen **III** die Desaminoverb. von **II**. Die Pyrophosphatbindung von **VI** u. **VII** wird durch Schlangengiftpyrophosphatase zu **IV** bzw. **V** gespalten u. **VII** durch Neurosporadiphosphopyridinnucleotidase, wobei nur eine Nicotinsäureamidgruppe abgespalten wird. (J. biol. Chemistry **215.** 195—209. Juli 1955. Baltimore, Md., Johns Hopkins Univ., McCollum-Pratt Inst.) R. LAFFERENZ. 3950

Henry Brusset und **Pierrette Charpin,** *Oxydation von Polyphenolen in ammoniakalischer Lösung.* Die Oxydation von Hydrochinon, Brenzcatechin u. Pyrogallol mit Alkalipersulfat in ammonikal. Lsg. führt zu *Huminsäuren*, die N enthalten. Auch beim Stehenlassen von in Sodalsg. hergestellten stickstofffreien Huminsäuren (vgl. C. **1951.** II. 385) in ammonikal. Lsg. wird N eingebaut. Resorcin, das in sodaalkal. Lsg. keine Huminsäuren ergibt, bildet in NH_4OH mit Persulfat Huminsäuren, die sehr viel O enthalten. (C. R. hebd. Séances Acad. Sci. **240.** 2315—17. 13/6. 1955.) H. WEBER. 3950

B. Bavink, Introducción a la Química Orgánica. 3ª edición, Reimpresión. Barcelona: Labor. 1954. (218 S. u. 1 Bl.) 35,00 ptas.

Max Geloso, Cours de chimie. Fasc. 3. Chimie organique. Paris: Tournier et Constans. 1954. (203 S. m. Abb.) 4°.

Hans Lieb u. **Wolfgang Schöniger,** Preparaciones Orgánicas en Microescala. Manual para la obtención de preparados organicos con pequenas cantidades de sustancias. Madrid: Aguilar. 1955. (XXIII + 214 S.) 70,00 ptas.)

R. L. Shriner, R. C. Fuson and **D. Y. Curtin,** The systematic identification of organic compounds. 4th edn. London: Chapman & H. 1956. (IX + 426 S.) 48 s.

D. Makromolekulare Chemie.

Rudolf Köhler, *Mechanische Eigenschaften wäßriger Lösungen von makromolekularen Stoffen.* In einem Überblick über das mechan. Verh. wss. Lsgg. makromol. Stoffe unter besonderer Berücksichtigung der Stärke werden folgende Idealfälle herausgestellt: 1. Lsg. mit Strukturviscosität als Normalfall; 2. kurz abreißende Paste; 3. Gallerte u. 4. viscose Lsg. mit starker Neigung zum Fadenziehen. Kurz abreißende Pasten sind durch eine Fließkurve mit „Anlaßwert" gekennzeichnet. Bei Gallerten überwiegt das elast. Verh. das Fließverh. bei weitem. Extreme Neigung zum Fadenziehen wird mit einer als „Fließverfestigung" bezeichneten Viscositätsanomalie in Beziehung gebracht, die in einem Anstieg der Viscosität mit der Schubspannung in einem bestimmten Bereich der Fließkurve besteht. Die „Fließverfestigung" läßt sich durch Verss. unter Verwendung des Capillarviscosimeters nachweisen. Bei 2 extrem fadenziehenden Systemen, *Stärke-Borax* u. *Leinsamenschleim* wird ein Maximum der Funktion Viscosität–Schubspannung beobachtet. (Stärke **7.** 76—81. 1955. Düsseldorf, Klebstoffwerk Henkel u. Cie., GmbH.) M. ULMANN. 4000

D. P. Riley und **U. W. Arndt,** *Anwendung radialer Verteilungskurven und sphärischer Fourier-Umformungen zur Bestimmung der Struktur von Hochpolymeren durch Methoden der Röntgenstrahlenstreuung.* Zur Unters. der reellen Struktur von Hochpolymeren wurde eine direkte röntgenograph. Meth. entwickelt, wobei die Intensität monochromat. Röntgenstrahlen gemessen wird, die durch eine isotrope Probe (deren Mol.-Einheiten in rein zufälliger Orientierung vorliegen) gestreut werden. Aus dieser Intensitätskurve kann durch Fourier-Umformungen eine radiale Verteilungskurve abgeleitet werden, die für die Mol.-Struktur der Substanz charakterist. ist. Diese Meth. ist für homogene Strukturen bes. geeignet, obwohl die Unters. von Substanzen mit 2 Strukturtypen oder 2 Phasen prinzipiell ebenfalls möglich ist. Diese Meth. wurde bereits (vgl. C. **1953.** 8883) zur Unters. der Polypeptidkettenkonfiguration in Globularproteinen angewendet u. wird jetzt für Faserproteine ausgewertet. Die Befunden bestätigen die schraubenförmige Struktur (α-Helix) von Pauling u. Mitarbeitern (C. **1952.** 537). Es ist möglich, zwischen den beiden sehr ähnlichen Varianten dieser Struktur (α_1 u. α_2) zu unterscheiden, die neben einer Änderung von der rechts- zur linksgängigen Form nur eine unterschiedliche Substitutionsart der Seitengruppen aufweisen. Die experimentell beobachtete Intensitätsfunktion von *Poly-L-glutaminsäure-γ-benzylester* wird mit der für eine isolierte Wendel (α_1-Typ) berechneten verglichen, wobei überraschend gute Übereinstimmung gefunden wird. Befunde bei *Desoxyribonucleinsäure* stimmen mit der von Watson u. Crick (Nature [London] **171.** [1953.] 737) vorgeschlagenen Doppelwendelstruktur überein. Vorläufige Unterss. zeigen, daß *Polystyrol* vielleicht eine regelmäßig geknäuelte Struktur, möglicherweise auch vom Wendeltypus, aufweist. Folgerungen über die Anwendbarkeit der beschriebenen Meth. werden durch die Arbeit von Bjørnhaug u. Mitarbeitern (C. **1956.** 1911) an linearen organ. Polymeren bestätigt. (J. Colloid Sci., Suppl. **1.** 57–65. 1954. London, Royal Inst.) R. Schäff. 4000

Andrew F. Fitzhugh, Edward Lavin und **George O. Morrison,** *Die Herstellung, die Eigenschaften und die Verwendung von Polyvinylformal.* Übersicht über die Darst., die Eigg. u. die Verwendung von *Polyvinylformal* („Formvar"). Darst. durch gleichzeitige Hydrolyse u. Acetalisierung von Polyvinylacetat in wss. Eisessig mit H_2SO_4 als Katalysator. Die Eigg. u. die Anwendbarkeit hängen stark vom Hydrolyse- u. Acetalisierungsgrad ab; von den Eigg. werden genannt: Löslichkeit, Thermostabilität, elektr. u. mechan. Verh. (z. B. werden die Löslichkeit besser u. die therm. u. mechan. Festigkeit schlechter bei steigendem Acetylgeh.). Anwendungsgebiete: Drahtemaillierung, Metallgrundierung, Verstärkung von spröden Harzen, Klebmittel für Metalle; Verarbeitung über Lsgg., durch Spritzguß oder Kalandern. (J. electrochem. Soc. **100.** 351–55. Aug. 1953. Springfield, Mass., Shawinigan, Resins Corp.; New York, N. Y., Shawinigan Prod. Corp.) O. Fuchs. 4010

W. W. Korschak und **Ss. W. Winogradowa,** *Aus dem Gebiet der hochmolekularen Verbindungen.* 61. Mitt. *Reaktion der Makromoleküle von Polyestern.* (60. vgl. C. **1956.** 8645.) *Sebacinsäure* wird mit *Hexandiol-(1.6)* bei verschied. Mengenverhältnis beider verestert. Bei dem Verhältnis 1,3:1 Mol wird ein Polyester (I) vom Mol.-Gew. 1265 mit CO_2H-Gruppen an beiden Enden der Kette gewonnen; bei dem Verhältnis 1:1,3 Mol hat der Polyester (II) das Mol.-Gew. 1533 u. OH-Gruppen an den Kettenenden. Ein weiterer Polyester (III) mit dem Mol.-Gew. 1327 u. Äthoxygruppen an den Kettenenden wird aus *Diäthylsebacinat* (1,3 Mol) u. *Äthylenglykol* (1 Mol) hergestellt. **I–III** werden in bezug auf ihre Fähigkeit, miteinander zu reagieren, untersucht. **I + II, II + III** u. **I + III** werden bei 2 mm 10 Std. auf 200° erhitzt. Auf Grund der bei **I + II** u. **II + III** während des Erhitzens ansteigenden Viscosität erfolgt eine Rk., die zu Polyestern von höherem Mol.-Gew. führt. Bei **I + III** bleibt eine Rk. aus, da die Viscosität unverändert bleibt. Ob die Polyester **I–III** miteinander reagieren, hängt hauptsächlich von der Flüchtigkeit der entstehenden niedrigermol. Verb. ab; bei **I + II** ist dies W.; bei **II + III** Alkohol. **I** u. **III** reagieren nicht miteinander, weil die Acidolyse zu Sebacinsäure oder ihrem Halbester führen würde, die beide wenig flüchtig sind. (Известия Академии Наук СССР, Отделение Химических Наук [Nachr. Akad. Wiss. UdSSR, Abt. chem. Wiss.] **1954.** 376–79. März/April. Zelinsky-Inst. für Organ. Chem. der Akad. der Wiss. der UdSSR.) R. Knobloch. 4010

W. W. Korschak und **Ss. W. Rogoshin,** *Aus dem Gebiet der hochmolekularen Verbindungen.* 61. Mitt. *Decarboxylierung von Dicarbonsäuren bei der Polykondensation.* (Vgl. vorst. Ref.) Untersucht wird der Einfl. der Temp. auf die Polykondensation von *Äthylenglykol* mit *Dicarbonsäuren.* Die Decarboxylierung der Dicarbonsäuren zu Monocarbonsäuren erfolgt schneller in Ggw. von Äthylenglykol als beim Erhitzen für sich, im Falle von *Oxalsäure* u. *Malonsäure* so schnell, daß Polyester nicht gebildet werden. *Bernstein-* u. *Adipinsäure* liefern Polyester; bei äquimol. Verhältnis der Reaktionsteilnehmer u. Variierung der Temp. werden bei höherer Temp. Polyester von kleinerem Mol.-Gew. erzeugt. In Ggw. von Äthylenglykol wird auch die Decarboxylierungstemp. stark erniedrigt. Bei *Sebacinsäure*, der beständigsten der untersuchten Dicarbonsäuren, machen sich diese Einfll. nur untergeordnet geltend. Die Erniedrigung der Zersetzungstemp. der Dicarbonsäuren im Reaktionsgemisch ist wohl darauf zurückzuführen, daß nicht diese selbst, sondern die offenbar unbeständigeren Polyester mit endständigen CO_2H-Gruppen CO_2 abspalten. (Известия Академии Наук СССР, Отделение Химических Наук [Nachr. Akad. Wiss. UdSSR, Abt. chem. Wiss.] **1954**. 541—49. Mai/Juni.) R. Knobloch. 4010

Samuel H. Maron und **Benjamin P. Madow**, *Rheologie von synthetischem Latex. 4. Mitt. Einfluß der Polydispersität auf das Fließverhalten.* (3. vgl. C. **1956**. 2197.) Von den früher beschriebenen *GR-S-Latices* III u. V (vgl. l. c. u. C. **1953**. 137) wurden Mischungen von verschied. Mischungsverhältnis M hergestellt; außerdem wurden die Mischungen noch mit dest. W. verdünnt. Von den so erhaltenen Gemischen wurde bei 30° nach der C. **1953**. 137 angegebenen Meth. das Fließverh. gemessen. Die Mischungen zeigen für einen Volumenbruch $\Phi < 0{,}25$ Newtonsches, bei höherer Konz. nicht-Newtonsches Fließen. Bis $\Phi = 0{,}47$ kann das Fließverh. bei verschied. Schubspannungen durch eine einzige exponentielle Gleichung dargestellt werden, während bei höherem Φ für niedrige u. hohe Schubspannungen getrennte Gleichungen gelten. Die Konstanten N u. η' der Gleichung $F^N = \eta' G$, wo F = Schubspannung, G = Schergeschwindigkeit, hängen sowohl von Φ als auch von M ab. Für η' gilt $\log(\eta'/\eta_0) = \alpha\, b\, \Phi/(1 - \alpha \Phi)$, wo α von M abhängt. Daraus folgt, daß bei Zunahme der Heterogenität der Teilchengrößenverteilung die Packung der Teilchen beträchtlich ansteigt. Die dichteste Packung wurde für einen Volumenbruch 0,76 für Latex V in der Latexmischung erhalten. Bei der dichten Packung sind die größeren Teilchen rhomboedr. angeordnet, während sich die kleineren in den Lücken befinden. Polydisperse Systeme sind bis zu höheren Konzz. fließfähiger als die entsprechenden monodispersen Systeme. (J. Colloid Sci. **8**. 300—08. Juni 1953. Cleveland, O., Case Inst. of Technol., Phys. Chem. Labor., Dep. of Chem. and Chem. Engng.) O. Fuchs. 4030

Ikumi Kagawa, Kakuji Katsuura, Atsuyoshi Saitō und **Mamoru Fukuda**, *Über hochmolekulare Elektrolyte.* 20. u. 21. Mitt. *Neutralisation und Dissoziationsgleichgewicht. Molekulargewicht von Na-Celluloseglykolat.* (19. vgl. J. Soc. Textile Cellulose Ind., Japan [Sen-i Gakkaishi] **6**. [1950.] 268.) Im Verlauf der Neutralisation einer Lsg. von *Celluloseglykolsäure* (Verätherungsgrad 1,06 Mol/Glucose) bei 25° mittels NaOH, KOH u. Mischungen von NaOH + $Ba(OH)_2$ wurden das jeweilige p_H u. die Viscosität bestimmt. Bei KOH u. der Mischung liegen die Dissoziation höher u. die Viscosität niedriger als bei NaOH, wobei die Wrkg. von $Ba(OH)_2$ erheblich stärker ist als die von KOH. Ähnlichkeit mit dem Salzeffekt bei hochmol. Elektrolyten. Die Tendenz zur Bindung von Na an das Anion scheint geringer zu sein als für K u. Ba. — In NaCl-Lsg. von *Na-Celluloseglykolat* wurde bei 25° der osmot. Druck bestimmt. Beim Überschreiten einer bestimmten Konz. wird der extrapolierte Wert für den osmot. Druck konstant u. erlaubt das Mol.-Gew. zu berechnen. Die Mol.-Geww. für verschieden hoch verätherte Derivv. ergeben sich zu 29870—39400. (J. chem. Soc. Japan, ind. Chem. Sect. [Kōgyō Kagaku Zassi] **54**. 95—99. Jan. 1951. Nagoya, Univ. [Orig.: japan.]) L. Schuler. 4050

Ikumi Kagawa, Kakuji Katsuura und **Atsuyoshi Saitō**, *Über hochmolekulare Elektrolyte.* 24. Mitt. *Leitfähigkeit von Salzen der Celluloseglykolsäuren.* (21. vgl. vorst. Ref.) Na-, K- u. NH_4-Salze von *Celluloseglykolsäuren* mit Verätherungsgraden (Mol Säure/Glucoseeinheit) von 0,667—1,33 u. mittleren Polymerisationsgraden von 217 bis 284 bei Konzz. von 0,003—0,002 n wurden auf elektr. Leitfähigkeit untersucht u. die Messungsergebnisse in Kurven dargestellt. Die unter Berücksichtigung der Ionenwertigkeit, des Polymerisationsgrades, der Reibung usw. versuchsweise berechneten Grenzleitfähigkeitswerte weichen stark von den experimentellen ab, was sich noch nicht befriedigend erklären läßt. (J. chem. Soc. Japan, ind. Chem. Sect. Kōgyō Kagaku Zassi **54**. 394—96. Juni 1951. [Orig.: japan.]) L. Schuler. 4050

L. M. Winogradowa, A. A. Konkin und **S. A. Rogowin**, *Untersuchungen über Struktur und Eigenschaften der Cellulose und ihrer Ester.* 51. Mitt. *Vergleichende Untersuchung der Eigenschaften von Galaktan und Cellulose und ihren Estern.* (50. vgl. Alexandru u. Rogowin, C. **1955**. 837.) Ein Vgl. von *Cellulose* (**I**) u. aus Lupinensamen isoliertem *Galaktan* (**II**) mit annähernd gleichem Polymerisationsgrad (100 u. 120) ließ bes. den Unterschied in der Löslichkeit hervortreten. Während **I** in W. unlösl. ist, wird **II** leicht gelöst. Hierfür werden Unterschiede in den H-Bindungen zwischen den Makromoll. verantwortlich gemacht, wofür auch die höhere Quellungswärme von **II** in A. u. die stärkere Feuchtigkeitsadsorption im Vakuum spricht. Acetylierung verläuft bei **II** viel schneller als bei **I**. Bei schonender Nitrierung wurde ein *Trinitrogalaktan* (14,3% N) erhalten, das sich in Aceton nur zu 4,5% löst, während eine entsprechend hergestellte Nitrocellulose vollständig lösl. war. (Журнал Прикладной Химии [J. angew. Chem.] **27.** 1302—06. Dez. 1954. Moskau, Textilinst., Lehrstuhl für Kunstfasern.) M. ULMANN. 4050

Hirotoshi Torigata, *Hochmolekulare Naturstoffe.* **4.** Mitt. *Konjacmannan.* **3.** Mitt. *Viscosität von Lösungen von Konjakmannan und dessen Derivaten.* Die Kurve für die Beziehung spezif. Viscosität η/c:C (Konz. in g/Liter) zeigt ein Minimum bei wss. *Konjakmannan* (**I**)-Lsg. im Gebiet sehr großer Verdünnung in Übereinstimmung mit solchen von heteropolaren hochmol. Verbb. u. große Ähnlichkeit mit der entsprechenden Kurve bei wss. Agarlösung. Bei Nitrocarboxymethylcellulose, einem kettenförmigen heteropolaren Makromol., zeigt obige Viscositätskurve in Lsg. in Aceton (**II**) denselben Verlauf mit Minimum wie in wss. Lösung. Während die Viscositätskurve für Nitro-**I** in **II**-Lsg. ein Minimum zeigt, ist die Kurve für mit verd. NaOH behandeltes Nitro-**I** eine Gerade wie bei unpolaren kettenförmigen Hochmolekularen. **I** enthält 0,26% SO_4'' u. 0,52% P_2O_5 (entsprechend 87 Glucoseresten pro PO_4'''), Nitro-**I** (13,05% N): Spur SO_4'' u. 0,34% P_2O_5 (72 Glucosereste); mit kalter 0,1n NaOH 12 Std. behandeltes Nitro-**I** (13,04% N) enthält weder SO_4'' noch PO_4'''. Nach dem Verh. ist **I** als heteropolare hochmol. Verb. mit PO_4'''-Gruppen zu betrachten. (J. chem. Soc. Japan, pure Chem. Sect. [Nippon Kagaku Zassi] **73.** 157—59. März 1952. Kyoto, Univ. [Orig.: japan.]) L. SCHULER. 4050

Hirotoshi Torigata, Hiroshi Inagaki und **Hisao Kitano,** *Hochmolekulare Naturstoffe.* 5. Mitt. *Konjakmannan.* 4. Mitt. *Molekulargewicht und einige physikochemische Eigenschaften von Nitroglucomannan.* (3. vgl. vorst. Ref.) Aus der Messung des Lichtstreuungsgrades (vgl. INAGAKI, J. chem. Soc. Japan, pure Chem. Sect. [Nippon Kagaku Zassi] **72.** [1951.] 901) bei Lsgg. von *Nitro-Konjakmannan* (HUSEMANN, C. **1941.** II. 1725) ergibt sich ein Mol.-Gew. 271000 (Polymerisationsgrad ca. 1000) u. eine Molekellänge von 1380 Å, sowie eine effektive Bindungslänge von ca. 45 Å (vgl. KIRKWOOD, C. **1949.** I. 864). Die aus den Viscositätsmessungen bestimmten Werte für $[\eta] = K \cdot P^{\alpha}$ mit $K = 11{,}6 \cdot 10^{-4}$ u. $\alpha = 0{,}95$ ergeben, daß die Einfll. polarer Gruppen sich gegenseitig stören u. das Verh. dem von Nitrocellulose u. nicht dem heteropolarer hochmol. Verbb. ähnelt. (J. chem. Soc. Japan, pure Chem. Sect. [Nippon Kagaku Zassi] **73.** 186—88. März 1952. Kyoto, Univ. [Orig.: japan.]) L. SCHULER. 4050

Stanley Peat, W. J. Whelan und **W. R. Rees,** *Enzymatische Synthese und der Abbau von Stärke.* 20. Mitt. *Das Disproportionierungsenzym (D-Enzym) der Kartoffel.* (19. vgl. C. **1955.** 6532.) *D-Enzym* (**D**) ist eine Transglykosylase, die eine oder mehrere Glucoseeinheiten von einem Donator abspaltet u. einem geeigneten Acceptor in α-1.4-glucosid. Bindung angliedert. **D** konnte vom Q-Enzym noch nicht getrennt werden, von dem es sich aber deutlich unterscheidet ebenso wie von Phosphorylase, R-Enzym u. den Amylasen. **D** wurde aus Kartoffelsaft nach Abtrennung des mit 16% A. erhaltenen Nd. durch weitere Zugabe von A. (16—23%) bei -5^0 ausgefällt. Eine Lsg. von **D** in 0,01 mol. Citratpufferlsg. hält sich bei 0^0 ca. 4 Tage. Der Vgl. von **D** u. Phosphorylase erfolgt durch Messung der wachsenden Absorptionsintensität von jodgefärbter Maltopentaoselsg. in Ggw. von vergleichbaren Phosphorylase- u. **D**-Konzz. (vgl. Tabelle). — Die optimalen Tempp. u. p_H-Werte für die Einw. von **D** auf Maltohexaose u. die Einw. von Q-Enzym auf Amylosen werden verglichen (Kurven). — Maltotetraose, die nacheinander mit **D** u. α-Amylase behandelt wird, ergibt bei der papierchromatograph. Trennung der Reaktionsprodd. nur *Glucose, Maltose* u. *Maltotriose* in 97%ig. Ausbeute, diese Zucker sind bei der α-Amylolyse von Glucose u. Maltodextrinen allein zu erwarten. Der chromatograph. Vgl. der Wrkg. von β-Amylase allein u. im Gemisch mit **D** auf Maltotriose zeigt, daß die Triose bei Mischung der Enzyme bereits nach 4 Std. in Maltose u. Glucose zerlegt ist, während bei β-Amylase allein nach 17 Std. noch kein wahrnehmbarer Effekt zu verzeichnen war; daraus wird geschlossen, daß ganz reine β-Amylase Maltotriose überhaupt nicht angreift u. erst die disproportionierende Wrkg. von **D** den Abbau ermöglicht. — Bei der Einw. von **D** auf Maltohexaose (jodgefärbt) entsteht ein durch die Lichtabsorption feststellbares Gleichgewicht zwischen Maltodextrin u. Glucose, das je nach der Anfangskonz. der Hexaose variiert. Zugabe von Glucose zu dem im Gleichgewicht befindlichen Syst. vermindert die Kettenlänge der Maltodextrine (Färbung), da Glucose nicht als Donator, sondern nur als Acceptor dienen kann, umgekehrt vergrößert sich die Kettenlänge beim Verschwinden der Glucose (Dialyse) u. weiterer Einw. von **D**. — Methyl-α-D-glucoside, Maltose, Mannose u. Xylose können ebenfalls als Acceptoren dienen, nicht aber Fructose, Saccharose u. Trehalose. Das natürliche Substrat für **D** scheinen die Maltodextrine von Maltotriose an aufwärts zu sein, andere Donatoren wurden unter 16 geprüften Zuckern nicht gefunden, nur 7-O-α-D-Glucosylmaltose gab einen meßbaren Effekt. Maltose ist als Donator nicht wirksam, die Gründe hierfür werden diskutiert. (J. chem. Soc. [London] **1956.** 44—53. Jan. Bangor, Univ., Coll. of N. Wales.) H. ROSSOW. 4050

Stanley Peat, W. J. Whelan und **G. W. F. Kroll,** *Enzymatische Synthese und der Abbau von Stärke.* 21. Mitt. *Von D-Enzym synthetisierte Dextrine.* (20. vgl. vorst. Ref.) 10 g *Maltotriose* (aus Kartoffelstärke durch α-Amylolyse hergestellt) werden mit einer Lsg. von D-Enzym (**D**) 16½ Std. bei Raumtemp. behandelt u. die Reaktionsprodd. nach WHELAN u. Mitarbeitern (C. **1955.** 1984) an einer Kohle–Celit-Kolonne getrennt. Gefunden werden: 1,52 g *Monosaccharide* {$[\alpha]_D$ +52,0° (in W.); *β-Acetat,* F. 131°, $[\alpha]_D$ +3,1° (in Chlf.)}; 0,143 g *Disaccharide* {$[\alpha]_D$ +137,6° (in W.); *β-Acetat,* F. 157°, $[\alpha]_D$ +62,8° (in Chlf.)}; 1,95 g *Trisaccharide* {$[\alpha]_D$ +158,9° (in W.); *β-Acetat,* F. 133° **0,** $[\alpha]_D$ +85,2° (in Chlf.)}, 1,48 g *Tetrasaccharide* (97,2%, hydrolysiert durch β-Amylase), 1,23 g *Pentasaccharide* (102,9%) u. 0,676 g *Hexasaccharide* (99,7%). Die Mono-, Di- u. Trisaccharide sind chromatograph. einheitlich *Glucose, Maltose* u. *Maltotriose,* Verbb. mit α-1.6-Bindung waren nicht nachweisbar. Die Tetra-, Penta- u. Hexadextrine werden vollständig von β-Amylase hydrolysiert. Damit ist der Beweis erbracht, daß **D** ausschließlich α-1.4-Bindungen synthetisiert u. eine wirtschaftliche Methode zur Herst. von reinen Maltodextrinen gefunden. Maltose scheint durch reines **D** nicht darstellbar zu sein. (J. chem. Soc. [London] **1956.** 53—55. Jan.) H. ROSSOW. 4050

Dallas Fraser und **H. G. Higgins,** *Spektrophotometrische Bestimmung von Aminogruppen.* Vff. untersuchten die Rk. von diazotierter *Sulfanilsäure* mit *Glycin* (**I**), *Lysin* (**II**), *Arginin* (**III**) u. *Tryptophan* (**IV**) mit Hilfe spektrophotometr. Methoden. Die mit **I** u. **II** gebildeten Verbb. sind durch Absorptionsmaxima bei 363 mμ, für **III** durch ein Maximum bei 356 mμ charakterisiert. Die Aminogruppe in **IV** reagiert unter diesen Bedingungen nur schwach. Weitere Einblicke über die Konst. von *Proteinen* u. über die kuppelnden Gruppen konnten aus den Absorptionsspektren von *Casein, Paracasein, α-Casein, Gelatine, Pepsin* u. *Fibroin* gewonnen werden. (Nature [London] **172.** 459—60. 5/9. 1953. Melbourne, Ind. Res. Org., Div. of Forest Products.) G. KÜHNHANSS. 4070

L. N. Akimowa und **N. I. Gawrilow,** *Über die Mikrostruktur von Eiweiß.* 12. Mitt. *Gewinnung einer freien N-Aminoacylverbindung des Diketopiperazins und ihrer Derivate.* (11. vgl. C. **1955.** 5076.) 1.4-Bis-[phthalylglycyl]-2.5-diketopiperazin (**I**) liefert beim Behandeln mit $NH_2NH_2 \cdot H_2O$ in absol. A. *1.4-Bis-[glycyl]-2.5-diketopiperazin* (**II**); Zwischenprod. der Rk. ist die *Verb.* **III.** Aus **II** entsteht durch Einw. von N-[Carbobenzyloxy]-alanylchlorid (**IV**) in Ggw. von MgO *1.4-Bis-[carbobenzyloxyalanylglycyl]-2.5-diketopiperazin* (**V**). Wird **II** mit 1.4-Diacetyl-2.5-diketopiperazin (**VI**) in absol. A. geschüttelt, so bildet sich die *Verb.* **VII.** Die Bindungsformen in **II, V** u. **VII** sind vielleicht bei Eiweißstoffen (prosthet. Gruppe) realisiert oder können bei weiterer Komplizierung des Mol. zu Peptonstrukturen führen.

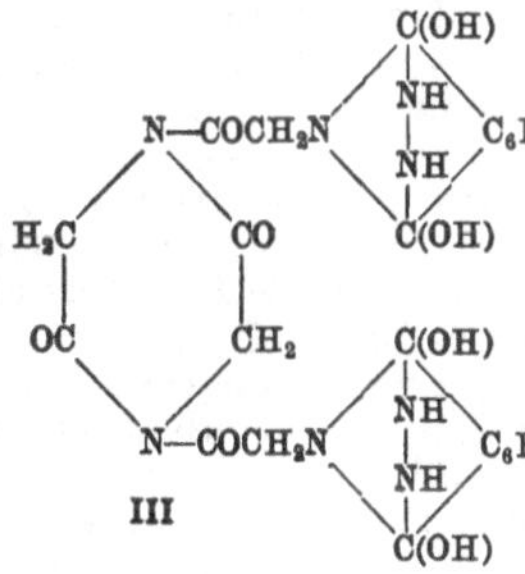

III

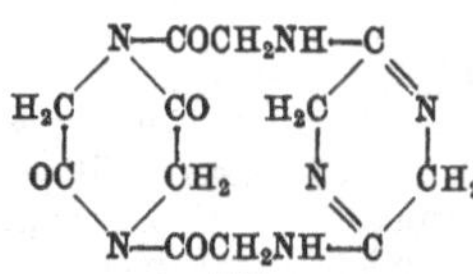

VII

Versuche: *Verb.* **III** („*Hydrazid*" *von* „*1.4-Bis-[phthalylglycyl]-2.5-diketopiperazin*"), $C_{24}H_{24}O_8N_8$, schm. im geschlossenen Röhrchen bei 220° (Zers.); durch Schütteln von **I** mit $NH_2NH_2 \cdot H_2O$ in absol. A.; rechteckige Täfelchen; Nebenprodd. sind *Phthalylhydrazid, 2.5-Diketopiperazin* u. *Glykokoll,* die aus **III** durch Zers. gebildet werden. — *1.4-Bis-[glycyl]-2.5-diketopiperazin* (**II**), $C_8H_{12}O_4N_4$, schm. im geschlossenen Röhrchen bei 200° (Zers.); a) aus **III** in sd. absol. A.; b) durch Kochen von **I** mit $NH_2NH_2 \cdot H_2O$ in absol. A.; Ausbeute 66% (Nebenprod. *Phthalylhydrazid*). *Dihydrochlorid,* $C_8H_{14}O_4N_4Cl_2$, F. >200° (Zers.). *Bis-[carbobenzyloxy]-Deriv.,* $C_{24}H_{24}O_8N_4$, F 110°; aus **II**-Dihydrochlorid u. Benzyloxyformylchlorid + Na_2CO_3 in W. + Ae.; aus W. Kristalle; 81%. — *1.4-Bis-[carbobenzyloxyalanylglycyl]-2.5-diketopiperazin* (**V**), $C_{30}H_{34}O_{10}N_6$, aus **II**-Dihydrochlorid u. **IV** + MgO in Ae. + W. unter Kühlen; 77% (auf **II** bezogen). Bei Durchführung der Biuret-Rk. mit 2n NaOH erfolgt hydrolyt. Aufspaltung des Diketopiperazinringes. — *Verb.* **VII**; aus **II** u. **VI** in absol. A. bei Zimmertemp.; 79%. *Dihydrochlorid,* $C_{12}H_{16}O_4N_6Cl_2$, F. 26° (Zers.); aus absol. A. Kristalle. (Журнал Общей Химии [J. allg. Chem.] **23** (**85**). 335—43. Febr. 1953. Moskau, Lomonossow-Univ., Lehrstuhl für Organ. Chem.) R. KNOBLOCH. 4070

F. Šorm und **J. Rudinger,** *Über Proteine und Aminosäuren.* 3. Mitt. *Synthese des γ-l-Glutamyl-l-tyrosins.* (2. vgl. C. **1951.** I. 3354.) BERGMANN u. Mitarbeiter (Hoppe-Seyler's (Z. physiol. Chem. **224.** [1934.] 17) hatten N-Carbobenzoxy-*l*-glutamyl-*l*-tyrosin (**I**) dargestellt u. diese Verb. für ein α-Peptid gehalten. Die Synth. aus N-Carbobenzoxy-*l*-glutaminsäureanhydrid (**II**) u. *l*-Tyrosinäthylester (**III**) ist jedoch nicht eindeutig. Daher wurden α- (**IV**) u. *γ-l-Glutamyl-l-tyrosin* (**V**) auf anderem Wege dargestellt. **V** wurde nach der Azidmeth. von HEGEDÜS (C. **1948.** E. 1810) aus N-Carbobenzoxy-γ-*l*-glutamylhydrazid (**VI**) über den *α-Methylester* (**VII**), das *γ-Azid* u. dessen Kupplung mit **III**, Verseifung der Estergruppe u. Hydrogenolyse der Carbobenzoxygruppe krist. erhalten. **V** ist papyrograph. homogen, R_{Glu} = 1,2. Das nach BERGMANN dargestellte *l*-Glutamyl-*l*-tyrosin besitzt ein R_{Glu} von 1,9 in Butanol–Essigsäure u. ist ebenfalls homogen. Es kann sich daher bei ihm nur um das α-Peptid handeln. Die Synth. von **IV** aus dem γ-Methylester der N-Carbobenzoxy-*l*-glutaminsäure (durch Einw. von Natriummethylat auf **II** gewonnen) über das *α-Hydrazid, α-Azid* u. Kupplung mit **III** ergab einen krist. Anteil **I** u. einen nichtkrist. Anteil, der nach Hydrolyse u. Hydrierung aus einem Gemisch des α- u. *γ-Dipeptids* **IV** bzw. **V** besteht. — *N-Carbobenzoxy-l-glutaminsäure-α-methylester-γ-hydrazid* (**VII**), 5,9 g **VI** in 100 cm³ Pyridin werden mit 40 cm³ äther. Diazomethanlsg. (2,4%ig) methyliert; Öl; Ausbeute quantitativ. *Benzylidenderiv.*, F. 123,5—124,5°, aus 1 g **VII** in 20 cm³ absol. A. u. 0,6 cm³ frisch dest. Benzaldehyd; aus A. Nadeln; 38%. — *N-Carbobenzoxy-l-glutaminsäure-α-methylester-γ-azid*; **VII** in 40 cm³ Eisessig u. 5 cm³ konz. HCl in 60 cm³ Eis + W. u. 100 cm³ Ae. werden mit 5 cm³ $NaNO_2$ (1,4 g)-Lsg. versetzt. Das *Azid* in Ae. wird direkt mit der Lsg. von 6 g **III**·HCl in Äthylacetat bei 0° in 60 Std. zum *α-Methylester des Carbobenzoxy-l-glutamyl-l-tyrosinäthylesters* gekuppelt; braunes viscoses Öl; 40%. — *Carbobenzoxy-γ-l-glutamyl-l-tyrosin*, durch Verseifung von 3,86 g vorst. Äthylesters mit 27,5 cm³ n-NaOH, Ansäuern mit konz. HCl u. Extrahieren mit Äthylacetat; amorph; 87%. Hieraus durch Hydrogenolyse in Methanol u. Pd-Tierkohle krist. *γ-l-Glutamyl-l-tyrosin*, F. 220—222°. — Die Einw. von Na-Methylat auf **II** liefert den *Methylester* als Öl. *Hydrazid*, F. 168°. Dessen *Azid* in äther. Lsg. wird mit **III**·HCl in Äthylacetatlsg. gekuppelt u. liefert den BERGMANNschen *Carbobenzoxy-l-glutamyl-l-tyrosinäthylester* u. eine ölige Fraktion; durch Verseifung der letzteren mit n-NaOH-Lsg. u. Hydrierung **IV**, **V** u. *Glutaminsäure*. (Collect. Trav. chim. Tchécoslov. **15.** 491—500. 1950. Chem. Listy **45.** 200—03. 1951. [Orig.: tschech.]) H. ZAHN. 4070

O. Knessl, B. Keil, A. Malý und **F. Šorm,** *Über Proteine und Aminosäuren.* 4. Mitt. *Verteilungschromatographie von DNP-Aminosäuren an Kieselgur und siliconierten Stoffen.* (3. vgl. vorst. Ref.) Die DNP-Meth. von SANGER zur Best. von Peptidendgruppen wird von Vff. durch Verteilungschromatographie an Kieselgur u. „reversed phase"-Chromatographie an mit Silicon beladener Kieselgur durchgeführt. Kieselgur hat gegen Silicagel als Trägermaterial bei der Verteilungschromatographie von DNP-Aminosäuren den Vorteil, daß sie ein homogenes Material definierter Zus. darstellt, welches die stationäre Phase mechan. festhält u. nur geringe Adsorptionseffekte zeigt. Es wird gezeigt, daß die R_F-Werte allein vom p_H abhängen; beim p_H 4,72 ist der R_F-Wert von *DNP-Alanin* (**I**; 0,33) mit einer Genauigkeit von ± 0,01 reproduzierbar. Chromatographiert man die DNP-Derivv. von *Threonin, Glycin, Alanin* u. *Phenylalanin* bei p_H 3,5 an Kieselgur, so erhält man *DNP-Threonin* (**II**) u. *DNP-Glycin* (**III**) u. ein Gemisch von **I** u. *DNP-Phenylalanin*, das sich wieder bei p_H 5,3 trennen läßt. Als Beispiele sind beschrieben die Trennungen von *Dinitroanilin* u. **III** an Kieselgur (Genauigkeit ± 10%), von *ε-DNP-Lysin* (**IV**) u. **I** [Lösungsmittelsyst.: 10 cm³ Nitromethan, 70 cm³ 1 mol. KH_2PO_4 (p_H 4,0) u. 5 cm³ A.], von **I** u. *DNP-Leucin* (**V**; Lösungsmittelsyst.: 227,5 cm³ 0,2 mol. Citronensäure, 122,5 cm³ 0,4 mol. Na_2HPO_4, 50 cm³ Nitromethan u. 25 cm³ A.; R_F-Werte für **I** 0,78, für **V** 0,43) an mit Silicon beladener Kieselgur, u. von **I, II** u. **IV** (Lösungsmittelsyst.: 10 cm³ Nitromethan, 70 cm³ 0,1 n HCl u. 1 cm³ A.) an Siliconpolymeren. — Als Kieselgur dient ein reines, natürliches Material, das mit konz. H_2SO_4 erwärmt oder mit $KMnO_4$ oxydiert, mit W. gewaschen u. bei 900° geglüht wird. Imprägnierung der Kieselgur: Auf 200 g Kieselgur wird eine Lsg. von 2 g $(CH_3)_2Si(OC_2H_5)_2$ (aus 1 Mol $ClSi(OC_2H_5)_3$ in Ae. u. äther. Lsg. von 1,5 Mol CH_3MgCl; $Kp._{740}$ 141—145°; 60%) u. 6 g $CH_3Si(OC_2H_5)_3$ (aus 1 Mol $Cl_2Si(OC_2H_5)_2$ in Ae. u. äther. Lsg. von 2,3 Mol CH_3MgCl; $Kp._{739}$ 112—114°; 65%) in 392 g CCl_4 gegossen u. 3 Std. auf 150° erhitzt. Zur Darst. des *Siliconpolymeren* $(CH_3SiO_{1,5})_n$ werden 178 g $CH_3Si(OC_2H_5)_3$ mit 200 cm³ Bzl. verd. u. 10 Std. mit n-HCl erhitzt; n_D^{20} 1,430, $D.^{20}_{20}$ 1,349; 96%. (Collect. Trav. chim. Tchécoslov. **15.** 918—28. 1950; Chem. Listy **45.** 145—49. 1951. [Orig.: tschech.])

K. F. MÜLLER. 4070

B. Keil und **J. Potůčková,** *Über Proteine und Aminosäuren.* 5. Mitt. *Die Darstellung von Apoferritin durch Alkoholfällung.* (4. vgl. vorst. Ref.) Krist. *Ferritin* (**I**) wurde nach LAUFBERGER (Bull. Soc. Chim. biol. **19.** [1937.] 1575) dargestellt; es wurde in Acetatpuffer gelöst u. vom Cd durch Dialyse befreit. 21 cm³ der dunkelbraunen Lsg. mit 140 mg **I** wurden mit 200 mg $Na_2S_2O_4$ u. 100 mg Phenanthrolin (**II**) über Nacht bei $+1^0$ stehengelassen, mit weiteren 100 mg $Na_2S_2O_4$ u. 250 mg **II** noch 1 Std. behandelt, auf -5^0 gekühlt, langsam mit 29 cm^3 A. versetzt u. bei -5^0 zentrifugiert. Das erneut in Acetatpuffer gelöste Sediment wurde nochmals mit $Na_2S_2O_4$ u. **II** behandelt u. bei -5^0 mit A. gefällt. Das Sediment wurde hierauf in Pufferlsg. gelöst, u. die *Apoferritin* (**III**)-Lsg. dialysiert. Das Protein krist. nach Zugabe von $^1/_3$ Vol. 20%ig. $CdSO_4$-Lsg.; 60% (Ausbeute) mit 0,05% Fe. (Collect. czechoslov. chem. Commun. **16.** 204—06. 1951. Chem. Listy **45.** 225. 1951. [Orig.: tschech.]) H. Zahn. 4070

F. Šorm und **J. Smrt,** *Über Proteine und Aminosäuren.* 6. Mitt. *Eine Synthese des Prolins und der Hygrinsäure.* (5. vgl. vorst. Ref.) Eine neue Synth. der *δ-Chlorvaleriansäure* (**I**) geht von Tetrahydrofuran (**II**) aus, dessen Ring mit Acetylbromid in Ggw. von $ZnCl_2$ unter Bldg. von *4-Acetoxy-1-brombutan* (**III**) geöffnet wird. Aus dem Bromid **III** wird mit wss.-alkoh. KCN-Lsg. das *Nitril* u. durch dessen Verseifung mit konz. HCl + H_2SO_4 **I** erhalten. Nach α-Bromierung von **I** (Gaudry u. Berlinguet, Canad. J. Res., Sect. B **27.** [1949.] 282) wurde mit 10%ig. wss. NH_4OH zu *Prolin* cyclisiert. *Hygrinsäure* (**V**) wird aus α-Brom-δ-chlorvaleriansäure durch Cyclisierung mit 40%ig. wss. Methylamin erhalten.

V e r s u c h e: *4-Acetoxy-1-brombutan* (**III**), $C_6H_{11}O_2Br$, $Kp._9$ 93,5°, aus **II** durch Kochen mit Acetylbromid in Ggw. von $ZnCl_2$; $D.^{20}$ 1,3596. — *δ-Acetoxyvaleronitril*, $C_7H_{11}O_2N$, $Kp._{14}$ 125°, aus rohem **III** durch Rückflußkochen mit KCN in 1 (Teil) W. + 4 A. in Ggw. von KJ als Beschleuniger; $D.^{20}$ 1,0077; 79%. — *δ-Chlorvaleriansäure* (**I**), $C_5H_9O_2Cl$, $Kp._{14}$ 136°, aus vorst. Nitril durch Hydrolyse mit 5 Teilen konz. HCl u. 1 Teil konz. H_2SO_4; 49%. — *α-Brom-δ-chlorvaleriansäure* (**IV**) aus vorst. Säure durch Bromierung mit Brom u. PCl_3 bei 80—90°. — *DL-Prolin*, $C_5H_9O_2N$, F. 207°, aus **IV** durch Erhitzen mit 10%ig. wss. NH_4OH, isoliert über das *Cu-Salz*; 30%. — *DL-Hygrinsäure* (**V**), $C_6H_{11}O_2N$, F. 169—170°, aus **IV** u. 40%ig. wss. Methylamin bei 180°. Das prim. gebildete **V**-Methylamid wurde mit konz. HCl verseift. — *DL-Hygrinsäureäthylester*, $Kp._{17}$ 83—84°, aus den Mutterlaugen von **V** u. A. + HCl; 39%. — Das Salz des vorst. Esters mit (+)-Bromcamphersulfonsäure ($C_{18}H_{30}O_6NBrS$, F. 169°) ließ sich nicht spalten, nach wiederholter Kristallisation aus A. u. Dioxan konstante Drehung, $[\alpha]_D^{20}$ 81,8°. (Collect. czechoslov. chem. Commun. **16.** 42—46; Chem. Listy **45.** 210—12. 1951. [Orig.: tschech.]) H. Zahn. 4070

F. Šorm und **Z. Šormová,** *Über Proteine und Aminosäuren.* 7. Mitt. *Über Clupein.* (6. vgl. vorst. Ref.) *Clupeinmethylesterhydrochlorid* wurde nach Felix u. Dirr (Hoppe-Seyler's Z. physiol. Chem. **209.** [1932.] 5) dargestellt u. die Fraktionen A, B u. C auf ihre Aminosäure zus. untersucht. B enthält im Gegensatz zu den Fraktionen A u. C kleine Mengen *Asparagin-* u. *Glutaminsäure.* Nach partieller Hydrolyse von *Clupein C* mit konz. HCl bei 37° (36 Std.) wurden papyrograph. 6 Peptide getrennt, eluiert, hydrolysiert u. auf die Aminosäurezus. geprüft. Das eine Peptid enthielt *Arginin, Serin, Glycin, Alanin, Prolin* u. *Valin,* das 2. Peptid *Arginin, Serin, Glycin, Alanin, Valin,* das 3. *Arginin, Serin, Glycin, Threonin, Alanin* u. *Valin.* Als Aminoendgruppen wurden mit Hilfe der Sangerschen Dinitrophenylierungs-Rk. in *Dinitrophenylclupeinmethylesterhydrochlorid* (Fraktion C; **I**) *Prolin* u. wenig Serin an der Kieselgelsäule identifiziert. Bei der partiellen Hydrolyse von **I** mit konz. HCl bei 37° in 39 Std. bildeten sich 3 in Essigester lösl. DNP-Peptide [*DNP-Prolylalanin* (**II**)], *DNP-Prolylalanylserin* (**III**) u. *DNP-Serylalanylserin,* die an der Kieselgelsäule getrennt, eluiert u. von denen **II** u. **III** isoliert wurden. Diese DNP-Peptide sprechen für die Reihenfolge der Aminosäuren am Aminokettenende des Clupeins *Prolin–Alanin–Serin.* Alle bisherigen Theorien über die Konst. des Clupeinmol. sind damit hinfällig. Clupein ist ein Protein, dessen Konst. mit Ausnahme der drei letzten Aminosäuren unbekannt ist. (Collect. czechoslov. chem. Commun. **16.** 207—13; Chem. Listy **45.** 215—18. 1951.) H. Zahn. 4070

J. Rudinger und **F. Šorm,** *Über Proteine und Aminosäuren.* 8. Mitt. *Eine neue Glutathionsynthese.* (7. vgl. vorst. Ref.) Eine neue, kürzere u. ergiebigere Synth. für *Glutathion* (**I**) geht vom *S-Benzyl-L-cystein-N-carboxyanhydrid* (**II**) aus, welches aus S-Benzylcystein (**III**) u. Phosgen in Dioxan erhalten wurde. Die Rk. von **II** mit Glycinäthylester (**IV**) in Tetrahydrofuran bei tiefer Temp. in Ggw. von N-Methylpiperidin (**V**) ergibt den *S-Benzyl-L-cysteinylglycinäthylester.* Dieser Aminoester wurde ohne Isolierung direkt mit N-Carbobenzoxy-d-glutaminsäure-α-äthylester-γ-chlorid zu *N-Carbobenzoxy-γ-L-glutamyl-S-benzyl-L-cysteinylglycindiäthylester* (**VI**) umgesetzt, aus welchem durch alkal. Hydrolyse amorphes *Carbobenzoxy-γ-L-glutamyl-S-benzyl-L-cysteinylglycin* erhalten wurde. Die Abspaltung der schützenden Gruppen u. die Isolierung von **I** erfolgte nach Hegedüs (C. **1948.** E. 1810).

V e r s u c h e: *S-Benzyl-L-cystein-N-carboxyanhydrid* (**II**), $C_{11}H_{11}O_3NS$, F. 106° (bei raschem Erhitzen), aus **III**, suspendiert in absol. Dioxan, u. Phosgen, bei 40—45°

in 4 Std.; Prismen aus Bzl.; $[\alpha]_D^{17^0}$ $-43 \pm 1,5^0$ (c = 1,34 Dioxan); 77,5% (Ausbeute). — *Carbobenzoxy-γ-L-glutamyl-S-benzyl-L-cysteinylglycindiäthylester* (**VI**), $C_{29}H_{37}O_8N_3S$, aus der Lsg. des α-Äthylester-γ-chlorids der Carbobenzoxy-L-glutaminsäure u. dem S-Benzyl-L-cysteinylglycinäthylester (erhalten aus **II**, **IV** u. **V** in Tetrahydrofuran bei -75^0), beide in Tetrahydrofuran gelöst; gelb amorph; 58%. — *Carbobenzoxy-γ-L-glutamyl-S-benzyl-L-cysteinylglycin*, $C_{25}H_{29}O_8N_3S$, F. 95°, aus **VI** durch Verseifung mit n-NaOH; $[\alpha]_D^{17}$ -31 ± 1^0 (c = 1,12; 96%ig. A.); 69%. (Collect. czechoslov. chem. Commun. **16.** 214—19. 1951; Chem. Listy **45.** 212—15. 1951. [Orig.: tschech.]) H. ZAHN. 4070

Je. G. Plyschewskaja und **Je. L. Rosenfeld,** *Über die Reaktion verschiedener Proteine mit Glykogen.* (Vgl. BOLOTINA, C. **1953.** 5516.) Vff. führten zur Klärung der Frage, ob die Komplexbldg. des *Glykogens* (**I**) der Muskeln nur mit den Muskelproteinen oder auch mit Proteinen anderer Herkunft, wie *Eialbumin* (**II**), *Fibrinogen* (**III**) u. *Edestin* (**IV**) erfolgt, Verss. durch. Es konnte spektrograph. nachgewiesen werden, daß auch andere Eiweißstoffe mit **I** Komplexe bilden, am ausgeprägtesten jedoch das *Myosin* (**V**). Die Fähigkeit zur Komplexbldg. steigt in der Reihe **V, III, IV, II** (die fibrillären vor den globulären Eiweißstoffen). Vorherige Denaturierung der globulären Eiweißstoffe verstärkt die Komplexbildung. Während der Komplexbldg. binden sich zuerst die Aminosäuregruppen, die für den langwelligen Teil des Absorptionsspektr. verantwortlich sind (offenbar die Tryptophangruppen), dann auch die kürzeren (Tyrosin). Für alle Komplexe ist die Absorption bei 2600—2650 Å charakteristisch. Die Bindungsfähigkeit von Eiweiß u. Polysaccharid ist verschieden u. hängt von der besonderen Struktur der verschied. Eiweißmoll. ab. (Доклады Академии Наук СССР [Ber. Akad. Wiss. UdSSR] [N. S.] **94.** 1141—44. 21/2. 1954.) B. KRAFT. 4070

K. H. Gustavson, The chemistry and reactivity of collagen. New York: Academic Press. 1956. (352 S. m. Abb.) 8°. $ 8,—.

Elfriede Husemann, Werner Kern, G. V. Schulz, Hrsg., Staudinger-Festband. (Hermann Staudinger, dem Begründer der makromolekularen Chemie, zum 75. Geburtstag am 23. März 1956.) Heidelberg: Dr. Hüthig; Basel: Wepf. 1956. (VII + 527 S. m. Abb. u. Tab.) 8° = Die makromolekulare Chemie. Bd. 18/19. DM 51,—.

—, Quelques aspects généraux de la science des macromolécules. Paris: Centre National de la recherche scientifique. (192 S.) fr. 1000,—.

E. Biologische Chemie. Physiologie. Medizin.

E_1. Allgemeine Biologie und Biochemie.

L. Holzapfel und **W. Engel,** *Der Einfluß organischer Kieselsäureverbindungen auf das Wachstum von Aspergillus niger und Triticum.* **29. Mitt.** *über organische Kieselsäureverbindungen.* (27. vgl. C. **1956.** 9215.) Die Wrkg. von *Kohlenhydratkieselsäureverbb.* (**I**) auf das Wachstum verschied. Organismen wird an *Aspergillus niger* u. *Weizensamen* (*Triticum*) gezeigt (vgl. l. c.). Eine Aufnahme der organ. gebundenen Quarzkieselsäure von den verschied. Organismen konnte quantitativ verfolgt werden. Die Rk. ist O_2-abhängig. Bei A. niger wurden N-Geh. u. Kohlenhydratbldg. durch **I** beeinflußt. (Z. Naturforsch. **9b.** 602—06. Sept. 1954. Berlin-Dahlem, MPI für Silicatforsch.) H. GOEBEL. 4100

Ralph W. G. Wyckoff, *Das Elektronenmikroskop in der Biologie.* Zusammenfassender Vortrag. (Nature [London] **173.** 419—22. 6/3. 1954. London, American Embassy.) E. KLEVER. 4102

R. Hill, D. H. Northcote und **H. E. Davenport,** *Präparation aktiver Chloroplasten aus Chlorella pyrenoidosa.* Ein Chloroplasten enthaltender Auszug aus Chlorella gab eine Rk. mit dem Methämoglobin-Red.-Faktor höherer Pflanzen. Es kann angenommen werden, daß Chlorella einen ähnlichen Faktor besitzt. Es scheint auch, daß gewisse Systeme, wie z. B. das Syst. der Atmung, die mit der Photosynth. verbunden sind, im Bereich der grünen Pflanzen weit verbreitet sind. (Nature [London] **172.** 948—49. 21/11. 1953. Cambridge, Univ., Dep. of Biochem.) G. WELTZIEN. 4150

Charity Waymouth, *Einige Wirkungen von anorganischem Phosphat und Bicarbonat auf das Überleben von Zellen und ihre Vermehrung in chemisch definierten Nährmedien.* Überleben, Funktionserhaltung u. Vermehrung von Zellen in einfachen, chem. definierten Medien werden durch Erhöhung der Menge von *anorgan. Phosphat* (**I**) verstärkt (ca. 2 mMol). **I** ist einer der „Wachstumsfaktoren" in Embryoextrakten. In der Ggw. von 26,6 mMol Glucose (480 mg/100 ml) wurden als optimale Konzz. für verschied. Zelltypen der Bereich von 1,77—2,36 mMol anorgan. P u. 19,95—26,6 mMol $NaHCO_3$ gefunden. (Biochem. J. **56.** IV—V. Jan. 1954. Bar Harbor, Me., Roscoe B. Jackson Labor.) H. BENISCHKE. 4150

Heinz Herrmann und **Louise B. Speck,** *Reaktion von Chromat mit Nucleinsäuren in Geweben.* Nach Vorbehandlung von Gewebehomogenaten mit *Chromat* (**I**) ist der

Nucleinsäure (II)-Geh. der daraus gewonnenen Trichloressigsäure (III)-Extrakte vermindert. Nach Ansicht der Vff. spricht die grüne Farbe des Rückstandes dafür, daß I nach vorangehender Red. eine Komplexverb. mit II eingeht, die mit III nicht mehr extrahierbar ist. Vorbehandlung mit III, Metaphosphor-, Sulfosalicyl- u. Pikrinsäure sowie mit BOUINscher Lsg. beeinträchtigt die Extrahierbarkeit von II nicht. (Science [Washington] **119.** 221. 12/2. 1954. Denver, Colo., Univ. of Colorado, Med. School, Dep. of Pediatrics, Div. of Chem. Embryol.) H. HELGE. 4150

Raymond Garrigues und **N. P. Buu-Hoï,** *Über die Wirkung des p-Benzochinons auf die Wurzeln von Allium cepa L.* 3—4 mm lange Wurzeln (auf KNOPscher Nährlsg. halber Konz. gezogen) wurden auf eine KNOP-Lsg. mit verschied. Gehh. an *p-Benzochinon* (I; 0,01, 0,005, 0,001, 0,0001%) gesetzt. In den starken Konzz. hemmt I das Wachstum vollkommen u. bremst es bei schwachen Konzentrationen. Bes. die Konz. von 0,005% erzeugt Deformationen u. scharf abgegrenzte oder diffuse Anschwellungen in der Streckungszone der Wurzeln. Häufig wird dieser Effekt von einer bräunlichen Verfärbung abgelöst. Mitosen fehlen bei den starken Konzz. u. stellen sich wieder ein, wenn die Wurzeln wieder n. zu wachsen beginnen. In den untersuchten Konzz. wirkt I prakt. nicht auf Mitose u. Kerne, es ruft nur Zellhypertrophien (Rindenzellen der Knötchen sind hypertroph) hervor. (C. R. Séances Soc. Biol. Filiales **147.** 963—65. Juni 1953. Lyon, Labor. Pasteur de l'Inst. du Radium et Labor. de Botanique de la Fac. des Sci. de Lyon.) I. WEINMANN. 4150

I. Pastac und **P. Craniadès,** *Eine neue Gruppe cytoaktiver Substanzen: die Arylderivate der Methanphosphonsäure.* (Vgl. auch C. **1956.** 2788.) Vff. berichten über die cytoakt. Substanzen *α-Naphthylmethanphosphonsäure* (I), *α-Naphthyloxymethanphosphonsäure* (II), *Acenaphthenphosphonsäure-(1)* (III), *Oxyacenaphthenphosphonsäure-(1)* (IV) u. einer Mischung von *α-* u. *β-Tetralylmethanphosphonsäure* (V), die sie in Verdünnungen von 10^{-4} bis $8 \cdot 10^{-6}$ an Stecklingen von Ligustrum vulgare, Populus pyramidalis lombardica, Salix babylonica u. Solanum lycopersicum auf ihre Wirkungen prüften, die Wurzelbldg. hervorzurufen u. zu fördern. In fast allen Fällen wurden die Stecklinge durch konz. Lsgg. von I—V abgetötet, optimale Wurzelbldg. fand sich bei Verdünnungen um $2 \cdot 10^{-6}$. (Bull. Soc. Chim. biol. **36.** 675—80. 1954. Versailles, Labor. G. Truffaut; Bellevue, Seine-et-Oise, Centre d'Études et de Rech. de Chim. Organ. Appliquée.) K. BÖHM. 4150

Reinhard Wigand und **Dietrich Peters,** *Licht- und elektronenoptische Untersuchungen über den Abbau gramnegativer Kokken mit Nucleasen und Proteasen.* Die Behandlung junger Kulturen von *Neisseria sicca* mit *Ribonuclease* (I) u. *Pepsin* (II) führte — in Analogie zu früheren Unterss. an Escherichia coli (vgl. Z. Naturforsch. **8b.** [1953.] 180) — zu einem spezif. Abbau der *Ribonucleoproteide* u. einer elektronenopt. Darst. der Kerne. Nach Einw. von I u. Desoxyribonuclease, kombiniert mit II, blieben nahezu leere Membranen zurück. Unterss. im Phasenkontrastmikroskop hatten entsprechende Ergebnisse. Die Färbbarkeit nach GIEMSA bzw. mit Lichtgrün wurde bereits durch die Nucleasen allein in charakterist. Weise verändert. Die Kontrollbehandlung mit n/100 HCl an Stelle von II zeigte, daß in Analogie zum Verh. höherer Zellen, ein Teil der an Nucleinsäuren gebundenen Proteine in Säure allein lösl. ist (*Histone*). Bei 1—4 Tage alten Kulturen wurde bereits durch II allein ein Teil der Keime angegriffen, während der Nucleaseabbau wie bei jungen Kulturen ablief. Gepuffertes *Trypsin* führte unter unspezif. Herauslsg. von Cytoplasma- u. Kernmaterial zur elektronenopt. Darst. der Septen. Der Einfl. verschied. Fixierungsmittel wird erörtert. — Abbildung. (Z. Naturforsch. **9b.** 586—96. Sept. 1954. Hamburg, Bernhard-Nocht-Inst. für Schiffs- u. Tropenkrankheiten, Virusabt.) H. GOEBEL. 4150

A. B. Lindenberg und **M. Massin,** *Über die celluläre Absorption diffusibler und adsorbierbarer Substanzen: Phenol und Sulfanilamid.* Vff. untersuchten an Bäckerhefe die Verteilung von *Phenol* (I) u. *Sulfanilamid* (II). Der größte Teil von I findet sich im lipiden nichtwss. Bestandteil der Hefezellen gelöst. Bei II spielt die celluläre Absorption eine sehr wichtige Rolle. II tritt in die Hefezellen ein u. verläßt diese auch durch einfache physikal. Diffusion. II, dessen wss. Lsgg. eine DK. größer als die von reinem W. haben, konz. sich in dem wss. biol. Milieu, das mit bipolaren Ionen beladen ist u. für das II eine um so größere Lösungsaffinität hat als es polarer ist. (C. R. Séances Soc. Biol. Filiales **149.** 302—04. Febr. 1955.) K. BÖHM. 4150

P. Armitage, *Wirkung von Stickstofflost auf eine erbliche Eigenschaft bei Ratten.* Auf Grund neuerer Unterss. muß angenommen werden, daß die Änderung in der Ausscheidung von Nicotinamidmethochloriden bei Ratten nach Behandlung mit Stickstofflost nicht auf einer Änderung der kontrollierenden Gene, sondern auf Beeinflussung aus der Umgebung beruht. (Nature [London] **171.** 1117. 20/6. 1953. London, School of Hyg. and Trop. Med.) G. WELTZIEN. 4150

Hans Lettré, *Weitere Beobachtungen über die Abhängigkeit von Zellbewegungen von der Adenosintriphosphorsäure.* (Vgl. C. **1954.** 5088.) Es werden die Zellbewegungen von Tumorenzellmodellen, d. h. mit Glycerin/W. extrahierte Zellen, bei Einw. von Dosen von 10—40 mg ATP/ml beschrieben u. diskutiert. (Naturwissenschaften **41.** 306. Juli 1954. Heidelberg, Univ., Inst. für exp. Krebsforsch.) K. GENEST. 4160

Oskar Drees, Friedrich-Karl Erichsen und **Hans Netter,** *Über Stoffwechseluntersuchungen mit elektiv tumorwirksamen Stoffen.* Vff. untersuchen am WALKER-Carcinom u. JENSEN-Sarkom von Ratten die elektiv nekrotisierende Wrkg. von *Acetylaceton, 1-Phenylacetylaceton* (I), *3-Phenylacetylaceton, p-Oxy-1-phenylacetylaceton, p-Methoxy-1-phenylacetylaceton* u. von *1-Phenylacetylaceton-n-sulfonsaurem Na.* Dabei erwies sich I in bezug auf die Hemmung der Atmung u. Glykolyse von Tumorzellen von doppelter Giftigkeit wie gegenüber n. Leberzellen. (Naturwissenschaften **40.** 60—61. 1953. Kiel, Univ., Physiol.-Chem. Inst.) G. WELTZIEN. 4160

Karl E. Paschkis, A. Cantarow und **R. A. Huseby,** *Glucocorticoide im adrenocorticalen Carcinom der Maus.* In experimentell erzeugten adrenocorticalen Carcinomen sind in allen Fällen *Glucocorticoide* nachweisbar. Der Hormongeh. der Tumoren ist jedoch kleiner als der der Nebennieren n. Tiere. Die Incubation des Tumorhomogenates mit *Desoxycorticosteronglucosid* führt zu keiner Erhöhung der glucogenen Aktivität. (Proc. Soc. exp. Biol. Med. **85.** 422—24. März 1954. Denver, Colo., Univ., School of Med.) H. P. FIEDLER. 4160

F. Lembeck, *5-Oxytryptamin in einem carcinoiden Tumor.* Aus einem Tumor aus den enterochromaffinen Zellen des Magen–Darm-Traktes wurde mit n/50 HCl *5-Oxytryptamin* (I) extrahiert. Wie pharmakol. u. papierchromatograph. Unterss. zeigten, sind in dem Tumor mindestens 2,5 mg I/g Tumorfrischgewicht enthalten. Eine zweite in gleicher Weise pharmakol. wirksame Verb. konnte nachgewiesen werden. Bei ihr handelt es sich nicht um Acetylcholin, Histamin, Adrenalin oder Substanz P. (Nature [London] **172.** 910—11. 14/11. 1953. Graz, Univ., Pharmacol. Inst.) H. SCHEURLEN. 4160

Janine Gouvernel-Guillemain, *Über den Nachweis einer Wachstumssubstanz, die bei mit Agrilus Biguttatus Fab. (Coleopt. Buprestidae) befallenen Eichen Tumoren erzeugt.* In dem alkoh. Extrakt der mit Agrilus Biguttatus befallenen Teile von Eichen wurden durch Chromatographie an Al_2O_3 oder Silicagel dureh biol. Tests an Knollengewebe von Topinambour 2 Substanzen mit Wachstumswrkg. nachgewiesen. Über die chem. Konst. der Verbb. kann noch nichts ausgesagt werden. (C. R. hebd. Séances Acad. Sci. **236.** 978—79. 2/3. 1953.) H. SCHEURLEN. 4160

H. Gerhartz, *Indikationen und Komplikationen einer Therapie der Leukosen mit TEM. Triäthylenmelamin* (I) ist ein ausgesprochenes „Ruhekerngift", das den Eintritt der Mitose verhindert u. eine starke Hemmwrkg. auf die Granulopoese, Thrombopoese u. Erythropoese besitzt. Hauptindikation für I ist die chron. leukäm. Lymphadenose. Aleukäm. Lymphadenosen reagieren nicht so gut. Auch bei chron. u. subakuten leukäm. Myelosen hat sich I bewährt. Medulläre Leukopoesen konnten mit therapeut. Dosen nicht beeinflußt werden. Bei akuten Leukosen Erwachsener war bei Versagen der antimetabol. Therapie mit I verschiedentlich noch ein Hintanhalten der Zellausschwemmung u. Metastasierung zu erreichen. Vf. gelang es, Leukose 1½ Jahre rezidivfrei bei gutem Allgemeinbefinden zu halten, jedoch sind die Beobachtungen noch zu gering, um von einer lebensverlängernden Wrkg. von I sprechen zu können. — Ausführliche Beschreibung der Nebenwirkungen. (Verh. dtsch. Ges. inn. Med. **60.** 919—23. 1954. Berlin.) K. BÖHM. 4160

Joseph H. Burchenal, David A. Karnofsky, M. Lois Murphy, Rose Ruth Ellison, Marguerite P. Sykes, Charlotte T. C. Tan, Alan C. Mermann, Munire Yuceoglu und **C. P. Rhoads,** *Klinische Bewertung von 6-Mercaptopurin in der Behandlung von Leukämie.* (Vgl. C. **1955.** 11595.) *6-Mercaptopurin* (I) stellt einen neuen Typ von Heilmittel dar, der sich gegenüber experimentellen Tumoren u. Leukämien sowie gegenüber Leukämie beim Menschen akt. erweist. Durch die Unterss. wird gezeigt, daß sein Wirkungsmechanismus verschieden ist von jenem der Steroide oder der Folsäureantagonisten. Bes. bei Kindern mit akuter Leukämie wird ein hoher %-Satz temporärer Besserungen erzielt (1. Zahl: Anzahl der Patienten, 2. Zahl: 1 Jahr oder länger überlebend): Keine Behandlung, 218 (Fälle), 5 (% der Überlebenden nach 1 Jahr oder länger), *Cortison* (II)–*Amethopterin* (III), 154, 29; III–II–I, 52, 52. — Bei Erwachsenen sind die Ergebnisse nicht so zufriedenstellend wie bei Kindern. Bei früher myelocyt. Leukämie werden wie bei akuter bei Aufrechterhaltung der Therapie ausgezeichnete Ergebnisse erzielt. (Amer. J. med. Sci. **228.** 371—77. Okt. 1954. New York, N. Y., Sloan-Kettering Inst., Chemotherapy Serv., Memorial Center for Cancer and Allied Diseases, Div. of Exp. Chemotherapy u. Cornell Univ. Med. Coll., Sloan-Kettering Div.) E. ROTTER. 4160

F. Remold, A. Siegert und **H. Stamm**, *Das radioaktive Gold ^{198}Au bei der Behandlung von Ovarialcarcinomen, Peritoneal- und Pleuracarcinomen.* Zur Behandlung von Ovarialcarcinomen, Peritoneal- u. Pleuracarcinomen haben Vff. in dem befallenen Körperbereich Injektionen mit koll. ^{198}Au (Teilchengröße 100—400 mμ) durchgeführt. Mittels eines GEIGER-Zählers im Inneren einer mit einer Blende versehenen Pb-Kammer u. durch Autographien mit aufgelegten Filmen wird die Verteilung des ^{198}Au im Körper kartograph. aufgenommen u. der Geh. des Harns an ^{198}Au bestimmt. Die Beobachtungen zeigen, daß nach 200 Std. 95% des injizierten Au über den ganzen Körper verteilt sind, die restlichen 5% finden sich im R.E.S. Eine wirkungsvolle lokale Tumorbeeinflussung ist daher nicht zu erwarten. Die Verträglichkeit des Isotops wird als gut bezeichnet, das Tumorwachstum erweist sich als unbeeinflußt, Ascitesrückbldg. wird nur in einem Fall festgestellt. Eine die klass. Meth. der Strahlenbehandlung ergänzende Wrkg. des ^{198}Au erscheint möglich, bes. gegen Mikrometastasen im Peritoneum u. in der Pleura. (Strahlentherapie **94.** 367—73. 1954. Erlangen, Univ., Frauenklin.)
W. REUSSE. 4160

G. Klein und **A. Forssberg**, *Untersuchungen über den Einfluß von Röntgenstrahlen auf die Biochemie und die Zellzusammensetzung von Ascitestumoren.* 1. Mitt. *Der Einfluß auf Wachstumsrate, Zellvolumen, Nucleinsäure- und Stickstoffgehalt bei dem Ehrlich Ascitestumor.* Durch intraperitoneale Injektionen wurden EHRLICH-Ascitestumoren bei Mäusen erzeugt. 7 Tage später waren die Tiere Träger von im Mittel je ca. 109 freien Tumorzellen u. wurden in diesem Zustand mit 1250 r röntgenbestrahlt (165 kV, Filter: 1 mm Al, Dosisleistung 80 r/Min.). Bestrahlungsfeld war das Abdomen. Innerhalb 48 Std. wurden die Tiere getötet, u. es wurde bzgl. der Strahlenwrkg. festgestellt: Die Mitose ist für 15 Std. völlig gehemmt, das Zellvol. ist vergrößert, innerhalb 48 Std. wächst es auf den doppelten Wert. Kern u. Cytoplasma sind an diesem Wachstum beteiligt. In etwa gleichem Verhältnis erweist sich der Geh. der Einzelzelle an *Pentosenucleinsäure* u. Gesamtstickstoff erhöht. Der Geh. an *Desoxypentosenucleinsäure* (I) ist nur wenig erhöht. Die Bestrahlung übt danach eine spezif. Wrkg. auf die Synth. von I aus. (Exp. Cell Res. **6.** 211—20. Febr. 1954. Stockholm, Karolinska Inst., Wallenberg Labor., Inst. for Cell Res. u. Inst. of Radiophys.) W. REUSSE. 4160

—, Vergleichend biochemische Fragen. Berlin, Göttingen, Heidelberg: Springer-Verl. 1956. (VII + 176 S. m. 50 Abb.) 8° = Colloquium der Gesellschaft für physiol. Chemie in Mosbach/Baden. 6. Am 20—22. April 1955. DM 24,—.

E₂. Enzymologie. Gärung.

Hugo Theorell, *Natur und Wirkungsweise der Oxydationsenzyme.* Zusammenfassender Nobelvortrag über die Entw. der Kenntnis der Oxydationsenzyme u. ihren heutigen Stand mit besonderer Berücksichtigung des *gelben Enzyms*, der *Alkoholdehydrogenasen, Häminproteide, Peroxydasen* u. *Katalasen.* (Nord. Med. **55.** 3—8. 5/1. 1956. Stockholm, Med. Nobelinst., Karol. Inst.) R. K. MÜLLER. 4210

G. M. K. Hughes, B. M. Roberts und **B. C. Saunders**, *Die Peroxydaseoxydation von Mesidin.* Bei der Peroxydaseoxydation von Mesidin entsteht das stark gefärbte *2.6-Dimethylbenzochinon-4-[2'.4'.6'-trimethylanil]* (I). Der Einfl. der CN^-- u. N_3^--Ionen, verd. Mineralsäuren u. verd. Alkalien auf den Verlauf der Peroxydaseoxydation u. auf das gebildete I wurde untersucht. Die Alkalien hatten nur eine unvollständige Inhibitorwrkg., verd. Mineralsäuren bewirkten eine teilweise Hydrolyse von I. Bei Ggw. von CN^-- u. N_3^--Ionen trat Verbindungsbldg. zwischen diesen Ionen u. I ein. (Chem. and Ind. **1954.** 47—48. 9/1. Cambridge, Univ., Chem. Labor.) R. BOLLINGER. 4210

L. R. Wetter und **June J. Corrigal**, *Bestimmung von Carbohydrase mittels Papierelektrophorese.* Vff. beschreiben eine papierchromatograph. Best. von Carbohydrasen, bes. von *Maltase, Invertase* u. *Dextrinase* in einer *Aspergillus niger*-Kultur mit Maltose, Rohrzucker u. Dextrin als Substrat (Incubation bei 30°/30 Min.). Hiernach erfolgt Entw. der gebildeten Glucose als Gluconsäure.

V e r s u c h e: Papierelektrophorese des gefriergetrockneten Fermentationsprod. in Phosphatpuffer p_H 6,9, μ 0,1, indem 4 Punkte nebeneinander mit einem Abstand von 2,5 cm aufgetragen werden. Nach Beendigung der Elektrophorese erfolgt Auftrennung in 4 Streifen. Die Anfärbung des 1. Streifens mit Bromphenolblau zeigt die Begrenzung des Gesamtproteins; der 2. Streifen wird mit einer Mischung gleicher Voll. einer 0,2%ig. Maltoselsg. u. 0,5%ig. Notatin (I), der 3. Streifen mit einer Mischung gleicher Voll. einer 0,2%ig. Rohrzuckerlsg. u. 0,5%ig. I, der 4. Streifen mit einer Mischung einer 0,2%ig. Dextrinlsg. u. 0,5%ig. I besprüht. Streifen 2—4 werden 30 Min./30° incubiert, danach Trocknung bei 110°. Anschließend Besprühung mit Bromkresolpurpur (0,06 u.

95% A.). Die Zonen der entsprechenden Enzymaktivität erscheinen als helle gelbe Punkte auf einem blaugrauen Untergrund. (Nature [London] **174**. 695. 9/10. 1954. Saskatoon, Saskatchewan, Can., Nat. Res. Counc., Prairie Reg. Labor.) G. BRATFISCH. 4210

Gerald R. Seaman, *Beteiligung der Thioctsäure an der Acetataktivierungsreaktion.* Vf. stellt fest, daß die *Thioctsäure* (I) der Acetat-Aktivierungs-Rk. *Acetat* + *Adenosintriphosphat* + *Coenzym A* ⇌ *Acetyl–Coenzym A* + *Adenosinmonophosphat* + *Pyrophosphat* als Cofaktor eine Rolle spielt. Zu den Verss. wurde Acetontrockenpulver von Schweineleber u. Al_2O_3 als Adsorbens für I verwendet. (J. Amer. chem. Soc. **76**. 1712–13. 20/3. 1954. Galveston, Tex., Univ. of Texas, Med. Branch., Carter Physiol. Labor.) L. FISCHER. 4210

J. A. Olson, *Das* D-*Isocitronensäure–Lyase-System: Die Bildung von Glyoxyl- und Bernsteinsäure aus* D-*Isocitronensäure.* Vf. fand, daß bei Incubation von *Citronensäure* (I) mit zellfreien Extrakten (E.) von *Penicillium chrysogenum* in Ggw. von *Arsenit* (II) I schnell verschwindet u. *Glutamat* (**III**), *α-Ketoglutarat* (**IV**), *Glycin* (**V**), *Glyoxalat* (**VI**) u. *Succinat* (**VII**) gebildet werden. Bei Variation der experimentellen Bedingungen konnte Vf. zeigen, daß I wenigstens auf 2 Wegen gespalten werden kann: 1. Vollständige Spaltung zu **III** u. **IV** in frischem E., aktiviert durch *$MgCl_2$*, **II** u. einer geringen Menge von *TPN*. 2. Quantitative Verwandlung zu **VI** u. **VII** in gealterten oder dialysierten E. in Ggw. von *Semicarbazid* (**VIII**). Bei Verwendung von **II** an Stelle von **VIII** wird wenig **VI** u. viel **V** gebildet. Die Rk. ist reversibel. Bei beiden Rkk. erfolgt kein O_2-Verbrauch. Auf Grund weiterer Verss. ist Vf. der Ansicht, daß D-*Isocitrat* (**IX**) die unmittelbare Vorstufe der Spaltungsprodd. ist. Das Enzymsyst., das die Bldg. von **VI** u. **VII** aus **IX** aktiviert, wird **IX**–Lyase-Syst. genannt. Es ist enthalten in E. aus *Bäckerhefe, Aspergillus niger* u. *Rhizopus sp.*

Versuche: Darst. der Enzymextrakte bei -10^0 aus gefrorenem, gewaschenem P. chrysogenum Q 176. Zentrifugieren bei 15000 g/20 Min. bei $+2^0$. Die überstehende Lsg. enthält das Enzymsystem. — Best. von *Glyoxylsäure* durch Chromatographie u. Spektr. des 2.4-Dinitrophenylhydrazon, F. 189–192°. — *Bernsteinsäure* durch R_F-Werte in verschied. Lösungsmittelsystemen u. Best. mit einem Succinoxydasepräparat. — *Citrat* nach TAYLOR (C. **1954**. 3081). — L-*Glutaminsäure* mit einem CARROT-Decarboxylasepräp. u. Gesamthydrazone nach FRIEDMAN u HAUGEN (J. biol. Chemistry **147**. [1942.] 415). (Nature [London] **174**. 695–96. 9/10. 1954. Rome, Ist. Super. di Sanità, Labor. di Chim. Biol.) G. BRATFISCH. 4210

F. Moyson, *Wirkung des Schocks auf die Aktivität der Succinodehydrogenase in der Leber.* Vf. fand bei Ratten nach traumat. Schock (Tötung der Tiere 2½ Std. nach experimenteller Weichteilquetschung der hinteren Extremitäten) eine gesteigerte *Succinodehydrogenase*-Aktivität (SDA) der Lebermitochondrien. Als Maß der SDA diente die Menge des aus *2.3.5-Triphenyltetrazoliumchlorid* gebildeten *Triphenylformazans.* (Bull. Soc. Chim. biol. **36**. 537–39. 1954. Paris, Labor. de Biochim., Clin. chirurg. de la Salpêtrière.) H. HELGE. 4210

Harold J. Strecker und **Isaac Harary,** *Butylenglykoldehydrogenase und Diacetylreduktase aus Bakterien.* Vff. stellen fest, daß Rohextrakte aus Aerobacter aerogenes (a) nach Zusatz von *2.3-Butylenglykol* (I), *Diphosphopyridinnucleotid* (II) red. u. eine Umkehrung dieser Rk. beim Versetzen mit *Acetoin* (**III**) bzw. *Diacetyl* (**IV**) stattfindet. Verss. mit Staphylococcus aureus (b)-Extrakten, die in K-Phosphatpuffer (50 μMol, p_H 7,0) in Ggw. von **II** (0,3) *Glucose* (**V**; 200), **V**-*Dehydrogenase* (3600 E.) u. Jodacetat (1,0 μMol) mit **III** (13,3 μMol) bzw. **IV** (18,6 μMol) unter aeroben Bedingungen bis zu 90 Min. bei 30° incubiert worden sind, red. **IV** in 30–60 Min. zu **III** u. **I**, während aus **III** äquivalente Mengen **I** gebildet werden. Aus den Ergebnissen wird auf 2 Enzymsysteme in den Bakterienextrakten geschlossen, von denen das eine die reversible Oxydation von **I** zu **III** u. das andere die irreversible Red. von **IV** zu **III** katalysiert. Die Wirksamkeit der **I**-*Dehydrogenase* wird in einem Substrat, bestehend aus K-Phosphatpuffer (p_H 7,0), **I** (40 μMol) u. **II** (0,3) durch Best. der Konzz. an **II** bzw. II^+ auf opt. Wege (D. bei 340 mμ) ermittelt. Der Wert der Gleichgewichtskonstanten der Rk. $I + II^+ \rightleftharpoons III + II{-}H + H^+$ (p_H 7,4 bzw. 8,4; 27°) beträgt im Mittel $2{,}74 \cdot 10^{-10}$ (Mol/Liter). Zur Reinigung von I-Dehydrogenase werden a-Extrakte nach Versetzen mit Protaminsulfat (**VI**), Entfernung des gebildeten Präcipitats durch Zentrifugieren u. Behandlung der überstehenden Fl. mit gesätt. $(NH_4)_2SO_4$-Lsg. 4 Std. gegen Phosphatpuffer (p_H 7,0) dialysiert u. mit Zn-Acetat (0,01 mol.) u. A. gefällt. (Temp. -10^0), wobei eine 80 fache Anreicherung des Enzyms erzielt wird. Auch **IV**-Reduktase aus b wird auf eine ähnliche Weise gereinigt. Die nach dem Zentrifugieren der **VI**-Fällung erhaltene überstehende Fl. wird mit Ca-Phosphatgel [23,5 mg $Ca_3(PO_4)_2$/ml] behandelt

u. dasselbe anschließend mit 10%ig. $(NH_4)_2SO_4$-Lsg. (p_H 8,0) extrahiert. Eine fraktionierte Fällung mit festem $(NH_4)_2SO_4$ u. wss. Lsgg. (0,6—0,25 Sättigung) desselben, Auflsg. des erhaltenen Präcipitats in 0,1 mol. K_2HPO_4 (Temp. —14 bis —18°) führt zu einer ca. 8fachen Anreicherung des Enzympräparates. (J. biol. Chemistry **211.** 263—70. Nov. 1954. New York, N. Y., Univ. Coll. of Med., Dep. of Pharmacol.)

P. FAHRNLAENDER. 4210

H. Daniel-Moussard, *Wirkung von Silicium auf die Aktivität der alkalischen Phosphatase in vitro. Alkal. Phosphomonoesterase* (getrocknete u. entfettete Darmschleimhaut des Kalbes) wird durch 81 γ SiO_2 (Quarz in W.)/cm³ des Versuchsgemisches nicht beeinflußt; eine Suspension von sogenannter „silice de condensation" mit 12,5 mg/cm³ sowie Natriumsilicat mit 40 γ SiO_2/cm³ bewirkten eine geringe Hemmung. (C. R. Séances Soc. Biol. Filiales **148.** 1979—81. Dez. 1954. Verneuil, Oise, Centre d'Études et Recherches des Charbonnages de France.) A. HESSE. 4210

Frixos C. Charalampous, *Der Mechanismus der Bildung von Erythrulose-1-phosphat durch die Phosphoketotetrosealdolase der Rattenleber.* Vf. beschreibt die Reinigung von *Phosphoketotetrosealdolase* (I) aus 25%ig. Rattenleberhomogenaten in isoton. KCl-Lsg., die die Synth. von *Erythrulose-1-phosphat* (II) aus *HCHO* u. *Dioxyacetonphosphat* (III) katalysiert. Die nach dem Zentrifugieren der Homogenate überstehende Fl. wird 2mal mit festem $(NH_4)_2SO_4$ bzw. gesätt. $(NH_4)_2SO_4$-Lsg. (0°, p_H 7,4 bzw. 7,0) fraktioniert gefällt. Das erhaltene vorgereinigte Präcipitat wird einer weiteren 2maligen Fraktionierung mit K-Citrat (0,2mo.) u. $(NH_4)_2SO_4$-Lsg. bei p_H 6,0 u. 5,0 unterworfen u. die nach Dialyse gegen 0,03 mol. KCl (0°, p_H 5,3) erhaltene überstehende Fl. mit Ca-Phosphatgel (0°, p_H 7,5; 0,1 mol. Phosphatpuffer) behandelt. Bei nochmaliger Fällung mit Citrat-$(NH_4)_2SO_4$ (p_H 6,0) wird eine 40fache Anreicherung von **I** erreicht. Die **II**-Synth. vollzieht sich in einem Substrat, das je 4 μMol HCHO u. **III**, 75 μMol $MgCl_2$ u. **I** enthält, bei p_H 7,4 u. 37° innerhalb von 10 Minuten. Aus Verss. mit *Fructose-1.6-diphosphat* (15,0 μMol) als **III**-Quelle bei Ggw. oder Abwesenheit von *Muskelaldolase* geht hervor, daß die Enzym-Rk. reversibel u. das Gleichgewicht zugunsten von **II** verschoben ist. Im Gegensatz zu **III** ist das mit demselben isomere *DL-Glycerinaldehyd-3-phosphat* (8 μMol) unwirksam u. bildet kein **II** mit HCHO. Zur Aufklärung des Reaktionsmechanismus wird die **II**-Synth. unter Verwendung von *$H^{14}CHO$* durchgeführt u. das gebildete radioakt. **II** der Perjodatoxydation unterworfen, wobei als Spaltprodd. $H^{14}CHO$, HCOOH u. *Phosphoglykolsäure* im Verhältnis 1,1 : 1 : 1 erhalten werden. Dieses Ergebnis weist auf einen Angriff an dem mit CO benachbarten $C_{(1)}$ des **II**-Mol. hin. Die Wirksamkeit von **I** wird durch Ggw. von K_2HPO_4, NaCl, NH_4Cl, KCl (0,03—0,21 mol.) erhöht. Das Enzym ist bei —20° 2 Wochen bzw. bei +5° in 2—5%ig. $(NH_4)_2SO_4$-Lsg. (p_H 7,4) 3 Wochen beständig. Organ. Lösungsmittel vermindern seine Aktivität, deren p_H-Optimum zwischen 7,0 u. 7,4 liegt. (J. biol. Chemistry **211.** 249—62. Nov. 1954. Philadelphia, Pa., Univ., School of Med., Dep. of Physiol. Chem.)

P. FAHRNLAENDER. 4210

C. Anagnostopoulos, J.-E. Courtois und **J. Servant,** *Untersuchungen über die transferierende Wirkung einiger Phosphomonoesterasen pflanzlicher Herkunft.* Übertragung von *Orthophosphorsäure* aus *Phenylphosphat* sowie aus *p-Nitrophenylphosphat* (**I**) auf Methanol, *n-Propanol, Isopropanol, Äthylenglykol* u. *Glycerin*, erfolgt durch die *Phosphatase* (**II**) von Orange u. Apfel. Eine Übertragung auf *Raffinose, Stachyose* u. *Mesoinosit* erfolgt nicht. Bei **II** aus Belladonna ist die übertragende Wrkg. sehr groß; dagegen ist sie sehr gering bei **II** der Körner des weißen Senfes (wobei aber kein Inhibitor gefunden wurde). — Das Verhältnis: auf *Glycerin* übertragenes Phosphat/aus **II** freigesetztes Phosphat nimmt am Anfang der Rk. rasch zu, um dann konstant zu bleiben; dieses Verhältnis ist unabhängig von der Enzymmenge, nimmt aber mit zunehmender Anfangskonz. des Donators ab. (Bull. Soc. Chim. biol. **36.** 1581—92. 1954. Paris, Fac. de Pharm., u. Centre Nat. de la Rech. Scientif.) A. HESSE. 4210

S. Abraham, P. F. Hirsch und **I. L. Chaikoff,** *Die quantitative Bestimmung der Glykolyse und Nichtglykolyse bei der Glucoseverwertung durch Milchdrüsen von Ratten.* Vff. incubieren Milchdrüsenpräpp. von säugenden Ratten in KREBS-HENSELEIT-Bicarbonatpuffer (p_H 7,4) unter aeroben Bedingungen (95% O_2, 5% CO_2) mit 50 μMol *^{14}C-Glucose* (**Ia**), *$^{14}C_{(3.4)}$-Glucose* (**Ib**), *$^{14}C_{(6)}$-Glucose* (**Ic**), *$^{14}C_{(1)}$-Glucose* (**Id**), *$^{14}C_{(2)}$-Glucose* (**Ie**) sowie *$^{14}C_{(1)}$-Lactat* (**IIa**), *$^{14}C_{(2)}$-Lactat* (**IIb**) u. *$^{14}C_{(3)}$-Lactat* (**IIc**) (37,5°, 3 Std.) u. bestimmen die gebildeten Mengen $^{14}CO_{(2)}$ u. die Aktivität der durch den Stoffwechsel entstandenen *Fettsäuren* (**III**). Es wird festgestellt. daß die $^{14}CO_2$-Ausbeuten aus **Ia, Ib** u. **Id** ca. 10mal höher sind als die aus **Ic**, während die Mengen von ^{14}C-**III** aus **Ic** doppelt so groß sind wie die aus **Ia** u. **Id**. Aus **Ib** wird kein ^{14}C in **III** eingebaut. Die gleichen Ergebnisse werden erhalten bei Zusatz von inaktivem **II**. Es läßt sich zeigen, daß ca. 60% der **I**-Moll. aus Rattenmilchdrüsen auf einem direkten oxydativen Wege abgebaut werden.

Zusatz von **I** zu **IIa, IIb** u. **IIc** führt zur Erhöhung der $^{14}CO_2$-Ausbeuten aus **IIa** u. zu einer Erniedrigung derselben aus **IIb** u. **IIc**, während die ^{14}C-**III**-Werte aus **IIa** u. **IIb** erheblich ansteigen u. aus **IIa** kein ^{14}C in **III** eingebaut wird. Daraus geht hervor, daß aus **II** kein *Glycerin* entsteht u. daß COOH—C von **II** vollständiger oxydiert wird als dessen α- u. β-C-Atome. Ferner tritt $C_{(2)}$ aus **I** zu einem größeren Ausmaß als $C_{(1)}$ u. $C_{(6)}$, in höherem Anteil als $C_{(2)}$ in die Fettmoll. über. Dieser Befund weist auf einen **I**-Abbau über *Triosephosphat* bzw. 3 C-Mol.-Bruchstücke u. die Beziehung des Glykolaldehydkomplexes zur Fettsynth. hin. (J. biol. Chemistry **211.** 31—38. Nov. 1954. Berkeley, Calif., Univ. of California, School of Med., Dep. of Physiol.) P. FAHRNLAENDER. 4210

H. Herken und **D. Maibauer,** *Freisetzung von Inosit in Stoffwechselversuchen mit Gehirngeweben.* (Vgl. C. **1955.** 5830.) Suspensionen von Gehirnschnitten von Maus, Ratte u. Katze wurden im WARBURG-App. 90 Min. unter physiol. Bedingungen bei 37° geschüttelt u. danach die Suspensions-Fl. mit *Inosit* (**I**)-bedürftigen Saccharomyces carlstergensis u. Neurospora crassa auf den **I**-Geh. analysiert. Erhebliche Mengen **I** gingen in die Suspensions-Fl. über, z. B. aus 11,7 mg Mäusegehirn 5,0 γ **I.** (Naturwissenschaften **41.** 166. 1. April-H. 1954. Berlin, Freie Univ., Pharmakolog. Inst.) K. GENEST. 4210

N. Taketomi und **K. Shiozawa,** *Untersuchungen über Bakterienamylase.* 1. Mitt. *Abtrennung der Bakterien und Zusammensetzung des Kulturmediums.* Aus Getreide, Sojabohnen u. Süßkartoffeln wurde eine Reihe von Bakterienstämmen, die stark Stärke verflüssigen, isoliert, vor allem aus der Gruppe B. mesentericus (Stamm 271 u. 477). Als beste Nährböden erwiesen sich solche aus 80—90% Weizenkleieauszug, Soja-,,Kleie"-Auszug mit 10—20% Aminosäurelösungsgemisch unter Zugabe von 2% Kohlenhydrat (Stärke). Die *Amylase*-Absonderung wurde gefördert durch kleine Mengen $(NH_4)_2SO_4$, KH_2PO_4, $MgSO_4$, NaCl u. $CaCl_2$ sowie Spuren an $FeSO_4$, $MgSO_4$ u. H_3PO_3, desgleichen durch Zusatz von 1—2% CH_3OH u. A. — 4 Tabellen. (Waseda appl. chem. Soc. Bull. **21.** Nr. 1. 2—4. Okt. 1952. Waseda Univ. [Orig.: japan.]) L. SCHULER. 4210

K. Myrbäck und **Barbro Persson,** *Enzym–Substrat-Verbindungen und Aktivität-p_H-Kurven der Amylasen.* 3. Mitt. *p_H-Kurven von Gersten-β-Amylase.* (1. u. 2. vgl. C. **1956.** 5585.) Die Aktivität-p_H-Kurven von *Gersten-β-Amylase* (**I**) wurden bei 3 verschied. Substratkonzz. bestimmt. Der alkal. Ast der Kurven hat die Form einer einfachen Dissoziationskurve einer sauren Gruppe des **I**-Mol. u. ist von der Substratkonz. unabhängig. Dies deutet darauf hin, daß die saure Gruppe an der Substratbindung nicht beteiligt ist. Der saure Ast wird mit steigender Substratkonz. nach der sauren Seite verschoben, d. h. bei der **I**-Substratbindung sind bas. Gruppen beteiligt. Die p_H-Kurven im saurem Bereich weichen von der einfachen Dissoziationskurve einer bas. **I**-Gruppe stark ab. Die Form der Aktivität-p_H-Kurve im sauren Gebiet wird verständlich, wenn 2 oder mehr nicht geladene bas. Gruppen, deren K_B-Werte nicht zu weit auseinander liegen, zur Bindung eines Substratmol. erforderlich sind. (Ark. Kemi **4.** Nr. 40. 495—502. 1952. Stockholm, Univ., Inst. for Org. Chem.) K. MAIER. 4210

Theodore O. Sippel, *Eigenschaften und Entwicklung der Cholinesterase in den Herzen von gewissen Vertebraten.* (Vgl. C. **1955. 4372.**) Untersucht wurde die Wrkg. der *Cholinesterase* (**I**) im Herzgewebe gegen *Acetyl-β-methylcholin* (**II**), *Benzoylcholin* (**III**) sowie *Acetylcholin* (**IV**). Bei Amblystoma punctatum (Salamander) wird keine Spaltung von **III**, wohl aber von **II** u. **IV** beobachtet. Die Wrkg. wird auf die sogenannte ,,spezif." **I** zurückgeführt. Für Herz von Rana pipiens (Frosch) wird eine noch geringere Spaltung von **II** gefunden. Die Herzmuskelgewebe von Küken u. Ratte spalten alle drei Substrate, woraus, ebenso wie beim Frosch, auf ein Gemisch von spezif. u. unspezif. **I** geschlossen wird. In diesem sind bei 30 Tage alten Ratten sowie 16 Tage alten Kükenembryonen ca. 80 bzw. 60% nicht-spezif. **I** vorhanden. — Bei Amblystoma beginnt die Zunahme der spezif. **I** erst, nachdem das Herz angefangen hat zu schlagen; ca. $^1/_3$ der endgültigen Wrkg. von **I** ist erreicht, wenn die Herzvagusnerven den Sinus venosus erreicht haben. — Die spezif. **I** im Ventrikel des Herzen von Rattenembryonen nimmt rasch an Aktivität zu, parallel mit der anfänglichen Zunahme der *Bernsteinsäureoxydase* (SIPPEL, l. c.), u. beginnt nach Durchschreiten eines Maximums abzunehmen, wenn die Nerven das Herz erreichen. Spezif. **I** im Vorhof des Rattenherzens zeigt etwa das gleiche Entwicklungsschema; nur wird ein höheres Maximum zu einem späteren Zeitpunkt erreicht. — Nicht-spezif. **I** entwickelt sich bei der Ratte im Ventrikel nur langsam, aber stetig; im Vorhof nimmt **I** rasch zu, ohne daß im untersuchten Zeitraum ein Maximum erreicht wurde. (J. exp. Zoology **128.** 165—84. Febr. 1955. New Haven, Conn., Yale Univ., Osborn Zool. Labor.) A. HESSE. 4210

P. D. Lillie, E. W. Emmart und **A. M. Laskey,** *Chondromucinase aus Rindertestes und das Chondromucin der Nabelschnur.* 10 minütiges Erhitzen auf 70° von Testes-*Hyaluronidase* (**I**) bei p_H 3—5,5 beseitigt deren in vitro-Wirksamkeit (Turbiditätstest) auf *Hyaluronsäure* (**II**) prakt. völlig. Durch 5 minütiges Kochen bei p_H 5,5 oder 6,5 geht auch ihre Fähigkeit verloren im histochem. Vers. die metachromat. Anfärbbarkeit zu beseitigen, nicht jedoch bei p_H 3 (Lsg. in 1/10n Essigsäure). Es wird daraus auf das Vork. einer relativ hitzebeständigen *Chondromucinase*-Fraktion in **I** geschlossen. Aus der Ähnlichkeit der histolog. Bilder nach Verwendung erhitzter u. nichterhitzter **I** wird ferner geschlossen, daß bei den geprüften Geweben **II**, sofern sie dort überhaupt vorkommt, nicht wesentlich zur Metachromasie beiträgt, sondern diese prakt. nur auf der Anwesenheit von *Chondroitinsulfat* beruht. (Arch. Pathology **52.** 363—68. Okt. 1951. Bethesda, Md., W.I.H., N.I.A.M.D.) H. GIBIAN. 4210

Andrée Drilhon, *Untersuchung über die Hyaluronidase (Diffusionsfaktor beim Aal).* In Ggw. von *Hyaluronidase* (**I**) (nicht näher bezeichneter Herkunft noch angegebenen Reinheitsgrades) wurde der Schleim des Aals zu den gleichen Aminosäuren hydrolysiert wie mit 6n HCl. **I** beschleunigte ferner osmot. Vorgänge an der Aalhaut in vitro. Schließlich wurden junge Tiere aus Süßwasser in **I**-haltiges Meerwasser umgesetzt, wonach die jüngsten eingingen, größere wenigstens wesentlich an Körpergewicht u. Muskelwassergeh. verloren. Es wird auf die mögliche Bedeutung des *Hyaluronsäure*-**I**-Syst. bei Fischen hingewiesen im Zusammenhang mit der Aufrechterhaltung von deren osmot. Gleichgewicht bei Wechsel des Wassersalzgehaltes. (C. R. hebd. Séances Acad. Sci. **235.** 1167—69. 10/11. 1952.) H. GIBIAN. 4210

R. H. Pearce, *Die turbidimetrische Hyaluronidasebestimmung.* (Vgl. auch folgendes Ref.) Auf Grund kinet. Unterss. bei p_H 6,0, in 0,1 mol. Acetatpuffer mit 0,15 mol. NaCl bei 37° folgt die trübungsmindernde Aktivität von *Hyaluronidase* nur während der ersten 10 Min. u. bei weniger als 6 TRU (Trübungsreduktions-Einheiten; vgl. MEYER, Physiol. Rev. **27.** [1947.] 355) einem Gesetz 1. Ordnung, für das eine empir. Formel angegeben wird, deren Parameter wesentlich von der Art der als Substrat verwandten *Hyaluronsäure* abhängen. (Biochem. J. **55.** 467—72. Okt. 1953. New Haven, Conn., Yale Univ., School of Med., Dep. of Microbiol.) H. GIBIAN. 4210

R. H. Pearce, *Die turbidimetrische Hyaluronsäurebestimmung.* (Vgl. vorst. Ref.) Die Wirkungen von p_H, Zeit, Protein- u. Elektrolytgeh. u. *Hyaluronat* (**I**)-Konz. auf die turbidimetr. Best. von **I** wurden eingehend untersucht u. z. T. empir. Formeln aufgestellt. Die erzielbaren Trübungen sind jedoch vor allem auch von Art u. Reinheitsgrad (Proteingeh.) des **I** abhängig, so daß eine Absolutbest. des **I** z. B. in biol. Materialien auf diesem Wege nicht möglich erscheint. (Biochem. J. **55.** 472—77. Okt. 1953.) H. GIBIAN. 4210

H. T. Fawns und **J. W. Landells,** *Die Anwendung von Kollagenase und Hyaluronidase bei der Untersuchung von Knorpeln in histologischen Schnitten.* Incubation von A.-fixierten oder Gefrierschnitten von Knorpeln mit *Hyaluronidase* (**I**) oder *Kollagenase* (**II**) vor der Färbung mit Toluidinblau, Perjodsäure-SCHIFF-Reagens oder nach VAN GIESON ergab in vorläufigen Verss.: **I**-Vorbehandlung ist nötig zur Freilegung von *Kollagen*, das von *Mucopolysacchariden* vor der **II**-Einw. geschützt zu werden scheint. **I** u. **II** wirken auf calcifizierten Knorpel erst nach 3 Min. 1/14n HCl-Behandlung zur Decalcifizierung ein, so daß auch dem Ca eine Schutzfunktion zugeschrieben werden kann. (J. Physiology **119.** 5 P—6 P. 28/1. 1953. London, London Hosp. and Med. Coll., Biochem. Dep. and Bernhard Baron Inst. of Pathol.) H. GIBIAN. 4210

C. A. Baud, J. R. Häberlin und **L. Humair,** *Untersuchung am Polarisationsmikroskop über die Wirkung von Elastase auf Elastin. Elastase* (**I**; aus Pankreaspulver) wirkt auf das aus der Aorta von Rindern nach BANGA u. NOWOTNY (C. **1952.** 698) isolierte *Elastin* so ein, daß im Mikroskop zunächst die elast. Elemente in der ersten Viertelstunde unverändert bleiben, dann eine Unregelmäßigkeit der Konturen zeigen u. schließlich eine allmählich fortschreitende Längs- u. Querspaltung erfahren; die Spaltstücke werden rasch aufgelöst, bis schließlich nicht eine Spur übrigbleibt. Die begleitenden *Kollagen*-Fasern werden durch **I** nicht angegriffen u. behalten während der ganzen Zeit ihre Doppelbrechung bei. (C. R. Séances Soc. Biol. Filiales **148.** 1727—28. Nov. 1954. Genf, École de Méd., Inst. d'Anat.) A. HESSE. 4210

John R. Cann und **Wilhelm R. Frisell,** *Fraktionierung der D-Aminosäureoxydase durch Elektrophoresekonvektion.* Extrakte aus Schweinenierenrinde wurden der Elektrophoresekonvektion (C. **1952.** 1853) unterworfen. Die Unters. der bei p_H 5,3, 7,0 bzw. 8,1 erhaltenen Fraktionen auf *Aminosäureoxydase* (**I**) ergab, daß bei p_H 7,0, nachdem 97% des Proteins aus dem oberen in das untere Gefäß der Elektrophoresekonvektions-Zelle befördert waren, in einem Arbeitsgang eine beträchtliche Anreicherung der **I** in der oberen Fraktion erzielt war. Diese Fraktion zeigte ca. 3—5fache Wrkg. gegenüber dem Rohextrakt. Bei p_H 5,3 wurde nur eine Steigerung der spezif. Aktivität auf das 1,5fache erreicht, bei p_H 8,1 erfolgte kaum eine Anreicherung. (J. Amer. chem. Soc. **75.** 2425—27. 20/5. 1953. Denver, Colo., Univ. of Colorado Med. Center, Dep. of Biochem.) A. HESSE. 4210

Jean P. Kring und **J. N. Williams jr.,** *Diätbedingungen, welche die Oxydation von Tyrosin durch Rattenleber beeinflussen, besonders im Hinblick auf Thiamin.* Die Oxydation von *Tyrosin* (I) durch das *Tyrosinoxydase*-Syst. aus Rattenleber ist bei Präpp. aus *Thiamin* (II)-Mangeltieren (MT) erheblich höher als bei solchen aus n. Ratten. Nach Dialyse läßt sich die Aktivität von Leberpräpp. aus n. Tieren durch Zusatz von *Ascorbinsäure, Glutathion* oder *2.6-Dichlorphenolindophenol* nicht wiederherstellen, während Präpp. aus II-MT reaktiviert werden. Injektion von II in n. oder II-MT 1 Tag vor Entnahme der Leber beeinflußt die hohe Tyrosinoxydaseaktivität (III) von Präpp. aus II-MT kaum; 2wöchige Fütterung von II-MT mit n. Diät läßt die III auf die Werte n. Tiere absinken. Entkräftung ruft eine Steigerung der III in den Leberenzymen hervor. (Proc. Soc. exp. Biol. Med. **87.** 97—100. Okt. 1954. Madison, Wis., Univ. of Wisconsin, Coll. of Agricult., Dep. of Biochem.) H. GOEBEL. 4210

Joyce Buxton und **H. M. Sinclair,** *Pyridoxalphosphat als Coenzym der 5-Oxytryptophandecarboxylase.* Aus Fütterungsverss. an Ratten wurde geschlossen, daß *Pyridoxalphosphat* (I) als Coenzym der *5-Oxytryptophandecarboxylase* (Rattenniere) wirkt. — Auch in vitro wird bei Ratten, die unter Mangel an Pyridoxin ernährt waren, durch Zusatz von I die Bldg. von *5-Oxytryptamin* verstärkt. (Biochem. J. **62.** 27 P. März 1956. Oxford, Univ., Labor. of Human Nutrition.) A. HESSE. 4210

J. I. Harris, *Einfluß von Harnstoff auf die enzymatische Wirksamkeit von Trypsin und Chymotrypsin.* Nachdem von ANFINSEN (C. **1956.** 1333) festgestellt wurde, daß eine mittels Harnstoff „denaturierte" Ribonuclease ihre katalyt. Wrkg. behält, werden die Ergebnisse von VISWANATHA u. LIENER (vgl. C. **1956.** 9482) über das Vorliegen von Trypsin (I) in akt. („nativer") stabiler Form in Ggw. von Harnstoff (II) nachgeprüft. Dabei ergab sich eine mit der Zunahme der Viscosität von I-Lsgg. (1%ig.; p_H 4,0; 20°; α-N-Toluylsulfonylargininmethylester) bei steigender Konz. von II parallel laufende Abnahme der I-Wirkung. Danach scheint ein bewegliches Gleichgewicht zu bestehen zwischen nativem akt. I u. inakt. I, das von der Konz. an II abhängt u. das unabhängig von der I-Konz. ist u. bei Verdünnung vollkommen reversibel ist. — Mit *Chymotrypsin* wurden die gleichen Ergebnisse erhalten. (Biochem. J. **62.** 28 P. März 1956. Kopenhagen, Carlsberg Labor.) A. HESSE. 4210

H. Jendrusch, *Biochemie und klinische Bedeutung von Fermenten β-hämolytischer Streptokokken.* Übersichtsarbeit über *extracelluläre Enzyme* verschied. pathogener Mikroorganismen, die eine besondere Rolle in bezug auf Virulenz u. Invasionsvermögen der Bakterienarten, wie auch bei deren spezif. Gewebsläsionen spielen. Im Falle der β-hämolyt. Streptokokkenkulturen der Lancefieldgruppe A, die durch eine Anzahl extracellulärer metabol. Stoffe ausgezeichnet sind, wurde in den letzten 20 Jahren die Mannigfaltigkeit von biol. hochakt. Substanzen [*Streptolysin O* u. *S, Histase, Streptoproteinase,* verschied. *Nucleasen, Hyaluronidase* (I), *Streptokinase* (II) u. *Streptodornase* (III)] speziell dieser Mikrobenart erkannt. Die Wirkungsart von I, II u. III wird von Vf. bes. besprochen. (Chem. Techn. **6.** 262—66. Mai 1954. Dessau, Forschungsinst. für Impfstoffe.) G. BRATFISCH. 4210

Sten Müllertz, *Wirkung von Carbon- und Aminosäuren auf die durch Plasmin, Plasminogen-Aktivator und Proteasen verursachte Fibrinolyse.* Streptokinase oder spontan in humanem Serumglobulin gebildeter Plasminogen-Aktivator u. spontan aktiviertes bovines Globulin zeigen eine ausgeprägte fibrinolyt. Aktivität, die durch Zusatz von Di- u. Tricarbonsäuren (*Citronen-, Bernstein-, Oxal-* u. *Malonsäure*) beträchtlich gesteigert u. durch Diaminomonocarbonsäuren (*Lysin*) gehemmt wird. Monocarbonsäuren (*Milchsäure*), Monoaminodicarbonsäuren (*Asparaginsäure*), Monoaminomonocarbonsäuren (*Glycin*) u. Amide (*Äthanolamin* u. *Pyridin*) waren ohne signifikante Einfll. auf die fibrinolyt. Aktivitäten der Aktivatoren. Die fibrinolyt. Eigg. anderer Proteasen (*Trypsin, Chymotrypsin, Aspergillus-* u. *B. subtilis-Proteasen*) werden durch die genannten Zusätze nicht wesentlich beeinflußt. (Proc. Soc. exp. Biol. Med. **85.** 326 bis 329. Febr. 1954. Dänemark, Carlsberg Found., Biol. Inst.) F. KRUSEN. 4210

T. Viswanatha und **Irvin E. Liener,** *Die Hemmung des Trypsins.* 3. Mitt. *Der Einfluß von Harnstoff.* (1. vgl. C. **1955.** 4376; 2. vgl. J. biol. Chemistry **212.** [1955.] 301.) Die Abnahme der *Trypsin* (I)-Aktivität durch 3,3—5,0 mol. *Harnstoff* (II)-Konzz. bei p_H 7,6 beruht prim. auf einer erhöhten Autolysegeschwindigkeit. Höhere II-Konzz. (6,7—8,3 mol.) bilden ein akt., stabiles System. Bei p_H 4 bleibt die I-Wirksamkeit von 0—8,3 mol. II-Konzz. unbeeinflußt. Ca^{2+}-Ionen erhöhten den für die Inaktivierung u. Stabilisierung erforderlichen II-Spiegel. Ggw. von *Decylbenzolsulfonat* oder Substrat schützte I vor Inaktivierung. Verd. von I-Lsgg., die durch II stabilisiert waren, hatte schnelle Aktivitätsabnahme zur Folge. (J. biol. Chemistry **215.** 777—85. Aug. 1955. St. Paul, Minn., Univ. of Minnesota, Dep. of Agric. Biochem.) K. MAIER. 4210

N. M. Ssissakjan und **I. I. Filippowitsch,** *Über die Proteinsynthese in isolierten Chloroplasten.* Die Verss. zeigen, daß bei Zusatz von *Leucylglycylglycin* (I) in die Plastidensuspension Nichteiweiß-N zunimmt, Eiweiß-N abnimmt. Bei Zusatz von *Adenosintriphosphorsäure* (*ATP*) werden die Eigenproteine hydrolysiert. Bei gleichzeitigem Zusatz von 0,01 mol. I u. $5 \cdot 10^{-4}$ mol. ATP nimmt der Eiweiß-N um ca. 5% zu. Das gleiche beobachtet man mit *Glycylglycin* (II). Bei gleichzeitigem Zusatz von ATP nimmt der Eiweiß-N um 12% zu. Bei Incubation der Leukoplasten aus etiolierten Zuckerrübenblättern findet keine Zunahme von Eiweiß-N statt. Bei Incubation mit markiertem *Glycin* u. ATP wird ein sehr geringer nichtfermentativer Einbau von Glycin beobachtet. Bei Zusatz von II u. ATP sind die Plastidenproteine stark radioaktiv. Die Eiweißsynth. kann danach eine Transpeptidase-Rk. sein. Nach 3maligem kalten Auswaschen der isolierten Chloroplasten mit Saccharose-Phosphatlsg. können die Plastiden freies ^{14}C-Glycin in ihre Proteine einbauen. Bei Zusatz des Zentrifugates wird dies nicht beobachtet. Der Zellsaft enthält spezif. Inhibitoren, welche den enzymat. Einbau von ^{14}C-Glycin in die Chloroplastenproteine verhindern. Die Transpeptidisierung ist demnach nicht der einzige Weg der Eiweißsynth. in den Chloroplasten. (Доклады Академии Наук СССР [Ber. Akad. Wiss. UdSSR] **102.** 579—82. 21/5. 1955. Bach-Inst. für Biochem. der Akad. der Wiss. der UdSSR.) O. LEBTAG. 4210

P. R. Srinivasan und **V. N. Patwardhan,** *Plasmaesterase und Plasmalipase bei Ernährungsödem* (*Kwashiorkor*). Bei Kindern (vgl. auch C. **1956.** 5312) mit Ernährungsödemen war die Konz. von *Plasmalipase* u. *Plasmaesterase* erniedrigt. Durch Therapie mit entrahmter Milch werden die Plasmawerte wieder normalisiert. Ein Zusammenhang zwischen der Konz. von Gesamt-Eiweiß, Albumin, Globulin, Esterase u. Lipase des Plasmas wurde nicht gefunden. (Lancet **263.** 864—66. 1/11. 1952.) H. GOHR. 4210

G. Clément, J. Clément und **S. Michon-Rajon,** *Einfluß des Sättigungsgrades des Substrates auf die Hydrolyse von Triglyceriden durch Pankreassaft.* Höher ungesätt. Triglyceride wie *Sojabohnen-* u. *Erdnußöl* (JZ. $>$100) werden durch *Pankreassekret* langsamer angegriffen u. von *Pankreaslipase* nicht so schnell gespalten wie solche aus tier. u. menschlichem Fettgewebe, die weniger Doppelbindungen aufweisen (JZ. ca. 70). Ein Ansteigen der JZ. während länger dauernder Hydrolyse läßt erkennen, daß auch von einem bestimmten Fett zunächst die stärker gesätt. Fraktionen reagieren. *Gallensaft*-Zugabe beschleunigt die Spaltung, *$CaCl_2$* ist ohne Einfluß. Außer dem Sättigungsgrad der Fettsäuren müssen aber noch andere Faktoren von Bedeutung sein, da auch ähnlich zusammengesetzte Fette sich nicht ganz gleich verhalten. (J. de Physiol. **46.** 303—05. 1954. Paris, Univ., Inst. de Rech. sur le Cancer, Serv. de Physiol. et Biochim. cellul.) H. HELGE. 4210

Je. W. Budnitzkaja, *Untersuchung der Aktivität der Lipoxydase von Futtergräsern nach der Methode der Carotinoxydation.* Aus Unterss. über die fermentative Oxydation des *Carotins* (I) in Ggw. von Linolsäure durch Extrakte der aus Sojamehl u. Blättern, Blüten u. Stengeln von Begonie, Klee u. Quecke gewonnenen *Lipoxydase* (II) geht hervor, daß p_H, Zeit, Temp. u. II-Konz. diese beeinflussen. In den Blättern von mehrjährigem blühendem Klee ist sie intensiver als in den Blättern des einjährigen Klees. Die aus Blüten von Klee gewonnene II ist aktiver als die aus den Blättern; noch weniger akt. ist die II aus den Stengeln. Ein Erhitzen der Kleeblätter in W. auf 40° u. höher sowie ein Trocknen durch einen Luftstrom von 70° inaktiviert die darin enthaltene II. Das Temperaturoptimum der I-Oxydation durch II liegt bei 25°. Zeitlich verläuft die I-Oxydation durch II fast linear. Sobald 50% des I zerstört sind, verläuft die Oxydation langsamer. Die Aktivität der aus den Blättern gewonnenen II nimmt in der Reihe Begonie—Klee—Quecke ab. (Биохимия [Biochemie] **20.** 614—22. Sept./Okt. 1955. Moskau, Bach-Inst. für Biochem. der Akad. der Wiss. der UdSSR.) O. LEBTAG. 4210

A. L. Tappel, *Durch Hämatinverbindungen katalysierte Oxydation ungesättigter Lipide. Hämatin* (I)-Verbb. sind unspezif. Katalysatoren für die Zers. von *Peroxyden. Myoglobin* hat quantitativ ähnliche katalyt. Wirksamkeit wie Hämin, Cytochrom c u. Hämoglobin. Durch *Hämin* wird eine große Zahl ungesätt. Lipide u. peroxydbildender organ. Verbb. katalyt. oxydiert. Während der Zers. von *Linoleatperoxyd* findet Verlust von Doppelbindungen u. Bldg. von Carbonylverbb. statt. Gleichzeitig wird I zerstört. Die Absorption der Prodd. der durch *Hämoglobin* katalysierten Linoleatoxydation ist durch Maxima bei 232 u. 278 mμ charakterisiert. Gegen eine Valenzänderung während der I-Katalyse sprechen die Nichthemmung durch CO u. der Umstand, daß die katalyt. Aktivität von Hämichromen keine Funktion des Redoxpotentials ist. Die I-Katalyse wird durch erhöhten p_H nicht gehemmt. Die Ergebnisse sprechen dafür, daß bei der I-Katalyse Bldg. einer Lipidperoxyd-I-Verb. erfolgt, die anschließend in freie Radikale gespalten wird, die Kettenreaktionoxydationen ermöglichen. Die Spaltung der Fettsäuren u. die gleichzeitige Zers. des Katalysators lassen sich durch Rkk. der freien Radikale erklären. Mit dem I-Fe-Atom verknüpfte Ionen oder Verbb. können die katalyt.

Aktivität von **I** anscheinend weitgehend abwandeln. (J. biol. Chemistry **217**. 721—33. Dez. 1955. Davis, Calif., Univ. of California, Dep. of Food Technol.) K. MAIER. 4210

G. V. Marinetti und **Elmer Stotz**, *Oxydationswirkungen von Phospholipiden in Rattenlebersystemen.* Verss. ergaben, daß *Lecithin* (natürliches u. synthet. *L-α-Dipalmitoyllecithin, L-α-Dimyristoyllecithin*), *Cephalin* (synthet. *L-α-Dimyristoylcephalin*), *Sphingomyelin* u. *Cerebrosid* durch Rattenleberenzyme (Leberhomogenisat) entweder oxydiert wurden oder die Atmung dieser Systeme steigern. Optimale Aktivität erfordert außer Phosphationen *Adenosin-5'-phosphat* (**I**) oder *Hypoxanthin* (**V**). *Adenosintriphosphat* (**II**) u. *-diphosphat* waren bei der *Phospholipid* (**IV**)-Oxydation durch Rattenleberhomogenisate weniger wirksam als **I**. Inhibitorverss. zeigten, daß ein Überschuß von Mg^{2+}- oder Ca^{2+}-Ionen, Malonat, Dinitrophenol u. Fluorid eine erhebliche Abnahme des durch Phospholipide hervorgerufenen O_2-Verbrauches von Leberhomogenisaten bewirkten. Ein Vgl. der *Fettsäure* (**III**)- u. **IV**-Oxydation durch Leberhomogenisate zeigte einige deutliche Unterschiede. Mg^{2+} aktivierte die **III**-Oxydation, hemmte jedoch die **IV**-Oxydation. Bei der **III**-Oxydation entstanden beträchtliche Mengen *Acetoacetat*, bei der **IV**-Oxydation jedoch nur sehr wenig. Verss. mit Rattenlebermitochondrien unterschieden sich erheblich von denen mit Homogenisaten. Die O_2-Aufnahme wurde in Mitochondriensystemen durch **I** erhöht, während **V** als Cofaktor unwirksam war. Acetontrockenpulver von Rattenlebermitochondrien oder intakte Mitochondrien enthielten **III**- u. **IV**-*Dehydrogenase*-Aktivität. Der wirksame Cofaktor dieses Syst. war **II**. Anscheinend werden Phospholipide u. Fettsäuren auf verschied. Weise oxydiert. (J. biol. Chemistry **217**. 745—56. Dez. 1955. Rochester, N. Y., Univ. of Rochester, School of Med. and Dent., Dep. of Biochem.) K. MAIER. 4210

S. Rapoport, **W. Gerischer-Mothes** und **C. Nieradt**, *Häminkatalysierte Oxydation ungesättigter Fettsäuren im Blut anämischer Kaninchen.* Im Vollbluthämolysat stark entbluteter Kaninchen erfolgt beträchtlicher O_2-Verbrauch, der mit der starken Lipämie u. dem Auftreten ungesätt. Fettsäuren (**I**) im Plasma u. in den Erythrocyten in Zusammenhang steht. Es liegt ein autokatalyt. Prozeß vor, bei dem die ungesätt. **I** einer Oxydation unter Peroxydbldg. u. Spaltung unterliegen. Hämiglobin oder ein sich hiervon ableitender Komplex wirkt als Katalysator. Der O_2-Verbrauch ist durch Cyanid u. phenol. Antioxydantien (p-Aminophenol, Dichlorphenol, α-Naphthol), nicht jedoch durch Tocopherol, hemmbar. Erhitzte Ansätze zeigen gegenüber nichterhitzten eine bedeutend geringere Aktivität. (Hoppe-Seyler's Z. physiol. Chem. **300**. 174—87. 16/5. 1955. Berlin, Humboldt-Univ., Physiol.-Chem. Inst.) K. MAIER. 4210

John C. Sheehan und **Curt W. Beck**, *Eine nichtenzymatische Nachbildung des Fettsäurecyclus.* Der „Fettsäurecyclus", dem der Fettsäurestoffwechsel in vivo unterliegt, besteht aus 4 reversiblen enzymat. katalysierten Stufen: 1. Kondensation von 2 Moll. *S-Acetylcoenzym A* (**Ia**) durch *β-Ketothiolase* zu *S-Acetoacetyl-CoA* (**IIIa**) u. *CoA* (**IIa**); 2. Red. von **IIIa** zu *S-β-Oxybutyryl-CoA* (**IVa**) durch *β-Ketohydrase*; 3. Dehydratisierung durch *Crotonase* zu *S-Crotonyl-CoA* (**Va**); 4. Hydrierung zu *S-Butyryl-CoA* (**VIa**) durch *Äthylenreduktase*. Er konnte unter Verwendung einfacher Modellverbb., die die für die **IIa**-Aktivität wichtigen Bauelemente enthielten, nichtenzymat. nachgebildet werden: 1. Selbstkondensation von *N.S-Diacetylthioäthanolamin* (**I**) in Ggw. von Mesityl-MgBr zu *N-Acetyl-S-acetoacetylthioäthanolamin* (**III**); **III** wurde ferner aus *N-Acetylthioäthanolamin* u. *S-Acetoacetylthiophenol* dargestellt; 2. Red. (β-Ketogruppe) von **III** durch $NaBH_4$ bei p_H 3,5±0,5 zu *N-Acetyl-S-β-oxybutyrylthioäthanolamin* (**IV**), das bei der Dest. spontan zu *N-Acetyl-S-crotonylthioäthanolamin* (**V**) dehydratisiert wurde; 3. **V** wurde ferner durch Acylierung von **II** mit Crotonylchlorid hergestellt; 4. Hydrierung von **V** zu *N-Acetyl-S-butyrylthioäthanolamin* (**VI**); **VI** wurde auch aus **II** durch Acylierung mit Butyrylchlorid erhalten.

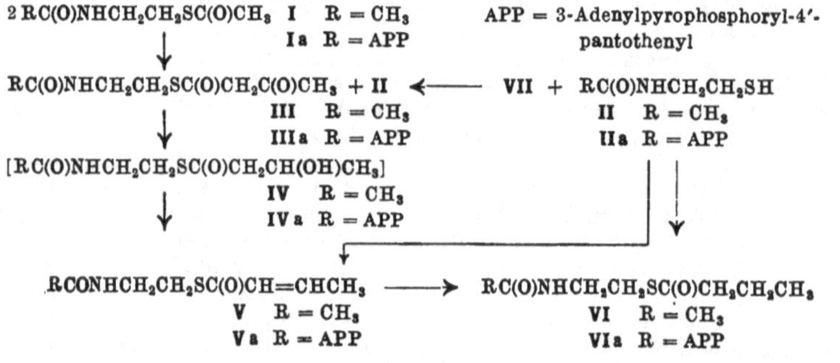

Versuche: *S-Acetylthiophenol*, F. 16—17°, krist. (nach Liebigs Ann. Chem. **176.** [1875.] 177). — *S-Acetoacetylthiophenol* (**VII**), $C_{10}H_{10}O_2S$, zu einer äther. Isopropyl-MgBr-Lsg. (aus 7,3 g Mg) bei —25 bis —30° 38,05 g vorst. Verb. in Ae. tropfen, Nd., nach 2 Std. mit 2,4n HCl ansäuern, Ae.-Phase dest.; 85% Thiophenol, 49% Roh-**VII** (Kurzwegdest., 60°, 0,15 mm), Rückstand: Dehydracetsäure. — *N-Acetyl-S-acetoacetylthioäthanolamin* (**III**), $C_8H_{13}O_3NS$, F. 61—63°, a) durch Transacylierung: 1,2 g **II** in trockenem Bzl. u. 1,95 g Roh-**VII** + 5 Tropfen Pyridin 3 Std. stehenlassen, dest. (91% Thiophenol + Diphenylsulfid), Rückstand nach Ae.-Extraktion bei —80° aus A.–Aceton–Pentan krist.; 64%; starke $FeCl_3$-Rk., mit Cu-Acetat grüner, wasserlösl. Komplex; b) aus **I**: 3,28 g Mg-Späne in Ae. mit Mesityl-MgBr umsetzen, nach 8tägigem Stehen Lsg. von 10,08 g **I** in Tetrahydrofuran bei —25° in $1^1/_2$ Std. zutropfen, Nd., nach Stehen über Nacht bei 0° mit 1,2n HCl, organ. Phase dest.; 32,3% Rohprodukt. — *N-Acetyl-S-crotonylthioäthanolamin* (**V**), $C_8H_{13}O_2NS$, Kp.$_2$ 150—152°, a) 15,45 g **II** u. 18 cm³ $(C_2H_5)_3N$ in trockenem Bzl. mit benzol. Lsg. von 14 g Crotonylchlorid versetzen, Nd. von $(C_2H_5)_3N \cdot HCl$ über Nacht rühren, Filtrat eindampfen, Rückstand dest.; 38%; b) 2 g **III** in 80%ig. wss. Dioxan bei 0° mit 0,1 g $NaBH_4$ in eiskaltem W. versetzen (p_H auf 3,5<0,5 durch nH_2SO_4-Zusatz halten), nach 1 Std. 5 cm³ nH_2SO_4 zugeben, einengen (Vakuum), nach Wasserzusatz mit CH_2Cl_2 extrahieren, dest.; 61,5%; n_D^{26} 1,5232, n_D^{25} 1,5226. — *N-Acetyl-S-butyrylthioäthanolamin* (**VI**), $C_8H_{15}O_2NS$, Kp.$_{0,5}$ 141,5 bis 143°, F. 22—23°, a) zu 2,4 g **II** u. 2,02 g $(C_2H_5)_3N$ in trockenem Bzl. unter Eiskühlung 2,35 g nButyrylchlorid in Bzl. tropfen, nach 2 Std. Filtrat im Vakuum einengen; 70%; b) 6,5 g 29,8% Pd-C in trockenem Dioxan red., 1,87 g **V** zusetzen, 22 Std. hydrieren (unterdessen portionsweise weitere 4,2 g vorreduzierten Katalysator zugeben), Filtrat dest.; 63,5%; n_D^{25} 1,4977 u. 1,4980. (J. Amer. chem. Soc. **77.** 4875—77. 20/9. 1955. Cambridge, Mass., MIT, Dep. of Chem.) K. MAIER. 4210

M. E. Aubel, Quelques questions actuelles concernant les enzymes. Paris: Gauthier-Villars. (45 S.) fr. 700.

E_3. Mikrobiologie. Bakteriologie. Immunologie.

V. Iyer und **J. V. Bhat**, *Wachstum von sporenbildenden Bacillen in Abhängigkeit von Salz und Zucker.* Mit verschied. Stämmen von B. megatherium, B. cereus, B. subtilis, B. firmus, B. lentus, B. circulans u. B. sphaericus durchgeführte Unterss. ergaben als maximal tolerierte Konzz. bei *NaCl* 7—13,5% u. bei *Saccharose* 30—70%, d. h. bei diesen Konzz. war noch sichtbares Wachstum festzustellen. Wachstumskurven einiger Organismen bei verschied. Konzz. wird mitgeteilt. (J. sci. ind. Res. [New Delhi] **13 B.** 336—38. Mai 1954. Bombay, St. Xavier's Coll.) F. KRUSEN. 4310

Marian E. Swendseid, Patsy D. Wright und **Frank H. Bethell**, *Ein im blutbildenden Gewebe gebildeter Wachstumsfaktor für L. citrovorum, der die durch Aminopterin und Chloromycetin bewirkte Wachstumshemmung aufhebt.* Eine Aufschwemmung von Leukocyten oder von blutbildendem Gewebe wird mit *Folinsäure* (**I**) bebrütet, wobei sich Substanz bildet, die das Wachstum von *L. citrovorum* anregt. Jedoch zeigt sich bei dieser eine andere Stimulierungskurve als bei **I**, so daß es sich mit Sicherheit um eine andere Substanz handelt, die *Hämofolin* (**II**) benannt wurde. Vff. glauben Beweise zu haben, daß **I** die Vorstufe von **II** im Stoffwechsel ist. **II** ist in der Lage, bes. die durch *Chloromycetin* bewirkte Wachstumshemmung aufzuheben. (Proc. Soc. exp. Biol. Med. **80.** 689—90. Aug./Sept. 1952. Ann Arbor, Mich., Thomas Henry Simpson Mem. Inst. for Med. Res.) L. BERGER. 4320

Hans-Günter Schlegel, *Die Rolle des molekularen Wasserstoffs im Stoffwechsel der Mikroorganismen.* Sammelbericht unter Berücksichtigung der wichtigsten Arbeiten der letzten 10 Jahre. In 2 Hauptabschnitten werden die Freisetzung u. die Aufnahme von Wasserstoff behandelt. Die dabei beteiligten Organismen werden in größeren Gruppen zusammengefaßt. 2 weitere Kapitel behandeln die Beziehungen zwischen H_2-Stoffwechsel u. N_2-Fixierung u. die Charakterisierung des H_2-aktivierenden Fermentes. (Arch. Mikrobiol. **20.** 293—322. 1954. Gatersleben, Inst. für Kulturpflanzenforsch. der Dtsch. Akad. der Wiss. Berlin.) F. LINGENS. 4320

Jacques C. Senez, *Vergärung von Brenztraubensäure und Dicarbonsäuren durch sulfatreduzierende anaerobe Bakterien.* (Vgl. C. **1954.** 808.) Das Verh. 2 verschied. SO_4^{2-}-reduzierender Bakterienstämme *Canet 41* (A) u. *El Agheila Z* (B) gegenüber *Brenztrauben-* (**I**), *Milch-* (**II**), *Fumar-* (**III**), *Äpfel-* (**IV**), *Bernstein-* (**V**) u. *l-α-Ketoglutarsäure* (**VI**) ist von den Kulturbedingungen abhängig. A u. B vergären **I** u. **II** rasch, wenn sie auf Lactat-SO_4^{2-}-Medium gewachsen sind; nach Züchtung auf Pepton–Glucoseagar werden **III**, **IV**, **V** u. **VI** jedoch schneller vergoren als **I** oder **II**. Hefeextrakt kann die geringe Aktivität dann steigern, α-Liposäure aber nicht. Auch nach Züchtung auf einem gleichen Lactat-SO_4^{2-}-Nährboden verhalten sich A u. B den einzelnen Substraten gegenüber verschieden. A vergärt **I** u. **II** schneller als B, im Gegensatz zu B werden die Dicarbonsäuren jedoch von A erst nach vorheriger Adaptation angegriffen. Neben Acetat entsteht bei der Vergärung der Dicarbonsäuren die doppelte Menge CO_2 wie aus **I** u. **II**. Anwesenheit von SO_4^{2-} als H_2-Acceptor ist erforderlich für eine optimale Gärgeschwindigkeit. Fehlt SO_4^{2-}, so entstehen weniger CO_2 u. H_2. Wahrscheinlich wird ein Teil der freigesetzten Gase dann für andere Stoffwechselprozesse verwendet. *Dihydrostreptomycin* hemmt diese Rkk. nicht. (Bull. Soc. Chim. biol. **36.** 541—52. 1954. Marseille, C.N.R.S., Centre de Recherches S.I.M.) H. HELGE. 4320

H. A. Altermatt, F. J. Simpson und **A. C. Neish,** *Der anaerobe Abbau von $^{14}C_{(1)}$-D-Ribose, $^{14}C_{(1)}$-D-Xylose, $^{14}C_{(2)}$-D-Xylose und $^{14}C_{(5)}$-D-Xylose durch Aerobacter aerogenes.* In *Milchsäure* (**I**), die durch Einw. von A. aerogenes auf *$^{14}C_{(1)}$-D-Ribose* oder *$^{14}C_{(1)}$-D-Xylose* entstanden war, verteilte sich die Radioaktivität (R) des $C_{(1)}$-Atoms der Pentose wie folgt: Das Carbonyl-C-Atom enthielt 20% u. das Methyl-C-Atom 40%, während in der Oxygruppe nur Spuren von R nachzuweisen waren. Aus *$^{14}C_{(2)}$-D-Xylose* wurde entsprechend eine **I** gebildet, deren Oxygruppe 40% u. deren Carboxylgruppe 20% der R aufwiesen, während der Methyl-C nahezu inakt. war. *$^{14}C_{(5)}$-D-Xylose* ergab **I**, deren Methyl-C-Atom 60% der R aufwies. Diese u. weitere Ergebnisse werden als weitere Beweise dafür angesehen, daß die Umwandlung von *Pentosen* in *Triosen* über *Heptulosen* u. *Hexosen* verläuft. (Canad. J. Biochem. Physiol. **33.** 615—21. Juli 1955. Saskaton, Can., Prairie Reg. Labor.) G. ANDERSEN. 4320

H. A. Altermatt, A. C. Blackwood und **A. C. Neish,** *Der anaerobe Abbau von $^{14}C_{(2)}$-D-Xylose, $^{14}C_{(5)}$-D-Xylose und $^{14}C_{(1)}$-D-Xylose durch Leuconostoc mesenteroides.* (Vgl. vorst. Ref.) Markierte *D-Xylose* wurde durch *L. mesenteroides* zu einem Gemisch von gleichen Teilen *Milchsäure* (**I**) u. *Essigsäure* (**II**) vergoren. *$^{14}C_{(1)}$-D-Xylose* gab **II**, deren Methylgruppe *$^{14}C_{(2)}$-D-Xylose* **II**, deren Carboxylgruppe radioakt. war u. *$^{14}C_{(5)}$-D-Xylose* **I**, deren Methylgruppe markiert war. Die Menge ^{14}C, die in allen anderen Verbb. zusammen gefunden wurde, war kleiner als 1% des gesamten radioakt. Kohlenstoffs. (Canad. J. Biochem. Physiol. **33.** 622—26. Juli 1955.) G. ANDERSEN. 4320

Siegfried Tannert, *Über den Schwefelstoffwechsel biochemisch verschiedener Stämme der Coli-Aerogenes-Gruppe unter aeroben und anaeroben Bedingungen.* Als Beitrag zur Kenntnis der bakteriellen Stoffwechselvorgänge im Hinblick auf ihre Bedeutung bei den Infektionsvorgängen wurden Unterss. bei 39 Stämmen verschied. Herkunft durchgeführt. Es wurde gefunden, daß die Leistungsfähigkeit des H_2S abspaltenden Ferments dieser Bakterien etwa zwischen 2 u. 75% des anwesenden Cystin-S liegt. Die Wirksamkeit war in allen Fällen unter anaeroben Bedingungen stärker. Die Stämme teilten sich bzgl. der O_2-Hemmung des Ferments unabhängig von Herkunft u. Fermentstärke in eine stark u. eine schwach hemmbare Gruppe. Zwischen Fermentwirksamkeit sowie deren aerober Hemmbarkeit u. Herkunft n. biochem. Eig. der Mikroorganismen wurde kein Zusammenhang beobachtet. (Biochem. Z. **325.** 313—20. 1954. Leipzig, Univ., Med. Poliklinik.) J. SCHWAIBOLD. 4320

A. Ballio, *Untersuchungen über die antibakterielle Aktivität von SH-Verbindungen in vitro.* Vf. berichtet zusammenfassend über vorwiegend eigene Unterss. über die antibakterielle Aktivität, die 2-Mercaptobenzthiazol (**I**), seine Derivv. u. Isostere in vitro auf Staphylokokken zeigen. Dabei wird bes. auf die Aktivitätssteigerung eingegangen, die das **I** durch Natriumäthylthiosulfat (**II**) erfährt. Diese Wirkungssteigerung des **I** durch **II** (um das 13,2fache) wird nur durch die des 5-Chlor-6(?)-amino-2-mercaptobenzthiazol (um das 15,9fache) übertroffen. Unter den geprüften Verbb. zeigte ohne **II**-Zusatz das Thiophenol die stärkste Wrkg. (gemessen an der zur Wachstumshemmung nötigen Minimalkonz.), mit **II**-Zusatz war das p-Nitrothiophenol allen anderen geprüften Verbb. überlegen. Eine Wirkungssteigerung durch **II** war also nicht nur bei heterocycl., sondern auch bei aromat. SH-Verbb. festzustellen u. wurde auch bei einigen aliphat. Verbb. (Thioharnstoff, Thiosemicarbazid u. a.) gefunden. (Farmaco [Pavia] **6.** 200—08. März/April 1951. Roma, Univ., Labor. di Chim. organ.; Roma, Consiglio nazionale delle Ricerche, Centro di Chim. generale.) H. IPPEN. 4330

Florante C. Bocobo, Arthur C. Curtis, Walter D. Block und **E. Richard Harrell,** *In vitro-Untersuchung der antifungalen Aktivität von Nitrostyrolen.* Bei der Testung von 53 aromat. Äthylenen u. Zimtsäurederivv. auf ihre antifungale Wrkg. stellten Vff. fest, daß eine Reihe von Nitrostyrolen gegenüber 23 getesteten patholog. Fungi in Konzz. von 0,001—0,1 mg/ml vollkommene Wachstumshemmung bewirkten. Es handelte sich um: *β-Nitro-, p-Methoxy-, p-Acetoxy-, β-Methyl-* u. *p-Methoxy-β-methyl-β-nitrostyrol.* (Proc. Soc. exp. Biol. Med. **85.** 220—22. Febr. 1954. Ann Arbor, Mich., Univ. of Michigan, Med. School, Dep. of Dermatol. and Syphilol.) F. KRUSEN. 4330

H. Stickl und **K. Wechselberg,** *Hämophilus pertussis und ätherische Pflanzenwirkstoffe. Benzylsenföl* (**I**) aus dem äther. Öl der Kapuzinerkresse zeigte mit dem „Gastest"-Verf. in vitro Wachstumshemmung gegenüber Hämophilus pertussis. *Ätherisches Öl des Meerretticks* zeigte im Vgl. prakt. keine Wirkung. **I** wirkt nicht auf die physiol. Darmflora. (Z. Hyg. Infektionskrankh. **141.** 570–75. 1955. Köln, Univ. Kinderklinik.) F. LINGENS. 4330

M. Th. Lhoest, *Wirkung von Natriumlaurylsulfat (Duponol C) auf einige Mikroorganismen.* Zusatz von *Na-Laurylsulfat (Duponol C)* zu *Phenyl-Hg-Borat* (**I**) bzw. *Oxychinolinsulfat* (**II**) ergab bei Testung gegenüber Aspergillus niger unabhängig von Vorhandensein oder Abwesenheit von *Proteiden* (*Gelatine, Serum, Pepton, Eieralbumin*) Erhöhung der fungistat. Wrkg., ebenso Steigerung der Wrkg. gegenüber Staph. aureus bei Verwendung der Antiseptica **I, II** u. *Hexylresorcinol,* dagegen keinen Effekt bei gleichen Versuchsbedingungen gegenüber E. coli. (Schweiz. Apotheker-Ztg. **93.** 396–97. 14/5. 1955. Genève.) H. DOSSMANN. 4330

A. Lutz, *Untersuchung über die in vitro-Wirkung des Isonicotinsäurehydrazids auf verschiedene Stämme pathogener und saprophytischer Mycobakterien.* Vf. untersuchte humane Tbc-Bacillenstämme [103 Streptomycin (**I**)-empfindliche, 17 **I**-resistente) u. 21 Stämme paratuberkulöser Bacillen, davon 17, die 2-Methyl-4-amino-5-aminomethylpyrimidin als Wachstumsfaktor benötigten. Die Bakterienpopulation der Stämme schließt hinsichtlich ihrer Empfindlichkeit gegen Isonicotinsäurehydrazid (INH) sehr heterogene Elemente ein. In der Mehrzahl der Fälle sind die humanen Tbc-Stämme sehr empfindlich gegen INH, die der paratuberkulösen hingegen nur sehr wenig. Gewisse Stämme, die gegen **I** resistent oder empfindlich sind, benötigen relativ große Dosen INH, was auf die Bedeutung der Testung hinweist. (C. R. Séances Soc. Biol. Filiales **146.** 1368–72. Sept. 1952. Strasbourg, Labor. dép. de Bactériol.) K. BÖHM. 4330

Ben del Love jr. und **Maxwell Finland,** *Die in vitro-Empfindlichkeit von Meningokokken gegenüber elf Antibioticis und Sulfadiazin.* (Vgl. C. **1955.** 8416.) Testung der in vitro-Empfindlichkeit von Neisseria meningitidis gegenüber *Penicillin* (**I**), *Erythromycin* (**II**), *Chlortetracyclin, Oxytetracyclin, Tetracyclin, Chloramphenicol, Carbomycin, Streptomycin, Neomycin, Bacitracin* (**III**), *Polymyxin B* (**IV**) u. *Sulfadiazin* (**V**). Die bei weitem größte Hemmwrkg. zeigte **I**, es folgte **II**; **III** u. **IV** waren am wenigsten wirksam; die anderen Präpp. waren gleichwertig u. entsprachen bei geringer Streuungsbreite der Empfindlichkeit der ausreichenden Wrkg. von **V**. 6 der 50 untersuchten Stämme zeigten Resistenz gegenüber **V**. Zunahme der **I**-Resistenz der Erreger seit **I**-Anwendung (1945) war nicht nachweisbar. (Amer. J. med. Sci. **228.** 534–39. Nov. 1954. Boston, Mass., Thorndike Memorial Labor., Second and Fourth Med. Services [Harvard], Boston City Hosp. u. Harvard Med. School, Dep. of Med.) H. DOSSMANN. 4330

J. Beumer und **M.-P. Beumer-Jochmans,** *Bedeutung des Wirtbakteriums für den Calciumbedarf eines Bakteriophagen.* Der Phage H verhält sich hinsichtlich seiner Aktivität verschied., je nach dem Wirt, auf dem er sich vermehrt. Dieser Unterschied im Verh. durch eine Passage auf einem empfindlichen Wirt ist reversibel durch Passage auf einem anderen Wirt u. zeigt den Charakter einer kontrollierten Mutation. Der Phage H bedarf erhöhter Mengen von Ca^{2+}, um sich auf einem empfindlichen Stamm festzusetzen, u. bedarf derer nicht, um sich an einen anderen zu binden, auf dem er sich vermehrt u. den er in Abwesenheit von Ca^{2+} auflöst. Im letzten Falle ist jedoch die Latenzzeit des Bakteriophagen verlängert u. die Durchschnittsleistung schwächer als in Ggw. von Ca^{2+}. Der Bakteriophage, der in Abwesenheit von Ca^{2+} gebunden ist, scheint durch Antiphagenserum neutralisierbar zu bleiben. (Ann. Inst. Pasteur **89.** 394–407. Okt. 1955. Bruxelles, Inst. Pasteur.) H. AMAN. 4331

W. R. Maxted, *Begünstigung der von Bakteriophagen bewirkten Streptokokkenlyse durch Hyaluronidase.* Kurze Mitt. darüber, daß *Hyaluronidase*-Zusätze zu Streptokokkenkulturen die Bldg. mucoider (d. h. *Hyaluronsäure*-haltiger Kapseln tragender) Formen verhindern; diese Bakterien können daher jetzt ebenso leicht von Phagen angegriffen werden wie von vornherein schon nicht mucoide Varianten. (Nature [London] **170.** 1020–21. 13/12. 1952. London, Public Health Labor. Serv., Streptococcal Reference Labor.) H. GIBIAN. 4331

Maxwell Gordon, S. C. Pan, Angelo Virgona und **Paul Numerof,** *Biosynthese von Penicillin.* 1. Mitt. *Rolle von Phenylessigsäure.* Beim Abbau des mit $^{14}C_{(1)}$-*Phenylessigsäure* als Substrat von *Penicillium chrysogenum Wis 49–133* erzeugten *Benzylpenicillins* wurden 82% der Aktivität des Ausgangsmaterials in der bei Hydrolyse erhaltenen Phenylessigsäure wiedergefunden. Geringe Mengen der Aktivität wurden auch in anderen Teilen des Mol. gefunden. (Science [Washington] **118.** 43. 10/7. 1953. New Brunswick, N. J., Sqibb Inst. for Med. Res.) H.-J. KOCH/Berlin. 4340

Hansjürgen Raettig und **Aletta Buse**, *Elektronenoptisch nachweisbare Formveränderungen von H. influenzae unter Penicillineinwirkung.* Bericht über den Einfl. von *Penicillin* (I)-Zusätzen zum Nährboden auf die elektronenopt. nachweisbaren Formen von Influenzabakterien. Neben Normalformen, Klein- u. Langformen, deren mittlere Größe u. prozentuale Häufigkeit angegeben werden, wurden unter I-Einfl. große Körper (large bodies) u. Filamente festgestellt. Die Struktur der Zellen wird an Hand von Abb. besprochen. Vgl. der Ergebnisse mit früheren Beobachtungen an Enterobacteriaceen. (Zbl. Bakteriol., Parasitenkunde, Infektionskrankh. Hyg., I. Abt., Orig. **164**. 458—65. Dez. 1955. Berlin, Robert-Koch-Inst., Abt. für Virus- u. Impfstofforschung.) H. DOSSMANN. 4340

B. Zabłocki und **M. Rolicka**, *Der Einfluß der Lipopolysaccharidprotein-Symplexe auf die Penicillinempfindlichkeit der Staphylokokken.* In Ggw. der Lipopolysaccharidproteinsymplexe aus gramnegativen Bakterien, bes. aus Escherichia coli, ist die Wrkg. des *Penicillins* auf Staphylokokken abgeschwächt. (Bull. Acad. polon. Sci., Cl. II. **3**. 253. 1955. Łódź, Univ., Dep. of Microbiol.) E. FISCHOEDER. 4340

Fritz Tödt, Renate Lenschau, Walter Neudert und **Karl Junkmann**, *Die Anwendung der elektrochemischen O_2-Messung zur Beobachtung bakteriologischer Stoffwechselvorgänge. Der hemmende Einfluß des Penicillins auf den Staphylokokkenstamm SG 511.* Die Atmungsgeschwindigkeit von Staphylokokkenkulturen wurde durch elektrochem. O_2-Messungen (Pb/Pt-Element) verfolgt u. dabei eine lineare Zunahme des O_2-Verbrauchs mit der Wachstumsgeschwindigkeit festgestellt. Gleichzeitig durchgeführte Keimzahlbestimmungen ergaben eine Parallelität zwischen Keimzahl u. O_2-Verbrauch, so daß die elektrochem. O_2-Messung für eine Keimzahlbest. benutzt werden kann. Auf dieselbe Weise ließ sich die antibiot. Wrkg. von *Penicillin* (I) messen (elektrochem. Best. von I-E.). Die Verff. zeigen, daß die Meth. allg. für Studien des O_2-Umsatzes auch über längere Zeit anwendbar ist. — Abb. der Meßanordnung. (Z. Naturforsch. **9 b**. 607—11. Sept. 1954. Berlin (West), Schering A.G., Hauptlabor.; Berlin-Dahlem, Bundesanst. für mech. u. chem. Materialprüfung.) H. GOEBEL. 4340

I. Horváth und **M. Natonek**, *Streptomycinempfindlichkeit der Sporen von Streptomyces griseus.* Angabe u. Diskussion von Verss. über die Beeinflussung der Sporenbldg. von Streptomyces griseus auf Kartoffelextraktagar durch *Streptomycin* (I) in Konzz. von 0—200 γ/ml im p_H-Bereich 6,0—8,5, beurteilt nach Feststellung 50%ig. Hemmung, d. h. bei Reduzierung um 50% der innerhalb von 2 Tagen entstandenen Kolonien. Es wurde der Nachw. erbracht, daß I-produzierende Stämme gegenüber I empfindlich sein können. (Naturwissenschaften **42**. 395. 1. Juli-H. 1955. Budapest VII, Forschungsinst. der Pharmazeut. Industrie.) H. DOSSMANN. 4340

E. Bachrach und **N. Guillot**, *Wirkung von Chlortetracyclin (Aureomycin) auf Lactobacillus acidophilus.* Vff. berichten, daß Lactobacillus acidophilus gegen *Chlortetracyclin* (I) empfindlich ist. Nach 10 Wochen zeigt er bei gleichbleibender täglicher Dosierung von 0,1 u. 1 γ/ml I in Kulturen eine gewisse Gewöhnung an I. (C. R. Séances Soc. Biol. Filiales **149**. 300—02. Febr. 1955.) K. BÖHM. 4340

Eugene D. Weinberg, *Weitere Untersuchungen über die Metallionenumkehrung von Oxytetracyclin; Reaktivierung von Antibioticum-inaktivierten Zellen durch Mg^{2+}.* Vf. untersuchte die Fähigkeit von 24 mehrwertigen Ionen, die Toxizität von *Oxytetracyclin* (I) gegen Bacillus subtilis var. Marburg, die Alge Prototheca chlorelloides, einen resistenten u. einen sensiblen Stamm von Micrococcus pyogenes var. aureus u. einen Stamm von Pseudomonas aeruginosa aufzuheben. Mg^{2+} hob die durch I bewirkte Hemmung bei allen Bakterienstämmen auf; Fe^{2+}, Fe^{3+}, Al^{3+}, Citrat u. Tartrat waren beim Algenstamm akt., u. Ca^{2+} war akt. beim sensiblen Mikrokokkenstamm; bei P. aeruginosa waren Fe^{2+}, Fe^{3+}, Mn^{2+}, Mg^{2+} u. MoO_4^{2-} akt., die übrigen Ionen hatten keinen Einfluß. (Antibiotics Annu. **1954/55**. 169—73. Bloomington, Ind., Indiana Univ., Dep. of Bacteriol.) H. GOEBEL. 4340

Carl P. Schaffner, *Charakterisierung von Antibioticis der Neomycingruppe durch Gegenstromverteilung.* Vf. untersuchte das Verh. von Antibioticis der *Neomycin*-Gruppe bei der Gegenstromverteilung in 4 Lösungsmittelsystemen (Borat- u. Bicarbonatpuffer, Pentasol u. Stearinsäure.) *Neomycin A* u. *Catenulin* konnten klar getrennt werden von *Neomycin B* u. *C* u. *Framycetin.* Bei 24- u. 49facher Verteilung konnten Neomycin A nicht von Catenulin u. Neomycin B u. C nicht von Framycetin getrennt werden. — 21 Abb. der Verteilungskurven. (Antibiotics Annu. **1954/55**. 153—63. New Brunswick, N. J., State Univ. of New Jersey, Rutgers Univ., Inst. of Microbiol.) H. GOEBEL. 4340

Stanislav Rosypal und **Alena Kubišová**, *Die antibiotische Wirkung einer wässerigen Emulsion des alkoholischen Extrakts aus den Wurzeln von Peucedanum alsaticum L. auf Micrococcus aureus.* (Vgl. auch C. **1956**. 9516.) 50 cm^3 alkoh. Extrakt werden mit 10 cm^3 sterilem dest. W. emulgiert. Die Emulsion ist gegenüber Micrococcus aureus Oxford in

Verdünnung 1:1000 u. 1:2187 in Bouillon wirksam, auf Agar erst bei 1:100 (langsamere Diffusion). Bei Verdünnung 1:100 tötet die Emulsion alle Keime in 6 Std., 1:1000 erst in 24 Std.; bei 1:10000 u. höherer Verdünnung wird bakteriostat. Wrkg. beobachtet. Es werden auch Unterschiede in der Wrkg. gegenüber verschied. Stämmen festgestellt. (Spisy vydávané přírodovědeckou Fak. Masarykovy Univ. [Publ. Fac. Sci. Univ. Masaryk] **1952.** 235—48.) R. K. MÜLLER. 4340

K. Hummel und **G. Reimold,** *Über die Wirkung polymerer Präparate bei der experimentellen murinen Poliomyelitis.* Antibiotica wirken nur gegen Viren mit Eigenstoffwechsel, über den aber die kleinen Viren nicht verfügen. Vff. haben nun rund 100 verschied. polymere Präpp. an mehreren 1000 Mäusen erprobt. Es waren hauptsächlich Eiweiß, Polyvinylverbb., Polyacrylate, Algin-, Cellulose-, Dextran-, Pektin- u. Stärkeabkömmlinge, Pentosane, Phosphor- u. Sulfonsäureester von Polysacchariden, Mischpolymerisate mit Styrol, Polyäthylenoxyde u. hochmol. Neutralseifen. Die wirksamsten fanden sich unter den Polygalakturonsäureabkömmlingen. Als Beispiel ist die Wrkg. eines dieser Präpp. („VV_1" DR. BENEND, München-Sollm) im Diagramm aufgeführt. (Klin. Wschr. **32.** 1012. 1/11. 1954. Freiburg/Br., Univ., Hygiene-Inst.) O. DESCHLE. 4342

Albert E. Oxford, *Die Ciliarprotozoen des Pansens: chemische Zusammensetzung, Stoffwechsel, Lebens- und Kulturbedingungen sowie physiologische Bedeutung für den Wirt.* Übersicht: Taxonomie, Cytologie, Kulturbedingungen, Stoffwechsel, Fermenteigg., biol. Wert des *Pansen-Protozoen*-Eiweißes sowie Betrachtung der *in vivo* für die *Rumen Ciliaten* mit der Nahrung des Wirtes aufgenommenen tox. Pflanzenstoffe. (Exp. Parasitology **4.** 569—605. Nov. 1955. Bucksburn, Rowett Res. Inst.) H. BASFELD. 4380

Melvin W. Kerner und **Hamilton H. Anderson,** *Die Aufnahme von Yttrium und Cerium durch vitale Entamoeba histolytica in der Kultur. Y* u. *Ce* (^{144}Ce) zeigten in Verss. mit Entamoeba histolytica eine klare Kernabgrenzung im sichtbaren Teil des Spektr. (4380 Å), was Vff. auf eine bes. Affinität der Seltenen Erden zur *Nucleinsäure* des Kernes sowie zu den *sauren Mucopolysacchariden* von Kern u. Cytoplasma zurückführen. ^{144}Ce wurde 25 cm^3-Kulturen in jeweiliger Gesamtmenge von 20 μC (ca. 1:12000000) zugesetzt. Die ausgewaschene Amöbenfraktion zeigte nach 48 Std. eine mehr als 4 mal höhere Radioaktivität als der Rückstand. (Exp. Parasitology **4.** 564—68. Nov. 1955. San Francisco, Calif., Univ. of California, School of Med., Dep. of Pharmacol. Exp. Therap.) H. BASFELD. 4380

Moises Agosin und **Theodor von Brand,** *Charakterisierung und intracelluläre Verteilung der Bernsteinsäuredehydrogenase bei Trypanosoma cruzi.* Übersicht u. eigene Versuche. — Vff. konnten an Homogenaten u. Zellfraktionen von *Trypanosoma cruzi* in isoton. *Sucrose* eindeutig eine *Bernsteinsäuredehydrogenase* (**I**)-Wrkg. nachweisen. Die günstigsten Bedingungen für eine maximale **I**-Aktivität (Temp., Elektronenvehikel, p_H, Phosphatkonz., Aktivatoren u. Substratkonz.) wurden ermittelt. Aus der intracellulären Verteilung ergibt sich, daß die **I**-Aktivität im wesentlichen partikelgebunden ist. **I** ist SH-abhängig. Durch *Diphosphopyridinnucleotid*, bes. durch *Malonat*, wird die **I**-Aktivität gehemmt, durch Ca^{2+} gesteigert. Eine Elektronenwrkg. von *Cytochrom c* wurde nicht gefunden. (Exp. Parasitology **4.** 548—63. Nov. 1955. Bethesda, Md., U. S. Dep. Health, Educ. and Welfare, Public Health Serv., Nat. Microbiol. Inst.) H. BASFELD. 4380

Jostein Goksøyr, *Umkehrung der fungiciden Wirkung von Dithiocarbamylverbindungen.* Dithiocarbamylverbb. wirken in niederen oder hohen Konzz. hemmend auf das Pilzwachstum, während in mittleren Konzz. keine Wrkg. auftritt. Vf. untersuchte nun die Wrkg. von Cu^{2+} u. Zn^{2+} auf *Na-Dimethyldithiocarbamat* (**I**) u. fand, daß ein Zn-Komplex erst gebildet wird, wenn sämtliche Cu^{2+} bereits komplex gebunden sind. Auf Grund spektroskop. Unterss. kann die Umkehr der fungiciden Wrkg. so erklärt werden, daß sich zuerst ein stark hemmender Komplex $(CH_3)_2NCS_2Cu^+$ bildet, dann bei mittleren Konzz. der prakt. unlösl. u. daher wirkungslose 1:2-Komplex u. bei hohen **I**-Konzz. der wenig stabile, wirksame Zinkkomplex. Es wird angenommen, daß der Inversionseffekt aller Dithiocarbamate (aber nicht der Bis-dithiocarbamate) auf vorst. Komplexbldg. beruht. Tetramethylthiuramdi- u. -monosulfid werden in biol. Systemen red. oder hydrolysiert zu Dithiocarbamaten. (Nature [London] **175.** 820—21. 7/5. 1955. Oslo, Central Inst. for Industrial Res.) H. GOEBEL. 4380

Virginia C. Dewey und **G. W. Kidder,** *Weiter Untersuchungen über die Wirkung von Folsäureanalogen auf das Wachstum von Tetrahymena.* (Vgl. Proc. Soc. exp. Biol. Med. **78.** [1951.] 88.) Eine Reihe von *Folsäure* (**I**)-Analogen wird bzgl. ihrer Wrkg. auf das Wachstum von *Tetrahymena pyriformis* (*geleii*) *W* (*11*) untersucht (Meth. vgl. l. c.). Eine **I**-einsparende, **I** jedoch nicht ersetzende Wrkg. wurde für den untersuchten Konzentrationsbereich (in γ/ml) bei folgenden Verbb. beobachtet: *Pteroyl-D-glutaminsäure* (0,01—0,1; 3,6% der **I**-Wrkg.), *4-Dimethylaminopteroylglutaminsäure* (0,01—1,0; 0,43% der **I**-Wrkg.

die Wrkg. vermutlich durch Verunreinigung mit I verursacht), *4-Dimethylamino-N^{10}-methylpteroylglutaminsäure* (0,1—50, in höheren Konzz. hemmend), *Pteramidomalonsäure* (0,1—50), *4-Aminopteramidomalonsäure* (0,1—50), *Pteroyl-DL-alanin* (0,1—1,0), *Pteroyl-DL-seryl-L-glutaminsäure* (0,01—0,1), *4-Aminopteroyl-DL-seryl-L-glutaminsäure* (0,01—0,1), *4-Aminopteroyl-DL-valin* (0,01—0,1), *4-Aminopteroyl-DL-isoleucin* (0,01 bis 0,1), *4-Aminopteroyl-DL-serin* (0,01—0,1), *Pteroylglycin* (0,1—10,0) u. *3'.5'-Dichlordiopterin* [*3'.5'-Dichlorpteroyl-α-glutamylglutaminsäure* (0,05—0,5), in höheren Konzz. (0,5 bis 80) hemmend, inhibitor. Index (Ii.) 1700). Folgende Verbb. wirkten als kompetitive I-Antagonisten: *4-Aminopteroylglutaminsäure* (0,001—0,1), *4-Dimethylaminopteroylglutaminsäure* (0,001—1,0, Ii. 1600), *3'.5'-Chlorpteroylglutaminsäure* (0,1—5,0, Ii. 500—600), *3'.5'-Dichlor-4-aminopteroylglutaminsäure* (0,1—69,0, Ii. 600), *3'.5'-Dichlor-N^{10}-methylpteroylglutaminsäure* (0,05—2,0, Ii. 15—20), *9.10-Dimethylpteroylglutaminsäure* (0,1 bis 160,0, Ii. 200—300), *3'.5'-Dichlor-9.10-dimethylpteroylglutaminsäure* (0,1—8,0, Ii. 125 bis 175) u. *3'.5'-Dichlor-4-amino-9.10-dimethylpteroylglutaminsäure* (0,1—400,0, Ii. 150). (Proc. Soc. exp. Biol. Med. **83.** 586—88. Juli 1953. Amherst, Mass., Amherst Coll., Biol. Labor.) H.-J. KOCH/Berlin. 4380

E₄. Pflanzenchemie. Pflanzenphysiologie. Pflanzenpathologie.

S. H. Cameron, R. T. Mueller, A. Wallace und E. Sartori, *Der Einfluß von Alter, Jahreszeit und Fruchtbildung auf die Größe und die anorganische Zusammensetzung von Valencia-Orangenblättern.* Vff. untersuchen Größe, Gewicht u. Geh. an N, P, K, Ca, Mg, Fe u. Mn von Orangenblättern; die Größe u. das Gewicht der Blätter ist im Sommer am höchsten, das Verhältnis Ca/K im Herbst niedriger als im Sommer. Das Alter des Blattes ist für die Zus. von bes. Bedeutung; der Anstieg der Kohlenhydrate bei der Vergrößerung bewirkt ein Abfallen der Werte für N, P, K, Ca u. Mg. Die Werte werden graph. u. tabellar. gegeben. (Proc. Amer. Soc. horticult. Sci. **60.** 42—50. 1952. Los Angeles, Calif., Univ.) E. HANSCHKE. 4410

Mario Molina Llarden, *Chlorophyll und Leben.* Ausführliche Übersicht über die Bedeutung von Chlorophyll für das biochem. Geschehen. (Farmac. chilena **28.** 27—33. Jan. 1954. Guatemala, Acad. de Cienc. Méd., Facultad de Agronomía.) M. REIHER. 4420

L. Zechmeister und G. Karmakar, *Das Vorkommen von Phytofluen in grünen Pflanzenorganen. Phytofluen* (I) wurde von Vff. früher in carotinreichen, aber chlorophyllfreien Geweben gefunden. Bei Aufarbeitung größerer Mengen an Frischmaterial u. Chromatographie über MgO zwecks Entfernung von störenden Begleitsubstanzen konnte nunmehr auch in grünen Pflanzenorganen I festgestellt werden. Von 21 untersuchten Pflanzen, 18 Familien angehörend, wurde der I-Geh. ermittelt. Die Werte betragen 0,01 bis 0,36 mg/kg Frischmaterial. (Arch. Biochem. Biophysics **47.** 160—64. Nov. 1953. Pasadena, Calif., California Inst. of Technol.) E. HANSCHKE. 4420

Torger Bruun und Nils Andreas Sörensen, *Notiz über das Vorkommen von Dimethylsulfon in Cladonia deformis Hoffm. Cladonia deformis Hoffm.* wurde auf seinen evtl. Geh. an Sulfon untersucht. — Nach Extraktion mit Ae. wurde die neutrale Fraktion (Entfernung der Säuren durch Alkali) auf Aluminiumhydroxyd chromatographiert u. mit Ae.-Methanol (49:1) eluiert. Diese Fraktion enthielt eine Substanz, welche auf dem Wasserbad bei 98—105° sublimierte, das Infrarotspektr. enthielt Banden, welche die Anwesenheit von Sulfongruppen wahrscheinlich machten. Vergleichende Unterss. mit *Dimethylsulfon* (I) ergaben prakt. ident. Spektren. Nach Mischen beider Substanzen ergab sich ein Schmelzpunkt von 105—108° (I 109°), nach Rekristallisation ergab sich ein Schmelzpunkt von 107—108°, nach Zugabe von I wurde keine Schmelzpunktdepression festgestellt. — Vff. halten es nach ihren Unterss. für ausgeschlossen, daß durch Verunreinigung der Lösungsmittel das Vorhandensein von I vorgetäuscht wurde. (Acta chem. scand. **8.** 703. 1954. Trondheim, Norway, Inst. for Organ. Kjemi, Norges Tekn. Högskole.) WOLFGANG ALBRECHT. 4420

D. J. Bell, F. A. Isherwood, Nancy E. Hardwick und R. C. Cahn, *D(+)-Apiose aus der Monocotyledone Posidonia australis.* Aus Blättern u. natürlich gerösteten „Restfasern" (vgl. C. **1954.** 1269) von Posidonia australis (P. a.) konnte nach milder Säurehydrolyse *D(+)-Apiose* (I) als hauptsächliches Monosaccharid identifiziert werden. Zur Nomenklatur u. Stereochemie von I wird zur Kennzeichnung der Konfiguration an $C_{(2)}$ bzw. $C_{(3)}$ für die offene Form (IA) „*D-Apiose*" u. für die Ringform z. B. (IB) *D-Apio-D-furanose*, bei üblicher Verwendung α u. β zur Kennzeichnung der Konfiguration des $C_{(1)}$, vorgeschlagen.

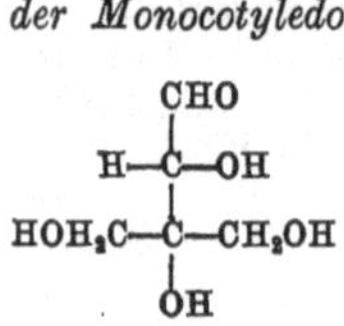
IA

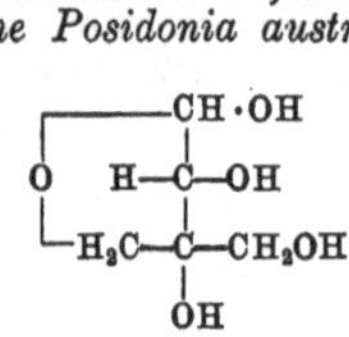
IB

Versuche: Extraktion der P. a.-Blätter u. Restfasern erfolgte mit ca. 0,4n H_2SO_4 durch 1std. Erhitzen auf 100°; nach Neutralisieren u. Behandeln mit Kohle wurde der Extrakt zur Verhinderung einer Aldose/Ketose-Umwandlung mit Essigsäure behandelt u. eingedampft. Die Entfernung der anorgan. Salze konnte wegen der Empfindlichkeit von **I** gegen Alkalien nicht mit Austauschern erfolgen, sondern die Papierchromatographie des Hydrolysats wurde nach der Meth. von GAILLARD (C. **1954**. 8640) durchgeführt. R_F-Werte ohne u. mit Borsäure in Bzl./Butanol/Pyridin/W. (1:5:33) 0,26 bzw. 0,04 für **I**. *Di-O-isopropylidenderiv. von* **I**, $C_{11}H_{18}O_5$, F. u. Misch-F. 81—83° (W. + Spur NH_3) durch 6std. Behandlung des bei 0,05 mm Hg über P_2O_5 getrockneten Säureextraktes mit 5% H_2SO_4 enthaltendem trockenem Aceton bei Zimmertemp.; Nadeln u. Blättchen, $[\alpha]_D^{19}$ +56,4° (c = 3,2 in A.); nicht acetylierbar: 2,6% (Ausbeute von Blättern), 2,5% (von Restfasern), <0,1% (von mit W. extrahierten Blättern). *2.5-Dichlorosazonderiv. von* **I**, $C_{17}H_{16}O_3N_4Cl_4$, F. u. Misch-F. 188,5—190,5° (A. + W.), Nadeln. *p-Bromphenylosazonderiv. von* **I**, F. 209,5—210,5° (korr.) aus wss. A., Kristalle, beide Verbb. sehr gute Ausbeuten. (J. chem. Soc. [London] **1954**. 3702—06. Nov. Cambridge, Univ., Biochem. Dep.) K. GENEST. 4420

Verner L. Stromberg, *Die Isolierung von Bufotenin aus Piptadenia peregrina.* Die Aufarbeitung der Blätter von *Piptadenia peregrina* vom Puerto Rico gewonnen ergab: *Bufotenin,* $C_{12}H_{16}ON_2$, F. 146—147°, durch zweimalige, 2std. Extraktion von 891 g gemahlenen Blättern mit 4,1 Liter 1%ig. alkoh. Weinsäure bei 55°, filtrieren, eindampfen auf 1 Liter u. verd. mit 2,5 Liter W.; mit 2n HCl ansäuern, filtrieren u. 6mal mit Chlf. extrahieren; saure, wss. Lsg. mit festem Na_2CO_3 neutralisieren, in 2 Hälften mit Chlf. extrahieren u. Chlf. mit 2n HCl ausziehen; die Säure mit festem Na_2CO_3 versetzen u. mit Chlf. extrahieren; 20,95 g Basengemisch (2,45% Ausbeute). Aus 10,11 g durch chromatograph. Trennung an Al_2O_3 u. Elution mit Essigester–A. Gewinnung von 7,66 g u. daraus durch Umkristallisieren aus Essigester 4,09 g (40% der Alkaloidfraktion u. 0,94% der Blätter); λ_{max} 277 u. 247 mμ in 0,1n HCl. *Pikrat* (rot), F. 176—177°. *Jodomethylat,* F. 213—214°. *Oxalat,* F. 82—84°. *m-Nitrobenzoat,* F. 255—257°. (J. Amer. chem. Soc. **76**. 1707. 20/3. 1954. Bethesda, Md., Labor. of Chem. of Natur. Prodd.; Nat. Health Inst.) E. FRANCK. 4420

R. S. Becker und **R. K. Sheline,** *Vorläufige Experimente mit Chlorophyllen, Pflanzen und ihren Extrakten unter Benutzung von ^{28}Mg als radioaktiven Indicator.* Es werden Austauschverss. zwischen akt. $MgCl_2$ u. frisch chromatographierten Chlorophyllen (a u. b) u. an Pflanzenextrakten in alkoh. Lsg. beschrieben. Die Austauschhalbwertszeit zwischen anorgan. u. organ. gebundenem Mg wird bestimmt. Es wird gezeigt, daß polare lösl. Pflanzenmaterialien zu einem Teil leichter Mg-Komplexe bilden als unpolare. Getrennte reine Chlorophylle scheinen nicht mit Mg^{2+} auszutauschen, dagegen findet bei Ggw. PAe.-lösl. Pflanzenverbb. merkliche Aufnahme von Mg^{2+} statt. Hieraus wird geschlossen, daß die Chlorophylle nicht zu denjenigen Agentien zu zählen sind, die radioakt. Mg in vivo oder in vitro austauschen oder einbauen. — Ein Verarbeitungsschema wird angegeben. (J. chem. Physics **21**. 946—47. Mai 1953. Tellakassee, Fla., Florida State Univ., Chem. Dep.) M. EBERT. 4450

Otto Warburg, Günther Krippahl, Wolfgang Buchholz und **Walter Schröder,** *Weiterentwicklung der Methoden zur Messung der Photosynthese.* Bei Chlorella pyrenoidosa, Zellen hoher photosynthet. Kapazität, wurde der Quantenbedarf des Gewinns $1/\varphi$ bei der Photosynth. bestimmt. Es wurde mit der 2-Gefäßmeth. manometr. gearbeitet. Die Zelldichten wurden bis auf 1 mm^3/cm^3 erniedrigt, durch Verwendung eines beweglichen Spiegels u. rechteckige Form des Lichtstrahls wurden die Zellsuspensionen fast vollständig ausgeleuchtet. Es wurde so eine 40fache Kompensation der Atmung erzielt, die vernachlässigt werden kann, daher konnte kontinuierlich belichtet werden. Bei 2 Verss. mit 546 mμ u. 644 mμ Wellenlänge wurden Werte von $1/\varphi$ = 4,3 bzw. 4,6 erreicht. Vff. nehmen an, daß der Quantenbedarf der Photosynth. unter 4, wahrscheinlich sogar unter 3 liegt. Verwendet wurde u. a. eine Xenon-Hochdrucklampe, ein Aktinometer, mit dem die erlaubte Intensitätsgrenze auf das 10fache gesteigert werden kann, u. eine ULBRICHT-Kugel zur Absorptionsmessung. Retention der Kohlensäure, Schüttelgeschwindigkeit, Rück-Rk., Cycluseffekt, Ruhe- u. Wachstumsatmung werden diskutiert. — Wiedergabe der Versuchsprotokolle. (Z. Naturforsch. **8b**. 675—86. Nov. 1953. Berlin-Dahlem, Max-Planck-Inst. für Zellphysiol.) M. WIEDEMANN. 4460

J. Hämmerling und **H. Stich,** *Über die Aufnahme von ^{32}P in kernhaltige und kernlose Acetabularien.* 1. Mitt. Im „Erdschreiber" aufgezogene Grünalgen (*Acetabularia mediterranea*) wurden zu verschied. Zeiten nach der Amputation in Seewasser, dem $H_3{}^{32}PO_4$

zugesetzt war, an einer künstlichen Sonne mit Leuchtstoffröhren (ca. 2500 Lux) oder in absol. Dunkelheit aktiviert. Die Messungen der Impulsfrequenzen erfolgten an den Einzelteilen der Pflanze in einem hohlgeschliffenen Objektträger. Es zeigte sich, daß der einmal von der Acetabularienzelle aufgenommene ^{32}P prakt. nicht an das Medium abgegeben wird. Dieses Verh. ist unabhängig von der Anwesenheit des Kernes u. von Wachstumsvorgängen. Der Zusammenhang zwischen P-Aufnahme u. Photosynth. wird diskutiert. (Z. Naturforsch. **9 b.** 149—55. Febr. 1954. Wilhelmshaven, Max-Planck-Inst. für Meeresbiol.) K. GENEST. 4460

Corwin Hansch, Robert M. Muir und **Robert L. Metzenberg jr.,** *Weiterer Beweis für eine chemische Reaktion zwischen Pflanzenwachstumsreglern und einem Pflanzensubstrat.* In Verss. mit Haferkoleoptilen, die in Ggw. von *2.4-* oder *2.6-Dichlorbenzoesäure* (**I** bzw. **II**) kultiviert wurden, stellten Vff. fest, daß die wachstumsfördernde Wrkg. der Verbb. mit dem Verlust ihrer Cl-Atome verbunden ist, die dann als Cl-Ionen nachweisbar sind. **II** förderte das Wachstum besser als **I**, was sich auch durch vermehrte Cl^--Bldg. ausdrückte. Hierdurch wurde die bereits aufgestellte Hypothese (vgl. MUIR u. Mitarbeiter, Plant Physiol. **24.** [1949.] 359 u. **25.** [1950.] 389) bestätigt, derzufolge zwischen der Carboxylgruppe u. dem ihr benachbarten C-Atom eine chem. Bindung mit einer Zellsubstanz stattfindet. Diese setzt eine bas. u. eine nucleophile Gruppe in entsprechendem Abstand voraus. Hierfür scheint eine *Cystein*-Komponente geeignet zu sein. — Es werden mögliche Reaktionsmechanismen beschrieben, durch die auch Aktivitätsunterschiede zwischen opt. u. cis-trans-Isomeren u. die wachstumshemmende Wrkg. anderer Verbb. erklärt werden können. (Plant Physiol. **26.** 812—21. Okt. 1951. Claremont, Calif., Pomona Coll., Chem. Dep.; Iowa City, Io., State Univ. of Iowa, Bot. Dep.) F. RANG. 4485

R. S. de Ropp und **Elizabeth Markley,** *Die Beziehung zwischen unterschiedlichen Ansichten über die Wirkung von Auxin.* Hypocotylabschnitte der Sonnenblume, die 2 bis 14 Tage auf Nähragar mit *Indolyl-3-essigsäure* (**I**) aufsitzen, werden im Längenwachstum, Frisch- u. Trockengewicht u. Adventivwurzelbesatz bestimmt durch die Art des Hypocotylsegmentes (apical = **A**; basal = **B**) u. seiner Resorptionsfläche (obere Fläche = **a**; untere Fläche = **b**), Lichteinfl. u. Konz. an **I** im Nähragar. Die optimalen **I**-Konzz. (γ/ml Agar) betragen bei **A** 0,01—0,1 für Längenwachstum, 1,0—10,0 für Gewicht (**Aa**< **Ab**), 0,1 für Adventivwurzelbesatz — bei **B** 0,1—1,0 für Gewicht, 0,1 für Adventivwurzelbesatz (bes. im Vers. **a**), Längenwachstum wenig verändert. (Plant Physiol. **30.** 210—14. Mai 1955. Pearl River, N. Y., Biol. Res. Stat., Amer. Cyanamid Comp.) H. WALTER. 4485

Paul-Emile Pilet, *Vorschlag einer Einheit zur Wiedergabe der Auxinkonzentration von pflanzlichem Gewebe.* Um die Wuchsstoffkonz. im Avena-Test auszudrücken, wurden von den jeweiligen Autoren verschied. Einheiten empfohlen (u. a. *Wuchsstoff-Avena-Einheit* [*WAE*] von BOYSEN-JENSEN, Biochem. Z. **239.** [1931.] 243, *Avena-Einheit* [*AE*] von KÖGL u. Mitarbeitern, Hoppe-Seyler's Z. physiol. Chem. **214.** [1933.] 241). Zur Behebung der diesen Einheiten z. T. anhaftenden Mängel (Nichtberücksichtigung des Hemmeffektes, Abhängigkeit von der jeweils angewandten Technik u. dgl.) schlägt Vf. die neue Einheit „*mol ABIA*" (*mol acide-β-indolylacétique*) vor u. gibt eine Anleitung zu ihrer Anwendung u. Auswertung. Es entsprechen: 1 AE = $2{,}28 \cdot 10^{-10}$ mol ABIA bzw. 1 mol ABIA = $4{,}3 \cdot 10^{9}$ AE bzw. 1 WAE = $4{,}56 \cdot 10^{-5}$ mol ABIA. (C. R. hebd. Séances Acad. Sci. **238.** 605—07. 1/2. 1954.) G. KLESSE. 4485

D. T. Manning und **A. W. Galston,** *Über die fermentativ bedingten Oxydationsprodukte der Indolessigsäure. Indolessigsäureoxydase* aus etiolierten Erbsenepicotylen baut Indolessigsäure im Incubationsvers. ab. Dabei entstehen unter Ringspaltung 2 Verbb. mit aromat. Amincharakter, u. a. vermutlich *Oxy-o-aminoacetophenon* u. eine dritte Verb. mit erhaltener Ringstruktur. Der Abbau läuft nicht über Indolaldehyd oder o-Formamidacetophenon. (Plant Physiol. **30.** 225—31. Mai 1955. Pasadena, Calif., Inst. of Technol.) H. WALTER. 4485

H. E. Street, *Die Wirkungen von α-[Naphthyl-(1)-methylmercapto]-propionsäure auf das Wachstum isolierter Tomatenwurzeln.* Unterss. über die Wrkg. von *α-[Naphthyl-(1)-methylmercapto]-propionsäure* (**I**) auf isolierte Tomatenwurzeln, die in einer Nährlsg. nach WHITE (Fe als Citrat) kultiviert wurden. Die Zugabe von **I** in verschied. Konzz. erfolgte nach 9 Tagen, die Beendigung der Verss. nach 31 Tagen. Die Erhöhung der Konz. von **I** bewirkte eine Zunahme des Wachstums der Hauptwurzel, wobei bei niederen Konzz. das Wachstum der Nebenwurzeln nicht, bei höheren Konzz. stark gehemmt wurde. Vf. erklärt die Wrkg. durch einen Antagonismus zwischen **I** u. einem natürlichen Wuchsstoff in der Wurzel, wobei es sich nicht um β-Indolylessigsäure oder β-Indolylacetonitril handeln kann, wie aus bisher unveröffentlichten Unterss. des Vf. hervorgeht. (Nature [London] **173.** 253—54. 6/2. 1954. Manchester, Univ., Dep. of Bot.) W. BEINERT. 4485

E_5. Tierchemie. Tierphysiologie. Tierpathologie.

R. Stämpfli, *Eine neue Methode zur Messung von Membranpotentialen mit Außenelektroden.* Beschreibung einer neuen Meth., die es gestattet, mit Außenelektroden die wahre Größe der Membranpotentialschwankungen, die durch den Einfl. von hyper- oder hypopolarisierenden Substanzen oder durch die Erregung der markhaltigen Nervenfasern erzeugt werden, zu registrieren. (Experientia [Basel] **10.** 508—09. 15/12. 1954. Homburg, Saar-Univ.; Bern, Univ., Physiol. Inst.) H. J. HEINRICH. 4500

P. Holtz und **H. J. Schümann,** *Butyrylcholin in Gehirnextrakten.* Die bei der Auswertung der acetylcholinähnlichen Wirksamkeit von Rindergehirnextrakten aufgefallene schwache Darm- u. Blutdruckwrkg. konnte auf eine Substanz zurückgeführt werden, die sich papierchromatograph. u. biol. wie *Butyrylcholin* (I) verhält. Ein aus 800 g Rindergehirn gewonnenes Trockenpräp. wurde in Propanol auf SCHLEICHER u. SCHÜLL-Papier 2043b mit PARTRIDGE-Gemisch chromatographiert. Das wss. Eluat der dem I entsprechenden Zone wurde durch *Serumcholinesterase* biol. unwirksam gemacht. Die „nicotinähnliche" Wrkg. von *Acetyl* (II)-, *Propionyl* (III)- u. I am Froschrectus war ungefähr gleich, die „muscarinähnliche" Wrkg. am Meerschweinchendarm bei III ca. 100fach, bei I ca. 1000fach schwächer als bei II. (Naturwissenschaften **41.** 306. Juli 1954. Frankfurt/M., Univ., Pharmakol. Inst.) K. GENEST. 4520

A. G. Ogston und **J. E. Stanier,** *Zusammensetzung und Eigenschaften des Hyaluronsäurekomplexes aus Rindersynovialflüssigkeit.* Inhaltlich im wesentlichen ident. mit C. **1955.** 6302 u. C. **1956.** 2224. (Discuss. Faraday Soc. **1953.** Nr. 13. 275—80. Oxford, Univ., Dep. of Biochem.) H. GIBIAN. 4520

C. E. Jensen, Jørgen Koefoed und **Thure Vilstrup,** *Fließpotentiale von Hyaluronatlösungen.* In einem U-Rohr durch Saugen langsam bewegte 0,5%ig. *Hyaluronsäure* (I)-Lsgg. zeigten Fließpotentiale von 6—25 mV. Dies scheint Bedeutung für den Hörvorgang im inneren Ohr haben zu können, da I kürzlich im Haifischohr gefunden (Ann. Otol. Rhinol. Laryngol. **63.** [1954.] 151) u. Mikrophonpotentiale schon von WEVER u. BRAY (Proc. nat. Acad. Sci. USA **16.** [1930.] 344) entdeckt worden sind. (Nature [London] **174.** 1101—02. 11/12. 1954. Copenhagen, Univ., Physikal.-chem. Inst.) H. GIBIAN. 4520

David Glick und **Bengt Sylvén,** *Nachweis der möglichen Heparinnatur des unspezifischen Hyaluronidaseinhibitors in Gewebeextrakten und Blutserum.* Im Hinblick auf eine gewisse Parallelität verschied. Eigg. [elektrophoret. Wanderung mit den Albuminen; Fällbarkeit mit Protamin; Titerzunahme bei patholog. Umständen; Anwesenheit gerade in mastzellenreichen Geweben, nicht anderswo; Wirkungen gegen Gerinnung u. *Hyaluronidase* (I)] wird eine Identität des Gewebe(Mastzellen)-Inhibitors der I mit *Heparin* oder einem Proteinkomplex hiervon vermutet u. das gleiche für den Seruminhibitor der I angenommen. (Science [Washington] **113.** 388—89. 6/4. 1951. Minneapolis, Minn., Univ. of Minnesota, Med. School, Dep. of Physiol. Chem.; Stockholm, Karolinska Sjukhuset, Radiumhemmet, Krebsforschungsabt.) H. GIBIAN. 4520

Yasushi Takeshita, *Die mikrobiologische Bestimmung von Aminosäuren in Mugilin-β-sulfat.* Die quantitative mikrobiol. Best. von Aminosäuren (I), die in Mugilin-β-sulfat enthalten sind, das aus Sperma von Mugil japonicus Temminck u. Schlegel isoliert wurde, führt zu folgendem Ergebnis: *Arginin* 83,2; *Prolin* 6,5; *Serin* 2,5; *Valin* 6,1; *Alanin* 3,5; *Isoleucin* 7,1; *Threonin* 2,4; *Methionin* 1,0; *Glutaminsäure* 1,4%. Andere I, wie Asparaginsäure, Glycin, Histidin, Leucin, Lysin, Phenylalanin, Tryptophan u. Tyrosin, wurden nicht gefunden. (Fukuoka Acta med. [Fukuoka-Igaku-Zassi] **45.** 33—40. Okt. 1954. Fukuoka, Univ., Dep. of Med. Chem., Dep. of Gynec. and Obstetrics; Tokio, Ministry of Agricult. and Forestry, Dep. of Chem. [Orig.: japan.; Auszug: engl.]) R. HÄHNEL. 4520

Hans Erbring, Franz F. Niedner und **Wilhelm Wulf,** *Die Bestimmung des Redoxverhaltens von Körperflüssigkeiten.* Es wird eine Meth. beschrieben, die es ermöglicht, durch Ermitteln des Reduktionseffektes gegenüber Redoxindicatoren die bei Körper-Fll. noch nicht genügend bekannten Redoxverhältnisse experimentell zu erfassen. Messungen an Normalseren, Hydrocelpunktaten, Liquores, Ascitespunktaten, Pleuraergüssen, Blaseninhalten u. a. unter quantitativer Auswertung werden mitgeteilt. (Aerztl. Forsch. **8.** I/426—32. 10/9. 1954. Köln, Madaus; Ulm/Donau, Städt. Krankenanstalten.) O. DESCHLE. 4550

Francis P. Chinard und **Theodore Enns,** *Relative Durchtrittsgeschwindigkeit von Deuterium und Tritium durch die Capillarwände beim Hund.* Am Hinterbein u. am Herz-Lungen-Syst. des Hundes wurde der Durchtritt von *Deuterium* (I) u. *Tritiumoxyd* (II) durch die Capillarwände untersucht. Signifikante Unterschiede zwischen I u. II konnten nicht festgestellt werden. Da der Diffusionskoeff. von W. größer als der von I u. II ist, eignen sich I u. II nicht als „Tracers" für Wasser. (Amer. J. Physiol. **178.** 203—05. Aug. 1954. Baltimore, Md., Johns Hopkins School of Med., Baltimore City Hospitals.) WOLFGANG ALBRECHT. 4550

M. M. Kowalew, *Qualitative Spektralanalyse von Trinkwasser und Harnsteinen.* Die qualitative Spektralanalyse von Trinkwasserproben aus 12 Bezirken u. der Harnstein von 36 Patienten dieser Bezirke ließ erkennen, daß die im Trinkwasser enthaltenen Spurenelemente sich auch in den Harnsteinen finden, daß demnach das Trinkwasser, das im vorliegenden Falle viel Ca- u. andere Salze enthielt u. einen hohen Härtegrad aufwies, als einer der vielen externen Faktoren anzusehen ist, welche die Bldg. von Harnsteinen begünstigen. (Клиническая Медицина [Klin. Med.] **33** (**36**). Nr. 11. 54—56. Nov. 1955. Stalino, Med. Inst., Lehrstuhl für Fakult. Chir.) E. RENTZ. 4552

N. Ja. Gridin, *Über den Einfluß einiger Stoffe auf die Dynamik der Magensaftabsonderung des Schweines.* In Verss. an Schweinen wurde festgestellt, daß bei Nüchternverabreichung von Sonnenblumenöl oder Butter die abgesonderte Magensaftmenge, dessen Acidität u. Verdauungskraft abnehmen. Das W. stimuliert die Magensekretion, jedoch nur ca. 1 Stunde. HCl u. Na_2CO_3 wirken anders als Wasser. Durch 0,5%ig. HCl wird die Magensaftabsonderung etwas gehemmt, durch 1%ig. Na_2CO_3 nur wenig verändert. Zucker intensiviert innerhalb 2 Std. nach der Verabreichung die Magensekretion. Rohstärke mit W. intensiviert die Magensekretion weniger als W. allein. Luzerneextrakt, Kürbissaft u. Pepton intensivieren die Magensaftabsonderung. (Фізіологічний Журнал (Киев) [Physiol. J. (Kiew)] **2.** Nr. 1. 88—94. Jan./Febr. 1956. Charkow, Zootechn. Inst., Lehrstuhl für Anatomie u. Physiol. der Haustiere.) O. LEBTAG. 4555

William G. Shafer und **Joseph C. Muhler,** *Experimentelle Zahncaries.* 6. Mitt. *Die Wirkung von Hypophysektomie auf die Zahncaries und die Speicheldrüsen der Ratte.* (Vgl. MUHLER, C. **1955.** 5826.) Sowohl die Zahl als auch die Schwere der Cariesschäden sind bei hypophysektomierten Ratten bedeutend größer als bei n. Tieren. Auch nimmt die *proteolyt.* u. *amylolyt.* Aktivität von Speicheldrüsenextrakten von hypophysektomierten Tieren gegenüber den Kontrollen ab. Ebenso verschieden sind die histolog. Befunde der submaxillaren Speicheldrüsen bei den beiden Gruppen. (J. Dental Res. **34.** 531—36. Aug. 1955. Indianapolis u. Bloomington, Ind., Indiana Univ., School of Dentistry, Dep. of Oral Pathol. u. Dep. of Chem.) G. KLESSE. 4555

A. I. Archipowetz, *Über den Einfluß verschiedener Futtermittel auf die Tätigkeit der Ohrspeicheldrüse des Schweines.* An 4—7 Monate alten Schweinen wurden nach Fütterung mit Mischgetreide, Gerstenschrot, Maisschrot, Haferschrot, gedämpften Kartoffeln oder Weizenschrotmehl die Menge des abgesonderten Speichels sowie dessen Geh. an Trockensubstanz, N u. amylolyt. Fermenten, ferner D. u. Viscosität des Speichels untersucht. Am meisten Speichel wurde nach Verabreichung von Maisschrot, am wenigsten nach Haferschrot festgestellt (25,6 bzw. 6,2 ml/100 g Futter). Nach Fütterung mit Kartoffeln war der Geh. an Trockensubstanz u. N mit 2,85% bzw. 2,67 mg/ml Speichel am höchsten, bei Gerstenschrot mit 1,96% bzw. 1,8 mg am niedrigsten. Die Viscosität des Speichels war nach Kartoffeln mit 1,47 am höchsten. Auch der Dichtewert war hier mit 1,0089 am höchsten. Die amylolyt. Aktivität des Speichels schwankte zwischen 16 u. 128 WOHLGEMUTH-Einheiten u. betrug in den meisten Fällen 64 Einheiten. (Фізіологічний Журнал (Киев) [Physiol. J. (Kiew)] **2.** Nr. 1. 81—87. Jan./Febr. 1956. Bogomoletz-Inst. für Physiol. der Akad. der Wiss. der UkrSSR, Labor. für Physiol. der Haustiere.) O. LEBTAG. 4555

Thomas Rahandraha und **Albert Rakoto Ratsimamanga,** *Wirkung der Nebenniere eines skorbutkranken Meerschweinchens auf Desoxycorticosteron in Gegenwart von Ascorbinsäure.* In chromatograph. Unterss. von Nebennieren (NN)-Extrakten skorbutkranker u. n. Meerschweinchen bestimmten Vff. den Geh. an *Corticosteroiden* (I) nach 2std. Incubation mit u. ohne Zusatz von *Ascorbinsäure* (II). Die Ergebnisse geben keinen eindeutigen Aufschluß über die Bedeutung der II in den NN; sie scheint für die vollständige bzw. unvollständige Sättigung der Δ^4-3-Ketogruppierung der endogenen I u. für die Hydroxylierung von zugesetzten I (z. B. *Dexoxycorticosteron*; III) verantwortlich zu sein. Unterschiede sollen Ausdruck der schon vor Beginn der Verss. bei n. u. kranken Tieren vorliegenden verschied. I sein. Bei Incubation mit III bestimmt dieses den Reaktionsablauf. NN n. Tiere verhalten sich wie die kranker mit II-Zusatz. (J. de Physiol. **46.** 507—09. 1954. Paris, Fac. de Méd.) H. HELGE. 4558

G. M. Neher und **M. X. Zarrow,** *Die Konzentration von Progestin im Serum von nichtträchtigen und trächtigen Schafen sowie post partum.* Beim nichtträchtigen Schaf erreicht der Geh. des Serums an *Progestin* (I) während der Lutealphase ein Maximum (6 μg/ml), während des Östrus ein Minimum (1 μg/ml). Beim trächtigen Schaf steigt I langsam an, vom 40. bis zum 120. Tag wird ein Plateauwert von 6 μg/ml gehalten, dann erfolgt bis zur Geburt ein 2. Anstieg auf 10 μg/ml post partum u. während der Lactation fällt I langsam ab u. hat nach ca. 10 Tagen die Norm erreicht. Während der Zeit des Plateauwertes beeinflußt *Ovarektomie* weder die Schwangerschaft noch den I-Spiegel.

Vff. schließen, daß während dieser Zeit die Placenta als extraovarialer I-Bildner in Frage kommt. I wurde nach HOOKER-FORBES biol. getestet, als Standard diente krist. *Progesteron.* (J. Endocrinology **11.** 323—30. Nov. **1954.** Lafayette, Ind., Purdue Univ.) H. BOSER. 4559

K. Repke und **F. Markwardt,** *Über fermentative Reduktion von Östron.* Im Gegensatz zu bisherigen Vorstellungen wurde gefunden, daß für die Red. von *Östron* u. *Östra-17β-diol* die Succinodehydrogenase u. die wasserstoffübertragenden Fermente der Glykolyse bedeutungslos sind. Wirksam ist in den Erythrocyten von Kaninchen, Meerschweinchen u. Mensch wohl das Glucose-6-phosphat-Dehydrogenase-System. Östra-17β-diol wurde als Reaktionsprod. identifiziert durch Best. der biol. Aktivität im ALLEN-DOISY-Test sowie des F. u. des papierchromatograph. Verhaltens. (Naunyn-Schmiedebergs Arch. exp. Pathol. Pharmakol. **223.** 271—79. 1954. Greifswald, Univ., Pharmakol. Inst.) Th. MARSSON. 4559

Amos E. Light und **Rocco V. Fanelli,** *Einfluß von Sexualhormonen auf die akute Toxizität von Succinylcholinchlorid an Mäusen.* Es besteht eine Beziehung zwischen dem Anstieg der akuten Toxizität von *Succinylcholin* (I) an Mäusen, die mit *Methyltestosteron* behandelt wurden, u. der Verminderung der Toxizität nach *Östradiol.* Wenn die an ♂ Mäusen nach *Methyltestosteron* erhaltenen Werte verglichen werden mit denen an ♀ Tieren nach *Östradiol*-Behandlung, zeigt der Unterschied deutlich den Einfl. der Sexualhormone auf die Toxizität von I. (Arch. Biochem. Biophysics **56.** 267—68. Mai 1955. Tuckahoe, N. Y., Wellcome Res. Labors.) H. AMAN. 4559

P. Gley, N. P. Buu-Hoï, Ng. H. Nam, Ng. D. Xuong und **J. Delor,** *Biologische Eigenschaften von Ketonen, die zur Klasse der Thiophenisosteren des Stilbens und Triphenyläthylens gehören.* 14 zur Reihe der *Thiophenisosteren des Stilbens* u. *Triphenyläthylens* gehörenden *Ketone* wurden auf ihre *hormonalen* Eigg. untersucht; es handelt sich um folgende Derivv. des *2-Styrylthiophens* u. des *α.β-Diphenyl-β-thienyl-(2)-äthylens* folgender Konst.: *α.β-Diphenyl-β-[5-acetylthienyl-(2)]-äthylen, α.β-Diphenyl-β-[5-propionylthienyl-(2)]-äthylen, α.β-Diphenyl-β-[5-benzoylthienyl-(2)]-äthylen, α-p-Chlorphenyl-β-phenyl-β-[5-acetylthienyl-(2)]-äthylen, α-Phenyl-β-p-tolyl-β-[5-acetylthienyl-(2)]-äthylen, α-Phenyl-β-p-chlorphenyl-β-[5-acetylthienyl-(2)]-äthylen, α-Phenyl-β-p-methoxyphenyl-β-[5-acetylthienyl-(2)]-äthylen, α-p-Chlorphenyl-β-p-methoxyphenyl-β-[5-acetylthienyl-(2)]-äthylen, α-p-Chlorphenyl-β-p-tolyl-β-[5-acetylthienyl-(2)]-äthylen, 9-[5'-acetylthienyliden-(2')]-fluoren, 2.5-Di-[α-stilbenyl]-thiophen, 5-Acetyl-2-styrylthiophen, 5-Propionyl-2-styrylthiophen, 5-Benzoyl-2-styrylthiophen* (I). Steigende Dosen (10—20 mg) der angegebenen Verbb. wurden an kastrierte weibliche Ratten verabreicht, wobei nur I bei einer 20 mg-Dosis eine *östrogene* Wrkg. zeigte. Keine Substanz zeigte im Vers. an weiblichen, nicht ausgewachsenen Kaninchen gelbkörperhormonale Eigg.; antagonist. Wirkungen gegenüber östrogenen Stoffen wurden an Ratten nicht festgestelt. (Bull. Soc. Chim. biol. **36.** 1249—54. **1954.** Paris, Inst. du Radium, Dép. de Chim. organ., et Serv. de Rech. physiol. des Laborr. Roussel.) H. KOCKERT. 4559

R. Carow, *Erfahrungen mit „ST 52-ASTA“ bei der Behandlung des Prostatacarcinoms.* Durch Veresterung der Östrogene mit Phosphorsäure werden diese wasserlösl. u. in eine unwirksame Form übergeführt. Erst die im Prostatacarcinomgewebe (Primärtumor u. Metastasen) herrschende saure Phosphatase spaltet die Phosphatform wieder auf u. setzt das Cytostaticum frei. Es wird über Erfolge mit intravenös injiziertem, *phosphoryliertem Diäthylstilböstrol* („*St 52-ASTA*“) berichtet u. anschließend als Dauermedikation ein orales Hormonpräp. (Progynon M) empfohlen, um den therapeut. Effekt zu sichern. (Z. Urol. **47.** 81—93. 1954. Berlin-Westend, Städt. Krankenhaus, Urolog. Abtlg.) H. AMAN. 4559

J. D. Biggers und **P. J. Claringbold,** *Die günstigsten Bedingungen für die lokale (intravaginale) Wirksamkeit von Östrogenen.* (Vgl. C. **1955.** 9122.) Unterss. an 5 Gruppen (260, 360, 380 u. 440) ovariektomierter Mäuse zeigten, daß *Östron, 3.17β-Östradiol, Östriol, Equilin, Equilenin* u. *Diäthylstilböstrol* als vaginaler Spray (4mal in 36 Std.) in 1%ig. wss. Eieralbuminlsg., bis auf Östradiol, welches ca. 1,5mal stärker wirkt, eine gleichstarke, optimale Wrkg. auf das Schleimhautepithel haben; während Östron, Östradiol u. Diäthylstilböstrol in dest. W. unter sonst gleichen Bedingungen ein ähnliches Wirkungsoptimum haben, ist Östriol weniger aktiv. Gleiche Bedingungen gelten für die subcutane Anwendung, jedoch ist sie wegen der zahlreichen (bis zu 20) kleindosierten Injektionen weniger empfehlenswert. (Austral. J. biol. Sci. **7.** 118—39. Febr. **1954.** Sydney, Univ., Dep. of Vet. Physiol.) V. SACHS. 4559

Max Aron und **Claude Aron,** *Gibt es 1 oder 2 gonadotrope Hormone?* Aus Verss. an Meerschweinchen mit Hypophysenvorderlappenextrakten u. mit Urin n. u. schwangerer Frauen schließen Vff., daß es nur ein gonadotropes Hormon gibt. Dosisunterschiede bestimmen, ob es zum Follikelwachstum oder zur Ausbldg. von Corpora lutea bzw. zur Stimulation der Samen- oder LEYDIGschen Zellen kommt. Das Dosenverhältnis beträgt ca. 1:10. (J. de Physiol. **46.** 231—32. 1954. Strasbourg, Univ., Fac. de Méd., Inst. d'Histol.) H. HELGE. 4560

A. Narpozzi, *Wirkung des ACTH auf den vermehrten Nierendurchlaß des Renins.* Vf. hat weißen Ratten *ACTH* allein u. zusammen mit *Renin* injiziert u. nach Vitalfärbung mit Evansblau (T 1824) die Nieren histolog. untersucht. Während in den Kontrolltieren die Zellen der gewundenen Tubuli nur wenig gefärbte, kleine Granula zeigten, hatten sich in den der mit ACTH behandelten Tiere zahlreichere u. größere gefärbte Körnchen gebildet, u. in den gleichzeitig mit Renin behandelten Tieren waren die Granula blau u. von verschied. Form, Größe u. Verteilung. Der Geh. an gefärbtem Protein wird durch ACTH u. mehr noch durch das gleichzeitig verabreichte Renin vermehrt, wobei der Gefäßdruck die Filtration des glomerulären Eiweißes hervorzurufen scheint. (Boll. Soc. ital. Biol. sperim. **30.** 1160—63. Aug./Nov. 1954. Padua, Univ., Inst. für allg. Pathol.) E. DEHN. 4560

Sydney M. Friedman, Constance L. Friedman und **Miyoshi Nakashima,** *Hemmung hormonal bedingter Hypertension durch Hypophysenhinterlappenextrakte.* Geprüft wurden *Pituitrin* (**I**), *Pitressin* (**II**) u. *Pitocin* (**III**). **I** u. **II** verhindern den bei Ratten durch Vorbehandlung mit *Desoxycorticosteronacetat* (*DCA*) oder durch *Compound F* hervorgerufenen Hypertonus. **III** ist unwirksam. Dem Hypophysenhinterlappen, speziell der **II**-Fraktion, wird daher eine Wirksamkeit gegen hormonale Hypertension zuerkannt. (Amer. J. Physiol. **176.** 120—22. Jan. 1954. Vancouver, Can., Univ. of British Columbia, Dep. of Anatomy.) H. JORDAN. 4560

Carl A. Gemzell, *Corticotropinbestimmung in Körperflüssigkeiten.* Aus *Blut* wird in sehr geringer Menge (0,25—2 γ/100 cm³ Plasma) ein Faktor (**I**) extrahiert, der in SAYERs ACTH-Test akt. u. wahrscheinlich mit ACTH ident. ist. **I** ist bei adrenalektomierten Ratten bis aufs 30fache angereichert u. bei Patienten mit ADDISONscher Krankheit u. adrenogenitalem Syndrom in erhöhter Konz. vorhanden. (Nord. Med. **51.** 703—06. 20/5. 1954. Stockholm, Karolinska Sjukhuset.) S. BECKMANN. 4560

Margaret A. Slusher und **Sidney Roberts,** *Fraktionierung von hypothalamischem Gewebe zur hypophysär anregenden Tätigkeit.* Aus Extrakten des Rinderhypothalamus werden zwei Stoffe isoliert, die die Abgabe von ACTH bewirken, wie aus ihrer Fähigkeit, Eosinopenia oder eine Senkung des adrenalen Ascorbinsäurespiegels nach intraperitonealer Verabreichung bei gesunden Ratten zu verursachen, festgestellt wird. Der erste Faktor ist eine wasserlösl., nichteiweißhaltige Substanz, die in allen Teilen des analysierten Gehirns vorhanden ist. Der zweite Faktor ist ein Lipoidproteinkomplex, der nur aus Extrakten des hinteren Hypothalamus gewonnen wird u. über die Hypophyse wirksam ist. Der lipoide Anteil ist nicht verseifbar, aber nicht mit Cholesterin identisch. Vermutlich bildet diese Substanz den nach HARRIS u. HUME erforderlichen Nervenliquor, der letzlich die Sekretion von ACTH durch die Adenohypophyse hervorruft. (Endocrinology **55.** 245—60. Sept. 1954. Los Angeles, Univ., u. Long Beach, Calif., Veterans Admin. Hosp.) ANTJE SCHMIDT. 4560

V. Holeček, H. Polák, J. Bláha und **M. Jirásek,** *Eine neue Modifikation der Adiuretinbestimmung.* Beschreibung einer Titrationsmeth. zur *Adiuretin* (**I**)-Best. u. ihrer Anwendung bei Ratten, die nach Vff. gegenüber bisher üblichen Methoden empfindlicher u. genauer ist u. die Best. kleinster **I**-Mengen gestattet. Hinweis auf ihre Eignung zur biol. Kontrolle pharmazeut. Präpp. aus Hypophysenhinterlappen. (Endokrinologie **32.** 38—45. 1954. Prag, Karls-Univ., III. Med. Klin.) H. DOSSMANN. 4560

V. Varró, I. Faredin und **F. Novaszel,** *Die Konzentration von Pepsinogen im Plasma und die Aktivität der Nebennierenrinde.* Beim gesunden Menschen bewirkt Injektion von *ACTH* (40—50 Einheiten intramuskulär) einen signifikanten Anstieg des *Pepsinogen* (**I**)-Geh. im Plasma, bei Patienten mit Nebenniereninsuffizienz fehlte der **I**-Anstieg. Die Verfolgung des **I**-Spiegels im Plasma nach Verabreichung adrenocorticotrop wirkender Stoffe wird als Test für die Nebennierenreserve angesehen. — Beim Hund werden durch *Cinchophen*-Behandlung (*Tophosan-Na,* RICHTER) Veränderungen des **I**-Spiegels im Plasma mit Ausbldg. von Magenulcera verursacht, was als Folge einer veränderten Nebennierenrindenkapazität betrachtet wird. (Acta med. scand. **153.** 211—19. 20/1. 1956. Szeged, Ungarn, Univ., Med. School, Dep. of Med.)
WOLFGANG ALBRECHT. 4561

Gene H. Stollerman, Samuel J. Glick und **Harold C. Anderson,** *Wirkung von Nebennierenrindenhormonen auf das Vorhandensein des C-reaktiven Proteins im Blut.* Bei rheumat. u. anderen entzündlicheren Erkrankungen tritt das im Patientenserum mittels spezif. Antiseren nachweisbare C-reakt. Protein (CRP) auf, verschwindet aber bei Behandlung des Patienten mit *Cortison* (I), *ACTH* oder *Salicyl*, sobald die entzündlichen Erscheinungen abklingen. Auch beim künstlichen Fieber nach intravenöser Injektion von Typhusvaccine bei Menschen u. bei einer Pneumokokkeninfektion beim Kaninchen erscheint CRP nach wenigen Std. u. verbleibt 4—5 Tage; durch **I**, *ACTH* oder *Aspirin* konnte aber weder das Auftreten noch die Verweildauer des CRP beeinflußt werden. (Proc. Soc. exp. Biol. Med. **87.** 241—45. Okt. 1954. New York, N. Y., Univ., Coll. of Med., Irvington House.) E. FISCHOEDER. 4561

M. R. Shetlar und **Clara L. Shetlar,** *Wirkung von Cortison auf den Glykoproteid- und den Mucoidspiegel im Serum von Ratten.* Tägliche subcutane Dosen von 2—3 mg *Cortisonacetat* waren nach 14tägiger Behandlungsdauer ohne bedeutsame Wrkg. auf das Serummucoid (I)-Hexosepolysaccharid. Massive Dosen (5—10 mg täglich) bewirkten deutliche Erhöhungen des I- u. schwache Senkungen des Glykoproteid (II)-Polysaccharid-Spiegels. Hungertod verursachte ähnlich erniedrigte **II**-Spiegel, hatte aber keinen bedeutsamen Einfl. auf das Serummucoproteid. Subcutane Injektionen von Terpentin erzeugten 4 Tage nach der Injektion starke Erhöhungen sowohl von **II** als auch von **I**. Es ist daher unwahrscheinlich, daß Zunahme von an Eiweiß gebundenen KW-stoffen, die auf einen Stress erfolgt, in Beziehung steht zur Entstehung von cortisonähnlichen Verbindungen. (Proc. Soc. exp. Biol. Med. **88.** 622—24. April 1955. Oklahoma City, Univ. of Oklahoma, School of Med., u. Dep. of Biochem., u. VA Hosp., Res. Labor.) H. AMAN. 4561

Jean Crabbé, *Der Einfluß kleinster Cortisondosen auf die Phagocytose von Makrophagen beim Kaninchen.* (Vgl. C. **1955.** 10550.) Beim n. Kaninchen bewirken kleinste Dosen von *Cortison* (I; 0,2 mg I/kg Körpergewicht) eine Stimulierung der Phagocytose (Ph) von Makrophagen bei künstlich gesetzter Pleuritis. Bei höherer **I**-Dosierung (2,5—10 mg/kg) wird die Ph herabgesetzt. Nach Adrenalektomie wird bei Dosierung von 0,2 mg/kg die Stimulierung der Ph nicht beobachtet. (C. R. Séances Soc. Biol. Filiales **148.** 1885—86. Nov. 1954. Uccle, Labor. vétérinaire de Diagnostic et de Rech. de l'État.) WOLFGANG ALBRECHT. 4561

Max L. Sweat, *Adrenocorticosteroide im peripheren und Nebennierenvenenblut des Menschen.* Menschliches Nebennierenvenenblut enthält eine relativ hohe Konz. an *Corticosteron* u. *17-Oxycorticosteron.* Bei einem Patienten mit CUSHING-Syndrom wurden 203 γ Corticosteron u. 880 γ 17-Oxycorticosteron pro 100 cm^3 Nebennierenvenenblut gefunden. Das menschliche periphere Blut enthält neben dem 17-Oxycorticosteron noch ein 2., fluorescierendes Steroid, das *Corticosteron* zu sein scheint. Die durchschnittliche Konz. an 17-Oxycorticosteroiden im peripheren Blutplasma beträgt normalerweise 10,8 γ/100 cm^3. Die Konz. der dem Corticosteron ähnlichen Verb. beträgt im Mittel 4,3 γ/100 cm^3. Sie war erhöht bei 1 Patienten mit bilateraler Nebennierenhyperplasie, war jedoch n. bei 2 Patienten mit Nebennierentumoren. Die Verabreichung von ACTH an Normale resultiert in einer 2—5fachen Zunahme der Konz. von 17-Oxycorticosteron u. dem Corticosteron ähnlichen Steroid im Plasma. Bei Patienten mit ADDISONscher Krankheit wurde diese Konzentrationszunahme nach ACTH-Gabe nicht beobachtet. (J. clin. Endocrinol. Metabolism **15.** 1043—56. Sept. 1955. Cleveland, O., Western Res. Univ., School of Med., Dep. of Physiol.) A. EBEN. 4561

Gertrude D. Maengwyn-Davies und **Ruth Weiner,** *17-Oxycorticosteroidausscheidung während des menstruellen Cyclus.* Bei 6 Frauen (Alter 20—28 Jahre) mit n. Cyclus wurden die *17-Oxycorticosteroide* (I) nach der von GLENN u. NELSON entwickelten u. von Vff. leichtmodifizierten Meth. bestimmt. Der Urin wird mit 40%ig. H_2SO_4 auf p_H 5,0 eingestellt. Man fügt dann je 1 cm^3 0,2 mol. Essigsäure, 0,2 mol. Natriumacetat u. Leber-β-Glucuronidase hinzu u. läßt 18 Std. bei 48° stehen. Das Waschen der Säulen erfolgt mit 2%ig. Methanol. Es wurden Parallelbestimmungen durchgeführt mit u. ohne Zusatz von 25 γ Cortisonalkohol mit doppelten H_2SO_4-Leerwerten. Zur Farbentw. verwendeten Vff. 1,5 cm^3 Methanol u. 2,25 cm^3 Phenylhydrazinsulfatreagens. Die **I**-Ausscheidung in der 2. u. 3. Cycluswoche (Mittelwerte 4,09 u. 4,89 mg/24 Std.) lag merklich höher als in der 1. u. 4. Woche (Mittelwert 3,42 u. 3,20 mg/24 Std.). Die Höchstwerte wurden bei 5 von 6 Fällen in der 3. Woche gefunden. (J. clin. Endocrinol. Metabolism **15.** 1150—52. Sept. 1955. Baltimore, Md., Wilmer Inst., Johns Hopkins Hosp. and Univ.) A. EBEN. 4561

Angelo Iannaccone und **Vito de Filippis,** *Einfluß des Desoxycorticosteronacetats auf den Wassergehalt von Nierengewebe bei Belastung mit NaCl und Testosteron.* Der Einfl. von *Desoxycorticosteronacetat* (I), NaCl u. I + *Testosteron* auf den extracellulären u. totalen Wassergeh. der Nierenrinde bei ausgewachsenen männlichen Ratten wurde untersucht. Entgegen den Ergebnissen anderer Forscher konnte keine Änderung im extracellulären Vol. des Nierengewebes nach Behandlung n. oder adrenalektomierter

Ratten mit entweder I (14 Tage lang 0,5 mg/Tag) oder NaCl oder I + NaCl festgestellt werden. Jedoch wurde nach Behandlung adrenalektomierter kastrierter Ratten mit *Testosteronpropionat* (1,25 mg/Tag) + I (0,5 mg/Tag) eine merkliche Abnahme beobachtet. In allen Verss. fand keine bezeichnende Änderung des Gesamtwassergeh. in der Rattenniere statt. (Acta endocrinol. [Copenhagen] **20.** 88—92. Sept. 1955. Leyden, Holland, Univ., Dep. of Endocrinol. and Diseases of Metabol.) A. EBEN. 4561

M. Linquette und **R. Rabache,** *Wirkung von Cortison in 4 Fällen von Myotonie.* Kleine, diskontinuierliche, perorale Dosen von *Cortison* nach einer kurzen Serie von Injektionen u. unter strenger, ärztlicher Kontrolle können Myotonie bessern. Die prakt. Lösung des Therapieproblems ist jedoch noch nicht gefunden. (Ann. d'Endocrinol. **16.** 88—96. 1955.) H. AMAN. 4561

Martti Hirvonen und **M. A. Räsänen,** *Einfluß des Cortisons auf die Rattenlunge.* Um festzustellen, ob *Cortison* den Luftgeh. der Lunge beeinflußt, wurde Lungengewebe n. u. mit Cortison behandelter Ratten untersucht. Vff. fanden nur ganz geringe Unterschiede im Luftgehalt. Auch ein vermehrtes Auftreten von Lungenemphysemen nach Cortisonbehandlung, wie man es bei Patienten mit Magenulcus findet, konnte nicht beobachtet werden. (Acta endocrinol. [Copenhagen] **20.** 112. Sept. 1955. Helsinki, Univ., Inst. of Forensic Med.) A. EBEN. 4561

Charles S. Pennypacker, *„Hydrocortisonalkohol" bei der lokalen Behandlung des Heuschnupfens: Eine vorläufige Mitteilung.* Vf. untersuchte den Einfl. von *Vasocort*, einem Gemisch von *„Hydrocortisonalkohol"* (0,02%) mit 2 Vasoconstrictoren (*Oxyamphetaminhydrobromid* 0,5% u. *Phenylephrinhydrochlorid* 0,125%) auf die lokalen allerg. Veränderungen bei 23 Patienten mit Heuschnupfen. Bei der Mehrzahl konnte objektiv u. subjektiv eine deutliche Besserung festgestellt werden. (J. Allergy **25.** 513—20. Nov. 1954. Bryn Mawr, Pa., Hosp., Serv. of Allergy.) H. HELGE. 4561

Alfred M. Bongiovanni und **George W. Clayton jr.** (unter Mitarbeit von **Mary Ellen Crafton** und **Betty Lawrence**), *Vereinfachte Methode zur Bestimmung der 11-oxydierten neutralen 17-Ketosteroide im Harn von Patienten mit adrenocorticaler Hyperplasie.* Sind in dem zu untersuchenden Harn *11-Oxy-* (I) u. *11-Desoxy-17-ketosteroide* (II) enthalten, so werden mit Hilfe der von ZIMMERMAN bzw. von PINCUS vorgeschlagenen Methoden Differenzen erhalten. Da die I wahrscheinlich adrenocorticalen Ursprunges sind, ist es möglich, die Menge an I u. II im Urinextrakt mit Hilfe der beiden Teste zu bestimmen. Da bei Patienten mit adrenocorticaler Hyperplasie der Harn einen hohen I-Geh. aufweist, liefert das vorgeschlagene Differenzverf. zur Unters. des Harnes dieser Patienten bes. wertvolle Dienste. (Proc. Soc. exp. Biol. Med. **85.** 428—29. März 1954. Johns Hopkins Univ., School of Med., Dep. of Pediatrics.) H. P. FIEDLER. 4561

D. Pontius, I. Beckmann und **K.-D. Voigt,** *Untersuchungen über die Spezifität einzelner Farbreaktionen von Steroiden und ihre klinische Anwendung.* Die Spezifität verschied. bekannter Rkk. wurde an reinen Steroiden untersucht. Vff. geben die Absorptionskurven 11 kristalliner Steroide nach Behandlung mit konz. H_2SO_4, mit H_2SO_4/A., mit Überchlorsäure u. mit Dinitrophenylhydrazinchlorid an u. diskutieren die Möglichkeit, aus solchen Daten Rückschlüsse auf die Konst. der betreffenden Substanzen zu ziehen. Es werden Methoden zur Best. von *Androsteron* (I) u. *Dehydroandrosteron* (II) beschrieben. Zur Best. von I wird eine Lsg. 1, Chloressigester–70%ig. Überchlorsäure (Vol. 1:1) u. eine Lsg. 2, Chlf.–Methanol (Vol. 3,5:3) hergestellt. Man dampft 0,5 cm^3 der neutralen keton. Fraktion nach der GIRARD-Trennung oder 0,5 cm^3 der reinen Steroidlsg. ein, versetzt den Rückstand mit 0,25 cm^3 der Lsg. 1 u. erhitzt 90 Sek. auf 100°. Es erfolgt Zugabe von 0,5 cm^3 Überchlorsäure u. 20 Sek. Erhitzen auf 100°. Anschließend Kühlen in Eiswasser u. Zugabe von 6,5 cm^3 Lsg. 2. Als Leerwert dient ein Ansatz ohne Steroid. Nach 15 Min. Messen der Absorption bei 546 mμ. Zur Best. von II dampft man 0,5 cm^3 der neutralen keton. Fraktion nach der GIRARD-Trennung oder 0,5 cm^3 der reinen Steroidlsg. ein, erhitzt den erhaltenen Rückstand mit 1 cm^3 Überchlorsäure 30 Sek. auf 100°, kühlt in Eiswasser, fügt 1 cm^3 Ae. hinzu, mischt u. erhitzt weiter 60 Sek. auf 100°. Wieder abkühlen, dann Zugabe von 2 cm^3 Ae. sowie 3 cm^3 Chloroform. Messung kann sofort bei 578 mμ erfolgen (Schichtdicke Küvette 20 mm). Bei gefärbten Harnextrakten wird im Falle des I der Rückstand in 7 cm^3 der Lsg. 2, im Falle des II in 4 cm^3 Chlf. u. 3 cm^3 Ae. aufgelöst. Die Steroidausscheidung von 45 Patienten wird im Hinblick auf ihren Geh. an 17-Ketosteroiden, II, I, an reduzierenden Steroiden u. an bei 240 mμ absorbierenden Substanzen analysiert. In Abhängigkeit vom Steroidspektr. lassen sich die Patienten in 3 große Gruppen einordnen. Dabei läßt sich eine Übereinstimmung mit der klin. Diagnose feststellen. (Acta endocrinol. [Copenhagen] **20.** 19—38. Sept. 1955. Hamburg-Eppendorf, Univ., II. med. Klin.) A. EBEN. 4561

A. L. Tárnoky, *Eine Anwendung des Patterson-Testes für Dehydroepiandrosteron auf die Bestimmung der 17-Ketosteroide des Urins nach M. R. C. (1951).* Für den PATTERSON-Test auf *Dehydroepiandrosteron* (I; Blaufärbung nach Erhitzen auf 100° für 1 Min. mit 50%ig. H_2SO_4) wird eingehend geprüft, ob auch Extrakte, die mittels CCl_4 aus Urin gewonnen wurden, brauchbare Ergebnisse liefern. Dies ist der Fall. Die Extinktion bei 2 verschied. Wellenlängen wird gemessen u. der Quotient E_{rot}/E_{blau} errechnet. Bei 67 männlichen u. weiblichen Versuchspersonen ohne Nebennierenhyperfunktion wurde er stets zu 0,96 gefunden, desgleichen bei 2 Patientinnen mit Nebennierenhyperplasie. Quotienten $> 1{,}0$ werden als Hinweis auf Neoplasma angesehen (nur 1 Fall von Nebennierentumor beschrieben), während Werte zwischen 0,96 u. 1,0 keinen Aussagewert besitzen. Die Absorptionsspektren (200—700 mμ) der Farbstoffe nach Behandlung reiner Lsgg. von I u. *Androsteron* sind angegeben, ebenso die Quotienten für verschied. Gemische dieser beiden Stoffe. (J. Endocrinology **11**. 350—58. Nov. 1954. Reading, Royal Berkshire Hosp.) H. BOSER. 4561

S. Edward King und **David S. Baldwin,** *Proteinurie beim Menschen nach intravenösen Gaben von Norepinephrin und Epinephrin.* Proteinurie wurde hervorgerufen durch intravenöse Gaben von *Norepinephrin* u. *Epinephrin* an n. Personen u. solche mit intermittierender Proteinurie. Diese Beobachtungen lassen eine mögliche Rolle von *sympathicomimet. Aminen* vermuten beim Vork. vorübergehender Proteinurie unter Stressbedingungen. (Proc. Soc. exp. Biol. Med. **88**. 624—26. April 1955. New York City, Fort Jay, First Army Ren. Res. Labor., U. S. Army Hosp.) H. AMAN. 4561

Rebeca Gerschman, Daniel L. Gilbert, Sylvanus W. Nye, William E. Price jr. und **Wallace O. Fenn,** *Wirkung von autonomen Drogen und von Nebennieren bei Sauerstoffvergiftung.* Adrenale Demedullation schützt Mäuse gegen hohe O_2-Drucke, aber nicht so gut wie Adrenalektomie. *Epinephrin* (I) kehrt die Schutzwrkg. der Adrenalektomie teilweise um, während *Cortison* u. Nebennierenrindenextrakt die wohltuende Wrkg. der Adrenalektomie völlig aufheben konnten. Diese Tatsachen scheinen zu zeigen, daß *Nebennierenrinde* u. Medulla eine schädliche Wrkg. bei hohem O_2-Druck ausüben, aber der Rinde eine wichtigere Rolle zukommt. Sympathicomimet. Drogen, wie *Tryptamin* u. *Oxytyramin,* besitzen eine Schutzwrkg., während I u. *Norepinephrin* (II) einen schädlichen Einfl. ausüben. Sympathicolyt. Drogen, wie bes. *Dibenzylin,* haben eine Schutzwrkg. u. wirken den schädlichen Einfll. von I u. II entgegen. Parasympathicomimet. Drogen, wie *Doryl* u. *Mecholylchlorid* (III), verleihen einen bedeutenden Schutz. Parasympathicolyt. Drogen, bes. *Atropin,* vermindern die Überlebenszeit von Mäusen, die einem O_2-Druck von 6 at ausgesetzt sind, u. heben die Schutzwrkg. von III völlig auf. (Proc. Soc. exp. Biol. Med. **88**. 617—21. April 1955. Rochester, N. Y., Univ., School of Med. and Dent., Dep. of Physiol.) H. AMAN. 4561

Nils-Åke Hillarp und **Bernt Hökfelt,** *Cytologischer Nachweis von Noradrenalin im Nebennierenmark unter verschiedenen sekretorischen Aktivitätsbedingungen.* Bei Oxydation des Nebennierenmarkes mit KJO_3 entsteht ein für *Noradrenalin* spezif. Pigment. Mit Hilfe dieser Meth. wird die Existenz von spezif. „Noradrenalinzellkomplexen" in der suprarenalen Medulla experimentell bewiesen. Bei stark red. oder merklich gesteigerter Sekretion von Adrenalin, wie sie durch operatives Entnerven der Nebenniere oder Insulin induzierte Hypoglykämie an Ratten u. Katzen hervorgerufen wird, ändert sich weder die Zahl der pigmentbildenden Zellen des Noradrenalins noch die Intensität der Farbreaktion. (Endocrinology **55**. 255—60. Sept. 1954. Lund, Univ., u. Stockholm, Karolinska Inst.) ANTJE SCHMIDT. 4561

E. Salgado und **H. Selye,** *Die Rolle der Schilddrüse bei der Ausbildung cardiovasculärer und renaler Veränderungen durch Methylandrostendiol.* Das synthet. Androgen *17α-Methyl-Δ⁵-androsten-3β.17β-diol* (I) erzeugt bei chron. Überdosierung eine Anhäufung hyaliner Granula in den Nebennierenzellen, begleitet von folgenden Symptomen: Nephrosklerose, Periarthritis nodosa, Myocarditis, Hypertension, Polyurie u. andere. Ähnliche Symptome sind auch nach Überdosierung von *Desoxycorticosteronacetat* (II) bekannt. Adrenalektomie verhindert die Ausbldg. dieser Symptome nach I völlig, nach II hingegen treten sie unvermindert auf. I scheint also über die Nebennierenrinde zu wirken. Da die Schilddrüse für die Wirksamkeit der Mineralocorticosteroide für II wichtig ist, wurde an 40 Ratten geprüft, ob dies auch bei I der Fall ist. Es wurde gefunden, daß die Symptome nach I durch Thyroid/Parathyroidektomie in verschied. Sinne beeinflußt werden. Die Bldg. der hyalinen Granula ist vermindert. Nephrosklerose, Myocarditis u. Hypertension sind stark eingeschränkt. Polyurie, Thymusrückbldg. u. die typ. Auswirkungen eines Androgens sind unbeeinflußt, während die Periarthritis nodosa schwerer geworden ist. (J. Endocrinology **11**. 331—37. Nov. 1954. Montreal, Can., Univ. de Montreal.) H. BOSER. 4562

H. Brügel, *Erhöhte Jodidgier der Schilddrüse ohne Thyreotoxikose.* Vf. weist darauf hin, daß beim Jodaufnahmetest (24 Std.-Test) oft gegen die festgelegte Norm (ca. 50%) erhöhte Werte gefunden werden, ohne daß klin. eine Thyreotoxikose festzustellen ist. Wenn es sich dabei um Fälle mit vegetativer Dystonie handelt, findet man nach 7 bis 12tägiger Behandlung mit Thyreoidin bzw. Thyroxin ein Absinken der Werte, das bei Thyreotoxikosen nicht eintritt. Da Behandlung mit KJ nicht zur Normalisierung der Werte führt, muß ein latenter J-Mangel ausgeschlossen werden. — Vf. diskutiert die möglichen Ursachen (Störung anderer Drüsen, erhöhter peripherer Hormonbedarf) der hier vorliegenden Jodgier. (Dtsch. med. Wschr. **80.** 1305—11. 9/9. 1955. Stuttgart, Krankenhaus Stuttgart-Bad Cannstatt.) H. OERTEL. 4562

Jacques Leloup, *Die Wirkung von Thyreostaticis auf die Fixierung von Jod und die Synthese von Thyroxin in der Schilddrüse des Selachiirs Scyllum canicula L.* Die beim Hundshai ohnehin schwach entwickelte Fähigkeit, Jod in der Schilddrüse organ. zu binden u. *Thyroxin* zu synthetisieren, wird durch Behandlung mit *Thiouracil* oder *Thioharnstoff* noch mehr geschwächt, jedoch nicht völlig ausgeschaltet. (C. R. hebd. Séances Acad. Sci. **234.** 2485—87. 16/6. 1952.) U. BAUMANN. 4562

E. Triantaphyllidis und **G. Ambrosino,** *Untersuchung der Ausscheidung von markiertem Thyroxin am Kaninchen nach Injektion physiologischer und pharmakodynamischer Dosen.* Nach subcutaner Injektion steigender Dosen von *l-Thyroxin* (I) mit *radioakt. J* wurde die Radioaktivität in Kot u. Urin während 15 Tagen gemessen. Die Ausscheidung im Kot war 10% bei Dosen von 1 μg/kg, 50% bei Dosen von 1,5 μg/kg u. erreichte 80% bei Dosen von 10—60 μg/kg. Die durch die Nieren ausgeschiedene Menge von I betrug 5% der Anfangsdosis u. scheint von ihr unabhängig zu sein. Die Dosis, welche am Kaninchen das physiol. Gleichgewicht nicht verändert (physiol. Dosis) muß unter 1 μg/kg liegen. Eine Dosis dieser Größenordnung wird zu 10% durch den Darmtrakt ausgeschieden. Die Leber bildet für I eine Ausscheidungsschwelle. (J. de Physiol. **47.** 373—81. 1955. Paris, Labor. des Rayons X.) H. AMAN. 4562

Benjamin H. Ershoff, *Unwirksamkeit von Lyxoflavin als antithyrotoxischer Faktor für die Ratte.* Vf. findet im Gegensatz zu EMERSON u. FOLKERS (C. **1956.** 3921), daß *Lyxoflavin* (30 bzw. 100 mg/kg Futter) bei jungen hyperthyroiden Ratten (adäquate Sucrose/Casein-Grunddiät mit 0,5% Schilddrüsentrockenpulver) keine Wrkg. auf die Zahl der überlebenden Tiere u. auf die Verzögerung von Körper- u. Ovarialwachstum hat, während ein Zusatz von W.-unlösl. Leberrückstand (WILSON Labors., Nr. 72638; 10% Zusatz zum Futter statt Saccharose) die Überlebenszahl bedeutend erhöht u. Körper- u. Ovarialwachstum n. werden läßt. Die verschied. Ergebnisse erklären sich möglicherweise aus der verschied. Futterzus. bzw. Herkunft der Tiere bei EMERSON u. FOLKERS (Dextrose/Sojabohnenmehl-Grunddiät). (Proc. Soc. exp. Biol. Med. **79.** 469—70. März 1952. Los Angeles, Calif., Emory W. Thurston Labors.) H.-J. KOCH/Berlin. 4562

Erik Moltke, *Einfluß von Thyroxin und thyreotropem Hormon auf die Wundheilung. Ein tensiometrischer Versuch.* Mittels des SANDBLOM-PETERSEN-Tensiometers wurde die Zugfestigkeit von Wunden an lebenden Meerschweinchen gemessen. Die Wunden von thyreoidektomierten Meerschweinchen besitzen die gleiche Zugfestigkeit wie die von intakten Kontrollen. *Thyroxin* verhindert Wundheilung sowohl an intakten als auch an thyreoidektomierten Tieren. *Thyreotropes Hormon* hemmt Wundheilung nur an intakten Meerschweinchen, während es den n. Heilungsverlauf an thyreoidektomierten nicht zu verändern scheint. (Proc. Soc. exp. Biol. Med. **88.** 596—99. April 1955. Copenhagen, Denmark, Univ., Inst. of Med. Anat., Conn. Tissue Res. Labor.) H. AMAN. 4562

Roslyn Wiener, Angelo Iannaccone, Julius Eisenberg, Solomon I. Griboff, Arthur W. Ludwig und **Louis J. Soffer,** *Einfluß der Hormontherapie auf Körperflüssigkeit, Elektrolytgleichgewicht und Mucopolysaccharide bei Myxödemen.* Vff. untersuchten bei einer Patientin mit prim. u. bei einer zweiten mit Hypophysen-Myxödem die Wrkg. einer Behandlung mit 1. *Thyrotropin,* 2. einem *Schilddrüsen-Trockenpräparat,* 3. *Cortison* vor Thyrotropingabe, 4. Cortison + Thyrotropin auf Körperflüssigkeiten, Elektrolytgleichgewicht, Konz. an Mucopolysacchariden u. Körpergewicht. Die in der Literatur vorhandenen Ergebnisse werden diskutiert. (J. clin. Endocrinol. Metabolism **15.** 1131—40. Sept. 1955. New York, Mount Sinai Hospital.) A. EBEN. 4562

Edwin C. Albright, Frank C. Larson und **William P. Deiss,** *Eindimensionale chromatographische Trennung von Thyroxin und Trijodthyronin.* Es wird eine Meth. zur Trennung von J-haltigen Aminosäuren durch aufsteigende eindimensionale Chromatographie an WHATMAN-Papier Nr. 3 mm beschrieben. Das Lösungsm., W.-2.4.6-Kollidin (44 + 125 ml; Lsg. **A**) bzw. Butanol–Dioxan-2n NH_4OH (80 + 20 + 100 ml, durchmischen u. wss. Phase verwerfen; Lsg. **B**), wird dabei durch einen schwachen Streifen des kon. zugeschnittenen Papiers angesaugt; für **B** wird ein Schälchen mit konz. NH_4OH in die Kammer gestellt. Für **A** bzw. **B** wurden dabei folgende R_F-Werte gefunden: *Thyroxin* (**I**; 0,45; 0,37), *3.5.3'-L-Trijodthyronin* (**II**; 0,60; 0,64), *3.5-Dijodthyronin* (—; 0,52), *Dijodtyrosin* (0,008; 0,05), *Tyrosin* (0,25; 0,12) u. J^- (1,0; 0,33). Die Meth. wird an der Trennung eines Gemisches aus ^{131}J-markierter **I** u. **II**, das mit Butanol aus Serum extrahiert wurde, prakt. erprobt. (Proc. Soc. exp. Biol. Med. **84**. 240—44. Okt. 1953. Madison, Wis., Univ. of Wisconsin Med. School, Dep. of Med. u. Veterans Admin. Hosp.) H.-J. KOCH/Berlin. 4562

G. S. Accetta, A. O. Fitzmorris und **R. F. Wettingfeld,** *Toxizität von Methimazol* (*Tapazol*). Vff. berichten über das Auftreten von Gehstörungen mit schlaffer Lähmung eines Fußes u. Reflexausfällen während der *Methimazol* (**I**)-Medikation einer Hyperthyreose (40 Tage lang 20—30 mg/Tag). Nach Absetzen des **I** war mit physikal. Maßnahmen eine langsame Besserung zu erzielen. Die weitere Behandlung mit *Propylthiouracil* wurde gut vertragen. (J. Amer. med. Assoc. **155**. 253—54. 15/5. 1954. Publ. Health Serv. U. S. P. H. S., Outpatient Clin. U. S. Post-Off. Courthouse Bldg.) H. HELGE. 4562

Lindon Seed und **Bertha Jaffe,** *Vergleich der ^{131}Jodaufnahmen in der Schilddrüse, der effektiven Halbwertszeit und der Bestrahlungsdosis bei Tracer- und therapeutischen Dosen.* Die Fehlerquellen bei Traceruntersuchungen u. bei der therapeut. Anwendung von ^{131}*J* auf die Schilddrüse werden eingehend diskutiert. Vff. haben an 91 Patienten mit Hyperthyreose Vergleichsmessungen über die Aufnahme von ^{131}J, die Halbwerts-Verweilzeit der Tracerdosis in der Drüse u. über die klin. Wrkg. der therapeut. Dosis durchgeführt. Die Patienten erhielten 40 μC ^{131}J, die Speicherung in der Schilddrüse wurde während einer Woche ca. 3 mal bestimmt u. daraus die Halbwerts-Verweilzeit berechnet. Bei größeren therapeut. Dosen werden entsprechende Messungen mit einem GEIGER-Zähler unter Zwischenschaltung von Pb-Filtern durchgeführt. An Kropfkranken wird gezeigt, daß die prozentuale Aufnahme an ^{131}J in der Schilddrüse sowohl bei kleinen Tracer- als auch bei hohen Therapiedosen ca. 60% beträgt. Die Tracergaben werden etwas langsamer eingebaut als die hohen Dosen. Klin. Verss. lassen erkennen, daß der Heilerfolg weitgehend vorausberechnet werden kann, wenn man die Aufnahme der Tracerdosis zeitlich u. mengenmäßig beobachtet u. das Gewicht der Schilddrüse richtig abschätzt. Die klin. Möglichkeiten der Therapie der Hyperthyreose werden diskutiert. (Radiology **63**. 551—61. Okt. 1954. Chicago, Ill., Augustana Hosp., Isotope Labor., u. Oak Park, Ill., Nelson M. Perry Res. Foundation u. Oak Park Hosp. Isotope Labor.) W. REUSSE. 4562

W. E. Lotz, Roy V. Talmage und **C. L. Comar,** *Wirkung der Verabreichung von Parathyreoid-Extrakt bei Schafen.* Die 2—7 Tage lange Verabreichung von täglich 30 bis 90 I.E. *Parathyreoid-Extrakt* (**I**) an Schafe, die 1—10 Tage nach Zufuhr von ^{32}*P* u. ^{45}*Ca* vorgenommen wurde, führte zu einer Erhöhung des Serum-PO_4 von 6,1 auf 8,3 mg% u. zu einer Steigerung der urinalen ^{32}P-Exkretion um das 2fache. Die ^{45}Ca-Werte wurden nicht signifikant beeinflußt. Ebenso wurde der ^{45}Ca-Geh. der Knochen durch **I** nicht verändert, während, wie autoradiograph. Unterss. zeigten, eine Abnahme von ^{32}P festzustellen war. Die von anderen Autoren früher festgestellten starken PO_4-Ausschwemmungen nach **I** bei anderen Säugetieren konnten für Schafe nicht bestätigt werden. Bei der **I**-Wrkg. scheint es sich weniger um eine Beeinflussung der Nierenarbeit u. Mandeln als vielmehr um eine direkte Wrkg. auf den Knochen zu handeln. (Proc. Soc. exp. Biol. Med. **85**. 292—95. Febr. 1954. Oak Ridge, Tenn., Univ. of Tennessee, Atomic Energy Comm. Agric. Res. Program.) F. KRUSEN. 4563

I. Gy. Fazekas, *Beeinflussung der Nebenschilddrüsenfunktion* (*Serum-Ca und -P*) *durch acidotische Verbindungen.* Behandlung von 72 Kaninchen mit acidot. wirkenden Verbb. über 5—26 Monate mit dazwischenliegenden behandlungsfreien Perioden; verwandt wurden NH_4Cl, $(NH_4)_2SO_4$, $(NH_4)_2HPO_4$, NaH_2PO_4, NaCl, $CaCl_2$, Essigsäure, Milchsäure u. deren NH_4-Salze. Die wöchentlich festgestellten Änderungen der Ca-Werte des Blutserums u. des anorgan. P-Geh. des Gesamtblutes werden diskutiert. An den Nebenschilddrüsen der Tiere zeigten sich Vergrößerungen von 160—277% u. Anzeichen von Hyperfunktion. Da der Ca- u. P-Stoffwechsel durch die Nebenschilddrüsen reguliert wird u. in Abhängigkeit von der Zeit sowohl Ca- u. P-Abnahmen als auch Vermehrungen nachzuweisen waren, besteht die Möglichkeit einer Regulierung von Nebennieren-Funktionsstörungen durch acidot. Behandlung. (Endokrinologie **32**. 45—57. 1954. Szeged/Ungarn, Univ., Inst. für gerichtl. Med.) H. DOSSMANN. 4563

Francisco De Venanzi, Marcel Roche und **Jorge Vera,** *Der Effekt von Insulin auf anorganische Serumphosphate bei Gesunden und Diabetikern.* Beim Delta G/Delta P-Test werden *Blutzucker* (BZ) u. *anorgan. Phosphat* (**I**) im Serum vor u. 30, 45, u. 60 Min. nach

Verabreichung von *Glucose* (II; 50%ig. Lsg., Injektion 10 cm^3/Min., 1 cm^3/kg Körpergewicht) bestimmt. Die Patienten sind im Hungerstadium u. in Ruhe. Ein Delta G 45′ von mehr als + 50 mg/100 cm^3 zeigt Beeinträchtigung der Entfernung von II an. Bei 45 Gesunden betrug im Durchschnitt Delta G 45′ = + 16 u. Delta P 45′ = − 67 mg/100 cm^3. Nach diesem Test wurden 20 unbehandelte Diabetiker in solche mit gestörter II-I-Senkung (a) u. solche mit n. Abfall (b) unterteilt. Bei Verabreichung von *Insulin* (III; 0,1 I. E./kg, intravenös) war die Senkung von BZ u. I in beiden Gruppen gleich groß, jedoch war die BZ-Senkung bei Diabetikern nach 15, 45 u. 60 Min. geringer als bei Gesunden. Die I-Senkung war bei Gesunden stärker als bei Diabetikern u. betrug bei 45 Min. − 0,99 ± 0,07, bzw. − 0,51 ± 0,11 mg/100 cm^3. Folglich wird bei a keine, bei b eine n. III-Produktion angenommen. Andere Möglichkeiten werden diskutiert, doch wird die Hypothese, daß die I-Senkung nach II auf einer peripheralen Verwertung derselben beruht, einstweilen als unbewiesen betrachtet. (Proc. Soc. exp. Biol. Med. **87.** 16−19. Okt. 1954. Caracas, Venezuela, Inst. de Invest. Méd., Fundación Luis Roche.) F. W. VAN KLAVEREN. 4564

R. Agid, *Einfluß von Insulin auf die beim Kaninchen durch Zufuhr von Cholesterin ausgelösten Lipoidbewegungen.* Nach Unterss. des Vf. verhindert *Insulin* (I; 1,5−3 E./kg/Tag) beim Kaninchen die durch *Cholesterin* (II; 300 mg/kg/Tag) erzeugte Lipämie. Der Geh. des Blutes an II nimmt ebenso ab wie der an II-*Estern* u. *Phospholipoiden.* Der Lipoid-Geh. der Organe ist dabei nicht vermindert. Vf. nimmt an, daß I die Verteilung u. Speicherung von Lipoiden im Gewebe in ähnlicher Weise steuert wie die des Zuckers. (J. de Physiol. **46.** 223−24. 1954. Paris, Univ., Inst. de Biol. physico-chimique, Labor. de Physiol.) H. HELGE. 4564

Niels Haugaard, Ella S. Haugaard und **William C. Stadie,** *Die Kombination von Insulin mit Zellen.* Radioakt. *Insulin* (I) wurde zu gereinigten Leukocyten (L; Kaninchen) u. Erythrocyten (E; Mensch) zugesetzt u. das Zentrifugat 13mal mit NaCl-Lsg. gewaschen. Nach 4−6 Waschungen blieb die Radioaktivität des Zentrifugats konstant. Folglich wird I von den Zellen gebunden. Der Effekt ist am stärksten für L ausgeprägt u. beträgt 120 μg/10^{10} Zellen. Für E ist das Bindungsvermögen 1000mal schwächer. Der Effekt ist von der I-Konz. abhängig, jedoch von der Dauer der Einw. unabhängig. Nach Auflösen der Zellen wurden 75% der Radioaktivität in den Zellfragmenten (Stroma) gefunden, d. h. I ist cellulär gebunden u. nicht als Lsg. innerhalb der Zelle vorhanden. Sulfat-I u. Jod-I verhalten sich gleichartig. Der Bindungseffekt wurde mit L, Thymuszellen u. Knochenmarkzellen von Ratten sowie mit Mäusesperma, Hefezellen u. Zellen von Rattendiaphragmen bestätigt. Auch hier liegen große Unterschiede für das I-Bindungsvermögen vor. Ähnliche in vivo-Verss. beweisen, daß die Fähigkeit, I zu binden kein Artefakt, sondern eine spezielle Eig. der Zelle ist. Jod-Albumin (Mensch) verhält sich ähnlich wie I, doch werden nur 7 μg/10^{10} Zellen gebunden. (J. biol. Chemistry **211.** 289−95. Nov. 1954. Philadelphia, Pa., Univ. of Pennsylvania, John Herr Musser Dep. of Res. Med.) F. W. VAN KLAVEREN. 4564

J. Kracht und **J. G. Rausch-Stroomann,** *Das Inselzellsystem unter N^1-Sulfanilyl-N^2-n-butylcarbamid.* Vff. beobachteten nach peroraler, intravenöser oder intraperitonealer Verabreichung von *N^1-Sulfanilyl-N^2-n-butylcarbamid* (*Nadisan*; C. F. BOEHRINGER u. SÖHNE; 50 oder 100 mg/kg)) an Ratten Granulaverarmung u. Kernschwellung der B-Zellen des Pankreas (ähnlich wie nach Glucose, ACTH oder Cortison). Fortgesetzte Anwendung führt zur Inselhypertrophie. Adrenalektomierte Tiere geraten leicht in den Zustand des hyperglykäm. Schocks wie nach Insulin. Veränderungen an den A-Zellen wurden nicht beobachtet. — Hypophyse oder Nebenniere sind in den Wirkungsmechanismus nicht eingeschaltet, doch ist dieser an das Vorhandensein eines funktionstüchtigen B-Zellensystems gebunden. (Naturwissenschaften **43.** 180−81. 2. April-H. 1956. Hamburg-Eppendorf, Univ.-Krankenhaus.) P. LOCH. 4564

A. J. Kenny, *Extrahierbares Glukagon aus der Bauchspeicheldrüse.* Das extrahierbare *Glukagon* (hyperglykäm., glykogenolyt. Faktor; I) aus 35 durch Autopsie erhaltenen Bauchspeicheldrüsen wurde untersucht. Man vergleicht die Pankreas-Extrakte mit einem weitgehend reinen Standardpräparat von I. Vf. bestätigt das Vorhandensein von I in der menschlichen Bauchspeicheldrüse. Er fand bei Frauen mehr I als bei Männern. Die Tendenz zur Abnahme des I-Spiegels mit zunehmendem Alter war nur bei Frauen eindeutig. Bei einer Reihe von Diabetikern u. Nicht-Diabetikern sowie bei verschied. Kategorien innerhalb der Diabetes-Gruppe konnten keine Unterschiede festgestellt werden. Aus den Ergebnissen geht hervor, daß I scheinbar nicht der Hauptfaktor bei der Pathogenese des Diabetes mellitus zu sein scheint. (J. clin. Endocrinol. Metabolism **15.** 1089−1105. Sept. 1955. Baltimore, Md., Departm. Pharmacol. and Experimental Therapeutics, Johns Hopkins Univ.) A. EBEN. 4564

Rachel Cosgrove, *Wirkung von Ergotamintartrat auf den Zuckergehalt von System- und Peripheralblut bei Ratten.* Während bei Ratten nach 0,75 E. *Insulin*/kg der Blutzuckergeh. sowohl im peripheren (Schwanz) als auch im Herzblut auf etwa die Hälfte gesenkt wird, tritt diese Senkung nach intraperitonealer Applikation von 2,5 mg *Ergotamintartrat* (**I**)/kg nur im peripheren Blut ein. Im Herzblut wurde keine signifikante Veränderung gefunden. Diese Erscheinung wird auf eine durch verlängerte vasoconstrictive Wrkg. von **I** verursachte Störung der peripheren Blutzirkulation zurückgeführt. Auf der gleichen Ursache beruht die Tatsache, daß die durch vorher vorgenommene Zufuhr von **I** hervorgerufene Hemmung der hyperglykäm. Wrkg. von 0,2 mg *Epinephrinhydrochlorid*/kg im peripheren Blut wesentlich ausgeprägter als im Herzblut ist. (Proc. Soc. exp. Biol. Med. **85**. 218—20. Febr. 1954. Pearl River, N. Y., American Cyanamid Co., Lederle Labor. Div.) F. KRUSEN. 4564

M. Nigeon-Dureuil, M. Rabinowicz und **A. Rakoto Ratsimamanga,** *Beitrag zur Untersuchung des Vorkommens und der Rolle der Corticoide in der Thymusdrüse.* Die chem. Natur u. die Aufgabe der in der Thymusdrüse (Thy.) lokalisierten Corticoide (**I**) wurden, teilweise nach Nebennierenexstirpation, untersucht. Ratten, welche 1 Jahr zuvor kastriert waren, wurden die Nebennieren entfernt, die Tiere nach 45 Tagen getötet u. aus der Thy. die **I** mit dem Reagens von GIRARD et al. u. K-Ferricyanid isoliert. Eine zweite Versuchsreihe wurde nur nebennierenexstirpiert u. nach 21 Tagen getötet. — Vff. fanden, daß die Thy. eine gewisse Menge **I** enthält, welche dem *Desoxycorticosteron* nahestehen. Nach Adrenalektomie verschwinden sie größtenteils. Die kastrierten Tiere stellen in den 45 Tagen nach Adrenalektomie den **I**-Spiegel in der Thy. wieder her, obwohl makroskop. die Nebennieren entfernt sind. Über die Herkunft dieser **I** läßt sich nichts Sicheres aussagen, vielleicht handelt es sich um Abbauprodd. der inneren Sekretion, vielleicht um Procorticosteroide, welche in situ gebildet sind u. evtl. in der Nebenniere aktiviert werden. (C. R. Séances Soc. Biol. Filiales **146**. 1929—32. Dez. 1952. C. N. R. S. Hautes Études Fac. de Méd.) WOLFGANG ALBRECHT. 4566

J. Malméjac und **G. Chardon,** *Diskussionsbeitrag zur Frage des Antagonismus zwischen Adrenalin und Acetylcholin am vegetativen Ganglion.* Durchströmungsverss. an Ganglien des Solarplexus bei Hunden in situ zeigten, daß *Adrenalin* in physiol. Dosen die Ansprechbarkeit für Acetylcholin sowie für elektr. Reize erhöht, nur in hohen Dosen dagegen vermindert, also antagonist. beeinflußt. Ob lokale vasomotor. Rkk. dabei von Bedeutung sind, wird von Vff. nicht entschieden. (J. de Physiol. **46**. 447—50. 1954. Alger. Fac. de Méd., Labor. de Physiol.) H. HELGE. 4569

J. H. Copenhaver jr., Mary E. Nagler und **Andrès Goth,** *Die intracelluläre Verteilung von Histamin.* Beim fraktionierten Zentrifugieren von Hundeleberhomogenaten wird gefunden, daß die Hauptmenge (ca. 52%) des gesamten *Histamins* (**I**) in der Mitochondrienfraktion lokalisiert ist. Nach einem anaphylakt. Schock sinkt der **I**-Geh. des Gesamthomogenats am stärksten in der Mitochondrienfraktion u. in verschied. Ausmaß auch in den anderen sedimentierbaren Zellfraktionen. Beim Fraktionieren von Meerschweinchenlunge wird eine gleichmäßige Verteilung von **I** über alle Zellfraktionen festgestellt. — Die Beziehung der **I**-Verteilung zur intracellulären Lokalisierung der Antikörperbldg. u. der Antigen–Antikörper-Rk. wird diskutiert. (J. Pharmacol. exp. Therapeut. **109**. 401—06. Dez. 1953. Dallas, Tex., Southwestern Med. School of the Univ. of Texas, Dep. of Pharmacol.) H.-J. KOCH/Berlin. 4569

Ross G. Mitchell, George B. Logan, Gustavus A. Peters und **Lowell L. Henderson,** *Histaminausscheidung im Urin bei Patienten mit Asthma und Heuschnupfen: Nach Gabe von Cortison beobachtete Änderungen.* Vff. fanden im Urin allerg. Kinder während eines allerg. Schubes weniger freies *Histamin* (**I**) als in der symptomlosen Zwischenzeit. Nach Gabe von *Cortison* oder *Hydrocortison* schieden Allergiker mehr freies **I** aus als ohne entsprechende Medikation. (J. Allergy **25**. 504—10. Nov. 1954. Rochester, Minn., Mayo Clin. u. Mayo Foundation, Sections of Pediatrics u. Med.) H. HELGE. 4569

Fabian Lionetti und **Benjamin H. Sweet,** *Blutvolumenbestimmungen mittels roter Zellen nach Markierung mit einem Radioisotop. Ein biochemisches Experiment.* Rote Blutkörperchen von Meerschweinchen wurden mit ^{32}P in vitro markiert u. die akt. Zellen nach Best. ihrer Aktivität erneut bei den Tieren injiziert. Nach einer angemessenen Zeit, wenn die aktivierten Erythrocyten im Blutkreislauf gleichmäßig verteilt sind, wird eine Blutprobe von bestimmtem Vol. entnommen u. ihre Aktivität gemessen. Aus dem Verhältnis beider Aktivitäten wird das gesamte Blutvol. bestimmt. Die Markierung der Erythrocyten mit ^{32}P, ihre Aktivitätsbest., die Injektion u. die Berechnung des Blutvol. werden eingehend erläutert u. die gesamte Methodik wird diskutiert. (J. chem. Educat. **30**. 63—66. Febr. 1953. Boston, Mass., Boston Univ. School of Med.) W. REUSSE. 4572

Joseph J. Lalich, *Wirkung von anorganischem Phosphat auf die Entwicklung der nephrotischen Hämoglobinurie bei Kaninchen.* Die urinale Exkretion von anorgan. P wird durch Hungern nicht wesentlich erhöht, wird gleichzeitig gepuffertes *Na-Phosphat* intraperitoneal verabreicht, so steigt sie deutlich an. Intravenöse Zufuhr von *Oxyhämoglobin* führt zu nur geringer Farbkörperbldg. in den Tubuli, was durch Verfütterung einer 1% *Na-Phosphat* enthaltenden Kost nicht beeinflußt wird. Wird *Phosphat* jedoch mit Injektionen von *Methämoglobin* kombiniert, so wird reichlich Farbstoffbldg. beobachtet. Demnach kann gesteigerte urinale Exkretion von anorgan. P bei Methämoglobinämie die Entw. von nephrot. Hämoglobinurie begünstigen. — 29 Literaturangaben. (A. M. A. Arch. Pathol. **57.** 36—43. Jan. 1954. Madison, Wis., Univ. of Wisconsin, Med. School, Dep. of Pathol.). F. Krusen. 4572

Marjorie B. Zucker, Bernard K. Friedman und **Maurice M. Rapport,** *Identifizierung u. quantitative Bestimmung von Serotonin (5-Oxytryptamin) in Thrombocyten. Serotonin (5-Oxytryptamin;* I) konnte in Thrombocyten (Th) nachgewiesen u. infolge Übereinstimmung des UV-Absorptionsspektr. mit dem synthet. I identifiziert werden. Die Analyse, die Folin-Ciocalteusche Rk. u. die pharmakolog. Prüfung am Kaninchenohr u. Rattenuterus ergab völlige Übereinstimmung mit I. Andere Phenol- oder Indolsubstanzen konnten in den Th-Extrakten nicht gefunden werden. $1{,}7 \cdot 10^{-9}$ μg wurden pro Th als äquivalent errechnet. Diese Berechnung deckt sich mit dem tatsächlichen Th-Vork. im Rinderserum, weshalb angenommen werden kann, daß I vollständig von den Th gebildet wird. (Proc. Soc. exp. Biol. Med. **85.** 282—85. Febr. 1954. New York City, Univ., Dep. of Physiol.) H. Jordan. 4573

F. A. Holton, *Der vermutete Effekt sauren Phosphats auf die Anionenpermeabilität von Erythrocyten.* Keilin u. Mitarbeiter (Nature [London] **148.** [1941.] 493 u. **157.** [1946.] 210) haben gefunden, daß phosphatgewaschene Methämoglobinzellen im Gegensatz zu ungewaschenen auf Zusatz von Na-Carbonat nicht mehr die Änderung vom sauren zum alkal. Spektr. zeigen, was einer Störung der Anionen-Permeabilität zugeschrieben wurde. Durch photometr. Verfolgung der Zellschrumpfung (die der spektralen Änderung parallel geht u. wie diese durch Kohlensäureanhydratase-hemmendes Sulfanilamid stark verzögert wird) u. durch Analyse der Zellen u. ihrer Umgebungs-Fl. erwies sich jetzt obiger „Keilin-Mann"-Effekt bedingt durch einen seinem Ausmaß parallel gehenden Austausch von Cl^- gegen Phosphationen, welch letztere schneller in die Zellen hinein- als wieder herauswandern. (Biochem. J. **52.** 506—11. Nov. 1952. Cambridge, Univ., Molteno Inst.) H. Gibian. 4573

R. S. Piha, *Der Gebrauch von ^{14}C-Algenprotein als Indicator zur Bestimmung der Lebensdauer von Erythrocyten.* Vf. untersuchte die durchschnittliche Lebensdauer von Kaninchen-Erythrocyten durch Messung des Isotopen-Geh. des Globins nach Injektion ^{14}C-markierter Aminosäuren aus Algen-Proteinhydrolysat. Diskussion über die Vorteile der Verwendung von markiertem Algenprotein-Hydrolysat. Best. des Isotopengeh. nach Bradley u. Mitarbeiter (C. **1955.** 1807). (Biochem. J. **58.** XLVI. Dez. 1954. Mill Hill, London, Nat. Inst. for Med. Res.) G. Bratfisch. 4573

Grant R. Bartlett und **Arthur A. Marlow,** *Vergleich des Anteils der verschiedenen geformten Blutbestandteile an der Glykolyse des Blutes.* Best. des Glucoseverbrauchs u. der Milchsäurebldg. von Gesamtblut, Erythrocyten, Leukocyten, Reticulocyten u. Blutplättchen. Das glykolyt. Aktivitätsverhältnis der Leukocyten/Erythrocyten liegt bei 200—1000 (bezogen auf gleiche Anzahl der Zellen) bzw. bei 33—165 (bezogen auf gleiche Zellvoll.) bzw. bei 72—360 (bezogen auf gleiches Zellgewicht). Als Gesamtergebnis wird festgestellt, daß der Anteil an der Glykolyse des Vollblutes für die Erythrocyten 80%, für die Leukocyten 15%, für die Blutplättchen 3% u. für die Reticulocyten 2% beträgt. (J. appl. Physiol. **6.** 335—47. Dez. 1953.) H. Matthies. 4573

P. Iselin, *Wirkung von Kieselsäuren auf das Blutplasma.* Monomere Kieselsäure, durch Hydrolyse von $SiCl_4$ erhalten, hat auf Blutplasma keinen sichtbaren Einfluß. „Polymere" Kieselsäure bildet zu einem kleinen Anteil Proteinkomplexe, wogegen der größere Anteil sich zum „Monomeren" depolymerisiert. (C. R. Séances Soc. Biol. Filiales **148.** 1981—83. Dez. 1954. Verneuil (Oise), Centre d'Études et Recherches des Charbonnages de France.) A. Hesse. 4574

M. E. Reichmann und **P. A. Charlwood,** *Lichtstreuungs- und Sedimentationsstudien an Rinderserumalbumin bei niedrigem p_H.* Die Veränderungen physikal. Daten von Proteinen (Viscosität, opt. Rotation, Fluorescenz-Polarisation u. a.) bei p_H-Verschiebungen bes. im sauren Bereich sind von den Autoren teils als Zeichen einer Dissoziation, von anderen aber als Folge einer isotrop. Schwellung des Mol. gedeutet worden. Zur Klärung dieses Problems bestimmen die Vff. mit Hilfe der Lichtstreuung zunächst das durchschnittliche Teilchengewicht von Rinderserumalbumin, wobei in guter Übereinstimmung mit den Angaben der Literatur 77—79000 gefunden wurde. Vom Neutralpunkt bis p_H 2,9 bleibt die Teilchengröße auch in Abwesenheit von Salzen unverändert, während unterhalb von p_H 2,9 Aggregation eintritt. — In Ggw. von 0,45 mol. KCl bleibt das Mol.-Gew. noch bei p_H 1,9 unverändert. Ohne Salzzusatz erfolgt Aggregation, deren Intensität mit der Zeit zunimmt, so daß keine reproduzierbaren Daten zu erhalten sind. — Ergänzende Bestimmungen der Sedimentationskonstanten ergaben bei p_H 1,9 in 0,1 mol. KCl 3,2 S, in 0,5 mol. KCl 3,6 S u. 4,3 S in neutraler Lösung. Bei einem Salzgeh. über 0,5 mol. erfolgt Aggregation, wodurch keine zuverlässigen Werte mehr erhalten werden können. (Canad. J. Chem. **32.** 1092—1109. Dez. 1954. Ottawa, Nat. Res. Labor., Div. of appl. Biol.). U. FREIMUTH. 4574

Helmuth Deicher und **Fritz Hartmann,** *Die Aminosäurenzusammensetzung der Serumeiweißkörper bei Gesunden und Kranken.* 2. Mitt. *Der Aufbau der Gesamt-α-Globuline bei Gesunden und Kranken mit akutentzündlichen Erkrankungen, Tuberkulose, Nephrose und malignen Tumoren.* (1. vgl. C. **1956.** 3080.) Papierchromat. Unterss. von *α-Globulinen* (I) auf ihre *Aminosäuren* (II)-Zus. bei 25 Fällen mit Krankheiten, die erfahrungsgemäß mit einer Erhöhung der I einhergehen, im Vgl. mit den Werten 10 gesunder Personen ergaben n. II-Verteilung bei akutentzündlichen Krankheiten u. Tuberkulose; bei Nephrosen u. Carcinomen sind *Tyrosin* u. *Alanin* erhöht, *Phenylalanin* erniedrigt. Unter pathol. Bedingungen nähern sich die I dem Eiweißtyp der *Albumine* (III); offenbar bilden sich I aus III-Bruchstücken. (Dtsch. Arch. klin. Med. **202.** 385—93. 1955. Göttingen, Univ., Med. Klinik.) H. DOSSMANN. 4574

D. Cordier und **Y. Piery,** *Der Einfluß von Anoxie, Asphyxie und CO_2-Übersättigung auf den Gehalt an anorganischem Phosphor im Plasma der Ratte. Beziehungen zwischen Phosphatämie und Absorption von mineralischem Phosphor durch den Darm.* Durch Anoxie (5% O_2-Atmosphäre, 1 Std. lang) wird der Plasmageh. der Ratte an anorgan. P leicht vermindert, durch Asphyxie (5% O_2, 20% CO_2) deutlich vermehrt. CO_2-Übersättigung (20% CO_2, 21% O_2 über 1 Std.) löst eine Hyperphosphatämie, stärker als nach Asphyxie, aus. Die Absorptionsgeschwindigkeit im Darm für mineral. Phosphate u. der Vgl. mit dem P-Spiegel des Plasmas legt die Frage nahe, ob es sich bei der Absorption nicht um eine akt. Tätigkeit der Darmzellen handelt, welche durch O_2-Mangel verlangsamt, durch CO_2-Überschuß beschleunigt wird. (J. de Physiol. **47.** 147—50. 1955. Lyon, Fac. des Sci., Labor de Physiol. gén.) WOLFGANG ALBRECHT. 4574

Frank C. Monkhouse, *Eine Untersuchung der durch intravenöse Injektion von Papain herbeigeführten Gerinnungsschädigung an Kaninchen und Hunden.* Durch intravenöse Injektion von Papain an Kaninchen (K) u. Hunden wird das Blut ungerinnbar. Bei K hält dieser Zustand viele Std. an. Bei einigen Tieren beobachtete Vf. noch bis zu 2 Wochen leichte Gerinnungsstörungen. Vf. ist der Ansicht, daß in irgendeiner Weise die *Fibrinogen–Thrombin*-Rk. beeinflußt wird. (Canad. J. Biochem. Physiol. **33.** 112 bis 121. März 1955. Toronto, Can., Univ., Dep. of Physiol.) G. BRATFISCH. 4574

A. Störmer und **E. Kautzsch,** *Regulationsabläufe bei der Behandlung mit Cumarin.* Kasuist. ergänzte Diskussion des Wirkungsmechanismus u. der therapeut. Probleme des Süßkleewirkstoffes *Cumarin* u. seiner Derivv. *Cumid, Tromexan* u. *Marcumar,* die als Antagonisten des Vitamin-K-Komplexes alle mit Gerinnungsvorgängen einhergehende Erkrankungen günstig beeinflussen. (Therapiewoche **4.** 590—94. Sept. 1954. München-Oberföhrung, Städt. Krankenh., Med. Abt.) V. SACHS. 4574

M. Burstein und **A. Guinand,** *Über die Dosierung von Heparin durch Messung der optischen Dichte des Plasmas.* Die Messung der Zunahmegeschwindigkeit der opt. Dichte des Rinder-Oxalat-Heparin (I)-Plasmas, ergänzt durch eine Thrombin-Lsg., gestattet, sehr geringe Veränderungen des I-Spiegels aufzuzeigen. In bestimmten Grenzen der I-Chemie vermindert sich diese Geschwindigkeit als Funktion der Konz. von I in gerader Linie. Die beschriebene Meth. gestattet eine leichte Messung der Aktivität eines unbekannten I-Präp. im Vgl. mit einem Standardpräparat. (J. de Physiol. **47.** 419—22. 1955. Paris, Centre nat. de Transfusion sanguine.) H. AMAN. 4574

Hyman Engelberg, *Humaner endogener Lipämie „clearing factor" (Aktiver Faktor).* Bericht über das Auffinden von endogener Lipämie (E. L.) „clearing"-Aktivität im Plasma von 25 Personen. Vf. ist der Ansicht, daß der E. L. „clearing factor" (I) u. der *Post-Heparin*-I miteinander verwandt sind. Kein Zusammenhang bestand zwischen I u. Serum–Tributyrinase-Spiegel. (Amer. J. Physiol. **181.** 309—12. Mai 1955. Los Angeles, Calif., Cedars of Lebanon Hosp., Div. of Labor.) G. BRATFISCH. 4574

Joachim Linke, *Klinische Erfahrungen mit Intra-Tuffon bei der Behandlung von Lungenblutungen.* Bei Lungenblutungen zeigte sich *Intra-Tuffon* (*Rutin, Vitamin C* u. *Na-Naphthionat*; LINGNER-WERKE, Düsseldorf) bei intravenöser u. intramuskulärer

Verabreichung als wirksames u. gut verträgliches Hämostypticum. (Med. Klin. **50.** 2076—78. 9/12. 1955. Rotenburg/Hann., Versorgungskrankenh. Unterstedt.)
F. KRUSEN. 4574

Irving Gray, *Der mit ^{14}C markiertem Dextran untersuchte Stoffwechsel von Plasmavolumenvermehrern.* (Vgl. C. **1953.** 9530.) Mäuse erhielten intravenös je 0,2 ml einer 6% ig. Lsg. von ^{14}C markiertem *Dextran* (I) u. wurden zu verschied. Zeiten getötet. In den eingefrorenen u. zerkleinerten Kadavern wurde die gesamte Aktivität durch Messung des Verbrennungs-CO_2 bestimmt. Die Aktivität war in 6,1 Tagen nach der Infusion auf die Hälfte abgesunken u. nach der 5. Woche nicht mehr meßbar. Ferner wurde die Aktivität des in 95% ig. A. u. dann in Ae. lösl. Anteils (Rohfett) untersucht. Das in A. unlösl Material wurde mindestens 3 Std. mit 30% ig. KOH gekocht u. dann das Polysaccharid gefällt u. seine Aktivität gemessen. Schließlich wurde der nicht mit dem Polysaccharid gefällte Anteil als Protein-Aminosäurefraktion (AF) mindestens 18 Std. bei p_H unter 3 mit HCl hydrolysiert, eingedampft, die Hydrochloride der Aminosäuren mit 95% ig. A. isoliert u. gemessen. Die Aktivität der AF der Kadaver erreichte am 2. Tage nach der Infusion ihr Maximum. Die Aktivitätsabnahme verlief bei der AF zuerst schnell (Halbwertszeit 0,62 Tage) u. vom 5. Tage an langsam (Halbwertszeit ca. 12 Tage). Letztere Phase ist durch die Ausscheidungsgeschwindigkeit von radioakt. Material aus den Muskeln bestimmt. Das Maximum der Aktivität der AF dürfte von der bevorzugten Aufnahme radioakt. Materials durch die Eingeweideschleimhaut herrühren. Im Rohfett wurde nur wenig Aktivität gemessen (Maximum ca. am 7. Tage). Aus den Verss. ergibt sich, daß I einem vollständigen Stoffwechsel unterliegt u. z. T. in andere, körpereigene Verbb. umgewandelt wird. (Amer. J. Physiol. **174.** 462—66. Sept. 1953. Fort Sam Houston, Texas, Brooke Army Hosp., Surgical Res. Unit.) W. WILLENBERG. 4576

Robert O. Bauer, William H. Graves jr., Charles S. Hill und **Lawrence J. Milch,** *Subcutane Anwendung von Hyaluronidase-Dextranlösungen beim akuten experimentellen hämorrhagischen Schock des Hundes.* Bis zum Auftreten des Atmungsstillstandes entbluteter Hunde wurden 25% des entnommenen Blutes intraarteriell reinjiziert (Kontrollgruppe). Eine zweite Gruppe erhielt außerdem die noch fehlende Blutmenge durch subcutane Injektion von 6% ig. Dextran (in NaCl-Lsg.) + 300 E. (Trübungstest) *Hyaluronidase* (I), die dritte Gruppe erhielt für das fehlende Blutvol. nur I in NaCl-Lösung. Der Prozentsatz der nach 24 Std. noch überlebenden Tiere betrug bei den Kontrollen 50%, bei der 2. Gruppe ebenfalls 50%, bei der 3. Gruppe 93%. — Dextran verweilt zu lange außerhalb des Blutgefäßsystems u. verkleinert zusätzlich das Blutvol. wegen seiner hydrophilen Eigenschaft. (Proc. Soc. exp. Biol. Med. **87.** 341—43. Nov. 1954. Randolph Field, Tex., Randolph Air Force Base, USAF School of Aviation Med., Dep. of Pharmacol. and Biochem.) H. GIBIAN. 4576

M. Ja. Anschewitz, L. I. Wolfsson, I. B. Gurewitsch, N. A. Iwanowa, L. I. Michailowa, R. I. Rodina, N. N. Skatschilowa und **N. Ss. Turbina,** *Über die Reaktion von Kranken auf eine Bluttransfusion bei gleichzeitigen Gaben von pharmakologischen Mitteln.* Die Kombination von Bluttransfusion u. *NaBr* (I; 10 ml 10% ig. intravenös)- bzw. *Pantopon* (1 ml 1% ig.) -*Atropin* (0,5 ml 0,1% ig.)-Gaben (II) verändert den Verlauf der klin. Rk. auf die Transfusion. Die Kombination mit I bewirkt eine ausgesprochene Phase kurz dauernder Hypotonie, mit II eine unbeständige Tonussenkung u. Abschwächung der kontraktilen Funktion des Myocards. Mit I wird die Prothrombinfunktion der Leber verbessert, durch II herabgesetzt, mit I die Glomerulusfiltration stark, durch II geringfügig gesenkt. Vor der therapeut. Verwendung der Kombination muß deshalb der Zustand von Herz, Leber u. Nieren des Patienten in Betracht gezogen werden. (Клиническая Медицина [Klin. Med.] **33** (36). Nr. 11. 36—45. Nov. 1955. Zentralinst. für Hämatol. u. Bluttransfusion, Hämotherapeut. Klin.) E. RENTZ. 4576

P. Malangeau und **A. L. Jouannet,** *Über die Natur der im Urin von Säugetieren vorhandenen Cyclohexite.* Vff. untersuchten den *Urin* von 21 verschied. Säugetieren bzgl. des Vork. von *Cyclohexiten.* Nach Behandlung mit Ionenaustauschern wurden je 125 ml Urin zur Trockene eingedampft u. anschließend papierchromatograph. aufgetrennt (Lösungsm. 90% Methylalkohol auf Papier ARCHES 1,030). In allen Urinproben konnten Vff. *Mesoinosit* nachweisen, in 8 Fällen fand sich daneben noch *Scyllit,* dessen Vork. nicht an Tierart oder Geschlecht gebunden zu sein scheint. (Bull. Soc. Chim. biol. **36.** 381—83. 1954. Paris, Univ., Fac. de Pharmacie, Labor. de Chim. Biol.)
H. HELGE. 4577

Gottfried Leonhardi, *Zur Charakterisierung der Harnmelanogene.* (Vgl. C. **1956.** 5032.) Durch den Vgl. im Verh. von Harnmelanogenen im Papierchromatogramm gegenüber Fe^{3+} mit *5-Acetoxy-6-methoxy-*, *6-Acetoxy-5-methoxy-*, *5-Oxy-6-methoxy-* u. *6-Oxy-5-methoxyindol* wird festgestellt, daß Harnmelanogene monosubstituierte — wahrscheinlich in 6-Stellung — *5.6-Dioxyindole* sind. (Naturwissenschaften **41.** 305—06. Juli 1954. Frankfurt/Main, Univ. Hautklinik.) K. GENEST. 4577

John Annegers, *Gesamtkörperwasser bei Ratten und Mäusen.* Das gesamte Körperwasser bei n. erwachsenen Ratten betrug im Mittel 72,6%, bei Mäusen 74,0%. Durch völligen Nahrungsentzug, aber W. ad libitum erfolgt bei Ratten eine langsame Abnahme des Wassergeh. auf 70,9% nach 7 Tagen. Bei Entzug von Futter u. W. geht der Wassergeh. nach 5 Tagen auf 67,5% zurück. Bei n., jungen entwöhnten Ratten u. Mäusen liegen die Werte bei 74,0 bzw. 74,7%. (Proc. Soc. exp. Biol. Med. **87.** 454—56. Nov. 1954. Bethesda, Md., Naval Med. Res. Inst.) F. KRUSEN. 4578

Marianne Goettsch, *Der Minimumproteinbedarf für die Aufrechterhaltung des Körpergewichts von ausgewachsenen Ratten während Perioden von 28 Tagen.* Als Grundfutter diente eine Ration, bestehend aus Mais, Bohnen u. Casein. Sie war ident. mit dem Gemisch zur Best. des Minimumbedarfs der Ratten für Wachstum, Fortpflanzung u. Lactation (vgl. C. **1948.** E. 1290 u. C. **1950.** I. 1750). Während der Zeit der Aufrechterhaltung des Körpergewichts befindet sich die Ratte in einer positiven N-Bilanz. Der tägliche Mindestbedarf hierfür betrug 53 mg N/100 g bzw. 29,0 mg je 100 cm^2 Oberfläche. Bei jungen Tieren von 50—160 g stieg er an auf 59 mg/100 g. Diese Mengen entsprechen etwa dem halben Proteinbedarf je Cal für Wachstum, Fortpflanzung u. Lactation. Der Energiebedarf betrug 18 Cal/100 g. Der Bedarf an Netto-N belief sich auf 34 mg N/100 g. Der Bedarf an N zur Erhaltung des Körpergewichts liegt 1,6fach so hoch als der N-Bedarf für den N-Gleichgewichtszustand. Dies ist ein ähnliches Verhältnis wie zwischen dem Energiebedarf für Erhaltung u. für den Grundumsatz. (J. Nutrit. **45.** 609—20. 10/12. 1951. San Juan, Univ. of Puerto Rico, School of Trop. Med., Dep. of Biochem. and Nutrit.) K. NEHRING. 4585

H. J. Almquist, *Aminosäurenverwertung durch Küken.* (Vgl. C. **1953.** 7331.) Bzgl. *Arginin, Histidin, Lysin, Methionin, Cystin* u. *Tryptophan* stellte Vf. bei Küken einen engen Zusammenhang zwischen dem Geh. der Nahrungsproteine u. den Blutkonzz. dieser Aminosäuren fest. Bei Überschuß bzw. Mangel an einzelnen Aminosäuren in der Kost steigen bzw. fallen die Blutwerte wesentlich. (Arch. Biochem. Biophysics. **52.** 197—202. Sept. 1954. Modesto, Calif., Grange Comp.) F. KRUSEN. 4585

H. Yacowitz, E. Ross, V. L. Sanger, E. N. Moore und **R. D. Carter,** *Hämorrhagisches Syndrom in normalem mit Sulfachinoxalin ergänztem Hühnerfutter.* Verfütterung von 0,1% *Sulfachinoxalin* (I) in Ggw. von 3—5% Luzerne u. 5 mg *Menadion*/lb. erzeugt an Hühnern hämorrhag. Syndrome. Sie glichen denen vieler hämorrhag. Erkrankungen u. waren meist begleitet von erniedrigten Hämatokriten. In manchen Gruppen stieg nach Verfütterung von **I** die Blutgerinnungszeit an. Hämorrhagien traten häufiger auf bei Hühnern, welche **I** in gekochten als in rohen Futteranteilen aufnahmen. Zugabe von *jodiertem Casein* als Stressfaktor erhöhte die Toxizität von **I.** Letzte war gering in den ersten 14 Lebenstagen, war aber viel deutlicher an 3, 4 oder 5 Wochen alten Hühnern. *Penicillin* scheint die Giftwrkg. von **I** zu steigern. (Proc. Soc. exp. Biol. Med. **89.** 1—7. Mai 1955. Columbus, O., Ohio State Univ., Dep. of Vet. Pathol.; Wooster, O., Agric. Exp. Stat.) H. AMAN. 4585

P. K. Vijayaraghaven, Edward A. Murphy und **Max S. Dunn,** *Die Wirkung von Aureomycin auf das Wachstum von Mäusen.* Die Wrkg. von *Aureomycin* (I) auf das Wachstum von Mäusen wurde bei verschied. Diäten (*Paste* nach ANDERSON u. SMITH, *Casein* plus *Rohrzucker, Casein* plus *Maismehl, „Calf-Meal", Erdnußmehl, Sojamehl* (II) u. *Baumwollsamenmehl* (III) untersucht. I-Zusatz betrug 50 mg/kg Futter. Außer bei II u. III-Diät wurde keine Stimulierung des Wachstums beobachtet. Die Stimulierung wird durch eine Begünstigung der Mikroflora erklärt, welche die Ausnützung oder die Synth. von wichtigen Aminosäuren im Darm fördert. (Arch. Biochem. Biophysics **36.** 127—31. März 1952. Los Angeles, Calif., Univ. of California, Chem. Labor.) WOLFGANG ALBRECHT. 4585

E. Kraack, *Vergleichender Fütterungsversuch von Schweinen unter Verwendung von Vitamin B_{12} enthaltendem Klärschlamm und von Streptomycinrückständen.* Zugabe von getrocknetem, sterilem *Klärschlamm* zu Wirtschaftsfutter für Schweine fördert infolge seines *Vitamin-B_{12}* (I)-Geh. das Wachstum. Bei einer Zuführung von 25,4 mcg I in 20 g Klärschlammtrockenpräp. konnten ca. 150 g Mehrzunahme je Tier/Tag erzielt werden. Da im Futter für Schweine kein weiteres tier. Eiweiß enthalten war, können Klärschlammzugaben tier. Eiweiß in gewissem Maße ersetzen. Über die Wrkg. der Zugabe von *Streptomycinrückständen* kann vorläufig noch nichts ausgesagt werden, da sich die Rückstände in der Qualität nicht einwandfrei erhalten hatten. (Tierzucht **9.** 44—47. Febr. 1955. Potsdam-Rehbrücke, Inst. für Ernährungsforschung.) H. PATZSCH. 4585

E. K. Kraack, *Schweinefütterungsversuch mit sterilem Klärschlamm.* Im Laufe der 80tägigen Versuchszeit nahmen die Versuchstiere sterilisierten *Klärschlamm* (aus Potsdamer Abwässern unter Zusatz von 2 mg KCN/kg Rohmasse 3 Std. bei 100° sterilisiert u. anschließend bei 65° im Luftstrom getrocknet; 50 g/Tag/Tier) ohne gesundheitliche Störungen auf u. zeigten eine höhere Lebendgewichtszunahme von 62 g/Tag/Tier. Eine um 100 g höhere Lebendgewichtszunahme bei den Versuchstieren den Kontrollen gegenüber wurde beobachtet, als die Molke als einziges tier. Eiweiß des Futters ausfiel. Hierüber kann jedoch noch kein exaktes endgültiges Urteil abgegeben werden. (Tierzucht **8.** 371—73. Nov. 1954. Potsdam-Rehbrücke, Inst. für Ernährungsforsch.) H. PATZSCH. 4585

C. J. Lewis, D. V. Carton, C. H. Liu, V. C. Speer und **G. C. Ashton**, *Ergänzung des Futters für Ferkel durch Enzyme.* Unterss. über die quantitative u. qualitative Versorgung von früh entwöhnten Ferkeln mit Protein u. Kohlenhydraten führten zu dem Ergebnis, daß die *proteolyt.* u. *amylolyt.* Verdauungsenzyme ungenügend wirksam waren. Ergänzung von Grundfutter für Ferkel aus Sojabohnenprotein u. Casein mit bestimmten proteolyt. Enzymen (*Pankreatin, Pepsin, Pilzproteasen, Papain* usw.) erhöhte die Gewichtszunahme u. den Futterwert um mehr als 29 bzw. 23%. Diskussion. (J. agric. Food Chem. **3.** 1047—50. Dez. 1955. Ames, Io., Iowa State Coll., Agr. Exp. Stat.) H. PATZSCH. 4585

James C. Peskin, *Wirkung von Vitamin A auf die Sehschwelle. Vitamin A* (**I**) hat keinen wesentlichen Einfl. auf die n. Reizschwelle des menschlichen Auges, jedoch werden infolge Mangels an **I** erhöhte Reizschwellen gesenkt. (J. appl. Physiol. **6.** 375—78. Dez. 1953. Rochester, N. Y., Univ., Dep. of Biol.) D. ZEMKE. 4587

Marcel Cormier, *Vom Vitamin-A-Epoxyd zum Vitamin-A-Alkohol.* Vf. beschreibt die Oxydation von *Vitamin A* (**I**) durch MnO_2 in PAe.-Lsg. (100 cm^3 PAe., 1000 γ **I**/cm^3, 100 mg MnO_2), wobei die einzelnen Oxydationsprodd. durch ihre UV-Spektren bestimmt werden. Folgende Oxydationsstufen sind erfaßt worden: **I**, **I**-*Aldehydhydrat* u. **I**-*Aldehyd* (*Retinen*; **II**). In Ggw. von 3% absol. A. wurden in der gleichen Lsg. nachst. Oxydationsprodd. erhalten: *Isomeres des* **I**-*Epoxyds*, **I**-*Säure*, **I**-*Aldehydhydrat* u. **I**-*Epoxyd.* Läßt man die PAe.-Lsg. über eine MnO_2-Kolonne laufen, so findet eine zu obigen Angaben analoge Oxydation statt. Umgekehrt wurde eine PAe.-**I**-Epoxyd-Lsg., die durch mehrtägiges Stehen an der Luft von **I** in PAe. erhalten wurde, über eine ZnO-Kolonne geschickt; das aus $ZnSO_4$ gewonnene ZnO wurde 4 Tage lang bei 180° getrocknet, dann 6 Std. auf 1200° erhitzt u. plötzlich abgekühlt. Dadurch erhält es die Eigg. eines Dehydratations- u. Reduktionsmittels. In den Einzelfraktionen lagen folgende Verbb. vor: **I**-Epoxyd u. **II** in der 1. Fraktion, **I**-Epoxyd u. **I**-Alkohol in der 2. Fraktion. Die UV-Absorptionsmaxima von **I** u. seinen Oxydationsprodd. sind angegeben. (Bull. Soc. Chim. biol. **36.** 1255—64. 1954.) H. KOCKERT. 4587

Pierre Le Gallic, *Der Einfluß des Parasitismus auf die mit dem Vitamin A zusammenhängenden Funktionen bei der Ratte und der Maus.* Vf. untersuchte an Ratten u. Mäusen den Einfl. von Scabies (Ss) auf den Stoffwechsel der *Carotinoide*, der sich bei dieser Infektion als gestört erwies. Zugabe von *Vitamin A* steigert die Immunität gegen Ss. Sowohl durch Ss als auch durch Cestoden-Infektionen wird die Synth. von Vitamin A gehemmt. (C. R. Séances Soc. Biol. Filiales **149.** 349—51. Febr. 1955.) K. BÖHM. 4587

E. A. Kline, J. Kastelic, G. C. Ashton, P. G. Homeyer, L. Quinn und **D. V. Catron**, *Die Wirkung auf die Wachstumsleistung junger Ferkel nach Kobalt-, Vitamin-B_{12}- und Antibioticagaben zu halbgereinigtem Futter.* Bei Abwesenheit von *Antibioticis* (**I**) bestand die Durchschnittswrkg. einer *Vitamin-B_{12}* (**II**)-Ergänzung in einer signifikanten Erhöhung der Wachstumsgeschwindigkeit. Zugabe von 2,8 p.p.m. Co zu einem Futter mit oder ohne **I** u. einem Co-Geh. von 0,1 p.p.m. beeinflußte die Wachstumsleistung junger Ferkel nicht. Der tägliche Futterverzehr oder die Futterausnutzung wurden durch **II** oder Co-Ergänzung nicht beeinflußt. Bakteriol. Unterss. von Fäkalproben zeigten eine merkbare Erhöhung der Pilzzahlen bei mit **I** gefütterten Ferkeln u. eine Abnahme der Pilzzahlen bei Ferkeln, die **II** erhalten hatten. Der Beweis, daß **I** die Intestinalsynth. des **II** inhibiert, konnte nicht erbracht werden. Tiere, die Grundfutter u. Futter, dem außer Co große **I**-Mengen zugesetzt waren, erhielten, zeigten eine bessere Gewichtszunahme. (J. Nutrit. **53.** 543—55. 10/8. 1954. Ames, Io., Iowa State Coll., Dep. of Animal Husbandry, Statist. and Bacteriology.) H. PATZSCH. 4587

Thomas H. Jukes, *Folsäure und Vitamin B_{12} in der Physiologie der Vertebraten.* Die bekannten Wirkungen von *Vitamin B_{12}* (**I**) u. *Folsäure* (**II**; *Pteroylglutaminsäure*) sowie der entsprechenden Mangelerscheinungen u. ihre Beziehungen zum Einbau von *Formiat* (**III**) in *Serin* (**IV**) u. *Thymin* bei Vertebraten werden diskutiert. — Da selbst hohe Dosen **I** bei Ratten die Ausscheidung von *Citrovorumfaktor* (**V**) im Urin weder bei n. Fütterung noch bei Zufütterung von **II** beeinflussen, wird eine mögliche katalyt. Funktion von **I** bei Umwandlung von **II** in **V** ausgeschlossen. — Ein gegen **II**-Antagonisten resistenter Stamm von *Strept. faecalis* (Sf) war in der Lage, **V** aus **II** zu synthetisieren; die Synth. wurde durch Zusätze von *Ascorbinsäure* oder **III**, einzeln oder in Kombination, beschleunigt, ebenso fand sich eine Stimulierung durch **IV**, dagegen nicht durch Glycin oder Methionin. Dadurch wird ein weiterer Beweis erbracht, daß **II** als Acceptor für das C_1-Fragment aus **III** oder **IV** dienen kann. — Die Tatsache, daß aus natürlichem **V** unter der Einw. von Mineralsäuren ein Prod. mit etwas verminderter biol. Aktivität entsteht aus dem synthet. **V** (rac. **V**; *Leucovorin, 5-Formyl-5.6.7.8-tetrahydropteroylglutaminsäure*), das wegen der Wirksamkeit nur eines opt. Isomeren nur die halbe biol. Wirksamkeit von **V** besitzt, dagegen bei gleicher Behandlung ein Prod. mit erhöhter Aktivität („*Anhydroleucovorin A*", **VI**), wird dadurch erklärt, daß bei der Einw. der Säure eine Brückenbldg. zwischen $C_{(5)}$ u. $C_{(10)}$ u. anschließende Spaltung unter Wanderung der Formylgruppe nach $C_{(10)}$ eintritt. Die im Pteridinkern nicht mehr stabilisierte gebildete *10-Formyl-5.6.7.8-tetrahydropteroylglutaminsäure* wird durch Luft zu *10-Formylglutaminsäure* (**VII**) oxydiert. Da dabei das Asymmetriezentrum an $C_{(6)}$ (Isomerie der Komponenten von rac. **V**) aufgehoben wird, entsteht also auch aus der biol. inakt. Komponente das schwach akt. **VII**. — **II**-Antagonisten lassen sich in 2 Gruppen einteilen. Bei der einen, z. B. 10-Methylpteroylglutaminsäure, wird die Hemmung durch **II** kompetitiv aufgehoben, der Hemmungsindex bei Sf ist der Konz. proportional, Leuconostoc citrovorum (Lc) wird bei Ggw. von **II** nicht beeinflußt; die Verbb. hemmen die Bldg. von **V** aus **II**, dagegen nicht die Wrkg. von **V**. Die Hemmung der zweiten Gruppe, z. B. *4-Aminopteroylglutaminsäure* (**VIII**; *Aminopterin*), wird durch **II** kaum beeinflußt, der Hemmungsindex für Sf steigt mit der Konz. u. die Hemmung für das Wachstum von Lc wird durch **V** kompetitiv aufgehoben; die Verbb. hemmen die Bldg. von **V** aus **II** u. außerdem die Wrkg. von **V** bei Lc u. bei Mäusen. Es wird gefunden, daß die Hemmung durch **VIII** bei Mäusen durch *Tetrahydropteroylglutaminsäure* (**IX**) ebenso aufgehoben wird wie durch rac. **V** u. **VI**, dagegen hat **VII** keine Wirkung. Daraus wird geschlossen, daß bei der biol. Synth. von **V** zunächst **II** zu **IX** red. wird (möglicherweise durch Ascorbinsäure), das dann durch **III** oder **IV** formyliert wird. (Federat. Proc. **12**. 633—38. Juni 1953. Pearl River, N. Y., Amer. Cyanamid Co., Lederle Labors. Div.) H.-J. KOCH/Berlin. 4587

F. Rossi und **A. Narpozzi**, *Ascorbinsäure und Ödem durch Eiweiß in der von Nebennieren freien Ratte.* Vff. haben Ratten mit u. ohne Nebennieren 200, 300 u. 450 mg/100 g Körpergewicht *Ascorbinsäure* u. nach 20—30 Min. 1 cm^3 *Eialbumin* intraperitoneal injiziert u. eine Hemmung, bzw. Verzögerung im Auftreten des Ödems beobachtet, die sie auf antihistamin. u. antihyaluronidat. Wirkungen zurückführen. (Boll. Soc. ital. Biol. sperim. **30**. 1165—68. Aug./Nov. 1954. Padua, Univ., Inst. für allg. Pathol.) E. DEHN. 4587

Ss. Ss. Kassabjan, *Histochemische Charakterisierung der Ascorbinsäure in Tuberkeln und in Exsudatherden.* Wenn bei herabgesetzter Reaktivität des Organismus die Tuberkeln der käsigen Nekrose verfallen, sinkt der Geh. derselben an *Ascorbinsäure* (**I**). Bei erhöhter Resistenz des Organismus u. fibröser Umwandlung der Tuberkeln steigt der **I**-Geh. deutlich an. Im Zentrum der Tuberkeln ist stets weniger **I** enthalten als in der Peripherie. Lymphoide Zellen sind stets völlig frei von **I**, hingegen sammelt sich **I** in großen Mengen in den PIROGOFF-LANGHANSschen Riesenzellen, Epitheloidzellen, Fibroblasten u. im fibrösen Gewebe an. Die histochem. Befunde stützen die klin. Beobachtung, wonach Tbc-Kranke, bes. im Reparationsstadium, der **I**-Zufuhr bedürfen. (Проблемы Туберкулеза [Probleme Tuberkulose] **34**. Nr. 1. 50—52. Jan./Febr. 1956. Dagestan, Med. Inst., Lehrstuhl für pathol. Anatomie.) E. RENTZ. 4587

H. Baur und **H. Staub**, *Hepatitistherapie mit Ascorbinsäureinfusionen. Vergleich mit anderen Therapien.* Bei 11 Fällen von Hepatitis epidemica bewährte sich die intravenöse Infusion von täglich 10 g *Ascorbinsäure* (**I**; *Redoxon* ROCHE). Diese Menge wurde in je 1 Liter physiol. *NaCl*-Lsg. während 5 Tagen gegeben. In allen Fällen verkürzte sich der Krankheitsverlauf (kürzere Ausscheidung von Bilirubin, Urobilin u. Urobilinogen im Urin). Das Serumbilirubin fiel rascher zur Norm. Es kommen verschied. Möglichkeiten der Wrkg. von **I** in Frage: Direkte virucide Wrkg., Verbesserung der Leberfunktion durch Einw. auf die Leberzelle, Entgiftung infolge reversibler Oxydierbarkeit, Verbesserung der Nebennierenrindenfunktion, Schutz gegen Sensibilisierung u. möglicherweise eine Hemmung der Spaltung des Porphyrinringes u. damit Verhinderung der Bilirubinbildung. Unerwünschte Nebenerscheinungen traten nicht auf. (Schweiz. med. Wschr. **84**. 595—97. 22/5. 1954. Basel, Univ., Med. Klinik.) L. BERGER. 4587

Y. Raoul, **N. Le Boulch**, **C. Baron**, **J. Chopin** und **A. Guerillot-Vinet**, *Isolierung einer antirachitischen Verbindung, die bei der Einwirkung von Floridin auf Cholesterin* *gebildet wird.* Bei Einw. von *Floridin* auf *Cholesterin* bzw. *Vitamin D_3* (I) u. alkal. Behandlung durch 5%ig. methanol. KOH entstehen 5 antirachit. Verbb. mit I-Wirksamkeit, deren chem. Struktur jedoch nicht mit I übereinstimmt. I läßt sich in diese Verbb. umwandeln u. umgekehrt. Sie neigen dazu, Spuren von Metallionen unter Bevorzugung von *Ca*-Ionen festzuhalten. Vier Verbb. sind flüssig, die 5. kristallin (F. 143°). Die antirachit. Eigg. wurden an Hühnern u. Ratten untersucht, wobei die Frage auftauchte, ob I oder einer der erhaltenen Verbb. antirachit. Wirksamkeit zukommt. Eine Strukturaufklärung wird noch vorgenommen. Die UV-Absorptionsmaxima, Infrarotspektren u. das opt. Drehvermögen (in $CHCl_3$) der Verbb. sind angegeben. (Bull. Soc. Chim. biol. **36.** 1265—71. 1954. Paris, Fac. de Pharm. de Paris, Labor. de Zool. appliquée.) H. KOCKERT. 4587

E. Gitsch, *Über die Wirkung des α-Tocopherols auf die Gonadotropinausscheidung im Harn klimakterischer Frauen.* Vf. konnte eine sichere Beeinflussung der *Gonadotropin*-Ausscheidung im Harn von 15 klimakter. Frauen nach Gabe von *α-Tocopherol* nicht feststellen. Die Best. des follikelstimulierenden Hormons (FSH) erfolgte nach der Adsorptionsmeth. mit Kaolin nach BRADBURRY u. Mitarbeitern. Ebenfalls konnte, außer in 4 Fällen mit Ausgangswerten über 200 Mäuse-E. FSH, kein sicherer Zusammenhang zwischen Beeinflussung der FSH-Ausscheidung u. Besserung der subjektiven Beschwerden beobachtet werden. (Z. Geburtshilfe Gynäkol. **141.** 79—84. 1954. Wien, II. Univ.-Frauenklinik.) H. SCHEURLEN. 4587

W. Goetsch, *Beschleunigung der Entwicklungsgeschwindigkeit von Drosophila um 20—30%.* Beschleunigung der Entw. bei *Drosophila* um 20—30% gegenüber klass. Zuchtmethoden, bei denen unbehandelte Hefen als Vitaminspender dienten, durch Zugabe von Präpp. des *T-Komplexes* erklärt sich zum Teil aus der Eliminierung von antagonist. Hemmstoffen u. aus der Aktivierung schlummernder Reserven. (Naturwissenschaften **40.** 584—85. Nov. 1953.) H. BENISCHKE. 4587

St. Pintér und **J. Méhes,** *Beiträge zur hormonalen Wärmeregulation des Jugendalters.* 2. Mitt. *Der Einfluß der Thymektomie und von Thymusextrakten auf die Wirkung von „Wärmesera".* (1. vgl. Z. Vitamin-Hormon- u. Fermentforsch. [Wien] **2.** [1948/49.] 195.) Normalsera junger Kaninchen beeinflussen den Grundumsatz der Ratte nicht. Ihre unter Anwendung von Wärme gewonnenen „Wärmesera" steigern den Grundumsatz der Testtiere. Zur Zeit der Pubertät gewonnene Wärmesera sind wirkungslos, nach der Geschlechtsreife gewonnene senken den Grundumsatz. Auch die nach Exstirpation des Thymus gewonnenen Sera haben auf den Grundumsatz keine Wirkung. Das Fehlen des Thymus kann in diesem Falle durch Injektion von Thymusextrakt kompensiert werden. (Z. Vitamin-, Hormon- u. Fermentforsch. [Wien] **3.** 250—60. 1949/50. Pécs/Ungarn, Univ., Pharmacol. Inst.) P. LOCH. 4595

Paul Fournier, Yvonne Dupuis, Henriette Susbielle, Monique Allez und **Nicole Tardy,** *Einfluß der Natur der Diätglucide auf die Verwertung des Calciums.* An der jungen Ratte erwiesen sich *Glucide* (I), welche *Stärke, Maltose, Glucose* u. *Saccharose* enthielten, gegenüber der Verwertung von *Ca* wenig wirksam. Viel wirkungsvoller waren I, enthaltend *Lactose, Galaktose* (II) u. verschied. Pentosen, *D-* u. *L-Xylosen* u. *D-* u. *L-Arabinosen.* Während das Tier den größten Teil der I ganz oder fast ganz ausnützt, werden II u. Xylose nur bis zu ca. 50% umgesetzt. Diese Feststellung bestätigt Aktivitätsunterschiede zwischen den Isomeren der beiden I, indem die β-Form wahrscheinlich allein auf die Absorption von Ca wirksam ist. (J. de Physiol. **47.** 339—50. 1955. Paris, Labor. de Physiol. de la Nutr. de l'École des Hautes Études et du Centre Nat. de la Rech. Sci.) H. AMAN. 4596

Paul Fournier, Yvonne Dupuis, Henriette Susbielle, Monique Allez und **Nicole Tardy,** *Art der Wirkung der Aufbauglucide auf die Verwertung des Calciums.* (Vgl. vorst. Ref.) Es existieren 2 Theorien: eine klass., nach der die *Lactose* (I) die *Ca*-Absorption begünstigt, indem sie zur Entw. der fermentativen Säurebildner im Darm anreizt; die andere ist die persönliche Theorie der Vff., nach der die Absorption von Ca durch den Knochenstoffwechsel gesteuert wird u. I u. die anderen *Glucide* (II) eine besondere Rolle im Stoffwechsel spielen. Die energet. II u. I werden leicht durch die Darmflora verwertet. *D-Galaktose, D-Xylose* u. *L-Arabinose,* natürliche Aufbau-II werden weniger leicht umgesetzt, *D-Arabinose* sehr schwer, *L-Xylose* (III) überhaupt nicht. Nachdem III von der Darmflora nicht angegriffen wird, aber im Hinblick auf die Verwertung von Ca sehr wirksam ist, kann ihre günstige Mittlerrolle im Knochenaufbau nur auf einer direkten Stoffwechselwrkg. beruhen, wie die der anderen Aufbau-II, bes. der I. (J. de Physiol. **47.** 351—62. 1955.) H. AMAN. 4596

Tetsuo Kagawa, *Eine Studie über den Fettsäurestoffwechsel bei experimenteller Schädigung des Gallentractus. l-Rhodinsäure* (I) wird in der Leber von n. Kaninchen oxydiert. Bei experimenteller Unterbrechung des Gallenganges oder Schädigung der Gallenblase wird die Menge an oxydierter **I** geringer. Die Oxydation von **I** wird bei Pankreasschädigung verzögert. (Fukuoka Acta med. [Fukuoka-Igaku-Zassi] **45.** 41–49. Okt. 1954. Kyushu, Univ., First Surgical Clinic. [Orig.: japan., Auszug: engl.]) R. HÄHNEL. 4596

Kenneth A. Burke, R. F. J. McCandless und **David Kritchevsky,** *Wirkung von Sojabohnensteroiden auf die ^{14}C-Cholesterinspeicherung in der Leber.* Vff. untersuchten an mit *^{14}C-Cholesterin* gefütterten Ratten die Wrkg. von *Sojabohnensteroiden* (S) auf Speicherung in der Leber u. Fäkalextraktion. Nach einmaliger Fütterung mit ^{14}C-Cholesterin wurden in der Leber durchschnittlich gefunden (Messung der Radioaktivität der nichtverseifbaren Fraktion): 6,61% bei mit Cholesterin (**I**) gefütterten Tieren; 1,80% bei mit **I** + 1 g S (einmalige Gabe) u. 0,47% bei 120 Tage mit S + **I** gefütterten Tieren. In den Faeces wurden entsprechend 20,14; 25,13 bzw. 27,76% gefunden. S verhüten also auch bei Ratten eine Hypercholesterinämie. (Proc. Soc. exp. Biol. Med. **87.** 87–88. Okt. 1954. Pearl River, N. Y., Amer. Cyanamid Co., Lederle Labors. Div., Div. of Nutrition and Physiol. and Vival and Rickettsial Res.) H. GOEBEL. 4596

Jay S. Roth, *Der Stoffwechsel von Methioninsulfoximin.* Im Harn von Ratten, die eine einmalige Dosis von *^{35}S-L-Methioninsulfoximin* injiziert erhalten hatten, wurden innerhalb von 6 Tagen 92% der injizierten ^{35}S-Aktivität wiedergefunden. Zu anorgan. SO_4^{2-} oxydiert wurden jedoch nur 5–6% der verabreichten Dosis. (Arch. Biochem. Biophysics **52.** 269–71. Sept. 1954. Philadelphia, Pa., Hahnemann Med. Coll. and Hosp., Div. of Biol. Chem., William Goldman Isotope Labor.) F. KRUSEN. 4596

Kurt Schreier, Kurt I. Altman und **Louis H. Hempelmann,** *Stoffwechsel von Benzoesäure bei normalen und bestrahlten Ratten.* Vff. berichten über die Ausscheidung von *Hippursäure* im Urin durch hungernde Ratten nach Fütterung mit $C_6H_5{}^{14}COOH$. *Benzoesäure* (**I**) scheint bei Ratten ein n. Stoffwechselprod. zu sein. Die Paarung von **I** mit *Glykokoll* wurde durch Röntgenbestrahlung der Tiere unter den Versuchsbedingungen nicht beeinflußt. (Proc. Soc. exp. Biol. Med. **87.** 61–63. Okt. 1954. Rochester, N. Y., Univ. of Rochester, School of Med. and Dent., Dep. of Radiol.) H. GOEBEL. 4596

R. Bieth, J. D. Weill und **P. Mandel,** *Quantitative Änderungen einiger säurelöslicher Phosphorfraktionen des Muskels während eines länger dauernden Eiweißmangelzustandes.* Vff. untersuchten Trichloressigsäureextrakte von Muskeln von 32 Ratten, die bis zu 58 Tagen eiweißfrei ernährt wurden u. deren Muskulatur um 46–57% abnahm. Sie bestimmten neben der Gesamtmenge an *säurelösl. P* (**I**) die *PO_4^{3-}-, Phosphagen* (**II**)-, *ATP-* u. *Adenylsäure* (**III**)-Fraktionen u. fanden, daß der Verlust an PO_4^{3-} am geringsten war. Einen bedeutenden Abfall ließen **II**, ATP u. **III** erkennen. Diese Werte entsprechen etwa jenen bei Atrophie der Muskeln nach Durchtrennung des zugehörigen Nerven, während bei PO_4^{3-} u. den übrigen organ. P-Estern des intermediären Zuckerstoffwechsels Unterschiede zwischen beiden Zuständen festgestellt wurden, je nachdem wie der Muskelschwund zustande kommt. (J. de Physiol. **46.** 245–48. 1954. Strasbourg, Fac. de Méd., Inst. de Chim. biol.) H. HELGE. 4597

Ludwig Heilmeyer, Vorträge aus dem Gebiet der klinischen Chemie und Cardiologie. Stuttgart: Thieme. 1956. (96 S. m. 70 Abb., 1 Farbtaf. u. 10 Tab.) 8°. DM 10,80.

T. Mann, Biochimie du sperme. „Biblioth. scientifique internationale". Paris: Presses Universitaires de France. (VIII + 272 S.) fr. 1800,—.

E6. Pharmakologie. Therapie. Toxikologie. Hygiene.

Raymond Boucher und **Germaine Lenoble,** *Über die Veränderung von Medikamentenaerosolen in Abhängigkeit von der Richtung des Wiederumlaufes.* Es werden Verss. mit wss. u. alkoh. Lsgg. von *Hexylresorcin* in 3 verschied. Apparaten durchgeführt. Diskussion der Ergebnisse. (C. R. hebd. Séances Acad. Sci. **239.** 602–04. 23/8. 1954.) E. BOYE. 4600

Albrecht Reuss, Rolf Plesch, Ursula Mayer und **Cornell v. Muschwitz,** *Einige Gesichtspunkte zur Messung von Radium- und Radiokobaltstrahlung mit der Cadmiumsulfid-Kristallsonde.* In einem Kunststoffbehälter, der mit Luft oder W. gefüllt werden kann, befindet sich fest in der Mitte angebracht eine Meßsonde, bestehend aus einem CdS-Kristall in einer allseitig geschlossenen Al-Hülse von 0,25 mm Wandstärke. Ein Ra- oder ^{60}Co-Präp. kann in Abständen bis zu 7 cm lokalisiert u. die Anzeige des CdS-Kristalles an einem Milliamperemeter abgelesen werden. Es ergibt sich, daß bei Wasserfüllung des Behälters Abweichungen in der Anzeige von der Freiluftmessung auftreten. Diese lassen sich durch das Verhältnis von Streustrahlung zur Primärstrahlung erklären, das sich bei zunehmendem Abstand Meßsondepräp. zugunsten der Streustrahlung verschiebt. Ersetzt man die Al-Hülse durch eine aus Au von 0,4 mm Wandstärke, dann entfallen die Abweichungen, u. die Empfindlichkeit der Meßsonde gegenüber Ra- u. ^{60}Co-Strahlen ist identisch. (Strahlentherapie **94.** 384—92. 1954. Erlangen, Univ., Frauenklinik u. Siemens-Reiniger-Werke u. Karlsruhe, S. u. H., Wernerwerk für Meßtechnik.) W. REUSSE. 4601

Alfred Schaal, *Untersuchungen über die Anwendbarkeit des Cadmiumsulfidkristalls zu Dosismessungen im Röntgen- und γ-Strahlenbereich.* Nach einer Darst. der Physik der Photoleitfähigkeit wird über Verss. an CdS-Einkristall im Inneren einer Al-Hülse von 0,25 mm Wandstärke als Nachweis- u. Meßmittel für Röntgen- u. γ-Strahlen berichtet. Aus der Dampfphase gezüchtete Kristalle zeigen nach einem halben Jahr keine Änderung der Kristalleigenschaften. Maximale Empfindlichkeit ergibt sich senkrecht zur versilberten Kathodenfläche des Kristalls. Bei einer Kristalldicke von 3 cm zeigt die Empfindlichkeit bei ca. 8 mm Al HWS ein Maximum; sie ist hier ca. 50mal höher als für ^{60}Co-Strahlung. Theoret. Berechnung der Wellenlängenabhängigkeit unter Berücksichtigung der Absorption im CdS ergibt eine qualitativ mit dem experimentellen Befund übereinstimmende Funktion. Bei Ra- u. ^{60}Co-Strahlung ergeben sich Abweichungen in der Anzeige um ca. 25%. Bei weichen Strahlen (2 mm Al HWS) ist die Anzeige stark von der Einfallsrichtung abhängig, bei härteren geringer. Mit hohen Dosisleistungen (größer als 500 r) erhält man Fehlanzeige, pro Grad Temperaturänderung ändert sich die Anzeige um 0,5% teils positiv, teils negativ. Die Anzeige erfolgt mit einer gewissen Trägheit (Einstellzeit ca. 1 Min.). Bei dem prakt. Einsatz von CdS-Einkristallen muß daher die Qualität der zu messenden Strahlung, bei Messungen im Phantom auch die der Sekundärstrahlung bekannt sein, Temp. u. Einstrahlrichtung müssen konstant sein. (Strahlentherapie **94.** 393—402. 1954. Erlangen, Siemens-Reiniger-Werke, Röntgen-Meßstelle.) W. REUSSE. 4601

Hermann Wurmbach, *Die Wirkung von steroiden Hormonen und Ultraviolettbestrahlung auf Bindegewebe, Glaskörper und Epidermis.* 9. Mitt. *„Steuerung von Wachstum und Formbildung durch Wirkstoffe", morphogenetische Untersuchungen an Kaulquappen.* Bei UV-Bestrahlung u. gleichzeitiger Behandlung mit *Desoxycorticosteron, Cortison, Testosteron* u. *Proluton* traten bei Kaulquappen Krankheitserscheinungen auf, die in kurzer Zeit zum Tode führten. *Progynon* (*Östradiolbenzoat*) + UV-Bestrahlung führte dagegen zu gesteigertem Wachstum. Mit steroiden Hormonen allein + UV-Bestrahlung traten die Krankheitserscheinungen in gemilderter Form auf. Die histolog. Befunde, die ausführlich beschrieben sind, werden auf die Freisetzung der Zellfermente, bes. der *Hyaluronidase*, zurückgeführt, die sowohl durch Steroidhormone **als auch** durch UV-Bestrahlung erzielt werden kann. (Roux' Arch. Entwicklungsmechan. Organismen **148.** 37—71. 1955. Bonn, Univ., Zool. Inst.) H. AMAN. 4601

Peter Rieser, *Einfluß von Röntgenbestrahlung und anderen schädlichen Agentien auf Capillaren.* Mittels einer Mikroinjektionsmeth. war es möglich, die Brüchigkeit von Mesenterialcapillaren am Frosch zu messen. Röntgenbestrahlung, Injektion von *Heparin* (I), *Trypsin-* u. *Pepton*-Schock lassen die Brüchigkeit der Capillaren zunehmen. Diese Zunahme scheint eine Folge von Freisetzung von I in den Kreislauf der Tiere zu sein, herrührend von der Bestrahlung oder den Schockbehandlungen. (Proc. Soc. exp. Biol. Med. **89.** 39—41. Mai 1955. Philadelphia, Pa., Univ., Zool. Labor.) H. AMAN. 4601

Norman Sapeika, *Wirkungen von Blei-EDTA-Komplexen.* (Vgl. C. **1956.** 1950.) *Blei-Äthylendiamintetraessigsäure-Komplex* (*Blei-EDTA*; I) ist ein wasserlösl. Kontrastmittel u. prakt. ungiftig. Vf. untersuchte seine Wirkungen an Katzen, Kaninchen, Ratten u. Fröschen. 1 ml/kg Körpergewicht einer 50% ig. Lsg. von I intravenös bewirkt vorübergehenden Blutdruckabfall, der durch Atropin nicht zu verhindern u. nicht durch Vasodilatation verursacht ist. Vermutlich entsteht dieser Abfall durch Absinken der Myocardleistung infolge zeitlich bedingter Elektrolytverschiebungen. Die Atmung ist leicht verändert, die Muskulatur der Eingeweide u. des nichtgraviden Uterus werden auch durch höhere Konzz. von I nicht stimuliert. Bei Ratten führt I nicht zu einer Unterbrechung der Trächtigkeit. I wird ohne Schaden für Patienten, denen im Falle einer Bleivergiftung Ca als Antidot gegeben wurde, ausgeschieden. I hat als oral u. parenteral zu gebendes Mittel für die Radiographie Bedeutung. (Arch. int. Pharmacodynam. Thérap. **101.** 488—94. 1/5. 1955. Cape Town, Univ., Dep. of Physiol. and Pharmacol.) K. BÖHM. 4601

Julian R. Rachele, Edward J. Kuchinskas, Joseph E. Knoll und **Maxwell L. Eidinoff,** *Isotopenwahl bei der Neogenesis labiler Methylgruppen aus Monodeuterio-, Monotritio- und ^{14}C-markiertem Methanol.* (Vgl. J. Amer. chem. Soc. **74.** [1952.] 5941.) 2 Ratten bekamen im Laufe von 4 Tagen 23 mMol *Methanol* injiziert, welcher mit CH_2D-, CH_2T- u. $^{14}CH_3$-Gruppen markiert war. Nach Tötung der Tiere wurden *Cholin* (I) als Chloroplatinat u. *Kreatin* (II) als Kreatinin-k-pikrat nach VIGNEAUD u. Mitarbeiter (C. **1956.** 3085) aus den Geweben sowie *Formiat* (III) nach BULEN u. Mitarbeiter (C. **1953.** 1698) aus dem Urin isoliert u. bestimmt u. in dieser Verbb. der Isotopengeh. der CH_3-Gruppen bestimmt. Der T:D-Verteilungsfaktor war ca. 1,3 in I u. II u. ca. 1,7 im III. (J. Amer. chem. Soc. **76.** 4342—45. 5/9. 1954. New York, N. Y., Cornell Univ., Dep. of Biochem.) CH. GENEST. 4601

H. Siedek, *Über die Wirkung des Jods auf den Kreislauf und die Gefäße.* Inhaltlich ident. mit der C. **1956.** 7601 referierten Arbeit. (Arch. physik. Therap. **6.** 153—63. März/April 1954.) L. BERGER. 4603

A. Collet und **H. Moussard,** *Ausscheidung von Silicium durch die Galle. Experimentelle Untersuchungen beim Kaninchen.* An Kaninchen wurde untersucht, ob durch die Galle größere Mengen Si ausgeschieden werden. Den Tieren wurde intravenös ein Silicatgemisch injiziert, stündlich durch eine Gallensonde Galle abgenommen u. nach KING (Biochem. J. **33.** [1939.] 944) untersucht. Vff. stellten fest, daß während der ersten 6 Std. nur ca. 0,35—1,1% des injizierten Si durch die Galle ausgeschieden werden, u. folgern daraus, daß der durch die Eliminierung durch die Galle bedingte Fehler bei der üblichen Best. der Si-Ausscheidung durch den Harn nicht ins Gewicht fällt. (C. R. Séances Soc. Biol. Filiales **146.** 1574—77. Okt. 1952. Centre d'Études et Rech. des Charbonnages de France.) WOLFGANG ALBRECHT. 4606

René Hazard und **Annick Renier-Cornec,** *Die Wirkung von Rubidium auf den isolierten Darm der Ratte. Vergleich mit Kalium.* Vff. berichten, daß am isolierten Darm der Ratte sich *Rubidium* u. *Kalium* in der gleichen Art verhalten. Weitere Verss. mit *Acetylcholin, Pilocarpin, Neostigmin, Eserin, Atropin* u. *Papaverin* lassen den Schluß zu, daß hier noch ein doppelter parasympathicomimet. u. muskulärer Mechanismus besteht. (C. R. Séances Soc. Biol. Filiales **149.** 292—93. Febr. 1955.) K. BÖHM. 4606

G. W. H. Schepers, *Die biologische Wirkung von Tantaloxyd.* Intratracheal in Meerschweinchenlungen staubförmig eingebrachtes Ta_2O_5 (I) führt zu vorübergehender Bronchitis, interstitieller Pneumonitis u. Hyperämie mit umschriebenem Emphysem u. einer sich um die Metallablagerungen organisierenden Pneumonitis. I besitzt keine Fibrose auslösenden Eigenschaften. (A. M. A. Arch. ind. Health **12.** 121—23. Aug. 1955. Saranac Lake, N. Y., Saranac Labor.) H. ZELLER. 4606

G. W. H. Schepers, *Die biologische Wirkung von staubförmigem Wolframmetall.* Nach intratrachealer Zufuhr von staubförmigem *W*-Metall in Meerschweinchenlungen kommt es akut zu einer umschriebenen interstitiellen Pneumonitis u. Bronchiolitis. Im allg. erfolgt eine Rückbldg. der akuten Veränderungen innerhalb eines Jahres, doch können umschriebene fibrocelluläre Rkk. mit Bronchiolitis obliterans u. Emphysem fortbestehen. (A. M. A. Arch. ind. Health **12.** 134—36. Aug. 1955. Saranac Lake, N. Y., Saranac Labor.) H. ZELLER. 4606

G. W. H. Schepers, *Die biologische Wirkung von Wolframcarbid und Kohle.* Als akute Rk. auf intratracheale Applikation von *Wolframcarbid* mit Kohle (Verhältnis 94:6) kommt es zu Hyperämie, Bronchialkatarrh, interstitieller Pneumonitis u. Hyperplasie des lymphat. Apparates. Als chron. Veränderungen finden sich abgekapselte Staubansammlungen u. subpleural gelegene fibrocelluläre Granulome. (A. M. A. Arch. ind. Health **12.** 137—39. Aug. 1955. Saranac Lake, N. Y., Saranac Labor.) H. ZELLER. 4606

G. W. H. Schepers, *Die biologische Wirkung von Wolframcarbid und Kobalt.* (Vgl. vorst. Ref.) Die intratracheale Applikation von 150 mg Wolframcarbid (I) u. Co (II) im Verhältnis 10:1 führt in der Umgebung der Applikationsstelle zu einer vorübergehenden Entzündung des Gewebes mit Hypertrophie der Bronchialmucosa sowie zu peribronchialer u. periarterieller Fibrosis. Nach Inhalation von I u. II im Verhältnis 3:1 kommt es nach anfänglicher akuter Entzündung zu umschriebener Pneumonitis sowie zu Hyper- u. Metaplasie des Bronchialepithels. (A. M. A. Arch. ind. Health **12.** 140—46. Aug. 1955. Saranac Lake, N. Y., Saranac Labor.) H. ZELLER. 4606

Anthony B. Delahant, *Experimentelle Untersuchungen über die Wirkung seltener Metalle auf tierische Lungen.* Ta_2O_5 (I), W (II), Wolframcarbid (III), Co (IV), CoO (V) u. Wolframcarbid + Co (VI) wurden Merrschweinchen in suspendierter Form intratracheal injiziert oder, wie in einigen Fällen, in Form feiner Stäube (0,5—2 μ Partikelgröße) inhaliert. Während sich I, II, III u. V als relativ reizlos erwiesen u. nur zu großen umschriebenen Pigmentveränderungen führten, kam es durch IV u. VI zu intensiven Reizungen des Lungengewebes in Form einer akuten Pneumonitis bzw. diffuser schwarzer Pigmentationen. (A. M. A. Arch. ind. Health **12.** 116—20. Aug. 1955. Saranac Lake, N. Y., Saranac Labor.) H. ZELLER. 4606

M. Gabe und **G. Guillet,** *Wirkung von Kobalt(II)-chlorid-Injektionen auf die Glykogenreserven bei der Albinoratte.* $CoCl_2$-Injektionen führen bei der Albinoratte zu einer starken Vermehrung der Glykogenreserven der Leber u. des Fettgewebes. Diese Feststellung steht im Einklang mit den aktuellen Kenntnissen über die Verwertung durch die A-Zellen des Pankreas als eines hyperglykämisierenden u. glykogenolyt. Faktors. (C. R. Séances Soc. Biol. Filiales **149.** 319—21. Febr. 1955. Paris, Sorbonne, Labor. d'Anatomie et Histol. comp.) K. BÖHM. 4606

G. W. H. Schepers, *Die biologische Wirkung von staubförmigem Kobaltmetall.* In Mengen von 50 u. 25 mg führt staubförmiges Co-Metall (I), wenn es Meerschweinchen intratracheal appliziert wird, zu akuten Reizerscheinungen. Eine einmalige Dosis von 5 mg wird überlebt, während wiederholte Gaben derselben Menge, wahrscheinlich infolge allerg. Rkk. (Eosinophilie!) für die Versuchstiere tödlich sind. Als schwerste Veränderung nach I-Aufnahme ist die Bronchitis obliterans anzusehen. Anhaltspunkte für eine carcinogene Wrkg. von I liegen nicht vor. (A. M. A. Arch. ind. Health **12.** 127—33. Aug. 1955. Saranac Lake, N. Y., Saranac Labor.) H. ZELLER. 4606

G. W. H. Schepers, *Die biologische Wirkung von Kobaltoxyd.* Die intratracheale Zufuhr von 150 mg CoO (I) bewirkt in der Lunge von Meerschweinchen eine umschriebene, peribronchiale, vorübergehende subakute Entzündung, welche sich innerhalb eines Jahres vollkommen zurückbildet. I kann daher kaum als lungenschädigender Stoff angesehen werden. (A. M. A. Arch. ind. Health **12.** 124—26. Aug. 1955. Saranac Lake, N. Y., Saranac Labor.) H. ZELLER. 4606

C. D. van Cleave und **C. T. Kaylor,** *Verteilung, Retention und Elimination von ^7Be bei Ratten nach intratrachealer Injektion.* Weibliche Ratten gleichen Gewichts erhielten ^7Be (3—4 mC/ml) in Form von $^7BeSO_4$ (I) oder ^7Be-Citrat (II) in isoton. Salzlsgg. in Mengen von 0,3—0,8 ml intratracheal injiziert. II wurde aus den Lungen der Versuchstiere in 4 Tagen vollkommen ausgeschieden. 79% II wurden dabei in Harn u. Kot eliminiert. Die Deponierung von II erfolgte im Skelettsystem. I war nach 16 Tagen aus den Lungen eliminiert, dabei kam es gleichzeitig zu vermehrter Ablagerung von I in den mediastinalen Lymphknoten. Während I u. II im Harn zum größten Teil innerhalb von 24 Std. ausgeschieden wurden, blieb die Ausscheidungsmenge im Kot fast gleichbleibend über 40 Tage u. übertraf dabei insgesamt die im Harn ausgeschiedene Menge von ^7Be. (A. M. A. Arch. ind. Health **11.** 375—92. Mai 1955. Chapel Hill, N. C., Univ. of North Carolina, School of Med., Dep. of Anatomy.) H. ZELLER. 4606

M. F. S. El Hawary, *Der Ketonsäurespiegel des Blutes während der Intoxikation mit Inhibitoren des Kohlenhydratstoffwechsels.* Vf. injiziert Ratten intraperitoneal die Stoffwechselgifte *Arsenit, Maleinat, Jodacetat, Alloxan* (I), *Malonat* (II) u. *Fluorid.* Die Tiere werden bei den ersten Anzeichen von Vergiftung getötet. Es werden Blutzucker, *Pyruvat* (III), *α-Ketoglutarat* (IV) u. Acetonkörper, teils mit Hilfe chromatograph. Trennmethoden, bestimmt. Alle genannten Inhibitoren verursachen Anwachsen des III- u. IV-Spiegels. Bei I- u. II-Intoxikation reichert sich bes. *Acetoacetat* an. Die Ergebnisse werden diskutiert. (Biochem. J. **61.** 348—52. Okt. 1955. London, Guy's Hosp. Med. School, Dep. of Chem. Pathol.) H. RUTTLOFF. 4607

Paul Perrin, *Bemerkungen über Physiologie und Physiopathologie von Äthanol und seine Anwendung in der menschlichen Ernährung.* Beschrieben werden Stoffwechsel, Blutspiegel, Physiopathologie u. Rolle von *A.* in der menschlichen Ernährung. (Rev. méd. Suisse romande **76.** 65—77. Febr. 1956. Nantes, Group méd. d'Études antialcooliques.) F. KRUSEN. 4607

E. A. Balazs, B. Högberg und **T. C. Laurent,** *Die biologische Aktivität von Hyaluronschwefelsäure.* Drei *Heparin*-Präpp. (I) u. eine *Hyalurontrischwefelsäure* (II) wurden verglichen bzgl. ihres Verh. bei der sauren Hydrolyse (II unterscheidet sich nicht von Hyaluronsäure, dagegen sehr von I), bzgl. Farbstoffbindungsvermögens (I u. II ergeben theoret. Werte) im Hinblick auf Blutgerinnungshemmung, Antihyaluronidasewrkg. u. Wachstumshemmung von Embryonalgewebekulturen (II wirksamer als I auch bei gleichem S-Geh.!), schließlich bzgl. Antithrombinwrkg. (II weniger akt. als I). Der S-Geh. ist also nicht das einzige Kriterium für die biol. Aktivität der Mucopolysaccharidsäuren, ferner müssen größere strukturelle Unterschiede zwischen I u. II bestehen. (Acta physiol. scand. **23.** 168—78. 25/8. 1951. Stockholm, Karolinska Inst., Dep. of Exp. Histol.) H. GIBIAN. 4607

Erwin Nolte, *Eiweißgebundene Glutaminsäure. Zur Frage der Homogenität des therapeutischen Effektes von eiweißgebundener und reiner l (+)-Glutaminsäure.* 55 ♂ u. ♀ Kinder (n., geistesgestörte u. sprachbehinderte) erhielten täglich 1,8 g an Protein gebundene *l (+)-Glutaminsäure* als Velveta-Käse (62,5 g). Die Unterss. umfaßten elektroencephalograph. erfaßbare Veränderungen, Gewichts- u. Längenwachstumszunahme, Verhältnisbeobachtungen u. psycholog. Teste. — Durch Vgl. mit den im Schrifttum niedergelegten Beobachtungen, die an reiner Glutaminsäure gemacht wurden, kommt Vf. zu dem Schluß, daß nur im Hinblick auf die Intensität der psych. Effekte ein Unterschied in der Wirksamkeit beider Formen bestehen könnte. (Milchwissenschaft **8.** 354—64. Okt./Nov. 1953. Kiel.) M. WINIKER. 4607

Gaetano Livrea und **Giuliana Collotti,** *Über die Giftigkeit bestimmter Aminosäuren für die Larve von „Bufo vulgaris" und über die Wirkung einzelner, der natürlichen und einer für diese Organismen vervollständigten Nahrung beigefügten Aminosäuren.* Die Larve von Bufo vulgaris resorbiert u. assimiliert in gewissen Fällen zahlreiche, in W. zu 0,01 bzw. 0,05 % gelöste Aminosäuren. Einige, wie *dl-Phenylalanin, Prolin* u. *Norleucin,* verlängern das Larvenleben; andere, wie *Isoleucin, Serin, Threonin, Phenylalanin,* erhöhen das Larvengewicht. Wieder andere, wie *Arginin,* wirken schon in Konzz. von 0,01% oder, wie *Serin, Asparaginsäure, dl-Leucin,* ab 0,05% giftig; Zusatz von Hühnereigelb verringert die Giftwrkg. nicht. *Phenylalanin* fördert in Konzz. von 0,01% das Wachstum u. die Entw. der Larve, die anderen Aminosäuren fördern nach Zusatz von Eiweiß nur das Wachstum. Bei Konzz. von 0,05% wirken die Aminosäuren zusammen mit Eigelb auf Wachstum u. Larvenentw. schädlich. (Atti Accad. naz. Lincei, Rend., Cl. Sci. fisiche, mat. natur. **16.** [8] 389—98. März 1954. Rom, Univ., Inst. für menschl. Physiol.) E. DEHN. 4607

F. Tattersfield und **Jill R. Kerridge,** *Die Wirkung wiederholter Stäubungen gegen Insekten auf die Zunahme ihrer Resistenz gegenüber Insekticiden.* 2. Mitt. *Der Einfluß der Empfindlichkeit gegenüber Kohlendioxyd auf die Giftigkeit von DDT bei einer Population von Drosophila melanogaster.* (1. vgl. C. **1956.** 5669.) Während der Selektion einer DDT-resistenzen Population von Drosophila melanogaster (D. m.), bei der CO_2 als Anästheticum verwendet wurde, entwickelte sich eine Empfindlichkeit gegenüber CO_2. Eine CO_2-empfindliche Population, entweder mit N_2 oder CO_2 anästhetisiert, zeigte dieselbe Regressionslinie bei einer Temp. von 25°, bei welcher die CO_2-Empfindlichkeit sonst verschwindet. Die CO_2-Wrkg. war mehr auf die Population beschränkt, die für die DDT-Resistenz herausgezüchtet wurde, als daß die Verteilung der DDT-Resistenz innerhalb der Zucht sich veränderte. (Ann. appl. Biol. **40.** 523—36. Sept. 1953. Harpenden, Herts., Rothamsted Exp. Stat., Dep. of Insecticides and Fungicides.) H. PATZSCH. 4607

G. Carbonaro, G. Bombara und **F. Porcino,** *Erste Ergebnisse über histologische Lungenveränderungen bei der chronischen experimentellen Vergiftung durch Aerosol in Lösung von 5% DDT (2.2-Bis-[p-chlorphenyl]-1.1.1-trichloräthan) in Petroleum.* Vff. haben weiße Ratten täglich 6, 8 u. 10 Monate lang mit 5% ig. *DDT-Aerosol* in Petroleum behandelt u. histol. in den Lungen Hyperplasie, Endarteriitis, katarrhal. Entzündungen der Bronchien sowie Anhäufungen von großen Zellen mit vacuolisiertem Cytoplasma u. nach längerer Behandlung sogar Blutungen festgestellt. (Boll. Soc. ital. Biol. sperim. **30.** 1139—40. Aug./Nov. 1954. Messina, Univ., Inst. für Pharmakol. u. allg. Pathol.) E. DEHN. 4607

J. E. Casida, T. C. Allen und **Mark A. Stahmann,** *Umwandlung von Octamethylpyrophosphoramid in ein toxisches Phosphoramid-N-oxyd im Körper von Säugetieren. Octamethylpyrophosphoramid* (*Schradan;* **I**) erleidet im Säugetierkörper eine metabol. Umwandlung zu einem neuartigen *Oxydationsprod.* (**II**), welches die *Phosphoramid-N-oxydgruppe* enthält. **II** ist eine sehr wirksame Anticholinesterase. — Reines **I**, $Kp._{1,0}$ 134,5—135°, wird aus dem Handelsprod. durch fraktionierte Dest., 30 Min. Erhitzen mit 0,1 n wss. NaOH-Lsg. auf 80°, Extraktion mit Chlf. u. Redest. erhalten. — Die Umwandlung von **I** in den *akt.* **I**-*Metaboliten* **II** durch Leberschnitzel wird bestätigt. **I** selbst zeigt in Konzz. bis 1,5 mol. Lsgg. keine bemerkenswerte inhibierende Wrkg. gegenüber *Chymotrypsin* (**V**), während es nach Behandlung mit der über Leberschnitzeln stehenden Fl. **V** wie auch *Cholinesterase* (**VI**; hier schon bei 3% der für **V** nötigen Menge) sehr stark inhibiert. Die Best. von **I** erfolgt durch alkal. Hydrolyse, Extraktion des Pyrophosphoramids in Chlf., saure Hydrolyse zu Orthophosphat u. dessen colorimetr. Bestimmung. — Das nach 50 Min. Incubation bei 30° mit dem akt. **II** inhibierte **V** kann weder durch Stehenlassen noch durch Dialyse reaktiviert werden (Diagramm). Die gebildete Antiesterase inhibiert **V** ähnlich wie *Tetraäthylpyrophosphat* (**III**) u. andere Antiesterasen, die keine metabol. Umwandlung nötig haben. Beschreibung der Herst. des wirksamsten Syst. zur **II**-Gewinnung aus frischen Rattenlebern. — Lösungsmittelfraktionierung von **II** durch Gegenstromtrennung. Die Prüfung der Fraktionen zeigt, daß der akt. Anteil von **II** Gruppen enthält, die bei der Behandlung mit Säure HCHO frei machen. HCHO-Best. nach einer modifizierten chromotrop. Säuremeth. nach KRÜGER (C. **1949.** E. 284), die beschrieben wird. An dieses Material ist auch die Inhibierung von **V** u. **VI** geknüpft. — Bei der **II**-Bldg. aus **I** bleibt die Pyrophosphorsäurestruktur erhalten. Die Anhydridstruktur wird durch die Chloroformextraktion der wss.

Lsgg., die Instabilität gegen Alkali u. die Irreversibilität der Kombination **II–V** erwiesen. Die Aktivierung von **I** erfolgt durch eine Oxydation, da die Aktivität an ein HCHO-bildendes Prod. geknüpft ist. Zur Feststellung der Bindungsform des O an **I** werden Verteilungsunterss. in Chlf. u. wss. Lsgg. im p_H-Bereich von 0,5—13 durchgeführt u. gefunden, daß **II** schwach bas. Eigg. besitzt u. auf 1 Mol Pyrophosphat maximal 0,96 Mol HCHO kommen. Hieraus wird geschlossen, daß die Oxydation am N-Atom einer einzigen Dimethylaminogruppe des **I** unter Bldg. eines *Monophosphor-amid-N-oxyds* erfolgt, was auch durch die $KMnO_4$-Oxydation bestätigt wird. Das chem. u. enzymat. Oxydationsprod. sind in jeder Beziehung identisch. — Der Vgl. der Infrarotspektren von **I** u. **II** (15%ig. Reinheit; nach HCHO- u. Phosphatanalyse) zeigt bei letztem neue Maxima bei 5,90 μ (ähnlich wie bei Triäthyl-aminoxyd oder -dihydrat) u. bei 7,22 u. 9,05 μ. — Gegenüberstellung der Wirksamkeit von **I, II, III** u. *Diisopropylfluorphosphat* (**IV**) als Enzyminhibitoren für **V** u. **VI** (Tabelle): Gegenüber **VI** sind die Stoffe in der Reihenfolge **III, II, IV** u. **I** fallend wirksam, gegenüber **V** in der Reihenfolge **IV, III, II, I**. — Die hydrolyt. Stabilität von **II** zeigt bei p_H 8 ein Maximum u. fällt stark unterhalb p_H 7 u. oberhalb p_H 10 (Diagramm) ab. — Aus allen Unterss. geht hervor, daß dem **II** die den Aminoxyden ähnliche Phosphoramid-N-oxydgruppe zuzuschreiben ist; das Syst. wird von Vff. *Phosphoramidoxydasesyst.* genannt. (J. biol. Chemistry **210.** 607—16. Okt. 1954. Madison, Wis., Univ. of Wisconsin, Coll. of Agriculture.) E. ROTTER. 4607

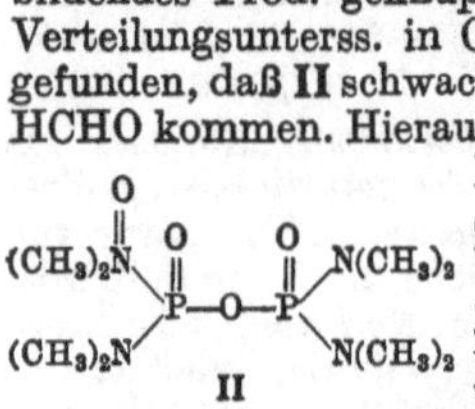

II

Giuseppe Alberghina und **Aldo Giachetti,** *Die Wirkung des ATP auf die Herzreaktion. — Experimentelle Untersuchungen am isolierten Herzen der Amphibien und Säugetiere.* Schon geringe Konzz. von *Na-Adenosintriphosphat* (*ATP*) bewirken am isolierten Herzen der Maus Zunahme der inotrop. Aktivität, an dem von Bufo vulgaris außerdem Hemmung des Herzschlages, die nach mäßiger Behandlung mit *Acetylcholinesterase* verschwindet, während stärkere Konzz. die ATP-Wrkg. vorübergehend aufheben. Diese Veränderungen sind offenbar abhängig vom endogenen Acetylcholinstoffwechsel. (Minerva med. [Torino] **45 II.** 1328—29. 24/11. 1954. Florenz, Univ., Inst. für menschl. Physiol.; hygien. Inst. der Milit.-Sanit.-Schule.) E. DEHN. 4607

Archer P. Crosley jr. und **George G. Rowe,** *Hämodynamische und metabolische Reaktion der hypertensierten menschlichen Niere auf Natrium-p-Sulfamylbenzoat.* Intravenöse Verabreichung von 2 g eines Carboanhydraseinhibitors, *Na-p-Sulfamylbenzoat,* verursachte keine bedeutsame Veränderung in Hämodynamik u. Stoffwechsel der Niere, im mittleren arteriellen Blutdruck oder im Herzminutenvolumen. Diese negativen Ergebnisse stützen trotz großer Veränderungen im p_H des Urins u. in der Elektrolytausscheidung die Annahme, daß die Niere O_2 nützt zur Aufrechterhaltung der Zellintegrität eher als zur Durchführung äußerer Zwecke. (Proc. Soc. exp. Biol. Med. **89.** 26—28. Mai 1955. Madison, Wis., Univ. of Wisconsin, School of Med., Cardiovasc. Labor. and Dep. of Med.) H. AMAN. 4607

Jean Cheymol und **Christiane Levassort,** *Hyperthermie erzeugende Mittel und Hypoxie.* Vff. untersuchten an Kaninchen den Einfl. der Hypoxie (Hy) auf die durch *Gonokokkenvaccine* (**I**), *β-Tetrahydronaphthylamin* (**II**) u. *2.4-Dinitrophenol* (**III**) erzeugten Hyperthermien (HYP). Die durch **I** ausgelöste HYP vom zentralen Typ wird aufgehoben, bei der HYP nach **II** (gemischter Typ) sinkt die Temp. ab, u. bei der HYP nach **III** (peripherer Typ) werden die Wirkungen mit der Tendenz zur Hy hin neutralisiert. (C. R. Séances Soc. Biol. Filiales **149.** 338—43. Febr. 1955.) K. BÖHM. 4607

Stanislav Rosypal und **Theodor Martinec,** *Orientierende Untersuchung über die Toxizität der Phytoncide von Peucedanum alsaticum L.* (Vgl. auch C. **1956.** 9489.) Ein alkoh. Extrakt aus den Wurzeln von Peucedanum alsaticum (Haarstrang) wird auf 5 Vol.-% eingedampft u. in verschied. Mischungsverhältnissen mit sterilem dest. W. auf tox. Wrkg. bei weißen Mäusen untersucht. Nur im Verhältnis Extrakt: W. = 100:1 wird Betäubung beobachtet. Kleinere Dosen sind ohne Wirkung. (Spisy vydávané přírodovědeckou Fak. Masarykovy Univ. [Publ. Fac. Sci. Univ. Masaryk] **1952.** 229—34. Brno [Brünn], Masarykov. Univ., Přír. Fak., Mikrobiol. odd.) R. K. MÜLLER. 4608

Ernst Habermann, *Untersuchungen über die Hemmung der Blutgerinnung durch Bienengift.* Bienengift, bes. seine elektrophoret. Fraktion II, inaktiviert Hirn- u. Lungenthromboplastin bes. durch die darin enthaltene Phospholipase A; Fraktion I hemmt erst in höheren Konzz., fällt außerdem Fibrinogen. Citrat, Zn-Ionen u. J schwächen, Ca-Ionen verstärken die Wrkg.; sie ist, ähnlich wie bei Schlangengiften, relativ stabil gegenüber Erhitzen in saurem Milieu, dagegen schon bei p_H 8 sehr hitzeempfindlich. Mit Bienen- bzw. Schlangengift versetzte Thromboplastinpräpp. zeigen hämolyt., auf Verbb. der Lysocithingruppe beruhende Aktivität. Fraglich ist noch, ob bei der Thromboplastininaktivierung eine Zerstörung gerinnungsakt. Phospholipoide oder das Auftreten von Lysoverbb. maßgebend ist. (Naunyn-Schmiedebergs Arch. exp. Pathol. Pharmakol. **223.** 182–97. 1954. Würzburg, Univ., Pharmakol. Inst.) TH. MARSSON. 4609

Ernst Habermann und **Elisabeth Mölbert,** *Zur morphologischen Differenzierung der Hämolyse durch Bienengift, Schlangengift, Lysocithin und Digitonin.* Die Veränderungen menschlicher Erythrocyten unter dem Einfl. von Bienengift, dessen Fraktion I, Lysocithin u. Schlangengift werden licht- u. elektronenopt. untersucht u. mit den durch Hypotonie u. Digitonin erzeugten verglichen. Bienengift sowie die daraus gewonnene Fraktion I führt bei Konzz. von 1:10000 zu starker, bei 1:40000 zu schwächerer Schrumpfung u. netzartiger Strukturierung des Schattens. Kernhaltige Frosch-Erythrocyten werden analog verändert. Schnitte durch Erythrocyten nach Behandlung mit Bienengift 1:10000 zeigen, daß das Netz auf die Wand des Erythrocyten beschränkt ist. Bei einer Konz. von 1:100000 treten fleckförmige Verdickungen des Erythrocytenstromes auf. Lysocithin 1:10000 u. 1:20000 löst die Erythrocytenschatten auf, 1:40000 u. 1:80000 führt zu Schrumpfung u. partieller Stromatolyse, 1:160000 ergibt keine eindeutigen Veränderungen. Am Froscherythrocyten vermindert Lysocithin 1:10000 auch die Stabilität des Zellkerns. — Gift von *Naja nigricollis* erzeugt ebenfalls in Konzz. 1:2000 u. 1:20000 Verdickungen u. netzartige Strukturierung des Erythrocytenschattens, aber nur unbedeutende Membranschrumpfung. Zusammenhänge zwischen Morphologie u. Mechanismus der Hydrolysen werden besprochen. (Naunyn-Schmiedebergs Arch. exp. Pathol. Pharmakol. **223.** 203–16. 1954.) TH. MARSSON. 4609

H. Nürmberger, *Zur Lokalbehandlung infektiöser Prozesse mit Iversal. Iversal* (Benzochinonguanylhydrazonthiosemicarbazon) hat sich bei 62 Patienten als Munddesinficiens ohne allerg. Nebenwirkungen bewährt. (Die Medizinische **1955.** 1578–79. 5/11. Bad Lippspringe, Arminius 24.) HEINRICH HERMANN. 4610

R. N. T.-W.-Fiennes, *Die therapeutischen und prophylaktischen Eigenschaften von Antrycid bei der Trypanosomiasis der Rinder.* 1. Mitt. *Bericht über Untersuchungen im Rahmen des kolonialen Entwicklungs- und Wohlfahrtsplanes R 318. 1949 bis 1953. Antrycid* (I) als Chlorid, Sulfat oder als Gemisch von beiden ist zwar in der Lage, damit behandelte Rinder im Blut von Trypanosomen freizuhalten, kann jedoch die Infektion u. Erkrankung an Trypanosomiasis mit Anämie u. Myocarditis nicht verhindern. Diese Kryptoinfektion ist ein sehr häufiger Befund bei der vorbeugenden Behandlung mit I u. mit *Dimidiumbromid.* Trypanosomen können resistente Stämme gegen I erzeugen. Diese Resistenz konnte in 1 Falle durch langdauernde I-Behandlung in hohen Dosen beseitigt werden. Parallelverss. an Mäusen bestätigen diese Ergebnisse. Zahlreiche Tabellen u. die Beschreibung der Versuchstechnik vervollständigen den Bericht. (Brit. veterin. J. **109.** 280–95. Juli 1953. Kabete, Kenya, East African Veterenary Res. Organisat.) L. BERGER. 4610

R. N. T.-W.-Fiennes, *Die therapeutischen und prophylaktischen Eigenschaften von Antrycid bei der Trypanosomiasis der Rinder.* 2. Mitt. *Versuche in Mariakani.* (1. vgl. vorst. Ref.) Verss., Rinder gegen Trypanosomiasis zu schützen, zeigten, daß Injektionen von *Antrycid* (I) in Intervallen von 3 Monaten nicht ausreichen. Bei 2monatlicher Verabreichung scheint ein fast vollständiger Schutz möglich zu sein, jedoch treten trotzdem Kryptoinfektionen auf, wodurch der Blutstatus schlechter ist als bei monatlicher Injektion. Trotzdem war eine Ansteckung gesunder Tiere durch Blutübertragung von mit I behandelten Tieren nicht möglich. Die Autopsie aber ergab Veränderungen, wenn auch geringeren Grades, wie bei den ungeschützten Tieren. Vf. weist auf die Gefahr der Bldg. I-resistenter Stämme hin. Jedoch scheint diese Resistenz nicht an die Gene gebunden u. daher reversibel zu sein. (Brit. veterin. J. **109.** 330–44. Aug. 1953. Kabete, Kenya.) L. BERGER. 4610

L. Remouchamps, *Behandlung von schwerem disseminiertem Lupus erythematodes (Libman-Sacksche Erkrankung) durch synthetische Malariaheilmittel.* Bei einem Fall von disseminiertem Lupus erythematodes (LIBMAN-SACKsche Erkrankung) war *Chlorochin* (*Chloroquine*) vorübergehend von gutem Erfolg. *ACTH-*, *Cortison-* u. *Androgentherapie* hatten sich als erfolglos erwiesen. (Acta med. scand. **153.** 237–42. 20/1. 1956. Gent, Univ., Serv. de Méd. Interne.) WOLFGANG ALBRECHT. 4610

M. Müller, *Klinische Erfahrungen mit Dairin bei der Behandlung Lungentuberkulöser.* Die Behandlung von 63 Tuberkulosekranken mit *Dairin* (*Azorhodanid-H*; Dr. HUBOLD & BARTSCH, Sandkrug/Oldbg.) in individueller Dosierung über 3–5 Monate führte in 9 zu bedeutender u. in 24 Fällen zu merkbarer Besserung. (Tuberkulosearzt **9.** 660–65. Nov. 1955. Nordrach/Baden, Schwarzwaldheilstätte.) F. KRUSEN. 4610

Paul Véran (unter Mitarbeit von **R. Trichereau, M. Geffriaud, C. Moigneteau, C. Robin, Y. Nurit, J. Bourgeois, Guyot** und **Jalaber**), *Vergleich der Ergebnisse mit den*

Kombinationen Isoniazid–PAS und Isoniazid–Streptomycin bei der über 10 Monate ausgedehnten Behandlung der Tuberculosis ulcerosa mit Knötchenbildung. (Vgl. auch C. **1955.** 9609.) Kasuistik. (Thérapie **10.** 39—55. 1955. Nantes, Loire-Inférieure.)
H. DOSSMANN. 4610

Pierre Plancherel, *Klinischer Beitrag zur Kenntnis des Tuberkulostaticums „Paratebin“.* Unterss. an 29 Patienten ergaben die therapeut. Wirksamkeit von *Paratebin* (1 g *Dihydrostreptomycin* + 400000 I.E. *Oxyprocain–Penicillin*; PHARMACOLOR, Basel) in klin., röntgenolog. u. bakteriolog. Hinsicht in Fällen von mischinfizierten Tuberkulosen. — 34 Literaturangaben. (Münchener med. Wschr. **97.** 1495—99. 11/11. 1955. Zürich, Univ., Med. Klinik.)
F. KRUSEN. 4611

R. Seigneurin, M.-L. Achard und **R. Magnin,** *Fixierung und Transport der Antibiotica durch rote Blutkörperchen.* In vitro-Unterss. über die Adsorption der *Antibiotica* (**I**), *Erythromycin* (**II**), *Terramycin* (**III**) u. *Aureomycin* (**IV**) durch humane rote Blutkörperchen u. die I-Abgabe an die umgebende Fl., wie Plasma oder physiol. NaCl-Lösung. Die **I**-Fixierung ist unmittelbar u. total, die fixierte **IV**-Menge liegt unter derjenigen von **II** u. **III**. Die fixierten **I** lösen sich nach ca. 1 Std. ab u. gehen in das Plasma über; im Laufe der folgenden Std. findet Readsorption eines Teiles der im Plasma diffundierten **I** durch die roten Blutkörperchen statt. (Ann. Inst. Pasteur **89.** 72—77. Juli 1955. Grenoble, Univ., École de plein exercice de Méd. et de Pharmacie, Labor. de Microbiol.)
H. DOSSMANN. 4611

F. Kramer, *Untersuchungen und Erfahrungen über den Wert der Hyaluronidase (Apertase „Hoechst“) bei Anwendung am Auge.* Tierexperimentell u. beim Menschen wurde durch *Hyaluronidase* die Resorption von Anästheticis u. drucksenkenden Mioticis gefördert. Der Penicillinspiegel in der Vorderkammer wurde nicht meßbar erhöht. (Klin. Monatsbl. Augenheilkunde augenärztl. Fortbild. **127.** 364—67. 1955. Brambek, Augenklinik des A. K.)
H. GIBIAN. 4614

W. Bross und **T. Garbiński,** *Biochemische Decortication mittels Hyaluronidase als neues Heilverfahren beim chronischen Pleuraempyem.* Unter Antibioticaschutz in 24 von 36 mit *Hyaluronidase* intrapleural behandelten Fällen gute Entrindung der Lunge u. erleichterte Exsudatresorption ohne Komplikationen. Gelegentlich bei längerer Behandlung Auftreten von spezif. Antikörpern im Punktat, die jedoch nach einiger Zeit wieder verschwinden. Darum wird gegebenenfalls intermittierende Behandlung empfohlen. (Schweiz. med. Wschr. **85.** 774—77. 6/8. 1955. Breslau [Wroclaw], II. chirurg. Klinik.)
H. GIBIAN. 4614

Arne Weiber, *Hyaluronidase und Harnsteinbildung.* In Verss. mit experimentellen Harnsteinen an Kaninchen u. in klin. Verss. an 3 Patienten wird kein therapeut. Einfl. der *Hyaluronidase* auf Harnsteine beobachtet. (Nord. Med. **55.** 54—55. 12/1. 1956. Malmö, Univ., kirurg. klin.)
R. K. MÜLLER. 4614

Jørgen Lenstrup, *Hyaluronidase bei der subcutanen Infusion von Flüssigkeiten.* In Verss. an Kaninchen wurde festgestellt, daß bei subcutaner Injektion von p-Aminobenzoesäure (**I**) ein höherer Blut-**I**-Spiegel schneller erreicht wird, wenn diese mit *Hyaluronidase* (**II**) kombiniert verabfolgt wird. Zur Auswertung dieses Effektes wurden Vergleichsmessungen ausgeführt, die zeigen, daß **II** bei gleichgehaltenem Injektionsdruck den Injektionsfluß vergrößert, bzw. bei konstant gehaltenem Injektionsfluß den dazu notwendigen Druck verringert. Die letzte Meth. war empfindlicher u. genauer. — Bei klin. Verss. an Kindern verminderte **II** die durch subcutane Injektionen hervorgerufenen Spannungen u. Unannehmlichkeiten. (Acta pharmacol. toxicol. [Köbenhavn] **7.** 143—52. Juli 1951. Kopenhagen, Univ., Dep. of Pharmacol. u. Sundby Hosp., Paediatric. Dep.)
H. GIBIAN. 4614

Wilhelm Daubenmerkl, *Über den Spreadingeffekt von Ascorbinsäure.* In vitro (Viscositätssenkung von *Hyaluronsäure*) u. in vivo (spreading von NaCl bei Tieren u. Menschen) erwies sich *Ascorbinsäure,* bes. nach Zusatz von äquimol. Mengen H_2O_2 u. bei Viertelmolarität, prakt. ebenso wirksam wie *Hyaluronidase.* (Acta pharmacol. toxicol. [Köbenhavn] **7.** 153—66. Juli 1951. Kopenhagen, Univ., Dep. of Pharmacol.)
H. GIBIAN. 4614

F. Aloisi, *Klinische Erfahrungen über die Verbindung eines pyolytischen und eines fibrinolytischen Enzymkomplexes mit der antibiotischen Therapie von chronischen eitrigen Infektionen der Lungenbronchien.* 16 Patienten, die an Lungenabscessen oder Bronchiektasie litten, wurden zweimal täglich mit *Aerosolen* von 80 mg *fibrinolyt.* u. 20 mg *pyolyt. Enzymen* in 2 cm^3 physiol. Lsg. (*Fibrinoclasi Serono*), von denen 1 cm^3 mit 10%ig. *Chloramphenicol* u. *Propylenglykol* versetzt war, 10—20 Tage lang u. nach frühestens 4 Monaten nochmals in gleicher Weise behandelt. In allen 16 Fällen wurde unmittelbar Heilung bzw. Besserung festgestellt; in 3 Fällen von Bronchiektasie traten die Symptome nach längerer Zeit wieder auf. (Rass. Clin., Terap. Sci. affini **53.** 131—37. Juli/Sept. 1954. Messina, Univ., Inst. für klin. Med. u. klin. Therap.) E. DEHN. 4614

Sadataka Tasaka, *Therapeutische Anwendungen eines Polysaccharidkomplexes aus Pseudomonas fluorescens.* Nur die N- u. P-haltige Polysaccharidkomplexfraktion (TTG. 30 Y) von 2 mg der gramnegativen Bacillenart Pseudomonas fluorescens erzeugt Fieber (erhöhte Wärmeproduktion, geringere Wärmeabgabe), das als „internal stress" (SELYE) durch Einfl. auf die Wärmeregulationszentren u. auf das Zwischenhirn-Hypophysen-Nebennierensyst. gek. ist, der ACTH-Wrkg. gleicht u. die Funktion des Reticuloendothelialsyst. fördert. — Gute, der ACTH-Behandlung ähnelnde Erfolge bei der Therapie des Gelenkrheumatismus, des Hypopituitarismus u. der Infektionskrankheiten. — Die Möglichkeit der genauen Analyse des Phänomens — Fieber — wird angedeutet. (Therapiewoche **4.** 562—69. Sept. 1954. Tokio, Japan, Univ., 1. Med. Klinik.) V. SACHS. 4616

Klaus Werner Schaumkell, *Über die Morphokinese der Rattennebennierenrinde unter Einwirkung von N-[3-Dimethylaminopropyl]-3-chlorphenothiazin (Megaphen Bayer).* Vf. untersucht an Ratten die Nebennierenrinden in verschied. Funktionszuständen unter dem Einfl. von *Megaphen* (I; 2,5 mg intraperitoneal 5std.). Getestet wurde das Mittel 1. bei n. Tieren, 2. nach 1—3tägiger Unterkühlung der Tiere (bei 4°), 3. nach 2—3tägiger Behandlung mit 2mal 2,5 E. thyreotropem Hormon (TSH/Tag) u. 4. bei gleichzeitiger Gabe von TSH u. I. Nach 40—60std. Behandlung mit I wurden die Tiere getötet u. die Nebennierenrinden histolog. untersucht. Unter der Megaphenwrkg. bleibt in allen Fällen das Zustandsbild der Nebennierenrinde erhalten, das bei Beginn der Behandlung vorlag, gleichgültig ob es sich um eine (dem histolog. Bilde nach) aktivierte Nebennierenrinde handelt oder um Rückbildungszustände. (Acta endocrinol. [Copenhagen] **20.** 371—78. Dez. 1955. Mainz, Univ., Anatom. Inst.) H. SCHIMASSEK. 4620

K. H. Schulz, A. Wiskemann und **K. Wulf,** *Klinische und experimentelle Untersuchungen über die photodynamische Wirksamkeit von Phenothiazinderivaten, insbesondere von Megaphen. Megaphen* u. andere *Phenothiazinderivv.* (*Atosil, Dibutil, Latibon* u. *Pacatal*) lösen nach epicutaner Einw. patholog. Licht-Rkk. aus; die auslösenden Wellenlängen liegen im mittel- u. langwelligen UV u. des gesamten sichtbaren Lichtes mit Schwerpunkt im langwelligen UV. Für den Umgang mit diesen Substanzen werden Schutzmaßnahmen empfohlen; mit Phenothiazinkörpern, bes. mit Megaphen, behandelte Patienten sollten vor Sonnenbestrahlung geschützt, die lokale Anwendung an der Haut sollte vermieden werden. (Arch. klin. exp. Dermatol. **202.** 285—98. 1956. Hamburg-Eppendorf, Univ., Hautklinik.) TH. MARSSON. 4620

Gerd Zeiner und **Klaus Soehring,** *Die Weckamine.* 1. Mitt. *Ein Überblick über angloamerikanische Arbeiten. Pharmakologische Wirkungen.* Vff. erwähnen Tierexperimente, aus denen sich als höchste nichttox. Dosis von *Amphetamin* (I; *1-Phenyl-2-aminopropan*) 5 mg/kg (Ratten, Meerschweinchen) bzw. 2 mg/kg (Hund) ergeben haben. Beim Menschen bewirken 20 mg per os Blutdrucksteigerung von systol./diastol. Druck im Verhältnis 3:2; das EKG. wird durch I-Applikation geändert, die Schlagfrequenz erhöht u. das Atemzentrum erregt. Klin. Anwendung bei Fettsucht, Encephalitis, Enuresis, Infektionen der oberen Luftwege u. Schwangerschaftsunwohlsein. Unerwünschte Nebenwirkungen bei zu hohen I-Dosen sind: Cardiovasculäre Störungen, Herzklopfen, Trockenheit im Munde, Verringerung der Riechschärfe, Kopfschmerzen, Tremor u. Pupillenerweiterung. — 124 Literaturangaben. (Arzneimittel-Forsch. **4.** 507—13. Aug. 1954. Hamburg, Univ., Pharmakol. Inst.) F. GÜNTHER. 4622

A. Grund, *Zur Wirksamkeit des adrenalinfreien Bronchospasmolyticums Asthmaverit. Asthmaverit* (2-Amino-6-methylheptantartrat, C-Phenylglycin-n-heptylesterhydrochlorid), ein neues Theophyllindoppelsalz, Dimethylaminodimethylphenylpyrazolon-p-sulfamidobenzoat u. Amidopyrin. Das Mittel ist gut verträglich u. bewirkte bei 71,65% von 74 Patienten eine Bronchospasmolyse.(Die Medizinische **1955.** 1680—81. 26/11. Bad Reichenhall, Kurheim „Franken" der LVA.) HEINRICH HERMANN. 4625

Alexander Benke, *Zur intravenösen Anwendung von Panthesin und Procain.* Zusammenfassende Darst. der Wirkungen u. der Anwendungsmöglichkeiten bei intravenöser Verabreichung von *Panthesin* (I) u. *Procain* (II). Tox. Erscheinungen u. Dosierung, sowie Kontraindikationen werden erörtert, wobei Vf. I vor II den Vorzug gibt wegen geringerer Toxizität u. länger anhaltender Wirkung. (Wiener klin. Wschr. **66** ([N. F.] **9**). 156—58. 5/3. 1954. Wien, Krankenanstalt Rudolfstiftung.) L. BERGER. 4627

Clive R. Jolly und **J. Lederer,** *Thioquinalbarbitonenatrium. Klinischer Versuch.* Klin. Beobachtungen bei der Anwendung von *Thioquinalbarbitone-Na* (*Thioseconal-Na*; *Na-5-Allyl-5-amyl-(2)-thiobarbiturat*; ELI LILLY & CO. LTD.) als intravenöses Kurznarkoticum zeigten, daß es nur eine leichte, vorübergehende Atmungsdepression hervorruft, eine genügende peripher. Zirkulation bei ausreichender Narkosetiefe bewirkt u. daß am Larynx u. Pharynx weniger Nebenerscheinungen auftraten als nach Thiopentone (5-Äthyl-5-amyl-(2)-thiobarbiturat). (Anaesthesia **10.** 292—94. Juli 1955. London, Miller Gen. Hosp.; Shotley Bridge Hosp.) P. LOCH. 4627

Hermann Grüter, *Behandlung plurigenetischer Schmerzzustände mit einem neuen Analgeticum.* Das Analgeticum *R 219* (I) besteht aus *Phenetylamincitrat–Trimethylxanthin, Salicylamid–Acetylphenetidin* u. einer *Verb. von Aminophenazon mit Phenyläthylbarbitursäure* im Verhältnis 1:1 u. erwies sich in 212 Fällen als recht gut in seiner analget. Wirkung. (Die Medizinische **1955.** 1318—20. 10/9. Konstanz, Städt. Krankenanstalten.) HEINRICH HERMANN. 4627

K. Weithaler und **G. Biedermann,** *Klinische und experimentelle Untersuchungen über ein Schlafmittel.* Unterss. an 120 Patienten ergaben die günstige Wirksamkeit von *Medomin* (I; *Cycloheptenyläthylmalonylureid*; J. R. GEIGY, Basel) bei verschied. Krankheiten. Nur in Fällen von hochgradiger Arteriosklerose u. bei stärkeren spast. Schmerzen mußten zusätzliche Maßnahmen getroffen werden, um ausreichende Schlaftiefe u. -dauer zu erzielen. Sonst wurde bei Dosen von 0,2—0,4 g I eine Erholungs- u. Aufbauphase des Gehirns durch fördernden Schlaf mit anschließender Leistungssteigerung erzielt, wie Unterss. mit dem KRAEPELIN-PAULIschen Rechentest ergaben. Elektroencephalograph. Unterss. zeigten, daß auch noch nach Gaben von 0,8—1,0 g I keine der für *Barbiturate* typ. Wellen auftreten. Hierbei zeigten sich nach Erwachen jedoch Müdigkeit, Mattigkeit u. Leistungshemmung. (Med. Klin. **50.** 2155—58. 23/12. 1955. Innsbruck, Univ., Med. Klinik.) F. KRUSEN. 4627

H. Hunziker, *Beitrag zur Therapie der Gicht mit Butazolidin.* Rückblick auf die Wrkg. von *Colchicin, Phenylchinolincarbonsäure, Benemid* u. *ACTH* beim akuten Gichtanfall sowie eingehende Besprechung der Erfolge, die mit einmaliger Injektion von *Butazolidin* (GEIGY AKT.-GES., Basel) zu erzielen sind. (Z. Rheumaforsch. **13.** 296—307. Okt. 1954. Zürich, Univ., Rheumaklinik; Kantonsspital, Inst. für physikal. Therapie.) H. DOSSMANN. 4627

A. Fleisch und **M. Dolivo,** *Auswertung der Analgetica im Tierversuch.* Die bisherigen Methoden zur Prüfung analget. Substanzen am Tier befriedigten nicht. Nacheinander wurden verglichen: Eintauchen des Rattenschwanzes in warmes W., Klemmen der Schwanzwurzel bei Mäusen, Katzen, Hunden, elektr. Reizung des Katzenschwanzes, des Rattenscrotums, der Zahnpulpa beim Hunde u. Kaninchen. Die letzte Meth. allein gestattet die sichere Testung starker Analgetica, wie *Morphin* u. *Dolantin,* sowie der Antipyretica u. Analgetica, wie *Pyrazolon-* u. *Phenacetin-*Derivate. Zwischen analget. u. antipyret. Wrkg. besteht kein Zusammenhang. (Helv. physiol. pharmacol. Acta **11.** 305—22. 1953. Lausanne, Univ., Physiol. Inst.) K. PFEIFER. 4627

James E. Eckenhoff und **Lonnie W. Funderburg,** *Beobachtungen bei der Anwendung der Opiatantagonisten Nalorphine und Levallorphan. Nalorphine* (I; MERCK & CO., Rahway, N. J.) erwies sich als wirksamer Opiatantagonist gegenüber *Nisentil* (HOFFMANN-LA ROCHE, INC., Nutley, N. J.) u. *Metopon;* I u. *Levallorphan* (II; HOFFMANN-LA ROCHE) waren prakt. gleich wirksam gegenüber den Wirkungen von *Morphin* u. *Levorphan* (HOFFMANN-LA ROCHE). Ferner Angaben über den Wert von I bei Verabreichung zur Präanästhesie u. von I u. II in der Geburtshilfe. (Amer. J. med. Sci. **228.** 546—53. Nov. 1954. Philadelphia, Pa., Hosp. of Univ. of Pennsylvania and Univ. of Pennsylvania, School of Med., Harrison Dep. of Surg. Res.) H. DOSSMANN. 4627

William W. Mapleson und **William W. Mushin,** *Die muskelerschlaffende Wirkung beim Menschen. Experimentelle Untersuchung.* 1. Mitt. *Methode.* Beschreibung einer App., bei der mit einer Oberflächenelektrode dem mittleren Handwurzelnerven submaximale elektr. Reize zugeführt werden u. die dadurch hervorgerufenen Kontraindikationen der kurzen Daumenmuskeln kymograph. registriert werden. — Anwendung bei Versuchspersonen zur Messung der Wirkungsstärke von *Muskelrelaxantien.* (Anaesthesia **10.** 265—78. Juli 1955. Cardiff, Welsh Nat. School, Dep. of Anaesthetics.) P. LOCH. 4628

William W. Mapleson und **William W. Mushin,** *Die muskelerschlaffende Wirkung beim Menschen. Experimentelle Untersuchung.* 2. Mitt. *Ergebnisse bei intravenöser Applikation von Gallamintrisäthojodid.* (1. vgl. vorst. Ref.) Aus Unterss. über den prozentualen Relaxationsgrad von Daumenmuskeln durch *Flaxedil* (I; *Gallamintrisäthojodid;* MAY & BAKER LTD.) werden Dosis- u. Zeit–Wirkungs-Kurven abgeleitet. Wiederholte I-Dosen sind über lange Perioden bzgl. der Zeit u. der Stärke der Wrkg. konstant. Klin. muß man bei großen Operationen mit Einfll. auf Kreislauf u. Ausscheidung mit verlängerten Wirkungszeiten u. Änderungen der Dosis–Wirkungs-Kurve rechnen. Abweichungen von den Ergebnissen konnten nicht mit Hilfe der beobachteten *Pseudocholinesterase-*

Plasmaspiegel, die durchweg n. waren, erklärt werden. (Anaesthesia **10.** 379—90. Okt. 1955. Cardiff, Welsh Nat. School of Med., Dep. of Anaesthetics.) H. WUNDERLICH. 4628

Johannes Massier, *Erfahrungen über die Behandlung von spastischen Zuständen mit Neo-Octinum.* Als wirksames u. gut verträgliches Spasmolyticum erwies sich *Neo-Octinum,* eine Kombination von *Octinum* [*6-Methylamino-2-methylhepten-(2)*] u. *Octinum-D* (*6-Isoamylamino-2-methylheptan*). (Med. Klin. **50.** 2078—79. 9/12. 1955. Göppingen, Kreiskrankenhaus.) F. KRUSEN. 4628

R. Rodriguez Bravo, *Klinische Beobachtungen bei der Anwendung eines neuen oxitocinähnlichen synthetischen Präparats: das N.N-Diäthyl-N'-tetralyl-(2)-glycinamid (621 I. S.).* Unter den synthet., der Wrkg. des Ergotamin ähnlichen Präpp. hat sich das *N.N-Diäthyl-N'-tetralyl-(2)-glycinamid* (I) im Tiervers. als sehr wirksam erwiesen, ohne daß es tox. Eigg. entwickelt hätte. Es wurde bei n. Geburten (Erst- u. Mehrgebärende sowie Zwillingsgeburten) u. bei Schnittentbindungen zum Zwecke einer beschleunigten Uterusretraktion während der Nachgeburtsperiode intramuskulär u. intravenös angewandt. Als beste Dosierung des I hat sich eine Gabe von 2 mg herausgestellt, wobei dann die Wrkg. einige Zeit anhält. Wesentliche Unverträglichkeitserscheinungen wurden nicht beobachtet, das Präp. besitzt eine große Toleranzbreite. Intravenöse Gaben wirken sich bes. günstig zur Blutstillung in gynäkolog. Fällen aus. (Rend. Ist. super. Sanità **15.** 1008—32. 1952. Roma, Univ., Ist. di Clin. Ostetrica.) P. G. SCHEURLEN. 4628

M. Bertini, *Erste Beobachtungen über die klinische Anwendung des N.N-Diäthyl-N'-tetralyl-(2)-glycinamids (621 I.S.).* Das *N.N-Diäthyl-N'-tetralyl-(2)-glycinamid,* das in zwei opt. Isomeren vorliegt, wurde bei 30 Patientinnen hauptsächlich als Racemat angewandt. Es besitzt eine geringere Toxizität als *Ergotamin* u. *Ergometrin,* obwohl seine Wrkg. auf die Retraktion des aton. Uterus der Nachgeburtsperiode bei Gaben von 2—4 mg intramuskulär oder intravenös gut u. lang anhaltend ist. Nebenwirkungen wurden nicht beobachtet. (Rend. Ist. super. Sanità **15.** 1033—40. 1952. Torino, Univ., Clin. Ostetrico-ginecologica.) P. G. SCHEURLEN. 4628

G. Brunner, *Klinische Erfahrungen mit „Atumin", einem neuen Spasmolyticum ohne unerwünschte Nebenerscheinungen.* Bericht über erfolgreiche klin. Behandlung von Krampfzuständen glattmuskulärer Organe mit *1-Cyclohexylcyclohexancarbonsäurediäthylaminoäthylester-HCl* (*Bentylhydrochlorid, Wm.* S. MERRELL CO., Cincinnati; *Atumin,* P. BEIERSDORF U. CO., AG., Hamburg) allein u. in Mischspritze mit *Dolantin* oder *Novalgin.* (Die Medizinische **1955.** 1349—50. 17/9. Karlsruhe, Städt. Krankenanstalten, chirurg. Klinik.) H. WUNDERLICH. 4628

H. H. Sögtrop, *Dodecatol „Heyl" bei Neuritiden und epileptiformen Krämpfen der Hunde. Dodecatol* (I; HEYL & CO., Berlin-Steglitz), eine Kombination von *Procain, Nicotinsäure* u. *Vitamin* B_{12}, erwies sich bei 21 Hunden als erfolgreich bei der Behandlung von Neuritiden, Meningo-Encephalitiden mit epileptoformen Krämpfen der Staupe u. epileptoformen Anfällen ohne akute Viruserkrankung. I-Injektionen in Dosen von 1,0 bis 1,5 cm^3 in 5tägigem Abstand, keine Nebenwirkungen. (Berliner Münchener tierärztl. Wschr. **69.** 54—56. 1/2. 1956. Berlin-Grunewald.) H. DOSSMANN. 4628

Ss. A. Iwanowski, *Die Anwendung von Proserin bei der Atonie der Vormägen des Rindes.* Bei der Atonie der Vormägen des Rindes, bes. bei der prim. akuten Atonie, wird die subcutane Injektion von 0,01 g *Proserin* (I; 2mal zu 1 ml der 0,5%ig. Lsg. mit $^1/_2$std. Intervall) empfohlen. Dauer der Kur 1—2 Tage. I führt nach einer anfänglichen, 30—40 Min. währenden Vagus-Rk. zu einer über 5 Std. anhaltenden Sympathicotonie. (Ветеринария [Tierheilkunde] **32.** Nr. 11. 58—60. Nov. 1955. Baschkir. Landwirtschaftl. Inst.) E. RENTZ. 4628

William D. Wilkey und **Frederick R. Miller,** *Die Wirkungen von Strychnin, Eserin und Acetylcholin auf Elektrocorticogramm und Erregung der motorischen Einheit, zusammen mit Beobachtungen über den Streckreflex am Massetermuskel des Kaninchens.* Vff. untersuchten an Kaninchen u. Katzen in Dialanästhesie bei monopolarer Ableitung vom Cortex aus den Einfl. von *Strychnin 1% ig.* (I), *Acetylcholin 1% ig.* (II) u. *Eserin* (III) auf das Elektrocorticogramm u. auf die Erregung der motor. Einheit. I wirkt erregend auf die motor. Hirnrinde, später bewirkt es corticale Spitzen („spikes"), die dreiphasig sind. II auf die mit III vorbehandelte Hirnrinde gebracht, bewirkt dreiphasige Spitzen, die denen nach I ähneln. Von I, III u. II wird angenommen, daß sie die corticalen Synapsen stimulieren. I u. II hemmen, obwohl chem. stark verschied. Substanzen, wahrscheinlich die gleichen fundamentalen Leitungsmechanismen. (Canad. J. Biochem. Physiol. **33.** 695 bis 723. Juli 1955. London, Ontario, Can., Univ. of Western Ontario, Dep. of Neurophysiol., Fac. of Med.) K. BÖHM. 4628

E. Moskopf und **H. Sarre,** *Die leistungssteigernde Wirkung von Glykosiden und anderen herzwirksamen Mitteln im Meerschweinchenschwimmversuch und ihr Einfluß auf*

Herz und Nebennieren. g-Strophanthin (**I**), *Digitoxin* (**II**), *Digoxin* (**III**), *Dioxypropyltheophyllin* (**IV**), **IV** + k-**I** u. *Cytochrom c* (**V**) wurden in ihrer Beeinflussung von Herz u. Nebennieren (NN) im Meerschweinchenschwimmvers. (SV) ausgetestet (kurzfristiges erschöpfendes Schwimmen). Dabei ergab sich: Der SV führt zu einer Gewichtszunahme der NN. Unter der Glykosidwrkg. (zu der hier auch **IV** infolge seines positiv inotropen Effektes gerechnet wird) blieb diese Gewichtserhöhung aus, die Leistungen wurden gebessert. Dosiert man zu hoch, so fällt die Leistung u. übersteigt das NN-Gewicht das des Leervers. mit Extremwerten bei tox. Dosen. Ist das Herz gut leistungsfähig, so erfolgt keine wesentliche Gewichtszunahme im SV; dagegen steigt bei schlechter cardialer Leistungsbreite das Herzgewicht an. Digitalis u. NN stehen in enger Beziehung. Da durch **IV** eine bessere Resorption von **I** zustande kommt, bessert sich auch dabei die Herzleistung u. sinkt das NN-Gewicht. Auch oral verabreichtes **I** (Purostrophan, Strophoral) bessert die Herzleistung offenkundig. Die Gewichtszunahme der NN ist ein Faktor zur Entstehung der Herzhypertrophie, weshalb bes. vorsichtig dosiert werden muß. Es erscheint möglich, daß die oft beobachtete Digitalisüberempfindlichkeit des modernen Menschen mit dessen Wrkg. auf die Stress-belasteten NN zusammenhängt. (Verh. dtsch. Ges. Kreislaufforsch. **21.** 388—98. 1955. Freiburg/Br., Univ., Med. Poliklinik.) H. JORDAN. 4630

William V. Whitehorn, *Der Einfluß von Temperatur, Epinephrin und Digitoxin auf Summation und Tetanus im Herzmuskel.* Myocardstreifen von Rana pipiens u. von Albinoratten in RINGER-O_2-Lsg. verschied. Temp. wurden elektr. gereizt u. der Summationseffekt bzw. unvollständige Tetanus in seiner Abhängigkeit von *Temp.*, *Adrenalin* u. *Digitoxin* festgelegt. Temperaturerhöhung (**I**) erzeugt den Summationseffekt konsequent beim Froschherz, *Digitoxin* (**II**) potenziert ihn u. läßt ihn schon bei niedrigerer Temp. auftreten. *Epinephrin* (**III**) verhinderte die Wirksamkeit von **I** u. **II**. Mit dem Summationseffekt geht eine Verkürzung der Refraktärperiode einher, die andererseits durch Unterkühlung u. **III** verlängert wird. Die Rattenherzstreifen reagierten schon bei n. Temp. (38°) mit Summation in kompletten Tetanus u. posttetan. Verstärkung. Die Reizfrequenz lag hier höher, der Effekt war etwas weniger konstant. (Proc. Soc. exp. Biol. Med. **85.** 268—71. Febr. 1954. Chicago, Ill., Univ. of Illinois, Dep. of Physiol.) H. JORDAN. 4630

Karl Lühr, *Wirkung von Adelphan auf die arterielle Strombahn.* Die klin. Erfahrungen an Patienten mit arterieller Hypertonie bei der Behandlung mit *Adelphan* (CIBA; 0,1 mg *Serpasil* + 10 mg *Nepresol* je Tablette) zeigen, daß das Kombinationspräp. ausreichende hypotensive Wrkg. besitzt u. darüber hinaus andere hämodynam. Faktoren (Herzfrequenz, Pulswellengeschwindigkeit, arterielle Grundschwingung u. elast. Widerstand) günstig beeinflußt. (Z. Kreislaufforsch. **45.** 321—24. Mai 1956. Bad Elster, Staatl. Rheumaforschungsanstalt.) P. LOCH. 4630

E. Meyer, G. Jütting und **S. Schmidt,** *Die funktionelle Regeneration des Herzmuskels mit Biokatalysatoren.* Eine funktionelle Regeneration des ermüdeten Herzmuskels wurde mit Extraktivstoffen aus *Radix Ginseng* (**I**) u. *Vitamin E* („*Wadi Ginseng*") erzielt, wie Durchströmungsverss. am isolierten Froschherzen ergaben. Die Substanzen sind als Bio-Katalysatoren anzusehen, welche die Bldg. energiereicher P-Verbb., wie *ATP* u. *Kreatinphosphat*, beschleunigen. *Fructose* u. **I** wiesen die Wrkg. des Kombinationspräp. nicht auf. (Münchener med. Wschr. **98.** 202—03. 10/2. 1956. München, Univ., Physiol.-Chem. Inst.) WOLFGANG ALBRECHT. 4630

A. Ravina, *Rauwolfiaalkaloide. Ihre hypotensive Wirkung.* Kurze Beschreibung von *Rauwolfia serpentina* u. Übersicht über Entdeckung, Eigg. u. Verwendung der Rauwolfiaalkaloide. — 37 Literaturangaben. (Presse méd. **62.** 1125—26. 7/8. 1954.) E. HANSCHKE. 4630

Carl A. Schlagel und **John W. Nelson,** *Die blutdrucksenkenden Fähigkeiten einiger Fraktionen der Rauwolfia serpentina Benth.* Alkoh. Extrakte von 9 verschied. Sorten von *Rauwolfia serpentina*-Wurzeln wurden auf ihren hypertensiven Effekt untersucht, wobei gewisse Unterschiede — auch innerhalb mehrerer Proben einer Einzelsorte — festgestellt wurden. Von den Alkaloidfraktionen erwiesen sich *Serpentin* u. die *Serpentin-Alkaloidgruppe* als am effektvollsten. Auch an vagotomierten Tieren blieb die Wirksamkeit der Alkoholextrakte in typ. Form erhalten. Der therapeut. Index dieser Drogen liegt hoch, ihre Nebeneffekte waren minimal. (J. Amer. pharmac. Assoc. **43.** 505—10. Aug. 1954. Columbus, O., Univ., Coll. of Pharmacy.) H. JORDAN. 4630

Georg Cronheim, W. Brown, J. Cawthorne, M. I. Toekes und **J. Ungari,** *Pharmakologische Untersuchungen an Rescinnamin, einem neuen, aus Rauwolfia serpentina isolierten Alkaloid.* Vff. untersuchen die physiol. Wrkg. von *Rescinnamin* (**I**; *Trimethoxyzimtsäureester des Methylreserpates*; F. 238—239°; $[\alpha]_D^{24}$ —97 ± 2° [c = 1,0; Chlf.]). **I** ruft die typ. Effekte der Rauwolfia serpentina (II) hervor, wie Bradycardie, Hypotension u. allg. beruhigende Wirkung. I scheint die gleiche Wrkg. wie *Reserpin* zu haben u. ist das zweite hochwirksame Alkaloid aus II. (Proc. Soc. exp. Biol. Med. **86.** 120–24. Mai 1954. Los Angeles, Calif., Riker Labor., Res. Div.) E. Hanschke. 4630

E. Gruschwitz und **Chr. J. Keller,** *Behandlung mit dem Glykosidkomplex der roten Meerzwiebel.* An einer größeren Zahl von Patienten wurde *Scilladin,* der reine amorphe Glykosidkomplex der roten Meerzwiebel (Chem. Fabr. Freyberg, Delitzsch), bei intravenöser u. rectaler Gabe geprüft. Das Präp. war anderen gereinigten Scillapräpp. gleichwertig. (Z. ges. inn. Med. Grenzgebiete **10.** 573–81. 15/6. 1955. Leipzig, Stadtkrankenhaus St. Georg, Inn. Abt.) K. Rintelen. 4630

Bunjiro Terada, Toyoyuki Tamura und **Heiji Maizumi,** *Über die cardiotonische und zentralanaleptische Substanz aus Penicillium notatum.* Aus den Rückständen der *Penicillin*-Extraktion wird durch Pressen W. entfernt, die in CH_3OH (I) u. Ae. unlösl. Anteile alkalisiert u. wieder die in I u. Ae. unlösl. Teile mit dest. W. ausgezogen, der Auszug eingeengt u. nach dem Enteiweißen der mit I abgeschiedene Teil in die Form eines trockenen Pulvers (II) gebracht. Eine 0,1%ig. II-Lsg. hat am isolierten Froschherzen eine anhaltende frequenzsteigernde Wrkg., die etwa einer Adrenalinkonz. von 10^{-7} entspricht. Speicherung u. allmählich nachlassende Frequenz sind ungiftig. Systole u. Diastole sind gegenüber dem n. Herz verstärkt. Zentralanalept. Wrkg. am urethannarkotisierten Froschherzen, mit 60 mg II/kg. 10 mg II/kg beim Kaninchen (intravenös) fördern die Atmung u. steigern den Halsvenendruck anhaltend, wenn auch mäßig. Hemmung der Muskelermüdung (Frosch) durch 0,1% II. (Folia pharmacol. japon. **49.** 163 § bis 164 §. 20/7. 1953. Nippon Univ. [Orig.: japan.]) L. Schuler. 4630

W. Lueg und **A. Hess,** *Erfahrungen mit dem neuen quecksilberfreien peroralen Diureticum Orpidan.* In Dosen von 1–2 mg/kg erwies sich *Orpidan* (*N-p-Chlorphenyl-2.4-diamino-s-triazinhydrochlorid*; Heumann & Co., Nürnberg) als wirksames u. auch bei Herzkranken gut verträgliches Diureticum. (Med. Klin. **50.** 2113–14. 16/12. 1955. Bad Nauheim, Städt. Krankenanst.) F. Krusen. 4634

C. H. Schwietzer, *Die derzeitige Lebertherapie im Spiegel biochemischer Forschungsergebnisse.* Übersicht über die moderne, biochem. Leberbehandlung: 1. Resynth. der gestörten Fermentsysteme (*Oxydasen, Katalasen, Phosphatasen* usw.) durch Eiweißzufuhr (*Casein* oral, Plasmaeiweiß parenteral), Vitamin-B-Komplexgaben u. Zufuhr von Zellbausteinen mit *Purin-* u. Pyrimidinstruktur (*Adenin, Xanthin* sowie *Cytosin, Uracil, Thymin und Orotsäure*); 2. Erleichterung des Energie-(Zucker)-Stoffwechsels durch insulinunabhängige *Fructose*; 3. Beeinflussung der Phosphatidbldg. durch lipotrope Substanzen (*Cholin, Methionin, Betain* u. *Threonin*) u. 4. Beachtung der Rolle der Spurenelemente, z. B. des Mg u. des K für die optimale Eiweißsynth. u. als Enzymaktivatoren. (Therapiewoche **4.** 569–73. Sept. 1954. Berlin.) V. Sachs. 4640

J. E. N. Sloan, P. A. Kingsbury und **D. W. Jolly,** *Vorläufige Versuche mit Piperazinadipat als Anthelminthicum in der Veterinärpraxis.* Zur Bekämpfung von Ascaris, Rotwürmern, Oxyuren u. Knotenwürmern erwies sich *Piperazinadipat* bei Pferden, Schweinen, Hunden, Katzen u. Geflügel als geeignet. Es wird dem Futter beigemengt, erfordert kein Laxans u. besitzt keine Nebenwirkungen. (J. Pharmacy Pharmacol. **6.** 718–24. Okt. 1954. Berkhamsted, Cooper Technical Bureau.) H. Aman. 4649

A. B. Baidewljatow, *Ein Massenversuch zur subcutanen Anwendung von Kohlenstofftetrachlorid bei Fasciolose der Schafe.* An Hand von Beobachtungen an 1800 Schafen wird die gute Wrkg. der von Demidow (Ветеринария [Tierheilkunde] **31.** [1954.] 16) empfohlenen Behandlung mit CCl_4 (2–3 ml subcutan) bei der Fasciolose bestätigt. (Ветеринария [Tierheilkunde] **32.** Nr. 11. 91. Nov. 1955.) E. Rentz. 4649

J. J. Pocidalo und **M. Chaslot,** *Die Wirkung des Calophyllumöles auf experimentell erzeugte Brandwunden.* Die Heilwrkg. des aus den Samenkörnern des alexandrin. Lorbeerbaumes, Calophyllum inophyllum, gewonnenen Öles auf experimentell erzeugte Brandwunden am Meerschweinchen wird sichergestellt. Bei weitgehender Reinigung des Öles vom Balsam zeigt sich ebenso wie bei einem mit Balsam angereicherten Öl eine Verminderung der Heilwirkung. (C. R. Séances Soc. Biol. Filiales **149.** 357–59. Febr. 1955.) H. Lamp. 4660

H. Sasum, *Die Spraybehandlung des Ekzems des Hundes mit „Dermaethyl".* Hautkrankheiten des Hundes, bes. chron. Rückenekzeme, ließen sich erfolgreich mit *Dermaethyl A* (*Acridin*-Spray) u. *Dermäthyl* (Teerspray) behandeln. Vf. beschreibt eingehend je 6 Fälle, die die besonderen Vorteile dieser Behandlungsart demonstrieren: 1. saubere u. einfache Anwendung; 2. gute Dosierbarkeit; 3. juckreizstillende, entzündungswidrige u. bactericide Wirkung. (Tierärztl. Umschau **9.** 213–16. Juni 1954. Letmathe/Westf.) L. Berger. 4661

H. Hering, *Praktische Erfahrungen mit dem Teerstift „Rodleben" in der Dermatologie.* Der Stift besteht aus Steinkohlenteer, der in einer Paraffin–Wachs-M. eingebettet ist. Er wurde mit gutem Erfolg bei endogenem, vulgärem u. seborrhoischem Ekzem angewendet. (Dtsch. Gesundheitswes. **8.** 196—97. 15/2. **1953.** Dresden-Friedrichstadt, Stadtkrankenhaus.) P. LOCH. 4661

O. Erlsbacher, H. Geisberger und **A. Popp,** *Antientzündliche Therapie mit Stickstofflost. Stickstofflost* erwies sich bei chron. u. akuten Entzündungszuständen u. Asthma bronchiale als entzündungswidrig u. scheint betreffs der Dauer der Behandlung der *ACTH–Cortison*-Therapie überlegen. (Die Medizinische **1956.** 166—69. 28/1. Wien, II. med. Abt. der Krankenanstalt Rudolfstiftung.) WOLFGANG ALBRECHT. 4670

Cyrus E. French, John R. Allen und **K. Jane Davis,** *Bioversuch mit entzündungshemmenden Substanzen.* Die angewandte Meth. basiert auf der Verringerung der Schwellung in den Gelenken von Meerschweinchen, welche einer schweren ARTHUSschen Rk. unterworfen wurden. Es wurden die relativ entzündungshemmenden Wirkungen von *Cortisonacetat, Cortisonalkohol, Hydrocortison, Salicylaten* u. diätet. Hilfsmitteln aus Fraktionen von *Eidotterphosphatiden* bestimmt. (Proc. Soc. exp. Biol. Med. **89.** 41—43. Mai 1955. Chicago, Ill., Northw. Univ., Rheum. Fever Res. Inst.) H. AMAN. 4670

Friedrich Dörfler, *Depotsalicylat in der Rheumatherapie.* Mit täglich einmal 12 oder 2mal 6 Dragées *Depot-Salicylat* (**I**; *Tetrahydro-1.4-oxazinsalicylat*; ARZNEIMITTELWERK FISCHER, Bühl/Baden), entsprechend 3,6 g *Salicylsäure* (**II**), wurden bei 52 Patienten mit verschied. rheumat. Krankheiten gute Erfolge bei sehr guter Verträglichkeit erzielt. Die besten Wirkungen waren bei akuten u. prim. u. sek. chron. Polyarthritiden zu beobachten. Bei angegebener Dosierung betrug der Blut-**II**-Spiegel 24 Std. nach Zufuhr von **I** 13 mg%. (Med. Klin. **50.** 2114—16. 15/12. 1955. Jena, Univ., Med. Poliklinik für Innere u. Nervenkrankheiten.) F. KRUSEN. 4670

G. Stepantschitz und **E. Kresbach,** *Rheumabehandlung mit Roßkastanienwirkstoffen* (*Venostasin*). Vff. weisen nach, daß *Venostasin* (KLINGE, München) durch Hemmung der *Hyaluronidase* (**I**) einen günstigen Einfl. auf mit Formalin bei Ratten gesetzte Arthritiden bzw. bei Patienten mit rheumat. Erkrankungen ausübt. **I**-Verabreichung als *Permease* (SANABO) hat bei den Tieren ein verstärktes Auftreten der Arthritis zur Folge. (Z. Rheumaforsch. **13.** 266—75. Okt. 1954. Graz, Univ., Med. Klinik.) H. DOSSMANN. 4670

E. Kölwel und **G. Schrag,** *Das klinische Bild der Valaminvergiftung.* Nach Aufnahme von 60 Tabletten *Valamin* (**I**; *Äthinylcyclohexylcarbaminsäureester*; SCHERING A. G., Berlin) durch einen 16jährigen kam es zu einem 6std. Tiefschlaf mit nachfolgendem leichten vorübergehenden Ikterus. Therapie wie bei Barbituratintoxikation. Ein weiterer Fall kam 9 Tage nach Aufnahme von 150 Tabletten **I** trotz intensiver Therapie infolge Pneumonie ad exitum. Wesentlicher Leberschaden war nicht nachweisbar. (Münchener med. Wschr. **97.** 1486—88. 11/11. 1955. München, Univ., II. Med. Klinik.) F. KRUSEN. 4675

W. Schulze und **H.-J. Klug,** *Zur Toxikologie eines neuen Schädlingsbekämpfungsmittels auf der Basis des Diazinons.* Das bes. gegen DDT- u. HCl-resistente Fliegen verwendete Präp. *Ginol* auf der Basis von *Diazinon* (**I**) zeigt, wie Erfahrungen in Geflügelstätten (übliche Konz.) u. eigene Verss. ergaben, bes. auf Enten, Gänse u. Küken, stark tox. Wirkung. Klin. zeigen sich bes. Lähmungen, Appetitlosigkeit u. starke Abmagerung bis zum Exitus. Der Fettgeh. des Gefieders beim Wassergeflügel scheint die tox. Wrkg. zu begünstigen. (Mh. Veterinärmed. **11.** 54—55. 1/2. 1956. Leipzig, Karl-Marx-Univ., Inst. für Veterinär-Pharmakol. u. -Toxikologie.) EBERHARD MÜLLER. 4675

Karl Kollmeier und **Heinrich Krah,** *Über Suicidversuche mit Insulin, zugleich ein Beitrag zum Problem der Hypoglykämie.* Bericht über einen Suicidvers. einer 40jährigen Diabetikerin durch subcutane Injektion von 1300 E. *Depot-Insulin.* Es entstand ein schweres Koma hypoglycaemicum, das durch Zufuhr von insgesamt 2 kg *Glucose* beherrscht werden konnte. Die von anderen Hypoglykämie-Fällen berichteten epileptiformen Anfälle wurden nicht beobachtet. Auf die besondere Bedeutung der diagnost. Unterscheidung zwischen Koma hypoglycaemicum u. Koma diabeticum durch Harn- u. Blutzuckerbest. wird hingewiesen. (Münchener med. Wschr. **97.** 1484—86. 11/11. 1955. Gelsenkirchen, Evang. Krankenhaus.) F. KRUSEN. 4675

P. E. Braid, J. P. Windish und **C. R. Ross,** *Gesundheitsschädigungen durch treibende Parathionstaubwolke.* Nach experimenteller Verstäubung von *Parathion* (**I**)-Stauben (Geh. an **I** 1%) sind bei den gegebenen experimentellen Bedingungen (40 lbs./acre, Windgeschwindigkeit 3—8 m/Std.) nicht nur in der Nähe des Verstäubers, sondern auch in weiterer Entfernung Schädigungen durch **I** möglich, da die gemessenen Staubmengen mehr **I** enthalten als durch den MAC-Wert (maximal allowable concentration) zugelassen ist

(MAC = 0,1 γ/Liter). Die I enthaltenden Staubproben wurden in verschied. Entfernung vom Verstäuber einmal durch einen elektrostat. Staubkollektor, zum anderen von Rübenblättern gewonnen. (A.M.A. Arch. ind. Health **11.** 403—07. Mai 1955. Ottowa, Can., Occupational Health Labor., Dep. of National Health and Welfare.) H. ZELLER. 4680

G. Jungk, *Soziale Medizin und Hygiene. Gefährdung durch Beryllium in Leuchtröhren.* Bei der Herst. u. Verwendung von Leuchtröhren kann es durch Schnittverletzungen zu granulomatösen Gewebeneubildungen kommen, die mit der Hauttuberkulose größte Ähnlichkeit haben. Bericht eines Krankheitsfalles. (Münchener med. Wschr. **98.** 83—84. 20/1. 1956. Berlin.) H. ZELLER. 4681

Duncan A. Holaday, *Das Radonproblem in Bergwerken.* Bericht über gemessene *Radon* (I)-Mengen in Bergwerken. Nicht nur in Uran-Bergwerken (I = 570—8300 $\mu\mu$C/Liter), sondern auch in anderen Bergwerken (I = 10—2100 $\mu\mu$C/Liter) werden beachtenswerte Konzz. von radioakt. Stauben u. Gasen gemessen. Eine Angabe der Konzz., die bei täglich 8std. Arbeitszeit keine Gesundheitsschädigungen hervorrufen, ist nicht möglich, da exakte biol. Untersuchungsunterlagen fehlen. (A.M.A. Arch. ind. Health **12.** 163—66. Aug. 1955. Salt Lake City.) H. ZELLER. 4681

U. S. von Euler, Noradrenaline: Chemistry, physiology, pharmacology and clinical aspects. London: Blackwell Scientific. 1956. (400 S. m. Abb.) 8°. 87 s. 6 d.)

J. H. Gaddum, Farmacologia. Barcelona: Revertė. 1955. (XX + 517 S. m. Abb.) 270,00 ptas.)

F. Pharmazie. Desinfektion.

J. Schmid, *Die Sterilisation der Arzneimittel im Nachtrag zum DAB. 6.* Nach den Bestimmungen des Nachtrages 1954 zum DAB. 6 versuchte Vf., die Sterilisation der Arzneimittel nach pharmazeut. Gesichtspunkten zu ordnen (Aufstellung von 4 Tabellen), nach eigenen Erfahrungen u. nach der Literatur. Manche der angegebenen Sterilisationsverff. bedürfen noch einer genauen Überprüfung, ehe sie für das DAB. 7 reif sind. Die angegebenen Sterilisationsverff. von ca. 300 Arzneistoffen wurden für die Praxis ausgewählt. Sie sollen die bei der Einführung des Nachtrages 1954 zu erwartende Unsicherheit bei der Wahl des Sterilisationsverf. überbrücken helfen. — 43 Literaturangaben. (Pharmazie **10.** 79—85. Febr. 1955. Erfurt, Med. Akad. u. Städt. Krankenanstalten, Apotheke.) W. BARZ. 4750

Herbert Schindler, *Beiträge zu einem Ergänzungsbuch für das Homöopathische Arzneibuch.* 7. Mitt. (1.—6. vgl. C. **1956.** 3371.) Es werden behandelt *Aristolochia clematitis L.*, *Arnica* u. *Arnica ad usum externum*, jeweils in der Reihenfolge Stammpflanze, Vork., verwendeter Pflanzenteil, Bereitung der Arzneiform, Inhaltsstoffe, Prüfung, Rkk., Anwendung. (Arzneimittel-Forsch. **1.** 323—25. Okt. 1951. Karlsruhe, Fa. Dr. Willmar Schwabe.) W. BARZ. 4750

Herbert Schindler, *Beiträge zu einem Ergänzungsbuch für das Homöopathische Arzneibuch.* 8. Mitt. (7. vgl. vorst. Ref.) Die Übersicht wird fortgesetzt mit *Asa foetida, Asarum, Avena sativa.* (Arzneimittel-Forsch. **1.** 421—25. Dez. 1951.) A. HOTZEL. 4750

H. Schindler, *Die Inhaltsstoffe von Heilpflanzen und Prüfungsmethoden für pflanzliche Tinkturen. Zugleich Beiträge zu einem Ergänzungsbuch für das Homöopathische Arzneibuch.* 9.—13. Mitt. (8. vgl. vorst. Ref.) Besprochen werden *Belladonna, Berberis, Berberis aquifolium, Bryonia, Cactus, Calamus aromaticus, Calendula, Capsicum* u. *Carduus marianus.* (Arzneimittel-Forsch. **2.** 40—44. Jan. 84—88. Febr. 139—41. März. 201—03. April. 291—96. Juni 1952.) A. HOTZEL. 4750

J. Richter, *Das Dänische Arzneibuch. 9. Ausgabe 1948.* Überblick über Band I—III der Pharmacopoea Danica (Aufzählung der im DAB. 6 nicht vorhandenen Artikel, Gliederung der Artikel u. Einteilung des allg. Teils). (Pharmazie **10.** 124—27. Febr. 1955. Berlin-Friedrichshagen.) W. BARZ. 4750

J. Richter, *Das Dänische Arzneibuch. Addendum 1952, Addendum veterinarium 1948, Dispensatorium veterinarium 1950.* Kurze Übersicht. (Pharmazie **10.** 127—29. Febr. 1955.) W. BARZ. 4750

L. Janssens, *Die Emulsionen der nationalen Rezeptsammlung, 3. Ausgabe.* An Hand mehrerer, in dem Werk angegebener Rezepte wird gezeigt, daß neuzeitliche Emulgiermittel nicht in hinreichendem Maße Anwendung gefunden haben. Für mehrere Präpp. werden Rezepte angegeben, die eine größere Stabilität der Präpp. gewährleisten. (Pharmac. Tijdschr. België **32.** 117—28. Juni 1955. Antwerpen.) W. WESLY. 4750

T. D. Whittet, *Moderne Methoden der Arzneimittelverabreichung.* Übersicht über die verschied. Verabreichungsmöglichkeiten von Arzneimitteln mit Erörterung der jeweils zweckmäßigsten Form an Hand zahlreicher Beispiele. — 20 Literaturangaben. (Australas. J. Pharmacy [N. S.] **36.** 733—40. 30/7. 1955. London, Univ., Coll. Hosp.) W. SPITALER. 4766

Knud Christensen, *Infusionsflüssigkeiten und Flüssigkeitstherapie.* (*Übersicht.*) Grundlagen, Indikationen der Flüssigkeitstherapie; Typen von Infusionsflüssigkeiten. (Arch. Pharmac. og Chem. **62. (112).** 809—20. 29/10. 1955. København, Militaerhosp. apotek.) R. K. MÜLLER. 4766

J. Lemli, *Menthofuran, ein wichtiger Bestandteil von Pfefferminzöl.* Übersicht über Struktur, Gewinnung, Eigg., Best. u. Vork. von Menthofuran im Pfefferminzöl. — 31 Schrifttumshinweise. (Pharmac. Tijdschr. België **32.** 75—80. April 1955. Groningen, Rijksuniv., Labor. voor Pharmacognosie en galen. Pharmacie.) W. WESLY. 4782

V. E. Tyler jr., *Der Einfluß der Keimung auf den Alkaloidgehalt der Samen von Nigella damascena. Damascenin* (I), das sich als 3-Methoxy-N-methylanthranilsäuremethylester aus den Samen von *N. damascena* in einer Menge von 0,17% isolieren läßt u. ein *Pikrat* (F. 160—161,5°) sowie *Chloroplatinat* (F. 188,5—189°) bildet, ist in alkoh. Lsg. durch fluorometr. Messung mit Hg-Licht sehr leicht auch in kleinen Mengen von Pflanzenmaterial zu bestimmen. An neutralen alkoh. Extrakten wurde hier festgestellt, daß das Alkaloid zum größten Teil in der Samenschale lokalisiert ist, während die isolierten kleinen Samen nur ca. 1,2% der Gesamtmenge enthalten. Bei der im Dunkeln bei 28 bis 30° durchgeführten Keimung war in den Samenschalen ein sehr schwaches Ansteigen des Alkaloidgeh. zu beobachten, die Keimlinge erschienen alkaloidfrei. Damit scheint I im Stoffwechsel der Keimung keine besondere Funktion auszuüben. Zusätzliche papierchromatograph. Überprüfung auf mit Phosphatpuffer auf p_H 8 vorpräpariertem Filtrierpapier erwies bei Verwendung von n-Butanol—W. (50 : 50) als Lauf-Fl. u. von UV-Licht zur Auswertung mit dem unveränderten R_F-Wert 0,98 die Einheitlichkeit des Alkaloids vor u. nach der Keimung. (J. Amer. pharmac. Assoc., sci. Edit. **44.** 52—54. Jan. 1955. Lincoln, Nebr., Univ. of Nebraska, Coll. of Pharm.) K. ZOPFF. 4782

Henry R. Kreider, *Polyole in Pharmazeuticis.* Allg. Ausführungen über die Verwendung von *Polyolen,* wie *Glycerin, Propylenglykol* u. *Sorbit* (I), in Pharmazeuticis. Bes. werden die Vorteile erläutert, die die Verwendung von I an Stelle der entsprechenden Zucker häufig bietet. (Drug Cosmet. Ind. **71.** 611. 691—92. Nov. 1952. W. M. S. Merrell Co.) M. NEGWER. 4786

Herbert P. Fiedler (unter Mitarbeit von **Herta Preusch**), *Die Eignung von Pudergrundlagen als Medikamententräger.* Vff. prüfen die Zusammenhänge zwischen Pudergrundlage u. Abgabe der im Puder enthaltenen Pharmaka an die Haut durch Best. der von einem Puder in einer bestimmten Zeit an eine Agarschicht abgegebenen Menge Wirkstoff. Verss. mit Borsäure, Salicylsäure, Propionsäure, Jod u. Fetten als Wirkstoffe zeigten, daß Talkum auf Grund seiner geringen Adsorptionsfähigkeit als Pudergrundlage sehr vorteilhaft ist, während sich amorphe bzw. koll. Kieselsäure als völlig ungeeignet erwies. Zusätze von ZnO zum Talkum erhöhten die Adsorptionsfähigkeit u. verschlechtern somit die Qualität. Als bes. geeignet empfehlen Vff. nach diesen Verss. solche Substanzen als Pudergrundlagen, die maximal 50—75% Feuchtigkeit zu adsorbieren vermögen. (Arzneimittel-Forsch. **3.** 415—18. Aug. 1953. Oberndorf/Neckar, Vasenol-Werke Dr. A. Köpp K. G.) R. REISS. 4786

Maurice Vigneron, *Der Kampf gegen die Autoxydation. Prinzipien — Anwendungen.* Kurzer Überblick über Ursachen, Kinetik u. Wirkungen der Autoxydation, ihre Bekämpfung, u. a. auch in der Pharmazie, mit Antioxydantien (z. B. Phenole, Tocopherol, Aminosäuren, Harze), bes. deren spezif. Auswahl u. deren Anwendungsbedingungen. — Keine Literaturangaben. (France-Pharmacie **7.** 547. Nov. 1954.) M. NEGWER. 4786

O. Lindemark, *Über Stabilisierung der alkalischen Salicylmixtur.* Die beim Zusatz von Na_2CO_3 u. bes. $NaHCO_3$ zu einer Salicylatlsg. eintretende Dunkelfärbung läßt sich durch Zugabe von Antioxydantien oder Komplexbildnern zurückdrängen. Von den untersuchten Zusätzen NaH_2PO_2, Thioharnstoff u. Tetracemin-Tetranatrium (I) ist I am wirksamsten. Eine Lsg. mit 0,001 mol. (0,038%ig.) Konz. an I ist selbst nach Zusatz von Oxydationsmitteln haltbar. Es wird ein Zusatz von 0,04% I empfohlen. (Arch. Pharmac. og Chem. **62 (112).** 704—09. 17/9. 1955. Vejle, St. Thomas Apotek.) R. K. MÜLLER. 4790

E. J. Nicholas, *Erfahrungen mit Augenlösungen.* Zur Vermeidung von Entzündungen, die sich häufig bei Verwendung von mit Bakterien verunreinigten Augentropfen einstellen, teilt Vf. Unterss. über Na-Sulfacetamid-Augentropfen mit, die mit Zusatz von wasserfreiem Na_2SO_3 u. Phenylmercurinitrat hergestellt waren, sich sterilisieren ließen, 1 Woche (bei Benutzung) steril blieben u. gute Verträglichkeit zeigten. Ähnliche

Herstellungsvorschrift wird für Physostigminsalicylat-Augentropfen angegeben. Atropinsulfatlsgg. werden mit Benzalkoniumchlorid hergestellt. (Australas. J. Pharmacy [N. S.] **36**. 998. 30/9. 1955.) W. SPITALER. 4790

John Ashley, *Überblick über Wasser-in-Öl-Emulsionsbasen.* Erörterung der Vorteile der W.-in-Öl-Emulsionen als Salbengrundlagen. Hinweise auf Schwierigkeiten ihrer Anwendung sowie deren Beseitigung. Mitt. von Verss. zur Herst. einer Salbengrundlage mit Hilfe von „Emulsifying Wax B. P.", bestehend aus Bienenwachs, fl. Paraffin u. Wasser. (Australas. J. Pharmacy [N. S.] **36**. 989—91. 30/9. 1955. Sydney, Univ., Dep. of Pharmacy.) W. SPITALER. 4792

R. van Severen, *Einige Gesichtspunkte der Salbentherapie.* 2. Mitt. *Einige Untersuchungsverfahren über die Diffusion von Heilmitteln aus Salben. In vitro-Verfahren.* (1. vgl. C. **1956**. 8982.) Übersicht über die wichtigsten, zur Unters. der Diffusion von Heilmitteln aus Salben angewandten in vitro-Verfahren. — 35 Schrifttumshinweise. (Pharmac. Tijdschr. België **32**. 167—74. Aug. 1955. Gent, Rijksuniv., Pharmaceut. Inst., Labor. voor Pharmacognosie en Artsenijbereidkunde.) W. WESLY. 4792

Jaroslav Reichelt und **Luděk Šafařík**, *Der Zerfall einer nichtstabilisierten Lösung von Ergometrin.* Vff. untersuchen den Zerfall von *Ergometrin* (**I**)-Lsg. nach 1. 12std. Erhitzen bei 100° ohne Lichtzutritt u. finden neben **I** Lysergsäure u. Ergometrinin. 2. nach Einfl. von Luft-O_2 (**II**) unter Lichtabschluß. Gelbfärbung der **I**-Lsg. nach 12 Stunden. Der Indolring wird teilweise angegriffen. Papierchromatograph. findet man neben **I** Prodd., die im UV-Licht rot u. gelbgrün fluorescieren u. mit p-Dimethylaminobenzaldehyd keine Rk. geben. 3. UV-Strahlen unterstützen den Zerfall der Lsg. mit **II**. Chromatographiert wird auf WHATMAN-Papier Nr. 1 bei 18° mit absteigender Anordnung aus Chlf.–Formamid. Flecke werden im UV-Licht kenntlich gemacht. (Českoslov. Farmac. **4**. 404—07. Okt. 1955. Praha, Kontr. úst. farm.) E. VEVERA. 4806

J. Klosa, *Versuche zur Isolierung von Vitamin B_{12}.* Vitamin B_{12} (**I**) läßt sich analog den Hormonen selektiv u. adsorptiv mit aromat. Säuren (Benzoesäure, Salicylsäure, α-Naphthoxyessigsäure), Phenolen u. Naphtholen aus stark verd. Extraktlsgg. fällen u. nach den üblichen Methoden in kristalline Form überführen. Aus 500 kg Kuhkot konnten 41 mg kristallines **I** gewonnen werden, das sich ab 200° zu zersetzen begann. Beschreibung der Anreicherung des **I**. — 23 Literaturangaben. (Pharmazie **10**. 102—03. Febr. 1955. Berlin-Altglienicke.) W. BARZ. 4808

John Gemmell, *D. C. M. X., ein neues Chlorxylenol-Desinfektionsmittel.* Es werden die chem. Eigg., Herstellungsverff. u. Anwendungsgebiete des D.C.M.X. (2.4-Dichlor-3.5-dimethylphenol; **I**) beschrieben. Es ist lösl. in verschied. organ. Lösungsmitteln u. hat gute baktericide, fungicide u. konservierende Eigg., wobei die baktericiden Eigg. von Seifen ohne u. mit **I** bzw. Hexachlorophen (**II**) verglichen werden. **I** u. **II** sind in ihrer Wrkg. ziemlich gleichwertig. (Manufact. Chemist **23**. 63—65. Febr. 1952.) E. BOYE. 4832

E. B. Pollard und **A. I. Stahel**, *Einige Gesichtspunkte beim aseptischen Abfüllen von Injektionslösungen.* Hinweise für zweckmäßiges Vorgehen bei der Herst. von Injektionslsgg.; Beschreibung von Anlagen zur Luftfiltration, Herst. der Lsgg., Abfüllung, Filtration, Sterilisation, von Prüfungsmethoden, Verpackung usw., erläutert bes. in Hinblick auf die Herst. von Insulinlösungen. (Australas. J. Pharmacy [N. S.] **36**. 995—97. 30/9. 1955.) W. SPITALER. 4832

Archie McCallum, **John Buchter** und **Robert Albrecht**, *Vergleich und Beziehung des Strong-Cobb- und des Monsanto-Tablettenhärte-Testgerätes.* Tablettenstärke u. -härte stehen miteinander in Beziehung, wenn sie mit dem STRONG-COBB- u. MONSANTO-Tablettenhärte-Tester gemessen werden. Das STRONG-COBB-Gerät mißt den Druck der Tabletten pneumat., das MONSANTO-Gerät durch Federdruck. Die erhaltenen Werte stimmen ungefähr überein u. sind gut reproduzierbar. (J. Amer. pharmac. Assoc., sci. Edit. **44**. 83—85. Febr. 1955. Cleveland, O., Strong, Cobb & Co.) J. MILLER. 4880

J. W. Fairbairn und **G. E. D. H. Mahran**, *Pflanzliche Abführmittel mit Anthracenderivaten.* 7. Mitt. *Die Wertbestimmung von Cascara sagrada und ihren Zubereitungen.* (6. vgl. C. **1954**. 11487.) Beschreibung eines Verf. zur quantitativen chem. Best. der Glykoside in Cascara sagrada, der getrockneten Rinde von Rhamnus purshianus D. C. Das Verf. beruht auf der spektrophotometr. Auswertung des mit Hilfe der BORNTRÄGER-Rk. erhaltenen Oxydationsprod. bei 500 mμ gegen Aloe-Emodin. Störungen durch andere gefärbte Substanzen werden durch Oxydation in saurer Lsg. sowie durch Behandlung mit $Na_2S_2O_5$ u. $NaHCO_3$ verhindert. Ein Vgl. der chem. mit der biol. Best. von LOU u. FAIRBAIRN (C. **1951**. **II**. 3633) zeigt, daß bei der Droge das Verhältnis von biol. Aktivität zum chem. ermittelten Geh. im Durchschnitt 1,2 beträgt, während es bei Trockenextrakten, fl. Extrakten u. Elixieren nur bei ungefährt 0,6 liegt. Da von den Glykosiden der Droge nur ca. 25% wasserlösl. sind, beträgt somit bei den galen. Präpp. die biol. Aktivität, berechnet auf die eingesetzte Droge, nur ca. 15%. Der Geh. der Droge an Gesamtglykosiden wurde zu 1% ermittelt. (J. Pharmacy Pharmacol. **5.** 827—38. Nov. 1953. London, Univ., School of Pharmacy, Pharmacognosy Res. Labor.) R. REISS. 4880

Géza Tokár, István Simonyi und György Gál, *Nachweis geringer Mengen von p-Nitrobenzoesäure-β-diäthylaminoäthanolester neben Novocain.* Pikrinsäure u. auch Kaliumjodomercurat erzeugen mit der Nitro- wie auch mit der Amidoverb. gelbe Ndd., doch ist der Nd. der Amidoverb. in Säure löslich. Kaliumjodomercurat ist empfindlicher. Gibt man zu 1 ml Versuchslsg. 9 ml W., 1,5 ml 10%ig. HCl u. 2 ml Kaliumjodomercuratlsg., so kann man neben 100 mg Novocain 0,3 mg p-Nitrobenzoesäure-β-diäthylaminoäthylester nachweisen. In diesem äußersten Fall erscheint eine schwache Opalescenz, sonst eine gelbe Trübung oder ein Niederschlag. Mit Hilfe dieser Rk. ist bei der Herst. von Novocain das Erfassen des Endpunktes der Red. möglich. (Magyar Kémiai Folyóirat [Ung. Z. Chem.] **60.** 321—23. Nov. 1954. Budapest, Verein. Pharmaz. u. Nährstoffabrik.) J. PLANK. 4880

Jindřich Wagner, Pavel Kraus und Břetislav Večerek, *Mikrobestimmung von Isonicotinsäurehydrazid.* Gemessen wird in PULFRICH-Photometer aus 5 ml-Küvetten mit Filter S 47, Empfindlichkeit 2,5 γ in 1 ml Serum. Fehlergrenze $\pm$ 5—8%. Arbeitsgang: zu 0,5 ml Analysensubstanz fügt man 0,5 ml KJ + HgJ_2 in 5% ig. Lsg. u. 1 ml 2nNaOH, nach 1 Min. 2 ml 2nEssigsäure u. rührt gut um. Nach frühestens 5 Min. messen. Die Konz. wird aus Vergleichskurven ermittelt. Die Meth. beruht auf Red. der Hydrazingruppe, wobei NH_4-Salze nicht stören. Isonicotinsäurehydrazid wird in Tabletten im Bereich von 2—40 mg in 1 ml Lsg. bestimmt, in 1 ml Blutserum nach Entfernen des Proteins mit 2 ml $Ba(OH)_2$ durchschütteln, nach 5 Min. 2 ml 8% ig. $ZnSO_4$-Lsg. u. nach 10 Min. Zentrifugieren. (Českoslov. Farmac. **4.** 389—92. Okt. 1955. Praha, I. úst. lék. chem. u. Výzk. úst. tuberkul.) E. VEVERA. 4880

O. Hrdý, Z. Jung und A. Šlouf, *Erkennung, Trennung und Bestimmung der Digitalisglykoside.* 2. Mitt. *Trennung und Bestimmung der einzelnen Lanatoside und Desacetyllanatoside in Lanatosid ABC.* (1. vgl. C. **1956.** 1094.) Auf WHATMAN-Papier Nr. 4 werden 50—100 γ in A. gelöste Glykoside aufgetragen u. das Papier mit 30% ig. Lsg. von Formamid in Methanol getränkt. Aus Chlf. + Äthyloctan (8:2) wird 16 Std. in absteigender Anordnung bei 18° chromatographiert. Dann wird 30 Min. bei 120° getrocknet, dann durch eine Lsg. von $SbCl_3$ gezogen u. bei 105° getrocknet. In Hg-Lampenlicht fluoresciert Lanatosid A orange, B braun, C gelborange. Empfindlichkeit 1 mg. Die erhaltenen Flecke werden herausgeschnitten u. mit 15 ml Xanthydrol (I)-Lsg. (10 ml I in 100 ml Eisessig gelöst u. mit 1 ml 35% ig. HCl versetzt) 10 Min. bei 40° erhitzt; genau 3 Min. in sd. Wasserbad tauchen u. 5 Min. in Eiswasser abkühlen, 10 Min. bei Zimmertemp. stehenlassen u. im G 3-Filter unter schwachem Druck absaugen. Die Extinktion wird im PULFRICH-Photometer (Filter S 53) gegen eine Blindprobe gemessen. (Českoslov. Farmac. **4.** 395—400. Okt. 1955. Praha, Státn. úst. pro kontr. léčiv.) E. VEVERA. 4880

M. Hans und Fr. Martin, *Ein Beitrag zur Untersuchung von Holarrhena congolensis Stapf. aus dem Gebiet von Gimbi (Belgisch-Kongo).* Die in der Rinde von Holarrhena congolensis Stapf enthaltenen Alkaloide (I) *Conessin* (II) u. *Holarrhenin* (III) lassen sich auf Grund der Unlöslichkeit ihrer Oxalate in Chlf. abtrennen. Die beiden I werden von der sie begleitenden ölartigen Base durch Chromatographie mit Al_2O_3 getrennt. Rohes, aus Aceton (Ae.) auskrist. II (III) reinigt man durch Chromatographie der äther. Lsg. mit Al_2O_3. — Unterscheidung von II u. III: Man überschichtet 2 cm³ konz. H_2SO_4, die 3 mg II oder III enthält, mit 2 cm³ einer 2% ig. Lsg. von Vanillin in Essigsäure (IV). II gibt eine gelbgrünliche Färbung der H_2SO_4- u. eine braunrosa Färbung der IV-Schicht. Nach Mischung der beiden Schichten u. Zusatz von 5 cm³ W. wird die Fl. grün u. zeigt im UV-Licht grüne Fluorescenz mit milchiger Trübung. Die H_2SO_4-Schicht allein zeigt im UV-Licht keine Fluorescenz. III erzeugt gelbgrünliche Färbung der H_2SO_4-Schicht u. violette Fluorescenz im UV-Licht. Die IV-Schicht ist braun gefärbt. Nach Vermischen der Schichten u. Versetzen mit 5 cm³ W. tritt eine Braunfärbung der Lsg. mit milchiger Trübung u. violette Fluorescenz im UV-Licht auf. (J. Pharmac. Belgique [N. S.] **9** (**36**). 391—402. Nov./Dez. 1954. Bruxelles, Univ., Labor. de Pharmacognosie et de Pharm. galén., u. Hôpital Brugman.) W. WESLY. 4880

M. Voldan, *Die Benutzung der Chromatographie und Polarographie bei der Wertbestimmung von Insulininjektionslösungen.* (Vgl. C. **1956.** 7035.) Die papierchromatograph. Best. wird auf WHATMAN-Papier Nr. 4 in absteigender Anordnung aus Amylalkohol–Butanol–Eisessig–W. (0,6:2,4:1:3,5) mit 1% Amylacetat ausgeführt. Entwickelt wird mit 0,1% Bromkresolblau in 1%ig. wss. Sublimat. Colorimetr. Best. auf Papier: Das Chromatogramm wird mit Paraffinöl durchsichtig gemacht u. mit Filter 610 mμ direkt colorimetriert. Die colorimetr. Best. des Eluats: Die gefärbten Zonen werden herausgeschnitten u. 30 Min. in alkal. Methanol (I) (8% Na_2CO_3 in 50%ig. I) eluiert. Wie oben colorimetrieren. Die polarograph. Best. wird mit dem HEYROVSKÝ-Gerät, mit $CoCl_2$-Lsg. als Elektrolyt, durchgeführt. 0,5 ml der Lsg. werden bei $-1,2_4$V (Akku 4 V), Empfindlichkeit $^1/_{100}$, bei 20° u. Galvanometerempfindlichkeit $3,10^{-9}$ bestimmt. Als Anode dient Ag-Draht. Vergleichslsgg. herstellen. (Československ. Farmac. **4.** 407—09. Okt. 1955. Praha, Státn. úst. pro kontr. léčiv.) E. VEVERA. 4880

J. Dony und **J. Conter,** *Einige Bemerkungen zu der nephelometrischen Bestimmung von Framycetinsulfat.* Das Verf. beruht darauf, für bekannte Konzz. eines Antibioticums (I) eine Eichkurve aufzuzeichnen, die die der Keimentw. entsprechende Trübung als Funktion des Logarithmus der Konz. des I wiedergibt. Als Testkeim für die Best. von Framycetin dient Staphylococcus Aureus P. (J. Pharmac. Belgique [N. S.] **9** (36). 403—07. Nov./Dez. 1954. Association Pharmaceutique Belge, Service de Contrôle des Médicaments.) W. WESLY. 4880

Egon Stahl und **Nordmark-Werke G. m. b. H.,** Hamburg (Erfinder: **Egon Stahl,** Karlsruhe), *Gewinnung von Chamazulencarbonsäuren, ihren Salzen und Estern* durch Extraktion von Pflanzenmaterial, dad. gek., daß das aus diesem gewonnene „Proazulen I" unter milden Bedingungen verseift, das Verseifungsprod. durch Behandeln mit Säure oder konz. Lauge in die Chamazulencarbonsäure bzw. deren Salze übergeführt u. diese als solche abgetrennt oder die Säure durch anschließende Behandlung mit einer Base in ein Salz umgewandelt oder in bekannter Weise verestert wird. — 1000 g einer azulenhaltigen Schafgarbe werden mit 5000—6000 (cm^3) Chlf. bei n. Temp. 5—10 Min. extrahiert, die Lsg. wird im Vakuum bei 30—35°/200 mm Hg auf ca. 50 eingeengt, der Extrakt mit 100 l n-methanol. KOH oder NaOH ca. 15 Min. auf 40—50° erwärmt; dann setzt man 150 Bzn. u. 60 W. zu. Die nach der Schichtenbldg. abgetrennte alkal. rotbraune bis grünliche, wss.-alkoh. Proazulen II-Lsg. wird mit $^1/_2$ Menge PAe. überschichtet, mit H_3PO_4 bis p_H 4—4,5 angesäuert, die blaue PAe.-Schicht bei höchstens 35° im Vakuum eingedampft, der Rückstand in der 20fachen Menge Methanol aufgenommen u. W. bis zur Trübung zugesetzt, wobei die *Chamazulencarbonsäure* (= α-[*1.4-Dimethylazulyl-*(7)]-*propionsäure*), F. 86—88° (unter Decarboxylierung), in dunkelblauen Nadeln auskrist.; *K-Salz,* blaue Drusen, leicht lösl. in W., unlösl. in Petroläther. *Triäthanolammoniumsalz,* in W. leicht lösl. Öl. *Trinitrobenzolat,* F. 150—152°. Durch Umwandlung der COOH-Gruppe in eine CH_3-Gruppe entsteht *1.4-Dimethyl-7-isopropylazulen* (= Guajazulen); durch Decarboxylierung bei 80—90° → öliges *Chamazulen.* — Die Lsgg. der Salze wirken *schleimhautabschwellend, entzündungshemmend, phagocytose-* u. *wachstums-*fördernd (Haferkeimblattest [spricht noch in Verdünnungen von $1 \cdot 10^{-8}$ bis $1 \cdot 10^{-9}$ an]). Durch Red. entsteht aus der Säure der *Chamazulenalkohol.* — Mit Diazomethan → *Methylester,* schwarzblaue Kristallnadeln, F. 51—52° (KOFLER), lösl. in 90%ig. A., Aceton, Chlf., Ae., Paraffin, unlösl. in W.; Ausbeute quantitativ. — *Benzylester,* dunkelblaues viscoses Öl, schwer lösl. in 90%ig. A., leicht lösl. in Chlf., Ae., Bzn., unlösl. in W., kann aber durch Lösungsvermittler in Lsg. gebracht werden. — *n-Butylester.* — Die Ester besitzen die gleiche, jedoch verzögerte Wrkg. wie die freie Säure u. deren Salze u. dienen als *Depotstoffe.* (**D. B. PP. 936 206** Kl. 12o vom 20/10. 1953, ausg. 7/12. 1955. Anmeldung bekanntgemacht 16/6. 1955, u. **937 894** Kl. 12o [Zusatzpatent] vom 20/10. 1953, ausg. 19/1. 1956. Anmeldung bekanntgemacht 21/7. 1955.) G. KRAUSS. 4791

Promidel (S. à r. l.), Frankreich (Erfinder: **Jacques Baisse),** *Extraktion von Ammi Visnaga,* einer nordafrikan. Frucht, die *Furanderivv.* („*Khellin*"), bes. *Dimethoxyfuranchromon,* als akt. Komponente enthält, erfolgt mit einem Lösungsm., das nicht mit W. mischbar ist (Chlf.). Nach Abdampfen des Lösungsm. wird der ölige Rückstand mit verd. H_3PO_4 oder H_2SO_4 bei 40° behandelt, wobei die Furanderivv. als *Oxoniumsalze* abgeschieden werden. Bei p_H 3—4 (mit wss. NaOH eingestellt) werden die Salze mit W. gespalten. Man kann auch mit Bzl. extrahieren u. braucht dann das Lösungsm. nicht abzudampfen. (**F. P. 1 031 549** vom 29/1. 1951, ausg. 24/6. 1953.) S. MEIER. 4791

Plastodent Co., New York, N. Y., V. St. A. (Erfinder: **Peter Lloyd Bortell),** *Zahnärztliche Abdruckmasse,* bestehend aus einem wasserlösl. Alginat, einem Gelbildner, der sich mit dem Alginat unter Bldg. eines elast. Gels umsetzt, z. B. Pb-Silicat (I), ferner aus (40—60%) Füllstoff u. einer kleinen Menge ($^1/_2$—7%) eines Alkalititanfluorids oder -zirkonfluorids sowie gegebenenfalls einem Alkaliphosphat. — Beispiel: 51 (%) Füllstoff, z. B. Diatomeenerde, 13 K-Alginat, 7,2 Ca-Sulfat, das teilweise, bes. zu $CaSO_4 \cdot {}^1/_2 H_2O$ dehydratisiert ist, 24,4 I, 2,6 K-Titanfluorid u. 1,8 Na_3PO_4. (**E. P. 735 404** vom 12/8. 1953, ausg. 17/8. 1955.) E. PETERSEN. 4799

American Home Products Corp., New York, N. Y., übert. von: **William F. Bruce,** Havertown, und **Joseph Seifter,** Melrose Park, Pa., V. St. A., *Substituierte Glycinamide* der Formel I, worin R', R'' u. R''' Alkylreste mit 1—3 C-Atomen u. R H oder OH bedeuten, wirken *vasokontraktorisch.* — *Diäthylaminoessigsäure-(N-methyl-N-2-oxy-1-methyl-2-phenäthylamid).* Aus Chloressigsäure-(N-methyl-N-2-oxy-1-methyl-2-phenäthylamid), Diäthylamin u. Na_2CO_3 in sd. Butanol. Kp.$_{0,8}$ 156—170°. — *Diisopropylaminoessigsäure-(N-methyl-N-1-methyl-2-phenäthylamid).* Analog aus Chloracetodesoxyephedrin u. Diisopropylamin. Kp.$_2$ 160—165°. (**A. P. 2 719 862** vom 16/4. 1953, ausg. 4/10. 1955.) G. LANGER. 4807

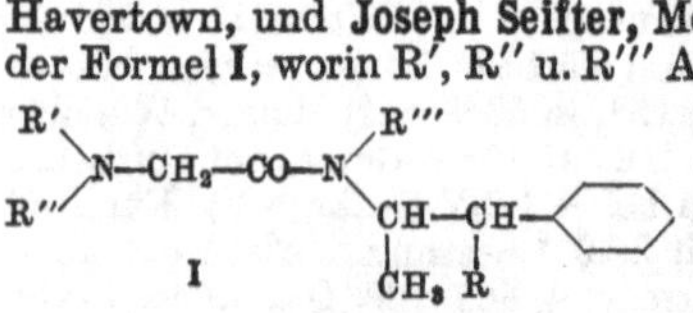

I

Fabriques de Produits de Chimie Organique de Laire, Frankreich, *Herstellung wasserlöslicher Sulfanilamide,* dad. gek., daß man das Anhydrid einer aliphat. Dicarbonsäure, die ein Heteroatom in der Kette enthält, bes. Thiodiglykolsäureanhydrid (I), mit einem Sulfanilamid, in Aceton umsetzt. Die Rk. erfolgt sofort. Beim Abkühlen krist. das Kondensationsprod. aus. — Die Lsgg. aus 40 (Teilen) I (F. 100—101°) in 50 Aceton u. 52 Sulfanilamid in 150 Aceton werden zusammengegeben; nach Abkühlen erhält man 80 rohe *Monosulfanilamidothiodiglykolsäure*; nach Umfällen aus $NaHCO_3$-Lsg. 75 mit F. 182°. (**F. P. 56 306** vom 16/9. 1944, ausg. 22/9. 1952. **Zusatz zu F. P. 992 364; C. 1952. 7701.**) S. MEIER. 4807

Ciba Pharmaceutical Products, Inc., Summit, übert. von: **Robert P. Mull,** East Orange, N. J., V. St. A., *p-Allyloxythionocarbanilatester* der Formel I (R = Alkyl mit 2—4 C-Atomen) erhält man durch Kondensation von p-Allyloxyphenylisothiocyanat mit dem entsprechenden Alkohol oder von p-Allyloxyanilin mit dem entsprechenden Chlorthionoameisensäureester (ClCSOR) bzw. Carboxymethylalkylxanthogenat ($ROCSSCH_2COOH$) bzw. mit Thiophosgen ($CSCl_2$) u. dem entsprechenden Alkohol oder von p-Allyloxynitrobenzol mit Na-Butylxanthogenat (NaSCSOR) oder von p-Allyloxyphenylthioharnstoff bzw. von 3.3'-Bis-(4-allyloxyphenyl)-2-thioharnstoff mit dem entsprechenden Alkohol in saurem Medium. — *p-Allyloxythionocarbanilsäurebutylester,* F. 47—49°. *Äthylester,* F. 64—65°. — *Propylester,* F. 58—59°. *Allylester,* F. 65—66°. — *Anthelminthica,* bes. gegen *Syphacia obvelata u. Aspicularis tetraptera.* (**A. P. 2 711 421** vom 2/2. 1954, ausg. 21/6. 1955.) G. KRAUSS. 4807

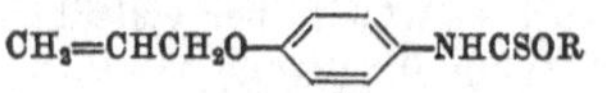

I

Merck & Co., Inc., Rahway, N. J., V. St. A. (Erfinder: **James M. Sprague** und **Everett M. Schultz**), *1-Phenyl-1-cyclohexyl-4-dimethylamino-2-butanol* und dessen *Hydrochlorid* erhält man durch Kondensation von 1-Phenyl-1-cyclohexylaceton mit Dimethylaminhydrochlorid u. Paraformaldehyd in Ggw. von 7n alkoh. HCl auf dem Dampfbad u. Hydrierung des entstandenen 1-Phenyl-1-cyclohexyl-4-dimethylamino-2-butanonhydrochlorids, aus Aceton F. 169—170°, in A. mit H_2 in Ggw. von ADAMS-PtO bei 25° u. n. Druck. — *Anticholinergicum.* Vgl. E. PP. 693 128; C. **1955.** 10809, u. 722 167; C. **1956.** 5089. (**E. P. 733 406** vom 5/11. 1953, ausg. 13/7. 1955.) G. KRAUSS. 4807

Dott L. Zambeletti S. p. A., Mailand, Italien, *Xanthen-9-carbonsäure-β-diäthylaminoäthylestermethobromid,* F. 173—176°, erhält man durch Kondensation von Na-Xanthenat mit Methyldiäthyl-(β-chloräthyl)-ammoniumbromid in einem Lösungsm. (Isopropanol) bei 81—82°. — *Parasympatholyticum.* (**Schwz. P. 311 411** vom 8/1. 1953, ausg. 31/1. 1956.) G. KRAUSS. 4807

Henri Morren, Belgien, *Herstellung von Antihistaminen,* dad. gek., daß man ein Methanolderiv., in dem 2 oder 3 H-Atome durch aromat. Gruppen (Phenyl, p-Tolyl, p-Methoxyphenyl, Naphthyl, Pyridyl) ersetzt sind, mit einem Dimethylaminohalogenäthan zu einem gemischten Aminoäther umsetzt u. diesen durch Umsatz mit Säuren in ein lösl. Salz überführt. — Beispiel: Man suspendiert 20 g $NaNH_2$ in 400 cm³ Toluol, setzt eine Lsg. von 107 Teilen Phenyl-p-methoxyphenylcarbinol (II) in Toluol zu u. erwärmt im Wasserbad, bis die NH_3-Entw. beendet ist. Dann setzt man in der Kälte 50 g frisch bereitetes Dimethylaminochloräthan [aus Dimethylaminoäthanol (I) u. Thionylchlorid] zu u. kocht 10 Stunden. Man nimmt in NaOH auf, dest. mit Wasserdampf, extrahiert mit Bzl., neutralisiert u. behandelt mit wss. HCl. Man erhält das *Hydrochlorid des Äthers von* II u. I. — Beschrieben wird ferner die Herst. der *Äther von* I *u. Pyridyl-(2)-phenylcarbinol,* Kp.$_4$ 155—160°, I *u. Di-[p-methoxyphenyl]-carbinol,* I *u. Pyridyl-(2) p-methoxyphenylcarbinol,* Kp.$_{2-3}$ 185°, *Fumarsäuresalz,* F. 126—127°. (**F. P. 56 953** vom 15/12. 1947, ausg. 10/10. 1952. **Zusatz zu F. P. 952 948; C. 1949. E. 1528.**) S. MEIER. 4807

Herts Pharmaceuticals Ltd., Donald Edwin Seymour, Welwyn Garden City, Herts., und **Antony Gwynne Woodman,** Tilehurst, Berks., England, *o-Oxybenzalisonicotinyl-*

hydrazon, F. 239—241°, erhält man durch Kondensation von Isonicotinsäurehydrazid mit o-Oxybenzaldehyd, z. B. durch Kochen in wss. A. unter Zusatz von einigen Tropfen Eisessig unter Rückfluß. — *Heilmittel* zur Bekämpfung von *Tuberkulose*. (**E. P. 727 486** vom 5/5. 1952, ausg. 6/4. 1955.) R. LINK. 4807

Farbenfabriken Bayer Akt.-Ges., Leverkusen (Erfinder: **Helmut Timmler** und **Hans Andersag**, Wuppertal-Elberfeld), *Herstellung von Halogenmethyldihydrofuranochinolinen*, dad. gek., daß man o-Allyloxychinoline, vorzugsweise in einem organ. Lösungsm. (Eisessig), mit Halogenen behandelt u. aus den erhaltenen Halogenmethyldihydrofuranochinolinhydrohalogeniden mit schwach alkal. wirkenden Stoffen (Na-Acetat) die freien Basen gewinnt. — 10 (Teile) 4-Oxy-3-allylchinaldin, 100 Eisessig u. 7,8 Br_2 → I-*Hydrobromid*, F. 235°; *freie Base*, F. 147°. Analog: *6-Äthoxy*-I, F. 151°. *6-Methoxy*-I, F. 138°. — *6-Acetylamino*-I, F. 212°. — *8-Äthoxy*-I, F. 152°. — *8-Methoxy*-I, F. 175°. — Aus 8-Methoxy-4-oxy-3-allyl-2-carbäthoxychinolin u. Br_2 in Eisessig → II, F. 152°. — Aus 7-Allyl-8-oxychinolin, Br_2 u. Eisessig → III, F. (aus A.) 108°. — *Ausgangsstoffe* zur Herst. von *Arzneimitteln*. (**D. B. P. 937 588** Kl. 12p vom 20/5. 1953, ausg. 12/1. 1956. Anmeldung bekanntgemacht 21/7. 1955.) R. LINK. 4807

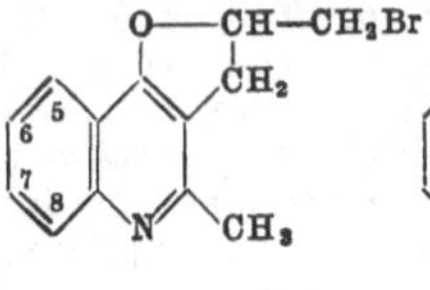
I

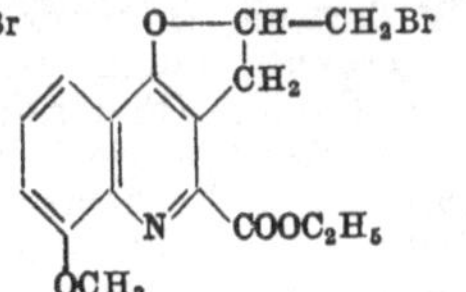
II

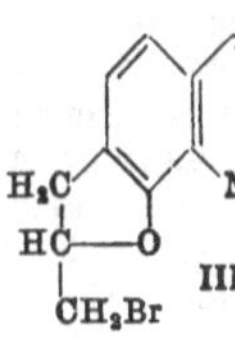
III

VEB Schering Adlershof, Berlin (Erfinder: **Rudolf Tscheche**, Hamburg, und **Hermann Fox**, Santiago de Chile), *Herstellung Schiffscher Basen*. Inhaltlich ident. mit D. B. P. 847 898; C. **1955**. **9624**. (**D. P. [DDR] 5 185** Kl. 12p vom 16/5. 1942, ausg. 1/8. 1953 [Wirtschaftspatent].) M. F. MÜLLER. 4807

Curta & Co. G. m. b. H., Frankfurt/M., *Doppelsalze von Sparteinsulfat* (I). Zu D. B. P. 861 907; C. **1953. 3448**, ist nachzutragen: 1 (Mol) I wird mit 1 Adrenalin in W. umgesetzt. Das Prod. gibt in W. eine klare haltbare Lsg., die zur Behandlung des *varikösen Symptomkomplexes* dient. (**Schwz. P. 310 979** vom 28/8. 1952, ausg. 14/1. 1956.) G. KRAUSS. 4807

Soc. An. de Matières Colorantes et Produits Chimiques Francolor, Frankreich, *Herstellung eines wasserlöslichen 2-Methyl-1.4-naphthochinonderiv.*, dad. gek., daß man 10 (Teile) 2-Methyl-1.4-naphthochinon (I) in 170 Methanol (II) löst, auf 50° erwärmt u. bei dieser Temp. u. unter Rühren in 550 einer 7,5%ig. $Ca(HSO_3)_2$ einfließen läßt. Es bildet sich sofort der *Bisulfitkomplex von* I. Den Überschuß von $Ca(HSO_3)_2$ zers. man durch Erwärmen im Wasserbad, wobei II u. SO_2 entweichen u. $CaSO_3$ ausfällt. Man filtriert, dampft bis auf ein kleines Vol. ein u. nimmt in 200 II auf. $CaSO_3$ bleibt ungelöst u. kann abfiltriert werden. Das Ca-Salz des Bisulfitkomplexes findet *medizin. Verwendung*. (**F. P. 996 080** vom 20/4. 1945, ausg. 12/12. 1951.) S. MEIER. 4809

Farbwerke Hoechst Akt.-Ges., vormals Meister Lucius & Brüning, Frankfurt/M. (Erfinder: **Friedrich Weygand**, Tübingen, und **Friedrich Wirth**, Ludwigshafen/Rh.), *β-Ribazol* (I). Man benzoyliert Adenosin schonend, überführt das erhaltene Benzoylprod. durch saure Hydrolyse (in Dipropyläther) in *2.3.5-Tribenzoyl-d-ribofuranose*, $C_{26}H_{22}O_8$, F. 132—134°, $[\alpha]_D^{20}$ +86 ± 2° (c = 0,84 in Chlf.), acetyliert diese mit $(CH_3CO)_2O$ u. Pyridin zur *1-β-Acetyl-2.3.5-tribenzoyl-d-ribofuranose*, $C_{28}H_{24}O_9$, F. 128—129°, $[\alpha]_D^{20}$ +23,9±2° (c = 1,6 in Pyridin), bromiert letztere mit fl. HBr zur *1-Brom-2.3.5-tribenzoyl-d-ribofuranose*, $C_{26}H_{21}O_7Br$, u. trennt I aus dem mittels 5.6-Dimethylbenzimidazol–Ag in sd. Xylol u. saure Hydrolyse erhaltenen Reaktionsgemisch ab. I, F. 198°, $[\alpha]_D^{20}$ —45,3±2° (c = 1,2 in Pyridin). — Man kann auch von Guanosin ausgehen (an Stelle von Adenosin) u. dann ebenso verfahren. (**D. B. P. 940 833** Kl. 12p vom 26/7. 1952, ausg. 29/3. 1956. Anmeldung bekanntgemacht 6/10. 1955.) A. BRÖSAMLE. 4809

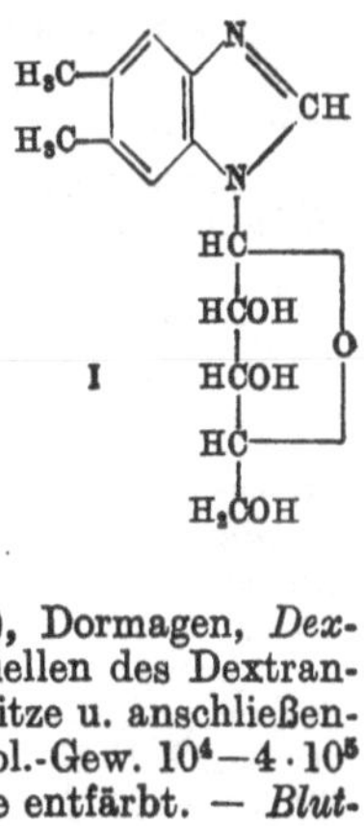
I

Montagne von Lillienskiold (Miterfinder: **Werner Willenberg**), Dormagen, *Dextranhydrolyse* durch Fällen des Rohprod. mit A. u. Trocknen. Anquellen des Dextranpulvers mit 1—10%ig. HCl, Auflösen in W., Hydrolysieren in der Hitze u. anschließendes Fraktionieren mit A. oder Aceton. Die Lsg. des Endprod. vom Mol.-Gew. 10^4—$4 \cdot 10^5$ wird in W. gelöst, mit Ionenaustauschern entsalzt u. mit akt. Kohle entfärbt. — *Blut-*

ersatz. (**D. B. P. 936 594** Kl. 30h vom 18/11. 1952, ausg. 15/12. 1955. Anmeldung bekanntgemacht 23/6. 1955.) K. HEINZE. 4813

Montagne von Lillienskiold (Erfinder: **Montagne von Lillienskiold** und **Werner Willenberg**), Dormagen, *Dextranabbau* in neutraler Lsg. bei 120—160° unter Druck in Ggw. von Neutralsalzen, wie NaCl. Rohdextran wird in der Kälte mit NaCl-Lsg. angequollen. — *Blutersatz.* (**D. B. P. 938 209** Kl. 30h vom 7/12. 1952, ausg. 26/2. 1956. Anmeldung bekanntgemacht 4/8. 1955.) K. HEINZE. 4813

Enzymatic Chemicals, Inc., Wilmington, Del., übert. von: **Virginia W. Carlson,** und **Warner W. Carlson,** Birmingham, Ala., V. St. A., *Dextranabbau* durch Einw. von aus *Aspergillus wentii* gewonnener Endodextranase auf Lsgg. bzw. Suspensionen von hochmol. Dextran. Die Nähr-Fl. für die Züchtung von *Aspergillus wentii* enthält Vitamine des B-Komplexes u. Biotin, sowie die üblichen Nährsalze u. Dextran. Die filtrierte Nähr-Fl. kann nach beendetem Wachstum unmittelbar ohne Isolierung des Enzyms zur Einw. auf hochmol. Dextran gebracht werden. Gezielte Spaltung der Glucosebindungen. Mol.-Gew. des Endprod. 69000—71000. — *Blutersatz.* (**A. P. 2 709 150** vom 9/8. 1951, ausg. 24/5. 1955.) K. HEINZE. 4813

Dextran Ltd. (Erfinder: **Frederick George Edward Pautard**), Darlington, England, *Dextranabbau* durch Behandlung der hochmol., neutral eingestellten Lsgg. mit Wechselstrom in Ggw. von A-Kohle u. gegebenenfalls einem Reduktionsmittel, wie Na_2SO_3. Es können auch feuchte Dextranpasten der Behandlung unterworfen werden. Es wird 50phasiger Wechselstrom von 50—230 Volt angewendet. — *Blutersatzmittel.* (**E. P. 32 923** vom 15/10. 1953, ausg. 29/6. 1955.) K. HEINZE. 4813

Olin Mathieson Chemical Corp., New York, N. Y., übert. von: **Tillman D. Gerlough,** Highland Park, N. J., V. St. A., *Fraktionieren von Plasma* durch schrittweise erfolgenden Zusatz von A. bei genau eingestelltem p_H-Wert. Zusatz von A. bis zu einem Geh. von 8% bei p_H 7,2 ergibt eine Fällung von Fibrinogen, die bei —2,5° abgetrennt wird. Steigerung des A.-Geh. auf 40% bei p_H 6,1 u. —5° ergibt eine Fällung, die auf γ-Globuline aufgearbeitet werden kann. (**A. P. 2 710 293** vom 30/10. 1953, ausg. 7/6. 1955.) K. HEINZE. 4813

Medical Research Council (Erfinder: **Patrick Loudon Mollison, James Ephraim Lovelock** und **Hugh Chaplain jr.**), London, England, *Konservieren von Erythrocyten* durch Suspendieren in einer 25—40% Glycerin enthaltenden wss. Phosphat- oder Citratpufferlsg. vom p_H 6,5—8 u. Lagern bei —15 bis —25°. (**E. P. 734 368** vom 29/1. 1953, ausg. 27/7. 1955.) K. HEINZE. 4813

Evagoras Joannou Georgiou, Limassol, Cypern, *Mittel gegen Krebs* aus Blut oder Colostrum weiblicher Tiere, das wenige Tage vor der Geburt oder während der Menstruation entnommen wurde, durch Entfernen der Lipoide mittels Ätherextraktion, Behandeln der wss. Phase mit Adsorptionsmitteln, Vakuumtrocknung des Adsorbates u. Eluieren des Trockenprod. mit physiol. Salzlsg. von neutralem oder ganz schwach alkal. p_H bei Tempp. unter 40°. Die Lsg. enthält cancerolyt. Substanzen. (**E. P. 734 086** vom 28/4. 1952, ausg. 27/7. 1955. **Zusatz zu E. P. 682 017; C. 1953. 5 887.**) K. HEINZE. 4815

Farbwerke Hoechst Akt.-Ges., vormals Meister Lucius & Brüning (Erfinder: **Walter Krohs,** Frankfurt/M., und **Gustav Ehrhart,** Bad Soden), *Wäßrige Lösungen von 1-Phenyl-2.3-dimethyl-4-dimethylaminopyrazolon-(5)*, gek. durch die Verwendung von 1-Phenyl-2.3.4-trimethylpyrazolon-(5) als Lösungsvermittler. (**D. B. P. 937 373** Kl. 30h vom 8/11. 1952, ausg. 5/1. 1956. Anmeldung bekanntgemacht 14/7. 1955.) K. HEINZE. 4815

Sterling Drug, Inc., New York, übert. von: **Sydney Archer,** Albany, N. Y., V. St. A., *Jodaminophenylcarbonsäuren* der Formel I, worin R einen KW-stoffrest mit 2—8 C-Atomen u. n = 2 oder 3 bedeuten, dienen als *Gallenblasen-Röntgenkontrastmittel.* — *p-Nitro-α-phenylzimtsäure* (II). Man kocht p-Nitrobenzaldiacetat mit Phenylessigsäure, Na-Acetat u. Eisessig. F. 190—205° (Gemisch der cis- u. trans-Isomeren). — *p-Amino-α-phenylhydrozimtsäure* (III).

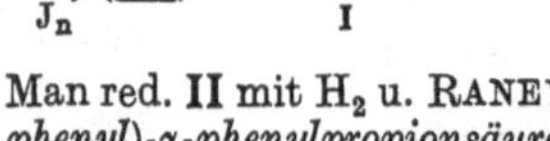

I

Man red. **II** mit H_2 u. RANEY-Ni in NaOH bei 70°. F. 204—207°. — *β-(4-Amino-3.5-dijodphenyl)-α-phenylpropionsäure.* Aus **III** u. JCl in Essigsäure bei 75—80°. F. 169—170°; *Morpholinsalz,* F. 179—183°. — Analog: *α-Äthyl-p-nitrozimtsäure,* F. 168—169°; → *p-Amino-α-äthylhydrozimtsäure,* F. 128—130°; → *β-(4-Amino-3.5-dijodphenyl)-α-äthylpropionsäure,* F. 113—114°; *Morpholinsalz,* F. 130—132°. — *m-Nitro-α-phenylzimtsäure,* F. 160—173° (Gemisch der cis- u. trans-Isomeren); → *m-Amino-α-phenylhydrozimtsäure,* F. 131—133°; → *β-(3-Amino-4.6-dijodphenyl)-α-phenylpropionsäure,* F. 205 bis 205,5°. — *α-Butyl-p-nitrozimtsäure,* F. 162—163°; → *p-Amino-α-butylhydrozimtsäure,*

F. 151,5—152°; → *β-(p-Amino-3.5-dijodphenyl)-α-butylpropionsäure*, F. 109—110°. — *α-Cyclohexyl-p-nitrozimtsäure*, F. 181—183°; → *p-Amino-α-cyclohexylhydrozimtsäure*, → *β-(4-Amino-3.5-dijodphenyl)-α-cyclohexylpropionsäure*, F. 172—174°. — *α-(4-Nitrophenyl)-zimtsäure*, F. 223—224° u. F. 150—152°; → *α-(4-Aminophenyl)-hydrozimtsäure*, F. 202—204°; → *α-(4-Amino-3.5-dijodphenyl)-β-phenylpropionsäure*, F. 145—146,5°. — *α-Äthyl-m-nitrozimtsäure*, F. 140—142° u. F. 105—106°; → *m-Amino-α-äthylhydrozimtsäure*. F. 67—70°; → *β-(3-Amino-2.4.6-trijodphenyl)-α-äthylpropionsäure*, F. 155—156,5°. — *α-Propyl-p-nitrozimtsäure*, F. 132—134°; → *α-Propyl-β-(p-aminophenyl)-propionsäure*, F. 151—153°; → *β-(4-Amino-3.5-dijodphenyl)-α-propylpropionsäure*, F. 121 bis 122°; *Morpholinsalz*, F. 130—132°. — *α-Pentyl-p-nitrozimtsäure*, F. 167—169°; → *α-Pentyl-β-(p-aminophenyl)-propionsäure*, F. 140—142°; → *α-Pentyl-β-(4-amino-3.5-dijodphenyl)-propionsäure*, F. 104—105,5°; *Morpholinsalz*, F. 117—119°. — *α-(2-Cyclohexyläthyl)-p-nitrozimtsäure*, F. 170—172°; → *α-(2-Cyclohexyläthyl)-β-(p-aminophenyl)-propionsäure*, F. 176—177°; → *α-(2-Cyclohexyläthyl)-β-(4-amino-3.5-dijodphenyl)-propionsäure*, F. 123—123,5°; *Morpholinsalz*, F. 129—133°. — *α-Cyclohexylmethyl-p-nitrozimtsäure*, F. 195—196,5°; → *α-Cyclohexylmethyl-β-(p-aminophenyl)-propionsäure*, F. 176—177° → *α-Cyclohexylmethyl-β-(4-amino-3.5-dijodphenyl)-propionsäure*, F. 142—144°; — *α-Isoamyl-p-nitrozimtsäure*, F. 163—164°; → *α-Isoamyl-β-(p-aminophenyl)-propionsäure*, F. 161 bis 162,5°; → *α-Isoamyl-β-(4-amino-3.5-dijodphenyl)-propionsäure*, F. 100—102°; *Morpholinsalz*, F. 105—107°. — *α-Benzyl-p-nitrozimtsäure*, F. 169—170°; → *α-Benzyl-β-(p-aminophenyl)-propionsäure*, F. 155—156°; → *α-Benzyl-β-(4-amino-3.5-dijodphenyl)-propionsäure*, F. 164,5—165°. (**A. P. 2 705 726** vom 23/7. 1949, ausg. 5/4. 1955.)
G. Langer. 4825

Ludwig Hörhammer, Teeanalyse. Eine Anleitung zur Erkennung von Drogen in Teemischungen. München: Institut für pharmazeutische Arzneimittellehre der Universität. 1955. (75 S. m. 556 Abb. u. 60 Tafeln) 4°. DM 58,—.

Luis Alonso Muñoyerro, Código de Deontologia Farmacéutica. 2ª editión. Madrid; Fax. 1955. (256 S.) 53,00 ptas.

G. Analyse. Laboratorium.

D. M. Newitt und **K. E. Bett**, *Experimentieren bei hohen Drucken.* Überblick über die Herst. u. heute erreichbaren Grenzen hoher Drucke, ihrer Messung u. der dabei auftretenden Fehler. (Nature [London] **171.** 668—69. 18/4. 1953. London, Imp. Coll. of Sci. and Technol., Dep. of Chem. Engng.) H.-U. Woelk. 5016

L. Erdey, F. Paulik und **J. Paulik**, *Differentialthermogravimetrie.* Vff. beschreiben die Differentialthermogravimetrie als exaktes Verf. für quantitative Bestimmungen. Die verwendete Thermowaage wurde aus einer luftgedämpften, automat. analyt. Waage so hergestellt, daß der Zeiger mit einem permanenten Magneten verbunden wurde, der in einer Spule mit sehr vielen Windungen beweglich war. Beim Zerfall der Probe bewegte sich der Zeiger der Waage u. damit der Magnet. Der dadurch induzierte Strom wurde mit einem Spiegelgalvanometer gemessen. Er ist, ebenso wie die Geschwindigkeit des bewegten Magneten u. Zeigers, der Gewichtsänderung beim Zerfall dm/dt proportional. Die erhaltenen Diagramme (Galvanometerausschlag gegen Temp.) zeigen sehr scharfe Minima, aus denen man Beginn, Geschwindigkeit u. Ende der Rk. ablesen kann, sofern die Rk. mit einem Gewichtsverlust verbunden ist. (Nature [London] **174.** 885—86. 6/11. 1954. Budapest, Techn. Univ., Inst. for General Chem.) H. Pluskal. 5022

Rudolf Grewe, *Ein neuer Verbrennungsofen für die Elementaranalyse.* Ein neuer Verbrennungsofen für Elementaranalysen wird beschrieben, der durch folgende Neuerungen gek. ist: Er ist ein Zwillingsofen ohne beweglichen Brenner. Die Langbrenner sind mit elektr. Membranpumpen gekoppelt, die einen konstanten Gasstrom fördern. Die Absorptionsgefäße brauchen nicht mit den Händen angefaßt zu werden. Die Verbrennungsrohre bestehen im Kurzbrennerteil aus Spezialporzellan statt Quarz. Alle Verbb. sind mit NS 7 hergestellt. — 2 Abbildungen. (Z. analyt. Chem. **144.** 321—22. 1955. Berlin-Dahlem, Max-Planck-Gesellschaft, Fritz-Haber-Inst.) E. Sajak. 5028

R. M. Silverstein und **C. I. Glassbrook**, *Ein mit Teflon umhülltes Rührwerk zur Vakuumdestillation.* Beschreibung eines Magnetrührers, dessen Magnet in Glas eingeschlossen ist, das in einen plast. Teflonstab eingepreßt wird. Das Gerät kann als Rührer für Vakuumdestillationen dienen. (Chemist-Analyst **43.** 82. Sept. 1954. Stanford, Calif., Stanford Res. Inst.) Ph. Fresenius. 5038

V. Desreux und **J. Bischoff**, *Abgeänderte Capillarviscosimeter.* Vff. beschreiben drei Capillarviscosimeter, die geeignet sind, die Intrinsicviscosität von Lsgg. hochpolymerer Stoffe zu messen. Das eine zeichnet sich durch eine sehr geringe Ausflußgeschwindigkeit aus, die dadurch erreicht wird, daß die beiden Vorratsbehälter dicht übereinander angebracht sind. Hierdurch wird weiter der Einfl. des hydrostat. Druckes auf die Messung ausgeschaltet. Die beiden anderen gehören zum Typ der UBBELOHDE-Viscosimeter. Sie gestatten, die Messungen mit allen notwendigen Arbeitsgängen bei erhöhter Temp. vorzunehmen. Die Übereinstimmung mit den theoret. Werten ist gut. (Bull. Soc. chim. belges **59.** 93—101. Jan./Febr. 1950. Liège, Univ., Labor. Chim.-phys. Val-Benoit.) F. SCHIPKE. 5040

A. I. Zwetkow, D. A. Wital und **M. Ju. Teltowt,** *Zur Untersuchung der mineralischen Bildungen mit Hilfe der konjugierten Registrierung der Erhitzungskurven und Dichteänderungskurven.* Beschreibung der Konstruktion u. Arbeitsweise eines Zusatzgerätes zur Torsionswaage, mit deren Hilfe am KURNAKOW-Pyrometer die automat. Registrierung der Gewichtsänderung der Untersuchungsprobe im Zusammenhang mit der Erwärmungskurve möglich ist. Die Anwendbarkeit des Gerätes wird an *Kaolin, Ankerit, Chalkanthit, Gips* u. *Siderit* gezeigt. (Известия Академии Наук СССР, Серия Геологическая [Nachr. Akad. Wiss. UdSSR, geol. Ser.] **1955.** Nr. 5. 97—108. Sept./Okt.) O. LEBTAG. 5052

H. Berbalk, *Zur Kenntnis der Elektrophorese.* 1. kurze Mitt. *Apparative Schwierigkeiten und Fehlerquellen der Papierelektrophorese. Trennung von organischen Säuren.* Zur Durchführung exakter elektrophoret. Messungen u. Analysen fordert Vf. als unbedingte Voraussetzungen Temperaturkonstanz, gleichmäßige Streifenfeuchtigkeit, niedrige Diffusion durch geringen Benetzungsgrad u. kurze Versuchsdauer, Konstanz der Zus. der Grundlsg. u. Verhinderung der Lösungseinwanderung von den Gefäßen an den Enden des Papierstreifens. Eine meßbare Endoosmose tritt bei der Elektrophorese kaum auf. Es werden Richtlinien aufgezeigt, wie die erforderlichen Voraussetzungen durch geeignete apparative Vorrichtungen annähernd geschaffen u. Fehlerquellen vermieden werden können. Zur Trennung organ. Säuren benutzt Vf. als Grundlsg. eine flüchtige Säure, die vorher beim Nachw. der Flecken mittels Indicators entfernt werden kann. Nach den bisherigen Ergebnissen werden die Wanderungsweiten weniger von den Ionenbeweglichkeiten als vom Dissoziationsgrad beeinflußt. (Mh. Chem. **85.** 1314—19. 1954. Wien, TH, Inst. für organ. Chem.) H. ENDRASS. 5054

D. Kolmar und **J. Wendler,** *Ein Gerät zur Auswertung von Papierelektrophorese.* Vff. schildern ein Registriergerät, welches die Auswertung der Papierelektrophoresestreifen vereinfacht. Die auf SCHLEICHER-SCHÜLL-Papier vollzogene Eiweißtrennung der Sera wurde nach Anfärben mit Amidoschwarz 10 B in Methanol–Eisessig photometr. im reflektierten Licht gemessen. Die Farbstoffkonz. wird auf einen lichtempfindlichen Registrierstreifen übertragen u. entwickelt. Umzeichnen der Diagramme in eine logarithm. Funktion wird umgangen. Die Diagramme können direkt planimetriert u. daraus die Relativwerte berechnet werden. (Dtsch. Gesundheitswes. **8.** 1519—22. 10/12. 1953. Berlin, Univ., II. Med. Klin. der Charité.) H. TOEPSCH. 5054

G. K. M. Pfestorf, N. Mileson und **N. Narayan,** *Elektroden für die elektrische Prüfung von Isoliermaterial.* Bei der Messung der elektr. Eigg. von Isolierstoffen werden verschiedenartige Metallelektroden angewendet, wobei die Versuchsergebnisse häufig von der Art der Elektroden abhängen. Es ist auch nicht möglich, eine für alle Isolierstoffe geeignete Elektrodenausrüstung anzugeben. Vff. untersuchen die DK. u. den Verlustfaktor von PVC, Porzellan u. verschied. Papiersorten unter Verwendung von Elektroden aus Messing, Stanniol, Graphitsol u. aus Silberspiegeln. (J. Indian Inst. Sci. **36.** Sect. B 80—87. April 1954. Bangalore, Indian Inst. of Sci., Power Engng. Dep., of High Voltage.) D. BREDTSCHNEIDER. 5054

J. C. Kluyver, *Die Bestimmung der Isotopenverhältnisse durch infrarote Gasanalyse.* Inhaltlich ident. mit den C. **1955.** 2734 u. 6090 referierten Arbeiten. (Recueil Trav. chim. Pays-Bas **74.** 322—25. Mai 1955. Utrecht, Stichting voor Fundamental Onderzoek der Materie, Werkgroep Utrecht.) C. GOTTFRIED. 5063

L. Erdey und **E. Gegus,** *Methode zur Beseitigung der störenden Wirkung von Cyanbanden in der chemischen Spektralanalyse.* Vff. arbeiteten eine Meth. aus, bei der die störende Wrkg. von Cyan- u. Kohlebanden im Gebiet von 3300—4600 Å bei Anwendung von Kohleelektroden in der Spektralanalyse vermieden wird. Vff. erreichten dies durch einfachen Zusatz von $KBrO_3$ u. $K_2S_2O_7$ zur Analysenprobe. Das Alkalisalz reguliert hierbei Bogentemp. u. Anregung, die sauerstoffreiche Schmelze dieser Salze verhindert die Cyanbildung. Vff. geben genaue Beschreibung u. Diskussion des Verf. zur qualitativen u. quantitativen Analyse unter Anwendung eines Abreißbogens. Vff. analysierten qualitativ Mineralien mit Seltenen Erden, $Al(OH)_3$, welches Fe, Pb u. Mo enthielt, $CaCO_3$ mit Spuren an Ba u. Sr, quantitativ NaCl mit Cr, Pb u. Fe. Für Fe wurde Mo als Bezugselement benutzt. Die Genauigkeit der Chrombest. betrug $\pm 6\%$ bei einem Geh. von 0,001%. (Acta chim. Acad. Sci. hung. **5.** 43—63. 1954. Budapest, Techn. Univ., Inst. für allg. Chem.) M.-L. KLAAR. 5063

D. E. Billings, R. H. Cooper, J. W. Evans und **R. H. Lee,** *Mikrophotometer wertet Spektrogramme aus.* Ausführliche Beschreibung des Prinzips, des elektron. Teils u. der Arbeitsweise eines modifizierten Mikrophotometers nach Williams-Hiltner, welches ein Linienspektrogramm automat. in relativen Intensitäten registriert. Das Gerät berücksichtig die Schwärzungskurve bei jeder Wellenlänge durch Vgl. des auszuwertenden Spektrogramms mit einem Standardspektrogramm, welches mit Glühlampe u. einem Keil kontinuierlich veränderlicher Durchlässigkeit vor dem Spalt des gleichen Spektrographen aufgenommen wird. (Electronics **27.** Nr. 12. 174—78. Dez. 1954. Boulder, Colo., Univ. of Colorado, High Altitude Observ., Harvard Univ.) H.-J. Eichhoff. 5063

O. Hrdý, *Fehler und Genauigkeit bei der Photometrie.* Vf. setzt sich mit der Genauigkeit des Photometers auseinander u. stellt fest, daß die Fehlergrenze bei 1% liegt. Vor der Verbesserung der Untersuchungsmethoden müßten genauere Geräte zur Verfügung stehen. Im übrigen werden physikal. u. opt. Gesetze näher besprochen. (Českoslov. Farmac. **4.** 258—62. Juni 1955.) E. Vevera. 5064

Irvin Levin, *Ein einfaches Chinhydron-p_H-Meßgerät.* Abb. u. Beschreibung eines p_H-Meters auf Basis Chinhydron/Kalomel. Es kann auf 5 mV abgelesen u. auf 1 mV geschätzt werden. Das entspricht bei 25° einer Ablesung von 0,1 p_H u. einer Schätzung von 0,02 p_H. (Chemist-Analyst **43.** 74—76. Sept. 1954. Washington, D. C., Army med. Serv. Graduate School.) Ph. Fresenius. 5066

R. J. Kokes, H. Tobin jr. und **P. H. Emmett,** *Neue mikrokatalytisch-chromatographische Technik zum Studium katalytischer Reaktionen.* Vff. beschreiben Aufbau u. Leistungsfähigkeit einer App., bestehend aus einem mikrokatalyt. u. einem gas- oder dünnschichtchromatograph. Teil zur qualitativen u. quantitativen Unters. von (bes. katalyt.) Gas-Rkk. verschied. Art, an einigen Beispielen: 0,027 cm³ *2.3-Dimethylbutan* liefert bei der katalyt. Crackung durch den Houdry-M 46-Kontakt bei 540° im H_2-Strom verschied. Mengen C_2- u. C_3-*KW-stoffe, Iso-* u. *n-Butan, Isobuten, n-C_4H_8, cis-* u. *trans-Buten-(2), 2-Methylbutan, 2-Methylbuten-(2).* Crackung einer Mischung aus gleichen Teilen C_3H_6 u. radioakt. C_2H_4 (**I**) unter ähnlichen Bedingungen zeigte, daß **I** an der Bldg. von C_4-, C_5- u. C_6-Polymerisationsprodd. teilnimmt. (J. Amer. chem. Soc. **77.** 5860—62. 20/11. 1955. Pittsburgh, Pa., Mellon Inst.) W. Janicke. 5086

Václav Jelínek, *Apparat zur automatischen Schwefelwasserstoffanalyse.* Es wird eine App. zur automat. H_2S-Best. durch Absorption mit einer gesätt. wss. CO_2-Lsg. beschrieben. (Paliva **32.** 214—15. Sept. 232—34. Nov. 1952. Ostrava, Stickstoffwerke.) K. Steiner. 5086

Paul T. Wagner und **Marshall Lew,** *Kohlendioxydgehalt von Äthanolaminlösungen.* Äthanolaminlsgg. werden zur Entfernung des CO_2 aus Gasströmen verwendet. Zur Best. des absorbierten CO_2-Geh. kochten Vff. 5 ml wss. Äthanolaminlsg. mit 35 ml 0,5n NaOH-Lsg. + 5 g $NaCH_3COO$ u. titrierten die überschüssige Lauge nach Zugabe von 120 ml 95%ig. A. + 1 ml Alizaringelblsg. (0,2%ig. Lsg. in 95%ig. A.) bis zu einem leicht orangegefärbten Endpunkt mit alkoh. CH_3COOH-Lsg. zurück. Verss., den Endpunkt potentiometr. zu finden, führten zum gleichen Ziel. Die Meth. ist einfach u. schnell durchführbar, hat aber nur eine Genauigkeit von $\pm$0,04 g CO_2/100 ml Reagens. (Analytic. Chem. **26.** 575—76. März 1954. Vallejo, Calif., Mare Island Naval Shipyard, Ind. Labor.) H. Pluskal. 5086

K. Greenwood und **M. Pearce,** *Entfernung von Kohlendioxyd aus atmosphärischer Luft durch Auswaschen mit Natronlauge in Füllkörpertürmen.* Vff. bestimmten den Absorptionskoeff. von CO_2 beim Auswaschen von atmosphär. Luft mit 2,0—2,5n NaOH-Lsg. bei einem Druck von 5,4 at in einem mit Stahlringen verschied. Größe gefüllten Turm bei verschied. Durchströmungsgeschwindigkeiten von Gas u. Waschflüssigkeit. Der Koeff. ist innerhalb eines weiten Bereichs unabhängig von der Durchströmungsgeschwindigkeit der NaOH-Lsg. u. innerhalb eines großen Bereichs (150—700 lbs./sq.ft/hour) proportional der 0,53. Potenz des Gasdurchsatzes. Experimentelle Durchführung u. Meßdaten vgl. Original. (Trans. Instn. chem. Engr. **31.** 201—07. 1953. Manchester, Petrocarbon Ltd.) Max Schmidt. 5088

Thomas H. Allen und **Walter S. Root,** *Colorimetrische Bestimmung von Kohlenoxyd in Luft mit einer verbesserten Palladiumchloridmethode. CO* in Luft wird durch Red. von $PdCl_2$ in schwach saurer Lsg. nach Abfiltrieren des gefällten Pd u. Umsetzung des restlichen $PdCl_2$ mit KJ zu PdJ_2 in Ggw. von $Al_2(SO_4)_3$ durch photometr. Best. des PdJ_2 bei 490 mμ bestimmt. Bei dieser Wellenlänge liegt zwar nur ein 2. u. geringes Absorptionsmaximum, es stellt sich aber schnell ein, ist sehr stabil u. wird durch KJ-Überschuß nicht beeinflußt. Ein App. zur Einführung von Gasproben in das Reaktionsgefäß ist angegeben. Stoffe, wie Acetylen, Äthylen oder H_2S, können aus Luft mit Bromwasser u. KOH entfernt werden u. stören nicht. Das Verf. ist auf CO in Lsgg. anwendbar. Man findet 99,6% CO wieder mit einer Standardabweichung von 2,21%. (J. biol. Chemistry **216.** 309—17. Sept. 1955. New York, N. Y., Columbia Univ., Coll. of Phys. and Surg.)

Ph. Fresenius. 5088

a) Elemente und anorganische Verbindungen.

K.-H. Boltze und **H. Katzmann,** *Naphthionsaures Natrium, ein Reagens zum Nachweis und zur quantitativen Bestimmung von Nitriten.* Überblick über die bekannten colorimetr. Verff. zur Nitritbest. u. Beschreibung einer einfachen Nachweismeth. mit *naphthionsaurem Na* mit einer noch zu steigernden Empfindlichkeit von 0,5—1 γ/cm³. (Pharmaz. Zentralhalle Deutschland **94.** 175—77. Mai 1955. Jena, Univ., Inst. für Pharmakol.) W. Schulenburg. G 243

Pierre Maurice Deschamps, *Über eine elektrometrische Methode zur Bestimmung kleiner Mengen Chlorid.* Nach der „Dead stop"-Meth. kann Cl^- in der Größenordnung 10^{-5}mol. mit $AgNO_3$-Lsg. titrimetr. bestimmt werden. Als Elektrode dient Ag u. als Gegenelektrode Ag- oder Au-Amalgam. Die Best. wird in Lsgg. durchgeführt, die 90 bis 99% Aceton enthalten. (Bull. Soc. chim. France [5] **1956.** 126—28. Jan. Paris, Labor. d'Enseignement de Chim.) H.-G. Moslé. G 247

A. M. Amin, I. M. Issa und **R. M. Issa,** *Potentiometrische Bestimmung von Tellur.* Te wird in 0,00003n K_2TeO_3- oder Na_2TeO_3-Lsgg. nach Zusatz von n/10 NaOH mit 0,0001 n $KMnO_4$-Lsg. mit potentiometr. Anzeige titriert. Die Zugabe der Oxydations-Fl. erfolgt jeweils in Mengen von 0,05 ml. Bis zu Mindestmengen von 1,2 γ Te/10 ml ist die Fehlergrenze —2,3%, bei 25 γ +0,6%. Als Indicatorelektrode diente ein Pt-Draht, als Normalelektrode eine Hg_2Cl_2-Elektrode u. als Salzbrücke eine gesätt. KCl-Lösung. (Chemist-Analyst **43.** 61—63. Sept. 1954. Giza, Ägypten, Univ. of Cairo, Chem. Dep.)

Ph. Fresenius. G 255

Victoria de la Peña und **A. Camuñas,** *Spektrochemische Bestimmung des Bors in winzigen Konzentrationen.* Nach dem Vorgang von Rivas (Angew. Chem. **50.** [1937.] 903) werden spektralreine Graphitelektroden mit der Lösungsprobe getränkt. Man kann dann bei Erregung mit dem Niederspannungsgleichstrombogen durch Vgl. der Schwärzungen (absol. Meth.) der Linien B I 2497,73 u. B I 2496,78 Å, die das gleiche Erregungspotential von 4,9 V haben, also genau homolog sind, ohne Anwendung eines Bezugselements B-Gehh. zwischen 11,3 (Fehler ± 0,04) u. 0,1 γ/ml (Fehler ± 0,02) bestimmen. Für noch geringere Konzz. werden Ag-Elektroden genommen, u. man erreicht mit diesen u. bei Erregung durch den kondensierten Hochspannungsfunken noch Messungen zwischen 1,13 u. 0,05 γ/ml (Fehler ± 0,04). Die Mengen, die aus den eben noch bestimmbaren Konzz. durch die Elektroden aufgenommen werden, also die Empfindlichkeiten sind 0,03 γ (Graphit, Bogen) bzw. 0,003 γ (Ag, Funken). Solange man mit der absol. Meth. auskommt, üben fremde Substanzen bis zu sehr großen Konzz. keinen Einfl. aus. Sind sie in größerer Menge vorhanden u. ist die B-Konz. sehr klein, so vergleicht man die Schwärzung der Linien mit der des Untergrundes u. muß dann den Einfl. fremder Substanzen beachten. Gegebenenfalls ist, wenn die Neigung der Eichkurven groß ist, die Seidel-Transformation anzuwenden. (An. Real Soc. españ. Física Quím., Ser. B **51.** 169—72. Febr. 1955. Madrid, Inst. de Optica „Daza de Valdés".)

W. Metzener. G 258

R. Cypres und **P. Leherte,** *Colorimetrische Bestimmung von Borspuren mit Carmin.* Die Best. von B-Gehh. um 0,5 mg/kg in Präpp., wie sie bei Graphit u. U für Kernreaktoren, desgleichen bei Ca zur UF_4-Red. interessieren, gelingt ohne vorherige Dest. von Borsäure–Methylester. Reagentien: 95—97%ig. H_2SO_4, D. 1,84, p. a. (**I**), 0,05%ig. Lsg. von Carmin (für histolog. Zwecke) in **I**. — Best. von 0,05—50 γ B in 2,0 ml wss. oder salzsaurer Lsg.: Zugabe von ca. 10 ml **I**, kühlen, + 10 ml Carminlsg., mit **I** zu 25 ml auffüllen, nach 45 Min. Absorptionsmessung bei 610 mμ, im Vgl. mit aus einem W. hergestellter Mischung. Eichkurve von 0—30 γ B in 2 ml Lsg. linear; kleineres Verhältnis W.:**I** gibt höhere Empfindlichkeit bis zu 0,02 γ. — Unters. von 1 g Ca durch Zers. mit W., Eintrocknen, Glühen bei 900°, umsetzen mit 5 ml **I**, Filtration durch Glasfilter in den 25 ml-Meßkolben, Zugabe von 2 ml W., weiter wie oben. — Unters. von 2 g gepulvertem Graphit durch Eintrocknen mit 5 ml Ca-Saccharatlsg. (1,5 g Ca-Metall in 500 ml 10%ig. wss. Saccharoselsg.), Veraschen bei 900°, weiter wie zuvor. — Unters. von U oder UF_4 durch Überführung in U_3O_8, Lösen mit H_2SO_4 + H_2O; Vergleichslsg. mit 0,5 ml **I** + 1 g U_3O_8 in 2,5 ml, neben H_2O_2. Letzteres stört innerhalb der Wartezeit nicht. — Begründung u. Beleganalysen im Original. (Bull. Soc. chim. belges **63.** 101—14. März/April 1954. Brüssel, Univ., Labor. für ind. Chem.)

G. Lochmann. G 258

William A. Dippel, Clark E. Bricker und **N. Howell Furman,** *Flammenphotometrische Bestimmung von Phosphat.* Die Emissionsintensität von Ca wird durch die Ggw. von

PO_4^{3-} erniedrigt. Auf Grund dieser Tatsache wurde folgendes Verf. zur PO_4^{3-}-Best. entwickelt: Eine Mineralprobe, 3,6—85 mg P_2O_5 enthaltend, wird mit Königswasser aufgeschlossen, eingedampft u. mit 2 Tropfen konz. HCl + 20 ml W. aufgenommen. Diese filtrierte Lsg. wird durch einen Ionenaustauscher (Dowex 50) gegeben, mit 85 ml dest. W. ausgewaschen, 10 ml 1%ig. Ca-Lsg. (2,4973 g $CaCO_3$ + HCl, eingedampft u. auf 100 ml mit W. aufgefüllt) zugegeben u. auf 100 ml aufgefüllt. Die Intensität wird bei 422,7 mμ im Flammenphotometer bestimmt u. gegenüber einer 0,1%ig. Ca-Lsg. ausgewertet. Eichkurven werden mitgeteilt u. der Einfl. verschied. Säuren bestimmt. (Analytic. Chem. **26.** 553—56. März 1954. Princeton, N. J., Univ., Dep. of Chem.)
H.-G. MOSLE. G 263

H. W. Berkhout und **G. H. Jongen**, *Colorimetrische Bestimmung von Arsen nach Verflüchtigung als Arsenwasserstoff.* Anorgan. oder organ. *As* (dieses nach Mineralisierung) wird in Mengen von 1—25γ nach Vorbehandlung mit KJ + $SnCl_2$ in salzsaurer Lsg. mit Zn zu AsH_3 red., der in einer 0,5 cm dicken Schicht von mit $HgBr_2$ getränkter Cellulose absorbiert wird. Diese wird mit einer Lsg. von NaOBr, dann mit 2n H_2SO_4 u. mit W. gewaschen, die Wasch-Fll. werden in einem graduierten Glas vereinigt u. nach Versetzen mit NH_4-Molybdat u. Hydrazinsulfat 5 Min. erhitzt. Nach Abkühlen u. Auffüllen wird die Lichtdurchlässigkeit bei 720 mμ gemessen. (Chemist-Analyst **43.** 60—61. Sept. 1954. Maastricht, Netherlands, State Agric. Test and Res. Stat.)
PH. FRESENIUS. G 265

Yukichi Yoshino, *Untersuchungen über die Trennung des Arsens von Eisen durch Ionenaustauschharz.* Das Verh. von As^{3+} u. As^{5+} an einem Kationaustauscher vom Phenolsulfonsäuretyp wird untersucht. Weder AsO_3^{3-} bei p_H 1,8—2,4 noch AsO_4^{3-} bei p_H 1—1,8 werden an der H^+- oder Na^+-Form des Austauschers festgehalten u. können quantitativ im Filtrat bestimmt werden. Bei Verwendung einer Fe^{3+}-beladenen Säule werden in 150 ml Filtrat bereits 98% des AsO_3^{3-} erhalten. Von AsO_4^{3-} werden dagegen mit 550 bzw. 1050 ml Wasch-Fl. nur 72 bzw. 81% im Filtrat erhalten. Auf Grund dieses Verh. wird eine teilweise Komplexbldg. zwischen AsO_4^{3-} u. Fe^{3+} angenommen. Die Trennung Fe^{2+}–AsO_3^{3-} gelingt dementsprechend prakt. quantitativ, während zur Trennung Fe^{3+}–AsO_4^{3-} die Lsg. vorher mit SO_2 red. werden muß. Die Analyse des Fe-, As- u. S-Geh. eines Arsenkieses nach dieser Meth. zeigt gut übereinstimmende Werte mit anderen Verfahren. (Bull. chem. Soc. Japan **24.** 39—41. April 1951. Tokyo, Univ. of Tokyo, Fac. of Cult., Chem. Inst.) GÜNTER LANGE. G 265

Pierre Bévillard, *Reagentien auf Antimon.* Eine Reihe von Azofarbstoffen (I) eignet sich zum spezif. Nachw. von Sb(V), da die hiermit gebildeten, in Bzl. lösl. Farbkomplexe nicht durch die Ggw. von Hg, Ag u. Mo gestört werden. Wenn man zu 2 ml konz. HCl je 1 Tropfen Probe- u. gesätt., alkoh. I-Lsgg. u. 1 ml Bzl. gibt, schüttelt u. dekantiert, färbt sich die benzol. Phase bei Ggw. von Sb^{5+} mit α-Naphthylaminoazobenzol rot, (Nachweisgrenze 8 mg Sb/Liter); mit p-Aminoazobenzol (**II**) violett (2); mit Dimethylaminoazobenzol (**III**) rosa (4); mit Diäthylaminoazobenzol violett (2). Bei den 2 folgenden **I** wird 5n HCl statt konz. benutzt, um die störende Eigenfarbe der **I** zu vermeiden. So wird die benzol. Phase mit Dimethylaminophenylazodiphenyl malvenfarbig (2); mit Diäthylaminophenylazodiphenyl ebenso (1—2); mit Phenylaminophenylazodiphenyl blaßrosa in Eisessiglsg. (Umschlag nach Violett) (1). Mit Methylenblau in 2n HCl gibt Sb^{5+} einen blauvioletten Nd., der im Gegensatz zum Farbstoff in Chlf. tiefblau sich auflöst. Neu hergestellt werden *Phenylaminophenylazobenzol* (**IV**; $C_6H_5 \cdot NH \cdot C_6H_4 \cdot N{=}N \cdot C_6H_4 \cdot N{=}N \cdot C_6H_5$) u. *Diäthylaminophenylazoazobenzol* (**V**) durch Diazotierung des in Eisessig gelösten **II** u. Kuppelung mit Dimethyl- bzw. Diäthylanilin. Die Farb-Rk. wird wie mit **I** unter Verwendung von 10—12n HCl ausgeführt: mit **IV** oder **V** violette benzol. Phase (2). (C. R. hebd. Séances Acad. Sci. **238.** 2087—89. 24/5. 1954.)
PH. FRESENIUS. G 266

R. F. Muraca, *Studentische Leistung bei Bestimmung von Kalium mit Tetraphenylbor-Natrium.* Die Fehlergrenzen bei der *K*-Best. mit Tetraphenylbor-Na schwankten bei 8 Studenten zwischen +0,7 u. —0,8%, der Durchschnitt war +0,39 u. —0,71%, insgesamt —0,02%. Die erzielte Genauigkeit liegt in den gleichen Grenzen wie bei Cl^-- u. SO_3^--Bestimmungen. (Chemist-Analyst **43.** 69—70. Sept. 1954. Bethlehem, Pa., Lehigh Univ.) PH. FRESENIUS. G 275

Marcel D. E. Jonckers, *Komplexometrische Bestimmung von Calcium und Magnesium in kalk- und magnesiahaltigen Materialien.* Es wird eine komplexometr. Titrationsmeth. zur Best. von *Ca* u. *Mg* in Kalkgesteinen beschrieben, wie sie in der Metallurgie Verwendung findet. Hierbei wird zunächst der Ca-Geh. mit Murexid als Indicator ermittelt u. anschließend die Summe Ca + Mg mit Eriochromschwarz T bestimmt. (Chim. analytique [4] **35.** 101—08. Mai 1953. Marchienne-au-Pont, Belgique, I.T.I.C., Labor. à la S. A. „Forges de la Providence".) A.-M. FRETZDORFF. G 283

R. A. Chalmers, *Eine spektrophotometrische Mikrotitration des Calciums.* Vf. stellt bei der Mikrotitration des *Ca* mit 0,01n-Lsg. von Di-Na-Äthylendiamintetraacetat (I) unter Verwendung von Murexid als Indicator den Endpunkt spektrophotometr. fest. Fehlergrenze ca. 2 μg bei Anwendung von 20—150 μg Ca. (Analyst **79.** 519—21. Aug. 1954. Durham, Univ., Dep. of Geol.) H. FEIT. G 283

H. A. Laitinen und **R. F. Simpson,** *Amperometrische Titration von Calcium mit dem Dinatriumsalz der Äthylendiamintetraessigsäure.* Zu 45—50 ml neutraler Lsg. mit >2,2 mg *Ca* werden 10 ml 0,01 mol. Zinkatlsg. in 1—1,4 mol. KOH u. 0,5 mol. KCl gegeben. O_2 wird durch N_2 aus der Lsg. vertrieben, u. dann wird bei —1,700 V gegen gesätt. Kalomelelektrode mit 0,05 mol. Di-Na-Äthylendiamintetraacetatlsg. titriert. Die Best. kann in Ggw. von Mg ausgeführt werden. (Analytic. Chem. **26.** 556—58. März 1954. Urbana, Ill., Univ. of Illinois, Dep. of Chem. and Chem. Engng.) H.-G. MOSLÉ. G 283

Peter J. Lucchesi, S. Z. Lewin und **John E. Vance,** *Colorimetrische Bestimmung von Strontium mit Chloranilsäure.* Zur Best. kleiner Mengen *Sr* erwiesen sich die *Rhodizonat*-Meth. u. nephelometr. Messungen von $SrCO_3$ als ungeeignet. Gute Ergebnisse werden durch Fällung von Sr mit Chloranilsäure (I) erzielt. Meth.: 5 ml 0,05%ig. **I**-Lsg. werden mit 5 ml Sr-Lsg. (p_H 5—7) gemischt u. 3—12 Std. bei 0° stehengelassen. Die Mischung wird 5—10 Min. mit 100 U/Min. zentrifugiert. Die Absorption der überstehenden Lsg. wird spektrophotometr. bei 530 mμ gemessen u. der Sr-Geh. aus der Differenz der Durchlässigkeit gegenüber einer Kontrolllsg. von 5 ml 0,05%ig. **I**-Lsg. + 5 ml W., Durchlässigkeit = 100%, berechnet. Zur Best. von Sr in saurer Lsg. empfiehlt es sich, die überschüssige Mineralsäure vor der Analyse durch Ionenaustauscher zu entfernen. Die **I**-Lsg. soll nicht filtriert werden. Die Best. ist nicht in Ggw. anderer Kationen durchführbar. (Analytic. Chem. **26.** 521—23. März **1954.** New York, N. Y., Univ., Dep. of Chem.) H.-G. MOSLÉ. G 284

Rafael Diaz und **E. H. Lindemann,** *Die polarographische Bestimmung von Zink in alkalischen Plattierungslösungen.* Man versetzt 1 cm^3 der zu untersuchenden Lsg. mit 1 cm^3 konz. HCl, dampft zur Trocknen ein, löst den Rückstand in dest. W., versetzt mit 5 cm^3 1%ig. Gelatinelsg., kühlt ab, verd. mit W. auf 500 cm^3, versetzt 25 cm^3 der verd. Lsg. mit 25 cm^3 2n KCl-Lsg. u. nimmt das Polarogramm der 25° warmen Lsg. zwischen —0,6 u. —1,3 V auf. Zur Eichung dient eine Lsg. mit bekanntem Zn-Gehalt. Die Best. weist eine Genauigkeit von 2% auf. — Beleganalysen. (Plating **40.** 762—64. Juli 1953. Minneapolis, Minn., Minneapolis Honeywell Regulator Co., Chem. Labor.) W. WESLY. G 288

E. C. Mills und **S. E. Hermon,** *Aluminium in Aluminiumbronze. Bestimmungsmethode für DTD 197-Legierung.* (Vgl. C. **1954.** 848.) Zur Best. von *Al* in Al-Bronze DTD 197 (8—12% Al, 4—6% Ni, 4—6% Fe, Mn <0,3%, Rest Cu) wird 0,6 g Substanz in 8,5 ml Säuremischung [12 Vol. HNO_3 (D 1,42) + 5 Vol. H_2SO_4 (D 1,84) + 17 Vol. W.] gelöst, u. die Stickoxyde werden verkocht. Dann wird auf 150 ml mit W. aufgefüllt u. mit Hg-Kathode bei 4 A, 4—5 V, 2—3 Std. zur Abscheidung der Schwermetalle elektrolysiert. Zu dem Elektrolyten werden 5 g NH_4Cl u. 4—6 Tropfen 0,2%ig. Bromkresolpurpurlsg. (I) in A. gegeben, gegebenenfalls filtriert, auf 90° erhitzt, gegen **I** mit NH_4OH alkal. eingestellt u. 1—2 Tropfen NH_4OH im Überschuß zugegeben. Beim Aufkochen fällt $Al(OH)_3$, Abfiltrieren, Auswaschen mit 5%ig. NH_4Cl-Lsg. u. Veraschen. Als günstigste Glühbedingung wurden 3 Std. bei 1150° gefunden. (Metal Ind. [London] **76.** 343—44. 5/5. 1950. High Duty Alloys Ltd., Res. Labor.) H.-G. MOSLÉ. G 294

Alan Stanley, *Die Bestimmung von Titandioxyd in MacIntyre-Erz nach dem spezifischen Gewicht.* Vergleichsunterss. zeigen, daß die TiO_2-Best. in Ti-Erzen auf Grund der D. die chem. Unters. nicht zu ersetzen vermag, aber ein rasch u. bequem ausführbares Verf. für die Betriebsüberwachung in Erzaufbereitungen darstellt. (Mining Engng. **4.** 971—72. Okt. 1952. Tahawus, N. Y., National Lead Co.) W. WESLY. G 321

Neil E. Gordon jr. und **Ralph M. Jacobs,** *Spektrographische Bestimmung von Verunreinigungen in Zirkonium und Hafnium.* Es werden Angaben gemacht über die Best. von Spuren von Al 20—500, B 0,1—20, Ca 10—100, Cd 0,1—10, Co 1—100, Cr 10—500, Cu 1—200, Fe 100—1000, Hf 50—20000, Li 10—50 u. 0,5—10, Mg 8—200, Mn 2—200, Mo 5—200, Ni 10—500, P 10—1000, Pb 10—200, Si 10—1000, Sn 10—200, Ti 20—200, V 20—300, W 10—1000, Zr 5000—60000; alle Konz. in p.p.m. Das Verf. besteht darin, daß Feilspäne des Materials in die Höhlung spektralreiner Kohlen gebracht werden u. dort durch Gleich- oder Wechselstrombogen zur Lichtaussendung angeregt werden. Als Wechselstrombogen wurde der Hochspannungswechselstrombogen mit 2400 V bei 4,85 A u. 4 mm Elektrodenabstand gewählt; Belichtungszeit 60 Sekunden. Für die Aufnahmen wird teils ein HILGER-Spektrograph, teils ein JARRELL-ASH-Gitterspektrograph von 21 Fuß Gitterradius u. 15000 Linien/in. verwendet. Im letztgenannten Fall dient als Anregungsquelle ein 220 V-Gleichstrombogen von 16 A bei 4 mm Elektrodenabstand u. 50 Sek. Belichtungszeit. Der Gitterspektrograph wird in 2. Ordnung verwendet. Verwendete Analysenlinien sind Al 3082,2 (Å), B 2497,7, Ca 3933,7, Cd 2288,0, Co 3453,5, Cr 3021,6, Cu 3274,0, Fe 3021,1, Hf 2820,22/2828 Zr, Li 6103,6 u. 6707,8, Mg 2802,7, Mn 2974,8, Mo 3170,3, Ni 3002,5, P 2553,3, Pb 2833,1, Si 2881,6, Sn 2840,0, Ti 3349,0, V 3185,4, W 4008,8 u. 2944,4, Zr 2844,6/2857,6 Hf. Die bei Hf angegebene Zr-Linie u. die bei Zr angegebene Hf-Linie sind innere Standardlinien. Für die meisten untersuchten Elemente werden 10 p.p.m. mit einer Genauigkeit von $\pm 30\%$ bestimmt. (Analytic. Chem. **25.** 1605—08. Nov. 1953. Pittsburgh, Pa., Westinghouse Electric Corp.) O. WERNER. G 323

C. L. Luke und **Mary E. Campbell**, *Bestimmung von Verunreinigungen in Germanium und Silicium.* Es werden photometr. Verff. zur Best. von *As, P, Sb* u. *Cu* in Ge u. GeO_2 im Bereich von 0,1—1,0 p.p.m. sowie zusätzlich von As in Si im Bereich von 1—10 p.p.m. angegeben. Es wird bei der As-Best. ein modifiziertes Verf. von STRAFFORD, WYATT u. KERSHAW (Analyst **70.** [1945.] 232) verwendet, welches in der Auflsg. des Ge oder GeO_2 in Oxalsäure + H_2O_2 u. nach Zusatz von HCl u. Zers. der Hauptmenge H_2O_2 durch Sieden in der Extraktion des mit $Na_2S_2O_5$ red. As mit Diäthylammoniumdiäthyldithiocarbamat–Chlf. besteht. Die Best. des so extrahierten As geschieht mit Hilfe einer Molybdänblau-Rk. auf photometr. Wege. Um die Spezifität dieses Verf. zu prüfen, wird das Verh. von 56 Metallen untersucht, wobei sich ergibt, daß P hierbei eine Färbung liefert, die, mol. gerechnet, etwa der des As entspricht, während Ge u. Si zwar auch Färbungen geben, die jedoch nur etwa $^1/_{10}$ bzw. $^1/_{50}$ so intensiv sind wie die des As. Bei Ggw. von Zr werden zu niedrige Resultate erhalten, weil es als Arsenat ausfällt. Ggw. von W, Nb, Ta liefert um ca. 10% zu niedrige As-Werte. Se u. Au werden als Metall abgeschieden. Bei der erwähnten Carbamatextraktion werden außer dem As auch noch Cu, Bi u. Hg mit ausgezogen, die jedoch die photometr. Best. nicht stören, sofern genügend Hydrazin zugegeben wird, um eine Oxydation des Cu zu verhindern. Geringe Mengen Ge finden sich in der Chlf.-Schicht. Sie werden entfernt, indem man das Chlf. abdest., die organ. Substanz zerstört u. die Ge-Reste durch Dest. als Chlorid entfernt, bevor mit der photometr. Best. des As begonnen wird. Das für Ge beschriebene Verf. eignet sich auch für die As-Best. in Si, wobei aber dafür zu sorgen ist, daß sich SiO_2 nicht als Gel ausscheidet. — B e s t. v o n P i n G e: Das vorhandene Ge wird als Chlorid aus der Lsg. in HCl–HNO_3–$HClO_4$ abdest., bis $HClO_4$-Nebel entweichen. Die Best. des P erfolgt photometr. nach der Molybdänblaumethode. Durch besondere Verss. wird festgestellt, daß hierbei Te, Ti u. V nicht stören. Dagegen stören Zr, W, Nb, Ta, As, Si, Se u. Au in der oben bei As beschriebenen Weise. Cu liefert schon bei Ggw. von $< 10\gamma$ zu niedrige Resultate. Durch einen Zusatz von BF_4^--Ion können Zr, W, Nb u. Ta in nicht störende komplexe Verbb. übergeführt werden. As u. Se werden als Bromide abdest., Si wird mit $HClO_4$ als SiO_2 unlösl. gemacht, Cu in γ-Mengen wird zusammen mit Au durch Zementation auf metall. Pb in verd. $HClO_4$-Lsg. entfernt. — B e s t. v o n S b: Hier wird die photometr. Best. mit dem durch Bzl. extrahierten Rhodamin-B-Komplex verwendet. Das Sb muß hierfür im 5wertigen Zustande vorliegen. (Verwendung von $Ce(HSO_4)_4$-Lsg. als Oxydationsmittel). Hierbei stören nur Au, Tl u. Fe. Diese müssen vorher abgetrennt werden: nach Red. durch Extraktion von Sb(III) mittels Cupferron–Chlf., wobei Tl(I) u. das meiste Ir in der wss. Phase bleiben; nach Vertreiben des Chlf. u. Oxydation durch Extraktion des Fe(III) mit Cupferron–Chlf., wobei Sb(V) in der wss. Phase bleibt; nach Zugabe von Se $(NO_3)_2$-Lsg. durch Red. des Au zu Metall. Hiernach erfolgen Oxydation u. Best., wie oben angegeben. — B e s t. v o n C u: Als photometr. Verf. wird die Neo–Cuproin-Meth. verwendet. Als Extraktionsmittel für den gefärbten Cu-Komplex wird $CHCl_3$ benutzt. Von 56 untersuchten Metallen stört nur Be, dessen Wrkg. durch vorherigen Zusatz von $NH_2OH \cdot HCl$ u. Na-Citrat vor der Neutralisation unterdrückt werden kann. (Analytic. Chem. **25.** 1588—93. Nov. 1953. Murray Hill, N. J., Bell Telephone Laborr., Inc.). O. WERNER. G 326

Jorma Kinnunen und **Bertil Wennerstrand**, *Bestimmung von Blei in metallurgischen Produkten.* Pb wird als Diäthyldithiocarbamatkomplex aus ammoniakal., cyanidhaltiger Lsg. mit Chlf. oder Essigester extrahiert u. im Extrakt nach Behandlung mit HNO_3 mit Äthylendiamintetraessigsäure gegen Eriochromschwarz T titriert. Verff. zur Best. des Pb nach diesem Prinzip in Messing, Bronzen, Pb-Legierungen u. Ba-Erzen sind angegeben. (Chemist-Analyst **43.** 65—67. Sept. 1954. Pori, Finland, Outokumpu Oy Metalworks.) PH. FRESENIUS. G 328

B. Suseela, *Die Bestimmung von Vanadium mit Hilfe von seleniger Säure.* Unter geeigneten Bedingungen (p_H 4—4,5 u. 50% ig. alkoh. Lsg.) erfolgt bei Zusatz von H_2SeO_3 zu Vanadylsulfatlsg. quantitative Fällung eines n. Selenits der Zus. $VOSeO_3 \cdot 3H_2O$.

Der Nd. wird in konz. HCl gelöst u. die H_2SeO_3 jodometr. bestimmt. — Meth.: Eine $VOSO_4$-Lsg. wurde mit einem Überschuß von H_2SeO_3 versetzt, so viel A. zugesetzt, daß der Geh. der Lsg. ca. 50% betrug u. unter Rühren 5%ig. NH_4-Acetat-Lsg. bis p_H 4—4,5 zugesetzt. Der Nd. wurde abfiltriert, mit absol. A. gewaschen, in konz. HCl gelöst, auf 250 ml verd. u. in 50 ml die H_2SeO_3 jodometr. mit 0,1n Thiosulfatlsg. bestimmt. 1 ml Thiosulfatlsg. entspricht 0,001274 g V. Die Ergebnisse stimmen gut mit den nach der Permanganatmeth. gewonnenen Zahlen überein. (Z. analyt. Chem. **144.** 329—31. 1955. Banaras, Indien, Banaras Hindu Univ., Dep. of Chem.) E. SAJAK. G 330

J. Ibarz Aznárez und **J. B. Vericad Raga,** *Untersuchung der Reduktion der Lösungen von CrO_3 durch Oxalsäure* 1. Mitt. *Volumetrische Bestimmung von CrO_3 in Gegenwart von Oxalsäure.* Der nicht quantitative Verlauf der Red. von CrO_3-Lsgg. durch Oxalsäure wurde nach verschied. Methoden untersucht. Es wird der nicht-stöchiometr. Charakter der Rkk. KJ–CrO_3 u. KJ–$K_2Cr_2O_7$ bei Abwesenheit von Mineralsäure [langsame Red. bis zur Bldg. von $Cr_2(CrO_4)_3$] gezeigt. Doch kann in Lsgg., die gleichzeitig CrO_3 u. Oxalsäure enthalten, der Geh. an vorhandenem CrO_3 jodometr. nach Zugabe von KJ u. Ansäuern mit H_2SO_4 oder HCl ohne die geringste Störung durch Oxalsäure bestimmt werden. (An. Real Soc. españ. Física Quím., Ser. B **50.** 545—48. Juni 1954. Barcelona, Univ., Fac. Cie., Labor. Quím. fís. y electroquím.; C. S. J. C., Inst. „Antonio de G. Rocasolano", Secc. de Electroquím.) F. GROH. G 335

A. Lacourt, Gh. Sommereyns, A. Stadler-Denis und **G. Wantier,** *Papierchromatographie von Molybdaten. Direkte Titration der chromatographierten, von Chrom und Vanadium getrennten Molybdänflecken.* Bei Einhaltung der Versuchsbedingungen läßt sich *Mo* nach chromatograph. Adsorption auf WHATMAN-Papier Nr. 4 in der Größenordnung von ca. 10 γ mit $\pm$ 1% Genauigkeit durch Adsorptiometrie bestimmen. Die direkte Titration gleicher Mo-Mengen läßt sich mit einer Genauigkeit von $\pm$ 3,5% ausführen. Nach chromatograph. Trennung von Cr u. V ergibt die Titration die gleiche Genauigkeit. — Vgl. C. **1956.** 814. 2269. (Mikrochem. verein. Mikrochim. Acta **40.** 268—84. 1953. Bruxelles, Univ. Libre, Dép. de Microchimie.) H. WINGCHEN. G 336

B. Sarma, *Trennung anorganischer Salze durch Papierchromatographie.* 3. Mitt. *Trennung von Uran, Thorium und Seltenen Erden durch Verteilungschromatographie auf Filterpapier.* (2. vgl. Sci. and Cult. **17.** [1951.] 139.) Bericht über die Trennung radioakt. Isotope u. Seltener Erden. Die beschriebene Meth. beruht auf der selektiven Adsorption der lösl. Bestandteile durch organ. Lösungsmittel (*n-Butylalkohol, Isobutylalkohol, Amylalkohol, Äthylacetat, Cyclohexanon, Cyclohexanol, Ae.*), die gewisse organ. oder mineral. Säuren (HCl, HNO_3, *Essig-* u. *Ameisensäure*) enthalten, u. anschließender Abscheidung auf den Filterpapierstreifen. Der experimentelle Teil beschreibt die Fälle einer erfolgreichen Trennung wenigstens eines der Metalle U, Th, Pr. (Trans. Bose Res. Inst. Calcutta **18.** 105—13. 1949/51.) W. BRINKMANN. G 339

J. A. S. Adams und **William J. Maeck,** *Fluorometrische und colorimetrische Mikrobestimmung von Uran in Gesteinen und Mineralien.* U-haltige Mineralien wurden durch Behandlung mit HF–HNO_3 oder durch Kochen mit HNO_3 (1:1) aufgeschlossen. Zur Abtrennung störender Substanzen, bes. Fe, wurde der Aufschlußrückstand mit $Al(NO_3)_3$-Lsg. (10 g Salz/10 ml + höchstens 3% HNO_3) aufgenommen u. durch 2 Min. langes Schütteln das U durch Äthylacetatlsg. extrahiert (Ausbeute $>$ 90%). Nach einem 2. Vorschlag wurde der Rückstand in 5—10 ml 25%ig. HNO_3 aufgenommen, auf eine aus Filterpapier erzeugte u. mit HNO_3 aktivierte Säule gegeben u. das U durch Ae. + 5% HNO_3 eluiert. Nach Verdampfen des Ae. wurde die Lsg. verdünnt. Bei höheren U-Konzz. besteht die Möglichkeit, die störende Wrkg. anderer Stoffe durch Verdünnung herabzusetzen. Die eigentliche Analyse erfolgte durch Fluorescenzmessungen. Vff. fanden Proportionalität zwischen Fluorescenz u. U-Konzz. zwischen 0,010 u. 50,0 γ/ml. Maximale Fluorescenz wurde bei 650° nach 15 Min. beobachtet. Für einige γ U lag der Fehler unterhalb 10%. Die Meth. ist auch für U-Gehh. $<$ 10 p.p.m. geeignet. Für größere U-Gehh. wird Dibenzoylmethan als colorimetr. Reagens verwendet. Die verwendete Wellenlänge ist 400 mμ. Da die Hydrolyse von U-Lsgg. bei p_H 6,0 beginnt, wurde statt des günstigsten p_H-Wertes von 5,5 ein etwas niedrigerer von 3,0—3,5 gewählt. Die Genauigkeit dieser sehr schnellen Meth. betrug bei 0,4 p.p.m. U $\pm$ 5%. (Analytic. Chem. **26.** 1635—39. Okt. 1954. Madison, Wis., Univ. of Wisconsin, Dep. of Chem.) H. PLUSKAL. G 339

William F. Harris und **Thomas R. Sweet,** *Volumetrische Bestimmung von Kobalt. Komplexometrische Titration mit Äthylendiamintetraessigsäure.* Co-Mengen von 15—50 mg in saurer Lsg. werden mit äthylendiamintetraessigsaurem Di-Na-Salz im Überschuß versetzt u. diese nach Einstellen des p_H mit NH_3 auf 10 u. nach Zusatz von Eriochromschwarz T als Indicator mit einer Standard–Zn-Lsg. auf Rot titriert. Bei Verwendung verdünnterer Reagenslsgg. können auch Mengen von 1—10 mg Co bestimmt werden.

— 16 Literaturangaben. (Analytic. Chem. **26**. 1649—51. Okt. 1954. Columbus, O., Ohio State Univ., McPherson Chem. Labor.) PH. FRESENIUS. G 355

V. V. Ramanujam, *Gravimetrische Kupferbestimmung mit Resacetophenon.* Cu wird aus schwach saurer, mit Na-Acetat gepufferter Lsg. bei p_H 5,6—6,2 durch Zugabe von Resacetophenon (I) quantitativ als grüner Nd. gefällt. Co, Ni, Cd u. Zn bleiben in Lsg. u. stören die Best. nicht. Der Nd. von der Zus. $(C_8H_7O_3)_2Cu$ löst sich mit violetter Farbe in NH_4OH. In NaOH ist der Nd. unzersetzt lösl. u. kann durch Ansäuern wieder ausgefällt werden. Der Komplex von **I** mit Cu zers. sich bei 220°, kann aber bei 130° zur Gewichtskonstanz getrocknet werden. Bei Cu-Mengen von 16—65 mg beträgt der maximale Fehler der Best. 0,8%. (Current Sci. **22**. 374. Dez. 1953. Annamalainagar, Univ., Dep. of Chem.) K.-G. HACKSTEIN. G 358

A. R. Gahler, *Colorimetrische Bestimmung von Kupfer mit Neo-Cuproin.* Zur colorimetr. Best. von Cu red. Vf. eine etwa 0,2 mg Cu enthaltende Lsg. mit 5 ml 10%ig. NH_2OH-Lsg. u. setzte 10 ml Na-Citrat-Lsg. zu, um störende Metalle komplex zu binden; Fe muß vorher zu Fe^{3+} oxydiert sein. Nach Einstellung von p_H 4—6 durch NH_3 wurden 10 ml 2.9-Dimethyl-1.10-Phenanthrolin- (Neo-Cuproin-) Lsg. (1 g/Liter absol. A.) u. 10 ml Chlf. zugesetzt. Nach etwa 30 Sek. Schütteln war der entstandene Cu(I)–Cuproin-Komplex durch das Chlf. extrahiert. Nach einer weiteren Extraktion mit 5 ml Chlf. wurde die Färbung der vereinigten u. mit A. verd. Extrakte bei 457 mμ in einem BECKMAN Model DU-Spektrophotometer gemessen u. mittels Eichkurven ausgewertet. Mehr als 10 ml H_3PO_3, mehr als Spuren CN^- u. bereits Spuren S^{2-} stören. Bei 0,02—0,001% Cu beträgt der Fehler der erhaltenen Werte meist 1—3%. (Analytic. Chem. **26**. 577—79. März 1954. Niagara Falls, N. Y., Electro Metallurg. Co., Metals Res. Labor.)
H. PLUSKAL. G 358

Günther Dehmel, *Nachweis und Bestimmung von Kupfer in Chrombädern.* Arbeitsvorschrift. Gemeinsame Fällung mit NaOH + H_2O_2 von Fe u. Cu als Hydroxyd, Lösen in verd. HCl u. Trennung mit NH_3 u. NH_4Cl. Die ammoniakal. Lsg. wird mit H_2SO_4 angesäuert, mit KJ versetzt u. mit $Na_2S_2O_3$ zurücktitriert. (Metallwaren-Ind. Galvano-Techn. **44**. 377—78. Nov./Dez. 1952/53.) H. SPINDLER. G 358

J. Hontoria, M. E. Gárate und **M. T. Gárate,** *Analyse von Lagermetall, Bestimmung des Kupfers.* 1. Mitt. Als Schnellmeth. zur Cu-Best. in Weißmetallen mit kleinem Cu-Geh. wird die spektrophotometr. Best. als Cu-Diäthyldithiocarbamat ohne Abtrennung der übrigen Metalle vorgeschlagen, da diese in den üblicherweise vorkommenden Mengen nicht stören. Ausführung: 1 g Metall wird bei 80° in 10 ml dest. W. + 3 ml HNO_3 (D. 1,33) + 4 ml HF (D. 1,13) gelöst, auf 100 ml verd., u. davon werden 6 ml weiter auf 200 ml verdünnt. Zu 2 ml dieser verd. Lsg. gibt man 5 ml 50%ig. NH_4-Citratlsg., 2 ml NH_4OH (D. 0,88) (danach p_H 8,5—9), 1 ml 0,3%ig. Na-Diäthyldithiocarbamatlsg. u. 5 ml Butylacetat, schüttelt, um den Nd. aufzulösen, u. bringt die gefärbte Schicht in das Spektrophotometer, um die Extinktion dieser Lsg. u. gleichzeitig die einer Leerprobe u. einer ebenso behandelten Cu-Eichlsg. (2—8 γ Cu/ml) bei 440 mμ zu messen. Für Cu-Mengen von 2—12 γ in Ggw. von 100—450 γ Pb, 22—90 γ Sb, 15—60 γ Sn beträgt die Genauigkeit $\pm$ 0,07 γ. (An. Real Soc. españ. Física Quím., Ser. B **50**. 549—52. Juni 1954. R. E. N. F. E., Labor. central, Secc. Quím.). W. METZENER. G 358

J. P. Mehlig und **P. L. Koehmstedt,** *Spektrophotometrische Bestimmung von Kupfer in Erzen mit 2.2'-Bipyridin.* Wenn auch 2.2'-Bipyridin (2.2'-Bipyridyl; **I**) als farbgebende Komponente bei Cu-Bestimmungen nicht ganz so empfindlich ist, wie andere Reagentien, so scheint es doch zur Best. von Cu als Makro-Bestandteil in Erzen geeignet zu sein. — A r b e i t s v o r s c h r i f t: Einwaage 0,1—0,2 g, je nach Cu-Geh., in einer Mischung von 10 cm³ konz. HCl u. 5 cm³ konz. HNO_3 bis zur Lsg. erhitzen. Entfernung von Fe durch doppelte Fällung mit 15 mol. NH_4OH. Filtrat mit 6 mol. HCl ansäuern u. dann mit 6 mol. NH_4OH neutralisieren, bis Cupriammonkomplexfarbe erscheint. Nach Auffüllen auf 1000 cm³ davon 4 cm³ mit Mikrobürette abmessen. Nacheinander werden 2 cm³ 6 mol. NH_4OH, 10 cm³ **I**-Lsg. (1 g **I** gelöst in 0,2 mol. HCl u. auf 1000 cm³ verd.), 1 cm³ 10%ig. NH_2OH–HCl-Lsg. u. als Stabilisator 20 cm³ Methylcarbitol (Diäthylenglykolmonomethyläther) zugegeben. Die braunorange Färbung entsteht sofort. Messung bei 20° u. 430 mμ. Vergleichsverss. ergeben gute Übereinstimmung mit der titrimetr. Jodmethode. Die Erze können bis 22% Cu enthalten. Cd-, Cr-, Co-, Fe^{2+}, Ni^{2+}- u. Zn-Ionen stören. Von Anionen stören Cyanid- u. Thiosulfat-Ion. Die aufgeführten Reagentien müssen in der angegebenen Reihenfolge zugesetzt werden. Überschuß der farbgebenden Verb. ist ohne Einfluß. (Analytic. Chem. **25**. 1920—21. Dez. 1953. Corvallis, Ore., Oregon State Coll.). O. WERNER. G 358

D. E. Ryan, *Organische Reagentien für die Analyse der Platinmetalle.* Vf. teilt die vorläufigen Ergebnisse der Rkk. von Pd(I), Rh(III), Ru(III), Ir(IV), Os(IV) u. Pt(IV) mit organ. Verbb. mit. Die Platinmetalle lagen als Chloride vor, zu denen N- oder S-haltige organ. Verbb. zugegeben wurden. Färbungen oder Ndd. wurden erhalten aus p-Nitroanilin mit Pd; 2.4-Dinitroanilin mit Pd; p-Jodanilin mit Pd, Pt u. Os; p-Nitrosodiphenylamin mit Pd u. mit allen Platinmetallen in der Wärme, Phenylmethylnitrosamin, p-Nitrosodimethylanilin u. p-Nitrosodiäthylnitrosamin, p-Nitrosodimethylanilin u. p-Nitrosodiäthylanilin mit allen Platinmetallen; Chinolin mit Pd u. Ru; 8-Nitrochinolin mit Pd; 2.2'-Dipyridyl mit Pd u. Ru; 1.10-Phenanthrolin mit Pd, Pt u. Ru; Strychnin mit Pd, Ir, Os u. Pt; Brucin mit Pd, Ir, Os u. Pt. 2-Mercaptobenzthiazol (I) mit Pt u. Pd in der Kälte u. mit allen Platinmetallen in der Wärme; 2-Mercaptobenzoxazol wie I; 2-Methylmercaptobenzthiazol mit Pt, Pd u. Os; 2-Mercapto-4-phenylthiazol wie I; 2-Phenylbenzthiazol mit Pt, Pd, Os u. Ir; 2-Mercaptothiazolin wie I, 2-Mercapto-4.5-dimethylthiazol wie I; 2.4-Dioxothiazolidin mit Pd u. Pt; 5-Benzylidin-2-thiohydantoin mit allen Platinmetallen. Die Anwendung dieser elektropositiveren Reagentien gewährt eine bessere Trennmöglichkeit bei der Platinmetall-Analyse. Die gravimetr. u. calorimetr. Verwendbarkeit der Ndd. u. Färbungen wird erwähnt. (Analyst **79.** 707—10. Nov. 1954. Halifax, N. S., Can., Dep. of Chem., Dalhouse Univ.) R. KIESSIG. G 362

J.-E. Goris und **J.-L. De Hauss,** *Halbmikroanalyse des Minerals Chalkopyrit.* Vff. beschreiben ein Zentigramm-Verf. zur Best. des unlösl. Rückstandes, des Fe, S u. Cu im Chalkopyrit. Das zu untersuchende Mineral (ca. 0,08 g) wird in Königswasser gelöst. Nach dem Abfiltrieren des unlösl. Rückstandes u. dessen Wägung wird das Fe mit NH_4OH gefällt u. als Fe_2O_3 bestimmt. Anschließend erfolgt die Best. des S als $BaSO_4$ u. die colorimetr. Best. des Cu mit Ferrocyanid. (Chim. analytique [4] **35.** 109—10. Mai 1953.) A.-M. FRETZDORFF. 5292

b) Organische Verbindungen.

R. Pietsch, *Ein Beitrag zur Bestimmung des Arsens in organischen Verbindungen.* Es wurde von der Tatsache ausgegangen, daß sich Arsenate mittels einer Titration nach VOLHARD argentometr. bestimmen lassen. Die Überführung in anorgan. Arsenate erfolgt mittels eines KJELDAHL-Aufschlusses. Die störenden SO_4^{2-} müssen anschließend entfernt werden. Als Indicator wird bei der Titration Fe(III)-Nitrat angewandt. — Meth.: 50—200 mg Probe werden so lange mit $CuSO_4$ + konz. H_2SO_4 + konz. HNO_3 behandelt, bis die organ. Substanz zerstört ist, dann wird auf 300 ml aufgefüllt, erhitzt u. beim Sieden mit einer $Ba(NO_3)_2$-Lsg. (7 g auf 50 ml W.) SO_4^{2-} gefällt. Nach Abkühlen u. Filtrieren setzt man der Lsg. 2 Tropfen Methylorange zu, neutralisiert mit NaOH auf Gelb, gibt 1 Tropfen HNO_3 (1:3) zu (Umschlag nach Rot), läßt 0,1n $AgNO_3$-Lsg zufließen, gibt starke Na-Acetatlsg. zu, bis keine Fällung mehr erfolgt (p_H 5), füllt auf 500 ml auf, filtriert u. titriert in einem aliquoten Teil mit 0,1 NH_4SCN-Lsg. unter Zugabe von Fe(III)-Indicator (10 g $Fe(NO_3)_3 \cdot 9H_2O$ + 10 ml 25%ig. HNO_3 + 80 ml W.) das überschüssige Ag zurück. Die Best. ist auch in Ggw. der Erdalkalien, Co, Ni, Zn, Mn, Cd u. Cu möglich. Halogene müssen durch Abrauchen mit HNO_3 entfernt werden. (Z. analyt. Chem. **144.** 353—56. 1955. Graz, Univ., Inst. für anorgan. u. analyt. Chem.) E. SAJAK. 5352

D. Subba Rao, G. D. Shah und **V. S. Pansare,** *Mikrobestimmung von aktivem Wasserstoff in organischen Verbindungen durch Lithium-Aluminiumhydrid.* Vff. benutzen die ROTHsche App. für die Mikrobest. nach ZEREWITINOFF zur Best. des akt. H mit $LiAlH_4$. Das Reaktionsgefäß besteht aus einem Kolben mit 2 Gliedern verschied. Länge. In den längeren Teil werden 3—5 mg der Analysensubstanz u. in den kürzeren 30 mg des pulverisierten $LiAlH_4$ u. ca. 1 ml trockener n-Propyläther gegeben. Nach Anschließen des Gefäßes an die App. wird mit gereinigtem u. getrocknetem H_2 gespült; dann stellt man den Gasstrom ab u. taucht das Reaktionsgefäß in ein Wasserbad, das die gleiche Temp. wie das W. im Mantel der Gasbürette besitzt. Der Überdruck, der sich im Syst. durch Spuren Feuchtigkeit im Lösungsm. u. in der Umgebung entwickelt, wird durch plötzliches Öffnen u. Schließen des Hahnes ausgeglichen, bis sich 5 Min. lang kein Druckanstieg mehr bemerkbar macht. Man mißt nun die Temp. des Wasserbades, den Luftdruck u. die Höhe der Hg-Säule der Bürette, mischt durch Kippen u. Schütteln die Substanzen des Reaktionsgefäßes u. mißt nach Schluß der Gasentw. in üblicher Weise das entwickelte u. aufgefangene Gas unter Normaldruck. (Mikrochim. Acta [Wien] **1954.** 81—84. Nat. Chem. Labor. of India.) H. M. SCHLEGEL. 5364

Juan Sisquella Argila, *Schnellanalyse des bei der Buttersäuregärung erhaltenen Gemisches von n-Butanol, Aceton und Äthanol.* Bei der Analyse der aus der Vergärung von stärke- oder zuckerhaltigen Lsgg. mit Buttersäurebakterien erhaltenen Gär-Fll., die n-Butanol (I), Aceton (II) u. A. im annähernden Verhältnis 6:3:1, außerdem Essigsäure, Buttersäure u. Acetylmethylcarbinol enthalten, ist die Best. der ersten 3 Verbb. wichtig. II wird nach dem verbesserten Verf. von MESSENGER bestimmt. Sodann wird der Dichromatverbrauch des I—II–A.-Gemisches bei verschied. Säuregrad, gleichzeitig in 2 Leerproben, bestimmt, sodaß bei bekanntem II-Geh. aus 2 Gleichungen die Gehh. an I u. A. berechnet werden können. — Ausführung: Die Gär-Fl. wird auf p_H 7—7,5 neutralisiert, 300 ml dieser Lsg. werden dest. u. unter sorgfältiger Kühlung 100 ml Destillat aufgefangen. 10 ml von diesem werden auf 100 ml verd. u. 10 ml bzw. 5 ml für die 2. Best. dieser neuen Lsg. werden zur gekühlten Mischung von 10 ml $K_2Cr_2O_7$-Lsg. von bekannter Normalität + 10 ml (25 ml) konz. H_2SO_4 gegeben u. 10 Min. im Wasserbad erwärmt (Umschlag von Dunkelbraun nach Grünlichbraun). Nach Abkühlung wird auf 400 ml verd., es werden 15 ml 20%ig. KJ-Lsg. zugesetzt u. nach 2 Min. mit 0,1 n $Na_2S_2O_3$-Lsg. das frei gemachte J_2 titriert. (Inform. Quím. analít. **8.** 133—38. Juli/Aug. 1954. Manresa). W. Metzener. G 700

N. Coppens, *Trennung, Identifizierung und Bestimmung wasserdampfflüchtiger Fettsäuren.* Vf. gibt eine Übersicht über die physikal. Grundlagen u. die Methodik zur Abtrennung der wasserdampfflüchtigen Fettsäuren aus Fetten u. Ölen durch Wasserdampfdest. geringer Substanzmengen. Die Halbdestillationswerte u. Wasserdampfdestillationskonstanten der gesätt. Fettsäuren mit 1—10 C-Atomen sind angegeben. Weiter werden die Grundlagen chromatograph. Trennverf., ihre Durchführung u. die speziellen Methoden zur Trennung gesätt. Fettsäuren auf diesem Weg vergleichend besprochen. Die R_f-Werte der gesätt. Fettsäuren mit 1—10 C-Atomen für die empfohlenen Lösungsmittelsysteme sind zusammengestellt. — 30 Literaturzitate. (Meded. vlaamse chem. Veren. **17.** 199—213. Nov./Dez. 1955. Genf, Rijksuniv., Labor. voor Pharmac. en Med. Chem.) H. Bertsch. G 800

David Davidson, *Nachweis für Anhydride acyclischer Carbonsäuren.* Zum qualitativen Nachw. der *Anhydride acycl. Carbonsäuren* wurde 1 ml einer 3%ig. Lsg. von α-(p-Nitrobenzoylamino)-phenylessigsäure in Pyridin mit 30 Tropfen oder 1 ml Substanzlsg. versetzt. Nach wenigen Sek. entwickelte sich eine blaue Farbe, die aber nicht beständig ist. Deshalb kann die Meth. nicht als Grundlage für quantitative Bestimmungen dienen. (Analytic. Chem. **26.** 576. März 1954. Brooklyn, N. Y., Brooklyn Coll., Dep. of Chem.) H. Pluskal. G 800

K. Schlögl und **A. Siegel,** *Papierchromatographische Trennung und Identifizierung von einwertigen Phenolen als Aryloxyessigsäuren.* 1. Mitt. *über Papierchromatographie organischer Säuren.* Alkylsubstituierte einwertige *Phenole* können papierchromatograph. in Form ihrer Aryloxyessigsäuren getrennt u. nachgewiesen werden. Zum Nachw. dieser u. anderer organ. Säuren wurde die p_H-Abhängigkeit der Fluorescenz einer Umbelliferonlsg. benutzt, wobei die Säuren als scharfe, schwarze Flecke auf hellblau fluorescierendem Grund erscheinen. Absteigende Chromatographie; Fluorescenzindicator: Umbelliferonlsg. (25 mg in 100 ml 33%ig. wss. A. + einigen Tropfen konz. NH_4OH; p_H 8—9); Träger: Whatman-Papier Nr. 1 oder Schleicher-Schüll Nr. 2043b; Entw.-Fl.: Isoamylalkohol, konz. wss. NH_4OH u. W. (30:15:5). Die Substanz wird in ca. 1%ig. alkoh. Lsg. aufgebracht; Wanderungsgeschwindigkeit 32 cm in 20 Std. (Auftrennung von Isomeren im Durchlaufchromatogramm mit bes. beschriebener Anordnung in 50 Std.). Neben den R_F-Werten wurden noch die R_X-Werte bestimmt (R_X = R_F der Substanz: R_F der Vergleichssubstanz); Vergleichssubstanz 2.4-Dimethylphenol); sie sind etwa doppelt so hoch, aber gut übereinstimmend. (Mikrochem. verein. Mikrochim. Acta **40.** 202—11. 1953. Wien, Univ., II. chem. Labor.) H. Wingchen. G 1060

G. L. Haberland, F. Bruns und **K. I. Altman,** *Trennung und quantitative Bestimmung von ringsubstituierten Hippursäurederivaten. Hippursäure* (**I**), *o-Aminohippursäure* (**II**), *p-Aminohippursäure* (**III**) u. *p-N-Acetylaminohippursäure* (**IV**) lassen sich auf Whatman-Papier Nr. 1 unter Verwendung von n-Butanol–Eisessig–W. (4:1:1) absteigend papierchromatograph. trennen. R_F-Werte: **I**: 0,81; **II**: 0,70; **III**: 0,47; **IV**: 0,61. Zur quantitativen Best. werden die 1 Std. an der Luft getrockneten Papierstreifen mit 4%ig. Lsg. von p-Dimethylaminobenzaldehyd in Essigsäureanhydrid besprüht u. wieder 1 Std. an der Luft getrocknet; die Azlactonbldg. wird durch 1,5 Min. Erhitzen der Streifen auf 155° vervollständigt. Die getrennten Flecke der Azlactone werden je 3 mal mit je 2 ml CH_3OH eluiert. In den Eluaten werden die Azlactone von **I**—**IV** photometr. bestimmt. λ_{max}: **I**: 460 (mμ); **II**: 480; **III** u. **IV**: 472. In dem genannten Lösungsmittelsyst. läßt sich *3-Oxy-2-aminohippursäure* (**V**) nicht von **I** trennen (R_F von **V**: 0,80); die Trennung gelingt im Syst. n-Amylalkohol–Pyridin–W. (35:35:30); R_F-Werte: **I**: 0,46; **V**: 0,80. Die Meth. findet Anwendung bei der Unters. von Leberschnitten u. -homogenaten, die **III** aus p-Aminobenzoesäure (**VI**) u. Glykokoll synthetisieren können, sowie von Harn, in dem **IV** nach Verfütterung von **VI** auftritt. — Synthese von **V**: Die Suspension von 3-Oxy-2-aminobenzoesäure in CH_3OH läßt man innerhalb von 30 Min. in $SOCl_2$ eintropfen; das Säurechlorid wird nach Entfernung des überschüssigen CH_3OH u.

$SOCl_2$ mit der äquivalenten Menge Glykokoll in wss. Lsg. behandelt. (Biochim. biophysica Acta [Amsterdam] **15.** 578—81. Dez. 1954. Rochester, N. Y., Univ. of Rochester, School of Med. and Dent., Dep. of Radiol.) K. F. MÜLLER. G 1350

Y. Rusconi, D. Monnier und **P. E. Wenger,** *Untersuchung und Bestimmung von Tyrosin.* 2. Mitt. (1. vgl. C. **1952.** 3791.) *Tyrosin* (**I**) wurde durch HNO_3 verschied. Konzz. (0,1 n — 14,8 n) nitriert; die ätherlösl. Anteile u. die wss. Phase wurden bei p_H 5 in wss. Lsg. polarographiert. Polarographie der wss. Lsg. von nitriertem **I** kann als Bestimmungsmeth. angewandt werden, Konzz. von 0,005—0,3 g **I**/Liter können mit 3—5% Genauigkeit bestimmt werden. Die Best. wird durch Ggw. von *Tryptophan* gestört. Außerdem wird eine colorimetr. Best. von **I** mitgeteilt, bei der der Ae.-Extrakt von nitriertem **I** benutzt wird. Die colorimetr. Meth. ist etwas empfindlicher als die polarograph. Meth., jedoch weniger spezifisch. (Helv. chim. Acta **34.** 1943—47. 15/10. 1951. Genève, Univ., Labor. de Chim. analyt. et de Microchim.) K. F. MÜLLER. G 1350

Albert Resplandy, *Die Papierchromatographie der Alkaloide in Elektrolytlösungen.* Es wird gezeigt, daß Alkaloide sehr gut durch aufsteigende Aussalzchromatographie identifiziert werden können. R_F-Werte sind von der Menge (5—50 γ) unabhängig. Das Salz u. die freie Base eines Alkaloids geben denselben R_F-Wert. Bes. geeignet zur Trennung sind Lsgg. von $(NH_4)_2SO_4$ (100—500 g/Liter). Durch zusätzliche Variation des p_H der Elektrolytlsg. kann weiter der R_F-Wert variiert werden. Die Abhängigkeit der R_F-Werte in reiner $(NH_4)_2SO_4$-Lsg. von der Konz. des Elektrolyten ist für Tropin, Ephedrin, Atropin, Heroin u. Strychnin graph. wiedergegeben. (C. R. hebd. Séances Acad. Sci. **238.** 2527—29. 28/6. 1954.) G. BRAUNITZER. G 3500

J. Gootjes und **W. Th. Nauta,** *Eine neue Farbreaktion zur Bestimmung der Glycyrrhizinsäure bei der Papierchromatographie.* Zur Best. der *Glycyrrhizinsäure* (**I**), eines Hauptbestandteils der Süßholzwurzel (Glycyrrhiza glabra L.), wird eine papierchromatograph. Meth. vorgeschlagen. 2,5 μl einer 10—50 γ **I** enthaltenden Lsg. in n HN_4OH (oder der entsprechenden Menge Lakritzensaft) wird aufsteigend auf WHATMAN-Papier Nr. 1 unter Verwendung des Lösungsmittelsyst. n-Butanol–A.–n NH_4OH (60:13:27) chromatographiert (ca. 16 Std.). Der bei Raumtemp. getrocknete Papierstreifen wird 15 Min. in 0,025%ig. Lsg. von Rhodamin 3 GO oder Rhodamin B in n H_2SO_4 getaucht u. wiederum an der Luft getrocknet. Die bei Einw. von NH_3-Dämpfen auftretenden Farbflecken (R_F für **I**: 0,27) werden ausgeschnitten u. mit 20 ml eines Gemisches von 50%ig. A. mit 1% konz. NH_4OH extrahiert. Die Extinktion der Lsg. wird unter Verwendung des Filters S 55 gegen einen Blindvers. bestimmt. (Recueil Trav. chim. Pays-Bas **73.** 886—91. Nov. 1954. Amsterdam, Koninklijke Pharm. Fabrieken Brocades-Stheeman & Pharmacia, u. Vrije Univ., Chem. Labor.) K. F. MÜLLER. G 3600

Andre S. Meyer und **Marjorie C. Lindberg,** *Optisch-analytische Studien an Steroiden. Reduktionscharakteristika von Hydroxyl- und Keto-Steroiden gegenüber Tetrazoliumblau.* Folgende biolog. wichtige *Δ^4-3-Ketosteroide* geben mit Tetrazoliumblau {**IV**; 3.3′-Dimethoxydiphenylen-4.4′-bis-[2-(3.5-diphenyltetrazoliumchlorid)]} in A. unter Red. von **IV** Färbungen verschied. Art u. Intensität (Messung der Lichtabsorption in Abhängigkeit von der Zeit bei λ = 530 mμ): *6α-Oxy-Δ^4-androsten-3.17-dion* u. sein *Acetat, 11-Desoxycorticosteron, Δ^4-Androsten-3.17-dion* (**I**), *Progesteron* (*Δ^4-Pregnen-3.20-dion*), *Δ^4-Androsten-3-on, Δ^4-Cholesten-3-on, Testosteron* (*Δ^4-Androsten-17β-ol-3-on*), *3-Keto-Δ^4-ätiensäure, $\Delta^{4,6}$-Androstadien-3.17-dion, $\Delta^{1,4}$-Androstadien-3.17-dion, 11α-Oxy-Δ^4-androsten-3.17-dion, 11α-Oxyprogesteron, 16α-Oxyprogesteron, 17α-Oxyprogesteron, 11α-Oxy-3-keto-Δ^4-ätiensäure, 16α-Oxy-Δ^4-androsten-3.17-dion, 19-Oxy-Δ^4-androsten-3.17-dion, 14ξ-Oxy-Δ^4-androsten-3.17-dion, 12α-Oxy-Δ^4-androsten-3.17-dion, 11β-Oxy-Δ^4-androsten-3.17-dion, 6β-Oxy-Δ^4-androsten-3.17-dion* (**II**) u. sein *Acetat, Androstan-3.6.17-trion, 7β-Oxy-Δ^4-cholesten-3-on, 2α-Oxytestosteron, 19-Oxy-3-keto-Δ^4-ätiensäure, 19-Nor-Δ^4-androsten-3.17-dion, Δ^4-Androsten-3.11.17-trion, 6α-Oxyprogesteron, 6α-Acetoxy-17α-oxyprogesteron, 6α-Acetoxy-Δ^4-cholesten-3-on, 6α-Acetoxydesoxycorticosteronacetat, 6α-Acetoxy-17α-oxydesoxycorticosteronacetat, 19-Norprogesteron, 19-Oxyprogesteron, 2α-Acetoxyprogesteron, 11-Ketoprogesteron, Cortison* (*17α-Oxy-11-dehydrocorticosteron*), *Aldosteron* (*18-Oxocorticosteron*), *Δ^5-Androsten-3β.17β-diol-16-on, Cortison-21-aldehyd, 1.4-Cyclohexandion, Hydrochinon* (*1.4-Benzoldiol*). Nachst. Verbb. verhielten sich indifferent gegenüber alkal. Tetrazoliumblau: *Androstan-3.17-dion, Androsteron* (*Androstan-3α-ol-17-on*), *Epiandrosteron* (*Androstan-3β-ol-17-on*), *Dehydroepiandrosteron,* (*Δ^5-Androsten-3β-ol-17-on*), *Δ^4-Androsten-3α.17β-diol, Δ^4-Androsten-3β.17β-diol, Δ^4-Androsten, Δ^4-Cholesten-3.6-dion, Cholestan-3-onenolacetat, Östron, Solanidin, Isorubijervin, Methylhederagonat, Icterogenin, Dimedon* (*5.5-Dimethyl-1.3-cyclohexandion*), *Formaldehyd.*

Versuche: Umwandlung von Δ^4-Androsten-3.17-dion (**I**) in *6β-Oxy-Δ^4-androsten-3.17-dion* (**II**) u. *Δ^4-Androsten-3.6.17-trion* (**III**) durch alkal. **IV**: Reines (**I**) u. **IV** werden in A. gelöst, mit 50%ig. Cholinlsg. u. 10%ig. Tetramethylammoniumhydroxyd-Lsg. alkal. gemacht u. 3 Std. auf 37° erhitzt. Nach Abkühlung auf Raumtemp. mit *l*-Ascorbinsäure versetzen, mit n-HCl neutralisieren, im Vakuum < 40° unter N_2 zur Trockene eingedampften, Rückstand mit dest. W. 4 Std. schütteln, das ungelöste Formazan quantitativ abfiltrieren, Filtrat mit NaCl versetzen, die Lsg. mit Ae. mehrmals extrahieren, Extrakte im Vakuum eindampfen u. Rückstand bei 25° 30 Std. mit propylenglykolgesätt. Ligroin chromatographieren. Aus der 1. Zone schwach unreines II (F. 192 bis 195°; $\lambda_{max.}^{C_2H_5OH}$ 236 mμ), aus der 2. Zone III [F. 225—227°; $\lambda_{max.}^{C_2H_5OH}$ 251 mμ (log ε 4,04); $\lambda_{max.}^{C_2H_5OH-KOH}$ 259 mμ (log ε 4,03), 380 mμ (log ε 3,96)]. Mit m-Dinitrobenzol konnten außerdem geringe Mengen eines reduzierenden 17-Ketosteroids, das kein UV-Licht absorbierte, in der 3. Zone nachgewiesen werden. (Analytic. Chem. **27.** 813—17. Mai 1955. Shrewsbury, Mass., Worcester Found. for Experiment. Biol.) D. ERTEL. G 3700

Harry P. Gregor, Lionel B. Luttinger und **Ernst M. Loebl,** *Titration von Polyacrylsäure mit quartären Ammoniumbasen.* Eine 0,0128 n Lsg. reiner *Polyacrylsäure* (Mol.-Gew. 30000—100000) wurde bei 25° in CO_2-freier Atmosphäre unter Verwendung einer Glaselektrode mit 0,01 n Lsgg. vom KOH, Tetramethyl-, Tetraäthyl- u. Tetrabutylammoniumhydroxyd in Ggw. u. Abwesenheit der entsprechenden Chloride oder Bromide (0,01 n) titriert. Dabei ergab sich, daß die zunehmende Größe des Kations der zur Titration verwendeten Base einen scheinbar abschwächenden Einfl. auf die Säurestärke der Carboxylgruppen hat; dieser Einfl. nimmt mit zunehmendem Neutralisationsgrad zu, wie durch eine zunehmende Divergenz der Titrationskurven gezeigt wurde. Folgende pK_a-Werte wurden in Abwesenheit bzw. Ggw. der Neutralsalze gefunden: K^+ : 6,43; 6,00. — $(CH_3)_4N^+$: 6,48; 6,18. — $(C_2H_5)_4N^+$: 6,64; 6,29. — $(C_4H_9)_4N^+$: 6,85; 6,54. Erklärungsvers. auf Grund der Abhängigkeit der elektrostat. Bindung von der Größe des Gegenions der polybasigen Säurenkette. (J. Amer. chem. Soc. **76.** 5879—80. 20/11. 1954. Brooklyn, N. Y., Polytechnic Inst., Dep. of Chem.) K. F. MÜLLER. G 4010

d) Medizinische und toxikologische Analyse.

Sidney Davis, *Eine flammenphotometrische Methode zur Bestimmung von Plasmamagnesium nach Oxychinolinfällung.* Mg wird in mit Trichloressigsäure enteiweißtem Oxalatplasma mit 8-Oxychinolin gefällt u. nach Lösen in Aceton–Essigsäure flammenphotometr. bei 285,2 mμ bestimmt. (J. biol. Chemistry **216.** 643—51. Okt. 1955. Indianapolis, Ind., Veterans Administr. Hosp.) PH. FRESENIUS. 5728

Julius Axelrod, Jules Reichenthal und **Bernard B. Brodie,** *Die direkte Bestimmung von Phosphatidyläthanolamin und Phosphatidylserin in Plasma und Erythrocyten.* Zur Best. von *Phosphatidyläthanolamin* (**I**) u. *Phosphatidylserin* (**II**) in Plasma u. Erythrocyten wird eine empfindliche u. spezif. Meth. angegeben. Die Extraktion der *Phospholipide* erfolgt nach Fällung von Proteinen u. Lipiden mittels koll. Ferrioxyds u. Waschen des Nd. zur Entfernung N-haltiger Verunreinigungen mit $MgSO_4$-Lsg. u. zur Gewinnung der Lipide mit A.–Ae.-Lösung. Der Extraktabdampfrückstand wird unter Zusatz von wenig alkoh. HCl in PAe. aufgenommen, die Lsg. eingedampft, mit wss. Alkali zwecks Abspaltung von *Äthanolamin* u. *Serin* hydrolysiert u. diese bei den mit äthanol. *Dinitrofluorbenzol* in Ggw. von $NaCO_3$ in *N-2.4-Dinitrobenzoläthanolamin* (**III**) u. *N-2.4-Dinitrobenzol-DL-serin* (**IV**) übergeführt. Die Trennung von **III** u. **IV** erfolgt durch quantitative Extraktion von **III** mittels $CHCl_3$ u. anschließend von **IV** aus der angesäuerten wss. Lsg. mittels Methylisobutylketon. **III** u. **IV** werden nach Rückextraktion in W. spektrophotometr. bei 420 mμ bestimmt. Die Spezifität der Meth. wurde durch Gegenstromverteilung bestätigt. Die Plasmaphospholipide von Mensch u. Hund bestehen vorwiegend aus dem *Cholin*-haltigen Typ, während **I** u. **II** nur ca. 3 bzw. 5% ausmachen. Dagegen enthalten Erythrocyten ca. 23% **I** u. ca. 15% **II.** (J. biol. Chemistry **204.** 903 bis 911. Okt. 1953. Bethesda, Md., U. S. Dep. of Health, Educ. and Welfare, Nat. Inst. of Health, Nat. Heart Inst., Labor. of Chem. Pharmacol.) K. MAIER. 5728

Felix Bergmann und **Shabtay Dikstein,** *Untersuchungen über Harnsäure und verwandte Verbindungen.* 1. Mitt. *Quantitative Bestimmung von Harnsäure in biologischen Flüssigkeiten. Harnsäure* (**I**) kann in biol. Fll. auch in Ggw. von Xanthinen u. substituierten Harnsäuren quantitativ bestimmt werden durch selektive Fällung als Hg (II)-Salz, Lösen in 0,5 mol. NaCl in 1%ig. Essigsäure u. Absorptionsmessung bei 290 mμ. Eiweißhaltiger *Harn* muß mit $HClO_4$ enteiweißt werden. Das Verf. ist auf heparinisiertes oder Citrat-*Blut,* aber nicht auf Oxalatblut anwendbar. Cystein, Glutathion u. alle üblichen Barbitursäuren stören nicht. (J. biol. Chemistry **211.** 149—53. Nov. 1954. Jerusalem, Hebrew Univ. Hadassah, Med. School). PH. FRESENIUS. 5732

Erich Flotow, *Eine einfache colorimetrische Wismutbestimmung im Harn für Reihenuntersuchungen.* Durch nassen Aufschluß des Harns mit $H_2SO_4 + HNO_3$ ohne Katalysator läßt sich Bi nach Zusatz von $NaHSO_3$ durch die mit KJ entstehende Färbung einfach u. quantitativ bestimmen (Reihenunterss. mit γ-Werten). Gleichzeitige Anwendung von Salvarsan- u. Bi-Präpp. stört nicht. Die Meth. eignet sich nicht für die Best. im Vollblut wegen dessen Geh. an Fe, wohl aber im *Serum* (10 cm^3). (Pharmaz. Zentralhalle Deutschland **94.** 178—79. Mai 1955. Dresden, Bez.-Hygiene-Inst.) W. SCHULENBURG. 5732

J. M. Price, *Die Bestimmung von N-Methyl-2-pyridon-5-carboxamid in menschlichem Urin. N-Methyl-2-pyridon-5-carboxamid* (I) wird als Stoffwechselprod. von *Nicotinamid* im menschlichen Harn durch Absorptionsmessung bei 258, 295 u. 310 mμ bestimmt, nachdem alle anderen im UV absorbierenden Stoffe durch Ionenaustausch an einer Säule mit abwechselnden Schichten Dowex 1 (OH^- Form) u. Dowex 50 (H^+ Form) beseitigt wurden, ausgenommen N-Methyl-2-pyridon-3-carboxamid. Dies kann in Ggw. von I durch Absorptionsmessung bei 330—340 mμ bestimmt werden, spielt aber als Stoffwechselprod. im Normalfall keine Rolle. (J. biol. Chemistry **211.** 117—24. Nov. 1954. Madison, Wis., Univ. of Wisconsin, Cancer Res. Hosp.) PH. FRESENIUS. 5732

N. R. Jones, *Die Bestimmung der freien Zucker im Muskel des Kabeljaus* (*Gadus callarias*). Vf. führt die Best. freier Zuckerarten in alkoh. bzw. mit Ae. extrahierten Trichloressigsäureauszügen von Muskelpräpp. des Kabeljaus unter Verwendung eines Gemisches von Ionenaustauschharzen (IR-120[H]:IR-4B[OH] 1:1) durch, die eine Abtrennung der organ. Säuren (außer *Taurin*) ermöglichen. Durch anschließende chromatograph. Analyse mit Butanol–Essigsäure als Lösungsm. lassen sich 9—36 mg *Glucose* (I) in 100 g bestimmen. Diese I-Menge sinkt nach 19 Tagen auf 0—6 mg ab, während der *Ribose* (II)-Geh. von 0 auf 3,6—4,0 mg nach 12 Tagen ansteigt u. dann wieder abnimmt. Das Verh. von I ist auf bakteriellen Abbau, das von II auf die Wrkg. von *Ribolase* im Muskel zurückzuführen. In eisgekühlten Präpp. wird jedoch die anfängliche Zunahme von II durch Auslaugung u. bakterielle Einflüsse wieder rückgängig gemacht. (Biochem. J. **62.** 7P—8P. Jan. 1956. Aberdeen, Dep. of Sci. and Ind. Res., Stat. Food Invest. Organis.) P. FAHRNLAENDER. 5752

Wilhelm Fresenius u. **Gerhart Jander,** Hrsg., Handbuch der analytischen Chemie. T. 2. Qualitative Nachweisverfahren. Bd. 4b, 5a. b. Elemente der vierten Nebengruppe u. der fünften Gruppe: Titan, Zirkonium, Hafnium, Thorium, Stickstoff, Phosphor, Arsen, Antimon, Wismut, Vanadium, Niob, Tantal, Protactinium. Bearb. von **G. Jantsch** u. **S. Kühnel Hagen.** Berlin, Göttingen, Heidelberg: Springer-Verl. 1956. (XIV + 756 S. m. 105 Abb.) 4°. DM 148,—.

Davis Glick, ed., Methods of biochemical analysis; v. 3. New York: Interscience. 1956. (447 S. m. Abb.) 8°. $ 9,50.

H. Angewandte Chemie.

I. Allgemeine chemische Technologie.

A. Smekal, *Entstehung und zeitliche Veränderung von Kornverteilungen bei der Hartzerkleinerung.* (Vortrag.) Bei der Hartzerkleinerung werden die aus dem stets endlichen Bereich der prim. Kornverteilung entstehenden, ebenfalls stets endlichen sek. Kornverteilungen durch die Art der Mahlmaschine u. die Stoffeigg., das Kollektivverh. des Mahlgutes u. den Zeitablauf der Mahlung festgelegt, so daß unterschiedliche Kornverteilungsfolgen erhalten werden. Beim Vorliegen von Korndimensionen der Größenordnung von Mahlraum- oder Mahlkörperabmessungen (Anfangszerkleinerung) sind die Kornverteilungsfolgen von der prim. Kornverteilung abhängig. Wenn alles Primärkorn aufgezehrt ist (Feinmahlung), können von der Primärverteilung unabhängige Kornverteilungsfolgen auftreten. Bei der Annäherung an das durch die Mikrostruktur bestimmte Grenzgebiet der Mahlbarkeit beginnen stoffliche Veränderungen (Amorphisierung oder Bldg. gröberer Sekundärteilchen), die den weiteren Mahlfortschritt immer mehr herabsetzen (Feinmahlung). Eine Beschreibung von vielen gröberen u. Feinmahlungsverteilungen ist mittels der exponentiellen Interpolationsformel von ROSIN, RAMMLER u. SPERLING (Z. Ver. dtsch. Ing., Beih. Verfahrenstechn. **1937.** 161) möglich. (Chemie-Ing.-Techn. **28.** 213. März 1956.) W. KRÖNERT. 5820

Nathaniel Arbiter, *Flotationsgeschwindigkeiten und Flotationswirksamkeit.* (Vgl. C. **1956.** 2275.) Die Flotationsergebnisse können in Geschwindigkeitsbegriffe aufgeteilt werden, wobei die Geschwindigkeitskonstante einer Gleichung 2. Grades entspricht u. als Maß für den Vorgang dient. Das Verhältnis der Geschwindigkeitskonstanten zu dem Energieverbrauch wird als Maßstab für die Flotationswirksamkeit vorgeschlagen. (Mining Engng. **3.** 791—96. Sept. 1951.) E. BOYE. 5828

Max Leva, *Absorption und Befeuchtung*. Literaturübersicht 1953 im Anschluß an die Übersicht von PIGFORD (C. **1953**. 8949) mit zahlreichen Nachträgen aus den Vorjahren. Es wird bes. das Gebiet der Gasabsorption u. der Wirkungsweise von Füllkörpersäulen behandelt. Im Rahmen der Bestrebungen, universelle Gesetzmäßigkeiten für die Phasensysteme fl.-gasförmig u. fl.-fl. zu finden, werden auch Arbeiten über fl.-fl.-Systeme besprochen. Arbeiten über neue Verff. oder App. sind nur in den Fällen angeführt, wo grundsätzlich Neues vorliegt. — 45 Zitate. (Ind. Engng. Chem. **46**. 61—63. Jan. 1954. Pittsburgh, Pa.) GERHARD GÜNTHER. 5848

József Somló, *Angaben zur Berechnung von Rektifizierkolonnen*. Mit Hilfe von zwei vom Vf. entwickelten Spezialapparaturen werden die günstigsten Formen der Glockenschlitze sowie verschied. Abhängigkeiten untersucht. So wird z. B. die Bläschenbeständigkeit in Abhängigkeit von der Dampfgeschwindigkeit, der Oberflächenspannung u. der Eintauchtiefe der Glocken bei weitgehender Anpassung an die Betriebsbedingungen untersucht. (Magyar Kémikusok Lapja [Z. Ver. ung. Chemiker] **10**. 19—23. 25/1. 1955.) R. BIRTHLER. 5862

I. Je. Ideltschik, *Verfahren zur gleichmäßigen Verteilung des Gasstroms in industriellen Apparaturen*. Überblick über die verschied. Typen von Gasverteilern mit Verteilerrohren, Füllkörpern, Lochplatten, Richtschaufeln, Trennwänden usw., ihre Berechnungsgrundlagen u. Anwendungsgebiete. (Химическая Промышленность [Chem. Ind.] **1955**. Nr. 6. 31—37. Sept.) R. K. MÜLLER. 5882

Robert Diekman und **W. L. Forsythe jr.**, *Laboratoriumsvoraussage der Fließeigenschaften von fluidisierten Feststoffen*. Der Kreislauf fluidisierter Körper als dichte Phase hängt von der Belüftung der Körper ab. Bei willkürlich hervorgerufener Entlüftung verlieren die Körper schnell den Flüssigkeitszustand. Eine Laboratoriumsmeth. unter Verwendung von Crackkatalysatoren wurde entwickelt zur Voraussage des Fließens in dichter Phase von fluidisierten Körpern in handelsüblichen kalibrierten Standrohren. Die Meth. beruht auf der Messung der Viscosität u. der Entlüftungsgeschwindigkeit eines fluidisierten Bettes. Körper, deren Viscosität während der Entlüftung langsamer zunimmt, weisen eine bessere Fließeig. auf. Grobe Teilchen hoher D. beeinflussen das Fließverh. in entgegengesetztem Sinne. Größenverteilungen über einen größeren Bereich sind nicht erforderlich, um ein gutes Fließen aufrecht zu erhalten; die Durchschnittsgröße der Teilchen bestimmt die Fluidität. (Ind. Engng. Chem. **45**. 1174—77. Juni 1953. Whiling, Ind., Standard Oil Co., Res. Dep.) K. PISTOR. 5904

W. Batel, *Einige Eigenschaften feuchter Haufwerke*. Zur Erklärung der Wrkg. der in einem Haufwerk vorliegenden Fl. unterscheidet Vf. zwischen Innen- u. Außenflüssigkeit. Die relative Beweglichkeit der Körner nimmt zu, wenn zu der Innen- u. Adsorptionsfeuchtigkeit weitere Oberflächenfeuchtigkeit tritt. Gleichzeitig entstehen jedoch durch die zwischen den Körnern vorhandene Zwickelfl. auch Haftkräfte, die zunächst mit steigender Feuchtigkeit zunehmen, um nach Erreichen eines Maximums wieder abzufallen. Der Einfl. der Haftkräfte nimmt im Vgl. zum Korngewicht mit abnehmender Korngröße zu. Bei konstantem Wassergeh. lassen sich die Haftkräfte durch Verkleinern der Oberflächenspannung oder Vergrößern des Randwinkels, z. B. durch Zugabe ober- u. grenzflächenakt. Stoffe, verringern. Die Feuchtigkeit schafft also die Bedingungen dafür, daß ein Haufwerk plast. Eigg. besitzt. Welche Mindestfeuchtigkeit vorhanden sein bzw. welches Verhältnis zwischen Reibungs- u. Haftkräften erfüllt sein muß, hängt von der Korngröße, der Kornform, der Packungsart, der Korngrößenverteilung u. der Art der Stoffe ab. Die an idealisierten Haufwerken abgeleiteten Ergebnisse werden auf techn. Schüttgüter übertragen. Körnige Stoffe können infolge Feuchtigkeit agglomerieren, was bei der Herst. von Granulaten ausgenutzt wird. In andern verfahrenstechn. Prozessen, wie Sieben, Sichten, Mischen körniger Stoffe usw., sind die capillaren Haftkräfte unerwünscht, da sie den Platzwechsel der Körner im Haufwerk erschweren. (Chemie-Ing.-Techn. **28**. 195—200. März 1956. Aachen, Inst. der Forschungsgesellschaft Verfahrenstechnik [GVT)].) W. KRÖNERT. 5906

Borax Consolidated Ltd., London, England, übert. von: **Harold P. Knight**, Pasadena, Calif., V. St. A., *Stabilisieren von festen, granulierten Stoffgemischen*. Um zu verhindern, daß Teile von konzentrierteren Stoffen sich am Boden sammeln, während weniger konz. oben bleiben, erhitzt man ein solches Gemisch, z. B. aus $Ba(OH)_2 \cdot 8H_2O$, $Ca(NO_3)_2 \cdot 4H_2O$, $CH_3COONa \cdot 3H_2O$ oder $Na_2B_4O_7 \cdot 10H_2O$ u. $NaClO_3$ oder K_2SO_4 so, daß Teile beider Komponenten gelöst u. ein Teil des Hydratationswassers der ersten Komponente in Freiheit gesetzt wird. Beim erneuten Abkühlen geht zwar das Hydratwasser wieder zur 1. Komponente zurück, aber beide Komponenten kristallisieren nur gemischt aus. (**A. P. 2 700 604** vom 18/3. 1949, ausg. 25/1. 1955.) H. NEBELSIEK. 5823

Établissements Phillips & Pain, Frankreich, *Entsalzen von Lösungen im Kreisprozeß.* Man verwendet eine Mischung von Kationen- u. Anionenaustauschern, welche hinsichtlich ihrer D. u. Körnung unterschiedlich sind. Hierdurch werden die Ionenaustauscher bei ihrer Regenerierung durch einen Flüssigkeitsstrom voneinander getrennt, u. jeder Austauscher wird für sich regeneriert. Zur Wiederverwendung werden die Austauscher erneut gemischt. Die Regenerierung kann zweckmäßig in dem gleichen Gefäß erfolgen, in dem die Entsalzung von Fl. vorgenommen wird. Man spült den spezif. leichteren Austauscher in ein Hilfsgefäß, regeneriert dort, während der spezif. schwerere im Entmineralisierungsbehälter selbst regeneriert wird. (**F. P. 1 037 227** vom 18/5. 1951, ausg. 15/9. 1953.) W. WITTHOLZ. 5827

Ecrèmeuses Mélotte Soc. An. (Erfinder: **Albert Jean Armand Julien Dujardin**), Remicourt (Belgien), *Trennen organischer feinster Teilchen aus Flüssigkeitssuspensionen* unter Benutzung einer Schlag- oder Stoßwirkung. Die Fl. wird mittels einer Dispergiervorr., z. B. durch Zentrifugalwrkg., in Form eines Films oder eines dünnen Schleiers in Luft oder eine andere gasförmige Atmosphäre unter großem Luft- bzw. Gasüberschuß auf eine oder mehrere Prallflächen versprüht, worauf die mit Luft oder Gas beladenen Teilchen außerhalb der Dispergiervorr. abgetrennt werden. — Vorrichtung. (**D. B. P. 928 167** Kl. 12d vom 11/2. 1950, ausg. 26/5. 1955. Anmeldung bekanntgemacht 28/10. 1954. Lux. Prior. 10/2. 1949.) E. REICHELT. 5829

N. V. de Bataafsche Petroleum Mij., Holland, *Abtrennen von festen Substanzen aus ihren Gemischen mit Ölen.* Man bringt das Gemisch von fester Substanz u. Öl gegebenenfalls in Ggw. eines Lösungsm. für das Öl in Kontakt mit einer Hilfsflüssigkeit. — Z. B. vermischt man ein Gemisch von ölhaltigem Paraffin u. einem Lösungsm. (z. B. Dichloräthan) bei 30° mit einer wss., eine oberflächenakt. Substanz u. ein Demulgierungsmittel enthaltenden Hilfsflüssigkeit. Die entstandene Emulsion trennt sich beim Stehen in eine Öl u. Lösungsm. enthaltende Phase u. in eine wss., das Paraffin enthaltende Phase. — Vorrichtung. (**F. P. 1 074 016** vom 19/12. 1952, ausg. 30/9. 1954. Holl. Prior. 21/12. 1951.) T. OPPERMANN. 5829

Seitz-Werke G. m. b. H. (Erfinder: **Richard von der Heide**), Bad Kreuznach, *Filtermittel zur entkeimenden Filtration von Flüssigkeiten,* bestehend aus einer durch Anschwemmung eines Gemisches von organ. (z. B. Zellstoff) u. anorgan. (z. B. Asbest) Fasern u. darauffolgende Trocknung hergestellten festen Schicht, dad. gek., daß der anorgan. Anteil 10—23% beträgt, der ganz oder z. T. eine Faserlänge <1 mm hat. — Beispiel: 85 (%) Zellstoff u. 15 Asbest, von dem die Hälfte bis zu einer Faserlänge <1 mm gemahlen worden ist. (**D. B. P. 939 446** Kl. 12d vom 23/7. 1942, ausg. 23/2. 1956. Anmeldung bekanntgemacht 4/9. 1952.) K. DEMMLER. 5831

S. B. Kantorowitsch, Die Festigkeit der Apparate und Maschinen für die chemische Industrie. Berlin: Verl. Technik. 1955. (609 S. m. 204 Abb. u. 1 Faltbl.) 8°. DM 25,—.

Norman H. Ceagslake, Automatic process control for chemical engineers. London: Chapman & H. 1956. (XIV + 228 S.) 54 s.

III. Elektrotechnik.

Westinghouse Electric Corp., übert. von: **I. N. Elbking** und **S. Robbins,** East Pittsburgh, V. St. A., *Isolierband* für elektr. Zwecke. Zur Imprägnierung von Baumwollmusselinband verwendet man ein Harz aus 72—57 (Gewichtsteilen) einer ungesätt. Monocarbonsäure (Linol- bzw. Linolensäure), 3,3—12 Phthalsäureanhydrid u. so viel Polyallylalkohol, daß die Menge der OH-Gruppen dem 1,1—1,7fachen der für die Rk. mit den Carboxylgruppen erforderlichen stöchiometr. Menge entspricht. Als Zusatz kommen Trockenstoffe in Betracht. — Zeichnung. (**Belg. P. 516 548** vom 26/12. 1952, ausg. 29/10. 1954. A. Prior. 29/12. 1951.) G. SALZMANN. 5957

General Electric Co., übert. von: **Eleanor L. Radke,** East Chatham, N. Y., und **Philip L. Staats,** Lenox, Mass., V. St. A., *Asbestpapier als Isoliermaterial* wird zur Verbesserung der Isoliereigg. mindestens 30 Sek. auf 600—800° erhitzt. (**A. P. 2 718 475** vom 8/4. 1953, ausg. 20/9. 1955.) H. KESSEL. 5957

Accumulatoren-Fabrik Akt.-Ges., Deutschland, *Stromsammler.* Bei gasdichten alkal. Stromsammlern mit größerer negativer u. kleinerer positiver Elektrode u. mit einem porösen, den Elektrolyten aufnehmenden Separator läßt sich das bei den ersten Auf- u. Entladungen eintretende Absinken der anfänglichen Kapazität durch unerwünschte Oxydation der negativen Elektrode vermeiden, wenn an Stelle einer Sinterelektrode in oder neben der negativen Elektrode glatte oder aufgerauhte Metallflächen (bes. aus Fe oder Ni) vorgesehen werden, die das elektrochem. Potential der Elektrode haben. Diese Flächen können durch perforierte, die akt. M. aufnehmende Metalltaschen oder durch die mit der Elektrode leitend verbundene Sammlerwandung gebildet sein. (**F. P. 1 083 200** vom 9/9. 1953, ausg. 5/1. 1955. D. Prior. 25/8. 1952.) B. SCHMIDT. 5971

Accumulatoren-Fabrik Akt.-Ges., Deutschland, *Stromsammler.* In gasdichten alkal. Stromsammlern, in denen der Elektrolyt die Elektroden z. T. umfließt oder vollständig in einem Separator aufgesaugt ist, wird die Gasentw. durch an der negativen u. gegebenenfalls auch an der positiven Elektrode vorgesehene, katalyt. wirkende Bereiche aus Edelmetall, bes. aus Platinschwamm, unschädlich gemacht. (**F. P. 1 083 201** vom 9/9. 1953, ausg. 6/1. 1955. D. Prior. 25/8. 1952.) B. SCHMIDT. 5971

Accumulatoren-Fabrik Akt.-Ges., Deutschland, *Stromsammler.* In gasdichten Stromsammlern wird lediglich durch eine Vergrößerung der Elektrodenoberfläche im Vgl. zur Sammlerkapazität das Auftreten eines unerwünschten Gasüberdrucks vermieden. Durch diese Vergrößerung ist die Absorptionsfähigkeit der Elektroden für das Gas erhöht u. zugleich die auf die Flächeneinheit bezogene Gasentw. in der Zeiteinheit verringert. (**F. P. 1 084 143** vom 30/9. 1953, ausg. 17/1. 1955. D. Prior. 25/10. 1952.) B. SCHMIDT. 5971

Accumulatoren-Fabrik Akt.-Ges., Deutschland, *Stromsammlerelektroden.* Die Elektroden bestehen aus gegebenenfalls in der Wärme durch Pressen von Pulver hergestellten gekrümmten Formkörpern; das Pulver ist ein Gemisch von einerseits Ni, Cu, Ag, Fe, Zn oder Cd, das ein leitendes u. tragendes Gerüst bildet u. an den Rkk. nicht teilnimmt, mit andererseits elektrochem. wirksamen Hydroxyden oder Oxyden, z. B. von Cd. Der Elektrodenkörper kann metall. Versteifungen u. eine Tasche aus regenerierter Cellulose erhalten. (**F. P. 1 081 084** vom 10/7. 1953, ausg. 15/12. 1954. D. Prior. 11/7. 1952.) B. SCHMIDT. 5971

Accumulatoren-Fabrik Akt.-Ges., Deutschland, *Sinterelektroden für Stromsammler.* Cu–Ni-Sinterkörper mit bis 50% Ni sind nur dann vorteilhaft, wenn sie in hohem Grade homogen sind. Als Ausgangsstoff dient ein feines Pulvergemisch, z. B. Cu-Pulver von der scheinbaren D. 0,5–1,5 u. der Korngröße 0,06 mm u. aus Ni-Carbonyl hergestelltes Ni-Pulver. Die Pulver können auch als elektrolyt. Nd., durch Ausscheidung mittels Zn aus Lsgg. oder durch physikal. oder chem. Abtrennung von Verbb. aus Lsgg. u. anschließende Red. gewonnen werden. (**F. P. 1 081 582** vom 24/7. 1953, ausg. 21/12. 1954. D. Prior. 26/7. 1952.) B. SCHMIDT. 5971

Accumulatoren-Fabrik Akt.-Ges., Deutschland, *Negative Elektrode für alkalische* Stromsammler. Durch Kaltschweißen hergestellte Elektrodenpreßkörper erhalten neben der akt. M. u. einem elektrochem. nicht wirksamen Bestandteil einen solchen, der bei Entladung des Sammlers z. T. in Lsg. geht u. beim Aufladen durch elektrochem. Red. wieder auskristallisiert. Durch das wiederholte Lösen u. Kristallisieren wird eine bes. weitgehende Verteilung der akt. M. erreicht. Die Elektrode, die aus oxydhaltigem Cd, Zn, Fe, Zn–Cd oder Fe–Cd, gegebenenfalls mit Ni-Zusatz bestehen kann, erhält nunmehr noch einen Zusatz von Cu–Ni, Ni–Fe oder Fe in einer Menge von z. B. 150% der akt. Masse. (**F. P. 1 082 500** vom 29/8. 1953, ausg. 29/12. 1954. D. Prior. 30/8. 1952.) B. SCHMIDT. 5971

N. V. Philips' Gloeilampenfabrieken, Eindhoven, Holland, **Philips Electrical Industries Ltd.,** London, England, und **Hartford National Bank & Trust Co.,** Hartford, Conn., V. St. A., übert. von: **Marton Cornelius Teves, Taeke Tol** und **Petrus Cornelis van der Linden,** Eindhoven, Holland, *Röntgen-Bildwandlerröhre.* Die Fluorescenzschicht des prim. Bildschirms besteht aus einer bei steigender Temp. langsam polymerisierten Siloxanschicht, in die das fluorescierende Material eingebettet ist, u. die mit einer die Photokathodenschicht tragenden dünnen Zwischenschicht aus Cr oder Ir bedeckt ist. — Vgl. Oe. P. 174 682 u. Belg. P. 508 471; C. **1955.** 10597. (**F. P. 1 061 725** vom 15/1. 1952, ausg. 14/4. 1954. **E. P. 709 764** vom 14/1. 1952, ausg. 2/6. 1954. **A. P. 2 698 912** vom 26/12. 1951, ausg. 4/1. 1955. Alle Holl. Prior. 17/1. 1951.) H. KESSEL. 5975

Comp. Française Thomson-Houston, Seine, Frankreich, *Fluorescenzschirm.* Nach Entfernen des Bindemittels (Nitrocellulose) durch Erhitzen in Luft oder O_2 auf 400–550°, zuletzt unter Evakuieren, wird die Wirksamkeit der Fluorescenzstoffe, bestehend aus aktiviertem Mg-Arseniat u. Mn, die durch die Verdampfung beeinträchtigt wurde, durch Einleiten von reinem O_2 bei ½ at bis zur Abkühlung auf 150° wiederhergestellt. (**F. P. 1 078 894** vom 18/6. 1953, ausg. 24/11. 1954. E. Prior. 19/6. 1952.) G. GROTE. 5975

N. V. Philips' Gloeilampenfabrieken, Holland, *Leuchtschirm.* Eine Suspension aus dem Leuchtstoff u. einem geeigneten Klebemittel wird auf einen Teil des Trägers aufgebracht, worauf dieser bei 45–75° in schnelle Rotation versetzt wird. Hierdurch wird eine gleichmäßige Verteilung der Leuchtmasse auf dem Träger erzielt. (**F. P. 1 058 504** vom 18/6. 1952, ausg. 17/3. 1954. Holl. Prior. 20/6. 1951.) G. GROTE. 5975

N. V. Philips' Gloeilampenfabrieken, Holland, *Wolframsaures Fluorescenzmittel für Leuchtschirme.* Das durch Fällen aus einer Lsg. gewonnene Wolframsalz (z. B. $CaWO_4$ aus Na–Wolframat-Lsg. u. $CaCl_2$-Lsg.) wird zunächst mit einem Schmelzmittel, wie $CaCl_2$, auf ca. 900° erhitzt, dann zur Entfernung des Schmelzmittels mit einem Lösungsm. abgespült u. danach mit einem Alkalisulfat, z. B. Ammoniumsulfat, erneut erhitzt. – Zeichnung. (**F. P. 1 074 570** vom 26/8. 1952, ausg. 6/10. 1954. E. Priorr. 28/8. 1951 u. 24/7. 1952.) G. GROTE. 5975

IV. Wasser. Abwasser.

Motoharu Tanaka, *Auftreten von Hydroxylamin in Binnenseewasser als Zwischenprodukt der bakteriellen Reduktion von Nitrat.* In dem mesotroph., maximal 29,5 m tiefen Kizaki-Ko-See (Zentraljapan), in welchem Mitte des Herbstes mit wachsender Tiefe eine starke Schichtung von anorgan. N-Verbb. aufzutreten pflegt, nimmt anfangs des Sommers mit wachsender Tiefe der Nitrat (I)-Geh. zu. Mit fortschreitender Stagnationsperiode nimmt der O_2-Geh. in den Grundschichten ab. In diesen wird die Tätigkeit von N-reduzierenden Bakterien lebhaft. Eine I-Abnahme von 26 m Tiefe bis zum Grund entspricht einer Zunahme an Nitrit u. Hydroxylamin. (Nature [London] **171.** 1160–61. 27/6. 1953. Nagoya, Univ., Chem. Inst.) E. FRÜHWALD. 6010

T. Stones, *Der Einfluß der Toxizität bei der chemischen Fällung.* Vf. stellte bei seinen Unterss. fest, daß während des Absetzvorganges ein bedeutend höherer biol. Abbau erfolgt, als bisher angenommen wurde. Bei früheren Unterss., die nach zweistd. Absetzzeit durchgeführt wurden, waren diese Verhältnisse nicht allzu deutlich, zum Erkennen der biol. Wirksamkeit ist eine 18std. Absetzzeit erforderlich. (J. Proc. Inst. Sewage Purificat. **1952.** 417–18.) H. E. KLOTTER. 6024

Bohdan Koziorowski, *Einsparungsmöglichkeiten bei der Koagulation von Wasser und Abwasser.* Allg. Gesichtspunkte für eine rationelle Reinigung von Abwässern durch Koagulation nach dem NIERS-, PISTA-Verf., sowie mit Kohlenasche, die mit H_2SO_4 behandelt wurde. (Gaz, Woda Techn. sanit. **28.** 366–68. Dez. 1954.) F. URBAN. 6040

Karl Lorenz, *Phenolwasser-Nachreinigungsverfahren mit Winkler-Gasstaub und Winkler-Asche.* (Vgl. C. **1955.** 258.) Vf. weist auf die Bedeutung der Verunreinigung von Flußsystemen durch industrielle phenolhaltige Abwässer hin u. beschreibt das im Benzinwerk Böhlen angewandte Verf. zur Reinigung solcher Abwässer. Im Anschluß an die allg. üblichen Verff. der destillativen Abtrennung bzw. extraktiven Gewinnung des größten Teils der Phenole werden die Abwässer dabei noch mit Feststoffen aus der Kohlevergasung (Generatorasche u. Multiklonstaub) in Berührung gebracht u. dabei 1- u. 2wertige Phenole an die Staube gebunden. Ein Nachteil des Verf. ist, daß hierbei S in Form von Sulfiden in wss. Lsg. geht, was im weiteren Verlauf techn. Schwierigkeiten verursacht u. zu Geruchsbelästigungen führt. Vf. gibt eine eingehende Beschreibung des Verf. u. führt Beleganalysen für dessen Wrkg. an. Weitere Perspektiven des Verf. in bezug auf die Gewinnung des wasserlösl. S aus den Adsorptionsmitteln u. der an dieselben gebundenen Phenole werden erörtert. (Freiberger Forschungsh., Reihe A **1954.** Nr. 23. 42–68. Böhlen.) GERHARD GÜNTHER. 6042

Barnett F. Dodge und **Walter Zabban,** *Wie kann der Kleinbetrieb cyanidhaltige Abwässer mit Hypochloriten behandeln.* Beschreibung einer Anlage zur Behandlung der Abwässer mit Cl_2, NaOCl oder $Ca(OCl)_2$ sowie der Analysenmethoden zur Kontrolle des Verfahrens. (Plating **42.** 71–75. Jan. 1955. New Haven, Conn., Yale Univ.) F. MARKHOFF. 6042

László Ettre, László Herédy und **Miklós Kovács,** *Bromatometrische Analyse von Phenollösungen.* Die bromometr. Best. der einwertigen Phenole (I) in Gaswässern (II) wird untersucht. Die Meth. von KRES (Brennstoff-Chemie **11.** [1930.] 369) lieferte mit einigen Abänderungen die zuverlässigsten Resultate, sowohl bei künstlich zusammengesetzen Wässern als auch bei Betriebsproben. Da die Bromaufnahme der einzelnen I von dem angewandten Bromüberschuß u. der Bromierungsdauer abhängig ist, werden in mehreren Versuchsreihen die Einfll. dieser Faktoren bestimmt. Es zeigte sich, daß bes. bei der Best. der Xylenole (III) die Ergebnisse bereits stark von den angewendeten Bedingungen abhängen. Da aber in den untersuchten II keine erheblichen Mengen an III vorhanden waren, konnten mit einer Bromierungszeit von 45 Min. zufriedenstellende Ergebnisse erzielt werden. Es wird eine, für prakt. Fälle gut anwendbare Meth. zur Best. der einwertigen I in II beschrieben. Bei den angewandten Bedingungen führt die Bromierung zur Aufnahme von 3 Bromatomen pro Phenolmolekül. Die Meth. ist auch für die Best. der einwertigen I in Teeren nach entsprechender Modifizierung anwendbar. (Magyar Kémikusok Lapja [Z. Ver. ung. Chemiker] **10.** 23–29. 25/1. 1955. Neviki, Veszprém.) R. BIRTHLER. 6060

Earl J. Serfass, Ralph F. Muraca und **Donald G. Gardner,** *Analytische Bestimmung von Spurenbestandteilen in den Abwässern der Metalloberflächenbearbeitung.* 6. Mitt. *Colorimetrische Bestimmung von Chrom.* (5. vgl. GARDNER u. Mitarbeiter, Plating **41.** [1954.] 782.) Zur Best. des Gesamtgeh. an Cr werden zunächst die organ. Bestandteile in der Abwasserprobe durch Behandlung mit heißen Säuren, wie konz. HNO_3 u. H_2SO_4, zerstört u. das Fe mit Cupferron u. Chloroform extrahiert. Dann wird das niederwertige Cr durch Persulfat u. Permanganat in Ggw. von Ag als Katalysator zu Cr(VI) oxydiert. Ein Zusatz von symm. Diphenylcarbazid (I) ruft mit Cr(VI)-Verbb. eine rotviolette Färbung hervor (540 mμ). Diese Färbung von I durch Cr(VI) wird auch zur Best. des Cr(VI)-Geh. benutzt. Genaue Angabe über die Durchführung der Bestimmungen. — 5 Literaturangaben. (Plating **42.** 64—68. Jan. 1955. Bethlehem, Pa., Lehigh Univ.; Passaix, N. J., U. S. Rubber Co.) F. MARKHOFF. 6068

Earl J. Serfass und **Ralph F. Muraca,** *Analytische Bestimmung von Spurenbestandteilen in Abwässern der Metalloberflächenbehandlung.* 7. Mitt. *Die colorimetrische Bestimmung von Mangan.* (6. vgl. vorst. Ref.) Die organ. Bestandteile u. die Chloride werden durch Behandeln der Abwässer mit heißer konz. HNO_3 u. H_2SO_4 entfernt, das Mn mit K-Perjodat zu Permanganat oxydiert u. colorimetr. bestimmt. (Plating **42.** 147—48. Febr. 1955. Bethlehem, Pa., Lehigh Univ.) F. VIER. 6068

Earl J. Serfass und **Ralph F. Muraca,** *Analytische Bestimmung von Spurenbestandteilen in Abwässern der Metalloberflächenbehandlung.* 8. Mitt. *Die Bestimmung von Ammoniak.* (7. vgl. vorst. Ref.) NH_3 wird in der üblichen KJELDAHL-App. abdest. u. mit Hilfe von NESSLERS Reagens colorimetr. bestimmt. (Plating **42.** 265—66. März 1955. Bethlehem, Pa., Lehigh Univ.) F. VIER. 6068

V. Anorganische Industrie.

A. I. Ssewzow und **Ja. I. Kilman,** *Für eine Verbesserung des Betriebes von Ammonsalpeterfabriken.* Im Zusammenhang mit Angaben über Rationalisierungsmöglichkeiten in NH_4NO_3 (I)-Fabriken wird eine Anlage zur „Vakuumneutralisation" beschrieben (Abb.), bei der NH_3-haltige Abgase in einem Füllkörperturm einer I-haltigen verd. HNO_3 entgegengeführt (1 at, Temp. 6—10° unter dem Kp. der angewandten HNO_3), die erhaltenen, an I angereicherten Lsgg. in einem Verdampfer bei 600—650 mm Hg eingeengt u., nach kontinuierlicher Abführung einer Teilmenge, zum Turm zurückgeführt werden. Am rationellsten ist die Neutralisation in schwach saurem Medium; wenn die Konz. an freier HNO_3 nach der Neutralisation noch 1—1,5 g/Liter beträgt, enthalten die Brüden nur noch 0,1 g/Liter NH_3. Bei einer I-Konz. von 70% in der Verdampfung betragen die Verluste 0,09—0,13%. (Химическая Промышленность [Chem. Ind.] **1955.** Nr. 5. 12—14. Juli/Aug.) R. K. MÜLLER. H 243

J. H. Brier, *Hochreines festes Kohlendioxyd.* Das je nach Herkunft Luft, H_2O, A. u./oder andere Verunreinigungen enthaltende CO_2 kann durch Partialrektifizierung, akt. SiO_2, Tonerde oder Kohle — bei Einsatz an geeigneter Stelle des Produktionsganges — gereinigt werden. Die Gewinnung von Trockeneis in Klein- u. Großanlagen, mit Anpassung an bes. klimat. Verhältnisse, wird beschrieben. — 1 Abb., 3 Anlageskizzen. (Mod. Refrigerat. **58.** 480—84. Dez. 1955. Dartford, Seagers Ltd.) H. ECKHARD. H 260

V. Charrin, *Über die Carbonate des Kalkes.* Anwendung von $CaCO_3$ bzw. Kreide in verschied. Industrien. (Peintures, Pigments, Vernis **32.** 47—48. Jan. 1956.) B. SCHEIFELE. H 283

I. E. Newnham, Eleanor Rutherford und **A. G. Turnbull,** *Die Gewinnung von Zirkonchlorid aus australischem Zirkonsand.* Beschreibung eines Verf. zur Gewinnung von $ZrCl_4$ aus handelsüblichem Zr-Konzentrat im Laboratoriumsmaßstab durch Umwandlung im elektr. Ofen bei 1950° in das Carbid u. Chlorieren in einem Monelmetallrohr bei 500°—700°. — 6 Literaturstellen. (Austral. J. appl. Sci. **6.** 218—23. Juni 1955.) H. ECKHARD. H 322

W. W. Petschkowski, *Untersuchung der Sulfatisierungsbedingungen beim Brennen von Kupfersulfid zum Zweck der Gewinnung von Kupfervitriol.* Reines Cu_2S (I) sowie Gemische von I mit 10, 25 u. 50% Cu_2O (II) wurden bei verschied. Tempp. gebrannt. Bei 500° u. 60 Min. Versuchsdauer gehen bei Anwendung von reinem I 26% in $CuSO_4$ über, während bei Zusätzen von 25 u. 50% II entsprechend 39,5 u. 42,5% in $CuSO_4$ übergehen. Der II-Zusatz erhöht auch die in die Gasphase übergehende SO_3-Menge. Die Reaktionsgeschwindigkeit ist bei Zusätzen von 10 u. 25% II höher als bei 50%ig. Zusatz. Unter Laborbedingungen hat ein Zusatz von 25% II die optimale Wrkg. auf den Oxydationsprozeß von I. Bei 500—550° u. 60 Min. werden bei diesem Zusatz 35—40% I in $CuSO_4$ umgewandelt u. 90—95% S oxydiert. (Журнал Прикладной Химии [J. angew. Chem.] **28.** 802—06. Aug. 1955.) OTTO MAIER. H358

Jean-Paul Drolet, *Die Mineral-Industrie der Provinz Quebec.* Übersicht über Produktion u. geograph. Lage des *Cu-, Au-, Zn-, Ag-,* usw. sowie des *Asbest-, Dolomit-, Kalk-,* usw. -bergbaues der Provinz Quebec mit Luftbildern, Kartenskizzen u. kurzer Statistik der Entw. der Metall-, Mineral- u. Baustoffindustrie bis 1954. (Annales Mines **144.** Nr. 10. 21—39. Okt. 1955.) H. ECKHARD. 6148

Koppers Co., Inc., Pittsburgh, Pa., V. St. A., *Wiedergewinnung von Ammoniak* aus NH_3-haltigen Gasen. Neben dem Kreislauf, der die Lsg. vom Absorber über eine Pumpe zum Kristallisator u. von dort zurück zum Absorber führt, ist ein weiterer Lösungskreislauf (Nebenkreislauf) vorgesehen, der einen Teil der im Kristallisator vorhandenen Lsg. von diesem zur Niederdruckseite der Pumpe des Hauptkreislaufs u. über die Pumpe zum Kristallisator zurückführt. Dabei sind in dem nicht mit dem Hauptkreislauf zusammenfallenden Abschnitt des Nebenkreislaufs Regelorgane vorgesehen, die den durch den Kristallisator nach oben fließenden Lösungsstrom unabhängig von der dem Absorber zugeführten Lösungsmenge zu regeln gestatten. — Vorr., Zeichnung. (**E. P. 735 167** vom 16/11. 1953, ausg. 17/8. 1955. A. Prior. 24/2. 1953.) H. NEBELSIEK. H 243

Columbia-Southern Chemical Corp., Pittsburgh, Pa., V. St. A. (Erfinder: **William Leslie Wilson),** *Entfernen von freiem Chlor aus Chlor in Mengen von 2000 p. p. m. enthaltendem Chlorwasserstoff,* indem HCl mit einem nichtsubstituierten OH-Gruppe enthaltenden Hydroxylaminsalz, z. B. Hydroxylaminhydrochlorid, -nitrat oder -sulfat, behandelt wird. Der Cl_2-Geh. kann bis unter 40 p. p. m. gesenkt werden. (**E. P. 739 144** vom 10/11. 1953, ausg. 26/10. 1955.) K. DEMMLER. H 247

Rohm & Haas Co., Philadelphia, Pa., V. St. A., *Gewinnung von Schwefelsäure und von Ammoniumhydroxyd aus Ammoniumsulfat* durch Elektrolyse. Man trennt den Anodenraum vom Kathodenraum durch eine Wand, die nur Anionen diffundieren läßt, u. verwendet als Katholyt eine wss. Lsg. von $(NH_4)_2SO_4$ u. als Anolyt verd. H_2SO_4. Die Trennwand enthält wenigstens 25 Gew.-% eines Anionenaustauscherharzes. — Abbildung. (**E. P. 738 519** vom 9/4. 1953, ausg. 12/10. 1955. A. Prior. 25/4. 1952.) A. ZÜRN. H 253

Soc. Prosilis, Frankreich, *Gefärbter Schmelzquarz.* Reines SiO_2 wird in Ggw. von Metallpulver oder Metalloxyd mehrere Tage auf hohen Tempp. (zwischen 600 u. 1000°) gehalten, wobei das Metall langsam in das geschmolzene SiO_2 eindiffundiert. Zur Begünstigung des Diffusionsprozesses wird die Anwendung eines elektr. Feldes empfohlen. Mit Ag erhält man gelbe, mit Cu rubinrote Färbungen. (**F. P. 1 030 581** vom 19/7. 1950, ausg. 15/6. 1953.) W. WITTHOLZ. H 261

VI. Silicatchemie. Baustoffe.

L. I. Karjakin und **I. Ss. Kainarski,** *Die Lebensdauer von Dinas in Wannenöfen für die Schmelze von hitzebeständigem Glas.* Bei der Unters. des aus Dauerwannenöfen für das Schmelzen von Al–B-Silicatgläsern (Vorheizzone 800—900°, Brennzone 1550 bis 1590°) ausgebauten Dinas ergibt sich als charakterist. Merkmal, daß nur noch krist. Silicate des CaO vorhanden sind, während alle übrigen Oxyde in das Silicatglas übergegangen sind. Der mechan. Verschleiß beträgt nur 10—30 mm (aus 250 mm). In der kalten Zone sammeln sich CaO, TiO_2 u. Al_2O_3, in der heißen die aus dem Chargenstaub absorbierten R_2O, MgO u. ZnO; BaO, As_2O_3 u. B_2O_3 fehlen im Dinas. (Огнеупоры [Feuerfeste Mater.] **20.** 159—65. 1955.) R. K. MÜLLER. 6172

I. Anasstassowa und **Wl. Lessitschkow,** *Die chemische Behandlung des Glases.* Es werden Arbeitsvorschriften für die chem. Bearbeitung von Glas mit H_2F_2 u. Fluoriden in der bulgar. Glasindustrie gegeben. (Лека Промишленост (София) [Leicht-Ind. (Sofia)] **5.** Nr. 1. 30—32. 1956.) O. POLLAK V. EMHOFEN. 6188

K. Ja. Ananjitschew, *Die Entstehung von Reliefschlieren auf Glas und Maßnahmen zu ihrer Verhinderung.* Die Annahme, daß die Schlierenbldg. auf der Bldg. von Ungleichmäßigkeiten auf der Oberfläche des feuerfesten Materials beruht, hat sich in den letzten 5 Jahren in der Praxis nicht bestätigt. Nur wenn der obere Teil des Maschinenkanals völlig frei von Verglasungsprodd. der Schamotte ist, entstehen keine Reliefschlieren. (Стекло и Керамика [Glas u. Keram.] **12.** Nr. 11. 4—6. Nov. 1955.) OTTO MAIER. 6200

H. Beyersdorfer, *Die Temperaturabhängigkeit der elektrischen Leitfähigkeit der Jenaer optischen Gläser.* Es wird zunächst eine Beschreibung der Versuchsanordnung gegeben, nach der die Messung des Widerstandes an cylindr. Scheiben von 2,5 cm Durchmesser u. 0,5—0,6 cm Dicke in einem entsprechenden Ofen vorgenommen wird. Dabei ergeben sich unter Umständen in den Kurven 1000/T gegen log ϱ (ϱ in Ohm/cm) 2 Knickpunkte, von denen einer mit dem nach der therm. Ausdehnungskurve definierten Transformationspunkt übereinstimmt. Für den anderen Knickpunkt kommt Vff. zu dem Schluß einer Abhängigkeit von der therm. Vorbehandlung des Glases, die ja sein „inneres Gleichgewicht" bestimmt u. damit seine elektr. Leitfähigkeitseigenschaften. In graph. Darst. u. Tabellen werden die Werte für eine große Anzahl opt. Gläser angegeben. (Silikattechnik **5**. 459—62. Nov. 1954.) L. KÜHNERT. 6200

Fischer, *Siliborquarzglas.* Es werden die Eigg. von Siliborquarzglas der VEB Jenaer Glaswerke SCHOTT & GEN. angegeben, die sich von denen des reinen Quarzglases prakt. nicht unterscheiden. Abweichungen ergeben sich bei der Durchlässigkeit im UV, die z. B. die für viele Zwecke schädliche Ozonbldg. verhindern, weil das Gebiet ab 198 $m\mu$ vollständig absorbiert wird. Die Möglichkeit der farbigen Herst. dieses Glases ergibt ganz neue Anwendungsgebiete. Bes. interessiert, daß Platten mit kontinuierlich sich ändernder Färbung als Ersatz für Graukeile hergestellt werden können. (Technik **1955**. 133. Messesonderheft.) L. KÜHNERT. 6204

Davis Woo, H. P. Simons und **P. R. Jones,** *Trockenverhältnisse beim infraroten Trocknen von Ton.* Gleichungen zeigen die Wrkg. der Entfernung der Lampenbank von der Trockenfläche, der Dicke u. Absorptionsfähigkeit des Materials, der Intensität der Strahlung u. des Feuchtigkeitsgeh. der Trockenmasse des Tons. Die Gleichungen wurden durch graph. Methoden entwickelt u. es wurde gefunden, daß der Trockengrad eine lineare Funktion der Strahlungsintensität u. Absorptionsfähigkeit des Tons u. eine Potenzfunktion der Dicke u. Entfernung der Lampen von der Trockenfläche ist. Das infrarote Trocknen war unabhängig von der Feuchtigkeit unterhalb einer absol. Feuchtigkeit von 71%. (J. Amer. ceram. Soc. **38.** 383—88. 1/11. 1955. Morgantown, West Va., West Virginia Univ., Coll. of Engng.) R. WALCKER. 6216

H. Saalfeld, *Hydrothermale Bildungen aus Metakaolin.* (Vgl. C. **1956.** 6221.) Im Metakaolin (I) müssen innerhalb der ehemaligen Kaolinit-Blättchenebene noch gewisse Bauelemente vorhanden sein, von denen aus unter hydrothermalen Bedingungen eine Restaurierung der Kaolinitblättchen erfolgt. Es zeigt sich jedoch, daß die ursprüngliche Ordnung nicht erreicht wird, sondern, daß der beim Fireclay bekannte Zustand verminderter Ordnung vorzuliegen scheint, um so mehr, je höher der **I** erhitzt worden war. Die Hydratation erfolgt um so vollständiger, je niedriger die Brenntemp. des **I** war. (Naturwissenschaften **41.** 372—73. Aug. 1954. Würzburg, MPI für Silicatforsch.) R. WALCKER. 6216

I. I. Kitaigorodski und **A. M. Batanowa,** *Die Synthese eines kristallines Zirkondioxyd und Mullit enthaltenden Materials.* Ein Gemisch aus *Zirkon* ($ZrSiO_4$) u. techn. Al_2O_3 wurde bei 1450, 1600 u. 1700° gebrannt. Auf Grund der petrograph. u. Röntgenanalysen wurden folgende optimale Bedingungen für eine maximale Ausbeute an ZrO_2 u. Mullit gewählt: Höchste Reaktionstemp. 1700° für eine Dauer von 2 Std.; Ausmahlung des Zirkons 20 Std. (83% der Teilchen haben einen Durchmesser $<3\ \mu$), der Tonerde 40 Std. (entsprechend 94% mit $<3\ \mu$); Mischungsverhältnis $Al_2O_3:SiO_2 = 3{,}5:2$ (in Mol). (Стекло и Керамика [Glas u. Keram.] **12.** Nr. 10. 4—7. Okt. 1955. Moskau, Mendelejew-Inst. für chem. Technol.) A. v. KOTZEBUE. 6218

I. I. Kitaigorodski und **N. M. Pawluschkin,** *Eigenschaften von Korundmikrolit.* Vf. ist es gelungen, die Festigkeit der Korundkeramik (Biege- u. Druckfestigkeit) gegenüber Literaturangaben fast auf das 2fache zu erhöhen. Der Einfl. der Mikrostruktur auf die Eigg. des Materials wird durch Mikrophotographien veranschaulicht. Während im gewöhnlichen Korund die Körner von 200 μ u. mehr überwiegen, beträgt bei Inhibitorzusatz die mittlere Korngröße 20 μ. Alle Kristalle sind isometrisch. Korundmikrolit zeigt seine sehr gleichmäßige u. feine Körnung. (Стекло и Керамика [Glas u. Keram.] **12.** Nr. 11. 16—21. Nov. 1955.) OTTO MAIER. 6220

Cesare Brisi, *Wärmetönung der Hydratationsreaktionen der Bestandteile des Portlandzementklinkers.* (Vgl. C. **1955.** 4187.) Die Hydratationswärmen verschied. Glieder der festen Lsg. der Zus. $2\ CaO\cdot(Fe, Al)_2O_3$ (**I**) in Ggw. von überschüssigem $Ca(OH)_2$ (**II**) wurden ermittelt, um aus der Gesamthydratationswärme eines Portlandzementklinkers auf dessen Zus. rückschließen zu können. Es wurde dabei gefunden, daß bei der Hydratation von **I** in Ggw. von **II** nur eine feste Lsg. des kub. $3\ CaO\cdot(Al, Fe)_2O_3\cdot 6\ H_2O$ (**III**) entsteht, während sich unter sonst gleichen Bedingungen aber bei tiefer Temp. ein pseudohexagonales Tetracalciumaluminat- u. -ferrat (**III**)-Hydrat bildet. Zur Best. der Hydratationswärme von **I** wurden die Lösungswärmen von verschied. Gliedern von **I** u. **III** (mit den Verhältnissen $Al_2O_3:Fe_2O_3 = 0{,}64$ (Brownmillerit), 0,88, 1,12 u. 1,36) in 6n HCl gemessen. Für die Glieder von **I** wurde gefunden: 581, 603, 623 u. 642, für die von **III** 507, 513, 516 u. 519 cal/g. Hieraus ergibt sich als Wärmetönung für die Rk. $2\ CaO(Al, Fe)_2O_3 + Ca(OH)_2 + 5\ H_2O \rightarrow 3\ CaO\cdot(Al, Fe)_2O_2\cdot 6\ H_2O$ 95, 113, 129 u.

144 cal/g Festkörper, je nach dem Al_2O_3–Fe_2O_3-Verhältnis. Unter Verwertung der Angaben von CIRILLI [1939] errechnen sich für die Rkk. 2 (3 CaO · SiO_2) · nH_2O → 3 CaO · 2 SiO_2 · xH_2O + 3 Ca$(OH)_2$ bzw. 2 (2 CaO · SiO_2) · nH_2O → 3 CaO · 2 SiO_2 · xH_2O + Ca · $(OH)_2$ die Werte 125 bzw. 63 cal/g. Die Berechnung der Klinkerzus. nach BOGUE wird für das Vorliegen der festen Lsg. 2 CaO · (Al, Fe$)_2O_3$ korr., wobei die Grenze der Löslichkeit, die bei Al_2O_3 · Fe_2O_3 = 1,36 liegt, zu berücksichtigen ist. Die Gesamtwärmetönung der Hydratation liegt jedoch in beiden Fällen innerhalb der Fehlergrenze der calorimetr. Bestimmung. Die Meth. ist nicht ohne weiteres auf Puzzolanzemente übertragbar, da dort noch eine exotherme Rk. zwischen **II** u. SiO_2 sich überlagert. (Ricerca sci. **24.** 1436 bis 1444. Juli 1954. Torino, Politecn. Ist. di chim. generale e appl. e di metallurgia.) H. NÖTH. 6222

Tamás Mattyasovszky-Zsolnay, *Ziegelbrennen mit eingemischtem Brennstoff.* Vf. bespricht die Vorteile des Zumischens von Brennstoff bei der Ziegelherst., bes. bei der Herst. von Hohlziegeln, die geeigneten Brennstoffe, deren Menge, Heizwert u. Aschegeh., die Vorbereitung der Rohstoffe u. Ausführung des Vermischens, wie auch das Verh. der Mischungen beim Trocknen u. Brennen. (Építöanyag [Baumaterial] **7.** 172—81. Mai 1955.) J. PLANK. 6228

János Albert, *Die Frostbeständigkeit und Wasseraufnahmefähigkeit der Mauer- und Dachziegel beeinflussende Faktoren.* Die Porosität, Wasseraufnahmefähigkeit, Abmessung der Poren, Frostbeständigkeit u. Wasserdurchlässigkeit sind vom Ton, vom Formen u. Brennen abhängig. Es werden die Bestimmungsmethoden dieser Faktoren beschrieben. (Építöanyag [Baumaterial] 7. 201—06. Juni 1955.) J. PLANK. 6228

Petzold, *Bedeutung, Wesen und Stand der Giftfreiheitsprüfung emaillierter Haushaltsgegenstände.* Überblick. (Technik **1955.** 142—44. Messesonderheft. Freiberg/Sa.) F. MARKHOFF. 6242

Mario Tullo Francardi, *Das Wärmeleitcalorimeter zur Bestimmung der Hydratationswärme von Zementen.* Vf. berichtet über ein isotherm, direkt u. kontinuierlich arbeitendes Calorimeter, das es gestattet, den therm. Ablauf der Zementhydratation in allen seinen Phasen einwandfrei festzustellen. Die vollautomat. Ausstattung des Gerätes red. die experimentellen Fehler auf ein Minimum u. ermöglicht noch während der Messung die Auswertung der erhaltenen Thermogramme. Das Gerät arbeitet nach dem Prinzip, daß die unter definierten Bedingungen (W.-Zement-Faktor = 0,4) angemachte Standardzementprobe ihre Abbindewärme an ein sie umgebendes Kupfergefäß abgibt, das seinerseits durch einen Messingzylinder, an dessen Enden mittels Thermowiderständen laufende Temperaturmessungen erfolgen, mit einer in eine große Wassermenge tauchende Kupferplatte verbunden ist. Schutz des Calorimeters gegen therm. Abstrahlung durch DEWAR-Gefäß u. doppelwandige Kupferglocke, die mit W. der gleichen Temp. des Wasserbades temperiert wird. Es wird eine erschöpfende Beschreibung des App., seiner Arbeitsweise sowie die Ermittlung der experimentell gewonnenen Konstanten für das Calorimeter u. die verschied. Fälle seiner Anwendung gegeben, die durch Erläuterungen über die Berechnungs- u. Auswertungsschemata ergänzt werden. Nach Auffassung des Vf. ist dieses thermoelektr. Verf., wenn erst einmal die Konstanten der App. ermittelt sind, denkbar unkompliziert u. wird wegen der Einfachheit der Geräte u. ihrer Handhabung sowie der leichten Reproduzierbarkeit der Untersuchungsergebnisse bes. für wissenschaftliche Messungen empfohlen. (Ind. ital. Cemento **25.** 265—70. Nov. 1955. Bergamo, Labor. Centrale Italcementi.) W. ANIKA. 6252

O. Suga und **N. Nameishi,** *Einige Untersuchungen über die Matrix in Silicasteinen.* 1. Mitt. *Bestimmung der Matrix und einige Probleme.* (J. ceram. Assoc., Japan [Yogyo Kyokai Shi] **62.** 335—39. 1954. Harima Refractories Co. [Orig.: japan.]) D. BREDTSCHNEIDER. 6256

Stora Kopparbergs Bergslags Aktiebolag, Falun, Schweden (Erfinder: **K. N. Cederquist** und **E. A. Bengtsson,** *Herstellung von Ziegeln, Formstücken aus gebranntem Dolomit oder Magnesit* mit Steinkohlenteer als Bindemittel. Durch Zusatz von feinkornigem Material aus Kalk oder Magnesia wird die Rk. in der M. aktiviert bei gleichzeitiger Hydratisierung u. anschließender Calcinierung bei niederen Temperaturen. Hierauf Zusatz des Bindemittels. Steigerung der Festigkeit des Materials. (**Schwed. P. 143 681** vom 28/11. 1951, ausg. 12/1. 1954.) K. H. KÄHLER. 6229

Aug. Elhardt Söhne K. G., Durach (Erfinder: **Reinhard Ernst Vogel,** Leutkirch), *Klebemittel für Hartfaserfußbodenplatten oder Holzdielen auf Beton.* Dieses besteht aus einem Mörtel aus Zement mit 30—35 (%) Casein u. 5—15 Di oder Trinatriumphosphat. (**D. B. P. 937 096** Kl. 80b vom 31/5. 1953, ausg. 29/12. 1955. Anmeldung bekanntgemacht 7/7. 1955. **Zusatz zu D. B. P. 879 136; C. 1955. 9419.**) H. HOFFMANN. 6229

VII. Agrikulturchemie. Schädlingsbekämpfung.

W. W. Dobrowolski, *Über Einschlüsse von Phosphaten in Torflagern.* In den Torfvorkk. im Schwarzerdegebiet liegen die Phosphateinschlüsse als β-Kertschenit u. Phosphorit mit 21—22% P_2O_5 u. 21 bzw. 37% Fe_2O_3 vor. Die Verwendung dieser Torfsorten als Düngemittel wird empfohlen. (Торфяная Промышленность [Torf-Ind.] **32.** Nr. 8. 23—24. 1955.) H. Huber-Emden. 6282

B. N. P. Ghildyal, *Biochemische Umwandlungen bei der Bereitung von Komposten.* Aus gehäckselten, grünen Stengeln von Andropogon sorghum wurde unter Zusatz von Rinderkot, uringetränkter Erde, altem Kompost, Holzasche u. W. durch aerobe (**a**), anaerobe (**b**) bzw. aerobe Rotte, gefolgt von anaerober Rotte (**c**) Kompost bereitet. — Die organ. Gesamtmasse u. der organ. gebundene C wurden im Anfangsstadium schnell zers., worauf eine nur langsame Zers. folgte. Die größten Verluste gingen im **c**-Kompost vor sich. Während der längsten Dauer der Rotte nahm die Konz. des Kompostes an Gesamt -N zu, gegen Ende der Rotte nahm sie ab. Während sowohl unter **a**- als auch **b**-Bedingungen Verluste an Gesamt-N eintraten, blieb dieser unter **b**-Bedingungen größtenteils erhalten. Der **c**-Kompost enthielt mehr aufnehmbaren N (bes. NO_3-N) als der **a**- bzw. **b**-Kompost. Das niedrigste C/N-Verhältnis wurde im **c**-Kompost am frühesten erreicht. Eine ziemlich starke Zers. der Fette u. Öle wurde unter **a**- u. bes. unter **c**-Bedingungen beobachtet. Der Geh. des Kompostes an wasserlösl. Substanzen nahm während der Rotte (bes. unter **c**-Bedingungen) beträchtlich ab. Die Cellulosen u. Hemicellulosen wurden (bes. unter **c**-Bedingungen) mehr oder weniger vollständig zersetzt. Lignin (**I**) wurde verhältnismäßig langsam zers.; im **a**- u. **c**-Kompost erfolgten jedoch beträchtliche **I**-Verluste. Ferner wurde eine erhebliche Erhöhung der **I**-Konz. festgestellt. Der Lignocellulosekomplex wurde stetig u. schnell abgebaut, bes. unter **c**-Bedingungen. — 38 Literaturangaben. (Agra Univ. J. Res. **2.** 27—39. Jan. 1953. Kanpur, Agric. Coll.) F. Rang. 6294

S. P. Bhattacharyya und **P. C. Mahanti,** *Eine Untersuchung des Gleichstromwiderstandes des Calcutta-Bodens.* Die Ergebnisse einer Unters. über den Gleichstromwiderstand des Bodens bei Calcutta u. seine Veränderung mit Zeit, Temp. u. Feuchtigkeit werden wiedergegeben. Auch die Wrkg. der Endosmose wurde bestimmt. (Indian J. Physics Proc. Indian Assoc. Cultivat. Sci. **27** (**36**). 615—27. Dez. 1953. Calcutta, Univ., Dep. of Appl. Physics.) A. Jacob. 6302

A. L. Abbott und **W. H. Seath,** *Abfallbeseitigung.* 1. u. 2. Mitt. Allg. Überblick über die Abfallbeseitigung. Anschließend werden die Methoden zur Beseitigung oder Verwertung des organ. Müllanteils nach der Aussortierung besprochen, im einzelnen: Verbrennung, geregelte Abfuhr zur Verbesserung von unfruchtbaren Landstrecken, Pulverisierung (als Vorbereitung zur weiteren Verwertung), anaerobe Ausfaulung, zusammen mit Abwasserschlamm, zymotherm. Fermentation (wie Beccari- u. Verdier-Prozeß) u. Kompostierung. Die beste Lsg. ist von Fall zu Fall abhängig von örtlichen Bedingungen, jedoch scheinen für größere Städte die in geschlossenen Anlagen durchgeführten Fermentationsprozesse wegen ihres vollständigen Freiseins von Geruchs- u. Ungezieferbelästigungen sowie wegen ihrer Schnelligkeit am besten geeignet zu sein. (South African ind. Chemist **6.** 60—64. Mai. 191—95. Juli 1952.) W. Niemitz. 6304

B. Owen French, *Versuche mit Bodenverbesserungsmitteln unter Irrigation. Krilium* verbesserte die Bodenstruktur sowie Wachstum u. Frühreife von Bohnen, hatte aber keinen Einfl. auf die Keimungsgeschwindigkeit sowie den Gesamtertrag. (Agric. Gaz. New South Wales **65.** 84—86. Febr. 1954.) A. Jacob. 6304

W. A. Kowda, *Mineralzusammensetzung der Pflanzen und Bodenbildung.* Übersicht an Hand der Literatur (75 Hinweise). (Почвоведение [Bodenkunde] **1956.** Nr. 1. 6—38. Jan.) Otto Maier. 6304

D. S. McIntyre, *Wirkung der Bodenstruktur auf die Keimung von Weizen in einer rotbraunen Erde.* Eine schlechte Keimung von Weizen wurde durch die Krustenbldg., bedingt durch starke Regenfälle u. O_2-Mangel im Boden, hervorgerufen. (Austral. J. agric. Res. **6.** 797—803. Nov. 1955. Adelaide, Div. of Soils, S.C.I.R.O.) W. Knöpke. 6304

F. N. Ponnamperuma, *Einige Gesichtspunkte der Chemie der Reisböden.* Die überfluteten Reisböden sind gek. durch Mangel an O, Überschuß an CO_2, hohe Mengen von Fe^{2+} u. Mn^{2+}, Abwesenheit von Nitrat, Auftreten von Sulfiden, anaerobe Zers. der organ. Substanz, erhöhte Löslichkeit von P_2O_5 u. SiO_2, eine Erhöhung des p_H, eine Abnahme des Redoxpotentials u. eine Zunahme der elektr. Leitfähigkeit. (Trop. Agriculturist **111.** 92—101. Juni 1955.) A. Jacob. 6304

Fernando Abruña-Rodríguez und **José Vicente-Chandler,** *Aktivität der organischen Substanz einiger typischer Böden von Puerto Rico.* Die Austauschkapazität (**a**) der organ.

Substanz wurde auf verschied. Weise bestimmt. Sie liegt im allg. zwischen 100 u. 150 m-Äquivalenten je 100 g. Allg. macht sie 25% der gesamten **a** der untersuchten Böden aus. Die z. T. beträchtliche Widerstandsfähigkeit der **a** gegen Oxydation erklärt die hohen Gehh. organ. Substanz, die in Puerto Rico auch in längere Zeit bewirtschafteten Böden gefunden werden. (J. Agric. Univ. Puerto Rico **39.** 65—76. April 1955.) A. JACOB. 6304

D. P. Maljuga und **A. I. Makarowa,** *Über den Gehalt an Spurenelementen in einigen Böden, die sich auf Erzgesteinen entwickelt haben.* Untersucht wurden Böden u. Wässer im Aktjubinsk-Erzgebiet, im autonomen Tuwa-Gebiet u. im östlichen Transbaikalien. Die natürlichen Wässer zeigen im Vgl. zum sonstigen Durchschnittsgeh. einen erhöhten Geh. an Zn, Pb, Sr u. Ba. Die untersuchten Böden weichen im Geh. an Spurenelementen manchmal vom mittleren Geh. stark ab. Dies ist auf den Einfl. der Gesteine u. Erzvorkk. zurückzuführen. (Почвоведение [Bodenkunde] **1956.** Nr. 1. 50—53. Jan.) OTTO MAIER. 6304

Je. K. Kruglowa, *Über die Spurenelemente in den Böden der Baumwollfelder Mittelasiens.* Die Aufnahme von *Mn* aus Mn-Verbb. durch Pflanzen ist durch die Redoxverhältnisse des Bodens bestimmt. Durch Redoxvorgänge gehen die Mn-Verbb. in die Bodenlsg. über, werden dann von der Pflanze leichter aufgenommen. Der Mn-Bedarf der Pflanze kann dadurch gedeckt werden, daß Naturvorkk. durch geeignete Maßnahmen beweglicher gemacht werden oder durch Mn-Düngung, wobei lokale Einbringung wirksamer ist als Streuung. Bei ständigem Überwiegen von Oxydationsvorgängen im Boden können diese Düngungen unwirksam bleiben. Die untersuchten Böden (bis 1 m Tiefe) waren im Gesamtgeh. an Cu, Ni, Co, Zn ärmer als die anderen Böden der UdSSR. (Почвоведение [Bodenkunde] **1956.** Nr. 1. 39—49. Jan.) OTTO MAIER. 6304

Alfred Åslander, *Ein Versuch zur Lösung des Phosphatproblems bei der Erzeugung von Ernten, um mit dem Weltvorrat an Phosphaten sparsamer umzugehen.* Wenn P-Dünger mit humusbildenden Stoffen vermischt werden, so ist dies bes. auf stark P festlegenden Böden vorteilhaft. Dem P kommt dann eine gute Nachwrkg. zu, so daß man auf die Dauer P sparen kann. Wenn man die für jede Frucht benötigte P-Menge unter Berücksichtigung der Festlegung berechnet, kann man eine Standarddüngung durchführen. Kalkung erwies sich auch auf sauren Böden unter diesen Verhältnissen nicht als notwendig zur Erhöhung der Aufnehmbarkeit des P. (Kungl. Tekn. Högskolans Handl. **1954.** Nr. 85. 3—65. Stockholm.) A. JACOB. 6304

J. F. Loneragan, D. Meyer, R. G. Fawcett und **A. J. Anderson,** *Die Wirkung von in Superphosphat eingearbeitetem Ammoniak auf die Knötchenbildung von Klee auf sauren Böden.* Vff. untersuchten die Wrkg. einer Mischung von Superphosphat u. Ammoniak auf die Knötchenbldg. von Trifolium subterraneum. Superphosphat absorbiert 5,7 lbs. NH_3/cwt u. ergibt ein Prod. mit p_H 7,5 in wss. Suspension. Beim Vgl. dieser Mischung mit Superphosphat, Superphosphat + $CaCO_3$ u. Superphosphat + $(NH_4)_2SO_4$ wurde sowohl eine höhere Anzahl von Knötchen pro Pflanze als auch ein größeres Gewicht der Blattmasse festgestellt. (J. Austral. Inst. agric. Sci. **21.** 265—67. Dez. 1955. Canberra, A. C. T., Div. of Plant Ind. CSIRO.) W. KNÖPKE. 6304

J. F. Loneragan, D. Meyer, R. G. Fawcett und **A. J. Anderson,** *Kalkinkrustierte Kleesamen zur Knötchenbildung auf sauren Böden.* Auf sauren Böden ist die Knötchenbldg. von Trifolium subterraneum gestört, daher wurde eine Inkrustierung des Kleesamens mit $CaCO_3$ nach einer Impfung mit Rhizobium unternommen. Die Aufwandmenge betrug 5 lbs. Kalk auf 10 lbs. Samen. In Feldverss. zeigte sich bei den Flächen mit inkrustierten Samen u. bei Behandlung durch Drillen von Kalk (224 lbs./acre) eine Knötchenbldg. bei 91% bzw. 100% der Pflanzen, während diese bei unbehandelter Kontrolle nur 31% betrug. (J. Austral. Inst. agric. Sci. **21.** 264—65. Dez. 1955. Canberra, A. C. T., Div. of Plant Ind. C. S. I. R. O.) W. KNÖPKE. 6304

Pablo Landrau jr. und **George Samuels,** *Einfluß von Düngemitteln auf den Ertrag der Plamarvarietät von Tomaten auf einem Coto-Ton.* Düngung mit 100 lbs./acre N u. 200 lbs./acre P_2O_5 gab die besten Erträge. K_2O bewirkte keine Ertragserhöhung. 20 t Filterpreßkuchen je acre gaben eine beachtliche Ertragserhöhung. Die Kombination von 20 t Filterpreßkuchen mit 100 lbs. N, 200 lbs. P_2O_5 u. 200 lbs. K_2O gab die höchsten Erträge. Zusatz von Mg u. B zu der NPK-Düngung bewirkte keine Ertragssteigerung. (J. Agric. Univ. Puerto Rico **39.** 77—83. April 1955.) A. JACOB. 6304

Pablo Landrau jr., Juan Pastor Rodríguez, George Samuels, Severiano Alers Alers und **R. Gandía Caro,** *Einfluß von Standweite und Düngung auf den Ertrag von Kartoffeln.* N u. K erhöhten den Ertrag nicht deutlich, wohl aber P. Eine deutliche Beziehung zwischen Düngerwrkg. u. Pflanzweite konnte nicht festgestellt werden. Der Ertrag nahm zu, wenn die Standweite verringert wurde, also mehr Knollen ausgelegt wurden. Die mittlere

Verminderung des Ertrages, die durch Weglassen von N, P u. K verursacht wurde, war 25,2, 28,5 u. 6,3%. Setzt man den Ertrag bei 6 Zoll Pflanzweite = 100, so war die Verminderung bei 9 Zoll 15,6, bei 12 Zoll 20,5, bei 15 Zoll 30,3 u. bei 18 Zoll 38,1%. (J. Agric. Univ. Puerto Rico **39.** 100—110. April 1955.) A. JACOB. 6304

K. E. Harshbarger, W. B. Nevens, R. W. Touchberry, A. L. Lang und **G. H. Duncan,** *Der Ertrag und Proteingehalt von Silagemais unter dem Einfluß von künstlicher Düngung.* Im Verlauf eines 5jährigen Düngungsvers. zu Futtermais wurden die durchschnittlichen Gesamterträge durch Grunddüngung mit 200 lbs./acre Volldünger (8-8-8) u. Kopfdüngung mit 200 lbs/acre $(NH_4)_2SO_4$ bzw. NH_4NO_3 erhöht, wobei der Kolbenanteil fast gar nicht u. der Protein (**I**)-Geh. der Körner nur geringfügig verändert wurde. Der **I**-Geh. des Blatt-Stengel-Anteils erfuhr dagegen eine Erhöhung, sofern der Boden in späteren Anbaujahren nur noch geringe Mengen von aufnehmbaren Nährstoffen enthielt. — 12 Literaturangaben. (J. Dairy Sci. **37.** 976—81. Aug. 1954. Urbana, Ill., Univ. of Illinois, Dep. of Agron., and Dairy Sci.) F. RANG. 6304

H. W. van der Marel (unter techn. Mitarbeit von **J. T. N. Venekamp**), *Untersuchung des Vorganges der Kalifestlegung in den niederländischen Böden.* (Vgl. C. **1955.** 3464.) Die Fähigkeit zahlreicher Bodenproben, das dargebotene Kali festzulegen, u. der Einfl. langjähriger Düngung auf diese Fähigkeit werden untersucht. Die Ergebnisse werden in Zahlentafeln wiedergegeben. (Versl. landbouwkund. Onderz. **1955.** Nr. 61 S. 1—61. Groningen, Landbouwproefstat. en Bodemkundig Inst., T. N. O.) W. WESLY. 6304

P. A. Wlassjuk und **S. M. Klimowitzkaja,** *Der Einfluß verschiedener Formen von Kalidüngemitteln auf die oxydierend-reduzierenden Eigenschaften und den Ernteertrag der Pflanzen.* Bei Verss. mit *KCl* (**a**), K_2SO_4 (**b**), 50% KCl + 50% K_2SO_4 (**c**), *30%ig. Kalisalz* (**d**), *Kainit* (**e**), *Kalimagnesia* (**f**) u. 50% Kalimagnesia + 50% KCl (**g**) auf humosem Podsolboden erbrachte **c** bei Winterweizen die höchste (3,5 dz/ha), **e** die niedrigste (1,1 dz/ha) Ertragssteigerung, bei Zuckerrüben die niedrigste (8,4 dz/ha) ebenfalls **e**, die höchste (36,3 dz/ha) **c**. — Der Glutathiongeh. in den Weizenblättern wurde durch alle K-Salze, am meisten durch **a**, in den Rübenblättern am meisten durch **a** u. **f**, am wenigsten durch **c** gesteigert. Die Aktivität der Peroxydase stieg im Bestockungsweizen am meisten bei **c**, **f** u. **g**, die Polyphenoloxydase im Rübenblatt nahm bei **e** u. **f** zu, fiel aber bei **b**. Die Gesamtoxydation verlief in Weizenblättern im Bestockungsstadium bei allen K-Salzen fast gleich, im Blütenstadium herrschte die Wrkg. von **a** u. **b** vor, in Rübenblättern war die Oxydation bei **a** u. **e** am intensivsten, bei **b** am gerigsten. Die Atmungsintensität wurde bei Weizen bei **b** gesenkt, in allen anderen Reihen, am stärksten bei **e** u. **f**, gefördert. Bei Rüben sank sie in allen Reihen mit Ausnahme von **e**. (Доклады Всесоюзной ордена Ленина Академия Сельскохозяйственных Наук имени В. И. Ленина [Ber. Allunions landwirtsch. (Lenin-Orden) Lenin-Akad.] **20.** Nr. 2. 15—19. 1955. Inst. für Pflanzenphysiol. u. Agronomie der Akad. der Wiss. der UkrSSR, Labor. für Physiol. der Pflanzenernährung.) E. LINTER. 6304

I. A. Ssaposhkow, *Mangansaures Kalium als Wuchsstoff.* Das Gießen der Bäume mit $KMnO_4$-Lsg. (**I**) 0,025—0,05 g/Liter von (1—20 Eimer, je nach Alter der Bäume) stärkt das Wachstum u. schützt vor Krankheiten. Bei schlecht wurzelnden Setzlingen, wie Stachelbeere, rote Johannisbeere, zeigte das Gießen mit **I** eine positive Wrkg. ohne zusätzliche Düngung. Bei Gemüse (Kohl u. Tomaten) wurde die Keimfähigkeit der Samen durch Gießen mit **I** wesentlich erhöht, die Erkrankung an Schwarzbeinigkeit verhindert, die Reifung beschleunigt, der Ertrag auf das 2—3fache erhöht. (Природа [Natur] **45.** Nr. 2. 93—94. Febr. 1956.) OTTO MAIER. 6304

P. C. Sahadevan und **T. Kalyanikutty,** *Wirkung indirekter Düngung auf den Ertrag von breitwürfig ausgesätem Reis in Malabar.* Es wurde untersucht, in welchem Maße starke Anwendung organ. Dünger zu umgepflanztem Reis eine Nachwrkg. auf die breitwürfig ausgesäte nächste Ernte ausübt. Es ergab sich, daß 10 t Stallmist, die den Ertrag des gepflanzten Reises um 30% erhöht hatten, in ihrer Nachwrkg. auch noch die nachfolgende Ernte um ungefähr 21% erhöhten. (Madras agric. J. **42.** 537—40. Dez. 1955. Coimbatore, Agricult. Res. Inst., Paldy Section.) A. JACOB. 6304

M. Ja. Schkolnik, *Die biologische Rolle der Spurenelemente und ihre Bedeutung für die Erhöhung der Ernte.* Allg. Ausführungen über die biol. Bedeutung der Spurenelemente u. ihre Verwendung bei der Bodendüngung. (Естествознание в Школе [Naturwiss. Schule] **1956.** Nr. 1. 15—22. Jan./Febr.) OTTO MAIER. 6304

K. K. Bamberg, *Der Gehalt an Spurenelementen in den Pflanzen und Wege zur Erhöhung der Wirksamkeit der Düngung mit Spurenelementen.* Im Durchschnitt sechsjähriger Unterss. der Carbonat- u. Podsolböden Lettlands war *Mn* in Getreidekörnern reichlicher (2,40—5,75 mg/100 g absol. Trockensubstanz) als in Leguminosensamen

(1,37—1,58 mg) enthalten, bei *Co* u. *Mo* war es umgekehrt. Moor enthielt an Co u. *Cu* weniger, an Mn mehr als Mineralboden. Mit zunehmender Acidität (p_H 7,0—4,0) stieg, mit Ausnahme von Mo, die Aufnahme der Spurenelemente bei allen untersuchten Getreide- u. Leguminosenarten. — Bei durchschnittlicher Junitemp. von 17,9° ging bei Getreide die Aufnahme von Cu um 27%, von Zn um 12%, von Mo um 21% gegenüber dem gleichen Monat des Vorjahres (15,9°) zurück. — Durch Nitratdüngung (40 kg N/ha) wurde die Aufnahme von Mn, Cu u. Zn bei Zuckerrüben erhöht, durch Superphosphat (90 kg/ha P_2O_5) dagegen herabgesetzt. Als wirksamste Unterbringungsart von Spurenelementen (4,0 kg/ha $CuSO_4$, 4,4 kg/ha $ZnSO_4$, 4,4 kg/ha $MnSO_4$) erwies sich die granulierte Form gemeinsam mit granuliertem Superphosphat. — 12std. Anfeuchten von Gemüsesamen in Cu- u. Boraxlsgg. erhöhte den Ertrag gegenüber unbefeuchteten. — Allg. sollen die angewandten Mengen 0,1—0,5 kg/ha des reinen Wirkstofffes nicht übersteigen, bei Ultraspurenelementen 20—100mal weniger. (Известия Академии Наук Латвийской ССР [Nachr. Akad. Wiss. LettSSR] **1955.** Nr. 8. 55—70.)
E. LINTER. 6304

M. A. Massengale und **J. T. Medler,** *Samenproduktion und Feuchtigkeitsgehalt von Trifolium repens L. nach Behandlung mit Endothal.* In Feldverss. wurde Trifolium repens mit *Endothal* [Dinatrium-3.6-endoxohexahydrophthalat + $(NH_4)_2SO_4$] behandelt, um die Einw. auf die Menge u. den Geh. an Feuchtigkeit des Samens zu untersuchen. Es zeigte sich, daß bei den behandelten Parzellen weniger Samen erzeugt wurde u. der Wassergeh. in den ersten 3 Tagen nach der Spritzung zurückging. (Agronomy J. **47.** 528—30. Nov. 1955. Wisconsin, Wis., Univ., Dep. of Agronomy and Entomol.)
W. KNÖPKE. 6312

N. V. Sundaram, *Rhizomfäule und Welken von Ingwer und ihre Verhütung.* Behandlung der Rhizome mit Lsgg. von $HgCl_2$ bzw. Ceresan vor dem Einlagern verminderten das Auftreten von *Sclerotium rolfsii* während des Lagerns. Behandeln des Bodens mit koll. Cu verminderte das Welken u. erhöhte den Ertrag. (Madras agric. J. **42.** 541—44. Dez. 1955.) A. JACOB. 6312

C. E. Cornford, *Maleinsäurehydrazid als Mittel zur Unterdrückung der Sproßbildung bei eingemieteten Mangoldwurzeln und Futterrüben.* Durch Spritzen von Mangoldpflanzen (Mitte Oktober) bzw. Futterrübenpflanzen (Anfang November) mit 0,25%ig. *Maleinsäurehydrazid*-Lsg. wurde die Sproßbldg. an den in Mieten oder warmen Kellern gelagerten Wurzeln weitgehend unterdrückt. (Plant Pathol. **4.** 89—90. Sept. 1955. Rothamsted Exp. Stat. Dunholne Field Stat., bei Lincoln.) F. RANG. 6312

Héctor Cibes, George Samuels und **Juan P. Rodríguez,** *Wirkung von Vorerntespritzungen mit Maleinsäurehydrazid auf die Keimung der Kartoffeln.* Bei Anwendung 6 Wochen vor der Ernte wurde der Ertrag durch Maleinsäurehydrazid in Konzz. von 0,25, 0,5 u. 1% geschädigt. Bei Anwendung 4 bzw. 2 Wochen vor der Ernte trat eine solche Schädigung erst bei Anwendung einer 5%ig. Lsg. ein. Die besten Ergebnisse hinsichtlich Verhütung der Keimung wurden erhalten, wenn 0,25% 4 Wochen vor der Ernte angewandt wurden. (J. Agric. Univ. Puerto Rico **39.** 92—99. April 1955.)
A. JACOB. 6312

June V. Ives, *Eine anomale Form von Oospora pustulans Owen et Wakef. bei Kartoffeln.* Bei Kartoffelknollen, die vor dem Einlagern zur Verhütung der Sproßbldg. mit *IPC* (Isopropylphenylcarbamat) bestäubt worden waren, traten anomale tiefe Formen von Oospora pustulans auf, da durch das Präp. die Bldg. einer Korkschicht unter den von O. pustulans herrührenden Verletzungen gehemmt wurde. — 8 Literaturangaben. (Plant Pathol. **4.** 17—21. März 1955. Cambridge, Nat. Agric. Ado. Serv.)
F. RANG. 6312

S. N. Bhardway und **I. M. Rao,** *Wirkung von Samenbehandlung vor der Saat mit einem Sulfonamid auf Keimung, Wachstum und Reife von Weizen.* Zur Feststellung der phytotox. Wrkg. von *Cibazol* (**I**; Sulfathiazol) wurden Weizenkörner 24 Std. in eine Lsg. von 10 u. 1000 p.p.m **I** eingelegt. Dabei wurde einmal die Behandlung in einem Arbeitsgang u. zum anderen in 3 Etappen zu 8 Std. mit Zwischentrocknung durchgeführt Nach Aussaat u. Vegetation zeigten sich nur geringe Unterschiede zur unbehandelten Kontrolle, anfängliche Wachstumsstockungen konnten später ausgeglichen werden. (Sci. and Cult. **20.** 600—01. Juni 1955. Agra, Agra Coll., Dep. of Botany.)
W. KNÖPKE. 6312

F. T. Last, *Einfluß von Erysiphe graminis Dc. auf den Ertrag von Sommergerste.* Durch wiederholtes Spritzen mit Schwefelkalkbrühe konnte der Befall von Sommergerste mit Erysiphe graminis erfolgreich bekämpft werden. (Plant Pathol. **4.** 22—24. März 1955. Harpenden, Herts., Rothamsted Exp. Stat.) F. RANG. 6312

E. Beyers, *Neuere Maßnahmen gegen Eisenmangel und zur Erzielung blauer Blüten bei Hortensien.* Chlorose der Hortensienblätter wurde durch Verabreichung von *Fe-HEEDTA* (*Fe-Salz* der *N-Oxyäthyläthylendiamintriessigsäure*) bzw. *Fe-EDTA* (*Fe-Salz* der *Äthylendiamintetraessigsäure*) behoben. Blaufärbung der Hortensienblüten wurde durch Spritzen mit 0,2%ig. *K-Alaun*-Lsg. erzielt. — 6 Literaturangaben. (Farming South Africa **30.** 407—08. 416. Sept. 1955. Stellenbosch, Western Province Fruit Res. Stat.) F. RANG. 6312

G. H. Brenchley und **Katharine H. Johnstone**, *Botrytis cinera Fr. auf Anemonen in Cornwall.* Bei epidem. Auftreten von Botrytis cinera auf Anemonen ist Stäuben mit 3%ig. *TCNB* (Tetrachlornitrobenzol) wirkungslos. (Plant Pathol. **4.** 54—57. Juni 1955. Starcross, Exeter, Nat. Agric. Adv. Serv.; Truro, Nat. Agric. Adv. Serv.) F. RANG. 6312

K. L. J. Blommaert und **J. T. Meynhardt**, *Hormonsprays als Ersatz für das Gürten von Zante-Reben.* Bei vorläufigen Verss. konnte das Gürten von Zante-Reben durch Spritzen mit 20 p.p.m. PCPA (p-Chlorphenoxyessigsäure) im Vollblütestadium ersetzt werden, ohne daß signifikante Schadwirkungen auftraten. Die Konz. darf nicht überschritten werden. — 7 Literaturangaben. (Farming South Africa **30.** 367—68. 376. Aug. 1955. Stellenbosch, Fruit Res. Stat.) F. RANG. 6312

G. C. Wade, *Aphanomyces-Wurzelfäule der Erbsen. — Die Wirkung eines Kaliumdüngers auf die Heftigkeit der Krankheit in einem Boden mit Kaliummangel.* Bei analyt. Unterss. von an Aphanomyces erkrankten Erbsen wurde ein geringerer Geh. an K als bei gesunden festgestellt. Durch Gaben von KCl in einer Aufwandmenge von 4 cwt./acre bei Gewächshausverss. konnte eine wesentliche Reduzierung des Befalls erzielt werden. (J. Austral. Inst. agric. Sci. **21.** 260—63. Dez. 1955. Hobart, Tasmanian Dep. of Agric.) W. KNÖPKE. 6312

Alexander Schönberg und **Nazih Latif**, *Furanochromone und -cumarine.* 11. Mitt. *Die molluscicide Aktivität von Bergapten, Isopimpinellin und Xanthotoxin.* (10. vgl. C. **1956.** 9444.) Vff. untersuchen die molluscicide Wrkg. von *Bergapten* (**I**), *Isopimpinellin* (**II**) u. *Xanthotoxin* (**III**) gegen *Biomphalaria boissi*, dem Zwischenwirt von *Schistosoma mansoni* (Bilharzia) u. finden, daß die Wrkg. von **I** u. **II** von der gleichen Größenordnung ist wie die von synth. Molluscisiden, z. B. Dinitro-o-cyclohexylphenol (**IV**) u. Pentachlorphenol-Na (**V**), wobei **I** stärker wirksam als **II** ist u. **III** weniger. Dieser Befund macht verständlich, daß Furanocumarin-haltige Pflanzen von Schnecken gemieden werden, u. eröffnet einen Weg zur Bekämpfung der Biomphalaria boissi durch Einwerfen dieser Pflanzen in mit diesen Schnecken verseuchte Kanäle. Die Wrkg. geht aus folgenden Zahlen (getötete Schnecken in % bei einer Konz. einer wss. Lsg. von 5 p.p.m.) hervor: **I** 100%; **II** 69%; **IV** 81%; **V** 63%. (J. Amer. chem. Soc. **76.** 6208. 5/12. 1954. Cairo, Egypt., Univ., Chem. Dep., Fac. of Sci.) E. HANSCHKE. 6312

E. Reinmuth, *Zur Anwendung und Wirkung heute gebräuchlicher Insekticide.* (Vortrag.) Übersicht über die wesentlichen insekticiden Eigg. der Wirkstoffgruppen: DDT, HCH u. Phosphorsäureester u. die Anwendungsbreite der auf ihnen basierenden Mittel. (Chem. Techn. **6.** 199—203. April 1954. Rostock.) F. RANG. 6312

Károly Petrich, *Chlorierte Cyclopentadien-Derivate mit insekticider Wirkung.* Übersicht über die insekticide Wrkg. u. Herst. verschied. chlorierter Cyclopentadienderivate. — 21 Literaturangaben. (Magyar Kémikusok Lapja [Z. Ver. ung. Chemiker] **10.** 7—11. 25/1. 1955.) R. BIRTHLER. 6312

Felix D. Maramba, *Betriebsführung, Forschung und Versuchswesen im Citrusgarten.* Überblick über die wichtigsten Citrusschädlinge u. Krankheiten auf den Philippinen u. ihre chem. Bekämpfung. (Araneta J. Agric. **2.** Nr. 2. 1—7. Jan./März 1955. Araneta Inst. of Agric., Dep. of Agric. Admin.) F. RANG. 6312

H. C. Gough, *Thrips angusticeps Uzel als Erbsenschädling.* Die Bekämpfung von Thrips angusticeps kann durch Stäuben mit 5%ig. DDT durchgeführt werden. (Plant Pathol. **4.** 53. Juni 1955. Cambridge, Nat. Agric. Advis. Serv.) F. RANG. 6312

W. V. Ludbrook und **J. Brockwell**, *Bekämpfung von Sclerotinia homoeocarpa Bennett auf Rasen in Canberra, A. C. T.* Der Schädling Sclerotinia homoeocarpa wurde durch Spritzen mit 1%ig. *P. A. C. A.* (Phenylaminocadmiumacetat)-Lsg. u. mit 1%ig. *C. C. 531* (ein „Ca–Zn–Cu–Cd–Cr-Komplex", soll mit *Crag 531* ident. sein)-Lsg. gut bekämpft, ohne daß der Rasen geschädigt wurde. Ein Gemisch von $HgCl + HgCl_2$ war ebenso gut wirksam, beeinträchtigte jedoch des Wachstum des Rasens. Spritzen mit *TMTD* u. mit 0,1%ig. *DDT*-Emulsion war prakt. unwirksam. (J. Austral. Inst. agric. Sci. **18.** 39—40. März 1952. Canberra, A. C. T., C. S. I. R. O., Div. of Plant Ind.) F. RANG. 6312

H. C. Woodville, *Versuche zur Bekämpfung von Merodon equestris F. bei Narzissen.* Durch Behandlung von Narzissenzwiebeln mit 0,2—0,4%ig. *Aldrin-* bzw. *Dieldrin*-Lsg. (110° F) für die Dauer von 15 bzw. 60 Min. vor dem Auspflanzen wurde der Schädling Merodon equestris erfolgreich bekämpft. Nach 3std. Behandlung mit 0,05—0,1%ig. Dieldrinlsg. (110° F) traten an den Zwiebeln schwere phytotox. Schäden auf. (Plant Pathol. **4.** 83—84. Sept. 1955. Starcross, Exeter, Nat. Agric. Adv. Serv.) F. RANG. 6312

E. K. Hartwig, *Bekämpfung von Trinervitermes-Species.* Durch Injektion von 0,07%ig. *Dieldrin*-Lsg. in die Termitenhügel wurden Trinervitermesspecies am wirksamsten u. billigsten bekämpft. Bestäuben der Nester (nach Abtragen des Hügels) mit Tabakstaub, 5%ig. DDT-Pulver bzw. 1,5%ig. Dimethylparathion ist nur erfolgreich, wenn im Nest keine geflügelten Individuen vorhanden sind. (Farming South Africa **30.** 361—66. Aug. 1955. Glen, Coll. of Agric.) F. RANG. 6312

W. I. St. G. Light und **H. J. Gould,** *Versuche zur Bekämpfung von Bohnensamenfliegen.* Die Bohnensamenfliege (Delia-spp.) kann durch Kombination des Stäubens der Pflanzen mit $1^1/_4$%ig. *Aldrin* u. Beizens der Samen mit *Thiram* oder nur durch Beizen mit einem Gemisch von γ-BHC + Thiram bekämpft werden. (Plant Pathol. **4.** 58—59. Juni 1955. Wye, Kent, Nat. Agric. Adv. Serv.) F. RANG. 6312

M. W. Shaw und **I. McDonald,** *Vergleich von Aldrin und BHC bei der Bekämpfung der Möhrenfliege.* Durch Spritzen der Pflanzen mit 99%ig. γ-*BHC* in Unkrautöl wurde die 1. Generation der Möhrenfliege (Psila rosae, F.) wirksam bekämpft. Behandlung mit *Aldrin*-Emulsion war erheblich weniger erfolgreich. (Plant Pathol. **4.** 11—13. März 1955. North of Scotland Coll. of Agric., Entom. Dep., u. Aberdeen, Univ., Dep. of Statistics.) F. RANG. 6312

James B. Kring, *Bekämpfung von DDT-resistenten Kartoffelerdflöhen.* Bei der Bekämpfung von Epitrix cucumeris mit *DDT* zeigte sich, daß die Käfer nicht mehr wirksam mit diesem Insekticid bekämpft werden konnten. Vf. prüfte daher eine Reihe von Insekticiden auf ihre Wirksamkeit gegenüber den DDT-resistenten Erdflöhen. Mit folgenden Mitteln konnten gute Erfolge erzielt werden: *Chlordan + Aldrin, Dieldrin, Dilan, Endrin, Heptachlor, Chlordan, Endrin + Dilan.* (Connecticut agric. Exp. Stat., New Haven, Circ. 1955. Nr. **193.** 5—23. April. New Haven, Connecticut, Connecticut Agric. Exp. Stat.) W. KNÖPKE. 6312

S. N. Banerjee und **A. C. Basu,** *Wirkung von Tetrax-1, einem systemischen Insekticid, auf Dysdercus cingulatus Fabr. in West-Bengalen.* Die Toxizität von *Tetrax-1* wurde in Laborverss. gegenüber Dysdercus cingulatus an Baumwolle untersucht. Bei Anwendung als Gießmittel trat eine schnellere Abtötung des Tieres ein als bei Anwendung als Spritzmittel; nach 96 Std. war aber in beiden Fällen eine 99—100%ig. Wrkg. erzielt worden. (Sci. and Cult. **20.** 599—600. Juni 1955. Tollygunge, West Bengal, State Agric. Res. Inst., Entomol Sect.) W. KNÖPKE. 6312

J. C. Schread, *Schildläuse und ihre Bekämpfung.* Vf. gibt eine Zusammenfassung der Lebensweise u. Bekämpfung verschied. Schildlausarten sowie von Wolläusen. Die Verss. erstreckten sich über 4 Vegetationszeiten u. zeigten, daß die beweglichen Stadien aller sowie auch der adulten Tiere einiger Arten mit organ. Phosphorsäureestern wie TEPP, Parathion, Potasan, Systox, Pestox u. Malathion abgetötet werden können. Thiocyanat, Selenophosphat, Nikotinsulfat u. weißes Sommeröl brachten gleich gute Resultate, dagegen waren die chlorierten KW-stoffe (z. B. Chlordan, Lindan, Aldrin) nur sehr wenig wirksam. DDT war nur in sehr hoher Konz. erfolgreich. Loro, Loro + Nikotinsulfat, Malathion u. Parathion vernichteten auch die Eier u. die jungen Tiere unter den Schilden. Connecticut agric. Exp. Stat., New Haven Bull. **1954.** 3—23. Febr. New Haven, Con- (necticut Agric. Exp. Stat.) W. KNÖPKE. 6312

Neely Turner, *Methylendioxyphenyl-Synergisten für Insekticide.* Eine Anzahl von *Methylendioxyphenyl* (**I**)-Verbb. wurden an Oncopeltus fasciatus darauf geprüft, ob sie die Wrkg. von Insekticiden zu erhöhen vermögen. — *Piperonylbutoxyd* (**II**), *Piperonylcyclonen* (**III**), „*Sulfoxide*" (**IV**) u. „*264*" (N-2-Äthylhexylimid der Endomethylentetrahydrophthalsäure) wirkten in Kombination mit Pyrethrum synergistisch. Mit Rotenon war **IV** synergist. wirksam, mit **II** bzw. **III** jedoch nur mit höheren Rotenongaben. Mit Allethrin war keine der 4 Verbb. wirksam. — **II, III** u. 10 Versuchspräpp. auf **I**-Basis zeigten sich mit Nicotin, Natriumazid u. DDT als synergist. unwirksam, mit Natriumfluorid u. Arsenik schwach wirksam. — 26 Literaturangaben. (Connecticut agric. Exp. Stat., New Haven, Bull. Nr. **570.** 1—22. April 1953.) F. RANG. 6312

J. G. A. Fiskell, W. A. DeLong und **W. F. Oliver,** *Aufnahme von radioaktivem Phosphat aus neutronenbestrahltem Calciumphosphat durch Pflanzen.* 1. Mitt. *Aufnahme* *durch Samenpflanzen auf Lösungskulturen.* Durch Beschuß von Ca-Phosphat enthaltenden Stoffen mit Neutronen bildet sich radioakt. ^{32}P in der Ortho-, Pyro-, Meta- u. Hypophosphatform. Die Verss. erstreckten sich auf die Feststellung der P-Aufnahme aus verschied. vorbehandelten Düngern durch Gerste, Hafer u. Roggen. Experimentelle Methoden: Die Getreidesamen wurden in Gefäßen mit Quarzsand ausgepflanzt u. der Dünger eingebracht. Unter genau definierten Bedingungen erfolgte eine Wachstumsperiode von 15 Tagen. Danach erstreckte sich die chem. Unters. auf die Best. der Radioaktivität u. des Gesamtphosphors. Resultate: In ungepufferten Kulturen zeigte sich, daß die Radioaktivität des Samenphosphors mit dem durch Analyse bestimmten Orthophosphat übereinstimmte. Ferner wurde ^{32}P fast vollständig von den Pflanzen aufgenommen. Bei gepufferten Kulturen mit unterschiedlichem p_H-Wert erwies sich, daß dieser nur einen geringen Einfl. auf die P-Aufnahme ausübt. Dagegen war in mit Ammonacetat gepufferten Kulturen die Aufnahme von ^{32}P höher, die Radioaktivität stimmte aber mit dem durch Analyse gefundenen Orthophosphat überein. Bei Proben, die 32 Tage in Verb. mit Ammonacetat standen, stieg der ^{32}P-Wert in der Orthophosphatform. Die Resultate zeigen, daß das Orthophosphat schneller von den Samenpflanzen aufgenommen wird, als jede andere Form von ^{32}P. (Sci. Agric. **32.** 474—79. Sept. 1952. Quebec, Macdonald Coll.) W. Knöpke. 6322

J. G. A. Fiskell, W. A. DeLong und **W. F. Oliver,** *Aufnahme von radioaktivem Phosphat aus neutronenbestrahltem Calciumphosphat durch Pflanzen.* 2. Mitt. *Aufnahme durch Samenpflanzen auf Erde–Sand-Kulturen.* (1. vgl. vorst. Ref.) Die benutzten Stoffe u. grundlegenden experimentellen Methoden sind in der vorst. Mitt. beschrieben. In den Verss. wurden 4 Bodentypen getestet, die bei der Kultur mit Quarzsand überdeckt waren. Es zeigte sich, daß keine nennenswerten Differenzen in der P-Aufnahme bei unterschiedlichen Phosphaten, Kalkgeh. u. bei Zugabe von K_2SO_4 gefunden werden konnten. Die erhaltenen Resultate ergeben im wesentlichen eine Abhängigkeit von der Bodenart. Die Werte sind in Tabellen zusammengestellt. (Sci. Agric. **32.** 480—83. Sept. 1952.) W. Knöpke. 6322

O. G. Challik, *Ein einfaches Verfahren zur Bestimmung der Bodenreaktion.* In einem Porzellangefäß, das 2—3 mal mit dem zu untersuchenden Boden ausgerieben wurde, werden zu 0,5 g Boden tropfenweise Universal-Indicator-Lsg. (I) gesetzt, bis die Probe nichts mehr durchläßt u. dann noch einige Tropfen. Durch Vgl. der Farbe der durchgesickerten **I**-Lsg. mit der Indicatorenskala wird das p_H abgelesen. Die **I**-Lsg. ändert verhältnismäßig schnell ihre Farbe, so daß schnell gearbeitet werden muß, bes. bei Torfböden. In 1 Liter **I**, bestehend aus einem Teil Methylrot u. zwei Teilen Bromthymolblau, werden 74,6 kg KCl gelöst u. zur vereinfachten p_H-Best. verwendet. (Наука и Передовой Опыт в Сельском Хозяйстве [Wiss. fortschr. Erfahr. Landwirtsch.] **1956.** Nr. 1. 15—17. Jan.) Otto Maier. 6324

A. Steinbergs, *Eine Methode zur Bestimmung des Gesamtschwefels in Böden.* Zur Ermittlung des Gesamt-S in Böden werden 0,5 g der Probe mit 1,4 g NaO_2 geschmolzen u. S nach Entfernung störender Ionen turbidimetr. als $BaSO_4$ bestimmt. Zur Erzielung einer geeigneten Korngröße des $BaSO_4$ wird eine $BaCl_2$-Lsg. zur Fällung verwendet, die eine „Saatsuspension" von $BaSO_4$ enthält. (Analyst **80.** 457—61. Juni 1955. Canberra, Commonwealth Sci. and Ind. Res. Org., Div. of Plant Ind.) Ph. Fresenius. 6324

H. L. Jensen, *Untersuchungen über den Phosphorsäuregehalt des Bodens.* 7. Mitt. *Bestimmung der Phosphorsäure im Boden mittels Aspergillus niger.* (6. vgl. Bondorff, C. **1954.** 3313.) In mit HNO_3 gereinigten 250 cm³-Milchflaschen werden 2,5 g lufttrockener Boden mit 25 cm³ Nährlsg. eine etwas vereinfachte Lsg. nach Gerretsen [1948] angesetzt, mit 10 bis 12 Tropfen Aufschlämmung von Konidien aus Agarkultur von Aspergillus niger geimpft, 4 Tage auf 30° gehalten, ca. 10 Min. in strömendem Dampf erhitzt, dann die Mycelhaut herausgenommen, mit dest. W. gewaschen, 20—24 Std. bei 100° getrocknet u. gewogen; die dem Mycelgewicht entsprechenden mg P je 25 g Boden („assimilierbarer P") werden nach der in Blindproben mit steigenden Mengen K_2HPO_4 gefundenen Standardkurve berechnet. Bis 980 g Mycelgewicht = 3,5 mg P kann linear interpoliert werden. Bei 70% der untersuchten Böden entspricht der assimilierbare P dem in H_2SO_4 lösl. innerhalb ±25%. P-Mangel im Boden wird nach dieser biol. Meth. ebenso zuverlässig festgestellt wie mit allen chem. Verff., da Aspergillus den als Phosphorit zugesetzten P verwertet, nicht aber den mit Säuren nichtextrahierbaren P. (Tidsskr. Planteavl **56.** 429—42. 1953.) R. K. Müller. 6324

Jack E. Roberts und **Walter B. Bollen,** *Eine Mikroplattenmethode für Bodenorganismen und ihre Anwendung zur Bestimmung einiger Wirkungen von verschiedenen Insekticiden und Herbiciden.* Vff. schlagen die Best. der Bodenorganismen auf einer Mikroplatte unter Verwendung eines Glucosenähragars aus 3 g Bactofleischextrakt, 5 g Bactopepton, 20 g Glucose, 15 g Agar u. 1000 cm³ dest. W. vor. Bei Unterss. der Wrkg. von Insekticiden u. Herbiciden auf die Bodenflora konnte bei 100 p.p.m. eine stimulierende Wrkg. von DDT, Aldrin, 2.4-D u. 2.4.5-T festgestellt werden, während bei 10000 p.p.m. bei DDT, 2.4-D u. 2.4.5-T eine Hemmung eintrat. Behandlung mit Aldrin bewirkten auch in den höheren Konzz. eine Zunahme der Keime. (Appl. Microbiol. **3.** 190—94. Mai 1955. Corvallis, Oregon, Oregon Agric. Exp. Stat.) W. KNÖPKE. 6328

K. H. Wummel, *Die Bestimmung von Hexachlorcyclohexan (HCH) neben DDT in pulverförmigen Pflanzenschutzmitteln.* Es wird eine Meth. der direkten HCH-Best. neben DDT u. extrahierbaren Zusatzstoffen (Haft- u. Kontaktmitteln), beschrieben. Die Best. beruht auf der Tatsache, daß DDT durch Oleum (mit ca. 20—25% SO_3-Geh.) bei Wasserbadtemperatur in gut lösl. Sulfurierungsprodd. umgewandelt wird, während HCH sich dabei indifferent verhält u. aus dem verd. Reaktionsgemisch durch Bzl. extrahierbar ist. — 7 Literaturangaben. (Chem. Techn. **6.** 382—83. Juli 1954. Berlin.) F. RANG. 6328

Gustav Stenkhoff, Leitfaden der Chemie für Landwirte. Neubearb. von **P. Stuch** u. **H. Christ.** 16. Aufl. Hannover: Schaper. 1956. (179 S. m. 35 Abb.) 8°. DM 6,80.

VIII. Metallurgie. Metallographie. Metallverarbeitung.

Hans Hohn, *Chemie und Hüttenwesen.* Anläßlich des immer stärkeren Eindringens chem. Verff. in das Hüttenwesen infolge der Notwendigkeit der Verwendung ärmerer Erze gibt Vf. einen Überblick über bisher bewährte Verff. der chem. Metallurgie mit zahlreichen Beispielen aus der Destillations- u. Auslaugungstechnik, der Hydro-, Chlorid-, Amalgammetallurgie u. -technik nebst kurzer Erörterung über die weitere Ausbaufähigkeit der alten Kohlenstoffmetallurgie. — 61 Literaturstellen. (Berg- u. hüttenmänn. Mh. montan. Hochschule Leoben **100.** 27—44. Jan. 1955. Wien, TH, Inst. für chem. Technol. anorgan. Stoffe.) H. ECKHARD. 6350

Werner Hünermann, *Zur Genese der Blei–Zink-Erzlagerstätte der Grube Adolph-Helene, Gewerkschaft „Barbarasegen", Altlay im Hunsrück.* Der regionale Rahmen der Lagerstätte wird erklärt. Die Lagerstätte wird aufgebaut von *Zinkblende, Ag*-haltigem *Bleiglanz* u. *Kupferkies* als Hauptgemengteilen; akzessor. treten dazu *Pyrit, Siderit, Ankerit, Dolomit, Kalkspat* u. *Limonit.* Die Gangart ist Quarz. Das Verhältnis Pb:Zn betrug 1950 im Jahresdurchschnitt 1:1,2, der Ag-Geh. 500 g/t Pb. Die Erscheinungsformen der verschied. Erze werden mitgeteilt u. Angaben über die Großtektonik u. die Gangtektonik der Lagerstätte gemacht. Die Metallogenese u. das Gefüge der Erze werden erörtert u. die tekton.-metallogenet. Beziehungen erklärt. Ein zeitliches Schema der Abläufe wird dargestellt. — 12 Schrifttumsangaben. (Z. Erzbergbau Metallhüttenwes. **8.** 73—76. Febr. 1955. Bochum.) H. HOCHSTEIN. 6354

Francesco Savioli, *Die Strahlungsenergie der Flammen in Industrieöfen.* Übersicht über die Thermokinetik der Wärmeübertragung durch Flammen u. Flammenstrahlung, chem.-dynam. Vorgänge bei der Verbrennung u. Einfl. der Flammeneigg. auf die Ausbeute der MARTIN-Öfen. Bau, Wrkg. u. Ergebnisse verschied. techn. Versuchsöfen werden an Hand von Abbildungen u. Diagrammen beschrieben. — Sehr ausführliche Literaturangaben. (Metallurgia ital. **46.** Nr. 7/8. Atti Notizie **9.** 215—25. Juli/Aug. 1954. Mailand, Ist. siderurg. Finsider.) A. SANDER. 6372

Jean Vibrac, *Beitrag zur Untersuchung der Bedingungen für eine gute Verteilung der Rohstoffe im Hochofen.* Die für eine gute Verteilung der Rohstoffe im Hochofen geltenden Bedingungen (Ruhewinkel, Permeabilität, Beschickung) werden in mathemat. Form ausgedrückt. (Métallurgie Construct. mécan. **85.** 685. 687. 689. 691—93. Sept. 773. 775—77. Okt. 851. 853—54. 857. 859. 861. Nov. 1953; **86.** 11. 13. 15—16. 19. Jan. 1954.) W. WESLY. 6372

E. W. Voice, C. Lang und **P. K. Gledhill,** *Einfluß verschiedener veränderlicher Faktoren auf die Sinterqualität.* 1. Mitt. *Entwicklung einer experimentellen Sinteranlage und vorläufige Ergebnisse bei Verwendung von Northans-Erz.* (Iron and Steel **24.** 282—85. 315—18. 15/6. 1951. — C. **1951.** II. 2795.) K. STEIN. 6378

Gerald B. Heydt, *Der Mechanismus der Reduktion von Metalloxyden.* Übersicht über die Theorien der Red. von Metalloxyden durch Gase oder feste Stoffe. (Mineral Industries, Pennsylvania State Univ. **25.** Nr. 4. 4—5. Jan. 1956. Reading, Pa., Carpenter Steel Co., Res. Labor., High Temp. Dev. Stat.) W. WESLY. 6380

Eligio Vergari, *Zirkonsand, ein neuer Werkstoff für Gießereien.* Übersicht über Vork., chem., physikal. u. gießereitechn. Eigg. von Zirkonsand u. seine prakt. Anwendung im Metallguß. Die Zus. solcher Formsande für verschied. Gießzwecke wird angegeben. (Fonderia ital. **4.** 215—22. April 1955.) A. SANDER. 6382

R. E. Grim und **Wm. D. Johns jr.,** *Untersuchungen über die Festigkeit von Formsanden.* Die Festigkeit mehrerer Formsande aus Tonen wird mit einer zu diesem Zwecke geschaffenen u. im einzelnen beschriebenen Vorr. ermittelt. Die aus Illit u. feuerfestem Ton gewonnenen Sande unterscheiden sich weitgehend von Sand aus Bentoniten. — Diskussion. (Trans. Amer. Foundrymen's Assoc. **59.** 291—95. 1951. Urbana, Ill., Univ., Illinois State Geol. Survey.) W. WESLY. 6382

Heinz Busch, *Ein neuer Formstoffbinder.* Mit der Entw. des Erstarrungsöls auf Kunstharzbasis in den Sorten Nr. 1, 2 u. 3 wird versucht, die guten Eigg. des Erstarrungsöls mit denen des Kunstharzes zu verbinden u. für die Stahlgießerei zu verwerten. Kerne mit guter Grünstandfestigkeit sind damit serienmäßig herstellbar. Auch kann dieser Formstoff geblasen werden u. ist plast. genug, um in jedem Modell wie ein gewöhnlicher Natursand abgeformt werden zu können. Es werden Abgüsse mit einer sehr glatten Oberfläche erzielt. (Giesserei **42.** 187—91. 14/4. 1955. Worms.) H. HOCHSTEIN. 6382

J. M. Middleton, *Der Einfluß von Gießformwerkstoffen auf das Auftreten von Warmbrüchen.* Ein Gerät zur Best. der Verhinderung der Kontraktion von Stahlguß, die verschied. Gießformwerkstoffe verursachen, wird beschrieben. Die Wrkg. von Abweichungen ihrer Kennwerte sowie die Bereiche von Temp. u. Zeit, innerhalb deren nach dem Gießen Warmbrüche auftreten, werden für Stahlguß bestimmter Zus. angegeben. Die erhaltenen Werte sind auf Stahlguß gleicher Art wie der untersuchte sowie auf Stähle mit anderen Gehh. an C u. S anwendbar. (Amer. Foundryman **23.** Nr. 6. 67—74. Juni; Trans. Amer. Foundrymen's Soc. **61.** 167—83. 1953. Brit. Steel Castings Res. Ass.) W. WESLY. 6382

J. M. Middleton, *Der Einfluß von Gießformwerkstoffen auf das Auftreten von Warmbrüchen.* 2. Mitt. Das in der 1. Mitt. (vgl. vorst. Ref.) beschriebene Gerät wird zur Prüfung einer großen Anzahl von Gießformwerkstoffen angewandt; die Ergebnisse werden durch zahlreiche Abb. u. Diagramme wiedergegeben. Das Verh. eines Gießformwerkstoffes beim Gießen kann aus seinen Eigg. bei Zimmertemp. nicht abgeleitet werden. So kann z. B. Formsand, der bei Zimmertemp. eine hohe Druckfestigkeit aufweist, der beim Gießen auftretenden Kontraktion einen geringeren Widerstand entgegensetzen als Formsand mit niedriger Druckfestigkeit bei Zimmertemperatur. (Amer. Foundryman **24.** Nr. 1. 60—66. Juli 1953.) W. WESLY. 6382

F. Davenport und **Adolph Strott,** *Auskleidungswerkstoffe für Preßguß.* Verschied. keram. Werkstoffe (Al_2O_3-, SiO_2-, $ZrSiO_4$-, MgO-Mischungen) werden zur Auskleidung beim Preßguß mehrerer Stähle erprobt (Haftfähigkeit, Oberflächenglätte, Oxydationsgrad). Am besten geeignet sind SiO_2–Al_2O_3-Mischungen. (Trans. Amer. Foundrymen's Assoc. **59.** 315—22. 1951. Dayton, O., Wright-Patterson Air Force Base, Materials Labor.) W. WESLY. 6382

Hans Gröbner, *Präzisionsgußverfahren.* Allg. Beschreibung. (Industrie-Anz. **74.** 337—38. 18/4. 1952. Frankfurt/M.) H. HOCHSTEIN. 6382

L. H. W. Savage und **M. D. Ashton,** *Blockwärmeerhaltung. Abkühlung von 15-t-Blöcken zwischen dem Gießen und der Entnahme aus den Kokillen.* Auf Grund rechner. Ermittlung erscheint es möglich, die Zeit zwischen dem Abguß der Blöcke u. deren Entnahme aus der Kokille zu verkürzen, wodurch Brennstoff für die Tiefőfen erspart wird, da dadurch die Blöcke mit höherer Temp. u. größerem Wärmeinhalt in die Tiefőfen eingesetzt werden können. Die Berechnungsformeln werden mitgeteilt. (J. Iron Steel Inst. **179.** 132—42. Febr. 1955.) H. HOCHSTEIN. 6382

Louis Baes, *Ein Beitrag zu Untersuchung der Merkmale der statischen Festigkeit metallischer Werkstoffe.* Unters. u. Erörterung des Zustandsdiagramms eines Metalls u. der daraus ablesbaren Eigenschaften. (Ossature métallique **17.** 602—16. Dez. 1952. Brüssel, Univ.) W. WESLY. 6388

Louis Baes, *Ergänzende Mitteilung zu dem „Beitrag zur Untersuchung der Merkmale der statischen Festigkeit metallischer Werkstoffe“.* (Vgl. vorst. Ref.) Weitere Erläuterungen zur Auswertung von Zustandsdiagrammen. (Ossature métallique **18.** 93—95. Febr. 1953.) W. WESLY. 6388

Willy Oelsen, Karl Roesch und **Kurt Orths,** *Beeinflussung des Kohlenstoffes des Gießereiroheisens beim direkten Guß vom Hochofen.* In der Gußeisenschmelze können Entkohlungs-Rkk. durch die Gleichgewichtsverhältnisse zwischen C, Si u. O beschrieben werden. Auf Grundlage dieser werden die Einflußgrößen aufgezeigt, die die Entkohlungsgeschwindigkeit im sauren Überhitzungsofen bestimmen. Die Auswrkg. der Temperaturverhältnisse, der Schlackenzus. u. des Ausmaßes der Badbedeckung werden gedeutet u. in ihrer Größenordnung angegeben. Es wird nachgewiesen, daß der Überhitzungseffekt ebenfalls mit den Vorgängen der SiO_2-Red. verknüpft ist. Um eine Festigkeitssteigerung u. Graphitverfeinerung zu erzielen, muß die Gleichgewichtsisotherme der SiO_2-Red. um ein gewisses Maß überschritten werden. Das Prod. aus Behandlungsdauer u. dem Quadrat der Überhitzungsstufe läßt in erster Näherung den dadurch erreichten Überhitzungseffekt beschreiben. Die Keimverhältnisse bei der Erstarrung einer Graugußschmelze werden krit. betrachtet. Da die O_2-Konz. mit zunehmender Überhitzung oberhalb der Gleichgewichtsisotherme keine bezeichnende Änderung erfährt, ist von dieser Seite keine wechselnde Einflußnahme auf die Graphitausbldg. zu erwarten. Es wird gezeigt, daß durch die hohen C- u. Si-Gehh. im Gußeisen bei der Abkühlung äußerst kleine SiO_2-Teilchen entstehen, die die Graphitkristallisation auslösen können. Die Keimwrkg. im Gußeisen ist wegen der chem. Zus. der Schmelzen am eindeutigsten für ein SiO_2-gesätt. Syst. zu beschreiben. Zur Zeit wird jedoch Gußeisen noch am häufigsten in Ggw. von SiO_2-Futter erschmolzen u. behandelt (SiO_2-gesätt. Syst.), gleichgültig, ob es sich dabei um Heiß- oder Kaltwindkupolöfen, Flachherdmischer, Trommelöfen, Hochfrequenz- oder Lichtbogenöfen handelt. Neben der reinen Temp.-Zeit-Abhängigkeit des Überhitzungseffektes werden bei nicht kieselsaurer Zustellung (Graphit, MgO, Magnesit, Porzellan, Tonerde usw.) zusätzliche Einflußgrößen wirksam, da eine Verschlackung oder Red. der Desoxydationsprodd. hierbei außerordentlich gefördert wird. — 65 Schrifttumsstellen. (Arch. Eisenhüttenwes. **26.** 641—53. Nov. 1955. Clausthal, Remscheid u. Güdingen/Saar.) H. HOCHSTEIN. 6400

—, *Forschung auf dem Gußeisengebiet.* Übersicht über die Versuchsarbeiten der Brit. Cast Iron Research Association im Jahre 1950. (Engineering **170.** 469. 8/12. 1950.) O. WERNER. 6402

Ichiro Iitaka, *Über Hochtemperaturschmelzen und Gießen von Graueisenguß.* Oberhalb der Gleichgewichtstemp. 1466° für $SiO_2 + 2C \rightleftharpoons Si + 2CO$ verläuft die Rk. nach rechts (Zunahme des Si im Gußeisen), unterhalb nach links; daher sollte Graugußgießen bei hoher Temp. (1490—1600°) den Widerstand gegen hydraul. Druck u. die Härte erhöhen, was die Verss. bestätigten. (Rep. sci. Res. Inst. [Kagaku-Kenkyujo-Hokoku] **29.** 271—74. Nov. 1953. Tokyo, Sci. Res. Inst. [Orig.: japan.]) L. SCHULER. 6402

Kenneth M. Smith, *Dimensionsprüfung und Druckproben von Grauguß.* Vorrichtungen zur Herst. gleichmäßiger Oberflächen u. zur Ausführung von Druckproben an Graugußwerkstücken. — Diskussion. (Trans. Amer. Foundrymen's Soc. **59.** 304—08. 1951. Peoria, Ill., Caterpillar Tractor Co.) W. WESLY. 6402

Masao Kuroda und **Masao Horiguchi,** *Über Oberflächenhärtung von Gußeisen mit der Acetylenflamme.* 1. Mitt. Die Oberfläche von Gußeisen (120×33×5 mm) wird durch eine Acetyleneinzelflamme (Lochdurchmesser 0,6 mm) gehärtet u. die Wrkg. unter verschied. Bedingungen verglichen. Die weiße Flammenspitze heizt ca. 10mal so stark wie die übrigen Flammenteile. Das Härten verläuft mit zunehmender Gasgeschwindigkeit (maximal 800 Liter/mm/Std.) rascher. Bei konstantem Gasstrom ändert sich der Gasverbrauch proportional mit der Eindringtiefe der Härtung. (Rep. sci. Res. Inst. [Kagaku-Kenkyujo-Hokoku] **29.** 424—28. Nov. 1953. [Orig.: japan.]) L. SCHULER. 6402

R. C. Shnay und **S. L. Gertsman,** *Steiger für sphärolithisches Gußeisen.* Gießverss. zeigen: Die Abmessungen des Steigers müssen, um Schrumpfung des sphärolith. Gußeisens zu verhüten, mehreren mathemat. u. im einzelnen abgeleiteten Beziehungen zwischen Höhe u. Durchmesser sowie Volumen u. Oberfläche entsprechen. (Canad. Metals **17.** Nr. 7. 32. 34. 36. 37. Juni 1954.) W. WESLY. 6404

P. Coheur, *Die basischen Windfrischverfahren.* Allgemeine Übersicht über die heute bekannten Verff., bes. unter Zusatz von O_2 zum Gebläsewind unter Verwendung eines Gemischs von O_2 u. Wasserdampf. Ferner werden gewürdigt die in Österreich ausgebildeten Verff., bei denen O_2 von oben in das Bad eingeblasen wird, u. das Verf. von KALLING, das im Drehrohrofen ausgeführt wird. Die so erzeugten Stähle kommen bzgl. der üblichen Begleitelemente den MARTIN-Stählen sehr nahe, besitzen aber größere Reinheit. Ihre mechan. Eigg. sind denen der MARTIN-Stähle mindestens gleichwertig, so daß ihre Verwendung sich wesentlich erweitert hat. — 61 Literaturnachweise. (Rev. univ. Mines, Métallurg., Trav. publ., Sci. Arts appl. Ind. [9] **11** (**98**). 484—97. Okt. 1955. Lüttich, Univ.) W. HAUG. 6408

J. Klärding, *Geräuschmessungen zur Überwachung und Führung des Blasevorganges beim Windfrischverfahren.* An Hand von Geräuschkurven wird nachgewiesen, daß sich eine Kontrolle des Blasvorgangs beim Windfrischverf. durch graph. Aufzeichnung der Lautstärke ermöglichen läßt. So zeigt sich die Oxydation von Si, V, Mn u. Fe durch ausgeprägtes Absinken der Geräuschintensität an. (Metall **9.** 780—83. Sept. 1955. Bous/Saar. F. VIER. 6408

A. Decker und **R. Sevrin,** *Wasserstoff im flüssigen Thomasstahl.* Bes. beim Blasen mit einer Mischung aus O_2 u. Wasserdampf ergaben Verss. auf 2 Werken, daß der H_2-Geh. der mit O_2-Wasserdampf u. der mit an O_2 angereicherter Luft erblasenen unberuhigten Stähle sich nicht wesentlich unterscheidet. (Rev. univ. Mines, Métallurg., Mécan., Trav. publ., Sci Arts appl. Ind. [9] **11** (**98**). 522—27. Okt. 1955. Lüttich.) W. HAUG. 6408

M. Nepper, *Dichtigkeit und Sauerstoffgehalt von unberuhigtem, zu Bändern ausgewalztem Thomasstahl.* Verss. mit 0,9—1 mm dicken Bändern ergaben, daß die Dichtigkeit des unberuhigten Stahls durch die Entgasung bedingt ist, die durch Erhöhung des C-Geh. begünstigt wird. Das beste Kennzeichen für die Beurteilung des Stahls ist daher das Prod. C·O, das wiederum in der Achse der Blöcke am Kopf u. in der Mitte ermittelt wird. (Rev. univ. Mines, Métallurg., Trav. publ., Sci. Arts appl. Ind. [9] **11** (**98**). 516—21. Okt. 1955. Seraing, S. A. John Cockerill.) W. HAUG. 6408

A. Delsa, *Dichtigkeit und Sauerstoffgehalt von Blöcken aus unberuhigtem Thomasstahl.* Systemat. Unterss. ermöglichten den Einfl. der Temp. am Ende der Herst., von Zusätzen an Kohle u. Mn in der Pfanne ebenso wie von Al in die Kokillen auf den O_2-Geh. des Stahles festzustellen. Arbeiten mit üblichen Desoxydationsmitteln üben großen Einfl. auf die O_2-Gehh. u. das Prod. C·O des Walzstahls aus. Die Dichtigkeit wurde durch Hin- u. Herverdrehverss. festgestellt u. dabei die günstigsten Bedingungen ermittelt. Schließlich wurde versucht, die Ergebnisse der Hin- u. Herverdrehverss. mit den Gehh. an O_2 u. C(C·O) im Stahl zu verbinden. (Rev. univ. Mines, Métallurg., Trav. publ., Sci. Arts appl. Ind. [9] **11** (**98**). 500—08. Okt. 1955. S. A. John Cockerill.) W. HAUG. 6408

F. Classen, *Dichtigkeit und Sauerstoffgehalt von Blöcken aus unberuhigtem Thomasstahl. Einfluß verschiedener Desoxydationsmittel.* Unterss. an 27 Schmelzen aus C-armem THOMAS-Stahl über den O_2-Geh. u. das Prod. C·O bei Desoxydation mit Ferromangan (fest u. fl.), Anthracit, Ca–Si u. Al. Einfl. des O_2- u. C-Geh. auf die Tiefziehfähigkeit von Feinblechen u. das Ergebnis des Hin- u. Herverdrehversuches. (Rev. univ. Mines, Métallurg., Trav. publ., Sci. Arts appl. Ind. [9] **11** (**98**). 509—16. Okt. 1955.) W. HAUG. 6408

Helfrid Modin und **Sten Modin,** *Perlit- und Bainitstrukturen in eutektoidem Kohlenstoffstahl. Eine elektronenmikroskopische Untersuchung.* Die metall- u. elektronenmkr. Unters. an einem eutektoiden C-Stahl (0,86% C) nach isothermer Umwandlung bestätigt den Beginn der Perlitbldg. an den Austenitkorngrenzen. Der Perlit besteht stets aus mehreren Ferrit- u. Zementitscheiben; letztere nehmen mit abnehmender Umwandlungstemp. an Größe u. Dicke ab. Bainit (**I**) an den Korngrenzen u. (bei hoher Temp. abnehmend) im Korn des Austenits, unter 350° prakt. nur im Korn, u. zwar in Form spitzer Lamellen. Jede **I**-Bldg. wird durch Ferritbldg. eingeleitet, auch beim Wachstum des **I** bleibt Ferrit die leitende Phase; aus dem an C angereicherten Austenit scheidet sich wahrscheinlich schließlich Carbid aus. Die **I**-Carbide stellen ein Netzwerk dar, mit abnehmender Umwandlungstemp. nimmt die Verzweigung ab, die Carbidteilchen nehmen mehr Scheibenform an. — 14 Literaturangaben. (Jernkontorets Ann. **139.** 481—515. 1955. [Orig.: engl.]) R. K. MÜLLER. 6408

A. K. Blough, *Die Herstellung von legierten Stählen in großen basischen Öfen.* (Electr. Furnace Steel Conf., Proc., Iron Steel Divis., Amer. Inst. Mining metallurg. Engr. **8.** 104—11. 1950. — C. **1955.** 1597.) M. GEHLEN-KELLER. 6410

R. J. Wilcox, *Rostfreie Stähle durch Induktionsschmelzung.* — C. **1955.** 9891. Beschreibung des bei der MICHIGAN STEEL CASTING CO erprobten Verfahrens. (Electr. Furnace Steel Conf., Proc., Iron Steel Divis., Amer. Inst. Mining metallurg. Engr. **8.** 115—19. 1950.) M. GEHLEN-KELLER. 6410

J. H. Kennedy, *Schmelzen von rostfreiem Stahl mit niedrigem Kohlenstoffgehalt,* bei *der Republic Steel Plant in Canton.* (Electr. Furnace Steel Conf., Proc., Iron Steel Div., Amer. Inst. Mining metallurg. Engr. **9.** 113—14. 1951.) K. STEIN. 6410

B. Cina, *Die Metastabilität des Austenits in einer Stahllegierung mit 18% Chrom und 8% Nickel.* Die Metastabilität des Austenits in einem handelsüblichen nichtrostenden Stahl mit 18 (%) Cr u. 8 Ni wurde metallograph., thermomagnet. u. durch Röntgenstrahlbeugungsverff. bei Raum- u. hoher Temp. untersucht. Eine Messung des Umfanges der $\gamma \rightarrow \alpha$-Umwandlung wurde für Proben, die durch Zug im Bereich von Raumtemp. bis —196° verformt waren, u. für weichgeglühte u. kaltverformte Proben nach einem Anlassen im Bereich von 500—800° durchgeführt. Es wird nachgewiesen, daß der Umfang der Austenitzers. nach dem Anlassen prim. von dem Verlust an C infolge seiner Ausscheidung als $(Cr, Fe)_{23}C_6$ abhängig ist, u. daß diese $\gamma \rightarrow \alpha$-Umwandlung nur beim Abkühlen von der Anlaßtemp. u. unterhalb von ca. 300° auftritt. Es wird eine isotherme Ferritbldg. bei Raumtemp. nach einer Glühung bei 700—800° festgestellt. — 16 Schrifttumsangaben. (J. Iron Steel Inst. **179.** 230—39. März 1955. Sheffield, Brown-Firth Res. Labor.) H. HOCHSTEIN. 6410

J. Philibert und **C. Crussard,** *Verlauf der Martensitumwandlung in einem übereutektoiden Stahl.* Untersucht wird das Zersetzungsverh. bei Tempp. unter 0° von Stählen mit 1,4 (%) C u. 2,5 Cr, die zuvor auf 20° abgeschreckt waren. Bei der direkten Abkühlung auf niedrige Tempp. ($< 0°$) bildet sich zwar Martensit, jedoch kann bei einem

Halten auf dieser geringen Temp. eine zusätzliche isotherm. Zunahme beobachtet werden, deren Betrag von der betreffenden Temp. abhängig ist. Andererseits ist es möglich, durch geeignetes stufenweises Abschrecken, dem eine Stabilisierungsbehandlung folgt, alle Umwandlungen während der Abkühlung zu vermeiden u. so nur rein isotherm. Umwandlungen, die mit einer Entwicklungszeit von über 5 Min. auftreten, zu erzielen. Aus den Ergebnissen ist u. a. zu entnehmen, daß die Keimbldg. von Martensit eine klass. Art einer ungeordneten Keimbldg. ist, die durch Wärmeveränderungen verursacht wird. Der scheinbare „atherm." Charakter der Martensitumwandlung wird durch die bes. hohe Keimbildungsgeschwindigkeit im Bereich M_s—M_f erklärt. Theoret. Berechnungen gestatten es, die hohen Keimbildungsgeschwindigkeiten mit ausreichender Genauigkeit zu ermitteln. — 12 Schrifttumsangaben. Diskussion. (J. Iron Steel Inst. **180.** 39—50. Mai 1955.) H. HOCHSTEIN. 6410

H. C. Fiedler, B. L. Averbach und **Morris Cohen,** *Der Einfluß der Verformung auf die Martensitumwandlung in austenitischen nichtrostenden Stählen.* Die martensit. Umwandlung in austenit. nichtrostenden Stählen mit 18 (%) Cr, 8 Ni u. 0,006—0,127 C bei der Abkühlung u. bei der Verformung wird untersucht. Hierbei zeigt sich, daß die M_s-Temp. merklich mit zunehmendem C-Geh. abnimmt u. eine isotherm. Martensitbldg. bei Tempp. unter 0° auftritt. Der Betrag an durch eine bleibende Zugverformung erzeugtem Martensit wächst in dem Maße wie die Verformungstemp. erniedrigt wird. Geringe Beträge einer bleibenden Verformung im Austenit haben einen fördernden Einfl. auf die nachfolgende Umwandlung während der Abkühlung. Die größte Förderung wird nach Streckungen von 2—4% erreicht. Die mechan. Stabilisierung des Austenits oder sogar eine vollständige Unterdrückung der Martensitumwandlung während der nachfolgenden Abkühlung wird durch größere Reckspannungen erreicht. — 23 Schrifttumsangaben. Diskussion. (Trans. Amer. Soc. Metals **47.** 267—90. 1955.) H. HOCHSTEIN. 6410

O. O. Miller, F. C. Kristufek und **R. H. Aborn** *Umwandlung von Austenit in einem als Schweißmetall aufgetragenen Mangan–Molybdän-Stahl.* Diskussion zu der C. **1951.** II. 2656 referierten Arbeit. (Welding J. **30.** Welding Res. Council Engng. Foundat. 253s—254s. Mai 1951. Philadelphia, Pa., Arcos Corp., Res. and Engng.) W. WESLY. 6410

Russell Franks, W. O. Binder und **James Thompson,** *Austenitische, stickstoffhaltige Chrom–Mangan-Nickel-Stähle.* Untersucht wird der Einfl. von Cr, Mn u. Ni auf die Austenitbldg. bei austenit. Stählen mit 0,10 (%) C, 12—18 Cr, 1—22 Mn u. 0—14 Ni. Die Bldg. des austenit. Gefüges im Gußzustand erfordert größere Gehh. an Ni u. N als im warmverformten Zustand. Es wurde gefunden, daß Stähle mit 16—17,5 Cr, 3,5—4,5 Ni, 7—9 Mn, 0,06—0,12 C u. 0,12—0,18 N_2 eine ausgezeichnete austenit. Stabilität besitzen u. die Festigkeitseigg. dieser Stähle mit denen des austenit. Stahles mit 18 Cr u. 8 Ni vergleichbar sind. Große Blöcke dieser Stähle lassen sich gut warmverformen, sofern ihre anfängliche Warmverarbeitungstemp. von 1225° gehalten wird. — Schrifttumsangaben. Diskussion. (Trans. Amer. Soc. Metals **47.** 231—66. 1955.) H. HOCHSTEIN. 6410

Helfried Modin, *Eine Methode zur Isolierung von Carbid in Kohlenstoffstahl und niedriglegiertem Stahl.* Zur Isolierung von Fe_3C wird die Probe kurz in 50% HNO_3 (50 bis 100 ml) eingebracht. Bei sehr feinen Fe_3C-Teilchen genügen 7 Sek., bei gröberem, lamellarem Perlit wird 20 Sek. behandelt. Zur Abtrennung des Fe_3C von der Oberfläche kann man Ultraschall anwenden. Die chem. Analyse u. die elektronenmkr. Unters. lassen keinen merklichen Angriff des Fe_3C erkennen. An so isoliertem Fe_3C kann man Aussehen, Gittergefüge u. Zus. untersuchen. Die erhaltenen Proben zeigen einen C-Geh. von 7,0 u. 7,3% (theoret. 6,68%). Die aus dem Stahl gewonnene Fe_3C-Menge beträgt 10,8 u. 8,7%. (Jernkontorets Ann. **139.** 516—20. 1955. [Orig.: engl.]) R. K. MÜLLER. 6410

Immanuel Class, *Stähle für Hochdruckanlagen der chemischen Industrie.* Übersicht über die an Stähle für Hochdrucksynthesen (NH_3-Gewinnung nach HABER-BOSCH; Treibstoffsynth.) zu stellenden Anforderungen, ihre Erprobung u. betriebliche Bewährung, die physikal. u. chem. Einw. von H_2, die Verff. des Oberflächenschutzes u. das Verh. der hohem, pulsierendem Innendruck unterworfenen Bauteile. — 21 Literaturangaben. (Werkstoffe u. Korrosion **5.** 281—85. Aug./Sept. 1954. Ludwigshafen/Rh., BASF.) W. WESLY. 6410

Helmut Thielsch, *Die Spannungsalterung von Stählen für Druckgefäße.* Übersicht über Begriff u. Merkmale der Spannungsalterung u. die Einfll. des Verf. der Stahlerzeugung, der Zus., der Wärmebehandlung u. des Schweißens (Diagramme). — 45 Schrifttumshinweise. (Welding J. **30.** Welding Res. Council Engng. Foundat. 283s—290s. Juni 1951. New York, N. Y., Pressure Vessel Res. Committee Materials Div., Welding Res. Counc.) W. WESLY. 6410

Eugen Vaders, *Neue Kupferlegierungen, besonders für die Herstellung von Gußteilen.* Bei Verss., Cu-Gußlegierungen ohne Sn an Stelle der Zinnbronzen zu entwickeln, wurde festgestellt, daß *Cu–As-* u. *Cu–Sb*-Legierungen in ihren Eigg. denen der Sn-Bronzen gleichen. Bei Kokillenguß ergaben sich sogar überlegene Festigkeitswerte; die Legierungen zeigen eine hohe Belastbarkeit als Lagermetall u. erhöhten Widerstand gegen Verschleißbeanspruchungen. Noch bessere Eigg. weisen *Cu–Pb–Si*-Legierungen auf. Bei Kokillenguß ergeben diese Legierungen glatte oxydfreie Oberflächen, die sich leicht polieren u. galvanisieren lassen. (Z. Metallkunde **45.** 528—33. Sept. 1954. Pöcking über Starnberg/ Obb.) F. VIER. 6432

—, *Elektrisches Nickelschmelzen.* 1. Mitt. *Kontinuierliches Schmelzen niedergrädiger Nickelerze.* Verschied., petrograph. u. mineralog. beschriebene Ni-arme Erze ergaben bei Versuchsschmelzen mit Zuschlägen u. nach Vorbehandlung ein C- u. Si-armes Ferronickel nur bei C-Unterschuß u. mit Magnesitzustellung. Si verdrängt C aus der Schmelze. Zustellung mit Graphit erzeugt Schäumen infolge C-Rk. mit den Schlackenoxyden. Verss. mit Holzmehl u. Al–Fe–Si als Reduktionsmittel ergaben beste Ni-Ausbeute, wenn prim. ein wenig Ni enthaltendes Ferronickel erzeugt, die Schlacke ausgeräumt, die Schmelze zum gewünschten Ni-Geh. angereichert u. gegossen, u. die Schlacke mit Ni-armer Schmelze aufbereitet wird. (Mining J. [London] **242.** 415—16. 9/4. 447—48. 16/4. 1954.) H. ECKHARD. 6434

R. August Heindl, J. A. Ruppert, M. L. Skow und **J. E. Conley,** *Die Rückgewinnung von Mangan aus Stahlwerksschlacke mit einem Kalk–Sinter- und Carbonat–Auslauge-Verfahren.* 1. Mitt. *Laboratoriumsversuche.* Zur Rückgewinnung von Mn aus Schlacken von SIEMENS-MARTIN-Öfen erhitzt man eine dem Mol-Verhältnis $(CaO–3P_2O_5):SiO_2 \sim 2$ entsprechende Mischung von Schlacke u. $CaCO_3$ auf ca. 2400° F in einer oxydierenden Atmosphäre, kühlt langsam ab u. red. das Sinterprod., vorzugsweise mit H_2 bei $\sim$1300° F. Die anschließende (Gegenstrom)-Auslaugung mit ca. 80° F warmer $(NH_4)_2 \cdot CO_3$-Lsg. (26—28% NH_3 u. 15—26% CO_2) ergibt neben lösl. Fe-Verbb. ca. 90 g/Liter lösl. Mn in Form eines NH_3–Mn-Komplexes. Durch Abdest. von 50% des NH_3 wird der Komplex zers., wobei $\sim$90% Mn u. 15—30% Fe gefällt werden. Durch Glühen des $MnCO_3$ bei 1100° oder höheren Tempp. in einer oxydierenden Atmosphäre erhält man Mn_3O_4 (neben Fe_2O_3) mit 65—85% Ausbeute. (U. S. Dep. Interior, Bur. Mines, Rep. Invest. **1955.** Nr. 5124. 1—98. April. College Park, Md., Bur. of Mines, Minerals Processing Branch, Region V.) W. WESLY. 6436

R. August Heindl, J. A. Ruppert, M. L. Skow und **J. E. Conley,** *Die Rückgewinnung von Mangan aus Stahlwerksschlacke mit einem Kalk–Sinter- und Carbonat–Auslauge-Verfahren.* 2. Mitt. *Betriebsversuche.* (1. vgl. vorst. Ref.) Anwendung (Ausbeuten u. Kosten) des in der 1. Mitt. beschriebenen Verf. im Betrieb. (U. S. Dep. Interior, Bur. Mines, Rep. Invest. **1955.** Nr. 5142. 1—80. Sept.) W. WESLY. 6436

J. A. Rowland, C. E. Armantrout und **D. F. Walsh,** *Guß und Herstellung von hochdämpfenden Mangan–Kupfer-Legierungen.* Mn-Cu-Legierungen mit mindestens 60% elektrolyt. Mn besitzen eine ungewöhnliche Kombination einer hohen Dämpfungskapazität für Vibrationen mit guten Festigkeitseigenschaften. Daneben haben sie jedoch eine außerordentlich kleine Wärmeleitfähigkeit neben einem hohen Wärmeausdehnungskoeff. u. starker Volumenverminderung beim Erstarren der in der Nähe des F. hochviscosen Schmelze. Deshalb bestehen erhebliche Schwierigkeiten bei der industriellen Herst. von Gußstücken aus den Legierungen. Vff. beschreiben die Bedingungen, die zur Erzielung von fehlerfreien Barren eingehalten werden müssen. Ein Zusatz von ca. 0,4% *Ca* wird wegen der leichten Oxydierbarkeit des Mn empfohlen. — 15 Literaturangaben. (U. S. Dep. Interior, Bur. Mines, Rep. Invest. **1955.** Nr. 5127. 1—20. April. Rolla, Mo., Bur. of Mines.) D. BREDTSCHNEIDER. 6436

Gordon F. Simons und **Simon J. J. Morana,** *Beryllium.* Übersicht über Herst., Eigg. u. Verwendung. (Machine Design **26.** 176—80. Mai 1954. Reading, Pa., Beryllium Corp.) H. ECKHARD. 6442

Charles E. Nelson, *Neueste Entwicklungen auf dem Gebiet des Magnesiums.* Überblick über den Stand der Mg-Verarbeitung in den V. St. A. unter besonderer Brücksichtigung der Mg-Herst., der Eigg. der Legierungen, der Schmelz-, Gieß- u. Legierungsverff. sowie der Verformung u. Schweißung. Neue Anwendungsmöglichkeiten werden erörtert u. ein Legierungsverzeichnis wird mitgeteilt. — Schrifttumsangaben. (Z. Metallkunde **46.** 338—49. Mai 1955. Midland, Mich.) H. HOCHSTEIN. 6444

A. von Zeerleder, *Versuche zur Verbesserung der Aluminiumgewinnung durch Reduktion seit der Zeit von Héroult und Hall.* Überblick über die Verss. der letzten 60 Jahre zur Auffindung eines verbesserten Verf. zur Erzeugung von handelsüblichem Al. Es wird gefolgert, daß kein Verf. mit der neuzeitlichen Abart des HALL-HÉROULT-

BAYER-Verf. wetteifern kann. (J. Inst. Metals **83.** 321—28. März 1955. Neuhausen-am-Rheinfall, Industrie de l'Aluminium Chippis.) H. HOCHSTEIN. 6446

E. Nachtigall, *Die elektrische Leitfähigkeit von Reinstaluminium.* (Vgl. C. **1956.** 3767.) Mit abnehmenden Verunreinigungen wird der Leitfähigkeitsunterschied von Al im lösungsgeglühten u. im ausscheidunggeglühten Zustand geringer. An 99,9964%ig. Al wurde bei den beiden unterschiedlichen Glühungen dieselbe Leitfähigkeit (37,6) festgestellt. Mit der Kaltverfestigung tritt ein geringer Abfall der Leitfähigkeit auf. — Schrifttumsangaben. (Aluminium **31.** 341—42. Juli/Aug. 1955. Ranshofen, Österreich.) F. VIER. 6446

Hermann Keßler und **Hans Ludwig Winterstein,** *Gefahren bei überzüchteten Aluminiumgußlegierungen.* Für besondere Verwendungszwecke hochlegierte Al-Gußlegierungen können, von der Verbesserung spezieller Werte, wie Erniedrigung der linearen Wärmeausdehnung u. Verbesserung der Gleiteigg. abgesehen, die Ursache für Spätschäden in ihrem Gefüge enthalten, wenn durch Gefügebestandteile unterschiedlicher Wärmedehnung Schrumpfungsspannungen in der Kristallart mit größerer Kontraktion entstehen. Die Gefahr ist bei Legierungen mit erheblicher u. unterschiedlicher Primärkristallisation bes. groß, um so mehr dann, wenn die gleichmäßige u. feinkörnige Verteilung durch spezielle Behandlungsverff. sichergestellt ist u. gleichzeitig Kristallarten mit stark abweichenden physikal. Eigg. vorhanden sind. Am Beispiel einer übereutekt. *GAl–Si*-Legierung mit großem Anteil anderer Mischkristalle bildender Bestandteile wurde auf die Wahrscheinlichkeit der Entstehung von Mikrorissen hingewiesen. Bei ungünstiger Lage der Mikrorisse können durch therm. u. mechan. Dauerwechselbeanspruchung Dauerbrüche entstehen, welche schließlich die Zerstörung der Gußstücke herbeiführen. (Z. Metallkunde **46.** 545—46. Aug. 1955. Nürnberg, Aluniniumwerke G. m. b. H.) H. HOCHSTEIN. 6446

Harry S. Brenner, *Titan.* Allgemeiner Überblick über die wichtigsten Eigg. des Ti u. die mechan. Bearbeitungsmöglichkeiten sowie die Verwendung des Metalls u. seiner Legierungen. (Machine Design **26.** 136—40. Mai 1954. Washington, D. C., Dep. of the Navy, Bur. of Aeronautics.) H. ECKHARD. 6448

C. T. Baroch, T. B. Kaczmarek, W. D. Barnes, L. W. Galloway, W. M. Mark und **G. A. Lee,** *Die Titananlage bei Boulder City, Nev., Aufbau und Verfahren.* Eingehende Beschreibung der Anlage, Arbeitsweise u. Prüfverff. zur Herst. von täglich 1000 bis 1400 pds Ti-Spänen aus $TiCl_4$ durch Red. mit Mg. — Fließschema. 15 Literaturstellen. (U. S. Dep. Interior, Bur. Mines, Rep. Invest. **1955.** Nr. 5141. 1—76. Sept. Boulder City, Nev., Bur. of Mines.) H. ECKHARD. 6448

John R. Roach, *Zirkonium.* Das handelsübliche, nach dem KROLL-Verf. gewonnene Zr-Metall [mit 1,9 (%) Hf, 0,75 Fe, 0,15 C, 0,10 N, 0,07 O u. 0,04 Cr] hat eine außerordentliche Korrosionsbeständigkeit u. ist etwa wie Ti oder rostfreier Stahl bearbeitbar. Es findet daher als Konstruktionsmaterial in der chem. Industrie vielfache Verwendung (Beispiele). Seine Affinität zu O_2 u. N_2 wird in Vakuum-Röhren zur Absorption von Restgasen ausgenutzt. Tabellen über physikal. Eigg. u. Korrosionsvgl. mit Ti u. Ta. (Machine Design **26.** 156—58. Mai 1954. Niagara Falls, N. Y., Zirkonium Metals Corp. of America.) H. ECKHARD. 6448

Oskar Rösner, *Gewinnung und Hochreinigung von Germanium.* Nach einem Überblick über das Vork. des Ge bespricht Vf. die Möglichkeit von Anreicherungsverff. in Anlehnung an die Aufarbeitung von Erzen u. an die Verwertung von Kohle. Bei den Aschen der Kohlenverbrennung hat sich ein reduzierendes Schmelzen mit einem Zuschlag von CuO, CaO u. Na_2CO_3 als zweckmäßig erwiesen; *Ge* u. *Ga* sammeln sich im Regulus. Nach dem Aufschluß des Konzentrates bzw. des Erzes (Germanit) wird das Ge als $GeCl_4$ abdestilliert. Das Chlorid wird durch fraktionierte Dest. oder Behandeln mit reinster HCl gereinigt. Die letzten Reste von *As* werden durch Behandeln mit Cu-Blech entfernt, wobei As ausfällt. Durch Hydrolyse wird GeO_2 gewonnen. Dabei wird mit reinstem W. u. in Gefäßen aus Polyäthylen gearbeitet, da GeO_2 sämtliche Verunreinigungen, auch die bei der Hydrolyse von Glas u. Quarz entstehenden, adsorbiert. GeO_2 wird mit H_2 bei 1000° reduziert. Die endgültige Reinigung wird durch Zonenschmelzen vorgenommen, das mehrmals wiederholt wird. Zum Sichtbarmachen der Mikrostruktur wird mit konz. H_2O_2 oder mit HCl + $FeCl_3$ geätzt. Es kann auch H_2F_2 + H_2O_2 oder H_2F_2 + HNO_3 + Cu- oder Ag-Nitrat verwendet werden. Auch durch Behandeln mit CO_2 bei höherer Temp. kann das Gefüge sichtbar gemacht werden, da das dabei gebildete GeO absublimiert. (Z. Erzbergbau Metallhüttenwes. **8.** 1—7. Jan. 1955. Düsseldorf.) F. VIER. 6448

Carlton H. Hastings, *Die Wahl der Ausrüstung für zerstörungsfreie Werkstoffprüfung.* Übersicht. (Trans. Amer. Foundrymen's Assoc. **59.** 309—14. 1951. Watertown, Mass. Watertown Arsenal.) W. WESLY. 6480

R. Palme und **H. Wagner,** *Herstellung von Mikrozerreißproben aus schwer bearbeitbaren metallischen Werkstoffen.* Die Mikrozerreißstäbchen werden durch Bearbeitung mittels elektr. Funken unter Öl oder Petroleum hergestellt. Das unter den Namen Ölfunkenbrennen, Funkenerosion, Elektroerosion mit den Firmenbezeichnungen *Method X, Sparcatom, Elbo*-Verf. bekannte Verf. wird beschrieben. — Schrifttumsangaben. (Metall **9.** 752. Sept. 1955. Reutte/Tirol.) F. VIER. 6480

H. Beisswänger, *Das Näpfchenziehprüfverfahren zur Bestimmung der Tiefziehgüte von Blechen und Bändern.* (Metall **6.** 744—53. Dez. 1952. Geislingen/Steige.) H. HOCHSTEIN. 6480

W. H. Bruckner, *Der Mikromechanismus des Bruches bei der Zug–Schlag-Prüfung.* Diskussion zu der C. **1952.** 3075 referierten Arbeit. (Welding J. **30.** Welding Res. Council Engng. Foundat. 255s—259s. Mai 1951.) W. WESLY. 6480

S. S. Tör, R. D. Stout und **B. G. Johnston,** *Zugspannungsprüfungen bei Zimmertemperatur als Anzeiger der Übergangstemperatur von Stahlblechen.* Diskussion zu der C. **1952.** 3075 referierten Arbeit. (Welding J. **30.** Welding Res. Council Engng. Foundat. 259s. Mai 1951. Cambridge, Univ., Engng. Dep.) W. WESLY. 6480

Edmund Bryjak und **Witold Missol,** *Die Struktur von nach der Methode des elektrischen Funkens aufgeschweißten gesinterten Carbidschichten.* Es wurde die Makro- u. Mikrostruktur von Schichten aus folgendem Elektrodenmaterial auf Stahl, Cu sowie W-Ti-Carbid untersucht: S_1 (78% WC, 16 TiC, 6 Co), S_2 (78 WC, 14 TiC, 8 Co), G_1 (94 WC, 6 Co). Die Korngröße der Schichten lag unter 0,2 μ. Sie ist, wie auch die Schichtdicke, abhängig von der Spannung, der Kapazität u. der Entladungsstromstärke in Übereinstimmung mit der Theorie. Röntgenograph. u. radiograph. Unterss. zeigten, daß die Struktur dieser Schichten sich von der ursprünglichen des Elektrodenmaterials unterscheidet: Es entsteht die Phase W_2C, die feste Lsg. von WC in TiC reichert sich an, der Co-Geh. wird geringer. Vff. nehmen an, daß durch die hohe Temp. des Funkens ein Teil des Co verdampft, während WC unter Graphitabscheidung z. T. in W_2C übergeht bzw. in das Gitter des TiC eingebaut wird. (Hutnik **22.** 77—86. März 1955.) F. URBAN. 6482

Helfrid Modin, *Verbesserung der Repliktechnik für die Elektronenmikroskopie von Strukturen in Stahl.* Bei sehr feinem Gefüge kann im Relief stehendes Carbid beim Abziehen der Kunststoffreplik von der polierten u. geätzten Probeoberfläche leicht abgebrochen werden u. bei der elektronenmkr. Unters. feine Details in der Replikhaut verschleiern. Diese Schwierigkeit läßt sich beheben, wenn man die Replik einige Zeit in $\sim$5%ig. Säure (H_2SO_4, HCl, HNO_3) einlegt, wobei die Carbidteilchen in Lsg. gehen, dann sorgfältig mit W. spült. (Jernkontorets Ann. **139.** 521—23. 1955. Stockholm [Orig.: engl.]). R. K. MÜLLER. 6482

E. C. Pearson, G. Marchand und **R. H. Hay,** *Ein elektrolytisches Ätzverfahren für Aluminium.* (Trans. Canad. Inst. Mining Metallurgy Mining Soc. Nova Scotia **55.** 348—54. 1952. — C. **1954.** 7278.) M. GEHLEN-KELLER. 6482

Hans Neff, *Mikroradiographische Untersuchungen an Automatenstahl. Die multiple* Mikroradiographie ist in der Lage, bei kurzen Belichtungszeiten Aufschluß über Art u. Verteilung von Sulfiden in Automatenstahl (Sonderstahl mit ca. 1% Mn u. 0,15% S) zu geben. Als Strahlungen für die Unterss. eignen sich Co-, Cu- oder Cr-Strahlung, wobei der Cu-Strahlung wegen des höheren Kontrastes der Vorzug zu geben ist. Im Gegensatz zu dem opt. Untersuchungsverf. nach vorangegangener Ätzung besitzt das radiograph. Verf. den Vorzug, ein größeres Vol. der Probe bei der Unters. zu erfassen u. im Stereobild sofort die räumliche Verteilung der Sulfideinschlüsse sichtbar zu machen. — Schrifttumsangaben. (Z. Metallkunde **46.** 614—15. Sept. 1955. Karlsruhe, Siemens-Halske Akt.-Ges.) H. HOCHSTEIN. 6484

Lloyd O. Gilbert, Stanley L. Eisler, Jodie Doss und **W. Dennis McHenry,** *Die Beibehaltung des Phosphatüberzuges während des Kaltstrangpressens von Artilleriegeschossen.* Mit Hilfe von radioakt. P, der dem Phosphatierungsbad als $H_3{}^{32}PO_4$ zugegeben wurde, wurde nach dem Strangpressen nach einer 38%ig. Dehnung ein Phosphatüberzug von 89% des ursprünglichen Phosphatüberzuges festgestellt. (Metal Finishing **53.** Nr. 4. 56—58. April 1955. Rock Island, Ill., Rock Island Arsenal, Ordnance Corp.) R. ABEND. 6490

W. R. Johnson, J. P. Sheehan und **Harry Schwartzbart,** *Ersatz für Palmöl für das Kaltwalzen von Stahl.* Um die Schmierfähigkeit der Ersatzstoffe zu prüfen, wird eine besondere Versuchseinrichtung entwickelt, indem die Ziehkraft beim Ziehen von Rundstäben durch Hartmetalldüsen unter Verwendung des zu prüfenden Schmiermittels gemessen wird. Angaben über die einzelnen Ersatzstoffe, vorzugsweise auf Rindertalgbasis, ihre Zus. u. Schmierfähigkeit. Einfl. der Temp. auf die Schmierfähigkeit u. der Oberflächenbeschaffenheit des Versuchsstabes. (Blast Furnace Steel Plant. **43.** 415 bis 423. April 1955.) K. STEIN. 6490

J. H. Andrew und **H. Lee**, *Kaltverformung.* Diskussion zu der C. **1950.** II. 1620 referierten Arbeit. (Iron and Steel **23.** 471—72. 28/11. 1950.) H.-J. HEINRICHS. 6490

R. C. A. Thurston, *Die Festigkeitseigenschaften spiralförmiger Federn.* Berechnung der Abmessungen, Werkstoffauswahl, Herst., Unterss. über Festigkeit, Methoden der Leistungssteigerung. — 14 Literaturangaben. — Diskussion. (Canad. Mining metallurg. Bull. **44.** 658—68. Okt. 1951.) W. HAUG. 6490

C. C. Gee, *Dünner Wolfram- und Molybdändraht für Elektronenröhren. Seine Anwendung und Herstellung.* Übersicht über Eigg. u. Anwendung von dünnem W- u. Mo-Draht für Elektronenröhren, über die chem. u. mechan. Arbeitsvorgänge zur Massenherst. von W- u. Mo-Draht, im einzelnen gezeigt am Beispiel von W-Draht, die angewandten Prüfverff. u. die Herst. von Diamantziehformen. (Wire Ind. **20.** 977—78. 880—81. Okt. 1075. 1077—78. 1080. 1083. Nov. 1953. Mullard Ltd.) W. WESLY. 6490

John E. Hyler, *Merkmale und Entwicklung der Einsatzhärtung.* 1., 2., 3. Mitt. Übersicht über Grundzüge, Entw., Ausführung u. Zubehör des Verfahrens. — Abbildungen. (Steel Processing **39.** 335—39. 349. Juli; 386—89. 406—07. Aug.; 459—62. 475. Sept. 1953.) W. WESLY. 6492

Mitsutoshi Washida, Daisaku Yamamoto und **Kiyoshi Yoshida**, *Über das Eindringen von Zunder in Stahl bei hohen Temperaturen.* In Verss. über die beim Erhitzen von Fe u. Stahl auf 1150—1350° in einer oxydierenden Atmosphäre (5—50% O_2, Rest N_2 u. 5—50% CO_2, Rest N_2) erfolgende Bldg. von Zunder (I) u. dessen Eindringen in die Grundmasse: der körnige I dringt in einer Atmosphäre von reinem N_2 u. von O_2-N_2- sowie CO_2-N_2-Mischungen gleich tief ein. Die Eindringtiefe u. die Korngröße des I wachsen mit der Temperatur. Tempp. über 1300° führen zu sehr großem I-Korn. Der körnige I ist bläulich-grau; die großen Körner sind etwas dunkler. Mit der Änderung der Erwärmung nimmt die Stärke des Oberflächen-I zu; die großen I-Körner entstehen sogar unter 1300°. (Tetsu to Hagane [J. Iron Steel Inst. Japan] **41.** 515—19. 1955. [Orig.: japan.; Auszug: engl.]) W. WESLY. 6492

P. E. Brookes, *Einige Erscheinungen beim Kalthärten und beim Tempern von Stahl.* Die Restspannungen in kaltgezogenen Drähten aus weichen (0,06% C) u. harten (0,6% C) Stählen wurden röntgenograph. gemessen. Die Spannungen variieren mit dem C-Gehalt. Anlassen bei $\sim$550° beseitigt die Spannungen in beiden Stählen. Beim harten C-Stahl nehmen sie ebenso wie die Härte zunächst (Höchstwerte 120 bzw. 350°) zu. (Metal Treatment Drop Forging **18.** 75—85. Febr. 1951.) K. KREITZ. 6492

J. Hinnüber und **O. Rüdiger**, *Neuere Verfahren der Metallbearbeitung, insbesondere die Elektroerosion.* (Techn. Mitt. Krupp **12.** 107—13. Sept. 1954. — C. **1956.** 3984.) M. WINIKER. 6502

H. F. Spengler, *Die Arbeitstemperaturen der technischen Silberlote.* Die eine befriedigende mechan. Festigkeit u. Zähigkeit gewährleistenden techn. Ag-Lote haben Arbeitstempp. von 620—860°. Eine einwandfreie Lötung bei der Temp., die einer sehr kleinen oder gar keiner Ausbreitbewegung des fl. Lotes entspricht (Bindetemp.), ist nicht möglich. (VDI-Z. **98.** 381—83. 21/3. 1956. Pforzheim.) W. WESLY. 6504

A. L. Johnson, *Hartlötverfahren für Kühlaggregate.* (Welding J. **32.** 235—37. März 1953.) G. APEL. 6504

Wilhelm Hofmann und **Klaus Groove**, *Kaltpreßschweißung und Kaltpreßlötung.* Das Verf. der Kaltpreßschweißung wird durch Einbringen einer Folie aus weicherem Metall zwischen die zu verbindenden Teile erweitert u. Kaltpreßlötung genannt. Verss. mit der Verbindung *Stahl–Al–Stahl* ergaben Festigkeiten von 16 kg/cm². Bei Verbindungen *Al–Pb–Al* wurden Festigkeiten von 4 kg/mm² erzielt. Auch Verbindungen *Fe–Pb–Fe* konnten hergestellt werden, was von Interesse ist, weil eine Löslichkeit von Pb in Fe-Schmelzen u. umgekehrt bisher nicht nachgewiesen wurde. (Z. Metallkunde **45.** 514—15. Aug. 1954. Braunschweig, TH.) F. VIER. 6504

Lester F. Spencer, *Schweißverfahren für Kupferlegierungen.* 2. Mitt. (1. vgl. C. **1953.** 7173.) Während Si-Bronzen zweckmäßig mit Sauerstoffacetylen geschweißt werden, ist für Al-Bronzen die Lichtbogenschweißung vorzuziehen. Auch für Sn-Bronzen u. Ni-haltige Legierungen ist die Schmelzschweißung vorzuziehen. Weitere Ausführungen über die Widerstandsschweißung von Cu-Legierungen sowie von reinem Cu. — 16 Literaturangaben. (Welding Engr. **37.** Nr. 4. 42—46. 48. April 1952.) O. WERNER. 6506

W. Hagen, *Der Einfluß von Werkstoff, Maschine und Werkzeug auf die Oberflächengüte der Zahnflanken. 2. Mitt. Rauhheit der Verzahnwerkzeuge.* (1. vgl. C. **1956. 3141.**) Beschreibung der Reinheit der Verzahnwerkzeuge u. ihres Einfl. auf die Oberflächenbeschaffenheit der Zahnflanken. (VDI-Z. **97.** 956—59. 21/9. 1955. Büderich bei Düsseldorf.) W. WESLY. 6510

W. Hagen, *Die Oberflächengüte feinbearbeiteter Zahnflanken.* Ein Vgl. der Oberflächenrauheit feinbearbeiteter Zahnflanken zeigt, daß die Oberflächengüte mehr von den Zerspanungsbedingungen als vom Bearbeitungsverf. abhängt. (VDI-Z. **98.** 319—28. 11/3. 1956.) W. WESLY. 6510

W. A. Marshall, *Chemisches Polieren von Stahl.* Die bei Zimmertemp. verwendete Lsg. enthält Oxalsäure, H_2O_2 u. H_2SO_4 in W. gelöst. Der Stahl wird entfettet, durch kurzes Eintauchen in verd. H_2SO_4 aktiviert, abgespült u. in die Polierlsg. getaucht. Die Zeitdauer für das Polieren hängt von der Beschaffenheit des Stahls ab u. dauert durchschnittlich 30—60 Minuten. Wie durch Reflexionsmessungen an geschmirgelten Weichstahlproben vor u. während der Behandlungsdauer festgestellt wurde, verschlechtert sich der Glanz nach Durchlaufen eines Maximums durch ätzenden Angriff auf das Gefüge. Mikrophotographien zeigen, daß der Verlust des Reflexionsvermögens nach 50 Min. Behandlungsdauer eintritt. Auf diese Art polierter Stahl zeigt Korrosionsbeständigkeit durch Bldg. eines dünnen Oxydfilmes. (Research **7.** 89—93. März 1954. Cuxton near Rochester, N. Y.) S. HÜTTIG. 6512

Charles Bueltman, *Probleme bei galvanischen Verfahren.* Nach einer einführenden Beschreibung der Ionenaustauschverff. werden Hinweise für ihre Anwendung u. ihre prakt. Durchführung gegeben, z. B. bei der Reinigung u. Wiederbelebung von *Chromsäure-Bädern* u. bei der Aufarbeitung von Abwässern. (Metal Finishing **53.** Nr. 4. 40—47. April 1955. New York, N. Y., Permutit Comp.) R. ABEND. 6514

Akira Miyata und **Kazuo Isawa,** *Elektrolytische Kupferüberzüge auf Aluminium durch Vermittlung eines anodischen Tonerdefilmes.* Eine reine Al-Platte (Blech) wurde durch 3—60 Min. lange Elektrolyse bei 18—19° in einem Bad von 3% Oxalsäuregeh. bei 2,76 A/dm² (105—110 V Wechselstrom) anod. mit einem Al_2O_3-Film von 1—20 μ Dicke überzogen u. dann zur Entfernung des Films kathod. in Sodalsg. elektrolysiert. Verkupferung bei 30°, 15 Min., (Cu-Anode) in einem Bad mit 250 g $CuSO_4 \cdot 5\,H_2O$/Liter + 75 g H_2SO_4/Liter bei kathod. Stromdichte von 5 A/dm² u. 0,7—0,9 V bis zu 17 μ Dicke (bzw. 75 μ, nach einer weiteren Std.). Adhäsion, nach JAQUET geprüft, ausgezeichnet. (Rep. sci. Res. Inst. [Kagaku-Kenkyujo-Hokoku] **29.** 280—84. Nov. 1953. [Orig.: japan.]) L. SCHULER. 6516

M. L. Hughes und **D. F. G. Thomas,** *Die Hitzebeständigkeit und Anwendungen von tauchaluminiertem Stahl.* Das Verf. der B.I.S.R.A. ermöglicht ein kontinuierliches Tauchaluminieren von Drähten u. Streifen. Die Zunderfestigkeit der Überzüge ist sehr gut u. reicht bis 800°. Enthalten die Al-Überzüge Si, so sind sie weniger beständig. Diese behalten ihren ursprünglichen Glanz nach 2000std. Erhitzen auf 500—600°. Die Zähigkeit u. Haftung der Überzüge ist so gut, daß nach 2000 Std. noch ERICHSEN-Proben ausgeführt werden können. Vgll. mit anderen Verfahren. (Metallurgia [Manchester] **52.** 241—45. Nov. 1955.) K. STEIN. 6516

E. Gebhardt und **H. D. Seghezzi,** *Eigenschaften flammgespritzter Zinkschichten.* Verss. über die Eigg. flammgespritzter Zn-Schichten zeigen: Zugfestigkeit, Härte u. Druckfestigkeit sind den Werten gegossener Proben ähnlich; jedoch sind elektr. Leitfähigkeit u. Schlagbiegefestigkeit merklich tiefer als die entsprechenden Werte der gegossenen Proben. Auf einer mit Quarzsand gestrahlten Stahloberfläche haftet die gespritzte Zn-Schicht besser als auf einer mit Stahlkies gleicher Körnung vorbehandelten Oberfläche. Drahtgespritzte Proben haben eine geringere Zugfestigkeit u. eine höhere Härte als pulvergespritzte Proben; die übrigen Eigg. sind prakt. gleich. Flammeneinstellung u. O_2-Geh. der Flamme beeinflussen die Eigg. wenig oder gar nicht. Dickere Proben geben bessere techn. Eigg. als dünne. Die Haftfestigkeit ändert sich für Schichtdicken zwischen 0,2 u. 1,0 mm prakt. nicht. (VDI-Z. **98.** 41—45. 11/1. 1956. Stuttgart, Max-Planck-Inst. für Metallforsch.) W. WESLY. 6522

J. B. Mohler, *Zinnabscheidung aus dem Zinnfluoboratbad.* Übersicht über die Eigg. u. die Verwendung von Zinnfluoborat-Bädern. Eine bewährte Elektrolytzus. ist die folgende: 2-wertiges Sn 30—40 (g/Liter), freie Borsäure 20—30, Kresolsulfonsäure 20—30, Gelatine 1, β-Naphthol 1. Der p_H-Wert soll 0,2—0,6 betragen. — Durch Zusätze von Cu u. Sb können entsprechende Legierungen erhalten werden. — 10 Literaturangaben. (Metal Finishing **53.** Nr. 4. 59—61. April 1955. New Castle, Pa.) R. ABEND. 6524

W. Channing und **G. H. Barney,** *Edelmetallschichten.* Kurze Aufzählung der Anwendungsmöglichkeiten — bes. für elektrotechn. Zwecke — von unter Hitze u. Druck auf Geräteteile aus Messing, Cu, Phosphorbronze, BeCu u. a. aufgebrachten Schichten aus Ag, Au, Pd oder anderen Edelmetallen mit Angabe einiger mechan. Daten u. Abbildungen von Fertigteilen. (Machine Design **26.** 180—83. Mai 1954. Attleboro, Mass., Union Plate & Wire Co.) H. ECKHARD. 6526

F. Sacchi, *Starkschichtige anodische Oxydation des Aluminiums und seiner Legierungen.* Zu ergänzen ist, daß sich die Ermüdungsfestigkeit von Al-Legierungen nach Behandlung mit kalter H_2SO_4 um 20—60% erniedrigt. (Alluminio **24.** 5—15. 1955. — C. **1956.** 6234.) A. SANDER. 6530

A. Prati, *Dicke und Durchdringungsspannung einer anodischen Oxydschicht.* Überblick über den bisherigen Stand der zerstörungsfreien Best. des dielektr. Verh. anod. Oxydschichten u. Verss. des Vf. mit dem „Resistometer ISML" an oxydierten Proben unter kontrollierten Bedingungen. Vf. erhielt reproduzierbare Werte, die zuverlässige Schlüsse auf die Dicke der Oxydschicht zuließen. (Ist. sperim. Metalli leggeri, Mem. Rapp. [6] Nr. **140.** 1—11. 1955. Novara, Ist. sperim. dei metalli leggeri, Div. Ricerche.) A. SANDER. 6530

T. K. Ross, *Untersuchungen über die Korrosion von Metallen verursacht durch wässerige Lösungen einiger oberflächenaktiver Stoffe.* 3. Mitt. *Zinn.* (2. vgl. C. **1954.** 9128.) Bei Sn sind sulfoniertes Ricinusöl, Triäthanolamin u. nichtion. Netzmittel ohne Einfl., während alle anderen Mittel das Sn angreifen. *Cetyltrimethylammoniumbromid* u. *Cetylpyridiniumbromid* greifen Sn an, *Na-Alkylarylsulfonat* ist kaum wirksam, die anionakt. Netzmittel verursachen Gewichtsverluste. Es bilden sich weiße Korrosionsprodd. um eine schwarze Pore. Leitungswasser ist im allg. weniger aggresiv als weichgemachtes oder dest. Wasser. Ein Temperaturanstieg vergrößert den Angriff von *prim. Alkylsulfaten, sek. Alkylsulfat* u. *Na-di-(2-Äthylhexyl)-sulfosuccinat.* In einigen Fällen wird ein erhöhter Angriff durch einen verringerten p_H-Wert begünstigt. Die Ggw. von O_2 ist wesentlich für das Fortschreiten der Korrosion. (J. appl. Chem. **2.** 526—31. Sept. 1952. London.) J. FISCHER. 6538

Gerhard Schikorr, *Die korrosionssichere Verpackung von Metallgegenständen nach den amerikanischen Spezifikationen. Mittel für den zeitweiligen Korrosionsschutz und Verpackungsmethoden.* Überblick. (Metalloberfläche Ausg. A **9.** 84—88. Juni; 104—07. Juli 1955. Stuttgart, Chem. Landesuntersuchungsanstalt.) F. MARKHOFF. 6538

E. C. Pearson, H. J. Huff und **R. H. Hay,** *Eine metallographische Untersuchung von Lochfraß an 2S Aluminiumlegierungen durch Leitungswasser.* Verwendet wurden 2 S-Legierungen im geschmiedeten u. angelassenen Zustand. Es wird durch mkr. u. elektronenmkr. Unters. nach je 15 Min., 24 Std. oder 10 Wochen festgestellt, daß der Beginn des Lochfraßes sehr verschieden ist. Die Angriffsstellen lassen keine Rückschlüsse auf die Zus. der Legierungen zu, ebensowenig auf die Oberflächenbeschaffenheit. Unterschiede des Angriffes bei den verschied. Materialien wird auf den Unterschied der Verteilung der Kornbindungen zurückgeführt. Die Löcher zeigen schon nach kurzer Zeit ein typ. Aussehen. Es bilden sich Wälle von unlösl. Korrosionsprodd. um die Angriffsstellen. Nach einer längeren Angriffszeit wird der Angriff an den Korngrenzen erkannt. Nach sehr langer Zeit bilden sich Löcher, die von einem Krater umgeben sind. — 22 Abbildungen. (Canad. J. Technol. **30.** 311—16. Okt./Nov. 1952. Kingston, Ont., Aluminium Labor. Ltd.) J. FISCHER. 6538

G. G. Thurlow, *Eine luftgekühlte Prüfvorrichtung zur Untersuchung der Angriffseigenschaften von Kesselheizgasen.* Es wird eine Prüfvorr. u. -meth. angegeben zur Unters. der korrodierenden Eigg. von Kesselheizgasen bei konstanter Temperatur. Die Prüffläche ist als Kappe ausgebildet, wird von innen auf die Versuchstemp. durch Luft abgekühlt u. steht mit ihrer Außenfläche in den Heizgasen. Es zeigt sich ein allg. Zusammenhang zwischen der Menge der kondensierten Säure u. der korrodierten Fe-Menge. Schon 50—100° F unterhalb des Kondensationspunktes bildet sich ein Maximum des Angriffs aus. Die Ergebnisse stehen in Übereinstimmung mit anderen Beobachtungen im Labor. u. der Praxis. (J. Inst. Fuel **25.** 252—55. 260. Nov. 1952.) W. KATZ. 6540

Air Reduction Co., Inc., V. St. A., *Einbringen von festen Stoffen in eine Metallschmelze.* Auf einen Träger wird ein Raffinationsmittel, z. B. CaC_2-Pulver, aufgetragen u. das Pulver durch Vibration auf dem Träger fortbewegt u. von einem Gasstrom erfaßt, der das Pulver durch ein Rohr in die Metallschmelze befördert. Es ist darauf zu achten, daß die Dichte des Gas-Pulver-Gemisches konstant gehalten wird. — Apparatur. (**F. P. 1 092 688** vom 4/12. 1953, ausg. 26/4. 1955. A. Prior. 9/12. 1952.) C. GÖTZE. 6381

New Jersey Zinc Co., New York, N. Y. (Erfinder: **Robert Kerr Waring, Luther Delas Fetterolf** und **Thomas Leonard Hurst,** Palmerton, Pa.), V. St. A., *Gewinnen von Zink aus oxydischem zinkhaltigem Material mit kohlenstoffhaltigen Reduktionsmitteln im Lichtbogenofen.* Beschickungsgut u. Reduktionsmittel werden in losem, trockenem Zustand in den Ofen eingeführt. In der Beschickung wird ein solches Mengenverhältnis von Zn-Erz zu Reduktionsmittel vorgesehen, daß die Hauptmenge des Zn-Geh. u. mindestens ein solcher Teil ihres etwaigen Fe-Geh. zu Metall red. wird, daß die ge-

schmolzene Schlacke nicht mehr als 6 Gew.-% oxyd. Fe-Verbb. (berechnet als Fe) enthält. Ferner wird in der Beschickung ein solcher Geh. an Kalk u. SiO_2 in bezug auf den Geh. an den anderen schlackenbildenden Bestandteilen vorgesehen, daß die Schlacke mindestens 40 (%), aber nicht mehr als 85 CaO u. SiO_2 in einem Verhältnis von 0,9—1,2 : 1 enthält. Die Schlacke wird durch Lichtbogenheizung auf mindestens 1250° gehalten u. das trockene Einsatzgut auf der Oberfläche der geschmolzenen Schlacke bei nicht über 1450° geschmolzen. — Diagramme. (**D. B. P. 941 392** Kl. 40c vom 29/11. 1951, ausg. 12/4. 1956. Anmeldung bekanntgemacht 13/10. 1955.)
F. MARKHOFF. 6427

Chemical Construction Corp., New York, übert. von: **Felix Alfred Schaufelberger**, Pelham, **George Frederick Van Hare**, Brooklyn, und **Patrick J. McGauley**, Glen Cove, N. Y., V. St. A., *Ausfällen von Zink aus ammoniakalischen Laugen*, die Carbonate von Zn u. Cu enthalten, dad. gek., daß der Gesamtgeh. von gelösten NH_3 u. CO_2 so eingestellt wird, daß in der Lsg. a) 1 Mol $(NH_4)_2CO_3$ je 1 Mol gelöstem Zn u. Cu, b) 2 Mol nichtcarbonisiertes NH_3 je Mol gelöstem Cu, u. c) ca. 4 Mol nichtcarbonisiertes NH_3 je Mol gelöstem Zn entspricht. Dann wird CO_2 eingeleitet bis das Zn als $ZnCO_3$ ausfällt, das abfiltriert, u. durch Erhitzen von NH_3, CO_2 u. W. befreit u. zu ZnO umgesetzt wird. Das Cu-haltige Filtrat wird mit reduzierendem Gas behandelt u. dadurch das Cu ausgefällt. — Verfahrensstammbaum. (**A. P. 2 695 843** vom 4/9. 1951, ausg. 30/11. 1954.)
G. APEL. 6427

Butler Engineering Co., Inc., New Orleans, La., übert. von: **Clyde J. Welcker**, New Orleans, La., V. St. A., *Zinklegierungen* bestehen aus 0,25—7 (%) *Al*, 0,05—0,5 *Mg*, 0,01—1 *Mo* u./oder *V*, Rest *Zn*. Sie können an Stelle von Zn als Anoden in elektrolyt. Bädern verwendet werden gegenüber einer Kathode, die tiefer in der elektromotor. Reihe als Zn steht, z. B. Cu, Fe oder Ag. (**A. P. 2 700 647** vom 28/2. 1951, ausg. 25/1. 1955.)
C. GÖTZE. 6427

Olin Mathieson Chemical Corp., Virginia, übert. von: **Paul D. Frost**, Columbus, O., V. St. A., *Flußmittel für Magnesium-Lithium-Legierungen* besteht aus 3 Teilen *LiBr*, 1 Teil *LiCl* u. ca. 10% *LiF*. Es dient bes. zum Reinigen von Mg–Li-Legierungen, die Schwermetalle enthalten. (**A. P. 2 706 679** vom 30/6. 1948, ausg. 19/4. 1955.)
C. GÖTZE. 6445

Otto Schaaber, Schorndorf, *Wärmebehandlung von Aluminiumlegierungen* der Gattung *Al–Mg–Si* durch künstliche Alterung, dad. gek., daß die Legierungen von der Homogenisierungstemp. auf eine Anlaßtemp. von 120—200° abgeschreckt u. bei dieser Temp. so lange gehalten werden, bis sie eine Härte erreicht haben, die größer ist als die, die durch unmittelbar an das Lösungsglühen anschließendes Abschrecken erreicht wird. Die so vorbehandelte Legierung wird dann bei Raumtemp. ausgelagert u., bevor eine Härtesteigerung eintritt, einer künstlichen Alterung unterzogen. Nach diesem Verf. wird eine Legierung aus 0,7—1,0 (%) *Mg*, 0,7—1,2 *Si*, 0,6—1,0 *Mn*, weniger als 0,1 *Cu* behandelt, wobei die erste Anlaßtemp. 140—180° beträgt. (**A. P. 2 695 253** vom 6/5. 1949, ausg. 23/11. 1954.)
G. APEL. 6447

Fulmer Research Institute Ltd., Buckinghamshire, übert. von: **Philipp Gross** und **David Leon Levi**, V. St. A., *Gewinnung und Raffination von Titan*. Ungesättigte Dämpfe von $TiCl_4$ oder $TiBr_4$ werden in inerter Atmosphäre bei erhöhter Temp. u. vornehmlich unter vermindertem Druck über Ti-haltiges Material geleitet. Die entstehenden niederen Halogenide werden in eine kühle Zone übergeführt, wo sie z. T. in metall. Ti u. Tetrahalogenid zerfallen u. z. T. kondensiert werden. Das Kondensat wird erhitzt, wobei wiederum metall. Ti u. Tetrahalogenid entsteht. Das bei der Zers. gebildete $TiCl_4$ wird in den Prozeß zurückgeführt. — Vgl. auch F. P. 1 065 717; C. **1956**. 1154. (**E. P. 722 901** vom 5/9. 1951, ausg. 2/2. 1955.)
C. GÖTZE. 6449

Allegheny Ludlum Steel Corp., Brackenridge, Pa., übert. von: **Paul S. Methe**, Cohoes, N. Y., V. St. A., *Titanlegierungen* bestehen aus 6—8 (%) *Al*, 0,85—1,15 *Mn*, ca. 8 *Al*, 0,85—1,15 *Mo*, Rest *Ti* mit den üblichen Verunreinigungen. Nach der Mikrostruktur bestehen die Legierungen aus einer α- u. β-Phase, wobei erstere vorherrscht. Sie besitzen eine gute Duktilität u. behalten ihre guten mechan. Eigg. auch nach längerem Erhitzen bei erhöhten Temperaturen. (**A. P. 2 700 607** vom 13/8. 1953, ausg. 25/1. 1955.)
C. GÖTZE. 6449

Rem-Cru-Titanium, Inc., Midland, Pa., übert. von: **Walter L. Finlay**, Beaver, Pa., **Bruce W. Gonser**, Columbus, und **Robert I. Jaffee**, Worthington, O., V. St. A., *Titan-Aluminium-Legierungen* bestehen aus 2,5—8 (%) *Al*, bis 0,6 *C*, bis 0,35 O_2, bis 0,25 N_2, Rest *Ti*. Durch die Elemente C, O u. N wird die Festigkeit der Legierungen erhöht, ohne daß die Duktilität abnimmt. Die Legierungen behalten ihre Härte u. Festigkeit auch bei hohen Temperaturen. — Härte- u. Festigkeitskurven. (**A. P. 2 703 278** vom 23/4. 1954, ausg. 1/3. 1955.)
C. GÖTZE. 6449

Siemens & Halske Akt.-Ges., Berlin und München (Erfinder: **Rudolf Schmock**, Berlin), *Kontaktlegierung für Geräte der Fernmeldetechnik* besteht **aus** 3—10 (%) *Ni*, 0,005—3 *Zr*, Rest *Au*. Durch den Zr-Zusatz wird eine Legierung erhalten, die den großen Vorteil der Kompensation der Werkstoffwanderung hat u. die im übrigen bes. hohe Festigkeit gegen Reibungsabnutzung zeigt. (**D. B. P. 915 988** Kl. 40b vom 2/12. 1942, ausg. 2/8. 1954. Anmeldung bekanntgemacht 24/9. 1953. **Zusatz zu D. B. P. 910 839; C. 1956. 5404.**) C. GÖTZE. 6463

Curt Agte, Tschechoslowakei, *Dichte Sinterkörper*. Pulver der Metalle *W*, *Mo*, *Co*, *Ti*, *Fe* u. dgl. mit 60—90 (%) einer Teilchengröße von 0,2—1 μ u. 10—40 von 2—5 μ werden gepreßt mit einem Druck von 2—10 t/cm² u. in trockenem O_2-freiem H_2 gesintert bei Tempp., die 0,2—0,55 von der Schmelztemp., ausgedrückt in °K, betragen. Das Pulver kann auch bei 100° in trockenem H_2 erhitzt werden, um gegebenenfalls Oxyde zu reduzieren, worauf es längere Zeit, über 40 Std., in einer Kugelmühle, die mit einer organ. Fl., z. B. CCl_4, *Trichloräthylen*, *Aceton* u. dgl., der 0,5—3 einer aliphat. Säure oder deren Ester zugegeben sind, um eine Oxydation der Pulverteilchen zu vermeiden, gefüllt ist. Auch kann der Preßling während des Sinterns in Al_2O_3 oder BeO eingebettet u. mit einer dünnen Schicht von Ferrotitan, Ferrochrom u. dgl. versehen sein, die als Getter wirkt u. die geringste Mengen O_2 fernhält. (**E. P. 732 618** vom 13/7. 1953, ausg. 29/6. 1955. Tschech. Prior. 25/7. 1952.) C. GÖTZE. 6475

Administration-Séquestre des Röchling'sche Eisen- und Stahlwerke G. m. b. H., Saargebiet, *Sinterkörper*. Zur Herst. von Sinterkörpern, bes. aus *Fe* mit außerordentlich geringen Mengen an *C* u. *S*, wird das Metallpulver oder daraus geformte poröse Körper zum Zwecke des Decarburierens mit Hochofengas oder mit einem Gas aus einem Gaserzeuger erhitzt. Zur Desoxydation u. Entschwefelung erfolgt das Erhitzen im H_2-Strom. (**F. P. 61 333** vom 5/2. 1951, ausg. 25/4. 1955. D. Prior. 25/10. 1950. **Zusatz zu F. P. 1 013 259; C. 1955. 4691.**) C. GÖTZE. 6475

Wilhelm Rosenkranz, Meinerzhagen, *Herstellung von Profilen auf Strangpressen*, dad. gek., daß die Temp. des aus der Matrizenöffnung austretenden Stranges hoch genug ist, u. die Matrizenreibfläche so genügend lang bemessen wird, daß mindestens bis zum Austritt des Stranges eine prakt. vollständige Auflsg. der unterhalb der Solidustemp. des Grundgefüges schmelzenden u. im Mischkristall lösl. Bestandteile der Korngrenzensubstanz des Preßbolzengefüges in vorangehend einer homogenisierenden Wärmebehandlung unterworfenen Blöcken im Mischkristall bewirkt wird. (**D. B. P. 848 260** Kl. 40d vom 4/2. 1949, ausg. 1/9. 1952. Anmeldung bekanntgemacht 16/11. 1950.) C. GÖTZE. 6491

Metallgesellschaft Akt.-Ges., Frankfurt/M. (Erfinder: **Wilhelm Standop**, Widding/Rhein), *Löten von Kupfer und seinen Legierungen*, bes. von Messing, dad. gek., daß als Flußmittel *Br-*, *J-* oder *F-Hydrate* von NH_3 oder seinen organ. Substitutionsprodd. in Form von Aminen oder Mischungen von diesen Verbb. verwendet werden, gegebenenfalls in Mischung mit *Glycerin* oder *Kolophonium*. (**D. B. P. 895 089** Kl. 49h vom 19/10. 1951, ausg. 29/10. 1953. Anmeldung bekanntgemacht 12/2. 1953.) F. VIER. 6505

American Chemical Paint Co., Ambler (Erfinder: **George S. Gardner**, Elkins Park, und **Albert J. Saukaitis**, Wayne), Pa., V. St. A., *Sparbeizmittel* bestehend aus *4-Oxypiperidin* oder dessen Derivv. oder Polymerisations- oder Kondensationsprodukten. (**D. B. P. 939 479** Kl. 48d vom 16/9. 1953, ausg. 23/2. 1956. Anmeldung bekanntgemacht 11/8. 1955. A. Prior. 21/1. 1953.) F. MARKHOFF. 6513

Office National d'Études & de Recherches Aéronautiques (O. N. E. R. A.), Frankreich, *Elektrolytische Herstellung von Metallüberzügen*, bes. von Cr auf Fe. Vor der Elektrolyse wird das Überzugsmetall, z. B. durch therm. Zers. von dampfförmigen Fluoriden, in die zu behandelnde Oberfläche diffundiert. Auf diese Weise ist es z. B. möglich, beim *Verchromen* die Verwendung von Cu- u. Ni-Zwischenschichten zu vermeiden. (**F. P. 1 021 039** vom 27/6. 1950, ausg. 13/2. 1953.) F. VIER. 6519

Metallgesellschaft Akt.-Ges., Frankfurt/M. (Erfinder: **H. Knauer**, Wiesbaden, und **Ludwig Schuster**, Philadelphia, Pa., V. St. A.), *Verbessern der Gleiteigenschaften metallischer Oberflächen*. Die auf Gleitung oder Reibung beanspruchten Teile werden mit einem *Schwarzchromüberzug* versehen. (**D. B. P. 881 596** Kl. 48a vom 28/5. 1943, ausg. 2/7. 1953. Anmeldung bekanntgemacht 30/10. 1952.) F. MARKHOFF. 6519

General American Transportation Corp., Chicago, Ill., übert. von: **Gregoire Gutzeit**, Highland, Ind., V. St. A., *Herstellung von Nickelüberzügen durch Abscheiden aus wässerigen Lösungen auf Gegenständen aus Cu, Ag, Au, Al, Fe, Co, Ni, Pd* u. *Pt*. Die Lsg. enthält ein *Ni-Salz*, ein *Hypophosphit*, das Salz einer kurzkettigen gesätt. aliphat. *Dicarbonsäure* u. ein *Fluorid*, wobei die Konz. der F-Ionen 0,01—0,12 Mol/Liter beträgt. Der p_H-Wert des Bades soll 4,5—6,5 betragen. (**A. P. 2 694 019** vom 23/4. 1952, ausg. 9/11. 1954.) F. VIER. 6521

Dr. Hesse & Cie. (Erfinder: **Artur Kutzelnigg,** Bielefeld, und **Friedrich Cramer,** Heidelberg), *Glanzzusatz für Nickelbäder* besteht aus *Polyvinylamin* oder *Polyvinylpyrrolidon.* Diese Verbb. können auch Bädern zugesetzt werden, die Na- oder Mg-Salze als Leitsalze enthalten. Bes. für Glocken- u. Trommelbäder geeignet. (**D. B. P. 934 081** Kl. 48a vom 13/2. 1953, ausg. 13/10. 1955. Anmeldung bekanntgemacht 24/3. 1955.) F. MARKHOFF. 6521

Nox-Rust Chemical Corp., Chicago, Ill., V. St. A. (Erfinder: **Murray Senkus),** *In dampfförmigem Zustand wirksames Mittel gegen die atmosphärische Korrosion von Metallen* besteht aus einem *organ. Amid,* einem *anorgan. Nitrit* u. mindestens einem *Amin* oder *NH_4-Salz von Carbonsäuren* mit 6—18 C-Atomen. Das Verhältnis der einzelnen Bestandteile soll 1 (Gewichtsteil) Nitrit u. je 0,05—20 Amid u. carbonsaures Salz sein. — Beispiel: 30 (Gewichtsteile) *$NaNO_2$,* 30 *Harnstoff,* 30 *Ammoniumbenzoat,* 60 *Wasser.* (**E. P. 728 634** vom 1/6. 1953, ausg. 20/4. 1955.) F. MARKHOFF. 6539

Paul Rindlisbacher, Gewerbliche Chemie für Berufe des Metallgewerbes. Bern: P. Haupt. 1952. (94 S. m. Abb.) 8°. sfr 3,85.

—, Korrosionsschutz im Stahlbau. Köln: Stahlbau-Verl. Ges. 1954. (75 S.) 8° = Veröffentlichungen des Deutschen Stahlbau-Verbandes. 1954. H. 1. DM 7,50.

IX. Organische Industrie.

Stephan de Nagourski, *Kontinuierliche Verseifungsprozesse.* Beschreibung der Verff. von CLAYTON, SHARPLES, PROCTER & GAMBLE, LAVAL, MONSAVON u. HOFFMANN u. Vgl. unter dem Gesichtspunkt der Anforderungen, die an ein kontinuierliches Verseifungsverf. zu stellen sind. (Rev. Quím. ind. **23.** Nr. **264.** 14—19. April 1954. Rio de Janeiro.) R. K. MÜLLER. 6574

P. Hölemann und **R. Hasselmann,** *Untersuchungen über den Druckverlauf bei der explosiblen Zersetzung von gasförmigem Acetylen.* Untersucht wurde der Verlauf von Acetylenexplosionen in einfachen zylindr. Gefäßen von ca. 100 ml Inhalt sowie in einer 6,75 m langen Rohrleitung von 12 mm lichtem Durchmesser. Das Acetylen war in Aceton gelöst. (Forschungsber. Wirtschafts- u. Verkehrsministeriums Nordrhein-Westfalen Nr. **110.** 1—40. 1954. Dortmund.) M. WINIKER. H 530

E. Benk, *Über 1.3-Butylenglykol.* Die gesundheitliche Unbedenklichkeit der als Austauschstoffe für Glycerin beliebten Glykole hängt von ihrer Struktur u. Reinheit ab. Prim.-sek. Glykole haben sich bei der Maus als unbedenklicher erwiesen, als di-prim. oder di-sek. Glykole, ja als Glycerin. Das als Zwischenprod. bei der Buna-Synth. entstehende 1.3-Butylenglykol eignet sich, im Gegensatz zum 1.4-Butylenglykol, zur Verwendung in kosmet. u. pharmazeut. Erzeugnissen, da es Haut u. Schleimhäute nicht reizt u., peroral verabreicht, ungiftig ist; für Lebensmittel muß es, als körperfremd, abgelehnt werden. Für die Tabakindustrie ist es dem Glycerin vorzuziehen. Die Eigg. u. analyt. Nachweis-Rkk. werden besprochen. (Seifen-Öle-Fette-Wachse **79.** 108—09. 4/3. 1953.) K. SEIFERT. H 570

W. Kempf, *Eigenschaften, Vorkommen, Darstellung, handelsübliche Produkte und Verwendung von Sorbit.* An Hand von 145 Literaturangaben bringt Vf. eine zusammenfassende Darst. des Gesamtgebietes des Sorbits, unter besonderer Berücksichtigung von Eigg., Vork., Gewinnung, der handelsüblichen Prodd. u. der Verwendungsgebiete. (Stärke **6.** 269—74. Nov.; 303—06. Dez. 1954. Detmold, Bundesforschungsanst. für Getreideverarbeitung.) M. ULMANN. H 580

Heinz Anders, *Oxydationsversuche mit Rohhartparaffin für Fettsäuregewinnung.* Es werden Verss. beschrieben, die beweisen, daß z. B. eine Anoxydierung von techn. Rohparaffin durch Luft ohne vorherige Reinigung des Rohprod. möglich ist. Als Katalysator wird $KMnO_4$ bzw. anoxydiertes Prod. benutzt. Bei der Anoxydierung, die bereits bei 120° stattfindet, tritt eine auffallende Aufhellung des rohen rotbraunen Hartparaffins bis zu honiggelber Farbe ein. Die Versuchsergebnisse sind in zahlreichen Vergleichstabellen niedergelegt. (Seifen-Öle-Fette-Wachse **79.** 153—57. 1/4. 1953.) K. SEIFERT. H 810

E. L. Krugers Dagneaux, *Maleinsäureanhydrid.* Man erhält Maleinsäureanhydrid (**I**), F. 53°, Kp. 200°, durch Oxydation mehrerer organ. Verbb. wie Furfural u. Crotonaldehyd in Dampfform mit Luft in Ggw. eines V-Katalysators. Bei der Herst. von Phthalsäureanhydrid entstehen 3—5% **I**, bei 420° beträgt die **I**-Ausbeute 60%. Die Temp. des Katalysators muß gleichbleiben; daher wird die bei der Rk. frei werdende

Wärme durch ein Syst., in dem Hg, Diphenyl oder eine Salzschmelze umläuft, abgeführt. Auch durch Oxydation von Bzl. u. Butenen (z. B. Gemisch von Butadien u. Butylen) wird I gewonnen. (Chem. Weekbl. **47.** 692—98. 15/9. 1951.) W. WESLY. H 820

Shell Development Co., San Francisco, übert. von: **Lloyd C. Fetterly,** Long Beach, Calif., V. St. A., *Fraktionierte Extraktion organischer Verbindungen,* wobei das Gemisch aus einer Fraktion I aus KW-stoffen mit geraden u. einer Fraktion II aus KW-stoffen mit verzweigten Ketten besteht. Das Gemisch wird mit Harnstoff behandelt; es bilden sich dabei Komplexverbb., die auf Grund der verschied. Zersetzungstempp. getrennt werden können. Dabei führt man einen Teil der so abgetrennten Fraktion I zur Ausgangsmischung zurück, um so diese vor der Behandlung mit Harnstoff anzureichern. Erst jetzt setzt die Behandlung mit Harnstoff ein; man filtriert die krist. Komplexverbb. ab, wobei diese eine poröse Filterschicht bilden. Anwendungsgebiete: Butan, Pentan, Hexan, Buten-(1), Buten-(2), Penten-(1), Hexen-(2), Butadien-(1.2), Pentadien-(1.2), Hexadien-(2.3), Hexatrien-(1.3.5), Octatrien-(2.3.6), aliphat. monohydrierte Alkohole, Ester, Aldehyde, Ketone, Amine, Amide, Mercaptane u. andere. (**A. P. 2 549 372** vom 15/4. 1947, ausg. 17/4. 1951.) H. NEBELSIEK. H 500

Deutsche Gold- & Silberscheideanstalt vormals Roessler, übert. von: **Ludwig Hüter** und **Hermann Veith,** Frankfurt/M., *Alkylbromide,* bes. CH_3Br, erhält man durch Rk. des entsprechenden Alkohols mit Br_2 u. einer S—H-Verb. (I) bzw. kolloidem oder gelöstem S in Dampfphase oder in Lösung. Als I werden H_2S oder Polyschwefelwasserstoffe, wie Schwefelrohöl (II), verwendet. — 20 (g) fl. **II** (hauptsächlich H_2S_2) werden mit 160 CH_3OH gemischt u. mit 200 Br_2 tropfenweise versetzt. Nach 5 Min. kocht das Gemisch u. entwickelt CH_3Br. Das mitgeführte CH_3OH wird in einem Dephlegmator abgeschieden u. CH_3Br kondensiert. Man erhält 237 g CH_3Br in 98,6%ig. Reinheit. — Vgl. E. P. 730 682; C. **1956.** 7 659. (**A. P. 2 717 911** vom 13/2. 1953, ausg. 13/9. 1955. D. Prior. 19/2. 1952.) J. MÜHLEISEN. H 510

E. I. du Pont de Nemours & Co., Wilmington, übert. von: **Mark W. Farlow,** Holly Oak und **Earl L. Muetterties,** Hockessin, Del., V. St. A., *Fluorkohlenstoffe* (I) erhält man durch Rk. von C in Form von Kohle, Graphit, Holzkohle, Ruß u bes. von akt. C mit einem Fluorid von Ti, Zr, Hf, V, Nb, Ta, Cr, Mo oder W bei mindestens 1000°. Man kann die beiden Stoffe gemischt erhitzen, gegebenenfalls unter Durchleiten eines inerten Gasstromes, oder geschmolzenes Fluorid auf den feinverteilten C tropfen lassen bzw. das Fluorid in sublimiertem oder dest. Zustand über heißen C leiten. Bes. zweckmäßig wird das Fluorid mit den C-Elektroden eines Lichtbogens (II) bei 2500—4000° umgesetzt, indem man den II in geschmolzenes Fluorid eintaucht oder dessen Dämpfe darüber leitet. Die Reaktionsprodd. stellen Mischungen von I dar, die bes. CF_4 neben anderen gesätt. I enthalten. Beim Arbeiten mit II erhält man bes. *Tetrafluoräthylen.* — Durch einen II mit Graphitelektroden werden 5,3 (g) WF_4 während 15½ Min. geleitet. Man erhält 0,6 Kondensat, das 30 (Mol-%) Tetrafluoräthylen neben 20 CF_4 u. etwas Hexafluoräthan enthält. Dies entspricht einer 11,8%ig. Umwandlung zu I. Metall. W setzt sich an der Anode ab. (**A. P. 2 709 190** vom 7/4. 1954, ausg. 24/5. 1955.) J. MÜHLEISEN. H 520

Ruhrchemie Akt.-Ges., Oberhausen, und **Lurgi Ges. für Wärmetechnik m. b. H.,** Frankfurt/M., *Kohlenwasserstoffe und oder sauerstoffhaltige organische Verbindungen* mit >1 C-Atom im Mol. enthält man aus CO + H_2 bei 150—350°, bes. 180—270°, u. 1—200, bes. 10—50 at, in Ggw. eines geschmolzenen oder gesinterten Fe-Katalysators, der >20 (%) Cu enthält u. der vor Gebrauch <350°, bes. <300°, red. wurde. Der Katalysator kann >4 Alkalimetall als Aktivierungsmittel u. >80 freies Fe enthalten. Die Red. des Katalysators erfolgt z. B. mit H_2 u./oder CO innerhalb 30—90 Minuten. Die Teilchengröße des zu sinternden Katalysatorpulvers liegt <100 μ. — Aus Wassergas in Ggw. eines Fe–Cu–K_2O-Katalysators (100 : 25 : 8, geschmolzen bei ca. 1600° in Ggw. von O_2) bei 20 at u. 207° → *aliphat. Ester* bzw. *Alkohole,* bei 30—180° 10 bzw. 33 bei 180—320° 25 bzw. 10 u. >320° 40 bzw. 2. (**E. P. 728 715** vom 13/3. 1953, ausg. 27/4. 1955. **Belg. P. 518 404** von 13/3. 1953, ausg. 18/2. 1955. Beide D. Priorr. 17/3. 1952 u. 19/1. 1953.) G. KRAUSS. H 550

Minnesota Mining & Mfg. Co., St. Paul, Minn., V. St. A., *Perfluorcarbonsäuren* (I) erhält man durch Elektrolyse von I-Chloriden oder -Fluoriden in fl. HF, gegebenenfalls in Ggw. von NaF an Ni-Anoden u. Fe-Kathoden bei nicht unter 0° u. nicht über 6 Volt. — Beispiele zur Herst. von *Trifluoressigsäure, Heptafluorbuttersäure, Perfluorcaprylsäure, Perfluoradipinsäure.* (**E. P. 735 730** vom 23/1. 1953, ausg. 24/8. 1955. A. Prior. 1/2. 1952.) O. MÜLLER-MEININGEN. H 810

E. I. du Pont de Nemours & Co., Wilmington, Del., übert. von: **Martin Goldbeck jr.** und **Franklin C. Johnson,** Orange, Tex., V. St. A., *Herstellung von Adipinsäure* durch

Oxydation von Cyclohexan in fl. Phase erfolgt in 2 Stufen, wobei in der 1. Stufe durch Oxydation mit O_2 Cyclohexanol u. Cyclohexanon erhalten wird, die in der 2. Stufe mit HNO_3 weiteroxydiert werden. — Reaktionsbedingungen: 1. Stufe 50—175°, 50 bis 150 lbs./sq.in., 2. Stufe 40—90° u. 90—120°, 2—10 at. — Zeichnungen. (**A. P. 2 703 331** vom 6/11. 1953, ausg. 1/3. 1955.) O. MÜLLER-MEININGEN. H 820

Jerome Swimmer, Chicago, Ill., V. St. A., *Thiosemicarbazid* (I). Man erhitzt eine wss. Lsg. eines Gemisches aus etwa äquimol. Mengen Hydrazin u. NH_4SCN bis annähernd zum Sieden u. isoliert I aus dem Reaktionsgemisch. — Das bei der Rk. als Zwischenprod. auftretende *Hydrazinthiocyanat* kann man erhalten, wenn man die Rk. in Abwesenheit von W. durchführt oder etwa vorhandenes W. u. das gebildete NH_3 bei einer Temp. unterhalb des Kp. des Reaktionsgemisches entfernt. (**A. P. 2 710 243** vom 5/1. 1950, ausg. 7/6. 1955.) A. BRÖSAMLE. H 880

E. I. du Pont de Nemours & Co., Wilmington, Del., V. St. A., *2.11-Diaminododecan* (I) *und 2.13-Diaminotetradecan* (II). Man behandelt Dodecandion-(2.11) bzw. Tetradecandion-(2.13) mit H_2 u. NH_3 unter Druck in Ggw. eines Hydrierungskatalysators bei Tempp. zwischen 20 u. 200°. — I: $Kp._2$ 105—115°. — II: $Kp._{2,5}$ 123,5—124°. — Zwischenprodd. für lichtbeständige Polyoxamide. (**E. P. 734 423** vom 5/5. 1953, ausg. 28/9. 1955. A. Prior. 14/6. 1952.) G. LANGER. H 910

Standard Oil Development Co., übert. von: **Henry C. Paulsen,** Elizabeth, **John B. Holtzclav,** Roselle, und **Thomas P. McNamara,** Elizabeth, N. J., V. St. A., *Wiedergewinnung von Diäthanolamin* (I) *und seinen Salzen.* Man reinigt Gase, die H_2S u. organ. Säuren enthalten, mittels I-Lsg., leitet Wasserdampf durch die Lsg., wodurch H_2S gewonnen wird, versetzt die Lsg. mit NaOH oder KOH, dest. 80—95% des W. ab, versetzt mit 0,5—3 Vol. eines Alkohols, der höchstens 5 C-Atome enthält, filtriert u. fraktioniert das Filtrat. — Tafel. (**A. P. 2 701 750** vom 20/5. 1952, ausg. 8/2. 1955.) G. LANGER. H 920

Dow Chemical Co., Midland, Mich., V. St. A. (Erfinder: **Frederick Charles Bersworth**), *Dialkylsubstituierte Alkylenpolyaminoessigsäuren* der Formel I, worin R eine Alkylgruppe von 1—6 C-Atomen, M = H, NH_4 Na, K oder ein Amin, n = 0—3 u. Alkylen eine Äthylen-, Propylen-, Butylen- oder Trimethylengruppe bedeuten, werden als Chelat-Bildner verwandt.

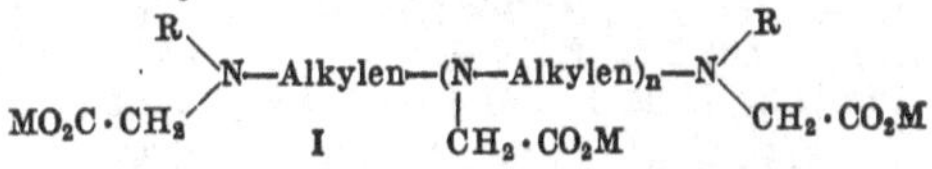

I

— *N.N'-Dimethyläthylendiamindiessigsäure,* aus Äthylendiamin, Alkalicyanid u. CH_2O. — Analog: *N.N'-Diäthyl-, N.N'-Diisopropyl-, N.N'-Dihexyl-* u. *N.N'-Dibutyläthylendiamindiessigsäure.* (**E. P. 727 465** vom 11/6. 1951, ausg. 6/4. 1955.) G. LANGER. H 950

E. I. du Pont de Nemours & Co., Wilmington, Del., übert. von: **Waldo R. Caverly,** Carney's Point, N. J., V. St. A., *Sarkosin* wird hergestellt aus Alkalimetallcyanid, CH_2O u. Methylamin bei nachfolgender Hydrolyse, wobei alle Reaktionsstufen in Ggw. eines Oxydationsmittels, wie Alkali- oder Erdalkalihypochlorit, Alkalinitrit, Alkaliperoxyd, Alkaliperborat u. H_2O_2, durchgeführt werden. (**A. P. 2 720 540** vom 7/5. 1954, ausg. 11/10. 1955.) G. LANGER. H 950

Shell Development Co., Emeryville, übert. von: **Rupert C. Morris,** Berkeley, und **John L. Van Winkle,** San Lorenzo, Calif., V. St. A., *Phosphonsäureester* der allg. Formel $R^3_y(RO)_xP(:O)-R^1-OOC-R^2[-COO-R^1-P(:O)(OR)_xR^3_y]_z$, in welcher $-OOC-R^2[-COO-]_z$ den Rest einer 2- oder 3bas. Säure darstellt, R^1 eine Alkylengruppe, RO einen Alkoholrest u. R^3 einen KW-stoffrest bedeuten u. wobei x 1 oder 2, y 2—x u. z 1 oder 2 sind, erhält man durch Erhitzen eines neutralen Esters aus einer Polycarbonsäure u. einem halogensubstituierten aliphat. Alkohol mit Trialkylphosphiten auf 100 bis 250°, gegebenenfalls in Ggw. von inerten organ. Lösungsmitteln, wie KW-stoffen. — Durch Rk. von Bis-(2-bromäthyl)-adipinsäureester mit Tributylphosphit bei 150—220° erhält man *Bis-[2-(dibutylphosphono)-äthyl]-adipinsäureester,* $Kp._{0,04}$ 170°, n_D^{20} 1,4545, $D.^{20}_4$ 1,0761. In analoger Weise erhält man: *Bis-[2-(diäthylphosphono)-äthyl]-terephthalsäureester; Bis-[3-(dipropylphosphono)-propyl]-cyclohexan-1.4-dicarbonsäureester; Bis-[4-(dioctylphosphono)-butyl]-bernsteinsäureester; Bis-[3-(diallylphosphono)-propyl]-glutarsäureester; Bis-[2-(dibutylphosphono)-butyl]-suberinsäureester; Bis-[2-(dihexylphosphono)-äthyl]-benzol-1.4-diessigsäureester; Bis-[4-(dibutylphosphono)-butyl]-fumarsäureester; Bis-[2-(β-methoxyäthylphosphono)-äthyl]-adipinsäureester; 2-(Diäthylphosphono)-äthyl-3-(diäthylphosphonopropyl)-butylbernsteinsäureester; Tris-[2-(dibutylphosphono)-äthyl]-1.2.4-butantricarbonsäureester; Bis-[2-butylbenzolphosphino)-äthyl]-adipinsäureester; Tris-[2-(dibutylphosphono)-äthyl]-trimellithsäureester.* Die Prodd. sind viscose Fll. bis weiche Stoffe. Verwendung als *Hydraulik-Fll., Weichmacher* für Harze, *Schmiermittel* oder *Schmiermittelzusätze.* (**A. P. 2 710 301** vom 30/9. 1952, ausg. 7/6. 1955.) J. MÜHLEISEN. H 980

Soc. des Usines Chimiques Rhône-Poulenc, Paris, Frankreich, *Hydrochinon* erhält man durch Rk. von 1.4-Bis-(2^1-oxypropyl-2^1)-benzol (I) mit H_2O_2 in Ggw. eines „elektrophilen" Katalysators, wie H_2SO_4, $HClO_3$, HCl, HBr, HF, F-Borsäure, Si-Wolframsäure, säureakt. Erden, $AlCl_3$, $ZnCl_2$, BF_3 u. deren Komplexverbb. mit Äther. (**E. P. 724 224** vom 19/6. 1952, ausg. 16/2. 1955.) O. MÜLLER-MEININGEN. H 1060

Böhme Fettchemie G. m. b. H. (Erfinder: **Rudi Heyden,** Düsseldorf, und **Johann Heinrich Helberger,** Ciudad de Tucuman, Argentinien), *Sulfonate.* Sultone werden mit organ. Verbb., die mit Metallen in Metallverbb. von KW-stoffen übergeführt werden können, in Ggw. von Metallen der 1., 2. u. 3. des Period. Syst. oder mit organ. Verbb., die die Sulfonamidgruppe $-SO_2-NHR$ (R = H oder beliebiger organ. Rest) mindestens einmal im Mol. enthalten, in Form ihrer Metallverbb. oder in Ggw. metallabgebender Mittel umgesetzt. — Benzylchlorid + Oxybutansulton (I) (erhalten nach D. B. P. 887 341; C. **1955.** 11292) → **II.** — Chlorbenzol + I → **III.** — 9-Bromphenanthren + I → **IV.** — Dodecylchlorid + I → $C_{12}H_{25}$-C_4H_8-SO_3Na. Ferner wird mit I umgesetzt: Fluoren u. Chloroctadecan. — Tolylsulton + Na-p-Toluolsulfonsäuremethylamid → **V.** — 1-Naphthalinsulfonsäuremethylamid + I → **VI.** — p-Toluolsulfamid + I → **VII.** — Mit I wird noch umgesetzt: Toluolsulfonsäuredodecylamid. — p-Toluol-

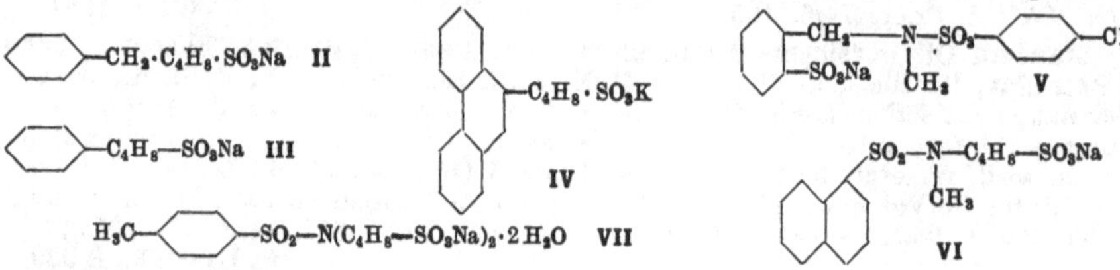

sulfonsäureoctadecylamid + Oxypropansulton (hergestellt nach D. B. P. 887 341). — *Netz-, Reinigungs-, Dispergiermittel,* Vor- u. Zwischenprodd. für Heilmittel u. Farbstoffe. (**D. B. PP. 904 894** Kl. 12o vom 4/3. 1942, ausg. 22/2. 1954. **Zusatz zu D. B. P. 895 598; C. 1956. 5437** u. **907 892** Kl. 12o vom 24/8. 1941, ausg. 29/3. 1954. **Zusatz zu D. B. P. 901 054; C. 1955. 3514.**) G. KRAUSS. H 1090

B. F. Goodrich Co., New York, N. Y., übert. von: **Charles S. Schollenberger,** Cuyahoga Falls, O., V. St. A., *N.N'-substituierte Harnstoffe. Tetra-n-butylharnstoff.* Man erhitzt äquimol. Mengen NaOH u. N.N-Dibutylcarbamylchlorid in Ggw. von W. am Rückfluß. — Analog: *Tetraäthyl-, Tetramethyl-, Tetracyclohexylharnstoff* bzw. *-thioharnstoff; N.N'-Dibenzyl-N.N'-diphenyl-* u. *N.N'-Diallyl-N.N'-dipropylharnstoff.* Letztere aus N-Benzyl-N-phenyl- bzw. N-Allyl-N-propylcarbamylchlorid. — *N.N-Dicyclohexyl-N.'N'-diphenylharnstoff* erhält man bei Einw. von 2 (Mol) NaOH auf ein Gemisch aus 1 Dicyclohexyl- u. 1 Diphenylcarbamylchlorid. (**A. P. 2 722 550** vom 18/10. 1951, ausg. 1/11. 1955.) A. BRÖSAMLE. H 1280

Parke, Davis & Co., Detroit, Mich., V. St. A., *dl-pseudo-1-(p-Jodphenyl)-2-aminopropan-1.3-diol.* Beim Kochen von dl-pseudo-1-(p-Jodphenyl)-2-acetamino-1.3-diacetoxypropan mit 3nHCl. F. 188—189°. (**Schwz. P. 288 953** vom 15/12. 1948, ausg. 1/6. 1953. A. Prior. 16/3. 1948. **Zusatz zu Schwz. P. 283 758; C. 1956. 1387.**) G. LANGER. H 1320

International Minerals & Chemical Corp., Chicago, Ill., V. St. A., *Isolierung von Tyrosin* (I) aus Aminocarbonsäuregemischen. Man trennt aus einem Proteinhydrolysat das Humin ab, trennt aus dem Filtrat bei p_H 5,5—6,5 ein **I**-*Cystin-Leucin-Gemisch* ab, versetzt dieses Gemisch bei 60—100° mit HCl bis zum p_H 0,5—2,0, trennt feste Ausscheidungen ab, stellt das Filtrat auf p_H 2,0—3,5 ein, trennt das I-Cystein-Gemisch ab, versetzt dieses mit W. u. NH_3 bis zum p_H 10,70—11,25 u. trennt das ausfallende I ab. (**E. P. 724 766** vom 1/1. 1953, ausg. 23/2. 1955. A. Prior. 17/1. 1952.) G. LANGER. H 1350

Witco Chemical Co., übert. von: **Howard Packer** und **Glen Chalfant,** Chicago, Ill., V. St. A., *Entfernung von Schwefelverbindungen aus Naphthensäuren* erfolgt durch deren Erhitzen, bes. mit 0,5—5% eines 15—35%ig. wss. H_2O_2, zuerst bei wenigstens 260° F, dann bei 300° F, um die S-Verbb. in flüchtige, oxydierte S-Verbb. überzuführen; anschließend bläst man die Reaktionsmischung noch mit Luft, um alle entstandenen Oxydationsprodd. zu entfernen. (**A. P. 2 707 195** vom 16/3. 1953, ausg. 26/4. 1955.) G. KRAUSS. H 2000

United States Rubber Co., New York, N. Y., übert. von: **Henry H. Richmond,** Pittsburgh, Pa., V. St. A., *Isolierung von p-Phenylendiamin* (I) aus Reduktionsmischungen, die bei Red. von Aminoazobenzol mit Fe u. Mineralsäuren entstehen, wobei das

Gemisch aus I, Anilin, W., Nebenprodd., Schlamm u. anorgan. Salzen besteht, wobei die Anilinmenge ausreicht, um mit dem W. ein Azeotrop zu bilden u. gleichzeitig ausreicht, um bei Abwesenheit von W. alles I zu lösen, dad. gek., daß man das Reaktionsgemisch neutralisiert, das gesamte W. als W.-Azeotrop-Gemisch abdest., wobei ein wasserfreies Gemisch zurückbleibt, das so viel Anilin enthält, um das gesamte I zu lösen, daß man dann den Schlamm u. die anorgan. Salze mechan. abtrennt u. das Filtrat einer fraktionierten Dest. unterwirft. — Zeichnung. (**A. P. 2 708 680** vom 11/7. 1949, ausg. 17/5. 1955.) G. LANGER. H 2110

Boyce Thompson Research Foundation, Inc., Yonkers, N. Y., übert. von: **Martin E. Synerholm**, Hastings-on-Hudson, N. Y., V. St. A., *Organische Verbindungen* der nebenst. Formel (R = Propyl, Butyl, Cyclohexyl, Benzyl, Tetrahydrofurfuryl, β-Chloräthyl, β-Thiocyanäthyl, Allyl). (**Can. P. 486 235** vom 11/3. 1947, ausg. 2/9. 1952. A. Prior. 2/4. 1946.) M. PANKOW. H 2700

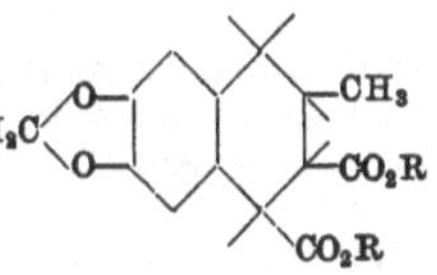

und

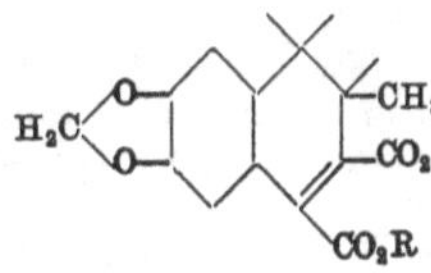

Riedel-de-Haën Akt.-Ges., Seelze/Hann. (Erfinder: **Friedrich Boedecker** und **Hans Volk**, Berlin), *Herstellung von 2.6-Dimethylpyridin-3-carbonsäure* (**I**), dad. gek., daß man Formylacetondimethylacetal mit der äquimol. Menge Acetessigester u. mit NH_3 kondensiert u. den erhaltenen Ester in bekannter Weise zu I hydrolysiert. — *Äthylester*, $Kp._{13}$ 116—118°. — Daraus mit alkoh. Lauge → **I**, F. (aus A.) 166—169°. — Zwischenprod. zur Herst. von Arzneimitteln. (**D. B. P. 936 448** Kl. 12p vom 2/2. 1952, ausg. 15/12. 1955. Anmeldung bekanntgemacht 23/6. 1955.) R. LINK. H 3231

Burroughs Wellcome & Co., Inc., übert. von: **George H. Hitchings**, Tuckahoe, und **Gertrude B. Elion**, Bronxville, N. Y., V. St. A., *6-Aminopurine* der Formel **I** (R_1 = H, Alkyl; R_2 = Alkyl, Aryl, Aminogruppe, deren Substitutionsprodd.; R_1 u. R_2 können zusammen auch einen heterocycl. Ring, wie Pyrrolidin, Piperidin oder Morpholin bilden). — 6-Oxypurin wird mit P_2S_5 zu 6-Mercaptopurin (**II**) umgesetzt, das mit einem Alkylierungsmittel, wie Alkylsulfat, in 6-Alkylmercaptopurin übergeführt wird, dessen Hydrohalogenide dann mit Aminen der Formel R_1NHR_2 kondensiert werden. — Aus Hypoxanthin u. P_2S_5 in Tetralin nach 8std. Erhitzen → **II**-Hydrat; daraus mit Dimethylsulfat in 2nNaOH → 6-Methylmercaptopurintrihydrat, Nadeln, aus W. nach Trocknen bei 120°. F. 218—220°. Aus Trihydrat mit 25%ig. wss. Dimethylamin bei 130° nach 15 Std. → *6-Dimethylaminopurin*, F. 260—263°. — *6-Äthylaminopurin*, aus W. F. 238—239°. — *6-n-Butylaminopurin*, F. 233—234°. — *6-Anilinopurin*, aus 25%ig. wss. A., F. 278—281°. — *6-p-Chloranilinopurin*, F. 322—323°. — *6-Hydrazinopurin*, F. 250°. — Äthylendiamin → *6-β-Aminoäthylaminopurinhydrochlorid*, F. 262 bis 264°. — *6-Morpholinopurin*, F. 303—304°. — *6-Piperidinopurin*. — *6-Pyrrolidinopurin*. — *6-Methylaminopurin*. — *6-Diäthylaminopurinhydrochlorid*. — *6-n-Decylaminopurin*, aus 65%ig. A., F. 166—167°. — Wachstumsverhinderungsmittel für Mikroorganismen. (**A. P. 2 691 654** vom 11/6. 1952, ausg. 12/12. 1954.) G. KRAUSS. H 3272

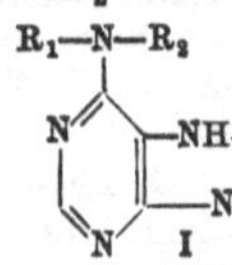

I

X. Färberei. Organische Farbstoffe.

—, *Farbstoffe und Hilfsmittel.* Prod. der RUDOLF & CO., CHEMISCHE FABRIK GMBH., Wolfratshausen: *Rucosal FO* ist ein Hilfsmittel zum gleichzeitigen Oxydieren u. Nachseifen von Küpen- sowie Schwefelfärbungen. Geeignet für das Einbadverfahren. Die Färbungen werden durch das sauerstoffhaltige Fettsäureeiweißkondensat bei ca. 40° entwickelt. Anschließend wird bei dem darauffolgenden Erhitzen der Seifprozeß durchgeführt. — Prodd. der IMPERIAL CHEMICAL INDUSTRIES LTD., London: *Brentogen Blue B* eignet sich zum Bedrucken von Oberbekleidungsstoffen aus Baumwolle, Reyon, Zellwolle u. Leinen. Der einheitliche, stabilisierte Azofarbstoff in Pvl.-Form ergibt warme blaue Farbtöne. Gute Licht- u. Waschechtheiten. Auch im sauren Bade, wodurch die Farbe ohne Dämpfen entwickelt wird, kann eine Behandlung vorgenommen werden. Durch Zusatz des Entwicklers *Brentogen Developer N* kann der Farbton durch neutrales Dämpfen entwickelt werden. — *Caledon Blue 3 RC*, ein Küpenfarbstoff der rötlichblaue Töne auf Baumwolle, Leinen u. Reyon färbt u. gute Naß- u. Lichtechtheiten aufweist. Auf Grund des guten Egalisiervermögens findet das Prod. für Mischungen zur Erzielung von grauen u. ähnlichen bleichfesten Farbtönen Anwendung. Bes. für das padsteam u. das Standfast „Molten-Metal"-Verf. sind die FD-Caledon Blue 3 RC-Farbstoffe in Pvl.- u. Pastenform geeignet. (Reyon, Zellwolle andere Chemiefasern **1956**. 128. Febr.) P. ECKERT. 7018

A. G. Jemeljanow, *Die Vermeidung von Färbefehlern bei der Verwendung von Diazolblau O.* Verh. verschied. Reservemittel beim Färben mit Diazolblau O auf Azotol A (Amin); Einfl. des Luft-O_2 u. der Luftfeuchtigkeit auf die Reserve; als optimal wird Al-Acetat bei 4—4,5 Mol NaOH auf 1 Mol Azotol A empfohlen. (Текстильная Промышленность [Textil-Ind.] **16.** Nr. 1. 42—43. Jan. 1956.) N. STSCHERBINA. 7020

Bertil Olofsson, *Egalisierung, eine Untersuchung und Diskussion.* Als Faktoren, die die Egalisierung beeinflussen, werden maschinelle, Material- u. Strukturfaktoren unterschieden. Die Probleme der Egalisierung beziehen sich teils auf Ungleichheiten im Material, teils auf solche bei der Anwendung des Farbstoffs, wie an Beispielen erläutert wird. (Textil och Konfektion **12.** Nr. 9. 40—42. Nov. 1955. Sv. Textilforskn.-Inst.) R. K. MÜLLER. 7020

Harry Creegan, *Einige mechanische Verbesserungen zum Färben und Ausrüsten.* Entw. einer neuen, kontinuierlich arbeitenden Tuchwaschmaschine u. des sogenannten VAPOJET-Trockensystems. Detaillierte Angaben über Verbesserungen des (EICKEN-)-Feuchtigkeitskontrollsyst. u. der BAROTOR-Färbemaschine. (Amer. Dyestuff Reporter **44.** P 495—96. 18/7. 1955. North Adams, Mass., James Hunter Maschinery Co.) I. SCHOENMANN. 7020

Lee S. Harrow und **John O. Millham**, *Untersuchungen über Teerfarbstoffe.* 15. Mitt. *FD & C-Rot Nr. 1, D & C-Rot Nr. 5 und einige verwandte Farbstoffe.* (14. vgl. J. Assoc. off. agric. Chemists **36.** [1953.] 548.) Es wurden folgende Aminoverbindungen diazotiert u. mit R-Säure (2-Naphthol-3.6-disulfonsäure) gekuppelt: 1-Amino-2.4.5-trimethylbenzol (gibt FD & C-Rot Nr. 1) 1-Amino-2.4-dimethylbenzol (gibt D & C-Rot Nr. 5), 1-Amino-2.5-dimethylbenzol, 1-Amino-2.4.6-trimethylbenzol, 1-Amino-2.6-dimethylbenzol, 1-Amino-2.3-dimethylbenzol, 1-Amino-2-äthylbenzol u. 1-Amino-4-äthylbenzol. An den erhaltenen Verbb. wurden die Brauchbarkeit der $TiCl_3$-Titration für Azofarbstoffe untersucht u. spektrophotometr. Daten im Bereich von 400—750 mμ ermittelt. Für Lsgg. der Farbstoffe in 0,02 mol. Ammonacetlsg. gilt das BEERsche Gesetz. Die neutralen Lsgg. zeigen rotorange bis blaurote Farbe. (J. Assoc. off. agric. Chemists **38.** 172—82. 15/2. 1955. Washington 25, D. C. Dep. of Health, Educat. and Welfare, Div. of Cosmetics, Food and Drug Admin.) M. REIHER. 7052

G. Ghisolfi, *Neuere Fortschritte auf dem Gebiet der Phthalocyanine.* An Hand der Patentliteratur werden Beispiele für lösungsmittelbeständige sowie wasserlösl. u. nicht wasserlösl. Phthalocyanine gegeben. (Ind. Vernice **8.** 219—21. 1954.) M. WINIKER. 7072

Farbenfabriken Bayer Akt.-Ges. (Erfinder: **Herbert Barth** und **Rudolf Knoche**), Leverkusen, *Küpenfarbstoffe enthaltende Druckpasten*, gek. durch einen Geh. an *γ-Butyrolacton.* Es werden ca. 0,5—5%, bezogen auf die fertige Paste, zugesetzt, die dad. auch nach längerem Stehen eine zügige Beschaffenheit besitzt. (**D. B. P. 938 725** Kl. 8n vom 22/4. 1954, ausg. 9/2. 1956. Anmeldung bekanntgemacht 11/8. 1955.) H. v. SCHILLER. 7023

American Cyanamid Co., New York, N. Y., übert. von: **Julian Jacob Leavitt**, Somerville, N. J., V. St. A., *3.3'-Dimethoxydiphenyl-4.4'-bis-(ω-carboxymethyl-ω-isopropyltriazen* der Formel **I**. Aus Dianisidintetrazoniumchlorid u. Isopropylaminoessigsäure. *Di-Na-Salz*, grüngelbes Pulver, ist stabil u. bes. leicht löslich. — *Zwischenprod.* für *Farbstoffe.* (**A. P. 2 712 005** vom 16/6. 1953, ausg. 28/6. 1955.) G. LANGER. 7053

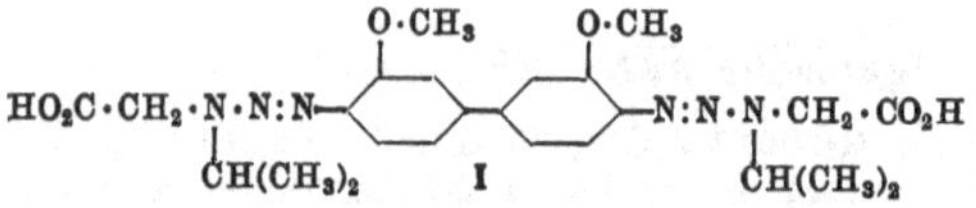

I

J. R. Geigy Akt.-Ges. (Erfinder: **Achilles Conzetti**), Basel, Schweiz, *Herstellung von Monoazofarbstoffen*, dad. gek., daß man diazotierte 1-Amino-8-oxynaphthalin-3.6- oder 4.6-disulfonsäuren oder ihre O-Acylderivate mit in p-Stellung zur NH_2-Gruppe kuppelnden Dibenzylaminobenzolen vereinigt, deren Phenylreste durch positivierende Gruppen substituiert sein können, worauf man gegebenenfalls die Acyloxy- zur HO-Gruppe verseift, so daß Farbstoffe der allg. Formel **I a** entstehen (A = gegebenenfalls substituierter p-Phenylenrest; B = gegebenenfalls substituierter Benzolrest; X = H-Atom oder Sulfonsäurerest). 1-Amino-8-toluolsulfonyloxynaphthalin-4.6-disulfonsäure → Dibenzylaminobenzol. Man verseift die Toluolsulfonyloxygruppe zur OH-Gruppe. Wolle (**B**) bläulichrot. — 1-Amino-8-oxynaphthalin-3.6-disulfonsäure → 2.5-Dimethoxy-1-dibenzylaminobenzol; **B** blaurot. — 1-Amino-8-toluolsulfonyloxynaphthalin-3.6-disulfonsäure (I) → 3-Methyl-1-dibenzylaminobenzol. Man verseift die Toluolsulfonyloxygruppe; **B** rot. — **I** → Dibenzylanilin.

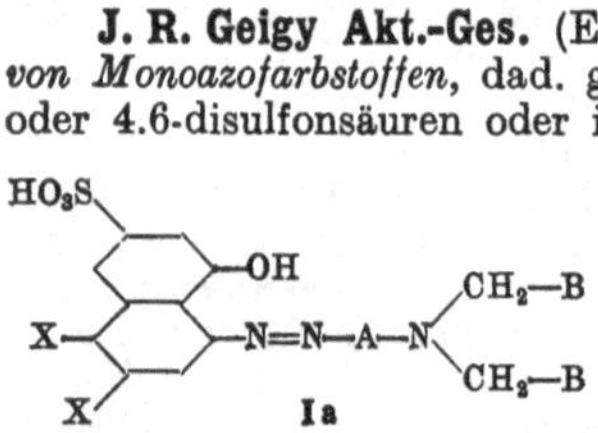

Ia

Man verseift u. erhält einen Farbstoff, der **B** rot färbt. — **I** → 2-(2'-Methylphenoxy)-1-dibenzylaminobenzol. Man verseift u. erhält einen Farbstoff, der **B** gelblichrot färbt. (**D. B. P. 928903** Kl. 22a vom 5/2. 1953, ausg. 13/6. 1955. Anmeldung bekanntgemacht 25/11. 1954. Schwz. Prior. 5/2. 1952.) U. SIEVERS. 7053

Sandoz Akt.-Ges. (Erfinder: **Piero Maderni**), Basel, Schweiz, *Herstellung metallisierbarer Disazofarbstoffe*, dad. gek., daß man 1 (Mol) 4.4'-Diamino-3.3'-dioxydiphenyl-1.1'-harnstoff-6.6'-disulfonsäure (I) tetrazotiert u. mit 2 eines sulfonsäure- u. carboxylfreien Oxynaphthalins in o-Stellung zu dessen Hydroxylgruppe kuppelt. — 2-Oxynaphthalin-6-carbonsäurephenylamid (**II**) ← **I** → **II**; Baumwolle (**A**) u. Fasern aus regenerierter Cellulose (**G**) rotviolett. — 2-Oxynaphthalin (**III**) ← **I** → **III**. **A** u. **G** rotviolett. — 2.7-Dioxynaphthalin (**IV**) ← **I** → **IV**. **A** u. **G** bordeauxrot. — 1-Oxy-5.8-dichlornaphthalin (**V**) ← **I** → **V**. **A** u. **G** violett. — 2-Oxy-5-benzoylaminonaphthalin (**VI**) ← **I** → **VI**. **A** u. **G** rotviolett. — Die Farbstoffe besitzen nachgekupfert gute Echtheitseigenschaften. (**D. B. P. 933287** Kl. 22a vom 17/9. 1953, ausg. 22/9. 1955. Anmeldung bekanntgemacht 31/3. 1955. Schwz. Prior. 18/9. 1952.) U. SIEVERS. 7055

Paul Weyrich, Das Färben und Bleichen der Textilfasern in Apparaten. 2., neubearb. Aufl. Berlin, Göttingen, Heidelberg: Springer-Verl. 1956. (VIII + 321 S. m. 113 Abb.) 8°. DM 36,—.

Paul Heermann u. **Andreas Agster**, Färberei- und textilchemische Untersuchungen. Anleitung zur chem. u. kolorist. Unters. u. Bewertung der Rohstoffe, Hilfsmittel u. Erzeugnisse der Textilveredlungsindustrie. 9. neubearb. u. verb. Aufl. Berlin, Göttingen, Heidelberg: Springer-Verl. 1956. (VIII + 426 S. m. 70 Abb.) 8°. DM 36,—.

XIa. Farben. Anstriche. Lacke. Naturharze.

S. C. Britton, *Vorbehandlung von Zinnplatten zum Malen.* (Vgl. C. **1955.** 1148.) Die Haftfestigkeit von gespritzten Farben (ein pigmentierter Celluloselack u. eine Alkydharzeinbrennfarbe) auf Zinnplatten hängt von der Vorbehandlung der Platte ab. Die Prüfung erfolgte durch Biegen u. Kratzen u. durch Abziehen der Farbe mittels eines klebrigen Cellulosepflasters u. Feststellen der Größe der freigelegten Fläche. Ohne Vorbehandlung war die Haftfestigkeit nur gering, Behandlung der Platte mit Trichloräthylendampf allein genügt nicht, zusätzliches Spülen mit heißem W. ist günstig. Erfolgreich war kathod. Behandlung in 0,5%ig. Na_2CO_3 oder Abschrubben mit einer Lsg. von 5 (Teilen) HCl in 95 A., bis die Oberfläche dunkel aussieht, oder Immersion in eine heiße Lsg. von 10 g NaOH, 3 g $Na_2Cr_2O_7$ u. 2 cm^3 Teepol in 1 Liter W. bei 90° für höchstens 10 Sekunden. Längeres Verweilen verringert die Haftfestigkeit der Farben. (Org. Finishing **13.** Nr. 12. 9—12. 17. Dez. 1952. Zinnforschungsinst.) H. L. DU MONT. 7090

R. Haug, *Über die Wasserdampfadsorption von Pigmenten.* Da die Wasserdampfadsorption (WA) der Pigmente für das Pigment–Bindemittel-Syst. von Bedeutung ist, wurde an einer Reihe von Pigmenten die WA bei verschied. relativer Luftfeuchtigkeit bestimmt. Hierbei wurden bei den einzelnen Farbkörpern große Unterschiede erhalten. Bei ein u. demselben Pigment ist die WA von der Korngröße, also der Teilchenoberfläche, abhängig. Bei Mischungen ergibt sich die WA als Summe derjenigen der einzelnen Pigmente. Die Geschwindigkeit der WA ist bei den meisten Pigmenten am Anfang sehr groß u. erreicht meist nach 1 Tag einen Endwert. Manche Pigmente aber, z. B. Miloriblau, benötigen hierzu bedeutend längere Zeit, bes. bei hoher relativer Luftfeuchtigkeit. (Farbe u. Lack **61.** 460—66. Okt. 1955.) E. PREU. 7092

William A. Gottfried, *Entwicklung und Bewertung einer orangefarbenen Emaillefarbe von erhöhter Lichtechtheit.* Zwecks Entwicklung einer lichtbeständigen orangefarbenen Lackfarbe für die Unterseite von Übungsflugzeugen wurden 2 lichtechte Molybdatorange-Pigmente im Vgl. zu einem nicht genügend lichtbeständigen Molybdatorange u. einem Chromorange geprüft auf Farbtonbeständigkeit im Weatherometer u. auf Reflexionsfähigkeit, Deckkraft u. Farbtonänderung nach Bewitterung mittels trichromat. Reflektometers. (Finish **12.** Nr. 5. 50—51. Mai 1955. Philadelphia, Pa., Naval Air Exp. Stat.) B. SCHEIFELE. 7092

J. R. Chipault und **Evelyn McMeans**, *Untersuchungen an oxydierten Filmen von Trilinolein und Trilinolenin.* (Vgl. C. **1953.** 6363.) Größere Filmstücke von Trilinolein (**I**) u. Trilinolenin (**II**) wurden bei 2 verschied. Oxydationsstadien (klebrig „tacky" u. klebfrei „tackfree") eingesetzt. Nach Best. der Peroxydwerte wurden die restlichen Filme red. u. verseift. Dann folgen an den freien Säuren Best. der OH-, α-Glykol- u. CO-Zahl, der Doppelbindungen, NZ, Mol.-Gew., sowie Aufnahme von UV- u. Ultrarot-Spektren. Die Ergebnisse sind in einer Tabelle zusammengefaßt. Die red. Säuren aller Filme haben OH-Werte zwischen 2,5 u. 3,0 Mol/kg. Ein bedeutender Teil der OH-Gruppen liegt in Form von α-Glykolgruppen vor. Die Abnahme der Doppelbindungen u. Mol.-Gewichte bei der Trocknung läßt auf Spaltungs-Rkk. schließen. Bei I sind ca. die Hälfte der verbliebenen Doppelbindungen konjugiert. Die Fettsäuren von I u. II zeigen eine breite Absorptionsbande zwischen 2,8 u. 3,2 μ, die darauf hindeutet, daß ein beträchtlicher Teil der OH-Gruppen nicht als Carboxyl-OH vorliegt. Die Basis der CO-Bande bei 5,85 μ ist breiter als für nicht oxydierte Säuren, daher sind noch andere CO-Verbb. anzunehmen. Eine breite schwache Bande bei 9,24 μ u. eine schwache Bande oder Biegung bei 8,95 μ kann als sek.-OH (aus red. Hydroperoxyden oder CO-Verbb.) gedeutet werden. Die Spitze bei 10,12 μ u. die leichten Biegungen bei 10,32 μ u. 10,52 μ lassen bei I-Fettsäuren auf trans, trans-konjugiertes neben geringeren Mengen cis, trans-konjugiertes Dien u. isolierten trans-Doppelbindungen schließen. Bei den II-Fettsäuren fehlt dagegen die auf cis, trans-Dien hinweisende Absorption bei 10,52 μ. Die II-Säuren zeigen schwache Spitzen bei 9,52 μ u. 11,42 μ, was Aldehyd- oder Pyran-Gruppen vermuten läßt. (Off. Digest Federat. Paint Varnish Product. Clubs **26.** 548—53. Juli 1954. Austin, Minn., Hormel Inst.) E. Preu. 7096

Rudolf J. R. Singer, *Die Quellung von Ölfilmen in Wasser in Abhängigkeit von der Zusammensetzung der Öle.* 1. Mitt. Die mit skandinav. Leinöl hergestellten Ölfarben zeigen mangelnde Haltbarkeit u. Gilbungstendenz. Quellung in W. wurde als einer der die Zerstörung bewirkenden Faktoren erkannt. Die Verss. wurden mit nicht pigmentierten Ölfilmen vorgenommen. Als Teilprobleme werden das Verh. von Mischungen verschied. Öle, Einfl. der Standölkochung u. Bedeutung der Begleitstoffe bezeichnet. Die vorhandene Literatur über Quellung von Ölfilmen, verschied. Kennzahlen, Zus. u. technolog. Eigg. von Leinölen bis 1945 wird besprochen. (Farbe u. Lack **60.** 189—94. Mai 1954. Kopenhagen, Lack- u. Farbenfabrik S. Dyrup & Co.) K. Steiner. 7106

P. Ju. Kolessnikowa und **N. W. Korsin,** *Erfahrungen bei der Anwendung von korrosionsschützenden Lackfarben in chemischen Fabriken.* Auf Grund mehrjähriger Unterss. in Cl_2-, HNO_3- u. Superphosphatfabriken werden die in den einzelnen Betrieben am besten bewährten Schichtzuss. von Lackschutzanstrichen mitgeteilt, wobei als Grundanstrich Glyptalharze, Perchlorvinylpräpp. (auch mit inerten Füllstoffen wie Diabasmehl, Talk u. säurefestem Zement) u. Copolymere von Vinyl- u. Vinylidenchlorid, als Deckanstrich Emaillen u. Lacke ähnlichen Typs bis zu 7 Schichten verwendet werden u. für die einzelnen Schutzanstriche die bisher beobachtete Lebensdauer angegeben wird. Voraussetzung für gute Wrkg. ist die sorgfältige Reinigung der Grundfläche von alter Farbe, Zunder, Rost u. Verunreinigungen; vorteilhaft ist Passivierung mit 5%ig. H_3PO_4 u. Waschen mit White spirit zur Entfernung der Feuchtigkeit. (Химическая Промышленность [Chem. Ind.] **1955.** Nr. 6. 25—30. Sept.) R. K. Müller. 7106

Gerhard Müller, *Vinylpolymerisate auf dem Korrosionsschutzgebiet.* Vortrag, der einen Überblick über die vielseitige Verwendungsmöglichkeit der Anstriche auf Basis Vinylharze im Korrosionsschutz vermittelt. — 10 Literaturhinweise. (Farbe u. Lack **61.** 363—67. Aug. 1955. Frankfurt/Main-Höchst.) M. Winiker. 7106

A. E. Polson, *Styrol–Butadien-Mischpolymerisate in der Farbenindustrie.* Diese Mischpolymerisate, bes. die Type „Pliolite S 5", haben sich als ausgezeichnete Farbbenbindemittel erwiesen. Die Anstriche zeichnen sich durch eine helle Farbe u. sehr gute Chemikalienbeständigkeit aus. Sie sind für Metall u. Mauerwerk geeignet. Die Herst. dieser Anstrichfarben wird beschrieben. (Off. Digest Federat. Paint Varnish Product. Clubs **26.** 530—47 Juli 1954. Akron, Ohio, The Goodyear Tire & Rubber Co., Inc.) E. Preu. 7106

W. Pragst, *Untersuchungen des Aufbaues von Farbanstrichen.* Zur Kontrolle der einzelnen Farbschichten werden 2 Wege vorgeschlagen: 1. Auflösung der einzelnen Farbschichten mit Tetralin über Schablonen mit quadrat. Ausschnitten von 50, 35 u. 20 mm Kantenlänge. Bei mehr als 4 übereinanderliegender Schichten hat sich das Anfräsen des Farbaufbaues sehr gut bewährt. — 3 Farbaufnahmen. (Farbe u. Lack **61.** 467. Okt. 1955.) E. Preu. 7158

Sherwin-Williams Co., Cleveland, Ohio, übert. von: **Thomas E. Ludwig** und **Oswald E. Knapp,** Chicago, Ill., V. St. A., *Metallhaltige Azopigmente* der allg. Formel I (R = Naphthalinkern) erhält man z. B. durch Diazotieren einer Dichloranilinmonosulfonsäure, Kuppeln mit 2-Oxy-3-naphthoesäure (II) u. anschließende Überführung in ein Metallsalz. — 2.3-Dichloranilin-5-sulfonsäure (III) → II; Mn-Salz: mittelrot; Mn–Ni-, Ce-Salz: mittleres Dunkelrot; Mg-Salz: mittelrot; Ba-, Sr-, Ca-, Pb-, Zn-, Cd-Salz: mittelrot. — 2.4-Dichloranilin-6-sulfonsäure → II; Mn-Salz: braunrot. (**A. P. 2 694 055** vom 10/12. 1951, ausg. 9/11. 1954.) U. Sievers. 7093b

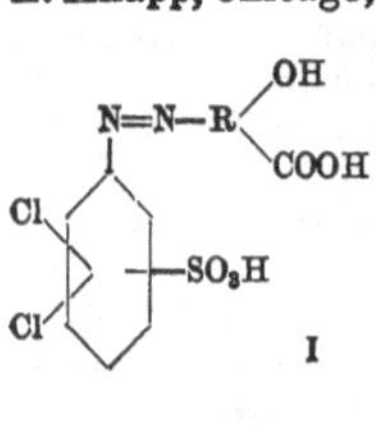

I

Rütgerswerke Akt.-Ges., Deutschland, *Mischpolymerisation von trocknenden Ölen mit Vinylverbindungen.* Trocknende Öle mit einer oder mehreren konjugierten Doppelbindungen (Ricinus-, Holz-, Oiticicaöl, isomerisiertes Leinöl) werden mit aromat. Vinylverbb. (Styrol, α-Methylstyrol, Vinylcarbazol) u. mit Bleicherden bei höherer Temp. in Ggw. von Lösungsmitteln, wie Xylol, Toluol, CCl_4, polymerisiert. — 100 (Teile) Holzöl, 50 Styrol, 5 Bleicherde G u. 150 Xylol werden 1 Std. bei 80° u. 15 Min. unter Rückfluß gehalten u. filtriert. Nach Entfernung des Xylol bleibt ein viscoses Öl, das einen rasch trocknenden Film gibt. (**F. P. 1 085 471** vom 30/6. 1953, ausg. 2/2. 1955. D. Prior. 7/7. 1952.) M. PANKOW. 7097

Standard Oil Development Co., Elizabeth, N. J., V. St. A., *Polymerisierverfahren.* Olefin–Diolefin-Gemische mit 50—70% Diolefin-Geh. werden bei 10—52° u. bei einem Druck, der dem Gesamtdampfdruck der Komponenten mindestens gleich ist, in Ggw. eines FRIEDEL-CRAFTS-Katalysators in Lsg. zu einem Harz polymerisiert. Verwendung für die *Herst. von Lacken.* (**E. P. 723 701** vom 15/8. 1952, ausg. 9/2. 1955. A. Prior. 1/12. 1951.) W. OVERBECK. 7097

Monsanto Chemical Co., St. Louis, Mo., übert. von: **Albert H. Bowen**, Seattle, Wash., V. St. A., *Herstellung wasserlöslicher Heteropolymerer* der allg. Formel I, worin X = OH, ONa, OK, ONH_4, NH_2, NHR oder Morpholinyl u. R = Alkyl (C_{1-4}) bedeuten. Die Polymeren werden mit CH_2O oder höheren aliphat. Aldehyden zu wasserlösl. bzw. in W. dispergierbaren Verbb. umgesetzt, wenn je Polymereinheit (n = 1) wenigstens 1 (Mol) der löslichmachenden Gruppierungen u. 0,05—0,2 der Gruppen ONH_4, NH_2 oder NHR vorhanden sind. In einem Beispiel wird die Rk. von 1 Styrol-Maleinsäureanhydrid-Polymeren mit 1 W. u. anschließend mit 1,5 Monoäthylamin beschrieben. Das wasserlösl. Polymer wird dann mit 0,18 CH_2O in ein in W. dispergierbares Gel verwandelt, das als *Verdickerzusatz zu Farbmischungen* das Absetzen des Pigments verhindert u. die Absorption auf porösen Oberflächen vermindert. (**A. P. 2 712 003** vom 23/11. 1949, ausg. 28/6. 1955.) H. SCHINDLER. 7097

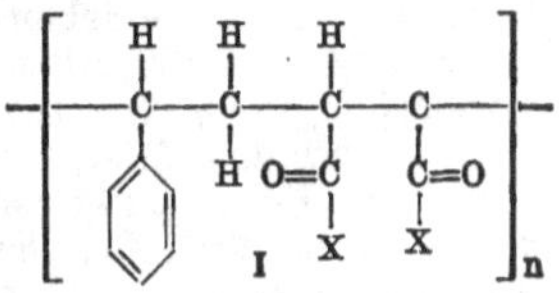

I

Ralph E. Stevens, Toledo, Ohio, V. St. A., *Methode zur Entfernung alter Lack- und Lackfarbenanstriche.* Man verwendet zunächst eine Fl. **A**, die einen chlorierten KW-stoff u. eine Cellulosederiv. enthält; nach dem Aufweichen behandelt man mit einer Lsg. **B** weiter. — Beispiele. A: 92 (Teile) Methylenchlorid (**I**). 8 Äthylcellulose, 7 A. oder 96 **I**, 5 Celluloseacetat, 6 A., 2 Paraffin, 0,5 Propylenoxyd; **B**: 25 Toluol (**II**), 50 Bzn. (**III**), 25 Äthylacetat (**IV**), 15 A. oder 1 Terpentinöl, 2 A., 3,5 **II**, 7 **III**, 3,5 **IV**. (**A. P. 2 705 207** vom 30/4. 1954, ausg. 29/3. 1955.) M. BÖTTCHER. 7101

Stoner Mudge, Inc., Pittsburgh, Pa., übert. von: **George William Seagren**, Pittsburgh, und **George Lawrence Reymann**, Sewickley, Pa., V. St. A., *Überzugsmittel* für Behälter von Nahrungsmitteln u. Getränken enthalten ein Harz **A** u. **B** sowie 5—20% H_3PO_4, wobei **A** ein *Epoxydharz* aus einem Bisphenol mit einem Mol.-Gew. von 1500 bis 7200 u. **B** ein alkal. kondensiertes *Phenol-CH_2O-Harz* ist, z. B. aus 2.3-Dialkyl- oder 2.5-Dialkylphenol, oder aus 4- bzw. 2-Monoalkylphenol. Als Lösungsm. wird z. B. ein Gemisch von 26 (Gew.-%) Äthylglykolacetat, 17 Isophoron, 14 n-Butanol u. 43 Xylol verwendet. (**A. P. 2 699 413** vom 20/5. 1952, ausg. 11/1. 1955.) M. BÖTTCHER. 7107

Badische Anilin- & Soda-Fabrik Akt.-Ges., Deutschland, *Naphthalinformalinharzlacke.* Derartige Lacke, welche beim Trocknen geschmeidige Überzüge liefern, erhält man dadurch, daß man diese Harze in Lösungsmitteln löst, welche keinen oder nur wenig O enthalten, unter Zusatz von genügend stark chloriertem Paraffin. Die Lacke können außerdem noch andere filmbildende Substanzen enthalten. — Z. B. löst man in 150 (Teilen) Toluol 100 Naphthalin–CH_2O-Harz, hergestellt durch mehrstd. Erhitzen von 1 (Mol) Naphthalin mit 1,2 Formalin auf 95—105° in Ggw. von H_2SO_4 als Katalysator. Diese Lsg. versetzt man sofort mit 6 (Teilen) Chlorparaffin (Cl-Geh. 40%) u. 5 einer 50%ig. Lsg. von Chlorkautschuk in Toluol. (**F. P. 1 076 038** vom 22/4. 1953, ausg. 21/10. 1954. D. Prior. 23/4. 1952.) T. OPPERMANN. 7107

Établissements T. Fritz-Vilars & Cie. (Soc. à r. l.,) Seine-Inférieure, Frankreich, *Herstellung von Mitteln zum Verhüten des Beschlagens von kalten Oberflächen.* Es sind Cremes, welche im wesentlichen eine nicht ion. oberflächenakt. Substanz u. eine Siliconemulsion enthalten, die durch einen kationakt. Emulgator stabilisiert ist. — Z. B. verd. man 37,5 Teile eines Alkylphenolpolyäthoxyäthers u. 3,3 Na-Isopropylnaphthalinsulfonat mit Wasser. Der entstandenen Paste verleibt man eine Lsg. von 0,28 Gerbsäure in 0,75 Methylalkohol ein u. außerdem noch 1,66 Glycerin, 8,3 Carboxymethylcellulose, 2,7 Emulgator (z. B. ein quaternäres Ammoniumsalz), 0,83 Silicon u. 0,83 H_2O_2. (**F. P. 1 079 995** vom 21/4. 1953, ausg. 6/12. 1954.) T. OPPERMANN. 7107

XIb. Plaste (Kunstharze. Plastische Massen).

Gerhard Matulat und **Horst Picht**, *Technische Betrachtungen zur Vakuumverformung.* Kurzer Hinweis auf Fehlermöglichkeiten bei der Vakuumverformung von Kunststoffen, die beim Aufstellen der Maschinen, der Materiallagerung, der Vorwärmung usw. gemacht werden können. (Kunststoffe **45**. P 76—P 77. Okt. 1955. Osnabrück, A. Hagedorn & Co., AG., Techn. Dienst.) M. Winiker. 7170

Gerhard Schenkel, *Erfahrungen beim Spritzen von Kunststoffrohren.* Behandelt werden: Verff. u. Vorrichtungen zum Spritzen maßhaltiger Kunststoffrohre, kombinierte Zentrierung u. Kalibrierung sowie kontinuierliche Maßkontrolle beim Spritzen. — 34 Literaturhinweise. (Kunststoffe **45**. P 78—P 82 Okt. 1955. Hannover.) M. Winiker. 7170

J. P. Healay, *Bedeutung und Vorteile von Beryllium–Kupfer-Formen.* Übersicht über die Anwendung von Be–Cu-Formen zur Herst. zahlreicher Werkstücke aus Kunststoffen. (Abbildungen). (Canad. Plastics **1953**. 85—86. 89—90. 92. Nov./Dez.) W. Wesly. 7170

Robert F. Hrudka, *Neue Anwendungsgebiete für stoßfeste Polystyrolplatten. Polystyrol* (**I**), das infolge seiner guten Formbeständigkeit, seiner niedrigen D. u. seiner Wasserfestigkeit gut zu verarbeiten ist, kann durch Einarbeiten von *Butadienkautschuk* in der Schlag- u. Stoßfestigkeit sowie der Verformbarkeit weiterverbessert werden. Die Formgebungsmöglichkeiten sind nahezu unbeschränkt, bes. bei Anwendung der Vakuumverformung. Hierbei ist die Wanddicke eine Funktion des Werkstückes u. nicht der Form. Ein Dünnwerden des Materials wird vermieden, indem die Erwärmung in diesen Zonen durch Zwischenlegen von Drahtnetzen abgeschirmt wird oder durch Düsen Kaltluft aufgeblasen wird. Auf die Verwendung des I in der Kühlschrank- u. Verpackungsindustrie wird hingewiesen. (Kunststoffe **45**. P 65—P 69. Sept. 1955.) F. Schipke. 7172

L.-D. Marlier, *Rohrleitungen aus Hartpolyvinylchlorid.* Technolog. Daten u. Beständigkeitstabellen von Hart-PVC sowie Hinweise zur Verlegung u. Verbindung von PVC-Rohren u. zur Berechnung der Wanddicken. (Revêtement et Protection **1955**. 26—29. Mai/Juni Brüssel, Soc. Solvic). H.-G. Moslé. 7172

S. R. Finn, N. J. L. Megson und **E. J. W. Whittaker**, *Neuere Fortschritte in der Chemie der Phenolharze.* Zusammenfassende Übersicht über Untersuchungsergebnisse zur Bestätigung früherer theoret. Überlegungen über die Feinstruktur von Phenolharzen (vgl. Megson, C. **1948** E. 133). Über die während der letzten Jahre durchgeführten Unterss. über die kristallograph. Röntgenanalyse von kristallinen Verbb., die Herst. von Harzen des Phenol–Äthan-Kettentypus, die Synth. u. Kennzeichnung neuer Verbb., das Mischen isomerer Dioxydiphenylmethane u. den Einfl. des p_H-Wertes auf die Ausbeute an Zwischenprodd. wird an Hand von Literaturstellen berichtet. (Chem. and Ind. **1950**. 849—53. 30/12. Min. of Supply, Chem. Defence Exp. Establ., London, Directorate of Mat. & Explos. Res. & Developm., Advis. Serv. Plast. & Rubber u. Chapel-en-le-Frith, Ferodo Ltd.) R. Schäff. 7176

P. Bruin, *Präkondensation von Epoxyharzen. Epoxyharze* (**I**), die als Rohstoffe für Einbrennlacke u. mit Aminen gehärtete Anstriche verwendet werden, können in ihren Fließ- u. filmbildenden Eigg. durch eine Präkondensation (**P. K.**) verbessert werden. Dies kann durch Zugabe einer geringen Menge eines Verlaufmittels, z. B. *Harnstoff–Formaldedydharz, Polyvinylacetalharz* oder *Siliconöl* geschehen. Werden *Äthylendiamin* (I) oder *Diäthylentriamin* (**III**) als Vernetzungsmittel (**V. M.**) verwendet, so wird ein Weißanlaufen vermieden, wenn das **V. M.** einige Std. vor dem Auftragen eingemischt wird. Schnelle Weiterverarbeitung ist erforderlich, da sonst der Binder schwerlösl. wird. Wird eine geringe Menge eines aromat. Diamins (z. B. *p-Phenylendiamin*), eines polybas. Phenols (z. B. *Pyrogallol*) oder eines *Phenolformaldehydharzes* (**IV**) mit einer Lsg. von I erhitzt, so tritt ebenfalls eine **P. K.** ein. Die Aushärtung erfolgt mit einer geringen Menge II oder **III**. Auch bei Einbrennlacken auf Basis von I u. **IV** kann der Verlauf durch eine **P. K.** verbessert werden. Die Komponenten werden auf 100—150° erhitzt, wobei Epoxy- u. phenol. Hydroxylgruppen miteinander reagieren. Nach 120 Min. **P. K.**-Zeit, die aber noch von den Konzz. u. der Reaktionsfähigkeit der Komponenten abhängt, ist der Film vollkommen glatt u. geschlossen. — Div. Tabellen u. Formelbilder. (Kunststoffe **45**. 383—86. Sept. 1955. Amsterdam, Koninkl./Shell-Labor.) P. Schipke. 7176

Robert I. Hawley jr., *Celluloseesterkunststoffe: unbegrenzte Einfärbbarkeit.* Die Einfärbung von Celluloseesterkunststoffen mit Farbstoffen u. Pigmenten wird erörtert. (Mod. Plastics **32**. Nr. 1. 115—16. 223—24. Sept. 1954. Kingsport, Tenn., Tennessee Eastman Co., Tenite Color Labor.) R. Schäff. 7198

N. N. Bandyopadhyay, *Hornkunststoffe.* 1. Mitt. *Weichmachung und Eigenschaften.* Vf. untersuchte die Möglichkeit zur Entw. von Verff. zur Herst. von Preßpulvern aus

Hornabfällen unter Verwendung billiger Chemikalien. Es wurde gefunden, daß sich Äthylenglykol u. Glycerin gut als Weichmacher eignen, wobei größere Mengen davon (ca. 35%) flexible Preßteile (Verpressung bei 140°, 140 kg/cm² 5 Min.) ergeben. Ferner wurden die Eigg. der Preßteile untersucht. Die Einarbeitung von faserigen Füllstoffen, wie Cellulose, vergrößert die Kerbschlagfestigkeit, während Asbest u. Al_2O_3 u. a. die Wärmebeständigkeit verbessern. Das Wasseraufnahmevermögen ist groß, jedoch mit dem anderer Proteinkunststoffe vergleichbar. Nachteilig sind das schlechte plast. Fließen, die starke Schrumpfung u. der geringe Oberflächenglanz. (J. Indian chem. Soc., ind. News Edit. **16.** 195—200. 1953. Calcutta, Bose Inst., Dep. of Chem.) R. SCHÄFF. 7198

Horst Winterscheidt, *Die Isolierung und Erkennung von Dicarbonsäuren und Polyalkoholen aus Weichmachern und Kunstharzen.* Es werden Nachweis-Rkk. u. Isolierungsmethoden für die wichtigsten in Kunstharzen u. Weichmachern vorkommenden Dicarbonsäuren angegeben: Phthal-, Adipin-, Fumar-, Malein-, Sebacin-, Azelain-, Oxal-, Bernstein-, Wein-, β-Methyladipin- u. Terephthalsäure. Ferner werden Rkk. aufgeführt u. teilweise Verff. der Best. mitgeteilt für die in Weichmachern mit Dicarbonsäuren verestert vorliegenden einwertigen Alkohole (Methanol, Äthanol, Butanol, Hexanol, Benzylalkohol, Furfurylalkohol u. Cyclohexanole) sowie für die in Polyurethanen, Polyestern u. Weichmacherharzen vorkommenden mehrwertigen Alkohole (Glykole, Glycerin, Trimethylolpropan, Hexantriol, Pentaerythrit). (Seifen-Öle-Fette-Wachse **80.** 711—14. 22/12. 1954. **81.** 16—18 5/1. 1955.) K. SEIFERT. 7210

Rudolf Kirberg, Deutschland, *Herstellung von Formen aus Thermoplasten* wie Polyvinylchlorid (vgl. D. B. P. 850 421; C. **1954.** 4959). Man umgießt den abzubildenden Gegenstand mit fl. Thermoplast (z. B. plastiziertem Polyvinylchlorid), läßt erstarren, entfernt das Modell aus einem dafür vorgesehenen Schlitz u. verwendet die erhaltene Form zur Herst. von geformten Phenol-, Harnstoff-, Melamin-, Epoxy- oder Polyesterharzen. (**F. P. 1 086 298** vom 3/7. 1953, ausg. 10/2. 1955.) M. PANKOW. 7171

Farbwerke Hoechst Akt.-Ges., vormals Meister Lucius & Brüning (Erfinder: **Hermann Fritz** und **Rudolf Schäff,** Frankfurt/M., und **Ditmar Bachmann** und **Werner Grundmann,** Hofheim/Taunus), *Herstellung von Polymerisaten* durch Polymerisation von ungesätt. Verbb. in Form sich absetzender Teilchen, dad. gek., daß man die Polymerisation bei vollständig mit Fl. gefülltem Reaktionsgefäß unter Drucken durchführt, die höher liegen als der Dampfdruck der Reaktionsteilnehmer bei der betreffenden Polymerisationstemperatur. Der Überdruck liegt maximal bei krit. Druck der Ausgangsstoffe, die bes. fluorhaltige Monomere, z. B. Trifluorchloräthylen, sind. Bei 30° wurden z. B. 6,5 atü benutzt. (**D. B. P. 938 037** Kl. 39c vom 9/12. 1953, ausg. 19/1. 1956. Anmeldung bekanntgemacht 28/7. 1955.) H. SCHINDLER. 7173

Monsanto Chemical Co., St. Louis, übert. von: **William S. Emerson** und **Raymond I. Longley jr.,** Dayton, Ohio, V. St. A., *Plastifiziertes Polyvinylchlorid.* Als Weichmacher wird ein Diester der Formel $R\overset{\overset{\displaystyle O}{\|}}{C}O-CH_2-\overset{\overset{\displaystyle X}{|}}{C}H-\overset{\overset{\displaystyle Y}{|}}{C}H-CH_2-CH_2-O\overset{\overset{\displaystyle O}{\|}}{C}R'$ verwendet, worin R u. R' Alkyl mit 7—11 C-Atomen bzw. Aryl mit 6—9 C-Atomen, Y H oder CH_3, X H, CH_3 oder C_2H_5 u. X oder Y Alkyl bedeutet, z. B. 3-Methyl-1.5-pentandioldibenzoat, -benzoatcaproat, -toluatcaproat, -benzoatcaprylat, -toluatlaurat, -toluat-2-äthylhexoat, -toluatcaprylat oder -benzoatlaurat. (**A. P. 2 700 656** vom 27/3. 1950, ausg. 25/1. 1955.) G. SALZMANN. 7173

Farbwerke Hoechst Akt.-Ges., vormals Meister Lucius & Brüning (Erfinder: **Werner Stark,** Hofheim, **Gerhard Bier** und **Guido Lorentz**), Frankfurt/M., *Herstellung von Filmen, Fäden und andern geformten Gebilden.* Verwendung der *Mischpolymerisate von Acrylnitril mit Vinylsulfonen,* deren Acrylnitrilanteil mindestens 70 Mol.-% beträgt. Ein Teil des Dimethylformamid-Lösungsmittels kann durch Aceton, Bzl., Acetonitril, Nitromethan, Dioxan oder Toluol ersetzt werden. Fällbad: Glycerin. (**D. B. P. 937 616** Kl. 39b vom 19/1. 1952, ausg. 12/1. 1956. Anmeldung bekanntgemacht 21/7. 1955.) G. SALZMANN. 7173

Chemische Werke Albert, Deutschland, *Herstellung von Phenolaldehydaluminiumharzen* durch Rk. von Al-Phenolaten mit Aldehyden oder Ketonen in Ggw. von Lösungsmitteln oder durch Rk. von Phenolharzen mit Al-Alkoholaten oder Al enthaltenden Kunstharzen, die man durch Rk. von Al-Alkoholaten mit tautomer reagierenden Verbb. mit CO-Gruppen, die enol. OH-Gruppen oder keton. Gruppen bilden können, erhält. Zu einer Lsg. von 309 g Al-Phenolat in 130 g Acetessigester gibt man unter Rückfluß portionsweise 1 Mol. Paraformaldehyd, hält 2—3 Std. unter Rückfluß u. erhält nach Entfernen des Lösungsm. ein Al-Phenolharz. — Man kocht 1 Mol Al-Butylat 2 Std. mit 1 Mol Acetessigester, entfernt flüchtige Anteile bei 150° im Vakuum, bläst O_2 bei 160 bis 200° ein, bis eine Probe bei Raumtemp. harzartig ist, u. mischt 11,2 (Gew.-Teile) dieses Harzes mit 100 eines Alkylphenolharzes (Alresen 260 R). Die Al-Harze härten leicht, manche schon < 40°, die gehärteten Harze sind gegen W. u. Chemikalien fest. — Vgl. auch Oe. P. 181 427; C. **1955.** 7797. (**F. P. 1 090 547** vom 11/9. 1953, ausg. 31/3. 1955. D. Prior. 10/11. 1952.) M. PANKOW. 7177

Courtaulds Ltd., London (Erfinder: **Frank Reeder**), England, *Erhöhung der Wärmestabilität linearer Polyäther.* Man erwärmt das Gut in Ggw. einer Base mit einem Alkohol, Phenol oder Amin. — Ein aus Hydrochinon u. Butan-1.4-diol-di-p-toluolsulfonat oder aus Diphenylolpropan u. Pentan-1.5-diol-di-p-toluolsulfonat erhaltener Polyäther wird in Ggw. von KOH mit etwa der 10fachen Menge m-Kresol, Monomethyläther des Diäthylenglykols oder Triäthanolamin unter Rückfluß erwärmt. (**E. P. 784 095** vom 1/12. 1952, ausg. 27/7. 1955. **Zusatz zu E. P. 693 980; C. 1954. 10359.**) H. MÖLLERING. 7177

N. V. de Bataafsche Petroleum Mij., Den Haag, Holland, *Härten von Epoxyharzen.* Polyglycidyläther aus Bisphenolen (Mol.-Gew. 340—624) u. einer Äthylenoxydverb. (Mol.-Gew. 175—400) oder ihre Mischungen mit solchen aus Glycerin, die auch noch flüchtige oder nichtflüchtige Lösungsmittel, wie Ester, Ketone, Alkylacetate, Glykoläther, Phthalsäureester, Glycidylallyl- (bzw. -phenyl-) äther, Styroloxyd, 1.2-Hexylenoxyd, Aceto-, Propio-, Adipinsäure- oder Benzonitril, gegebenenfalls mit Verdünnungsmitteln enthalten, werden mit 0,15—0,4 Mol (je Epoxy-Äquivalentgew. des Polyglycidyläthers) N.N-Dimethyl-1.3-propandiamin versetzt u. bei 20—250° gehärtet. Verwendung als Klebstoffe, für Überzüge u. zum Einbetten von dünnen elektr. Leitern. (**E. P. 717 291** vom 5/8. 1952, ausg. 27/10. 1955. A. Prior. 7/8. 1951.) G. SALZMANN. 7177

General Mills, Inc., Minneapolis, Minn., V. St. A., *Massen aus Epoxyharzen und Polyamiden* zur Herst. von *Formkörpern* u. *Überzügen.* Die endständige Epoxygruppen aufweisenden Harze vermischt man in der Wärme u. in einem inerten Gas mit weichen Polyamiden aus ungesätt. höheren Fettsäuren oder deren Estern (Sojabohnen-, Lein-, Holz-, Perilla-, Oiticica-, Baumwollsamen-, Sonnenblumen-, Tall- oder dehydriertem Rizinusöl) u. Polyaminen (F. 40—70°). Auch als *Klebemittel* (für Metalle u. dgl.) u. als *Lack,* wobei beide Teile getrennt gelöst werden, eignet sich die Mischung. (**E. P. 726 570** vom 9/3. 1953, ausg. 23/3. 1955. A. Prior. 11/3. 1952.) G. SALZMANN. 7181

Jacques Wolf & Co., Passaic, N. J., V. St. A. (Erfinder: **Lucien Sellet und William Orville Dawson**), *Wasserlösliche Dicyandiamid-Formaldehyd-Harze,* die mit Säuren fällbar sind, erhält man durch Erhitzen einer wss. Lsg. von Dicyandiamid (I), CH_2O u. einem wasserlösl. oberflächenakt. Salz einer Sulfonsäure mit einer SO_3H-Gruppe bis zu einem $p_H > 7$ u. bis das Kondensationsprod. bei Verdünnen mit W. nicht, jedoch mit einer sauren Verb., wie $Al_2(SO_4)_3$, leicht niedergeschlagen wird. — 1 (Mol) **I**, 4 CH_2O u. 0,1 Borax als Puffer werden 35 Min. auf 95° erhitzt, wobei das Harz wasserunlösl. wird. Nach Zusatz von 92 g dinaphthylmethandisulfosaurem Na wird bis zur Lsg. bei $p_H > 7$ erhitzt. Bei Zusatz von H_2SO_4 tritt sofortige Fällung ein. (**E. P. 736 197** vom 1/9. 1953, ausg. 7/9. 1955.) J. MÜHLEISEN. 7181

Tee Pak, Inc., übert. von: **Joseph S. Chirtel** und **Arthur M. Mark**, Chicago, Ill., V. St. A., *Aminosäurepolymere* erhält man durch Erhitzen von ca. 1—10 (Mol) einer Aminosäure (z. B. Glycin, Alanin, Leucin, Lysin, Tyrosin, Cystein, Methionin, Arginin u. Glutaminsäure) mit 1 eines N-Acylderiv. von α-Aminosäuren, wie z. B. den N-Acetyl-, N-Propionyl-, N-benzoyl-, N-Carbomethoxyl- u. N-Carbäthoxylverbb., in einer inerten Atmosphäre bis zur Verfestigung des anfänglich schm. Gemisches. Anschließend wird abgekühlt u. die in W. lösl. Stoffe werden entfernt. Die Rk. kann bei n. oder erhöhtem Druck erfolgen. — Durch Polymerisation von N-Carbomethoxyglycin mit Glycin in O_2-freier Atmosphäre bei 160—170° während 30 Min. erhält man orangegelbes Prod., das noch mit W. ausgelaugt wird u. dann ein graues, amorphes Prod. darstellt. — Die Prodd. können auf Filme verarbeitet werden, die eßbar sind. Sie sind unlösl. in W. u. Fetten. (**A. P. 2 705 705** vom 25/4. 1950, ausg. 5/4. 1955.) J. MÜHLEISEN. 7181

Dow Corning Corp., Midland, Mich. (Erfinder: **James Franklin Hyde**, Corning, N.Y.), V. St. A., *Organosiloxane* durch Hydrolyse u. Kondensation von hydrolysierbaren Silanen werden hergestellt, indem eine hydrolysierbare Mischung von Silanen der Formel CH_3SiX_3 u. $RSiX_3$, wobei R ein höherer Alkylrest u. X ein hydrolysierbares Atom oder eine Atomgruppe ist, verwendet wird. — Beispiel: 1 (g) Dodecyltrichlorsilan u. 5,3 Methyltriäthoxysilan in 10 Glykolmonoäthyläther werden tropfenweise mit 0,15—0,2 A. versetzt. Nach dem Erhitzen u. Zusatz von 0,9 W. wird das Lösungsm. verdampft. Es resultiert ein homogenes *harzartiges* Prod., das nach 1std. Erhitzen auf 175° härtet. Das

Harz hat die Formel $(CH_3SiO-)_9$, $(C_{12}H_{25}SiO-)_1$; O:Si = 1,5. (**D. B. P. 841 217** Kl. 39c vom 19/9. 1950, ausg. 13/6. 1952. Anmeldung bekanntgemacht 4/10. 1951. A. Prior. 26/2. 1942.) A. GRADL. 7189

Ladislao José Biro, Argentinien, *Kondensieren von Phenol oder Harnstoff mit Aldehyd* in Ggw. eines wss. Mediums, eines Alkalisalzes einer schwachen Säure (Alkalisilicat, -aluminat oder -zinkat) u. unter Einw. infraroter Strahlen. — Man mischt 60 (Teile) Harnstoff u. 160 38—40%ig. CH_2O, stellt mit NH_4OH auf p_H 7,5, läßt bei Raumtemp. bis zu 3 Std. stehen u. rührt eine Na-Silicatlsg. ein, die man aus 8 Na-Silicat (60° Bé) u. zusätzlich 20 W. erhält. Das entstehende Gel wird 6 Std. mit Infrarotstrahlen bei 40—50° behandelt. Man mischt Plastiziermittel u. Füllstoffe ein u. verwendet als *Preßmasse.* (**F. P. 1 085 935** vom 15/6. 1953, ausg. 8/2. 1955.) M. PANKOW. 7205

British Resin Products Ltd., England, *Wärmehärtende Harze.* Mit Aldehyden u. Phenolen hergestellte Oxyalkylphenole werden in alkal. Mittel mit einem sogenannten Verätherungsmittel für mehrwertige Alkohole, wie Epichlorhydrin (I), Epi- oder Dibromhydrin, α- oder β-Dichlorhydrin umgesetzt. Die Reaktionsprodd. können mit sauren Stoffen oder Säuren gehärtet werden; langsamer mit schwachen Säuren oder Basen. — Man löst 315 (Gewichtsteile) Phenol in einer Mischung aus 800 einer wss. 40%ig. CH_2O-Lsg. u. 147 NaOH in 281 W. u. hält 25 Std. <50°, rührt 24 Std. mit 335 **I**, wäscht die nichtwss. Schicht, entwässert, kondensiert bei 150° u. 30 mm 1 Std.; helles Harz, Erweichungspunkt 64° (Kugel-Ring-Meth.). Man härtet es bei 140° mit 5% Fumarsäure in $3^1/_4$ Std., mit 5% Oxalsäure in $^1/_4$ Std.; harte, gegen Chemikalien beständige Harze mit guter Haftfestigkeit. Verwendung für Preßmassen, Überzüge, Klebstoffe. Sie sind mit verätherten Harnstoff-CH_2O-Harzen mischbar. (**F. P. 1 074 054** vom 28/1. 1953, ausg. 1/10. 1954. E. Prior. 5/2. 1952.) M. PANKOW. 7205

American Sisalkraft Corp., Attleboro, Mass., V. St. A., *Schichtförmiges temperaturunempfindliches Verpackungsmaterial* aus Natronzellstoff oder Kreppapier. Als Bindemittel wird eine W.-in-Öl-Emulsion aus einem Harz (4 Teile) u. einem Elastomeren (1 Teil) verwendet. Polybutadien oder Butadien-Styrol- (bzw. Isobutylen-)Mischpolymerisate in Latexform werden mit einem Kleber, wie Petroleum- oder Cumaron-Inden-Harz u. W. bei 85—100° vermischt. Die M., die die verschiedensten Zusätze, wie Sisalfasern, Pigmente, Metallflitter, Vulkanisierungsmittel, Lignin, Casein, Celluloseäther, Phenol-, Dimethylolharnstoff- oder Vinylharze enthalten kann, wird heiß aufgebracht u. das W. entzogen. Herst. von Kofferplatten. (**E. P. 728 044** vom 12/3. 1951, ausg. 13/4. 1955. A. Prior. 14/3. 1950.) G. SALZMANN. 7205

Bernard Jean Félix Mahon de Monaghan, Loiret, Frankreich, *Baumaterial aus Kunstharzen,* bes. Polyesterharzen. Man mischt das Harz mit einem Katalysator in einem Weichmacher, setzt einen Härter (Lupersol DDM; I), Füll- u. Farbstoffe zu, dann einen Beschleuniger (Co-, Mn-Naphthenat) u. streicht oder spritzt die Mischung auf Gewebe oder Fasermassen, bedeckt gegebenenfalls beidseitig mit Cellulosefolie u. führt durch Preßwalzen. Das durchsichtige, im Infrarot u. UV absorbierende Material dient zur Herst. von Dächern u. Lauben. — 70 (Gewichtsteile) Polyester werden mit 2,5 einer Paste von 65%ig. Benzoylperoxyd in Trikresylphosphat, die in einem Styrollösungsm. dispergiert ist u. die etwas Polyesterharz enthält, weiter 1 **I**, bis zu 20 Füllstoff u. 0,03 Naphthenat versetzt, auf Glasfaser gebracht u. gepreßt. (**F. P. 1 085 157** vom 14/10. 1953, ausg. 28/1. 1955.) M. PANKOW. 7205

Soc. des Usines Chimiques Rhône-Poulenc, Paris, Frankreich, *Schallplatten aus Phenol- und Vinylharzen* von verbessertem Klang u. längerer Lebensdauer erhält man durch Überziehen mit einer 0,5—5 (%) Methylpolysiloxan u. gegebenenfalls 1,5—2,5 Netzmittel (Arylalkylsulfonat, langkettiges quaternäres Ammoniumsalz, Polyäther) enthaltenden Lsg. bzw. wss. Emulsion. (**E. P. 727 456** vom 27/7. 1953, ausg. 30/3. 1955. F. Prior. 12/2. 1953.) G. SALZMANN. 7205

XIII. Ätherische Öle. Parfümerie. Kosmetik.

W. A. Fayaud und **S. Rivera,** *Über einige neue in Italien hergestellte synthetische Riechstoffe.* Allg. Ausführungen über Herst. von Guajol, Guajolacetat, Cedrol, Cedrolacetat u. anderen Riechstoffen sowie von Chlorophyll. (Riv. ital. Essenze, Profumi, Piante officin., Olii veget., Saponi **36.** 219. 15/5. 1954. Milano, stabilimento Esperis.) K. STEINER. 7260

Arno Müller, *Ätherische Öle und synthetische Riechstoffe.* 2. Mitt. *Oberflächenspannung und Capillariskopie der ätherischen Öle.* (1. vgl. Fette Seifen einschl. Anstrichmittel **52.** [1950.] 406.) Die Beziehungen zwischen Oberflächenspannung u. Viscosität bei äther. Ölen wurden vermittels der Capillaraktivität in Filtrierpapier bestimmt. Das hierzu verwendete Capillariskop, das die Ausbreitung des Öls im Kreise quantitativ zu messen erlaubt, wird beschrieben. Für die äther. Öle aus 26 Pflanzenfamilien werden die für charakterist. angesehenen Capillarbilder verzeichnet. (Fette Seifen einschl. Anstrichmittel **52.** 487—96. Aug. 1950. Genf.) K. SEIFERT. 7262

Arno Müller, *Ätherische Öle und synthetische Riechstoffe.* 3. Mitt. *Synthetische Riechstoffe.* 1. Mitt. (2. vgl. vorst. Ref.) Unters. über die Beziehungen zwischen der Konst. (Kettenlänge, -form, Ringbldg., Mol.-Gew.) u. Viscosität sowie Oberflächenspannung bzw. Parachor von aliphat., aromat., hydroaromat. u. nichtcycl. Terpenalkoholen, wobei η im HÖPPLER-Viscosimeter u. γ im Stalagmometer nach TRAUBE gemessen wurden. Die für die hierbei gefundenen Abweichungen von den berechneten Werten verantwortlichen Eigg. (Anisotropie, Assoziationsneigung) werden besprochen. Bei den aliphat. Alkoholen ist γ ziemlich gleich, mit P-Minus-Differenzen (bei C_{11} u. C_{12} auffallend hoch), η entspricht bei n. Ketten der DUNSTAN-Formel $\log \eta = a{\cdot}M + b$ (C_{10} ausgenommen) mit +-Differenzen. Bei den nichtcycl. Terpenalkoholen steigt γ an, starke P-Minus-Differenzen, η zeigt sehr hohe + u. —-Differenzen. Hydroaromat. Alkohole zeigen starkes Ansteigen von γ; auch hier (ausgenommen Cyclohexanol) P-Minus-Differenzen, für η sehr starke +- u. —-Differenzen. Bei den aromat. Alkoholen ist γ am höchsten mit z. T. sehr hohen P-Minus-Differenzen, während die η-Inkremente wenig vom Normalwert abweichen. (Fette Seifen einschl. Anstrichmittel **53.** 151—59. März 1951. Genf.) K. SEIFERT. 7262

Arno Müller, *Ätherische Öle und synthetische Riechstoffe.* 4. Mitt. *Synthetische Riechstoffe.* 2. Mitt. (3. bzw. 1. vgl. vorst. Ref.) In Fortsetzung der Unterss. werden die Viscosität u. die Oberflächenspannung verschied. Aldehyde, Ketone u. Äther ermittelt bzw. berechnet u. die Beziehungen zwischen den erhaltenen Werten u. der Konst. der untersuchten Rohstoffe aufgezeigt u. diskutiert. (Fette Seifen einschl. Anstrichmittel **53.** 462—66. Aug. 1951.) H. P. FIEDLER. 7262

M. O. Farooq und **G. S. Gupta,** *Ätherisches Öl von Zataria multiflora Boiss.* Die aus getrockneten Blättern, schwachen holzigen Stengeln u. vielen kleinen Blüten bestehende Droge *Saatar* aus der Labiate *Zataria multiflora Boiss.*, in Arabien u. Persien heim., gibt mit Wasserdampf 0,6% goldgelbes, gegen Lackmus saures, äther. Öl von charakterist. Geruch u. bitterem, scharfem Geschmack. Seine Eigg. sind $D.^{32}{}_{32}$ 0,93098, $n_D{}^{32}$ 1,5154, $[\alpha]_D{}^{32}$ $-0^0\,56'$, SZ. 1,3, VZ. 8,0, EZ. 6,7, EZ. nach Acetylierung 175,9, $Kp._{760}$ 172—240°, lösl. in 2,5 Voll. 70%ig. Alkohols. Der phenolige Anteil von 69 (%) besteht im wesentlichen aus *Carvacrol* neben 0,5 eines *Zatarol* benannten Phenols, der nichtphenolige von 31 aus 17 *p-Cymol*, 2 eines Alkohols *Zatarinol*, $C_{10}H_{16}O$, 3 *Borneol* u. 0,6 einer fl., bei 209—211° sd. *Säure* von $n_D{}^{25}$ 1,4888. (Perfum. essent. Oil Rec. **45.** 287—89. Sept. 1954. Aligarh, Indien, Muslim Univ., Dep. of Chem.) H. MÜHLMEISTER. 7262

Jean F. Charpy, *Ein Parfümeur bewertet reine Parfümeriechemikalien und gibt einige praktische Anregungen für ihre wirkungsvolle parfümistische Verwendung.* An Beispielen von Rose-, Jasmin- u. Maiglöckchenkompositionen werden eine Anzahl reinster Riechstoffe angeführt, mit denen erstklassige Parfüms hergestellt wurden; durch solche handelsüblicher Reinheit waren sie nicht zu ersetzen. (Soap, Perfum. Cosmet. **28.** 1042—44. Sept. 1955.) H. MÜHLMEISTER. 7276

S. B. Mecca, *Allantoin in Kosmeticis.* Beispiele mit 21 Literaturangaben belegen die Fähigkeit von *Allantoin* zur Entfernung nekrot. Gewebe, Reinigung der Wundflächen u. Förderung des Wuchses neuen Gewebes. Da es ungiftig u. unschädlich für die Haut ist u. auch bei Sonnenbrand, Karbunkeln, Fisteln, Pusteln u. Ekzemen gute u. schnelle Heilung bewirkt, ist seine Verwendung in kosmet. Präpp. angezeigt; für Handwässer, verschied. Cremes usw. werden 8 Rezepte mit 0,05—0,5% angegeben. (Drug Cosmet. Ind. **76.** 768—69. 867—72. Juni 1955. Philadelphia, Pa., Schuylkill Chem. Co.) H. MÜHLMEISTER. 7284

Hans Walter Schmidt, *Silberpuder, kosmetisch betrachtet.* Labiles Milcheiweiß mit inkorporiertem Ag wirkt als baktericides, adstringierendes, sekretbindendes u. entgiftendes Ag-Puder vorbeugend bei Hautschäden u. verhindert weitere patholog. Veränderungen der Haut. (Parfümerie u. Kosmet. **36.** 612. Dez. 1955.) H. MÜHLMEISTER. 7284

Kurt Weigel, *Organosiliciumhaltige Cremes für Hautschutz und allgemeine Körperpflege.* Gegen Dauerwellwässer aus Thioglykolsäure schützt eine W.-Öl-Emulsion oder besser eine alkoh. Creme, in die mit den Emulgatoren Lanette MC (DEHYDAG) oder Tegin (GOLDSCHMIDT) mit Siliconpaste u./oder mit Methylsiliconöl AK 500 Provitamin A als Carotinöl, Vitamin F zusammen mit Formamid u. zuletzt eine Kombination eines Orthokieselsäureesters mit einemAlkylalkoxysilan eingearbeitet ist. Die Organosiliciumverbb. unterliegen der Hydrolyse, die die Leitfähigkeit ändert u. die Lagerfähigkeit vermindert. (Parfümerie u. Kosmet. **36.** 200—01. Mai 1955.) H. GUDE. 7284

Irvin H. Blank, *Behandlung trockener Haut.* Trockene Haut entsteht durch Verdunstung von mehr W., als durch die als Hindernis wirkende Grenzschicht unter der Hornschicht nachdringen kann, in schweren Fällen entstehen Risse, durch die schädigende Stoffe an die lebenden Zellen gelangen. Die Verdunstung muß durch Abschließen mit Ölfilmen verringert werden, diese füllen auch die Risse aus u. dienen als Bindemittel für abgestoßene Hornschichtpartikel. Pflanzliche u. tier. Fette, KW-stoffe, Wachse u. Lanolin eignen sich dazu, Glycerin u. andere hydrophile Stoffe verbessern die Wrkg. durch Anziehen von W. aus der Umgebung. (Drug Cosmet. Ind. **76.** 758—60. 856—61. Juni 1955. Boston, Mass., Harvard Med. School, Dep. of Dermat., Gen. Hosp., Dermat. Res. Labor.) H. MÜHLMEISTER. 7284

Joseph Kalish, *Zirkoniumdesodorantien.* Das nach A. P. 2498514 aus $ZrOCl_2$· 8 H_2O u. Milchsäure gefällte u. in konz. NaOH gelöste *NaZr-Lactat* $NaZrO(CH_3 \cdot CHOH \cdot COO)_3$ hat eine gute desodorierende Wrkg. infolge seiner Fähigkeit, Komplexverbb. mit Fettsäuren, aminähnlichen u. a. im Schweiß vorhandenen, durch Zers. geruchsbildenden Körpern zu bilden. Die Lsg. von D. 1,28—1,30 enthält bei 40—44(%) Feststoffen 12,5—13 ZrO_2, hat p_H 7,5—8,2 u. ist haltbar bei p_H 6,5—10,5. Im Tier- u. Humanvers. wurde seine Unschädlichkeit für die Haut festgestellt. 3 Rezepte mit 5 bzw. 15% der Lsg. werden angegeben. (Drug Cosmet. Ind. **76.** 762—63. Juni 1955.) H. MÜHLMEISTER. 7284

Helmut Hansel, *Die Chemie des Haares und Prüfungen von Haarschäden im chemischen Laboratorium.* Nach einer einleitenden Darst. über den histolog. u. chem. Aufbau des Haares werden verschied. Methoden, wie z. B. die Rk. nach ALWÖRDEN, die Biuret-Rk., die Diazo-Rk. nach PAULY sowie die Quellungs-Rk. in ammoniakal. KOH nach KRAIS, MARKERT u. VIERTEL zum Nachw. von Haarschädigungen mitgeteilt. (Parfümerie u. Kosmet. **35.** 497—503. Dez. 1954.) H. G. FRÖHLICH. 7284

Hans Walter Schmidt, *Nagellackdermatosen und ihre Verhütung.* Zum Schutz der Haut gegen Dermatosen durch Berührung mit Nagellacken, die Harze aus Ortho- u. Paraformaldehyd u. Toluylensulfonamid enthalten, werden fettreiche Milcheiweißsalben (Fissan) empfohlen. (Parfümerie u. Kosmet. **36.** 198—200. Mai 1955.) H. GUDE. 7284

R. Fischer und **H. Resch,** *Ein Mikroverfahren zur Wertbestimmung des genuinen ätherischen Öls in einzelnen pflanzlichen Ölbehältern.* Ergänzung zur Arbeit des gleichen Titels (C. **1954.** 10609). Die mit der beschriebenen Meth. gewonnenen Werte für Citral im genuinen Citronenöl erscheinen gegenüber Handelsöl etwas überhöht, vermutlich durch in unreifen Früchten vorkommendes Geraniol, das die MTk noch stärker herabsetzt als Citral. Es erscheint jedoch verfrüht, die Zus. genuiner u. Handelsöle direkt miteinander zu vergleichen. (Naturwissenschaften **39.** 504. Nov. 1952.) I. WEINMANN. 7286

XV. Gärungsindustrie.

Lorand Macher, *Kornbrand.* Überblick über Rohstoffe, Malz, Maischebereitung, Gärführung, Dest. u. Rektifikation. Man soll nur Brennmalz verwenden, nicht dämpfen, nach der kalten Gärung sofort abdest. u. bes. beim Rektifizieren vom Mittellauf nur den ersten Teil als Kornbrand verwenden. (Alkohol-Ind. **66.** 255—73. 1/6. 1953.) H. G. SCHULTZE-BERNDT. 7536

Robert Heuss, *Über dänische Gersten der Ernte 1952 und die daraus hergestellten Malze.* Eigene Unterss. über dän. Importgersten der Ernte 1952 u. die daraus hergestellten Malze werden mitgeteilt u. mit Ergebnissen anderer Laborr. verglichen. Zur Extraktberechnung aus Eiweißgeh. u. Tausendkorngewicht der Gerste werden 7 verschied. Formeln angewandt. (Brauerei, wiss. Beilage **6.** 13—16. Febr. 1953. Berlin-Neukölln, Berliner Kindl-Brauerei Akt.-Ges., Betriebslabor.) H. G. SCHULTZE-BERNDT. 7540

Shigezo Kanoh, *Untersuchung über Brauwasser für Saké.* 1. Mitt. *Chemische Zusammensetzung von Saké-Brauwasser.* Nach der chem. Analyse von 54 Proben von *Saké-Brauwasser* aus fast allen Distrikten Japans lassen sich 5 Gruppen kennzeichnen: 1. Hoher Geh. an Phosphat (I), 2. höherer Geh. an allen Bestandteilen als bei den übrigen Wässern, ausgenommen an **I**, 3. ähnlich 1., aber weniger **I**, 4. niedrigerer Salzgeh. als 3., aber reich an Na u. 5. niedriger Geh. an allen Salzen. Zur 1. Gruppe gehört alles „Miyamizu" genannte W., bekannt für seine Verwendung zum Saké von Nada. Auch die Wässer der 3. Gruppe sind aus Gegenden, bekannt durch guten Saké. Zus. eines W. der 1. Gruppe aus Nishinomiya: p_H 6,7, dialysierter Rückstand 271 (mg/Liter): Si 11,7,

Fe 0,002, Al 0,26, Ca 36,4, Mg 4,7, Mn 0,007, K 18,1, Na 28,8, P 2,66, SO_3 22,4, Cl 29,0, CO_2 (frei) 20,3, CO_2 (gebunden) 47,8, NH_4-N 0,013, NO_3-N 3,8 u. verbrauchtes $KMnO_4$ 4,5. (J. agric. chem. Soc. Japan [Nippon Nôgeikagaku Kaishi] **27.** 881—87. Dez. 1953. Tokyo, Univ. [Orig.: japan.; Auszug: engl.]) L. SCHULER. 7550

Hans Lüthi, *Reinhefeanwendung und Qualitätsproduktion.* Die Anwendung von Reinhefe zur Vergärung der Traubenmoste wird entgegen neueren anderweitigen Ansichten empfohlen, weil hierdurch die Sicherheit für einen störungsfreien Verlauf der Gärung gegeben ist. (Schweiz. Weinztg. **63.** 722—25. 26/10. 1955. Wädenswil, Eidg. Versuchsanst.) E. KIELHÖFER. 7554

Johs. Krutzsch, *Alkrumeter mit vergrößerter Meßgenauigkeit.* Das Alkrumeter (vgl. C. **1952.** 414) wurde derart weiterentwickelt, daß es unabhängig von der Raumtemp. bei einem Meßbereich von 25—85 Vol.-% A. einfacher u. genauer zu bedienen ist. Auch bei Likören kann der Alkoholgeh. ohne Dest. ermittelt werden, wenn man neben der Alkrumeter- eine Dichtemessung durchführt. (Alkohol-Ind. **68.** 465—67. 1/10. 1955. München.) H. G. SCHULTZE-BERNDT. 7596

A. Kaiser und G. Held, *Die Untersuchung des Ausdarrungsgrades beim hellen Malz.* Die Best. von Endvergärungsgrad, Zufärbung, Katalasegeh., koagulierbarem N sowie die Keimprobe lassen keine ausreichenden Schlüsse auf den Ausdarrungsgrad zu. Die Malzbrauwertbest. nach HARTONG u. KRETSCHMER ermöglicht dessen Beurteilung aus den Verarbeitungszahlen 65 u. 80°. Eine neue Meth. der Vff. bestimmt gesamtlösl., Tannin- u. koagulierbaren N u. beurteilt die Ausdarrung aus dem Anteil des koagulierbaren N in % der LUNDIN-Fraktion A. Dieser Anteil lag bei ca. 200 untersuchten Betriebsmalzen zwischen 27,5 u. 38,5°. Die Ausdarrung ist niedrig bei über 34%, n. 30 bis 32%, sehr intensiv unter 28%. Der Zusammenhang dieser Werte mit der HARTONG-VZ. 80° wird angegeben. (Brauwelt, Ausg. B **95.** 1211—15. 13/9. 1955. Nürnberg, Versuchsanst. für Bierbrauerei an der Landesgewerbeanst.) H. G. SCHULTZE-BERNDT. 7598

W. J. Klopper, *Die Belüftung als Ursache der Ungenauigkeit bei Schaumhaltigkeitsmessungen.* Vf. nimmt an, daß die anomalen Ergebnisse bei der Verwendung der ROSS- u. CLARK-Meth. darauf beruhen, daß der Schaumzerfall nicht den Gesetzen einer unimol. Rk. gehorcht u. der Σ-Wert im Laufe des Schaumzerfalls zunimmt. Er empfiehlt, die Zeitdauer der Messung der Stabilität des Schaumes anzupassen. Die Ansicht von DE CLERCK u. BEKISCH (C. **1956.** 5982.), daß die Ursache der Fehlergebnisse auf eine Belüftung zurückzuführen sei, wäre nur zutreffend, wenn die Flüssigkeitsmengen bei der Ermittlung des Σ-Wertes dieselben geblieben wären. (Brauwelt, Ausg. B **1955.** 1097—98. 23/8.) G. HOFER. 7600

I. Mareca Cortés, *Über die Leitfähigkeit von Weinen.* (Vgl. C. **1954.** 4510.) Es werden die Grundlagen der Konduktometrie für solche Fälle besprochen, in denen verschied., die Leitfähigkeit beeinflussende Rkk., z. B. Fällung u. p_H-Änderung, gleichzeitig erfolgen, um zu eindeutigen u. richtigen Ergebnissen zu kommen. Im Vgl. zur gravimetr. Best. ist das angegebene Verf. der konduktometr. Titration mit Ba-Acetat, mit Essigsäure auf p_H 3,5 gepuffert, bes. zur Schnellbest. des SO_4^{2-} in Weinen geeignet, sowie der des SO_2 nach dessen Oxydation mittels J_2 bei hohem p_H durch Best. des so gebildeten SO_4^{2-} zusammen mit dem ursprünglich vorhandenen. (Inform. Quím. analít. **8.** 86—89. 85. Mai/Juni 1954. C. S. I. C., Patronato „Juan de la Cierva".) W. METZENER. 7606

W. W. Wiljams und R. D. Begunowa, *Zur Bestimmung der färbenden Stoffe in roten Weinsorten und roten Tischweinen.* Unterss. zeigten, daß beim Umkristallisieren des roten Pigmentes von rotem Portwein, die in W. lösl. Fraktion *Önidinchlorid* (**I**) ist, während der unlösl. Teil offenbar ein Dimerisationsprod. von Önidin ist. Die Lichtabsorptionskurven von **I** u. seiner Dimeren zeigen das gleiche Maximum bei $\lambda = 530$ mμ, während die Art der Absorption verschieden ist. Spektrometr. Unterss. zeigten, daß die Färbungsintensität bei gleicher Konz. der Lsgg. bei **I** ca. 20mal größer ist als bei seinen Dimeren. Auf Grund der Versuchsergebnisse wurde das früher veröffentlichte Nomogramm (vgl. C. **1952.** 2437) für die Best. der Konz. der färbenden Stoffe in roten Tischweinen verbessert. (Виноделие и Виноградарство СССР [Weinbereit. Weinbau UdSSR] **15.** Nr. 7. 38—40. 1955. Moskau, Landwirtsch. Timirjasew-Akad., Labor. für organ. Chem.) OTTO MAIER. 7606

XVI. Nahrungs-, Genuß- und Futtermittel.

László Telegdy-Kováts, *Organisch-chemische Beziehungen der Lebensmittelchemie.* (Vortrag.) Vf. weist an Hand von vielen Beispielen auf die Probleme des Lebensmittelchemikers hin, deren Lösung nur durch Mitarbeit von Organikern erfolgreich sein kann. (Magyar tudományos Akad., kémiai Tudományok Osztályának Közleményei [Ung. Akad. Wiss., Ber. Abt. chem. Wiss.] **6.** 347—61. 1955.) J. PLANK. 7630

G. S. Bains und **C. P. Natarajan,** *Fortschritt der Lebensmitteltechnologie im Jahre 1954.* Überblick an Hand der Literatur (201 Hinweise). (Bull. centr. Food technol. Res. Inst., Mysore **4.** 184—90. 1955. Sept. Mysore, Indien, Central Food Technol. Res. Inst.) H. GUDE. 7630

Giuseppe Alesi, *Rückblicke über vernierte Konservendosen.* Krit. Sichtung des neueren Schrifttums. — 6 Literaturhinweise. (Ind. Conserve **29.** 36—37. Jan./März 1954.) C. GRIMME. 7634

W. Langenbeck, *Synthetische Nahrungsmittel.* Bericht über den Stand der echten Synth. von Nahrungsmitteln, wie Vitaminen, Holzzucker, Hefeeiweiß, Aminosäuregemischen, gehärteten Fetten, Fettsäuren u. Glycerin. (Chem. Techn. **5.** 312—16. Juni 1953. Halle u. Rostock.) PH. FRESENIUS. 7654

W. P. Rshechin, N. I. Pogonkina und **W. N. Tschukajewa,** *Die Verarbeitung von Sojabohnen zu Ölkuchen und Öl für Ernährungszwecke.* Sojaölkuchen u. Sojaschrot enthalten 10—20mal mehr Lysin (**I**) als Weizenmehl. Ein Zusatz von 5% Sojamehl zu Weizenbrot erhöht den Geh. an **I** auf das doppelte. Bei der Gewinnung von Ölkuchen u. Schrot, die zur Mehlherst. geeignet sind, muß Wasserdampf zugeführt werden, wenn der Wassergeh. der Sojabohnen unter 12,5—13% liegt. Die Preßtemp. soll 95—105° betragen; bei stärkerer Erwärmung muß gekühlt werden. Durch 2maliges Pressen gewonnener Ölkuchen ist qualitativ nicht schlechter als solcher einmaliger Pressung. Der Ölkuchen für Mehl 1. Sorte muß hellgelb oder cremefarben sein, der Proteingeh. muß mindestens 45% betragen; für Mehl 2. Sorte kann er bei 43% Proteingeh. gelbrot sein. (Маслобойно-Жировая Промышленность [Öl- u. Fett-Ind.] **21.** Nr. 6. 9—13. 1955.) J. BÖSS. 7674

Lou Bisno, *Qualitätskontrolle bei der Tortenherstellung.* (Vgl. C. **1955.** 6159.) Unterss. über den Einfl. verschied. Fette, mehrerer Apfelsorten sowie des Reifungsgrades, der Beschaffenheit u. Vorbehandlung der Äpfel auf Torten. Zur Verzögerung des bakteriellen Verderbs bei der Lagerung studiert Vf. den Einfl. des p_H-Wertes sowie die Wrkg. von Na-Benzoatzusätzen. (Bakers Digest **28.** Nr. 4. 27—31. 42. Aug. Nr. 5. 36—40. Okt. Nr. 6. 35—38. 43. Dez. 1954.) R. REISS. 7674

Ss. M. Minassjan, *Über die chemische Zusammensetzung getrockneter Aprikosen aus der Umgebung von Erewan.* Vf. untersucht 7 Aprikosensorten von verschied. Reifungsgrad u. gibt ihre Zus. (Trockensubstanz, Gesamtzucker, Monosaccharide, Disaccharide, Acidität in Äpfelsäure, Verhältnis Zucker/Säure) im frischen u. getrockneten Zustand an. Bis zur physiol. Reife nahm in getrockneten Früchten der Sorte Erewani der Geh. an Gesamtzucker von 49,6 auf 56,8%, der Geh. an Disacchariden von 21,7 auf 83,6% u. der Geh. der Trockensubstanz von 67,86 auf 83,82% gegenüber der Trockenfrucht aus unreifer Aprikose zu. Dagegen sank der Geh. an Monosacchariden von 27,9 auf 23,9% u. die Acidität von 1,13 auf 0,6. Das Verhältnis Zucker/Säure stieg von 43,92 auf 68 an. (Известия Академии Наук Армянской ССР, Биологические и Сельскохозяйственные Науки [Nachr. Akad. Wiss. ArmenSSR, biol. landwirtsch. Wiss.] **8.** Nr. 11. 49—53. 1955. Inst. für Obstbau der Akad. der Wiss. der Armen SSR.) REINHARD HÜTTENRAUCH. 7688

G. Hartmann, *Die Lagerung und Konservierung von Citrussäften.* Erörterung der Schwierigkeiten, die bei der Einlagerung u. Haltbarmachung von Citrussäften auftreten können. (Alkohol-Ind. **68.** Nr. 10. Der junge Destillateur u. Brenner 1—2. 15/5. 1955. Berlin-Lichterfelde, Destillateur-Fachschule.) E. KIELHÖFER. 7706

Constantin Pyriki, *Erkenntnisse auf dem Gebiet der Tabakfermentation.* Zusammenfassung früherer Arbeiten mit Nutzanwendungen für die prakt. anzuwendenden Fermentationsverfahren. (Ber. Inst. Tabakforsch. Dresden **2.** 64—74. 1955. Dresden, Inst. für Tabakforsch.) A. HESSE. 7734

C. Pyriki und **W. F. Homann,** *Gruppenzugehörigkeit von fermentierten Tabaken und das Verhalten derselben bei der Wasserdampfbehandlung.* Nach ihrer Gruppenzugehörigkeit (sauer, neutral, alkal.) definierte Tabake wurden ohne Zusatz von Alkalisationsmittel der Wasserdampfdest. unterworfen. Vff. konnten hierbei feststellen, daß auch bei Tabaken der sauren Gruppe Nicotin u. andere Basen übergehen, deren Menge zum p_H-Wert des Tabaks in Beziehung steht. Diese Mengen sind aber bei Tabaken der sauren Gruppe so gering, daß hieraus, entgegen der oft vertretenen Meinung, eine größere Nicotinverminderung durch das Dämpfen nicht abgeleitet werden kann. Bei Tabaken der alkal. Gruppe hingegen können durch das Dämpfen je nach dem p_H-Wert des Mediums größere Mengen an Nicotin entfernt werden. Aus den angestellten Verss. an Tabaken von verschied. p_H-Wert u. an Modellverss. mit gepufferten Nicotinlsgg. ergibt sich, daß der Nicotinübergang aus dem unalkal. Medium eine Funktion des p_H-Wertes u. der vorhandenen Nicotinmengen darstellt. (Ber. Inst. Tabakforsch. Dresden **2.** 151—73. 1955.) C. PYRIKI. 7734

Constantin Pyriki, *Beziehungen zwischen stofflicher Zusammensetzung und „Stärke" von Tabakerzeugnissen.* Das *Nicotin* (I) ist als Hauptfaktor für die „Stärke" u. für die physiol. Wrkg. des Tabakrauches verantwortlich. Manche empyreumat. Prodd. des Tabaks bzw. Stoffe, die mehr oder weniger unzers. in den Hauptstromrauch übergehen, sind befähigt, die Wrkg. des I stärker zu entfalten bzw. abzudämpfen. Dieser Vorgang u. die darauffolgende Wrkg. spiegelt sich im allg. in dem p_H-Wert des Hauptstromrauches wider. Es wurde u. a. auf die Bedeutung der Glimmfähigkeit für die Bekömmlichkeit des Raucherzeugnisses hingewiesen, sowie eine Reihe Erklärungen in bezug auf die Stärke u. Qualität des Tabaks gebracht. — 23 Literaturangaben. (Ber. Inst. Tabakforsch. Dresden **2.** 127—41. 1955.) C. PYRIKI. 7734

J. A. Weybrew und Paul E. Green jr., *Die Variation in Verfärbungsgraden des Tabaks.* Die auf enzymat. Zerstörung des Chlorophylls (I) u. damit verbundenem Erscheinen der solange überdeckten Carotinoide beruhende allmähliche Umfärbung des Tabakblattes von Grün zu Hellorange bis zum Gelb des Handelstabaks ist während des Trocknungsprozesses als Maß für die Reifung des Blattes sehr bedeutsam. Die durch das Auge erfolgende Beobachtung der Verfärbung ist schwierig. Verss., sie durch ein „Yellowmeter", das zunehmende Verfärbung registriert u. abnehmende I-Absorption mißt bei $\lambda = 680$ mμ, zeigen nach 12 Std. Trocknung Abweichungen des Farbvariationskoeff. von 28% der mittleren Reflexion der Probe, nach 36 Std. einen Abweichungsgrad um 11%. Es stellte sich heraus, daß auch möglichst „gleiche" Blätter auf verfärbende Einfll. der Umgebung während der Reifung sehr verschieden ansprechen, was auf erbliche physiol. Umstände des Blattes u. weiterhin auf die Reifungsumstände jedes einzelnen Blattes zurückzuführen ist. (Science [Washington] **115.** 466—68. 25/4. 1952. North Carolina Agricult. Stat.) D. ITZEROTT. 7734

Y. Nonami, A. Shimotsuuro und A. Ota, *Nichtmikrobielle Güteminderung des Eiweißes konservierter Eier während der Lagerung.* 1. Mitt. *Freie Aminosäuren im Eiweiß und die Biskuitkuchenprobe von konservierten Eiern.* Zur Unters. der Ursachen u. des Chemismus des Dünnwerdens von *Eiereiweiß* während der Lagerung von Eiern werden papierchromatograph. die *freien Aminosäuren* (I) im Eiweiß von gelagerten Eiern untersucht u. ferner das Verh. (bes. bzgl. des Vol.) beim „Schneeschlagen" u. Backen von Biskuitkuchen beurteilt. Zur Konservierung dienten $Ca(OH)_2$ (200 g/Liter), Paraffin bzw. eine cremige Emulsion des Handels (EiEiLi aus Vaduz, Liechtenstein). Verglichen wird mit frischen Hühner- u. Enteneiern u. japan. Pi-Dan. Die Eier wurden von März bis November bei Raumtemp. gelagert u. nach 3 u. 6 Monaten bzgl. I, Biskuitbackvers., p_H, Eiweißviscosität, Dotterindex, Aussehen u. Geruch (des ganzen Eierinhaltes) verglichen. Öfter enthielten nach den übrigen Merkmalen (Geruch) stärker an Güte geminderte Eier weniger I als kurz gelagerte, gute, u. die mit einem Rühr- oder Schlagteig von größerem Vol. hergestellten Biskuitkuchen hatten nicht immer einen größeren Volumenindex. Für die Beurteilung der Güteminderung von Eiereiweiß während des Lagerns erscheint der Biskuitkuchenbackvers. sehr wertvoll. Nach den bisherigen Ergebnissen scheint Paraffin am wenigsten zur Konservierung zu empfehlen zu sein. (J. agric. chem. Soc. Japan [Nippon Nôgeikagaku Kaishi] **28.** 485—89. Juni 1954. Tokio, Pädagog. Univ. [Orig.: japan.; Auszug: engl.]) L. SCHULER. 7754

F. H. McDowall, M. R. Patchell, F. Hurst und J. M. Kelsey, *Einfluß der Behandlung von Milchviehweiden mit BHC und DDT auf Aroma und Zusammensetzung von Milch, Rahm und Butter.* Sofern nur trockene u. vollständig abgegraste Weiden mit 2 lbs/acre *Lindane* oder 2 lbs/acre *DDT* behandelt u. die Flächen erst nach 3wöchiger Pause wieder beweidet wurden, konnte keine Geschmacksbeeinträchtigung der Milchprodd. festgestellt werden. Die Butter enthielt 4—6 p.p.m. BHC, jedoch kein DDT. — 25 Literaturangaben. (New Zealand J. Sci. Technol. Sect. A **37.** Suppl. 2. 146—55. Aug. 1955. Palmerton North, Dairy Res. Inst. (N. Z.), Wellington, Dominion Labor.; Ashburton, Dep. of Sci. and Ind. Res., Entomol. Res. Stat.) F. RANG. 7756

P. Schoorl, *Die Beziehung zwischen dem Rohfasergehalt des Futters und der Milchleistung.* Das Nachlassen der Milchleistung unter den trop. Verhältnissen Indonesiens ist auf einen zu hohen Rohfasergeh. des Grünfutters u. der Konzentrate zurückzuführen, durch die infolge Überlastung des Verdauungsapp. Hitzestauung hervorgerufen wird. (Netherl. J. agric. Sci. **3.** 35—39. Febr. 1955. Bogor, Univ. of Indonesia, Veter. Fac., Dep. of Nutrit. Sci.) F. RANG. 7756

A. K. Schwabe, *Der Einfluß des Melkens auf den Stoffumsatz und die Bildung der Milch.* Unabhängig von der Tages- u. Jahreszeit nimmt die Intensität der Fettsynth. um 170—260% bei Kühen, um 18—32% bei Ziegen in der Milch zu, wenn die Intervalle zwischen den Melkzeiten verkürzt werden; gleichzeitig fällt der Geh. an Albumin, Casein u. Lactose; dagegen steigt der Geh. an Globulin. Mehrere Tabellen zeigen den

Einfl. des Melkens auf die Alkalireserve, den Geh. an Katalase, Glutathion, Serumeiweiß, Serumalbumin u. -globulin, Amino-N, Rest-N, Zucker, Brenztraubensäure, organ. Säuren, anorgan. P, Lipoid-P, Fettsäuren, ungesätt. Fett u. auf die Lipaseaktivität im Blut. (Доклады Всесоюзной ордена Ленина Академии Сельскохозяйственных Наук имени В. И. Ленина [Ber. Allunionslandwirtsch. (Lenin-Orden) Lenin-Akad.] **20.** Nr. 6. 29—37. 1955. Moskau, Landwirtsch. Timirjasew-Akad.)
REINHARD HÜTTENRAUCH. 7756

D. J. T. Bagnall und **A. Smith,** *Anormal geringe Gefrierpunktserniedrigung von unverfälschter Milch.* Vff. berichten über eine sehr geringe Gefrierpunktserniedrigung der Milch bei einer Herde von Kühen. Sie betrug morgens 0,518° u. abends 0,522° (n. 0,53°). Analyt. Unterss. zeigten eine geringe Erniedrigung des Lactosegeh., die auf den Wechsel von Stallfütterung u. Sommerweide zurückgeführt wird. (Analyst **80.** 623—25. Aug. 1955. Kingston upon Hall, City Labor.) W. KNÖPKE. 7756

H. Wegener, *Viskositätsmessungen von Voll- und Magermilch bei verschiedenen Temperaturen.* Vf. vermutet, daß die von ihm gefundenen Viscositätswerte von Voll- u. Magermilch deshalb Abweichungen von den in der Lieratur zu findenden Werten aufweisen, weil die Zus. u. Vorbehandlung der untersuchten Milchproben aus Berliner Verarbeitungsbetrieben unterschiedlich ist (2malige Pasteurisierung), ohne jedoch Angaben über Zus. oder Einzelheiten der Vorbehandlung zu machen. (Milchwissenschaft **8.** 433—34. Dez. 1953. Berlin-Charlottenburg, TU, Inst. für Wärme- u. Kältetechnik.)
F. GÜNTHER. 7756

Trendtel, *Treten Tb-Bakterien in der Handelsmilch auf?* Bei der Unters. von 195 Proben von Handelsmilch in Niedersachsen waren nur 12 Tb-positiv u. stammten aus im Umbau befindlichen Molkereibetrieben. Aus diesem Ergebnis wird auf große Zuverlässigkeit der Erhitzungsanlagen mit Temperaturüberwachungs- u. -regelgeräten geschlossen. (Molkerei-Ztg. **7.** 1085. 3/9. 1953. Hannover.) F. GÜNTHER. 7756

Ernst Pötzel, *Der gesundheitliche Wert von Joghurt und Acidophilusmilch. Über biotonisierte, vollvitaminisierte Käse- und Sauermilcharten als Diätetica prophylaktischen Charakters.* Übersicht unter besonderer Berücksichtigung mikrobiol. u. physiol. Gesichtspunkte. (Molkerei-Ztg. **9.** 401. 7/4. 1955.) F. GÜNTHER. 7756

N. D. Dijkstra, *Die Verdaulichkeit und der Futterwert von Rüben.* Die Ergebnisse der an Hämmeln ausgeführten Verss. über die Verdaulichkeit mehrerer Futterrübensorten (Trockensubstanz 11,5—23,0%) werden in Zahlentafeln zusammengestellt. Aus den Ergebnissen folgt, daß aus den Gehh. an organ. Substanz u. *Roheiweiß* (I) der Futterwert für die Praxis hinreichend genau bestimmt werden kann, wenn man annimmt, daß der Stärkewert 66% der organ. Substanz beträgt u. daß der Geh. an verdaulichem I in der Trockensubstanz gleich dem um 2,65 verminderten Geh. an I ist. (Versl. landbouwkund. Onderz. **1953.** Nr. 59. 7. 1—16. Hoorn, Rijkslandbouwproefstat.)
W. WESLY. 7782

N. D. Dijkstra und **J. J. I. Sprenger,** *Versuche über den Rückgang der Verdaulichkeit beim künstlichen Trocknen von Luzerne.* An Hämmeln ausgeführte Verss. über die Verdaulichkeit von getrockneter *Luzerne* (I) zeigen: Der Rückgang der Verdaulichkeit von I infolge künstlicher Trocknung ist größer als für getrocknetes Gras. Der Rückgang wird durch gute Regelung des Trockners gemindert. Hochtemperaturtrockner bewirken 9,5% Verdaulichkeitsrückgang von *Roheiweiß* (II). Tieftemperaturtrockner eignen sich nicht sehr zum Trocknen spät gemähter Luzerne. Mahlen u. Pressen hat keinen ungünstigen Einfl. auf die Eiweißverdaulichkeit. Der Rückgang der Verdaulichkeit der organ. Substanz beträgt nur 1,0—5,1%. Die chem. Analyse gibt 1,5% mehr verdauliches I an als die Ergebnisse der Tierversuche. Der Futterwert sinkt stark mit zunehmendem Alter der Pflanze. (Versl. landbouwkund. Onderz. **1955.** Nr. 61. 11. 1—30. Hoorn, Rijkslandbouwproefstat.; Wageningen, Centr. Inst. voor Landbouwtechn. Onderzoek, Droogtechn. Labor.) W. WESLY. 7782

N. D. Dijkstra, *Versuche über das Silieren von Gras mit Kofasalz und Albumex.* (Vgl. C. **1954.** 1617.) Gras-Silierungsverss. zeigten, daß ein Zusatz von *Kofa-Salz* (I; Mischung von 20 Teilen Ca-Formiat u. 3 Teilen $NaNO_2$) keinen günstigen Einfl. auf die Beschaffenheit des silierten Grases hat. Die auftretenden Verluste an Stärkeäquivalent u. verdaulichem Roheiweiß sind zwar geringer als bei den ohne I ausgeführten Verss., aber doch zu hoch, um I als gutes Silierungsmittel anzusprechen. *Albumex* (Mischung von 1 Teil Al-Formiat, 1 Teil $NaNO_3$ u. 3 Teilen NaCl) verbessert, wenn überhaupt, die Beschaffenheit des silierten Grases nur wenig, vermindert die Verluste nicht merklich u. kann daher auch nicht als Silierungsmittel empfohlen werden. (Versl. landbouwkund. Onderz. **1954.** Nr. 60.5. 1—26. Hoorn, Niederlande, Rijkslandbouwproefstat.)
W. WESLY. 7782

Kraack, *Über die Herstellung und Verwendung von Futtermitteln aus Fischabfällen.* Übersicht über die Zus. des Ausgangsmaterials u. die Bedeutung der wichtigsten Bestandteile für die Tierernährung, über den Zusammenhang zwischen Herstellungsverff. u. Qualität des Fischmehls u. den zweckmäßigsten Einsatz in der Tierernährung. Einige unerwünschte Eigg. des Fischmehls werden kurz gestreift. (Technik **10.** 421–27. Juli 1955. Potsdam-Rehbrücke, Inst. für Ernährungsforsch.) E. SCHWERDTFEGER. 7786

K. Nehring und **W. Schramm,** *Zusammensetzung und Verdaulichkeit einheimischer Ölsaatrückstände (Raps-, Senf-, Mohn-, Öllein-, Tabak- und anderer Extraktionsschrote.* Mitt. der Ergebnisse von Verss. an einer Anzahl verschied., aus inländ. Erzeugung stammender Ölsaatrückstände (Extraktionsschrot von Raps, Senfsaat, Mohn, Öllein, Leindotter, Tabak-, Hanfsaat, Bucheckern) auf Zus. u. Verdaulichkeit (Ausnützungsverss. an Hammeln u. Schweinen). Die Schrote zeichnen sich durch einen hohen Geh. an *Rohprotein* (I) aus. Die Verdaulichkeit des I ist hoch. Die Schrote sind Ca- u. P-reiche Futterstoffe. Bes. hohen Mineralstoffgeh. zeigt Mohnextraktionsschrot. — 16 Literaturhinweise. (Arch. Tierernähr. **2.** 81–99. Sept./Dez. 1951. Rostock, Landw. Versuchsstat.) H. PATZSCH. 7786

W. H. Stephenson und **A. W. Hartley,** *Die Bestimmung von Natriumbicarbonat in backfertigen Mehlen, die Kreide enthalten.* In backfertigen Mehlen (self-raising flours) wird bei der gasvolumetr. Best. von $NaHCO_3$ in Ggw. von $CaCO_3$ Verwendung von $Na_2 \cdot H_2P_2O_7$ zum Ansäuern (statt wie bei der CHITTICK-Meth. H_2SO_4) empfohlen, da hierdurch bewirkt wird, daß CO_2 nur aus $NaHCO_3$ u. nicht auch aus $CaCO_3$ entwickelt wird. (Analyst **80.** 461–70. Juni 1955. London, Spillers Ltd., Millenium Mills, South-East Area Labor.) PH. FRESENIUS. 7798

Ernst Berliner, *Der Sedimentationstest nach Zeleny.* Das Ergebnis der Unters. von 15 repräsentativen amerikan. Weizenmehlen mit 0,47–0,54% Asche u. gleichem Ausmahlungsgrad im US-DEPARTMENT OF AGRICULTURE in Washington nach ZELENY auf Protein u. auf Backfähigkeit (unter $KBrO_3$-Zusatz) wird mit dem der Unters. nach der Meth. des FORSCHUNGSINSTITUTS FÜR GETREIDECHEMIE auf Klebergeh., -struktur u. -abbau u. diastat. Kraft verglichen. Wenn auch der ZELENY-Test für die Qualitätsprüfung europäischer Weizensorten zu grob ist, sollte doch die Backfähigkeit nordamerikan. Weizenmehle mit niedrigem Aschengeh. statt nach dem Proteingeh. nach ZELENY beurteilt werden. — 4 Tabellen. (Mühle **92.** 633–35. 24/11. 1955. Darmstadt, Forschungsinst. für Getreidechem.) H. GUDE. 7798

Rudolf Müller, *Der Sauerstoffindex von Wassersuspensionen deutscher Tabake.* Die beschriebene manometr. Oxygenmeth. dient unter Beachtung gewisser Faktoren zur Best. des Abschlusses der industriellen Fermentation gelbreifender Tabake. Es wird die hierfür erforderliche Schüttelapp. beschrieben, die in Anlehnung an die SMIRNOWsche verbessert wurde. Die Meth. ist an Inlandstabaken bei verschied. Fermentationsarten erprobt worden. Es wurden tendenzmäßige Veränderungen der Sauerstoffabsorptionsfähigkeit des Tabaks mit zunehmender Insertionshöhe der Blätter an der Pflanze u. mit erhöhter Temperaturbehandlung des Tabaks gefunden. (Ber. Inst. Tabakforsch. Dresden **2.** 109–26. 1955.) C. PYRIKI. 7836

Erich Wegner, *Beitrag zur Bestimmung des Eiweißstickstoffs im Tabak.* 1. Mitt. *Über die Extraktion und Fällung der höhermolekularen Stickstoffverbindungen.* Durch fraktionierte Extraktion von Tabak in 5 Stufen wird eine 90%ig. Ausbeute an höhermol. N-Verbb. erhalten. Dies erreicht Vf. durch einen je 2std. Kaltwasser- u. n/10 NaOH-Kaltauszug, dem sich in 3facher Wiederholung ein n/10 NaOH-Heißauszug von je $^1/_4$ Std. anschließt. Verss., die NaOH durch Ameisensäure bzw. gesätt. Na-Salicylatlsg. zu ersetzen, zeigten erheblich geringere Extraktionseffekte. Es wurden folgende Eiweißfällungsmittel verwandt: $Cu(OH)_2$, $CuSO_4$, $ZnSO_4$, C_2H_5OH, CCl_3COOH, Tannin, Uranylacetat u. Sulfosalicylsäure. (Tabak-Forsch. **1954/3.** 9–12. Dez. Forchheim, Bundesanst. für Tabakforsch.) C. PYRIKI. 7836

Erich Wegner, *Beitrag zur Bestimmung des Eiweißstickstoffs im Tabak.* 2. Mitt. *Versuche zur Abtrennung der alkohollöslichen und huminsäureartigen fällbaren Stickstoffverbindungen von den Proteinen durch fraktionierte Extraktion.* (1. vgl. vorst. Ref.) Vf. belegt an Hand von Verss., daß durch eine Alkoholbehandlung des Extraktionsrückstandes vom NaOH-Kaltauszug seines beschriebenen Extraktionsganges der größte Teil der alkohollösl. Stickstoffkörper zu entfernen ist. Erhebliche Anteile fällbarer N-Verbb. von Huminsäurecharakter werden im Tabak durch Extraktion mittels 2%ig. NaF-Lsg. entzogen. Diese Fraktion wurde in den Extraktionsgang eingeschaltet. Es wird auf die Möglichkeit einer schonenden Freilegung der huminsäureartigen Verbb.

durch enzymat. Aufschluß des Extraktionsrückstandes von NaOH-Kaltauszug mittels Trypsins hingewiesen. (Tabak-Forsch. **1955/3.** 25—28. Aug.) C. PYRIKI. 7836

XVII. Fette. Seifen. Wasch- u. Reinigungsmittel. Wachse. Bohnermassen usw.

W. M. Kopeikowski und **W. G. Schtscherbakow,** *Prozesse des Nachreifens von ölreichen Sonnenblumensamen.* Zur Feststellung der biol. Veränderungen während des Nachreifens auf dem Felde wurden die Samenköpfe von Sonnenblumen bei der physiol. Reife oder später in Abständen von 3—5 Tagen (die zuletzt geernteten Köpfe streuten schon) abgeschnitten. Der Samenkopf wurde in 3 Zonen (äußere, mittlere, zentrale) unterteilt. Es betrug der Wassergeh. in % der 1. Ernte: 28,63; 33,99; 53,93; bei 18 Tagen späterer Ernte 7,17; 7,70; 8,10. Fettgeh. in %, auf Trockensubstanz bezogen: 41,40; 42,00; 41,60 bzw. 42,22; 42,50; 42,70. Fettgeh. des Kerns (Mittelprobe von Rand- u. Mittelzone): 52,04 bzw. 53,13%. SZ. 1,38; 4,16; 8,30 bzw. 0,52; 0,52; 0,75. Intensität der Atmung in mg CO_2/100 g Samen pro Std.: 59,21 bzw. 0,96. Atmungskoeff. der Samen (CO_2/CO): 0,92 bzw. 1,25. Lipaseaktivität in mg KOH/g: 14,17 bzw. 7,72. Dehydraseaktivität: 1,82 bzw. 2,07. Katalaseaktivität (verbrauchte 0,1n $KMnO_4$/g trockene Kerne): 18,6; 20,1; — bzw. 12,9; 13,0; —. Wichtig bei der Lagerung ist danach niedere Temp., geringer Feuchtigkeitsgeh., Abführung der durch Samenatmung entstehenden Wasserdämpfe von O_2-Zufuhr. (Маслобойно-Жировая Промышленность [Öl- u. Fett-Ind.] **21.** Nr. 6. 5—7. 1955.) J. BÖSS. 7894

Francisco Romero Dueñas, *Der Säuregrad von Olivenöl.* Chemismus der Säurebldg. beim Ranzigwerden von Olivenöl wird beschrieben. Angabe der Technik der Säurebest. mit NaOH. (Farmac. chilena **28.** 23—26. Jan. 1954.) M. REIHER. 7894

H. Patzsch, *Analysen und Handelsklassifikationen der vegetabilischen Öle aus dem Kongo.* Die amtliche belg. Klassifikation der Pflanzenöle aus dem belg. Kongo u. ihrer Derivv. wird wiedergegeben. Es werden Definitionen, Benennungen, Normen u. Indices folgender Öle u. Ölprodd. gebracht: Palmöl, Palmkernöl, Arachisöl, Baumwollsaatöl, Ricinusöl, Sesamöl, Aleuritesöl, Sojaöl, Tournesolöl, Colzaöl, Raphia- oder Bambusöl, Nahrungsfette mit Definition der als tox. anzusehenden Öle. Die Ölprodd. umfassen rohe, gebleichte, raffinierte, halbraffinierte u. hydrierte Ware, Soapstocks, Sauleröle, Regenerate usw. (Seifen-Oele-Fette-Wachse **80.** 613—14. 10/11. 638—39. 24/11. 664. 8/12. 699. 22/12. 1954; **81.** 3—4. 5/1. 1955. Duisburg.) K. SEIFERT. 7894

E. Scott Pattison, *Tierische Fettsäuren.* Allg. Ausführungen über die Entw. der Fettsäurefabrikation. Die heutigen Probleme dieser Industrie werden erörtert. (Soap chem. Specialties **30.** Nr. 12. 54—55. 235. Dez. 1954. Verein. der Amer. Seifen- u. Glycerin-Produz.) K. SEIFERT. 7908

K. Lindner, *Neuzeitliche Haushaltswaschmethoden.* 5 akt. O_2 enthaltende Waschmittel wurden analysiert u. prakt. erprobt in ihrer Wrkg. auf Waschgut aus Baumwolle u. Regeneratcellulosen (**I**; Zellwolle oder Reyon). **I** werden durch die modernen Stabilisatoren noch nicht ausreichend gegen den schädigenden Einfl. von Aktiv-O_2 beim Wärme- oder Kochprozeß geschützt u. sollten dem Feinwaschprozeß zugewiesen werden. Für eigentliche Weiß-grob- u. Buntwäsche aus nativer Cellulose können dagegen die modernen Warmwaschverff. genau so wie die altbewährten Kochwaschverff. als völlig unbedenklich bezeichnet werden. (Fette Seifen einschl. Anstrichmittel **56.** 475—80. Juli 1954. Frankfurt/M., Vortrag anläßlich der DGF-Vortrags-Tagung 1953.) J. BÖSS. 7912

Hans E. Tschakert, *Der Einsatz waschaktiver Substanzen in der Praxis.* (Vgl. C. **1955.** 10648.) Überblick über die Rohstoffe u. Fertigprodd. der modernen Waschmittelindustrie. (Seifen-Oele-Fette-Wachse **80.** 609—10. 10/11. 635—37. 24/11. 661—64. 8/12. 690—93. 22/12. 1954.) K. SEIFERT. 7912

Giuseppe Bigoni, *Die Reaktion von Tortelli-Jaffe zur Untersuchung von Fischtran.* Die Rk. von TORTELLI u. JAFFE u. ihre Modifikation nach TOSONOTTI sind nicht spezif. für Fischtrane, da der unverseifbare Anteil von rektifiziertem Olivenöl B eine sehr ähnliche Färbung liefert. Ausführung der Rk. von TOSONOTTI: In einem Meßzylinder werden 2,5 ml Öl oder geschmolzenes Fett mit 2,5 ml Dichlormethan u. 8 Tropfen 99%ig. Ameisensäure geschüttelt, dann 5 Tropfen fl. Br zugegeben u. die Farbentw. beobachtet. (Olii minerali, Grassi Saponi, Colori Vernici **32.** 193—94. Sept. 1955. Genova, Soc. Gaslini.) R. K. MÜLLER. 7932

N. V. de Bataafsche Petroleum Mij., Holland, *Herstellung von Konzentraten alkylschwefelsaurer Salze.* Man geht aus von sulfonierten Olefinen oder sek. Alkoholen (C_8—C_{20}), von aromat. Schwefelsäureestern, Mersolaten oder Schwefelsäureestern der Oxosynthese. Nach der Neutralisation enthalten die wss. Lsgg. 20—25% oder weniger

Salze dieser Ester. Zu den wss. Lsgg. setzt man bei 75—100% Alkalien in Ggw. eines Lösungsm. mit mindestens 4 C-Atomen, das ein oder mehrere polare Gruppen (—OH, —CO) enthält (bes. 2-Methylpentandiol-(2.4). Dabei bilden sich 2 Schichten, deren obere 40—50% der gewünschten Salze enthält. Überschüssiges Alkali wird mit Fettsäuren in der Wärme neutralisiert. Man erhält *Seifen* mit einem hohen Geh. an *capillarakt.* Salzen. (**F. P. 981 108** vom 19/2. 1949, ausg. 22/5. 1951. Holl. Prior. 4/3. 1948.) S. MEIER. 7911

Böhme Fettchemie G. m. b. H. (Erfinder: **Alfred Kirstahler** und **Rudi Rätz**), Düsseldorf, *Wasch- und Reinigungsmittel,* enthaltend wasserlösl. Salze von Schwefelsäureestern wasserunlösl. oder in W. dispergierbarer Alkylbenzol-N-oxyalkylsulfamide der Formel (p)-$RC_6H_4SO_2NHR'OH$, in der R einen Alkylrest von mindestens 6 C-Atomen u. R' einen KW-stoffrest von wenigstens 2 C-Atomen bedeuten, der auch weitere OH-Gruppen enthalten u. gegebenenfalls durch O-Atome unterbrochen sein kann, u. gegebenenfalls andere übliche Waschmittelkomponenten. (**D. B. P. 939 649** Kl. 23e vom 25/1. 1953, ausg. 1/3. 1956. Anmeldung bekanntgemacht 9/9. 1954.) C. LÜTTGEN. 7913

Colgate-Palmolive-Peet Co., Jersey City, N. J., V. St. A., *Flüssiges Reinigungsmittel,* bestehend aus einer wss. Lsg. von C_{10}—C_{14}-Alkylsulfat u. dem NH_4-Salz einer Amidophosphorsäure. (**E. P. 742 567** vom 17/12. 1953, ausg. 30/12. 1955. A. Prior. 2/1. 1953.) C. LÜTTGEN. 7913

Elektrochemische Fabrik Kempen-Rhein Dr. Brandenburg & Weyland G. m. b. H., Kempen/Ndrh. (Erfinder: **Carl Butz,** Stuttgart), *Verfahren zur chemischen Reinigung von Textilien* mit organ. Lösungsmitteln unter Verwendung von Anschwemmfiltern, dad. gek., daß den Stoffen, die den Filterbelag bilden, solche Stoffe zugesetzt werden, die Säuren neutralisieren u. im Lösungsm. unlösl. sind, bes. solche, die bei der Neutralisation gasförmige Reaktionsprodd. geben, z. B. Soda, oder solche, die in Form einer H_2O_2-Verb. vorliegen, wie Percarbonat, Persilicat usw. (**D. B. P. 940 485** Kl. 23e vom 26/10. 1954, ausg. 22/3. 1956. Anmeldung bekanntgemacht 22/9. 1955.) C. LÜTTGEN. 7913

Franz Büttner, Egg (Schweiz), *Reinigungsmittel,* bes. zum Reinigen von mit Farbe beschmutzten Händen, bestehend aus einer prakt. wasserfreien Dispersion von $NaHSO_3$ in einem Dispersionsmittel, bes. einem mehrwertigen Alkohol, mit evtl. Zusatz von Alkalien (Soda), Öl u. Scheuermitteln. (**Schwz. P. 309 923** vom 7/7. 1952, ausg. 1/12. 1955.) C. LÜTTGEN. 7917

Badische Anilin- & Soda-Fabrik Akt.-Ges., Deutschland, *Reinigungsmittel für Gefäße der Nahrungsmittelindustrie, für chirurgische Instrumente usw.* Die Reinigungsmittel bestehen aus kationakt. Substanzen (mit mindestens einem Radikal mit 12—26 C-Atomen im Mol.) u. quaternären Ammoniumverbb. oder tert. Aminen von bas. Rk., welche im Mol. gesätt. aliphat. Radikale mit 8—14 C-Atomen u. mehr u. hydrophile Gruppen enthalten. — Z. B. löst man 1 (Teil) Stearylbenzylhexamethylenammoniumchlorid in 4 eines Reaktionsprod., das man durch Umsetzen von 6 (Mol) Äthylenoxyd mit 1 durch Dimethylsulfat peralkyliertem Oleylamin gewonnen hat. Das Prod. besitzt neben reinigenden noch ausgezeichnete desinfizierende Eigenschaften. (**F. P. 1 077 879** vom 28/5. 1953, ausg. 12/11. 1954. D. Prior. 4/6. 1952.) T. OPPERMANN. 7917

Werner & Mertz Akt.-Ges., Mainz, *Wachs, das dem Carnaubawachs ähnlich ist.* Man leitet Luft durch in einem Alkohol, z. B. Isobutanol, gelöstes Rohmontanwachs bei 70—100°, trennt die asphaltähnlichen Partikel ab u. läßt das raffinierte Wachs durch Abkühlen auskristallisieren. (**E. P. 734 464** vom 6/8. 1953, ausg. 3/8. 1955. D. Prior. 16/9. 1952.) C. LÜTTGEN. 7925

Promoters & Investors Ltd., Nairobi, Kenya (Erfinder: **Ernest Armand Baum**), *Gewinnung von Sisalwachs.* Man entfernt aus den bei der Verarbeitung von Sisal anfallenden Abfällen durch Pressen den größten Teil des W., trennt vom Rückstand von der Cuticula ab u. extrahiert aus dieser das Wachs, bes. mit einer Mischung von hydrophoben u. hydrophilen Lösungsmitteln, z. B. C_2HCl_3 u. A., bes. bei höherer Temperatur. (**E. P. 743 052** vom 19/5. 1950, ausg. 11/1. 1956.) C. LÜTTGEN. 7925

XVIIIa. Holz. Cellulose. Zellstoff. Papier. Papierdruck. Celluloid. Linoleum.

I. I. Blostein, *Derzeitige Schemata für die Regeneration von Schwefeldioxyd und Wärme.* Vf. beschreibt die zur Zeit üblichen Verff. zur Regenerierung von SO_2 u. Wärme beim Kochen, Ausblasen u. Waschen des Zellstoffes u. die hierfür üblichen Einrichtungen. (Бумажная Промышленность [Papier-Ind.] **30.** Nr. 3. 14—16. März 1955. Hauptverwaltung Papier.) A. ECKE. 7964

W. J. Foote und **S. R. Parsons,** *Alkalische Vorbehandlung von Espenholzschliff.* In Verss. wurde Espenholzschliff bei 5% Konsistenz mit 3—10% NaOH 60—140 Min. bei 38—60° behandelt. Mit steigender Temp., Reaktionsdauer u. NaOH-Konz. steigen die Festigkeitswerte u. fallen Ausbeute, Opazität, Helligkeit u. Dichtigkeit. Wird dieser Schliff mit Hypochlorit gebleicht, so wird nur wenig NaOH zur Neutralisation gebraucht, da der p_H-Wert weniger fällt. Bei Espen–Nadelholz-Gemischen ist die Wrkg. der alkal. Behandlung geringer als bei Espenholz allein. In der Fabrikation wird der Schliff bei 6% Konsistenz mit 5% NaOH bei 50° kontinuierlich behandelt u. läßt sich dann mit 2—2,5% Na_2O auf über 67 Helligkeit bleichen. Er wird dann zu 40—50% mit n. Espen–Nadelholz-Schliff gemischt u. gibt dann Papiere mit guter Festigkeit u. genügender Opazität. (Pulp and Paper **56.** Nr. 12. 124—30. Nov. 1955. Consolidated Power & Paper Co.) H. BECKER. 7974

D. B. Sparrow, *Hydrosulfitbleiche von Holzschliff.* Schwermetallspuren beeinträchtigen die Bleichwrkg. von Hydrosulfit (I) auf Schliff. Diese werden durch Zusätze von Polyphosphaten (II) oder/u. Tetra-Na-äthylendiamintetraacetat gebunden, so daß die Helligkeit u. deren Alterungsbeständigkeit steigen. In der Fabrikation wird das I in einer 5%ig. II-Lsg. gelöst, in der noch 0,25—0,35% NaOH zur Einstellung von p_H 6 beim Bleichen enthalten sind. Gebleicht wird im Turm 15 Min. bei 77°. (Pulp and Paper **56.** Nr. 12. 148—51. Nov. 1955. Scott Paper Co.) H. BECKER. 7974

C. A. Richardson, *Mehrstufenbleiche von Holzschliff.* Angaben über Laborverss. zum Erzielen von Helligkeiten von 74 u. 76 nach verschied. Mehrstufenverff. mit Hydrogensulfiten u. Na_2O mit Kostenberechnung der einzelnen Methoden. (Pulp and Paper **56.** Nr. 12. 161—62. Nov. 1955. Blandin Paper Co.) H. BECKER. 7974

W. I. Aletin, N. A. Jeraschowa und **T. P. Bleisise,** *Die Anwendung von tierischem Leim für die Erhöhung der Kaolinbindung im Druckpapier.* Wenn der absol. trockenen Faser für Druckpapier 0,075—0,1 Gew.-% Tierleim zugesetzt werden, wird die Festigkeit des Papiers erhöht u. der Verlust bei der Verarbeitung auf schnellaufenden Maschinen um 25—30% vermindert. Durch die Verminderung des Aschegeh. des Umlaufwassers wird die Entfaserung verbessert. (Бумажная Промышленность [Papier-Ind.] **30.** Nr. 12. 18—19. Dez. 1955. Leningrad, 1. Papierfabrik.) R. K. MÜLLER. 7978

B. I. Beresin, E. Ss. Wainstein, Je. I. Orlowa und **W. W. Ssinilo,** *Schnelltrocknende und glänzende Farben.* Die Farben mit polymerisiertem Leinöl als Grundlage geben keinen genügenden Glanz u. trocknen zu langsam. Stärkere Polymerisation des Leinöls erhöht den Glanz, doch ebenso die Kohäsion, wodurch es zu einer Schädigung des Papiers kommt. Diese Mängel lassen sich durch Anwendung synthet. Alkydharze von hohem Polymerisationsgrad u. hochsd. organ. Lösungsmitteln, z. B. Petroleum vom Kp. 210—250°, vermeiden. Rezepte für den Firnis u. die Farben werden angeführt. (Полиграфическое Производство [Polygraph. Betrieb] **1956.** Nr. 1. 24—25. Jan./Febr. Moskau, 2. Druckfarbenfabrik der Hauptverwaltung Buchdruckergewerbe.) J. V. SCHROEDER. 7990

Richard G. Knechtges, *Halbchemischer Zellstoff für Wellpappe.* Der Stoff wird kontinuierlich im Chemipulper mit Na_2SO_3 hergestellt u. im Scheibenrefiner defibriert. Die Kochlauge wird in der Fabrik hergestellt. Der Verbrauch an Chemikalien, Dampf u. Energie/t Zellstoff wird angegeben. (Paper Mill News **79.** Nr. 1. 12—13. 7/1. 1956. American Box Board Co., Inc.) H. BECKER. 7992

N. J. Øgland, *Die Rolle der Hemicellulose und des Lignins bei der Herstellung von Hartfaserplatten.* Vf. folgert aus Verss. über die Faserplattenherst. mit einer nach JAYME u. WISE gewonnenen Holocellulose (I), daß nicht das Lignin, sondern die Hemicellulose (II) die Faser–Faser-Bindung bewirkt. Extrahiert man aus I mit 4%ig. NaOH-Lsg. Restlignin u. Teile von II, so gehen Festigkeit u. Wasserbeständigkeit der Platten zurück. Die von NOWAK u. DRACH, RUNKEL u. VOSS mitgeteilte Erhöhung der Festigkeit durch schwaches Alkali führt Vf. nicht auf die Aktivierung des Lignins, sondern auf andere Uraschen, z. B. auf die Entfernung des Harzes dabei zurück. — 11 Schrifttumsangaben. (Svensk Papperstidn. **58.** 50—51. 31/1. 1955. Örnsköldsvik, Mo och Domsjö AB, Treetex-Labor.) E. BORCHERS. 7992

J. Dullin, *Struktur von Glas- und Basaltfasern und technische Grenzen ihrer Verarbeitbarkeit.* Zum Einbau in Fasergemische (Pappen usw.) sollten reine Glas- oder Basaltfasern mit Dicken von ca. 1 μ der hydrolyt. Klasse I u. II verwendet werden. Zu Verss. standen nur solche von 7—12 μ der hydrolyt. Klasse III u. IV zur Verfügung, mit denen es aber gelang, die wesentlichsten Bedingungen einer rationellen Fertigung festzulegen. Verlangt werden solche Pappen für die Kondensatorenindustrie, jedoch finden gröbere Sorten auch als Dachpappen Verwendung. Es wurden hierzu auch die chem. Einbaustoffe Astorit, Repellat, Setavon u. andere mit Erfolg ausprobiert. (Technik **1955.** 137—39. Messesonderheft.) L. KÜHNERT. 7992

Hans Bucher, *Probleme der mikroskopischen Papieruntersuchung.* (Vgl. C. **1955.** 11119.) Zusammenfassung der Grundlagen, Möglichkeiten u. Toleranzen bei der mkr. Unters. u. Best. von Holzzellen, Zellstoffasern, Füllstoffen, Zus. u. Eigg. der Blätter. (Schweiz. Arch. angew. Wiss. Techn. **21.** 55—63. Febr. 1955.) H. BECKER. 8010

P. W. Prober, *Über die Verschiedenseitigkeit des Papiers.* Es wird festgestellt, daß das Strichverf. u. die Verff. des trockenen Indicators u. des Benetzungswinkels für den Nachw. der gleichmäßigen Hydrophobie an der Ober- u. Unterseite des Papiers unbrauchbar sind. Nach dem vorgeschlagenen Tropfen-Capillarverf. wird auf das auf einen Ring gelegte Papier ein Tropfen eines 1:1-Gemisches von A. u. Terpentin aufgetragen, in welchem Methylviolett aufgelöst ist. Nach vollständigem Einsickern des Tropfens wird auf die Mitte des entstandenen dunkelvioletten Fleckes ein Tropfen wss. Lsg. von Säurerot aufgetragen. Der rote Farbstoff bildet auf der Ober- u. Unterseite durch Diffusion in die Poren u. Capillaren um den violetten Fleck einen roten Kranz. Fehlen bei einem Papier die Capillaren oder besitzen sie hydrophobe Eigg., so entsteht kein Kranz. Auf der Unterseite des Papiers ist der Kranz infolge der größeren Capillarität in der Regel stärker ausgebildet. Die Brauchbarkeit des Verf. wird an verschied. Papiersorten gezeigt. (Бумажная Промышленность [Papier-Ind.] **30.** Nr. 8. 12—14. Aug. 1955. Moskau, Tapetenfabrik.) O. LEBTAG. 8010

XVIIIb. Textilfasern.

Nils-Bertil Furvik, *Silicone in der Textilindustrie.* Übersicht auf Grund der Literatur. — 14 Literaturzitate. (Textil och Konfektion **12.** Nr. 9. 44. 46. 48. 50. Nov. 1955. Sv. Textilforskn.-Inst.) R. K. MÜLLER. 8032

B. C. M. Dorset, *Die Äthylcyanidierung von Cellulose.* Es wird eine zusammenfassende Darst. über Verff. zur Äthylcyanidierung von Cellulosefasern gegeben, deren Eigg. sowie techn. Verwendungsmöglichkeiten besprochen werden. Acrylnitril wird an Baumwolle, Cellulose oder Viscose unter katalyt. Einw. von kaust. Soda angelagert. Durch die Äthylcyanidierung wird eine bessere Beständigkeit der Cellulosefasern gegen Mikroorganismen, Hitze u. Abrieb sowie verbesserte Anfärbbarkeit erzielt. Die leichte Verseifbarkeit in Säuren u. Alkalien u. die Löslichkeit in Sodalsg. sind von Nachteil. (Textile Manufacturer **81.** 378—82. Juli 1955.) K. HÖRIG. 8032

Hans Böhringer, *Wäscheverschleiß und Gebrauchswert.* Unter mit Zahlen belegtem Hinweis auf die volkswirtschaftliche Bedeutung einer sachgemäßen, d. h. auch faserschonenden Wäsche bespricht Vf. die möglichen Ursachen für den Wäscheverschleiß an Hand von durch Kurven dargestellten Tragversuchsergebnissen. Weiter werden einige Resultate mitgeteilt von Verss., die man vornahm, um den Verschleiß quantitativ ursachengemäß aufzugliedern, also nach dem anteiligen Einfl. des Tragens, der nicht unwesentlichen Lagerungszeit schmutziger Wäsche u. des Waschens selbst, unter Berücksichtigung von Haushalt- u. Maschinenwäsche. Den Darlegungen sind manche Anregungen für die Bearbeitung des relativ wichtigen Problems zu entnehmen. (Faserforsch. u. Textiltechn. **7.** 27—38. Jan. 1956. Rudolstadt, Inst. für Textiltechnologie der Chemiefasern.) E. WAGNER. 8040

M. W. Almasowa und **L. M. Matussewitsch,** *Mercerisation von Garn unter Zusatz von Sulfirol.* Bei Verwendung des Netzmittels *Sulfirol 8* (I = Äthylsulfohexanol) erübrigt sich das Beuchen, Spülen u. Abquetschen des Garns vor dem Mercerisieren u. bessert sich die Gleichmäßigkeit. Mercerisiert wurde mit ca. 280 g/Liter NaOH u. 10 g/Liter I. (Легкая Промышленность [Leicht-Ind.] **16.** Nr. 1. 47—48. Jan. 1956.) N. STSCHERBINA. 8044

R. A. Isslentjew, *Optimale Schlichttemperatur für Baumwollketten.* Die Herabsetzung der Temp. der Schlichte von 85 auf ca. 60° erspart Dampf u. ergibt gleichmäßiger geschlichtete Ketten. Verwendet wurde Maisstärke, die teilweise durch Hypochlorit abgebaut (bei 40—50°) war. (Текстильная Промышленность [Textil-Ind.] **16.** Nr. 1. 38—40. Jan. 1956. Wiss. Zentralinst. für Baumwolle.) N. STSCHERBINA. 8044

A. P. Ssadokowa, *Über die Natur der Proteine in der Schafwolle.* Nach den Unterss. an Merinoschafwolle enthält deren Keratin eine Protosäure (I) u. einen Eiweißantikomplex (II). Nach den chem u. physikal. Kennzahlen steht die Wolle–I der Casein–I u. den I aus Futtergräsern sehr nahe. **II** ist seiner Natur nach ein Eiweiß, das im nativen Eiweiß immer an I gebunden ist. Die Merinoschafwolle enthält ca. 45% I u. 55% **II.** Es wird angenommen, daß für ein maximales Wachstum der Wolle die im Futter enthaltenen Eiweißstoffe mindestens 45% I enthalten müssen. (Доклады Всесоюзной ордена Ленина Академии Сельскохозяйственных Наук имени И. В. Ленина [Ber. Allunions landwirtsch. (Lenin-Orden) Lenin-Akad.] **20.** Nr. 6. 38—41. 1955. Allunions Wiss. Forschungsinst. für Tierzucht.) REINHARD HÜTTENRAUCH. 8060

E. Brunnschweiler, *Die Prüfung der Schrumpfechtheit.* Prüfvorschriften für pflanzliche, tier. u. Chemiefaserstoffe. (SVF Fachorgan Textilveredlung **10.** 515—18. Sept. 1955.) I. SCHOENMANN 8096

Kurt Täufel, Roland Vogel und **Albert Wicklein,** *Einfluß der Oxydationsanfälligkeit ölhaltiger Kunstseidenpräparationsmittel auf Faser und Gewebe.* 3. Mitt. *Textilanalytische Verfahren.* (2. vgl. C. **1956. 604.**) Der früher näher beschriebene Filtrierpapiertest (I) zur Best. der Oxydations- bzw. Alterungsanfälligkeit (II) ölhaltiger Präparationsmittel für Textilien wird in Beziehungen gebracht zu entsprechenden Einflußerscheinungen im textilen Material u. zu deren textil.-analyt. Untersuchungsmethoden. So bestehen gewisse Übereinstimmungen zwischen dem MACKEY-Test u. **II** bzw. **I**, weiter mehr oder weniger eindeutige Zusammenhänge mit dem bei der Alterung einsetzenden Celluloseabbau, mit Vergilbungserscheinungen, mit therm., opt. u. metall. Einflüssen. Die krit. Auswertung dieser Erkenntnisse u. der sachgemäße Einsatz von **I** dürften sich für die Praxis sowohl bei der Herst. der Präparationsmittel als auch bei deren Einsatz als wertvoll erweisen. (Faserforsch. u. Textiltechn. **6.** 489—95. Nov. 1955. Potsdam-Rehbrücke, Inst. für Ernährungsforsch.; Premnitz, Kunstseidenwerk Friedrich Engels.) E. WAGNER. 8098

Farbenfabriken Bayer Akt.-Ges. (Erfinder: **Mathieu Quaedvlieg**), Leverkusen, *Weichmachungsmittel für Textilien.* Man verwendet Ölemulsionen, z. B. von Paraffinöl, die mit einem nach D. R. P. 747 403 hergestellten Emulgator emulgiert sind. (**D. B. P. 905 602** Kl. 8k vom 28/12. 1941, ausg. 4/3. 1954.) H. MÖLLERING. 8021

Calico Printer's Association Ltd., Manchester, übert. von: **William S. Miller,** Sale, und **James S. Schofield,** Accrington, England, *Methylolaceton-Vorkondensat für Permanentappretur von Textilien.* 4 (Mol) CH_2O u. 1 Aceton werden in Ggw. von 0,025 bis 0,1 NaOH bei $< 50^0$ kondensiert, so daß noch restliches CH_2O übrig bleibt. Das Tetramethylolaceton wird in eine 12%ig. Lsg. überführt, mit Na_2CO_3 schwach bas. gemacht u. zum Imprägnieren von Baumwolle u. Kunstseide verwendet; Trocknung $< 100^0$. Anschließende Endkondensation bei 130—140°; dann folgt die mechan. Bearbeitung der Stoffe. (**A. P. 2 711 971** vom 14/7. 1950, ausg. 28/6. 1955.) G. SALZMANN. 8033

Colgate-Palmolive-Peet Co., V. St. A. (Erfinder: **Ramon Bruno Diaz**), *Bleichmittel für Gewebe.* Sie bestehen aus einem Alkalihypochlorit, mindestens einem Alkalimetallpolyphosphat u. gegebenenfalls einem opt. Bleichmittel. Ein solches Bleichmittel hat z. B. die Zus.: 90 NaOCl, 10 $Na_3HP_2O_7$ oder 89 LiOCl, 10 $Na_4P_2O_7$ u. 1 opt. Bleichmittel. (**F. P. 1 079 332** vom 12/5. 1953, ausg. 29/11. 1954. A. Prior. 2/7. 1952.) T. OPPERMANN. 8033

E. I. du Pont de Nemours & Co., übert. von: **Mario Francesco Sartori,** Wilmington, Del., V. St. A., *Optische Bleichmittel.* Zu A. P. 2 720 528; C. **1956.** 6275 ist nachzutragen: Analog gebaute *Benzoxazolderivv.* erhält man in gleicher Weise bei Verwendung folgender Ausgangsstoffe: 2-(p-Aminophenyl)-6-methylbenzoxazol, 2-(p-Aminophenyl)-benzoxazol, 2-(p-Aminophenyl)-5-methylbenzoxazol u. 2-Naphthylamin-4-sulfonsäure oder 2-Naphthylamin-3-carbonsäure oder 2-Aminonaphthalin-6-sulfonsäure. (**A. P. 2 715 632** vom 23/1. 1953, ausg. 16/8. 1955.) A. BRÖSAMLE. 8033

Sidney Arthur Leader, England, *Verwendung von Thermoplasten.* Man verklebt Gewebe (Fasern, Textil-, Metall-, Glasfäden, Papier, Karton, Holzplatten) miteinander oder mit anderen Oberflächen, indem man es mit einem thermoplast. Polymeren imprägniert oder überzieht, das Benzoyl- oder Lauroylperoxyd enthält, hierauf mit einem fl., polymerisierbaren mit dem Polymeren verträglichen Ester, der ein tert. Amin (Dimethyl-p-toluidin oder Dimethylanilin) bzw. p-Toluolsulfonsäure oder deren Na-Salz, das mit dem Peroxyd unter Wärmeentw. reagiert, enthält, imprägniert u. die Gewebe oder Oberflächen miteinander vereinigt. Herst. von Zelten, Kabinen, Reparatur von Wasserrohren, elektr. Isolierungen, Ersatz für Gipsverbände. — Man imprägniert Glasfasern mit einer aceton., Benzoylperoxyd enthaltenden Polymethylmethacrylatlsg. u. trocknet. Bei Gebrauch befeuchtet man mit Methylmethacrylat, das 3% p-Methyltoluidin u. 0,02% Ascorbinsäure enthält u. bringt das Gewebe auf den vorher mit Siliconfett bedeckten Körperteil, auf dem es zu einer harten, leichten, für Röntgenstrahlen durchlässigen Hülle erstarrt. (**F. P. 1 071 085** vom 29/8. 1952, ausg. 24/8. 1954. E. Priorr. 5/9. 1951 u. 11/8. 1952.) M. PANKOW. 8037

Wool Industries Research Association, Leeds, England, *Herabsetzung der Verfilzbarkeit von Wolle,* deren Mischgespinsten, Kardenbändern, Lunten, Web- u. Wirkwaren, Schafhäuten u. dgl. durch Erhöhung ihres Feuchtigkeitsgeh. um 5%. Das Textilmaterial wird 16 Std. bei $+2^0$ gelagert, 40 Min. im Vakuum gasförmigem Cl oder Br ausgesetzt, mit Na_2SO_3 neutralisiert, getrocknet u. konditioniert. (**Belg. P. 518 309** vom 10/3. 1953, ausg. 18/2. 1955. E. Prior. 14/1. 1953.) G. SALZMANN. 8061

Joseph Helmut Jungbauer, Wiesbaden, *Auffrischen von Pelzen,* gek. durch die Verwendung einer Mischung aus 1 (cm^3) H_2O_2, 3 HCOOH, 1 Glycerin, 80 CH_2O, 15 Methylalkohol u. 1000 W., zweckmäßig bei 15—60°, bei empfindlichem Pelzwerk bei 20° bis 30°. — Durch dieses Mittel erhält das aufzufrischende Pelzwerk einen bes. schönen Glanz. Die Einw. kann durch Aufspritzen, Aufstäuben oder Einreiben mit einer Bürste oder durch direktes Eintauchen in die Lsg. erfolgen. (**D. B. P. 937 434** Kl. 28a vom 18/4. 1954, ausg. 5/1. 1956. Anmeldung bekanntgemacht 14/7. 1955.) TH. SEIZ. 8067

Vereinigte Glanzstoff-Fabriken Akt.-Ges. (Erfinder: **Georg Hingst,** Traventhal), Wuppertal-Elberfeld, *Aufarbeitung von Viscose-Spinnbädern,* denen HCl zwecks Ausfällung von NaCl zugesetzt wird, aus welchem NaOH u. HCl zurückgewonnen wird, dad. gek., daß a) Spinnbäder aufbereitet werden, die HCl u. Chloride u. gegebenenfalls H_2SO_4 u. Sulfate enthalten, u. daß das durch HCl ausgefällte NaCl durch dem Betrieb entnommene elektr. Überschußenergie zu NaOH u. HCl aufgearbeitet wird; b) die elektr. Überschußenergie durch Verwendung von Hochdruckkesseln zur Erzeugung von Dampf von 50 atü u. höher u. durch Entspannung des Dampfes über Turbinen auf den im Betrieb benötigten n. Dampf von ca. 3 atü gewonnen wird. (**D. B. P. 937 786** Kl. 29b vom 2/10. 1948, ausg. 12/1. 1956. Anmeldung bekanntgemacht 1/2. 1951.) G. SALZMANN. 8075

Kendall Co., Boston, übert. von: **Dana Burks jr.,** East Walpole, Mass., V. St. A., *Krumpffreie Textilausrüstung,* bes. für Regeneratcellulose, z. B. *Viscoseseide.* Man imprägniert das Gut mit der wss. Lsg. eines in kaltem W. lösl. sauren Polymerisationskatalysators u. einem — hauptsächlich monomeren — Vorkondensat aus Dimethylolharnstoff (I) oder einem niedrigmol. Alkylolmelamin oder deren niedrigmol. Alkyläthern. Man quetscht so ab, daß auf das Gut 15—35% Vorkondensat aufgebracht werden, läßt das feuchte Gut 10 Min. bis 3 Tage liegen, trocknet u. vergütet durch Wärmeeinwirkung. — Z. B. wird ein Viscosegewebe mit einer wss. Lsg. mit 27,5 (%) Geh. an Dimethyläther des I u. 2,5 $ZnCl_2$ imprägniert, auf 74% Aufnahme abgequetscht, nach 18 Tagen getrocknet u. 2—3 Min. bei 350° vergütet. — Tabellen über die Abhängigkeit der Schrumpfung u. der Steifheit von der aufgenommenen Harzmenge u. der Zwischenlagerungszeit. (**A. P. 2 709 141** vom 28/6. 1952, ausg. 24/5. 1955.) H. MÖLLERING. 8075

Monsanto Chemical Co., St. Louis, übert. von: **Oscar P. Cohen,** Watertown, Mass., V. St. A., *Schrumpfbeständige Garne oder Gewebe aus Cellulose, insbesondere aus Kunstseide.* Die Textilstoffe werden mit einer wss. 0,2—2%ig. Lsg. eines kationoberflächenakt. Mittels, z. B. von Cetyldimethylbenzyl-, Stearyltrimethylammoniumchlorid oder Cetylpyridiniumchlorid, von 60° behandelt, leicht getrocknet, 75 Min. mit einem wss. Bad von ankondensiertem alkyliertem Melamin- bzw. Harnstoff-CH_2O-Kondensat imprägniert u. 5 Min. bei 82° u. 5 Min. bei 150° getrocknet u. erhitzt. (**A. P. 2 715 078** vom 27/10. 1948, ausg. 9/8. 1955.) G. SALZMANN. 8075

Otto Eisenhut, Heidelberg, *Herstellung fester waschbarer, gewebeähnlicher, verfilzter Stoffe aus Cellulosefasern* ohne Spinnen u. Weben, dad. gek., daß den Faservliesen dosierte Mengen Alkalilauge zugeführt werden, sei es im Laugebad nach vorausgehendem Zusammenpressen u. unter Spannungsdruck, sei es durch Aufspritzen, Aufnebeln oder Aufdrücken, worauf angesäuert, gewaschen u. getrocknet wird. Das gepreßte Faservlies wird unter Spannungsdruck zwischen zwei Netzen oder perforierten Bändern aus laugefestem Material oder zwischen perforierten Absaugetrommeln unter starkem Druck durch das Laugebad geführt. — Vgl. auch E. P. 698 123; C. **1956.** 1770. (**D. B. P. 921 826** Kl. 29b vom 9/9. 1949, ausg. 16/5. 1955. Anmeldung bekanntgemacht 6/12. 1951. **Zusatz zu D. B. P. 902 427; C. 1956. 1191.**) G. SALZMANN. 8075

Soc. Rhodiaceta, Seine, Frankreich (Erfinder: **Louis Roche** und **Jean Rampin**), *Behandlung von Textilien aus Acetylcellulose.* Zur Verhinderung des Mattwerdens von Textilien aus Acetylcellulose in wss. Bädern über 85° versetzt man die Bäder (zum Bleichen, Färben, Appretieren) mit 0,5—10 g Oxalsäure./Liter, bes. 1—2 g/Liter Bad. (**F. P. 1 091 025** vom 10/10. 1953, ausg. 6/4. 1955.) G. WELTZIEN. 8077

Perfogit Societá per Azioni, Mailand, Italien, *Schmelzspinnverfahren,* dad. gek., daß man in Gasatmosphäre einer gewünschten relativen Feuchtigkeit spinnt, auf Bobinen aufwindet u. in einer Atmosphäre mit $>50\%$ relativer Feuchtigkeit lagert. (**E. P. 738 067** vom 23/7. 1953, ausg. 5/10. 1955. It. Prior. 6/8. 1952.) H. MÖLLERING. 8081

Perfogit Societá per Azioni, Italien, *Reinigen von Polyamiden* von monomeren Anteilen. Das Polyamid fällt über schräg angebrachte Bleche in dünner Schicht bei 230—260° durch einen Raum, aus dem das Monomere entweicht u. danach kondensiert wird. — Vorrichtung. (**F. P. 1 073 887** vom 31/3. 1953, ausg. 29/9. 1954. It. Prior. 4/4. 1952.) M. PANKOW. 8081

Union des Fabriques Belge de Textiles Artificielles „Fabelta“, Brüssel, Belgien, *Bleichen von Polyacrylnitrilfäden oder -fasern.* Man behandelt das Gut mit einer wss. auf p_H 7 eingestellten, ca. 0,1%ig. $KMnO_4$-Lsg. bei 20—100°, worauf man mit einer wss. 2%ig. Na_2SO_3-Lsg. bei p_H 2 (Einstellung durch H_2SO_4) nachwäscht. (**E. P. 742 349** vom 9/12. 1953, ausg. 21/12. 1955. Belg. Prior. 23/12. 1952.) H. Möllering. 8081

XIX. Brennstoffe. Erdöl. Mineralöle.

Alexander Kosicki, *Beziehung zwischen der unteren Grenze des Heizwertes und der geringsten Luftmenge, die für die vollständige Verbrennung von Brennstoffen erforderlich ist.* Es werden Tabellen gebracht, in denen neben der chem. Zus. der Wärmewert (summar. Heizwert) der Elemente u. die geringste, für die vollständige Verbrennung erforderliche Menge O_2 für über 40 verschied. Brennstoffe u. chem. Verbb. aufgeführt sind. Aus dem Verhältnis $L_{min}/\Sigma h_u$ (minimalste O_2-Menge/summar. Heizwert der Elemente) ergibt sich, daß der Zahlenwert dieses Bruches für Lignit 0,920—1,04, für Braunkohle 1,04 bis 1,07, für Steinkohle 1,094—1,17 beträgt. Man ersieht daraus, daß das Stadium der natürlichen oder künstlichen Verkohlung sich in diesen Zahlen spiegelt, die daher als Grundlage für eine Klassifikation der festen Brennstoffe dienen können. (Гласник Хемиског Друштва Београд [Ber. chem. Ges. Belgrad] **16.** 193—206. 1951.) A. v. Wilpert. 8120

Walter Fuchs, *Die Entwicklung unserer Kenntnisse über die Kohle.* Es werden besprochen: Die Lignintheorie der Kohlen, der Gesamtvorgang der Kohlenbldg., Physik u. Chemie der Braunkohle sowie die physikal. u. chem. Struktur der Steinkohlen. (Freiberger Forschungsh., Reihe A Nr. **33.** 5—23. 1955. Aachen, TH, Chem.-techn. Inst.) E. Boye. 8126

B. Lavrenčič und **S. Černič,** *Beiträge zur Entschwefelung von Kohlen während der Verkokung.* Kohlen einiger Inkohlungsstufen (Raša, Sečovlje, Kakanj, Lignite) wurden n., im Wasserstoffstrom u. unter Durchblasen überhitzten Dampfes bei Tempp. zwischen 300 u. 900° verkokt u. dabei der im Koks verbleibende S-Anteil als Verhältnis zum Gesamt-Schwefelgeh. der Kohlen ermittelt. Die Kohleanalysen werden mitgeteilt, die Abhängigkeit der im Koks zurückbleibenden S-Anteile von der Verkokungstemp. ist in Kurven dargestellt. (Bull. sci. [Yougoslavie] **2.** 46—47. April 1955. Ljubljana, Akademie, Chem. Inst. „B. Kidrič“.) E. Miessgang. 8126

K. I. Syskow, *Theoretische Grundlagen der Verbesserung der Koksqualität.* Es werden besprochen: Die Theorie der Bldg. von Stückkoks (Backvorgang, Verfestigung des Kokses), die Theorie der Erhitzung der Kohlenbeschickung, der Kokszerkleinerung u. des Verh. des Kokses im Hochofenprozeß. (Freiberger Forschungsh., Reihe A Nr. **33.** 24—31. 1955. Moskau.) E. Boye. 8144

M. Ss. Knjasewa, W. A. Lanin, A. I. Mursajewa und **M. W. Pronina,** *Untersuchung der chemischen Zusammensetzung eines flüssigphasigen Hydrogenisats des Tscheremchowo-Kohlenteers.* Der bei 450—500° gewonnene Steinkohlenteer wird bei 460° u. 300 at in Ggw. eines Fe-Katalysators hydriert u. nach Entfernung von 32% Phenol u. 3,4% Basen in die Fraktionen 51—200° (24,9%) u. 200—310° (72,1%) zerlegt. In der Leichtfraktion werden 28,7% Paraffin-KW-stoffe, 14,7% 6gliedrige Naphthenverbb., 19% nicht hydrierbare Naphthenverbb., 10,6% ungesätt. KW-stoffe u. 27% aromat. Verbb. nachgewiesen. Die Fraktion 200—310° enthält im KW-stoffanteil 27,1% gesätt. KW-stoffe, davon 12,4% n. Struktur C_{12}—C_{20}, 2,2% 6gliedrige Naphthenverbb. u. 12,5% 5gliedrige u. a. nicht hydrierbare Verbindungen. (Известия Академии Наук СССР, Отделение Технических Наук [Nachr. Akad. Wiss. UdSSR, Abt. techn. Wiss.] **1955.** Nr. 4. 142—43. April.) O. Lebtag. 8176

Gerhard Günther, *Elementarbilanz der Hochdruckhydrierung im Hydrierwerk Zeitz und ihre Auswertung.* Vf. gibt eine Elementarbilanz (C, H, O, N u. S) für die großtechn. Hydrierung von Braunkohlenteer nach dem TTH-Verf. bei 300 at. Die Verluste betragen dabei insgesamt 1,28 (Gew.-%), an den einzelnen Elementen für C 0,92, H 3,66, O 0,00 (gestellt), N 13,2 u. S 0,2. Die Elementarzus. der Verluste weist darauf hin, daß sie auf verlorenes Hydriergas zurückzuführen sind. Die Höhe der Gasverluste wird mit 16—20% auf Gaseinsatz angegeben, was durch Verlustmessungen bei reinem Gaskreislauf ohne chem. H_2-Verbrauch größenordnungsmäßig bestätigt wird. Möglichkeiten der Ursache der Verluste werden diskutiert. (Freiberger Forschungsh. Reihe A Nr. **23.** 5—12. 1954. Zeitz, VEB Hydrierwerk.) Gerhard Günther. 8198

B. O. Buckland und **D. G. Sanders,** *Verbesserter Rückstandskraftstoff für Gasturbinen.* In stationären Gasturbinen haben Vff. festgestellt, daß Na in Gasturbinenölen schnell Ablagerungen u. Korrosion verursacht. Sie schlagen eine Wäsche des Öls mit $MgSO_4$ u. anschließendem Zentrifugieren in einer De Laval-Zentrifuge vor. Schemat.

Skizze der Reinigungsanlage im Original. Mehr als 90% des natürlich u. durch Seewasser in das Öl gekommenen Na werden dadurch ausgewaschen. Neben dem Na wird auch der größte Teil des Ca entzogen, u. wenn der Geh. unterhalb 1 Teil auf 100000 Teile liegt, dann zeigten Turbinenläufe über 1500 Std. keinerlei Ablagerung; das stufenweise Absinken des Wirkungsgrades betrug dabei ca. 2%. Vff. schlagen eine Spezifikation vor. Na-haltige Öle werden von Vff. ebenfalls mit Mg behandelt, da dieses keine Ablagerungen bildet. Die Wrkg. des Mg wird aber etwas aufgehoben, wenn der Turbinenkraftstoff bleihaltig ist. — Bebilderter Bericht mit viel Versuchszahlen. (Trans. ASME **77.** 1199—1209. Nov. 1955. General Electric Co., Advance and Develop. Engng. Gas Turbine Dep.) K. O. MÜLLER. 8204

Je. I. Sabrjanski und **L. W. Maljawinski,** *Die Bestimmung der Klopffestigkeit von Autobenzinen nach dem Researchverfahren.* Beschreibung der Bedingungen bei der Unters. von Brennstoffen in Automotoren nach dem Researchverfahren. Ergebnisse für Benzine aus der direkten Abdestillierung aus paraffin. u. naphthen. Erdöl, sowie für Crackbenzine aus verschied. Erdölen u. von 2 Benzinsorten der UdSSR. Die erhaltenen Werte ergeben eine Abhängigkeit der Klopffestigkeit von Autobenzinen von den Arbeitsbedingungen des Motors u. der chem. Zus. des Brennstoffs. Eine Charakterisierung der Klopffestigkeit allein nach der Motormeth. ist nicht ausreichend. (Нефтяное Хозяйство [Petroleum-Wirtsch.] **33.** Nr. 4. 56—61. April 1955.) A. HELMS. 8206

J. S. Paten und **A. V. Driver,** *Schmiermittel für Ölmaschinen.* Übersicht über Entw. u. Stand der Additivs. (Gas Oil Power **50.** 339—40. 1955. Shell-Petroleum Comp.) K. L. WOLF. 8220

Willy A. Dahl, *Mit Zusätzen behandelte Motorenschmieröle und ihre Funktionen.* Auf Grund von amerikan. u. engl. Bezeichnungen u. Vorschriften wird ein Überblick über die verschied. Typen von Motorenschmierölen gegeben, deren Zus. u. Eigg. beschrieben werden. (Rev. brasil. Quím. **40.** 260. 262. 264. 266. 268. 270. Sept. 1955.) R. K. MÜLLER. 8220

Annibale Vittadini, *Die Bedeutung des Viscositätsbegriffes für das Gebiet der Schmierstoffe.* Zusammenstellung u. Erläuterung der bekannten für die Unters. u. Kennzeichnung von Mineralölen gebräuchlichen Viscositätstemperaturfunktionen (UBBELOHDE, WALTHER, GÖTTNER) u. Hinweis darauf, daß ihre prakt. Auswertung für Schmierprobleme nur gemeinsam von Schmierstoffachleuten u. Konstruktionsingenieuren erfolgen kann. (Chimica [Milano] [11] **31.** Nr. 5. 189—91. 1955.) H. REUTHER. 8220

László Vajta, *Einige Fragen unserer Bitumenerzeugung.* In Koordinatensystemen, gegeben durch den Logarithmus der Penetration u. durch den Erweichungspunkt „Ring u. Kugel", werden die verschied. ausländ. Bitumennormen, vor allem die sowjet. GOST u. die deutsche DIN-Norm mit den ungar. Vorschriften verglichen. Bei der Unters. der ungar. Bitumensorten erfüllt bes. das Bitumen des Erdöls von NAGYLENGYEL alle ausländ. Normanforderungen für Straßenbaubitumina. Durch verschieden langes Blasen des obigen Prod. können hochwertige Bitumina vom Geltyp gewonnen werden. (Magyar Kémikusok Lapja [Z. Ver. ung. Chemiker] **10.** 39—42. 25/2. 1955.) R. BIRTHLER. 8224

E. Peter, *Beitrag zur analytischen Untersuchung von Rohmontanwachs: Bleichfähigkeitsprüfung zur Beurteilung der Montanwachsqualität in Abhängigkeit von den Extraktionsbedingungen der Braunkohle.* 2. Mitt. (**1. Mitt.** vgl. C. **1955.** 10895.) Erhöhte Montanwachsausbeuten bei der Extraktion von Braunkohle mit Lösungsm. mit hoher DK. sind vermutlich auf infolge der Einw. des Lösungsm. erfolgende Depolymerisationserscheinungen der Kohle zurückzuführen. Auch bei den nach der Säurevorbehandlung der Braunkohle zusätzlich in Lsg. gehenden Anteilen sinkt der Geh. an Reinwachs. Solche Extrakte weisen einen gesteigerten Geh. an paraffinunlösl. Bestandteilen auf, geben hohe Verkokungsrückstände u. sind durch hohen Alkaliverbrauch gek., was die vermutete Anwesenheit von Hymatomelansäure wahrscheinlich macht. Vf. warnt vor Heranziehung von Bz.-A. zur Extraktion von Braunkohle zwecks Beurteilung der Montanwachsqualität. (Fette Seifen einschl. Anstrichmittel **56.** 471—75. Juli 1954. Hamburg-Barmstedt, Schlickum-Werke.) J. BÖSS. 8226

Werner Meine, *Flammenphotometrische Bestimmung von Bleitetraäthyl in Vergaserkraftstoffen.* Vf. beschreibt die Durchführung der Best. in einem Spektralphotometer M 4 Q (CARL ZEISS), das aus Monochromator, Photozelle u. Anzeige- sowie Flammenzusatzgerät besteht. Zur Messung wird die Emissionslinie des Pb bei 4600 Å herangezogen. Als Brenngas dient ein H/O-Gemisch. Zur Messung dient die Eichkurve eines n. Vergaserkraftstoffes, die den Flammenuntergrund ergibt. Von dem gleichen Kraftstoff wird ein größeres Muster mit genau 0,09 Vol.-% Bleitetraäthyl (TEL) hergestellt. Bei jeder Messung wird so einjustiert, daß der 0%-Punkt (Flammenuntergrund) u. der 0,09%-Punkt in die Eichgerade fallen. Der Geh. des zu untersuchenden Kraftstoffes an TEL ist dann nach Ablesung der Skalenteile aus der Eichgeraden zu entnehmen. Der TEL-Geh. von Kraftstoffen unbekannter Zus. läßt sich nur genau ermitteln, wenn auch der unverbleite Kraftstoff zur Verfügung steht, weil die Unterschiede des Flammenuntergrundes von Vergaserkraftstoffkomponenten beträchtlich sind. (Erdöl u. Kohle **8.** 711—12. Okt. 1955. Hamburg-Harburg, Esso A.G.) K. O. MÜLLER. 8254

F. Eisenstecken, *Ein neues Prüfverfahren für Umlauföle.* **Daß** zur Beurteilung der „Abnutzung" von Ölen dienende Verf. beruht darauf, daß man das im Umlauf befindliche Öl künstlich altert u. die sich dann bildenden Fremdstoffe (Harze u. Asphalte) ermittelt. Sobald eine bestimmte Menge von Alterungsstoffen überschritten wird, muß das Öl gefiltert, geschleudert oder ausgewechselt werden. Durch Addition der Quadrate der %-Gehh. an Harz u. Asphalt, der VZ. u. der Neutralisationszahl des Öles ergibt sich ein Faktor, der den Alterungszustand des Öles erkennen läßt. (<35: gut; >100: nicht gebrauchsfähig.) — Beispiele. (VDI-Z. **97.** 1279—81. 11/12. 1955.) W. WESLY. 8258

M. Brunner und **R. Pedrini,** *Prüfung von Schmiermitteln auf ihre Schmierfähigkeit mit dem Wieland- und Vierkugelapparat.* 1. Mitt. Die zunehmende Verlagerung der Schmierung in das Gebiet der Teil- u. Vollschmierung erfordert genaue Laboratoriumsteste, wozu vorzüglich die WIELAND-Maschine u. der Vierkugelapp. verwandt werden. Die Ergebnisse diesbzgl. Messungen, vor allem an Mineral- u. Getriebeölen werden mitgeteilt. Sie erweisen sich als geeignet, die Öle differenzierend zu charakterisieren. Die Übereinstimmung mit der prakt. Erprobung ist in den meisten Fällen gut. Abweichungen bei Zusätzen zur Verbesserung der Öligkeit u. für Hochdruckzusätze sind begründet. (Schweiz. Arch. angew. Wiss. Techn. **21.** 169—78. Juni 1955. Zürich, Eidgen. Materialprüf.- u. Versuchs-Anstalt.) K. L. WOLF. 8258

Koppers Co., Inc., Pittsburgh, Pa., V. St. A. (Erfinder: **F. Totzek**), *Vergasen von festen Brennstoffen in O_2 oder endotherm reagierenden Vergasungsmitteln.* Mindestens 50%, besser 70% oder mehr, der Brennstoffe sollen eine Korngröße unter 0,95 mm aufweisen. Vorzugsweise sollen keine Teilchen vorhanden sein, die ein Sieb mit einer Maschenweite von 0,086 nicht passieren. Man erhält eine bes. günstige Vergasung. — Vgl. auch E. P. 673 161; C. **1954.** 10142 u. D. B. P. 832 037; C. **1952.** 5354. (**Schwed. P. 136 427** vom 28/12. 1948, ausg. 8/7. 1952. Schwz. Prior. 29/12. 1947.) K. H. KÄHLER. 8149

Texaco Development Corp., Del., V. St. A., *Herstellung von Kohlenoxyd und Wasserstoff enthaltendem Gas.* Der Brennstoff wird mit O_2-haltigem Gas in einer Reaktionszone zu einem H_2- u. CO-haltigen Gas umgesetzt. Dieses Gas wird in einer Waschzone mit W. gewaschen, wobei der freie C durch das W., unter Bldg. einer Dispersion von C in W., dem Gas entzogen wird. Diese Dispersion wird mit fl. KW-stoffen in Berührung gebracht u. so der C aus dem W. in den fl. KW-stoff übergeführt. Das Gemisch aus fl. KW-stoff u. C dient als Ausgangsmaterial. (**E. P. 734 475** vom 6/11. 1953, ausg. 3/8. 1955.) E. KAHLES. 8163

Henri Brunel, Frankreich, *Entschwefeln von Kohlenwasserstoffen* (z. B. Kerosin, Gasöl, Schweröl, Spindelöl, Lackbenzin) durch Oxydationsmittel (z. B. 50%ig. HNO_3, Hypochlorite, Persalze, H_2O_2, Bichromate, Permanganate, Chromsäure, Luft, O_2, O_3), gegebenenfalls in Ggw. eines Katalysators. — Z. B. emulgiert man 100 (kg) Kerosin oder Gasöl (mit 3,5% S) bei 3—5 kg Druck 3 Std. mit 12—15 50%ig. HNO_3. Nach dem Waschen mit einer alkal. Lsg. u. Trocknen erhält man 95—97% Kerosin oder Gasöl mit 0,2% S u. weniger. (**F. P. 1 024 310** vom 11/7. 1950, ausg. 31/3. 1953.) T. OPPERMANN. 8195

Standard Oil Development Co., V. St. A. (Erfinder: **Ralph Burgess Mason** und **Harold J. Rose**), *Entschwefeln von Schwerölen.* Man behandelt die S-haltigen schweren Fraktionen (z. B. Erdöldestillationsrückstände) bei hohem Druck u. hoher Temp. in Ggw. eines Katalysators, welcher aus dem Halogenid eines mehrwertigen, amphoteren Metalls oder des Bors oder aus Komplexverbb. der Halogenide mit O-haltigen Verbb. besteht (z. B. $SnCl_4$, $TiCl_4$, BF_3, Komplexverbb. von BF_3 mit einem Alkohol, W. oder einem Ester), mit H_2. Bei $SnCl_4$ u. $TiCl_4$ beträgt die Reaktionstemp. 150—485° u. der Druck 7—210 at. Ferner gibt man in diesem Falle eine geringe Menge an Säure (HCl) als Aktivator in die Reaktionszone. Bei BF_3 u. seinen Komplexverbb. erfolgt die Behandlung der Schweröle mit H_2 bei 35—350 at u. einer Temp. unter 425°. — Vorrichtung. — Vgl. auch A. P. 2 640 011; C. **1954.** 7786 u. A. P. 2 657 175; C. **1954.** 5668. (**F. P. 1 048 630** vom 18/10. 1951, ausg. 23/12. 1953. A. Priorr. 16/11. u. 17/11. 1950.) T. OPPERMANN. 8195

Universal Oil Products Co., Des Plaines, übert. von: **Joseph A. Chenicek,** Bensenville, Ill., V. St. A., *Umwandlung von Mercaptanen in Kohlenwasserstoffölen.* Durch Umsetzung mit einem β-Dialkylaminoketon, z. B. β-Dimethylaminopropiophenon oder β-Dipropylaminoketon oder β-Dibutylaminoketon. (**A. P. 2 708 179** vom 15/2. 1954, ausg. 10/5. 1955.) P. UNGER. 8195

Hydrocarbon Research, Inc., N. J., V. St. A., *Cracken von schweren Kohlenwasserstoffölen*, dad. gek., daß durch die Regenerierung des Katalysators bei einem Druck von 150—800 lbs./sq. in. u. bei 1700—2000° F mit einem zur Hauptsache aus Dampf u. O_2 bestehenden Regeneriergas von einer prakt. 90%ig. Reinheit sowie einem Mol-Verhältnis von 1,5:1 bis 5:1 ein Gas erzeugt wird, das im wesentlichen aus CO u. H_2 besteht. Dieses Gas wurde in die Reaktionszone, in die auch die schweren KW-stoffe eingeleitet werden, eingeführt; bei 850—1100° F u. einem H_2-Partialdruck von 35—200 lbs./sq. in. werden die schweren KW-stoffe in Ggw. des regenerierten Katalysators (Bauxit) in KW-stoffe vom Gasolinsiedebereich umgewandelt. — Zeichnung. Vgl. auch A. P. 2 606 862; C. **1954.** 11 096. (**E. P. 731 838** vom 6/8. 1952, ausg. 15/6. 1955.) E. KAHLES. 8197

Karl Asboth, Österreich, *Selektives Spalten von flüssigen Kohlenwasserstoffen*, z. B. von Erdöl, Teeren. Man spaltet die KW-stoffe bei mittlerem Druck in fl. Phase u. zerlegt die dabei erhaltenen Spaltgase u. fl. Spaltprodd. durch weiteres Spalten. — Z. B. crackt man ein Rohöl bei 40 at u. 480° in fl. Phase u. die dabei erhaltenen Gase bei 3 at u. 700°. Die erhaltenen fl. Prodd. crackt man bei 50 at u. 530° in fl. Phase. Die hierbei gewonnenen Spaltgase spaltet man bei 4 at u. 750°. Man erhält Olefine (z. B. Äthylen), Leichtbenzin, Gase u. einen fl. Rückstand, den man in einer Verkokungskammer auf Schweröl u. Petrolkoks verarbeitet. — Vorrichtung. (**F. P. 1 026 394** vom 23/10. 1950, ausg. 27/4. 1953. Oe. Prior. 21/7. 1950.) T. OPPERMANN. 8197

Karl Asboth, Österreich, *Spaltkatalysator*. Der Katalysator besteht aus feinverteiltem, bes. reinem Ti (vgl. F. P. 1 026 455; C. **1955.** 4451), welches man durch Abdest. u./oder Ausdrücken des Hg aus Ti-Amalgam herstellt. (**F. P. 1 026 456** vom 24/10. 1950, ausg. 28/4. 1953. Oe. Prior. 21/7. 1950.) T. OPPERMANN. 8197

Comp. Pan-Européenne d'Installations et d'Équipement Industriels, S. à r. l., Frankreich (Erfinder: **Hans Schmalfeldt**, Deutschland), *Konvertierung von Kohlenwasserstoffen* zur Herst. von CO u. H_2 u. zur Erzeugung eines Gases, das für die NH_3-Synth. verwendet werden kann, gelingt durch Umsatz gasförmiger bis fl. KW-stoffe mit O_2 in Ggw. von Wasserdampf. Die Rk. verläuft in 2 Stufen, einer teilweisen, endotherm verlaufenden Konvertierung mit Wasserdampf u. der anschließenden exothermen Rk. mit O_2 oder Luft, wobei durch eine geeignete Anordnung von Wärmeaustauschern der Energieumsatz geregelt wird u. ein Kreislauf stattfindet. — 5 Zeichnungen. (**F. P. 1 054 926** vom 25/2. 1952, ausg. 15/2. 1954. D. Prior. 12/12. 1951.) S. MEIER. 8201

Anatole Julius und **Michel Victor Fernand Capron**, Frankreich, *Kraftstoffzusätze* zur Erhöhung der Octanzahl oder der Cetenzahl. Sie bestehen z. B. für Kraftstoffe für Explosionsmotoren aus 250 Fe $(CO)_5$, 100 Pb $(C_2H_5)_4$, 150 Aceton, 130 Isopropyläther, 80 Campher, 250 Vaselinöl u. 40 Äthylenbromid, für Kraftstoffe für Verbrennungsmotoren aus 250 $Fe(CO)_5$, 200 Äthylnitrat, 200 Nitrobenzol, 50 Chlornaphthalin, 100 Campher u. 200 Vaselinöl. (**F. P. 1 071 001** vom 27/5. 1948, ausg. 24/8. 1954.) T. OPPERMANN. 8205

California Research Corp., Wilmington, Del., V. St. A., *Diorganoperoxyde*. Man behandelt die z. B., nach A. PP. 2 223 807; C. **1941.** I. 3004, 2 383 919; C. **1946.** II. 126, hergestellten Organohydroperoxyde mit einer Säure oder einer bei der Hydrolyse Säure liefernden Verb. mit einer Dissoziationskonstante von wenigstens 10^{-3} bei $<150°$ F u. weniger als 90 Min. lang. — Aus 88,7 (%ig.) tert.-Butylhydroperoxyd mit 65 H_2SO_4 unterhalb 7° → *Di-(tert.-butyl)-peroxyd*. Weitere Ausgangsstoffe sind die Hydroperoxyde von: n-Decan; Octen-(1); Decen-(1); Äthylcyclohexan; Äthylbenzol; o-Xylol; Monoamylbenzol; Isopropylcyclohexan; Isopropylbenzol; p-Methyl-4-isopropylbenzol; Trimethylbenzole; Diäthylbenzole; Petroleumdestillate, Naphthene, Cyclobutan, Cyclopentan, Cyclooctan, Cycloheptan, deren Alkyl- u. Halogenderivv. (Tabellen). Die Peroxyde dienen zur *Erhöhung* der *Cetan-Z.* von *Dieseltreibstoffen*. (**E. P. 683 625** vom 29/11. 1949, ausg. 3/12. 1952.) G. KRAUSS. 8213

California Research Corp., V. St. A. (Erfinder: **John H. Easthagen** und **William H. Alderson**), *Stabilisieren von Heiz- und Dieselölen*. Man behandelt die Öle (Kp. 150° bis 398°), welche beim Spalten von Erdölen erhalten werden, bei 10—105° mit mindestens 60%ig. H_2SO_4 u. neutralisiert sie bei 65—121° mit einer bas. Lösung. — Z. B. erhitzt man ein Gasöl (Kp. 216—318°) auf ca. 38° u. vermischt es mit 2,855 g 85%ig. H_2SO_4 je hl Öl. Danach behandelt man das Öl 30 Min. bei 93° mit 10 Vol.-% NaOH-Lsg. von 10° Bé, wäscht es mit W. u. trocknet es mit Luft. — Vorrichtung. Zeichnung. (**F. P. 1 092 692** vom 7/12. 1953, ausg. 26/4. 1955. A. Prior. 13/12. 1952.) T. OPPERMANN. 8213

Shell Development Co., Emeryville, Calif., übert. von: **Geza S. Ronay**, Oakland, Calif., V. St. A., *Mineralschmieröl* mit einem die Viscosität nicht verändernden Geh.

von 0,01—5 Gew.-% eines mit Aminogruppen enthaltenden Verbb. (I) oder quaternären Ammoniumverbb. (II) modifizierten oleophilen Tones („Oniumtones"), z. B. Bentonit, Hectorit. — Beispiele: für **I** Stearinsäureamid (**III**), für **II** Dimethylcetyllaurylammonium, Kondensationsprod. aus **III** mit Epichlorhydrinammonium. Der Oniumton kann auch in Form von Salzen der Schwefel- u. Phosphorsäure vorliegen, z. B. als saures Dilaurylphosphat. (**A. P. 2 668 145** vom 4/8. 1951, ausg. 2/2. 1954.) E. DREWS. 8221

Stewarts & Lloyds Ltd. (Erfinder: **Alfred Clift**), Glasgow, England, *Schmierfett*, bestehend aus Tier- oder Pflanzenölen, die an sich oder nach Zugabe einer Fettsäure eine SZ. von 40—60 aufweisen, um mit einem Teil des 15—75 (Gew.-%) Zn-Staubzusatzes Zn-Seifen zu bilden. — Beispiele: 40 Ricinusöl, 60 Zn; 25 Wollfettsäure, 65 Zn. Gegebenenfalls Zusatz von Sprit oder flüchtigen Lösungsmitteln. (**E. P. 693 744** vom 14/9. 1949, ausg. 8/7. 1953.) E. DREWS. 8223

Esso Research & Engineering Co., N. J., V. St. A., *Lösungsmittelentparaffinierung von Ölen.* Man gibt ein Lösungsm. zu dem Öl u. kühlt bis auf eine Temp. ab, bei der Paraffinkristalle ausfallen. Man trennt eine Phase, die kleinere Kristalle enthält, von einer solchen, die größere enthält, bringt die größeren Kristalle auf ein Filter u. läßt anschließend die kleineren Kristalle sich auf den größeren absetzen. — Zeichnung. (**E. P. 736 442** vom 2/4. 1953, ausg. 7/9. 1955. A. Prior. 12/6. 1952.) P. UNGER. 8227

XXI. Leder. Gerbstoffe.

H. Scholz, *Reinigung und Beseitigung von Gerbereiabwasser.* Abwasserchem. Prüfung der Betriebsvorgänge bei vegetabil., Mineral- u. Fettgerbung ermöglicht zweckmäßige Trennung u. Reinigung der verschied. Abwassergruppen, von denen die aus Wasserwerkstatt, Gerberei, Färberei u. Fettung sowie aus Kühlung, Heizung, Wohnungen usw. leicht zu reinigen sind, während 2—12% stark alkal. Äscherwässer einer sorgfältig durchgeführten Behandlung durch Neutralisieren (am besten mit Rauchgasen), Flockung u. Sedimentation bedürfen. (Leder **4.** 121—29. Juni 1953. Raunheim, R. Ihm A. G.) H. MÜHLMEISTER. 8330

—, *Silicone in der Lederindustrie.* Kurze Hinweise über die Verwendung von Siliconen in der Lederzurichte. (Leather Trades' Rev. **117.** 147—52. 20/7. 1955.) H. G. FRÖHLICH. 8330

Ju. W. Makschejew, *Pulverförmiger Weidenextrakt.* Der eingedickte Weidenextrakt wird mit 100—120 at bei 140—145° durch Düsen gedrückt u. zerstäubt. Die Anlage verarbeitet 160 Liter Fl. in der Stunde. (Легкая Промышленность [Leicht-Ind.] **15.** Nr. 5. 40. Mai 1955.) O. POLLAK V. EMHOFEN. 8336

C. W. Beebe, **F. P. Luvisi** und **M. L. Happich**, *Tennessee-Valley-Eichenrinde als Gerbstoffquelle.* Inhaltlich ident. mit der C. **1953.** 6800 referierten Arbeit. (Shoe Leather Reporter **269.** Nr. 8. 15—17. 20—21. 21/2. Nr. 12. 18—21. 21/3. 1953.) H. G. FRÖHLICH. 8336

Seymour S. Kremen, **R. Lee Southwood** und **Blaine L. Lucas jr.**, *Die Reaktionen von vegetabilisch gegerbtem Leder.* 2. Mitt. *Reaktionen mit höheren Aldehyden und organischen Polymeren.* (1. vgl. C. **1954.** 463.) Es werden Verss. unter Verwendung von Dimethylolharnstoff, Glyoxal u. Methylglyoxal zur Nachbehandlung von Leder mitgeteilt. Während die beiden Aldehyde sich als ungeeignet erwiesen, waren die mit Dimethylolharnstoff erhaltenen Ergebnisse gut u. ergaben einen vollwertigen Ersatz für eine Nachbehandlung mit CH_2O. Allerdings wird durch eine solche Nachbehandlung lediglich die chem. Widerstandsfähigkeit, jedoch nicht die Tragfähigkeit von Sohlleder verbessert. Da jede Nachbehandlung des fertigen Leders eine Preiserhöhung bedeutet, wären billige Verbb. die man bereits beim Gerben zusetzt u. die gleichzeitig eine Verbesserung der Festigkeit u. der chem. Widerstandsfähigkeit des Leders bewirken, sehr erwünscht. (J. Amer. Leather Chemists Assoc. **49.** 437—42. Juni 1954. Cincinnati, O., Univ., Tanners' Council Res. Labor.) H. G. FRÖHLICH. 8336

Paul Shoer, *Unterschied zwischen Decklack und Decklackemulsion.* Besprechung der verschied. Decklacke unter Verwendung von Nitrocellulose sowie der Herst. u. Eigg. wss. Decklackemulsionen aus denselben Rohstoffen. (Leather Manufacturer **72.** Nr. 3. 53—56. März 1955. Waterlac Chem. Co.) H. G. FRÖHLICH. 8340

Robert Shaw, *Harze bei der Lederzurichtung.* Ident. mit der C. **1956.** 4605 referierten Arbeit. (Leather Manufacturer **72.** Nr. 3. 60—62. März 1955.) H. G. FRÖHLICH. 8340

—, *Feuerfestigkeit von Leder.* Ausführliche Beschreibung der von der Unterkommission für Feuerfestigkeit in der ALCA auf Grund eines Berichtes (vgl. J. Amer. Leather Chemists Assoc. **45.** [1950.] 715) ausgearbeiteten Prüfmeth. u. eines App. für die Best. der Feuerfestigkeit von Leder. (J. Amer. Leather Chemists Assoc. **49.** 19—22. Jan. 1954.) H. G. FRÖHLICH. 8340

Helen K. Steinle und **Robert M. Lollar,** *Die Bestimmung von Kupfer als Spurenelement in vegetabilischen Extrakten.* Vff. berichten über Verss., die unter Verwendung von 6 colorimetr. Cu-Bestimmungsmethoden (*Carbamat-*, *Cuproin-*, *Dithizon-*, *Neo-Cuproin-*, *Rubeansäure-* u. *Xanthatmeth.*) ausgeführt wurden. Auf Grund der erhaltenen Ergebnisse, die gewisse Schwankungen aufweisen, konnte nicht ohne weiteres eine bestimmte Meth. vorgeschlagen werden. Nach den Erfahrungen der Vff. ist die *Carbamat*-Meth. die einfachste u. die *Neo-Cuproin*-Meth. die charakteristischste Meth. zur Best. von Cu-Spuren in Gerbextrakten. (J. Amer. Leather Chemists Assoc. **49.** 285—91. April 1954. Cincinnati, O., Univ. of Cincinnati, Tanners' Council Res. Labor.) H. G. FRÖHLICH. 8364

S. D. Bailey und **V. F. Albert,** *Röntgenbeugungsuntersuchungen von Leder.* Zur Unters. gelangte ein rotbraun gefärbtes Leder, wie es den Vorschriften für Militärleder in den U. S. A. entsprach. Aufnahmen wurden hergestellt an dem fertigen Leder, an mit Chlf. entfettetem Leder u. dem aus dem Chlf. erhaltenem extrahiertem Fett. Beobachtet wurden die Interferenzen der Pigmente des Oberflächenfarbstoffs, der Füllfette sowie die der Kollagenpolypeptidkette. Interferenzen von Gerbsubstanzen waren nicht nachweisbar. (Proc. Iowa Acad. Sci. **59.** 344—48. 1952. Philadelphia, Pa., Philadelphia Quartennaster Res. and Development Labor., Pioneering Res. Labor.)
C. GOTTFRIED. 8368

Badische Anilin- & Soda-Fabrik Akt.-Ges., Deutschland, *Herstellung gerbender pulverförmiger Kondensationsprodukte.* Die in bekannter Weise aus organ. Verbb. hergestellten synthet. Gerbmittel werden mit NH_3 oder Aminen (auch Iminen oder Harnstoff) neutralisiert, getrocknet u. mit fl. Carbonsäuren (HCOOH, Essig-, Propionsäure) auf ein p_H (ihrer wss. Lsg.) von ca. 3—4 eingestellt. — Man sulfoniert 500 (Gewichtsteile) Kresol mit 500 98%ig. H_2SO_4, setzt 266 Harnstoff in 266 W. zu, kondensiert mit 500 30%ig. CH_2O bei 30—35°, neutralisiert mit NH_3, trocknet u. mischt das Pulver mit 6% Eisessig. (**F. P. 1 076 850** vom 12/5. 1953, ausg. 29/10. 1954. D. Prior. 15/5. 1952.)
M. PANKOW. 8337

Salvatore Giardina, Frankreich, *Herstellung von kreppartigen Oberflächen auf Leder,* um einen geeigneten Untergrund zum Auftragen von Lack oder Farbe zu erhalten. Man behandelt das Leder mit einer Lsg. von NaOH u. Na_2CO_3 (z. B. 5 g NaOH u. 10 g Kristallsoda/500 cm³ W.). Dann entfernt man das W. durch Bügeln. (**F. P. 1 076 499** vom 28/4. 1953, ausg. 27/10. 1954.) T. OPPERMANN. 8341

Imperial Chemical Industries Ltd., England, übert. von: **Owen Burchell Edgar** und **Henry George White,** *Ledererersatz.* Man mischt teilweise hydrolysiertes Leder mit polyisocyanatmodifiziertem Polyester. Solches Leder erhält man z. B. durch Erhitzen von Leder in Ggw. von W., bis die Faserstruktur verschwunden ist. Als Polyester dienen solche aus einem Glykol u. einer Mischung von aliphat. u. aromat. Dicarbonsäure. — Man erhitzt 3 285 (Gewichtsteile) Adipinsäure u. 2 090 Äthylenglykol bis zur Entfernung des W. auf 170—200° u. 1 455 Dimethylterephthalat mit 930 Äthylenglykol u. 0,3 Pb_3O_4 bis zur CH_3OH-Entfernung, mischt beide Ester u. erhitzt auf 170—200°, verringert den Druck bis 0,4 mm u. erhöht auf 200—210°, hält 4 Std., mischt dann 100 des Polyesters bei 80° mit 6,2 Hexamethylendiisocyanat u. erhitzt 5 Std. auf 130°. Zu 150 dieser weichkautschukartigen M. gibt man auf der Walze von 50° eine Paste, die man durch 30 Min. langes Kochen von 175 vegetabil., gegerbtem Lederpulver mit W. erhält, gibt hierzu 200 einer Mischung aus gleichen Teilen Aceton, Bzl., Toluol u. A. u. danach 15 Hexamethylolmelaminhexamethyläther, 1,5 2.4-Dichlor-1-naphthol, 15 Trikresylphosphat u. 21 Pigment, streicht auf Gewebe aus u. vulkanisiert 2 Std. bei 125°. Verwendung für ölfeste Dichtungen, Schläuche, Diaphragmen, Druckwalzen, Transportbänder. (**F. P. 1 079 705** vom 10/5. 1950, ausg. 2/12. 1950. E. Prior. 30/5. 1949.)
M. PANKOW. 8353

Dunlop Rubber Co. Ltd., London (Erfinder: **Evelyn William Madge** und **Kenneth George Burridge**), England, *Schwedenleder ähnliches Erzeugnis.* Auf einer Unterlage, z. B. aus Papier oder Gewebe, wird eine geschäumte, vergütbare Kunstharzemulsion oder eine, ein Blähmittel enthaltende Kunstharzemulsion aufgebracht u. durch Wärmeeinwrkg. zu einem schaumigen Gel umgewandelt, auf das zweckmäßig im elektrostat. Feld ein Faserpulver aufgebracht u. durch anschließende Erhitzung fixiert wird. Eine schaumfähige Paste besteht z. B. aus 100 (Teilen) Polyvinylchlorid, 85 Dioctylphthalat, 5 Dinitrosopentamethylentetramin u. 4 Pb-Carbonat als Stabilisierungsmittel. — Vgl. auch D. B. P. 888 836; C. **1954.** 11578. (**E. P. 684 708** vom 20/6. 1950, ausg. 24/12. 1952.)
H. MÖLLERING. 8353

XXII. Leim. Klebstoffe usw.

A. Rivat-Lahousse, *Theorie der Adhäsion und mechanische Festigkeit verleimter Teile.* Nach einem Überblick über die Theorien der Adhäsion u. des Klebens erörtert Vf. die mit dem Verkleben oder Verleimen verschied. Materialien zusammenhängenden Probleme. (Ind. Plast. mod. **7.** Nr. 10. 37—38. Dez. 1955. Cie. de St. Gobain.)
R. SCHÄFF. 8380

N. A. Timochin und **D. I. Wirnik,** *Ein Versuch zur Gelatinegewinnung durch Lederfabriken.* Das gut sortierte Leimleder wird zerkleinert u. 6—8 Std. gewaschen, dann 16—20 Std. mit Kalkmilch (1,03) behandelt, wieder gewaschen u. auf 25—30 Tage eingekälkt wobei der Kalk bes. in den ersten Tagen mehrmals erneuert wird. Durch diese Vorbehandlung wird eine bes. helle Gelatine erzielt. Die weitere Behandlung ist die übliche. (Легкая Промышленность [Leicht-Ind.] **15.** Nr. 11. 33—34. Nov. 1955.)
J. v. SCHROEDER. 8384

O. Wilhelm, *Anglo-amerikanische Klebstoffe für Blechkonstruktionen.* Nach allg. Ausführungen zur Entw. u. Anwendung der Klebeverff. sowie zur Reinigung der zu verklebenden Teile wird die Durchführung folgender Verff. kurz beschrieben: Pliobond-, Cyclewelting-, Cyclebonding-, Redux-, Ardux-, Metalbondverf., Plyoziteklebung. (Industrie-Anz. **76.** 61—68. 15/1. 1954. Berlin-Steglitz.) M. WINIKER. 8388

N. A. de Bruyne, *Klebstoffe für Bauteile im Metallflugzeugbau.* 1. Mitt. 9 Vorteile bei der Verwendung von Klebstoffen statt anderer Methoden im Flugzeugbau werden aufgezeigt, die Klebstoffe (Epoxydharze, Phenol–CH_2O-Harze) u. die Bauelemente (Sandwich- u. Wabenstruktur) besprochen u. prakt. Gesichtspunkte bei dieser Bauweise erörtert. (Rubber Plastics Age **35.** 119—21. März. 182—83. April 1954. Aero Res. Ltd., Managm.) R. SCHÄFF. 8388

P. Beiersdorf & Co. Akt.-Ges., Chemische Fabrik (Erfinder: **Alfred Fenselau**), Hamburg, *Schutzfolie aus faserfreiem Material für selbstklebende Flächen,* bestehend aus quellbarem Material, bes. hydrophiler Cellulose, die sich nach Anfeuchten von der Klebschicht abhebt. — *Techn. u. medizin. Zwecke.* (**D. B. P. 844 725** Kl. 75c vom 8/6. 1950, ausg. 24/7. 1952.) E. WEISS. 8383

Monsanto Chemical Co., St. Louis, Mo., übert. von: **John Daniel Cotman,** Springfield, Mass., V. St. A., *Polyvinylchlorid mit erniedrigtem Chlorgehalt* erhält man durch Behandlung mit Li–Al-Hydrid in wasserfreien Lösungsmitteln wie Tetrahydrofuran oder Dioxan. Je nach Menge an Reduktionsmittel, Reaktionstemp. u. -dauer erhält man Polyvinylchloridderivv., in denen 30—97% des Cl durch H ersetzt sind. Die Rk. erfolgt in Abwesenheit von O_2 in N_2 oder im Lösungsmitteldampf. Wird dagegen Luft bei der Behandlung zugelassen, erhalten die Prodd. auch OH-Gruppen. Auch Polyvinylidenchlorid oder dessen Mischpolymerisate mit PVC können in gleicher Weise modifiziert werden. Die Endprodd. dienen als *Klebstoffe* oder Verpackungsmaterialien, die gegen Erwärmen u. Lichteinw. beständiger sind als die Ausgangsstoffe. Mengenbeispiele. (**A. PP. 2 716 642** u. **2 716 643** vom 12/9. 1952, ausg. 30/8. 1955.) H. SCHINDLER. 8389

A. K. Smith, G. E. Babcock und **C. D. Evans,** Peoria, Ill., V. St. A., *Leim für Hölzer, insbesondere für Fourniere.* Der Leim besteht aus niedrig kondensiertem wasserlösl. Phenol–Formaldehyd-Harz mit pflanzlichen eiweißhaltigen Stoffen. Diese sollen 20—80% der Gesamtmenge der festen Stoffe des Leimes betragen, frei von wasserlösl. Bestandteilen sein u. mindestens 40% Protein + W. im Protein enthalten u. soviel W., daß die M. einen spritzbaren Leim ergibt. Als eiweißhaltige Stoffe eignen sich bes. Sojabohnenmehl, Getreideglutin u. Leinsamenölkuchen. Zur Herst. vermischt man die Komponenten bei ca. 90—100° in Ggw. eines alkal. Katalysators u. kühlt dann auf unter 60° ab. Man kann auch unmittelbar Phenol–Formaldehyd u. einen alkal. Katalysator mit den eiweißhaltigen Stoffen zusammenmischen u. bei 80—100° im gewünschten Ausmaß kondensieren. (**Schwed. P. 136 324** vom 28/5. 1946, ausg. 1/7. 1952.)
K. H. KÄHLER. 8389

British Celanese Ltd., London, England (Erfinder: **John Downing**), *Klebstoff für Celluloseacetat* (I) *und dieses enthaltende Stoffe,* bestehend aus einer Lsg. eines Polymeren, das flexible, selbsttragende Filme bilden kann, z. B. Polyvinylalkohol, in einer wss. Fl., die I nicht löst oder quellt, u. Diäthylenglykoldiacetat als Weichmacher. Das Prod. eignet sich auch zum *Imprägnieren von Garnen, Verkleben von Bändern, Geweben* usw. (**E. P. 741 992** vom 15/7. 1952, ausg. 14/12. 1955.) C. LÜTTGEN. 8389

Wingfoot Corp., übert. von: **James D. D'Ianni,** Akron, O., V. St. A., *Herstellung von Kautschukderivaten.* Man läßt in Ggw. von BF_3 als Katalysator bei 15—125°, bes.

bei 60—70°, 100 (Teile) Kautschuk u. 20—50 eines Harnstoffs der allg. Formel I, in der X für O, S oder Se u. wenigstens 1 R für H steht, während die restlichen R, H, Alkyl-, Aryl-, Aralkyl- oder alicycl. Reste sein können. Beispiele für I: Dimethyl-, Monoäthyl-, N-Methyl-N'-äthyl-, Triäthyl-, N-Phenyl-N'-benzylharnstoff u. andere. — Die so erhaltenen Derivv. eigenen sich bes. als *Klebstoff*. (**A. P. 2 571 345** vom 19/11. 1946, ausg. 16/10. 1951.)

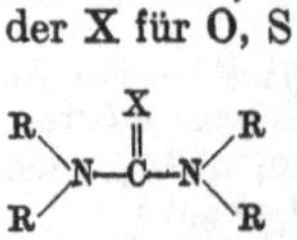

I

H. NEBELSIEK. 8389

B. F. Goodrich Co., V. St. A., übert. von: **Richard Andrew Crawford** und **Richard Thurl Morrissey**, *Klebmittel für Kautschuk und kautschukartige Stoffe* aus einer Mischung von 100 (Gewichtsteilen) eines bromierten plast. Mischpolymerisates aus 70—99% eines Isoolefins mit 4—8 C-Atomen u. 1—3% eines Polyolefins mit 4—18 C-Atomen, 10—80 Ruß, 40—80 Phenol-CH_2O-Harz u. einem flüchtigen Lösungsm. für das Mischpolymere. Man kann z. B. ein nicht bromiertes Mischpolymerisat der vorst. genannten Art mit einem Naturkautschukfell verkleben, indem man eine Platte aus der vorst. genannten Mischung des bromierten Mischpolymerisats zwischen beide legt oder auf die Oberfläche der beiden Felle eine Lsg. einer solchen Mischung aufbringt oder ein Fell des nicht bromierten Mischpolymeren oberflächlich bromiert u. mit dieser Oberfläche auf das Kautschukfell preßt. Ebenso kann man Butylkautschuk auf Metall, Holz, plast. Massen oder Textilien kleben. (**F. P. 1 078 334** vom 28/6. 1952, ausg. 17/11. 1954. A. Prior. 30/6. 1951.) M. PANKOW. 8389

Badische Anilin-& Soda-Fabrik Akt.-Ges. (Erfinder: **Georg Rößler** und **Hans Scheuermann**), Ludwigshafen/Rh., *Klebefolien*, bestehend aus einer auf einem biegsamen Träger aufgebrachten Mischung aus schnell u. langsam härtenden Aminoplasten. (**D. B. P. 934 965** Kl. 22i vom 28/4. 1951, ausg. 10/11. 1955. Anmeldung bekanntgemacht 21/5. 1952.) C. LÜTTGEN. 8389

Lohmann K.-G., Deutschland, *Herstellung von Klebbändern*. Man macht die Oberfläche des Bandes aus Kunststoff porös u. bringt dann den Klebstoff auf. — Man überzieht Polyvinylchloridfolien mit einer ca. 0,01 mm starken Schicht aus 60 (Gewichtsteilen) Cyclohexanon u. 40 fein verteiltem Pigment (ZnO). Das ZnO dringt in die gequollene Oberfläche ein. Nach Verdunsten des Cyclohexanons bringt man auf die rauhe Oberfläche einen Leim auf Kautschuk- oder Kunstharzbasis, der an der rauhen Oberfläche gut haftet. Die Klebbänder können als Schutz bei der Spritzlackierung dienen. (**F. P. 1 072 257** vom 6/3. 1953, ausg. 10/9. 1954. D. Prior. 7/3. 1952.) M. PANKOW. 8391

XXIV. Photographie.

L. E. Preuss und **C. Harrison**, *Eine Bemerkung über einen chemographischen Artefakt bei der Autoradiographie*. Hinweis auf die Möglichkeit von pseudophotograph. Effekten durch feinen Abrieb von Bleistiften, welche zur Markierung von Autoradiographien vor ihrer photograph. Verarbeitung benutzt wurden. Diese Artefakte sind kenntlich an einer zentralen Desensibilisierung bei Anhäufungen von Ag-Körnern, wie an Hand von Mikrophotographien gezeigt wird. (Science [Washington] **120.** 67—68. 9/7. 1954. Detroit, Mich., Edsel B. Ford Inst. for Medical Res.) H.-J. EICHHOFF. 8590

A. van Dormael, *Photographische Sensibilisatoren aus der Klasse der trinuclearen Cyanine*. 4. Mitt. (3. vgl. C. **1956.** 3741). Vf. beschreibt die Darst. von Trimethinrhodacyaninen u. von Dimethinpolymerocyaninen, die in der Polymethinkette durch eine Alkoxygruppe substituiert sind. — Rhodacyanine: Der Farbstoff I wird erhalten ent-

I 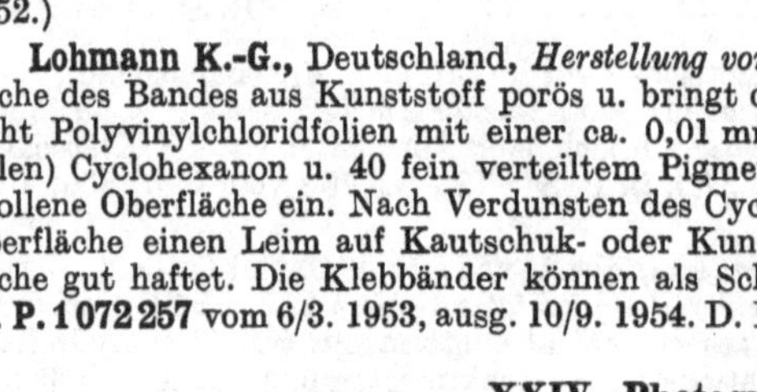

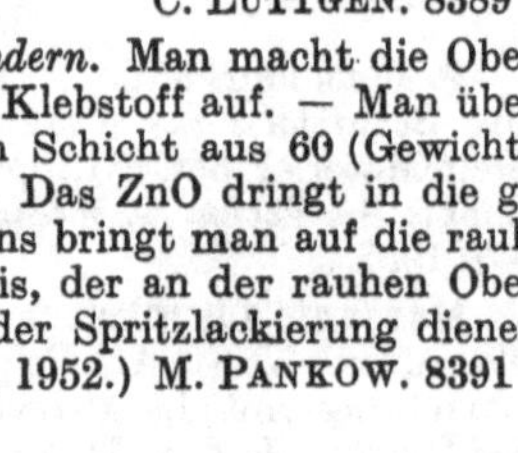

weder durch Einwirkenlassen eines *β-Methyl-β-methoxyvinylbenzthiazoliumsalzes* (**II**) auf ein *Merocyaninquartärsalz* oder durch Rk. eines *Acylmethylenmerocyanins* (**III**) mit einem *2-Methylmercaptobenzthiazoliumsalz*. **I** zeigt ein Absorptionsmaximum (AM) bei 562 mμ. Substitution in der Polymethinkette durch $-OCH_3$ wirkt hypsochrom. AM des unsubstituierten Farbstoffes: 635 mμ, des methylsubstituierten Farbstoffes: 613 mμ. Darst. des methylsubstituierten Farbstoffes durch Kondensation eines *Merocyaninquartärsalzes* mit einem *β.β-Dimethylvinylbenzthiazoliumsalz* (**IV**). — Polymerocyanine:

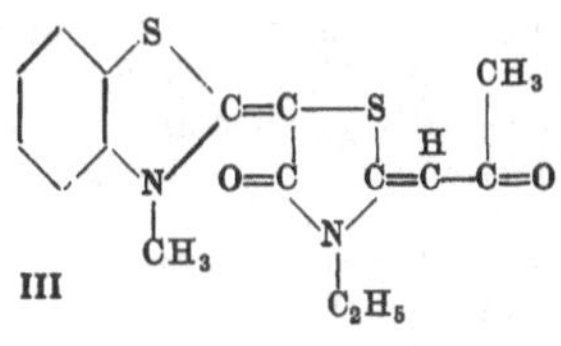

III

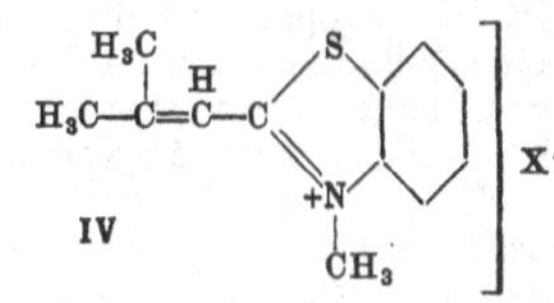

IV

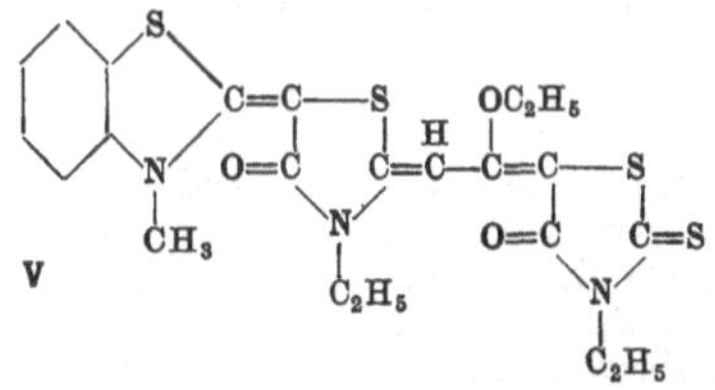

V

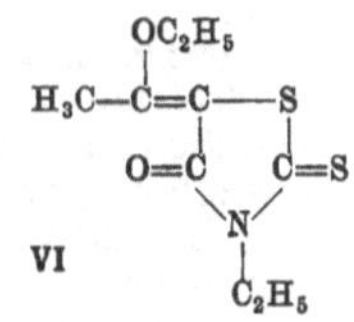

VI

Der Farbstoff **V** mit einem AM bei 566 mμ wird erhalten durch Kondensieren eines *Merocyaninquartärsalzes* mit der *Äthoxyäthylidenverb.* **VI. VI** erhält man durch Einwirkenlassen von *Orthoessigsäureäthylester* auf *N-Äthylrhodanin.* Analog die Darst. des methylsubstituierten Polymerocyanins mit einem AM bei 565 mμ. Substitution in der Dimethinkette bewirkt bei den Polymerocyaninen keine hypsochrome Verschiebung des AM; der unsubstituierte Farbstoff zeigt ebenfalls ein AM bei 566 mμ. — 17 Literaturangaben. (Ind. chim. belge **18.** 1297—1302. Dez. 1953. Mortsel, S. A. Photo-Produits Gevaert.)
W. GÜNTHER. 8604

Ferenc Evva und **Oszkár Szimán,** *Die Koagulation von kolloiden Silberchloridkörnern in Gegenwart von polymeren Schutzkolloiden.* Polyvinylalkohol erwies sich in früheren Verss. (vgl. SZIMÁU, C. **1953.** 5283) als Schutzkolloid bei der Reifung von AgCl-Körnern als nicht geeignet. Neue Verss. mit Änderung der Ladung des hydrophoben AgCl durch Ag^+- bzw. Cl^--Überschuß bringt keine Vorteile. Ursache ist die Ausbldg. einer dichten Solvathülle, welche das Wachstum der AgCl-Körner verhindert. Celluloseoxyäthyläther ist ein gutes Schutzkolloid, in dessen Ggw. p_H-unabhängiges Wachstum stattfindet. Das Kondensationsprod. von Polyvinylalkohol mit Dimethylaminobenzaldehyd, als Schutzkolloid verwendet, ermöglicht das Wachstum der Körner, da infolge des Raumbedarfs der Benzolringe keine dichte Struktur gebildet werden kann. In weiteren Verss. wurde als Schutzkolloid Polymethacrylsäure (**I**) verwendet mit einem geringen Überschuß an Ag^+, da der bei photograph. Emulsionen übliche Halogenüberschuß den AgCl-Körnern eine negative Ladung verleihen würde u. die eigene negative Ladung der **I** infolge Abstoßung keine Schutzwrkg. ausüben könnte. Das Wachstum blieb aber hier wie bei dem Polyvinylalkohol aus. Enthält die Lsg. Ag^+ u. Cl^- in äquivalenter Menge oder geringen Cl^--Überschuß, so ist die Schutzwrkg. gut, das Wachstum der Körner hängt vom p_H bzw. von der Dissoziation der **I** ab. Geringer Laugenzusatz zur 1%ig. **I**-Lsg. (p_H 2,45—2,65) bis zum p_H 2,85 erhöht die Geschwindigkeit des Wachstums, bei höherem p_H wird das Wachstum wieder gehemmt. (Magyar Kémiai Folyóirat [Ung. Z. Chem.] **59.** 195—98. Juli 1953. Vác, Ungarn, Photochem. Abt., Opt. Forschungsinst.)
J. PLANK. 8610

H. Baines, *Fixieren, die Chemie des Thiosulfatbades.* Unter besonderer Berücksichtigung seiner eigenen Arbeiten gibt Vf. einen Überblick über die wichtigsten Unterss., die sich mit dem Fixiervorgang photograph. Materialien u. der dabei auftretenden Probleme befassen (21 Literaturhinweise). Nach JAMES u. VANSELOW diffundiert beim Fixieren das *Thiosulfat*-Ion an die Oberfläche des Halogensilberkornes u. bildet dort einen Adsorptionskomplex, das *Monoargentomonothiosulfation:* $AgBr + S_2O_3^{2-} \rightarrow (AgS_2O_3)^-$ (Adsorptionskomplex) $+ Br^-$. Die Adsorptionsverb. reagiert mit weiteren Mengen Thiosulfat zu dem negativ geladenen *Monoargentodithiosulfation,* das als solches von der Halogensilberoberfläche desorbiert wird: $(AgS_2O_3)^- + S_2O_3^{2-} \rightarrow (Ag(S_2O_3)_2)^{3-}$. Mit der Entfernung der Ag-Ionen aus dem Gitter werden auch die Halogenionen aus dem Gitter frei u. wandern in die Lösung. (J. photogr. Sci. **3.** 175—79. Nov./Dez. 1955.)
W. GÜNTHER. 8620

Kodak-Pathé, Seine, Frankreich (Erfinder: **W. G. Lowe, Louis M. Minsk** und **William O. Kenyon**), *Halogensilberemulsionen.* Einer wss. Lsg. eines Ag-Salzes u. einer oder mehreren Halogenidlsgg. wird die wss. Lsg. eines imidierten Polyacrylamids zugesetzt. Diesem Gemisch wird dann eine Lsg. von Polyvinylalkohol erhöhter Viscosität u. Essigsäure bis zum p_H 3,5 zugefügt. Die Emulsion wird auf 60° erhitzt. (**F. P. 1 055 759** vom 2/12. 1947, ausg. 22/2. 1954. A. Prior. 22/7. 1946.) G. GROTE. 8601

E. I. du Pont de Nemours & Co., übert. von: **Clay Weaver,** Wilmington, Del., V. St. A., *Herstellung von Polyvinylhalogensilberschichten.* Zur Erzielung einer schnellen Erstarrung von Halogensilberschichten, die als Schichtbildner Polymere (**I**) mit $-CH_2-$

CHOH-Gruppen enthalten, werden diese unmittelbar vor oder nach dem Vergießen der schichtbildenden Lsg. mit koll. $Al_2O_3 \cdot H_2O$ (II) bei $p_H > 6$ in Kontakt gebracht. Hierzu wird II entweder vorher aus einer 0,1—10%ig. Suspension in A. u. W. oder Methanol auf den Schichtträger (Papier oder Film) aufgetragen oder der I–Halogensilber-Suspension in Mengen von 0,1—10% (bezogen auf ihre festen Bestandteile) zugesetzt. Als I wird hierbei vorzugsweise Polyvinylalkohol verwendet; brauchbar sind ferner: seine partiell hydrolysierten Ester von niedrigmol. Fettsäuren, niedrigmol. Alkyläther, Acetale u. Acetale mit Aldehyden, die Farbbildner sind. (**A. P. 2 647 835** vom 20/9. 1948, ausg. 4/8. 1953.) A. KALIX. 8601

Horizons, Inc., V. St. A., *Lagerfähige, nicht schleiernde photographische Platten aus Aluminium* werden hergestellt, indem man auf elektrolyt. Wege oder unter Verwendung eines Oxydationsmittels oberflächlich oxydierte Al-Platten durch nochmalige Behandlung mit einem energ. wirkenden Oxydationsmittel in 0,01—10%ig. Lsg., wie z. B. einem Alkaliferricyanid, -chromat oder -bichromat, mit einer dichten, zusammenhängenden, porösen Oxydschicht versieht. Diese Schicht wird im Innern durch nacheinander erfolgende Behandlung mit $AgNO_3$-Lsg. u. der Lsg. einer Alkalihalogenverb. mit einer Ag-Halogenverb. sensibilisiert. Zur Vermeidung einer Einw. der Ag-Halogenverb. auf das Al unter der Oxydschicht wird der Ag-Salzlsg. eine geringe Menge eines Hydrokolloids, z. B. Polyvinylalkohol, Methylcellulose, Gummi arabicum oder gereinigte Gelatine, u. eine kleine Menge eines der oben genannten Oxydationsmittel zugesetzt. Die fertigen Platten können in der üblichen Weise belichtet u. entwickelt werden. Ihre Oberfläche kann durch Eintauchen in sd. Na-Sulfat- oder -Acetatlsg. abriebfest u. durch Behandeln mit Siliconen oder Seife wasserundurchlässig gemacht werden. — Man taucht eine anod. oxydierte Al-Platte einige Sek. in 60° warme 5%ig. Chromsäurelösung. Die gewaschene u. getrocknete Platte behandelt man im Dunkeln mit einer Lsg. von 30 (g) $AgNO_3$, 0,5 Gelatine u. 0,02 K-Bichromat in 100 W. u. nach dem Abtrocknen mit einer Lsg. von 5 (Teilen) KBr u. 5 K-Bichromat in 100 Wasser. Ein gegebenenfalls auf der Oberfläche der Oxydschicht entstandener AgBr-Nd. wird entfernt, die Platte in fließendem W. gewaschen u. bei 50° getrocknet. — Weitere Beispiele. (**F. P. 1 079 364** vom 18/5. 1953, ausg. 29/11. 1954.) H. ASMUS. 8603

Louis Alexandre Puichaffray, Seine, Frankreich, *Photopapier.* Den zum Bestreichen des Papiers verwendeten koll. Baryt-, Harz-, Polyvinylalkohol-, Lack-, Gelatine- u. andere Lsgg., werden zur Erzielung besserer Oberflächen koll. SiO_2-Lsgg. zugesetzt. Die Überzugsmittel werden vorzugsweise mit Stärke, bes. *Pfeilwurzelmehl.* hergestellt. (**F. P. 1 060 367** vom 18/7. 1952, ausg. 1/4. 1954.) G. GROTE. 8603

E. I. du Pont de Nemours & Co., Wilmington, Del., übert. von: **Walter Dewey Baldsiefen,** Metuchen, N. J., V. St. A., *Steigerung der Allgemeinempfindlichkeit von Halogensilber.* Vor Beendigung der Reifung werden der Emulsion 0,097—0,91% (bezogen auf ihren Ag-Geh.) eines Alkali-, Ammonium-, Tetramethyl- oder Tetraäthylammoniumsalzes von *Tetracarboxymethyläthylendiamin* $(HOOCH_2C)_2{=}N{-}CH_2{-}CH_2{-}N{=}(CH_2COOH)_2$ zugesetzt. (**A. P. 2 666 700** vom 6/9. 1950, ausg. 19/1. 1954.) A. KALIX. 8605

Kodak Ltd., London, übert. von: **Burt Haring Carroll** und **John Spence,** Rochester, N. Y., V. St. A., *Sensibilisierung.* Bei Cyaninen, die, in hoher Konz. angewandt, ein Sensibilisierungsmaximum zeigen, kann das letztere durch Zugabe von Pyridinderivv. verstärkt werden, die an mindestens einem C-Atom des Pyridinkernes eine Alkyl-, Alkoxyl-, Oxyalkyl-, Aryl-, Aryloxy-, Alkylmercapto-, Arylmercapto-, Acyl- oder Acyloxygruppe oder ein Halogenatom tragen. Geeignet sind z. B.: α-, β- u. γ-Picolin, 2.3-, 2.4- u. 2.6-Lutidin; folgende *Pyridine*: 3.5-Dichlor- u. -Dibrom-, 2.3.4-Trimethyl-, 2-Benzyl-, 3-Äthoxy-, 3-Methylmercapto- u. 3-Acetoxypyridin. Anzuwendende Mengen: 0,10—0,15 g auf 1 Liter Emulsion in Ggw. von 10—30 mg Farbstoff. (**E. P. 636 974** vom 15/10. 1947, ausg. 10/5. 1950. A. Prior. 29/12. 1945.) A. KALIX. 8605

Ilford Ltd., Ilford, Essex, England (Erfinder: **Douglas James Fry**), *Farbstoffzwischenprodukte* der allg. Formel I erhält man durch Rk. von 2 Mol einer heterocycl. Base der allg. Formel II u. > 1 Mol eines Alkylesters eines Aryldithiocarbamates $\cdot R_3R_4N{-}C(S)(SR_2)$ in Ggw. von > 3 Mol eines Alkyltoluylsulfonates $R_1SO_3{-}C_6H_4{-}CH_3$ (R_1 u. R_2 = Alkyl, Oxyalkyl oder Aralkyl; R_3 = Alkyl, Aralkyl oder Aryl; R_4 = H,

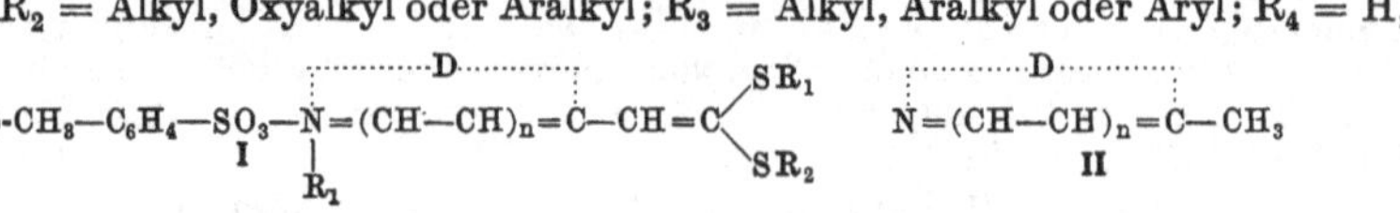

Alkyl-, Aralkyl oder Aryl; D = 5- oder 6-gliedriger Heterocyclus; n = 0 oder 1). — 2-Methylbenzthiazol + Methylphenyldithiocarbamat + Methyl-p-toluolsulfonat bei

160° → *2-β.β-Bis-methylthiovinylbenzthiazoljodmethylat*, F. 200° (Zers.). — *2-β.β-Bis-methylthiovinylbenzoxazoljodmethylat*, F. 223°. — *2-β.β-Bis-äthylthiovinylbenzthiazoljodäthylat*, F. 184° (Zers.). — *Zwischenprodd. für* die Herst. von *Cyaninfarbstoffen*. (**E. P. 684 625** vom 20/3. 1950, ausg. 24/12. 1952.) U. SIEVERS. 8605

Canadian Kodak Co. Ltd., Toronto, Ontario, Can., übert. von: **Grafton H. Keyes**, Rochester, N. Y., V. St. A., *Herstellung von mesosubstituierten Carbocyaninfarbstoffen*. Man kondensiert in einem Alkohol (2—3 C-Atome) in Ggw. eines Trialkylamins (2 bis 4 C-Atome in jeder Alkylgruppe) ein quaternäres Cyclammoniumsalz der Formel I mit einer Verb. der Formel II (R = Alkyl; L = CH_2; X = Anion; n = 0 oder 1; Q = Restatome eines Chinolinringes; Z = Restatome eines Heteroringes, z. B. der Thiazol-Selenazol-, Benzselenazolreihe; R u. R_2 = Alkyl; R_1 = Alkyl oder Aryl; R_3 = H oder Alkyl) oder ein quaternäres Cyclammoniumsalz, das in reaktionsfähiger Stellung eine Gruppe $-CH_2-D$ (D = H oder Alkyl) enthält, z. B. ein 2-Methylbenzoxazol- oder Chinaldinalkylquaternärsalz mit einer Verb. der Formel II (R_3 = H; Z = Restatome eines Kerns der Chinolinreihe). (**Can. PP. 479 229** u. **479 230** vom 24/6. 1946, ausg. 11/12. 1951. A. Prior. 3/10. 1945.) G. HOPPE. 8605

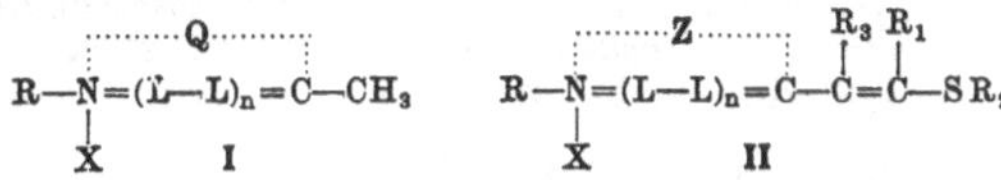

Leonard A. Robbins, Salt Lake City, Utah, V. St. A., *Feinkornrapidentwickler*. Ein Teil der üblicherweise verwendeten anorgan. Alkalizusätze (Hydroxyde, Carbonate, Phosphate, Borate usw.) wird durch Triäthanolamin (I) ersetzt, vorzugsweise so viel, daß die Lsg. 0,2—1,5% I enthält. Weiterhin gibt man ihr einen Zusatz einer wasserlösl., aliphat., O-haltigen Verb. (Alkohole, Äther, Ketone), bes. von β.β'-Dichlordiäthyläther $(ClCH_2-CH_2)_2=O$, u. zwar in Mengen von 0,01—0,4%. (**A. P. 2 657 138** vom 3/1. 1950, ausg. 27/10. 1953.) A. KALIX. 8619

Haloid Co., Rochester, N. Y., V. St. A., übert. von: **Harold E. Copley**, Worthington, O., V. St. A., *Entwicklung und Übertragung latenter elektrostatischer Bilder*. Auf die belichtete Fläche wird ein Pulver eines thermoplast., harzmodifizierten Phenol-Formaldehyd-Kondensationsprod. aufgestäubt, das ein farbiges Pigment enthält, einen Korndurchmesser von 0,1—30 μ u. einen F. von 140—142° besitzt. Das entwickelte Bild wird durch Kontakt auf Papier übertragen u. dort aufgeschmolzen. (**A. P. 2 659 670** vom 6/6. 1950, ausg. 17/11. 1953.) A. KALIX. 8625

Edgar Gretener, Schweiz, *Farbphotographie*. Der Träger enthält drei in den Grundfarben für die Reproduktion gleichmäßig eingefärbte Schichten, von denen jede die Farbe, für deren Wiedergabe sie bestimmt ist, vollkommen absorbiert. Die Schichten sind durch reguläre Raster in sehr kleine Bildelemente aufgeteilt, wobei die in den verschied. Schichten miteinander korrespondierenden Elemente genau übereinanderliegend angeordnet sind. Das Zustandekommen der Teilbilder wird durch kleine, in ihrer Größe dem betreffenden Farbwert entsprechende, durchsichtige, farblose Flächen bewirkt, die inmitten der Bildelemente liegen u. von Teilen der durchsichtigen gefärbten Schichten umrahmt sind. (**F. P. 1 075 229** vom 20/12. 1952, ausg. 14/10. 1954. Schwz. Prior. 22/12. 1951.) G. GROTE. 8631

Kodak-Pathé, Seine, Frankreich (Erfinder: **Harold D. Russell** und **Grant M. Haist**), *Photographisches Umkehrverfahren*. Man verwendet eine Emulsion, in der unter einem Sensitometerkeil nach einer Belichtungsdauer zwischen $^{10}/_{1000}$ u. 1 Sek. u. durch Entw. mit einer Lsg. aus 15 (g) Hydrochinon, 15 Monomethyl-p-aminophenolsulfat, 50 Na_2SO_3, 10 KBr, 25 NaOH, 20 Na-Hyposulfit pro Liter W. mindestens das Fünffache des Dichtemaximums erzeugt wird, das unter sonst gleichen Bedingungen bei Verwendung einer Entwicklerlsg. aus 10 p-Oxyphenylglycin u. 100 Na_2CO_3 pro Liter W. erhalten wird. Die Entwicklerlsg. zur direkten Herst. positiver Bilder enthält bes. Na-Hydrochinonsulfat u. kein unsubstituiertes Hydrochinon. — Zeichnung. (**F. P. 1 078 936** vom 23/6. 1952, ausg. 24/11. 1954. A. Prior. 27/6. 1951.) G. GROTE. 8631

Ilford Ltd., übert. von: **Ronald Bernard Collins, Douglas James Fry** und **Oliver Edmund Pratt**, Ilford, England, *Farbkorrekturverfahren*. Der in einer farbig entwickelten Halogensilberschicht nicht verbrauchte Farbkuppler, der eine SO_3H- oder COOH-Gruppe enthält, wird mit einem bas. Farbstoff zu einer Verb. umgesetzt, die die im Farbbild vorhandenen unerwünschten λ-Bereiche absorbiert. Geeignet hierfür sind z. B.: Auramin O, Rhodamin B, Rosanilinhydrochlorid u. Malachitgrün. (**A. P. 2 595 768** vom 31/8. 1949, ausg. 6/5. 1952. E. Prior. 7/9. 1948.) A. KALIX. 8631

Friedrich Beckert, Ulm/Donau, *Photomechanische Herstellung von Siebdruckschablonen*. Das Druckgewebe wird mit einem nicht lichtempfindlichen Koll. beschichtet, dieses nach dem Trocknen mit einem abziehbaren Lackfilm (I) überzogen u. von der Unterseite des Gewebes aus mit einer Chromatlsg. sensibilisiert. Danach (oder vorher) wird die zu druckende Zeichnung auf die Lackschicht (z. B. von Hand) aufgebracht, kopiert, der Lackfilm abgezogen u. die Druckschicht in der üblichen Weise entwickelt. Auf I kann auch eine Halogensilberschicht aufgetragen u. darauf in bekannter Weise die Druckvorlage hergestellt werden. (**D. B. P. 942 607** Kl. 57d vom 27/3. 1953, ausg. 3/5. 1956. Anmeldung bekanntgemacht 10/11. 1955.) A. KALIX. 8645

Kodak-Pathé, Seine, Frankreich, *Lichtempfindliche Schichten, besonders für photomechanischen Druck.* Das Material besteht aus einem Träger, z. B. Papier, einer Halogensilbergelatineschicht mit einem Härtemittel, wie Chromalaun, u. dem Diazoderiv.

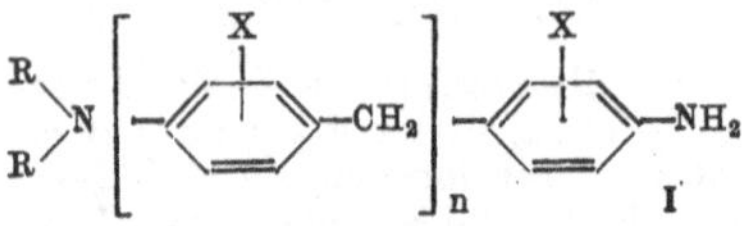

I

einer Verb. der allg. Konst. I, in der R u. R_1 = H oder eine Alkyl- bzw. Arylgruppe, X = H oder eine Alkylgruppe u. n = 0 oder 1 bedeuten. Das Diazoderiv. einer Verb., die z. B. zur Gruppe der p-Phenylendiamine, der N-Alkyl- oder N.N-Dialkyl oder N-Aryl-p-phenylendiamine, der N-Alkyl-4.4'-diamino- oder N.N-Dialkyl-4.4'-diaminodiphenylmethane (Diäthyl-p-phenylendiamin·HCl, Diäthylaminotoluidin·HCl, 3-Methyl-4-aminodiäthylanilin, 4.4'-Diaminodiphenylmethan, p-Aminodiphenylamin) gehört, soll die Trennung der belichteten Gelatineschicht vom Träger erleichtern. Nach der Belichtung unter einer Rastervorlage werden die belichteten Stellen in W. ausgewaschen, während nur die unbelichteten Stellen auf dem Träger zurückbleiben. — 2 Vorrichtungsschemata. (**F. P. 1 079 752** vom 16/4. 1952, ausg. 2/12. 1954. E. Prior. 16/4. 1951.) G. GROTE. 8645

Kalle & Co. Akt.-Ges. (Erfinder: **Karl Möller** und **Oskar Süs**), Wiesbaden-Biebrich, *Lichtempfindliches Material für Reprozwecke.* Auf einem Träger aus Metall oder Papier befindet sich eine Schicht, die als lichtempfindliche Verb. eine aromat. o-Nitromethylalverb. (I) enthält. Durch Belichtung wird I in eine Carbonsäure umgewandelt u. diese durch „Entw.“ mit einer schwach alkal. wss. Lsg. entfernt. Die verbleibenden, aus unbelichtetem I bestehenden Bildstellen sind stark oleophil u. können durch Einwalzen mit Fettfarbe leicht in druckende Bildelemente umgewandelt werden, bes. wenn die Wasserführung der von I befreiten Stellen durch Behandlung mit verd. Säuren verbessert wird. Als I sind z. B. geeignet: Bis-(3-formyl-4-nitrophenyl)-phthalat, F. 184 bis 185°; Bis-(3-formyl-4-nitrophenyl)-carbonat; Bis-(3-formyl-4-nitrophenyl)-terephthalat, F. 236—237°; Bis-(2.4-dinitro-3-formyl-4-nitrophenyl)-terephthalat, F. 258° (Zers.); 3-Formyl-4-nitrophenyl-(1)-benzoesäureester, F. 159—160°; Naphthalin-2.6-di-(3-formyl-4-nitrophenyl)-(1)-sulfosäureester, F. 193—194°; 3-Nitro-4-formyldiphenilsulfon, 6-Nitropiperonal, 1-Nitro-2-naphthaldehyd, 3.3'-Dinitro-4-formylbenzophenon, 3-Nitro-4-formylazobenzol. (**D. B. P. 936 371** Kl. 57d vom 11/12. 1952, ausg. 7/12. 1955. Anmeldung bekanntgemacht 16/6. 1955.) A. KALIX. 8647

Agfa Akt.-Ges. für Photofabrikation, Leverkusen, *Entfernung von Farbschleiern.* Mehrfarbig entwickelte Bilder, in denen durch Rk. von unverbrauchten Farbkupplern mit Schwermetallen des Waschwassers, bes. mit Fe, Farbschleier entstanden sind, werden mit Lsgg. von komplexbildenden Polycarbon- oder Polyphosphorsäuren behandelt, deren Affinität zu den betreffenden Metallen stärker ist als die der Farbkuppler. Geeignet sind z. B.: Propylen-1.2-diaminotetraessigsäure, Diisopropylendiaminotetraessigsäure, 1.3-Diaminopropan-2-ol-tetraessigsäure, Äthylen-bis-(iminodiessigsäure), Trimethylamin-$\alpha.\alpha'.\alpha''$-tricarbonsäure u. Hexametaphosphorsäure in ca. 20%ig. Lösungen. (**E. P. 736 881** vom 17/2. 1953, ausg. 14/9. 1955. D. Prior. 19/2. 1952.) A. KALIX. 8649

W. W. Puskow u. **N. M. Notkina,** Fotomechanische Prozesse in der Chemigrafie. Aus dem Russ. übers. durch **B. Assmann** unter fachl. Beratung von **O. Watter.** Leipzig: Fachbuchverl. 1955. (VII + 231 S. m. 42 teils farb. Abb. u. 7 Taf.) 8°. DM 19,50.

Herausgeber u. verantwortlich für den Inhalt: Prof. Dr. Maximilian Pflücke, Berlin N 4, Schiffbauerdamm 19, Fernsprecher: 425571. Redaktion: Chefredakteure Dr. Eugen Klever und Prof. Dr. Maximilian Pflücke. Verlag: Akademie-Verlag GmbH, Berlin W 8, Mohrenstraße 39 (Fernsprecher 200386, Postscheckkonto Berlin 35021), u. Verlag Chemie, GmbH, Weinheim/Bergstraße (Fernsprecher 2017 u. 2965, Postscheckkonto Frankfurt/M. 145314 u. Berlin-West 7430). Bestell- u. Verlags-Nr.: 1007/127. Das Chemische Zentralblatt erscheint wöchentlich. Preis des Jahrganges einschl. Autoren-, Patent-, Sach- und Formelregister: DM 680,—; einseitig bedruckte Ausgabe: DM 750,—. Abgabe der Zeitschrift nur mit sämtlichen Registern.
Satz u. Druck: VEB Leipziger Druckhaus, Leipzig, III/18/203. VIII. 56.
Veröffentlicht unter der Lizenznummer 1212 des Amtes für Literatur und Verlagswesen der Deutschen Demokratischen Republik.
Printed in Germany.

FSC
www.fsc.org
MIX
Papier | Fördert gute Waldnutzung
FSC® C083411

Zeitfracht Medien GmbH
Ferdinand-Jühlke-Straße 7
99095 Erfurt, Deutschland
produktsicherheit@kolibri360.de